T0369102

Molekulare Statistik der Materie

Andreas Heintz

Molekulare Statistik der Materie

Fluide Systeme, äußere Kraftfelder, chemische und nukleare Reaktionen, Astrophysik, Kosmologie

 Springer Spektrum

Andreas Heintz
Physikalische Chemie
University of Rostock
Rostock, Deutschland

ISBN 978-3-662-70982-5   ISBN 978-3-662-70983-2   (eBook)
https://doi.org/10.1007/978-3-662-70983-2

Die Deutsche Nationalbibliothek verzeichnet diese Publikation in der Deutschen Nationalbibliografie; detaillierte bibliografische Daten sind im Internet über https://portal.dnb.de abrufbar.

Planung/Lektorat: Sinem Toksabay
Springer Spektrum ist ein Imprint der eingetragenen Gesellschaft Springer-Verlag GmbH, DE und ist ein Teil von Springer Nature.
Die Anschrift der Gesellschaft ist: Heidelberger Platz 3, 14197 Berlin, Germany

Wenn Sie dieses Produkt entsorgen, geben Sie das Papier bitte zum Recycling.

Die Jahre, die erst brachten, fangen an zu nehmen;
man begnügt sich in seinem Maß mit dem Erworbenen
und ergötzt sich daran umso mehr im Stillen,
als von außen eine aufrichtige, reine, belebende Teilnahme selten ist.

Goethe, naturwissenschaftliche Schriften (1817)

Vorwort und Einleitung

Die molekulare Statistik stellt die Brücke dar, die die Welt der Atome und Moleküle mit den beobachtbaren makroskopischen Eigenschaften der Materie verbindet. Wer z. B. genauer wissen will, warum die Sterne strahlen, Eis auf Wasser schwimmt, Kupfer den elektrischen Strom leitet, Öle und Wasser sich kaum mischen, oder eine Wolke am Himmel nicht herunterfällt, der muss sich mit molekularer Statistik beschäftigen. Ihre Bedeutung in Natur und Technik ist allumfassend. Sie ist ein fundamentaler Wissenschaftszweig und daher ein unverzichtbarer Bestandteil der Ausbildung von Studierenden der Chemie, Physik und der modernen Ingenieur- und Materialwissenschaften sowie der theorieorientierten Biowissenschaften an unseren Universitäten. Im Zeitalter enorm wachsender Computerkapazitäten erschließen sich diesem Wissenschaftsgebiet zudem die Behandlung hochkomplexer molekularer Systeme mit stark verbesserter Voraussagekraft im Vergleich zu vergangenen Jahrzehnten. Für NaturwissenschaftlerInnen erfordert diese Entwicklung gute Kenntnisse der Grundlagen und einen angemessenen Überblick über die weitreichenden Anwendungsgebiete.

Diesen Kenntnisstand zu vermitteln, ist das Ziel dieses Buches. Es ist aus den langjährigen Erfahrungen hervorgegangen, die ich mit dem Thema „Statistische Thermodynamik" im Hochschulunterricht und in Seminaren gemacht habe. Der ursprüngliche Stoff wurde dabei erheblich erweitert, er enthält aber nach wie vor eine Darstellung der Stoffmenge, von der eine Auswahl üblicherweise in einer einsemestrigen Vorlesung angeboten wird, und die zum Gebrauch neben einer solchen Grundvorlesung geeignet ist. Mathematische Kenntnisse der Differenzial- und Integralrechnung von Funktionen mehrerer Variablen, der komplexen Zahlenalgebra, Grundkenntnisse im Umgang mit Differentialgleichungen, ebenso wie Grundkenntnisse der Chemie (insbesondere der Physikalischen Chemie), der Physik und etwas Quantenmechanik werden dabei vorausgesetzt. Alles darüber Hinausgehende wird schrittweise im Text entwickelt. Da die allgemeine Thermodynamik in diesem Buch eine zentrale Rolle spielt, habe ich ihre Grundlagen und wichtigsten Beziehungen in Form eines Anhangs zusammengefasst (Anhang 11.17) ebenso wie Grundlegendes zur Schrödingergleichung von 2-Teilchensystemen (Anhang 11.11).

Die Kapitel des Grundkurses beinhalten:

- Grundbegriffe der Statistik und Wahrscheinlichkeitsrechnung (Kapitel 1: 1.1 bis 1.5)

- Maxwell-Boltzmann Statistik und kanonische Zustandssumme (Kapitel 2: 2.1 bis 2.7)

- Gase, Gasmischungen und Chemische Reaktionsgleichgewichte (Kapitel 4: 4.1 bis 4.3)

- Das Nernst'sche Wärmetheorem (sog. 3. Hauptsatz der Thermodynamik) (Kapitel 5: 5.1 bis 5.3)

- Moleküle in elektrischen Feldern, Gravitations- und Zentrifugalfeldern (Kapitel 8: 8.1, 8.2, 8.3, 8.5, 8.7)

- Paramagnetismus von Atomkernen und von Ionen der Übergangsmetalle (Kapitel 9: 9.1 bis 9.4)

- Zwischenmolekulare Kräfte, zweiter Virialkoeffizient und v. d. Waals-Theorie realer Fluide (Kapitel 10: 10.2.1, 10.3, 10.6)

- Einatomige Festkörper als Riesenmoleküle. Die Näherungen von Einstein und Debye (Kapitel 2: 2.10.1 und 2.10.2)

Die betreffenden Buchabschnitte dieses Grundkurses und die dazu gehörigen Aufgaben und Beispiele können in der vorliegenden Reihenfolge ohne Kenntnisse der anderen Kapitel als geschlossene Darstellung verwendet werden. In den übrigen Kapiteln geht der Inhalt erheblich über diese Grundthematik hinaus und umfasst mit gezielter Absicht ein weites Gebiet von Anwendungen. Ich habe dabei eine gewisse Auswahl aus allen relevanten naturwissenschaftlichen Bereichen getroffen und mich auf atomare und relative einfache molekulare Systeme beschränkt.
Molekulare Festkörper mit Phasenumwandlungen, flüssige Kristalle, wässrige Elektrolytsysteme, H-Brückengebundene flüssige Mischungen, Polymere, Biopolymere, Membranen, Soft-Matter-Systeme und Grenzflächen sollen in einem zweiten Band behandelt werden, ebenso wie Streuprozesse und Korrelationsfunktionen wechselwirkender Teilchen, mit denen sich die realen molekularen Strukturen und Dynamik von Vielteilchensystemen genauer erfassen lassen.

Es werden in den über den Grundkurs hinausgehenden Abschnitten des vorliegenden Bandes behandelt:

- Anharmonizitäten molekularer Schwingungen und Rotations-Schwingungs-Koppelungen am Beispiel zweiatomiger Moleküle

- Quantenstatistiken (Bose-Einstein und Fermi-Dirac) und ihre verschiedenen Anwendungen: Planck'sches Strahlungsgesetz, Photonengas, Bose-Einstein-Kondensation, Nukleonen in schweren Atomkernen, das Modell des freien Elektronengases.

- Phasengleichgewichte in flüssigen Mischungen (Dampf-Flüssigkeit, Flüssig-Flüssig-Entmischungen), azeotrope und eutektische Mischungen, Exzessgrößen und der Bezug zur zwischenmolekularen Wechselwirkung im Rahmen einfacher Modelltheorien (v. d. Waals, Flory-Huggins)

- Magnetische Wechselwirkungen durch Austauschkräfte: Ising-Modell von Spinketten, Molekularfeldtheorie des Ferro- und Antiferromagnetismus, Spinwellen

- Statistische Physik in der Astrophysik: Sternentwicklung, Entstehung der chemischen Elemente, weiße Zwerge, Neutronensterne und schwarze Löcher (mit einer einfachen Ableitung der Hawking-Strahlung), Kernfusionsreaktionen, Tunneleffekt, Gamow-Faktor.

- Statistische Physik und Kosmologie: Grundzüge der thermischen und zeitlichen Entwicklung des Universums vom „Urknall" bis zur Bildung der ersten Atome (primordiale Nukleosynthese)

- Elementare molekulare Theorie der chemischen Reaktionskinetik: Stoßtheorie, Theorie des aktivierten Komplexes, thermonukleare Kinetik

- Elementare Theorie der Transportphänomene Diffusion, Viskosität, Wärmeleitung und elektrische Leitfähigkeit in Gasen auf Grundlage des Konzeptes der mittleren freien Weglänge. Random Walk-Modell der Diffusion, Brown'sche Molekularbewegung.

Zum Grundkonzept des vorliegenden Buches gehört es, dass weitgehend realistische Modellvorstellungen und weniger abstrakte Formalismen bevorzugt werden, um den Weg von der Theorie zur Anwendung immer sichtbar werden zu lassen. Das Meiste ist auf dem Begriff des kanonischen Ensembles aufgebaut. Das bedeutet zwar stellenweise einen gewissen Verzicht auf Eleganz der Darstellung, erleichtert aber den Zugang zu einem systematischen Verständnis.

Ein wichtiger Bestandteil des Buches sind die weiterführenden Anwendungsbeispiele und (gelösten) Aufgaben. Ich habe sie „Exkurse" genannt. Sie vertiefen das Erlernte, üben das Rechnen an konkreten Beispielen, und erweitern den Horizont. Es wird konsequent für physikalische Einheiten das SI-System verwendet (mit wenigen Ausnahmen, s. auch Anhang 11.25).

Meine Bemühungen dienten auch dem Ziel, den mathematischen Aufwand nicht zu verbergen, aber auf das Notwendige zu beschränken, möglichst ohne dabei auf Ableitungen in anderen Büchern verweisen zu müssen oder die Formulierung „wie sich zeigen lässt" zu gebrauchen, die man nicht gerne liest. Die mathematischen Grundlagen für die meisten Ableitungen und Problemlösungen werden im Buchtext deshalb ausführlich dargestellt. Schwierigere mathematische Zusammenhänge, deren genaues Verständnis nicht immer erforderlich ist, habe ich in die Anhänge verbannt. So sind sie auch den anspruchsvolleren LeserInnen zugänglich.

Die Erfahrung zeigt: viele Studierende der Naturwissenschaften haben Probleme mit der sog. „höheren" Mathematik, die jedoch für ein wirkliches Verständnis der molekularen Statistik und ihrer weitreichenden Anwendungen unvermeidbar ist. Ihnen sei zur Aufmunterung der Briefwechsel zwischen der kleinen Barbara und dem großen Albert Einstein ans Herz gelegt.*

---

*auszugsweise zitiert nach: Alice Calaprice "Lieber Herr Einstein... Albert Einstein beantwortet Post von Kindern", m. f. G. Campus Verlag (2007).

3. Januar 1943

*Sehr geehrter Herr, ich bewundere Sie schon eine ganze Weile.
Ich bin bloß ein durchschnittliches zwölf Jahre altes Mädchen und besuche die
Klasse 7a der Eliot Junior High School. Die meisten Mädchen
in meiner Klasse haben Idole, an die sie Fanpost schicken.
Meine Helden sind Sie und mein Onkel, der bei der Küstenwache
ist. In Mathematik bin ich ein bisschen unter dem Durchschnitt.
Ich brauche dafür länger als die meisten meiner Freunde. Das
macht mir Sorgen (vielleicht zu viel), obwohl ich glaube, dass am
Ende alles gut gehen wird. Oh, Herr Einstein, ich hoffe wirklich
sehr, dass Sie mir schreiben werden. Mein Name und meine
Adresse stehen unten.*

*Mit freundlichen Grüßen
Barbara*

*Liebe Barbara, Dein netter Brief hat mich sehr gefreut. Bis jetzt habe ich nie
davon geträumt, so etwas wie ein Held zu sein. Doch seitdem Du
mich dazu ernannt hast, spüre ich, dass ich einer bin. So muss ein
Mann sich fühlen, der vom Volk zum Präsidenten der Vereinigten
Staaten gewählt worden ist.
Mach Dir über Deine Schwierigkeiten in Mathematik keine Sorgen;
ich kann Dir versichern, meine sind noch größer.*

*Mit freundlichen Grüßen
Professor Albert Einstein*

Ich danke allen, die zur Entstehung des Buches beigetragen haben. An erster Stelle gilt mein Dank Frau Sabine Kindermann, Frau Dr. Kira Arndt und insbesondere Herrn Markus Kulossa, die den überwiegenden Teil der mühsamen und langwierigen Schreibarbeit mit viel Geschick und großer Geduld bewältigt haben. Ferner danke ich Herrn Dr. Eckard Bich für wertvolle Hilfe bei verschiedenen numerischen Berechnungen und Frau Margitta Prieß für die Reinzeichnungen der Abbildungen. Mein Dank gilt auch den Kollegen und Mitarbeitern, die Teile des Textes kritisch gelesen oder nützliche Hinweise gegeben haben. Dem Team des Springer-Verlages um Frau Anja Groth in Heidelberg danke ich für die verständnisvolle Zusammenarbeit.

Meine seinerzeit zehnjährige Enkeltochter fragte mich einmal „Opa, wann schreibst du mal ein richtiges Buch?" Ich danke also auch meiner Familie für ihre Nachsicht und Anteilnahme, meiner Frau Bärbel, meinen Kindern Manuel und Annette, meinen Schwiegerkindern Isabel und Stefan und meinen Enkelkindern Marlene und Jakob, denen ich eine Welt wünsche, in der die Naturwissenschaft dem Wohl der Menschen und der Natur dient, in der sie leben.

Andreas Heintz   Rostock, im Januar 2025

Inhaltsverzeichnis

Verzeichnis der verwendeten Symbole

Die häufiger im Buchtext verwendeten Symbole sind einschließlich ihrer teils mehrfachen Bedeutung hier aufgelistet. Die genaue Bedeutung ist dem Textzusammenhang zu entnehmen.

Lateinische Buchstaben

a	v. d. Waals-Parameter oder Kristallgitterabstand
a'	molarer v. d. Waals-Parameter
a_i	thermodynamische Aktivität der Komponente i in einer fluiden Mischung (Kapitel 10)
a_k	Skalenfaktor für die Größe des Kosmos
A	Fläche oder Albedo oder allg. Parameter
A_i	Massenzahl eines Atomkerns i
ART	Allgemeine Relativitätstheorie
b	v. d. Waals-Parameter
b'	molarer v. d. Waals-Parameter
B	zweiter Virialkoeffizient oder allg. Parameter
$\vec{B}$	magnetische Feldstärke
c_L	Lichtgeschwindigkeit
c_i	molare Konzentration Komponente i
C_i	Teilchenzahlkonzentration Komponente i
$\overline{C}_V$	molare Wärmekapazität bei konstantem Volumen
$\overline{C}_p$	molare Wärmekapazität bei konstantem Druck
D	Diffusionskoeffizient
d	Kugeldurchmesser
e	elektrische Ladungseinheit
E	Energie allg.
E_{pot}	potentielle Energie
E_{kin}	kinetische Energie
$\vec{E}$	elektrische Feldstärke
$F, \overline{F}$	freie Energie bzw. molare freie Energie
f	Kraftkonstante
g	Gravitationsbeschleunigung
g_L	Landé-Faktor
g_i	Entartungsfaktor für das Energieniveau ε_i
G	Gravitationskonstante

$G, \overline{G}$	freie Enthalpie bzw. molare freie Enthalpie
$\Delta_R \overline{G}$	molare freie Reaktionsenthalpie
$\Delta^f \overline{G}^\circ$	molare freie Bildungsenthalpie
h	Höhe oder Plancksche Konstante ($h = 6{,}626 \cdot 10^{-34}$ J $\cdot$ s)
$\hbar = h/2\pi$	alternative Form der Planckschen Konstante ($\hbar = 1{,}0546 \cdot 10^{-34}$ J $\cdot$ s)
$H, \overline{H}, \overline{H}_i$	Enthalpie bzw. molare Enthalpie bzw. partielle molare Enthalpie
$\Delta_R \overline{H}$	molare Reaktionsenthalpie
$\Delta^f \overline{H}^{\ominus}$	molare Standardbildungsenthalpie
$\Delta \overline{H}_V, \Delta \overline{H}_S$	molare Verdampfungsenthalpie bzw. molare Schmelzenthalpie
i	Zählindex i oder imaginäre Einheit
I_A, I_B, I_C	Hauptträgheitsmomente eines Moleküls
j	Zählindex
$\vec{j}_e$	elektrische Stromdichte
J	Quantenzahl
K_p, K_c	Reaktionsgleichgewichtskonstante bei $p = $ const bzw. bei $V = $ const
k_B	Boltzmann-Konstante ($1{,}38065 \cdot 10^{-23}$ J $\cdot$ K^{-1})
$\vec{k}$	Wellenzahlvektor
l	Rotationsquantenzahl
$\langle l_v \rangle$	mittlere freie Weglänge
L	Leistung
L_{st}	Leuchtkraft eines Sterns
m, m_{st}	Masse allg. bzw. Masse eines Sterns
m_e^*, m_h^*	effektive Massen von Elektronen (e) und Löchern (h) in Halbleitern
$\dot{m}$	Massenfluss
M	Quantenzahl
M_i	Molmasse der Teilchensorte i
$\vec{M}$	Magnetisierungsvektor
N, N_i^*	Teilchenzahl
N_L	Lohschmidtzahl auch Avogadrozahl genannt ($6{,}022 \cdot 10^{23}$ mol^{-1})
n, n_i	Molzahl
n	Adiabatenindex oder Elektronenzahldichte in Halbleitern
$\tilde{n}$	Brechungsindex
n_0	Bosonenzahldichte im Grundzustand
n_ε	Bosonenzahldichte im angeregten Zustand
p	Druck oder Zahldichte positiver Löcher in Halbleitern
$\vec{p}$	Impuls
$\vec{p}_F$	Fermiimpuls
P_i	Wahrscheinlichkeit für das Ereignis i
$\tilde{P}_{el}$	elektrische Polarisation
$\vec{P}$	Polarisationsvektor
$q, \tilde{q}$	molekulare Zustandssumme
Q	Wärme oder allg. Zustandssumme
R	allg. Gaskonstante ($k_B \cdot N_L$) oder Radius

r, r_{st}	Radius allg. bzw. Radius eines Sternes
$S, \overline{S}, \overline{S}_i$	Entropie bzw. molare Entropie bzw. partielle molare Entropie
$\Delta \overline{S}_V, \Delta \overline{S}_S$	molare Verdampfungs- bzw. Schmelzentropie
t	Zeit
T	absolute Temperatur
T_c	kritische Temperatur oder Übergangstemperatur zum Bose-Einstein-Kondensat
T_F	Fermi-Temperatur
$U, \overline{U}$	innere Energie bzw. molare innere Energie
$V, \overline{V}, V_F$	Volumen bzw. molares Volumen bzw. freies Volumen
$\overline{V}_c$	kritisches molares Volumen
$\vec{v}$	Geschwindigkeit
$\langle v_s \rangle$	mittlere Schallgeschwindigkeit
$\vec{v}_D$	Driftgeschwindigkeit
w_i	Gewichtsbruch Komponente i
W	physikalische Arbeit
x_i	Molenbruch Komponente i
x	allg. Raumkoordinate oder Funktionsvariable
y	allg. Raumkoordinate oder Funktionsvariable
y_i	Molenbruch Komponente i
y	Raumkoordinate
z	Raumkoordinate oder thermodynamische Aktivität eines Quantengases (Kapitel 3)
Z_i	Ladungszahl eines Atomkerns i

Griechische Buchstaben

α_D	Dissoziationsgrad
α_e	elektronische Polarisierbarkeit
α_p	thermischer Ausdehnungskoeffizient bei konstantem Druck
β	$1/(k_B T)$
β_R	Reibungskoeffizient
β_V	Druckkoeffizient $(\partial p / \partial T)_V$
γ	Adiabatenkoeffizient
γ_i	Aktivitätskoeffizient einer Mischungskomponente i
γ_N	Kernmagneton
Γ	Gammafunktion (s. Anhang 11.2)
Δ	allg. Differenzzeichen
δ	Zeichen für unvollständiges Differenzial
δ_l	Phasenwinkel bei Streuprozessen
δ_{ij}	Kroneckersymbol
$\varepsilon, \varepsilon_i$	Energie bzw. Energieniveau i

ε_A, $\Delta\varepsilon^{\#}$	Aktivierungsenergie
ε_y	Emissionskoeffizient
η, η_i	Viskosität bzw. elektrochemisches Potential der Komponente i
Θ_{vib}, Θ_{rot}	Schwingungstemperatur, Rotationstemperatur
κ_ν	Absorptionskoeffizient für Licht
κ_S	isentrope Kompressibilität
κ_T	isotherme Kompressibilität
λ	Wellenlänge
Λ_{therm}	thermische Wellenlänge
Λ_W	Wärmeleitfähigkeit
$|\vec{\mu}_B|$	Bohrsches Magneton
μ_i	chemisches Potential Komponente i
$\mu_i^* = \mu_i/N_L$	chemisches Potential pro Molekül i
$\tilde{\mu}_{ij}$, $\tilde{\mu}_{red}$	reduzierte Masse $m_i \cdot m_j/(m_i + m_j)$
$\hat{\mu}$	Zahl der Elektronen pro Nukleon im Stern
ν	Frequenz
ν, $\tilde{\nu}$	Neutrinos
ν_i	stöchiometrischer Faktor der Komponente i
ξ	Winkel oder Reaktionslaufzahl
ζ	thermodynamische Aktivität (Kapitel 9)
π	Kreiszahl
π_{os}	osmotischer Druck
ϱ	Massendichte
ϱ_{el}	elektrische Ladungsdichte
ϱ_{rel}	relativistische Strahlungsdichte (Äquivalenzmassendichte)
σ	Symmetriezahl
σ_{el}	elektrische Leitfähigkeit
σ_{12}	Streuquerschnitt
σ_{SB}	Stefan-Boltzmann-Konstante
σ_{Ph}	Thomson'scher Streuquerschnitt für Photonen
τ, τ_R	mittlere Lebensdauer, Relaxationszeit
φ	Winkel
$\varphi(r)$	potentielle Wechselwirkungsenergie
Φ_i	Volumenbruch Komponente i in einer flüssigen Mischung
χ_{ij}	Wechselwirkungsparameter von Molekül i mit j im flüssigen Zustand
Ψ, Ψ^*	Quantenmechanische Wellenfunktion bzw. ihr konjugiert komplexer Wert
ω	Raumwinkel oder Kreisfrequenz $2\pi\nu$
Ω	Entartungsfaktor oder elektrischer Widerstand ($1\,\Omega = 1\,\text{Ohm}$)

1 Grundbegriffe der Statistik und Wahrscheinlichkeitsrechnung

1.1 Definition der Wahrscheinlichkeit

In der molekularen Statistik haben wir es mit makroskopischen Systemen zu tun, die aus sehr vielen Mikroteilchen, den Molekülen, Atomen oder noch elementareren Teilchen bestehen. Die Eigenschaften eines solchen Systems, wie z. B. Druck, innere Energie, Entropie, sowie alle Materialeigenschaften der Materie sind das Ergebnis des Mittelwertes von vielen mikroskopischen Zuständen. Die Temperatur, eine zentrale Eigenschaft aller Materie, ist ihrer Natur nach eine statistisch-thermodynamische Größe. Diese mikroskopischen Zustände der Materie werden als Zufallsgrößen behandelt, d. h., ihr Auftreten kann nicht exakt vorausgesagt werden, aber es kann die Wahrscheinlichkeit dieses Auftretens angegeben werden und zwar umso genauer, je größer die Zahl der Mikroteilchen ist. Daher müssen wir uns gleich zu Anfang mit den wichtigsten Grundlagen der Statistik und der Wahrscheinlichkeitsrechnung vertraut machen.

Wir machen uns das am einfachen Beispiel des Würfelns klar. Beim Würfeln kann die erhaltene Zahl auch nicht vorausgesagt werden, aber die Wahrscheinlichkeit des Ereignisses, z. B. eine 6 zu würfeln, kann angegeben werden. Diese Wahrscheinlichkeit - wir nennen sie P_6 - ist definiert als der Grenzwert des Zahlenverhältnisses n_6 zu n, wenn n_6 die Zahl der gewürfelten Augenzahl 6 und n die Gesamtzahl aller Würfe bedeutet. Man stellt fest, dass gilt, wenn man sehr viele Versuche macht:

$$P_6 = \lim_{n \to \infty} \frac{n_6}{n} = \frac{1}{6}$$

Das Resultat ist empirisch 1/6, so dass man auch diese Wahrscheinlichkeit als Verhältnis der Zahl der Flächen mit 6 Augen N_6 zur Zahl aller Flächen N, die der Würfel hat, angeben kann. Also gilt beim Würfeln allgemein

$$P_i = \frac{N_i}{N} = \frac{1}{6} \qquad (\text{mit} \quad i = 1,2,3,4,5,6)$$

Allgemein kann also die Wahrscheinlichkeit des Auftretens eines Ereignisses i als das Verhältnis der Zahl der Ereignisse N_i zur Gesamtzahl, also der Summe aller möglichen Ereignisse aufgefasst werden:

$$P_i = \frac{N_i}{\sum_{j=1}^{k} N_j} \tag{1.1}$$

© Der/die Autor(en), exklusiv lizenziert an
Springer-Verlag GmbH, DE, ein Teil von Springer Nature 2025
A. Heintz, *Molekulare Statistik der Materie*,
https://doi.org/10.1007/978-3-662-70983-2_1

k ist die Zahl der unterscheidbaren Ereignisklassen (beim Würfel ist $k = 6$ und $N_j = 1$). N_i bzw. N_j muss im Allgemeinen nicht gleich 1 sein, sondern gibt die Zahl der Ereignisse i bzw. j an, die möglich sind, während $\sum N_j$ die Summe aller überhaupt möglichen Ereignisse ist.

Hätte z.B. der Würfel auf 2 Flächen einen roten Punkt und auf 4 Flächen einen grünen so wäre: $P_{rot} = \frac{2}{6} = \frac{1}{3} = 0,3333\ldots \approx 0,3333$ und $P_{grün} = \frac{4}{6} = \frac{2}{3} = 0,6666\ldots \approx 0,6667$

Bei einer Urne, die z.B. 50 rote und 80 weiße Kugeln enthält, ist die Wahrscheinlichkeit, beim zufälligen Herausgreifen eine rote Kugel zu erhalten:

$$P_{rot} = \frac{N_{rot}}{N_{rot} + N_{weiß}} = \frac{50}{50 + 80} \cong 0,3846$$

und eine weiße Kugel zu erhalten:

$$P_{weiß} = \frac{80}{50 + 80} = 1 - P_{rot} \cong 0,6154$$

Rote Kugeln und weiße Kugeln bilden also in diesem Beispiel 2 Ereignisklassen. Wenn Kugeln mit mehreren Farben $1, 2, \ldots k$ vorkommen mit den Zahlen $N_1, N_2, \ldots N_k$, gilt Gl. 1.1 zur Berechnung der Wahrscheinlichkeiten für das Ziehen einer Kugel der Farbe i.

Wichtig in der Wahrscheinlichkeitsrechnung ist die Verknüpfung des Auftretens *mehrerer, unabhängiger* Ereignisse.

Wir unterscheiden hier zwei grundsätzlich verschiedene Fälle. Wir fragen zunächst nach der Wahrscheinlichkeit, dass *entweder* das Ereignis h *oder* das Ereignis i auftritt. Es gilt dann offensichtlich

$$P = P_{h\,oder\,i} = \frac{N_h + N_i}{\sum\limits_{j} N_j} = P_h + P_i$$

So ist die Wahrscheinlichkeit *entweder* eine 6 *oder* eine 3 zu würfeln $1/6 + 1/6 = 2/6 = 0,333$.

Oder verallgemeinert:

$$\boxed{P = \sum_{i=1}^{k} P_i} \tag{1.2}$$

Wenn k die Zahl *aller* möglichen Ereignisklassen ist, gilt

$$P = \sum_{i=1}^{k} P_i = 1$$

$P = 1$ besagt also, dass die Summe aller möglichen Wahrscheinlichkeiten gleich 1 ist, dass also mit Sicherheit irgendeines der möglichen Ereignisse eintreten wird.

Eine grundsätzlich andere Verknüpfung ist die Frage nach dem *gleichzeitigen Auftreten* von 2 oder allgemein *m* zufälligen, *voneinander unabhängigen Ereignissen,* also die Frage, mit welcher Wahrscheinlichkeit Ereignis 1 *sowohl* wie Ereignis 2 *als auch* Ereignis 3 usw. auftreten wird. Hier gilt:

$$\boxed{P = P_1 \cdot P_2 \cdot P_3 \cdots P_m} \tag{1.3}$$

Es wird also das Produkt der Wahrscheinlichkeiten P_i für das Auftreten der unabhängigen Ereignisse gebildet. So ist z. B. die Wahrscheinlichkeit beim Würfeln mit 2 Würfeln, mit dem ersten Würfel eine 6 und mit dem zweiten Würfel eine 4 zu würfeln gleich $1/6 \cdot 1/6 = 1/36 = 0,0278$. Die Zahl im Nenner, also 36, gibt die Zahl der unabhängigen Gesamtmöglichkeiten an. Allgemein ist die Zahl der Möglichkeiten für das gleichzeitige Auftreten verschiedener, voneinander unabhängiger Ereignisse das Produkt der Zahl von Möglichkeiten der Einzelereignisse, also im Würfelbeispiel 6 mal 6, bei drei Münzen 2 mal 2 mal 2 = 8.

Davon zu unterscheiden ist der Fall, dass es gleichgültig ist, welcher von den beiden Würfeln die 6 oder die 4 zeigt. Das geschieht z. B., wenn man zwei gleiche Würfel verdeckt in einem Würfelbecher gleichzeitig auswürfelt. Dann gibt es 2 Möglichkeiten des Auftretens einer 6 und einer 4, und diese Wahrscheinlichkeit beträgt dann:

$$\frac{1}{36} + \frac{1}{36} \cong 0,0556$$

Zur weiteren Veranschaulichung betrachten wir noch ein Beispiel. Eine Urne enthält doppelt so viele schwarze wie weiße Kugeln. Wie groß ist die Wahrscheinlichkeit bei dreimaligem Ziehen 2 weiße und eine schwarze Kugel unabhängig von der Reihenfolge zu ziehen? Vorausgesetzt ist, dass wir die gezogene Kugel wieder in die Urne zurücklegen, bevor erneut gezogen wird. Zunächst ist die Wahrscheinlichkeit, eine schwarze zu ziehen, gleich 2/3, eine weiße zu ziehen dagegen $\frac{1}{3}$. Das 3malige Ziehen entspricht dem unabhängigen Auftreten dreier Ereignisse, also $\frac{1}{3} \cdot \frac{1}{3} \cdot \frac{2}{3} = \frac{2}{27}$. Nun muss aber beachtet werden, dass es 3 Möglichkeiten gibt, zwei weiße und eine schwarze Kugel hintereinander zu ziehen. Nach dem Additionsgesetz der Wahrscheinlichkeiten („entweder oder") folgt also für die Gesamtwahrscheinlichkeit

$$P = 3 \cdot \frac{2}{27} \cong 0,222$$

1.2 Wahrscheinlichkeitsverteilungen und Mittelwerte

Wir haben gesehen, dass verschiedene Ereignisse 1, 2, 3, ... mit i. a. verschiedener Wahrscheinlichkeit $P_1, P_2, P_3, \ldots$ auftreten können. Wir ordnen nun den Ereignissen Werte auf der x-Achse zu, also statt 1, 2, 3, ... schreiben wir $x_1, x_2, x_3, \ldots$. Die Wahrscheinlichkeiten $P(x_1), P(x_2), P(x_3)\ldots$, allgemein $P(x_i)$, stellen also eine diskontinuierliche Funktion von x_i dar.

Geht der Unterschied benachbarter x-Werte Δx gegen 0, bezeichnet man

$$\frac{dP(x)}{dx} = P'(x)$$

als die *Wahrscheinlichkeitsdichte*.

Es geht dann $\sum_i P(x_i) = 1$ in ein Integral über:

$$\int \frac{dP(x)}{dx} dx = \int P'(x)dx = 1$$

$P'(x) \cdot dx$ ist also die Wahrscheinlichkeit für das Auftreten eines bestimmten Ereignisses zwischen x und $x + dx$. Das Integral erstreckt sich über den gesamten Bereich, in dem $P'(x)$ definiert ist.

Häufig sind bestimmte Eigenschaften $f(x)$ mit dem Ereigniswert x verbunden. $f(x)$ ist also eine Funktion von x. Der Mittelwert $\langle f \rangle$ dieser Eigenschaft lässt sich dann bei Kenntnis der Funktion $f(x)$ folgendermaßen berechnen:

$$\langle f \rangle = \sum_i f(x_i)P(x_i) \quad \text{bzw.} \quad \langle f \rangle = \int f(x) \cdot P'(x) \cdot dx \tag{1.4}$$

Häufig liegt der Fall vor, dass eine Funktion $G(x)$ bekannt ist, die proportional zu $P'(x)$ ist:

$$G(x) = c\, P'(x)$$

c heißt Normierungskonstante. Man kann sie leicht eliminieren, indem man schreibt:

$$\int G(x)dx = c \int P'(x)dx = c$$

Dann lautet Gl. (1.4):

$$\langle f \rangle = \frac{\int f(x) \cdot G(x)\, dx}{\int G(x) \cdot dx} \tag{1.5}$$

Ein bekanntes Beispiel ist die mittlere Geschwindigkeit von Molekülen in eine Raumrichtung. Statt x schreibt man v_x, die Geschwindigkeitskomponente in x-Richtung ist also das „Ereignis" und $P'(v_x)$ ist die Wahrscheinlichkeitsdichte für v_x (sie heißt auch Geschwindigkeitsverteilungsfunktion). Es gilt $f(v_x) = v_x$, $f(v_x)$ ist also in diesem Fall die Geschwindigkeit selbst.

Man erhält dann für die mittlere Geschwindigkeit $\langle v_x \rangle$ in die positive x-Richtung.

$$\langle v_x \rangle = \int\limits_{0}^{\infty} v_x \cdot P'(v_x) \cdot dv_x$$

Aus der kinetischen Gastheorie ist bekannt, dass gilt (s. auch Kapitel 2, Abschnitt 2.7):

$$P'(v_x) = \sqrt{\frac{m}{2\pi k_B T}} \cdot e^{-\dfrac{m \cdot v_x^2}{2k_B T}}$$

wobei T die Temperatur, m die Molekülmasse und k_B die Boltzmann-Konstante bedeuten. Damit ergibt sich als Mittelwert von v_x:

$$\langle v_x \rangle = \sqrt{\frac{m}{2\pi k_B T}} \int_0^\infty v_x \cdot e^{-\dfrac{m \cdot v_x^2}{2k_B T}} dv_x = \sqrt{\frac{m}{2\pi k_B T}} \cdot \frac{k_B T}{m} = \sqrt{\frac{k_B T}{2\pi m}}$$

Bei der Berechnung des Integrals haben wir von Gl. (11.6) in Anhang 11.2 Gebrauch gemacht.

Will man die mittlere kinetische Energie E_{kin} in x-Richtung berechnen, ergibt sich demnach:

$$E_{kin,x} = \frac{1}{2}m\langle v_x^2 \rangle = \frac{1}{2}m \sqrt{\frac{m}{2\pi k_B T}} \int_0^x v_x^2 e^{-\dfrac{m v_x^2}{2k_B T}} dv_x$$

Wir setzen nun in Gl. (11.7) ein: $a = m/2k_B T$ und $l = 1$. Dann erhält man

$$E_{kin} = \frac{1}{2}m \cdot \frac{k_B T}{m} = \frac{k_B T}{2}$$

Da alle Raumrichtungen gleichwertig und unabhängig voneinander sind, gilt für die mittlere kinetische Energie eines Moleküls der Masse m:

$$E_{kin} = E_{kin,x} + E_{kin,y} + E_{kin,z} = \frac{3}{2}k_B T$$

Allgemein bezeichnet man den Mittelwert $\langle x^r \rangle$ als r-tes Moment von x, das ist also der Mittelwert der r-ten Potenz von x:

$$\langle x^r \rangle = \sum_i x_i^r \cdot P(x_i) \qquad \text{bzw.} \qquad \langle x^r \rangle = \int x^r \cdot P'(x) \cdot dx \qquad (1.6)$$

Davon sorgfältig zu unterscheiden ist der Wert $\langle x \rangle^r$, also die r-te Potenz des Mittelwertes von x:

$$\langle x \rangle^r = \left(\sum_i x_i \cdot P(x_i) \right)^r \qquad \text{bzw.} \qquad \langle x \rangle^r = \left[\int x \cdot P'(x) \cdot dx \right]^r \qquad (1.7)$$

Die Größen $\langle x \rangle^r$ und $\langle x^r \rangle = \sum_i x_i^r \cdot P(x_i)$ bzw. $\int x^r P'(x)dx$ haben i. a. verschiedene Zahlenwerte!

Bei statistischen Betrachtungen kommt es häufig auf Abweichungen vom Mittelwert an. Ein Maß dafür ist die mittlere Abweichung vom Mittelwert. Man kann sie folgendermaßen definieren:

$$\langle [f(x) - \langle f \rangle] \rangle = \sum_i f(x_i) P(x_i) - \langle f \rangle = 0$$

bzw. :

$$\langle [f(x) - \langle f \rangle] \rangle = \int f(x) \cdot P'(x) dx - \langle f \rangle = 0$$

Diese Definition ist ungeeignet, da Null heraus kommt, denn das Integral ist gleich $\langle f \rangle$. Positive und negative Abweichungen heben sich gegenseitig auf. Daher ist das mittlere Quadrat ein besseres Maß:

$$\langle [f(x) - \langle f \rangle]^2 \rangle = \sum_i [f(x_i) - \langle f \rangle]^2 P(x_i)$$

bzw. :   (1.8)

$$\langle [f(x) - \langle f \rangle]^2 \rangle = \int [f(x) - \langle f \rangle]^2 P'(x) dx$$

Ausmultiplizieren ergibt:

$$\langle (f(x) - \langle f \rangle)^2 \rangle = \langle f^2 \rangle - 2\langle f \cdot \langle f \rangle \rangle + \langle f \rangle^2 = \langle f^2 \rangle - \langle f \rangle^2 \qquad (1.9)$$

Wenn wir das Ereignis selbst, also die Variable $x = f(x)$ einsetzen, ergibt sich die sog. *Varianz* $2\sigma^2$ bzw. die *Streuung* σ für den Mittelwert von x:

$$\boxed{\sigma = \langle (x - \langle x \rangle)^2 \rangle^{1/2} = \sqrt{\langle x^2 \rangle - \langle x \rangle^2}} \qquad (1.10)$$

σ ist also ein geeignetes Maß für die mittlere Abweichung vom Mittelwert $\langle x \rangle$. Nützlicher ist es häufig, die relative Streuung, also die auf den Mittelwert bezogene mittlere Abweichung $\widetilde{\sigma}$ anzugeben:

$$\boxed{\widetilde{\sigma} = \frac{\sigma}{\langle x \rangle} = \sqrt{\frac{\langle x^2 \rangle}{\langle x \rangle^2} - 1}} \qquad (1.11)$$

Um σ oder $\widetilde{\sigma}$ zu berechnen, muss neben dem Mittelwert $\langle x \rangle$ also auch das sog. zweite Moment $\langle x^2 \rangle$ bekannt sein.

1.3 Kombinatorik

Die Frage, auf wie viele unterschiedliche Weisen n schwarze und m weiße Kugeln aus dem Vorrat einer Urne mit schwarzen und weißen Kugeln entnommen werden können, gehören zu dem Gebiet Kombinatorik.

Wir fragen zunächst nach der Zahl der Möglichkeiten N verschiedene unterscheidbare Elemente, z. B. nummerierte Kugeln zu ziehen, oder, was dasselbe bedeutet, N unterscheidbare Elemente in einer Reihe anzuordnen.

Wir stellen uns dazu N freie Plätze vor, in die N Elemente (z. B. nummerierte Kugeln) eingeordnet werden. Für das erste Element gibt es N Möglichkeiten, für das zweite $N - 1$ Möglichkeiten, also zusammen $N(N - 1)$ Möglichkeiten, für das dritte Element $N - 2$ Möglichkeiten, also insgesamt $N(N - 1) \cdot (N - 2)$ Möglichkeiten, um 3 Elemente auf N Plätze einzuordnen usw. Für die Zahl z der Einordnungsmöglichkeiten von N Elementen gilt also:

$$z = N(N - 1) \cdot (N - 2) \dots 3 \cdot 2 \cdot 1 = N!$$

Sind jedoch von den N Elementen N_1 Elemente identisch, so gibt es nur $N - N_1$ unterschiedliche Elemente einzuordnen, der Rest der freien Plätze wird mit den nicht unterscheidbaren N_1 Elementen aufgefüllt. Das kann nur in einer einzigen Weise geschehen. Dann gilt für die Gesamtzahl z der möglichen Anordnungen:

$$z = N(N - 1) \cdot (N - 2) \dots [N - (N - N_1 - 1)] \cdot 1 = N(N - 1) \cdot (N - 2) \dots (N_1 + 1)$$

Wenn man diesen Ausdruck mit $N_1!/N_1! = 1$ multipliziert, ändert er sich nicht, man kann also schreiben:

$$z = N!/N_1!$$

Das lässt sich offensichtlich verallgemeinern für den Fall, dass von den N Elementen jeweils $N_1, N_2, \dots N_s$ Elemente ununterscheidbar sind.

Sind von den zunächst als unterscheidbar angegebenen $N - N_1$ Elementen wiederum N_2 von ihnen nicht unterscheidbar, so muss durch die Zahl der zuviel gezählten Anordnungen der N_2 Elemente, also $N_2!$, dividiert werden. Man erhält:

$$z = \frac{N!}{N_1! N_2!}$$

Ist nun unter den restlichen $(N - N_1 - N_2)$ unterscheidbaren Elementen wieder eine Menge N_3 nicht unterscheidbar, muss $N!/(N_1! N_2!)$ nochmals durch $N_3!$ dividiert werden. Man erhält:

$$\frac{N!}{N_1! N_2! N_3!}$$

Hat man schließlich von den N Elementen insgesamt s Gruppen mit jeweils nicht unterscheidbaren Elementen $N_1, N_2, \dots N_s$, so ergibt sich also der allgemeine Ausdruck für die insgesamt unterscheidbaren Anordnungsmöglichkeiten z dieses Systems:

$$z = \frac{N!}{\pi_{i=1}^{s} N_i!} \tag{1.12}$$

wobei

$$\sum_{i=1}^{s} N_i = N$$

ist.

Als Beispiel berechnen wir die Zahl der unterscheidbaren Anordnungsmöglichkeiten von 2 schwarzen und 3 weißen Kugeln in einer Reihe:

$$z = \frac{(N_1 + N_2)!}{N_1!N_2!} = \frac{(2 + 3)!}{2! \cdot 3!} = \frac{120}{2 \cdot 6} = 10 \qquad (1.13)$$

Wir wollen uns noch klarmachen, dass Gl. (1.12) auch die folgende Frage beantwortet: auf wie viele Weisen kann man N *unterscheidbare* (z. B. nummerierte) *Objekte* in $N_1, N_2, ...N_s$ Gruppen einsortieren, wobei innerhalb einer Gruppe die Reihenfolge, d. h., die Unterscheidbarkeit keine Rolle spielt? Man kann sich nämlich die Beantwortung dieser Frage so vorstellen, dass die unterscheidbaren bzw. nummerierten Objekte (z. B. Kugeln mit Ziffern, Spielkarten) in einer Reihe liegen und man sich fragt, auf wie viele Weisen jetzt N_1 rote Farbetiketten, N_2 grüne Farbetiketten, ...N_s weiße Etiketten auf die festliegende Objektreihe verteilt werden können, wobei jede Farbe eine Gruppenzugehörigkeit kennzeichnet. Das ist identisch mit der Frage, auf wie viele Weisen N_1 rote (*nicht* unterscheidbare!) Farbetiketten, N_2 grüne usw. angeordnet werden können. Dieses Problem wird aber gerade durch Gl. (1.12) gelöst!

Als Beispiel stellen wir die Frage, wie viele mögliche Skatblätter ein Spieler erhalten kann, wenn 32 Karten ausgeteilt werden und der Spieler 10 Karten erhält. Es handelt sich also um insgesamt 32 unterscheidbare Objekte und die Frage, auf wie viele Arten z daraus eine Gruppe von 10 Objekten gebildet werden kann. Die Antwort ist nach Gl. (1.12):

$$z = \frac{32!}{10!(32 - 10)!} = 6.451.224$$

Man kann nun auch die weitergehende Frage beantworten, wie viele Möglichkeiten es gibt, N nicht unterscheidbare Elemente auf m Fächer zu verteilen, wobei pro Fach von Null bis maximal N Elemente Platz finden dürfen. Die Lösung dieses kombinatorischen Problems lässt sich finden, wenn man die nichtunterscheidbaren Elemente (z. B. Kugeln derselben Farbe) und die Trennwände der m Fächer als zwei Sorten verschiedener, nicht unterscheidbarer Elemente auffasst, wobei die linke und die rechte „Außenwand" fixiert bleiben (s. Abb. 1.1). In jedem Fach können also grundsätzlich beliebig viele Kugeln untergebracht werden.

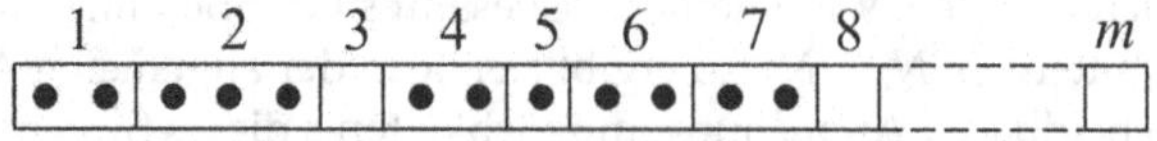

Abb. 1.1: Verteilung von N nichtunterscheidbaren Objekten (z. B. Kugeln) auf m Fächer. Gezeigt sind 8 Fächer und 12 Kugeln für eine bestimmte Verteilung. In jedes Fach passen beliebig viele Kugeln.

Es gibt bei m Fächern $m - 1$ „bewegliche Trennwände" (vertikale Linien) und N Elemente (Kugeln). Für diese zwei Sorten von insgesamt $N + m - 1$ Elementen (Kugeln und bewegliche Wände) gilt demnach:

$$z = \frac{(N + m - 1)!}{N!(m - 1)!} \tag{1.14}$$

Anordnungsmöglichkeiten. Wenn wir uns in Beispiel Abb. 1.1 auf 8 Fächer und 12 Kugeln beschränken, sind es $Z = \frac{(12 + 7)!}{12! \cdot 7!} = 50388$ Möglichkeiten.

1.4 Die Binominalverteilung als Wahrscheinlichkeitsdichte

Wir betrachten wieder einen sehr großen Vorrat von Q schwarzen und P weißen Kugeln in einer Urne und ziehen aus der Urne n Kugeln heraus. Wie groß ist die Wahrscheinlichkeit $W_{n,m}$, dass wir dabei m schwarze und $n - m$ weiße Kugeln gezogen haben, wobei es auf die Reihenfolge der gezogenen Kugeln nicht ankommt?

Zunächst ist die Wahrscheinlichkeit q, eine schwarze Kugel zu ziehen:

$$q = \frac{Q}{Q + P}$$

und die Wahrscheinlichkeit p, eine weiße Kugel zu ziehen:

$$p = \frac{P}{Q + P}$$

Wenn wir eine bestimmte Reihenfolge der Ziehung festlegen, dann ist die Wahrscheinlichkeit, m schwarze und $n - m$ weiße Kugeln in dieser festgelegten Reihenfolge zu ziehen, nach der Produktregel:

$$q^m p^{n-m}$$

Nun soll es aber, wie bereits gesagt, auf die Reihenfolge nicht ankommen. Die Wahrscheinlichkeiten aller möglichen Reihenfolgen müssen also addiert werden („entweder-oder-Gesetz"!) Die Zahl der möglichen Reihenfolgen ist aber gleich der Zahl der Vertauschungsmöglichkeiten von m schwarzen und $n - m$ weißen Kugeln. Diese Zahl beträgt nach Gleichung (1.12):

$$\frac{n!}{m!(n - m)!}$$

Damit ergibt sich für die gesuchte Wahrscheinlichkeit:

$$w_{n,m} = \frac{n!}{m!(n - m)!} \cdot q^m \cdot p^{n-m} \tag{1.15}$$

Diese Wahrscheinlichkeit hängt bei vorgegebener Zahl der Ziehungen n nur von der Zahl m ab, d. h., es muss gelten

$$\sum_{m=0}^{m=n} w_{n,m} = 1$$

In der Tat gilt, da $q + p = 1$:

$$\boxed{\sum_{m=0}^{m=n} \frac{n!}{m!(n-m)!} \cdot q^m \cdot p^{n-m} = (q+p)^n = 1} \quad \text{(Binominalverteilung)} \qquad (1.16)$$

Gl. (1.15) heißt Binominalverteilung und Gl. (1.16) ist der sog. binomische Lehrsatz, den wir wie folgt beweisen wollen.

Wir schreiben zunächst für Gl. (1.16):

$$(q+p)^n = p^n(x+1)^n$$

mit $x = q/p$ und entwickeln $(x+1)^n$ in eine vollständige Taylor-Reihe um den Wert $x = 0$:

$$(x+1)^n = 1 + n \cdot \frac{(x+1)^{n-1}_{x=0}}{1!} \cdot x + n(n-1)\frac{(x+1)^{n-2}_{x=0}}{2!}x^2 + n(n-1)\cdots(n-m+1)\frac{(x+1)^{n-m}_{x=0}}{m!} \cdot x^m + 1 \cdot x^n$$

Erweitern des Vorfaktors von x^m im Zähler und Nenner mit $(n-m)!$ für alle $m = 0$ bis n und Summierung über alle m von $m = 0$ bis $m = n$ ergibt das Resultat:

$$(x+1)^n = \sum_{m=0}^{m=n} \frac{n!}{m!(n-m)!} \cdot x^m$$

Also gilt:

$$(q+p)^n = p^n \sum_{m=0}^{m=n} \frac{n!}{m!(n-m)!} \cdot x^m = \sum_{m=0}^{m=n} \frac{n!}{m!(n-m)!} \cdot q^m \cdot p^{n-m} = 1$$

womit Gl. (1.16) bewiesen ist.

Ähnlich wie beim Würfeln kann Gl. (1.15) überprüft werden, indem man die Versuchs-serie, n Kugeln zu ziehen, beliebig oft wiederholt, jedes Mal die zufällig erhaltene Zahl m schwarzer Kugeln notiert, die Zahl der Serien, bei denen $m = 0$ bzw. 1 bzw. 2 ...bzw. n ist, jeweils zusammenaddiert und durch die Gesamtzahl aller Versuchsserien dividiert. Je mehr Versuchsserien man durchführt, desto näher wird das Ergebnis für alle Werte von m bei dem durch Gl. (1.15) vorausgesagten Resultat liegen. Abb. 1.2 zeigt die graphische Darstellung für w_m nach Gl. (1.15) für $n = 10$ und $q = 0,3$ sowie 0,5 und 0,8.

Symmetrische Verteilungen für $w_{n,m}$ erhält man mit $p = q = 0,5$. Dieser Fall lässt sich „experimentell" z. B. realisieren durch eine Serie von jeweils n-maligem Werfen einer

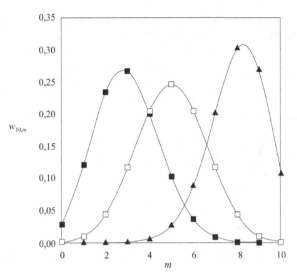

Abb. 1.2: Binominalverteilung nach Gl. (1.15) mit $n = 10$ und $q = 0{,}3(\blacksquare), 0{,}5(\square), 0{,}8(\blacktriangle)$

Münze. Da man ja entweder Zahl oder Wappen erhält, ist die Wahrscheinlichkeit $p = q = 0{,}5$.

Wir wollen jetzt noch den Mittelwert $\langle m \rangle$ und die mittlere Abweichung vom Mittelwert σ bzw. die relative mittlere Abweichung $\widetilde{\sigma} = \sigma/\langle m \rangle$ für die Binomalverteilung nach Gl. (1.15) berechnen.

Dazu bedienen wir uns der „Methode der erzeugenden Funktionen", die im einfachsten Fall angewandt auf Gl. (1.16) folgendermaßen funktioniert. Man definiert eine Funktion $F(y)$, indem man eine neue Variable y in Gl. (1.15) bzw. Gl. (1.16) einführt durch Multiplikation von q mit y:

$$F(y) = (p + q \cdot y)^n = \sum_{m=0}^{m=n} w_{n,m} \cdot y^m$$

Der Summenausdruck rechts ist also eine Potenzreihenentwicklung von $F(y)$, wobei die Entwicklungskoeffizienten $w_{n,m}$ gerade die Wahrscheinlichkeitsdichte der Binominalverteilung darstellen. Daher rührt der Name „erzeugende Funktion" für $F(y)$.

Diese Funktion wird nun nach y differenziert:

$$\frac{dF(y)}{dy} = n(p + q \cdot y)^{n-1} \cdot q = \sum_{m=0}^{m=n} m \cdot w_{n,m} \cdot y^{m-1}$$

Wählt man $y = 1$, ergibt die rechte Seite gerade den Mittelwert von m, also $\langle m \rangle$, und mit $p + q = 1$ folgt

$$\boxed{\langle m \rangle = n \cdot q} \tag{1.17}$$

für den Mittelwert $\langle m \rangle$ der Binominalverteilung. Mit Hilfe der zweiten Ableitung kann man auch $\langle m^2 \rangle$ und damit σ erhalten. Es gilt zunächst:

$$\frac{d^2 F(y)}{dy^2} = n(n-1)(p + q \cdot y)^{n-2} \cdot q^2 = \sum_{m=0}^{m=n} m(m-1) \cdot w_{n,m} \cdot y^{m-2}$$

oder, wenn wieder $y = 1$ gesetzt wird:

$$n^2 \cdot q^2 - n \cdot q^2 = \sum_{m=0}^{m=n} m^2 \cdot w_{n,m} - \sum_{m=0}^{m=n} m \cdot w_{n,m} y^{m-2}$$

also gilt wegen $n^2 \cdot q^2 = (\langle m \rangle)^2$:

$$(\langle m \rangle)^2 - n \cdot q^2 = \langle m^2 \rangle - n \cdot q$$

Damit ergibt sich nach Gl. (1.10) für σ die mittlere quadratische Abweichung vom Mittelwert $\langle m \rangle$

$$\boxed{\sigma^2 = \langle m^2 \rangle - \langle m \rangle^2 = n \cdot q - nq^2 = n \cdot q \cdot p} \qquad (1.18)$$

oder mit Gl. (1.17):

$$\boxed{\widetilde{\sigma} = \frac{\sigma}{\langle m \rangle} = \sqrt{\frac{p}{q}} \cdot \frac{1}{\sqrt{n}}} \qquad (1.19)$$

Die letzte Gleichung, Gl. (1.19) zeigt, dass die relative mittlere Abweichung vom Mittelwert umso kleiner wird, je größer die Zahl n der Versuchsreihen (z. B. Ziehung der Kugeln) ist. Für $n \to \infty$ geht $\widetilde{\sigma} \to 0$ und die relative Verteilungsfunktion wird zu einem scharfen Peak bei $m = \langle m \rangle$. Wenn n also genügend groß ist, kann $\langle m \rangle$ gleich dem Wert von m beim Peak-Maximum m_{max} gesetzt werden. Diese Gesetzmäßigkeit, also $\langle m \rangle \cong m_{max}$, heißt daher das *„Gesetz der großen Zahl"*, sie spielt in der statistischen Thermodynamik eine wichtige Rolle, da dort die große Zahl von Versuchen der großen Zahl der Moleküle entspricht, wie wir noch sehen werden. Diese Zahl liegt für ein makroskopisches System in der Größenordnung von 10^{23} und damit gilt für die relative mittlere Abweichung vom Mittelwert $\widetilde{\sigma} = 3 \cdot 10^{-12}$, also ein äußerst geringer Wert.

1.5 Die Gauß-Verteilung als Grenzfall der Binominalverteilung

Die Binominal-Verteilungsfunktion ist sehr mühsam auszuwerten, wenn n größere oder sehr große Werte annimmt. Gerade für solche Fälle lässt sich jedoch eine Näherungsformel ableiten, die umso genauer ist, je größer n ist. Voraussetzung ist lediglich, dass p oder q nicht zu klein ist.

Wir schreiben Gl. (1.15) mit $m = m_1$ und $n - m = m_2$ sowie $q = p_1$ und $p = p_2$. Ferner wenden wir die Stirling'sche Formel an, um die Fakultäten zu berechnen. Die Stirling'sche Formel lautet in der zweiten Näherung (s. Anhang A.1):

$$\boxed{N! \cong \sqrt{2\pi \cdot N} \cdot N^N \cdot e^{-N}} \tag{1.20}$$

Dann ergibt sich:

$$W(x) = \frac{n!}{m_1! \cdot m_2!} \cdot p_1^{m_1} \cdot p_2^{m_2} \cong \frac{\sqrt{2\pi n} \cdot n^n \cdot e^{-n} \cdot p_1^{m_1} \cdot p_2^{m_2}}{\sqrt{2\pi m_1} \cdot m_1^{m_1} \cdot e^{-m_1} \cdot \sqrt{2\pi m_2} \cdot m_2^{m_2} \cdot e^{-m_2}}$$

$$= \sqrt{\frac{n}{2\pi m_1 \cdot m_2}} \cdot \left(\frac{n \cdot p_1}{m_1}\right)^{m_1} \cdot \left(\frac{n \cdot p_2}{m_2}\right)^{m_2} \tag{1.21}$$

wobei $m_1 + m_2 = n$ in den Exponenten berücksichtigt wurde.

Wir führen jetzt die Hilfsgröße y_i ein:

$$y_i = \frac{m_i - n \cdot p_i}{\sqrt{np_i(1 - p_i)}} \quad \text{für } i = 1 \text{ oder } 2 \tag{1.22}$$

Dann lässt sich für m_i schreiben:

$$m_i = n \cdot p_i + y_i \sqrt{n \cdot p_i(1 - p_i)} \tag{1.23}$$

Wir bilden jetzt den Logarithmus des Produktes der beiden letzten Faktoren in Gl. (1.21) unter Beachtung von Gl. (1.23):

$$\ln\left\{\left(\frac{n \cdot p_1}{m_1}\right)^{m_1} \cdot \left(\frac{n \cdot p_2}{m_2}\right)^{m_2}\right\} = -\sum_{i=1}^{2} m_i \ln\left(\frac{m_i}{n \cdot p_i}\right)$$

$$= -\sum_{i=1}^{2} \left(np_i + y_i \sqrt{n \cdot p_i(1 - p_i)}\right) \cdot \ln\left(1 + y_i \sqrt{\frac{1 - p_i}{n \cdot p_i}}\right)$$

Da der Ausdruck unter dem Logarithmus im zweiten Term wegen des angenommenen großen Wertes von n klein gegen 1 ist, entwickeln wir den ln in eine Taylorreihe (s. Anhang 11.18) bezüglich des zweiten Terms unter dem ln als Variable und brechen nach dem quadratischen Glied ab:

$$\ln\left\{\left(\frac{n \cdot p_1}{m_1}\right)^{m_1} \left(\frac{n \cdot p_2}{m_2}\right)^{m_2}\right\} \approx -\sum_{i=1}^{2} \left(np_i + y_i \sqrt{n \cdot p_i(1 - p_i)}\right) \cdot \left(y_i \sqrt{\frac{1 - p_i}{n \cdot p_i}} - \frac{1}{2}y_i^2\frac{(1 - p_i)}{n \cdot p_i}\right)$$

$$\approx -\sum_{i=1}^{2} \left[y_i \sqrt{n \cdot p_i(1 - p_i)} + \frac{1}{2}y_i^2(1 - p_i)\right] = -\frac{1}{2}y_1^2$$

Dabei wurde im vorletzten Ausdruck beim Ausmultiplizieren das Glied mit dem Faktor $1/\sqrt{n}$ wegen der Größe der Zahl n wieder vernachlässigt und zur Erhaltung des End-ergebnisses $-1/2\, y_1^2$ beachtet, dass $y_1 = -y_2$ ist (s. Gl. (1.21)). Ferner beachtet man, dass gilt:

$$\sum_{i=1}^{2} y_i \sqrt{np_i(1-p_i)} = 0$$

Es folgt schließlich für die gesuchte Näherungsformel bei großen Werten von n, aber nicht zu kleinen Werten von p_1 oder p_2:

$$\boxed{W(x) = \sqrt{\frac{n}{2\pi m_1(n-m_1)}} \cdot e^{-\frac{1}{2}y_1^2} = \frac{1}{\sigma\sqrt{2\pi}} e^{-x^2/2\sigma^2}} \quad \text{(Gauß – Verteilung)} \qquad (1.24)$$

wobei nach Gl. (1.18) $\sigma = \sqrt{n \cdot q(1-q)}$ mit $p_1 = q$ gesetzt wurde und $x = m - \langle m_2 \rangle$ mit $m_1 = m$ und $n \cdot p_1 = n \cdot q = \langle m \rangle$. Als Verteilungsfunktion von Wahrscheinlichkeiten ist Gl. (1.24) automatisch richtig normiert, denn es gilt:

$$\frac{1}{\sigma\sqrt{2\pi}} \int_{-\infty}^{+\infty} e^{-x^2/2\sigma^2}\, dx = \frac{2}{\sigma\sqrt{2\pi}} \cdot \int_{0}^{\infty} e^{-x^2/2\sigma^2} \cdot dx = 1$$

wobei wir von Gl. (11.8) in Anhang 11.2 Gebrauch gemacht haben mit $a = (2\sigma^2)^{-1}$.

Gl. (1.24) stellt die Gauß'sche Verteilungsfunktion dar, sie ist in Abb. 1.3 dargestellt. Ihr Wert im Maximum ist $(\sigma/\sqrt{2\pi})^{-1}$. Die Gauß'sche Verteilungsfunktion ist also umso schmaler und höher, je kleiner σ ist.

Fragen wir nach der relativen Schwankungsgröße $\widetilde{x} = \frac{m-\langle m \rangle}{\langle m \rangle}$ und führen dabei ein:

$$\widetilde{\sigma} = \frac{\sigma}{\langle m \rangle} = \frac{\sigma}{n \cdot q} = \frac{1}{\sqrt{n}} \sqrt{\frac{1-q}{q}}$$

Außerdem gilt für den Mittelwert $\langle x^2 \rangle$ der Gauß-Verteilung (Gl. (1.24)) nach Gl. (11.8) in Anhang 11.2 mit

$$\langle x^2 \rangle = \frac{1}{\sigma\sqrt{2\pi}} \int_{-\infty}^{+\infty} x^2 \cdot \exp\left[\frac{-x^2}{2\sigma^2}\right] = \sigma^2$$

Gl. (1.24) macht darüber hinaus deutlich, dass die relative Abweichung vom Mittelwert für $n \to \infty$ für alle Werte von $\widetilde{x} \neq 0$ gegen Null geht. Gl. (1.24) wird bei $\widetilde{x}$ ein sehr scharfer Peak, eine sog. δ-Funktion, d. h., $\langle m \rangle$ kann einfach mit beliebig hoher Genauigkeit durch den Wert von m bei $x = 0$ bzw. $\widetilde{x} = 0$, also den Maximalwert von m ersetzt werden. Das ist

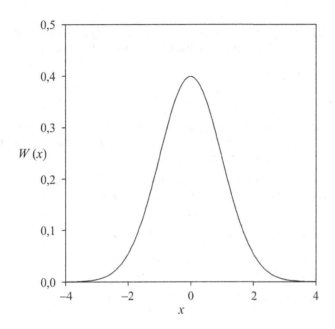

Abb. 1.3: Die Gauß'sche Verteilungsfunktion $W(x)$ nach Gl. (1.24) mit $\sigma = 1$, 2σ heißt die Halbwertsbreite.

wieder die Bestätigung des „Gesetzes der großen Zahl", die sich durch die Tatsache ergibt, dass σ bzw. $\widetilde{\sigma} \to 0$ geht, wenn $n \to \infty$ geht, denn es wird damit auch bestätigt, dass die Annahme, q sei die Wahrscheinlichkeit, also das Verhältnis der positiven Möglichkeiten dividiert durch die Zahl aller Möglichkeiten n, für $n \to \infty$ zur Gewissheit wird. Also gibt es für

$$q = \lim_{n \to \infty} \frac{\langle m \rangle}{n} \tag{1.25}$$

keine Schwankungen mehr.

Das entspricht genau dem empirischen Ergebnis, dass q bei n-maligem Wiederholen für $n \to \infty$ einem festen Wert zustrebt, wie wir es am Anfang in Abschnitt 1.1 am Beispiel des Würfelspiels bereits festgestellt hatten.

Die Gauß'sche Verteilungsfunktion hat in der statistischen Mechanik und Thermodynamik eine herausragende Bedeutung, insbesondere für $q = p = 1/2$. So lässt sich damit z. B. in der Brown'schen Molekularbewegung die Diffusion als „random walk"-Prozess oder bei Polymermolekülen der mittlere Abstand der Kettenenden statistisch beschreiben.

1.6 Die Poisson-Verteilung als Grenzfall der Binominalverteilung

Die Poisson-Verteilung ergibt sich als Grenzfall der Binominalverteilung (Gl. (1.15)) durch folgende, zunächst einmal rein mathematisch formulierten Randbedingungen:

1. n soll gegen ∞ gehen

2. $\lim\limits_{n \to \infty} (p \cdot n) = \text{const} = a$

Die zweite Bedingung besagt also, dass p immer kleiner werden soll mit wachsender Zahl der Versuche n in einer Serie und für $n \to \infty$ gegen Null gehen muss, wenn das Produkt $p \cdot n$ konstant, also gleich a, bleiben soll.

Bevor wir den physikalischen Sinn dieses Grenzfalls der Binominalverteilung näher untersuchen, wollen wir ableiten, zu welcher Art von Verteilungsfunktion man gelangt, wenn man die genannten Bedingungen berücksichtigt.

Wir schreiben dazu Gl. (1.15) zunächst in folgender Form:

$$W_{n(m)} = \frac{n!}{m!(n-m)!} p^m (1-p)^{n-m} = \frac{n(n-1)\cdots(n-m+1)}{m!} p^m (1-p)^{n-m}$$

$$= \frac{n^m \cdot p^m \cdot (1-p)^n}{m!} \frac{\left(1 - \frac{1}{n}\right)\left(1 - \frac{2}{n}\right)\cdots\left(1 - \frac{m+1}{n}\right)}{(1-p)^m}$$

Wir gehen jetzt zum Grenzwert $n \to \infty$ über, wobei wir $p \cdot n = a$ konstant lassen:

$$\lim_{\substack{n \to \infty \\ p \cdot n = a}} W_{n(m)} = \frac{a^m}{m!} \cdot \lim_{n \to \infty} \left(1 - \frac{a}{n}\right)^n \cdot \lim_{n \to \infty} \left[\left(1 - \frac{1}{n}\right)\left(1 - \frac{2}{n}\right)\cdots\left(1 - \frac{m+1}{n}\right)\Big/\left(1 - \frac{a}{n}\right)^m\right]$$

Der erste lim auf der rechten Gleichungsseite ergibt bekanntlich e^{-a} und der zweite lim ergibt 1, wenn m eine endliche Zahl ist. Man erhält also:

$$\boxed{\lim_{\substack{n \to \infty \\ p \cdot n = a}} W_{n(m)} = W_{p(m)} = \frac{a^m}{m!} e^{-a}} \tag{1.26}$$

Das ist die *Poisson'sche Verteilungsfunktion*. Man sieht unmittelbar, dass ihre Summe über alle möglichen Werte von m gleich 1 wird,

$$\sum_{m=0}^{\infty} W_{p(m)} = e^{-a} \sum_{m=0}^{\infty} \frac{a^m}{m!} = e^{-a} \cdot e^{+a} = 1$$

da die Summe im zweiten Term gerade die Taylor-Reihen-Darstellung von e^a ist.

Auch wenn n nicht gegen ∞ geht, sondern nur eine große Zahl ist, und wenn p klein genug ist, ist Gl. (1.26) eine gute Näherung:

$$\boxed{W_{p(m)} \approx \frac{(n \cdot p)^m}{m!} e^{-n \cdot p}} \tag{1.27}$$

Wir wollen jetzt den Mittelwert von m, also $\langle m \rangle$ berechnen, der sich aus der Poisson-Verteilung nach Gl. (1.26) ergibt.

Dazu schreiben wir:

$$e^{-a} \cdot \frac{d}{da} \left(\sum_{m=0}^{\infty} \frac{a^m}{m!} \right) = e^{-a} \cdot \sum_{m=0}^{\infty} \left(m \cdot \frac{a^{m-1}}{m!} \right) = e^{-a} \cdot \frac{1}{a} \sum_{m=0}^{\infty} m \frac{a^m}{m!}$$

Da nun definitionsgemäß der Mittelwert $\langle m \rangle$ der Poissonverteilung

$$\langle m \rangle = e^{-a} \sum_{m=0}^{\infty} m \frac{a^m}{m!}$$

ist, und ferner gilt:

$$\frac{d}{da} \sum_{m=0}^{\infty} \frac{a^m}{m!} = \frac{d}{da} e^a = e^a$$

folgt daraus:

$$a = n \cdot p = \langle m \rangle \tag{1.28}$$

Damit lässt sich für Gl. (1.27) auch schreiben:

$$\boxed{W_{p,m} = \frac{(\langle m \rangle)^m}{m!} e^{-\langle m \rangle}} \quad \text{(Poisson – Verteilung)} \tag{1.29}$$

Die Poisson-Verteilung ist also festgelegt, wenn der Mittelwert $\langle m \rangle$ bekannt ist. Abb. 1.4 zeigt die Poissonverteilung für verschiedene Parameter $\langle m \rangle$ als Funktion von m.

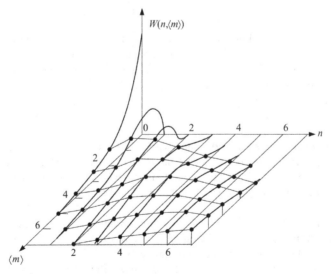

Abb. 1.4: Die Poisson'sche Verteilungsfunktion

Wir wollen jetzt die physikalische Bedeutung von Gl. (1.26) bzw. Gl. (1.29) erläutern.

Dazu betrachten wir Zufallsprozesse auf einer Zeitskala statt einer Raumskala, z. B. teilen wir ein Zeitintervall t_n in n Sekunden ein. Innerhalb dieser Zeit geschehen m Ereignisse, z. B. m radioaktive Zerfälle eines Nuklids oder m Regentropfen treffen auf einer kleinen Scheibe auf. Die Zeit, die das Ereignis selbst einnimmt, ist sehr kurz, viel kürzer als eine Sekunde, im Grenzfall ist dieses Zeitintervall unendlich kurz. Wir müssen also das endlich lange Zeitintervall von t_n Sekunden nicht in Sekunden sondern in quasi unendlich kurze Zeiteinheiten einteilen, so dass in einer solch extrem kurzen Zeiteinheit nicht mehrere Ereignisse stattfinden können, sondern nur noch *ein* Ereignis *oder keines*. Das heißt, wenn $t_n(= n$ Zeiteinheiten), unser Beobachtungszeitraum derselbe bleibt, dann geht die Zahl der Zeiteinheiten n gegen unendlich, die Zahl der Ereignisse m bleibt aber gleich.

Wenn wir nun eine Serie von vielen, sagen wir s immer gleich langen Beobachtungszeiträumen t_n benutzen, um den Mittelwert $\langle m \rangle = \sum_{i=1}^{s} m_i/s$ zu bilden, haben wir für diesen Wert $\langle m \rangle$ genau den für eine Poisson-Verteilung zu erwarten, denn nach Gl. (1.29) geht $n \to \infty$, aber m bzw. $\langle m \rangle$ bleibt durchaus endlich. Das ist in Abb. 1.5 nochmals veranschaulicht.

0   t $2t$ $3t$ $4t$ $5t$

Abb. 1.5: Zufällige Ereignisprozesse auf der Zeitskala

Die Länge der „Kästen" ist konstant = t_n, die Zahl der „Kästen" ist s, und die zufälligen Ereignisse sind durch „unendlich dünne" Striche gekennzeichnet. Die skizzierte Situation entspricht in der „Raumskala" z. B. einem Kugelspiel, bei dem eine durchaus endliche Zahl von Kugeln m statistisch auf eine sehr große Zahl n leerer Plätze verteilt wird, die Wahrscheinlichkeit p, eine Kugel auf irgendeinem Platz zu finden, ist natürlich sehr klein, aber $n \cdot p = \langle m \rangle$ ist eine durchaus endlich große Zahl.

Wenn wir z. B. bei geringem Niederschlag im Mittel $\langle m \rangle$ Regentropfen in der Zeit t zählen, kann man angeben, wie groß die Wahrscheinlichkeit ist, im nächsten Zeitabschnitt t gerade m Tropfen zu zählen. Bei $\langle m \rangle = 10$ und $m = 10$ ist nach Gl. (1.29) diese Wahrscheinlichkeit $W_{(10)} = 0,125$, für $m = 5$ ist $W_{(5)} = 0,038$, bei $m = 15$ ist $W_{(15)} = 0,035$.

Ganz allgemein kann die Poissonverteilung immer dann mit guter Genauigkeit angewandt werden, wenn die Zahl n der Möglichkeiten ziemlich groß ist, die Wahrscheinlichkeit, ein positives Ereignis zu registrieren, dagegen ziemlich gering ist. In den Exkursen Nr. 1.7.14 bis 1.7.18 werden verschiedene Beispiele der Poissonverteilung diskutiert.

Wir berechnen jetzt noch $\langle m^2 \rangle$ und $\langle m - \langle m \rangle \rangle^2 = \langle m^2 \rangle - \langle m \rangle^2$ für Gl. (1.29):

$$\langle m^2 \rangle = e^{-\langle m \rangle} \cdot \sum_{m=1}^{\infty} m^2 \frac{\langle m \rangle^m}{m!} = e^{-\langle m \rangle} \cdot \left(\sum_{m=1}^{\infty} \frac{(m-1)\langle m \rangle^m}{(m-1)!} + \sum_{m=1}^{\infty} \frac{\langle m \rangle^m}{(m-1)!} \right)$$

$$= e^{-\langle m \rangle} \left(\sum_{m=2}^{\infty} \frac{\langle m \rangle^m}{(m-2)!} + \sum_{m=1}^{\infty} \frac{\langle m \rangle^m}{(m-1)!} \right) = e^{-\langle m \rangle} \left(\langle m \rangle^2 \cdot \sum_{m=0}^{\infty} \frac{\langle m \rangle^m}{m!} + \sum_{m=0}^{\infty} \frac{m \langle m \rangle^m}{m!} \right)$$

$$= e^{-\langle m \rangle} \cdot e^{+\langle m \rangle} \cdot \langle m \rangle^2 + \langle m \rangle$$

$$\langle m^2 \rangle = \langle m \rangle^2 + \langle m \rangle \quad \text{bzw.} \quad \langle m^2 \rangle - \langle m \rangle^2 = \langle m \rangle \tag{1.30}$$

Nach Gl. (1.18) ist die mittlere quadratische Schwankung $\sigma^2 = \langle m^2 \rangle - \langle m \rangle^2$ also bei der Poisson-Verteilung gleich $\langle m \rangle$, bzw. die relative mittlere Abweichung nach Gl. (1.19) $\widetilde{\sigma} = 1$.

1.7 Exkurs zu Kapitel 1

1.7.1 Das letzte gemeinsame Mittagessen

8 Personen verabreden, jeden Tag an einem Tisch mit 8 Plätzen gemeinsam das Mittagessen einzunehmen. Jeden Tag sollen dabei die Plätze anders besetzt sein. Wie lange dauert es, bis alle möglichen Sitzpositionen eingenommen wurden?

Lösung:
Es gibt $N!$ unterschiedliche Anordnungen von N verschiedenen Objekten, in diesem Fall Personen, verteilt auf N Plätze, also im vorliegenden Fall $8! = 40320$.

Es würde also $40320/365 \approx 110$ Jahre dauern bis zum letzten gemeinsamen Mittagessen!

1.7.2 Ordnen von Buchstaben zu Wörtern

Wie viele Möglichkeiten gibt es, die Buchstaben C, E, E, H, I, M anzuordnen? Wie groß ist die Wahrscheinlichkeit, dass durch eine zufällige Anordnung das Wort „CHEMIE" entsteht oder aus den Buchstaben I, K, M, S, U das Wort „MUSIK"?

Lösung:
Die Zahl der Möglichkeiten bei C, E, E, H, I, M ist gleich der Zahl der Anordnungen von 6 Elementen, von denen 2 gleich sind, also $6!/(2! \cdot 1! \cdot 1! \cdot 1! \cdot 1!) = 3 \cdot 4 \cdot 5 \cdot 6 = 360$. Die gesuchte Wahrscheinlichkeit für „CHEMIE" ist der Kehrwert, also $1/360 \cong 2{,}778 \cdot 10^{-3} = 0{,}02778\%$. Bei den Buchstaben I, K, M, S, U gibt es $5!/(1! \cdot 1! \cdot 1! \cdot 1! \cdot 1!) = 120$ Möglichkeiten, also ist die Wahrscheinlichkeit für „MUSIK" $1/120 = \cong 8{,}333 \cdot 10^{-3} = 0{,}833\%$.

1.7.3 Ziehung von Kugeln aus einer Urne

Berechnen Sie die Wahrscheinlichkeit, dass Sie (mit verbundenen Augen) aus einer Menge von 20 schwarzen, 30 grünen und 60 roten Kugeln

a) eine grüne Kugel ziehen;

b) 3 mal hintereinander eine schwarze Kugel ziehen, vorausgesetzt, Sie legen die gezogene Kugel vor dem erneuten Ziehen wieder in den „Pool" zurück;

c) 3 mal hintereinander eine schwarze Kugel ziehen, *ohne* die jeweils gezogene Kugel wieder zurückzulegen.

Lösung:

a) $\dfrac{30}{20 + 30 + 60} = 0{,}2727$ b) $\left[\dfrac{20}{20 + 30 + 60}\right]^3 = 6{,}01 \cdot 10^{-3}$ c) $\dfrac{20}{110} \cdot \dfrac{19}{109} \cdot \dfrac{18}{108} = 5{,}28 \cdot 10^{-3}$

1.7.4 Multiplizität von Spin-Spin-Kopplung in der ^{1}H-NMR Spektroskopie

Wir betrachten den ^{1}H-Atomkern der CH-Gruppe eines iso-Propylbenzol-Moleküls (s. Abb. 1.6, links). Zwischen diesen und den 6 äquivalenten ^{1}H-Kernen der beiden CH_3-Gruppen (Positionen a) besteht eine Spin-Spin-Kopplung, die zur Aufspaltung des Resonanz-Signals des zentralen ^1H-Kerns (Position b in Abb. 1.6) in der NMR-Spektroskopie führt.

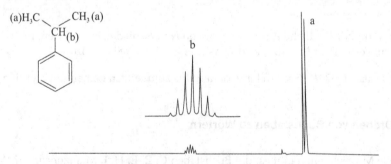

Abb. 1.6: iso-Propylbenzol und ^{1}H-NMR-Spektrum der iso-Propylgruppe

Befindet sich der Spin des zentralen ^{1}H-Kerns im α- oder β-Zustand hängt die Verschiebung des Signals von der Zahl der 6 Nachbarkerne ab, die im α- bzw. β-Zustand sind. Die Verschiebung des Signals ist proportional zur Differenz der α- minus der β-Zustände, also zu $n - j$ mit $n = 6$ und j von 0 bis 6. Es gibt ebenso viele positive wie negative Verschiebungen. Abb. 1.6 zeigt das ^{1}H-NMR-Spektrum. Der zentrale Peak hat 3 Nachbarsignale im selben Abstand voneinander zu beiden Seiten. Er gehört zu $n = 3$, die beiden äußeren Signale zu $n = 6$ bzw. $n = 0$. Erklären Sie die unterschiedlichen Signalintensitäten durch die Zahl gleichwertiger Kombinationen von α- und β-Spins der ^{1}H-Kerne in den beiden CH$_3$-Gruppen.

Lösung:
Der Überschuss von α-Spins gegenüber β-Spins sei j. Die Intensität der Signale ist proportional zur Anzahl identischer, aber unterscheidbarer Kombinationen von j α-Spins und $(n-j)$ β-Spins. Es ist $n = 6$ und $j = 0,1,2,\ldots 6$. Für die Intensität I_j gilt dann nach Gl. (1.13)

$$I_j = c \cdot \frac{n!}{(n-j)! \cdot j!}$$

c ist eine Proportionalitätskonstante. Man beachte, dass $0! = 1$ ist. Das Verteilungsmuster von I_j ist dann:

I_j/c	1	6	15	20	15	6	1
j	0	1	2	3	4	5	6

Das entspricht genau den Intensitätsverhältnissen im Spektrum in Abb. 1.6, Mitte (b). Die beiden Signale bei viel höheren Werten auf der δ-Skala entsprechen dem Resonanzsignal der 6 ^{1}H-Kerne der beiden CH$_3$-Gruppen. Es zeigt nur eine Aufspaltung; ein Signal gehört zum α-Zustand des Kerns in der CH-Gruppe, das andere zum β-Zustand.

1.7.5 Der Anteil von $D_2^{17}O$-Molekülen im Trinkwasser

Die Isotopenverteilung von Wasserstoff auf der Erde ist:

^{1}H : 99,985 %, ^{2}H = D : 0,015 %

und die von Sauerstoff:

^{16}O : 99,942 %, ^{17}O : 0,038 %, ^{18}O : 0,020 %

Wie viel Prozent der Wassermoleküle bestehen aus $D_2^{17}O$? Wie viele davon befinden sich in einem Liter? Welchen Durchmesser hätte ein $D_2^{17}O$-Tropfen, wenn man ihn aus einem Liter Wasser extrahieren könnte?

Lösung:
Nach dem Produktgesetz der Wahrscheinlichkeitsrechnung gilt für das gleichzeitige Auftreten unabhängiger Ereignisse in unserem Fall:

$$P = (1{,}5 \cdot 10^{-4})^2 \cdot 3{,}8 \cdot 10^{-4} = 8{,}55 \cdot 10^{-12}$$

In einem m^3 Wasser befinden sich $5{,}556 \cdot 10^4$ mol. Davon sind $8{,}55 \cdot 10^{-12} \cdot 5{,}556 \cdot 10^4 = 4{,}750 \cdot 10^{-7}$ mol $D_2\,^{17}O$, also $4{,}75 \cdot 10^{-5}$mol%. Die Molmasse von $D_2\,^{17}O$ beträgt 21 g·mol^{-1}, also ist die Gesamtmasse an $D_2\,^{17}O$ in 1 m^3 Wasser gleich $21 \cdot 4{,}75 \cdot 10^{-7} = 9{,}975 \cdot 10^{-6}$ g. Die Dichte von $D_2\,^{17}O$ beträgt:

$$\varrho_{D_2\,^{17}O} = \varrho_{H_2O} \cdot \frac{21}{18} = 1{,}1667 \text{ g} \cdot \text{cm}^{-3}$$

wobei $\varrho_{H_2O} = 1$ g·cm^{-3} gesetzt wurde. Der Volumenanteil von $D_2\,^{17}O$ in einem m^3 Wasser beträgt somit:

$$V_{D_2\,^{17}O} = 9{,}975 \cdot 10^{-6} / \varrho_{D_2\,^{17}O} = 8{,}5498 \cdot 10^{-6} \text{ cm}^3$$

Das entspricht einem Tropfen vom Durchmesser d:

$$d = \left(\frac{6}{\pi} \cdot 8{,}85498 \cdot 10^{-6}\right)^{1/3} = 0{,}02537 \text{ cm} = 253{,}7 \ \mu m$$

1.7.6 Zahl der Sitzweisen von Vögeln auf Pfählen

Auf 12 Holzpfählen am Strand bei Warnemünde sitzen 7 Seemöwen.

a) Auf wie viele Weisen können die Seemöwen auf den Pfählen sitzen? Die Seemöwen selbst kann man nicht unterschieden, und auf einem Pfahl kann nur eine Seemöwe sitzen.

b) Wie groß ist die Wahrscheinlichkeit W, dass die 7 Seemöwen auf irgendeine Weise alle nebeneinander auf den Pfählen sitzen?

Lösung:

a) Anzahl der Sitzmöglichkeiten für 7 Seemöwen auf 12 Holzpfählen: $\dfrac{12!}{7! \cdot 5!} = 792$

b) Bei n Holzpfählen und m Seemöwen ($m \leq n$) gibt es $n - m + 1$ Möglichkeiten für eine geschlossene Sitzreihe nebeneinander. Die Wahrscheinlichkeit W ist also mit $n = 12, m = 7$: $W = \dfrac{n - m + 1}{\dfrac{(n + m)!}{n! \cdot m!}} = \dfrac{6}{792} = 7{,}576 \cdot 10^{-3} = 0{,}7576\,\%$

1.7.7 Ein Würfelspiel

Wie groß ist die Wahrscheinlichkeit, mit 2 unterscheidbaren Würfeln genau die Zahl 5 als Summe der Augenzahlen zu werfen?

Lösung:

Es gibt $6 \cdot 6 = 36$ Möglichkeiten, unterscheidbare Ergebnisse zu würfeln. Davon gibt es 4 Möglichkeiten, als Summe der Augen eine 5 zu würfeln, nämlich $2 + 3, 3 + 2, 1 + 4, 4 + 1$. die Wahrscheinlichkeit P, die Augensumme 5 zu würfeln ist also:

$$P = \frac{4}{36} = 0,111$$

1.7.8 Noch ein Würfelspiel

Wie groß ist die Wahrscheinlichkeit W, bei 100-maligem Würfeln 20-mal eine 6 zu würfeln?

Lösung:

Da die Wahrscheinlichkeit 1/6 ist, eine 6 zu würfeln, und 5/6, keine 6 zu würfeln, gilt nach der Produktregel:

$$W = \left(\frac{1}{6}\right)^{20} \cdot \left(\frac{5}{6}\right)^{80} \cdot \frac{100!}{20!80!}$$

Der dritte Faktor gibt die Zahl der Möglichkeiten an, in welcher Reihenfolge die 20 „Sechser" bei den 100 Würfen erscheinen können. Das Resultat berechnet man am besten mit Hilfe der Stirling'schen Formel $N! \cong \sqrt{2\pi N} \cdot N^N \cdot e^{-N}$ (s. Gl. (11.1) im Anhang 11.1).

Man erhält:

$$W \cong 0,0682, \text{ also } 6,82\%$$

1.7.9 Gewinnchance beim Zahlenlotto

Das Zahlenlotto „6 aus 49" (hier der Vereinfachung halber ohne Zusatzzahl) verlockt mit hohen Gewinnen, wenn man alle 6 Zahlen richtig tippt. Die Gewinnchance ist jedoch äußerst gering. Wie groß ist die Wahrscheinlichkeit zu gewinnen?

Lösung:

Wir berechnen die Zahl z der Möglichkeiten, 6 ganz bestimmte Ziffern auf 49 Plätze anzuordnen:

$$z = \frac{49!}{(49 - 6)!6!} = 13.983.816$$

Nur *eine* der Anordnungen ist die „Gewinnanordnung".

Man kann auch so vorgehen: z ist identisch mit der Zahl der Möglichkeiten, 6 bestimmte Ziffern in beliebiger Reihenfolge aus 1 bis 49 auszuwählen, denn für die erste gibt es 49 Möglichkeiten, für die zweite 48 usw., also insgesamt.

$$49 \cdot 48 \cdot 47 \cdot 46 \cdot 45 = \frac{49!}{(49 - 6)!}$$

Da es bei den ausgewählten Ziffern nicht auf die Reihenfolge der Ziehung ankommt, muss durch die Zahl der möglichen Reihenfolgen, also 6!, dividiert werden:

$$z = \frac{49!}{(49 - 6)! \cdot 6!}$$

Die Wahrscheinlichkeit, alle 6 Ziffern richtig zu tippen, ist 1/z, also ca. 1 zu 14 Millionen, genauer: $W = 7{,}151 \cdot 10^{-8}$.

1.7.10 Gemeinsamer Geburtstag

Eine beliebte Frage lautet: Wie wahrscheinlich ist es, dass in einer Gruppe von n Personen mindestens 2 Personen an demselben Tag Geburtstag haben?

Lösung:

Es gibt statistisch betrachtet für jede Person 365 Möglichkeiten im Jahr, Geburtstag zu haben (wir vernachlässigen Schaltjahre). Die Gesamtzahl dieser Möglichkeiten ist daher $(365)^n$. Die Zahl der Möglichkeiten, dass *keine* der n Personen am selben Tag zusammen mit einer anderen Person Geburtstag hat, ist identisch mit der Zahl der Möglichkeiten, n unterscheidbare Objekte (z. B. individuelle Personen) auf 365 Positionen (Tage im Jahr) zu verteilen *ohne* Mehrfachbesetzung einer Position.

Diese Zahl ist:

$$365 \cdot (365 - 1) \cdots (365 - n + 1) = \frac{365!}{(365 - n)!}$$

Die Wahrscheinlichkeit, dass keine 2 Personen gemeinsam Geburtstag haben, ist diese Zahl dividiert durch die Zahl aller Möglichkeiten für n Personen im Jahr Geburtstag zu haben, also

$$\frac{365!}{(365 - n)! \cdot (365)^n}$$

Die gesuchte Wahrscheinlichkeit W_n, dass *mindestens* 2 der n Personen gemeinsam Geburtstag haben, ist daher:

$$W_n = 1 - \frac{365!}{(365 - n)! \cdot (365)^n}$$

Beispiel: Zahl der Personen $n = 24$

$$W_{24} = 1 - \frac{365!}{341! \cdot (365)^{24}}$$

Man berechnet solche Ausdrücke am besten mit Hilfe der erweiterten Stirling'schen Formel (s. Gl.(11.1) Anhang 11.1):

$$\ln N! = N \cdot \ln N - N + \ln \sqrt{2\pi \cdot N}$$

Man erhält:

$$W_{24} = 1 - 0{,}4616 = 0{,}5384$$

Die Wahrscheinlichkeit ist also ca. 54 %.

Bemerkung: Die Formel gilt nur für $n \leq 365$, da bei $n > 365$ auf jeden Fall mindestens 2 Personen gemeinsam Geburtstag haben müssen.

1.7.11 Isotopenverteilung und Massenspektrum von BCl$_3$

Das Element Bor (B) besteht zu 20 % aus ^{10}B und zu 80 % aus ^{11}B. Das Element Chlor (Cl) besteht zu 76 % aus ^{35}Cl und zu 24 % aus ^{37}Cl.

Die Fragen lauten:

a) Wie viele Isotope von BCl$_3$ gibt es?

b) Mit welcher Wahrscheinlichkeit treten diese Isotope auf? Schreiben Sie die BCl$_3$-Isotope in der Reihenfolge steigender Prozentzahl ihres Vorkommens mit Zahlenangabe auf.

c) Zeichnen Sie die relativen Intensitäten des erwarteten Massenspektrums von BCl$_3$ in ein Diagramm ein.

Lösung:

Im Molekül BCl$_3$ gibt es 3 Cl-Atome mit 2 unterscheidbaren Arten (Isotopen). Für die Wahrscheinlichkeit P_n, dass in den 3 Cl-Atomen das ^{35}Cl-Isotop n-mal vorkommt, gilt:

$$P_n = \frac{N!}{n!(N-n)!} \cdot x^n \cdot y^{N-n} \quad \text{mit } n = 0, 1, 2 \text{ oder } 3$$

Es ist $N = 3, x = 0{,}76$ und $y = 0{,}24$. Es gibt also 4 verschiedene Kombinationen von Cl-Isotopen. Analoges gilt für Bor. Hier gibt es nur zwei Wahrscheinlichkeiten W_n:

$$W_0 = 0{,}2 \quad \text{und} \quad W_1 = 0{,}8$$

Die Wahrscheinlichkeiten der Realisierungen von Bor-Isotopen und Cl-Isotopen in BCl$_3$ sind unabhängig voneinander, es muss also gelten:

$$\sum_n \sum_m P_n \cdot W_m = \sum_{m=0}^{1} W_m \cdot \sum_{n=0}^{3} P_n = 1$$

a) Insgesamt gibt es 8 Isotope von BCl$_3$.

b) Die Molmassen M in $mol \cdot kg^{-1}$ und die Wahrscheinlichkeiten ihres Auftretens in aufsteigender Rangfolge sind:

$M=0,0121$ $^{10}B^{37}Cl_3$: $W_0 \cdot P_0 = \frac{3!}{3!} \cdot 0,2 \cdot (0,24)^3$ $= 0,0027 = 0,27\%$

$M=0,0122$ $^{11}B^{37}Cl_3$: $W_1 \cdot P_0 = \frac{3!}{3!} \cdot 0,8 \cdot (0,24)^3$ $= 0,0108 = 1,08\%$

$M=0,0119$ $^{10}B^{35}Cl^{37}Cl_2$: $W_0 \cdot P_1 = \frac{3!}{2!} \cdot 0,2 \cdot 0,76 \cdot (0,24)^2 = 0,0263 = 2,63\%$

$M=0,0117$ $^{10}B^{35}Cl_2^{37}Cl$: $W_0 \cdot P_2 = \frac{3!}{2!} \cdot 0,2 \cdot (0,76)^2 \cdot 0,24 = 0,0832 = 8,32\%$

$M=0,0115$ $^{10}B^{35}Cl_3$: $W_0 \cdot P_3 = \frac{3!}{3!} \cdot 0,2 \cdot (0,76)^3$ $= 0,0878 = 8,78\%$

$M=0,0120$ $^{11}B^{35}Cl^{37}Cl_2$: $W_1 \cdot P_1 = \frac{3!}{2!} \cdot 0,8 \cdot 0,76 \cdot (0,24)^2 = 0,1052 = 10,52\%$

$M=0,0118$ $^{11}B^{35}Cl_2^{37}Cl$: $W_1 \cdot P_2 = \frac{3!}{2!} \cdot 0,8 \cdot (0,76)^2 \cdot 0,24 = 0,3328 = 33,28\%$

$M=0,0116$ $^{11}B^{35}Cl_3$: $W_1 \cdot P_3 = \frac{3!}{3!} \cdot 0,8 \cdot (0,76)^3$ $= 0,3512 = 35,12\%$

c) Abb. 1.7 zeigt das berechnete Massenspektrum.

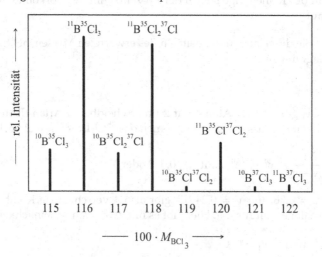

Abb. 1.7: Massenspektrum von BCl_3

1.7.12 Zahl der Verteilung von Bällen auf Körbe

Auf wie viele Arten z kann man 7 (nichtunterscheidbare) Bälle auf 3 Körbe verteilen?

Lösung:

Dieses Problem wird durch Gl. (1.14) gelöst mit $N = 7$ und $m = 3$:

$$z = \frac{(7 + 3 - 1)!}{7!(3 - 1)!} = 36$$

1.7.13 Eigenschaften einer Verteilungsfunktion

Eine Verteilungsfunktion (Wahrscheinlichkeitsdichte-Funktion) lautet:

$$f(x) = c[x(1 - x)] \quad \text{mit} \quad 0 \leq x \leq 1$$

a) Wie groß ist die Normierungskonstante c?

b) Welchen Wert hat $\langle x \rangle$?

c) Welchen Wert hat $\sigma = \left\langle (x - \langle x \rangle)^2 \right\rangle^{1/2}$

Lösung:

a) $\int\limits_0^1 f(x)\mathrm{d}x = 1 = c \int\limits_0^1 [x(1 - x)]\mathrm{d}x = c \left[\frac{1}{2}x^2 - \frac{1}{3}x^3\right]_0^1 = \frac{c}{6}$, also ist $c = 6$.

b) $\langle x \rangle = 6 \int\limits_0^1 x^2(1 - x)\mathrm{d}x = 6\left(\frac{1}{3} - \frac{1}{4}\right) = \frac{1}{2}$

c) $\left\langle (x - \langle x \rangle)^2 \right\rangle = \langle x^2 \rangle - \langle x \rangle^2 = 6 \int\limits_0^1 x^3(1 - x)\mathrm{d}x - \frac{1}{4} = \frac{1}{20}$

$\sigma = \sqrt{\frac{1}{20}} = 0{,}2236$

1.7.14 Statistische Verteilung kolloidaler Goldpartikel unter dem Mikroskop

Die Poisson'sche Verteilung lässt sich z. B. durch folgenden Versuch überprüfen. Man beobachtet unter einem Mikroskop die Zahl m von kolloidalen Goldpartikeln in einem Volumenbereich, von ca. $1000\,\mu\text{m}^3$, der sehr klein ist gegenüber dem Gesamtvolumen, in dem sich die suspendierten Partikel bewegen. Ist m stets genügend klein gegenüber der Zahl von Beobachtungen Z_m, kann mit den erhaltenen Ergebnissen die Poisson'sche Verteilungsfunktion nach Gl. (1.29) auf ihre Gültigkeit hin überprüft werden. Folgende Ergebnisse wurden erhalten (T. Svedberg, Z. Phys. Chem. **73**, 547 (1910)).

m	0	1	2	3	4	5	6	7
Z_m	112	168	130	69	32	5	1	1

Die Gesamtzahl der Beobachtungen $\sum Z_m$ ist also 518.

a) Bestimmen Sie aus diesen Daten die Wahrscheinlichkeit W_m, dass m Partikel gefunden werden.

b) Berechnen Sie die mittlere Zahl der Partikel $\langle m \rangle$ und berechnen Sie dann W_m nach der Poisson'schen Formel (Gl. (1.29)). Vergleichen Sie W_m aus a) mit W_m aus b). Ist die Poisson'sche Verteilung erfüllt?

Lösung:

a) Es gilt: $W_m(\text{beobachtet}) = Z_m \Big/ \sum\limits_{m=0}^{7} Z_m$.

b) Es ist $\langle m \rangle = \sum\limits_{m=0}^{7} W_m(\text{beobachtet}) \cdot m = 1{,}548$. Setzt man diesen Wert in Gl. (1.29) ein, erhält man W_m (Poisson). Die Ergebnisse zeigt die folgende Tabelle.

m	0	1	2	3	4	5	6	7
W_m (beobachtet)	0,216	0,324	0,251	0,133	0,062	0,010	0,002	0,002
W_m (Poisson)	0,212	0,328	0,253	0,130	0,051	0,015	0,004	0,001

Die Poissonverteilung beschreibt die Experimente sehr gut. Wir berechnen noch nach Gl. (1.30) die mittlere Schwankung σ:

$$\sigma = \pm \sqrt{\langle m \rangle} = \pm \sqrt{1{,}548} = \pm 1{,}244.$$

1.7.15 Trefferwahrscheinlichkeit von Neutrinos auf den menschlichen Körper

Neutrinos sind fast masselose Elementarteilchen, die z. B. beim Kernfusionsprozess in der Sonne ständig gebildet und abgestrahlt werden. Neutrinos haben eine sehr geringe Wechselwirkung mit Materie und sind daher schwer nachzuweisen, auch wenn ihre Strahlungsintensität relativ hoch ist. Durchschnittlich absorbiert ein Mensch in seinem Leben etwa 6 Neutrinos.

Benutzen Sie die Poisson'sche Verteilungsfunktion, um anzugeben, wie hoch die Wahrscheinlichkeit ist, dass ein 25 jähriger Mensch in seinem Leben 0, 2, 4, 6 oder 8 Neutrinos absorbiert hat. Gehen Sie von einer mittleren Lebenserwartung von 75 Jahren aus.

Lösung:

Die durchschnittliche Dosis für einen 25jährigen ist $(25/75) \cdot 6 = 2$. Also ist nach Gl. (1.29) $\langle m \rangle = 2$. Wir setzen für m nacheinander $m = 0, 2, 4, 6$ und 8 ein und erhalten:

$$W_0 = e^{-2} = 0{,}1353, \quad W_2 = \tfrac{2^2}{2}e^{-2} = 0{,}2706, \quad W_4 = \tfrac{2^4}{4!}e^{-2} = 0{,}0902,$$
$$W_6 = \tfrac{2^6}{6!}e^{-2} = 0{,}0120, \quad W_8 = \tfrac{2^8}{8!}e^{-2} = 8{,}6 \cdot 10^{-4}.$$

1.7.16 Mögliche Zahl von Gewinnern beim Lotto

Wir kehren nochmals zu Aufgabe 1.7.9 mit dem Zahlenlotto „6 aus 49" zurück. Die Frage lautet: Wie groß ist die Wahrscheinlichkeit, dass a) keinmal, b) einmal, c) zweimal alle 6 Zahlen richtig getippt werden, wenn 5 Millionen Spieler teilnehmen?

Lösung:

Diese Frage beantwortet die Poisson-Verteilung, denn die Zahl der Versuche ($5 \cdot 10^6$) ist groß, die Wahrscheinlichkeit des Gewinns ($7{,}151 \cdot 10^{-8}$) ist sehr gering.

Es gilt hier:

$$\langle m \rangle = p \cdot n = 7{,}151 \cdot 10^{-8} \cdot 5 \cdot 10^6 = 0{,}3575$$

Also gilt für $m = 0$ (kein Gewinner) die Wahrscheinlichkeit:

$$W_0 = 1 \cdot e^{-0{,}3575} = 0{,}699 = 69{,}9\%$$

Für $m = 1$ (1 Gewinner) gilt:

$$W_1 = \frac{(0{,}3575)^1}{1} \cdot e^{-0{,}375} = 0{,}25 = 25\%$$

Für $m = 2$ (2 Gewinner) gilt:

$$W_2 = \frac{(0{,}3575)^2}{2} \cdot e^{-0{,}375} = 0{,}0446 = 4{,}5\%$$

1.7.17 Fehlerquote bei der Replikation eines DNA-Moleküls

Ein DNA-Molekül bestehe aus 2500 Basenpaaren. Bei der Verdoppelung des Moleküls sei die Wahrscheinlichkeit, dass an einem Basenpaar ein Mutationsfehler entsteht $2 \cdot 10^{-4}$. Wie groß ist die Wahrscheinlichkeit, dass bei der Verdoppelung, d. h., der Kopierung des DNA-Moleküles a) kein Fehler, b) ein Fehler oder c) 2 Fehler entstehen?

Lösung:

Wir wenden die Poisson-Verteilung an, da n genügend groß und p genügend klein ist. Es gilt:

$$p = 2 \cdot 10^{-4}, n = 2500, \langle m \rangle = p \cdot n = 2 \cdot 10^{-4} \cdot 2500 = 0{,}5$$

a) $W_0 = e^{-0{,}5} = 0{,}6065 = 60{,}65\%$

b) $W_1 = \frac{0{,}5}{1} \cdot e^{-0{,}5} = 0{,}3032 = 30{,}32\%$

c) $W_2 = \frac{(0{,}5)^2}{2} \cdot e^{-0{,}5} = 0{,}0758 = 7{,}58\%$

1.7.18 Statistik beim Zerfall eines Radionuklids

In einer kleinen Bodenprobe, die ein Radionuklid mit der Halbwertszeit von 100 Jahren enthält, werden mit einem Detektor im Mittel 45 Zerfälle pro Minute registriert.

a) Wie viele Atome des Radionuklids enthält die Probe?

b) Wie groß ist die Wahrscheinlichkeit, in einer Minute zwischen 40 bis 42 oder zwischen 28 bis 30 oder zwischen 52 und 54 Zerfälle zu registrieren?

c) Wie groß ist die Schwankung σ um den Mittelwert der 45 Zerfälle pro Minute?

Lösung:

a) Die Halbwertszeit τ beträgt $100 \cdot 365 \cdot 24 \cdot 60 = 5{,}256 \cdot 10^7$ Minuten. Die Zerfallskonstante k ist demnach: $k = \ln 2/\tau = 1{,}319 \cdot 10^{-8}\,\text{min}^{-1}$.

Die mittlere Zahl der Zerfälle $\langle m \rangle$ pro Minute beträgt 45, also gilt

$$\langle m \rangle \approx -\frac{dN}{dt} = k \cdot N \cdot \Delta t = 45$$

Mit $\Delta t = 1$ Minute und $k = 1{,}319 \cdot 10^{-8}\,\text{min}^{-1}$ ergibt sich für N:

$$N = \frac{\langle m \rangle}{k} = 3{,}41 \cdot 10^9 \text{ Atome}$$

b) Nach der Poisson'schen Verteilungsfunktion gilt für $m = 40$ bis 42 und $\langle m \rangle = 45$:

$$W_p\,(40 \text{ bis } 42) = \sum_{m=40}^{42} \frac{\langle m \rangle^m}{m!} \cdot e^{-\langle m \rangle} = 0{,}0472 + 0{,}0518 + 0{,}0555 = 0{,}155 = 15{,}5\%$$

Für $m = 28$ bis 30 und $\langle m \rangle = 45$ gilt:

$$W_p\,(28 \text{ bis } 30) = \sum_{m=28}^{30} \frac{\langle m \rangle^m}{m!} \cdot e^{-\langle m \rangle} = 0{,}0018 + 0{,}0028 + 0{,}0042 = 8{,}8 \cdot 10^{-3} = 0{,}88\,\%$$

Für $m = 52$ bis 58 und $\langle m \rangle = 45$ gilt:

$$W_p\,(52 \text{ bis } 54) = \sum_{m=52}^{54} \frac{\langle m \rangle^m}{m!} \cdot e^{-\langle m \rangle} = 0{,}0329 + 0{,}0279 + 0{,}0233 = 0{,}0841 = 8{,}4\,\%$$

c) $\sigma = \sqrt{\langle m \rangle} \cong 6{,}7$

1.7.19 Molekulargewichtsverteilung von Polymermolekülen

Ein Polymermolekül besteht aus Einheiten, die aneinander gereiht sind wie Perlen einer Kette. Die „Perlen" heißen Monomersegmente und bestehen aus chemischen Strukturelementen, z. B. (- CH_2 -) in einem Polyethylenmolekül $CH_3(CH_2)_{n-2} - CH_3$. Bei der sog. Kondensationspolymerisation entsteht aus der Reaktion von Monomeren an eine wachsende Kette der Kettenlänge l (ohne Lösemittel):

$$(M)_{l-1} + M \rightarrow (M)_l$$

Die Wahrscheinlichkeit $w(k)$, dass ein Polymermolekül die Kettenlänge k hat, beträgt nach dem Multiplikationsgesetz:

$$w(k) = \text{const}(1 - p)p^k(1 - p)$$

wobei p die Wahrscheinlichkeit ist, dass ein Monomer in die Kette eingebunden ist. An den Enden muss jeweils mit $(1-p)$ multipliziert werden. $(1-p)$ ist die Wahrscheinlichkeit, dass sich dort ein freies Monomer befindet. $(1 - p)$ ist daher auch gleich dem Bruchteil der Monomere, der nicht reagiert. Jedes Monomer ist also entweder innerhalb der Kette eingebunden oder sitzt am Kettenrand.

1. Normieren Sie die Wahrscheinlichkeitsverteilungsfunktion $w(k)$.

2. Berechnen Sie die mittlere Kettenlänge $\langle k \rangle$.

3. Berechnen Sie die Molekulargewichtsverteilungsfunktion $M(k)$. Geben Sie den Ausdruck für den k-Wert im Maximum von $M(k)$ an.

Lösung:

1.

$$\sum_k w(k) = \text{const} \cdot (1-p)^2 \cdot \sum_{k=1}^{\infty} p^k = \text{const} \cdot (1-p)^2 \cdot p \cdot \sum_{k=1}^{\infty} \cdot p^{k-1} = 1$$

Für eine geometrische Reihe gilt (s. Gl. (D.1), Anhang D):

$$\sum_{k=1}^{\infty} \cdot p^{k-1} = \sum_{k=0}^{\infty} \cdot p^k = \frac{1}{1-p}$$

Also ist const $= p^{-1} \cdot (1-p)^{-1}$ und $w(k) = (1-p) \cdot p^{k-1}$.

2.

$$\langle k \rangle = \sum_1^{\infty} k \cdot w(k) = (1-p) \cdot \sum_{k=1}^{\infty} k \cdot p^{k-1} = (1-p) \sum_{k=0}^{\infty} k \cdot p^k$$

$$= (1-p) \frac{d}{dp} \sum^{\infty} -k = 1p^{k-1} = (1-p) \frac{d}{dp} \left(\frac{1}{1-p} \right) = \frac{1}{1-p}$$

3. Die Masse einer Kette $M(k)$ ist proportional zu k. M_{mono} ist die Masse der Monomereinheit. Also gilt:

$$M(k) = M_{mono} \cdot k \cdot p^{k-1}(1 - p)$$

Das Maximum findet man am besten aus der Bedingung:

$$\frac{d \ln M(k)}{dk} = 0 = \frac{1}{k_{max}} + \ln p, \quad \text{also}: p = \exp[-1/k_{max}]$$

p lässt sich also bei Kenntnis von k_{max} aus experimentellen Daten bestimmen. Abb. 1.8 zeigt als Beispiel die Kondensationspolymerisation von Adipinsäure (A) und 1,6 Hexadiamin (H) zu Nylon ($\cdots$ AHAH + A $\to$ AHAHA bzw. $\cdots$ AHA + H $\to$ $\cdots$ AHAH).

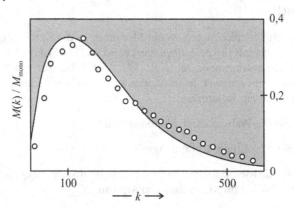

Abb. 1.8: Verteilungsfunktion $M(k)/M_{mono}$ einer Nylon-Kondensationspolymerisation. ○ Experimente. —— Theorie mit $k_{max} = 110$ bzw. $p = 0,991$

Die durchgezogene Kurve wurde an die Daten angepasst mit dem optimalen Wert für $p = 0,991$. Das ergibt einen maximalen Wert für $M(k)/M_{mono}$ bei $k_{max} = 110$. Für $\langle k \rangle$ gilt $\langle k \rangle = 0,991/(1 - 0,991) = 111$.

1.7.20 Das Nadelproblem von Buffon. Eine statistische Methode zur Bestimmung der Zahl π.

Ein interessantes statistisches Problem aus der Geometrie ist das sog. „Nadelproblem" von Buffon. Eine Nadel der Länge l wird auf eine Ebene geworfen, die durch parallele Streifen der Breite $b > l$ geteilt ist. Wie groß ist die Wahrscheinlichkeit dafür, dass die Nadel eine der parallelen Linien, die die Streifen begrenzt, schneidet (s. Abb. 1.9).

Lösung:

Wir brauchen dazu nur einen Halbstreifen von $x = 0$ bis $b/2$ zu betrachten, da für alle Halbstreifen dasselbe gilt.

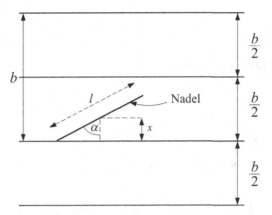

Abb. 1.9: Zum Buffon'schen Nadelproblem

Der Schwerpunkt der Nadel hat den Abstand x zu einer Linie L, die einen Streifen der Breite b begrenzt. Für den Winkel α, bei dem die Nadel gerade die Linie L berührt, gilt:

$$\cos \alpha = \frac{x}{l/2} \text{ oder arccos } \frac{2x}{l} = \alpha$$

Für alle Winkel von $\varphi = -\alpha$ bis $\varphi = \alpha$ schneidet die Nadel die Linie L. Dieser Winkelbereich ist also 2α. Der Wert des Winkelbereiches, den die Nadel überhaupt einnehmen kann, ist π, also $180°$, denn bei einer Drehung um $180°$ geht die Lage der Nadel in sich selbst über. Für einen bestimmten Abstand zwischen x und $x + \mathrm{d}x$ mit $x \leq l/2$ ist also die Wahrscheinlichkeit, dass die Nadel schneidet:

$$W'_{(x)} \, \mathrm{d}x = \frac{2\alpha}{\pi} \, \mathrm{d}x = \frac{2}{\pi} \text{ arccos } \left(\frac{2x}{l}\right) \cdot \mathrm{d}x$$

wobei $W'_{(x)}$ die Bedeutung einer Wahrscheinlichkeitsdichte hat. Da alle Abstände x gleich wahrscheinlich sind, müssen wir jetzt den Mittelwert von $W'_{(x)}$ bilden über alle Werte für x von $x = 0$ bis zum Maximalwert $x = b/2$. Dabei ist jedoch $W'_{(x)}$ nur bis $l/2$ integrieren, da $W'_{(x)} = 0$ ist für $x > l/2$.

Es folgt also für den Mittelwert $\langle W \rangle$:

$$\langle W \rangle = \frac{2}{\pi} \int\limits_0^{l/2} \text{arccos} \left(\frac{2x}{l}\right) \cdot \mathrm{d}x \Bigg/ \int\limits_0^{b/2} \mathrm{d}x$$

$$= \frac{4}{\pi \cdot b} \int\limits_0^{l/2} \text{arccos} \left(\frac{2x}{l}\right) \mathrm{d}x$$

Das Integral löst man folgendermaßen. Es wird substituiert:

$$y = \frac{2x}{b} \text{ mit } \mathrm{d}x = \frac{b}{2} \, \mathrm{d}y$$

Damit ergibt sich:

$$\int\limits_{0}^{l/2} \arccos\left(\frac{2x}{b}\right) dx = \frac{l}{2} \int\limits_{0}^{1} \arccos(y) \cdot dy$$

Wir substituieren nochmals:

$$z = \arccos y \text{ bzw. } y = \cos z \text{ mit } dy = -\sin z \cdot dz$$

und erhalten mit Hilfe von partieller Integration:

$$\langle W \rangle = \frac{4}{\pi \cdot b} \cdot \frac{l}{2} \int\limits_{0}^{\pi/2} z \cdot \sin z \cdot dz = \frac{2l}{\pi \cdot b} \left[\sin z - z \cdot \cos z\right]_{0}^{\pi/2} = \frac{2l}{\pi \cdot b}$$

Dieses überraschend einfache Ergebnis kann man benutzen, um durch statistische Versuchsreihen die Zahl π zu bestimmen. Schneidet bei N-maligem Wurf der Nadel diese N^+-mal eine der Linien L, so gilt:

$$\pi = \frac{2l}{b} \cdot \lim_{N \to \infty} \frac{N}{N^+}$$

Eine Versuchsreihe ergab z. B. folgendes Ergebnis:

Zahl der Würfe N	$2l \cdot (N/N^+)/b$
300	3,137
1120	3,1419
3500	3,141593

Das exakte Ergebnis für π auf 7 Stellen nach dem Komma ist 3,1415926... .

2 Das kanonische Ensemble

2.1 Die Kanonische Zustandssumme und die Maxwell-Boltzmann-Statistik

In der statistischen Behandlung atomarer und molekularer Systeme bedient man sich sog. Ensembles von Mikrozuständen, um die Verbindung der mikroskopischen mit der makroskopischen Welt herzustellen. Wir benutzen zu diesem Zweck das sog. *kanonische Ensemble.*

Unter einem *makroskopischen materiellen System* versteht man eine sehr große, aber wohl definierte Menge von Atomen oder Molekülen, etwa $6{,}022 \cdot 10^{23} = 1\,mol$, die von ihrer Umgebung unterscheidbar ist, z. B. 1 Mol flüssiges Wasser (≈ 18 g).

Unter einem *Mikrozustand* versteht man die quantenmechanische Wellenfunktion Ψ_i mit der dazugehörigen Energie E_i des Systems, die als Lösung der zeitunabhängigen Schrödinger-Gleichung mit $6{,}022 \cdot 10^{23} \cdot \overline{N}$ Variablen ($\overline{N}$ = Zahl der Atome eines Moleküls) erhalten wird, wenn das System ein Mol Substanz enthält.

Die Eigenschaften eines *Makrozustandes* erhält man durch die *statistisch über die Zeit gemittelten* Zustände sehr vieler unterschiedlicher Mikrozustände des Systems, die alle mit denselben äußeren Bedingungen für den Makrozustand verträglich sind. Z. B. durchläuft ein System von 18 g Wasser bei vorgegebener Teilchenzahl und vorgegebenem Volumen als Funktion der Zeit sehr viele verschiedene Mikrozustände, zu denen jeweils verschiedene Ψ_i-Funktionen mit verschiedenen E_i-Werten gehören.

Die zeitliche Mittelwertbildung über diese Mikrozustände wird durch die Mittelwertbildung von sog. Ensembles ersetzt. Das *kanonische Ensemble* wird folgendermaßen definiert.

Wir betrachten ein materielles System von N Teilchen (Molekülen), die sich in einem Volumen V mit starren, für die Teilchen undurchdringlichen Wänden befinden, d. h. N = const und V = const. Das System kann aber Energie mit der Umgebung austauschen. Die Umgebung sei ein sog. Wärmebad, das Energie des Systems aufnehmen oder an das System abgeben kann. Das Wärmebad hat die Temperatur T. Dem kanonischen Ensemble entspricht also ein sog. materiell geschlossenes System in der phänomenologischen Thermodynamik, d. h., es herrscht thermisches Gleichgewicht, die Temperatur T von System und Umgebung ist identisch (s. auch Anhang 11.17).

Auf der Ebene der einzelnen Mikrozustände gibt es keine Temperatur, sie erhält erst ihre Bedeutung durch den statistischen Mittelungsprozess, den wir uns folgendermaßen vorstellen.

© Der/die Autor(en), exklusiv lizenziert an
Springer-Verlag GmbH, DE, ein Teil von Springer Nature 2025
A. Heintz, *Molekulare Statistik der Materie*,
https://doi.org/10.1007/978-3-662-70983-2_2

Statt der zeitlichen Abfolge eines Systems in seinen verschiedenen Mikrozuständen betrachten wir gleichzeitig sehr viele Systeme, jedes in einem eigenen Mikrozustand (s. Abb. 2.1). Die Häufigkeit des Auftretens eines Systems im Zustand Ψ_i mit der Energie E_i entspricht der Häufigkeit des Auftretens des Zustandes Ψ_i mit E_i auf der Zeitskala bei einem einzigen System. Diese plausible Annahme gehört zu den Grundpostulaten der Statistischen Mechanik.

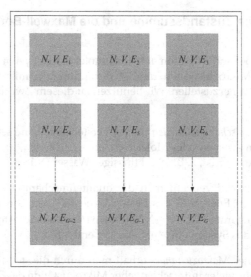

Abb. 2.1: Modellvorstellung zum kanonischen Ensemble mit G Mikrozuständen. Die Teilchenzahl N und das Volumen V des Systems sind konstant.

Die große Zahl G von möglichen Mikrozuständen, die verträglich ist mit V = const und N = const (bzw. bei Mischungen mit N_A = const, N_B = const, N_C = const usw.), nennt man *kanonisches Ensemble*.

Wir stellen zunächst den Zusammenhang zwischen den möglichen Energiewerten E_i der Mikrozustände und der durch statistische Mittelung über das kanonische Ensemble berechenbaren inneren Energie U des makroskopischen Systemes her.

Es gilt für die Schrödingergleichung eines Systems bestehend aus $N = N_A + N_B + N_C + \cdots$ Teilchen mit verschiedenen Teilchensorten (Molekülen) A, B, C et cet.:

$$\hat{H}\Psi_i = E_i\Psi_i$$

wobei $\hat{H}$ der Hamilton-Operator, E_i die Energieeigenwerte des Systems, also des Mikrozustandes, und Ψ_i die dazugehörige Wellenfunktionen bedeuten. Wir schreiben:

$$E_i = E_i(V, N_A, N_B, \cdots)$$

Die Energie des Mikrozustandes E_i hängt neben Zahl und Art der Teilchen und deren Wechselwirkungen allgemein vom Volumen V als makroskopischen Parameter ab, man denke z. B. an den Spezialfall von freien Teilchen im „Potentialkasten" mit der Kastenlänge $l \cong \sqrt[3]{V}$.

Die Mittelung über die E_i-Werte ergibt die Zustandsgröße U (innere Energie):

$$U = \langle E \rangle = \sum_i P_i E_i$$

Die Summation läuft dabei über alle möglichen Mikrozustände im kanonischen Ensemble.

P_i ist die Wahrscheinlichkeit für das Auftreten des Mikrozustandes, zu dem die Wellenfunktion Ψ_i bzw. der Energieeigenwert E_i gehört. Wenn ein Zustand n-fach entartet ist, gilt $P_{i,1} = P_{i,2} = P_{i,3} = P_{i,n}$. *Für entartete Quantenzustände bzw. Mikrozustände sind also die P_i-Werte gleich groß.*

Die zentrale Aufgabe besteht nun in der Bestimmung von P_i, d. h., es muss ermittelt werden, wie P_i von E_i abhängt. P_i ist also eine Funktion von E_i:

$$\boxed{P_i = f(E_i)} \tag{2.1}$$

Wir schlagen einen möglichst einfachen und anschaulichen Weg ein, der uns zu den korrekten Resultaten führt.

Dazu betrachten wir *zwei* unabhängige Systeme in ihren Makrozuständen innerhalb desselben Wärmebades mit der Temperatur T (s. Abb. 2.2), die wir mit I und II bezeichnen. Den Laufindex für die Quantenzustände von System I bezeichnen wir mit j, den von System II mit k.

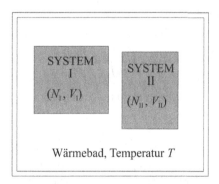

Abb. 2.2: Zwei Systeme I und II im gemeinsamen Wärmebad der Temperatur T.

Die Systeme sind i. a. nicht identisch und es gilt:

$$P_{I,j} = f(E_{I,j}) \qquad P_{II,k} = g(E_{II,k})$$

f und g sind also nicht notwendigerweise dieselben Funktionen, da sich die beiden Systeme im allgemeinen durch Art, Zahl und Zusammensetzung der Moleküle sowie im Volumen unterscheiden, sie befinden sich lediglich über das gemeinsame Wärmebad miteinander im thermischen Kontakt. Wenn das eine System nicht da wäre, würde für das andere die Funktion f bzw. g unverändert bleiben, d. h., die Systeme sind unabhängig voneinander. Wir können uns aber beide Systeme auch als ein gemeinsames System I + II vorstellen. Wegen ihrer Unabhängigkeit gilt:

$$E_{I+II,i} = E_{I,j} + E_{II,k}$$

und nach den Gesetzmäßigkeiten der Wahrscheinlichkeitsrechnung (s. Abschnitt 1.1) gilt für das Auftreten zweier unabhängiger Ereignisse:

$$P_{I+II,i} = P_{I,j} \cdot P_{II,k}$$

Damit gilt auch, wenn wir $P_{I+II,i}$ mit $h(E_{I,j} + E_{II,k})$ bezeichnen:

$$\boxed{h(E_{I,j} + E_{II,k}) = f(E_{I,j}) \cdot g(E_{II,k})}$$

Diese Gleichung hat die Form:

$$h(x + y) = f(x) \cdot g(y) = h(z)$$

mit $E_{I,j} = x$ und $E_{II,k} = y$ und $z = x + y$.

Wir differenzieren zunächst partiell nach x:

$$\left[\frac{\partial}{\partial x} h(z)\right]_y = \left(\frac{\mathrm{d}f(x)}{\mathrm{d}x}\right) \cdot g(y) = \frac{\mathrm{d}h(z)}{\mathrm{d}z} \cdot \left(\frac{\partial z}{\partial x}\right)_y = \frac{\mathrm{d}h(z)}{\mathrm{d}z}$$

bzw. nach y:

$$\left[\frac{\partial}{\partial y} h(z)\right]_x = f(x) \cdot \frac{\mathrm{d}g(y)}{\mathrm{d}y} = \frac{\mathrm{d}h(z)}{\mathrm{d}z} \cdot \left(\frac{\partial z}{\partial y}\right)_x = \frac{\mathrm{d}h(z)}{\mathrm{d}z}$$

Gleichsetzen der beiden Gleichungen für $\mathrm{d}h(z)/\mathrm{d}z$ ergibt.

$$\frac{g'(y)}{g(y)} = \frac{f'(x)}{f(x)} = -\beta$$

β ist eine zunächst unbekannte Größe, die hier willkürlich mit negativem Vorzeichen versehen ist. Da eine Seite der Gleichung *nur* von x, die andere *nur* von y abhängt, muss β eine Konstante sein, d. h., β ist unabhängig von x und y. Damit folgt:

$$\frac{\mathrm{d}f(x)}{f(x)} = -\beta \cdot \mathrm{d}x \quad \text{und} \quad \frac{\mathrm{d}g(y)}{g(y)} = -\beta \cdot \mathrm{d}y$$

integriert ergibt sich:

$$f(x) = a \cdot \mathrm{e}^{-\beta x} \qquad \text{bzw.} \qquad g(y) = c \cdot \mathrm{e}^{-\beta y}$$

Daraus folgt:

$$P_{\mathrm{I},j} = a \cdot \mathrm{e}^{-\beta \cdot E_{\mathrm{I},j}} \quad \text{und} \quad P_{\mathrm{II},k} = c \cdot \mathrm{e}^{-\beta \cdot E_{\mathrm{II},k}}$$

a und c sind Integrationskonstanten, die *nicht* von $E_{\mathrm{I},j}$ bzw. $E_{\mathrm{II},k}$ abhängen, sondern nur von den makroskopischen Eigenschaften des Systems I bzw. II, also vom Volumen, Zusammensetzung und Temperatur.

Da wir jedes beliebige System mit einem anderen kombinieren können, ist β nicht vom Volumen und der Art der Materie in den Systemen abhängig und auch nicht von ihrer Zusammensetzung. Wir vermuten, dass β *nur* von der *Temperatur T* abhängt, da es nur die Temperatur ist, die den beiden beliebigen Systemen gemeinsam ist:

$$\beta = \beta(T)$$

Um die Funktion $\beta(T)$ zu bestimmen, genügt es, sich mit *einem* einzigen System zu beschäftigen, wobei wir die Indizierung I bzw. II jetzt weglassen können:

$$P_j = a \cdot \mathrm{e}^{-\beta E_j}$$

Da P_j eine Wahrscheinlichkeit ist, gilt:

$$\sum_{j}^{\text{alle } j} P_j = 1 \quad \text{bzw.} \quad a = \frac{1}{\sum_{j} \mathrm{e}^{-\beta E_j}}$$

bzw.

$$P_j = \frac{\mathrm{e}^{-\beta E_j}}{\sum_{j} \mathrm{e}^{-\beta E_j}} \quad \text{oder} \quad P_k = \frac{g_k \mathrm{e}^{-\beta E_k}}{\sum_{k} g_k \mathrm{e}^{-\beta E_k}} \tag{2.2}$$

P_j ist die Wahrscheinlichkeit, das System im Quantenzustand j vorzufinden, einschließlich entarteter Zustände. Man kann auch über die Energiezustände E_k summieren, dann ist g_k der sog. Entartungsfaktor. Er gibt an, wie viele entartete Zustände (unterscheidbare Zustände) zur Energie E_k gehören. Die statistische Methode, die uns zum Ausdruck von Gl. (2.2) geführt hat, heißt *Maxwell-Boltzmann-Statistik*.

Man nennt

$$Q = \sum_{j} \mathrm{e}^{-\beta E_j} \quad \text{bzw.} \quad Q = \sum_{k} g_k \mathrm{e}^{-\beta E_k} \tag{2.3}$$

die *kanonische Zustandssumme*. Die Summation läuft über alle *Quantenzustände j* bzw. alle *Energiezustände k* des Systems.

Damit gilt für die innere Energie U nach den Gesetzmäßigkeiten der Mittelwertbildung (s. Abschnitt 1.2), wenn wir die Summation über alle Quantenzustände durchführen:

$$U = \langle E \rangle = \sum_j E_j P_j = \frac{\sum E_j \cdot \mathrm{e}^{-\beta E_j}}{Q} = -\left(\frac{\partial \ln Q}{\partial \beta}\right)_V \tag{2.4}$$

Diese Formel ist die erste, die uns einen unmittelbaren Zusammenhang zwischen *mikroskopischen Eigenschaften* (Ψ_j, E_j) und *makroskopischen Eigenschaften* (innere Energie U) liefert.

Im nächsten Abschnitt werden wir nun die Funktion $\beta = \beta(T)$ herleiten. Dazu benötigen wir aber zunächst den Zusammenhang der kanonischen Zustandssumme mit der Entropie.

2.2 Entropie, freie Energie und Druck

Wir gehen aus von Gl. (2.4) und schreiben für das totale Differential von U:

$$\mathrm{d}U = \sum_j E_j \cdot \mathrm{d}P_j + \sum P_j \cdot \mathrm{d}E_j$$

Mit

$$P_j = \frac{\mathrm{e}^{-E_j\beta}}{\sum_i \mathrm{e}^{-E_i\beta}} \quad \text{bzw.} \quad P_j \cdot Q = \mathrm{e}^{-E_j\beta}$$

ergibt sich:

$$-\frac{1}{\beta} \ln(P_j \cdot Q) = E_j$$

daraus folgt:

$$\mathrm{d}U = -\frac{1}{\beta} \sum_j (\ln P_j + \ln Q)\mathrm{d}P_j + \sum_j P_j \cdot \left(\frac{\partial E_j}{\partial V}\right)_N \cdot \mathrm{d}V$$

Wir merken nochmals an, dass E_j im kanonischen Ensemble eine Funktion von V bei konstanter Teilchenzahl N ist, daher ist $\mathrm{d}E_j = (\partial E_j/\mathrm{d}V)_N \cdot \mathrm{d}V$. Es ergibt sich nun:

$$\mathrm{d}U = -\frac{1}{\beta} \sum_j \ln P_j \cdot \mathrm{d}P_j - \frac{1}{\beta} \ln Q \sum_j \mathrm{d}P_j + \sum_j P_j \left(\frac{\partial E_j}{\partial V}\right)_N \cdot \mathrm{d}V$$

$$= -\frac{1}{\beta} \sum_j \ln P_j \cdot \mathrm{d}P_j + \sum_j P_j \cdot \left(\frac{\partial E_j}{\partial V}\right)_N \mathrm{d}V$$

da wegen $\sum\limits_{j} P_j = 1$ gilt, dass $\sum\limits_{j} dP_j = 0$.

Ferner beachten wir folgenden Zusammenhang:

$$d\left(\sum_j P_j \cdot \ln P_j\right) = \sum_j \ln P_j \cdot dP_j + \sum_j P_j \cdot \frac{dP_j}{P_j}$$

Auch hier ist der zweite Summen-Term auf der rechten Seite gleich Null.

Also lässt sich für dU schreiben:

$$dU = -\frac{1}{\beta}d\left(\sum_j P_j \cdot \ln P_j\right) + \sum_j P_j \cdot \left(\frac{\partial E_j}{\partial V}\right)_N dV \qquad (2.5)$$

Wir vergleichen diese Beziehung mit der Gibbs'schen Fundamentalgleichung der allgemeinen Thermodynamik für ein geschlossenes System (s. Gl. (11.311), Anhang 11.17):

$$dU = T \cdot dS - p \cdot dV \qquad (2.6)$$

Ein Koeffizientenvergleich von Gl. (2.5) mit Gl. (2.6) ergibt für den Druck p:

$$p = -\sum_j P_j\left(\frac{\partial E_j}{\partial V}\right)_N = \frac{1}{\beta} \cdot \frac{\sum_j -\left(\frac{\partial E_j}{\partial V}\right)_N \cdot \beta \cdot e^{-\beta E_j}}{\sum_j e^{E_j \beta}} = \frac{1}{\beta}\left(\frac{\partial \ln Q}{\partial V}\right)_{\beta,N} \qquad (2.7)$$

Dabei haben wir für P_j von Gl. (2.2) Gebrauch gemacht. Ferner gilt für das totale Differential der Entropie S:

$$T \cdot dS = -\frac{1}{\beta}d\left(\sum_j P_j \cdot \ln P_j\right)$$

Jetzt lässt sich die Beziehung zwischen β und der absoluten Temperatur T herleiten.

Wir verwenden die bekannte und ganz allgemein gültige Beziehung aus der Thermodynamik, die kalorische und thermische Zustandsgleichungen miteinander verknüpft (s. Gl. (11.339)):

$$\left(\frac{\partial U}{\partial V}\right)_T = T \cdot \left(\frac{\partial p}{\partial T}\right)_V - p \qquad (2.8)$$

Mit Gl. (2.4) folgt daraus:

$$-\frac{\partial}{\partial V}\left(\frac{\partial \ln Q}{\partial \beta}\right)_{V,N} = -\frac{\partial}{\partial \beta}\left(\frac{\partial \ln Q}{\partial V}\right)_{\beta,N} = -\frac{\partial}{\partial \beta}(p \cdot \beta) = -\beta\left(\frac{\partial p}{\partial \beta}\right)_{V,N} - p$$

Hierbei haben wir von der Vertauschbarkeit der Reihenfolge beim Differenzieren nach V und β Gebrauch gemacht. Es gilt also:

$$T\left(\frac{\partial p}{\partial T}\right)_{V,N} = -\beta\left(\frac{\partial p}{\partial \beta}\right)_{V,N}$$

Daraus folgt sofort:

$$\frac{\beta}{T}\cdot\frac{dT}{d\beta} = \frac{d\ln T}{d\ln\beta} = -1 \quad \text{bzw.} \quad \ln T = +\ln\frac{1}{\beta} + \text{const}$$

Damit erhält man:

$$\boxed{\beta = \frac{1}{k_B T}} \quad \text{mit} \quad k_B = e^{-\text{const}} = 1{,}3807\cdot 10^{-23}\,\text{J}\cdot\text{K}^{-1} \tag{2.9}$$

Die Definition der Größe T als Temperatur ist also untrennbar mit der Entropie verbunden.

k_B ist eine *universelle Konstante,* sie heißt *Boltzmann-Konstante.* Wie der angegebene Zahlenwert zustande kommt, wird in Abschnitt 2.5.6 mitgeteilt, wenn wir das ideale Gasgesetz ableiten.

Damit ergibt sich für dS nach Gl. (2.8) und (2.9):

$$\boxed{dS = -k_B \cdot d\left(\textstyle\sum_j P_j\cdot\ln P_j\right)} \tag{2.10}$$

Nach Integration erhält man:

$$S = -k_B\sum_j P_j\ln P_j + \text{const}'$$

Die Integrationskonstante const′ ist zunächst frei wählbar. Wir setzen const′ = 0 für alle Systeme. Eine genauere Begründung dafür erfolgt im Kapitel 5 mit Hilfe Nernst'schen Wärmetheorems (3. Hauptsatz).

Es gilt also für die Entropie S:

$$\boxed{S = -k_B\sum_j P_j\cdot\ln P_j} \tag{2.11}$$

Mit $P_j = e^{-E_j/k_B T}/Q$ folgt dann:

$$S = -k_B\sum_j \frac{e^{-E_j/k_B T}}{Q}\cdot(-E_j/k_B T) + k_B\sum_j \frac{e^{-E_j/k_B T}}{Q}\ln Q$$

Also :

$$S = \frac{U}{T} + k_B \cdot \ln Q \tag{2.12}$$

Auch hier gilt: die Entropie ist nur definierbar, nachdem geeignete statistische Mittelungs-prozesse aller Mikrozustände durchgeführt wurden. Ein Mikrozustand hat zwar einen Energiewert, aber keine Entropie. Man kann allerdings einem Teilchen eines Systems das aus N Teilchen besteht, eine mittlere Entropie S/N pro Teilchen zuordnen. Das ist ein wichtiger Unterschied!

Die Definitionsgleichung für die freie Energie F lautet bekanntlich (s. Gl. (11.339)):

$$F = U - TS$$

Also folgt für die freie Energie F durch Vergleich mit Gl. (2.11):

$$\boxed{F = -k_B T \cdot \ln Q} \tag{2.13}$$

Wir überprüfen die Konsistenz unseres Verfahrens. Es gilt ja:

$$-\left(\frac{\partial F}{\partial V}\right)_T = p = k_B T \left(\frac{\partial \ln Q}{\partial V}\right)_{T,N} = \frac{1}{\beta}\left(\frac{\partial \ln Q}{\partial V}\right)_{\beta,N} \tag{2.14}$$

Das ist identisch mit dem zuvor abgeleiteten Ausdruck für den Druck p (Gl. (2.7)).

Die hergeleiteten Zusammenhänge lassen sich auch auf einem anderen, alternativen Weg erhalten. Man kann sich so von der internen Konsistenz des gesamten Verfahrens über-zeugen (s. Exkurs 2.11.1).

Wir fassen jetzt alle makroskopischen *thermodynamischen Größen* in ihrer Beziehung zur kanonischen Zustandssumme Q zusammen. Ausgehend von Gl. (2.13) ergibt sich:

$$\boxed{U = \frac{\sum_j E_j \cdot e^{-E_j/k_B T}}{Q} = k_B T^2 \left(\frac{\partial \ln Q}{\partial T}\right)_{V,N}} \tag{2.15}$$

$$\boxed{S = \frac{U}{T} + k_B \ln Q = k_B \left[\ln Q + T\left(\frac{\partial \ln Q}{\partial T}\right)_{V,N}\right]} \tag{2.16}$$

$$\boxed{p = k_B T \left(\frac{\partial \ln Q}{\partial V}\right)_{T,N}} \tag{2.17}$$

Auch für die Enthalpie H, die freie Enthalpie G und die Wärmekapazität C_V bei $V = $ const (s. Anhang 11.17) erhalten wir Zusammenhänge mit Q:

$$H = U + p \cdot V = k_B T \left[T \left(\frac{\partial \ln Q}{\partial T} \right)_{V,N} + V \cdot \left(\frac{\partial \ln Q}{\partial V} \right)_{T,N} \right] \qquad (2.18)$$

$$G = H - TS = -k_B T \left[\ln Q - V \cdot \left(\frac{\partial \ln Q}{\partial V} \right)_{T,N} \right] \qquad (2.19)$$

$$C_V = \left(\frac{\partial U}{\partial T} \right)_{V,N} = 2k_B T \left(\frac{\partial \ln Q}{\partial T} \right)_{V,N} + k_B T^2 \left(\frac{\partial^2 \ln Q}{\partial T^2} \right)_{V,N} \qquad (2.20)$$

Damit ist die Grundaufgabe erfüllt: alle makroskopisch definierten thermodynamischen Zustandsgrößen sind mit der kanonischen Zustandssumme Q eindeutig verknüpft. Q enthält die quantenmechanischen Energiezustände (Mikrosystemzustände) des betrachteten Systems. Gl. (2.13), (2.15) bis (2.20) gelten auch für Molekülmischungen $Q = Q(T, V, N_A, N_B, N_C \dots)$ mit den Teilchenzahlen $N_A, N_B, \dots$.

2.3 Energiefluktuation und die Methode des maximalen Terms

Alle Zustandsgrößen haben die Bedeutung eines statistischen Mittelwertes $\langle X \rangle$ ($X = U, S, F, G$ etc.), auch wenn wir das Mittelwertzeichen i.d.R. weglassen. Jeder Mittelwert unterliegt einer gewissen statistischen Schwankung, die man auch als Fluktuation bezeichnet. Am Beispiel der inneren Energie $U = \langle E \rangle$ wollen wir das näher untersuchen.

Dazu gehen wir nochmals von Gl. (2.2) aus und schreiben:

$$P_i = g_i \frac{e^{-E_i / k_B T}}{Q} = f(E_i) \qquad (2.21)$$

Diese Funktion hat, wenn E_i sich auf den Energiezustand von sehr vielen Teilchen ($\sim 10^{23}$) bezieht, ein sehr scharfes Maximum bei $E_i = \langle E_i \rangle = U$ (siehe Abb. 2.3).

Die qualitative Erklärung dafür ist folgende. Der Index i in Gl. (2.21) bezieht sich auf einen bestimmten Quantenzustand i, d. h., *i läuft als Index über die unterscheidbaren Quantenzustände des Gesamtsystems*. Zu den einzelnen Quantenzuständen gibt es aber bei einem Vielteilchensystem sehr viele identische Energiewerte E_i, d. h., die *Entartung des Systems* g_i *ist groß*.

Andererseits fällt der Faktor $e^{-E_i / k_B T}$ mit wachsendem E_i sehr rasch auf extrem niedrige Werte ab, da E_i sehr rasch erheblich größer als kT wird.

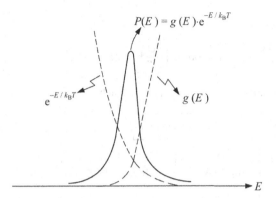

Abb. 2.3: Wahrscheinlichkeit P_i als Funktion von E_i im kanonischen Ensemble (schematisch), bei einem makroskopischen System mit $N \sim 10^{23}$ ist der Peak äußerst schmal.

Wenn E_i z. B. in die Nähe von $\langle E \rangle = U$ kommt, ist $E_i \approx N \cdot k_B \cdot T$, und somit $e^{-E_i/k_B T} \approx e^{-N} \approx 0$. Bei einem Mol an Teilchen ist $N = N_L = 6{,}022 \cdot 10^{23}$ also die Lohschmidt-Zahl bzw. Avogadro-Zahl. Das Produkt einer rasch ansteigenden Funktion $g_i(E_i)$ und einer ebenso rasch abfallenden Funktion $e^{-E_i/k_B T}$ ergibt irgendwo ein scharfes Maximum (s. Abb. 2.3).

Bei großer Teilchenzahl ($\sim 10^{23}$) ist das eine „Nadelfunktion" (δ-Funktion). Je kleiner die Teilchenzahl wird, desto breiter wird der Peak. Die Peakbreite ist ein Maß für die *Energie-fluktuation* (Energieschwankung) des Systems. Das wollen wir jetzt genauer untersuchen.

Wir hatten bereits in Abschnitt 2.1 (Gl. (2.3))die innere Energie U als Mittelwert von E erhalten:

$$U = \langle E \rangle = \sum_i E_i e^{-\beta E_j} \Big/ \sum_i e^{-\beta E_i}$$

mit $\beta = 1/k_B T$.

Da $\langle E \rangle = U$ eine statistisch definierte Größe ist, lässt sich ihr Mittelwert $\langle (E - \langle E \rangle)^2 \rangle$, also die Varianz von E entsprechend Gl. (1.9) mit $f(x) = E$ und $\langle f \rangle = \langle E \rangle$ ermitteln. Man erhält:

$$\langle (E - \langle E \rangle)^2 \rangle = \langle E^2 - 2E \cdot \langle E \rangle + \langle E \rangle^2 \rangle = \langle E^2 \rangle - \langle E \rangle^2 \tag{2.22}$$

Zunächst berechnen wir:

$$\left(\frac{\partial U}{\partial \beta} \right)_V = \frac{- \sum_i E_i^2 e^{-\beta E_i} \cdot \left(\sum_i e^{-\beta E_i} \right) + \sum_i E_i e^{-\beta E_i} \cdot \sum_i E_i e^{-\beta E_i}}{\left(\sum_i e^{-\beta E_i} \right)^2} = -\langle E^2 \rangle + \langle E \rangle^2$$

Also gilt:

$$\left(\frac{\partial U}{\partial \beta}\right)_V = \left(\frac{\partial U}{\partial T}\right)_V \cdot \left(\frac{dT}{d\beta}\right) = -k_B T^2 \left(\frac{\partial U}{\partial T}\right)_V = \langle E \rangle^2 - \langle E^2 \rangle$$

Mit der Wärmekapazität $C_V = (\partial U/\partial T)_V$ ergibt sich somit:

$$\boxed{\left\langle (E - \langle E \rangle)^2 \right\rangle = \langle E^2 \rangle - \langle E \rangle^2 = k_B T^2 \cdot C_V}$$ (2.23)

Die linke Seite von Gl. (2.23) ist, wie man sieht, immer positiv. Wir haben damit den statistisch-thermodynamischen Beweis geliefert, dass immer gilt: $C_V > 0$.

Sinnvoll ist es, die relative Schwankungsbreite zu berechnen:

$$\frac{(\langle E^2 \rangle - \langle E \rangle^2)^{1/2}}{\langle E \rangle} = \frac{\langle |\Delta E| \rangle}{\langle E \rangle} \cong T \frac{(k_B \cdot C_V)^{1/2}}{T \cdot C_V} = \left(\frac{k_B}{C_V}\right)^{1/2}$$

wenn man $\langle E \rangle = U \cong C_V \cdot T$ setzt. Die Größe $C_V/n = \overline{C}_V$ heißt die Molwärme bei konstantem Volumen, wobei $n = N/N_L$ die Molzahl bedeutet.

Mit $k_B = 1{,}3807 \cdot 10^{-23}\,\text{J} \cdot \text{K}^{-1}$ und $\overline{C}_V \cong 3/2 \cdot N_L \cdot k_B = 12{,}471\,\text{J} \cdot \text{K}^{-1} \cdot \text{mol}^{-1}$ ergibt sich z. B. für ein Mol eines einatomigen idealen Gases ein äußerst kleiner Wert:

$$\frac{\langle |\Delta E| \rangle}{\langle E \rangle} \cong 10^{-12}$$ (2.24)

Man sieht also, dass die Energieschwankungen eines geschlossenen Systems (kanonisches Ensemble) sehr gering sind, wenn es sich um ein System von ca. 10^{23} Teilchen handelt.

Je kleiner also die Teilchenzahl des Systems ist, desto größer wird die Energieschwankung sein. Handelt es sich z. B. um 10^{13} statt um 10^{23} Teilchen, so wird $\langle |\Delta E| \rangle / \langle E \rangle \approx 10^{-7}$. 10^{13} Teilchen entsprechen ca. 10^{-10} mol, also einem Gasvolumen von ca. $2 \cdot 10^{-3}$ Mikrolitern bei 1 bar und Raumtemperatur. Dennoch ist die Energieschwankung immer noch sehr klein.

Solche geringen Relativschwankungen um den Mittelwert der Energie $\langle E \rangle = U$ rechtfertigen, dass sich mit sehr hoher Genauigkeit die Wahrscheinlichkeitsverteilungsfunktion $P(E)$ für Schwankungswerte der Energie $\overline{E}$ nach den Ausführungen in Abschnitt 1.5 bei großer Teilchenzahl durch eine Gauß'sche Verteilungsfunktion beschreiben lassen:

$$\boxed{P(E) = \frac{e^{-(E - \langle E \rangle)^2/(2k_B \cdot T \cdot \overline{C}_V)}}{\int e^{-(E - \langle E \rangle)^2/(2k_B \cdot T \cdot \overline{C}_V)} \cdot dE}}$$ (2.25)

Diese Funktion hat wegen Gl. (2.24) praktisch die Gestalt einer „Nadelfunktion" (δ-Funktion) mit einem sehr scharfen und hohen Maximum, das bei $E = \langle E \rangle = U$ liegt und viel schärfer und höher ist, als in Abb. 2.3 gezeigt.

Es gilt daher auch mit sehr hoher Genauigkeit:

$$E_{max} = \langle E \rangle = U$$

d. h., *der Mittelwert der Energie E kann durch ihren Wert im Maximum der Verteilungsfunktion ersetzt werden.* Das kann man verallgemeinern: *Der Mittelwert einer physikalischen Zustandsgröße des (kanonischen) Ensembles kann seinem maximalen Term in der Verteilungsfunktion gleichgesetzt werden.* Diese *Methode des maximalen Terms* erleichtert in vielen Fällen Berechnungen in der statistischen Thermodynamik erheblich. Davon werden wir später noch mehrfach Gebrauch machen. Eine genauere Analyse von Schwankungen thermodynamischer Größen findet sich in Anhang 11.15, wo in diesem Zusammenhang auch andere Ensemble-Arten diskutiert werden, wie das sog. großkanonische Ensemble oder das sog. Gibbs-Ensemble.

2.4 Zustandssummen unabhängiger Teilchen und die Grenzen der Maxwell-Boltzmann (MB)-Statistik

Unter *unabhängigen Teilchen* verstehen wir solche, die sozusagen ein voneinander unabhängiges Eigenleben führen, d. h. sie sind wechselwirkungsfrei, das gilt näherungsweise bei hochverdünnten Gasen, aber auch bei lokalisierten Teilchen, die so weit voneinander entfernt sind, dass sie (fast) nichts voneinander verspüren, so können z. B. Spin-Spin-Wechselwirkungen in paramagnetischen Festkörpern vernachlässigt werden (s. Kapitel 9). Man muss sich allerdings klar darüber sein, dass ein Energietransfer unter diesen Teilchen möglich sein muss, sonst kann sich kein thermodynamisches Gleichgewicht einstellen.

Die Zustandssumme Q für solche Systeme wollen wir jetzt ableiten. Der Hamiltonoperator $\widehat{H}$ für Systeme mit voneinander unabhängigen Teilchen setzt sich additiv aus den Hamiltonoperatoren $\widehat{H}_i$ der einzelnen Teilchen zusammen:

$$\widehat{H} = \widehat{H}_1 + \widehat{H}_2 + \cdots = \sum_{i=1}^{N} \widehat{H}_i$$

Damit ist die Schrödinger-Gleichung mit den Koordinaten für N Teilchen in N Gleichungen mit jeweils nur den Koordinaten eines Teilchens separierbar (s. Lehrbücher der „Quantenmechanik"). Es gilt dann für die Energie E_j des Gesamtsystems im Quantenzustand j:

$$E_j = (\varepsilon_{1,r} + \varepsilon_{2,s} + \varepsilon_{3,t} \cdots \varepsilon_{N,z})_j \quad \text{mit} \quad \widehat{H}_1 \Psi_{1,r} = \varepsilon_{1,r} \Psi_{1,r} \quad \text{usw.}$$

wobei $\varepsilon_{1,r}, \varepsilon_{2,s}$ usw. die Energie der *einzelnen* Teilchen bedeuten. Der erste Index, also 1, 2, ..., bezeichnet das Teilchen, der zweite Index, also r, s..., seinen Quantenzustand. Die Summe dieser Einzelenergien ergibt zusammen die Gesamtenergie E_j des Gesamtsystems im Quantenzustand j.

Die kanonische Zustandssumme Q des Gesamtsystems lautet dann:

$$Q = \sum_j^\infty e^{-E_j/k_B T} = \sum_j^\infty e^{-(\varepsilon_{1,r}+\varepsilon_{2,s}+\varepsilon_{3,t}\cdots\varepsilon_{N,z})_j/k_B T}$$

$$= \sum_{r=1}^\infty \sum_{s=1}^\infty \sum_{t=1}^\infty \cdots \sum_{z=1}^\infty e^{-(\varepsilon_{1,r}+\varepsilon_{2,s}+\varepsilon_{3,t}+\cdots\varepsilon_{N,z})/k_B T}$$

wobei angenommen wurde, dass die Teilchen *unterscheidbar* sind (Zählung: 1, 2, 3, ...).
Man kann dann auch schreiben:

$$Q = \left(\sum_r e^{-\varepsilon_{1,r}/k_B T}\right) \cdot \left(\sum_s e^{-\varepsilon_{2,s}/k_B T}\right) \cdot \left(\sum_t e^{-\varepsilon_{3,t}/k_B T}\right) \cdots \left(\sum_z e^{-\varepsilon_{N,z}/k_B T}\right) = q_1 \cdot q_2 \cdots q_N$$

$$(2.26)$$

$q_i = \sum_r e^{-\varepsilon_{i,r}}$ heißt *molekulare Zustandssumme*. Gl. (2.26) ist die Zustandssumme eines sog.
ideales Gases, also eines Systems von N unabhängigen, frei beweglichen Teilchen.

Wenn wir nur Teilchen *einer* Sorte (z. B. nur N_2-Moleküle) betrachten, schreiben wir:

$$Q = q^N$$

Die Zustandssumme Q ist also in diesem Fall das Produkt der molekularen Zustandssummen q von N Molekülen.

Diese Schreibweise enthält jedoch noch einen wesentlichen Fehler. Die Wellenfunktion
bzw. die Wahrscheinlichkeitsdichte eines Teilchens erstreckt sich im Fall des idealen Gases ja über den ganzen Raum, man denke an ein Teilchen im „Kasten" (s. einführende
Lehrbücher der Quantenmechanik). Die Teilchen sind also nicht, wie in der klassischen
Mechanik, lokalisierbar und damit auch *nicht unterscheidbar*, denn ihre quantenmechanischen Wahrscheinlichkeitsdichten überlappen sich. Das hat zur Folge, dass in der Gesamtwellenfunktion der N Teilchen beim Koordinatenaustausch zweier Teilchen der Wert
von $\Psi \cdot \Psi^*$ unverändert bleiben muss, d. h., $+\Psi$ wird beim Austausch von Teilchenko-
ordinaten entweder zu $-\Psi$ (sog. Fermionen, z. B. Elektronen) oder bleibt $+\Psi$ (sog. Bosonen, z. B. Photonen oder ^{4}He-Atome). $\Psi \cdot \Psi^*$ bleibt also in beiden Fällen unverändert
(Ψ^* = konjugiert komplexe Funktion von Ψ).

Bei der Ableitung von Gl. (2.26) haben wir jedoch so getan, als würde der Austausch von
Teilchen zu einem anderen Quantenzustand führen. Nehmen wir z. B. an, wir hätten 2
identische Teilchen mit je 2 möglichen Quantenzuständen. Dann gilt ($\beta = 1/k_B T$):

$$Q = \sum_{r=1}^2 e^{-\varepsilon_{1,r}\cdot\beta} \cdot \sum_{s=1}^2 e^{-\varepsilon_{2,s}\cdot\beta}$$

$$= \left(e^{-\varepsilon_{1,1}\cdot\beta} + e^{-\varepsilon_{1,2}\cdot\beta}\right)\left(e^{-\varepsilon_{2,1}\cdot\beta} + e^{-\varepsilon_{2,2}\cdot\beta}\right)$$

$$= e^{-(\varepsilon_{1,1}+\varepsilon_{2,1})\cdot\beta} + e^{-(\varepsilon_{1,1}+\varepsilon_{2,2})\cdot\beta} + e^{-(\varepsilon_{1,2}+\varepsilon_{2,1})\cdot\beta} + e^{-(\varepsilon_{1,2}+\varepsilon_{2,2})\cdot\beta}$$

Hier werden also 4 Zustände unterschieden und mitgezählt, der erste Index von $\varepsilon_{i,j}$, also i, darf aber gar nicht gekennzeichnet sein, da er das Teilchen „nummerieren" würde, das widerspricht der Nichtunterscheidbarkeit. Wenn wir den Index i weglassen, gibt es aber nur 3 unterscheidbare Zustände: $\varepsilon_1 + \varepsilon_1, \varepsilon_1 + \varepsilon_2, \varepsilon_2 + \varepsilon_2$. Der Index kennzeichnet nur den Quantenzustand, nicht das Teilchen.

Wenn die Zahl der möglichen Zustände groß ist gegenüber der Zahl der Teilchen, wenn wir also z. B. r und s für 2 Teilchen bis 1000 in der Summation hätten laufen lassen, würde die Zahl der Zustände, wo 2 Teilchen denselben Zustand besetzen, sehr klein. Die Wahrscheinlichkeit dafür wäre: $10^{-3} \cdot 10^{-3} = 10^{-6}$. Dasselbe gilt für viele Teilchen, wenn die Zahl der zugänglichen Zustände viel größer ist als die Zahl der Teilchen.

Das entspricht der Situation auf einem riesigen Schachbrett, wo die Zahl der Felder (= Zustände) viel größer ist als die Zahl der Steine (= Teilchen), so dass *auf einem Feld höchstens 1 Stein* liegen wird, weil es äußerst unwahrscheinlich ist, dass auf einem Feld 2 oder mehr Steine liegen.

Wenn die Steine nummeriert (unterscheidbar) sind, gibt es zu jeder Anordnung von einfach besetzten Feldern $N!$ *Möglichkeiten, die Steine auf dieser speziellen Feldbesetzung durch Vertauschen anzuordnen* (s. Abb. 2.4).

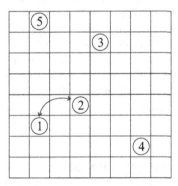

Abb. 2.4: Die Verteilung von Steinen auf einem Schachbrett entspricht der Verteilung von unabhängigen Teilchen auf Quantenzustände

Genau das tun wir bei der Berechnung von Q mit der bisherigen Formel. Für jede gegebene „Feldanordnung" von Steinen haben wir $N!$ zu viele Möglichkeiten gezählt! Das müssen wir korrigieren, indem durch $N!$ dividiert wird.

Die korrigierte Zustandssumme lautet demnach:

$$Q = \frac{q^N}{N!} \tag{2.27}$$

Bei Mischungen unabhängiger, frei beweglicher Teilchen (ideale Gasmischungen) gilt konsequenterweise ($N = N_A + N_B + N_C + \cdots$):

$$Q = \frac{q_A^{N_A} \cdot q_B^{N_B} \cdot q_C^{N_C}}{N_A! \, N_B! \, N_C!} \cdots \tag{2.28}$$

Die Gültigkeit der MB-Statistik ist bei Systemen frei beweglicher Teilchen gegeben, wenn

a) das Volumen nicht zu klein ist, d. h. die Dichte nicht zu hoch ist

b) und/oder die Masse der Teilchen nicht zu gering ist

c) und/oder die Temperatur nicht zu niedrig ist.

Beispiele, wo die Bedingungen a) bis c) nicht erfüllt sind, d. h. Gl. (2.27) auch für ideale Teil-chensysteme nicht gilt, betreffen die Photonen des Lichtes (s. Abschnitt 3.6.1) oder ^{4}He im dichten flüssigen Zustand bei sehr niedrigen Temperaturen. Diese Teilchensysteme zäh-len zu den *Bosonen*. Das sind Teilchen mit ganzzahliger Quantenzahl des Gesamtspins. Sie gehorchen der *Bose-Einstein-(BE)-Statistik*. Hier kann ein Teilchenzustand (Orbital) durch beliebig viele Teilchen besetzt werden.

Bei den Fermionen kann ein Orbital maximal mit zwei Teilchen besetzt sein, die sich aber durch den Spin unterscheiden müssen. Fermionen besitzen halbzahlige Spinquantenzah-len z. B. $s = +\frac{1}{2}$ oder $-\frac{1}{2}$. Die wichtigsten Beispiele für Fermionen sind die Elektronen in den Atom- und Molekülorbitalen, quasifreie Elektronen in Metallen oder in Sternen im Zustand sog. weißer Zwerge sowie Nukleonen in Atomkernen oder Neutronensternen. Es gilt hier die sog. *Fermi-Dirac (FD)-Statistik*. Teilchen in diesen Systemen besetzen einen „Schachbrettplatz" in Abb. 2.4 doppelt, aber mit entgegengesetzter Spinquantenzahl s. Eine axiomatische Begründung für die Existenz der BE- und FD-Statistik liefert das Pau-li'sche Antisymmetriegesetz (s. Anhang 11.12). Die BE- und FD-Statistik geht bei geringer Besetzungsdichte in die MB-Statistik über, für die dann Gl. (2.27) bzw. (2.28) gilt. In den meisten Fällen ist es völlig ausreichend, mit der MB-Statistik zu rechnen. Mit der FD- und BE-Statistik und ihren wichtigsten Anwendungen beschäftigen wir uns ausführlicher in Kapitel 3 und später in Kapitel 7.

2.5 Ideale Gase und Berechnung ihrer thermodynamischen Zustandsgrößen aus molekularen Eigenschaften

Wir setzen im Folgenden immer voraus, dass die MB-Statistik gilt. In den bisherigen Gleichungen, die den Zusammenhang zwischen Zustandsgröße und Zustandssumme angeben (Gl. (2.15) bis (2.20)), tauchen $\ln Q$ und Ableitungen davon auf.

Bei einem idealen Gas gilt:

$$\ln Q = \ln \frac{q^N}{N!} = N \ln q - \ln N!$$

Wenn N sehr groß ist, kann man für die Berechnung von $N!$ als Näherungsformel ableiten (s. Anhang 11.1):

$$\boxed{\ln(N!) \cong N \ln N - N} \quad \text{(Stirling'sche Formel)}$$

Diese Näherung ist praktisch immer anwendbar. Wir betrachten im Allgemeinen mehr-atomige Moleküle, die neben der Translationsbewegung des Molekülschwerpunktes im

Raum noch innere Schwingungen ausführen können sowie Rotationen um den Schwerpunkt. Aus der Quantenmechanik ist bekannt, dass bei Molekülen in erster Näherung die Schrödinger-Gleichung für diese Bewegungsformen separiert werden kann, d. h., dass sich die Energieeigenwerte dieser Bewegungsformen additiv verhalten (s. Anhang 11.11). Dazu kommt noch der elektronische Anteil zur Energie hinzu, der aufgrund der Born-Oppenheimer Näherung von allen Kernbewegungsformen ebenfalls separiert werden kann.

Der Quantenzustand eines Moleküls kann also beschrieben werden durch die Wellenfunktion Ψ_{Mol}:

$$\Psi_{Mol} = \Psi_{trans} \cdot \Psi_{vib} \cdot \Psi_{Rot} \cdot \Psi_{el} \cdot \Psi_{Kern}$$

die ein Produkt der Wellenfunktion der einzelnen Bewegungsformen ist.

Für den Energiezustand ε_r des gesamten Moleküls gilt dann:

$$\varepsilon_r = (\varepsilon_{trans} + \varepsilon_{vib} + \varepsilon_{Rot} + \varepsilon_{el})_r$$

Damit folgt für die *molekulare Zustandssumme* q:

$$q = \sum_r e^{-\beta \varepsilon_{trans,r}} \cdot \sum_r e^{-\beta \varepsilon_{vib,r}} \cdot \sum_r e^{-\beta \varepsilon_{Rot,r}} \cdot \sum_r e^{-\beta \varepsilon_{el,r}} = q_{trans}\, q_{vib}\, q_{rot}\, q_{el}$$

wobei die r's die Summationsindizes für die einzelnen Energieformen bezeichnen.

Also gilt für ein System bestehend aus N unabhängigen Molekülen nach Gl. (2.27):

$$\boxed{\ln Q = N \ln q_{trans} + N \ln q_{vib} + N \ln q_{rot} + N \ln q_{el} - N \ln N + N} \qquad (2.29)$$

Man erhält dann für die einzelnen Zustandsgrößen des N-Teilchensystems unabhängiger freier Teilchen:

$$F = -N k_B T \left[\ln q_{trans} + \ln q_{vib} + \ln q_{rot} + \ln q_{el}\right] + N k_B T (\ln N - 1)$$

$$= F_{trans} + F_{vib} + F_{rot} + F_{el} + N k_B T (\ln N - 1)$$

$$U = k_B T^2 \left(\frac{\partial \ln Q}{\partial T}\right)_V = N \cdot k_B T^2 \left[\left(\frac{\partial \ln q_{trans}}{\partial T}\right)_V + \frac{d \ln q_{vib}}{dT} + \frac{d \ln q_{rot}}{dT} + \frac{d \ln q_{el}}{dT}\right]$$

$$= U_{trans} + U_{vib} + U_{rot} + U_{el}$$

$$S = S_{trans} + S_{vib} + S_{rot} + S_{el} - N k_B (\ln N - 1)$$

mit

$$S_k = \frac{U_k}{T} + N \cdot k_B \ln q_k, \quad (k = trans, vib, rot, el)$$

Eine weitere wichtige Zustandsgröße, die uns später vor allem in molekularen Mischungen immer wieder begegnen wird, ist *das chemische Potential pro Molekül* μ^*. Für ein reines ideales Gas lautet es:

$$\mu^* = \left(\frac{\partial F}{\partial N}\right)_{T,V} = -k_\mathrm{B}T\ln q + k_\mathrm{B}T(\ln N - 1) - k_\mathrm{B}T$$

also:

$$\boxed{\mu^* = -k_\mathrm{B}T \cdot \ln\left(\frac{q}{N}\right)}$$ (2.30)

Beziehen wir uns auf ein Mol, schreiben wir für das chemische Potential:

$$\mu = N_\mathrm{L} \cdot \mu^* = -RT\ln\left(\frac{q}{N}\right)$$

Wir berechnen im Folgenden die einzelnen Beiträge zur molekularen Zustandssumme q.

2.5.1 Die molekulare Translationszustandssumme

Es gilt für ein freies Teilchen der Masse m, das sich in einem Volumen $V = l_x \cdot l_y \cdot l_z$ bewegt:

$$q_\text{trans} = \sum_j^\infty \mathrm{e}^{-\beta\varepsilon_{j,\text{trans}}} \quad \text{mit} \quad \varepsilon_{j,\text{trans}} = \frac{h^2}{8m}\left[\frac{n_x^2}{l_x^2} + \frac{n_y^2}{l_y^2} + \frac{n_z^2}{l_z^2}\right]$$

$\varepsilon_{j,\text{trans}}$ sind die Energieeigenwerte der Schrödinger-Gleichung eines Teilchens im Kasten. (Zur Ableitung: s. Kapitel 3, Abschnitt 3.1). h ist das Planck'sche Wirkungsquantum und n_x, n_y und n_z sind ganzzahlige Quantenzahlen von 1 bis ∞.

Damit folgt für die Zustandssumme der Translation:

$$q_\text{trans} \approx \int\limits_0^\infty \exp\left[-\frac{h^2}{8ml_x^2}\frac{n_x^2}{k_\mathrm{B}T}\right]\mathrm{d}n_x \int\limits_0^\infty \exp\left[-\frac{h^2}{8ml_y^2}\frac{n_y^2}{k_\mathrm{B}T}\right]\mathrm{d}n_y \int\limits_0^\infty \exp\left[-\frac{h^2}{8ml_z^2}\frac{n_z^2}{k_\mathrm{B}T}\right]\mathrm{d}n_z$$

Die Summation kann in guter Näherung durch eine Integration ersetzt werden kann, wenn die *relative Änderung zweier Summanden* sehr klein gegen 1 ist, also

$$\frac{\mathrm{e}^{-\beta\varepsilon_{n+1}} - \mathrm{e}^{-\beta\varepsilon_n}}{\mathrm{e}^{-\beta\varepsilon_n}} = \mathrm{e}^{-\Delta\varepsilon/k_\mathrm{B}T} - 1 \ll 1$$

$\Delta\varepsilon$ ist die Differenz $\varepsilon_{(n-1)} - \varepsilon_{(n)}$. Bei normalen Dichten und Temperaturen ist $\mathrm{e}^{-\Delta\varepsilon/k_\mathrm{B}T} - 1 \approx -10^{-9}$.

Wegen $\int\limits_{0}^{\infty} e^{-ax^2} dx = \dfrac{\pi^{1/2}}{2 \cdot a^{1/2}}$ (s. Anhang 11.2, Gl. (11.8)) ergibt sich:

$$q_{\text{trans}} = \left(\frac{2\pi\, m\, k_B T}{h^2}\right)^{3/2} \cdot V \tag{2.31}$$

Das Volumen $V = l_x \cdot l_y \cdot l_z$ muss nicht kastenförmig sein. Gl. (2.31) ergibt sich auch für ein beliebig geformtes Volumen, z. B. ein kugelförmiges Volumen (s. Exkurs 3.7.9).

2.5.2 Die molekulare Schwingungszustandssumme 2- und mehratomiger Moleküle

Wir nehmen an, dass 2-atomige Moleküle in erster Näherung wie ein harmonischer Oszillator mit der reduzierten Masse $\tilde{\mu}_{\text{red}}$ schwingen.

Die Lösung der Schrödinger-Gleichung ergibt bekanntlich für die Energieeigenwerte eines harmonischen Oszillators mit der reduzierten Masse $\tilde{\mu}_{\text{red}}$, der Kraftkonstante k und der Frequenz v (s. Anhang 11.11, Beispiel 1):

$$\varepsilon_{v,\text{vib}} = hv\left(\frac{1}{2} + v\right) \quad \text{mit} \quad v = \frac{1}{2\pi}\sqrt{\frac{k}{\tilde{\mu}}}$$

v ist die Quantenzahl des harmonischen Oszillators mit ganzzahligen Werten $v = 0, 1, 2, 3, \ldots$ bis ∞ (s. Anhang 11.11, Gl. (11.186)). Für die reduzierte Masse $\tilde{\mu}$ im 2-atomigen Molekül mit den Atommassen m_1 und m_2 gilt:

$$\tilde{\mu}_{\text{red}} = \frac{m_1 \cdot m_2}{(m_1 + m_2)}$$

Somit lautet die molekulare Zustandssumme der Schwingung:

$$q_{\text{vib}} = \sum_{v=0}^{\infty} \exp\left[-h \cdot v\left(\frac{1}{2} + v\right)\bigg/ k_B T\right] = e^{-hv/2k_B T} \cdot \sum_{v=0}^{\infty} \exp\left[-\frac{hv \cdot v}{k_B T}\right]$$

Wir schreiben $e^{-hv/k_B T} = x$. Da $x < 1$, ergibt sich eine geometrische Reihe (s. Anhang 11.3, Gl. (11.13)):

$$\sum_{v=0}^{\infty} x^v = \frac{1}{1-x} \quad (x < 1)$$

Also folgt für q_{vib}:

$$q_{\text{vib}} = \frac{e^{-hv/(2k_B T)}}{1 - e^{-hv/k_B T}} = \frac{e^{-\Theta_{\text{vib}}/2T}}{1 - e^{-\Theta_{\text{vib}}/T}} \tag{2.32}$$

$h\nu/k_B = \Theta_{vib}$ heißt *Schwingungstemperatur*, da sie die Dimension einer Temperatur hat.

Bei *mehratomigen Molekülen* gilt Gl. (2.32) für jede der $3\overline{N}_A - 6(5)$ *Normalschwingungen* ($\overline{N}_A$ = Zahl der Atome im Molekül). Harmonische Normalschwingungen sind unabhängig voneinander. Wie man sie ermittelt, wird in verallgemeinerter Form in Anhang 11.8 gezeigt. Man kann also schreiben:

$$q_{vib} = \prod_{n=1}^{3\overline{N}_A-6(5)} q_{n,vib}$$

wobei sich die molekularen Schwingungszustandssummen $q_{n,vib}$ durch den Wert von ν_n bzw. $\Theta_{vib,n}$ unterscheiden.

Abb. 2.5 zeigt als Beispiel die Normalschwingungen der beiden 3-atomigen Moleküle CO_2 und H_2O. Die allgemeine Vorgehensweise zur Berechnung von Normalschwingungen bei mehratomigen Molekülen wird in Anhang 11.8 beschrieben.

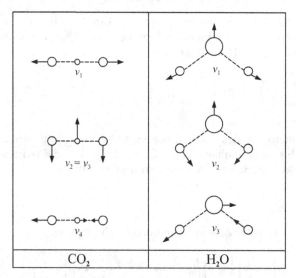

Abb. 2.5: Normalschwingungsfrequenzen von CO_2 und H_2O. Es gibt 3 Frequenzen für H_2O und 4 für CO_2 mit $\nu_2 = \nu_3$, ν_2 schwingt in der Zeichenebene, ν_3 senkrecht dazu.

Bei hohen Temperaturen, d. h., wenn $T \gg \Theta_{vib}$, strebt der Zähler in Gl. (2.32) gegen 1, während der Nenner sich dem Wert Θ_{vib}/T annähert. Es gilt also nach Taylorreihenentwicklung von $e^{-\Theta_{vib}/T} \approx 1 - \Theta_{vib}/T$ für $T \gg \Theta_{vib}$:

$$q_{vib} \cong \frac{T}{\Theta_{vib}} = \frac{k_B T}{h \cdot \nu} \quad \text{bzw.} \quad Q_{vib} \cong \left(\frac{T}{\Theta_{vib}}\right)^N \quad (T \gg \Theta_{vib})$$

Die Annahme, dass es sich bei den Normalschwingungen der Moleküle um harmonische Schwingungen handelt mit äquidistanten Abständen der Schwingungsenergieniveaus, verliert bei höheren Quantenzahlen v ihre Rechtfertigung, da die Moleküle dissoziieren und nicht bis zu beliebig hohen Schwingungsanregungen existieren können (s. Abb. 2.12 als Beispiel). Die Berücksichtigung dieser Anharmonizität spielt jedoch nur bei hohen Temperaturen ($T > \Theta_{vib}$) eine Rolle (s. Abschnitt 2.8).

2.5.3 Die molekulare Rotationszustandssumme linearer Moleküle

Wir betrachten zunächst den Fall von zweiatomigen *heteronuklearen* Molekülen, wie z. B. HCl oder CO. In guter Näherung gilt das Modell des starren Rotators („Hantelmodell"), wofür die Energieeigenwerte der Rotationswellenfunktion bekanntlich lauten (s. Anhang 11.11):

$$\varepsilon_J = \frac{\hbar^2}{2I} J(J+1) \qquad (J = 0,1,2,3,\ldots)$$

$\hbar$ ist gleich $h/2\pi$. Die Energiewerte ε_J sind $(2J+1)$-fach entartet. Wir summieren über alle Energieniveaus mit der Quantenzahl J unter Berücksichtigung dieser Entartung und erhalten für die molekulare Zustandssumme der Rotation für lineare Moleküle:

$$q_{rot} = \sum_{J=0}^{\infty} (2J+1) \exp\left[-\frac{\hbar^2}{2I \cdot k_B T} \cdot J(J+1)\right] \tag{2.33}$$

Hierbei ist I das Trägheitsmoment. Für zweiatomige Moleküle ist $I = \tilde{\mu} \cdot r_0^2$ (r_0 = Gleichgewichtsabstand der Atome, $\tilde{\mu}$ = reduzierte Masse = $m_1 \cdot m_2/(m_1 + m_2)$). Bei mehratomigen linearen Molekülen muss das Trägheitsmoment um den Massenschwerpunkt x_S eingesetzt werden.

Wieder gilt (ähnlich wie bei der Translation): wenn $\hbar^2/2I$ klein gegen $k_B T$ ist – wenn also die *Differenz der benachbarten Summanden* in der Summe gering ist – kann die Summe durch Integration ersetzt werden. Dann kann man schreiben:

$$q_{rot} \cong \int_0^{\infty} (2J+1) \exp\left[-\frac{\Theta_{rot}}{T} J(J+1)\right] \cdot dJ = \int_0^{\infty} e^{-(\Theta_{rot}/T)\cdot w} \cdot dw \tag{2.34}$$

wobei $d(J(J+1)) = (2J+1) \cdot dJ = dw$ gesetzt wurde. Man erhält

$$q_{rot} = \frac{T}{\Theta_{rot}} \int_0^{\infty} e^{-x} \, dx = \left(\frac{T}{\Theta_{rot}}\right) \qquad \text{mit} \quad \Theta_{rot} = \frac{\hbar^2}{2I \cdot k_B}$$

Θ_{rot} wird als *Rotationstemperatur* bezeichnet, da sie die Dimension einer Temperatur hat.

Es gilt also:

$$q_{rot} = \left(\frac{2I k_B T}{\hbar^2}\right) = \left(\frac{T}{\Theta_{rot}}\right) \quad \text{für} \quad T \gg \Theta_{rot} \quad \text{(heteronukleare, lineare Moleküle)}$$

(2.35)

Bei zweiatomigen *homonuklearen* Molekülen lautet die molekulare Zustandssumme der Rotation:

$$q_{rot} = \frac{1}{2}\left(\frac{T}{\Theta_{rot}}\right) \quad \text{für} \quad T \gg \Theta_{rot} \quad \text{(homonukleare, lineare Moleküle)} \qquad (2.36)$$

Sie unterscheidet sich von q_{rot} für heteronukleare zweiatomige Moleküle durch den Faktor $1/2 = 1/\sigma$. $\sigma = 2$ ist die sog. *Symmetriezahl*, die berücksichtigt, dass bei Vertauschung der beiden identischen Atome kein neuer Quantenzustand erreicht wird, q_{rot} ist nur *halb* so groß wie bei heteronuklearen Molekülen mit $\sigma = 1$ (nähere Begründung in Exkurs 2.11.2).

Die folgende Tabelle 2.1 zeigt, wo die Integralnäherung zur Berechnung von q_{rot} gerechtfertigt ist und wo sie problematisch wird. Das ist bei H_2 und D_2 der Fall, wo eine verbesserte Berechnung der Summe erforderlich ist.

Tab. 2.1: q_{rot} und Θ_{rot} zweiatomiger Moleküle bei $T = 300$ K.

Molekül	H_2	D_2	$H^{35}Cl$	$^{14}N_2$	$^{16}O_2$	I_2
Θ_{rot}/K	85,35	42,68	15,02	2,862	2,069	0,05369
q_{rot} nach Gl. (2.35) bzw. (2.36)	1,76	0,880	20,0	52	72	2794
$\Theta_{rot}/300$	0,285	0,142	0,050	$9,5 \cdot 10^{-3}$	$6,9 \cdot 10^{-3}$	$1,79 \cdot 10^{-4}$

Ihre allgemeine Formel, die sog. Euler'sche Summenformel lautet: *

$$\sum_{n=a}^{b} f(n) = \int_a^b f(n)\mathrm{d}n + \frac{1}{2}\left[f(b) + f(a)\right]$$

$$- \frac{1}{12}\left[\left(\frac{\mathrm{d}f}{\mathrm{d}n}\right)_{n=a} - \left(\frac{\mathrm{d}f}{\mathrm{d}n}\right)_{n=b}\right] + \frac{1}{720}\left[\left(\frac{\mathrm{d}^3 f}{\mathrm{d}n^3}\right)_{n=a} - \left(\frac{\mathrm{d}^3 f}{\mathrm{d}n^3}\right)_{n=b}\right]$$

$$- \frac{1}{30240}\left[\left(\frac{\mathrm{d}^5 f}{\mathrm{d}n^5}\right)_{n=a} - \left(\frac{\mathrm{d}^5 f}{\mathrm{d}n^5}\right)_{n=b}\right] + \cdots$$

(2.37)

---

*Eine Ableitung mithilfe der sog. Bernoulli-Zahlen findet sich z. B. in: G. B. Arfken, H. J. Weber, Mathematical Methods for Physics, 5th Ed., Harcourt (2001)

Angewandt auf $q_{rot} = 1/\sigma \sum\limits_{J=0}^{\infty} (2J+1)e^{-\Theta_{rot}/T \cdot J(J+1)}$ ergibt sich:

$$q_{rot} = \frac{1}{\sigma}\left(\frac{T}{\Theta_{rot}}\right) \cdot \left[1 + \frac{1}{3}\left(\frac{\Theta_{rot}}{T}\right) + \frac{1}{15}\left(\frac{\Theta_{rot}}{T}\right)^2 + \frac{4}{315}\left(\frac{\Theta_{rot}}{T}\right)^3 + \cdots\right]$$

Bei H_2 erhöht sich q_{rot} bei 300 K gegenüber Gl. (2.36) um ca. 10 %, bei D_2 sind es noch ca. 5 %. Die Summanden in der eckigen Klammer stellen Korrekturterme zur Integralnäherung dar. Je höher die Temperatur T ist, desto weniger fallen sie ins Gewicht. Im Fall von molekularen linearen Molekülen gelten ebenfalls die Gleichungen (2.35) bzw. (2.36). Das Trägheitsmoment muss hier allerdings aus der Formel

$$I = \sum_i m_i x_i^2$$

berechnet werden, wobei x_i die Abstände der Atome vom Massenschwerpunkt des linearen Moleküls bedeuten (s. Anhang 11.9, Abb. 11.8).
Für die Symmetriezahl σ gelten ähnliche Überlegungen wie bei 2-atomigen Molekülen, so ist z. B. $\sigma_{HCN} = 1$, $\sigma_{CO_2} = 2$ und $\sigma_{C_2H_2} = 2$.

2.5.4 Molekulare Rotationszustandssumme mehratomiger nichtlineare Moleküle

Im Allgemeinen gibt es hier *drei* sog. Hauptträgheitsmomente I_A, I_B, I_C um 3 senkrecht aufeinander stehende Achsen. Wie man diese für verschiedene Arten von nichtlinearen Molekülen berechnen kann, wird in Anhang 11.9 gezeigt. Wir betrachten zunächst sog. *symmetrische Kreisel-Moleküle*. Hier gilt:

$$I_A = I_B \neq I_C$$

Für die Energie-Niveaus der Rotation folgt aus der Lösung der Schrödingergleichung für die Bewegung symmetrischer Kreiselmoleküle (s. z.B. I. N. Levine, Molecular Spectroscopy, J. Wiley and Sons).

$$\varepsilon_{J,K} = \frac{\hbar^2}{2}\left\{\frac{J(J+1)}{I_A} + K^2\left(\frac{1}{I_C} - \frac{1}{I_A}\right)\right\}$$

Die Entartung ist $2J+1$ für jedes J und für K gilt: $K = J, J-1, ..., 0, ..., -J$. Dann ergibt sich für die entsprechende molekulare Zustandssumme der Rotation symmetrischer Kreisel-Moleküle:

$$q_{rot,symm} = \frac{1}{\sigma}\sum_{J=0}^{\infty}(2J+1)\,e^{-\alpha_A J(J+1)} \cdot \sum_{K=-J}^{+J} e^{-(\alpha_C - \alpha_A)\cdot K^2} \qquad (2.38)$$

mit $\alpha_j = \hbar^2/2I_j \cdot k_B T$ und $j =$ A oder C.

Beispiele für symmetrische Kreisel sind: NH_3, CH_3Cl, $CHCl_3$, Benzol *et cet.*

Wir betrachten zunächst den Spezialfall des *sphärischen Kreisels* ($I_A = I_B = I_C$ bzw. $\alpha_A = \alpha_B = \alpha_C$), für dessen molekulare Zustandssumme gilt:

$$q_{rot,sph\ddot{a}r} = \frac{1}{\sigma} \sum_{J=0}^{\infty} (2J+1)^2 e^{-\alpha_A J(J+1)}$$

Die zweite Summe über die K-Werte in Gl. (2.38) wird also wegen $\alpha_C = \alpha_A$ bzw. $e^0 = 1$ gerade $(2J+1)$.

Unter denselben Näherungsannahmen wie oben ersetzt man die Summe über die Quantenzahl J durch ein Integral, wobei wir unter der Summe 1 gegen $2J$ vernachlässigen:

$$q_{rot,sph\ddot{a}r} \cong \frac{1}{\sigma} \int_0^{\infty} 4J^2 \cdot e^{-J^2 \hbar^2 / 2Ik_B T} \cdot dJ$$

Mit $a = \hbar^2 / (2Ik_B T)$ und $x = J$ erhalten wir mit Gl. (11.7) in Anhang 11.2:

$$q_{rot,sph\ddot{a}r} = \frac{\pi^{1/2}}{\sigma} \left(\frac{8\pi^2 \cdot I \cdot k_B T}{h^2} \right)^{3/2} = \frac{\pi^{1/2}}{\sigma} \left(\frac{T}{\Theta_{rot}} \right)^{3/2} \tag{2.39}$$

wobei σ wieder die Symmetriezahl ist. Beispiele für sphärische Kreisel sind die Moleküle CH_4, CCl_4, SF_6, UF_6, Fulleren C_{60} oder Cuban C_8H_8.

Für den *symmetrischen Kreisel* ($I_A = I_B \neq I_C$) lassen sich in Gl. (2.38) die Summen durch Integrale ersetzen. Wir wenden die partielle Integration an:

$$u \cdot v = \int u dv + \int v du = \int u \left(\frac{dv}{dJ} \right) dJ + \int v \left(\frac{du}{dJ} \right) dJ$$

mit

$$v(J) = \int_0^J e^{-K^2(\alpha_C - \alpha_C)} dK \quad \text{und} \quad \frac{dv}{dJ} = e^{-J^2(\alpha_C - \alpha_A)}$$

bzw.

$$u(J) = e^{-J(J+1)\alpha_A} \quad \text{und} \quad \frac{du(J)}{dJ} = -(2J+1) e^{-J(J+1)\alpha_A}$$

Das führt zu:

$$q_{rot,symm} = \frac{1}{\sigma} + \frac{2}{\alpha_A} \int_0^{\infty} e^{-J(J+1)\alpha_A} \cdot e^{-J^2(\alpha_C - \alpha_A)} \cdot dJ - \frac{2}{\sigma} \frac{1}{\alpha_A} \left(e^{-J(J+1)\alpha_A} \right.$$

$$\left. \cdot \int_0^J e^{-K^2(\alpha_C - \alpha_A)} dK \right) \Bigg|_{J=0}^{J=\infty}$$

Der letzte Term dieses Ausdrucks ist gleich 0, da für $J = \infty$ der erste Faktor und für $J = 0$ der zweite Faktor in der runden Klammer verschwindet.

Damit ergibt sich schließlich:

$$q_{\text{rot,symm}} = \frac{2}{\sigma} \int_0^\infty (2J+1) e^{-J(J+1)\alpha_A} dJ \int_0^J e^{-K^2(\alpha_C - \alpha_A)} dK = \frac{2}{\sigma} \cdot \frac{1}{\alpha_A} \int_0^\infty e^{-J(J+1)\alpha_A} \cdot e^{-J^2(\alpha_C - \alpha_A)} dJ$$

Vernachlässigung von 1 gegen J, d. h. $J(J+1) \approx J^2$ ergibt nach Integration:

$$
\begin{aligned}
q_{\text{rot,symm}} &= \frac{2}{\sigma} \frac{1}{2} \cdot \frac{1}{\alpha_A} \cdot \left(\frac{\pi}{\alpha_C}\right)^{1/2} = \frac{\pi^{1/2}}{\sigma} \cdot \left(\frac{8\pi^2 k_B T}{h^2}\right)^{3/2} \cdot I_A \cdot I_C^{1/2} \\
&= \frac{\pi^{1/2}}{\sigma} \left(\frac{T}{\Theta_{\text{rot,A}}}\right) \left(\frac{T}{\Theta_{\text{rot,C}}}\right)^{1/2}
\end{aligned}
\tag{2.40}
$$

Die meisten Moleküle gehören jedoch zur Klasse der *unsymmetrischen Kreisel* ($I_A \neq I_B \neq I_C$). Für die Rotationszustandssumme unsymmetrischer Kreisel erhält man durch Erweiterung von Gl. (2.40):

$$q_{\text{rot,unsymm}} = \frac{\pi^{1/2}}{\sigma} \left(\frac{8\pi^2 k_B T}{h^2}\right)^{3/2} \cdot (I_A \cdot I_B \cdot I_C)^{1/2} = \frac{\pi^{1/2}}{\sigma} \left(\frac{T^3}{\Theta_{\text{rot,A}} \cdot \Theta_{\text{rot,B}} \cdot \Theta_{\text{rot,C}}}\right)^{1/2}$$

$$\tag{2.41}$$

woraus sich die obigen Fälle der Gleichungen (2.39) und (2.40) als Spezialfälle ergeben.

Wie man in konkreten Fällen Trägheitsmomente berechnet, wird in Anhang 11.9 behandelt, Beispiele dazu in Exkurs 2.11.11. Zur Symmetriezahl σ ist noch folgendes zu sagen. Sie hat einen ähnlichen Grund wie der Faktor $1/N!$ bei q_{trans}^N für viele Teilchen: in einem Molekül dürfen Zustände, die durch Drehoperationen identischer Atome ineinander übergeführt werden, nicht gezählt werden.

Deswegen ist $\sigma = 2$ bei homonuklearen zweiatomigen Molekülen: die Rotation um $180°$ senkrecht zur Verbindungsachse der Atome ergibt immer dieselbe, nicht unterscheidbare Moleküllage (s. Exkurs 2.11.10). Bei NH_3 z. B. ist $\sigma = 3$, da durch 3 Drehungen um die Symmetrieachse ($120°, 240°, 360°$) identische, nichtunterscheidbare Orientierungen erreicht werden. Für H_2O dagegen ist $\sigma = 2$. Insgesamt ist σ die Zahl der *unabhängigen* Drehoperationen, die an einem Molekül durchgeführt werden können und es dabei wieder in die Ausgangsposition bringen. Je symmetrischer das Molekül, desto höher ist σ. Tabelle 2.2 enthält Symmetriezahlen für einige wichtige Vertreter, sowie weitere molekulare Daten zur Berechnung von Zustandssummen für 2- und mehratomige Moleküle. Die Zahlen in Klammern hinter den Schwingungstemperaturen Θ_S geben die Entartung der betreffenden Normalschwingung an, CH_4 z. B. hat 9 Normalschwingungen, von denen eine 2-fach und 2 jeweils 3-fach entartet sind. Dasselbe gilt für CCl_4. Tabelle 2.2 enthält für eine Auswahl von Molekülen Zahlenwerte für Θ_S, Θ_{rot} und σ.

Tab. 2.2: Molekulare Parameter ausgewählter Moleküle (Atome beziehen sich immer auf die Form des am häufigsten vorkommenden Isotops, wenn nicht anders vermerkt. Also z.B. $C = {}^{12}C$, $O = {}^{16}O$, $N = {}^{14}N$, $F = {}^{19}F$, $S = {}^{32}S$, $Cl = {}^{35}Cl$, $Br = {}^{81}Br$, $I = {}^{127}I$, $Na = {}^{23}Na$ usw.) Zur Definition der Dissoziationsenergie D_e: s. Abschnitt 2.5.5.

Molekül	Θ_{vib}/K	Θ_{rot}/K	$\dfrac{N_L D_e}{kJ \cdot mol^{-1}}$	σ
H_2	6215	85,35	457,6	2
HD	5382	64,26	457,8	1
D_2	4394	42,7	457,8	2
F_2	1312	1,27	160.2	2
Cl_2	805	0,351	242,3	2
Br_2	463	0,116	191,9	2
I_2	309	0,05385	150,3	2
N_2	3352	2,86	953,0	2
O_2	2265	2,069	502,9	2
CO	3103	2,77	1085	1
HF	5890	60,875	589,7	1
HCl	4227	15,02	445,2	1
HBr	3787	12,02	377,7	1
HI	3266	9,25	308,6	1
Na_2	229	0,221	72,4	2
K_2	133	0,081	54,1	2
C_2H_2	880 (2), 1049 (2), 2840, 4729, 4854	1,700		2
C_2H_4	1187, 1357, 1366, 1432, 1511, 1931, 2077, 2336 4301, 4344, 4468, 4708	6,99 / 1,431 / 1,188		4
CO_2	3360, 954(2), 1890	0,561	1626	2
H_2O	5360, 5160, 2290	40,1 / 20,9 / 13,4	970,8	2
H_2O_2	1252, 1971, 2026, 2065, 4128, 4916	14,44 / 1,234 / 1,136		2
H_2S	1856, 3756, 3862	14,93 / 12,98 / 6,783		2
NH_3	4800, 1360, 4880(2), 2330(2)	13,6 / 13,6 / 8,92	1243,5	3
ClO_2	1360, 640, 1600	2,50 / 0,478 / 0,400	393	2
SO_2	1660, 750, 1960	2,92 / 0,495 / 0,422	1081	2
N_2O	3200, 850(2), 1840	0,603	1132	1
NO_2	1900, 1080, 2330	11,5 / 0,624 / 0,590	972	2
N_2O_4	72, 374, 554, 619, 691, 971, 1079, 1184, 1814, 1975, 2460, 2515	$6,579 \cdot 10^{-3}$	1909,82	1
CH_4	4170, 2180(2), 4320(3), 1870(3)	7,54 / 7,54 / 7,54	1867,3	12
CH_3Cl	4270, 1950, 1050, 4380(2) 2140(2), 1460(2)	7,32 / 0,637 / 0,637	1551	3
CH_3F	1508, 1720 (2), 23117 (2), 2123, 4265, 4291 (2)	7,32 / 1,220		3
UF_6	187 (3), 288 (3), 288 (3), 735 (2), 921 (3), 944	0,0795		24
CCl_4	660, 310(2), 1120(3), 450(3)	0,0823 / 0,0823 / 0,0823	1317	12

2.5.5 Die elektronische Zustandssumme

Hier müssen die elektronischen Energiewerte des Moleküls, d. h. seine Grundenergie ε_0 und die Energiewerte der angeregten elektronischen Zustände $\varepsilon_i (i \geq 1)$ berücksichtigt werden. Es gilt also für die elektronische Zustandssumme:

$$q_{el} = \sum_{i=0} g_i \, e^{-\varepsilon_i/k_B T}$$

Wir summieren hier über die unterschiedlichen elektronischen Energiezustände und berücksichtigen ihre Entartung durch den Entartungsfaktor g_i.

In den meisten Fällen reicht es aus, den ersten oder eventuell auch den zweiten Anregungszustand zu berücksichtigen.

Wir schreiben also:

$$q_{el} \approx g_0 \cdot e^{-^{el}\varepsilon_0/k_B T} + g_1 \cdot e^{-^{el}\varepsilon_1/k_B T} + g_2 \cdot e^{-^{el}\varepsilon_2/k_B T} \tag{2.42}$$

Definitionsgemäß setzt man bei Atomen $^{el}\varepsilon_0 = 0$, bei Molekülen ist ε_0 negativ und $-^{el}\varepsilon_0 = D_e$, der Betrag der elektronischen Dissoziationsenergie des Moleküls bei $T = 0$, der aufzubringen ist, um das Molekül in seine atomaren Bestandteile zu zerlegen (Zahlenwerte: s. Tabelle 2.2). Wichtig ist der Hinweis, dass in der Literatur häufig D_0 statt D_e angegeben wird. D_0 ist die tatsächliche Dissoziationsenergie. Es gilt $D_0 < D_e = D_0 + \sum_i h\gamma_i/2$.

$D_e - D_0$ ist die Summe der Nullpunktenergien der Normalschwingungen des Moleküls.

2.5.6 Die thermische Zustandsgleichung, innere Energie, Molwärme und Entropie mehratomiger idealer Gase

Aus der MB-Statistik lässt sich nun direkt die Zustandsgleichung für ideale Gase abzuleiten. Dazu berechnen wir den Druck p nach Gl. (2.17):

$$p = k_B T \left(\frac{\partial \ln Q}{\partial V} \right)_T$$

Im Fall des idealen Gases haben wir für $\ln Q$ einzusetzen:

$$\ln Q = N \ln q_{trans,V} + N \ln q_{vib} + N \ln q_{rot} + N \ln q_{el} - N \ln N + N$$

Da *nur* $q_{trans} = (2\pi m k_B T/h^2)^{3/2} \cdot V$ vom Volumen V abhängt, ergibt sich:

$$p = k_B T \cdot N \left(\frac{\partial \ln V}{\partial V} \right)_T = N \cdot k_B T \cdot \frac{1}{V}$$

oder

$$\boxed{p \cdot V = N \cdot k_B T} \tag{2.43}$$

Das ist das sog. *ideale Gasgesetz*, ein Grenzgesetz, das erst bei $V \to \infty$ streng gültig ist.

Das ideale Gas ist also vom Standpunkt der statistischen Thermodynamik aus gesehen ein idealisiertes System von Massenpunkten, durch die die Moleküle repräsentiert werden. Es findet als akzeptable Näherung bei genügend hohen Temperaturen und/oder genügend niedrigen Gasdichten in der Praxis Anwendung.

Setzt man $N = N_L = 6{,}022 \cdot 10^{23} \, mol^{-1}$, folgt durch den Vergleich mit dem durch Extrapolation auf $V = \infty$ empirisch gefundenen Gasgesetz

$$pV_{Mol} = R \cdot T$$

der Wert der Boltzmann'schen Konstante k_B:

$$k_B = \frac{R}{N_L} = \frac{8{,}3145 \, \text{Joule} \cdot K^{-1} \cdot mol^{-1}}{6{,}022 \cdot 10^{23} \, mol^{-1}}$$

also:

$$\boxed{k_B = 1{,}3807 \cdot 10^{-23} \, \text{Joule} \cdot K^{-1}} \tag{2.44}$$

Diesen Wert hatten wir bereits in Gl. (2.9) angegeben.

Wir setzen im folgenden immer die Gültigkeit der MB-Statistik voraus. Nach dem bisher Gesagten gilt für die innere Energie:

$$\boxed{U = U_{trans} + U_{vib} + U_{rot} + U_{el}}$$

Für den *Translationsanteil* ergibt sich somit:

$$U_{trans} = k_B T^2 \cdot \frac{\partial}{\partial T} \left[\ln\left(\frac{1}{N!} \cdot q_{trans}^N \right) \right]_V = N k_B T^2 \frac{\partial}{\partial T} \left[\ln\left\{ \frac{2\pi m k_B T}{h^2} \right\}^{3/2} \cdot V \right]_V$$

$$\boxed{U_{trans} = N k_B T^2 \cdot \frac{3}{2} \cdot \left(\frac{d \ln T}{dT} \right) = \frac{3}{2} N k_B T} \tag{2.45}$$

Für den *Schwingungsanteil* gilt, wobei $\overline{N}_A$ die Zahl der Atome im Molekül bedeutet:

$$U_{vib} = N k_B T^2 \frac{d}{dT} \left(\ln\left\{ \prod_{n=1}^{3\overline{N}_A - 5(6)} \left(\frac{e^{-h\nu_n/2k_B T}}{1 - e^{-h\nu_n/k_B T}} \right) \right\} \right)$$

$$= N k_B T^2 \frac{d}{dT} \left[\sum_{n=1}^{3\overline{N}_A - 6(5)} \ln \frac{e^{-h\nu_n/2k_B T}}{1 - e^{-h\nu/k_B T}} \right]$$

$$= N k_B T^2 \sum_{n=1}^{3\overline{N}_A - 5(6)} \left[\frac{1}{k_B T^2} \cdot \frac{h\nu_n}{2} - \frac{d}{dT} \ln\left(1 - e^{-h\nu_n/k_B T} \right) \right]$$

Der Schwingungsanteil der inneren Energie eines $\overline{N}_A$-atomigen Moleküls setzt sich also aus seiner Nullpunktsenergie $U_{0,\text{vib}}$ und einem thermischen Anteil zusammen, der bei $T \to 0$ verschwindet:

$$U_{\text{vib}} = N \cdot k_B \underbrace{\sum_{n=1}^{3\overline{N}_A-5(6)} \frac{\Theta_{\text{vib},n}}{2}}_{\text{Nullpunktsenergie } U_{0,\text{vib}}} + N \cdot k_B \underbrace{\sum_{n=1}^{3\overline{N}_A-5(6)} \frac{\Theta_{\text{vib},n}}{e^{+\Theta_{\text{vib},n}/T} - 1}}_{\text{thermischer Anteil}} \tag{2.46}$$

Die Summation läuft über alle Normalschwingungen des Moleküls ($3\overline{N}_A - 5$ bei linearen und $3\overline{N}_A - 6$ bei nicht linearen Molekülen).

Wir betrachten jetzt den Fall $\Theta_{\text{vib},n}/T \ll 1$. Taylor-Reihenentwicklung und Abbruch nach dem linearen Glied ergibt:

$$e^{h\nu/k_B T} \approx 1 + \frac{\Theta_{\text{vib}}}{T} + \cdots$$

Für diesen Fall folgt für U_{vib} bei $\Theta_{\text{vib}} \ll T$:

$$U_{\text{vib}} \cong U_{0,\text{vib}} + N \cdot \sum_{n=1}^{3\overline{N}-6(5)} k_B T = U_{0,\text{vib}} + Nk_B \cdot (3\overline{N}_A - 6(5)) \cdot T$$

Für ein zweiatomiges Molekül gilt also $U_{\text{vib}} = Nk_B T$. Wir berechnen jetzt den *Rotationsanteil* U_{Rot} der inneren Energie:

$$U_{\text{rot}} = k_B T^2 \cdot \frac{\partial}{\partial T} \ln \left(q_{\text{rot}}^N \right)$$

Für *zweiatomige und mehratomige lineare Moleküle* ergibt sich mit Gl. (2.35) bzw. (2.36):

$$U_{\text{rot}} = N \cdot k_B T^2 \frac{\partial}{\partial T} \left(\ln T \right) = N \cdot k_B T \tag{2.47}$$

Im übrigen sei darauf hingewiesen, dass die Tatsache des fehlenden Rotationsbeitrags linearer Moleküle um die Bindungsachse nach der klassischen Mechanik unverständlich ist, denn die Elektronen, die sich ja in einem, wenn auch im geringen Abstand mit geringer Masse um die Achse bewegen, sollten den vollen Beitrag $k_B T/2$ zur Rotationsenergie beitragen. Die Erklärung dafür liefert Exkurs 2.11.12.

Für den allgemeinen Fall *mehratomiger nichtlinearer Moleküle* ergibt sich mit Gl. (2.40) oder (2.41):

$$U_{\text{rot}} = N \cdot k_B T^2 \frac{\partial}{\partial T} \ln T^{3/2} = \frac{3}{2} N \cdot k_B \cdot T \tag{2.48}$$

Ist die Bedingung $T \gg \Theta_{rot}$ nicht erfüllt, muss man U_{rot} aus der korrekten Zustandssumme für die Rotation berechnen, bei zweiatomigen Molekülen kann man dazu Gl. (2.37) näherungsweise verwenden und in Gl. (2.15) mit $Q = q_{rot}^N$ einsetzen.

Den entsprechenden Ausdruck für die elektronische innere Energie

$$U_{el} = Nk_B T^2 \left(\frac{\partial \ln q_{el}}{\partial T} \right)$$

erhält man mit Hilfe von Gl. (2.42). Es ergibt sich, wenn $(\varepsilon_1 - \varepsilon_0) \gg k_B T$ und $(\varepsilon_2 - \varepsilon_0) \gg k_B T$

$$\boxed{U_{el} \cong N\varepsilon_0^{el} = -N \cdot D_e}$$

D_e ist die Dissoziationsenergie des Moleküls, das ist die Energie, die man aufbringen muss, um das Molekül im elektronischen Grundzustand in seine (unendlich voneinander entfernten) Atome zu zerlegen.

Es gilt also für Translation, Schwingung und Rotation bei *genügend hohen Temperaturen* das *Äquipartitionsgesetz* der inneren Energie. Das bedeutet: *Pro quadratischem Freiheitsgrad einer Energieform ist der Energiebetrag für 1 Mol* $\frac{1}{2}N_L k_B T = \frac{1}{2}RT$.

Die Translation hat 3 quadratische Freiheitsgrade, eine Normalschwingung 2 (je einen für die kinetische und die potentielle Energie), die Rotation 2 bei linearen und 3 bei nichtlinearen Molekülen: Bei Molekülen mit $\overline{N}$ Atomen gilt also für den Schwingungsbeitrag U_{vib} bei hohen Temperaturen ($T \gg \Theta_{vib}$):

$$\overline{U}_{vib} = RT \cdot (3\overline{N} - 5(6)) \quad (T \gg \Theta_{i,vib})$$

Bei linearen Molekülen gilt in der Klammer die 5, bei nicht-linearen Molekülen die 6.

Wir berechnen jetzt die Molwärme. Es gilt:

$$\boxed{\left(\frac{\partial \overline{U}}{\partial T} \right)_{\overline{V}} = \overline{C}_V = \overline{C}_{V,trans} + \overline{C}_{V,vib} + \overline{C}_{V,rot} + \overline{C}_{V,el}} \tag{2.49}$$

Mit $\overline{C}_V = (\partial U / \partial T)_V$ ergeben sich bei hohen Temperaturen:

$$\overline{C}_{V,trans} = \frac{3}{2}N_L \cdot k_B = \frac{3}{2}R$$

$$\overline{C}_{V,rot} = N_L \cdot k_B = R \quad \text{(zweiatomige bzw. lineare Moleküle)}$$

$$\overline{C}_{V,rot} = \frac{3}{2}N_L k_B = \frac{3}{2}R \quad \text{(mehratomige, nichtlineare Moleküle)}$$

Dieser Ausdruck für $\overline{C}_{V,rot}$ ist nur bei $T \gg \Theta_{rot}$ mit guter Näherung erfüllt, ist das nicht der Fall, muss $\overline{C}_{V,rot}$ nach Gl. (2.20) mit q_{rot} aus Gl. (2.33) berechnet werden.

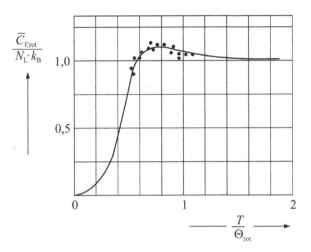

Abb. 2.6: $\overline{C}_{V,\text{rot}}$ als Funktion von (T/Θ_{rot}) für ein zweiatomiges Molekül. • experimentelle Daten für HD mit $\Theta_{\text{rot}} = 64{,}3\,\text{K}$.

Es gibt nur ein Gas, bei dem man diesen besonderen Verlauf von $\overline{C}_{V,\text{rot}}$ im Bereich $T < \Theta_{\text{rot}}$ beobachten kann, und zwar beim Wasserstoffisotop HD. Wie Abb. 2.6 zeigt, bestätigen die vorliegenden Daten für HD den Durchgang durch ein flaches Maximum für $\frac{T}{\Theta_{\text{rot}}} \approx 0{,}9$.

Für den Schwingungsanteil der Molwärme $\overline{C}_{V,\text{vib}}$ gilt:

$$\overline{C}_{V,\text{vib}} = \left(\frac{\mathrm{d}\overline{U}_{\text{vib}}}{\mathrm{d}T} \right)$$

Es ergibt sich mit U_{vib} nach Gl. (2.46):

$$\overline{C}_{V,\text{vib}} = N_{\text{L}} \cdot k_{\text{B}} \sum_{n=1}^{3\overline{N}_A - 5(6)} \cdot \left(\frac{\Theta_{\text{vib},n}}{T} \right)^2 \cdot \frac{e^{\Theta_{\text{vib},n}/T}}{\left(e^{\Theta_{\text{vib},n}/T} - 1 \right)^2} \tag{2.50}$$

Abb. 2.7 a) zeigt den Verlauf von $\overline{C}_{V,\text{vib}}$ als Funktion der Temperatur für ein zweiatomiges Molekül. Es gilt $\lim\limits_{T \to 0} \overline{C}_{V,\text{vib}} = 0$, während bei hohen Temperaturen ($T \gg \Theta_{\text{vib},n}$) der Grenzwert von $\overline{C}_{V,\text{vib}}$ lautet:

$$\lim\limits_{T \to \infty} \overline{C}_{V,\text{vib}} = N_{\text{L}} \cdot k_{\text{B}} \cdot (3\overline{N}_A - 5(6)) = R(3\overline{N}_A - 5(6))$$

Das ist der sog. klassische Grenzwert für $\overline{C}_{V,\text{vib}}$ (s. o.), beim 2-atomigen Molekül beträgt er $N_{\text{L}} \cdot k_{\text{B}} = R$.

Da Θ_{vib} deutlich größer als Θ_{rot} ist, sind bei $\overline{C}_{V,\text{vib}}$ für viele Gase schon bei Zimmertemperatur deutliche Abweichungen vom klassischen Grenzwert $N_{\text{L}} \cdot k_{\text{B}} = R$ für eine

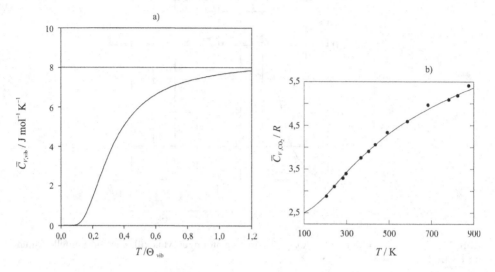

Abb. 2.7: a) Schwingungsanteil $\overline{C}_{V,\mathrm{vib}}$ als Funktion von $(T/\Theta_{\mathrm{vib}})$ für ein zweiatomiges Molekül. $\overline{C}_{V,\mathrm{vib}}$ geht für $T \to \infty$ gegen den Grenzwert $R = 8{,}3145 \; \mathrm{J \cdot mol^{-1} \, K^{-1}}$. b) $\overline{C}_V/R$ von CO_2 • Experimente, —— Theorie nach Gl. (2.51).

Normalschwingung zu beobachten. Für das Molekül CO_2 sind in Abb. 2.7 b) als Beispiel experimentelle Werte für die Molwärme $\overline{C}_V$ mit theoretisch berechneten Werten nach

$$
\overline{C}_{V,CO_2} = \frac{5}{2} R + R \left[\left(\frac{3360}{T}\right)^2 \cdot e^{3360/T} \Big/ \left(e^{3360/T} - 1\right)^2 \right.
$$
$$
\left. + 2 \cdot \left(\left(\frac{954}{T}\right)^2 e^{954/T} \Big/ \left(e^{954/T} - 1\right)^2 + \left(\frac{1890}{T}\right)^2 \cdot e^{1890/T} \Big/ \left(e^{1890/T} - 1\right)^2 \right) \right] \tag{2.51}
$$

verglichen. Die Daten für $\Theta_{\mathrm{vib},n}$ von CO_2 wurden der Tabelle 2.2 entnommen. Die Übereinstimmung ist gut. Der Grenzwert $\lim\limits_{T\to\infty} \overline{C}_{V,CO_2}$ beträgt $R \cdot 6{,}5$.

Der elektronische Anteil der Molwärme $\overline{C}_{V,\mathrm{el}}$ spielt nur in Ausnahmefällen eine Rolle, wenn die elektronischen Anregungsenergien in der Größenordnung von $k_B T$ liegen. Ein solches Ausnahmebeispiel ist das Molekül NO oder O-Atome, wie sie in der Exosphäre der Erde vorkommen. Diese Fälle werden in entsprechenden Übungsaufgaben behandelt (Exkurs 2.11.3 und 2.11.4).

Für die Entropie gilt:

$$
\boxed{S = S_{\mathrm{trans}} + S_{\mathrm{rot}} + S_{\mathrm{vib}}}
$$

Zunächst berechnen wir S_{trans}:

$$S_{\text{trans}} = \frac{U_{\text{trans}}}{T} + N \cdot k_B \cdot \ln q_{\text{trans}} - N \cdot k_B (\ln N - 1)$$

$$= \frac{3}{2} N \cdot k_B + N \cdot k_B \ln \left[\left(\frac{2\pi m k_B T}{h^2} \right)^{3/2} \cdot \frac{V}{N} \right] + N \cdot k_B$$

$$\boxed{S_{\text{trans}} = \frac{5}{2} N \cdot k_B + N \cdot k_B \cdot \ln \left[\left(\frac{2\pi m k_B T}{h^2} \right)^{3/2} \cdot \frac{k_B T}{p} \right]} \qquad (2.52)$$

Gl. (2.52) heißt auch *Sackur-Tetrode-Gleichung*. Es gilt: $\overline{V}/N_L = V/N = k_B T/p$.

Für den Rotationsanteil der Entropie S_{rot} gilt für 2-atomige oder mehratomige, *lineare* Moleküle:

$$\boxed{S_{\text{rot}} = N k_B + N \cdot k_B \cdot \ln q_{\text{rot}} = N \cdot k_B + N \cdot k_B \cdot \ln \left(\frac{1}{\sigma} \frac{T}{\Theta_{\text{rot}}} \right)} \qquad (2.53)$$

mit $\sigma = 1$ oder 2.

Für mehratomige, *nichtlineare* Moleküle gilt mit $(h^2/8\pi^2 k_B)/I_i = \Theta_i$ $(i = A, B, C)$:

$$\boxed{S_{\text{rot}} = \frac{3}{2} N \cdot k_B + N \cdot k_B \cdot \ln \left[\frac{\pi^{1/2}}{\sigma} \left[\left(\frac{T}{\Theta_A} \right) \cdot \left(\frac{T}{\Theta_B} \right) \cdot \left(\frac{T}{\Theta_C} \right) \right]^{1/2} \right]} \qquad (2.54)$$

Letztlich berechnen wir noch den Schwingungsanteil der Entropie S_{vib}:

$$S_{\text{vib}} = N k_B \cdot \sum_{n=1}^{3\overline{N}_A - 5(6)} \left(\frac{\Theta_{\text{vib},n}}{T} \right) \cdot \frac{1}{e^{\Theta_{\text{vib},n}/T} - 1} + N k_B \sum_{n=1}^{3\overline{N}_A - 5(6)} \frac{\Theta_{\text{vib},n}}{2T}$$

$$- N k_B \sum_{n=1}^{3\overline{N}_A - 5(6)} \ln \left[1 - e^{-\Theta_{\text{vib},n}/T} \right] + N k_B \sum_{n=1}^{3\overline{N}_A - 5(6)} \ln \left(e^{-\Theta_{\text{vib},n}/2T} \right)$$

Der dritte und der letzte Term heben sich gegenseitig weg. Das Ergebnis lautet also:

$$\boxed{S_{\text{vib}} = N \cdot k_B \cdot \sum_{n=1}^{3\overline{N}_A - 5(6)} \left(\frac{\Theta_{\text{vib},n}}{T} \cdot \frac{1}{e^{\Theta_{\text{vib},n}/T} - 1} - \ln \left[1 - e^{-\Theta_{\text{vib},n}/T} \right] \right)} \qquad (2.55)$$

Der elektronische Anteil zur Entropie S_{el} spielt in der Regel keine Rolle. Er lässt sich bei Bedarf entsprechend Gl. (2.16) mit Hilfe von Gl. (2.42) berechnen:

$$S_{\text{el}} = N k_B \left[\ln q_{\text{el}} + T \left(\frac{\partial \ln q_{\text{el}}}{\partial T} \right) \right]$$

Wir wollen als Rechenbeispiel zur molaren Entropie $\overline{S} = \overline{S}_{trans} + \overline{S}_{vib} + \overline{S}_{rot}$ den Wert von $\overline{S}$ für 1 Mol (idealen) gasförmigen Stickstoff bei 298 K und $p = 1$ bar berechnen. Zunächst berechnen wir nach Gl. (2.52) den Translationsanteil:

$$\overline{S}_{trans,N_2} = \frac{5}{2}R + R\ln\left[\frac{(2\pi m)^{3/2} \cdot (k_B T)^{5/2}}{h^3 \cdot p}\right]$$

wobei wir $V/N_L = k_B T/p$ gesetzt haben. Mit $m_{N_2} = 0,014/N_L = 2,3248 \cdot 10^{-26}$ kg ergibt sich für $p = 1$ bar $= 10^5$ Pascal:

$$\overline{S}_{trans,N_2} = 150,4\,\text{J} \cdot \text{K}^{-1} \cdot \text{mol}^{-1}$$

Die Berechnung des Schwingungsanteils $\overline{S}_{vib}$ von N_2 erfolgt nach Gl. (2.55) mit $\Theta_{vib} = 3352$ K (s. Tabelle 2.2):

$$\overline{S}_{vib,N_2} = R \cdot \frac{\Theta_{vib}}{T} \cdot \frac{1}{e^{\Theta_{vib}/T} - 1} - R\ln\left[1 - e^{-\Theta_{vib}/T}\right] = 0,0013\,\text{J} \cdot \text{K}^{-1} \cdot \text{mol}^{-1}$$

Der Rotationsanteil $\overline{S}_{rot}$ von N_2 bei 298 K berechnet sich nach Gl. (2.53) mit $\sigma = 2$ und $\Theta_{rot} = 2,862$ K

$$\overline{S}_{rot,N_2} = 8,314 + 8,314 \cdot \ln\frac{298}{2 \cdot 2,862} = 8,314 + 8,314 \cdot 3,952 = 41,17\,\text{J} \cdot \text{K}^{-1} \cdot \text{mol}^{-1}$$

Das Endergebnis lautet also:

$$\overline{S}_{N_2} = \overline{S}_{trans,N_2} + \overline{S}_{S,N_2} + \overline{S}_{rot,N_2} = 191,57\,\text{J} \cdot \text{K}^{-1} \cdot \text{mol}^{-1}$$

Der Schwingungsanteil $\overline{S}_{rvib,N_2}$ hat also einen vernachlässigbaren Anteil am Endergebnis. Der experimentelle Wert für $\overline{S}_{N_2}$ bei 298 K beträgt $191,51\,\text{J} \cdot \text{K}^{-1} \cdot \text{mol}^{-1}$. Die Übereinstimmung ist also sehr gut (Abweichung: 0,03 %).

2.5.7 Die thermische Wellenlänge. Übergang von der MB-Statistik zur Quantenstatistik.

Die sog. thermische Wellenlänge Λ_{therm} ist definiert durch

$$\Lambda_{therm} = \frac{h}{(2\pi m k_B T)^{1/2}} \tag{2.56}$$

Für die molekulare Zustandssumme q_{trans} lässt sich also schreiben:

$$q_{trans} = \left[N^{-N} \cdot e^N \frac{V^N}{\Lambda^{3N}}\right]^{1/N} = \frac{V}{N} \cdot e \cdot \frac{1}{\Lambda_{therm}^3}$$

Da nun q_{trans} die Bedeutung der im thermischen Mittel durch *ein* Teilchen besetzbaren Zahl von Zuständen hat, muss q_{trans} immer deutlich größer als 1 sein, wenn die Bedingungen der MB-Statistik erfüllt sein sollen, denn auf den Feldern des „Schachbrettes" (s. Abb. 2.4) müssen deutlich mehr freie Felder (Quantenzustände) als Steine (Teilchen) sein. Da es im Raum drei unabhängige Quantenzahlen gibt, gilt für die mittlere Zahl $\langle n \rangle$ der besetzbaren Quantenzustände für ein Teilchen:

$$q_{trans} \stackrel{\wedge}{=} \langle n \rangle = \langle n_x \rangle \cdot \langle n_y \rangle \cdot \langle n_z \rangle = \langle n_x \rangle^3 = \langle n_y \rangle^3 = \langle n_z \rangle^3$$

n_x, n_y, n_z sind die wegen der Raumisotropie völlig gleichwertigen Quantenzahlen. Wir setzen $n_x = n_y = n_z = n$. Dann gibt es für N Teilchen ca. $\langle n \rangle^{3N}$ Zustände. Ist diese Zahl groß gegen N, ist die Gültigkeit der MB-Statistik gesichert (das „Schachbrett" in Abb. 2.4 enthält nur ganz wenige „Steine"). Wählen wir z. B. $\langle n \rangle = 10$ und $N = 100$, dann gibt es für 100 Teilchen ca. 10^{300} besetzbare Quantenzustände, also praktisch unendlich viele. Ist aber $\langle n \rangle$ von der Größenordnung 1, werden im Mittel alle Quantenzustände bzw. Schachbrettplätze mehrfach besetzt sein müssen. Wäre z. B. $\langle n_x \rangle = 1{,}01$, ist $\langle n_x \rangle^{300} \approx 20$, und $N = 100$, dann wäre durchschnittlich ein Feld mit 5 Teilchen besetzt. Hier darf die MB-Statistik nicht mehr angewandt werden. Schon mit $\langle n_x \rangle = 2$ sieht die Situation ganz anders aus, hier wären ca. $2^{300} \approx 2 \cdot 10^{90}$ Zustände für die 100 Teilchen besetzbar und die MB-Statistik ist anwendbar. Allgemein muss also für die Anwendbarkeit der MB-Statistik gelten ($e^{1/3} = 1{,}3956$):

$$\Lambda_{therm} = \frac{h}{(2\pi m k_B T)^{1/2}} < 1{,}3956 \sqrt[3]{\frac{V}{N}} \qquad (2.57)$$

mit dem Volumen V, in dem die Teilchen sich frei bewegen können. Die Parameter Masse, Temperatur und Volumen bzw. Dichte, die als Kriterien am Ende von Abschnitt 2.4 erwähnt wurden, sind hier in einer quantitativen Beziehung miteinander verknüpft: bei gegebenem Volumen V dürfen T und/oder die Masse nicht unter einem bestimmten Betrag liegen, damit die Ungleichung (2.57) gerade noch im Anwendungsbereich der MB-Statistik bleibt.

Wir betrachten als Beispiel N_L Heliumatome (1 mol) bei 10 K und 1 bar = 10^5 Pa in einem abgeschlossenen Gefäß. Es gilt in guter Näherung das ideale Gasgesetz, also

$$V = R \cdot 10 \cdot 10^{-5} = 8{,}3145 \cdot 10^{-4} \, m^3 \cdot mol^{-1} \qquad also \qquad \sqrt[3]{\frac{V}{N_L}} = 1{,}11 \cdot 10^{-9} \, m$$

Einsetzen in Gl. (2.57) ergibt mit $m_{He} = 0{,}004/N_L$ kg

$$\Lambda_{therm} = \frac{6{,}626 \cdot 10^{-34} \cdot 10^{23}}{(2\pi \cdot 0{,}004 \cdot 10 \cdot 1{,}3807/6{,}022)^{1/2}} = 2{,}76 \cdot 10^{-10} m < 1{,}55 \cdot 10^{-9} \, m$$

Die Bedingungen sind erfüllt, hier ist die MB-Statistik noch anwendbar. Wenn wir jedoch V gleich dem Molvolumen von flüssigem Helium bei 2 K setzen, ergibt sich mit $\overline{V} =$

27,6 cm^3 · mol^{-1} nach Gl. (2.57):

$$\Lambda_{\text{therm}} = 2{,}76 \cdot 10^{-10} \cdot \left(\frac{10}{2}\right)^{1/2} \cdot 10^{-11} = 6{,}17 \cdot 10^{-10} \text{ m} > 1{,}3956 \cdot \sqrt[3]{V/N_{\text{L}}}$$

$$= 5{,}00 \cdot 10^{-10} \text{ m}$$

Hier ist die Ungleichung gerade nicht mehr erfüllt, die Situation ist kritisch, im Bereich von 2 K wird bei Helium (^{4}He) ein Phasenübergang 2. Ordnung beobachtet, der mit dem Übergang von der MB-Statistik zur Bose-Einstein (BE)-Statistik zu tun hat, die sog. Bose-Einstein (BE)-Kondensation. Abb. 2.8 zeigt die ungefähre Grenzlinie, die den Bereich der Gültigkeit der MB-Statistik abgrenzt gegen einen Bereich, wo die sog. BE-Statistik (für Bosonen) bzw. die Fermi-Dirac-Statistik (für Fermionen) angewandt werden muss. Weitere Testbeispiele werden in Exkurs 2.11.14 behandelt.

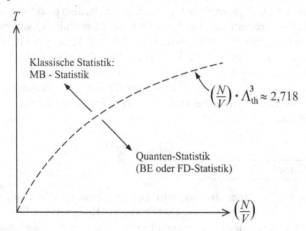

Abb. 2.8: Bereich der Gültigkeit der Maxwell-Boltzmann-Statistik (schematisch).

2.6 Der Boltzmann'sche Verteilungssatz für unabhängige Teilchen – Thermische Besetzungszahl molekularer Energieniveaus

Wir wollen den sog. Boltzmann'schen Verteilungssatz auf der Grundlage der MB-Statistik ableiten.

Wir gehen aus von der Wahrscheinlichkeit P_j dafür, dass sich das makroskopische System im Energiezustand bzw. Quantenzustand E_j befindet (Gl. 2.21):

$$P_j = \frac{e^{-\beta E_j}}{\sum e^{-\beta E_j}} = \frac{1}{Q} \cdot e^{-\beta E_j}$$

Wir wiederholen nochmals, was im Fall eines Systems *unabhängiger*, d. h. *nichtwechselwirkender* Teilchen gilt:

$$E_j = N_{r,j} \cdot \varepsilon_{\text{r}} + N_{s,j} \cdot \varepsilon_{\text{s}} + N_{t,j} \cdot \varepsilon_{\text{t}} + \cdots$$

Hierbei bezeichnet der *erste* Index den Quantenzustand *des Moleküls* und der *zweite* Index den Quantenzustand *des Gesamtsystems*. $N_{r,j}$ ist also die Zahl der Teilchen im *molekularen* Quantenzustand r bei einer vorgegebenen Gesamtenergie E_j des Systems.

Wir fragen jetzt nach der Zahl der Teilchen $\langle N_s \rangle$, die sich *im Mittel* im *molekularen Zustand* s befinden. Dafür gilt nach den Regeln der Mittelwertbildung im kanonischen Ensemble ($\beta = 1/(k_B T)$):

$$\langle N_s \rangle = \sum_j P_j \cdot N_{s,j} = \frac{1}{Q} \cdot \sum_j N_{s,j} \cdot \exp\left[-\beta\left(N_{r,j}\varepsilon_r + N_{s,j}\varepsilon_s + N_{t,j}\varepsilon_j + \cdots\right)\right]$$

Die Summation läuft also bei einem vorgegebenen molekularen Zustand s über alle Quantenzustände j des Gesamtsystems.

Zur Berechnung leiten wir zunächst Q partiell nach ε_s ab:

$$\left(\frac{\partial Q}{\partial \varepsilon_s}\right) = -\beta \sum_j N_{s,j} \cdot \exp\left[-\beta(N_{r,j}\varepsilon_r + N_{s,j}\varepsilon_s + N_{t,j}\varepsilon_t + \cdots)\right]$$

Man kann also schreiben:

$$\langle N_s \rangle = -\frac{1}{\beta} \cdot \frac{1}{Q}\left(\frac{\partial Q}{\partial \varepsilon_s}\right) = -\frac{1}{\beta}\left(\frac{\partial \ln Q}{\partial \varepsilon_s}\right) = -\frac{N}{\beta}\frac{\partial \ln q}{\partial \varepsilon_s} = -\frac{N}{\beta} \cdot (-\beta) \cdot e^{-\beta \varepsilon_s}$$

Damit ergibt sich mit dem Entartungsfaktor $g(s)$:

$$\frac{\langle N_s \rangle}{N} = \frac{e^{-\beta \varepsilon_s}}{q} = \frac{g(s)e^{-\beta \varepsilon_s}}{\sum_r e^{-\beta \varepsilon_r}} = \frac{g(s) \cdot e^{-\beta \varepsilon_s}}{\sum_r g(r) \cdot e^{-\beta \varepsilon_r}} \qquad (2.58)$$

Das ist der *Boltzmann'sche Verteilungssatz für molekulare Zustände bei voneinander unabhängigen Teilchen.* $\langle N_s \rangle/N$ kann interpretiert werden als Wahrscheinlichkeit, dass z. B. ein ideales Gasmolekül sich im *molekularen* Quantenzustand s befindet.

Die Summation in Gl. (2.58) läuft über alle *Quantenzustände des Moleküls* oder über alle *Energiezustände* wobei $g(s)$ bzw. $g(r)$ die Zahl der Entartung für die molekulare Energie ε_s bzw. ε_r bedeutet. Gl. (2.58) ist identisch mit Gl. (3.23) in Abschnitt 2.5, die dort als unmittelbares Resultat von Gl. (3.22) abgeleitet wurde.

Wir wollen als Beispiel berechnen, wie groß die Wahrscheinlichkeit ist, dass ein zweiatomiges Molekül im Gaszustand sich im Schwingungsquantenzustand mit der Energie ε_v befindet.

Es gilt mit $q = q_{\text{vib}}$:

$$\frac{\langle N_{\text{vib}} \rangle}{N} = \frac{e^{-\beta \varepsilon_v}}{q_{\text{vib}}}$$

Mit $\varepsilon_v = (1/2 + v) \cdot hv$ folgt:

$$\frac{\langle N_v \rangle}{N} = \frac{e^{-\frac{hv}{2k_BT}} \cdot e^{-v \cdot hv/k_BT}}{\displaystyle\sum_{v=0}^{\infty} e^{-\varepsilon_v/k_BT}} = \frac{e^{-v \cdot hv/k_BT}}{\displaystyle\sum_{v=0}^{\infty} e^{-\Delta\varepsilon_v/k_BT}}$$

wobei $\Delta\varepsilon_v = \varepsilon_v - \varepsilon_0 = v \cdot hv$. Also ergibt sich mit Gl. (2.32):

$$\frac{\langle N_v \rangle}{N} = \frac{e^{-v \cdot hv/k_BT}}{\left(1 - e^{-hv/k_BT}\right)^{-1}} = e^{-v \cdot \Theta_{vib}/T} \cdot \left(1 - e^{-\Theta_{vib}/T}\right) \qquad (2.59)$$

Als konkretes Beispiel berechnen wir $\langle N_v \rangle/N$ für Cl_2 bei $T = 298\,K$ ist. Wir erhalten mit Gl. (2.59) $\langle N_v \rangle/N$ für verschiedene v-Werte als Funktion der Temperatur. In Abb. 2.9 sind die Ergebnisse gezeigt.

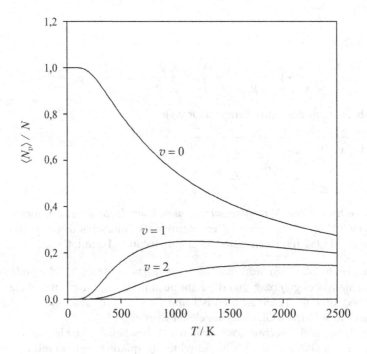

Abb. 2.9: Besetzungswahrscheinlichkeit $\langle N_v \rangle/N$ für die Schwingungsniveaus $v = 0, 1, 2$ des Cl_2-Moleküls als Funktion der Temperatur T nach Gl. (2.59)($\Theta_{vib,Cl_2} = 805\,K$)

Man sieht, dass die Besetzungswahrscheinlichkeit für $v = 0$ kontinuierlich mit der Temperatur abfällt. Für $v = 1$ wird ein Anstieg mit einem Maximum bei $T \approx 1100\,K$ berechnet,

Tab. 2.3: Prozentuale Besetzung der Rotationsniveaus von $H^{35}Cl$ bei 300 K.

J	0	1	2	3	4	5	6	7
$100 \cdot \dfrac{\langle N_J \rangle}{N}$	5,04	13,7	18,7	19,3	16,7	12,3	8,00	4,6

bei höheren Temperaturen wird die Besetzungswahrscheinlichkeit wieder geringer. Für $v = 2$ ist der Anstieg langsamer, ein sehr flaches Maximum liegt bei ca. 2300 K. Höhere Niveaus ($v > 2$) sind bei allen Temperaturen mit noch geringerer Wahrscheinlichkeit besetzt, bei sehr hohen Temperaturen nähern sich die Besetzungswahrscheinlichkeiten immer mehr an und werden sehr klein, wobei immer gilt, dass $\sum\limits_{i=0}^{\infty} P_i = 1$ ist. Die Voraussetzung für die Gültigkeit der Ergebnisse bei hohen Temperaturen ist allerdings, dass das Modell des harmonischen Oszillators noch ungefähr gültig ist.

Wir berechnen jetzt in ganz analoger Weise die Wahrscheinlichkeit für ein 2-atomiges lineares Molekül, sich im Rotationszustand J mit $\varepsilon_J = \hbar^2/2I J(J+1)$ zu befinden. In diesem Fall gilt:

$$\frac{\langle N_J \rangle}{N} = \frac{g(J) \cdot e^{-\beta \varepsilon_J}}{q_{\text{rot}}} = \frac{(2J+1) \cdot \exp^{[-\beta \hbar^2/2I \cdot J(J+1)]}}{(T/\Theta_{\text{rot}})}$$

Mit $\Theta_{\text{rot}} = \hbar^2/2I \cdot k$ lässt sich schreiben:

$$\boxed{\frac{\langle N_J \rangle}{N} = \frac{(2J+1) \cdot e^{-J(J+1) \cdot \Theta_{\text{rot}}/T}}{(T/\Theta_{\text{rot}})}} \tag{2.60}$$

Wir wählen als Beispiel $H^{35}Cl$, um $\langle N_J \rangle/N$ als Funktion von J bei 300 K zu berechnen. Mit $\Theta_{\text{rot,HCl}} = 15{,}02 K$ werden die in der Tabelle 2.3 angegebenen Prozentzahlen erreicht. Die Besetzungswahrscheinlichkeit $\langle N_J \rangle/N$ durchläuft ein Maximum bei $J \cong 3$. Das entspricht auch den Intensitäten beim Rotationsschwingungsspektrum von HCl (s. auch Abb. 2.13 und Exkurs 2.11.5).

Wir werden in späteren Kapiteln noch häufiger vom Boltzmann'schen Verteilungssatz Gebrauch machen.

2.7 Die Maxwell-Boltzmann'sche Geschwindigkeitsverteilung

Wir wollen mithilfe des Boltzmann'schen Verteilungssatzes die Geschwindigkeitsverteilung von Molekülen im Raum abzuleiten. Dabei spielt es keine Rolle, ob es sich um ein ideales Gas oder ein reales Fluid handelt, da die Impulskoordinaten in jedem Fall unabhängig von anderen verallgemeinerten Koordinaten, insbesondere den Orts- und Winkelkoordinaten und Schwingungskoordinaten der Moleküle sind. Der Boltzmann'sche

Verteilungssatz lautet also für die linearen Impulskoordinaten $\vec{p} = (p_x, p_y, p_z)$:

$$\frac{\mathrm{d}^3 N(p_x, p_y, p_z)}{N} = \frac{e^{-\varepsilon_{\text{trans}}/k_B T}}{\sum e^{-\varepsilon_{\text{trans}}/k_B T}} = \frac{\exp\left[-\frac{p_x^2 + p_y^2 + p_z^2}{2m \cdot k_B T}\right] \mathrm{d}p_x \cdot \mathrm{d}p_y \cdot \mathrm{d}p_z}{\int \int \int \exp\left[-\frac{p_x^2 + p_y^2 + p_z^2}{2m \cdot k_B T}\right] \mathrm{d}p_x \cdot \mathrm{d}p_y \cdot \mathrm{d}p_z} \tag{2.61}$$

wobei $\mathrm{d}^3 N(p)$ die Zahl der Moleküle bedeutet, die einen Impuls zwischen $\vec{p}$ und $\vec{p} + \mathrm{d}\vec{p}$ besitzen mit $\mathrm{d}\vec{p} = (\mathrm{d}p_x, \mathrm{d}p_y, \mathrm{d}p_z)$. Wir interessieren uns nur für den Betrag des Impulsvektors $|\vec{p}|$ und nicht für seine Richtung im Raum. Um die Verteilungsfunktion für den Impulsbetrag der Moleküle zu erhalten, gehen wir vom kartesischen Koordinatensystem zum Kugelkoordinatensystem über. Aus Abb. 2.10 lässt sich entnehmen, dass gilt:

$$\mathrm{d}p_x \cdot \mathrm{d}p_y \cdot \mathrm{d}p_z = |\vec{p}|^2 \cdot \sin\vartheta \, \mathrm{d}\vartheta \cdot \mathrm{d}\varphi \cdot \mathrm{d}|\vec{p}| \tag{2.62}$$

mit $|\vec{p}|^2 = p_x^2 + p_y^2 + p_z^2$.

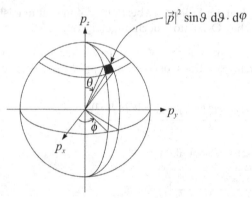

Abb. 2.10: Das Kugelkoordinatensystem für Impulskoordinaten

Der Übergang von den kartesischen Koordinaten p_x, p_y, p_z zu Kugelkoordinaten $|\vec{p}|$, ϑ und φ nach Gl. (2.62) lässt sich auch rein formal mit Hilfe der sog. Funktionaldeterminante erreichen (s. Anhang 11.7).

Gl. (2.61) lautet also in Kugelkoordinaten folgendermaßen:

$$\frac{\mathrm{d}^3 N(|\vec{p}|)}{N} = \frac{\exp\left[-\frac{|\vec{p}|^2}{2m \cdot k_B T}\right] \cdot |\vec{p}|^2 \, \mathrm{d}|\vec{p}| \cdot \sin\vartheta \, \mathrm{d}\vartheta \cdot \mathrm{d}\varphi}{\int\limits_{|\vec{p}|=0}^{\infty} \int\limits_{\varphi=0}^{2\pi} \int\limits_{\vartheta=0}^{\pi} \exp\left[-\frac{|\vec{p}|^2}{2m \cdot k_B T}\right] \cdot |\vec{p}|^2 \mathrm{d}|\vec{p}| \sin\vartheta \, \mathrm{d}\vartheta \cdot \mathrm{d}\varphi} \tag{2.63}$$

Um nun die Verteilungsfunktion für den Impulsbetrag $|\vec{p}| = m \cdot |\vec{v}|$ zu erhalten, muss auf beiden Seiten von Gl. (2.63) im Zähler über die Winkel integriert werden, im Nenner über $\mathrm{d}|\vec{p}|$ und die Winkel. Das Resultat ist:

$$\frac{\mathrm{d}N(|\vec{p}|)}{N} = \frac{4\pi \cdot \exp\left[-\frac{|\vec{p}|^2}{2m \cdot k_B T}\right] \cdot |\vec{p}|^2 \, \mathrm{d}|\vec{p}|}{4\pi \cdot (2m \cdot k_B T)^{3/2} \cdot \frac{1}{4}\pi^{1/2}}$$

wobei wir zur Berechnung der Integrale Gl. (11.7) in Anhang 11.2 berücksichtigt haben. Mit $|\vec{p}| = m|\vec{v}|$ folgt dann:

$$\frac{dN(|\vec{v}|)}{N} = F(|\vec{v}|) \cdot d|\vec{v}| = 4\pi \left(\frac{m}{2\pi k_B T}\right)^{3/2} \cdot |\vec{v}|^2 \cdot e^{-\frac{1}{2}\frac{m\cdot|\vec{v}|^2}{k_B T}} \cdot d|\vec{v}| \tag{2.64}$$

Das ist die *Maxwell-Boltzmann'sche Geschwindigkeitsverteilung*. $F(|\vec{v}|)$ gibt also die Wahrscheinlichkeit an, dass ein Molekül eine Geschwindigkeit zwischen $|\vec{v}|$ und $|\vec{v}| + d|\vec{v}|$ besitzt bei gegebener Temperatur T.

Abb. 2.11 zeigt Gl. (2.64) für den Fall von $N_2(m \cdot N_L = 0{,}028\,\text{kg} \cdot \text{mol}^{-1})$ bei 300 K und 600 K. Bei höheren Temperaturen wird die Kurve flacher und ihr Maximum liegt bei einer höheren Temperatur.

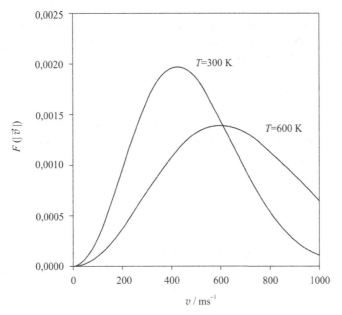

Abb. 2.11: Die Maxwell-Boltzmann'sche Geschwindigkeitsverteilungsfunktion für N_2 bei 300 K und bei 600 K nach Gl. (2.64).

Es lässt sich nun die quadratisch gemittelte Geschwindigkeit berechnen:

$$\langle|\vec{v}|^2\rangle = 4\pi \left(\frac{m}{2\pi k_B T}\right)^{3/2} \cdot \int_0^\infty |\vec{v}|^2 \cdot \exp\left[-m|\vec{v}^2|/(2k_B T)\right] \cdot |\vec{v}^2| \cdot d|\vec{v}| = \frac{3k_B T}{m}$$

bzw.:

$$\langle|v|^2\rangle^{1/2} = \sqrt{\frac{3k_B T}{m}}$$

wobei von der Integralformel Gl. (11.7) in Anhang 11.2 mit $l = 2$ und $a = m/(2k_B T)$ Gebrauch gemacht wurde. Man kann auch eine linear gemittelte Geschwindigkeit $\langle |\vec{v}| \rangle$ berechnen:

$$\langle |\vec{v}| \rangle = 4\pi \left(\frac{m}{2\pi k_B T} \right)^{3/2} \cdot \int_0^\infty |\vec{v}| \cdot \exp\left[-m|\vec{v}|^2/(2k_B T) \right] \cdot |\vec{v}|^2 \cdot d|\vec{v}|$$

Mit Hilfe der Integralformel Gl. (11.6) in Anhang 11.2 ergibt sich mit $l = 0$ und $a = m/(2k_B T)$:

$$\boxed{ \langle |\vec{v}| \rangle = \sqrt{\frac{8k_B T}{\pi \cdot m}} } \tag{2.65}$$

Der quadratisch gemittelte Wert $\langle |\vec{v}|^2 \rangle^{1/2}$ liegt höher als der linear gemittelte nach Gl. (2.65). Wir geben noch die quadratische Schwankungsbreite (s. Gl. (1.10)) der mittleren Geschwindigkeit an. Sie beträgt:

$$\langle |v^2| \rangle - \langle v \rangle^2 = \langle \Delta v^2 \rangle = \frac{3k_B T}{m} - \frac{8k_B T}{\pi m} = 0{,}4535 \cdot \frac{RT}{M}$$

Für N_2 ergibt sich bei $T = 300\,K$ mit $M_{N_2} = 0{,}028\,kg\,mol^{-1}$ der Wert $\langle \Delta v^2 \rangle^{1/2} = 201{,}0\,m\,s^{-1}$. Das Maximum der Verteilungsfunktion von Gl. (2.64) lässt sich berechnen aus $dN(|\vec{v}|)\big/d|v| = 0$. Man erhält:

$$\boxed{ |\vec{v}|_{max} = \sqrt{\frac{2k_B T}{m}} } \tag{2.66}$$

Die Werte, die man für das Beispiel von N_2 bei 300 K erhält, sind:

$$\langle |\vec{v}|^2 \rangle^{1/2}_{N_2,300\,K} = 517{,}0\,m \cdot s^{-1},\ \langle |\vec{v}| \rangle_{N_2,300\,K} = 476{,}3\,m \cdot s^{-1},\ |\vec{v}|_{max,N_2} = 422{,}1\,m \cdot s^{-1}$$

Für die relative Schwankungsbreite erhält man dann:

$$\left(\frac{\langle \Delta v^2 \rangle}{\langle v^2 \rangle} \right)^{1/2} = 0{,}389 = 38{,}9\,\%$$

Sie ist unabhängig von Temperatur und Art des Gases. Untersucht man die Geschwindigkeitsverteilung in einem thermischen Molekularstrahl, der durch eine kleine Öffnung austritt, erhält man eine andere Verteilungsfunktion (s. Exkurs 2.11.20). Eine weitere wichtige Beziehung lässt sich mit Hilfe von Gl. (2.64) ableiten. Wir wollen die Zahl der Moleküle berechnen, die pro Sekunde auf die Fläche A der Wand eines Gasbehälters auftrifft. Falls diese Fläche A ein kleines Loch darstellt, entspricht das der Zahl der Moleküle, die pro Sekunde durch dieses Loch entweichen. Der Fluss von Teilchen (Teilchen pro Sekunde und Fläche A) ist gleich dem Mittelwert der x-Komponente der Geschwindigkeit in positiver Richtung multipliziert mit der Teilchenzahldichte C:

$$\frac{1}{A}\frac{dN}{dt} = \langle v_x \rangle \cdot C$$

wenn die Richtung x senkrecht auf der Fläche A stehend gewählt wird. Der Mittelwert $\langle v_x \rangle$ berechnet sich folgendermaßen:

$$\frac{\langle p_x \rangle}{m} = \langle v_x \rangle = \frac{\int\limits_0^\infty \frac{p_x}{m} \int\limits_{-\infty}^{+\infty} \int\limits_{-\infty}^{+\infty} e^{-\frac{p_x^2+p_y^2+p_z^2}{2mk_BT}} \cdot dp_x \cdot dp_y \cdot dp_z}{\int\limits_{-\infty}^{+\infty} dp_x \int\limits_{-\infty}^{+\infty} dp_y \int\limits_{-\infty}^{+\infty} e^{-\frac{p_x^2+p_y^2+p_z^2}{2mk_BT}} dp_z}$$

Hier ist zu beachten, dass die Integration über die Geschwindigkeitskomponenten bzw. Impulskomponenten im Zähler in y- und z-Richtung sich über alle Werte von $-\infty$ bis $+\infty$ erstrecken müssen, während in die x-Richtung nur die positiven Werte von p_x bzw. v_x zu berücksichtigen sind. Es gilt nun nach Gl. (11.7) bzw. Gl. (11.6) in Anhang 11.2 für Integrale vom Typ

$$\int\limits_{-\infty}^{+\infty} e^{-ax^2} dx = 2\int\limits_0^\infty e^{-ax^2} dx = \sqrt{\frac{\pi}{a}} \quad \text{bzw.} \quad \int\limits_0^\infty x\, e^{-ax^2} dx = \frac{1}{2a}$$

Wir setzen $a = (2m\,k_BT)^{-1}$ und erhalten:

$$\langle v_x \rangle = \frac{\int\limits_0^\infty \frac{p_x}{m} e^{-\frac{p_x^2}{2mk_BT}} \cdot dp_x}{(2\pi m\,k_BT)^{1/2}} = \frac{2\cdot k_BT}{(2\pi m\,k_BT)^{1/2}} \cdot \frac{1}{2} = \left(\frac{k_BT}{2\pi\cdot m}\right)^{1/2} = \frac{1}{4}\left(\frac{8k_BT}{\pi\cdot m}\right)^{1/2} \tag{2.67}$$

Der Vergleich mit Gl. (2.65) ergibt:

$$\langle v_x \rangle = \frac{1}{4}\langle |\vec{v}| \rangle$$

und damit ergibt sich für die Zahl der pro Sekunde und pro Fläche A auftreffenden Moleküle:

$$\boxed{\frac{1}{A}\left(\frac{dN}{dt}\right) = \frac{1}{4}\cdot\left(\frac{N}{V}\right)\cdot\langle |\vec{v}| \rangle} \tag{2.68}$$

Bei idealen Gasen ist die Teilchenzahldichte $(N/V) = p/(k_BT)$. Entweichen Moleküle durch ein kleines Loch der Fläche A ins Vakuum, so ist die Voraussetzung für die Gültigkeit von Gl. (2.68), dass beim Durchtritt der Moleküle durch dieses Loch keine Stöße zwischen den Molekülen stattfinden, dazu darf das Loch nicht größer als die sog. mittlere freie Weglänge der Moleküle sein (s. Abschnitt 6.2).

Gl. (2.68) ist die Grundlage für die Dampfdruckmessung von Substanzen mit sehr niedrigem Dampfdruck (z. B. von Metallen oder Legierungen) mit Hilfe der sog. *Knudsen-Effusionsmethode*. Dabei wird innerhalb einer bestimmten Zeit der Gewichtsverlust einer Zelle gemessen, in der sich die fragliche Substanz befindet und die ein kleines Loch der Fläche A besitzt. Die Zelle befindet sich in einem gut evakuierten Raum, in den die Dampf-Moleküle aus der Zelle durch die Fläche A nach Gl. (2.68) austreten und dadurch den Gewichtsverlust der Zelle verursachen. Beispiele zum Knudsen-Effekt werden in den Exkursen 2.11.17, 2.11.18 und 2.11.19 behandelt.

Auch bei der Diffusion von Gasen durch sehr dünne Kapillaren (z. B. in porösen Membranen) spielt Gl. (2.68) eine Rolle. Sie stellt die Grundlage eines wichtigen Trennungsprozesses von Isotopen in Gasmischungen dar. Dividiert man Gl. (2.68) für 2 Arten von Gasen A und B durcheinander, so erhält man nach Gl. (2.65) das Verhältnis der beiden Gasflüsse durch eine gemeinsame kleine Öffnung:

$$\left(\frac{dN_A}{dt}\right)\Big/\left(\frac{dN_B}{dt}\right) = \sqrt{\frac{M_B}{M_A}} \tag{2.69}$$

wobei $M_A = m_A \cdot N_L$ und $M_B = m_B \cdot N_L$ die Molmassen von A und B bedeuten. Gl. (2.69) heißt auch das *Graham'sche Gesetz*.

2.8 Anharmonische Schwingungen und Rotations-Schwingungskopplung

In Abb. 2.12 ist die Funktion der potentiellen Energie $\Phi(r)$ eines zweiatomigen Moleküls am Beispiel von HBr als Funktion der Auslenkung $r - r_0$ des Abstandes der beiden Atome aus ihrer Gleichgewichtslage bei $r = r_0$ gezeigt. Die Abbildung macht deutlich, dass der harmonische Oszillator für die Molekülschwingung nur eine Näherung ist, die im Bereich kleiner Quantenzahlen v gerechtfertigt ist, wo in der Nähe des Minimums der Verlauf von $\Phi(r)$ noch ungefähr parabelförmig ist. Bei größeren Abständen für r von r_0 kommt es jedoch zu Abweichungen. $\Phi(r)$ geht rechts vom Minimum bei großen Werten von r gegen den Wert Null. Dort, bei $r \rightarrow \infty$, findet die Dissoziation des Moleküls statt mit der Dissoziationsenergie $D_e = \Phi(r \rightarrow \infty)$. Links vom Minimum verläuft $\Phi(r)$ steiler als eine Parabelfunktion und geht bei $r \rightarrow 0$ gegen ∞, da man die Atome nur bei unendlichem Energieaufwand ineinander drücken kann.

Es gibt empirische Funktionen für $\Phi(r)$, die 2 oder 3 adjustierbare Parameter enthalten, die so gewählt werden können, dass der tatsächliche Verlauf von $\Phi(r)$ mit einer in der Regel ausreichenden Genauigkeit beschrieben wird. Die bekannteste dieser Funktionen ist die Morse-Potential-Funktion, die folgendermaßen lautet:

$$\Phi(r) = D_e \left\{ \left[1 - e^{-a(r-r_0)}\right]^2 - 1 \right\} \tag{2.70}$$

D_e, a und r_0 sind hier die adjustierbaren Parameter. Man sieht sofort, dass diese Funktion die Randbedingungen erfüllt: für $r = r_0$ ist $\Phi(r_0) = -D_e$, für $r \to \infty$ wird $\Phi(r)$ gleich Null und für $r \to 0$ geht $\Phi(r)$ gegen ∞.

Gl. (2.70) hat ferner den praktischen Vorteil, dass die Schrödingergleichung lösbar ist.[*]

Die Eigenwerte lauten:

$$E_v = \left(\frac{1}{2} + v\right)hv - x_e \cdot h \cdot v \cdot \left(\frac{1}{2} + v\right)^2 \tag{2.71}$$

mit den Quantenzahlen $v = 0, 1, 2, 3, \ldots$ x_e ist die sog. Anharmonizitätskonstante und v ist die Frequenz der Schwingung im Minimum von $\Phi(r)$, wo näherungsweise gilt:

$$\Phi(r) \cong \Phi(r = r_0) + \frac{1}{2}\left(\frac{\partial^2 \Phi(r)}{\partial r^2}\right)_{r=r_0} (r - r_0)^2 + \cdots \tag{2.72}$$

Das ist eine Taylorreihenentwicklung für $\Phi(r)$ um $r = r_0$ bis zum quadratischen Glied. Das lineare Glied fällt weg, da im Minimum von $\Phi(r)$ $(\partial\Phi(r)/\partial r)_{r=r_0} = 0$ gilt.

Die Größen x_e und v hängen mit der Dissoziationsenergie D_e und der Anharmonizitätskonstante x_e folgendermaßen zusammen. Man erhält für die harmonische Näherung von $\Phi(r)$ aus Gl. (2.70) und Gl. (2.72):

$$\Phi(r) - \Phi(r = r_0) \cong D_e \cdot a^2(r - r_0)^2 = \frac{1}{2}k(r - r_0)^2 = 2\pi^2 \cdot v^2 \cdot \widetilde{\mu} \cdot (r - r_0)^2 \tag{2.73}$$

Damit erhält man für den Parameter a:

$$a = \pi v \sqrt{\frac{2\widetilde{\mu}}{D_e}} = \frac{k_B}{h}\Theta_{vib} \cdot \pi \cdot \sqrt{\frac{2\widetilde{\mu}}{D_e}} \tag{2.74}$$

Das ist die potentielle Energie eines harmonischen Oszillators mit der Kraftkonstanten $k = 2D_e \cdot a^2$, der reduzierten Masse $\widetilde{\mu}$ und der Frequenz $v = (2\pi)^{-1} \cdot \sqrt{k/\widetilde{\mu}}$. Die Parabelfunktion Gl. (2.73) ist für HBr in Abb. 2.12 mit eingezeichnet. Aus Abb. 2.12 geht auch hervor, dass die Energieunterschiede $(E_{v+1} - E_v)$ mit wachsendem Wert der Quantenzahl v immer kleiner werden und bei $\Phi(r) = 0$ schließlich ganz verschwinden. Es muss also beim anharmonischen Oszillator im Gegensatz zum harmonischen Oszillator einen endlichen maximalen Wert für $v = v_{max}$ geben, der sich aus Gl. (2.71) ermitteln lässt. Bei Verwendung der Morsepotential-Funktion muss dort gelten:

$$\frac{dE_v}{dv} = 0 = hv - x_e \cdot hv \cdot 2\left(v_{max} + \frac{1}{2}\right) \tag{2.75}$$

mit dem Resultat:

$$v_{max} = \frac{1}{2x_e} - \frac{1}{2} = \frac{2D_e}{hv} - \frac{1}{2} \tag{2.76}$$

---

[*]s. z. B. C. H. Townes and A. L. Schawlow, Microwave Spectroscopy, Dover (1975)

Denn setzt man v_{max} aus Gl. (2.76) für v in Gl. (2.71) ein mit $E_{v,max} = D_e$, so erhält man:

$$D_e = \frac{hv}{4x_e} \quad \text{bzw.} \quad x_e = \frac{hv}{4D_e} = \frac{k_B}{4D_e} \cdot \Theta_{vib} \tag{2.77}$$

Bei Kenntnis von v bzw. Θ_{vib} und x_e lässt sich also D_e bestimmen. Die Werte von x_e und v können spektroskopisch aus den messbaren Energiedifferenzen

$$E_{v+1} - E_v = hv[1 - 2x_e(v + 1)] \tag{2.78}$$

bestimmt werden.

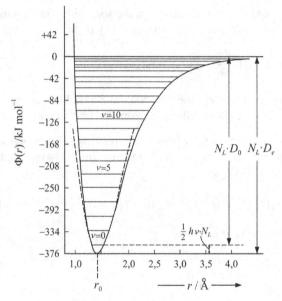

Abb. 2.12: Potentielle Energie $\Phi(r)$ der Bindung im 2-atomigen Molekül (Beispiel: HBr)
- - - - - - harmonische Näherung

In Tabelle 2.4 sind für einige 2-atomige Moleküle die Morse-Potentialparameter angegeben.

Es lassen sich Übergänge von $v = 0$ zu $v = 1$ spektroskopisch bestimmen. Dabei werden gemäß der sog. Auswahlregeln nur Übergänge beobachtet, bei denen sich gleichzeitig die Rotationsquantenzahlen um $\Delta J = \pm 1$ ändern, d. h. entsprechend Gl. (11.191) in Anhang 11.11 beobachtet man folgende Linien:

$$\Delta E = hv(1 - x_e) - 2B_e(J + 1) + \left(v + \frac{1}{2}\right) \cdot 2\alpha(J + 1) \quad (\Delta J = -1) \tag{2.79}$$

$$\Delta E = hv(1 - x_e) + 2B_e(J + 1) - \left(v + \frac{1}{2}\right) \cdot 2\alpha(J + 1) \quad (\Delta J = +1) \tag{2.80}$$

Tab. 2.4: Morsepotential-Daten

	Θ_{vib}/K	$D_e/kJ \cdot mol^{-1}$	v_{max}	x_e	r_0/pm	a/m^{-1}
H_2	6215	457,6	17	0,02824	74,138	$2,690 \cdot 10^{10}$
N_2	3352	953,0	67	0,00731	109,76	$3,761 \cdot 10^{10}$
HCl	4227	445,2	24	0,01976	127,45	$1,977 \cdot 10^{10}$
Cl_2	805	242,3	71	0,00691	198,75	$2,872 \cdot 10^{10}$
HBr	3787	377,7	23	0,02084	141,44	$1,793 \cdot 10^{10}$
HI	3266	308,6	22	0,02203	160,92	$1,714 \cdot 10^{10}$
I_2	309	150,3	116	0,00427	266,70	$2,628 \cdot 10^{10}$

Der Betrag des Zentrifugalkoeffizienten d in Gl. (11.192) ist so gering, dass er weggelassen werden kann. Die Linienabstände links von $h\nu(1 - x_e)$ betragen $-2B_e$ (sog. P-Zweig) und rechts $+2B_e$ (sog. R-Zweig). Als Beispiel zeigt Abb. 2.13 das Rotations-Schwingungs-Spektrum von HBr.

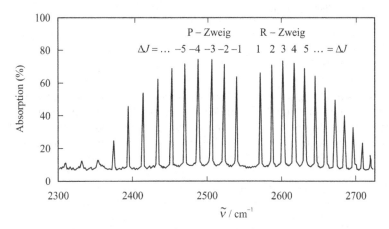

Abb. 2.13: Rotations-Schwingungs-Spektrum von HBr.

Aufgetragen ist die Absorption als Funktion von $\lambda^{-1} = \nu/c_L = \tilde{\nu}$ in cm^{-1}. Man sieht, dass zwischen P- und R-Zweig keine Linie zu beobachten ist, da $\Delta J = 0$ ein verbotener Übergang ist. Man sieht ferner, dass beim R-Zweig der Abstand der Linien mit wachsendem $\tilde{\nu}$ kleiner wird, während er im P-Zweig mit abnehmendem $\tilde{\nu}$ zunimmt. Das ist im wesentlichen der Einfluss des Kopplungsterms α auf das Spektrum, der positiv ist für $\Delta J = -1$ und negativ für $\Delta J + 1$. Die Analyse des Spektrums ergibt für HBr die Parameter: $\tilde{\nu}_0 = 2559,3\,cm^{-1}$, $B_e = 8,473\,cm^{-1}$, $x_e = 2,084 \cdot 10^{-2}$, $\alpha = 0,226\,cm^{-1}$. Aus B_e lässt sich das Trägheitsmoment bzw. Θ_{rot} bestimmen (s. Tabelle 2.2) und mit den zusätzlichen Parametern x_e und α_e die gesamte Potentialkurve der potentiellen Energie des Morsepotentials für HBr (s. Gl. (11.192) in Anhang 11.11). Die unterschiedlichen Intensitäten in Abb. (2.13) mit den Maxima bei $\Delta J = -4$ und $\Delta J = +3$ rühren von der Temperaturabhängigkeit der

Besetzungswahrscheinlichkeit $\langle N_J \rangle / N$ der Rotationsniveaus her (s. Exkurs 2.11.5).

2.9 Die Koppelung von Kernspin und Molekülrotation – Ortho- und para-Moleküle

Wir haben bisher stillschweigend übergangen, dass den Atomkernen, die bekanntlich aus Protonen und Neutronen bestehen und durch Kernkräfte zusammengehalten werden, ebenfalls eine Wellenfunktion Ψ_{Kern} zukommt mit entsprechenden gequantelten Energiezuständen $\varepsilon_{Kern,i}$ und dazugehörigen Entartungsfaktoren g_{Kern}. Wenn wir von radioaktiven Zerfallsprozessen absehen, so befinden sich die meisten Atomkerne der chemischen Elemente in einem stabilen oder zumindest langzeitstabilen Quantenzustand, dem man einen hier nicht näher zu quantifizierenden Energiegrundzustand ε_{Kern} zuordnen kann. Wir schreiben daher in Erweiterung von Gl. (2.29):

$$q \cong \frac{1}{N!} q_{trans} \cdot q_{rot} \cdot q_{vib} \cdot q_{el} \cdot q_{Kern}$$

mit

$$q_{Kern} = g_{Kern}(I) \cdot e^{-\varepsilon_{Kern}/k_B T} \tag{2.81}$$

Der Entartungsfaktor $g_{Kern}(I)$ hängt von der Kernspinquantenzahl I ab, die entweder ganzzahlige oder halbzahlige Werte annehmen kann. Mit dieser Kernspinquantenzahl I ist ein magnetisches Moment verbunden, das man Kernspin nennt (s. Kapitel 9, Abschnitt 9.1). Da die Kernbewegung mit der Translation, Rotation, Schwingung und elektronischen Energie energetisch praktisch nicht gekoppelt ist, kann man schreiben:

$$\varepsilon_{Molekül} = \varepsilon_{trans} + \varepsilon_{rot} + \sum_i \varepsilon_{vib,i} + \varepsilon_{el} + \sum_k \varepsilon_{Kern,k}$$

wobei der Zahlenindex i die Normalschwingungen des Moleküls kennzeichnet und der Zahlenindex k die einzelnen Atomkerne, die das Gerüst des Moleküls ausmachen.

Man sollte nun meinen, dass auch die molekulare Zustandssumme des Moleküls lediglich um die Faktoren der Kernzustandssummen erweitert zu werden braucht. Das ist jedoch nicht der Fall. Der Grund dafür liegt in der Notwendigkeit, dass nach dem Pauli-Prinzip (s. Anhang 11.12) die Gesamtwellenfunktion des Moleküls symmetrisch oder antisymmetrisch gegenüber einem Vertauschen von identischen Atomen des Moleküls sein muss. Um das zu verstehen, betrachten wir ein zweiatomiges, homonukleares Molekül wie z. B. H_2, dessen Atomkerne, also die Protonen, die Spinquantenzahl $I = +1/2$ oder $I = -1/2$ besitzen. Ein Austausch der beiden Protonen geschieht durch Drehung des Moleküls um 180°. Nun gibt es 4 Kernwellenfunktionen (Spinfunktionen) der beiden Protonen, nämlich 3 symmetrische Spinfunktionen, $\alpha \cdot \alpha, \beta \cdot \beta$ und $2^{-1/2}(\alpha\beta + \beta\alpha)$ sowie eine antisymmetrische Spinfunktion $2^{-1/2}(\alpha\beta - \beta\alpha)$. Symmetrische Spinfunktionen bleiben

bei Austausch der Atomkerne, d. h. bei Austausch von α gegen β unverändert, antisymmetrische Spinfunktionen dagegen drehen bei derselben Operation ihr Vorzeichen
um. Die Gesamtwellenfunktion der Protonen muss also antisymmetrisch sein. Zu diesem
Austauschprozess gehören auch die Wellenfunktionen der Rotation mit der Rotationsquantenzahl J. Diese sind *symmetrisch*, wenn J eine *gerade* Quantenzahl ist ($J = 0, 2, 4, 6, ...$)
und *antisymmetrisch*, wenn J eine *ungerade* Quantenzahl ($J = 1, 3, 5, 7, ...$) ist. Da nun die
Gesamtwellenfunktion der halbzahligen Spins antisymmetrisch sein muss, können die
drei symmetrischen Spinfunktionen des Kerns nur mit Rotationswellenfunktionen für
ungerade Rotationsquantenzahlen gekoppelt sein bzw. die eine antisymmetrische Kern-
spinfunktion mit Rotationswellenfunktionen für gerade Werte der Rotationsquantenzahl
J. Also lauten die 4 antisymmetrischen Funktionen für H_2:

$$\Psi_{rot}(J = 1, 3, 5, ...) \quad \cdot \quad (\alpha \cdot \alpha)$$
$$\Psi_{rot}(J = 1, 3, 5, ...) \quad \cdot \quad (\beta \cdot \beta)$$
$$\Psi_{rot}(J = 1, 3, 5, ...) \quad \cdot \quad (2^{-1/2}(\alpha\beta + \beta\alpha))$$
$$\Psi_{rot}(J = 0, 2, 4, 6, ...) \cdot \quad (2^{-1/2}(\alpha\beta - \beta\alpha))$$

Im Allgemeinen existieren für Atomkerne mit der Spinquantenzahl I genau $2I + 1$ Spinzustände für jeden Kern. Der Entartungsfaktor $g_k(I)$ für den energetischen Grundzustand
eines Atomkerns ist $2I + 1$. Die dazugehörigen Spinfunktionen lauten $\alpha_1, \alpha_2, ..., \alpha_{2I+1}$.
Insgesmt gibt es also $(2I + 1)^2$ Kernwellenfunktionen für 2 Kerne. Die antisymmetrischen
Funktionen für das 2-Kern-System lauten also:

$$\alpha_i(1)\alpha_j(2) - \alpha_i(2) \cdot \alpha_j(1) \quad \text{mit} \quad 1 \leq i, j \leq 2I + 1.$$

Es gibt also genau $(2I + 1) \cdot 2I/2 = (2I + 1) \cdot I$ antisymmetrische Kombinationen zwischen
Kern (1) und (2) und dementsprechend $(2I + 1)^2 - (2I + 1) \cdot I) = (2I + 1)(I + 1)$ symmetrische
Kombinationen.

Bei *2 identischen Atomkernen mit jeweils halbzahligem Spin* (Fermionen) gilt daher für die
Gesamtwellenfunktion (Rotationswellenfunktion mal Kernwellenfunktion):

- $(2I + 1) \cdot I$ antisymmetrische Kernwellenfunktionen koppeln mit Rotationswellenfunktionen mit gerader Rotationsquantenzahl J

- $(2I + 1)(I + 1)$ symmetrische Kernwellenfunktionen koppeln mit Rotationswellenfunktionen mit ungerader Rotationsquantenzahl J.

Damit sind alle $(2I + 1)^2$ möglichen Gesamtwellenfunktionen *antisymmetrisch*.

Dagegen gilt bei *2 identischen Atomkernen mit jeweils ganzzahligem Spin* (Bosonen) für die
Gesamtwellenfunktion:

- $(2I + 1) \cdot I$ antisymmetrische Kernwellenfunktionen koppeln mit antisymmetrischen
  Rotationswellenfunktionen, die zu ungeraden Rotationsquantenzahlen J gehören.

- $(2I + 1)(I + 1)$ symmetrische Kernwellenfunktionen koppeln mit symmetrischen
  Rotationswellenfunktionen, die zu geraden Rotationsquantenzahlen J gehören.

Damit sind alle $(2I+1)^2$ möglichen Gesamtwellenfunktionen *symmetrisch*.

Nach diesen Vorüberlegungen sind wir jetzt in der Lage, die molekulare Zustandssumme q für zweiatomige homonukleare Moleküle aufzustellen:

$$q = \frac{1}{N!}\, q_{\text{trans}} \cdot q_{\text{vib}} \cdot q_{\text{el}} \cdot q_{\text{rot,Kern}}$$

wobei für *halbzahligen Spin der beiden Atomkerne* gilt:

$$q_{\text{rot,Kern}} = (2I+1)\cdot I \cdot e^{-2\varepsilon_{\text{Kern}}/k_B T} \cdot \sum_{J=0,2,4,\ldots}^{\infty} (2J+1)\cdot e^{-\Theta_{\text{rot}}J(J+1)/T}$$

$$+ (2I+1)(I+1)e^{-2\varepsilon_{\text{Kern}}/k_B T} \sum_{J=1,3,5,\ldots}^{\infty} (2J+1)e^{-\Theta_{\text{rot}}J(J+1)/T} \qquad (2.82)$$

und für *ganzzahligen Spin der beiden Atomkerne*:

$$q_{\text{rot,Kern}} = (2I+1)\cdot I \cdot e^{-2\varepsilon_{\text{Kern}}/k_B T} \cdot \sum_{J=1,3,5,\ldots}^{} (2J+1)\cdot e^{-\Theta_{\text{rot}}J(J+1)/T}$$

$$+ (2I+1)(I+1)e^{-2\varepsilon_{\text{Kern}}/k_B T} \sum_{J=0,2,4,\ldots}^{} (2J+1)e^{-\Theta_{\text{rot}}J(J+1)/T} \qquad (2.83)$$

Wir untersuchen jetzt für Gl. (2.82) und Gl. (2.83) den Grenzfall für hohe Temperaturen $(T \gg \Theta_{\text{rot}})$. In diesem Fall können die Summen durch Integrale ersetzt werden. Da aber über gerade Werte von J jeweils nur halb so viele Summanden zu berücksichtigen sind, gilt (genaue Ableitung: siehe Exkurs 2.11.10):

$$\sum_{J=0,2,4,\ldots}^{\infty} (2J+1)e^{-\Theta_{\text{rot}}J(J+1)/T} \approx \frac{1}{2}\int_0^{\infty} (2J+1)e^{-\Theta_{\text{rot}}J(J+1)/T}\cdot dJ = \frac{1}{2}\left(\frac{T}{\Theta_{\text{rot}}}\right)$$

und ebenso bei Summierung über ungeradzahlige J-Werte:

$$\sum_{J=1,3,5,\ldots}^{\infty} (2J+1)e^{-\Theta_{\text{rot}}J(J+1)/T} \approx \frac{1}{2}\left(\frac{T}{\Theta_{\text{rot}}}\right)$$

wobei wir von der Herleitung der Gl. (2.35) Gebrauch gemacht haben. Damit lässt sich für $T \gg \Theta_{\text{rot}}$ sowohl für die Summe von Gl. (2.82) wie auch von Gl. (2.83) schreiben:

$$q_{\text{rot,gesamt}} = (2I+1)^2 \cdot e^{-2\varepsilon_{\text{Kern}}/k_B \cdot T} \cdot \frac{1}{2}\left(\frac{T}{\Theta_{\text{rot}}}\right) = q^2_{\text{Kern}} \cdot q_{\text{rot}} \qquad (2.84)$$

Im Hochtemperaturfall entkoppeln also die Zustandssummen der Atomkerne und der molekularen Rotation, d. h., sie lassen sich als Produkt darstellen. Interessant ist, dass der Faktor 1/2 vor (T/Θ_{rot}) dabei automatisch herauskommt. Die in Abschnitt 2.5.3 eingeführte Symmetriezahl $\sigma = 2$, die dort mit der Nichtunterscheidbarkeit der Atome im homonuklearen zweiatomigen Molekül begründet wurde, ist also eine Folge der notwendigen Symmetrisierung bzw. Antisymmetrisierung der Gesamtwellenfunktion von Atomkernen und molekularer Rotation. Wir untersuchen jetzt die Verhältnisse bei H_2 und D_2 genauer.

Für H_2 gilt mit $\Theta_{rot} = 85{,}35\,K$, $I = \frac{1}{2}$ und $\varepsilon_{Kern} = 0$ nach Gl. (2.82):

$$q_{rot,Kern,H_2} = \sum_{J=0,2,4,\dots}^{\infty} (2J + 1) \cdot \exp\left[-85{,}35 \cdot J(J + 1)/T\right]$$

$$+ 3 \cdot \sum_{J=1,3,5,\dots}^{\infty} (2J + 1) \cdot \exp\left[-85{,}35 \cdot J(J + 1)/T\right] \tag{2.85}$$

Man bezeichnet alle H_2-Moleküle, bei denen über *gerade Werte von J* summiert wird und deren *Spinfunktion antisymmetrisch* ist, als *para*-H_2. H_2-Moleküle, bei denen über *ungerade Werte von J* summiert wird und deren *Spinfunktion symmetrisch* ist, werden als *ortho*-H_2 bezeichnet. Damit ergibt sich im Gleichgewicht nach dem Boltzmann'schen Verteilungssatz für das Zahlenverhältnis von *ortho*-H_2 zu *para*-H_2:

$$\frac{N_{ortho-H_2}}{N_{para-H_2}} = \frac{3 \cdot \sum\limits_{J=1,3,5,\dots}^{\infty} (2J + 1) \cdot \exp[-85{,}35 \cdot J(J + 1)/T]}{\sum\limits_{J=0,2,4,\dots}^{\infty} (2J + 1) \cdot \exp[-85{,}35 \cdot J(J + 1)/T]} \tag{2.86}$$

In Abb. 2.14 ist $N_{para-H_2}/(N_{ortho-H_2} + N_{para-H_2})$ dargestellt in %:

Man sieht, dass bei 0 K 100 % para-H_2 vorliegt, während es bei hohen Temperaturen nur noch 25 % sind. Dort gilt also:

$$\lim_{T \to \infty} \frac{N_{ortho-H_2}}{N_{para-H_2}} = 3$$

Die Summe in Zähler und Nenner von Gl. (2.86) heben sich wie erwartet bei $T \to \infty$ gegenseitig weg, da beide Summe dort $\frac{1}{2}(T/\Theta_{rot})$ ergeben.

Ausgehend von Gl. (2.85) berechnen wir jetzt die molare innere Energie $\overline{U}$ und die Molwärme $\overline{C}_V$, wobei im Folgenden damit nur die Anteile von Rotation und Atomkernen zur inneren Energie bzw. zur Molwärme gemeint sind. Es gilt für $\overline{U}$:

$$\overline{U}_{H_2} = kT^2 \left(\frac{\partial \ln q_{rot,Kern,H_2}^{N_L}}{\partial T}\right)_V = \frac{R \sum\limits_{J=0,2,4,\dots}^{\infty} \Theta_{rot}(2J + 1)J(J + 1)\exp[-J(J + 1)\Theta_{rot}/T]}{q_{rot,Kern,H_2}(Gl.(2.85))}$$

$$+ \frac{3R \sum\limits_{J=1,3,5,\dots} \Theta_{rot}(2J + 1)J(J + 1)\exp[-J(J + 1)\Theta_{rot}/T]}{q_{rot,Kern,H_2}(Gl.(2.85))} \tag{2.87}$$

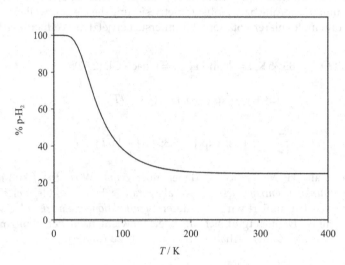

Abb. 2.14: Der Prozentanteil von para-H_2 in einer Gleichgewichtsmischung von para-H_2 und ortho-H_2.

und

$$
\overline{C}_{V,H_2} = \left(\frac{\partial \overline{U}}{\partial T}\right)_V = \frac{R \displaystyle\sum_{J=0,2,\ldots} \left(\frac{\Theta_{rot}}{T}\right)^2 [J(J+1)]^2 (2J+1) \cdot \exp[-J(J+1)\Theta_{rot}/T]}{q_{rot,Kern,H_2}}
$$

$$
+ \frac{3R \displaystyle\sum_{J=1,3,\ldots} \left(\frac{\Theta_{rot}}{T}\right)^2 [J(J+1)]^2 (2J+1) \cdot \exp[-J(J+1)\Theta_{rot}/T]}{q_{rot,Kern,H_2}}
$$

$$
- R \cdot \left[\sum_{J=0,2,\ldots} \left(\frac{\Theta_{rot}}{T}\right) J(J+1)(2J+1) \cdot \exp[-J(J+1)\Theta_{rot}/T] \right.
$$

$$
\left. +3 \sum_{J=1,3,\ldots} \left(\frac{\Theta_{rot}}{T}\right) J(J+1)(2J+1) \cdot \exp[-J(J+1)\Theta_{rot}/T] \right]^2 \Big/ [q_{rot,Kern,H_2}]^2 \qquad (2.88)
$$

$\overline{C}_{V,H_2}$ für die Gleichgewichtsmischung von p-H_2 und o-H_2 nach Gl. (2.88) ist durch die Kurve (a) in Abb. 2.15 (a) dargestellt mit $\Theta_{rot} = 85{,}35\,K$.

Bei Messungen von $\overline{C}_V$ für H_2 im Bereich tiefer Temperaturen beobachtet man jedoch *nicht* das durch Gl. (2.88) beschriebene Verhalten, sondern die Messpunkte liegen auf der

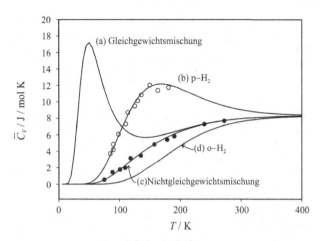

Abb. 2.15: (a) $\overline{C}_V$ für (Rotationsanteil) H_2 nach Gl. (2.87) (Gleichgewichtsmischung von p-H_2 und o-H_2), (b) $\overline{C}_{V,p-H_2}$ nach (Gl. (2.88)), ○ Messdaten p-H_2 (C. Pople, Proc. Roy. Soc. A, 202, 323 (1950)), (c) $1/4\,\overline{C}_{V,p-H_2} + 3/4\,C_{V,o-H_2}$ nach Gl. (2.89) (Nichtgleichgewichtsmischung von p-H_2 und o-H_2), • Messdaten der Nichtgleichgewichtsmischung, (K. F. Bonhoeffer u. P. Harteck, Z. Phys Chem 4B, 113 (1929)), (d) o-H_2 nach (Gl. (2.91)).

in Abb. 2.15 (c) gezeigten Kurve und stehen damit im Widerspruch zu Kurve (a) bzw. den Voraussagen von Gl. (2.88). Diese Diskrepanz lässt sich folgendermaßen erklären. H_2 besteht nach Abb. 2.14 bei ca. 300 K nahezu aus 25 % p-H_2 und 75 % o-H_2. Wird dieses Gas abgekühlt, um damit $\overline{C}_V$-Messungen bei tiefen Temperaturen durchzuführen, so stellt sich offensichtlich das Gleichgewichtsverhältnis nach Abb. 2.14 nicht ein, das bei tiefen Temperaturen einen stark anwachsenden Anteil von p-H_2 enthalten müsste. In der Tat handelt es sich um eine *kinetische Hemmung der Gleichgewichtseinstellung* p $-H_2 \rightleftharpoons$ o $-H_2$, so dass das Verhältnis 25 % p-H_2 zu 75 % o-H_2 auch bei tiefen Temperaturen erhalten bleibt. p-H_2 und o-H_2 liegen dann als (ideale) Gasmischung mit dem Molenbruch $x_{p-H_2} = 0{,}25$ bzw. $x_{o-H_2} = 1 - x_{p-H_2} = 0{,}75$ bei jeder Temperatur vor. Für eine solche, in ihrer Zusammensetzung fixierte Gasmischung, muss die Molwärme lauten:

$$\overline{C}_{V,H_2} = x_{p-H_2} \cdot \overline{C}_{V,p-H_2} + (1 - x_{p-H_2}) \cdot \overline{C}_{V,o-H_2} \tag{2.89}$$

mit $x_{p-H_2} = 1/4$.

Es gilt dabei für $\overline{C}_{V,p-H_2}$

$$\overline{C}_{V,p-H_2} = R\frac{\sum\limits_{J=0,2,\dots} \left(\frac{\Theta_{rot,H_2}}{T}\right)^2 [J(J+1)]^2(2J+1)\cdot\exp[-J(J+1)\Theta_{rot,H_2}/T]}{q_{rot,Kern,H_2}(Gl.(2.85))}$$

$$-R\frac{\left(\sum\limits_{J=0,2,\dots} \left(\frac{\Theta_{rot,H_2}}{T}\right)J(J+1)(2J+1)\cdot\exp[-J(J+1)\Theta_{rot,H_2}/T]\right)^2}{[q_{rot,Kern,H_2}(Gl.(2.85))]^2} \tag{2.90}$$

und für $\overline{C}_{V,o-H_2}$

$$\overline{C}_{V,o-H_2} = R\frac{\sum\limits_{J=1,3,\dots} \left(\frac{\Theta_{rot,H_2}}{T}\right)^2 [J(J+1)]^2(2J+1)\cdot\exp[-J(J+1)\Theta_{rot,H_2}/T]}{\sum\limits_{J=1,3,\dots} (2J+1)\cdot\exp[-J(J+1)\Theta_{rot,H_2}/T]}$$

$$-R\frac{\left(\sum\limits_{J=1,3,\dots} \left(\frac{\Theta_{rot,H_2}}{T}\right)J(J+1)(2J+1)\cdot\exp[-J(J+1)\Theta_{rot,H_2}/T]\right)^2}{\left(\sum\limits_{J=1,3,\dots} (2J+1)\cdot\exp\left[-J(J+1)\cdot\Theta_{rot,H_2}/T\right]\right)^2} \tag{2.91}$$

Das rechnerische Ergebnis von Gl. (2.89) mit $\overline{C}_{V,p-H_2}$ nach Gl. (2.90) und $\overline{C}_{V,o-H_2}$ nach Gl. (2.91) sowie $\Theta_{rot} = 85{,}35\,\text{K}$ ist graphisch als Kurve (c) in Abb. 2.15 dargestellt. Sie stimmt sehr gut mit den experimentellen Daten überein und zeigt, dass H_2 im Nichtgleichgewicht zwischen para- und ortho-Form bei allen Temperaturen im Verhältnis 1 zu 3 vorliegt. Es stellt sich heraus, dass das Gleichgewicht zwischen para- und ortho-Form des H_2-Moleküls erst durch Zugabe von geeigneten heterogenen Katalysatoren eingestellt werden kann (Aktivkohle, paramagnetische Salze). Kühlt man also H_2 auf tiefe Temperaturen in Gegenwart eines solchen Katalysators ab, erhält man fast reinen p-H_2. Wenn man damit $\overline{C}_V$-Messungen ohne Katalysator durchführt, erhält man in der Tat Werte, die mit $\overline{C}_{V,p-H_2}$ nach Gl. (2.90) übereinstimmen. Das zeigt Kurve (b) in Abb. 2.15. Kurve (d) gibt den Verlauf von $\overline{C}_{V,o-H_2}$ nach Gl. (2.91) wieder, für die es keinen Vergleich mit Messdaten gibt.

Wir wenden uns jetzt dem anderen homonuklearen zweiatomigen Gas zu, für das man überhaupt Molwärmen im gasförmigen Zustand bei den notwendigerweise tiefen Temperaturen messen kann. Das ist D_2, der schwere molekulare Wasserstoff. Der Deuterium-Atomkern hat die Spinquantenzahl $I = 1$. Nach dem oben Gesagten können beim D_2 nur antisymmetrische Kernspinfunktionen mit antisymmetrischen Rotationswellenfunktionen koppeln und symmetrische Kernspinfunktionen mit symmetrischen Rotationswellenfunktionen. Es gilt also nach Gl. (2.83) mit $I = 1$ (wir setzen der Einfachheit halber $\varepsilon_{\mathrm{Kern,D_2}} = 0$):

$$q_{\mathrm{rot,Kern,D_2}} = 3 \cdot \sum_{J=1,3,\ldots}^{\infty} (2J + 1) \cdot \exp[-\Theta_{\mathrm{rot}} \cdot J(J + 1)/T]$$

$$+ 6 \cdot \sum_{J=0,2,\ldots}^{\infty} (2J + 1) \cdot \exp[-\Theta_{\mathrm{rot}} \cdot J(J + 1)/T] \tag{2.92}$$

mit $\Theta_{\mathrm{rot,D_2}} = 42,7\,\mathrm{K}$ (s. Tabelle 2.2). Umgekehrt wie bei H_2 heißen die D_2-Moleküle mit geraden Rotationsquantenzahlen $J = 0, 2, 4, \ldots$ ortho-D_2 und die mit ungeraden $J = 1, 3, 5, \ldots$ para-D_2. Man erhält also:

$$\frac{N_{\mathrm{ortho-D_2}}}{N_{\mathrm{para-D_2}}} = \frac{6 \cdot \displaystyle\sum_{J=0,2,\ldots} (2J + 1)\exp\left[-\Theta_{\mathrm{rot}} J(J + 1)/T\right]}{3 \cdot \displaystyle\sum_{J=1,3,\ldots} (2J + 1)\exp\left[-\Theta_{\mathrm{rot}} J(J + 1)/T\right]} \tag{2.93}$$

Hier gilt also im Grenzfall für hohe Temperaturen:

$$\lim_{T \to \infty} \frac{N_{\mathrm{ortho-D_2}}}{N_{\mathrm{para-D_2}}} = \frac{6}{3} \cdot \frac{\frac{1}{2}(T/\Theta_{\mathrm{rot,D_2}})}{\frac{1}{2}(T/\Theta_{\mathrm{rot,D_2}})} = 2$$

In Abb. 2.16 ist $N_{\mathrm{ortho-D_2}}/(N_{\mathrm{para-D_2}} + N_{\mathrm{ortho-D_2}})$ in Prozent aufgetragen als Funktion von T. Man sieht, dass hier der Anteil von ortho-D_2 bei $T = 0$ 100 % und bei hohen Temperaturen $\frac{2}{3} \cdot 100 = 66{,}7\,\%$ beträgt. Die entsprechende Formel für $\overline{C}_V$ von D_2 in der *Nichtgleichgewichtsmischung von p-D_2 und o-D_2* lautet:

$$\overline{C}_{V,\mathrm{D_2}} = x_{\mathrm{p-D_2}} \overline{C}_{V,\mathrm{p-D_2}} + (1 - x_{\mathrm{p-D_2}}) \cdot \overline{C}_{V,\mathrm{o-D_2}} \tag{2.94}$$

mit $x_{\mathrm{p-D_2}} = 1/3$ und $1 - x_{\mathrm{p-D_2}} = x_{\mathrm{o-D_2}} = 2/3$.

Nun kürzen wir ab:

$$\sum_{J=1,3,\ldots}^{\infty} \left(\frac{\Theta_{\mathrm{rot,D_2}}}{T}\right)^2 \cdot \left[J(J + 1)^2 \cdot (2J + 1) \cdot \exp\left[-J(J + 1) \cdot \Theta_{\mathrm{rot,D_2}}/T\right]\right] \tag{2.95}$$

$$\sum_{J=1,3,\ldots}^{\infty} (2J + 1) \cdot \exp\left[I(I + 1)\Theta_{\mathrm{rot,D_2}}/T\right] \tag{2.96}$$

$$\sum_{J=1,3,\ldots}^{\infty} \left(\frac{\Theta_{\mathrm{rot,D_2}}}{T}\right) J \cdot (J + 1)(2J + 1) \cdot \exp\left[-I(I + 1)(2J + 1) \cdot \Theta_{\mathrm{rot,D_2}}/T\right] \tag{2.97}$$

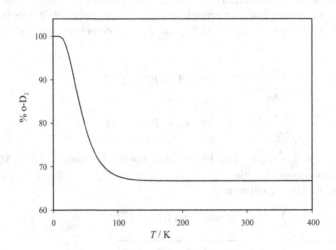

Abb. 2.16: Der Prozentanteil von o-D$_2$ in einer Gleichgewichtsmischung von o-D$_2$ und p-D$_2$.

Dabei gilt:

$$\overline{C}_{V,\text{o}-D_2} = R \frac{\sum\limits_{J=1,3,\cdots}^{\infty} \left(\frac{\Theta_{\text{rot},D_2}}{T}\right)^2 \cdot \left[J(J+1)^2 \cdot (2J+1) \cdot \exp\left[-J(J+1) \cdot \Theta_{\text{rot},D_2}/T\right]\right]}{\sum\limits_{J=1,3,\cdots}^{\infty} (2J+1) \cdot \exp\left[I(I+1)\Theta_{\text{rot},D_2}/T\right]}$$

$$- R \left[\frac{\sum\limits_{J=1,3,\cdots}^{\infty} \left(\frac{\Theta_{\text{rot},D_2}}{T}\right) J \cdot (J+1)(2J+1) \cdot \exp\left[-I(I+1)(2J+1) \cdot \Theta_{\text{rot},D_2}/T\right]}{\sum\limits_{J=1,3,\cdots}^{\infty} (2J+1) \cdot \exp\left[I(I+1)\Theta_{\text{rot},D_2}/T\right]}\right]^2$$

$$(2.98)$$

Ferner kürzen wir ab:

$$\sum\limits_{J=0,2,\cdots}^{\infty} \left(\frac{\Theta_{\text{rot},D_2}}{T}\right)^2 \left[J \cdot (J+1)^2(2J+1) \cdot \exp\left[-I \cdot (J+1) \cdot \Theta_{\text{rot},D_2}/T\right]\right] \qquad (2.99)$$

$$\sum\limits_{J=0,2,\cdots}^{\infty} (2J+1) \cdot \exp\left[-J(I+1) \cdot \Theta_{\text{rot},D_2}/T\right] \qquad (2.100)$$

$$\sum\limits_{J=0,2,\cdots}^{\infty} \left(\frac{\Theta_{\text{rot},D_2}}{T}\right)^2 \left[J \cdot (J+1)^2(2J+1) \cdot \exp\left[-J \cdot (J+1) \cdot \Theta_{\text{rot},D_2}/T\right]\right] \qquad (2.101)$$

Für $\overline{C}_{V,o-D_2}$ gilt dann

$$\overline{C}_{V,p-D_2} = R\frac{\sum\limits_{J=0,2,\cdots}^{\infty}\left(\dfrac{\Theta_{rot,D_2}}{T}\right)^2\left[J\cdot(J+1)^2(2J+1)\cdot\exp\left[-I\cdot(J+1)\cdot\Theta_{rot,D_2}/T\right]\right]}{\sum\limits_{J=0,2,\cdots}^{\infty}(2J+1)\cdot\exp\left[-J(I+1)\cdot\Theta_{rot,D_2}/T\right]}$$

$$-R\cdot\left[\frac{\sum\limits_{J=0,2,\cdots}^{\infty}\left(\dfrac{\Theta_{rot,D_2}}{T}\right)^2\left[J\cdot(J+1)^2(2J+1)\cdot\exp\left[-J\cdot(J+1)\cdot\Theta_{rot,D_2}/T\right]\right]}{\sum\limits_{J=0,2,\cdots}^{\infty}(2J+1)\cdot\exp\left[-J(I+1)\cdot\Theta_{rot,D_2}/T\right]}\right]^2$$

$$(2.102)$$

mit $\Theta_{rot} = \Theta_{rot,D_2} = 42{,}7\,\text{K}$.

Der entsprechende Ausdruck für $\overline{C}_{V,D_2}$ in einer *Gleichgewichtsmischung von* $p-D_2$ *und* $o-D_2$ lautet hingegen mit $\Theta_{rot} = \Theta_{rot,D_2} = 42{,}7\,\text{K}$:

$$\overline{C}_{V,D_2} = 3R\cdot\frac{Gl.(2.95)}{Gl.(2.92)} + 6R\frac{Gl.(2.99)}{Gl.(2.92)} - 3R\cdot Gl.(2.97) - 6R\cdot\left[Gl.(2.101)\right]^2 \qquad (2.103)$$

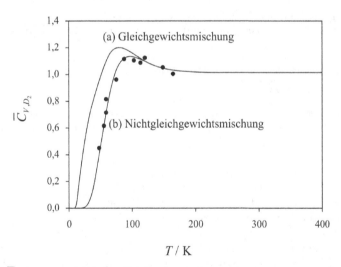

Abb. 2.17: (a) $\overline{C}_V$ für D_2 nach Gl. (2.103) (Gleichgewichtsmischung von p-D_2 und o-D_2), (b) $\overline{C}_V = 1/3\cdot\overline{C}_{V,p-D_2} + 2/3\cdot\overline{C}_{V,o-D_2}$ nach Gl. (2.94)

In Abb. 2.17 sind $\overline{C}_{V,D_2}$ von D_2 für die Nichtgleichgewichtsmischung nach Gl. (2.94) und $\overline{C}_{V,D_2}$ für die Gleichgewichtsmischung nach Gl. (2.103) als Funktion der Temperatur

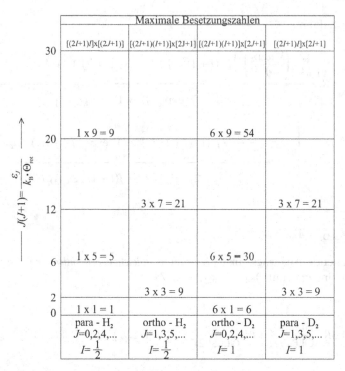

Abb. 2.18: Energieniveaus der Rotation ($\varepsilon_j/(k_B \cdot \Theta_{rot})$) von p-$H_2$, o-$H_2$ sowie p-D_2 und o-D_2 und ihre maximalen Besetzungszahlen (Entartung) verursacht durch Rotations-Kern-Koppelung

dargestellt. Die gemessenen Werte werden durch Gl. (2.94), also durch $\overline{C}_{V,D_2}$ der Nichtgleichgewichtsmischung beschrieben.

Abb. 2.18 zeigt nochmals zusammenfassend die Besetzungsverhältnisse der Kern-Rotationsniveaus bei den para- und ortho-Isomeren von H_2 und D_2, bzw. allg. von homogenen zweiatomigen Molekülen mit $I = 1/2$ bzw. $I = 1$.

Das Phänomen von ortho- und para-Kernspinisomeren ist keineswegs auf H_2 und D_2 beschränkt. Es tritt auch bei vielen anderen Molekülen auf, wie z. B. H_2O bzw. D_2O bezüglich der Rotation um die Symmetrieachse, ebenso bei HC_2H bzw. DC_2D, CH_2O, CD_2O oder N_2 (die Kernspinzahl des N-Atoms ist $I = 1$), denn die Ursache für die Symmetriezahl $\sigma = 2$ bei diesen Molekülen ist dieselbe wie die bei H_2 und D_2. Auch diese Moleküle liegen bei tiefen Temperaturen als Nichtgleichgewichtsmischungen von para- und ortho-Molekülen vor. Allerdings befinden sie sich dort bei den erforderlichen tiefen Temperaturen bereits im festen Zustand und führen keine freien Rotationsbewegungen mehr aus, sondern meistens nur noch Drehschwingungen.

Die Tatsache, dass sich bei all diesen Molekülen das Kernspinisomerie-Gleichgewicht bei tiefen Temperaturen nicht einstellt, hat Konsequenzen für die Diskussion der sog. „Null-

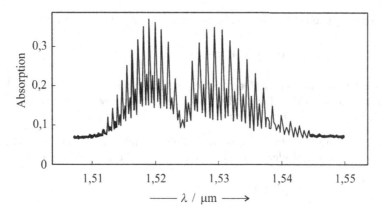

Abb. 2.19: Rotationsschwingungsspektrum der unsymmetrischen Streckschwingung von Azetylen (C_2H_2) bei 293 K (nach D. Mc Quarrie, Statistical Thermodynamics, Harper and Row (1973)).
Die hohen Banden gehören zu den ortho-Molekülen, die dazwischen liegenden niedrigeren Banden zu den para-Molekülen. Ihr Intensitätsverhältnis beträgt 3 : 1.

punktsentropie" im Zusammenhang mit dem 3. Hauptsatz der Thermodynamik (s. Kapitel 5). Bei einigen Molekülen wie z. B. Azetylen C_2H_2 oder N_2 lässt sich jedoch die Kernspi-
nisomerie im Rotationsschwingungsspektrum in der Gasphase beobachten (IR, Raman).
Abb. 2.19 zeigt am Beispiel von C_2H_2, dass gradzahlige (para-Molekül) und ungradzah-
lige (ortho-Molekül) Rotationsbanden getrennt zu beobachten sind und im Intensitätsverhältnis 1:3 zueinander stehen, wie es bei Gleichgewichtseinstellung $N_{para}/N_{ortho} = 1/3$
für hohe Temperaturen zu erwarten ist.

2.10 Der atomare Festkörper als Riesenmolekül mit 3N - 6 harmonischen Normalschwingungen

2.10.1 Die Näherung nach Einstein

Einstein hatte bereits im Jahr 1907 ein sehr einfaches Bild des Schwingungsverhalten
eines kristallinen einatomigen Festkörpers entworfen, das von der Vorstellung ausging,
dass alle Festkörperatome mit derselben Frequenz $\nu_E = (2\pi)^{-1} \cdot \sqrt{f/m}$ um ihre Ruhelage
im Kristallgitter schwingen. m ist die Masse des Atoms und f die Kraftkonstante der
Schwingung. f bestimmt die erforderliche Energie, um das Atom aus seiner Ruhelage
$\vec{r}_0$ um die Strecke $(\vec{r} - \vec{r}_0)$ zu verschieben. Diese potentielle Energie hängt von der Wechselwirkungsenergie mit den benachbarten Atomen ab, die sich zwar ebenfalls bewegen,
aber im Mittel auf dem Ruheplatz ihres Gitterpunktes verbleiben. Die potentielle Energie
E_{pot} des herausgegriffenen Atoms in einem isotropen Medium wird also näherungsweise

durch eine quadratische Energieform beschrieben. Sie lautet bekanntlich:

$$E_{\text{pot}} = \frac{1}{2}f\left[(x - x_0)^2 + (y - y_0)^2 + (z - z_0)^2\right]$$

wobei x, y, z die Koordinaten des Ortsvektors $\vec{r}$ des betrachteten Atoms sind und x_0, y_0, z_0 die des Ortsvektors der Ruhelage $\vec{r}_0$. Die einzelnen Atome bewegen sich also wie dreidimensionale harmonische Oszillatoren.

Die quantenmechanischen Energiezustände ε_v einer solchen harmonischen Schwingung in *eine* Raumrichtung x, y oder z lauten (s. Abschnitt 2.5.2 und Anhang 11.11):

$$\varepsilon_v = \left(\frac{1}{2} + v\right)h \cdot \nu \qquad v = 0,1,2,\ldots,\infty$$

Da für alle 3 Raumrichtungen dasselbe gilt, lässt sich für die atomare Zustandssumme eines Atoms im kristallinen Festkörper sofort schreiben:

$$q_{\text{vib}} = q_{\text{vib},x} \cdot q_{\text{vib},y} \cdot q_{\text{vib},z} = \left(\sum_{v=0}^{\infty} \exp\left[-\frac{\left(\frac{1}{2} + v\right) \cdot h\nu}{k_B T}\right]\right)^3 \qquad (2.104)$$

wegen $q_{\text{vib},x} = q_{\text{vib},y} = q_{\text{vib},z}$.

Die Auswertung von Schwingungszustandssummen wurde bereits ausführlich in Kapitel 2, Abschnitt 2.5.2 behandelt , so dass sich unmittelbar für Gl. (2.104) aus Gl. (2.32) ergibt:

$$q_{\text{vib}} = \frac{\exp\left[-\frac{3}{2}\frac{h\nu_E}{k_B T}\right]}{\left(1 - \exp\left[-\frac{h\nu_E}{k_B T}\right]\right)^3}$$

Also lautet die kanonische Zustandssumme des einatomigen kristallinen Festkörpers bestehend aus N Atomen im Einstein'schen Modell:

$$Q_{\text{Einstein}} = (q_{\text{vib}})^N \cdot e^{D_e/(k_B T)}$$

wobei hier noch die Dissoziationsenergie D_e des Festkörpers berücksichtigt werden muss, die - ähnlich wie bei Molekülen - die Energie angibt, die aufzubringen ist, um den atomaren Festkörper (bei $T = 0$ K) in seine isolierten Atome zu zerlegen.

Wir kürzen jetzt ab:

$$\frac{h\nu_E}{k_B} = \Theta_E$$

wobei ν_E Einstein-Frequenz und Θ_E Einstein-Temperatur heißen. Für die freie Energie des atomaren Festkörpers gilt dann:

$$F = -k_B T \ln Q_{\text{Einstein}} = \frac{3}{2}Nk_B \cdot \Theta_E + 3Nk_B T \cdot \ln\left(1 - e^{-\Theta_E/T}\right) - D_e \qquad (2.105)$$

Damit folgt für die innere Energie U:

$$U = k_B T^2 \left(\frac{\partial \ln Q_{Einstein}}{\partial T}\right)_{N,V} = \frac{3}{2} N k_B \cdot \Theta_E + \frac{3 N k_B \cdot \Theta_E}{e^{\Theta_E/T} - 1} - D_e \qquad (2.106)$$

Der erste Term auf der rechten Gleichungsseite von Gl. (2.105) bzw. Gl. (2.106) ist die Nullpunktsenergie des Kristalls im Einstein-Modell.

Für die Molwärme $\overline{C}_V$ ergibt sich aus Gl. (2.106) mit $N = N_L$:

$$\overline{C}_V = \left(\frac{\partial \overline{U}}{\partial T}\right)_{\overline{V}} = 3 N_L k_B \left(\frac{\Theta_E}{T}\right)^2 \cdot \frac{e^{\Theta_E/T}}{\left(e^{\Theta_E/T} - 1\right)^2} \qquad (2.107)$$

Durch diese Gleichung konnte zum ersten Mal das experimentell gefundene Verhalten von $\overline{C}_V$ als Funktion der Temperatur beschrieben und gedeutet werden. Die Gleichungen (2.106) und (2.107) sind den entsprechenden Formeln für *eine* molekulare Normalschwingung völlig analog. Für den Grenzwert von $\overline{C}_V$ bei hohen Temperaturen gilt (Taylorreihenentwicklung von $e^{\Theta_E/T} = 1 + (\Theta_E/T) + \ldots$ für kleine Werte von Θ_E/T):

$$\lim_{T\to\infty} \overline{C}_V \,(Gl.\,(2.107)) = 3 N_L k_B = 3R$$

Man erhält also das bekannte Grenzgesetz nach Doulong und Petit.

Bei genügend niedrigen Temperaturen ist $e^{\Theta_E/T} \gg 1$. Dann kann man für $T \ll \Theta_E$ anstelle von Gl. (2.107) schreiben:

$$\overline{C}_V \cong 3 N_L k_B \cdot \left(\frac{\Theta_E}{T}\right)^2 e^{-\Theta_E/T} \quad (T \ll \Theta_E) \qquad (2.108)$$

und für den Grenzfall $T \to 0$ gilt:

$$\lim_{T\to 0} \overline{C}_V = 0 \qquad (2.109)$$

wie sich leicht mit der Grenzwertregel nach L'Hospital beweisen lässt, indem man $x = (\Theta_E/T)$ setzt und schreibt:

$$\lim_{x\to 0} \overline{C}_V = \lim_{x\to\infty} \left(3 N_L k_B \cdot \frac{x^2}{e^x}\right) = \lim_{x\to\infty} \left(3 N_L k_B \cdot \frac{2}{e^x}\right) = 0$$

Historisch gesehen war Einstein der erste, der mit Gl. (2.107) die schon um 1900 bekannte, aber bis dahin unverständliche experimentelle Tatsache erklären konnte, warum $\overline{C}_V = 0$ wird für $T \to 0$ und dass die Ursache dafür die gequantelten Energiezustände des Festkörpers sind.

2.10.2 Die verbesserte Näherung nach Debye

Die Einsteinsche Methode, das Schwingungsverhalten eines atomaren Festkörpers durch eine einzige Frequenz zu beschreiben ist eine starke Vereinfachung. Ein Kristall mit N Atomen lässt er sich genauer betrachtet wie ein *Riesenmolekül mit $3N - 6$ Eigenschwingungen* auffassen. 3 Translations- und 3 Rotationsfreiheitsgrade des gesamten Kristalls sind dabei von $3N$ zu subtrahieren, können aber wegen der Größe von N vernachlässigt werden. Die Frequenzen dieser unterschiedlichen Eigenschwingungen zu bestimmen ist zwar möglich, stellt aber eine komplizierte Prozedur dar, die vom Kristalltyp des Festkörpers abhängt. Wir beschreiben hier die Methode, die von Peter Debye im Jahr 1912 zur Verbesserung der Einstein'schen Theorie angegeben wurde, um das Frequenzspektrum näherungsweise zu berechnen.

Wir gehen aus von der sog. Wellengleichung, mit der sich der Schall, also Druck- bzw. Dichteschwankungen $\Delta\varrho$ in einem *homogenen* Festkörper fortpflanzen. Diese Gleichung lautet im kartesischen Koordinatensystem x, y, z (Ableitung: s. z. B. A. Heintz, Thermodynamik - Grundlagen und einfache Anwendungen, Springer (2017)):

$$\frac{\partial^2 \Delta\varrho}{\partial t^2} = \langle v_s \rangle^2 \left(\frac{\partial^2}{\partial x^2} + \frac{\partial^2}{\partial y^2} + \frac{\partial^2}{\partial z^2} \right) \Delta\varrho \tag{2.110}$$

wobei $\Delta\varrho = \Delta\varrho(t, x, y, z)$ eine Funktion der Zeit t und der Ortskoordinaten x, y, z ist. $\langle v_s \rangle$ bedeutet die gemittelte Schallgeschwindigkeit. Diese partielle Differentialgleichung 2. Ordnung kann man durch einen Separationsansatz lösen. Wir setzen also:

$$\Delta\varrho = \Delta\varrho_t(t) \cdot \Delta\varrho_x(x) \cdot \Delta\varrho_y(y) \cdot \Delta\varrho_z(z)$$

wobei die Funktionen $\Delta\varrho_t, \Delta\varrho_x, \Delta\varrho_y, \Delta\varrho_z$ jeweils nur Funktionen von t, x, y und z sein sollen. Einsetzen in Gl. (2.110) ergibt.

$$\frac{1}{\Delta\varrho_t} \frac{\partial^2 \Delta\varrho_t}{\partial t^2} = \bar{v}_S^2 \left[\frac{1}{\Delta\varrho_x} \frac{\partial^2 \Delta\varrho_x}{\partial x^2} + \frac{1}{\Delta\varrho_y} \frac{\partial^2 \Delta\varrho_y}{\partial y^2} + \frac{1}{\Delta\varrho_z} \frac{\partial^2 \Delta\varrho_z}{\partial z^2} \right] \tag{2.111}$$

Da t, x, y und z voneinander unabhängige Variable sind, können die 4 additiven Terme in Gl. (2.111), die jeweils nur von t, x, y und z abhängen, auch jeweils nur gleich einer konstanten Größe sein, die frei wählbar ist. Man kann also schreiben:

$$\frac{1}{\Delta\varrho_t} \frac{\partial^2 \Delta\varrho_t}{\partial t^2} = A_t, \ \frac{1}{\Delta\varrho_x} \frac{\partial^2 \Delta\varrho_x}{\partial x^2} = A_x, \ \frac{1}{\Delta\varrho_y} \frac{\partial^2 \Delta\varrho_y}{\partial y^2} = A_y, \ \frac{1}{\Delta\varrho_z} \frac{\partial^2 \Delta\varrho_z}{\partial z^2} = A_z$$

mit frei wählbaren Konstanten A_t, A_x, A_y und A_z.

Funktionen, deren zweite Ableitung bis auf eine Konstante in sich selbst übergehen, sind trigonometrische Funktionen oder die Exponentialfunktionen. Die Lösung für $\Delta\varrho_t$ ist bekanntlich die harmonische Schwingungsfunktion, die in komplexer Schreibweise $e^{i\omega t}$ lautet (ω = Kreisfrequenz). Die Lösungen für $\Delta\varrho_x, \Delta\varrho_y$ und $\Delta\varrho_z$ erfordern die Einhaltung von *Randbedingungen:* wenn wir uns den Festkörper als Quader mit den Kantenlängen

L_x, L_y und L_z vorstellen, muss $\Delta\varrho_x$ bei $x = 0$ und $x = L_x$ verschwinden. Dasselbe gilt für $\Delta\varrho_y$ bei $y = 0$ und $y = L_y$ sowie für $\Delta\varrho_z$ bei $z = 0$ und $z = L_z$. Die geeigneten Funktionen, die diese Bedingungen erfüllen, sind die Funktionen $\sin(k_x \cdot x), \sin(k_y \cdot y)$ und $\sin(k_z \cdot z)$, wobei k_x, k_y und k_z folgenden Bedingungen unterliegen müssen:

$$k_x = \frac{n_x \cdot \pi}{L_x}, k_y = \frac{n_y \cdot \pi}{L_y}, k_z = \frac{n_z \cdot \pi}{L_z}$$

Der Vektor $\vec{k} = (k_x, k_y, k_z)$ ist der sog. Wellenzahlvektor. n_x, n_y und n_z sind *positive ganze Zahlen*, damit die Sinusfunktionen bei $x = L_x$, $y = L_y$ und $z = L_z$ auch gleich Null werden, denn $\sin(n_x \cdot \pi) = \sin(n_y \cdot \pi) = \sin(n_z \cdot \pi) = 0$ gilt nur für ganzzahlige Werte von n_x, n_y und n_z. Für die Zeitabhängigkeit von $\Delta\varrho_t$ existieren solche Randbedingungen nicht, wir können also $\Delta\varrho_t = A_t \cdot \exp[i\omega t]$ setzen. Mit $A = A_t \cdot A_x \cdot A_y \cdot A_z$ erhält man als Lösung für Gl. (2.110):

$$\Delta\varrho = A \cdot e^{i\omega t} \cdot \sin(k_x x) \cdot \sin(k_y y) \cdot \sin(k_z z)$$

Wegen $e^{i\omega t} = \cos \omega t + i \cdot \sin \omega t$ entspricht der physikalischen Realität nur der reale Anteil der komplexen Funktion $e^{i\omega t}$ und die gesuchte reale Lösung lautet:

$$\Delta\varrho_{t,x,y,z} = A \cos \omega t \cdot \sin(k_x \cdot x) \cdot \sin(k_y \cdot y) \cdot \sin(k_z \cdot z) \tag{2.112}$$

Setzt man diese Lösung in Gl. (2.110) ein, so erhält man:

$$\omega^2 = \langle v_s \rangle^2 \left[k_x^2 + k_y^2 + k_z^2 \right]$$

oder, wenn wir die Frequenz $\nu = \omega/2\pi$ verwenden:

$$\nu^2 = \left(\frac{\langle v_s \rangle}{2L_x} \right)^2 \cdot n_x^2 + \left(\frac{\langle v_s \rangle}{2L_y} \right)^2 \cdot n_y^2 + \left(\frac{\langle v_s \rangle}{2L_z} \right)^2 \cdot n_z^2 \tag{2.113}$$

Wenn man $2L_x/n_x$ mit der Wellenlänge $\lambda_x, 2L_y/n_y$ und $2L_z/n_z$ mit λ_y bzw. λ_z identifiziert, erkennt man, dass $\langle v_s \rangle$ die Bedeutung der mittleren Geschwindigkeit hat, mit der Schall sich in dem festen Körper fortpflanzt. Es gilt für die Wellenlänge $\lambda_i = \langle v_s \rangle / \nu_i$.

Wenn wir Kapitel 3 vorgreifen und den Wellenzahlvektor $\vec{k}$ im Sinne von Gl. (3.8) interpretieren lässt sich schreiben:

$$\vec{p} = \vec{k} \cdot \hbar = \omega \cdot \hbar / \langle v_s \rangle = h \cdot \nu / \langle v_s \rangle \tag{2.114}$$

und es ergibt sich die interessante Schlussfolgerung, dass man $h\nu/\langle v_s \rangle$ als den Impuls eines Quasiteilchens auffassen kann, ebenso wie man den Lichtquanten den Impuls $h \cdot \nu/c_L$ zuordnet. In einem Festkörper nennt man diese Quasiteilchen *Phononen*. Zwischen Energie und Wellenzahlvektor $\vec{k}$ besteht also nach der Debye'schen Theorie eine lineare Dispersionsbeziehung.

Die Lösung der Wellengleichung Gl. (2.112) hat eine spezielle Form, sie stellt sog. *stehende Wellen* dar, d. h. Schwingungen mit periodisch ortsabhängiger Amplitude, die an den

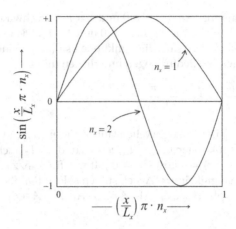

Abb. 2.20: Stehende Wellen in x-Richtung für $n_x = 1$ und $n_x = 2$. Für $n_x = 0$ ist die Amplitude überall gleich Null (x-Achse).

„Knotenpunkten", wo $x = L_x/n_x$, $y = L_y/n_y$ und $z = L_z/n_z$ gilt, verschwindet. Abb. 2.20 zeigt als Beispiel die stehenden Wellen $\cos \omega t \cdot \sin\left(\frac{x}{L_x} \pi \cdot n_x\right)$ mit $n_x = 1$ und $n_x = 2$.

Stehende Wellen sind nichts anderes als 2 in entgegengesetzte Richtung laufende Wellen gleicher Phase und Amplitude. Das lässt sich leicht zeigen, wenn man die allgemeine Beziehung (Ableitung mit Hilfe von Gl. (11.391) in Anhang 11.18)

$$\cos u \cdot \sin v = \frac{1}{2}(\sin(v + u) + \sin(v - u)) \tag{2.115}$$

z. B. auf den x-abhängigen Teil von Gl. (2.112) anwendet:

$$A \cdot \cos(\omega t) \cdot \sin(ax) = \frac{A}{2}(\sin(ax + \omega t) + \sin(ax - \omega t)) \tag{2.116}$$

Das sind gerade 2 sich in $+x$-Richtung bzw. $-x$-Richtung ausbreitende Wellen mit der Phasengeschwindigkeit $\bar{v}_S$. Entsprechendes gilt für die y- und z-Richtungen.

Geometrisch interpretiert stellt Gl. (2.113) die Oberfläche eines Elipsoids (v = const) dar mit den Halbachsen $2L_x v/\langle v_s\rangle$, $2L_y v/\langle v_s\rangle$ und $2L_z/\langle v_s\rangle$.

Das Volumen eines solchen Elipsoids ist gegeben durch

$$V_{\text{Elipse}} = \frac{4}{3}\pi\left(\frac{2L_x}{\langle v_s\rangle}\right)\left(\frac{2L_y}{\langle v_s\rangle}\right)\left(\frac{2L_z}{\langle v_s\rangle}\right) \cdot v^3 \tag{2.117}$$

Die Zahl der Frequenzen, die zwischen v und $v + dv$ liegen, ergibt sich durch Ableitung von Gl. (2.117):

$$\frac{dV_{\text{Elipse}}}{dv} = 4\pi\left(\frac{2L_x}{\langle v_s\rangle}\right)\left(\frac{2L_y}{\langle v_s\rangle}\right)\left(\frac{2L_z}{\langle v_s\rangle}\right) \cdot v^2$$

Damit haben wir eine Frequenzverteilungsfunktion für Phononen mit der Energie $h\nu$ gefunden. Sie ist gegeben durch die Zahl der Zustände (n_x, n_y, n_z) im differentiellen Schalenvolumen des Elipsoids zwischen ν und $\nu + d\nu$ im ersten Oktanden des Elipsoids, wo gilt, dass $n_x \geq 0, n_y \geq 0, n_z \geq 0$:

$$\frac{1}{8}\left(\frac{dV_{\text{Elipse}}}{d\nu}\right) \cdot d\nu = \frac{\pi}{2}\left(\frac{2}{\bar{v}_S}\right)^3 \cdot L_x \cdot L_y \cdot L_z \cdot \nu^2 d\nu$$

Nun muss allerdings noch berücksichtigt werden, dass es in Festkörpern 3 Arten von Schallwellen gibt, nämlich *zwei* transversale (ähnlich wie bei Lichtwellen bzw. Photonen) und noch zusätzlich *eine* longitudinale. Wenn man die Schallgeschwindigkeit in transversaler und longitudinaler Richtung durch v_{ST} und v_{SL} unterscheidet, erhält man für die Frequenzverteilungsfunktion $g(\nu)$:

$$g(\nu)d\nu = 4\pi\left[\left(\frac{1}{v_{\text{SL}}}\right)^3 + 2\left(\frac{1}{v_{\text{ST}}}\right)^3\right] \cdot V_{\text{Kristall}} \cdot \nu^2 d\nu$$

Definiert man die mittlere Schallgeschwindigkeit $\langle v_s \rangle$ durch

$$3\left(\frac{1}{\langle v_s \rangle}\right)^3 = \left(\frac{1}{v_{\text{SL}}}\right)^3 + 2\left(\frac{1}{v_{\text{ST}}}\right)^3$$

ergibt sich für $g(\nu)$:

$$g(\nu)d\nu = 12\pi \frac{V_{\text{Kristall}}}{\langle v_s \rangle^3} \cdot \nu^2 \cdot d\nu \tag{2.118}$$

$\langle v_s \rangle$ ist die messbare mittlere Schallgeschwindigkeit.

Da $g(\nu)$ in Gl. (2.118) die Zahl der Frequenzen angibt, die zwischen ν und $\nu + d\nu$ liegen, muss gelten:

$$\int_0^{\nu_D} g(\nu)d\nu = V \cdot \frac{4\pi}{\bar{v}_S^3} \cdot \nu_D^3 = 3N,$$

denn die Gesamtzahl der Frequenzen muss gleich der Gesamtzahl der Normalschwingungen des atomaren Festkörpers, also $3N - 6 \cong 3N$, sein. Anders als bei den Photonen ist die maximale Zahl der Phononen also begrenzt. Dadurch wird auch eine Grenzfrequenz ν_D (Debye'sche Frequenz) festgelegt:

$$\nu_D = \langle v_s \rangle \left(\frac{3N}{4\pi \cdot V}\right)^{1/3} \tag{2.119}$$

Es kann für $g(\nu)$ statt Gl. (2.118) daher auch geschrieben werden:

$$g(\nu) = \frac{9N}{\nu_D^3} \cdot \nu^2 \tag{2.120}$$

Gl. (2.120) kann auch als *Phononenspektrum* interpretiert werden, das hier wegen der
großen Abmessungen des Kristalls quasikontinuierlich ist. Abb. 2.21 zeigt den parabel-
förmigen Verlauf von $g(\nu)$. Hohe Frequenzen kommen also häufiger vor als niedrige.
Die Funktion $g(\nu)$ bricht bei $\nu = \nu_D$ ab, da die Fläche unter der Kurve den festgelegten
Wert $3N$ besitzen muss. Abb. 2.21 zeigt auch ein typisches Beispiel für den tatsächlichen
Verlauf von $g(\nu)$ für Al, wie man ihn aus Neutronenstreuexperimenten bestimmen kann.
Er weicht teilweise deutlich von dem nach der Debye'schen Theorie ab, bei niedrigen
Frequenzen ist jedoch die Übereinstimmung gut.

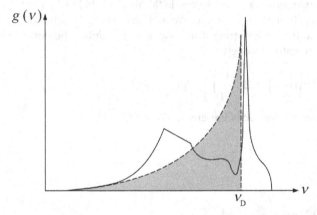

Abb. 2.21: Die Frequenzverteilungsfunktion $g(\nu)$ $-----$ nach der Debye'schen Theorie (Gl.
(2.120)) und eine typische reale Verteilungsfunktion (———). Die Flächen unter beiden Kurven
sind identisch. Gezeigt ist hier das Spektrum von Aluminium mit $\nu_D = 8 \cdot 10^{12}\ \text{s}^{-1}$.

Wir können jetzt die kanonische Zustandssumme des einatomigen Festkörpers nach der
Debye'schen Theorie formulieren. Es gilt zunächst ganz allgemein für die kanonische
Zustandssumme eines einatomigen Kristalls mit $3N - 6 \approx 3N$ Normalschwingungen und
einer gegebenen Funktion $g(\nu)$:

$$\ln Q_{\text{Kristall}} = \sum_{k=1}^{3N} \ln q_{\text{vib}}(\nu_k) \cong - \int_{\nu=0}^{\nu=\nu_D} \left[\frac{h\nu}{2k_B T} + \ln \left(1 - e^{-h\nu/(k_B T)} \right) \right] \cdot g(\nu) \cdot d\nu + \frac{D_e}{k_B T}$$

$$(2.121)$$

In Gl. (2.121) wird also über alle Schwingungszustandssummen der einzelnen Frequenzen
zwischen $\nu = 0$ und ν_D aufsummiert unter Beachtung des „Gewichtsfaktors" $g(\nu)$. Wegen
der hohen Zahl der $3N$ Normalschwingungen kann die Summation ohne Probleme durch
eine Integration ersetzt werden. D_e ist wie in Gl. (2.105) die Dissoziationsenergie des
ganzen Kristalls.

Einsetzen von Gl. (2.120) in Gl. (2.121) ergibt dann die Zustandssumme nach der

Debye'schen Theorie:

$$\ln Q_{\text{Debye}} = -\frac{9Nh}{2k_{\text{B}}T \cdot v_{\text{D}}^3} \int\limits_{v=0}^{v_{\text{D}}} v^3 \mathrm{d}v - \frac{9N}{v_{\text{D}}^3} \int\limits_{v=0}^{v_{\text{D}}} v^2 \cdot \ln\left(1 - \mathrm{e}^{-hv/(k_{\text{B}}T)}\right) \cdot \mathrm{d}v + \frac{D_e}{k_{\text{B}}T}$$

Jetzt führen wir die Abkürzungen

$$x = \frac{hv}{k_{\text{B}}T} \quad \text{und} \quad \Theta_{\text{D}} = \frac{hv_{\text{D}}}{k_{\text{B}}} \quad \text{bzw.} \quad x_{\text{D}} = \frac{\Theta_{\text{D}}}{T}$$

ein und können für die freie Energie F schreiben:

$$F = -k_{\text{B}}T \cdot \ln Z_{\text{Debye}} = \frac{9}{8} N \cdot k_{\text{B}} \cdot \Theta_{\text{D}} + 9N k_{\text{B}}T \cdot \left(\frac{T}{\Theta_{\text{D}}}\right)^3 \int\limits_{x=0}^{x_{\text{D}}} x^2 \ln\left(1 - \mathrm{e}^{-x}\right) \mathrm{d}x - D_e$$

$$(2.122)$$

wobei Θ_{D} die Debye'sche Temperatur heißt.

Für die innere Energie U ergibt sich (Ableitung s. Exkurs 2.11.23):

$$U = k_{\text{B}}T^2 \left(\frac{\partial \ln Q_{\text{Debye}}}{\partial T}\right)_{V,N} = \frac{9}{8} N k_{\text{B}} \cdot \Theta_{\text{D}} + 9N k_{\text{B}}T \cdot \left(\frac{T}{\Theta_{\text{D}}}\right)^3 \cdot \int\limits_{x=0}^{x_{\text{D}}} \frac{x^3 \mathrm{d}x}{\mathrm{e}^x - 1} - D_e$$

$$(2.123)$$

Der Term $(9/8) \cdot N k_{\text{B}} \cdot \Theta_{\text{D}}$ *ist die Nullpunktsenergie* des atomaren Debye'schen Festkörpers, D_e die Dissoziationsenergie.

Wir berechnen jetzt die Molwärme $\overline{C}_V$:

$$\overline{C}_V = \left(\frac{\partial \overline{U}}{\partial T}\right)_{V,N_{\text{L}}} = 3N_{\text{L}} k_{\text{B}} \cdot \frac{\partial}{\partial T} [T \cdot D(x_{\text{D}})]$$

wobei wir mit $D(x_{\text{D}})$ abgekürzt haben:

$$\boxed{D(x_{\text{D}}) = \frac{3}{x_{\text{D}}^3} \int\limits_0^{x_{\text{D}}} \frac{x^3 \mathrm{d}x}{\mathrm{e}^x - 1}}$$

$$(2.124)$$

Wir führen die Differentiation nach T durch und erhalten mit $N_{\text{L}} \cdot k_{\text{B}} = R$:

$$\overline{C}_V = 3R\left(D(x_{\text{D}}) + T \cdot \frac{\partial}{\partial T} D(x_{\text{D}})\right) = 3R\left(D(x_{\text{D}}) + T \cdot \frac{\partial D(x_{\text{D}})}{\partial x_{\text{D}}} \cdot \frac{\mathrm{d}x_{\text{D}}}{\mathrm{d}T}\right)$$

$$= 3R\left(D(x_{\text{D}}) - x_{\text{D}}\left[-\frac{3}{x_{\text{D}}} \cdot D(x_{\text{D}}) + \frac{3}{\mathrm{e}^{x_{\text{D}}} - 1}\right]\right)$$

Damit lässt sich für $\overline{C}_V$ schreiben mit $x_D = \Theta_D/T$:

$$\boxed{\overline{C}_V = 3R\left[4D\left(x_D\right) - 3x_D \cdot \left(e^{x_D} - 1\right)^{-1}\right]} \tag{2.125}$$

Gl. (2.125) kann auch in folgender äquivalenter Form geschrieben werden (Ableitung s. Exkurs 2.11.24):

$$\overline{C}_V = 9R\left(\frac{T}{\Theta_D}\right)^3 \int\limits_0^{x_D} \frac{x^4 \cdot e^x}{(e^x - 1)^2}\, dx \tag{2.126}$$

Wir betrachten jetzt die Grenzfälle des Verhaltens von $\overline{C}_V$ nach der Debye'schen Theorie für $T \to \infty$ und für $T \to 0$. Zunächst untersuchen wir das Verhalten von $D(x_D)$ (Gl. (2.124)) bei hohen Temperaturen. Dort ist x_D klein und nähert sich dem Wert von 0. Wir entwickeln also den Nenner unter dem Integral in Gl. (2.124) in eine Taylorreihe für kleine Werte von x:

$$D(x_D) = \frac{3}{x_D^3} \int\limits_{x=0}^{x_D} \frac{x^3}{\left(x + \frac{x^2}{2} + \frac{x^3}{6} + \cdots\right)}\, dx = \frac{3}{x_D^3} \int\limits_{x=0}^{x_D} \frac{x^2}{\left(1 + \frac{x}{2} + \frac{x^2}{6} + \cdots\right)}\, dx$$

$$\cong \frac{3}{x_D^3} \int\limits_{x=0}^{x_D} x^2\left(1 - \frac{x}{2} + \cdots\right) dx = 1 - \frac{3}{8}x_D + \cdots \qquad (T \gg \Theta_D)$$

Daraus liest man unmittelbar ab:

$$\lim_{x_D \to 0} D(x_D) = 1$$

und für den Grenzwert von $\overline{C}_V$ für $x_D \to 0$ bzw. $T \to \infty$ folgt nach Gl. (2.125):

$$\lim_{x_D \to 0} \overline{C}_V = 3N_L \cdot k_B\left[4 - 3\lim_{x_D \to 0}\left(\frac{x_D}{e^{x_D} - 1}\right)\right] = 3N_L \cdot k_B[4 - 3] = 3R$$

Der letzte Grenzwert folgt sofort aus der L'Hospital'schen Grenzwertregel (Anhang 11.18, Gl. (11.410)). Man erhält also wie bei der Einsteinschen Theorie das *Doulong-Petit'sche Grenzgesetz* für einatomige Festkörper.

Das Verhalten von $\overline{C}_V$ bei tiefen Temperaturen $x_D \to \infty$ ergibt sich folgendermaßen.

Für sehr große Werte von x_D, d. h. für niedrige Werte von T, wird das in Gl. (2.124) stehende Integral praktisch identisch mit dem Wert des Integrals für $x_D \to \infty$. In diesem Fall kann das Integral analytisch gelöst werden (Ableitung: s. Anhang 11.21, Gl. (11.437)). Das Resultat lautet:

$$\int\limits_{x=0}^{\infty} \frac{x^3\, dx}{e^x - 1} = \frac{\pi^4}{15} \tag{2.127}$$

Damit lässt sich aus Gl. (2.125) der Grenzwert von $\overline{C}_V$ für $T \to 0$ bzw. für $x_D \to \infty$ bestimmen:

$$\lim_{x_D \to \infty} \left(x_D^3 \cdot \overline{C}_V \right) = 3R \left[4 \cdot \frac{\pi^4}{5} - 3 \lim_{x_D \to \infty} \frac{x_D^4}{e^{x_D} - 1} \right] = 3N_L\, k_B\, \frac{4}{5} \cdot \pi^4$$

Also lässt sich für kleine Werte von T bzw. große Werte von x_D schreiben:

$$\boxed{\;\overline{C}_V \cong 3R\pi^4 \cdot \frac{4}{5} \cdot \left(\frac{T}{\Theta_D} \right)^3 \qquad (T \ll \Theta_D)\;} \tag{2.128}$$

$\overline{C}_V$ verschwindet also bei $T = 0$ und steigt bei niedrigen Werten von T mit T^3 an. Gl. (2.128) stellt das sog. T^3-Gesetz für C_V nach der Debye'schen Theorie dar, das i. a. sehr gut bestätigt wird.

In Abb. 2.22 ist $\overline{C}_V$ nach der Einsteinschen und der Debyeschen Theorie als Funktion von T/Θ in einem Diagramm grafisch dargestellt. Für denselben Wert von Θ gilt überall $\overline{C}_{V,\text{Debye}} > \overline{C}_{V,\text{Einstein}}$. Zwischen der Einstein-Temperatur Θ_E und der Debye-Temperatur existiert ein nützlicher Zusammenhang: es gilt $\Theta_E = \frac{3}{4}\Theta_D$. Der Nachweis wird in Exkurs 2.11.22 erbracht.

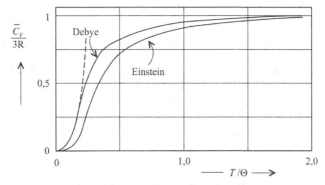

Abb. 2.22: Die Molwärme $\overline{C}_V$ eines einatomigen Festkörpers nach der Einstein'schen Theorie (Gl. (2.107)) als Funktion von (T/Θ) und nach der Debye'sche Theorie nach Gl. (2.125). - - - - Verlauf von Gl. (2.128)(Debye'sches T^3-Gesetz)

Die Gültigkeit des Debye'schen T^3-Gesetzes bei tiefen Temperaturen ist in Abb. 2.23 für festes Argon dargestellt. $\overline{C}_V$ aufgetragen gegen T^3 ergibt einen linearen Verlauf. Abb. 2.24 demonstriert die Unzulänglichkeit der Einsteinschen Theorie gegenüber der Debyeschen Theorie bei tiefen Temperaturen am Beispiel von Diamant.

Tabelle 2.5 gibt für einige Festkörper die Werte für die Debye'sche Temperatur $\Theta_D = h \cdot \nu_D / k_B$ wieder. Tabelle 2.5 zeigt, dass auch für ionische Kristalle und Molekülkristalle, wie Fulleren (C_{60}), Debye-Temperaturen angegeben werden können. Es zeigt sich, dass in der Tat für viele solcher mehratomigen Kristalle zumindest das T^3-Gesetz für die Molwärme $\overline{C}_V$ ebenso gut erfüllt ist wie bei einatomigen Kristallen.

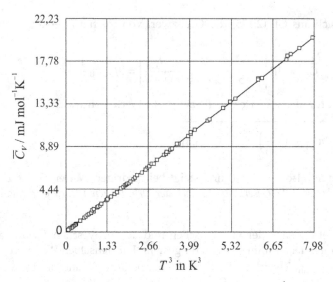

Abb. 2.23: $\overline{C}_V$ von festem Argon □: experimentelle Werte in mJ·K⁻¹·mol⁻¹ zwischen 0,2 K und 2 K gegen T^3 aufgetragen zur Prüfung des T^3-Gesetzes —— Gl. (2.128) mit Θ_D = 93 K (nach C. Kittel u. H. Krömer, Physik der Wärme, Oldenbourg (1984))

Tab. 2.5: Die Debye'sche Temperatur Θ_D für einige kristalline Festkörper

	Pb	Na	Ag	Cu	Al	Diamant (C)	Ar	Kr	Xe	NaCl	C_{60} (Fulleren)
Θ_D/K	86	160	220	346	380	1890	93	72	64	184	46
	Si	Ge	Zn	Hg	W	Fe	Ni	Ti	Pd	Pt	MgO
Θ_D/K	625	360	234	100	310	420	375	421	275	230	946

2.10.3 Theorie des eindimensionalen harmonischen Festkörpers

Wir haben festgestellt, das die Frequenzverteilungsfunktion $g(v)$ der Debye'schen Theorie nur eine grobe Näherung der tatsächlichen Verteilungsfunktion darstellt (s. Abb. 2.21). Im Fall des eindimensionalen Festkörpers lässt sich $g(v)$ exakt berechnen. Dazu betrachten wir in Abb. 2.25 ein System von linearen harmonischen Schwingungen einer „Kristallkette" von einer großen Zahl N identischer Atome. Wenn N sehr groß ist, wird der Unterschied zwischen einer offenen und geschlossenen Kette vernachlässigbar.

Die potentielle Energie E_p eines solchen „1-D-Kristalls", der als eine geschlossene lineare Kette von N harmonisch schwingenden Atomen der Masse m aufzufassen ist, lautet:

$$E_p = \frac{f}{2} \sum_{n=1}^{N} (x_{n+1} - x_n)^2 \qquad \text{mit} \quad N + 1 = 1 \tag{2.129}$$

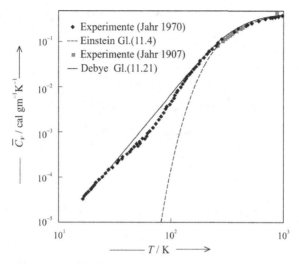

Abb. 2.24: $\overline{C}_V$ für Diamant. Vergleich der Experimente mit der Debye'schen und der Einstein'schen Theorie (Θ_D = 1890 K, Θ_E = 1450 K) (s. Exkurs 2.11.22).

Hier bedeuten x_n und x_{n+1} die Auslenkungen aus der Ruhelage für das Atom n bzw. $(n+1)$. f ist die Kraftkonstante für die harmonische Schwingung. Die *zyklische Randbedingung* der geschlossenen Kette erfordert, dass $x_{N+1} = x_1$. Der Summenterm in Gl. (2.129) lässt sich symmetrisieren:

$$\frac{f}{2} \sum_{n=1}^{N} (x_{n+1} - x_n)^2 = \frac{f}{2} \sum_{n=1}^{N} \frac{1}{2} (x_{n+1} - x_n)^2 + \frac{f}{2} \sum_{n=1}^{N} \frac{1}{2} (x_n - x_{n-1})^2 \qquad (2.130)$$

Die Bewegungsgleichung für das Atom j lautet:

$$m \cdot \ddot{x}_j - \left(\frac{\partial E_\mathrm{p}}{\partial x_j}\right)_{n \neq j} = 0, \qquad (2.131)$$

d. h., die Summe der Kraftwirkungen an jedem Atom ist gleich Null. Einsetzen von Gl. (2.130) in Gl. (2.129) und dann in Gl. (2.131) ergibt:

$$\boxed{m \cdot \ddot{x}_j - f \cdot \left(x_{j+1} + x_{j-1} - 2x_j\right) = 0} \qquad (2.132)$$

Die Lösungsfunktionen für Gl. (2.132) müssen *stehende Wellen* darstellen, d. h., für die Lösungsfunktion x_j muss wegen der zyklischen Randbedingung gelten:

$$x_j = A \cdot \mathrm{e}^{-iwt} \cdot \mathrm{e}^{ix_j k_x} = A \cdot \mathrm{e}^{-iwt} \cdot \mathrm{e}^{i(x_j + aN) \cdot k_x} \qquad (2.133)$$

Das kann nur erfüllt werden, wenn gilt:

$$k_x = \frac{2\pi}{\lambda_x} = \frac{2\pi}{N \cdot a} \cdot n$$

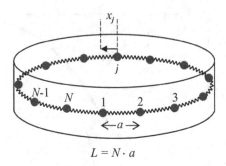

Abb. 2.25: Eindimensionale Kette von N Atomen mit zyklischer Randbedingung. a = Gleichgewichtsabstand der Atome. x_j = Auslenkung aus der Ruhelage.

λ_x ist die Wellenlänge und k_x der *Wellenzahlvektor*. n muss eine ganze Zahl zwischen 1 und N sein, denn nur dann gilt die notwendige Bedingung:

$$e^{i(x_j + aN)k_x} = e^{i \cdot x_j k_x} \cdot e^{2\pi i n} = e^{ix_j k_x} \tag{2.134}$$

Setzt man Gl. (2.134) in Gl. (2.133) ein und dann in Gl. (2.132), erhält man mit $x_j = a \cdot j$ (Man beachte: j ist ein Zählindex, i ist die imaginäre Einheit):

$$-m \cdot \omega^2 \cdot \exp[2\pi i \cdot j \cdot n/N] = f\left(\exp[2\pi i(j+1) \cdot n/N] + \exp[2\pi i(j-1)n/N]\right.$$
$$\left. -2\exp[2\pi i \cdot j \cdot n/N]\right)$$

Daraus folgt unmittelbar (unter Beachtung von Gl. (11.391) in Anhang 11.18):

$$m \cdot \omega^2 = f \cdot \left[e^{2\pi i \cdot n/N} + e^{-2\pi i \cdot n/N} - 2\right] = f \cdot \left[e^{\pi i \cdot n/N} - e^{-\pi i \cdot n/N}\right]^2 = 4f \cdot \sin^2\left(\pi \frac{n}{N}\right)$$

Mit $\omega = 2\pi\nu$ lässt sich dafür schreiben:

$$\boxed{\nu = \frac{1}{\pi}\sqrt{\frac{f}{m}} \cdot \sin\left(\pi \cdot \frac{n}{N}\right) = \frac{1}{\pi}\sqrt{\frac{f}{m}} \cdot \sin\left(\frac{a}{2}k_x\right)} \tag{2.135}$$

Gl. (2.135), die den Zusammenhang der Frequenz ν bzw. der Energie $h\nu$ mit k_x bzw. allgemein mit $\vec{k} = (k_x, k_y, k_z)$ angibt, ist eine nichtlineare *Dispersionsbeziehung*. Jetzt lässt sich die eindimensionale (1 D) Frequenzverteilungsfunktion $g_{1D}(\nu)$ bestimmen. Sie gibt an, wie viele der N Atome im Frequenzintervall zwischen ν und $\nu + d\nu$ schwingen:

$$\boxed{g_{1D}(\nu) = 2\frac{dn}{d\nu}} \tag{2.136}$$

Der Faktor 2 berücksichtigt, dass die Welle sowohl links wie auch rechts herum laufen kann. Nun gilt nach Gl. (2.135):

$$\frac{\mathrm{d}v}{\mathrm{d}n} = \frac{1}{N} \sqrt{\frac{f}{m}} \cdot \cos\left(\pi \frac{n}{N}\right) \qquad (1 \leq n \leq N)$$

und somit unter Beachtung von Gl. (2.136) und Gl. (2.135):

$$g_{1D}(v) = \frac{2N}{\cos(\pi \cdot n/N)} \cdot \sqrt{\frac{m}{f}} = \frac{2N}{\pi \cdot v_{max}} \frac{1}{\sqrt{1 - (v/v_{max})^2}} \qquad (2.137)$$

wobei wir definieren:

$$v_{max} = \frac{1}{\pi} \sqrt{\frac{f}{m}} \qquad (2.138)$$

und beachtet haben, dass gilt:

$$\cos(\pi \cdot n/N) = \sqrt{1 - \sin^2(\pi \cdot n/N)}$$

v_{max} erhält die Bedeutung als Grenzfrequenz aus der Bedingung:

$$\int_0^{v_{max}} g_{1D}(v) \cdot \mathrm{d}v = N \qquad (2.139)$$

v_{max} wird erreicht, wenn gilt:

$$\sin\left(\pi \frac{n}{N}\right) = 1, \quad \text{also} \quad n = \frac{N}{2}$$

Wir überprüfen die Konsistenz. Es muss gelten:

$$\int_0^{v_{max}} g_{1D}(v)\mathrm{d}v = \frac{2N}{\pi} \int_0^1 \frac{1}{\sqrt{1 - y^2}} \mathrm{d}y$$

wobei wir $y = v/v_{max}$ schreiben und Gl. (2.138) berücksichtigen. Wir setzen $y = \cos\varphi$ und $\mathrm{d}y = \mathrm{d}\cos\varphi = -\sin\varphi\,\mathrm{d}\varphi$ und erhalten in Übereinstimmung mit Gl. (2.139):

$$\int_0^{v_{max}} g_{1D}(v)\mathrm{d}v = \frac{2N}{\pi} \int_0^1 \frac{\mathrm{d}\cos\varphi}{\sin\varphi} = -\frac{2N}{\pi} \int_{\varphi=\pi/2}^{\varphi=0} \mathrm{d}\varphi = N$$

Die Abhängigkeit der Frequenz v vom Wellenzahlvektor k_x nach Gl. (2.135) ist die korrekte Dispersionsgleichung im 1D-Fall. Sie ist zusammen mit $g_{1D}(v)$ (Gl. (2.137)) in Abbildung 2.26 dargestellt.

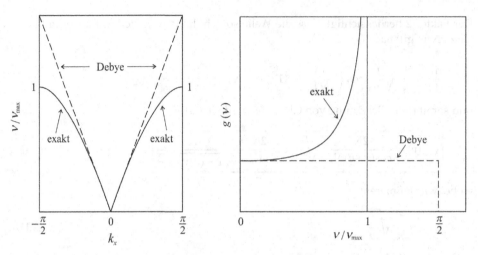

Abb. 2.26: Links: Die Dispersionsrelation $v(k_x)$ für den eindimensionalen Fall nach Gl. (2.135). Rechts: Frequenzspektrum $g_{1D}(v)$ nach Gl. (2.137) für den 1D-Kristall. $------$ Debye-Näherung

Wir wollen jetzt für den 1D-Fall noch die Debye-Näherung ableiten. Dazu entwickeln wir Gl. (2.135) in eine Taylorreihe bis zum linearen Glied:

$$v = v_{max} \cdot \sin\left(\frac{a}{2}k_x\right) \approx \left(v_{max} \cdot \frac{a}{2}\right)k_x = v_S \cdot k_x \qquad (2.140)$$

Diese Näherung ist eine lineare Dispersionsbeziehung. $v_S = a \cdot v_{max}/2$ hat die Bedeutung einer Schallgeschwindigkeit, die unabhängig von v ist, so wie es die Debye'sche Theorie ja auch im 3D-Raum annimmt. Also ergibt sich für Gl. (2.137) nach der Debye'schen Näherung für den 1D-Fall:

$$g_{1D,\text{Debye}} \approx \frac{2N}{\pi \cdot v_{max}}$$

Damit $g_{1D,\text{Debye}}(v)$ richtig normiert ist, muss gelten:

$$\int_0^{v_{max},\text{Debye}} g_{1D,\text{Debye}}(v) \cdot dv = N, \quad \text{also} \quad v_{max,\text{Debye}} = \frac{\pi}{2}v_{max} \qquad (2.141)$$

$v(k_x)$ ist also nach Debye im 1D-Fall eine Gerade (Abb. 2.26 links) und $g_{1D,\text{Debye}}(v)$ eine Parallele zur v-Achse (Abb. 2.26rechts). Die Integrale über die exakte Kurve und die „Kastenkurve" nach Debye ist gleich N, die Zahl der schwingenden Teilchen. Man erkennt im 1D-Fall quantitativ den groben Näherungscharakter der Debye'schen Theorie. Nur bei niedrigen Frequenzen v bzw. kleinen Werten von k_x wird die Deybesche Theorie zunehmend besser. Wir wollen noch die thermodynamischen Funktionen für den eindimensionalen Kristall ableiten. Es gilt:

$$\overline{F} = -k_B T \ln Q_{1D} = \sum_{i=1}^{N_L} \left[\frac{h v_i}{2} + k_B \cdot T \ln\left(1 - e^{-h v_i/k_B T}\right)\right] \cdot g_{1D}(v_i) + \frac{D_e}{k_B T}$$

Der Unterschied zum 3D-Fall ist lediglich, dass die Nullpunktenergie $h\nu_i/2$ statt $h\nu_i \cdot 3/2$ ist (vgl. Gl. (2.121)).

Die Summe kann wie üblich durch ein Integral ersetzt werden, und man erhält damit für $\overline{U}$ und $\overline{C}_V$:

$$\overline{U} = k_B T^2 \cdot \left(\frac{\partial \ln Q_{1D}}{\partial T}\right) = \int\limits_0^{\nu_{max}} \frac{h}{2}\nu \cdot g_{1D}(\nu)\mathrm{d}\nu + \int\limits_0^{\nu_{max}} g_{1D}(\nu)\,\frac{h\nu}{e^{h\nu/k_B T} - 1} \cdot \mathrm{d}\nu \qquad (2.142)$$

Der erste Term auf der rechten Gleichungsseite ist die Nullpunktsenergie (s. Exkurs 2.11.26), der zweite Term ist der thermische Anteil zu $\overline{U}$. Für die Molwärme erhält man:

$$\overline{C}_V = \left(\frac{\partial \overline{U}}{\partial T}\right)_V = k_B \int\limits_0^{\nu_{max}} g_{1D}(\nu) \cdot \frac{(h\nu/k_B T)^2}{(e^{h\nu/k_B T} - 1)^2}\, e^{h\nu/k_B T} \cdot \mathrm{d}\nu \qquad (2.143)$$

Setzt man für $g_{1D}(\nu)$ Gl. (2.137) ein, ergibt sich mit $\Theta = h\nu_{max}/k_B$ und $y = \nu/\nu_{max}$:

$$\boxed{\overline{C}_V = \frac{2}{\pi}R \int\limits_0^1 \frac{y^2 \cdot \left(\frac{\Theta}{T}\right)^2 \cdot e^{y \cdot \frac{\Theta}{T}} \cdot \mathrm{d}y}{\sqrt{1 - y^2}(e^{y \cdot \frac{\Theta}{T}} - 1)^2}} \qquad (2.144)$$

Das Integral ist leider nicht in geschlossener Form lösbar. Bei sehr niedrigen Temperaturen ist kann man im Nenner 1 gegen $\exp[y \cdot \Theta/T]$ vernachlässigen und erhält mit $\widetilde{y} = y \cdot \Theta/T$ für $T \ll \Theta$:

$$\overline{C}_V \cong \frac{2}{\pi}R \cdot \left(\frac{T}{\Theta}\right) \cdot \int\limits_0^{\Theta/T} \frac{\widetilde{y}^2 \cdot e^{-\widetilde{y}}}{\sqrt{1 - \widetilde{y} \cdot (T/\Theta)^2}}\mathrm{d}\widetilde{y} \approx \frac{2}{\pi}R\left(\frac{T}{\Theta}\right) \int\limits_0^{\infty} \widetilde{y}^2 \cdot e^{-\widetilde{y}} \cdot \mathrm{d}\widetilde{y} = \frac{4}{\pi}R\left(\frac{T}{\Theta}\right) \quad (2.145)$$

Das letzte Integral ist die Gammafunktion $\Gamma(3) = 2$ (s. Gl. (11.3) in Anhang 11.2). Die gesamte Kurve $\overline{C}_V(T/\Theta)$ nach Gl. (2.144) ist in Abb. 2.27 dargestellt.

Wir überprüfen, ob Gl. (2.144) für $T \to \infty$ den Grenzwert $\overline{C}_V = R$ liefert, wie man es für N harmonische Oszillatoren erwartet. Dazu entwickeln wir die Exponentialfunktion in eine Reihe bis zum linearen Glied: $\exp[y \cdot \Theta/T] \approx 1 + y\Theta/T$, setzen das in Gl. (2.144) ein und erhalten:

$$\lim_{T \to \infty} \overline{C}_V \cong \frac{2}{\pi} \cdot R \int\limits_0^1 \frac{\mathrm{d}y}{\sqrt{1 - y^2}} = \frac{2}{\pi} \cdot R \cdot \frac{\pi}{2} = R$$

wenn man $y \cdot \Theta/T$ gegen 1 vernachlässigt. Der Grenzfall ist also korrekt.

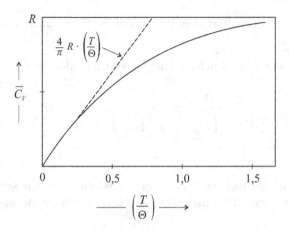

Abb. 2.27: $\overline{C}_V$ als Funktion von T/Θ für den eindimensionalen Kristall nach Gl. (2.144).

2.11 Exkurs zu Kapitel 2

2.11.1 Alternative Methode zur Ermittlung von $\beta(T) = 1/k_{\mathrm{B}}T$

Leiten Sie Gl. (2.9) ausgehend von Gl. (2.6) über die freie Energie mit Hilfe der Gibbs-Helmholtz-Gleichung $F = U + T\left(\frac{\partial F}{\partial T}\right)_{V,N}$ ab.

Lösung:

Wir beginnen mit Gl. (2.6) in integrierter Form:

$$S = -\frac{1}{\beta \cdot T} \cdot \sum_j P_j \cdot \ln P_j + \text{const}$$

Wir setzen wieder const = 0 und schreiben mit $P_j = e^{-E_j \cdot \beta}/Z$:

$$S = -\frac{1}{\beta \cdot T} \cdot \sum_j \frac{e^{-E_j \beta}}{Z}(-E_j \cdot \beta) + \frac{1}{\beta T} \sum_j \frac{e^{-E_j \beta}}{Z} \cdot \ln Q = S = \frac{U}{T} + \frac{1}{\beta T} \cdot \ln Q$$

Der Vergleich mit $S = (U - F)/T$ ergibt zunächst für die freie Energie F:

$$F = -\frac{1}{\beta} \ln Q \qquad \text{oder :} \qquad Q = e^{-\beta \cdot F}$$

mit der zu bestimmenden, noch unbekannten Funktion $\beta(T)$.
Da $Q = \sum_j e^{-\beta E_j}$, folgt daraus: $\sum_j e^{\beta(F-E_j)} = 1$.

Differentiation dieses Ausdrucks nach β ergibt:

$$\sum_j \left(e^{\beta(F-E_j)} \cdot \left[F + \beta\left(\frac{\partial F}{\partial \beta}\right)_{V,N} - E_j \right] \right) = 0$$

Da die ersten beiden Terme in der eckigen Klammer nicht vom Index j abhängen, gilt:

$$F + \beta \left(\frac{\partial F}{\partial \beta} \right)_{V,N} - \left(\sum_j E_j \, e^{-\beta E_j} \right) \cdot e^{\beta \cdot F} = 0$$

Wegen

$$\left(\sum_j E_j \, e^{-\beta E_j} \right) \cdot e^{\beta \cdot F} = \sum_j E_j \, e^{-\beta E_j} \Big/ Q = U$$

folgt damit:

$$F + \beta \left(\frac{\partial F}{\partial \beta} \right)_{V,N} - U = 0$$

Der Vergleich dieses Ausdrucks mit der bekannten Helmholtz-Gleichung $F = U - \left(\frac{\partial F}{\partial T} \right)_V \cdot T$ (s. Gl. (11.337)) ergibt in Übereinstimmung mit Gl. (2.9):

$$\frac{d\beta}{\beta} = -\frac{dT}{T} \quad \text{bzw.} \quad \frac{d \ln \beta}{d \ln T} = -1 \quad \text{oder} \quad \beta = \frac{1}{k_B T}$$

2.11.2 Statistischer Nachweis der Additivität von Entropien

Zeigen Sie, dass für 2 unterschiedliche Systeme A und B, die *unvermischt* miteinander im thermischen Gleichgewicht sind (etwa durch eine wärmeleitende Wand getrennt), die Gesamtentropie $S_{A+B} = S_A + S_B$ ist. Machen sie zum Beweis Gebrauch von Gl. (2.11).

Lösung:

Die Wahrscheinlichkeit $P_{AB,ij}$, dass das System A sich im Quantenzustand i und unabhängig davon das System B im Quantenzustand j befindet, ist das Produkt der Einzelwahrscheinlichkeit

$$P_{AB,ij} = P_{Ai} \cdot P_{Bj}$$

Einsetzen in Gl. (2.11) ergibt:

$$S_{A+B} = -k_B \sum_i \sum_j P_{AB,ij} \cdot \ln P_{AB,ij} = -k_B \sum_i \sum_j P_{Ai} \cdot P_{Bj} \cdot \ln(P_{Ai} \cdot P_{Bj})$$

$$= -k_B \left(\sum_j P_{Bj} \sum_i P_{Ai} \ln \cdot P_{Ai} + \sum_i P_{Ai} \sum_j P_{Bj} \cdot \ln P_{Bj} \right)$$

Da $\sum_{j} P_{Bj} = 1$ und $\sum_{i} P_{Ai} = 1$, folgt:

$$S_{A+B} = -k_B \sum_{i} P_{Ai} \ln P_{Ai} - k_B \sum_{j} P_{Bj} \cdot \ln P_{Bj} = S_A + S_B$$

Es ist offensichtlich, dass sich der Beweis sofort auf beliebig viele Systeme, die sich im thermischen Gleichgewicht befinden, erweitern lässt. Man braucht sich nur z. B. System A aus 2 Systemen C und D zusammengesetzt vorstellen, dann gilt

$$S_{CDB} = S_C + S_D + S_B \quad \text{usw.}$$

Die Additivität der Entropien gilt ganz allgemein und ist nicht auf ideale Gase beschränkt.

2.11.3 Elektronischer Anteil der Molwärme am Beispiel von NO

a) Leiten Sie mit Hilfe der elektronischen Zustandssumme q_{el} (Gl. (2.42)) den elektronischen Anteil der Molwärme $\overline{C}_{V,el}$ ab. Berücksichtigen Sie nur den Grundzustand mit ε_0 und den ersten elektronischen Anregungszustand mit ε_1.

b) Tragen Sie $\overline{C}_{V,el}/R$ als Funktion von T zwischen 0 und 150 K auf mit $(\varepsilon_1 - \varepsilon_0) = \Delta\varepsilon = 2{,}4 \cdot 10^{-21}$ J, $g_0 = 2$ und $g_1 = 2$. Dieses Zahlenbeispiel entspricht den Verhältnissen beim Molekül NO.

Lösung:

a)

$$q_{el} = e^{-\varepsilon_0/k_B T} \cdot \left(g_0 + g_1 \cdot e^{-\Delta\varepsilon/k_B T}\right)$$

ergibt für

$$\overline{U}_{el} = N_L k_B \cdot T^2 \left(\frac{d \ln q_{el}}{dT}\right) = N_L \cdot \varepsilon_0 + N_L \frac{g_1 \cdot \Delta\varepsilon \cdot e^{-\Delta\varepsilon/k_B T}}{\left(g_0 + g_1 \cdot e^{-\Delta\varepsilon/k_B T}\right)}$$

$$\left(\frac{d\overline{U}_{el}}{dT}\right) = \overline{C}_{V,el} = \frac{R \cdot g_1 \cdot g_0 \cdot \left(\frac{\Delta\varepsilon}{k_B T}\right)^2 \cdot e^{-\Delta\varepsilon/k_B T}}{\left(g_0 + g_1 \cdot e^{-\Delta\varepsilon/k_B T}\right)^2}$$

b) Mit $g_0 = g_1 = 2$ und $\Delta\varepsilon/k_B T = 173{,}8$ K erhält man:

$$\overline{C}_{V,el,NO} = R \cdot \frac{\left(\frac{173{,}8}{T}\right)^2 \cdot e^{-\frac{173{,}8}{T}}}{\left(1 + e^{-\frac{173{,}8}{T}}\right)^2}$$

Das Ergebnis ist graphisch in Abb. 2.28 dargestellt. Es wird ein deutliches Maximum durchlaufen (sog. „Schottky"-Anomalie). Die Experimente oberhalb 100 K werden durch C_V-Messungen erhalten, von denen $\overline{C}_{V,trans} + \overline{C}_{V,rot} = \frac{5}{2}R$ und $\overline{C}_{V,vib}$ nach Gl. (2.50) mit $\Theta_{vib,NO} = 2719$ K subtrahiert wurden.

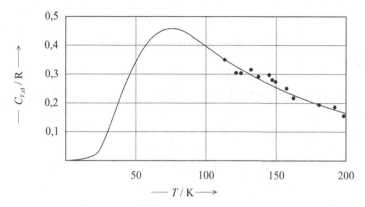

Abb. 2.28: Die elektronische Molwärme $\overline{C}_{V,el}/R$ als Funktion von T für das Molekül NO. • experimentelle Daten.

2.11.4 Elektronische Molwärme von O-Atomen in der Exosphäre

Sauerstoffmoleküle O_2 dissoziieren bei hohen Temperaturen in zwei O-Atome. Ist die Temperatur hoch genug und gleichzeitig der Druck niedrig, liegen fast nur noch O-Atome vor. Zu $\overline{C}_p$ bzw. $\overline{C}_V$ trägt unter diesen Bedingungen neben dem Translationsnateil der Molwärme vor allem der elektronische Anteil $\overline{C}_{V,el}$ bei. Eine solche Situation liegt z. B. in der sog. Exosphäre der Erdatmosphäre vor. Der Luftdruck ist dort extrem niedrig, so dass einmal durch Photolyse erzeugte O-Atome nicht mehr ohne weiteres in der Lage sind, das chemische Gleichgewicht $2O \rightleftharpoons O_2$ wieder einzustellen, da die dazu notwendigen 3-Stöße praktisch nicht vorkommen. Die elektronischen Energieniveaus des O-Atoms, ihre Bezeichnung und ihr Entartungsgrad g sind in Tabelle 2.6 angegeben.

Tab. 2.6: Angeregte Energiezustände des Sauerstoffatoms

Elektronen-Konfiguration	Term	Entartungsfaktor g	Wellenzahl $\lambda^{-1}/\mathrm{cm}^{-1}$	$\Delta\varepsilon/k_B/K$
$1s^2 2s^2 2p^4$	$^3P_2$	5	0	0
	$^3P_1$	3	158,5	228,05
	$^3P_0$	1	226,5	325,89
	$^1D_2$	5	15.867,7	$2,2830 \cdot 10^4$
	$^1S_0$	1	33.792,4	$4,8620 \cdot 10^4$

Wendet man die Gleichung auf eine beliebige Zahl von elektronischen Energieniveaus $(\varepsilon_i - \varepsilon_0)$ mit dem Entartungsfaktor g_i an, gilt für die molekulare Zustandssumme q_{el} mit

$\Delta\varepsilon_i = (\varepsilon_i - \varepsilon_0)$:

$$q_{el} = \sum_{i=1}^{n} g_i \cdot e^{-\Delta\varepsilon_i/k_B T}$$

Gl. (2.20) führt nach der Differentiation von q_{el} bzw. $q'_{el} = (\partial q_{el}/\partial T)$ zur allgemeinen Formel für $\overline{C}_{V,el}$:

$$\frac{\overline{C}_V}{R} = \frac{\sum_{i=1}^{n} g_i \left(\dfrac{\Delta\varepsilon_i}{k_B T}\right)^2 \cdot e^{-\Delta\varepsilon_i/k_B T}}{q_{el}} - \left[\frac{\sum_{i=1}^{n} g_i \left(\dfrac{\Delta\varepsilon_i}{k_B T}\right) \cdot e^{-\Delta\varepsilon_i/k_B T}}{q_{el}}\right]^2$$

Wir berechnen die elektronische Molwärme $\overline{C}_{V,el}$ der O-Atome im Bereich von 10 K bis 12000 K. Wir setzen die in Tabelle 2.6 angegebenen Werte für $\Delta\varepsilon/k_B$ $i = 1$ bis $i = 4$ in die Gleichung für $\overline{C}_{V,el}$ ein und erhalten die in Abb. 2.29 gezeigte Kurve. Sie weist in diesem T-Bereich zwei ausgeprägte Maxima auf, die von der ersten und zweiten Anregungsenergie ($^3P_2 \rightarrow {}^3P_1$, bzw. $^3P_1 \rightarrow {}^3P_0$) herrühren. Die Dissoziation von O_2 Molekülen zu O-Atomen und ihre Auswirkung auf die Molwärme zeigt Abb. 2.29 nicht.

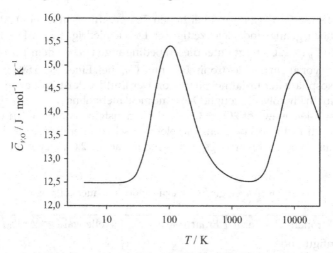

Abb. 2.29: $\overline{C}_{V,el}/R$ von O-Atomen als Funktion der Temperatur

2.11.5 Maximale Besetzungswahrscheinlichkeit der molekularen Rotation

a) Bei welchem Wert der Rotationsquantenzahl J hat die Besetzungswahrscheinlichkeit der Rotationsquantenzustände eines zweiatomigen Moleküls ein Maximum? Geben Sie eine allgemeine Formel an. Hinweis: Betrachten Sie J als kontinuierliche Variable und wenden Sie den Boltzmann'schen Verteilungssatz an (s. auch Abb. 2.13).

b) Lösen Sie dasselbe Problem wie in a), aber für ein sphärisches Kreiselmolekül.

Lösung:

a) $\quad \langle N_J \rangle / N = \left(\dfrac{\Theta_{\text{rot}}}{T} \right) \cdot (2J+1) \cdot e^{-\frac{\Theta_{\text{rot}}}{T} \cdot J(J+1)}$

$$\frac{d\left(\langle N_J \rangle / N \right)}{dJ} = 0 = \frac{\Theta_{\text{rot}}}{T} \cdot e^{-\frac{\Theta_{\text{rot}}}{T} \cdot J(J+1)} \cdot \left(2 - (2J+1)^2 \, \frac{\Theta_{\text{rot}}}{T} \right)$$

$$J_{\max} = \sqrt{\frac{T}{2\,\Theta_{\text{rot}}}} - \frac{1}{2}$$

b) $\quad \dfrac{\langle N_J \rangle}{N} = \dfrac{\sigma}{\pi^{1/2}} \left(\dfrac{\Theta_{\text{rot}}}{T} \right)^{3/2} \cdot (2J+1)^2 \cdot e^{-J(J+1)\Theta_{\text{rot}}/T}$

$$\frac{d\left(\langle N_J \rangle / N \right)}{dJ} = 0 = \frac{\sigma}{\pi^{1/2}} \left(\frac{\Theta_{\text{rot}}}{T} \right)^{3/2} \cdot e^{-J(J+1)\Theta_{\text{rot}}/T} \cdot \left[4(2J+1) - (2J+1)^3 \, \frac{\Theta_{\text{rot}}}{T} \right]$$

$$J_{\max} = \sqrt{\frac{T}{\Theta_{\text{rot}}}} - \frac{1}{2}$$

Das Ergebnis ist fast dasselbe wie in a), nur gibt es hier keinen Faktor 2 im Nenner unter der Wurzel.

2.11.6 Molare Entropie des flüssigen Quecksilbers

Der Sättigungsdampfdruck von flüssigem Quecksilber bei 630 K beträgt 1 atm = 1,01325 bar. Der Hg-Dampf verhält sich bei diesen Bedingungen praktisch wie ein einatomiges ideales Gas. Die molare Verdampfungsenthalpie $\Delta \overline{H}_V$ von Hg bei 630 K beträgt $5{,}93 \cdot 10^4 \, \text{J} \cdot \text{mol}^{-1}$. Berechnen Sie die molare Entropie des *flüssigen* Quecksilbers $\overline{S}_{\text{flüss}}$ bei dieser Temperatur. Angabe: die Atommasse von Hg beträgt $0{,}20059 \, \text{kg} \cdot \text{mol}^{-1}$.
Hinweis: Die molare Verdampfungsentropie $\Delta \overline{S}_V$ ist bekanntlich gegeben durch $\Delta \overline{S}_V = \overline{S}_{\text{gas}} - \overline{S}_{\text{flüss}} = \Delta \overline{H}_V / T$ (s. Anhang 11.17, Gl. (11.371)).

Lösung:
Da der Hg-Dampf atomar ist, gibt es nur einen Translationsanteil der Entropie S_{trans} (Gl.

(2.52)):

$$\overline{S}_{\text{trans,Hg}} = \overline{S}_{\text{Hg}} = \frac{5}{2}R + R \cdot \ln\left[\frac{(2m_{\text{Hg}} \cdot \pi)^{3/2} \cdot (k_B T)^{5/2}}{h^3 \cdot p}\right]$$

mit $m_{\text{Hg}} = \dfrac{M_{\text{Hg}}}{N_L} = 3{,}3304 \cdot 10^{-25}$ kg   ergibt sich

$$\overline{S}_{\text{Hg}} = \frac{5}{2}R + R \cdot \ln\left[\frac{(2 \cdot \pi \cdot 33{,}3)^{3/2} \cdot (10^{-26})^{3/2} \cdot (13{,}807 \cdot 630)^{5/2} \cdot (10^{-24})^{5/2}}{(6{,}626)^3 \cdot 10^{-102} \cdot 1{,}01325 \cdot 10^5}\right]$$

$$= 190{,}38\, \text{J mol}^{-1}\, \text{K}^{-1}$$

Damit lässt sich die Entropie des flüssigen Quecksilbers bei $T = 630\,\text{K}$ berechnen:

$$\overline{S}_{\text{fl,Hg}} = S_{\text{gas,Hg}} - \frac{\Delta H_v}{630} = 190{,}38 - \frac{5{,}93 \cdot 10^4}{630} = 96{,}25\, \text{J} \cdot \text{mol}^{-1} \cdot \text{K}^{-1}$$

In thermodynamischen Tabellenwerken findet man für die absolute molare Standardentropie von flüssigem Hg bei 298 K den Wert $\overline{S}_{\text{Hg}}(298) = 76{,}03\,\text{J}\cdot\text{mol}^{-1}\cdot\text{K}^{-1}$. Der Unterschied beträgt:

$$\overline{S}_{\text{fl,Hg}}(630) - \overline{S}_{\text{fl,Hg}}(298) = 20{,}22\, \text{J} \cdot \text{mol}^{-1} \cdot \text{K}^{-1} = \int\limits_{298}^{630} \frac{\overline{C}_p}{T}\, \mathrm{d}T \approx \langle \overline{C}_p \rangle \cdot \ln\left(\frac{630}{298}\right)$$

Die mittlere Molwärme $\langle \overline{C}_p \rangle$ beträgt also $27{,}01\,\text{J} \cdot \text{mol}^{-1} \cdot \text{K}^{-1}$. Zum Vergleich: Der kalorimetrisch ermittelte Wert $\overline{C}_p(298)$ beträgt $27{,}8\,\text{J} \cdot \text{mol}^{-1} \cdot \text{K}^{-1}$.

2.11.7 Adiabatisch-reversible Expansion von SO_2

1 m³ gasförmiges SO_2 wird reversibel-adiabatisch expandiert von einem Ausgangsdruck $p_1 = 90$ bar und einer Ausgangstemperatur $T_1 = 800\,\text{K}$ auf einen Enddruck $p_2 = 1$ bar. SO_2 soll als ideales Gas betrachtet werden dürfen. Welchen Wert haben die Endtemperatur T_2 und das Volumen V_2? Um welchen Faktor verändert sich dabei das Gasvolumen? Verwenden Sie folgende Angaben: die Schwingungstemperaturen von SO_2 betragen 1660 K, 750 K und 1960 K.

Lösung:
Beim adiabatisch-reversiblen Prozess ist die Entropieänderung $\Delta S = S(T_2, p_2) - S(T_1, p_1) = 0$.

Nach Gl. (2.52) bis (2.55) gilt somit:

$$\ln \frac{T_2^{5/2}}{p_2} + \ln T_2^{3/2}$$
$$+ \left[\frac{1660}{T_2} \cdot \frac{1}{e^{1660/T_2} - 1} - \ln\left[1 - e^{-1660/T_2}\right]\right]$$
$$+ \left[\frac{750}{T_2} \cdot \frac{1}{e^{750/T_2} - 1} - \ln\left[1 - e^{-750/T_2}\right]\right]$$
$$+ \left[\frac{1980}{T_2} \cdot \frac{1}{e^{1980/T_2} - 1} - \ln\left[1 - e^{-1980/T_2}\right]\right]$$
$$- \ln \frac{800^{5/2}}{90 \cdot 10^5} - \ln 800^{3/2} - \left\{\left[\frac{1660}{800} \cdot \frac{1}{e^{1660/800} - 1}\right.\right.$$
$$- \ln\left[1 - e^{-1660/800}\right] + \left[\frac{750}{800} \cdot \frac{1}{e^{750/800} - 1} - \ln\left[1 - e^{-750/800}\right]\right.$$
$$+ \frac{1980}{800} \cdot \frac{1}{e^{1980/800} - 1} - \ln\left[1 - e^{-1980/800}\right]\right]\right\} = 0$$

Daraus lässt sich T_2 numerisch berechnen. Man erhält $T_2 = 362$ K. Die Temperatur erniedrigt sich also um 438 K. Das Volumen vergrößert sich um den Faktor $V_2/V_1 = (p_1/p_2) \cdot (T_2/T_1) = 40{,}7$, also ist $V_2 = 40{,}7\,\mathrm{m}^3$.

2.11.8 Temperatur eines interstellaren Gasnebels

Bei der Beobachtung der Lichtemission des Sterns ξ Oph (im Sternbild Ophiuchus = Schlangenträger) werden im sichtbaren Teil des Spektrums drei sehr nahe beieinander liegende Absorptionslinien beobachtet mit folgenden Wellenlängen:

$$\lambda_1 = 387{,}4608\,\mathrm{nm}, \lambda_2 = 387{,}5763\,\mathrm{nm} \quad \text{und} \quad \lambda_3 = 387{,}3998\,\mathrm{nm}$$

Diese Absorptionslinien kommen dadurch zustande, dass zufällig genau auf der Beobachtungslinie zwischen dem Stern und der Erde ein Gasnebel liegt, der das Molekülradikal CN enthält. Dieses Molekül ist für die beobachtete Absorption verantwortlich. Es handelt sich um die Absorption aus dem elektronischen Grundzustand des Moleküls in einen elektronisch angeregten Zustand, wobei gleichzeitig eine Anregung vom Grundzustand der Schwingung in den ersten angeregten Zustand der Schwingung stattfindet wegen der Auswahlregel $\Delta v = 1$ (v = Schwingungsquantenzahl). Bei Schwingungsübergängen müssen in einem zweiatomigen Molekül auch gleichzeitig Rotationsübergänge stattfinden wegen der Auswahlregel $\Delta J = \pm 1$ (J = Rotationsquantenzahl). Ferner wurde beobachtet, dass die Extinktionen E_2 und E_3 für λ_2 und λ_3 gleich groß sind, während die für λ_1 eine deutlich stärkere Extinktion beobachtet wird. Es gilt:

$$0{,}28 \cdot E_1 = E_2 = E_3$$

Diese Angaben genügen, um folgende Fragen zu beantworten: a) Welche Temperatur hat der Gasnebel?   b) Wie groß ist der Atomabstand zwischen C und N?

Lösung:

Wir machen uns zunächst das Absorptionsschema in Abb. 2.30 klar.

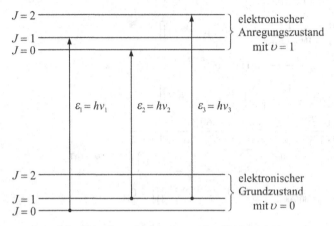

Abb. 2.30: Absorptionsschema des CN-Moleküls

Die Pfeile mit den Energiewerten $\varepsilon_1, \varepsilon_2$ und ε_3 entsprechen den drei beobachteten Absorptionslinien. Die Tatsache, dass statt *einer* Linie (v_1) *drei* Linien (v_1, v_2, v_3) beobachtet werden, kann nur dadurch zustande kommen, dass im elektronischen Grundzustand mit dem Schwingungszustand $v = 0$ nicht nur aus dem Rotationszustand $J = 0$, sondern auch aus dem thermisch angeregten Zustand $J = 1$ Übergänge in den elektronisch angeregten Zustand unter Beachtung der Auswahlregeln von Δv und ΔJ stattfinden. (Bei $T = 0\,K$ würde dagegen nur v_1 beobachtbar sein.)

Nach dem sog. Lambert-Beer'schen Gesetz ist die Extinktion E einer Spektrallinie (s. Abschnitt 7.1), Gl. (7.13) mit $f(T) = 1$ bekanntlich definiert durch

$$E = -\ln \frac{I}{I_0} = C \cdot \varepsilon \cdot d$$

wobei I_0 die Lichtintensität bei Lichteintritt und I diejenige bei Lichtaustritt aus der absorbierenden Schicht der Dicke d - in unserem Fall der Gasnebel - bedeuten. ε ist der spezifische Extinktionskoeffizient und C ist die Konzentration der absorbierenden Moleküle. Die Werte von d bzw. ε sind für alle drei Absorptionslinien dieselben, sodass sich die Extinktion der Linien nur durch die Konzentrationen der absorbierenden Moleküle im elektronischen Grundzustand unterscheiden.

Diese Konzentrationen C_1, C_2 und C_3 sind zunächst ganz allgemein durch ihre Besetzungswahrscheinlichkeit nach dem Boltzmann'schen Verteilungssatz für die Rotationszustände $J = 0$ und $J = 1$ im elektronischen Grundzustand gegeben. Es gilt:

$$C_2 = C_3 = C_1 \cdot (2J + 1) \cdot \exp\left[-\frac{\Theta_{rot}}{T} \cdot J(J + 1)\right] = C_1 \cdot 3 \cdot \exp\left[-\frac{2\Theta_{rot}}{T}\right]$$

wobei $\Theta_{\text{rot}} = \hbar^2/(2I \cdot k_\text{B})$, und für das Trägheitsmoment $I = \mu_{\text{red}} \cdot r^2$ gilt mit dem Atomabstand r.

Wir berechnen nun zunächst aus den angegebenen Wellenlängen die Frequenzen ν_1, ν_2 und ν_3. Mit der Lichtgeschwindigkeit $c_\text{L} = 2{,}99792 \cdot 10^8 \text{ m} \cdot \text{s}^{-1}$, also $\nu_i = c_\text{L}/\lambda_i$, ergibt sich:

$$\nu_1 = 7{,}737350 \cdot 10^{14}\,\text{s}^{-1}$$
$$\nu_2 = 7{,}735044 \cdot 10^{14}\,\text{s}^{-1}$$
$$\nu_3 = 7{,}738568 \cdot 10^{14}\,\text{s}^{-1}$$

Wenn wir mit ν_0 die (nicht zu beobachtende) Frequenz bezeichnen für den Übergang von $v = 0, J = 0$ zu $v = 1, J = 1$, ergibt sich

$$\nu_1 = \nu_0 + 2\,k_\text{B} \cdot \Theta_{\text{rot}}/h$$
$$\nu_2 = \nu_0 - 2\,k_\text{B} \cdot \Theta_{\text{rot}}/h$$
$$\nu_3 = \nu_0 - 2\,k_\text{B} \cdot \Theta_{\text{rot}}/h + 6\,k_\text{B} \cdot \Theta_{\text{rot}}/h = \nu_0 + 4\,k_\text{B} \cdot \Theta_{\text{rot}}/h$$

Durch Differenzbildungen der Frequenzen lässt sich Θ_{rot} berechnen. Dazu gibt es 3 Möglichkeiten:

$$\nu_1 - \nu_2 = 4k_\text{B} \cdot \Theta_{\text{rot}}/h = 2{,}306 \cdot 10^{11}\,\text{s} \curvearrowright \Theta_{\text{rot}} = 2{,}77\,\text{K}$$
$$\nu_1 - \nu_3 = -2k_\text{B} \cdot \Theta_{\text{rot}}/h = -1{,}218 \cdot 10^{11}\,\text{s} \curvearrowright \Theta_{\text{rot}} = 2{,}92\,\text{K}$$
$$\nu_2 - \nu_3 = -6k_\text{B} \cdot \Theta_{\text{rot}}/h = -3{,}524 \cdot 10^{11}\,\text{s} \curvearrowright \Theta_{\text{rot}} = 2{,}82\,\text{K}$$

Die Θ_{rot}-Werte sind in der Tat praktisch identisch, die Ursache für die kleinen Unterschiede liegen in der Anwendung des starren Rotatormodells. Wir wählen hier einen Mittelwert für $\Theta_{\text{rot}}, \langle \Theta_{\text{rot}} \rangle = 2{,}84\,\text{K}$.

Jetzt benutzen wir den experimentellen Befund, dass für die Extinktionen gilt: $0{,}28 \cdot E_1 \cong E_2 \cong E_3$. Daraus folgt, dass auch $0{,}28 \cdot C_1 \cong C_2 \cong C_3$ gelten muss, also folgt mit $J = 1$:

$$\frac{C_3}{C_1} = \frac{C_2}{C_1} = 0{,}28 = 3 \cdot \exp\left[-\frac{2\Theta_{\text{rot}}}{T}\right]$$

Diese Gleichung lösen wir nach T, der gesuchten Temperatur des Gasnebels, auf und erhalten:

$$T = 2{,}4\,\text{K}$$

Dieses Ergebnis ist insofern äußerst interessant, weil es sehr dicht bei dem Wert für die Temperatur der sog. kosmischen Hintergrundstrahlung von $2{,}73$ K liegt (s.Kapitel 3.6.1, Abbildung 3.18). Man kann daher den Schluss ziehen, dass sich das CN-Molekülradikal im Gleichgewicht mit der kosmischen Hintergrundstrahlung befindet (s. Abschnitt 7.6.4 in Kapitel 7).

Wir berechnen jetzt noch den Abstand der Atome im CN-Molekül aus Θ_{rot}. Es gilt ja:

$$\Theta_{\text{rot}} = \frac{h^2}{8\pi^2 \cdot I \cdot k_B} = \frac{h^2}{8\pi^2 \cdot \tilde{\mu} \cdot r^2 \cdot k_B}$$

Die reduzierte Masse $\tilde{\mu}$ ist

$$\tilde{\mu} = \frac{m_C \cdot m_N}{m_C + m_N} = \frac{0{,}012 \cdot 0{,}014}{0{,}012 + 0{,}014} \cdot \frac{10^{-23}}{6{,}022} = 1{,}073 \cdot 10^{-26}\,\text{kg}$$

Also ergibt sich für r:

$$r = \frac{h}{2\pi}\sqrt{\frac{1}{2\tilde{\mu} \cdot k_B \cdot \Theta_{\text{rot}}}} = 1{,}149 \cdot 10^{-10}\,\text{m}$$

Zum Vergleich: im Molekül HCN beträgt der CN-Abstand $1{,}153 \cdot 10^{-10}$ m. Das Ergebnis ist also sehr plausibel.

2.11.9 Methode des maximalen Terms zur Berechnung der Zustandssumme von N harmonischen Oszillatoren

Die Zustandssumme für N molekulare Oszillatoren lautet mit $x = e^{-\Theta_S/T}$:

$$Q_{\text{vib}} = x^{\frac{1}{2}N} \cdot \sum_{l=0}^{\infty} \frac{(N+l-1)!}{l!(N-1)!} \cdot x^l$$

denn der Term unter der Summe, der mit x^l multipliziert wird, ist der Entartungsfaktor, der die Zahl der Möglichkeiten angibt, auf wie viele Arten l Energiequanten $h\nu$ auf N Oszillatoren verteilt werden können (s. Gl. (1.14)). Zeigen Sie, dass die Methode des maximalen Terms das exakte Resultat $Q_{\text{vib}} = x^{\frac{1}{2}N}(1-x)^{-N}$ für große N liefert.

Lösung:

Anwendung der Stirling'schen Formel auf den Logarithmus des Summanden gibt:

$$(N+l-1)\ln(N+l-1) - l\ln l - (N-1)\ln(N-1) + l \cdot \ln x$$

Ableiten nach l und Nullsetzen ergibt:

$$\ln(N+l-1) + (N+l-1)\frac{1}{(N+l-1)} - \ln l - \frac{l}{l} + \ln x = 0$$

Also ist $x = l/(N+l-1)$ der Wert im Maximum. Nach Einsetzen erhält man:

$$(N + l - 1)\ln(N + l - 1) - l\ln l - (N - 1)\ln(N - 1) + l\ln\frac{l}{N + l - 1}$$

$$= (N - 1)\ln\left(\frac{N + l - 1}{N - 1}\right) = (N - 1)\ln\left(\frac{1}{1 - x}\right)$$

Entlogarithmieren mit $N - 1 \approx N$ ergibt für den Summanden im Maximum:

$$\left(\frac{1}{1 - x}\right)^N = (1 - x)^{-N} \qquad \text{also}: \quad Q_{\text{vib}} = x^{\frac{1}{2}N} \cdot (1 - x)^{-N} = \left(\frac{e^{-\Theta_S/2T}}{1 - e^{-\Theta_S/2T}}\right)^N$$

Das ist genau $Q_{\text{vib}} = q_{\text{vib}}^N$ nach Gl. (2.32).

2.11.10 Zur Integralnäherung der Berechnung von q_{rot} für homonukleare zweiatomige Moleküle – Ursprung der Symmetriezahl 2

Zeigen Sie, dass die beiden Summen

a) $\displaystyle\sum_{J=0,2,4,\ldots}^{\infty} (2J + 1) \cdot e^{-J(J+1)\Theta_{\text{rot}}/T}$ b) $\displaystyle\sum_{J=1,3,5,\ldots}^{\infty} (2J + 1) \cdot e^{-J(J+1)\Theta_{\text{rot}}/T}$

in der Integralnäherung jeweils $\frac{1}{2}\left(\frac{T}{\Theta_{\text{rot}}}\right)$ ergeben.

Lösung:

a) Wir substituieren $J = 2k$ und $J(J + 1) = 2k(2k + 1) = w$. Damit ergibt sich:

$$\frac{\mathrm{d}w}{\mathrm{d}k} = \frac{\mathrm{d}(4k^2 + 2k)}{\mathrm{d}k} = 8k + 2 = 2(4k + 1)$$

Es folgt:

$$\sum_{J=0,2,4\ldots}^{\infty} (2J + 1)e^{-J(J+1)\Theta_{\text{rot}}/T} = \sum_{k=0,1,2\ldots}^{\infty} (4k + 1)e^{-2k(2k+1)\Theta_{\text{rot}}/T}$$

$$\approx \int_0^{\infty} (4k + 1)e^{-2k(2k+1)\Theta_{\text{rot}}/T} \cdot \mathrm{d}k = \int_0^{\infty} \frac{1}{2}e^{-w\Theta_{\text{rot}}/T}\mathrm{d}w = \frac{1}{2}\left(\frac{T}{\Theta_{\text{rot}}}\right)$$

b) Wir substituieren $J = 2k + 1$ und $J(J + 1) = (2k + 1)^2 + 2k + 1 = 4k^2 + 6k + 2 = w$. Also:

$$\frac{\mathrm{d}w}{\mathrm{d}k} = \frac{\mathrm{d}(4k^2 + 6k + 2)}{\mathrm{d}k} = 8k + 6 = 2(4k + 3)$$

Es folgt:

$$\sum_{J=1,3,5\dots}^{\infty} (2J + 1)e^{-J(J+1)\Theta_{rot}/T} = \sum_{k=0,1,2\dots}^{\infty} (4k + 3)e^{-4k(6k+2)\Theta_{rot}/T}$$

$$\approx \int_0^{\infty} (4k + 3)e^{-w\Theta_{rot}/T} \cdot dk = \int_0^{\infty} \frac{1}{2}e^{-w\Theta_{rot}/T} dw = \frac{1}{2}\left(\frac{T}{\Theta_{rot}}\right)$$

2.11.11 Berechnung von Rotationstemperaturen aus Massen und Atomabständen der Moleküle C_2N_2, $^{11}BF_3$, H_2CO, Fulleren und cis- sowie trans-1,2-Difluorethylen

Benutzen Sie folgende Daten für die angegebenen Moleküle, um die Rotationstemperaturen zu berechnen. Machen Sie Gebrauch von den Formeln in Anhang 11.9. Behandeln Sie Fulleren (C_{60}) (s. Abb. 2.32 links) als eine Kugel mit dem Radius $r = 350$ pm auf deren Oberfläche die 60 C-Atome gleichmäßig verteilt sind. Bedenken Sie, dass BF_3 ein planares Molekül ist (s. Abb. 2.31).

	$^{11}BF_3$	H_2CO	C_2N_2
r_a/pm	129,5	119	146
r_b/pm	-	115	115
α/°	60	109,5	180

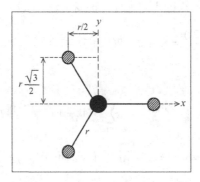

Abb. 2.31: Geometrie des Moleküls BF_3

Lösung:

1. C_2N_2 (Dicyan) = $N \equiv C - C \equiv N$ gehört zu den linearen Molekülen. Hier gilt nach

Abb. I.4 in Anhang 11.9:

$$I_x = 0$$

$$\begin{aligned}
I = I_y = I_z &= \frac{1}{2}m_a \, r_a^2 + \frac{1}{2}m_b(r_a + 2r_b)^2 \\
&= \frac{1}{2}\frac{0{,}012}{N_L} \cdot (146 \cdot 10^{-12})^2 + \frac{1}{2}\frac{0{,}014}{N_L}(146 + 230)^2 \cdot 10^{-24} \\
&= 1{,}856 \cdot 10^{-45} \text{ kg} \cdot \text{m}^2
\end{aligned}$$

$$\Theta_{\text{rot,C}_2\text{N}_2} = \frac{h^2}{8\pi^2 \cdot k_B \cdot I} = 0{,}217 \text{ K}$$

2. BF$_3$ (Bortrifluorid) ist planar und sternförmig. Hier gilt Abb. 11.12 in Anhang 11.9:

$$I_x = I_y = (3/2)m_F \cdot r^2 = \frac{3}{2}\frac{0{,}019}{N_L} \cdot (129{,}5)^2 \cdot 10^{-24} = 7{,}937 \cdot 10^{-46} \text{ kg} \cdot \text{m}^2$$

$$I_z = 3mr^2 = 2I_x = 1{,}587 \cdot 10^{-45} \text{ kg} \cdot \text{m}^2$$

$$\Theta_{\text{rot}} = \Theta_{\text{rot},y} = 0{,}507 \text{ K}, \Theta_{\text{rot},z} = 0{,}254 \text{ K}$$

3. H$_2$CO (Formaldehyd) gehört zu den gewinkelten, planaren Molekülen (s. Abb. I.7 in Anhang 11.9). Es gilt:

$$l = \left(m_O \cdot r_{OC} - 2m_H r_{HC} \cdot \cos\left(\frac{\alpha}{2}\right)\right) \Big/ (m_O + m_C + m_H) = 61{,}08 \cdot 10^{-12}$$

$$I_y = 2m_H(l + r_{HC} \cos \alpha/2)^2 + m_C l^2 + m_O(r_{OC} - l)^2 = 1{,}904 \cdot 10^{-46} \text{ kg} \cdot \text{m}^2$$

$$I_x = 2m_H \cdot r_{HC}^2 \cdot \sin^2 \alpha/2 = 2{,}93 \cdot 10^{-47} \text{ kg} \cdot \text{m}^2$$

$$I_z = I_x + I_y = 2{,}197 \cdot 10^{-46} \text{ kg} \cdot \text{m}^2$$

Damit erhält man: $\Theta_{\text{rot},x} = 13{,}74 \text{ K}$, $\Theta_{\text{rot},y} = 2{,}115 \text{ K}$, $\Theta_{\text{rot},z} = 1{,}833 \text{ K}$

4. Fulleren hat 60 C-Atome (s. Abb. 2.32 links). Wir nehmen als Näherung an, dass die C-Atome auf einer Kugelschale mit dem Radius von $5{,}3 \cdot 10^{-10}$ m verteilt sind. Dann gilt ($I_x = I_y = I_z = I$):

$$I_{C_{60}} = 60 \cdot m_C \cdot r^2 = 60\frac{0{,}012 \cdot (5{,}3)^2 \cdot 10^{-20}}{6{,}022 \cdot 10^{23}} = 3{,}35 \cdot 10^{-43} \text{ m}^2 \cdot \text{kg}$$

$$\Theta_{\text{rot}} = h^2 / \left(8\pi^2 \cdot k_B \cdot I_{C_{60}}\right) = 1{,}148 \cdot 10^{-3} \text{ K}$$

5. Berechnen Sie die Rotationstemperaturen von cis- und trans-1,2-Difluorethylen. Die Strukturen zeigt Abb. 2.32 rechts. Das cis-Molekül entspricht bezüglich der F-Atome und H-Atome der Wannenform, das trans-Moleküle der entsprechenden Sesselform. Zur Berechnung der Trägheitsmomente können wir daher auf die Abbildungen 11.9 und 11.10 in Anhang 11.9 zurückgreifen. Wir gehen bei der Berechnung der Atomabständen aus von:

$$r_{CH} = 1{,}070 \text{ Å}, \quad r_{CC} = 1{,}337 \text{ Å}, \quad r_{CF} = 1{,}381 \text{ Å}$$

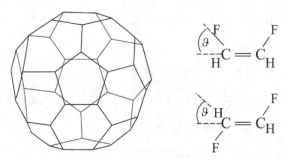

Abb. 2.32: links: Das Fullerenmolekül C_{60}, rechts: cis- und trans-1,2-Difluorethylen

und bei den Atommassen von:

$$m_C = 1{,}993 \cdot 10^{-26}\,\text{kg}, \quad m_F = 3{,}155 \cdot 10^{-26}\,\text{kg}, \quad m_H = 0{,}16605 \cdot 10^{-26}\,\text{kg}$$

aus. Es ist $\vartheta = 60°$, $1\,\text{Å} = 10^{-10}\,\text{m}$.

Lösung:

Die Trägheitsmomente des cis-Moleküls lauten:

$$I_{x,\text{cis}} = \left[2 \cdot \frac{m_F \cdot m_C}{m_F + m_C} \cdot r_{CF}^2 + 2\frac{m_H \cdot m_C}{m_H + m_C} \cdot r_{CH}^2\right] \cdot \sin^2 \vartheta = 3{,}757 \cdot 10^{-46}\,\text{kg} \cdot \text{m}^2$$

$$I_{y,\text{cis}} = \frac{1}{2}m_C \cdot r_{CC}^2 + \frac{1}{2}m_F(r_{CC} + 2r_{CF} \cdot \cos \vartheta)^2$$

$$+ \frac{1}{2}m_H(r_{CC} + 2r_{CH} \cdot \cos \vartheta)^2 = 13{,}916 \cdot 10^{-46}\,\text{kg} \cdot \text{m}^2$$

$$I_{z,\text{cis}} = I_{x,\text{cis}} + I_{y,\text{cis}} = 17{,}673 \cdot 10^{-46}\,\text{kg} \cdot \text{m}^2$$

Damit erhält man mit $\Theta_{i,\text{cis}} = h^2/(8\pi^2 k_B I_{i,\text{cis}})$

$$\Theta_{x,\text{cis}} = 1{,}072\,\text{K}, \qquad \Theta_{y,\text{cis}} = 0{,}969\,\text{K}, \qquad \Theta_{z,\text{cis}} = 0{,}228\,\text{K}$$

Die Trägheitsmomente des trans-Moleküls lauten:

$$I_{x,\text{trans}} = \left(2 \cdot m_F \cdot r_{CF}^2 + 2m_H \cdot r_{CH}^2\right) \cdot \sin^2 \vartheta = 1{,}241 \cdot 10^{-45}\,\text{kg} \cdot \text{m}^2$$

$$I_{y,\text{trans}} = I_{y,\text{cis}} = 13{,}916 \cdot 10^{-46}\,\text{kg} \cdot \text{m}^2$$

$$I_{z,\text{trans}} = I_{x,\text{trans}} + I_{y,\text{trans}} = 26{,}326 \cdot 10^{-46}\,\text{kg} \cdot \text{m}^2$$

Daraus ergibt sich

$$\Theta_{x,\text{trans}} = 0{,}324\,\text{K}, \qquad \Theta_{y,\text{trans}} = 0{,}289\,\text{K}, \qquad \Theta_{z,\text{trans}} = 0{,}153\,\text{K}$$

2.11.12 Warum spielt die Rotation um die Bindungsachse linearer Moleküle für die Rotationszustandssumme keine Rolle?

Wir betrachten als Beispiel in Abb. 2.33 ein zweiatomiges Molekül wie Br_2 und seine Rotation um die Bindungsachse. Das Molekül besitzt durchaus ein Trägheitsmoment um diese Achse, das wir als Zylinder approximieren, der die Elektronen des Br_2-Moleküls enthält.

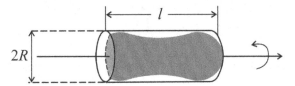

Abb. 2.33: Ein lineares 2-atomiges Molekül approximiert durch einen Zylinder

Das Trägheitsmoment eines (homogenen) Zylinders beträgt:

$$I_{Zyl} = \langle \varrho \rangle \cdot l \cdot 2\pi \int_0^R r^3 dr = \langle \varrho \rangle \cdot \frac{\pi}{2} R^4 \cdot l$$

$\langle \varrho \rangle$ ist in unserem Fall die mittlere Massendichte der Elektronen, R ist der Radius des Zylinders und l seine Länge. Es befinden sich $2 \cdot 35 = 70$ Elektronen in dem Zylinder, mit der mittleren Massendichte

$$\langle \varrho_e \rangle = 70 \cdot m_e / (2\pi R \cdot l)$$

Wir setzen $R = 0{,}1$ nm $= 10^{-10}$ m und $l = 0{,}4$ nm $= 4 \cdot 10^{-10}$ m. Die Masse des Elektrons beträgt $m_e = 9{,}1093 \cdot 10^{-31}$ kg. Das ergibt:

$$\langle \varrho_e \rangle = 3{,}383 \cdot 10^{-10} \text{ kg} \cdot \text{m}^{-3}$$

Dann erhält man für I_{Zyl}:

$$I_{Zyl} = 3{,}382 \cdot 10^{-10} \cdot 0{,}4 \cdot 10^{-10} \cdot \frac{\pi}{2} \cdot (0{,}1 \cdot 10^{-9})^4 = 2{,}125 \cdot 10^{-60} \text{ kg} \cdot \text{m}^2$$

Daraus folgt für Θ_{rot}:

$$\Theta_{rot} = \frac{\hbar^2}{2 \cdot I \cdot k_B} = 1{,}89 \cdot 10^{14} \text{ K}$$

Setzen wir diesen Wert in die Zustandssumme q_{rot} Gl. (2.33) ein, sind alle Exponentialfunktionen bei allen denkbaren Temperaturen gleich Null, bis auf den ersten Term, der gleich 1 ist. Eine Symmetriezahl σ ist nicht zu berücksichtigen, da die Elektronen nicht lokalisierbar sind. Es gibt nur *einen* elektronischen Grundzustand. Es gilt also immer $q_{rot} = 1$. Daher spielt die Rotation um die Bindungsachse keine Rolle. Man bedenke: in der klassischen Mechanik würde die Rotation um die Achse genau wie die beiden anderen Rotationsformen den Wert $R/2$ zur Molwärme beitragen!

2.11.13 Bestimmung einer unbekannten Schwingungstemperatur von SF$_6$ aus Messung der Molwärme

Abb. 2.34 zeigt das oktaedrische SF$_6$-Molekül mit seinen Normalschwingungen. Es gibt $3N - 6 = 3 \cdot 7 - 6 = 15$ Normalschwingungen. Die Zahlen in Klammern geben jeweils den Entartungsgrad g_i an.

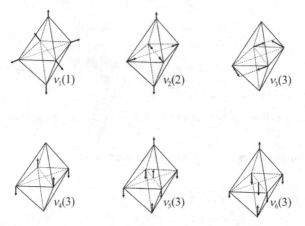

Abb. 2.34: Oktaederstruktur von SF$_6$ mit den Schwingungsformen und Frequenzen ν_i seiner 15 Normalschwingungen (Entartungsgrad g_i in Klammern). In der Oktaedermitte sitzt das Schwefelatom, auf jedem Eckpunkt ein F-Atom.

Die Normalschwingungen ν_i wurden für $i = 1,2,3,5,6$ aus IR- und Raman-Spektren ermittelt. Sie sind als Schwingungstemperaturen in der Tabelle zusammen mit ihren spektroskopischen Bestimmungsmethoden angegeben ($\Theta_{\text{vib}} = h \cdot \nu / k_B$)[*].

$\Theta_{\text{vib},1}/K$	$\Theta_{\text{vib},2}/K$	$\Theta_{\text{vib},3}/K$	$\Theta_{\text{vib},5}/K$	$\Theta_{\text{vib},6}/K$
1115	927	754	883	1388
Raman	Raman	Raman	IR	IR

Die Normalschwingung $\nu_{\text{vib},4}$ ist weder Raman- noch IR-aktiv. Sie kann aber aus sorgfältigen Messungen der Molwärme von SF$_6$ bei einer bestimmten Temperatur T ermittelt werden. Die Molwärme $\overline{C}_{p,\text{SF}_6}$ ist nach Gl. (2.49) und (2.50) gegeben durch:

$$\overline{C}_{p,\text{SF}_6} = \overline{C}_{V,\text{SF}_6} + R = \overline{C}_{V,\text{trans}} + \overline{C}_{\text{rot}} + R + \sum_{i=1}^{6} \overline{C}_{\text{vib},i} \cdot g_i$$

$$= 4R + R \cdot \sum_i \frac{e^{\Theta_{\text{vib},i}/T}}{\left(e^{\Theta_{\text{vib},i}/T} - 1\right)^2} \left(\frac{\Theta_{\text{vib},i}}{T}\right)^2 \cdot g_i$$

---

[*]Daten aus: A. Eucken, Lehrbuch der chemischen Physik, Band II,1 (1950)

mit den Entartungsfaktoren g_i. Es wurde bei $T = 250{,}76$ K: $\overline{C}_{p,\mathrm{SF}_6} = 83{,}6\,\mathrm{J}\cdot\mathrm{mol}^{-1}\cdot\mathrm{K}^{-1}$ gemessen. Da alle Schwingungsbeiträge $\overline{C}_{\mathrm{vib},i}$ bis auf $\overline{C}_{\mathrm{vib},4}$ wegen der bekannten $\Theta_{\mathrm{S},i}$-Werte berechnet werden können, ergibt sich $\overline{C}_{p,\mathrm{vib},4}$ aus der Bilanz:

$$\overline{C}_{p,\mathrm{vib},4} = 83{,}61 - 4R - \sum_i g_i \overline{C}_{p,\mathrm{vib},i} \quad \mathrm{mit} \quad i = 1,2,3,5,6$$

In der folgenden Tabelle sind die berechneten Schwingungsanteile der Molwärme wiedergegeben.

g_i	1	2	3	3	3
i	1	2	3	5	6
$g_i \cdot \overline{C}_{p,\mathrm{vib},i}/\mathrm{J}\cdot\mathrm{mol}^{-1}\cdot\mathrm{K}^{-1}$	1,972	5,927	12,341	9,708	3,039

Es ergibt sich für $\overline{C}_{p,\mathrm{vib},4}$:

$$g_4 \cdot \overline{C}_{p,\mathrm{vib},4} = 83{,}6 - 4\cdot R - 32{,}987 = 17{,}355\,\mathrm{J}\cdot\mathrm{mol}^{-1}\cdot\mathrm{K}^{-1}$$

Damit lässt sich aus der Gleichung

$$3\cdot\overline{C}_{p,\mathrm{vib},4} = 17{,}355 = \frac{e^{\Theta_{\mathrm{vib},4}/250{,}76}}{\left(e^{\Theta_{\mathrm{vib},4}/250{,}76}-1\right)^2}\cdot\left(\frac{\Theta_{\mathrm{vib},4}}{250{,}76}\right)^2$$

$\Theta_{\mathrm{vib},4}$ numerisch leicht berechnen. Das Resultat ist: $\Theta_{\mathrm{vib},4} = 532 \pm 18$ K wenn man eine Fehlerbreite von $\pm 0{,}8\,\mathrm{J}\cdot\mathrm{mol}^{-1}\cdot\mathrm{K}^{-1}$ für $\overline{C}_p$ berücksichtigt. Der tatsächliche Wert für $\Theta_{\mathrm{vib},4}$ beträgt 522 K.

2.11.14 Testbeispiele für die Gültigkeitsgrenzen der MB-Statistik

Überprüfen Sie anhand von Gl. (2.57) für folgende 3 Systeme die Anwendbarkeit der MB-Statistik:

a) Die Leitungselektronen in Silber bei 300 K.
   Angaben: $M_{\mathrm{Ag}} = 107{,}87\,\mathrm{g}\cdot\mathrm{mol}^{-1}$, Dichte $\rho_{\mathrm{Ag}} = 10{,}5\,\mathrm{g}\cdot\mathrm{cm}^{-3}$.

b) Die Elektronen im Zentrum eines sonnenähnlichen Sterns.
   Angaben: $T = 1{,}37\cdot 10^7$ K, Dichte des Sonnenplasmas (H$^+$+ Elektronen) $\rho = 90\,\mathrm{g}\cdot\mathrm{cm}^{-3}$.

c) Die Elektronen in einem abkühlenden „weißen Zwerg", der nur aus ^{4}He besteht.
   Angaben: $T = 5\cdot 10^6$ K, $\rho = 10^7\,\mathrm{g}\cdot\mathrm{cm}^{-3}$.

Lösung:

a) Im festen Silber bewegen sich nur die Elektronen im Volumen des Silbers, die Ag^+-Ionen sitzen fest auf den Gitterplätzen. Man setzt $m_e = 9{,}109 \cdot 10^{-31}\,kg$, $M_{Ag} = 0{,}10787\,kg \cdot mol^{-1}$ und $\rho = 10{,}5 \cdot 10^3\,kg \cdot m^{-3}$ ein und erhält mit $\overline{V} = M_{Ag}/\rho$:

$$\Lambda_{therm} = 4{,}3 \cdot 10^{-5}\,m \gg 1{,}51 \cdot 10^{-6}\,m = 2{,}71828 \cdot \sqrt[3]{\frac{\overline{V}}{N_L}}$$

Die Bedingung für die Gültigkeit der MB-Statistik ist *nicht* erfüllt (Man muss die Fermi-Dirac (FD)-Statistik anwenden).

b) $m_e = 9{,}109 \cdot 10^{-31}\,kg$, $M = 5 \cdot 10^{-4}\,kg \cdot mol^{-1}$ (mittlere Molmasse des Protonen + Elektronengases, m_e kann gegen m_p vernachlässigt werden). Man erhält:

$$\Lambda_{therm} \cong 2 \cdot 10^{-11}\,m < 7{,}2 \cdot 10^{-11}\,m = 2{,}71828 \cdot \sqrt[3]{\frac{\overline{V} \cdot 2}{N_L}}$$

Die MB-Statistik ist hier noch anwendbar. Der Faktor 2 unter der Wurzel berücksichtigt, dass der Molenbruch der Elektronen 0,5 beträgt.

c) $m_e = 9{,}109 \cdot 10^{-31}\,kg$, $M = 5 \cdot 10^{-4}\,kg \cdot mol^{-1}$ als mittlere Molmasse von einer Gasmischung bestehend aus 4/5 mol Elektronen und 1/4 mol ^{4}He-Kernen. Man erhält:

$$\Lambda_{therm} \cong 5{,}1 \cdot 10^{-11}\,m \gg 1{,}27 \cdot 10^{-12}\,m = 2{,}71828 \cdot \sqrt[3]{\frac{5 \cdot 10^{-14} \cdot 4}{N_L \cdot 5}}$$

Die Elektronen können hier *nicht* mehr nach der MB-Statistik behandelt werden. Es ist wie im Fall a) die FD-Statistik anzuwenden.

2.11.15 Ableitung des idealen Gasgesetzes aus der MB-Geschwindigkeitsverteilung

Leiten Sie den Druck p für ein ideales Gas aus der Maxwell-Boltzmann'schen Geschwindigkeitsverteilung ab durch Berechnung des mittleren Impulses, der von den Gasteilchen pro Zeit und Fläche auf eine Wand übertragen wird.

Lösung: Wir betrachten ein Flächenstück A der Wand (s. Abb. 2.35), auf das von links aus allen Richtungen Moleküle zufliegen mit verschiedenen Geschwindigkeiten $\vec{v}$. Uns interessiert jedoch nur die Geschwindigkeitskomponente v_x senkrecht zur Fläche A, da $2m \cdot v_x$ der auf die Wand übertragene Impuls bedeutet.

Der Faktor 2 berücksichtigt den doppelten Impulsbetrag auf die Wand bei elastischer Reflexion. In der Zeit Δt gelangen alle Moleküle, die im Abstand $v_x \cdot \Delta t$ von der Wand

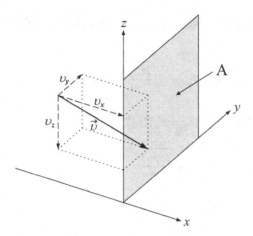

Abb. 2.35: Impulsübertragung von Gasteilchen auf eine Wand der Fläche A

entfernt sind zum Stoß mit der Wandfläche A. Der Gesamtimpuls aller Teilchen mit der Geschwindigkeitskomponente zwischen v_x und $v_x + dv_x$ beträgt daher

$$2 \cdot A \cdot (\Delta t\, v_x) \cdot m \cdot v_x \cdot \left(\frac{N}{V}\right) \cdot f(v_x) \cdot dv_x \bigg/ \int\limits_{-\infty}^{+\infty} f(v_x) \cdot dv_x$$

wobei (N/V) die Gasteilchenzahldichte und $f(v_x)$ die Maxwell-Boltzmann'sche Geschwindigkeitsverteilungsfunktion für die x-Richtung bedeuten. $f(v_x)dv_x \big/ \int\limits_{-\infty}^{+\infty} f(r_x)dv_x$ gibt also den Bruchteil aller Moleküle an, deren Geschwindigkeit in x-Richtung zwischen v_x und $v_x + dv_x$ liegen. Der Druck p ist der Mittelwert des Impulses aller Teilchen pro Zeit (Δt) und Fläche (A), also:

$$p = 2m \cdot \left(\frac{N}{V}\right) \cdot \frac{\int\limits_{0}^{\infty} v_x^2 f(v_x) \cdot dv_x}{\int\limits_{-\infty}^{+\infty} f(v_x) \cdot dv_x}$$

Impulse mit negativem Vorzeichen bezüglich der x-Richtung dürfen nicht gezählt werden, da diese Teilchen die Fläche nie erreichen können.

Es gilt nun (s. Abschnitt 2.7):

$$f(v_x) = \exp\left[-\frac{1}{2}mv_x^2 \big/ k_B T\right]$$

und für das entsprechende Integral gilt nach Gl. (11.7) in Anhang 11.2 mit $l = 1$ und $a = m/(2k_BT)$:

$$\int_{0}^{\infty} v_x^2 \cdot \exp\left[-\frac{1}{2}mv_x^2\Big/k_BT\right] dv_x = \sqrt{\frac{2\pi k_BT}{m}} \cdot \frac{2k_BT}{m} \cdot \frac{1}{4}$$

bzw. entsprechend Gl. (11.8) mit $a = m/(2k_BT)$:

$$\int_{-\infty}^{+\infty} \exp\left[-\frac{1}{2}mv_x^2\Big/k_BT\right] dv_x = \sqrt{\frac{2\pi k_BT}{m}}$$

Damit ergibt sich für den Druck p:

$$p = 2 \cdot m\left(\frac{N}{V}\right) \cdot \frac{2k_BT}{m} \cdot \frac{1}{4} \cdot \sqrt{\frac{2\pi k_BT}{m}} \Big/ \sqrt{\frac{2\pi k_BT}{m}} = \left(\frac{N}{V}\right) \cdot k_BT$$

Das ist der Druck p nach dem idealen Gasgesetz.

2.11.16 Thermische Dopplerverbreiterung von Spektrallinien – Temperaturmessungen in heißen Flammen

Eine mit der Geschwindigkeit $v_x(-\infty < v_x < +\infty)$ in Beobachtungsrichtung x bewegte Lichtquelle, die Licht mit der Frequenz v_0 im Ruhezustand ausstrahlt, erfährt eine „Dopplerverschiebung" der Frequenz von v_0 zum Wert v mit:

$$v \cong v_0\left(1 + \frac{v_x}{c_L}\right) \qquad \text{bzw.} \qquad v_x = \left(\frac{v}{v_0} - 1\right) \cdot c_L$$

wobei c_L die Lichtgeschwindigkeit bedeutet (s. Lehrbücher der Physik).

Bemerkung: die sog. natürliche Linienbreite der Emissionslinie soll vernachlässigbar sein.

a) Geben Sie einen Ausdruck für die Frequenzverteilungsfunktion $f(v)$ eines Atoms im thermischen Gleichgewicht an, ausgehend von der Geschwindigkeitsverteilungsfunktion der Atome in x-Richtung. Berechnen Sie die Halbwertsbreite σ einer solchen Verteilungsfunktion.

b) Die durch Laserspektroskopie gemessene Halbwertsbreite σ der Emissionslinie $\lambda_0 = 589{,}0\,\text{nm}$ von Na-Atomen in einer Acetylen-Sauerstoff-Flamme beträgt $1{,}823 \cdot 10^9\,\text{s}^{-1}$ auf der Frequenzskala. Welche Temperatur hat die Flamme?

Lösung:

a) Wir setzen v_x in die MB-Geschwindigkeitsverteilungsfunktion für eine Raumrichtung (Beobachtungsrichtung) ein:

$$f(v) = f(v_0) \cdot \exp\left[-\frac{m}{2}c_L^2 \left(\frac{v-v_0}{v_0}\right)^2 \Big/ k_B T\right]$$

Wir schreiben als Abkürzung $a = m \cdot c_L^2/(2k_B T \cdot v_0^2)$ und berechnen den Mittelwert von $\Delta v^2 = (v - v_0)^2$:

$$\langle \Delta v^2 \rangle = \frac{\displaystyle\int_{-\infty}^{+\infty} \Delta v^2 \cdot \exp[-a \cdot \Delta v^2] \cdot \mathrm{d}(\Delta v)}{\displaystyle\int_{-\infty}^{+\infty} \cdot \exp[-a \cdot \Delta v^2] \cdot \mathrm{d}(\Delta v)} = \frac{\frac{1}{a}\sqrt{\frac{\pi}{a}} \cdot \frac{1}{2}}{\sqrt{\frac{\pi}{a}}} = \frac{1}{2a} = \frac{2k_B T \cdot v_0^2}{m \cdot c_L^2}$$

wobei wir von den Gleichungen (11.7) und (11.8) in Anhang 11.2 Gebrauch gemacht haben.

Die Integrationsgrenzen von $-\infty$ bis $+\infty$ zu erstrecken ist nicht ganz korrekt, da die obige Formel für die „Dopplerverschiebung" nur für $v_x \ll c$ gilt. Der dabei gemachte Fehler ist aber gering, da praktisch alle in Betracht kommenden Werte von v_x bei nicht allzu extremen Temperaturen diese Bedingung erfüllen.

Damit folgt für die Halbwertsbreite σ der Verteilungsfunktion $f(v)$ (Gauss'sche Verteilung) mit $\sigma^2 = \langle \Delta v^2 \rangle$:

$$\sigma = \frac{v_0}{c_L}\sqrt{\frac{k_B T}{m}} \quad \text{bzw.} \quad \left(\frac{\langle \Delta v \rangle^2}{v_0^2}\right)^{1/2} = \frac{\sigma}{v_0} = \frac{1}{c_L}\sqrt{\frac{k_B T}{m}}$$

Die relative Halbwertsbreite σ/v_0 ist also umso größer, je höher die Temperatur ist und/oder je kleiner die Molekülmasse ist.

b) Es gilt, nach T aufgelöst mit $\lambda_0 = c_L/v_0$:

$$T = (\sigma \cdot \lambda_0)^2 \cdot \frac{M_{Na}}{R} = (1{,}823 \cdot 10^9 \cdot 589 \cdot 10^{-9})^2 \frac{0{,}023}{8{,}3145} = 3189\,\text{K}$$

Das ist die typische Temperatur in einer Acetylen-Sauerstoff-Flamme.

2.11.17 Dampfdruckmessung mit der Knudsen-Zelle

In einem Behälter (sog. Knudsen-Zelle) befindet sich Hg-Dampf im Gleichgewicht mit flüssigem Hg bei 0°C.

Die Behälterwand hat ein kleines Loch der Fläche 1,65 mm², durch das Hg-Atome aus dem Behälter austreten in einen völlig evakuierten Raum. Dort werden die Hg-Atome auf einer gekühlten Oberfläche gesammelt.

In 22,5 Stunden verliert auf diese Weise das flüssige Hg 12,6 mg an Masse, was durch Wägung festgestellt wird.

Berechnen Sie den Dampfdruck von Hg in dem Behälter, indem Sie für die austretende Menge an Hg die Formel für die Zahl der Stöße auf die Fläche der Austrittsöffnung benutzen.

Angabe: Die Atommasse von Hg beträgt 0,20059 kg · mol⁻¹.

Lösung:

Mit Gl. (2.68) und $\langle v \rangle$ aus Gl. (2.65) ergibt sich:

$$\frac{1}{A} \cdot \frac{dN}{dt} = \frac{1}{4} p \cdot \frac{N_L}{RT} \left(\frac{8RT}{\pi \cdot M_{Hg}} \right)^{1/2}$$

Mit $A = 1{,}65 \, \text{mm}^2 = 1{,}65 \cdot 10^{-6} \, \text{m}^2$, $M_{Hg} = 0{,}20059 \, \text{kg/mol}$, $T = 273 \, \text{K}$ folgt:

$$\frac{1}{N_L} \cdot \frac{dN}{dt} = \frac{1{,}26 \cdot 10^{-5} \text{kg}}{0{,}20059 \, \text{kg/mol}} \cdot \frac{1}{22{,}5 \cdot 3600} = 7{,}755 \cdot 10^{-10} \, \text{mol} \cdot \text{s}^{-1}$$

Also folgt:

$$p = \frac{4}{A} \left(\frac{dN}{dt} \right) \frac{RT}{N_L} \cdot \left(\frac{\pi M_{Hg}}{8RT} \right)^{1/2} = \frac{4 \cdot 7{,}755 \cdot 10^{-10}}{1{,}65 \cdot 10^{-6}} \cdot 8{,}314 \cdot 273 \cdot \left(\frac{\pi \cdot 0{,}20059}{8 \cdot 8{,}314 \cdot 273} \right)^{1/2}$$
$$= 2{,}51 \cdot 10^{-2} \, \text{Pa}$$

2.11.18 Gasverlust einer Raumkapsel

Eine Raumkapsel mit einem Innenvolumen von $V_R = 10 \, \text{m}^3$ wird von einem kleinen Meteor getroffen, der ein Loch mit einem Radius von $r = 0{,}1$ mm in die Hülle schlägt.

a) Wie lange dauert es, bis der Luftdruck im Inneren von 1 bar auf 0,7 bar gefallen ist, wenn dort eine Temperatur von 298 K herrscht?   *Hinweis:* Rechnen Sie mit der Luft als einem einheitlichen Gas der mittleren Molmasse von 29 g · mol⁻¹. Verwenden Sie zur Berechnung die Formel für die Zahl der Stöße von Gasmolekülen auf eine Fläche A, die hier der Lochfläche entspricht, durch die die Luft ins Vakuum ausströmt. Beachten Sie, dass die zeitliche Änderung der Teilchenzahl $\frac{dN_{Luft}}{dt} \cdot \frac{1}{A}$ negativ ist und N_{Luft} über das ideale Gasgesetz mit dem Druck im Inneren verknüpft ist.

b) Statt Luft enthält die Raumkapsel bei 1 bar zu Beginn eine Mischung von 20 % O_2 und 80 % Helium bei 298 K. Wann ist der Druck auf 0,7 bar gefallen und welche Zusammensetzung hat dann die Gasmischung im Raumschiff?

Hinweis: Der Verlust an O_2 und He muss jetzt separat berechnet werden.

Lösung:

a) Es gilt nach Gl. (2.68) mit $\langle v \rangle$ nach Gl. (2.65) mit $C = N_{\text{Luft}}/V_R$:

$$-\frac{dN_{\text{Luft}}}{dt} \cdot \frac{1}{A} = \frac{1}{4} \cdot \left(\frac{8RT}{\pi \cdot M}\right)^{1/2} \cdot \frac{N_{\text{Luft}}}{V_R}$$

Wegen

$$\frac{N_{\text{Luft}}}{V_R} = \frac{p}{k_B T} \quad \text{und} \quad A = \pi r^2$$

folgt:

$$-\frac{dp}{p} = \frac{\pi \cdot r^2}{4V_R}\left(\frac{8RT}{\pi \cdot M}\right)^{1/2} \cdot dt \quad \text{bzw.} \quad \ln\left(\frac{p_{(t)}}{p_{(t=0)}}\right) = -\frac{\pi \cdot r^2}{4V_R}\left(\frac{8RT}{\pi \cdot M}\right)^{1/2} \cdot t$$

Mit $p_{(t=0)} = 1\,\text{bar}, p_{(t)} = 0{,}7\,\text{bar}, r = 0{,}1 \cdot 10^{-3}\,\text{m}, V_R = 10\,\text{m}^3, M = 0{,}029\,\text{kg} \cdot \text{mol}^{-1}$ und $T = 298\,\text{K}$ ergibt sich $t = 9{,}736 \cdot 10^5\,\text{s} = 270\,\text{h}$, das sind ca. 11 Tage.

b) Der Partialdruck p_{O_2} von O_2 beträgt nach der Zeit t:

$$p_{O_2} = 0{,}2 \cdot \exp\left[-\frac{\pi \cdot 10^{-8}}{4 \cdot 10}\left(\frac{8R \cdot 298}{\pi \cdot 0{,}032}\right)^{1/2} \cdot t\right] = 0{,}2 \cdot e^{-3{,}4875 \cdot 10^{-7} \cdot t}$$

und der Partialdruck p_{He} von Helium:

$$p_{He} = 0{,}8 \cdot \exp\left[-\frac{\pi \cdot 10^{-8}}{4 \cdot 10}\left(\frac{8R \cdot 298}{\pi \cdot 0{,}004}\right)^{1/2} \cdot t\right] = 0{,}8 \cdot e^{-0{,}986 \cdot 10^{-6} \cdot t}$$

Es soll gelten:

$$p_{He} + p_{O_2} = 0{,}7 = 0{,}2 \cdot e^{-at} + 0{,}8 \cdot e^{-bt}$$

mit $a = 3{,}4875 \cdot 10^{-7}$ und $b = 0{,}986 \cdot 10^{-6}$. Daraus muss t numerisch berechnet werden. Man erhält:

$$t = 4{,}23 \cdot 10^5\,\text{s} = 117{,}5\,\text{h} = 4{,}895\,\text{Tage}$$

Es ergibt sich damit nach dieser Zeit für

$$p_{He} = 0{,}5272\,\text{bar} \quad \text{und} \quad p_{O_2} = 0{,}1726\,\text{bar}$$

Die Zusammensetzung ist dann bei 0,7 bar Gesamtdruck:

$$\frac{0{,}5272}{0{,}5272 + 0{,}1726} \cdot 100 = 75{,}3\,\text{mol\% Helium} \quad \text{bzw.} \quad 24{,}7\,\text{mol\% } O_2$$

Helium entweicht also schneller als Sauerstoff, der prozentuale Anteil an O_2 (nicht die Absolutmenge!) in der Raumkapsel steigt dabei an.

2.11.19 Temperatur-, Druck- und Dichteverhältnisse in einer Knudsen-Doppelzelle

Wir betrachten zwei gasgefüllte Zellen, die durch eine Röhre miteinander verbunden sind. Die Zelle 1 wird dabei auf der Temperatur T_1, die Zelle 2 auf der Temperatur T_2 gehalten. Geben Sie Druck p_2 und Teilchenzahldichte $\left(\frac{N}{V}\right)_2$ in Zelle 2 an, wenn die Teilchenzahldichte in Zelle 1 $\left(\frac{N}{V}\right)_1$ und der Druck p_1 vorgegeben sind für den Fall ,dass der Durchmesser der Röhre deutlich kleiner als die mittlere freie Weglänge der Gasmoleküle ist.

Lösung:

Es muss Gl. (2.68) mit $\langle v \rangle$ nach Gl. (2.65) angewandt werden. Im stationären Fall gilt:

$$\left| \left(\frac{dN}{dt}\right)_1 \right| = \left| \left(\frac{dN}{dt}\right)_2 \right|, \text{ also } \left(\frac{N}{V}\right)_1 \cdot \frac{1}{4} \left(\frac{8k_\mathrm{B}T_1}{\pi \cdot m}\right)^{1/2} = \left(\frac{N}{V}\right)_2 \cdot \frac{1}{4} \left(\frac{8k_\mathrm{B}T_2}{\pi \cdot m}\right)^{1/2}$$

Daraus folgt:

$$\left(\frac{N}{V}\right)_2 = \left(\frac{N}{V}\right)_1 \cdot \left(\frac{T_1}{T_2}\right)^{1/2} \quad \text{bzw.} \quad p_2 = p_1 \cdot \left(\frac{T_1}{T_2}\right)^{1/2}$$

Interessanterweise ist in diesem Fall auch der Druck in beiden Zellen verschieden groß.

2.11.20 Geschwindigkeitsverteilung im Molekularstrahl

In Gl. (2.68) wurde die Zahl der durch die Fläche A austretenden Moleküle pro Sekunde abgeleitet. Wir betrachten in Abb. 2.36 Moleküle, die durch eine kleine Öffnung ausströmen.

a) Welche Geschwindigkeitsverteilung haben die Moleküle eines solchen Molekularstrahls?

b) Wie lässt sich diese Verteilungsfunktion messen?

c) Wie groß ist die quadratisch gemittelte Geschwindigkeit $\langle v^2 \rangle^{1/2}$ in einem Molekularstrahl?

Lösung:

a) Es fliegen in der Zeit dt Moleküle der Geschwindigkeit $|\vec{v}|$ unter dem Winkel ϑ zur z-Achse durch eine Wandöffnung der Fläche dA (s. Abb. 2.36).

Diese Moleküle kommen in der Zeit dt aus einem Volumenbereich dV

$$dV = |\vec{v}|dt \cdot \cos \vartheta \cdot dA \cdot d\Omega = v_z dt \cdot dA \cdot d\Omega$$

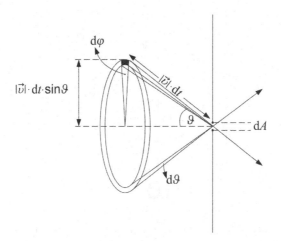

Abb. 2.36: Durchtritt eines thermischen Molekularstrahls durch eine Wandöffnung ins Vakuum

Die Zahl der Moleküle, die durch die Öffnung fliegen, ist also $d^2N_v = dn_v \cdot dV$, wobei dn_v die Teilchenzahldichte von Molekülen mit einer Geschwindigkeit zwischen $|\vec{v}|$ und $|\vec{v}| + d|\vec{v}|$ bedeutet. Für diese Teilchenzahldichte gilt nach Gl. (2.64):

$$dn_v = \frac{n(|\vec{v}|)}{V}d|\vec{v}| = \left(\frac{N}{V}\right)4\pi\left(\frac{m}{2\pi k_B T}\right)^{3/2} \cdot |\vec{v}|^2 \cdot e^{-\frac{m \cdot |\vec{v}|^2}{2k_B T}} \cdot d|\vec{v}|$$

Also folgt mit $d\Omega = \sin\vartheta d\vartheta \cdot d\varphi$:

$$\frac{d^2N_v}{dA \cdot dt} \cdot d|\vec{v}| \cdot d\Omega = \left(\frac{N}{V}\right)4\pi\left(\frac{m}{2\pi k_B T}\right)^{3/2} \cdot |\vec{v}|^3 \cdot e^{-\frac{m \cdot |\vec{v}|^2}{2k_B T}} \cdot d|\vec{v}| \cdot \cos\vartheta \cdot \sin\vartheta d\vartheta \cdot d\varphi$$

Wir überprüfen zunächst, ob das Integral über alle Geschwindigkeiten $|\vec{v}|$ und Raumwinkel Ω wieder Gl. (2.68) ergibt. Die Integration über den Winkel ϑ von 0 bis $\pi/2$ ergibt mit $\sin\vartheta d\vartheta = d\cos\vartheta$, $\frac{1}{2}\cos^2\vartheta = \frac{1}{2}$ und über den Winkel von $\varphi = 0$ bis 360 ergibt 2π. Also erhält man:

$$\int \frac{d^2N_v}{dA \cdot dt}d|\vec{v}| \cdot \int d\Omega = \left(\frac{N}{V}\right)4\pi\left(\frac{m}{2\pi k_B T}\right)^{3/2} \cdot \pi \cdot \int\limits_0^\infty |\vec{v}|^3 \cdot \exp\left[-\frac{m|\vec{v}|^2}{2k_B T}\right]d|\vec{v}|$$

Das Gesamtresultat der Integration ist mit $\int d^2N_v = dN_{\text{total}}$:

$$\frac{dN_{\text{total}}}{dA \cdot dt} \cdot 4\pi = \left(\frac{N}{V}\right)4\pi\left(\frac{m}{2\pi k_B T}\right)^{3/2} \cdot \frac{1}{2}\left(\frac{2k_B T}{m}\right)^2 \cdot \pi = \left(\frac{N}{V}\right) \cdot \pi\left(\frac{8k_B T}{\pi \cdot m}\right)^{1/2}$$

wobei wir von Gl. (11.6) in Anhang 11.2 mit $l = 1$ und $a = \frac{m}{2k_B T}$ Gebrauch gemacht haben. Das ist Gl. (2.68). Die Geschwindigkeitsverteilung im Molekularstrahl über

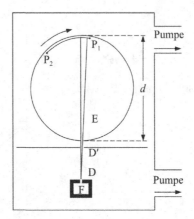

Abb. 2.37: Apparaturskizze zur Messung der Geschwindigkeitsverteilung eines thermischen Molekularstrahls (s. Text)

den gesamten Raumwinkelbereich integriert lautet demnach:

$$\frac{d^2 N_v}{dA \cdot dt} d|\vec{v}| = \left(\frac{N}{V}\right) \pi \left(\frac{m}{2\pi k_B T}\right)^{3/2} \cdot |\vec{v}|^3 \cdot \exp\left[-\frac{m|\vec{v}|^2}{2k_B T}\right] \cdot d|\vec{v}|$$

b) Diese Verteilungsfunktion, die i. G. zur Maxwell-Boltzmann-Verteilung den Faktor $|\vec{v}|^3$ statt $|\vec{v}|^2$ enthält, lässt sich mit einer in Abb. 2.37 skizzierten Apparatur messen. Die aus einem Ofen F ins Volumen austretenden Moleküle der Temperatur T werden durch 2 Lochblenden D und D' fokussiert und durch den schmalen Spalt E einer rotierenden Trommel (Pfeil) auf der inneren Trommelwand adsorbiert im Bereich einer Platte P zwischen P_1 und P_2. Die schnellen Moleküle sind näher bei P_1, die langsameren näher bei P_2 zu finden. Auf der Platte ergibt sich also zwischen P_1 und P_2 ein Intensitätsmuster, wie es der Geschwindigkeitsverteilung im Molekularstrahl entspricht.

Das Ergebnis einer solchen Messung zeigt Abb.2.38 für Thallium-Atome.

Die Intensitätsverteilung (durchgezogene Kurve) gehorcht genau der Kurve

$$I \widehat{} \left(\frac{m}{2\pi k_B T}\right)^{3/2} \cdot v^3 \cdot \exp\left[-\frac{mv^2}{2k_B T}\right] \qquad \text{mit} \quad v_{\max} = \sqrt{\frac{3k_B T}{m}}$$

wobei $v = \pi \cdot \frac{d^2}{l} \cdot t_{\text{Tr}}^{-1}$ ist, mit dem Trommeldurchmesser d, dem Abstand l vom Plattenrand P_1 in Richtung P_2 und der Umlauffrequenz t_{Tr}^{-1} der Trommel in s^{-1}.

c) Die quadratisch gemittelte Geschwindigkeit im Molekularstrahl berechnen wir nach den Regeln der Mittelwertbildung und beachten beim Integrieren Gl. (B.4) mit

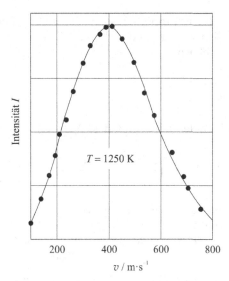

Abb. 2.38: Geschwindigkeitsverteilung im Molekularstrahl von Thallium-Atomen (Atommasse $M = 204,4\,\text{g} \cdot \text{mol}^{-1}$) bei 1250 K. • Messwerte, ——— Theorie (s. Text)

$a = m/(2k_\text{B}T)$, $l = 2$ im Zähler und $l = 1$ im Nenner. Man erhält:

$$\langle \vec{v}^2 \rangle^{1/2} = \left(\frac{\int\limits_0^\infty |\vec{v}|^5 \cdot \exp\left[-\frac{m \cdot |\vec{v}|^2}{2k_\text{B}T} \right] \mathrm{d}|\vec{v}|}{\int\limits_0^\infty |\vec{v}|^3 \cdot \exp\left[-\frac{m \cdot |\vec{v}|^2}{2k_\text{B}T} \right] \mathrm{d}|\vec{v}|} \right)^{1/2} = \langle \vec{v}^2 \rangle^{1/2} = \left(\frac{\frac{1}{2} \cdot 2! a^2}{a^3 \frac{1}{2} \cdot 1!} \right)^{1/2} = \sqrt{\frac{4k_\text{B}T}{m}}$$

Dieser Wert ist um den Faktor $\sqrt{\frac{4}{3}}$ größer als $\langle \vec{v}^2 \rangle^{1/2}$ der isotropen Maxwell-Boltzmann-Verteilung (s. Abschnitt 2.7). Im thermischen Molekularstrahl sind also die schnelleren Moleküle statistisch bevorzugt.

2.11.21 Wahrscheinlichkeit für das Auftreten mehrerer unabhängiger Moleküle in demselben Quantenzustand nach der MB-Statistik

In Abschnitt 2.6 haben wir die Wahrscheinlichkeit berechnet, dass sich ein Gasmolekül in einem bestimmten Quantenzustand s befindet (Gl. (2.58)). Beispiele waren die Besetzungswahrscheinlichkeit eines Cl_2-Moleküls in einem bestimmten Schwingungszustand (Abb. 2.9) oder eines HCl-Moleküls in einem bestimmten Rotationszustand (Tab. 2.3). Geben Sie eine allgemeine Formel an für die Wahrscheinlichkeit $P_n(\varepsilon_s)$, dass sich n Moleküle in demselben Quantenzustand s befinden.

Lösung:

Die Wahrscheinlichkeit $P_n(\varepsilon_s)$ ist proportional zum Produkt der Einzelwahrscheinlichkeiten $\langle N_s \rangle / N = e^{-\beta \varepsilon_s}/q$, wobei wir wegen der Ununterscheidbarkeit der n Moleküle noch mit $1/n!$ zu multiplizieren haben:

$$P_n(\varepsilon_s) = c \cdot \frac{1}{n!} \cdot \left(\frac{e^{-\beta \varepsilon_s}}{q} \right)^n \tag{2.146}$$

c ist der Normierungsfaktor, der dafür sorgt, dass $\sum\limits_{n=0}^{\infty} P_n(\varepsilon_s) = 1$ wird. Wir erhalten also:

$$P_n(\varepsilon_s) = \frac{1}{n!} \cdot \left(\frac{e^{-\beta \varepsilon_s}}{q} \right)^n \Big/ \sum_{n=0}^{\infty} \frac{1}{n!} \cdot \left(\frac{e^{-\beta \varepsilon_s}}{q} \right)^n = \frac{1}{n!} \left(\frac{e^{-\beta \varepsilon_s}}{q} \right)^n \cdot \exp \left[\frac{-e^{-\beta \varepsilon_s}}{q} \right]$$

Man sieht: die Summe im Nenner ist die Taylorreihenentwicklung einer Exponentialfunktion. Das ist genau die Poisson-Verteilungsfunktion Gl. (1.29) für $\langle m \rangle = e^{-\beta \varepsilon_s}/q$. Wir greifen zurück auf das Beispiel des Cl_2-Moleküls mit $v = 0$ und $T = 800\,K$ in Abb. 2.9. Mit $\Theta_{vib,Cl_2} = 805\,K$ erhält man: $\langle N_0 \rangle / N_s = 1 - \exp[-805/800] = 0{,}6344$.

Damit ergeben sich z. B. folgende Werte für die Wahrscheinlichkeit $P_n(\varepsilon_0)$, dass sich n der Cl_2-Moleküle im Quantenzustand mit ε_0 befinden:

n	0	1	2	3	4
$P_n(\varepsilon_0)$	0,530	0,336	0,107	0,023	0,004

$P_n(\varepsilon_0)$ mit $n > 4$ ist vernachlässigbar. Es gilt

$$\sum_{n=0}^{\infty} P_n(\varepsilon_0) \approx \sum_{n=0}^{4} P_n(\varepsilon_0) = 1$$

2.11.22 Der Zusammenhang von Einstein'scher und Debye'scher Theorie

Wir wollen zeigen, dass die eingezeichnete graue Fläche in Abb. 2.39, die durch den Verlauf der Molwärme nach der Debye'schen bzw. Einstein'schen Theorie und den Verlauf der Molwärme mit dem klassischen Grenzwert $3\,R$ begrenzt wird, gerade die Nullpunktsenergie des Kristalls ist.

Unter Beachtung, dass $\overline{U}(T) - \overline{U}(T = 0) = 3RT \cdot D'(x_D)$ (s. Gl. 2.123), gilt für den Debye'schen Festkörper mit $x_D = \Theta_D/T$:

$$\text{Fläche} = \lim_{T \to \infty} \left(3RT - \int_0^T \overline{C}_V dT \right) = \lim_{T \to \infty} (3RT - 3RT \cdot D'(x_D))$$

$$= \lim_{T \to \infty} \left[3RT - 3RT \left(1 - \frac{3}{8} \cdot x_D + \cdots \right) \right] = \lim_{T \to \infty} \left(3RT \cdot \frac{3}{8} \cdot x_D + \cdots \right)$$

$$= \frac{9}{8} R \cdot \Theta_D = E_0$$

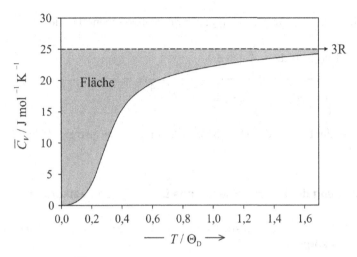

Abb. 2.39: Die Molwärme $\overline{C}_V$ nach der Debye'schen Theorie, die graue Fläche entspricht genau der Nullpunktsenergie. Für die Einstein'sche Theorie gilt das Entsprechende.

Das ist nach Gl. (2.123) genau die Nullpunktsenergie nach der Debye'schen Theorie.

Beim Einstein'schen Festkörper gilt:

$$\lim_{T\to\infty}\left(3RT - \int_0^T \overline{C}_V dT\right) = \lim_{T\to\infty}\left(3RT - \frac{3R\Theta_E}{e^{\Theta_E/T}-1}\right)$$

$$= \lim_{T\to\infty}\left(3RT - 3R\Theta_E \cdot \frac{1}{\frac{\Theta_E}{T}+\frac{1}{2}\left(\frac{\Theta_E}{T}\right)^2}\right) = \lim_{T\to\infty}\left(3RT - 3RT \cdot \frac{1}{1+\frac{1}{2}\frac{\Theta_E}{T}+\cdots}\right)$$

$$= \lim_{T\to\infty}\left[3RT - 3RT\left(1 - \frac{1}{2}\frac{\Theta_E}{T}\right)\right] = \frac{3}{2}R\Theta_E = E_0$$

Das ist nach Gl. (2.106) genau die Nullpunktsenergie nach der Einsteinschen Theorie. Man kann einen Zusammenhang zwischen der Debye'schen Temperatur Θ_D und der Einstein'schen Temperatur Θ_E des einatomigen Festkörpers herstellen durch die Forderung, dass das Integral der Molwärme $\overline{C}_V$ über den ganzen Temperaturbereich, also $\int_0^\infty \overline{C}_V dT$, für beide Theorien denselben Wert ergibt. Also müssen die Flächen $3RT - \int_0^T \overline{C}_V dT$ für $T \to \infty$ für beide Modelle identisch sein. Diese Flächen sind aber gerade die Nullpunktsenergien des Kristalls nach Debye bzw. nach Einstein. Es muss also gelten:

$$\frac{9}{8}R \cdot \Theta_D = \frac{3}{2}R \cdot \Theta_E \quad \text{bzw.} \quad \Theta_E = \frac{3}{4} \cdot \Theta_D$$

Für den Mittelwert der Frequenz $\langle \nu_D \rangle$ nach der Debye'schen Theorie gilt:

$$\langle \nu_D \rangle = \frac{\int\limits_0^{\nu_D} g(\nu) \cdot \nu \cdot d\nu}{\int\limits_0^{\nu_D} g(\nu) d\nu} = \frac{\int\limits_0^{\nu_D} \cdot \nu^3 \cdot d\nu}{\int\limits_0^{\nu_D} \cdot \nu^2 \cdot d\nu} = \frac{\frac{1}{4}\nu_D^4}{\frac{1}{3}\nu_D^3} = \frac{3}{4}\nu_D = \nu_E$$

Der Mittelwert der Debye'schen Frequenzverteilung $\langle \nu_D \rangle$ ist also gleich der Einsteinfrqeuenz ν_E.

2.11.23 Ableitung der inneren Energie des Debye'schen Festkörpers

Leiten Sie Gl. (2.123) ab, den Ausdruck für die innere Energie U nach der Debye'schen Theorie des Festkörpers.

Lösung:

Von Gl. (2.121) und Gl. (2.120) ausgehend gilt:

$$\ln Q_{\text{Debye}} = -\frac{9}{8}\frac{N}{k_B T}h \cdot \nu_D - \frac{9N}{\nu_D^3} \cdot \int\limits_{\nu=0}^{\nu_D} \nu^2 \cdot \ln\left(1 - e^{-\frac{h\nu}{k_B T}}\right) d\nu + \frac{D_e}{k_B \cdot T}$$

Damit folgt:

$$k_B T^2 \cdot \left(\frac{\partial \ln Z_{\text{Debye}}}{\partial T}\right) = \frac{9}{8}Nk_B \cdot \Theta_D + \int\limits_{\nu=0}^{\nu=\nu_D} \frac{\nu^3 \cdot e^{-\frac{h\nu}{k_B T}}}{1 - e^{-h\nu/k_B T}} \cdot \frac{h}{k_B T^2}d\nu - D_e$$

$$= \frac{9}{8}Nk_B \cdot \Theta_D + \frac{9N}{\nu_D^3}\left(\frac{k_B T}{h}\right)^4 \cdot h \int\limits_{x=0}^{x_D} \frac{x^3 \cdot dx}{e^x - 1} - D_e$$

wobei $\Theta_D = h \cdot \nu_D/k_B$ und $x = h\nu/k_B T$ bzw. $x_D = h \cdot \nu_D/k_B T$ bedeuten. Also ist

$$U = k_B T^2\left(\frac{\partial \ln Z_{\text{Debye}}}{\partial T}\right) = \frac{9}{8}Nk_B \cdot \Theta_D + 9Nk_B \cdot T\left(\frac{T}{\Theta_D}\right)^3 \int\limits_{x=0}^{x_D} \frac{x^3 dx}{e^x - 1} - D_e$$

Das ist genau Gl. (2.123).

2.11.24 Alternative Darstellungsform der Molwärme des Debye'schen Festkörpers

Zeigen Sie die Äquivalenz der Ausdrücke Gl. (2.125) und Gl. (2.126) für $\overline{C}_V$ nach der Debye'schen Theorie des Festkörpers.

Lösung:

Wir gehen aus von Gl. (2.125) ($x_D = u$) und schreiben:

$$\int_0^u \frac{x^3 dx}{e^x - 1} - \frac{1}{4} \frac{x^4}{e^x - 1}\bigg|_0^u = \frac{1}{4} \int_0^u \frac{x^4 \cdot e^x}{(e^x - 1)^2} dx$$

Diese Beziehung folgt aus partieller Integration:

$$\int u' \cdot v dx - uv = -\int u \cdot v' dx \quad \text{mit} \quad u' = x^3 \quad \text{und} \quad v = (e^x - 1)^{-1}$$

Wir bestimmen jetzt zunächst den Grenzwert nach der Hospital'schen Regel:

$$\lim_{u \to 0} \frac{u^4}{e^u - 1} = \lim_{u \to 0} \frac{4u^3}{e^u} = 0$$

Multiplikation der Ausgangsgleichung mit $12 \cdot u^{-3}$ ergibt dann:

$$\frac{3 \cdot 4}{u^3} \int_0^u \frac{x^3 dx}{e^x - 1} - \frac{3u}{e^u - 1} = \frac{3}{u^3} \int_0^u \frac{x^4 \cdot e^x}{(e^x - 1)^2} dx$$

Wir identifizieren u wieder mit $x_D = \Theta_D / T$ und erhalten die nachzuweisende Äquivalenz durch Multiplikation mit $3 N_L k_B = 3R$:

$$3R \left[4 \cdot D\left(\frac{\Theta_D}{T}\right) - \frac{3 \cdot (\Theta_D / T)}{e^{\Theta_D / T} - 1} \right] = 9R \cdot \left(\frac{T}{\Theta_D}\right)^3 \int_0^{\Theta_D / T} \frac{x^4 \cdot e^x}{(e^x - 1)^2} dx$$

Die linke Seite ist Gl. (2.125), die rechte Gl. (2.126).

2.11.25 Die Gitterenergie von Diamant

Diamant ist brennbar, denn er besteht bekanntlich aus reinem Kohlenstoff. Für die Reaktion

$$C(Diamant) + O_2 \rightarrow CO_2$$

beträgt die molare Standardreaktionsenthalpie bei 298 K: $\Delta_R \overline{H}(298) = -391{,}62$ kJ $\cdot$ mol^{-1}. Berechnen Sie die Gitterenergie von Diamant (das ist die negative Dissoziationsenergie $-D_{e,Dia}$ bei 0 K). Hinweis: es werden die inneren Energien von O_2 und CO_2 bei 298 K, sowie die Debye-Temperatur Θ_D von Diamant benötigt ($\Theta_{D,Dia} = 2000$ K). Verwenden Sie die in Tabelle 2.2 angegebenen Parameter für die Berechnung.

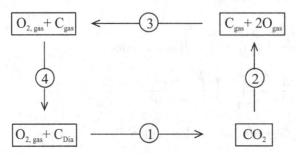

Abb. 2.40: Kreisprozess in 4 Stufen zur Ermittlung der Gitterenergie von Diamant (s. Text).

Die Gitterenergie von Diamant $U(T = 0) = -D_{e,\text{Dia}}$ lässt sich über den in Abb. 2.40 dargestellten Kreisprozess für die Bilanz der inneren Energien bestimmen.

Er besteht aus 4 Stufen, deren Energiebilanz gleich Null sein muss. $\Delta_R\overline{H}$ kann gleich $\Delta_R\overline{U}$ gesetzt werden, da das Molvolumen von Diamant gegenüber dem der Gase O_2 und CO_2 vernachlässigbar gering ist.

Stufe 1: $\Delta\overline{U}_1 = \Delta_R\overline{U} \approx \Delta_R\overline{H}$

Stufe 2: $\Delta\overline{U}_2 = \overline{U}_{C,\text{gas}} + 2\overline{U}_{O,\text{gas}} - \left(\overline{U}_{CO_2}(T) - D_{e,CO_2}\right)$

Stufe 3: $\Delta\overline{U}_3 = \overline{U}_{C,\text{gas}} + \left(\overline{U}_{O_2}(T) - D_{e,O_2}\right) - \overline{U}_{C,\text{gas}} - 2\overline{U}_{O,\text{gas}}$

Stufe 4: $\Delta\overline{U}_4 = \overline{U}_{\text{Dia}}(T) - D_{e,\text{Dia}} - \overline{U}_{C,\text{gas}}$

Man beachte: die innere Energie von Diamant, O_2-Gas und CO_2-Gas setzt sich aus einem T-abhängigen Anteil und der elektronischen Bindungsenergie zusammen, die gleich dem negativen Wert der Dissoziationsenergie D_e ist. Alle T-abhängigen Anteile werden statistisch-thermodynamisch berechnet. Für die Summe der 4 Stufen gilt also:

$$\Delta\overline{U}_1 + \Delta\overline{U}_2 + \Delta\overline{U}_3 + \Delta\overline{U}_4 = 0$$

bzw. aufgelöst nach $-D_{e,\text{Dia}}$:

$$-D_{e,\text{Dia}} = -\Delta_R\overline{U} + \overline{U}_{CO_2}(T) - D_{e,CO_2} - \overline{U}_{O_2}(T) + D_{e,O_2} - \overline{U}_{\text{Dia}}(T)$$

Die inneren Energien der gasförmigen C-Atome und O-Atome fallen also bei der Bilanzierung heraus. Für $\overline{U}(T)$ der Gase CO_2 und O_2 gilt:

$$\overline{U}(T) = \frac{5}{2}RT + R\sum_i \frac{\Theta_{\text{vib},i}}{2} + R\sum_i \frac{\Theta_{\text{vib},i}}{e^{\Theta_i/T} - 1}$$

Für CO_2 ergibt sich bei $T = 298\,K$ mit $\Theta_{vib,1} = 3360\,K$, $\Theta_{vib,2} = 954\,K$, $\Theta_{vib,3} = 954\,K$ und $\Theta_{vib,4} = 1890\,K$:

$$\overline{U}_{CO_2}(298) = 36{,}65\;kJ \cdot mol^{-1}$$

und für O_2 ergibt sich mit $\Theta_{vib} = 2650\,K$:

$$\overline{U}_{O_2}(298) = 17{,}21\;kJ \cdot mol^{-1}$$

Für Diamant lässt sich $U(T)$ nach der Debyeschen Theorie über das T^3-Gesetz für die Molwärme berechnen, da $\Theta_{Dia} \cong 2000 \gg 298\,K$:

$$\overline{U}_{Dia}(T) \cong \frac{9}{8}R\Theta_D + 3R\pi^4 \cdot \frac{4}{5}\frac{1}{\Theta_D^3} \int\limits_0^T T^3 dT = \frac{9}{8}R \cdot \Theta_D + \frac{3}{5}R \cdot \pi^4 \left(\frac{T}{\Theta_D}\right)^3 \cdot T$$

Man erhält mit $T = 298\,K$:

$$\overline{U}_{Dia}(298) = 18707 + 479 = 19{,}186 \cdot 10^3\;J \cdot mol^{-1}$$

Die Dissoziationsenergie für O_2 beträgt $D_{e,O_2} = 502{,}9\;kJ \cdot mol^{-1}$ und für CO_2 ist $D_{e,CO_2} = 1626{,}0\;kJ \cdot mol^{-1}$. Einsetzen aller Zahlenwerte in die obige Gleichung für $-D_{e,Dia}$ ergibt:

$$-D_{e,Dia} = +391{,}62 + 36{,}65 - 1626{,}0 - 17{,}21 + 502{,}9 - 19{,}186 = -731{,}2\;kJ \cdot mol^{-1}$$

Man kann sich diesen Zahlenwert folgendermaßen plausibel machen. Für die Energie einer Einfachbindung C-C wird in der Literatur ein Wert von $367\;kJ \cdot mol^{-1}$ angegeben (s. z. B. P. Atkins and J. de Paula, Physical Chemistry, Freeman (2002)). Im Diamant ist der Kohlenstoff vierbindig, auf ein C-Atom kommen also 2 Bindungsäquivalente. Das ergibt für ein Mol Diamant $-734\;kJ \cdot mol^{-1}$ in guter Übereinstimmung mit dem oben berechneten Ergebnis von $-731{,}2\;kJ \cdot mol^{-1}$. Wir stellen ferner fest, dass die Nullpunktsenergie dem Betrag nach $(18{,}71/731{,}2) \cdot 100 = 2{,}55\,\%$ der gesamten Gitterenergie ausmacht.

2.11.26 Nullpunktsenergie linearer Kristalle

Berechnen Sie ausgehend von Gl. (2.142) und mit Hilfe von Gl. (2.137) die Nullpunktsenergie eines linearen, elastischen Kristalls bestehend aus N Atomen der Masse m. Wie groß ist der Unterschied der Nullpunktsenergie zweier isotoper Atomsorten mit $m_1 = 2m_2$?

Lösung:

Nach Gl. (2.142) und Gl. (2.137) gilt für $T = 0$ (ohne Dissoziationsenergie D_e) mit $x = v/v_{\max}$:

$$\overline{U}(T = 0) = \frac{h}{2} \int\limits_0^{v_{\max}} v \cdot g(v)\mathrm{d}v = N \cdot \frac{h}{\pi^2} v_{\max} \int\limits_0^1 \frac{x}{\sqrt{1 - x^2}}\,\mathrm{d}x$$

Wir lösen das Integral durch Substitution $x = \cos\varphi$ (bzw. $\mathrm{d}x = -\sin\varphi \cdot \mathrm{d}\varphi$):

$$\int\limits_0^1 \frac{x}{\sqrt{1 - x^2}}\,\mathrm{d}x = -\int\limits_0^{\pi/2} \cos\varphi \cdot \mathrm{d}\varphi = 1$$

und erhalten:

$$\overline{U}(T = 0) = N_{\mathrm{L}} \frac{h \cdot v_{\max}}{\pi} = N_{\mathrm{L}} \cdot \frac{h}{\pi^2} \sqrt{\frac{f}{m}} = R \cdot \Theta_{1\mathrm{D}}/\pi$$

Für die Differenz zweier isotoper Kristalle mit m_1 bzw. m_2 gilt daher wegen $f_1 = f_2 = f$:

$$\overline{U}_1(T = 0) - \overline{U}_2(T = 0) = N_{\mathrm{L}} \frac{h}{\pi^2} \sqrt{f} \left(\frac{1}{\sqrt{m_1}} - \frac{1}{\sqrt{m_2}}\right)$$

Mit $m_1 = 2m_2$ folgt daraus:

$$\overline{U}_1(T = 0) - \overline{U}_2(T = 0) = N_{\mathrm{L}} \frac{h}{\pi^2} \sqrt{\frac{f}{m_2}} \left(\frac{1 - \sqrt{2}}{\sqrt{2}}\right) = -N \frac{h}{\pi^2} \sqrt{\frac{f}{m_2}} \cdot 0{,}2929$$

Isotop 2 mit der halben Masse von Isotop 1 hat also eine um ca. 30 % höhere Nullpunkts-energie.

3 Quantenstatistiken quasi-freier Teilchen

3.1 Energieeigenwerte und Impulse freier Teilchen

Wir betrachten das Verhalten von frei beweglichen - wechselwirkungsfreien Teilchen mit der Masse m. Ihr quantenmechanischer Zustand wird durch die Wellenfunktion $\Psi(x,y,z)$ beschrieben. Die zeitunabhängige Schrödinger-Gleichung für ein Teilchen, das sich in einem Kasten mit undurchdringbaren Wänden und dem Volumen $L_x \cdot L_y \cdot L_z$ frei bewegt, lautet bekanntlich ($\hbar = h/2\pi$):

$$\widehat{H} \cdot \Psi(x,y,z) = -\frac{\hbar^2}{2m}\left(\frac{\partial^2}{\partial x^2} + \frac{\partial^2}{\partial y^2} + \frac{\partial^2}{\partial z^2}\right)\Psi(x,y,z) = \varepsilon \cdot \Psi(x,y,z) \qquad (3.1)$$

wenn die potentielle Energie E_{pot} im Kasten gleich Null gesetzt wird. $\widehat{H}$ heißt Hamilton-Operator, ε ist der Energieeigenwert. Da E_{pot} an den Kastenwänden unendlich groß wird, muss $\Psi(x,y,z)$ die Randbedingung erfüllen: $\Psi(x,y,z) = 0$ wenn $x = L_x$ oder $y = L_y$ oder $z = L_z$ bzw. wenn x,y,z gleich Null sind. Eine Lösung der Schrödinger-Gleichung Gl. (3.1) lautet dann:

$$\Psi(\vec{r}) = A \cdot \sin(xk_x) \cdot \sin(yk_y) \cdot \sin(zk_z) \qquad (3.2)$$

Der Faktor A wird durch die Bedingung festgelegt, dass sich das Integral über die Wahrscheinlichkeitsdichte $\int \Psi(\vec{r}) \cdot \Psi^*(\vec{r}) \cdot d\vec{r} = 1$ ergeben muss (Normierungsvorschrift):

$$A^2 \cdot \int_0^{L_x} \sin^2(k_x \cdot x)dx \int_0^{L_y} \sin^2(k_y \cdot y)dy \int_0^{L_z} \sin^2(k_z \cdot z)dz = 1 \qquad (3.3)$$

Das Resultat lautet (Ableitung: s. Exkurs 3.7.1):

$$A^2 = \frac{8}{L_x \cdot L_y \cdot L_z} = \frac{8}{V} \qquad \text{bzw.} \quad A = 2 \cdot \sqrt{\frac{2}{V}}$$

Der Vektor $\vec{k}$ mit den Komponenten k_x, k_y und k_z muss die Bedingung erfüllen, dass x, y und z multipliziert mit $\pi n_x, \pi n_y$ bzw. πn_z, jeweils an den Kastenrändern $x = L_x, y = L_y, z = L_z$ bzw. $x = 0, y = 0, z = 0$ die Wellenfunktion $\Psi(\vec{r})$ zum Verschwinden bringt:

$$\boxed{\vec{k} = \pm\left(n_x\frac{\pi}{L_x}, n_y\frac{\pi}{L_y}, n_z\frac{\pi}{L_z}\right)} \qquad (3.4)$$

mit n_x, n_y, n_z jeweils 1, 2, 3, ... ∞. $\vec{k}$ heißt *Wellenzahlvektor*, seine Komponenten sind proportional zu den Quantenzahlen n_x, n_y, n_z. Einsetzen der Lösungsfunktion in Gl. (3.2) ergibt dann für die Eigenwerte der Energie von Teilchen der Masse m:

$$\varepsilon(k_x, k_y, k_z) = +\frac{\hbar^2}{2m}\left(k_x^2 + k_y^2 + k_z^2\right) = \frac{\hbar^2}{2m}\cdot |\vec{k}|^2 \tag{3.5}$$

$n_x = 0$ oder $n_y = 0$ oder $n_z = 0$ ist nicht möglich, da dann in Gl. (3.2) $\Psi(\vec{r}) = 0$ wird, d. h. ein solcher Zustand existiert nicht. Es gibt also einen niedrigsten Energiewert (Nullpunktsenergie) mit $n_x = n_y = n_z = 1$:

$$\varepsilon_0 = \frac{h^2}{8m}\left(\frac{1}{L_x^2} + \frac{1}{L_y^2} + \frac{1}{L_z^2}\right) = \frac{\hbar^2}{2m}\left(\frac{\pi^2}{L_x^2} + \frac{\pi^2}{L_y^2} + \frac{\pi^2}{L_z^2}\right)$$

Er wird allerdings verschwindend klein, wenn L_x, L_y, L_z makroskopische Längen sind.

Im klassischen Fall gilt für frei bewegliche Teilchen die Hamilton-Funktion (Energie)

$$H = \frac{1}{2m}\vec{p}^2$$

Analog erhält man für den Hamilton-Operator in der Quantenmechanik

$$\hat{H} = \frac{1}{2m}\cdot \hat{p}^2$$

Damit diese Gleichung mit Gl. (3.1) übereinstimmt, muss für den Impulsoperator $\hat{p}$ gelten:

$$\hat{p} = -i\hbar\vec{\nabla}_r \tag{3.6}$$

$\vec{\nabla}_r$ ist der sog. Delta-Operator (auch „Gradient" genannt) als Vektor geschrieben:

$$\text{grad} = \vec{\nabla}_r = \left(\frac{\partial}{\partial x}, \frac{\partial}{\partial y}, \frac{\partial}{\partial z}\right)$$

Dann lautet die Eigenwertgleichung für den Impuls $\vec{p}$

$$-i\hbar\vec{\nabla}_r\varphi_p = \vec{p}\cdot \varphi_p \tag{3.7}$$

mit der Lösung $\varphi_p = \exp(\pm i\vec{r}\cdot\vec{k})$. Also ist der Eigenwert für den Impuls:

$$\boxed{\vec{p} = \pm\vec{k}\cdot\hbar} \tag{3.8}$$

Der Wellenzahlvektor $\vec{k}$ hat also die Bedeutung eines Impulses, er ist direkt proportional zu $\vec{p}$. Sind die Raumabmessungen L_x, L_y, L_z genügend groß, werden k_x, k_y, k_z zu kontinuierlichen Variablen. Wir gehen aus von Gl. (3.4) mit $\vec{k}^2 = k_x^2 + k_y^2 + k_z^2$ und erhalten für die Energie nach Gl. (3.5)

$$\varepsilon(k) = \frac{\hbar^2}{2m} \cdot |\vec{k}|^2 = \frac{|\vec{p}|^2}{2m} \tag{3.9}$$

wobei wir $L_x^2 = L_y^2 = L_z^2 = V^{2/3}$ gesetzt haben. Eine Funktion $\varepsilon(k)$ heißt *Dispersionsbeziehung*. Im Fall quasi-freier Teilchen hat sie eine quadratische Form, und stellt nichts anderes als die klassische kinetische Energie dar. In wie viel unterschiedlichen Zuständen kann sich ein Teilchen befinden? Nach der Unschärferelation gilt $h = \Delta p_x \cdot \Delta x \approx dp_x \cdot dx$ bzw. $h^3 = d\vec{p} \cdot dV$ mit $d\vec{p} = dp_x \, dp_y \, dp_z = 4\pi |\vec{p}|^2 \, d|\vec{p}|$. Aus Gl. (3.9) folgt:

$$p^2 = 2m \cdot \varepsilon \qquad \text{bzw.} \quad d\varepsilon = (2m \cdot \varepsilon)^{1/2} \cdot \frac{dp}{m}$$

Wir definieren als Zustandsdichte $g(\varepsilon)$ die Zahl der Niveaus zwischen ε und $\varepsilon + d\varepsilon$:

$$g(\varepsilon) \cdot d\varepsilon = (2s + 1) \cdot \frac{4\pi}{h^3} p^2 \, dp \int\limits_0^V d\vec{r} = (2s + 1) \cdot V \cdot \frac{4\pi}{h^3} \cdot 2m\varepsilon \cdot \frac{m}{(2m\varepsilon)^{1/2}} \, d\varepsilon \tag{3.10}$$

Daraus folgt:

$$\boxed{g(\varepsilon) = \frac{dN_n}{d\varepsilon} = (2s + 1)2\pi \cdot \left(\frac{2m}{h^2}\right)^{3/2} \cdot V \cdot \varepsilon^{1/2}} \tag{3.11}$$

$g(\varepsilon)$ hat die Dimension $J^{-1} = s^2 \cdot kg^{-1} \cdot m^{-2}$ und gibt die Zahl der Quantenzustände dN_n pro Energieintervall $d\varepsilon$ an. $(2s + 1)$ ist die Zahl der Spinorientierungen mit der Spinquantenzahl s. Bei Elektronen ist $s = 1/2$ also $(2s + 1) = 2$.

3.2 Statistische Verteilungsfunktionen von Fermionen (FD-Statistik) und Bosonen (BE-Statistik). Die MB-Statistik als Grenzfall.

Die Maxwell-Boltzmann (MB)-Statistik, die wir bisher als gültig angenommen haben, erweist sich als Grenzfall der sog. Quantenstatistiken. Es existieren zwei Arten von Quantenstatistiken für atomare, subatomare oder molekulare Teilchen. Die eine heißt *Bose-Einstein (BE)-Statistik* und die andere *Fermi-Dirac (FD)-Statistik*. Beide gehen bei genügend hohen Temperaturen und/oder niedrigen Dichten in die MB-Statistik über. Kriterium dafür ist, dass die Zahl der erreichbaren Quantenzustände erheblich höher als die der Teilchen ist. Das haben wir bereits in Abschnitt 2.4 anhand von Abb. 2.4 anschaulich gemacht. Jetzt wollen wir die Verteilungsfunktionen dieser Quantenstatistiken ableiten.

Zunächst zum Unterschied der beiden Statistiken: In der BE-Statistik kann ein Quantenzustand des Gesamtsystems von beliebig vielen Teilchen besetzt werden. Voraussetzung dafür ist, dass die Teilchen einen ganzzahligen Spin haben (Beispiele: Photonen, H-Atome, ^{4}He). Diese Teilchen heißen *Bosonen*. Auch viele sog. „Quasiteilchen" wie Phononen, Magnonen oder Plasmonen, von denen noch die Rede sein wird, gehören zu den Bosonen. In der FE-Statistik dagegen kann ein Quantenzustand nur von einem oder keinem Teilchen besetzt sein (Pauli-Verbot). Voraussetzung dafür ist, dass die Teilchen einen halbzahligen Spin haben (Beispiele: Elektronen, Protonen, Neutronen, ^{3}He). Man denke an Atome und Moleküle, wo ein AO bzw. MO maximal 2 Elektronen mit entgegengesetztem Spin aufnehmen kann, also *ein* Elektron pro Quantenzustand. Diese Teilchen heißen *Fermionen*. Ihr Verhalten ist eine Folge des Pauli'schen Antisymmetrieprinzips (s. Anhang 11.12).

Wir wollen nun die Anzahl der unterscheidbaren Mikrozustände Ω des Gesamtsystems für Bosonen bzw. Fermionen berechnen. Wir nehmen an, unser System enthält N wechselwirkungsfreie Teilchen, die sich in einem gegebenen Volumen bewegen. Im Niveau 0 des Systems befinden sich N_0 Teilchen mit jeweils der Teilchenenergie ε_0, im Niveau 1 befinden sich N_1 Teilchen mit jeweils der Energie ε_1, in E_i sind es N_i Teilchen mit jeweils der Energie ε_i, u.s.w.. Dabei gilt:

$$\sum_i N_i = N \quad \text{und} \quad \sum_i \varepsilon_i N_i = \sum_i E_i = E \tag{3.12}$$

wobei E die Gesamtenergie des Systems ist.

Den Entartungsfaktor, also die Zahl der unterscheidbaren Zustände, die zu einem bestimmten Energieniveau ε_i gehören, bezeichnen wir mit g_i. Abb. 3.1 illustriert das Gesagte.

Wir berechnen zunächst für Bosonen die Zahl ω_i der unterscheidbaren Zustände mit der Energie $E_i = N_i \cdot \varepsilon_i$. Die Zahl ω_i gibt an, auf wie viele Arten N_i nichtunterscheidbare gleichenergetische Teilchen auf g_i entartete Zustände des System-Niveaus i verteilt werden können. Da hier jede der g_i Zellen des Niveaus i mit 1 bis beliebig vielen Bosonen N_i besetzt sein kann, gilt nach Gl. (1.14):

$$\omega_i = \frac{(N_i + g_i - 1)!}{N_i!(g_i - 1)!}$$

Also erhält man für das ganze System von Bosonen mit n Niveaus:

$$\boxed{\Omega_{\text{Bosonen}} = \prod_{i=1}^{n} \omega_i = \prod_{i=1}^{n} \frac{(N_i + g_i - 1)!}{N_i!(g_i - 1)!}} \tag{3.13}$$

Für die ebenfalls nicht unterscheidbaren Fermionen enthält jede Zelle nur ein oder kein Teilchen, d. h. von g_i Zellen sind jeweils N_i einfach besetzt und $(g_i - N_i)$ unbesetzt. Die Zahl ω_i der unterscheidbaren Zustände für das System-Niveau E_i lautet also in diesem Fall (s. Gl. (1.13)):

$$\omega_i = \frac{g_i!}{N_i(g_i - N_i)!}$$

Also gilt für das ganze System von Fermionen:

$$\Omega_{\text{Fermionen}} = \prod_i \omega_i = \prod_i \frac{g_i!}{N_i!(g_i - N_i)!} \tag{3.14}$$

Ein einfaches Rechenbeispiel ist in Abb. 3.1 illustriert für $i = 1, 2, 3$ mit $N_1 = 2$, $N_2 = 3$, $N_3 = 5$ und $g_1 = 2$, $g_2 = 4$, $g_3 = 6$. Es zeigt, dass für Bosonen und Fermionen sehr unterschiedliche Werte für Ω erhalten werden:

$$\Omega_{\text{Bosonen}} = \frac{(2 + 2 - 1)!}{2!(2 - 1!)} \cdot \frac{(3 + 4 - 1)!}{3!(4 - 1)!} \cdot \frac{(5 + 6 - 1)!}{5!(6 - 1)!} = 3 \cdot 20 \cdot 252 = 15120$$

$$\Omega_{\text{Fermionen}} = \frac{2!}{2!0!} \cdot \frac{4!}{3! \cdot 1!} \cdot \frac{6!}{5! \cdot 1!} = 1 \cdot 4 \cdot 6 = 24$$

Ω_{Bosonen} ist in diesem Beispiel 630 mal größer als $\Omega_{\text{Fermionen}}$. Die Gesamtenergie $E = \varepsilon_1 + 3\varepsilon_2 + 5\varepsilon_3$ ist in beiden Fällen dieselbe.

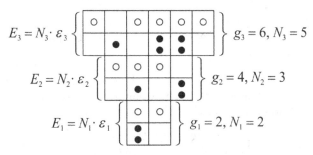

Abb. 3.1: Fiktives Beispiel einer möglichen Verteilung von N_1, N_2, N_3 mit $N_1 + N_2 + N_3 = 10$ Teilchen auf 3 Energieniveaus mit den Entartungen $g_1 = 2, g_2 = 4$ und $g_3 = 6$. • = Bosonen (jeweils die untere Reihe), ○ = Fermionen (jeweils die obere Reihe). E_i ist die Gesamtenergie der Teilchen im Niveau i. Jedes Kästchen repräsentiert einen möglichen Quantenzustand.

Gl. (3.13) und Gl. (3.14) stellen *noch nicht* die Zahl der Mikrozustände eines Systems mit N Teilchen und der Gesamtenergie E *im thermodynamischen Gleichgewicht* dar, sondern nur die einer bestimmten Verteilung $N_1, N_2, \ldots N_i \ldots N_k$ der $N = \sum N_i$ Teilchen auf die Energieniveaus E_i. Gleichgewichtswerte für Ω erhält man erst, wenn man eine geeignete thermische Mittelung mit den Randbedingungen nach Gl. (3.12) durchgeführt. Bevor wir das tun, wollen wir noch den Ausdruck Ω_{MB} für unabhängige Teilchen nach der MB-Statistik ableiten. Hier denken wir „klassisch": die Teilchen sind *unterscheidbar*, sind „nummeriert" und es gibt in jedem Energieniveau E_i sehr viele Zellen, also eine sehr hohe Zahl von Entartungen g_i, so dass gilt: $g_i \gg N_i$. Das bedeutet, dass jedes der unterscheidbaren N_i Teilchen, unabhängig von irgendeinem anderen der N_i Teilchen, eine der g_i „Zellen" besetzen kann, das ergibt insgesamt für alle Energieniveaus, also für das ganze System

$$g_1^{N_1} \cdot g_2^{N_2} \cdots g_i^{N_i} \cdots$$

unterscheidbare Möglichkeiten. Ferner müssen wir berücksichtigen, dass es durch Austausch der „Nummern" aller Teilchen zu jeder der $g_1^{N_1} \cdot g_2^{N_2} \dots g_i^{N_i}$ Möglichkeiten noch eine bestimmte Zahl von Anordnungen dieser Nummern über die Energieniveaus bei festgehaltenen Zahlenwerten von $N_1, N_2, \dots N_i \dots N_k$ gibt. Das sieht man folgendermaßen ein: für insgesamt $\sum N_i = N$ unterscheidbare Teilchen gibt es zunächst $N!$ Anordnungsmöglichkeiten. Diese N Teilchen sind aber in Gruppen zu jeweils N_i Teilchen eingeteilt. Die Anordnungsmöglichkeiten innerhalb einer Gruppe wurden aber bereits durch $g_i^{N_i}$ berücksichtigt, so dass die N_i Teilchen innerhalb einer Gruppe energetisch entartet sind und als ununterscheidbar zu betrachten sind. Für die Zahl der Anordnungen von N Teilchen mit jeweils Gruppen zu $N_1, N_2, \dots N_i \dots N_k$ *nicht* unterscheidbarer Teilchen gilt aber nach Gl. (1.12):

$$\frac{N!}{N_1! N_2! \dots N_i! \dots N_k!}$$

so dass die Gesamtzahl der Anordnungen des Systems nach der MB-Statistik lautet ($g_i \gg N_i$):

$$\Omega_{\mathrm{MB}} = \frac{N!}{N_1! N_2! \dots N_i! \dots N_k!} \cdot g_1^{N_1} \dots g_i^{N_i} \dots g_k^{N_k} = N! \cdot \prod_i \frac{g_i^{N_i}}{N_i!} \qquad (3.15)$$

Wir wollen nun untersuchen, zu welchen Grenzwerten die Ausdrücke für $\Omega_{\mathrm{Bosonen}}$ und $\Omega_{\mathrm{Fermionen}}$ nach Gl. (3.13) und (3.14) führen, wenn dort, wie bei der MB-Statistik, gelten soll, dass $g_i \gg N_i$. Dann wird aus Gl. (3.14):

$$\lim_{N_i/g_i \to 0} \Omega_{\mathrm{Fermionen}} = \lim_{N_i/g_i \to 0} \prod_i \frac{(g_i - N_i + 1) \cdots (g_i - N_i + N_i)}{N_i!}$$

$$= \lim_{N_i/g_i \to 0} \prod_i \frac{g_i^{N_i}\left(1 - \frac{N_i}{g_i} - \frac{1}{g_i}\right) \cdots 1}{N_i!} = \prod_i \frac{g_i^{N_i}}{N_i!} \qquad (3.16)$$

und aus Gl. (3.13):

$$\lim_{N_i/g_i \to 0} \Omega_{\mathrm{Bosonen}} = \lim_{N_i/g_i \to 0} \prod_i \frac{(N_i + g_i - 1) \cdot (1 + g_i - 1)}{N_i!}$$

$$= \lim_{N_i/g_i \to 0} \prod_i \frac{g_i^{N_i}}{N_i!} \left(1 + \frac{N_i}{g_i} - \frac{1}{g_i}\right) \cdots 1 = \prod_i \frac{g_i^{N_i}}{N!}$$

Man erkennt also folgenden Zusammenhang:

$$\lim_{N_i/g_i \to 0} \Omega_{\mathrm{Fermionen}} = \lim_{N_i/g_i \to 0} \Omega_{\mathrm{Bosonen}} = \frac{1}{N!} \Omega_{\mathrm{MB}} \qquad (3.17)$$

Für $g_i \gg N_i$ gehen also $\Omega_{\mathrm{Fermionen}}$ und $\Omega_{\mathrm{Bosonen}}$ in denselben Grenzwert über, der sich von Ω_{MB} nur durch den Faktor $1/N!$ unterscheidet. Das ist genau der Korrekturfaktor für die

MB-Statistik, den wir schon aufgrund der Diskussion von Abb. (2.4) wegen der Ununterscheidbarkeit der Teilchen eingeführt hatten! Wir wollen jetzt den thermodynamischen
Mittelwert

$$\left\langle \prod_i \frac{g_i^{N_i}}{N_i!} \right\rangle$$

bilden, der uns zur MB-Wahrscheinlichkeitsverteilung führen wird. Statt des thermischen
Mittelwertes brauchen wir jedoch nur das Maximum von $\Omega(N_1, N_2, \ldots N_i \ldots N_k)$ bezüglich
der Variablen $N_1, N_2 \ldots N_i \ldots N_k$ zu suchen unter Berücksichtigung der Randbedingungen
nach Gl. (3.12). Wir machen also von der *Methode des maximalen Terms* Gebrauch. Es ist
einfacher, das Maximum von $\ln \Omega$ zu suchen, das führt zu demselben Ergebnis, denn es
gilt:

$$d \ln \Omega = \frac{1}{\Omega} d\Omega$$

d. h., $d\Omega = 0$ bedeutet, es gilt auch $d \ln \Omega = 0$. Wir schreiben also:

$$\ln \Omega = \sum_i N_i \ln g_i - \sum_i \ln N_i! = \sum_i N_i \ln\left(\frac{g_i}{N_i}\right) + N \tag{3.18}$$

wobei wir von der Stirling'schen Formel $\ln N_i! = N_i \ln N_i - N_i$ Gebrauch gemacht haben.

Die Maximum-Bedingung erfordert:

$$d \ln \Omega = \sum_i \ln\left(\frac{g_i}{N_i}\right) dN_i + \sum_i N_i \left(\frac{N_i}{g_i}\right)\left(-\frac{g_i}{N_i^2}\right) dN_i = \sum_i \ln\left(\frac{g_i}{N_i}\right) dN_i = 0$$

Nun führen wir nach der Methode der Lagrange-Parameter (s. Anhang 11.4) die Nebenbedingungen nach Gl.(3.12) ein, indem wir diese mit den freien Parametern α und β
multiplizieren und von $d \ln \Omega$ subtrahieren. Man erhält dann:

$$d \ln \Omega = \sum_i \left[\ln\left(\frac{g_i}{N_i}\right) - \beta \cdot \varepsilon_i - \alpha\right] dN_i = 0$$

Da nun alle dN_i frei variierbar sind, müssen die eckigen Klammern einzeln für alle i
verschwinden:

$$\ln\left(\frac{N_i^*}{g_i}\right) - \beta \cdot \varepsilon_i - \alpha = 0 \quad \text{bzw.:} \quad \sum_i N_i^* \ln \frac{N_i^*}{g_i} = \beta \sum \varepsilon_i N_i^* + N\alpha \tag{3.19}$$

N_i^* ist der gesuchte Extremalwert für N_i. Wir setzen die Summe in Gl. (3.18) ein und
erhalten

$$\ln \Omega^* = N^* + \sum_i \beta\varepsilon_i + N^*\alpha$$

Da $\sum \varepsilon_i N_i = E = \text{const}$, $\sum N_i = N = \text{const}$ und $V = \text{const}$, handelt es sich um ein sog. mikrokanonisches Ensemble (s. Anhang 11.15), für das gilt:

$$S/k_B = \ln \Omega \tag{3.20}$$

Also folgt damit aus Gl. (3.18) und (3.19):

$$S/k_B = N^* + \sum_i \varepsilon_i N_i^* + N^* \alpha$$

Wir machen einen Koeffizientenvergleich mit dem Ausdruck für die Entropie nach der Gibbs'schen Fundamentalgleichung (s. Anhang 11.17):

$$S/k_B = U/(k_B T) + (p \cdot V)/k_B T - F/k_B T \tag{3.21}$$

Daraus folgt unmittelbar mit der freien Energie $F = N \cdot \mu^*$:

$$\beta = \frac{1}{k_B T} \quad \text{ferner} \quad \alpha = -\mu^*/k_B T \quad \text{und} \quad \frac{pV}{k_B T} = N \quad \text{(ideales Gasgesetz)}$$

$\mu^* = \mu/N_L$ ist das auf *ein Teilchen* bezogene chemische Potential und man erhält für den Gleichgewichtswert N_i^*:

$$\ln \left(\frac{N_i^*}{g_i} \right) + \frac{\varepsilon_i}{k_B T} - \frac{\mu^*}{k_B T} = 0$$

bzw.:

$$\frac{N_i^*}{g_i} = \exp \left[-\frac{\varepsilon_i}{k_B T} + \frac{\mu^*}{k_B T} \right] = \exp \left[-\frac{\varepsilon_i - \mu^*}{k_B T} \right] \tag{3.22}$$

Aus Gl. (3.22) folgt:

$$\sum_i N_i^* = N = e^{+\mu^* k_B T} \cdot \sum_i g_i e^{-\varepsilon_i/k_B T}$$

Der Faktor $e^{-\mu^* k_B T}$ in Gl. (3.22) lässt sich also eliminieren und man erhält:

$$\boxed{ \frac{N_i^*}{N} = \frac{g_i \, e^{-\varepsilon_i/k_B T}}{\sum_i g_i \, e^{-\varepsilon_i/k_B T}} } \qquad \text{(MB – Statistik)} \tag{3.23}$$

Gl. (3.23) ist identisch mit Gl. (2.58) (Boltzmann'scher Verteilungssatz) und N_i^* gleich dem thermischen Mittel $\langle N_i \rangle$.

Wie die thermischen Verteilungsfunktionen N_i^* für die BE- und FD-Statistik aussehen, wenn die Näherung $g_i \gg N_i$ *nicht mehr gültig ist*, wollen wir jetzt herleiten. Wenn man

Gl. (3.13) und (3.14) logarithmiert und von der Stirling'schen Formel Gebrauch macht, gelangt man zu:

$$\ln \Omega = \sum_i N_i \ln \left(\frac{g_i \pm N_i}{N_i} \right) \pm \sum_i g_i \ln \left(\frac{g_i \pm N_i}{g_i} \right) \qquad (3.24)$$

Das negative Vorzeichen gilt für die Fermionen, das positive für die Bosonen. Wir ermitteln für Gl. (3.24) die Maxima von $\ln \Omega$. Man erhält durch Differenzieren nach allen N_i und Nullsetzen:

$$\mathrm{d} \ln \Omega = \sum_i \ln \left(\frac{g_i \pm N_i}{N_i} \right) \cdot \mathrm{d} N_i = 0$$

Die Methode der Lagrange-Parameter ergibt hier mit den Nebenbedingungen nach Gl. (3.12):

$$\sum_i \ln \left(\frac{g_i \pm N_i^*}{N_i^*} \right) \mathrm{d} N_i^* - \alpha \sum_i \mathrm{d} N_i^* - \beta \sum_i \varepsilon_i \mathrm{d} N_i^* = 0$$

wobei + wieder für Bosonen und − für Fermionen gilt. Die Teilchenzahlen N_i^* bedeuten wieder die Werte von N_i im Maximum von $\ln \Omega = \ln \Omega^*$, die wir gleich den Mittelwerten $\langle N_i \rangle$ setzen dürfen. Jeder der einzelnen Vorfaktoren vor den Differentialen $\mathrm{d} N_i^*$ ist nun gleich Null. Damit ergibt sich die Zahl der Besetzungen $N_i^* = \langle N_i \rangle$ des Energiezustandes ε_i im thermodynamischen Gleichgewicht:

$$\boxed{\langle N_i \rangle = \frac{g_i}{e^{\alpha + \beta \varepsilon_i} + 1}} \qquad \text{(FD − Statistik)} \qquad (3.25)$$

$$\boxed{\langle N_i \rangle = \frac{g_i}{e^{\alpha + \beta \varepsilon_i} - 1}} \qquad \text{(BE − Statistik)} \qquad (3.26)$$

Das setzen wir in Gl.(3.24) ein und erhalten:

$$\ln \Omega^*_{\substack{\mathrm{FD} \\ \mathrm{BE}}} = \alpha \sum_i N_i^* + \beta \sum_i N_i^* \varepsilon_i \pm \sum_i g_i \ln \left(1 \pm e^{-\alpha - \beta \varepsilon_i} \right)$$

Jetzt verwenden wir wieder Gl. (3.20) und erhalten:

$$\frac{S}{k_{\mathrm{B}}} = \ln \Omega^*_{\substack{\mathrm{FD} \\ \mathrm{BE}}} = \alpha \sum_i \langle N_i \rangle + \beta \sum_i \langle N_i \rangle \cdot \varepsilon_i \pm \sum_i g_i \ln \left(1 \pm e^{-\alpha - \beta \varepsilon_i} \right) \qquad (3.27)$$

Wir identifizieren wieder $\sum \langle N_i \rangle$ mit N und $\sum \langle N_i \rangle \varepsilon_i$ mit U (Gl. (3.12)). Koeffizientenvergleich mit der Gibbs'schen Fundamentalgleichung (s. Anhang 11.17):

$$\frac{S}{k_B} = \frac{U}{k_B T} + \frac{p \cdot V}{k_B T} - \frac{N \cdot \mu^*}{k_B T} \tag{3.28}$$

ergibt $\beta = 1/k_B T$ und $\alpha = -\mu^*/k_B T$. Man erhält also für Gl. (3.25) und (3.26):

$$\boxed{\frac{\langle N_i \rangle}{g_i} = \langle n_i \rangle = \frac{1}{\exp\left[\varepsilon_i/k_B T - \mu^*/k_B T\right] + 1}} \qquad \text{(FD – Statistik)} \tag{3.29}$$

$$\boxed{\frac{\langle N_i \rangle}{g_i} = \langle n_i \rangle = \frac{1}{\exp\left[\varepsilon_i/k_B T - \mu^*/(k_B T)\right] - 1}} \qquad \text{(BE – Statistik)} \tag{3.30}$$

$\langle n_i \rangle$ ist die mittlere Zahl der Teilchen, die den *Quantenzustand i* besetzen. Das Energieniveau ε_i ist also g_i-fach entartet, d.h., $g_i \cdot \langle n_i \rangle = \langle N_i \rangle$ ist die mittlere Zahl der Teilchen, die den Energiezustand ε_i besetzen. Im Fall von Gl. (3.29) gilt $\langle n_i \rangle \leq 1$ und ist gleich der Wahrscheinlichkeit, dass ein Fermion einen Quantenzustand i besetzt. Das gilt für Gl. (3.30) nicht, denn Bosonen können in beliebiger Zahl einen Quantenzustand besetzen.

Die beiden Verteilungsfunktionen Gl. (3.29) und Gl. (3.30) sind in Abb. 3.2 als Funktion von $(\varepsilon_i - \mu^*)/k_B T$ dargestellt. Für große Werte von $(\varepsilon_i - \mu^*)/k_B T$ gehen sowohl die FD- wie auch die BE-Kurven in die MB-Kurve (Gl. (3.22)) über. Man beachte: der gestrichelten Verlauf der MB-Kurve, der zwischen der FD- und der BE-Kurve liegt, ist physikalisch nicht realisierbar. Die variable Größe bei $T = $ const ist ε.

3.3 Zustandsgrößen des FD- und BE-Gases

Wir formulieren jetzt die thermodynamischen Zustandsgrößen der idealen Quantengase, wobei wir $\exp[\mu^*/(k_B T)] = z$ setzen. z heißt *thermodynamische Aktivität*. Wir erhalten für die Gesamtzahl N und die innere Energie U aus Gl. (3.25) bzw. (3.26):

$$\boxed{N = \sum_i \langle N_i \rangle = \sum_i \frac{g_i \cdot z e^{-\varepsilon_i/k_B T}}{1 \pm z \cdot e^{-\varepsilon_i/k_B T}}} \qquad \left(\begin{array}{c} + = \text{FD} \\ - = \text{BE} \end{array}\right) \tag{3.31}$$

$$\boxed{U = \sum_i \varepsilon_i \cdot \langle N_i \rangle = \sum_i \frac{g_i \cdot \varepsilon_i \cdot z e^{-\varepsilon_i/k_B T}}{1 \pm z \cdot e^{-\varepsilon_i/k_B T}}} \qquad \left(\begin{array}{c} + = \text{FD} \\ - = \text{BE} \end{array}\right) \tag{3.32}$$

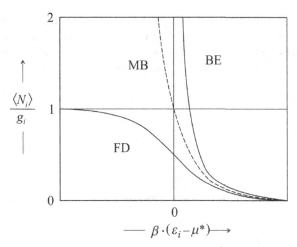

Abb. 3.2: Die FD-, BE- und MB-Verteilungsfunktionen $\langle N_i \rangle / g_i$ nach Gl. (3.29), Gl. (3.30) und Gl. (3.22). Links vom Wert 0 gilt $(\varepsilon - \mu^*) < 0$, rechts davon $(\varepsilon - \mu^*) > 0$. Die variable Größe auf der horizontalen Achse ist ε_i bei bestimmten Werten von T und $\mu^*(T)$.

Daraus ergibt sich mithilfe von Gl. (3.31), (3.32) und (3.27) für die thermische Zustandsgleichung nach Gl. (3.28):

$$pV = \pm k_B T \sum_i g_i \ln \left(1 \pm z e^{-\varepsilon_i/k_B T} \right) \qquad \begin{pmatrix} + = \text{FD} \\ - = \text{BE} \end{pmatrix} \tag{3.33}$$

Im Fall des BE-Gases muss das Vorzeichen vor der Summe negativ sein, da alle Terme unter dem ln kleiner als 1 sind und pV stets eine positive Größe sein muss. Damit ergibt sich für die Entropie aus Gl. (3.28) mit Gl. (3.31) bis (3.33):

$$S = \frac{1}{T} \cdot \sum_i \frac{g_i \cdot \varepsilon_i \cdot \exp\left[-\varepsilon_i/k_B T\right]}{1 \pm z \cdot \exp\left[-\varepsilon_i/k_B T\right]} + \sum_i g_i \ln\left(1 \pm z \cdot \exp\left[-\varepsilon_i/k_B T\right]\right) - z^N \tag{3.34}$$

mit + = FD und − = BE. Dafür lässt sich auch alternativ schreiben (Ableitung: s. Exkurs 3.7.7) mit $\langle n_i \rangle = \langle N_i \rangle / V$:

$$S_{\text{FD}} = -k_B \sum_i \left[\langle n_i \rangle_{\text{FD}} \cdot \ln\langle n_i \rangle_{\text{FD}} + (1 - \langle n_i \rangle_{\text{FD}}) \cdot \ln(1 - \langle n_i \rangle_{\text{FD}})\right] \tag{3.35}$$

$$S_{\text{BE}} = -k_B \sum_i \left[\langle n_i \rangle_{\text{BE}} \cdot \ln\langle n_i \rangle_{\text{BE}} - (1 + \langle n_i \rangle_{\text{BE}}) \cdot \ln(1 + \langle n_i \rangle_{\text{BE}})\right] \tag{3.36}$$

Man sieht, dass sich das chemische Potential pro Teilchen μ^* bzw. die Aktivität z nicht ohne weiteres eliminieren lässt und implizit in Gl. (3.31) bis (3.33) über $\mu^* = k_B T \cdot \ln z$ enthalten ist.

Die Energieniveaus ε_i in Gl. (3.31) bis (3.33) liegen in der Regel so dicht beieinander, dass die Summen als Integrale geschrieben werden können. Für g_i setzen wir $g(\varepsilon)$ nach Gl. (3.11) ein. Man kann $g(\varepsilon)$ auch als $g(k)$ angeben. Wir schreiben im Folgenden für $|\vec{k}| = \sqrt{\varepsilon(k) \cdot 2m}/\hbar$ bzw. $\vec{k}^2 = k^2$ und erhalten mit Hilfe von Gl. (3.11) für $g(k)$:

$$g(k)dk = (2s+1)\frac{V}{2\pi^2} \cdot k^2 dk \tag{3.37}$$

Fermionen

Wir behandeln zunächst die *Fermionen*. Einsetzen von Gl. (3.37) in Gl. (3.33) ergibt als Integral:

$$(p \cdot V)^{\text{FD}} = k_{\text{B}}T \cdot \int g(\varepsilon) \cdot \ln\left[1 + z \cdot e^{-\varepsilon/k_{\text{B}}T}\right] d\varepsilon$$

$$= k_{\text{B}}T \frac{2s+1}{2\pi^2} \int k^2 \cdot \ln\left[1 + z \cdot \exp\left(-\frac{\hbar^2 \cdot k^2}{2mk_{\text{B}}T}\right)\right] \cdot dk$$

Wir substituieren:

$$k^2 = x^2 \cdot \frac{2m}{\hbar^2}k_{\text{B}}T \qquad \text{bzw.} \qquad dk = \left(\frac{2m}{\hbar^2}\right)^{1/2} (k_{\text{B}}T)^{1/2} \cdot dx$$

und erhalten folgenden Ausdruck:

$$(p \cdot V)^{\text{FD}} = k_{\text{B}}T \cdot (2s+1) \cdot V \cdot \frac{4}{\sqrt{\pi}} \Lambda_{\text{therm}}^{-3} \int\limits_{x=0}^{\infty} x^2 \ln\left[1 + z \cdot e^{-x^2}\right] dx \tag{3.38}$$

s ist die halbzahlige Spinquantenzahl für die betreffenden Fermionen und Λ_{therm} ist die thermische Wellenlänge nach Gl. (2.56):

$$\Lambda_{\text{therm}} = \frac{h}{(2\pi m k_{\text{B}}T)^{1/2}} = \left(\frac{2\pi}{mk_{\text{B}}T}\right)^{1/2} \cdot \hbar$$

Zur Lösung des Integrals in Gl. (3.38) benutzt man die Reihenentwicklung des Logarithmus. Mit $y = z \cdot e^{-x^2}$ lautet sie (s. Anhang 11.18, Gl. (11.405)):

$$\ln(1+y) = \sum_n (-1)^{n+1} \frac{y^n}{n}$$

Also erhält man mit $y = z \cdot e^{-x^2}$ unter Beachtung von Gl. (11.8) in Anhang 11.2:

$$\sum_n^\infty (-1)^{n+1} \frac{z^n}{n} \int_0^\infty x^2 e^{-nx^2} dx = \sum_n^\infty (-1)^{n+1} \cdot \frac{z^n}{n} \cdot \left(-\frac{d}{dn} \int_0^\infty e^{-nx^2} dx \right)$$

$$= \sum_n^\infty (-1)^{n+1} \frac{z^n}{n} \left(-\frac{1}{2} \frac{d}{dn} \left(\sqrt{\frac{\pi}{n}} \right) \right) = \frac{\sqrt{\pi}}{4} \cdot \sum_n^\infty \frac{z^n}{n^{5/2}} (-1)^{n+1}$$

Der Summenausdruck des letzten Terms ist eine Funktion von z. Man bezeichnet sie mit $f_{5/2}(z)$. Damit ergibt sich für Fermionen nach Gl. (3.38):

$$\boxed{(p \cdot V)_{FD} = k_B T \frac{(2s+1)}{\Lambda_{therm}^3} \cdot V \cdot f_{5/2}(z)} \tag{3.39}$$

mit:

$$f_{5/2}(z) = \sum_n \frac{z^n}{n^{5/2}} (-1)^{n+1}$$

Für Elektronen gilt in Gl. (3.39) $s = 1/2$. Jetzt berechnen wir noch die Teilchenzahldichte (N/V) für Fermionen. Sie steht in folgendem Zusammenhang mit dem Druck p und $\beta = 1/k_B T$:

$$\beta \left(\frac{d\, p \cdot V}{d \ln z} \right) = \frac{N}{V}$$

Davon überzeugt man sich leicht, indem man Gl. (3.33) nach $d \ln z = z^{-1} dz$ differenziert. Man erhält in der Tat Gl. (3.31). Wir brauchen also nur Gl. (3.39) genauso zu differenzieren, um die Integralform von (N/V) zu erhalten. Ableiten von Gl. (3.39) nach $d \ln z = dz/z$ ergibt:

$$\left(\frac{N}{V} \right)_{FD} = \frac{2s+1}{\Lambda_{therm}^3} \cdot \beta \cdot z \frac{d f_{5/2}(z)}{dz}$$

$$\boxed{\left(\frac{N}{V} \right)_{FD} = \frac{2s+1}{\Lambda_{therm}^3} \cdot f_{3/2}(z)} \tag{3.40}$$

mit:

$$f_{3/2}(z) = \sum_{n=1} (-1)^{n+1} \cdot z \cdot \frac{1}{n^{5/2}} \cdot \frac{dz^n}{dz} = \sum_{n=1} (-1)^{n+1} \cdot \frac{z^n}{n^{3/2}}$$

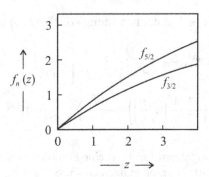

Abb. 3.3: Die Funktion $f_{5/2}(z)$ in Gl. (3.39) und $f_{3/2}(z)$ in Gl. (3.40).

Die Aktivität z ist eine Funktion von T und V, also sind auch $(pV)_{\text{FD}}$ und $(N/V)_{\text{FD}}$ Funktionen von T und V. Abb. 3.3 zeigt die Funktionen $f_{5/2}(z)$ und $f_{3/2}(z)$.

Um die eigentliche thermische Zustandsgleichung $p_{\text{FD}}((N/V),T)$ zu erhalten, muss z aus Gl. (3.39) und (3.40) eliminiert werden. Das ist kompliziert, aber grundsätzlich möglich, indem man ähnlich wie bei einer Virialentwicklung p als eine Reihe von Potenzen von (N/V) darstellt. Beschränkt man sich auf kleine Werte von (N/V) ist das Verfahren noch relativ leicht durchzuführen (s. Exkurs 3.7.10).

Wir kommen nun zur Berechnung der inneren Energie U_{FD}. Dazu differenzieren wir Gl. (3.33) bei $z = $ const nach $\beta = 1/k_{\text{B}}T$ und erhalten durch Vergleich mit Gl. (3.32):

$$U_{\text{FD}} = -\left[\frac{\partial}{\partial\beta}(\beta \cdot p \cdot V)\right]_z = \sum_i \frac{g_i \cdot \varepsilon_i z \cdot e^{-\varepsilon_i\beta}}{1 + ze^{-\varepsilon_i\beta}}$$

Diese Differentiation angewandt auf Gl. (3.39) führt zur Integralform von U_{FD}:

$$U_{\text{FD}} = -(2s+1) \cdot V \cdot f_{5/2}(z)\frac{\mathrm{d}}{\mathrm{d}\beta}\Lambda_{\text{therm}}^{-3} = (2s+1)V \cdot f_{5/2}(z) \cdot \Lambda_{\text{therm}}^{-3} \cdot \beta^{-1} \cdot \frac{3}{2}$$

Der Vergleich mit Gl. (3.39) ergibt also:

$$\boxed{U_{\text{FD}} = \frac{3}{2} \cdot (p \cdot V)_{\text{FD}}} \tag{3.41}$$

Formal ist das dieselbe Formel wie in der MB-Statistik idealer Gase $U_{\text{MB}} = \frac{3}{2}Nk_{\text{B}}T = \frac{3}{2}(p \cdot V)_{\text{MB}}$, allerdings mit $(pV)_{\text{FD}} \neq (pV)_{\text{MB}}$!

Bosonen

Bei der Behandlung des Bosonen-Gases stoßen wir zunächst auf ein Problem, das bei Fermionen nicht auftritt. In Gl. (3.31) muss gelten (s. auch Abb. 3.2):

$$z \cdot \exp\left[-\varepsilon_i\beta\right] = \exp\left[-(\varepsilon_i - \mu^*) \cdot \beta\right] \leq 1 \qquad \text{für alle} \quad i = 0, 1, \cdots \infty$$

damit $\langle N_i \rangle$ für alle i positiv bleibt. Wir betrachten zunächst das Grenzverhalten für $T \to 0$. Für $i = 1, 2, \cdots \infty$ gilt in diesem Fall

$$\lim_{T \to 0} \langle N_i \rangle = \lim_{T \to 0} \exp\left[-(\varepsilon_i - \mu^*)/k_B T\right] = 0 \qquad (i \geq 1)$$

Da die Gesamtzahl N der Teilchen festliegt, muss demnach für $i = 0$ gelten:

$$N = \langle N_0(T = 0) \rangle = \frac{g_0}{\displaystyle\lim_{T \to 0} \exp\left[(\varepsilon_0 - \mu^*)/k_B T\right] - 1} \tag{3.42}$$

Alle Teilchen befinden sich also bei $T = 0$ im Grundzustand mit der Energie ε_0. Der Limes im Nenner muss also größer als 1 sein, um die Gleichung zu erfüllen. Da N i. d. R. eine sehr große Zahl ist, wird dieser Limes nur sehr geringfügig über 1 liegen, so dass man schreiben kann durch Taylorreihenentwicklung bis zum linearen Glied:

$$\lim_{T \to 0} \exp\left[(\varepsilon_0 - \mu^*)/k_B T\right] \cong \lim_{T \to 0} \left[(\varepsilon_0 - \mu^*)/k_B T\right] + 1$$

Da im Grundzustand der Entartungsfaktor $g_0 = 1$ ist, erhält man wegen $\varepsilon_0 = 0$:

$$\lim_{T \to 0} \left(\frac{\varepsilon_0 - \mu^*}{k_B T}\right)_{BE} = \lim \left(\frac{-\mu^*(T = 0)}{k_B T}\right)_{BE} = \frac{1}{N} \approx 0$$

Wir stellen also fest, dass für den Wertebereich der Aktivität z bei Bosonen gilt:

$$\boxed{0 \leq z_{BE}(T) \leq z_{BE}(T = 0) = e^{-1/N} \approx 1} \qquad \text{bzw.} \qquad \boxed{\mu^* \leq 0} \tag{3.43}$$

Die Aktivität z_{BE} kann also nirgends größer als 1 werden bzw. μ^* ist negativ und höchstens gleich 0. Wenn wir nun analog zur Behandlung der Fermionen zur Integraldarstellung der Zustandsgleichung für Bosonen übergehen, ergibt sich mit $k^2 = x^2 \cdot 2mk_B T/\hbar^2$ aus Gl. (3.33) und Λ_{therm} nach Gl. (2.56) mit $g(k)$ nach Gl. (3.37):

$$p \cdot V = -k_B T \cdot (2s + 1) \frac{4}{\sqrt{\pi}} \cdot \Lambda_{\text{therm}}^{-3} \cdot \int_{x=0}^{\infty} x^2 \cdot \ln\left[1 - z \cdot e^{-x^2}\right] dx \tag{3.44}$$

Nun wissen wir aus der obigen Diskussion, dass das niedrigste Niveau mit $\varepsilon_0 = 0$ und $g_0 = 1$ bei tieferen Temperaturen immer mehr Teilchen aufnimmt, bei $T = 0$ sind *alle* Teilchen im untersten Niveau angehäuft, während höhere Niveaus ab ε_1 demgegenüber immer weniger Teilchen enthalten, je niedriger die Temperatur ist. Im Integral in Gl. (3.44) ist der Integrand jedoch bei $x = 0$ ebenfalls gleich Null, das Grundniveau wird also gar nicht berücksichtigt. Wir müssen daher aus der ursprünglichen Gleichung (3.33) den ersten Term mit $g_0 = 1$ und $\varepsilon_0 \approx 0$ in Gl. (3.33) gesondert betrachten und zu Gl. (3.44) hinzu addieren. Wir erhalten somit für die thermische Zustandsgleichung:

$$(p \cdot V) = -k_B T (2s + 1) \cdot \frac{4}{\sqrt{\pi}} \Lambda_{th}^{-3} \int\limits_{x=0}^{\infty} x^2 \cdot \ln \left[1 - z \cdot e^{-x^2}\right] dx - k_B T (2s + 1) \cdot \ln(1 - z)$$

$$(3.45)$$

Die untere Integrationsgrenze ist jetzt zwar nicht mehr exakt gleich Null, da sie $\varepsilon_1 > 0$ entspricht, aber ε_1 ist sehr klein, und die Besetzungszahlen $\langle N_i \rangle$ mit $i \geq 1$ sind alle genügend klein, so dass für die untere Integrationsgrenze $x = 0$ gerechtfertigt ist. Wir stellen $\ln(1 - y)$ mit $y = z \cdot e^{-x^2}$ als Taylor-Reihe dar (s. Anhang 11.18, Gl. (11.405)):

$$\ln(1 - y) = -\sum_{n=1}^{\infty} \frac{y^n}{n}$$

Wir gehen also wieder ähnlich wie bei der Ableitung von Gl. (3.39) vor, und erhalten hier:

$$g_{5/2} = -\frac{4}{\sqrt{\pi}} \int\limits_0^{\infty} x^2 \ln(1 - ze^{-x^2}) dx = +\sum_{n=1}^{\infty} \frac{z^n}{n^{5/2}} \qquad (3.46)$$

Das Integral liefert nur negative Beiträge, da $(1 - z \exp(-x^2)) < 1$ für alle x-Werte. $g_{5/2}$ ist also stets positiv. Damit lässt sich für Gl. (3.45) schreiben:

$$\boxed{(\beta \cdot p \cdot V)_{BE} = (2s + 1) \cdot \Lambda_{th}^{-3} \cdot V \cdot g_{5/2}(z) - (2s + 1) \cdot \ln(1 - z)} \qquad (3.47)$$

Für $z = 1$ geht $g_{5/2}(z = 1)$ in die Riemann'sche Funktion $\zeta(5/2) = 1{,}341$ über (s. Anhang 11.21). Für die Teilchenzahldichte (N/V) ergibt sich dann:

$$\boxed{\left(\frac{N}{V}\right)_{BE} = \beta \frac{dp_{BE}}{dz} \cdot z = \frac{2s + 1}{\Lambda_{th}^3} \cdot g_{3/2}(z) + \frac{(2s + 1)}{V} \frac{z}{1 - z}} \qquad (3.48)$$

mit

$$g_{3/2}(z) = z \frac{d}{dz}(g_{5/2}) = \sum_{n=1}^{\infty} \frac{z^n}{n^{3/2}} \qquad (3.49)$$

Für $z = 1$ geht $g_{3/2}(z = 1)$ in die Riemann'sche Funktion $\zeta(3/2) = 2{,}612$ über (s. Anhang 11.21). Abb. 3.4 zeigt verschiedene Funktionen $g_n(z)$.

Der erste Term auf der rechten Seite von Gl. (3.48) stellt die Summe der Teilchenzahl-dichten (N_e/V) in den angeregten Niveaus dar, also für $i = 1, 2, \cdots \infty$, der zweite Term

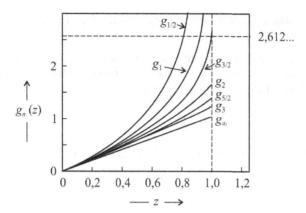

Abb. 3.4: Die Funktion $g_n(z)$ mit $n = \infty$ bis $n = 1/2$. $g_n(z)$ mit $n \leq 1$ divergieren, d. h., sie gehen für $z = 1$ gegen ∞. Für $n > 1$ ergeben sich dagegen feste Werte für $z = 1$. Das sind die sog. Riemann'schen Funktionen $\zeta(n)$ (s. Anhang 11.21).

ist die Teilchenzahldichte (N_0/V) im Grundzustand ($i = 0$). Für $T \to 0$ ist nach Gl. (3.43) $z = e^{-1/N}$, das ergibt mit $e^{1/N} = 1 + \frac{1}{N} + \cdots$

$$\left(\frac{N_0}{V}\right)_{BE} (T = 0) = \frac{1}{V} \cdot \frac{e^{-1/N}}{1 - e^{-1/N}} = \frac{1/V}{e^{1/N} - 1} \cong \frac{1/V}{1 + \frac{1}{N} - 1} = N/V \qquad (3.50)$$

in Übereinstimmung mit Gl. (3.42). Man beachte, dass $z = \exp[-1/N] < 1$, solange N endlich groß ist! Dieses außergewöhnliche Phänomen der Ansammlung aller N Teilchen in einem einzigen Quantenzustand bei $T = 0$ heißt *Bose-Einstein-Kondensation* (BEC). Mit der Thermodynamik der BEC werden wir uns ausführlicher in den Abschnitten 3.6.2 und 3.6.3 beschäftigen. Bei Fermionen kann so etwas nicht auftreten, da dort nur maximal 1 Teilchen einen Quantenzustand besetzen kann, bei Bosonen sind es dagegen beliebig viele Teilchen! Wir leiten noch die Formel für die innere Energie U_{BE} ab:

$$U_{BE} = -\frac{\partial}{\partial \beta} (\beta \cdot (pV)_{BE})_z = -(2s + 1) \cdot V \cdot g_{5/2} \cdot \frac{d}{d\beta} \left(\Lambda_{therm}^{-3}\right)$$

$$= +(2s + 1) \cdot V \cdot g_{5/2} \cdot \Lambda_{therm}^{-3} \cdot k_B T \cdot \frac{3}{2}$$

Also gilt auch hier wie bei Fermionen:

$$\boxed{U_{BE} = \frac{3}{2} \cdot (pV)_{BE}} \qquad (3.51)$$

allerdings mit $U_{BE} \neq U_{FD}$ und $(pV)_{BE} \neq (pV)_{FD}$.

3.4 Teilchenzahlschwankungen von Fermionen und Bosonen

Wir wollen auf einen weiteren wesentlichen Unterschied zwischen Fermionen und Bosonen hinweisen und noch die quadratischen Teilchenzahlschwankungen von Gl. (3.29) und (3.30) berechnen. Es gilt für die mittlere quadratische Schwankung $\langle(\Delta n)^2\rangle$ (s. auch Gl. (1.10)):

$$\langle(\Delta n)^2\rangle = \langle[n - \langle n\rangle]^2\rangle = \langle n^2\rangle - \langle n\rangle^2$$

Wir schreiben zunächst Gl. (3.29) und (3.30) in folgender Form:

$$\left.\begin{aligned}\langle n\rangle_{\mathrm{FD}} &= \frac{x}{1+x} \\ \langle n\rangle_{\mathrm{BE}} &= \frac{x}{1-x}\end{aligned}\right\} \quad \text{mit} \quad x = \exp\left[-\left(\frac{\varepsilon}{k_{\mathrm{B}}T} - \frac{\mu^*}{k_{\mathrm{B}}T}\right)\right] \leq 1 \tag{3.52}$$

Für $\langle n\rangle_{\mathrm{FD}}$ lässt sich schreiben:

$$\langle n\rangle_{\mathrm{FD}} = \sum_{i=0}^{1} i \cdot x^i \bigg/ \sum_{i=0}^{1} x^i = \frac{x}{1+x}$$

Wir berechnen entsprechend $\langle n^2\rangle_{\mathrm{FD}}$ Somit gilt:

$$\langle n^2\rangle_{\mathrm{FD}} = \sum_{i=0}^{1} i^2 \cdot x^i \bigg/ \sum_{i=0}^{1} x^i = \frac{x}{1+x}$$

Das bedeutet:

$$\langle n\rangle_{\mathrm{FD}} = \langle n^2\rangle_{\mathrm{FD}}$$

Damit erhalten wir für die relative, quadratische Schwankungsbreite der Fermionen:

$$\boxed{\frac{\langle n^2\rangle_{\mathrm{FD}} - \langle n\rangle_{\mathrm{FD}}^2}{\langle n\rangle_{\mathrm{FD}}^2} = \frac{\langle n\rangle_{\mathrm{FD}} - \langle n\rangle_{\mathrm{FD}}^2}{\langle n\rangle_{\mathrm{FD}}^2} = \frac{1}{\langle n\rangle_{\mathrm{FD}}} - 1} \tag{3.53}$$

Wenn alle Orbitale vollständig besetzt sind, wird Gl. (3.53) gleich Null, da $\langle n\rangle_{\mathrm{FD}} = 1$ wird. Das ist bei $T = 0$ K der Fall, hier gibt es keine Teilchenzahlschwankungen. Bei dem sog. freien Elektronengas, das als Näherungsmodell für Metalle Anwendung findet, gilt das bereits bei Temperaturen bis unterhalb von ca. 5000 K (s. Abschnitt 3.5).

Bei den Bosonen gehen wir folgendermaßen vor. Es gilt bekanntlich für eine geometrische Reihe (s. Anhang 11.3):

$$\sum_{i=0}^{\infty} x^i = \frac{1}{1-x} \quad \text{und} \quad \sum_{i=0}^{\infty} ix^i = x\frac{\mathrm{d}\sum ix^i}{\mathrm{d}x} = \frac{x}{(1-x)^2} \tag{3.54}$$

und somit nach Gl. (3.52):

$$\langle n \rangle_{\text{BE}} = \frac{\sum\limits_{i=0}^{\infty} i \cdot x^i}{\sum\limits_{i=0}^{\infty} x^i} = \frac{x}{1-x} = \langle i \rangle \tag{3.55}$$

Daraus folgt:

$$\langle n^2 \rangle_{\text{BE}} = \langle i^2 \rangle = \frac{\sum\limits_{i=0}^{\infty} i^2 \cdot x^i}{\sum\limits_{i=0}^{\infty} x^i} = (1-x) \cdot x \frac{\mathrm{d}}{\mathrm{d}x} \left[x \frac{\mathrm{d} \sum\limits_{i=0}^{\infty} x^i}{\mathrm{d}x} \right] \tag{3.56}$$

Ausführung der Differentiation ergibt unter Beachtung von Gl. (11.14) und Gl. (11.15) in Anhang 11.3:

$$\langle n^2 \rangle_{\text{BE}} = \frac{x}{1-x} + 2\frac{x^2}{(1-x)^2} = \langle n^2 \rangle_{\text{BE}} = +2\langle n \rangle_{\text{BE}}^2$$

und somit gilt für Bosonen

$$\boxed{\frac{\langle n^2 \rangle_{\text{BE}} - \langle n \rangle_{\text{BE}}^2}{\langle n \rangle_{\text{BE}}^2} = \frac{1}{\langle n \rangle_{\text{BE}}} + 1} \tag{3.57}$$

Man sieht, dass für $\langle n \rangle_{\text{BE}} \to \infty$ Gl. (3.56) gleich 1 wird, bei $\langle n \rangle_{\text{BE}} = 1$ gleich 2 und bei $\langle n \rangle_{\text{BE}} < 1$ wird Gl. (3.56) größer als 2. Die relativen Schwankungen sind also bei Bosonen erheblich und liegen zwischen 1 und ∞! Die starken Fluktuationen von Bosonen lassen sich experimentell bei Photonen nachweisen, die ja ideale Bose-Teilchen sind mit der Spinquantenzahl $s = 1$. Abb. 3.5 zeigt eine Skizze des Experiments.

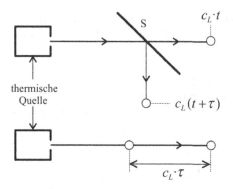

Abb. 3.5: Messprinzip der Photonenzahlschwankung (s. Text) oben: thermische Lichtquelle mit Monochromator und Strahlungsaufspaltung am Spiegel S. Unten: analoges Gedankenexperiment an einem durchgehenden Lichtstrahl

Von einem Lichtstrahl, der aus einer *thermischen* Quelle stammt, wird eine Frequenz ausgefiltert. Der monochromatische Strahl trifft auf einen halbdurchlässigen Spiegel. Dabei wird seine Intensität aufgespalten in einen Anteil der die Richtung beibehält und einen, der senkrecht dazu verläuft. Die Intensität des einen Strahls wird nach einer Strecke $c_L \cdot t$ über einen längeren Zeitraum wiederholt gemessen, die des anderen nach einer Strecke der Länge $c_L(t+\tau)$. Jede Einzelmessung findet simultan statt. Die Differenz der Einzelmessung wird als statistisches Ereignis gespeichert und die Verteilung dieser Differenzen als Messergebnis ausgewertet. Das Experiment verläuft also so, als ob man die Intensitäten eines einzigen Lichtstrahls gleichzeitig an zwei Stellen misst, die um die Strecke $\tau \cdot c_L$ voneinander entfernt sind (s. Abb. 3.5 unten). Man beobachtet dabei deutliche Schwankungen der Intensitätsdifferenz. Die Temperatur, die dem Lichtstrahl entspricht, ist die Temperatur der thermischen Strahlungsquelle von der der Lichtstrahl ausgesendet wird. Da bei Photonen das chemische Potential $\mu = 0$ und $\varepsilon = h\nu$ ist, kann die Besetzungszahldichte der Photonen $\langle n \rangle_{Ph}$ nach Gl. (3.55) berechnet werden und damit auch die Schwankungsbreite $\langle \Delta n^2 \rangle_{Ph}$ mit Gl. (3.57). Dieser Wert lässt sich mit den experimentellen Ergebnissen von $\langle \Delta n^2 \rangle_{Ph}$ vergleichen. Es wurde eine gute Übereinstimmung festgestellt und bestätigt, dass Photonen Bose-Teilchen sind. Es ist wichtig, dass das Licht in diesem Experiment kein Laserstrahl ist. Laserstrahlen sind kohärent. Man würde dann immer dieselbe Intensitätsdifferenz messen, daraus könnte man die Wellenlänge des Laserlichts bestimmen, jedoch keine statistische Schwankung. Ein Laserstrahl befindet sich nicht im thermischen Gleichgewicht, er hat keine definierte Temperatur und eine viel niedrigere Entropie als ein thermischer, monochromatischer aber inkohärenter Lichtstrahl derselben Wellenlänge.

3.5 Einfache Anwendungen der FD-Statistik

3.5.1 Das entartete ideale Fermigas als Modell für freie Elektronen in Metallen

Zu den wichtigsten Teilchen, die der FD-Statistik gehorchen, gehören die Elektronen. Sie haben die Spinquantenzahl $s = \pm 1/2$. Eine vereinfachende Modellvorstellung geht davon aus, dass die Elektronen in Metallen sich weitgehend frei und unabhängig voneinander vor dem Hintergrund der positiven Ladungen der festsitzenden Metallionen bewegen, die eine näherungsweise gleichförmig verteilte Ladungsdichte darstellen. Wir betrachten zunächst den Fall der vollständigen Entartung, bei dem alle Quantenzustände lückenlos mit Elektronen besetzt sind. Für die Gesamtzahl der Elektronen berechnen wir mit $g(\varepsilon)$ nach Gl. (3.11) und $s = 1/2$:

$$N_e = \int\limits_0^{\varepsilon_F} g(\varepsilon) \cdot d\varepsilon = \frac{8}{3}\pi \left(\frac{2m_e}{h^2} \right)^{3/2} \cdot V \cdot \varepsilon_F^{3/2} \tag{3.58}$$

wobei N_e die Zahl der Elektronen und m_e ihre Masse bedeutet. ε_F ist die Energie des obersten noch besetzten Niveaus und heißt *Fermienergie*:

$$\boxed{\varepsilon_F = \frac{h^2}{2m_e}\left(\frac{3}{8\pi}\right)^{2/3} \cdot \left(\frac{N_e}{V}\right)^{2/3}} \quad \text{bzw.} \quad \boxed{T_F = \frac{\varepsilon_F}{k_B}} \tag{3.59}$$

T_F heißt Fermi-Temperatur. Diese lückenlose Besetzung der Quantenzustände mit N_e Elektronen gilt streng genommen nur bei $T = 0$ K. Sie ist aber auch bei höheren Temperaturen noch in guter Näherung gültig, solange $T_F \gg T$.

Nun lassen sich unmittelbar alle thermodynamischen Größen des Fermigases bei $T = 0$ K bzw. $T \ll T_F$ ableiten. Bei $T = 0$ ist das chemische Potential μ_0^* pro Teilchen gleich ε_F. Man erhält aus Gl. (3.58):

$$\boxed{\mu_0^*(T = 0) = \varepsilon_F = k_B \cdot T_F = 0{,}121215 \cdot \left(\frac{N_e}{V}\right)^{2/3} \cdot \frac{h^2}{m_e}} \tag{3.60}$$

Die innere Energie $U_0 = U(T = 0)$ erhält man als Mittelwert $N_e \langle \varepsilon \rangle$:

$$U_0 = \int_0^{\varepsilon_F} \varepsilon \cdot g(\varepsilon)\mathrm{d}\varepsilon = 4\pi\left(\frac{2m_e}{h}\right)^{3/2} \cdot V \cdot \frac{2}{5}\varepsilon_F^{5/2} \tag{3.61}$$

Dafür lässt sich schreiben mit N_e nach Gl. (3.58)

$$\boxed{U_0 = N_e \cdot \frac{3}{5}\varepsilon_F} \qquad (T \ll T_F) \tag{3.62}$$

Wegen $\mu^*(T = 0) = \varepsilon_F$ folgt sofort aus Gl. (3.60) und (3.61) für den Fermidruck $p(T = 0) = p_F$ mit $\mu_0 = N_e \cdot \mu^*(T = 0) = \varepsilon_F N_e$:

$$\boxed{p_0 V = N_e \cdot \varepsilon_F - U_0 = N_e \cdot \frac{2}{5}\varepsilon_F} \qquad (T \ll T_F) \tag{3.63}$$

Wir berechnen noch die Kompressibilität $\kappa_0 = -\dfrac{1}{V}\left(\dfrac{\partial V}{\partial p_0}\right)_{T=0}$. Es gilt:

$$\mathrm{d}(p_0 V) = p_0 \cdot \mathrm{d}V + V \cdot \mathrm{d}p_0 = N_e \cdot \frac{2}{5}\mathrm{d}\varepsilon_F$$

bzw.:

$$V \cdot \frac{\mathrm{d}p_0}{V} = N_e \cdot \frac{2}{5}\frac{\mathrm{d}\varepsilon_F}{\mathrm{d}V} - p_0$$

Daraus folgt mit $p_0 = \left(\dfrac{N_e}{V}\right)\dfrac{2}{5}\varepsilon_F$ und $(\mathrm{d}\varepsilon_F/\mathrm{d}V)$ aus Gl. (3.59):

$$\kappa_{T,F} = \left[p_0 - N_e\frac{2}{5}\left(\frac{\mathrm{d}\varepsilon_F}{\mathrm{d}V}\right)\right]^{-1} = \left[\left(\frac{N_e}{V}\right)\frac{2}{5}\varepsilon_F + \left(\frac{N_e}{V}\right)\cdot\frac{4}{15}\cdot\varepsilon_F\right]^{-1} = \frac{3}{2\varepsilon_F}\left(\frac{V}{N_e}\right) \tag{3.64}$$

Tab. 3.1: Berechnete Daten für das freie entartete Elektronengas in Metallen

	Z_e	$\left(\dfrac{N_e}{V}\right)\cdot 10^{-28}$ $\left[\text{m}^{-3}\right]$	$\varepsilon_F\cdot 10^{19}$ [J]	T_F [K]	$p_F\cdot 10^{-4}$ [bar]	$\kappa_{T,F}\cdot 10^{5}$ $\left[\text{bar}^{-1}\right]$	$v_F\cdot 10^{-5}$ $\left[\text{m}\cdot\text{s}^{-1}\right]$
Na	1	2,54	5,05	36575	5,13	1,17	10,52
K	1	1,33	3,28	23756	1,75	3,43	8,49
Cs	1	0,861	2,45	17745	0,844	7,11	7,33
Cu	2	8,47	11,27	8162	3,82	1,57	4,97
Ag	1	5,86	8,81	63808	20,6	0,291	13,90
Au	1	5,90	8,85	64097	20,9	0,287	13,94
Mg	2	8,89	11,63	84233	41,3	0,145	15,98

oder

$$\boxed{\kappa_{T,F} = \frac{1}{p_0}\cdot\frac{3}{5}} \qquad (T\ll T_F) \tag{3.65}$$

Wir können nun ε_F, T_F, p_0, κ_0 und die Fermi-Geschwindigkeit $v_F = \sqrt{\dfrac{2\varepsilon_F}{m_e}}$ berechnen, wenn die Teilchenzahldichte (N_e/V) bekannt ist. Es gilt:

$$\left(\frac{N_e}{V}\right) = Z_e\cdot\frac{\varrho_{Me}}{M_{Me}}\cdot N_L \tag{3.66}$$

wobei Z_e die Zahl der freien Elektronen pro Metallatom bedeutet. ϱ_{Me} ist die Massendichte und M_{Me} die Molmasse des Metalls. v_F ist die Geschwindigkeit der Elektronen im obersten Energieniveau an der Fermi-Kante. Tabelle 3.1 gibt berechnete Daten bei 293 K für eine Auswahl von Metallen wieder. Daraus lässt sich folgern:

- Die Fermitemperaturen $T_F = \varepsilon_F/k_B$ liegen bei Metallen zwischen 10^4 K und 10^5 K, also dem ca. 30 bzw. 300 fachen von 300 K. Selbst am Schmelzpunkt der Metalle, also bei maximal $\sim 3000\,\text{K}$, ist T_F noch um das 10 fache bzw. 100-fache höher. Das bedeutet in sehr guter Näherung vollständige Entartung und es gelten noch Gl. (3.60) bis (3.65) wie bei $T = 0$ K.

- Der Druck des Elektronengases liegt bei 10^4 bis $5\cdot 10^5$ bar. Dieser hohe Druck wird durch die Coulomb-Wechselwirkung der Elektronen mit den positiv geladenen ionischen Atomrümpfen kompensiert.

- Die Fermigeschwindigkeit v_F der quasi-freien Elektronen ist in Metallen um einen Faktor 200 bis 800 kleiner als die Lichtgeschwindigkeit. Es kann also die nichtrelativistische FD-Statistik verwendet werden, wie wir es getan haben.

3.5.2 Zustandsgrößen des fast entarteten Fermi-Gases

Wenn die Temperatur eines Fermi-Gases steigt und in die Nähe von T_F kommt, werden die Niveaus oberhalb von ε_F langsam „bevölkert"und unterhalb von ε_F entsprechend „entvölkert". Man spricht vom „fast" entarteten Fermi-Gas. Die molaren Zustandsgrößen $\mu, \overline{U}, p\overline{V}$ werden T-abhängig . Wir wollen diese T-Abhängigkeit in erster Näherung berechnen.

Wir definieren das Integral I:

$$I = \int\limits_0^\infty f(\varepsilon,\mu^*,T) \cdot h(\varepsilon)\mathrm{d}\varepsilon \qquad \text{mit} \quad f(\varepsilon,\mu^*,T) = \frac{1}{\exp\left[(\varepsilon - \mu^*)/k_B T\right] + 1} \tag{3.67}$$

Setzt man z. B. $h(\varepsilon) = g(\varepsilon)$, ist I gleich der Teilchenzahl N (Integraldarstellung von Gl. (3.31)), mit $h(\varepsilon) = \varepsilon \cdot g(\varepsilon)$ ist I gleich der inneren Energie U (Integraldarstellung Gl. (3.32)). Zunächst formen wir Gl. (3.67) um durch partielle Integration (zur Erinnerung: $\int (u \cdot v)' \cdot \mathrm{d}\varepsilon = u \cdot v|_0^\infty = \int u' \cdot v \cdot \mathrm{d}\varepsilon + \int v' \cdot u \cdot \mathrm{d}\varepsilon$ hier mit $u' = h(\varepsilon), u = \int\limits^\varepsilon h(\varepsilon)\mathrm{d}\varepsilon$ und $v = f(\varepsilon)$). Dann ergibt sich:

$$I = f(\varepsilon)H(\varepsilon)\Big|_0^\infty - \int\limits_0^\infty f'(\varepsilon,\mu^*,T) \cdot H(\varepsilon)\mathrm{d}\varepsilon \tag{3.68}$$

mit $H(\varepsilon) = \int\limits_0^\varepsilon h(\varepsilon)\mathrm{d}\varepsilon$, bzw. $\left(\dfrac{\mathrm{d}H}{\mathrm{d}\varepsilon}\right) = h(\varepsilon)$. Der erste Term auf der rechten Seite von Gl. (3.68) wird an beiden Grenzen gleich Null und verschwindet. Man erhält also:

$$I = - \int\limits_0^\infty \frac{\mathrm{d}f(\varepsilon,\mu^*,T)}{\mathrm{d}\varepsilon} \cdot H(\varepsilon)\mathrm{d}\varepsilon \tag{3.69}$$

Abb. 3.6 zeigt, dass $(\mathrm{d}f/\mathrm{d}\varepsilon)$ nur in einem engen Bereich um $\varepsilon = \mu^*$ merklich von Null verschieden ist, daher entwickeln wir $H(\varepsilon)$ in eine Taylor-Reihe für ε um den Wert $\varepsilon = \mu^*$ herum:

$$H(\varepsilon) = \sum_{n=1}^\infty \frac{(\varepsilon - \mu^*)^n}{n!} \left(\frac{\mathrm{d}^n H(\varepsilon)}{\mathrm{d}\varepsilon^n}\right)_{\varepsilon = \mu^*}$$

wenn wir uns auf drei Reihenglieder beschränken, gilt:

$$H(\varepsilon) = H(\varepsilon = \mu^*) + (\varepsilon - \mu^*)\left(\frac{\mathrm{d}H(\varepsilon)}{\mathrm{d}\varepsilon}\right)_{\varepsilon = \mu^*} + \frac{(\varepsilon - \mu^*)^2}{2}\left(\frac{\mathrm{d}^2 H(\varepsilon)}{\mathrm{d}\varepsilon^2}\right)_{\varepsilon = \mu^*} + \dots \tag{3.70}$$

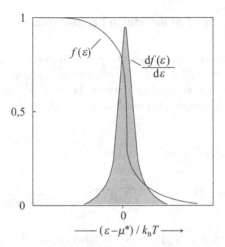

Abb. 3.6: FD-Verteilungsfunktion $f(\varepsilon)$ und $\mathrm{d}f(\varepsilon)/\mathrm{d}\varepsilon$ für $T \ll T_\mathrm{F}$.

Wir differenzieren Gl. (3.67) und erhalten:

$$\frac{\mathrm{d}f(\varepsilon,\mu^*,T)}{\mathrm{d}\varepsilon} = -\frac{e^{(\varepsilon-\mu^*)/k_\mathrm{B}T}}{\left(e^{(\varepsilon-\mu^*)/k_\mathrm{B}T}+1\right)^2} \cdot \frac{1}{k_\mathrm{B}T} \qquad \text{mit} \quad \lim_{\varepsilon=\mu^*}\frac{\mathrm{d}f(\varepsilon,\mu^*,T)}{\mathrm{d}\varepsilon} = \frac{1}{4k_\mathrm{B}T} \qquad (3.71)$$

Einsetzen von Gl. (3.70) und Gl. (3.71) in Gl. (3.69) mit der Substitution $(\varepsilon - \mu^*)/k_\mathrm{B}T = x$ bzw. $\mathrm{d}\varepsilon = k_\mathrm{B}T \cdot \mathrm{d}x$ führt dann zu:

$$I = -H(\varepsilon=\mu^*)\cdot \int\limits_{-\infty}^{\infty} \frac{e^x}{(e^x+1)^2}\,\mathrm{d}x + (k_\mathrm{B}T)\int\limits_{-\infty}^{\infty}\frac{xe^x}{(1+e^x)^2}\cdot\left(\frac{\mathrm{d}H}{\mathrm{d}\varepsilon}\right)_{\varepsilon=\mu^*}\cdot\mathrm{d}x \qquad (3.72)$$

$$+ (k_\mathrm{B}T)^2\cdot\int\limits_{-\infty}^{\infty}\frac{x^2\cdot e^x}{(1+e^x)^2}\cdot\left(\frac{\mathrm{d}^2H}{\mathrm{d}\varepsilon^2}\right)_{\varepsilon=\mu^*}\cdot\mathrm{d}x$$

Mit $\varepsilon = 0$ wird die untere Integrationsgrenze zu $x = -\mu^*/k_\mathrm{B}T$ wofür man $-\infty$ setzen kann. Der Fehler ist dabei vernachlässigbar (s. Abb. 3.6), da $-\mu^*/k_\mathrm{B}T \approx \varepsilon_\mathrm{F}/k_\mathrm{B}T = T_\mathrm{F}/T$ wegen $T \ll T_\mathrm{F}$ sehr groß wird. Man sieht ferner, dass folgendes gilt:

$$\frac{-x\cdot e^{-x}}{(1+e^{-x})^2} = -\frac{x\cdot e^x}{(1+e^x)^2} \qquad \text{bzw.} \qquad \frac{(-x)^2\cdot e^{-x}}{(1+e^{-x})^2} = \frac{x^2\cdot e^x}{(1+e^x)^2}$$

Die Funktion links ist also unsymmetrisch, die Funktion rechts dagegen symmetrisch, d. h., das Integral im zweiten Term von Gl. (3.72) verschwindet und es bleiben nur noch der erste und dritte Term übrig. Das verbleibende Integral lässt sich lösen. Das Resultat lautet:

$$\int\limits_{-\infty}^{\infty} x^2 \frac{e^x}{(1+e^x)^2}\mathrm{d}x = \frac{\pi^2}{3}$$

Also wird aus Gl. (3.67) bzw. Gl. (3.72):

$$I = \int\limits_0^\infty f(\varepsilon,\mu^*,T) \cdot h(\varepsilon)\mathrm{d}\varepsilon = H(\varepsilon = \mu^*) + (k_\mathrm{B}T)^2 \cdot \frac{\pi^2}{6} \cdot \left(\frac{\mathrm{d}h(\varepsilon)}{\mathrm{d}\varepsilon}\right)_{\varepsilon=\mu^*} \tag{3.73}$$

Damit erhalten wir für die Teilchenzahl N (s. Gl. (3.11)) mit $h(\varepsilon) = g(\varepsilon)$:

$$N = \frac{8\pi}{3}\left(\frac{2m}{h^2}\right)^{3/2} \cdot V \cdot \mu^{*3/2}\left[1 + \frac{\pi^2}{8}\left(\frac{k_\mathrm{B}T}{\mu^*}\right)^2 + \ldots\right] \tag{3.74}$$

N ist aber eine konstante Größe, das muss auch für $T = 0$ und $\mu^* = \mu_0^*$ gelten, also gilt allgemein:

$$N = \frac{8\pi}{3}\left(\frac{2m}{h^2}\right)^{3/2} \cdot V \cdot \mu_0^{*3/2} \tag{3.75}$$

Gleichsetzen von Gl. (3.74) und Gl. (3.75) ergibt:

$$\mu_0^* = \mu^*\left[1 + \frac{\pi^2}{8}\left(\frac{k_\mathrm{B}T}{\mu^*}\right)^2 + \ldots\right]^{2/3}$$

Da der T^2-Term klein gegen 1 ist, kann man wegen $(1 + x)^{2/3} \cong 1 + 2/3x$ schreiben:

$$\mu_0^* \cong \mu^*\left[1 + \frac{\pi^2}{12}\left(\frac{k_\mathrm{B}T}{\mu^*}\right)^2 + \ldots\right]$$

Man geht noch einen Näherungsschritt weiter. Wegen $(1 + x)^{-1} \approx 1 - x$ für $x \ll 1$ lässt sich schreiben:

$$\frac{\mu^*}{\mu_0^*} \cong 1 - \frac{\pi^2}{12}\left(\frac{k_\mathrm{B}T}{\mu_0^*}\right)^2 + \ldots \tag{3.76}$$

Hier haben wir auf der rechten Seite $\mu^* \approx \mu_0^*$ gesetzt, wegen des geringen Unterschiedes zwischen μ^* und μ_0^*. Jetzt berechnen wir die molare innere Energie $\overline{U}$. Wir setzen dazu in Gl. (3.68) $h(\varepsilon) = \varepsilon g(\varepsilon)$ bzw. $H(\varepsilon = \mu^*) = \int_0^\infty \varepsilon \cdot g(\varepsilon) \cdot \mathrm{d}\varepsilon$ ein, und erhalten:

$$\overline{U} = \frac{8\pi}{5}\left(\frac{2m}{h^2}\right)^{3/2} \cdot \overline{V} \cdot \mu_0^{*5/2}\left[1 + \frac{5}{8}\pi^2 \cdot \left(\frac{k_\mathrm{B}T}{\mu_0}\right)^2 + \ldots\right] \tag{3.77}$$

In Gl. (3.77) setzen wir μ^* aus Gl. (3.76) ein. Bei Vernachlässigung von Termen mit T^4, erhält man mit Mit $\overline{U}_0$ nach Gl. (3.62):

$$\overline{U} = \overline{U}_0\left[1 + \frac{5}{12}\pi^2 \cdot \left(\frac{k_\mathrm{B}T}{\mu_0^*}\right)^2 + \ldots\right] \qquad \text{mit} \quad \overline{U}_0 = \frac{3}{5} \cdot \varepsilon_\mathrm{F} \cdot N_\mathrm{L} \tag{3.78}$$

Wir werden Gl. (3.78) in Exkurs 3.7.13 anwenden zur Berechnung von T eines thermisch angeregten sog. Compound-Atomkerns. Für die Molwärme $\overline{C}_V$ ergibt sich dann, mit $\mu_0^*/k_B T = \varepsilon_F/k_B = T_F$ und $k_B \cdot N_L = R$:

$$\overline{C}_V = \left(\frac{d\overline{U}}{dT}\right) \cong \frac{\pi^2}{2} \cdot R \cdot \left(\frac{T}{T_F}\right) + \ldots \tag{3.79}$$

und für die molare Entropie $\overline{S}$:

$$\overline{S} = \int_0^T \frac{\overline{C}_V}{T} dT \cong \frac{\pi^2}{2} \cdot R \cdot \left(\frac{T}{T_F}\right) + \ldots \tag{3.80}$$

Man sieht, dass der 3. Hauptsatz erfüllt wird ($\lim_{T \to 0} \overline{S} = 0$, s. Kapitel 5). Für die freie molare Energie folgt dann:

$$\overline{F} = \overline{U} - T\overline{S} = \overline{U}_0 \left[1 - \frac{5}{12}\pi^2 \cdot \left(\frac{T}{T_F}\right)^2 + \ldots\right] \tag{3.81}$$

Den Druck p bzw. $p \cdot V$ erhält man aus $\overline{F}$ mit $\overline{U}_0 = \varepsilon_F$:

$$p = -\left(\frac{\partial \overline{F}}{\partial \overline{V}}_T\right) = -\frac{\partial}{\partial \overline{V}}\left[\varepsilon_F + \frac{5}{12}\pi^2 \cdot T^2 \cdot k_B^2 \cdot \frac{1}{\varepsilon_F}\right]$$

Mit ε_F nach Gl. (3.60) ergibt Differenzieren nach V:

$$p \cdot \overline{V} = p_0 \overline{V}\left(1 + \frac{5}{12}\pi^2 \cdot \left(\frac{T}{T_F}\right)^2 + \ldots\right) \tag{3.82}$$

mit p_0 nach Gl. (3.63).
Kombiniert man Gl. (3.78) mit Gl. (3.82), erhält man

$$p\overline{V} = \frac{2}{3}\overline{U} \tag{3.83}$$

Dieselbe Beziehung gilt auch für ideale atomare Gase nach der MB-Statistik ($p\overline{V} = RT$ mit $\overline{U} = 3/2RT$).
Man kann also alle thermodynamischen Größen (Gl. (3.76) bis (3.82)) berechnen, wenn T_F bzw. ε_F bekannt ist. In Abschnitt 3.5.1 haben wir ε_F bzw. T_F aus der Elektronendichte des Metalls berechnet (s. Tabelle 3.1). Wir können jetzt auch die Molwärme $\overline{C}_V$ zur Bestimmung von T_F benutzen, denn $\overline{C}_V$ ist gut messbar bis zu tiefen Temperaturen. Dort gilt:

$$\overline{C}_V = \gamma \cdot T + \alpha \cdot T^3 \qquad \text{bzw.} \qquad \frac{\overline{C}_V}{T} = \gamma + \alpha \cdot T^2 \tag{3.84}$$

mit $\gamma = \frac{\pi^2}{2} k_B \cdot N_L \cdot T_F^{-1}$ (s. Gl. (3.79)). Der zweite Term ist das Debye'sche T^3-Gesetz, das für alle Kristalle bei tiefen Temperaturen gültig ist (s. Kapitel 2.10, Gl. (2.128)). α ist eine Konstante, die die Debye'sche Temperatur Θ_D enthält. Trägt man also Messdaten in Form von $\overline{C}_V/T$ gegen T^2 auf, erwartet man eine Gerade mit dem Achsenabschnitt γ. Abb. 3.7 Zeigt ein Beispiel, das diese Erwartung bestätigt.

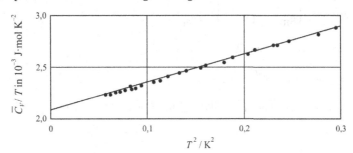

Abb. 3.7: Die Molwärme von Kalium bei tiefen Temperaturen. —•— Experimente und Gl. (3.84) Der Achsenabschnitt ist gleich γ (s. Tab. 3.2)

Tabelle 3.2 enthält experimentell aus $\overline{C}_V$-Messungen ermittelte Daten (γ_{exp}) und nach Gl. (3.79) berechnete Werte (γ_{theor}).

Tab. 3.2: Experimentelle (aus gemessenen $\overline{C}_V$-Werten) und mit Gl. (3.79) berechnete Werte für $\gamma = \pi^2 \cdot R/2T_F$ mit T_F aus Tabelle 3.1. $\overline{C}_{V,MB} = (3/2) \cdot R$.

Metall	Na	K	Cs	Cu	Ag	Au	Mg	Al
$\gamma_{exp}\big/\mathrm{mJ} \cdot \mathrm{mol}^{-1} \cdot \mathrm{K}^{-2}$	1,38	2,08	3,97	0,69	0,64	0,69	1,60	1,35
$\gamma_{theor}\big/\mathrm{mJ} \cdot \mathrm{mol}^{-1} \cdot \mathrm{K}^{-2}$	1,12	1,73	2,23	0,52	0,64	0,65	0,99	0,92
$(\overline{C}_{V,FD}/\overline{C}_{V,MB}) \cdot 10^5$	8,72	13,36	17,84	4,16	5,12	5,20	7,92	7,36

Die Übereinstimmung ist bei den Edelmetallen Ag und Au gut, weniger gut bei den Alkalimetallen sowie bei Mg und Al. Die Zahlenwerte für das Verhältnis $\overline{C}_{V,FD}/\overline{C}_{V,MB}$ machen jedenfalls deutlich, dass hier die Ergebnisse der FD-Statistik von denen der (hypothetischen) MB-Statistik um Größenordnungen voneinander abweichen. Die experimentelle Bestätigung von Gl. (3.79) ist ein überzeugender Nachweis für die Gültigkeit der FD-Statistik von quasi-freien Metallelektronen.

3.5.3 Flüssiges ^{3}He als Fermigas

Neben den Elektronen gehört auch das ^{3}He-Isotop zu den Fermionen, denn ^{3}He besitzt einen Atomkern mit der Spinquantenzahl $\pm 1/2$. Bei 0,2 K beträgt das Molvolumen $\overline{V}$

von flüssigem ^{3}He $3{,}45 \cdot 10^{-5}\mathrm{m}^3 \cdot \mathrm{mol}^{-1}$, (Molmasse $M_{^3\mathrm{He}} = 0{,}003\mathrm{kg} \cdot \mathrm{mol}^{-1}$). Mit diesen Angaben kann man die Fermi-Temperatur T_F berechnen, wenn man flüssiges ^{3}He näherungsweise als ideales Fermi-Gas betrachtet. Dann gilt nach Gl. (3.60) mit $m_{^3\mathrm{He}}$ statt m_e:

$$T_\mathrm{F} = \frac{h^2}{2 \cdot m_{^3\mathrm{He}}} \cdot \left(\frac{3}{8\pi}\right)^{2/3} \cdot \left(\frac{N_\mathrm{L}}{\overline{V}_{^3\mathrm{He}}}\right)^{2/3} \cdot \frac{1}{k_\mathrm{B}}$$

Einsetzen aller Zahlenwerte ergibt:

$$T_{\mathrm{F},^3\mathrm{He}} = 5{,}517 \cdot 10^{-3}/\overline{V}^{2/3} = 5{,}20\ \mathrm{K}$$

Man kann T_F auch aus experimentellen Daten für die Molwärme $\overline{C}_V$ als Funktion von

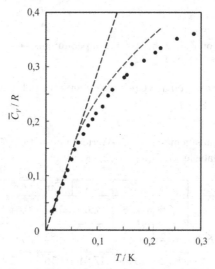

Abb. 3.8: Molwärme $\overline{C}_V$ von ^{3}He. Experimente: •, linearer Verlauf - - - - - - ($\overline{C}_V = 2{,}49 \cdot RT$), gekrümmter Verlauf - - - - - - berücksichtigt das quadratische Glied der Reihenentwicklung (s. Exkurs 3.7.7)

T ermitteln (s. Abb. 3.8). Die Kurve steigt anfangs linear an, wie es Gl. (3.79) voraussagt und biegt dann zunehmend nach unten vom linearen Verlauf ab. Auch das steht in Übereinstimmung mit der Theorie des idealen Fermi-Gases. Berechnet man $\overline{C}_V$ durch weiterführende Reihenentwicklungen von Gl. (3.79), erhält man einen gekrümmten Verlauf, der die experimentellen Punkte schon viel besser beschreibt (s. Exkurs 3.7.8).

Aus der Anfangssteigung lässt sich ablesen: $\overline{C}_V = 2{,}49 \cdot RT$. Das ergibt für T_F nach Gl. (3.79):

$$T_\mathrm{F}(\mathrm{exp}) = \frac{\pi^2}{2} \cdot R \cdot \frac{T}{\overline{C}_V(\mathrm{exp})} = \frac{\pi^2}{2} \cdot \frac{1}{2{,}49} = 1{,}97\ \mathrm{K}$$

Das ist eine deutliche Diskrepanz zu T_F = 5,20 K, ein Wert, der nach Gl. (3.60) aus dem Molvolumen erhalten wurde. Sie ist darauf zurückzuführen, dass ³He eben kein wirklich ideales Fermi-Gas ist. Es ist üblich hier zur Korrektur eine effektive Masse $m_{^3He}^*$ einzuführen, die sich auf den Wert

$$m_{^3He}^* = m_{^3He} \cdot \frac{5,2}{1,97} = m_{^3He} \cdot 2,64$$

bezieht. Es kann auch die magnetische Suszeptibilität χ_{mag} zum Test der Theorie heran-gezogen werden. Damit werden wir uns in Kapitel 9, Abschnitt 9.8.9 näher befassen.

3.5.4 Schwere Atomkerne als entartetes Fermi-Gas der Nukleonen. Das Tropfenmodell von H. Bethe und C. F. v. Weizsäcker.

Atomkerne bestehen bekanntlich aus elektrisch positiv geladenen Protonen und elek-trisch neutralen Neutronen beide mit den Spinquantenzahlen $+\frac{1}{2}$ bzw. $-\frac{1}{2}$. Protonen und Neutronen sind also Fermionen. Die Stellung eines Elementes im Periodensystem wird allein durch die Zahl Z der Protonen festgelegt, die wiederum gleich der Zahl der Elektro-nen ist, die die Atomorbitale des neutralen Elementes besetzen. Zu einem Element mit der Protonenzahl Z - sie heißt auch Ordnungszahl - können verschiedene Neutronenzahlen N gehören, diese Kerne nennt man Isotope. Die Gesamtzahl der Nukleonen eines Isotops bezeichnet man mit A, auch Massenzahl genannt, und es gilt:

$$A = Z + N$$

Atomkerne mit konstanten Massenzahlen A sind sog. isobare Nuklide. Um ein Element X eindeutig zu kennzeichnen, schreibt man:

$$_Z^A X_N \qquad \text{oder} \qquad {}^A X$$

Die zweite Schreibweise $^A X$ ist ebenfalls eindeutig, da das Elementsymbol X automatisch den Wert von Z festlegt und damit auch $N = A - Z$. Beispiel: $^{12}C = {}_6^{12}C_6$, $^{14}C = {}_6^{14}C_8$ oder $^{238}U_{146} = {}^{238}U_{92}$.

Masse und Radius von Atomkernen lassen sich massenspektroskopisch bzw. durch Streu-experimente (z.B. mit Elektronen) bestimmen. Abb. 3.9 zeigt die aus solchen Streuexperi-menten ermittelten Ladungsdichten ϱ_e der Kerne in Abhängigkeit des Abstandes r vom Kernzentrum. Man sieht, dass die schwereren Kerne alle ähnliche Ladungsdichten im Be-reich des Kernzentrums besitzen, die zum Rand des Kerns hin in einem relativ schmalen r-Bereich auf Null abfallen. Ausnahmen sind Wasserstoffkerne ^1H, und $^2H = D$ sowie die Heliumkerne ^3He und ^4He.

Aus diesen Daten ziehen wir 2 wichtige Schlussfolgerungen.

1. Die Atomkernradien liegen in der Größenordnung von $2 - 10\,\text{fm} = 2 \cdot 10^{-15}$ bis $10^{-14}\,\text{m}$ und sind um den Faktor $\sim 10^{-5}$ bis $5 \cdot 10^{-5}$ mal kleiner als der mittlere

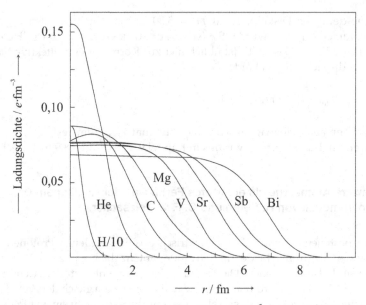

Abb. 3.9: Ladungsdichte einiger Atomkerne in der Einheit $e/fm^3 = 1,62 \cdot 10^{26}\,C/m^3$ als Funktion von r. (e = Elementarladung = $1,602 \cdot 10^{-19}$ C.) Der mittlere Kerndurchmesser liegt je nach Nukleonenzahl zwischen 2 und 8 fm, bei noch schwereren Elementen bis zu 15 fm. Bei H (Wasserstoff) ist die Skalierung um den Faktor 1/10 verkleinert dargestellt.

Abstand der sie umgebenden Elektronenwolke des neutralen Elementes. Das entspricht etwa dem Größenverhältnis einer Erbse ($\sim$ 0,5 cm) zum Pariser Eiffelturm ($\sim$ 300 m).

2. Die elektrische Ladungsdichte von $10^{25} - 10^{26}\,C \cdot m^{-3}$ im Kern ist außerordentlich hoch. Die abstoßenden Coulombkräfte der Protonen im Kern werden offensichtlich durch die anziehende *starke* Kernkraft kompensiert, die um Größenordnungen höher ist als die abstoßende Coulombkraft. Sie ist allerdings von sehr kurzer Reichweite, d.h., wäre der Atomkern nur ein wenig größer als er ist, würde er auseinanderfliegen aufgrund der Coulombkräfte. Die Gestalt der Atomkerne ist im Wesentlichen kugelförmig. Protonen und Neutronen sind ungefähr gleichförmig darin verteilt. Ein Beispiel zeigt Abb. 3.10.

Um die Bindungsenergie von schwereren Atomkernen (etwa ab $A > 20$) quantitativ zu verstehen, greifen wir auf das sog. *Tropfenmodell von H. Bethe und C. F. v. Weizsäcker (1935)* zurück. Die Bindungsenergie eines Kerns setzt sich demnach aus folgenden Anteilen zusammen.

• Die *Volumenenergie* E_V ist die Summe der Bindungsenergien von Nukleonenpaaren, d.h. von (ständig fluktuierenden) Austauschenergien. Sie ist daher proportional zur Nukleonenzahl A und *nicht* zu ihrem Quadrat, wie es für die Teilchenzahl von

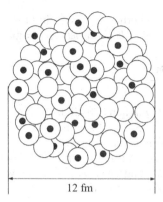

Abb. 3.10: Darstellung eines ^{208}Pb-Kerns mit 82 Protonen und 126 Neutronen. • = positive Elementarladungen (Protonen)

Molekülen in Flüssigkeiten der Fall ist (s. Kapitel 10):

$$\boxed{E_V = -a_V \cdot A}\qquad \text{(Austauschenergie)} \tag{3.85}$$

• Die positive *Coulomb-Energie* E_C lässt sich elektrostatisch berechnen. Sie ist gleich der Arbeit W, die benötigt wird, um eine Kugel mit dem Radius r_K homogen mit der Ladungsmenge Q aufzuladen. Es gilt in der SI-Einheit Joule:

$$E_C = W = \int\limits_0^{Q(r_K)} \frac{Q(r)}{4\pi\varepsilon_0}\frac{dQ(r)}{r} = \frac{4}{3}\pi \int\limits_0^{r_K} r^3 \varrho_{el} \cdot \frac{4\pi r^2}{4\pi \cdot \varepsilon_0 \cdot r} \cdot \varrho_{el} dr = \frac{4}{3}\frac{\pi}{\varepsilon_0}\varrho_{el}^2 \frac{r_K^5}{5}$$

Mit $Q(r_K) = Z \cdot e = \frac{4}{3}\pi r_K^3 \cdot \varrho_{el}$ lässt sich für die elektrische Ladungsdichte schreiben:

$$\varrho_{el}^2 = \frac{9 \cdot Z^2 \cdot e^2}{16\pi^2 \cdot r_K^6}$$

Damit ergibt sich für E_C:

$$\boxed{E_C = \left(\frac{3}{5} \cdot \frac{e^2}{4\pi\varepsilon_0} \cdot \frac{1}{r_0}\right) \cdot \frac{Z^2}{A^{1/3}} = a_C \frac{Z^2}{A^{1/3}}}\qquad \text{(Coulombenergie)} \tag{3.86}$$

Dabei haben wir für das Volumen des Atomkerns V_K geschrieben:

$$V_K = \frac{4}{3}\pi r_K^3 = \frac{4}{3}\pi r_0^3 \cdot A \qquad \text{bzw.} \qquad r_K = r_0 \cdot A^{1/3}$$

r_0 ist eine für alle Atomkerne ungefähr konstante Größe mit der Bedeutung des ungefähren Radius eines Nukleons.

- Ein Atomkern mit $A > 20$ verhält sich wie ein Flüssigkeitstropfen mit einer Ober-flächenspannung σ'. Für die *Oberflächenenergie* E_S gilt dann:

$$\boxed{E_S = 4\pi\sigma' \cdot r_K^2 = a_S \cdot A^{2/3}} \qquad \text{(Oberflächenenergie)} \qquad (3.87)$$

- Ein allein durch die FD-Quantenstatistik bedingter Anteil der Kernenergie ist die sog. *Asymmetrieenergie* E_A. Sie lässt sich berechnen unter der Annahme, dass Pro-tonen und Neutronen sich jeweils wie ein *entartetes, ideales Fermi-Gas verhalten* mit Spinquantenzahlen $s = \pm\frac{1}{2}$. Damit können wir für Protonen wie für Neutronen eine Fermienergie $\varepsilon_{F,P}$ und $\varepsilon_{F,N}$ angeben. Diese erhalten wir, indem wir in Gl. (3.59) statt m_e die Masse des Protons m_P bzw. die Masse m_N des Neutrons einsetzen und für N_e die Werte Z bzw. $N_N = A - Z$:

$$\varepsilon_{F,P} = \frac{h^2}{2m_P}\left(\frac{3}{8\pi}\right)^{2/3}\left(\frac{Z}{V_K}\right)^{2/3} \qquad \text{bzw.} \qquad \varepsilon_{F,N} = \frac{h^2}{2m_N}\left(\frac{3}{8\pi}\right)^{2/3}\left(\frac{N_N}{V_K}\right)^{2/3}$$

Damit ergibt sich:

$$\varepsilon_{F,P} = \frac{h^2}{8\pi^2 m_P}\left(\frac{9\pi}{4}\right)^{2/3}\cdot\frac{1}{r_0^2}\left(\frac{Z}{A}\right)^{2/3} \qquad \text{bzw.} \qquad \varepsilon_{F,N} = \frac{h^2}{8\pi^2 m_N}\left(\frac{9\pi}{4}\right)^{2/3}\cdot\frac{1}{r_0^2}\left(\frac{N_N}{A}\right)^{2/3}$$

$$(3.88)$$

Nach Gl. (3.62) erhalten wir dann für die innere Energie U der Protonen bzw. Neutronen:

$$U_P = Z \cdot \frac{3}{5} \cdot \varepsilon_{F,P} \qquad \text{bzw.} \qquad U_N = N_N \cdot \frac{3}{5} \cdot \varepsilon_{F,N} \qquad (3.89)$$

Einsetzen von Gl. (3.88) ergibt dann für die gesamte innere (= kinetische) Energie U_K des Kerns, wenn wir $m_P \approx m_N = m$ setzen:

$$U_K = C\frac{\left(N_N^{5/3} + Z^{5/3}\right)}{A^{2/3}} \qquad (3.90)$$

mit

$$C = \frac{3}{10}\left(\frac{9\pi}{4}\right)^{2/3} \cdot \hbar^2/\left(mr_0^2\right) = 7{,}345 \cdot 10^{-42}/r_0^2 \qquad (3.91)$$

Für eine vorgegebene Nukleonenzahl A wird in Gl. (3.90) offensichtlich für $N = Z$ ein Minimum für U_K erreicht. Wir berechnen die Differenz $U_K(N_N \neq Z) - U_K(N_N = Z = A/2) = \Delta U_K$:

$$\Delta U_K = \frac{C}{A^{2/3}} \left[Z^{5/3} + N_N^{5/3} - 2\left(\frac{A}{2}\right)^{5/3} \right] = \frac{C}{A^{2/3}} \cdot \left(\frac{A}{2}\right)^{5/3} \cdot$$

$$\left[\left(1 - \frac{N_N - Z}{A}\right)^{5/3} + \left(1 + \frac{N_N - Z}{A}\right)^{5/3} - 2 \right] \tag{3.92}$$

Wegen $A > N_N - Z$ gilt $x = \frac{N_N - Z}{A} < 1$. Es lässt sich dann eine Taylor-Reihenentwicklung um $N = Z$, also $\frac{N-Z}{A} = x = 0$ durchführen:

$$(1 \pm x)^{5/3} = 1 \pm \frac{5}{3}x + \frac{10}{18}x^2 \pm \frac{10}{162}x^3 + \cdots \tag{3.93}$$

Abbruch der Reihe mit dem quadratischen Glied und Einsetzen von Gl. (3.93) in Gl. (3.92) ergibt den Term für die Asymmetrieenergie E_A:

$$\boxed{\frac{E_A}{A} \cong \frac{\Delta U_K}{A} \cong \frac{5}{9} \cdot C \cdot 2^{-2/3} \cdot \frac{(N_N - Z)^2}{A^2} = a_A \cdot \left[\frac{(N_N - Z)}{A}\right]^2} \text{(Asymmetrieenergie)}$$
$$\tag{3.94}$$

Wir berechnen noch die kinetische (innere) Energie für $N = Z = A/2$. Nach Gl. (3.90) erhält man mit C nach Gl. (3.91):

$$\boxed{\frac{U_K(N_N = Z)}{A} = \frac{2 \cdot C}{2^{5/3}} = 4{,}2673 \cdot 10^{-42} / r_0^2} \tag{3.95}$$

- Schließlich haben wir noch die sog. *Paarungsenergie* E_P zu berücksichtigen. Sie kommt durch die Spinkopplung der Nukleonen zustande. Atomkerne mit ungerader Massenzahl A haben ein ungepaartes Nukleon (↑). Dabei handelt es sich um sog. ug- oder gu-Kerne, bei denen Z gerade, N aber ungerade ist oder umgekehrt. Dieser Zustand trägt nichts zur Gesamtenergie bei (Standardzustand). Bei gg- bzw. uu-Kernen sind Z und N beide gerade oder beide ungerade. Es gilt:

$$\boxed{E_P = \pm a_P \cdot A^{1/2}} \quad \text{(Paarungsenergie)} \tag{3.96}$$

Bei einem gg-Kern sind alle Spins abgesättigt (↑↓), das ergibt eine Bindungsverstärkung (negatives Vorzeichen in Gl. (3.96)). Bei einem uu-Kern sind 2 Spins nicht abgesättigt (↑↑), das führt zu einer Bindungsabschwächung (positives Vorzeichen in Gl. (3.96)). Man beachte, dass die Verhältnisse genau umgekehrt sind wie bei der Elektronenverteilung in den AO eines Elementes, dort gilt die Hund'sche Regel: der Zustand (↑↑) in energetisch günstiger als der Zustand (↑↓).

Die Summe aller Terme der Gleichungen (3.85) bis (3.87) sowie (3.94) und (3.96) ist die Gesamtenergie E_{total}. Als Bindungsenergie bezeichnet man die Differenz $E_{\text{total}} - U(N = Z) = E_{\text{B}}$. Wir formulieren sie als *Bindungsenergie pro Nukleon*:

$$-\frac{E_{\text{B}}}{A} = a_{\text{V}} - a_{\text{C}}\frac{Z^2}{A^{4/3}} - a_{\text{S}} \cdot A^{-1/3} - a_{\text{A}}\frac{(N_{\text{N}} - Z)^2}{A^2} \pm a_{\text{P}} \cdot A^{-3/2} \qquad (3.97)$$

Bei ug- oder gu-Kernen fällt der letzte Term weg ($a_{\text{P}} = 0$). Um die Anwendbarkeit von Gl. (3.97) testen zu können, benötigt man experimentelle Daten von E_{B} für möglichst alle stabilen Isotope des Periodensystems. Dazu muss die Ruhemasse m_{E} jedes Elements genau bekannt sein, sowie die Ruhemassen der freien Protonen und Neutronen, denn es gilt zur Bestimmung der Bindungsenergie die relativistische Formel $\varepsilon_i = m_i c_{\text{L}}^2$, also lautet die Bindungsenergie pro Nukleon:

$$-\frac{E_{\text{B}}}{A} = -\frac{m_{\text{E}}}{A}(Z,A) \cdot c_{\text{L}}^2 + \frac{(Z \cdot m_{\text{P}} + N_{\text{N}} \cdot m_{\text{N}})}{A} \cdot c_{\text{L}}^2 \qquad (3.98)$$

m_{E} ist die Masse des Elementes. Gleichsetzen von Gl. (3.97) (Tropfenmodell) und Gl. (3.98) ergibt:

$$-m_{\text{E}}(A,Z) \cdot c_{\text{L}}^2 + (Z \cdot m_{\text{P}} + (A - Z) \cdot m_{\text{N}}) \cdot c_{\text{L}}^2 = a_{\text{V}} \cdot A - a_{\text{C}}\frac{Z^2}{A^{1/3}} - a_{\text{S}} \cdot A^{2/3}$$

$$- \frac{(A - 2Z)^2}{A} \cdot a_{\text{A}} \pm a_{\text{P}} \cdot A^{-1/2} \qquad (3.99)$$

Wir sind in erster Linie an der Berechnung stabiler Kerneigenschaften interessiert. Stabile Kerne erhält man durch die Forderung, dass $m_{\text{E}}(A,Z)$ ein Minimum wird bei vorgegebener Massenzahl A:

$$\left(\frac{\partial m_{\text{E}}(Z,A)}{\partial Z}\right)_A = 0$$

Angewandt auf Gl. (3.99) ergibt das

$$(m_{\text{N}} - m_{\text{P}}) \cdot c_{\text{L}}^2 = -a_{\text{C}}\frac{2Z_0}{A^{1/3}} - 2a_{\text{A}}\frac{2(A - 2Z_0)}{A^2}$$

und damit

$$Z_0 \cong \frac{A}{A^{2/3} \cdot a_{\text{C}}/2a_{\text{A}} + 1{,}98} \qquad (3.100)$$

Einsetzen von $Z_0 = Z$ in Gl. (3.97) ergibt die in Abb. 3.11 eingezeichnete Kurve E_{B}/A mit in Tabelle 3.3 angegebenen, an die Messwerte für $\frac{E_{\text{B}}}{A}$ angepassten Parameter. Messwerte E_{B}/A wurden durch Einsetzen der bekannten Massen stabiler Isotope von $m_{16\text{O}}$ bis $m_{238\text{U}}$ in Gl. (3.98) berechnet (Symbole in Abb. 3.11). Die Übereinstimmung ist hervorragend.

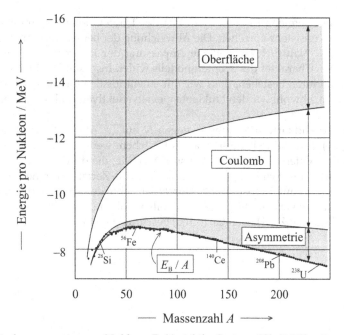

Abb. 3.11: Bindungsenergien pro Nukleon E_B/A stabiler Isotope (Gl. (3.97)) mit optimierten Parametern aus Tabelle 3.3 mit $a_P = 0$ (ug- und gu-Kerne). Die abgeteilten Bereiche (Pfeillängen) geben die Beiträge der Oberflächenenergie E_S/A nach Gl. (3.87), der Coulomb-Energie E_C/A nach Gl. (3.86) und der Asymmetrieenergie E_A/A nach Gl. (3.94) als Funktion der Massenzahl A an. Die schwarzen Punkte werden nach Gl. (3.98) berechnet.

Tab. 3.3: Optimierte Parameter für das Tropfenmodell in Gl. (3.97) in MeV.

a_V	a_C	a_S	a_A	$\pm a_P$
15,753	0,7103	17,804	23,41	11,3

Wir überprüfen die Konsistenz dieser Ergebnisse, indem wir aus Gl. (3.86) den Wert für r_0 berechnen und ebenso aus Gl. (3.94) mit C nach Gl. (3.91). Man erhält unter Berücksichtigung der Umrechnung der Parameter in Tabelle 3.3 auf die SI-Einheit Joule (aus Gl. (3.86)):

$$r_0 = \frac{3}{5} \cdot \frac{e^2}{4\pi\varepsilon_0 \cdot r_0 a_C} = 1{,}244 \cdot 10^{-15} \text{ m} \tag{3.101}$$

und aus Gl. (3.94) mit C nach Gl. (3.91):

$$r_0 = \left(\frac{2^{5/3}}{3} \cdot \left(\frac{9\pi}{4} \right)^{2/3} \cdot \frac{\hbar^2}{m_N} \cdot \frac{1}{a_A} \right)^{1/2} = 1{,}331 \cdot 10^{-15} \text{ m} \quad \text{(aus Gl.(3.94))} \tag{3.102}$$

Bedenkt man den semiempirischen Charakter des Tropfenmodells, kann man von einer ausreichenden Konsistenz sprechen. Die Abweichung der beiden berechneten Werte von r_0 beträgt $\sim 7\%$. Natürlich spiegelt die Anpassung der Parameter in Tabelle 3.3 den semiempirischen Charakter des Tropfenmodells wider. Insbesondere bleibt ein gewisser Widerspruch dadurch bestehen, dass wir mit einem idealen Quantengas nach der FD-Statistik rechnen, obwohl wir den Nukleonen einen effektiven Radius r_0 zuordnen.

In einer sog. Nuklidkarte trägt man Z gegen N auf (s. Abb. 3.12) und kennzeichnet ein Punkt (Z,N) durch ein kleine schwarzes Kästchen, wenn es sich um langzeitstabile Nuklide handelt. Offene weiße Kästchen sind Nuklide, die durch β^- oder β^+-Strahlung zerfallen, die weiteren Symbole kennzeichnen einen α-Zerfall, Protonen- bzw. Neutronenzerfall und spontane Kernspaltung. Durch den schmalen streifenartigen Bereich der schwarzen Kästchen verläuft die Linie der stabilen Nuklide, die sehr gut im Rahmen des Tropfenmodells durch $Z_0(A)$ nach Gl. (3.100) beschrieben wird.

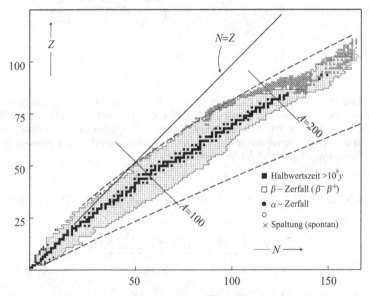

Abb. 3.12: Nuklidkarte stabiler und instabiler Elemente (s. Symbole und Text).

Setzt man in Gl. (3.97) $Z \neq Z_0$ ein, erhält man auch eine gute Beschreibung des β^-- und β^+-Zerfalls der instabilen Elemente (s. Exkurs 3.7.11) und von spontanen Kernspaltungen durch α-Emission (Exkurs 3.7.12). Man sieht in Abb. 3.12, dass für $Z = N$ nur Elemente bis $Z = 20$ (Argon) richtig beschrieben werden, für $Z > 20$ wird die Abweichung immer größer und verlässt das Gebiet, wo $E_B < 0$ gilt. Dort existieren keine Elemente mehr. Der Bereich $E_B < 0$ ist durch die strichpunktierten Linien eingegrenzt. Das „Fermigas-Tropfen-Modell" erklärt viele wichtige Eigenschaften der Atomkerne, aber nicht alle. Eine genauere Analyse liefert das sog. Schalenmodell der Nukleonen, auf das wir hier nicht weiter eingehen (s. Lehrbücher der Kernphysik).

3.5.5 Thermische Elektronenemission aus Metalloberflächen

In Abb. 3.13 (links) ist der elektrische Potentialverlauf $\Phi(z)$ senkrecht zur Oberfläche eines Metalls in z-Richtung gezeigt, das als Kathode gegenüber einer Anode mit der elektrischen Spannung $-E_z \cdot z$ geschaltet ist. Ein Elektron, das in z-Richtung das Metall ins Vakuum verlässt muss mindestens die Austrittsarbeit $\Phi_0 - \vec{E}_z \cdot z$ vermindert um das sog. Bildkraftpotential $-(4\pi\varepsilon_0)^{-1} \cdot e^2 \cdot (2z)^{-1}$ an der Stelle $z = z_0$ überwinden, wo der Verlauf der potentiellen Energie für das Elektron ein Maximum durchläuft. Es gilt also:

$$\Phi(z) = \Phi_0 - E_z \cdot z \cdot e - \frac{1}{4\pi\varepsilon_0} \cdot \frac{e^2}{2z}$$

Aus der Forderung $d\Phi(z)/dz = 0$ folgt das Kurvenmaximum bei

$$z_0 = \sqrt{\frac{e}{8\pi\varepsilon_0 \cdot E_z}}$$

mit

$$\Delta\Phi = \Phi_0 - \Phi(z_0) = E_z \cdot z_0 \cdot e + \frac{1}{4\pi\varepsilon_0} \cdot \frac{e^2}{2z_0}$$

Bei Temperaturen deutlich unter der Fermitemperatur ($T \ll T_F$) sind dazu nur sehr wenige Elektronen in der Lage. Für den Fluss $J_{e,z}$ dieser Elektronen pro m^2 und Sekunde in z-Richtung senkrecht zur Oberfläche in der x,y-Ebene gilt:

$$J_{e,z} = \int 2n(p_x, p_y, p_z) \cdot \frac{p_z}{m_e} dp_x \cdot dp_y \cdot dp_z \tag{3.103}$$

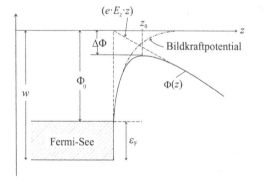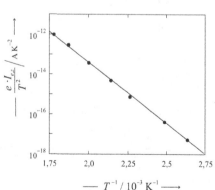

Abb. 3.13: links: Energiediagramm von freien Metallelektronen bei $T \ll T_F$. rechts: Messdaten $e \cdot I_e / T^2$ für das Metall Wolfram nach Gl. (3.106).

wobei $p_z/m_e = v_z$ die Geschwindigkeitskomponente eines Elektrons in positive z-Richtung und $n_e(p_x, p_y, p_z)$ die Elektronenzahldichte im differenziellen Impulselement $d\vec{p} = dp_x \cdot dp_y \cdot dp_z$ bedeuten. Der Faktor 2 in Gl. (3.103) berücksichtigt die beiden Spinrichtungen der Elektronen. Die Integration in Gl. (3.103) geht für p_x und p_y jeweils von $-\infty$ bis $+\infty$. Für $n(p_x, p_y, p_z)$ setzen wir Gl. (3.29) ein, allerdings in den für unsere Zwecke geeigneten Zylinderkoordinaten mit $p_r = \sqrt{p_x^2 + p_y^2}$ und p_z:

$$
\begin{aligned}
J_{e,z} &= \int\limits_{\sqrt{2\varepsilon_z m_e}}^{\infty} \frac{p_z}{m_e} dp_z \int\limits_{p_x=-\infty}^{+\infty} \cdot \int\limits_{p_y=-\infty}^{+\infty} \frac{2}{h^3} \frac{dp_x \cdot dp_y}{e^{(\varepsilon - \mu^*) \cdot \beta} + 1} \\
&= \frac{2}{h^3} \int\limits_{\sqrt{2\varepsilon_z m_e}}^{+\infty} \frac{p_z}{m_e} dp_z \cdot \int\limits_{p_r=0}^{+\infty} \frac{2\pi \cdot p_r \cdot dp_r}{\exp\left[\left(\frac{p_r^2}{2m_e} + \frac{p_z^2}{2m_e} - \mu^*\right)\beta\right] + 1}
\end{aligned}
\tag{3.104}
$$

Die untere Grenze der Integration über p_r ist gleich 0, da alle Impulsrichtungen (Winkel ϑ) durch den Faktor $2\pi = \int\limits_0^{2\pi} d\vartheta$ berücksichtigt sind. Für p_z ist die untere Integrationsgrenze gegeben durch die erforderliche kinetische Energie $p_z^2/2m_e = \varepsilon_z$, also $p_z = \sqrt{2m_e \cdot \varepsilon_z}$.

Wir führen zunächst die Integration über p_r durch und kürzen ab: $p_r^2/2m_e = x^2$ und $(p_z^2/2m_e - \mu^*) = y$. Dann wird aus Gl. (3.104) mit $\beta^{-1} = k_B T$:

$$
J_{e,z} = \frac{4\pi k_B T}{h^3} \cdot \int\limits_{p_z = \sqrt{2\varepsilon_z m_e}}^{\infty} p_z \cdot dp_z \cdot \int\limits_{x=0}^{\infty} \frac{2x \cdot \beta dx}{\exp\left[x^2\beta + y\beta\right] + 1}
\tag{3.105}
$$

Nun lässt sich schreiben

$$
\frac{2x \cdot \beta \cdot dx}{\exp\left[x^2\beta + y \cdot \beta\right] + 1} = -d\ln\left[\exp\left[-x^2\beta - y \cdot \beta\right] + 1\right]
$$

Daraus folgt:

$$
\int\limits_{x=0}^{\infty} \frac{2x \cdot \beta \cdot dx}{\exp\left[x^2\beta + y \cdot \beta\right] + 1} = -\ln\left[\exp\left[-x^2 \cdot \beta - y\beta\right] + 1\right]\Big|_{x=0}^{\infty} = \ln\left[\exp(-y \cdot \beta) + 1\right]
$$

Eingesetzt in Gl. (3.105) erhält man mit $y = p_z^2/2m_e - \mu^*$:

$$
\begin{aligned}
J_{e,z} &= \frac{4\pi k_B T}{h^3} \int\limits_{p_z = \sqrt{w \cdot m_e}}^{\infty} p_z \cdot \ln\left[1 + \exp\left\{(\mu^* - p_z^2/2m_e)/k_B T\right\}\right] \cdot dp_z \\
&= \frac{4\pi k_B T}{h^3} m_e \int\limits_{\varepsilon_z = w}^{\infty} \ln\left[1 + e^{(\mu^* - \varepsilon_z)/k_B T}\right] d\varepsilon_z
\end{aligned}
$$

Da $\varepsilon_z \gg \mu^* \cong \varepsilon_F$, ist der Exponent unter dem Logarithmus im Integral stets klein gegen 1 und wegen $\ln(1 + x) \cong x$, wenn $x \ll 1$, erhält man in guter Näherung mit $\varepsilon_F - w = -\Phi_0$ (s. Abb. 3.13):

$$J_{e,z} = \frac{4\pi m_e}{h^3} \cdot (k_B T)^2 \cdot \exp\left[-\Phi_0/k_B T\right] \qquad (3.106)$$

Abb. 3.13 rechts zeigt Messergebnisse der elektrischen Stromdichte $e \cdot J_{e,z}$ für das Metall Wolfram, logarithmisch aufgetragen als $e \cdot J_{e,z}/T^2$ gegen $1/T$. Aus der Steigung ergibt sich $\Phi_0 = 4{,}55$ eV. Weitere Ergebnisse zeigt Tabelle 3.4.

Tab. 3.4: Austrittsarbeiten Φ_0 des Elektrons für einige Metalle in eV.

Li	Na	K	Rb	Cs	Mg	Ca	Ti	Fe
2,9	2,75	2,30	2,16	2,14	3,66	2,87	4,33	4,50
Ni	Cu	Zn	Pd	Ag	W	Au	Hg	Pb
5,15	4,65	4,33	5,12	4,26	4,55	5,10	4,49	4,25

Ein Effekt, der bei der thermischen Elektronenemission eine untergeordnete Rolle spielt, und den wir vernachlässigt haben, ist der quantenmechanische Tunneleffekt, der die Elektronen befähigt den Potentialberg bei angelegtem elektrischen Feld zur durchtunneln (s. Anhang 11.11, Beispiel 3). Er ist jedoch von prinzipieller Bedeutung für die Tunnelelektronenmikroskopie (s. Exkurs 3.7.15).

3.5.6 Das statistische Atommodell nach Thomas und Fermi

Schwere neutrale Atome wie Hg, Pb oder Au, die eine relativ hohe Zahl von Elektronen an sich binden, können als Systeme aufgefasst werden, die sich wie Z (Ordnungszahl des Elementes) Elektronen als Fermi-Gas im elektrischen Potentialfeld eines Atomkerns mit der Ladung $+e \cdot Z$ bewegen. Statt die Schrödinger-Gleichung für ein solches Mehrelektronensystem zu lösen, wenden wir einfach die FD-Statistik an, indem wir schreiben

$$\eta = \varepsilon_F(r) - e \cdot \varphi(r) = \text{const} = 0 \qquad (3.107)$$

mit dem elektrischen Potential $\varphi(\vec{r})$ der Elektronen im Abstand r vom Atomkern, η ist wieder formal das elektrochemische Potential, das überall konstant sein muss (s. Anhang 11.17, Gl. (11.386)). Wir setzen η für unseren Zweck gleich null. Das elektrische Potential $\varphi(\vec{r})$ und die Elektronenzahldichte $n_e(r) = (N_e/V)$ sind durch die Poisson-Gleichung (Gl. (11.278)) miteinander verknüpft:

$$\nabla^2 \varphi(r) = 4\pi \cdot e \cdot n_e(\vec{r}) \qquad (3.108)$$

$n_e(\vec{r})$ hängt mit der Fermi-Energie $\varepsilon_F(r)$ nach Gl. (3.59) zusammen. Einsetzen von $\varepsilon_F(r)$ in Gl. (3.107), Auflösen nach $n_e(r)$ und Einsetzen von $n_e(\vec{r})$ in Gl. (3.108) ergibt:

$$\nabla^2 \varphi(r) = 4 \cdot e \cdot \frac{(2m_e \cdot e)^{3/2}}{3\pi\hbar^3} \cdot [\varphi(r)]^{3/2} \tag{3.109}$$

Wegen der Kugelsymmetrie setzen wir ∇^2 in Kugelkoordinaten ein (s. Gl. (11.278)) und erhalten:

$$\frac{1}{r^2}\frac{d}{dr}\left[r^2\frac{d}{dr}\cdot\varphi(r)\right] = \frac{4e\,(2m_e \cdot e)^{3/2}}{3\pi\hbar^3} \cdot [\varphi(r)]^{3/2} \tag{3.110}$$

Wir definieren jetzt die dimensionslose Variable x und $\Phi(x)$:

$$x = 2\left(\frac{4}{3\pi}\right)^{2/3} \cdot Z^{1/3} \cdot \frac{m_e \cdot e^2}{\hbar^2} \cdot r = \frac{Z^{1/3}}{0{,}88534 \cdot a_B} \cdot r \tag{3.111}$$

$$\Phi(x) = \frac{\varphi(r)}{Z \cdot e/r} \tag{3.112}$$

mit Z der Ordnungszahl des Elementes, die gleich der positiven Ladungszahl des Atomkerns ist. $a_B = \hbar^2/(m_e \cdot e^2) = 5{,}292 \cdot 10^{-11}$ m ist der Bohrsche Radius.

x und $\Phi(x)$ sind dimensionslose Größen. Man erhält somit die zu lösende Differenzialgleichung:

$$\frac{d^2\Phi(x)}{dx^2} = \frac{\Phi^{3/2}}{x^{1/2}} \tag{3.113}$$

Folgende Randbedingungen müssen für eine eindeutige Lösung gelten. Für $x \to 0$ wird Gl. (3.112) gleich 1. Für $\Phi(x)$ muss gelten:

$$\lim_{x\to\infty} \Phi(x) = 0$$

d. h., der Zähler in Gl. (3.112) muss schneller gegen 0 gehen als der Nenner. Diese Randbedingungen erreicht man durch folgende numerische Anpassung für $x \to 0$

$$\Phi(x) = 1 - c \cdot x + \frac{4}{3}x^{3/2} + \dots \qquad (x \ll 1) \tag{3.114}$$

mit $c = 1{,}5886$. Ferner muss gelten:

$$\Phi(x) = \left[1 + \left(\frac{x^3}{144}\right)^\lambda\right]^{-\frac{1}{\lambda}} \qquad (x > 10) \tag{3.115}$$

mit $\lambda = 0{,}2570$.

Einsetzen der numerisch erhaltenen Lösung für $\Phi(x)$ in Gl. (3.112) ergibt $\varphi(r)$ und dieses eingesetzt in Gl. (3.108) ergibt $n_e(r)$. Als Test für die Qualität der Lösung muss gesichert sein, dass gilt:

$$\int\limits_{r=0}^{\infty} 4\pi r^2 \cdot n_e(r)\,\mathrm{d}r = Z \tag{3.116}$$

In Abb. 3.14 ist für Quecksilber $4\pi r^2 \cdot n_e(r)$ gegen r/a_B aufgetragen. Natürlich können wir von der statistischen Methode keine Details der elektronischen Struktur erwarten. Die berechnete Kurve läuft als „Mittelwertskurve" durch die tatsächliche, durch Lösung der Schrödinger-Gleichung mit einem Hartree-Fock-Verfahren erhaltene Dichteverteilungs-funktion, die in ihren Maxima die Orbitale der Hauptquantenzahlen erkennen lässt.

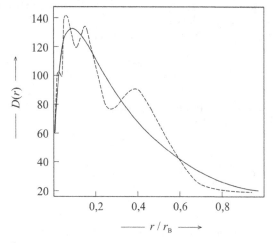

Abb. 3.14: $D(r) = 4\pi r^2 \cdot n_e(r)$ als Funktion von r in Einheiten des Bohrschen Radius r_B für das Hg-Atom ($Z = 80$). - - - - Hartree-Fock Näherung als Lösung der Schrödinger-Gleichung.

3.5.7 Das entartete relativistische Fermi-Gas

Die in diesem Abschnitt abgeleiteten Formeln benötigen wir für die Beschreibung der Eigenschaften Weißer Zwerge und von Neutronensternen in Abschnitt 7.4.6 und 7.4.7. Aus der Mechanik der speziellen Relativitätstheorie ist bekannt, dass bei sehr hohen Geschwindigkeiten v Energie und Impuls durch allgemeine Formeln beschrieben werden müssen, die die kinetische Energie der klassischen Mechanik $\varepsilon = |\vec{p}^2|/(2m)$ bzw. den Impuls $\vec{p} = m \cdot \vec{v}$ als Grenzfälle enthalten, wenn $|\vec{p}|/m \cdot c_L \ll 1$. Nach der Relativitätstheorie gilt für die kinetische Energie ε eines Teilchens mit der Masse m und dem Impuls $\vec{p}$:

$$\varepsilon = mc_L^2 \cdot \left(\frac{|\vec{p}|^2}{m^2 \cdot c_L^2} + 1 \right)^{1/2} = mc_L^2 (\chi^2 + 1)^{1/2} \tag{3.117}$$

mit $\chi = |\vec{p}|/(mc_L)$. Falls gilt $\chi \ll 1$, ergibt eine Taylor-Reihenentwicklung:

$$(\chi^2 + 1)^{1/2} \approx \frac{1}{2}\chi^2 + 1 + \dots$$

Damit erhält man:

$$\varepsilon \cong mc_L^2 \cdot \frac{1}{2}\chi^2 + mc_L^2 = \frac{|\vec{p}|^2}{2m} + mc_L^2 \quad \text{für} \quad \chi \ll 1 \tag{3.118}$$

Das ist der klassische Wert für ε plus der Energie der Ruhemasse $m \cdot c_L^2$. Beim Einbau von Gl. (3.117) in die FD-Statistik ist es ratsam, die Quantenzahl n bzw. die Energie ε durch den Impuls $\vec{p}$ zu ersetzen. Bei $T = 0$ sind alle Niveaus voll besetzt und N_N ist die Zahl der Teilchen, die diesen Zustand besetzen. Wir ersetzen ε in Gl. (3.58) durch $|\vec{p}|^2/2m$ und erhalten mit $s = \frac{1}{2}$ für die Zahl der Elektronen zwischen ε_0 und ε:

$$N = \frac{8\pi}{3h^3} \cdot V \cdot |\vec{p}|^3 \quad \text{bzw.} \quad \frac{dG_n}{d|\vec{p}|} = \frac{8\pi}{h^3} \cdot V \cdot |\vec{p}|^2 \tag{3.119}$$

Jetzt berechnen wir die innere (kinetische) Energie mit ε aus Gl. (3.117) abzüglich der Ruheenergie $m_e \cdot c_L^2$:

$$U = \int_0^{|\vec{p}_F|} \left(\varepsilon - m_e \cdot c_L^2 \right) \cdot \left(\frac{dG_n}{d|\vec{p}|} \right) \cdot d|\vec{p}| = \int_0^{\chi_F} m_e \cdot c_L^2 \left[(\chi^2 + 1)^{1/2} - 1 \right] \cdot \frac{8\pi}{h^3} \cdot V \cdot |\vec{p}|^2 \, d|\vec{p}| \tag{3.120}$$

oder mit $\chi = |\vec{p}|/m_e c_L$ bzw. $d|\vec{p}| = m_e \cdot d\chi$:

$$U = m_e^4 \cdot c_L^5 \cdot \frac{8\pi}{h^3} \cdot V \int_0^{\chi_F} \left[(\chi^2 + 1)^{1/2} - 1 \right] \cdot \chi^2 \, d\chi \tag{3.121}$$

Das Integral erstreckt sich bis zum Fermiimpuls $|\vec{p}_F|$ bzw. $\chi_F = |\vec{p}_F|/(m_e \cdot c_L)$. Das Ergebnis der Integration lautet:

$$\boxed{\begin{aligned} U = {} & \frac{\pi m_e^4 \cdot c_L^5}{3h^3} \cdot V \cdot \left[8\chi_F^3 \cdot \left(\left(1 + \chi_F^2\right)^{1/2} - 1 \right) - \chi_F \left(1 + \chi_F^2\right)^{1/2} \cdot (2\chi_F^2 - 3) \right. \\ & \left. -3\ln\left(\chi_F + \left(1 + \chi_F^2\right)^{1/2} \right) \right] \end{aligned}} \tag{3.122}$$

Der Lösungsweg, der zu Gl. (3.122) führt, wird in Anhang 11.19 beschrieben. Für den Druck des relativistischen Fermigases ergibt sich:

$$p_F = -\left(\frac{\partial U}{\partial V}\right) = \frac{\pi m_e^4 c_L^5}{3h^3}\left[\chi_F\left(2\chi_F^2 - 3\right)\left(1 + \chi_F^2\right)^{1/2} + 3\ln\left[\chi_F + \left(1 + \chi_F^2\right)^{1/2}\right]\right] \tag{3.123}$$

Diese Formel für den Fermidruck p_F umfasst in Abhängigkeit von χ_F den gesamten nicht-relativistischen bis voll-relativistischen Gültigkeitsbereich. Auch Gl. (3.123) wird in Anhang 11.19 abgeleitet. Da $G_n = N_e$ ist, lässt sich mit der Elektronenzahldichte $n_e = (N_e/V)$ nach Gl. (3.118) für χ_F schreiben:

$$\chi_F = \frac{|\vec{p}_F|}{m_e \cdot c_L} = \left(\frac{3}{8\pi}\right)^{1/3} \cdot \frac{h}{m_e \cdot c_L} \cdot n_e^{1/3} \tag{3.124}$$

χ_F hängt also bei gegebener Elektronenzahl N_e vom Volumen V ab. $|\vec{p}_F|$ ist der Fermiimpuls. Die Größe χ_F ist dimensionslos. $n_e = N_e/V$ ist die Elektronenzahldichte. Gl. (3.122) und (3.123) sind grafisch in doppelt logarithmischer Form in Abb. 3.15 als reduzierte Größen $\tilde{u}_F = (U/V) \cdot 3h^2/(\pi m_e^4 \cdot c_L^5)$ und $\tilde{p}_F = p \cdot 3h^3/(\pi \cdot m_e^4 \cdot c_L^5)$ dargestellt. Man sieht, dass diese Funktionen Zehnerpotenzen von -4 bis +8 durchlaufen, während das Verhältnis $\tilde{u}_F/\tilde{p}_F$ sich in demselben Wertebereich von χ_F bzw. $^{10}\lg\chi_F$ nur um einen Faktor 2 verändert.

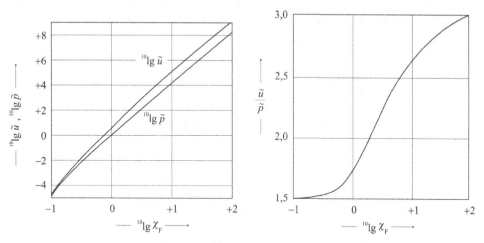

Abb. 3.15: Links: Reduzierte Energiedichte $^{10}\lg\tilde{u}_F$ und reduzierter Druck $^{10}\lg\tilde{p}$ des relativistischen Fermi-Gases als Funktion von χ_F. Rechts: Das Verhältnis $\tilde{u}/\tilde{p}$ als Funktion von χ_F.

Wir interessieren uns nun insbesondere für die Randgebiete der Funktionsverläufe, wo $\chi_F \ll 1$ bzw. $\chi_F \gg 1$ gilt. Eine Taylor-Reihenentwicklung von Gl. (3.122) ergibt

$$U = \frac{8\pi m_e^4 c_L^5}{3h^3} \cdot V \cdot \left(\frac{3}{10} \cdot \chi_F^5 - \frac{3}{56}\chi_F^7 + \frac{1}{48}\chi_F^9 - \cdots\right) \quad \text{für} \quad \chi_F \ll 1 \tag{3.125}$$

und

$$U = \frac{8\pi m_e^4 c_L^5}{3h^3} \cdot V \cdot \left(\frac{3}{4} \cdot \chi_F^4 - \chi_F^3 + \frac{3}{4}\chi_F^2 - \cdots \right) \qquad \text{für} \quad \chi_F \gg 1 \qquad (3.126)$$

sowie von Gl. (3.123) für den Druck p:

$$p = \frac{8\pi m_e^4 c_L^5}{3h^3} \cdot \left(\frac{1}{5} \cdot \chi_F^5 - \frac{1}{14}\chi_F^7 + \frac{1}{72}\chi_F^9 - \cdots \right) \qquad \text{für} \quad \chi_F \ll 1 \qquad (3.127)$$

und

$$p = \frac{8\pi m_e^4 c_L^5}{3h^3} \cdot \left(\frac{1}{4} \cdot \chi_F^4 - \frac{3}{8}\chi_F^2 + \frac{3}{8}\ln\left(2\chi_F - \frac{7}{12}\right) - \cdots \right) \qquad \text{für} \quad \chi_F \gg 1 \qquad (3.128)$$

Berücksichtigen wir in Gl. (3.127) und (3.128) nur das erste Reihenglied, erhalten wir mit χ_F nach Gl. (3.124):

$$\boxed{p_F \simeq \frac{8\pi c_L^5}{3h^3 m_e} \cdot \frac{1}{5}\left[\left(\frac{3}{8\pi}\right)^{1/3} \cdot \frac{h}{c_L} \right]^5 \cdot n_e^{5/3}} \quad \chi_F \ll 1 \qquad \text{(entartet-nichtrelativistisch)}$$

$$(3.129)$$

Gl. (3.129) ist identisch mit $p(T = 0)$ nach Gl. (3.63), wenn wir dort ε_F aus Gl. (3.59) einsetzen. p_F ist hier der Fermi-Druck (im Unterschied zu $|\vec{p}_F|$ = Fermiimpuls!)

bzw.

$$\boxed{p_F \simeq \frac{8\pi c_L^5}{3h^3 m_e} \cdot \frac{1}{4}\left[\left(\frac{3}{8\pi}\right)^{1/3} \cdot \frac{h}{c_L} \right]^4 \cdot n_e^{4/3}} \quad \chi_F \gg 1 \qquad \text{(entartet-relativistisch)} \qquad (3.130)$$

Gl. (3.129) ist die Zustandsgleichung mit dem Druck p_F für das entartete nichtrelativistische und Gl. (3.130) für das entartete voll relativistische Fermigas. Ausdrücke für die innere Energie U erhält man, wenn man in Gl. (3.125) bzw. (3.126) nur das erste Reihenglied berücksichtigt und es mit Gl. (3.129) bzw. (3.130) kombiniert:

$$\boxed{U = \frac{3}{2} \cdot p_F \cdot V} \quad \chi_F \ll 1 \qquad \text{(nichtrelativistisch)} \qquad (3.131)$$

Gl. (3.131) ist identisch mit Gl. (3.83).

$$\boxed{U = 3 \cdot p_F \cdot V} \quad \chi_F \gg 1 \qquad \text{(relativistisch)} \qquad (3.132)$$

Den Gleichungen (3.122) bis (3.124) werden wir in Abschnitt 7.4 und 7.6 wieder begegnen, wo es um weiße Zwerge, Neutronensterne oder das ultrarelativistische Verhalten von Fermionen und ihren Antiteilchen geht, wie z. B. Elektronen und Positronen, die in der Frühphase des Kosmos kurz nach dem Urknall auftreten.

3.6 Anwendungen der BE-Statistik

3.6.1 Das Photonengas und das Planck'sche Strahlungsgesetz.

Es ist bekannt, dass Licht sowohl durch elektromagnetische Wellen wie auch als Partikel, die sog. Photonen, beschrieben werden kann. Welche Darstellung geeigneter ist, hängt von den äußeren Bedingungen ab, unter denen man mit Licht experimentiert. Es handelt sich dabei aber keineswegs um zwei konkurrierende Theorien, die zu erklären versuchen, was Licht eigentlich ist, sondern um zwei Erscheinungsformen einer übergeordneten einheitlichen Theorie, die man Quantenelektrodynamik nennt.

Mit dem Partikelbild lässt sich Licht als Photonengas im Rahmen der Quantenstatistik behandeln. Das Ergebnis des in Abb. 3.5 skizzierten Experimentes hat uns gezeigt, dass Photonen als Bosonen aufzufassen sind. Wir wollen zunächst zeigen, dass für ein Photonengas das chemische Potential $\mu_{Ph} = 0$ ist.

Im Gegensatz zu massebehafteten Teilchen wie Elektronen, Atome und Moleküle besitzen Photonen keine Masse und bewegen sich alle mit derselben Geschwindigkeit c_L, der Lichtgeschwindigkeit im Vakuum.

Die Beziehung zwischen ihrem Energieinhalt, ihrer *effektiven* Masse m und Geschwindigkeit lautet nach der Relativitätstheorie:

$$h \cdot \nu = m \cdot c_L^2 \tag{3.133}$$

Damit gilt für den Impuls eines Photons:

$$m \cdot c_L = \frac{h\nu}{c_L} \tag{3.134}$$

Es ist also die Frequenz ν eines Photons, die seinen Energieinhalt und Impuls bestimmt. Wir betrachten Abb. 3.16. Die Zahl der Photonen, die mit einer Energie zwischen $h\nu$ und $h(\nu + d\nu)$ durch die Fläche A unter dem Winkel ϑ hindurchfliegen, beträgt (s. Gl. (2.68)):

$$dN_{Ph}(\nu) = (A \cdot c_L \cdot dt) \cdot \cos\vartheta \cdot \left(\frac{N}{V}\right) f(\nu)d\nu \cdot \frac{\sin\vartheta \, d\vartheta \, d\varphi}{4\pi} \tag{3.135}$$

wobei hier $f(\nu)$ der Bruchteil der Gesamtzahl N_{Ph} der Photonen mit einer Frequenz zwischen ν und $\nu + d\nu$ bedeutet. $f(\nu)$ ist die Frequenzverteilungsfunktion, die wir hier noch nicht näher zu kennen brauchen.

Multiplikation von Gl. (3.135) mit $(h\nu/c_L) \cdot \cos\vartheta$ ergibt das Differential eines Druckes (Impuls pro Zeit und Fläche):

$$dp_{Ph} = \left(\frac{h\nu}{c_L}\cos\vartheta\right) \cdot \frac{1}{A}\frac{dN_{Ph}}{dt} = h\nu \cdot \frac{N_{Ph}}{V} f(\nu)d\nu \cdot \frac{\sin\vartheta \cdot \cos^2\vartheta \cdot d\vartheta \cdot d\varphi}{4\pi}$$

und es folgt für die integrierte Form der Druck p_{Ph}, den die Photonen ausüben:

$$p_{\text{Ph}} = \int\limits_0^\infty \frac{h\nu \cdot N_{\text{Ph}}}{V} f(\nu) \cdot \mathrm{d}\nu \cdot \int\limits_0^\pi \sin\vartheta \cdot \cos^2\vartheta \cdot \mathrm{d}\vartheta \cdot \int\limits_0^{2\pi} \mathrm{d}\varphi/4\pi \qquad (3.136)$$

Das erste Integral auf der rechten Seite von Gl. (3.136) ist nichts anderes als die mittlere Energiedichte des Photonengases $u(T)$, das zweite ergibt den Wert 2/3 und das dritte den Wert 1/2, so dass das Ergebnis lautet:

$$\boxed{p_{\text{Ph}} = \frac{1}{3} \cdot u(T)} \qquad (3.137)$$

Energiedichte und Druck eines Photonengases hängen also nur von T und nicht vom Volumen V ab. Wir können daher für die innere Energie schreiben:

$$U_{\text{Ph}} = u(T) \cdot V \qquad \text{bzw.} \qquad \left(\frac{\partial U_{\text{Ph}}}{\partial V}\right) = \left(\frac{U_{\text{Ph}}}{V}\right) = u(T) \qquad (3.138)$$

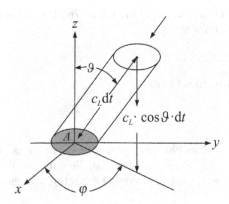

Abb. 3.16: Moleküle bzw. Photonen fliegen unter dem Winkel ϑ auf die Fläche A (s. Text)

Gl. (3.138) setzen wir in die allgemein gültige Gl. (11.339) ein und erhalten mit p_{Ph} aus Gl. (3.137) für die Energiedichte $u(T)$:

$$u(T) = \left(\frac{\partial U_{\text{Ph}}}{\partial V}\right) = T\left(\frac{\partial p_{\text{Ph}}}{\partial T}\right)_V - p_{\text{Ph}} = \frac{1}{3}T \cdot \frac{\mathrm{d}u(T)}{\mathrm{d}T} - \frac{1}{3}u(T)$$

Daraus folgt:

$$4u(T) = T \cdot \frac{\mathrm{d}u(T)}{\mathrm{d}T} \qquad \text{bzw.} \qquad \frac{\mathrm{d}u(T)}{u(T)} = 4\frac{\mathrm{d}T}{T} = \mathrm{d}\ln(T^4)$$

Integration ergibt:

$$\boxed{u(T) = a \cdot T^4} \quad \text{bzw.} \quad \boxed{U_{Ph} = a \cdot V \cdot T^4} \tag{3.139}$$

Der Faktor a ist eine Konstante und hat den universellen Wert $7{,}5 \cdot 10^{-16}\,\text{J} \cdot \text{m}^{-3} \cdot \text{K}^{-4}$, wie wir noch sehen werden.

Nun können wir mit Gl. (3.137) und (3.139) sofort die thermische Zustandsgleichung für ein Photonengas angeben:

$$\boxed{p_{Ph} = \frac{a}{3} \cdot T^4} \tag{3.140}$$

Man sieht, dass das Volumen als Zustandsvariable gar nicht auftaucht. Die Entropie berechnen wir aus Gl. (11.331):

$$\left(\frac{\partial U_{Ph}}{\partial S_{Ph}}\right)_V = T \quad \text{bzw.} \quad \frac{1}{T}\left(\frac{\partial U_{Ph}}{\partial T}\right)_V = \left(\frac{\partial S_{Ph}}{\partial T}\right)_V$$

Daraus folgt:

$$\frac{4aV}{T} \cdot T^3 = \frac{dS_{Ph}}{dT}$$

und nach Integration mit $S(T = 0) = 0$ (3. Hauptsatz!):

$$\boxed{S_{Ph} = \frac{4}{3} a \cdot V \cdot T^3} \tag{3.141}$$

Für die freie Energie F ergibt sich dann:

$$F_{Ph} = U_{Ph} - T \cdot S_{Ph} = -\frac{1}{3} aV \cdot T^4 = -p_{Ph} V \tag{3.142}$$

und für die freie Enthalpie G:

$$\boxed{G_{Ph} = F_{Ph} + p_{Ph} V = n_{Ph} \cdot \mu_{Ph} = 0} \tag{3.143}$$

Da $n_{Ph} > 0$, folgt:

$$\boxed{\mu_{Ph} = 0} \tag{3.144}$$

Das chemische Potential μ_{Ph} des Photonengases ist also gleich Null. Hier drückt sich thermodynamisch gesehen die Tatsache aus, dass Photonen „aus dem Nichts" entstehen und „im Nichts" wieder verschwinden können. *Die „Molzahl" der Photonen lässt sich nicht unabhängig von T und p (oder T und V) festlegen, und ist daher keine unabhängige Variable.*

Da Photonen Bosonen sind, können wir direkt auf Gl. (3.30) zurückgreifen und für die Photonenzahldichte mit der Frequenz v_i schreiben ($\varepsilon_i = hv_i$, $\mu_{Ph} = 0$):

$$\boxed{\frac{\langle N_i \rangle}{V} = \frac{1}{V} \cdot \frac{g_i}{\exp\left[hv_i/k_B T\right] - 1}} \tag{3.145}$$

Den Entartungsfaktor g_i, der angibt, wie viele Photonen sich im Frequenzintervall zwischen v_i und $v_i + dv_i$ befinden, leiten wir folgendermaßen ab. Die Lösung der Schrödingergleichung für freie Teilchen der Masse m gilt auch für Photonen, wenn man in Gl. (3.11) $\varepsilon(n)$ durch $|\vec{p}_v|^2/2m$ ersetzt, dann hebt sich die Masse heraus und man erhält mit $\vec{p}_v = hv/c_L$ aufgelöst nach $n^2 = n_x^2 + n_y^2 + n_z^2$:

$$n^2 = \frac{v^2}{c_L{}^2} \cdot 4 \cdot V^{2/3} \tag{3.146}$$

Mit

$$n \cdot dn = 4 \cdot V^{2/3} \cdot \frac{v}{c_L{}^2} \cdot dv \tag{3.147}$$

ergibt Gl. (3.146) und Gl. (3.147):

$$n^2 \cdot dn = \frac{8}{c_L{}^3} \cdot V \cdot v^2 \cdot dv \tag{3.148}$$

Jetzt berechnen wir g_n als die Zahl der Quantenzustände zwischen n und $n + dn$, die sich im ersten Oktanten (n_x, n_y und n_z müssen alle positives Vorzeichen haben!) des Kugelschalenvolumens $4\pi n^2 dn$ befinden (s. Abb. 3.17).

$$\frac{dg(n)}{dn} \cdot dn = 2 \cdot \frac{1}{8} \cdot 4\pi n^2 \cdot dn = \pi \cdot n^2 dn = 8\pi V \cdot \frac{v^2}{c_L{}^3} \cdot dv \tag{3.149}$$

Der Faktor 2 berücksichtigt dabei, dass ein Photon 2 Polarisationsrichtungen im Raum haben kann. Für die Integralform der Aufsummierung von Gl. (3.145) gilt dann nach Gl. (3.149)

$$\left(\frac{N}{V}\right)_{Ph} = \sum_i \frac{\langle N_i \rangle}{V} \cong \frac{1}{V} \int \frac{\partial(g(v))}{\partial v} \cdot \frac{dv}{\exp\left[hv/k_B T\right] - 1} = \frac{8\pi}{c_L^3} \int_0^\infty \frac{v^2 dv}{\exp\left[hv/k_B T\right] - 1}$$

Wir führen die Variable $x = hv/k_B T$ ein und erhalten mit $\Gamma(3) = 2$ und $\zeta(3) = 1{,}202$ (s. Anhang 11.21, Gl. (11.438)) für die Photonenzahldichte:

$$\left(\frac{N}{V}\right)_{Ph} = 8\pi \cdot \left(\frac{k_B T}{hc_L}\right)^3 \int_0^\infty \frac{x^2 dx}{e^x - 1} = 8\pi \left(\frac{k_B T}{hc_L}\right)^3 \cdot \Gamma(3) \cdot \zeta(3) = 16\pi \left(\frac{k_B T}{hc_L}\right)^3 \cdot 1{,}202 \tag{3.150}$$

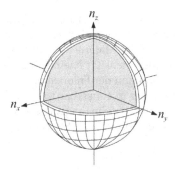

Abb. 3.17: Kugelschalenvolumen $4\pi|\vec{n}|^2\,\mathrm{d}|\vec{n}|$. Realisierbare Zustände liegen nur im ersten Oktanten, wo $n_x \geq 0, n_y \geq 0$ und $n_z \geq 0$ gilt.

Setzt man Gl. (3.148) in Gl. (3.149) ein und multipliziert mit $h\nu$, also dem Energieinhalt eines Photons, ergibt sich die Energiedichte $\left(\frac{\mathrm{d}U_{\mathrm{Ph}}}{\mathrm{d}\nu}\right)/V = u_{\mathrm{Ph}}(\nu,T)$ der Photonen mit der Frequenz ν:

$$u_{\mathrm{Ph}}(\nu, T) = \frac{8\pi}{c_{\mathrm{L}}{}^3} \cdot \frac{h \cdot \nu^3}{\exp\left[h\nu/k_{\mathrm{B}}T\right] - 1} \tag{3.151}$$

Das ist das berühmte *Planck'sche Strahlungsgesetz*, die Planck im Jahr 1900 allerdings auf ganz anderem Weg gefunden hatte, da man damals noch keine Quantenmechanik und Quantenstatistik kannte, die erst ca. 25 Jahre später entwickelt wurde. Um die Gesamtenergiedichte des Photonengases zu erhalten, muss Gl. (3.151) über alle Frequenzen von $\nu = 0$ bis $\nu = \infty$ integriert werden. Dazu führen wir wieder die dimensionslose Variable $x = h\nu/k_{\mathrm{B}}T$ ein und erhalten

$$\int_{\nu=0}^{\infty} u_{\mathrm{Ph}}(\nu, T)\mathrm{d}\nu = \frac{8\pi}{c_{\mathrm{L}} \cdot h^3}(k_{\mathrm{B}}T)^4 \cdot \int_{x=0}^{\infty} \frac{x^3}{e^x - 1}\mathrm{d}x = \frac{8\pi^5 \cdot k_{\mathrm{B}}{}^4}{15h^3 \cdot c_{\mathrm{L}}{}^3} \cdot T^4 \tag{3.152}$$

Bei der Integration in Gl. (3.152) haben wir von dem in Anhang 11.21 abgeleiteten Ergebnis Gl. (11.437) Gebrauch gemacht. Also gilt für die innere Energie des Photonengases:

$$\boxed{U_{\mathrm{Ph}} = a \cdot V \cdot T^4} \quad \text{mit} \quad a = \frac{8\pi^5 \cdot k_{\mathrm{B}}{}^4}{15h^3 \cdot c_{\mathrm{L}}{}^3} \tag{3.153}$$

Damit haben wir den Wert von a in Gl. (3.139) abgeleitet, der sich nur aus Naturkonstanten zusammensetzt.

Wir können auch die mittlere thermische Energie eines Photons $\langle h\nu \rangle$ angeben. Sie ist gleich dem Verhältnis von Gl. (3.153) zu Gl. (3.150):

$$\langle h\nu \rangle = \frac{(U_{\mathrm{Ph}}/V)}{(N_{\mathrm{Ph}}/V)} = \frac{\pi^4}{30} \cdot k_{\mathrm{B}} \cdot T = 3{,}247 \cdot k_{\mathrm{B}} \cdot T$$

Die innere Energie U_{Ph} eines Photonengases kann man nicht direkt messen. Im thermischen Gleichgewicht befindet es sich jedoch i. d. R. auch im Gleichgewicht mit Materie, wobei ebenso viele Photonen von der Materie absorbiert wie emittiert werden. Es lässt sich daher U_{Ph} mit der Strahlungsintensität I_S eines sog. „schwarzen Strahlers" in Zusammenhang bringen, die als Funktion der Frequenz v nach außen abgegeben wird und mit einem geeigneten Spektrometer gut messbar ist. Zur Ableitung von I_{Ph} gehen wir aus von Gl. (3.151). Wir stellen zunächst die Frage, wie groß die Zahl der Teilchen ist, die durch die Fläche A pro Zeiteinheit ausströmen. Sie beträgt nach Gl. (2.68):

$$\frac{1}{A} \cdot \frac{dN}{dt} = \frac{1}{4}\left(\frac{N}{V}\right) \cdot \langle v \rangle$$

$\langle v \rangle$ ist die mittlere thermische Geschwindigkeit. In unserem Fall setzen wir statt $\langle v \rangle$ die Lichtgeschwindigkeit c_L ein. Multipliziert man mit hv, lautet der entsprechende Energiefluss von Photonen mit der Frequenz v:

$$I_v = \frac{1}{A} \cdot \frac{d(N \cdot hv)}{dt} = u_{Ph}(v,T)\frac{c_L}{4} = \frac{2\pi}{c_L{}^2} \cdot \frac{hv^3}{\exp[hv/k_BT] - 1} \tag{3.154}$$

Für den über alle Frequenzen integrierten Energiefluss, also die gesamte Strahlungsintensität der Photonen, gilt dann nach Gl. (3.153):

$$I_{Ph,total} = I_S = a \cdot \frac{c_L}{4} \cdot T^4 = \sigma_{SB} \cdot T^4 \tag{3.155}$$

Das ist das *Stefan-Boltzmann'sche Strahlungsgesetz*. Für σ_{SB} gilt mit a nach Gl. (3.153)

$$\sigma_{SB} = \frac{a \cdot c_L}{4} = \frac{2}{15} \cdot \frac{\pi^5 \cdot k_B{}^4}{h^3 \cdot c_L{}^2} = 5{,}67051 \cdot 10^{-8} \text{ m}^2\text{s}^{-1} \cdot \text{K}^{-4} \tag{3.156}$$

σ_{SB} heißt *Stefan-Boltzmann-Konstante*.

Will man die gesamte Strahlungsleistung eines Körpers mit der Temperatur T berechnen, muss man Gl. (3.155) mit der Oberfläche A des Körpers multiplizieren. Bei einer Kugel mit dem Radius r erhält man z.B.:

$$L = I_{Ph,total} \cdot 4\pi r^2 = 4\pi r^2 \cdot \sigma_{SB} \cdot T^4 \tag{3.157}$$

L heißt die Leuchtkraft der heißen Kugel, das kann z.B. ein Stern sein mit der Oberflächentemperatur T. In diesem Fall schreibt man auch $T = T_{eff}$ (effektive Temperatur).

Gl. (3.154) bzw. (3.157) stimmt für $T = 5800\,\text{K}$ mit dem gemessenen Intensitätsspektrum des Sonnenlichts außerhalb der Erdatmosphäre recht gut überein, wie Abb. 3.18 zeigt. Man schließt daraus, dass die effektive Oberflächentemperatur der Sonne ca. 5800 K beträgt. Noch überzeugender ist die Übereinstimmung mit der sog. kosmischen Hintergrundstrahlung für $T = 2{,}73$ K (s. Abschnitt 7.6.4, Abb. 7.30). Diese thermische Strahlung erfüllt das ganze Universum. Sie entstand ca. $4 \cdot 10^5$ Jahre nach dem „Urknall" und hat sich seitdem durch die Expansion des Weltalls auf 2,73 K abgekühlt. Man beachte, dass beim Sonnenlicht (Abb. 3.18 b) das Maximum der Intensität im sichtbaren Bereich liegt, während es bei 2,73 K im Zentimeterwellenbereich liegt. Ein rotglühendes Stück Eisen, das sich durch Schmieden verarbeiten lässt, gehorcht in seiner spektralen Intensitätsverteilung im Wesentlichen ebenfalls Gl. (3.154). Bei einer Temperatur von ca. 1200 K liegt hier das Maximum bei $2{,}4\mu$m $= 2{,}4 \cdot 10^{-6}$m im fernen Infrarotbereich. Wärmebildkameras nutzen ebenfalls Gl. (3.154). Die interessanten Temperaturen liegen hier im Bereich von 250-500 K, die Wellenlängen im Maximum von Gl. (3.154) sind für das menschliche Auge nicht mehr sichtbar, sehr wohl aber für die Kamera oder bei höherer Intensität auch für die menschliche Haut (z. B. Wärmestrahlung eines Kachelofens). Ein anderes Beispiel sind Insekten, wie z.B. Bienen, deren Sehorgane Teile des UV-Bereichs der Sonnenstrahlung noch wahrnehmen können. Das Sehvermögen des menschlichen Auges ist auf den schmalen Wellenlängenbereich zwischen 400 und 800 nm beschränkt.

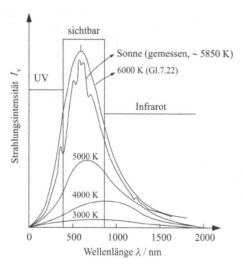

Abb. 3.18: Spektrale Intensitätsverteilung der thermischen Strahlung des Sonnenlichtspektrum außerhalb der Erdatmosphäre nach Gl. (3.154) umgerechnet in Abhängigkeit von der Wellenlänge λ (s. Exkurs 7.7.1).

Photonen sind Bosonen mit zwei Spinquantenzahlen +1 und −1 entsprechend den zwei Polarisationsebenen des Lichtes. Die thermische Zustandsgleichung (3.33) lautet also mit dem Faktor 2 als Entartungsfaktor und $z = 1$:

$$-p_{\mathrm{Ph}}V = 2k_{\mathrm{B}}T \sum_k g_k \ln\left[1 - \exp\left(-\beta\hbar c_{\mathrm{L}}|\vec{k}|\right)\right]$$

wobei wir $h\nu = \hbar \cdot c_L \cdot |\vec{k}|$ geschrieben haben mit dem Wellenzahlvektor $|\vec{k}| = 2\pi/\lambda$.

In Integraldarstellung mit $g(k)$ nach Gl. (3.37) ergibt sich somit:

$$-p_{\mathrm{Ph}}V = 2k_B T \frac{4\pi}{(2\pi)^3} \cdot V \cdot \int_0^\infty \ln\left[1 - \exp(-\beta\hbar \cdot c_L k)\right] \cdot |\vec{k}|^2 \mathrm{d}|\vec{k}|$$

$$= k_B T \frac{V}{\pi^2} \int_0^\infty \ln\left[1 - \exp(-\beta\hbar \cdot c_L|\vec{k}|)\right] |\vec{k}|^2 \mathrm{d}|\vec{k}| \qquad (3.158)$$

Durch partielle Integration erhält man:

$$\int_0^\infty \ln\left[1 - \exp(-\beta\hbar \cdot c_L|\vec{k}|)\right] |\vec{k}|^2 \mathrm{d}|\vec{k}| = \frac{1}{3}|\vec{k}|^3 \ln\left[1 - \exp(-\beta\hbar \cdot c_L|\vec{k}|)\right]\Big|_0^\infty$$

$$- \frac{1}{3}\int_0^\infty \frac{\beta\hbar \cdot c_L \cdot \exp\left[-\beta\hbar c_L|\vec{k}|\right]}{1 - \exp\left[-\beta\hbar \cdot c_L|\vec{k}|\right]} |\vec{k}|^3 \mathrm{d}|\vec{k}|$$

Der erste Term auf der rechten Gleichungsseite verschwindet wegen:

$$|\vec{k}|^3 \cdot \ln\left[1 - \exp(-\beta\hbar \cdot c_L|\vec{k}|)\right]\Big|_0^\infty = -|\vec{k}|^3 \cdot \sum \frac{\exp(-n \cdot \beta\hbar c_L|\vec{k}|)}{n}\Big|_{|\vec{k}|=0}^{|\vec{k}|=\infty} = 0$$

was man für $k \to \infty$ durch Anwendung L'Hospital'scher Regel nachweist (s. Gl. (11.410), Anhang 11.18). Für das verbleibende Integral lässt sich schreiben mit $x = \beta \cdot \hbar \cdot c_L \cdot k$ (s. Anhang 11.21, Gl. (11.433) bzw. (11.437)):

$$\frac{1}{3}\frac{1}{(\beta\hbar \cdot c_L)^3} \int_{x=0}^\infty \frac{x^3}{e^x - 1}\mathrm{d}x = \frac{1}{3} \cdot \frac{1}{(\beta\hbar \cdot c_L)^3}\frac{\pi^4}{15}$$

Wir erhalten also für den Druck des Photonengases nach Gl. (3.158)

$$p_{\mathrm{Ph}} = \frac{1}{3} \cdot \frac{8\pi^5 \cdot k_B^4}{15h^3 \cdot c_L^3} \cdot T^4 = \frac{1}{3}a \cdot T^4 \qquad (3.159)$$

mit

$$a = 8\pi^5 k_B^4/(15h^3 \cdot c_L^3) \qquad (3.160)$$

in Übereinstimmung mit Gl. (3.140).

3.6.2 Theorie der Bose-Einstein-Kondensation

In Abschnitt 3.3 haben wir bei idealen Bosonen mit endlicher Teilchenmasse eine Besonderheit festgestellt: bei tiefen Temperaturen und/oder hohen Dichten wird das Grundniveau mit $\varepsilon_0 = 0$ von einer makroskopisch großen Zahl von Teilchen besetzt, so dass sich bei $T = 0$ *alle* Bosonen ausschließlich in diesem Grundniveau befinden. Das liegt an der Eigenschaft der Bosonen, einen Quantenzustand mit beliebig vielen Teilchen besetzen zu können. Um die thermodynamischen Eigenschaften eines Bosonengases in diesem Zustandsbereich abzuleiten, gehen wir aus von Gl. (3.48) und schreiben mit der Spinquantenzahl $s = 0$:

$$\left(\frac{N}{V}\right) = \frac{g_{3/2}(z)}{\Lambda^3_{\text{therm}}} + \left(\frac{N}{V}\right)\left(\frac{z}{1-z} \cdot \frac{1}{N}\right) = \left(\frac{N_\varepsilon}{V}\right) + \left(\frac{N_0}{V}\right) \tag{3.161}$$

N_0 ist die Bosonenzahl im untersten Niveau, N_ε die Summe aller Bosonen in thermisch angeregten Niveaus. Sind N, V und T vorgegeben, lässt sich aus Gl. (3.161) numerisch die Aktivität z berechnen ($0 \leq z \leq e^{-1/N} \approx 1$). Für $z < 1$ kann der zweite Term von Gl. (3.161) vernachlässigt werden, da N eine sehr große Zahl ist ($N \approx 10^{20} - 10^{24}$) und man erhält:

$$\left(\frac{N_\varepsilon}{V}\right) = \frac{g_{3/2}(z)}{\Lambda^3_{\text{therm}}} \qquad (0 < z < 1) \tag{3.162}$$

z ist in diesem Bereich als Funktion von $x = (N/V) \cdot \Lambda^3_{\text{therm}}$ in Abb. 3.19 dargestellt. Nähert sich x dem maximal möglichen Wert $g_{3/2}(z = 1) = \zeta(2) = 2{,}612$, bleibt $z = e^{-1/N} \cong 1 - \frac{1}{N} \approx 1$ konstant. Für $x \leq 2{,}612$ ist stets $z < 1$.

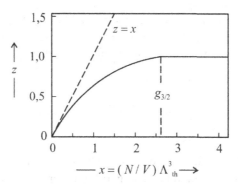

Abb. 3.19: z als Funktion von $x = \left(\frac{N}{V}\right) \cdot \Lambda^3_{\text{therm}}$. Bei $x = 2{,}612$ macht die Kurve einen Knick (thermodynamisches Limit: $N \to \infty$) - - - - Anfangssteigung

Eine weitere Erhöhung von $x = (N/V) \cdot \Lambda^3_{\text{therm}}$ ist nur möglich durch Ansammlung von Bosonen im Grundniveau. Das geschieht bei Erhöhung von $\left(\frac{N}{V}\right)$ und/oder bei Erniedrigung der Temperatur, wenn $(\frac{N}{V})$ fest vorgegeben ist, denn es gilt nach Gl. (2.56):

$$\Lambda^3_{\text{therm}}(T) = \left(\frac{2\pi\hbar^2}{mk_B}\right)^{3/2} \cdot T^{-3/2}$$

(N_ε/V) erreicht dann in Gl. (3.162) seinen maximalen Wert mit $g_{3/2}(z=1) = \zeta(\frac{3}{2}) = 2{,}612$

$$\left(\frac{N_\varepsilon}{V}\right)^{\text{max}} = \left(\frac{N}{V}\right) = 2{,}612 \cdot \left(\frac{2\pi m k_B}{h^2}\right)^{3/2} \cdot T_C^{3/2} \tag{3.163}$$

und $(N_0/V) = 0$ seinen minimalen Wert. Durch einen vorgegebenen Wert von (N/V) wird also eine charakteristische Temperatur T_C festgelegt. Man nennt sie auch kritische Temperatur. Bei $T < T_C$ beginnen Teilchen aus den angeregten Niveaus $\varepsilon > 0$ sich im Grundniveau ($\varepsilon = 0$) anzusammeln. Ihre Dichte ist (N_0/V) und es gilt die Bilanz

$$\left(\frac{N}{V}\right) = \left(\frac{N_\varepsilon}{V}\right) + \left(\frac{N_0}{V}\right) = 2{,}612 \cdot \left(\frac{2\pi m k_B}{h^2}\right)^{3/2} \cdot T_C^{3/2}$$

bzw. mit $(N_\varepsilon/V) = (N_\varepsilon/V)^{\text{max}} \cdot (T/T_C)^{3/2}$:

$$\boxed{\frac{N_\varepsilon}{N} + \frac{N_0}{N} = 1 = \left(\frac{T}{T_C}\right)^{3/2} + \left[1 - \left(\frac{T}{T_C}\right)^{3/2}\right]} \qquad (T \le T_C) \tag{3.164}$$

Bei $T < T_C$ ist die Aktivität des BE-Gases $z_{BE} = 1$. N_ε/N und N_0/N sind in Abb. 3.20 als Funktion von T/T_C dargestellt. Unterhalb $T/T_C = 1$ nimmt der Anteil N_ε/N kontinuierlich ab, der von N_0/N kontinuierlich zu, bis bei $T = 0$ $N_0 = N$ und $N_\varepsilon = 0$ wird. Die BE-Kondensation findet also nicht erst bei $T = 0$ statt, sondern beginnt bereits bei $T = T_C$. Dieser Kondensationsprozess ähnelt einem *thermodynamischen Phasenübergang*, und wir wollen nun untersuchen, inwieweit das tatsächlich der Fall ist.

Wir berechnen zunächst den Druck. Nach Gl. (3.47) ist

$$p = k_B T(2s + 1)\left[\Lambda^{-3}_{\text{therm}} \cdot g_{5/2}(z) - \frac{\ln(1 - z)}{V}\right] \tag{3.165}$$

Da $V^{-1} \ll \Lambda^{-3}_{\text{therm}}$ gilt, solange V in der Größenordnung von $1\,\text{m}^3$ liegt, kann man im Bereich $z < 1$ den zweiten Term mit dem Logarithmus vernachlässigen (Beispiel: für ^{4}He als ideales Bose-Gas betrachtet beträgt $\Lambda^{-3}_{^4\text{He}} = 1{,}5 \cdot 10^{27} \cdot T^{3/2}\,\text{m}^{-3}$). Der maximal mögliche Wert für z ist $e^{-1/N} \cong 1 - \frac{1}{N}$. In diesem Fall gilt:

$$\frac{\ln(1 - z)}{V} = -\frac{\ln N}{V} \qquad \left(z = 1 - \frac{1}{N}\right) \tag{3.166}$$

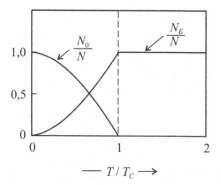

Abb. 3.20: Anteile N_0/N der Bosonen im Grundniveau und N/N_ε in den angeregten Zuständen im Bereich der BE-Kondensation nach Gl. (3.164).

Mit V in der Größenordnung von 1 m³ und $N \approx 10^{23}$ ergibt Gl. (3.166) ca. -53 m⁻¹, das ist selbst für den Fall, dass z. B. $(\ln N)/V = -10^5$ m⁻³ sein sollte, gegenüber $\Lambda^{-3} \cdot g_{5/2}(1)$ völlig vernachlässigbar. Daraus ziehen wir den Schluss, dass der logarithmische Term in Gl. (3.165) keine Rolle spielt und wir für den Druck eines Bose-Gases erhalten mit $g(z = 1) = \zeta(5/2) = 1{,}341$ (s. Gl. (11.440) in Anhang 11.21):

$$p = k_B T (2s + 1)\Lambda_{\text{therm}}^{-3} \cdot g_{5/2}(z) \qquad \text{für} \quad 0 < z < \left(1 - \frac{1}{N}\right) \tag{3.167}$$

$$p = k_B T (2s + 1)\Lambda_{\text{therm}}^{-3}(T) \cdot 1{,}341 \qquad \text{für} \quad z = 1 - \frac{1}{N} \approx 1 \tag{3.168}$$

In Gl. (3.168) hängt p nur noch von T und nicht mehr von z bzw. vom Volumen V ab. Wir können Gl. (3.168) als die Dampfdruckkurve des kondensierten Bosegases interpretieren. Es gilt also:

$$p_{\text{sat,BE}} = k_B \left(\frac{2\pi m k_B}{h^2}\right)^{3/2} \cdot T^{5/2} \qquad \text{mit} \quad T = T_C \tag{3.169}$$

Abb. 3.21 zeigt p als Funktion von V. p ist konstant bis V einen Wert erreicht, der dem Wert von V nach Gl. (3.163) entspricht.

Kombination von Gl. (3.163) und Gl. (3.169) zur Eliminierung von T_C ergibt:

$$p = \frac{h^2 \cdot N_L^{5/3}}{(2{,}612)^{5/3}} \cdot \frac{1}{2\pi m} \cdot \bar{V}_C^{-5/3} = \frac{6{,}05 \cdot 10^{-29}}{m} \cdot \bar{V}_C^{-5/3} \tag{3.170}$$

$\bar{V}_C$ ist das zu T_C gehörige Molvolumen. Für $\bar{V} > \bar{V}_C$ fällt der Druck p mit $\bar{V}$ ab, da jetzt $z < 1$ ist und Gl. (3.167) den Druck bestimmt. Die gestichelte Kurve ist Gl. (3.170), sie

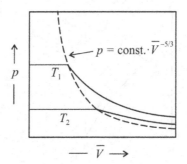

Abb. 3.21: Verlauf von zwei Isothermen $p(\bar{V},T_1)$ und $p(\bar{V}, T_2)$ im Kondensationsbereich des Bose-Gases.

läuft genau durch die Knickpunkte der $p(\bar{V})$-Kurven. Das Diagramm in Abb. 3.21 ähnelt dem p-V-Diagramm von Isothermen eines realen Fluids im 2-Phasenbereich (s. z. B. Abb. 10.5). Auch die chemischen Potentiale pro Teilchen in den beiden „Phasen" sind gleich, es gilt bei T = const sowohl für die Teilchen N_0 wie auch N_ε: $\mu_\varepsilon^* = \mu_0^* = k_B T \ln z$. Es sieht aus, als ob das Kondensat das Molvolumen $\bar{V}_0 = 0$ hat. Das lässt sich interpretieren durch die Tatsache, dass ein ideales Bose-Gas ein wechselwirkungsfreies Teilchensystem mit Punktmassen darstellt, die gar kein Eigenvolumen besitzen. Die kondensierten Teilchen N_0 tragen nichts zur kinetischen Energie ($\varepsilon_0 = 0$), und damit auch nichts zum Druck bei und ebenso nichts zum Volumen. Sie verhalten sich also wie „verschwundene" Teilchen. Man muss sich auch vor Augen halten, dass es sich bei der BE-Kondensation um ein 2-Phasensystem im *Impulsraum und nicht im Ortsraum* handelt. Man wird also keine „flüssige" Phase mit einer Phasengrenze zu sehen bekommen, auch wenn die Kondensation in den Grundzustand schon weit fortgeschritten ist.

Wir wenden uns noch der inneren Energie U, der Molwärme $\bar{C}_V$ und der Entropie von Bosonen im Bereich der BE-Kondensation zu. Wir gehen aus von Gl. (3.51)

$$U_{BE} = \frac{3}{2}(pV)_{BE} = V \cdot g_{5/2}(z) \cdot \Lambda_{therm}^{-3} \cdot k_B T \cdot \frac{3}{2} \tag{3.171}$$

Für $T < T_C$ ist $z = 1$ und somit unabhängig von T. Das ergibt für die Molwärme $\bar{C}_V$:

$$\frac{\bar{C}_V}{k_B \cdot N_L} = \frac{1}{k_B N_L} \cdot \left(\frac{\partial U_{BE}}{\partial T}\right)_{N,V} = \frac{3}{2}\frac{V}{N_L} \cdot \zeta\left(\frac{5}{2}\right) \cdot \frac{\partial}{\partial T}\left(\frac{T}{\Lambda^3}\right)$$

$$= \frac{15}{4}\zeta\left(\frac{5}{2}\right) \cdot \frac{\bar{V}}{N_L} \cdot \Lambda_{therm}^{-3} = \frac{15}{4} \cdot \zeta\left(\frac{5}{2}\right) \cdot \frac{\bar{V}}{N_L} \cdot \left(\frac{2\pi m k_B}{h^2}\right)^{3/2} \cdot T^{3/2}$$

Also ergibt sich mit Gl. (3.163) und der Riemann'schen Zetafunktion $\zeta(5/2) = 1{,}341$:

$$\boxed{\frac{\bar{C}_V}{R} = \frac{15}{4} \cdot \frac{1{,}341}{2{,}612}\left(\frac{T}{T_C}\right)^{3/2} = 1{,}925 \cdot \left(\frac{T}{T_C}\right)^{3/2}} \tag{3.172}$$

Für $T > T_C$ ist $N_0 \cong 0$ und man kann Gl. (3.161) mit Gl. (3.171) kombinieren, um den Term $(V \cdot \Lambda_{\text{therm}}^{-3})$ zu eliminieren. Damit erhält man:

$$U = \frac{3}{2} k_B T \frac{g_{5/2}(z)}{g_{3/2}(z)} \qquad (z < 1) \tag{3.173}$$

Also ergibt sich für die Molwärme $\bar{C}_V$ im Bereich $T > T_C$:

$$\frac{\bar{C}_V}{R} = \frac{1}{R}\left(\frac{\partial U}{\partial T}\right)_{N,V} = \frac{3}{2}\frac{g_{5/2}(z)}{g_{3/2}(z)} + \frac{3}{2} + \frac{\partial}{\partial T}\left(\frac{g_{5/2}(z)}{g_{3/2}(z)}\right) \tag{3.174}$$

Nun bedenken wir, dass gilt:

$$z\frac{\mathrm{d}}{\mathrm{d}z}g_i(z) = z\frac{\mathrm{d}}{\mathrm{d}z}\sum \frac{z^n}{n^i} = \sum \frac{z^n}{n^{i-1}} = g_{i-1}(z)$$

somit erhält man:

$$\frac{\partial}{\partial T}\left(\frac{g_{5/2}(z)}{g_{3/2}(z)}\right) = \left(\frac{\partial z}{\partial T}\right)\cdot\frac{\partial}{\partial z}\left(\frac{g_{5/2}(z)}{g_{3/2}(z)}\right) = \left(\frac{\partial z}{\partial T}\right)\cdot\frac{1}{z}\left(1 - \frac{g_{5/2}(z)\cdot g_{1/2}(z)}{\left[g_{3/2}(z)\right]^2}\right) \tag{3.175}$$

$(\partial z/\partial T)$ kann im Bereich $T > T_C$ bzw. $z < 1$ aus Gl. (3.162) bestimmt werden. Es gilt zunächst:

$$\frac{\partial}{\partial T}g_{3/2}(z) = \frac{\partial}{\partial T}\left(\frac{N_\varepsilon}{V}\cdot\Lambda_{\text{therm}}^3\right)_{V,N}$$

und

$$\left(\frac{\partial z}{\partial T}\right)_{V,N}\cdot\frac{g_{1/2}(z)}{z} = -\frac{3}{2}\cdot\frac{1}{T}\cdot\left(\frac{N_\varepsilon}{V}\right)\cdot\Lambda_{\text{therm}}^3 = -\frac{3}{2}\cdot\frac{g_{3/2}(z)}{T}$$

Somit erhält man

$$\left(\frac{\partial z}{\partial T}\right)_{V,N} = -\frac{3}{2}\cdot\frac{z}{T}\cdot\frac{g_{3/2}(z)}{g_{1/2}(z)} \tag{3.176}$$

Einsetzen von Gl. (3.176) in Gl. (3.175) ergibt dann für $\bar{C}_V$ in Gl. (3.174):

$$\boxed{\frac{\bar{C}_V}{R} = \frac{15}{4}\frac{g_{5/2}(z)}{g_{3/2}(z)} - \frac{9}{4}\frac{g_{3/2}(z)}{g_{1/2}(z)} \qquad T > T_C} \tag{3.177}$$

$z(T)$ kann nur durch numerische Integration von Gl. (3.176) erhalten werden. Man sieht, dass im Grenzfall $z \to 0$ sich für die Molwärme der klassische Wert der MB-Statistik ergibt (s. Abschnitt 2.5.6):

$$\lim_{z \to 0} (\bar{C}_V) = \left(\frac{15}{4} - \frac{9}{4}\right) R = \frac{3}{2} R$$

Nähern wir uns von $T > T_C$ aus dem Grenzfall $T = T_C$, verschwindet in Gl. (3.177) der zweite Term wegen $g_{1/2}(z = 1) \equiv \infty$. Mit $g_{3/2}(z = 1) = \zeta(3/2) = 2{,}612$ und $g_{5/2}(z = 1) = \zeta(5/2) = 1{,}341$ ergibt sich also:

$$\frac{\bar{C}_V}{R} = \frac{15}{4} \cdot \frac{1{,}341}{2{,}612} = 1{,}925 \quad \text{bei} \quad T = T_C \tag{3.178}$$

in Übereinstimmung mit Gl. (3.172) für $T = T_C$.

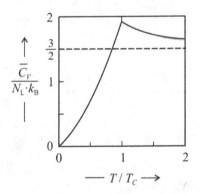

Abb. 3.22: Die Molwärme $\bar{C}_V/R$ eines idealen Bose-Gases als Funktion von T/T_C im Bereich der BE-Kondensation.

Abb. 3.22 zeigt den Verlauf von $\bar{C}_V$. Im Bereich $T < T_C$ steigt $\bar{C}_V$ mit $T^{3/2}$ bis ein Maximalwert von $1{,}925 \cdot R$ bei T_C erreicht wird. Für $T > T_C$ fällt $\bar{C}_V$ wieder ab und erreicht bei hohen Temperaturen den Grenzwert $\frac{3}{2}R$. Das spitze Maximum mit der Unstetigkeit der Steigung bei $T = T_C$ ähnelt dem Verhalten eines Phasenübergangs zweiter Ordnung. Wir wollen noch die Entropie im Bereich $T < T_C$ angeben. Es gilt:

$$S = \int\limits_0^T \frac{C_V}{T} dT = \frac{1{,}925}{T_C^{3/2}} \int\limits_0^T T^{1/2} dT = 1{,}925 \cdot \frac{2}{3} \left(\frac{T}{T_C}\right)^{3/2} \tag{3.179}$$

Man sieht, dass für $T = 0$ die Entropie $S(T = 0) = 0$ wird, der 3. Hauptsatz ist also erfüllt: Das System der N Bosonen besetzt dabei einen *einzigen, nicht entarteten* Grundzustand.

Unter normalen Bedingungen ist bei den erforderlichen tiefen Temperaturen alle Materie im festen Zustand außer Helium. ^{3}He und ^{4}He bleiben flüssig bis zu 0 K. ^{4}He-Atome sind

Bosonen. Sie zeigen im Bereich von 2,2 K einen Verlauf der Molwärme C_V, der dem in Abb. 3.22 gezeigten durchaus ähnlich ist (s. Abb. 3.23). Wir wollen berechnen, bei welcher Temperatur T_C man für ^{4}He BE-Kondensation erwarten würde, wenn ^{4}He ein ideales Gas wäre mit der Dichte (N/V) des tatsächlichen flüssigen ^{4}He, die bei 2,2 K $2,2 \cdot 10^{23}\,\mathrm{m}^{-3}$ beträgt. Für T_C folgt somit aus Gl. (3.163):

$$T_C = \left[\frac{1}{2{,}612} \cdot \left(\frac{N}{V}\right)\right]^{2/3} \cdot \frac{h^2}{2\pi m_{\mathrm{He}} k_B} = \left(\frac{N}{V}\right)^{2/3} \cdot 4{,}017 \cdot 10^{-19} = 3{,}15\ \mathrm{K}$$

Das liegt nicht weit weg von der Temperatur des λ-Punktes von ^{4}He und lässt vermuten, dass der λ-Punkt etwas mit einer BE-Kondensation zu tun hat, auch wenn zwischenmolekulare Kräfte eine mindestens genauso große Rolle für das Phänomen spielen.

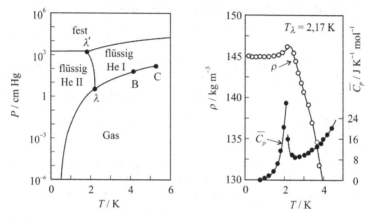

Abb. 3.23: (nach: J. Wilks, The Properties of Liquid and Solid Helium, Clarendon Press, Oxford (1967)) links: Das Phasendiagramm von ^{4}He im Temperaturbereich unterhalb der kritischen Temperatur T_C = 5,2 K. ^{4}He geht erst bei höherem Druck in einen festen Zustand über. C = kritischer Punkt, Siedetemperatur T_B(1 bar) = 4,25 K, B = Siedepunkt. $\lambda - \lambda'$ ist die Phasengrenzlinie zwischen flüssigem He II und He I (1 cm Hg = 10 torr = 13,33 Pa). rechts: Molwärme $\bar{C}_p$ und Dichte von ^{4}He.

3.6.3 Bose-Einstein Kondensation in hochverdünnten atomaren Gasen

Die Bose-Einstein-Kondensation kann mit quasi-idealen Gasatomen, wie z. B. ^{23}Na, ^{87}Rb oder ^{139}Cs erreicht werden. Diese Atome sind Bosonen, da Elektronenspin mit $s = 1/2$ und halbzahligem Kernspin sich zu einem ganzzahligen Spin addieren. Dazu ist es notwendig die Atome im hochverdünnten Gaszustand auf Temperaturen von $\sim 10^{-7}$ K abzukühlen. Das gelingt nur durch die aufwendige Technik sog. magnetooptischer Fallen (MOT = magneto optical traps) und Verdampfungskühltechnik, bei denen die Atome zuvor durch Laserkühlung bei Einschluss in einem magnetischen Feld in den dafür notwendigen Zustand gebracht werden müssen.

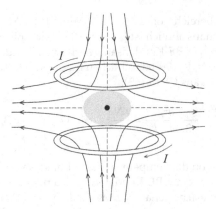

Abb. 3.24: Schematische Darstellung des Spulenaufbaus und der magnetischen Feldlinien in einer Quadrupolfalle (MQF). I: elektrische Stromstärke.

Das Verfahren ist in Abb. 3.24 skizziert. Eine sog. magnetische Quadrupolfalle (MQF) besteht aus zwei in entgegengesetzte Richtungen orientierten, ringförmigen Stromkreisen mit der Stromstärke I, die im Bereich zwischen den Ringen ein Magnetfeld der Stärke

$$\vec{B} = A \sqrt{x^2 + y^2 + 4z^2}$$

erzeugen (nur die radialsymmetrische x-y-Ebene ist gezeigt, die z-Achse steht senkrecht zur Zeichenebene). Atome mit einem magnetischen Dipolmoment wie die Alkaliatome bewegen sich in diesem Magnetfeld unter Einfluss der potentiellen Energie

$$V \cong C \cdot \left(x^2 + y^2 + 4z^2\right) \tag{3.180}$$

Die Atome sind in einer kleinen grau gekennzeichneten Wolke (*cloud*) um das Zentrum herum verteilt und werden durch die abstoßende Kraft grad V in der Falle vor dem Entweichen in den äußeren Raum zurückgehalten. Die atomare Konzentration $n(x,y,z)$ ist an den Rändern niedriger als im Zentrum der Wolke.

Je niedriger die Temperatur und je höher die Teilchenzahldichte der Atome ist, desto eher kann der Zustandsbereich der BE-Kondensation erreicht werden. Die Abkühlung der thermischen Atomwolke geschieht durch sog. Laserkühlung und/oder Verdampfungskühlung (s. z. B. H. J. Metcalf und P. van der Straten: *Laser Cooling and Trapping*, Springer 1999). Die Anordnung in Abb. 3.24 erlaubt es in sechs Raumrichtungen die Atome mit Laserstrahlen zu kühlen, gleichzeitig kann mit einer empfindlichen CCD-Kamera das Geschehen in der Atomwolke verfolgt werden. Eine einfache Abschätzung erlaubt es zu berechnen, wann BE-Kondensation in der Magnetfalle zu erwarten ist. Dazu nehmen wir vereinfachend als Beispiel an, dass die Atomwolke eine mittlere Teilchenzahldichte von $(N/V) = 5 \cdot 10^{18}\,\text{m}^{-3}$ hat und es sich um ^{87}Rb-Atome mit der Molmasse $M_{Rb} = m_{Rb} \cdot N_L = 0{,}08546\,\text{kg} \cdot \text{mol}^{-1}$ handelt. Aus Gl. (3.163) können wir die Temperatur

T_c berechnen, unterhalb der BE-Kondensation eintritt:

$$T_c = \left(\frac{N_\varepsilon}{V \cdot 2{,}612}\right)^{2/3} \cdot \frac{h^2}{2\pi m k_B} = \left(\frac{5 \cdot 10^{18}}{2{,}612}\right)^{2/3} \cdot \frac{h^2 \cdot N_L}{2\pi \cdot 0{,}085467 \cdot k_B} = 5{,}5 \cdot 10^{-8}\,\text{K}$$

Eine so niedrige Temperatur zu erreichen ist anspruchsvoll, aber möglich.

Um das Verhalten von Bosonen im harmonischen Potential einer MQF nach Gl. (3.180) zu beschreiben, gehen wir aus von Gl. (3.31) in der Integralform

$$N = \int_0^\infty \frac{g(\varepsilon) \cdot z \cdot \exp\left[-\varepsilon/k_B T\right]}{1 - z \cdot \exp\left[-\varepsilon/k_B T\right]}\, d\varepsilon = \int_0^\infty \frac{g(\varepsilon) \cdot \exp\left[\varepsilon/k_B T\right]}{z^{-1} \cdot \exp\left[\varepsilon/k_B T\right] - 1}\, d\varepsilon \qquad (3.181)$$

mit der Aktivität $z = \exp\left[(\mu^* - V(x,y,z))\right]$ gilt. Hier können wir für $g(\varepsilon)$ nicht mehr Gl. (3.11) für freie Teilchen einsetzen, wir benötigen $g(\varepsilon)$ für den 3-D-Oszillator. Die Eigenwerte der Energie lauten in diesem Fall (s. Anhang 11.11):

$$\varepsilon(v_x,v_y,v_z) = \left(v_x + \frac{1}{2}\right) \cdot \omega_x \hbar + \left(v_y + \frac{1}{2}\right) \cdot \omega_y \hbar + \left(v_z + \frac{1}{2}\right) \cdot \omega_z \hbar$$

mit $\omega_i = 2\pi v_i$. Die Bewegung der Atome in einem solchen makroskopisch großen Potentialfeld erlauben es, $\varepsilon(v_x,v_y,v_z)$ als Funktion von kontinuierlichen Variablen v_x, v_y, v_z aufzufassen und die Nullpunktsenergien $1/2\hbar\omega_i$ zu vernachlässigen.

Für die Zahl der Quantenzustände $g(\varepsilon)$ pro $dv_x\, dv_y\, dv_z = d\vec{v}$ gilt:

$$g(\varepsilon)\, d\vec{v} = dG(\varepsilon) = \frac{1}{\omega_x \cdot \omega_y \cdot \omega_z} \cdot \frac{1}{\hbar^3}\, d\varepsilon_x\, d\varepsilon_y\, d\varepsilon_z$$

Die Integration unter der Randbedingung $\varepsilon = \varepsilon_x + \varepsilon_y + \varepsilon_z$ lautet:

$$G(\varepsilon) = \frac{1}{\omega_x \cdot \omega_y \cdot \omega_z} \cdot \frac{1}{\hbar^3} \int^\varepsilon d\varepsilon_x \cdot \int^{\varepsilon - \varepsilon_x} d\varepsilon_y \cdot \int^{\varepsilon - \varepsilon_x - \varepsilon_y} d\varepsilon_z \qquad (3.182)$$

Das 3-fache Integral ergibt:

$$\int_0^\varepsilon d\varepsilon_x \int_0^{\varepsilon - \varepsilon_x} d\varepsilon_y \int_0^{\varepsilon - \varepsilon_x - \varepsilon_y} d\varepsilon_z = \int_0^\varepsilon d\varepsilon_x \int_0^{\varepsilon - \varepsilon_x} \left(\varepsilon - \varepsilon_x - \varepsilon_y\right) d\varepsilon_y$$

$$= \int_0^\varepsilon \left[(\varepsilon - \varepsilon_x)^2 - \frac{1}{2}(\varepsilon - \varepsilon_x)^2\right] \cdot d\varepsilon_x = \int_0^\varepsilon \left(\frac{\varepsilon^2}{2} - \varepsilon \cdot \varepsilon_x + \frac{1}{2}\varepsilon_x^2 - \frac{1}{2}\varepsilon^2\right) d\varepsilon_x$$

$$= \varepsilon^3 \cdot \left(\frac{1}{2} + \frac{1}{6} - \frac{1}{2}\right) = \frac{\varepsilon^3}{6}$$

Damit erhalten wir für Gl. (3.182):

$$G(\varepsilon) = \frac{1}{\hbar^3} \frac{1}{\omega_x \cdot \omega_y \cdot \omega_z} \frac{\varepsilon^3}{6} \quad \text{bzw.} \quad g(\varepsilon) = \frac{dG(\varepsilon)}{d\varepsilon} = \frac{1}{\hbar^3} \cdot \frac{1}{\omega_x \cdot \omega_y \cdot \omega_z} \cdot \frac{\varepsilon^2}{2}$$

Bei $T \leq T_c$ ist die Aktivität $z = 1$ und wir erhalten für die Gesamtzahl der Teilchen N bei $T = T_c$ nach Gl. (3.181):

$$N_\varepsilon^{max} = N = \frac{1}{2} \frac{1}{\hbar^3} \frac{1}{\omega_x \cdot \omega_y \cdot \omega_z} \int_0^\infty \frac{\varepsilon^2 \cdot \exp\left[-\varepsilon/k_B T_c\right]}{1 - \exp\left[-\varepsilon/k_B T_c\right]} \, d\varepsilon \quad (T = T_c)$$

Einfachheitshalber betrachten wir eine MQF mit isotropem Oszillator. Dann gilt: $\omega_0 = \omega_x = \omega_y = \omega_z$ und $x_c = +\varepsilon/k_B T_c$ bei $T = T_c$ (s. Gl. (11.438) in Anhang 11.21):

$$N = N_\varepsilon^{max} = \frac{(k_B \cdot T_c)^3}{(\hbar \cdot \omega_0)^3} \cdot \int_0^\infty \frac{x_c^2}{\exp(x_c) - 1} \, dx_c = \Gamma(3) \cdot \zeta(3) \cdot \left(\frac{k_B \cdot T_c}{\hbar \cdot \omega_0}\right)^3 = 2{,}404 \left(\frac{k_B T_c}{\hbar \omega_0}\right)^3$$

$$(3.183)$$

mit $\Gamma(3) = 2$ und $\zeta(3) = 1{,}202$. $N_\varepsilon^{max} = N$ ist die Gesamtzahl der Bosonen. Für Temperaturen $T < T_c$ gilt also (N_0 = Zahl der Bosonen im untersten Energieniveau):

$$\boxed{\frac{N_\varepsilon}{N} = \frac{N_\varepsilon}{N_\varepsilon^{max}} = \left(\frac{T}{T_c}\right)^3 \quad \text{und} \quad \frac{N_0}{N} = 1 - \left(\frac{T}{T_c}\right)^3} \qquad (3.184)$$

Wir stellen fest: in einem harmonischen 3-D-Potential steht in Gl. (3.184) $(T/T_c)^3$ und nicht $(T/T_c)^{3/2}$ wie in Gl. (3.164), wo die Teilchen sich in einem kastenförmigen Potentialtopf mit dem Volumen $V = x \cdot y \cdot z$ bewegen. Dadurch kommt zum Ausdruck, dass die Zahl der quadratischen Freiheitsgrade pro Teilchen in einem harmonischen 3-D-Potentialfeld 6 beträgt statt 3 wie im kastenförmigen Potentialtopf. Ein Volumen kann im harmonischen Potentialfeld nicht angegeben werden, aber die Dichteverteilung der Atome ($\frac{dN}{dV}$) kann als Funktion von $\vec{r} = (x,y,z)$ berechnet werden.

Zur Berechnung der Dichteverteilung ($\frac{dN_\varepsilon}{dV}$) der Atome in den angeregten Niveaus im Bereich $0 \leq T \leq T_c$ gehen wir aus von Gl. (3.161) mit dem einzigen Unterschied, dass für z gilt:

$$z(\vec{r}) = \exp\left[(\mu^* - V(\vec{r}))/k_B T\right] = z(r = 0) \cdot \exp\left[-V(\vec{r})/k_B T\right] \qquad (3.185)$$

$z(r = 0)$ ist im Phasengleichgewicht, also im Bereich $0 \leq T \leq T_c$, gleich 1 ($\mu^* = 0$), d.h., die Aktivität wird eine skalare Funktion des Ortsvektors $\vec{r}$. Wir erhalten also für den ersten Term in Gl. (3.161):

$$n_\varepsilon = \frac{dN_\varepsilon}{dV} = \frac{g_{3/2}(z(\vec{r}))}{\Lambda_{th}^3} \qquad (3.186)$$

mit $g_{3/2}(z(r))$ nach Gl. (3.49) (s. auch Abb. 3.4):

$$g_{3/2}(z(r)) = \sum_{1}^{\infty} \frac{1 \cdot \exp\left[-n \cdot V(r)/k_B T\right]}{n^{3/2}} \qquad (3.187)$$

In Abb. 3.25 ist Gl. (3.187) in reduzierter Form für $n_\varepsilon \cdot \Lambda_{th}^3$ als Funktion von r/R dargestellt. Λ_{th} ist die thermische Wellenlänge (Gl. (2.56)).

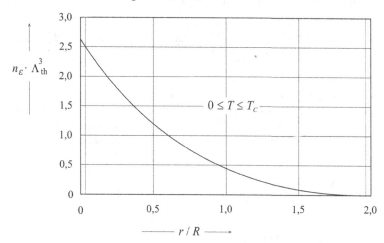

Abb. 3.25: $g_{3/2}(z(r)) = n_\varepsilon \cdot \Lambda_{th}^3$ der nicht kondensierten (angeregten) Atome im 2-Phasenbereich $0 \le T \le T_c$ als Funktion von r/R mit r = Abstand vom Zentrum in einer isotropen magnetischen Quadrupolfalle (MQF). $g_{3/2}(z(r) = 1) = 2{,}612$. (Nach: C. J. Pethick, H. Smith: Bose-Einstein Condensation in Dilute Gases, Cambridge University Press (2008).)

Für die Reduktionsgröße R des Abstandes r vom Mittelpunkt der MQF gilt $R = (2k_B T/m\omega_0^2)^{1/2}$ mit ω_0 als Parameter für die potentielle Energie $V(r) = m \cdot \omega_0^2 \cdot r^2/2$. Die Dichte n_ε ist im Zentrum der MQF maximal und fällt bis $r = 2R$ praktisch auf den Wert Null ab. Für $T < T_c$ wächst mit sinkender Temperatur die Zahl der Bosonen N_0 im Grundniveau des 3-D-Oszillators von 0 auf die Dichte n_0 an. n_0 ergibt sich auch aus der Lösung der Schrödinger-Gleichung für $v_x = 0$, $v_y = 0$ und $v_z = 0$:

$$\Psi_{v_i=0} = \left(\frac{\omega_i \cdot m}{\pi \cdot \hbar}\right)^{1/4} \cdot \exp\left[-\frac{l_i^2}{2}\left(\frac{\omega_i \cdot m}{\hbar}\right)\right] \qquad (l_i = x,y,z)$$

und man erhält für n_0:

$$n_0 = N_0 \cdot \Psi_{v_x=0}^2 \cdot \Psi_{v_y=0}^2 \cdot \Psi_{v_z=0}^2$$

$$= N_0 \left(\omega_x \cdot \omega_y \cdot \omega_z\right)^{1/2} \cdot \left(\frac{m}{\pi\hbar}\right)^{3/2} \cdot \exp\left[-\left(x^2\omega_x + y^2\omega_y + z^2\omega_z\right) \cdot (m/\hbar)\right]$$

N_0 ist die Zahl der Bosonen im Grundniveau, $\Psi_{v_x=0}^2 \cdot \Psi_{v_y=0}^2 \cdot \Psi_{v_z=0}^2$ die Wahrscheinlichkeit ihres Auftretens am Ort $\vec{r} = (x,y,z)$. Beschränken wir uns im Folgenden wie zuvor auf das isotrope Oszillator-Modell ($\omega_0 = \omega_x = \omega_y = \omega_z$) gilt im Bereich der BE-Kondensation für n_0:

$$n_0(T,r) = N_0(T) \left(\frac{\omega_0 \cdot m}{\pi\hbar}\right)^{3/2} \cdot \exp\left[-r^2 \cdot \frac{m \cdot \omega_0}{\hbar}\right] \tag{3.188}$$

Integration von Gl. (3.188) über $d\vec{r} = 4\pi r^2\, dr$ ergibt $N_0(T)$ (s. Exkurs 3.7.16). Mit Gl. (3.184) und Gl. (3.183) erhält man somit für Gl. (3.188):

$$\boxed{n_0(r,T) = 2{,}404\left(\frac{k_B T_c}{\hbar\omega_0}\right)^3 \cdot \left[1 - \left(\frac{T}{T_c}\right)^3\right] \cdot \left(\frac{\omega_0 \cdot m}{\pi\hbar}\right)^{3/2} \cdot \exp\left[-r^2 \cdot \frac{m \cdot \omega_0}{\hbar}\right]} \quad 0 < T \leq T_c$$

$$\tag{3.189}$$

Wir berechnen nun $n_\varepsilon(r,T)$, also die Dichte aller Teilchen in angeregten Zuständen, ebenfalls für den Temperaturbereich $0 \leq T \leq T_c$, wo $n_0(r,T)$ und $n_\varepsilon(r,T)$ nebeneinander im Gleichgewicht vorliegen. Aus Gl. (3.186) geht hervor, dass neben $\mu^* = 0$ für $r = 0$ auch $V(r) = 0$ ist, also der Wert für $g_{3/2}(r = 0,T) = \zeta(3/2) = 2{,}612$ beträgt. Man erhält mit Gl. (3.184), (3.186) bzw. (3.187):

$$n_\varepsilon(T,r) = \frac{1}{\Lambda_{th}^3(r)} \cdot \sum_{n=1}^{\infty} \frac{\exp\left[-n \cdot V(r)/k_B T\right]}{n^{3/2}} \qquad 0 \leq T \leq T_c$$

bzw. mit $V(r) = m \cdot \omega_0^2 \cdot r^2/2$ und $\Lambda_{\text{therm}} = \left[2\pi\hbar^2/(mk_B T)\right]^{1/2}$ (s. Gl. (2.56)):

$$\boxed{\begin{aligned} n_\varepsilon(T,r) &= \left(\frac{T}{T_c}\right)^{3/2} \left(\frac{mk_B T_c}{2\pi\hbar^2}\right)^{3/2} \cdot \sum_{n=1}^{\infty} \frac{\left[\exp\left(\frac{m \cdot \omega_0^2 \cdot r^2}{2k_B T}\right)\right]^n}{n^{3/2}} \\ &= \left(\frac{T}{T_c}\right)^{3/2} \left(\frac{mk_B T_c}{2\pi\hbar^2}\right)^{3/2} \cdot g_{3/2}\left(e^{-V(r)/k_B T}\right) \end{aligned}} \tag{3.190}$$

Werte für $n_\varepsilon(T,r)$ können Abb. 3.25 entnommen werden, indem man die reduzierten Einheiten auf die uns interessierenden Größen n_ε und r umrechnet. Zur Prüfung der Konsistenz des ganzen geschilderten Verfahrens berechnen wir mit $n_\varepsilon(T,r)$ aus Gl. (3.190):

$$N_\varepsilon = \int_0^{\infty} n_\varepsilon(r,T) \cdot 4\pi r^2\, dr = 2{,}404 \cdot \left(\frac{k_B T}{\hbar \cdot \omega_0}\right)^3 \tag{3.191}$$

Das ist identisch mit Gl. (3.183) und Gl. (3.184) wonach gilt:

$$N_\varepsilon = N_\varepsilon^{\max} \cdot \left(\frac{T}{T_c}\right)^3 = 2{,}404 \cdot \left(\frac{k_B T}{\hbar\omega_0}\right)^3 \tag{3.192}$$

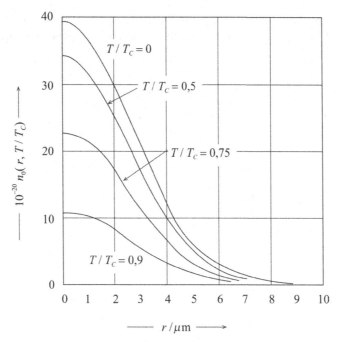

Abb. 3.26: Dichte der Grundniveauverteilung $n_0(r,T/T_c)$ im Potentialfeld $V(r) = (m_{Na}/2)\omega_0^2 \cdot r^2$ für $N = 10^6$ Na-Atome bei 4 verschiedenen Werten von T/T_c im Bereich der BE-Kondensation mit $T_c = 1{,}288 \cdot 10^{-7}\,$K, $\omega_0 = 215\,$s^{-1}.

In Exkurs 3.7.16 wird die Gültigkeit von Gl. (3.191) nachgewiesen.

Wie sehen die Dichteprofile $n_0(r,T)$ und $n_\varepsilon(r,T)$ in Abhängigkeit von r bei verschiedenen Temperaturen aus? Grundsätzlich messbar in einer MQF ist die Summe beider Profile. Die gesamte Zahl der atomaren Bosonen $N = N_0 + N_\varepsilon$ sei vorgegeben. Damit lässt sich die BE-Kondensationstemperatur T_c aus Gl. (3.192) angeben mit $N = N_\varepsilon^{max}$

$$T_c = (N/2{,}404)^{1/3} \cdot \frac{\hbar \cdot \omega_0}{k_B} = N^{1/3} \cdot \omega_0 \cdot 5{,}70 \cdot 10^{-12}$$

Wir wählen als Beispiel ^{23}Na-Atome und setzen $N = 10^6$ mit $\omega_0 = 215\,$s^{-1}. Dann ergibt sich:

$$T_c = 1{,}228 \cdot 10^{-7}\,\text{K}$$

Die Masse m_{Na} beträgt $0{,}023/N_L = 3{,}819 \cdot 10^{-26}\,$kg. Wir setzen diese Werte in Gl. (3.189) ein, um bei $T/T_c = 0$, $T/T_c = 0{,}5$, $T/T_c = 0{,}75$ und $T/T_c = 0{,}9$ die Teilchenzahldichte n_0 als Funktion von r zu berechnen.

Abb. 3.26 zeigt die Ergebnisse, die deutlich machen, dass n_0 Werte in der Größenordnung $10^{21} \cdot$ m^{-3} in einem schmalen Bereich von 0 bis ca. 6 µm aufweist, die darüber hinaus sehr rasch auf Null abfallen.

Führen wir Rechnungen für $n_\varepsilon(r,T/T_c)$ mithilfe der in Abb. 3.25 dargestellten reduzierten Kurve nach Gl. (3.190) durch, erhalten wir die in Abb. 3.27 dargestellten Ergebnisse.

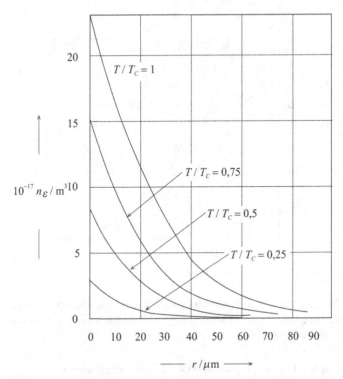

Abb. 3.27: Teilchenzahldichte n_ε energetisch angeregter Na-Atome als Funktion von r für 4 verschiedene Werte von T/T_c im Potentialfeld der potentiellen Energie $V(r) = (m/2) \cdot \omega_0^2 r^2$ im Bereich der BE-Kondensation (Gesamtzahl der Atome $N = 10^6$, $\omega_0 = 215\,\mathrm{s}^{-1}$, $T_c = 1{,}228 \cdot 10^{-7}\,\mathrm{K}$).

Auffallend ist, dass hier die Dichte $n_\varepsilon(r)$ um fast 3 Größenordnungen kleiner als $n_0(r)$ ist und sich über Werte von $r = 60 - 80\,\mu\mathrm{m}$ erstreckt, also ca. 10-fach so weit wie $n_0(r)$. Für $n_0(r) + n_\varepsilon(r)$ ist bei $T > T_c$ ein breiter und relativ flacher Untergrund mit einem schwach ausgeprägten Maximum bei $r = 0$ zu erwarten $(n_\varepsilon(r))$, auf den mit sinkender Temperatur $T < T_c$ ein schmaler, steiler und rasch höher werdender Peak $n_0(r)$ aufwächst, wobei der Untergrund, also $n_\varepsilon(r)$ schwächer wird. Auf die Methoden, wie man reale Messungen durchführt (Flugzeitabsorptionsmessung oder Phasenkontrast-Methode) können wir nicht näher eingehen, und verweisen auf die Literatur (z.B.: M. R. Andrews, M.-O. Mewes, N. J. van Druten, D. S. Durfee, D. M. Kurn and W. Ketterle, Science **273**, 84 (1996) oder W. Ketterle, Physikal. Blätter **52**, 573 (1996)). Eine noch weiter verbesserte theoretische Behandlung als die hier vorgestellte, erfordert die Miteinbeziehung zwischenmolekularer Wechselwirkungen der Atome in der „cloud" der MQF, worauf wir nicht näher eingehen und ebenfalls auf die Literatur verweisen (z. B. C. J. Pethick, H. Smith: Bose-Einstein Condensation in Dilute Gases, Cambridge University Press (2008)).

3.7 Exkurs zu Kapitel 3

3.7.1 Normierung der Wellenfunktion $\sin(k_x x) \cdot \sin(k_y y) \cdot \sin(k_z z)$

Es genügt in Gl. (3.5) das Integral

$$\int_0^{L_x} \sin^2(k_x \cdot x)\, \mathrm{d}x = \frac{1}{k_x} \int^{u=L_x \cdot k_x} \sin^2 u \cdot \mathrm{d}u$$

auszuwerten. Wir setzen

$$\sin u = \frac{1}{2i}\left(e^{iu} - e^{-iu}\right)$$

und berechnen mit $u = k_x \cdot x$

$$\frac{1}{k_x} \int_0^{L_x k_x} \left(\frac{1}{2i}\right)^2 \left(e^{iu} - e^{-iu}\right)\left(e^{iu} - e^{-iu}\right)\, \mathrm{d}u = -\frac{1}{4k_x}\int_0^{L_x k_x}\left(e^{2iu} + e^{-2iu} - 2\right)\mathrm{d}u$$

$$= \frac{1}{4k_x}\int_0^{L_x k_x}(2 - 2\cos 2u)\, \mathrm{d}u = \frac{2L_x k_x}{4k_x} - \frac{1}{2k_x}\cdot \sin 2u \Big|_0^{L_x k_x}$$

$$= \frac{L_x}{2} - \frac{1}{2k_x}\sin(2\pi n_x) = \frac{L_x}{2}$$

Entsprechendes gilt für die y- und die z-Richtung. Daraus folgt mit $V = L_x \cdot L_y \cdot L_z$ für den Fall von Gl. (3.5):

$$A^2 \cdot \frac{L_x}{2}\cdot\frac{L_y}{2}\cdot\frac{L_z}{2} = 1 \qquad \text{bzw.} \quad A = 2\sqrt{\frac{2}{V}}$$

3.7.2 Ableitung der thermischen Zustandsgleichung $p(N,V,T)$ idealer Quantengase aus der Teilchenzahldichte

Leiten Sie die Zustandsgleichung $p(N,V,T)$ eines idealen Quantengases ab, indem Sie von Gl. (3.29) bzw. (3.30) ausgehen. Kürzen Sie $e^{\mu^* \beta}$ mit z ab (z heißt Aktivität) und beachten Sie $(\partial \mu^*/\partial p)_{V,T} = \overline{V}/N_L = V/N$ (s. Gl. (11.338)):

Lösung:

Mit

$$z = e^{\mu^* \beta} \quad \text{bzw.} \quad \mathrm{d}z = \beta \cdot z \cdot \mathrm{d}\mu^* \quad (\beta = 1/k_B T)$$

lässt sich schreiben:

$$\frac{1}{z}\left(\frac{\partial z}{\partial p}\right)_{T,V} = \beta\left(\frac{\partial \mu^*}{\partial p}\right)_{V,T} = \beta \cdot V/N$$

Mit Hilfe dieser Gleichung eliminieren wir z im Zähler von Gl. (3.29) bzw. (3.30) und erhalten:

$$\beta \cdot V = \sum_i \frac{g_i \cdot e^{-\beta\varepsilon_i}}{1 \pm z \cdot e^{-\beta\varepsilon_i}}\left(\frac{\partial z}{\partial p}\right)_{T,V} \qquad \left(\begin{array}{l}+ = \text{FD}\\ - = \text{BE}\end{array}\right)$$

Nun gilt:

$$\sum_i \frac{g_i \cdot e^{-\beta\varepsilon_i}}{1 \pm z \cdot e^{-\beta\varepsilon_i}}\,dz = \sum_i g_i \cdot d\left[\ln\left(1 \pm z \cdot e^{-\beta\varepsilon_i}\right)\right]$$

Integration dieser Gleichung ergibt das gesuchte Ergebnis:

$$\frac{p \cdot V}{k_B T} = \sum_i g_i \cdot \ln\left(1 \pm \lambda \cdot e^{-\beta\varepsilon_i}\right) \qquad \text{bzw.} \qquad \frac{pV}{k_B T} = \int_0^\infty g(\varepsilon) \cdot \ln\left(1 \pm e^{(\mu^*-\varepsilon)\beta}\right) d\varepsilon$$

in Übereinstimmung mit Gl. (3.33).

3.7.3 Energiequanten harmonischer Oszillatoren als Bosonen

Zeigen Sie, dass die Energiequanten $h\nu$, die sich in beliebiger Zahl auf N Oszillatoren verteilen, als Bosonen aufzufassen sind, d.h., ein Oszillator befindet sich im l-ten Anregungsniveau wenn er l „Energiepakete" $h\nu$ aufgenommen hat. Die Energiequanten befinden sich dabei im thermischen Gleichgewicht mit den Oszillatoren. Hinweis: gehen Sie aus von der Zustandssumme von N Oszillatoren nach Gl. (2.32) und entwickeln Sie diese in eine Taylor-Reihe nach $x = \exp\left[-\Theta_{\text{vib}}/T\right]$.

Lösung:

$$Q_{\text{vib}} = q_{\text{vib}}^N = \left(1 - e^{-\Theta_{\text{vib}}/T}\right)^{-1} \cdot e^{-\Theta_{\text{vib}}/2T}$$

Wir setzen $x = e^{-\Theta_{\text{vib}}/T}$ und entwickeln:

$$(1-x)^{-N} = 1 + \left[N(1-x)^{-(N+1)}\right]_{x=0} \cdot x + \frac{1}{2}x^2\left[N(N+1)(1-x)^{-(N+2)}\right]_{x=0}$$

$$+ \frac{1}{6}x^3\left[N(N+1)(N+2)\cdot(1-x)^{-(N+3)}\right]_{x=0} + \cdots$$

$$= \sum_{l=0}^\infty \frac{(N+l-1)!}{l!(N-1)!}\cdot x^l = \sum_{l=0}^\infty \omega_{(N,l)}\cdot \exp\left[-l\frac{\Theta_{\text{vib}}}{T}\right]$$

Man kann $\omega_{(N,l)}$ als Zahl der unterscheidbaren Anordnungen von l Energiequanten $hv = \Theta_{\mathrm{vib}} \cdot k_B$ mit der Gesamtenergie $l \cdot hv$ auf N identische Oszillatoren auffassen. Damit hat $\omega_{(N,l)}$ dieselbe Bedeutung wie ω_i in Gl. (3.13). Es handelt sich also um ein System von l Bosonen, die sich auf N entartete Niveaus mit $\varepsilon = hv$ verteilen. (In Gl. (3.13) entspricht N_i dem Wert von l und g_i dem von N!)

3.7.4 Kompressibilität des entarteten Elektronengases in Metallen

Die Kompressibilität $\kappa_T = -\frac{1}{V}\left(\frac{\partial V}{\partial p}\right)_T$ von Metallen ist überwiegend von der des entarteten Fermigases der Elektronen bestimmt. Überprüfen Sie diese Aussage am Beispiel von Kupfer. Folgende Daten gelten für Kupfer: $M_{\mathrm{Cu}} = 0,06355\,\mathrm{kg \cdot mol}^{-1}$, $\varrho_{\mathrm{Cu}} = 9,0014 \cdot 10^3\,\mathrm{kg \cdot m}^{-3}$ und $\kappa_{T,\mathrm{exp}} = 7,78 \cdot 10^{-7}\,\mathrm{bar}^{-1}$. Pro Cu-Atom trägt ein Elektron zum Elektronengas bei.

Lösung:
Das Molvolumen $\overline{V}_{0,\mathrm{Cu}} = M_{\mathrm{Cu}}/\varrho_{\mathrm{Cu}}$ beträgt $7,06 \cdot 10^{-6}\,\mathrm{m}^3 \cdot \mathrm{mol}^{-1}$. In einem Mol Kupfer gibt es $N_L = 6,022 \cdot 10^{23}$ freie Elektronen. Nach Gl. (3.63) ergibt sich daraus für den Elektronendruck:

$$p_0 = 0.13715 \cdot \frac{h^2}{m_{\mathrm{e}}} \cdot \left(\frac{6,022 \cdot 10^{23}}{7,06 \cdot 10^{-6}}\right)^{5/3} = 1,093 \cdot 10^{11}\,\mathrm{Pa}$$

Eingesetzt in Gl. (3.65) folgt für κ_T:

$$\kappa_T = \frac{1}{p_0} \cdot \frac{3}{5} = 5,49 \cdot 10^{-12}\,\mathrm{Pa}^{-1} = 5,49 \cdot 10^{-7}\,\mathrm{bar}^{-1}$$

Der Anteil des Elektronengases zur Kompressibilität von Kupfer beträgt also:

$$\frac{5,49}{7,78} \cdot 100 = 70,5\,\%$$

Dieses Ergebnis bestätigt die gemachte Aussage.

3.7.5 Lichtabsorption in einem zweidimensionalen Elektronengas am Beispiel des Fulleren-Moleküls

Wir wollen versuchsweise die quasi-kugelförmige Oberfläche des *Fulleren-Moleküls* (s. Abb. 2.32) als idealisiertes 2D-Elektronengassystem auffassen, um seine Lichtabsorption im gelösten Zustand zu beschreiben. Dazu benötigen wir die Schrödingergleichung in Kugelkoordinaten. Der r-abhängige Anteil lautet nach Gl. (11.183) in Anhang 11.11:

$$\frac{\mathrm{d}^2 f}{\mathrm{d}r^2} + \frac{2}{r} \cdot \frac{\mathrm{d}f}{\mathrm{d}r} + \frac{2\tilde{\mu}}{\hbar^2}\left[E - \frac{\hbar^2}{2\tilde{\mu}r^2}J(J+1) - V(r)\right] \cdot f(r) = 0 \tag{3.193}$$

Mit dieser Gleichung lässt sich die elektronische Struktur eines Fulleren-Moleküls näherungsweise beschreiben. Jedes der 60 C-Atome trägt ein Elektron zu dem quasidelokalisierten zweidimensionalen Elektronengas auf der Fulleren-Oberfläche bei. $\bar{\mu}$ ist in diesem Fall m_e, die Masse des Elektrons. Die Energieniveaus ergeben sich aus Gl. (3.193), wenn man r gleich dem Radius R_F des C_{60}-Moleküls setzt und $V(r = R_F)$ als Bezugsgröße gleich Null setzt. Die ersten beiden Terme in Gl. (3.193) verschwinden, da $f(r) = f(R_F)$ konstant ist. Besetzt man nach dem Pauli-Prinzip die Energieniveaus der Elektronen für jede Stufe $J = 0,1,2,\ldots$ unter der Beachtung der Entartung $2J + 1$ pro Niveau, lässt sich dieses System mit 60 Elektronen auffüllen. 3 Valenzelektronen jedes C-Atoms sind durch 3 σ-Bindungen an benachbarte Atome gebunden, 1 Elektron pro C-Atom bleibt übrig für das 2D-Elektronengas. Der Wert J_{max} für das oberste vollbesetzte Niveau ergibt sich dann aus (s. Anhang 11.3, Gl. (11.9)):

$$60 > \sum_0^{J_{max}} (2J + 1) = 2\sum_1^{J_{max}} J + 1 + J_{max} = J_{max}(J_{max} + 1) + 1 + J_{max} = (J_{max} + 1)^2$$

Es gilt also mit $J_{max} = 6$ die Bilanz $60 = (6 + 1)^2 + 11$. Das bedeutet: 6 Niveaus sind voll aufgefüllt und von den 15 entarteten Zuständen des 7. Niveaus sind 11 besetzt. Die Energiedifferenz vom 7. zum 8. Niveau wäre also die elektronische Anregungsenergie des Fulleren-Moleküls mit $J = 8$ minus der mit $J - 1 = 7$:

$$\frac{\hbar^2}{2m_eR_F^2}[J(J + 1) - (J - 1)J] = 16 \cdot \frac{\hbar^2}{2m_eR_F^2} = 3{,}349 \cdot 10^{-19}\,J$$

wobei wir den Radius des Fulleren-Moleküls $R_F = 5{,}4 \cdot 10^{-10}$ m und $m_e = 9{,}1094 \cdot 10^{-31}$ kg gesetzt haben (s. Exkurs 2.11.11). Man erhält dann für die Absorptionswellenlänge: $\lambda = h \cdot c_L/3{,}349 \cdot 10^{-19} = 591$ nm. Das liegt im sichtbaren Bereich des Spektrums und erklärt die violette Farbe von in organischen Lösemitteln gelösten Fullerenen, wo man im Bereich zwischen 550 und 600 nm eine breitere Absorptionsbande beobachtet. Unser einfaches Modell ist also recht erfolgreich in der Vorhersage der lichtspektroskopischen Eigenschaft gelöster Fullerenmoleküle.

3.7.6 Dichtefluktuation im Fermi-Gas – Eine alternative Ableitung

Leiten Sie die Schwankungsformel Gl. (3.53) des Fermigases aus der Binomialverteilung (Abschnitt 1.4) her.

Lösung:
Da bei der FD-Statistik nur ein oder kein Teilchen ein Orbital besetzen kann, kann man die Binomialverteilung anwenden und die Besetzungswahrscheinlichkeit mit p bezeichnen, $q = 1 - p$ gilt dann, für ein unbesetztes Orbital. Die maximale Besetzungszahl n ist also 1 und man erhält somit nach Gl. (1.17):

$$\langle n \rangle = \langle m \rangle = q$$

Damit ergibt sich nach Gl. (1.18):

$$\langle n^2 \rangle - \langle n \rangle^2 = p \cdot (1-p) \qquad \text{bzw.} \qquad \frac{\langle n^2 \rangle - \langle n \rangle^2}{\langle n \rangle^2} = \frac{1}{p} - 1 = \frac{1}{\langle n \rangle} - 1$$

Das ist genau Gl. (3.53).

3.7.7 Explizite Darstellung der Entropie eines FD- und BE-Gases

Zeigen Sie, dass die Entropie nach Gl. (3.28)

$$S = \frac{1}{T} \left[U + pV - N\mu^* \right]$$

im Fall des FD-Gases identisch ist mit:

$$S_{\mathrm{FD}} = -k_{\mathrm{B}} \sum_j \left[\langle n_j \rangle_{\mathrm{FD}} \cdot \ln \langle n_j \rangle_{\mathrm{FD}} + \left(1 - \langle n_j \rangle_{\mathrm{FD}}\right) \cdot \ln \left(1 - \langle n_j \rangle_{\mathrm{FD}}\right) \right]$$

und im Fall des BE-Gases identisch ist mit:

$$S_{\mathrm{BE}} = -k_{\mathrm{B}} \sum_j \left[\langle n_j \rangle_{\mathrm{BE}} \cdot \ln \langle n_j \rangle_{\mathrm{BE}} - \left(1 + \langle n_j \rangle_{\mathrm{BE}}\right) \cdot \ln \left(1 + \langle n_j \rangle_{\mathrm{BE}}\right) \right]$$

wobei nach Gl. (3.29) und (3.30) gilt:

$$\langle n_j \rangle_{\mathrm{FD}} = \left(e^{\beta(\varepsilon_j - \mu^*)} + 1 \right)^{-1} \quad \text{und} \quad \langle n_j \rangle_{\mathrm{BE}} = \left(e^{\beta(\varepsilon_j - \mu^*)} - 1 \right)^{-1}$$

Diskutieren Sie die Grenzfälle $T \to 0$ und $T \to \infty$.

Lösung:

Nach Gl. (3.31) bis (3.33) eingesetzt in Gl. (3.28) ergibt mit $\beta = (k_{\mathrm{B}}T)^{-1}$ für das FD-Gas:

$$S = k_{\mathrm{B}} \cdot \beta \left[\sum_j g_j \left\{ \frac{\varepsilon_j}{e^{\beta(\varepsilon_j - \mu^*)} + 1} + \beta^{-1} \ln \left(1 + e^{-\beta(\varepsilon_j - \mu^*)}\right) + \frac{\mu^*}{e^{\beta(\varepsilon_j - \mu^*)} + 1} \right\} \right]$$

Wir kürzen ab $e^{\beta(\varepsilon_j - \mu^*)} = e^{t}$ und erhalten für S:

$$S_{\mathrm{FD}} = k_{\mathrm{B}} \sum_j g_j \left[\frac{\beta \left(\varepsilon_j - \mu^*\right)}{e^{t} + 1} - \ln \left(\frac{e^{t}}{e^{t} + 1} \right) \right]$$

$$= k_{\mathrm{B}} \sum_j g_j \left[-\beta \left(\varepsilon_j - \mu^*\right) \cdot \frac{e^{t}}{e^{t} + 1} + \ln \left(e^{t} + 1\right) \right]$$

$$= k_{\mathrm{B}} \sum_j g_j \left[-\frac{e^{t} \cdot \ln e^{t}}{e^{t} + 1} + \frac{(e^{t} + 1) \cdot \ln(e^{t} + 1)}{(e^{t} + 1)} \right] \qquad (3.194)$$

Aus Gl. (3.29) folgt für $e^\dagger$ wegen $\langle n_j \rangle = (e^\dagger + 1)^{-1}$:

$$e^\dagger = \frac{1 - \langle n_j \rangle}{\langle n_j \rangle}$$

Einsetzen in Gl. (3.194) ergibt für S_{FD}:

$$S_{FD} = -k_B \sum_j g_j \left[\langle n_j \rangle \ln \langle n_j \rangle + (1 - \langle n_j \rangle) \ln(1 - \langle n_j \rangle) \right]$$

Die Summation geht über alle Energiezustände (Entartung g_j) j. Summiert man über alle Quantenzustände muss man schreiben:

$$S_{FD} = -k_B \sum_{\varepsilon_j} \left[\langle n_j \rangle \ln \langle n_j \rangle + \left(1 - \langle n_j \rangle\right) \ln \left(1 - \langle n_j \rangle\right) \right]$$

Unter Beachtung der Vorzeichenwechsel in Gl. (3.31) bis (3.33) erhalten wir mit derselben Prozedur für das BE-Gas

$$S_{BE} = -k_B \sum_{\varepsilon_j} \left[\langle n_j \rangle \ln \langle n_j \rangle - \left(1 + \langle n_j \rangle\right) \ln \left(1 + \langle n_j \rangle\right) \right]$$

Wir können nun auch den Grenzfall für die MB-Statistik erhalten, bei der gilt $\exp \left[\beta \left(\varepsilon_j - \mu \right) \right] \gg 1$, so dass man 1 gegenüber dem Exponentialterm vernachlässigen kann:

$$S_{MB} = -k_B \sum_{\varepsilon_j} g_i \langle n_j \rangle_{MB} \cdot \ln \langle n_j \rangle_{MB}$$

Denn nach Gl. (3.22) gilt $\langle n_j \rangle_{MB} = \exp \left[-\beta \left(\varepsilon_j - \mu^* \right) \right] = \exp \left[-\beta \varepsilon_j \right] \cdot \exp \left[+\beta \mu^* \right] = \exp \left[-\beta \varepsilon_j \right] / q_{trans} = P_j$ wegen $\exp \left[\beta \cdot \mu^* \right] = q_{trans}^{-1}$ bzw. $\exp \left[\beta \cdot \mu \right] = q_{trans}^{-N_L} = Q_{tr.}^{-1}$. Das ist das Ergebnis für die MB-Statistik, das wir schon in Gl. (2.11) erhalten hatten.

3.7.8 Höhere Näherungen der Temperaturabhängigkeit von Zustandsgrößen des fast entarteten Fermi-Gases

Die in Gl. (3.76) und (3.78) abgeleiteten Ausdrücke für μ bzw. $\overline{U}$ lassen sich verbessern durch die Hinzunahme weiterer Reihenglieder bei der Entwicklung von $h(\varepsilon)$ in Gl. (3.70). Die bis zum biquadratischen Glied entwickelten Ausdrücke lauten:

$$\mu = N_L \cdot \varepsilon_F \left[1 - \frac{\pi^2}{12} \left(\frac{k_B T}{\varepsilon_F} \right)^2 - \frac{\pi^4}{80} \left(\frac{k_B T}{\varepsilon_F} \right)^4 + \ldots \right]$$

$$\overline{U} = N_{\mathrm{L}} \cdot \frac{3}{5}\varepsilon_{\mathrm{F}}\left[1 + \frac{5}{12} \cdot \pi^2 \cdot \left(\frac{k_{\mathrm{B}}T}{\varepsilon_{\mathrm{F}}}\right)^2 - \frac{\pi^4}{16}\left(\frac{k_{\mathrm{B}}T}{\varepsilon_{\mathrm{F}}}\right)^4 + \ldots\right]$$

Leiten Sie daraus die erweiterten Formeln für $\overline{C}_V$, $\overline{S}$ und $P \cdot \overline{V}$ ab. Zeigen Sie, dass $\overline{U} + p\overline{V} - T\overline{S}$ wieder μ ergibt.

Lösung:

$$\overline{C}_V = \left(\frac{\partial U}{\partial T}\right)_V = N_{\mathrm{L}}k_{\mathrm{B}}\left[\frac{\pi^2}{2}\left(\frac{k_{\mathrm{B}}T}{\varepsilon_{\mathrm{F}}}\right) - \frac{3}{20}\pi^4\left(\frac{k_{\mathrm{B}}T}{\varepsilon_{\mathrm{F}}}\right)^3\right]$$

$$\overline{S} = \int\limits_0^T \frac{C_V}{T}\mathrm{d}T = N_{\mathrm{L}}k_{\mathrm{B}}\left[\frac{\pi^2}{2}\left(\frac{k_{\mathrm{B}}T}{\varepsilon_{\mathrm{F}}}\right) - \frac{1}{20}\pi^4\left(\frac{k_{\mathrm{B}}T}{\varepsilon_{\mathrm{F}}}\right)^3\right]$$

Daraus ergibt sich die molare freie Energie F:

$$\overline{F} = \overline{U} - T\overline{S} = N_{\mathrm{L}}\varepsilon_{\mathrm{F}}\left[\frac{3}{5} - \frac{\pi^2}{4}\left(\frac{k_{\mathrm{B}}T}{\varepsilon_{\mathrm{F}}}\right)^2 + \frac{1}{80}\pi^4\left(\frac{k_{\mathrm{B}}T}{\varepsilon_{\mathrm{F}}}\right)^4\right]$$

Es gilt $\left(\partial\overline{F}/\partial\overline{V}\right)_T = -p$, also mit $\mathrm{d}\varepsilon_{\mathrm{F}}/\mathrm{d}\overline{V} = -(2/3)\cdot\varepsilon_{\mathrm{F}}$:

$$p \cdot \overline{V} = -\overline{V}\cdot\left(\frac{\partial\overline{F}}{\partial\overline{V}}\right)_T = N_{\mathrm{L}}\varepsilon_{\mathrm{F}}\left[\frac{2}{5} + \frac{\pi^2}{6}\left(\frac{k_{\mathrm{B}}T}{\varepsilon_{\mathrm{F}}}\right)^2 - \frac{2}{80}\pi^4\left(\frac{k_{\mathrm{B}}T}{\varepsilon_{\mathrm{F}}}\right)^4\right]$$

Wir überprüfen die Konsistenz:

$$\overline{F} + p\overline{V} = N_{\mathrm{L}}\varepsilon_{\mathrm{F}}\left[1 - \frac{\pi^2}{12}\left(\frac{k_{\mathrm{B}}T}{\varepsilon_{\mathrm{F}}}\right)^2 - \frac{\pi^4}{80}\cdot\left(\frac{k_{\mathrm{B}}T}{\varepsilon_{\mathrm{F}}}\right)^4\right] = \mu$$

3.7.9 Zustandssumme der Translation nach der MB-Statistik im kugelförmigen Hohlraum

Leiten Sie Gl. (2.31) mit Hilfe des Entartungsfaktors $g(\varepsilon)$ für ein freies Teilchen im Volumen V ab. Gehen Sie aus von Gl. (3.11) mit $s = 0$ (spinlose Teilchen).

Lösung:

$$q_{\mathrm{trans}} = \int\limits_0^\infty g(\varepsilon) \cdot \mathrm{e}^{-\varepsilon/k_{\mathrm{B}}T}\mathrm{d}\varepsilon = \int\limits_0^\infty 2\pi \cdot V \cdot \left(\frac{2m}{h^2}\right)^{3/2} \cdot \varepsilon^{1/2} \cdot \mathrm{e}^{-\varepsilon/k_{\mathrm{B}}T}\mathrm{d}\varepsilon$$

Das Integrationsergebnis ergibt sich mit Hilfe der Gamma-Funktion $\Gamma(3/2) = \sqrt{\pi}/2$ nach Gl. (B.2) im Anhang B:

$$q_{\mathrm{trans}} = 2\pi V\left(\frac{2m}{h^2}\right)^{3/2} \cdot (k_{\mathrm{B}}T)^{3/2} \cdot \Gamma(3/2) = \left(\frac{2\pi mk_{\mathrm{B}}T}{h^2}\right)^{3/2} \cdot V$$

Das ist identisch mit Gl. (2.31) für die Einteilchenzustandssumme.

3.7.10 Quantenstatistische Virialkoeffizienten des idealen FD- und BE-Gases

Die klassische Zustandsgleichung des idealen Gases, wie sie aus der MB-Statistik folgt, also $pV = Nk_B T$, ist streng genommen auch im verdünnten Gaszustand nicht korrekt, da alle wechselwirkungsfreien Teilchen entweder der FD- oder der BE-Statistik gehorchen, was zu Abweichungen von der MB-Statistik führt. Das macht sich allerdings erst in einem Zustandsbereich bemerkbar, wo fast alle Gase wegen der realen zwischenmolekularen Kräfte bereits mehr oder weniger vom idealen Gasverhalten abweichen und den rein quantenstatistischen Anteil dieser Abweichung so stark überlagern, dass dieser praktisch nicht gesondert feststellbar ist, mit Ausnahme von ^{3}He und ^{4}He. Wir wollen ihn also berechnen und seine Größenordnung bestimmen. Dazu gehen wir aus von Gl. (3.29) für Fermionen und Gl. (3.30) für Bosonen. Wir interessieren uns für den Grenzbereich hoher Verdünnung, wo $z \ll 1$, denn dort nähern sich Gl. (3.29) und (3.30) dem klassischen Verhalten der MB-Statistik an:

$$\lim_{z\to 0}\langle n_i\rangle = \lim_{z\to 0}\left[\frac{1}{z^{-1}\cdot e^{\beta\varepsilon_i}\pm 1}\right] \approx z\cdot e^{-\beta\varepsilon_i}$$

Wir erhalten also für Fermionen bei Beschränkung auf quadratische Glieder in z nach Gl. (3.39):

$$f_{5/2}(z) \approx z - \frac{z^2}{2^{5/2}} \qquad \text{bzw.} \qquad f_{3/2}(z) = z - \frac{z^2}{2^{3/2}}$$

Damit ergibt für Fermionen Gl. (3.39) für $z \ll 1$:

$$\boxed{pV\cdot\beta \cong \frac{2s+1}{\Lambda_{\text{therm}}^3}\cdot z\left(1 - z\cdot 2^{-5/2}\right)\cdot V \qquad \text{bzw.} \qquad \left(\frac{N}{V}\right) \cong \frac{2s+1}{\Lambda_{\text{therm}}^3}z\left(1 - z\cdot 2^{-3/2}\right)} \quad (3.195)$$

Da $z \ll 1$, genügt es, in nullter Näherung zu schreiben:

$$z \approx z^{(0)} = \frac{\Lambda_{\text{therm}}^3}{2s+1}\cdot\left(\frac{N}{V}\right) \tag{3.196}$$

Eingesetzt in Gl. (3.195) ergibt das in 1. Näherung:

$$z^{(1)} \approx z^{(0)}\cdot\left(1 - z^{(0)}\cdot 2^{-3/2}\right)^{-1} \approx z^{(0)}\left(1 + z^{(0)}\cdot 2^{-3/2}\right) \tag{3.197}$$

Damit erhält man für Gl. (3.195) mit $z^{(0)}$ aus Gl. (3.196):

$$\beta\cdot p\cdot\Lambda_{\text{therm}}^3 \cong (2s+1)\left[z^{(0)}\left(1 + z^{(0)}\cdot 2^{-3/2}\right) - 2^{-5/2}\cdot\left(z^{(0)}\right)^2\right]$$

$$= (2s+1)\cdot z^{(0)}\left[1 + z^{(0)}\left(2^{-3/2} - 2^{-5/2}\right)\right]$$

$$= \left(\frac{N}{V}\right)\Lambda_{\text{therm}}^3\left[1 + \frac{\Lambda_{\text{therm}}^3}{2s+1}\left(\frac{N}{V}\right)\cdot 2^{-5/2}\right]$$

und somit gilt für Fermionen:

$$(p \cdot V)^{\mathrm{FD}} \cong Nk_{\mathrm{B}}T \left(1 + \frac{\left(\frac{N}{V}\right) \cdot \Lambda^3_{\mathrm{therm}}}{(2s+1) \cdot 4 \cdot \sqrt{2}} \right) \qquad \mathrm{mit} \quad z \ll 1 \qquad (3.198)$$

Bei Elektronen ist $s = \frac{1}{2}$, ebenso bei ^{3}He.

Wir untersuchen nun das Verhalten eines idealen Gases aus Bosonen für den Fall $z \ll 1$. Dazu gehen wir aus von Gl. (3.46) bzw. Gl. (3.49) und erhalten

$$g_{5/2}(z) \cong z + \frac{z^2}{2^{5/2}} \qquad \mathrm{bzw.} \qquad g_{3/2}(z) \cong z + \frac{z^2}{2^{3/2}}$$

Analog zur Vorgehensweise bei Fermionen, gilt dann bei Bosonen

$$z^{(1)} \cong z^{(0)} \cdot \left(1 + z^{(0)} \cdot 2^{-3/2}\right)^{-1} \approx z^{(0)} \left(1 - \frac{z^{(0)}}{2^{3/2}}\right)$$

und entsprechend:

$$\beta \cdot p \cdot \Lambda^3_{\mathrm{therm}} = \left(\frac{N}{V}\right) \cdot \Lambda^3_{\mathrm{therm}} \left[1 - z^{(0)} \cdot 2^{-5/2}\right]$$

Damit gilt für Bosonen:

$$(p \cdot V)^{\mathrm{BE}} \cong N \cdot k_{\mathrm{B}}T \left[1 - \frac{\left(\frac{N}{V}\right) \Lambda^3_{\mathrm{therm}}}{4 \sqrt{2}(2s+1)} \right] \qquad (3.199)$$

Bei ^{4}He ist $s = 1$. $(pV)^{\mathrm{FD}}$ und $(pV)^{\mathrm{BE}}$ unterscheiden sich also lediglich durch das Vorzeichen in der Klammer. In Abschnitt 10.4 wird der 2. Virialkoeffizient $B(T)$ eines realen Gases definiert durch

$$p\bar{V} \cong RT \left(1 + \frac{B(T)}{\bar{V}}\right)$$

mit dem Molvolumen $\bar{V}^{-1} = (N/V) \cdot N_{\mathrm{L}}^{-1}$. Vergleich mit Gl. (3.198) und (3.199) ergibt formal die *quantenstatistischen zweiten Virialkoeffizienten*:

$$B_{\mathrm{Qstat}} = \pm \frac{\Lambda_{\mathrm{therm}} \cdot N_{\mathrm{L}}}{4 \sqrt{2}(2s+1)} \qquad (+ = \mathrm{Fermionen}, - = \mathrm{Bosonen}) \qquad (3.200)$$

Obwohl es sich um wechselwirkungsfreie Gase handelt, bewirkt die FD-Statistik eine *scheinbar abstoßende* und die BE-Statistik eine *scheinbar anziehende* Wechselwirkung zwischen den Gasmolekülen.

3.7.11 Instabile Atomkerne: Der β^-- und β^+-Zerfall

Ein Blick auf die Nuklidkarte in Abb. 3.12 zeigt: Der häufigste Zerfall von Atomkernen erfolgt durch Emission eines Elektrons und eines Neutrinos (β^--Zerfall) *oder* durch Emission eines Positrons und eines Antineutrinos (β^+-Zerfall):

$$A(Z,N) \rightarrow A(Z+1, N-1) + e^- + \nu_e \qquad (\beta^- - \text{Zerfall})$$

$$A(Z,N) \rightarrow A(Z-1, N+1) + e^+ + \tilde{\nu}_e \qquad (\beta^+ - \text{Zerfall})$$

Wenn wir mit M_A die Atommassen *einschließlich* ihrer Hüllenelektronen bezeichnen, erhalten wir die folgenden Energiebilanzen unter Beachtung von $A = Z + N = $ const. für die *Atomkerne* (Index K).

$$\Delta M_K \cdot c_L^2 = [M_A(Z,A) - Z \cdot m_e] \cdot c_L^2 - [M_A(Z+1,A) - (Z+1)m_e + m_e] \cdot c_L^2$$
$$= [M_K(Z,A) - M_K(Z+1,A)] \cdot c_L^2 \qquad (\beta^- - \text{Zerfall})$$

bzw.

$$\Delta M_K \cdot c_L^2 = [M_A(Z,A) - Z \cdot m_e] \cdot c_L^2 - [M_A(Z-1,A) - (Z-1)m_e + m_e] \cdot c_L^2$$
$$= [M_K(Z,A) - M_K(Z-1,A) - 2m_e] \cdot c_L^2 \qquad (\beta^+ - \text{Zerfall})$$

Dabei gilt, dass die Ruheenergie des Elektrons gleich der des Positrons ist:

$$m_e \cdot c_L^2 = 9{,}10939 \cdot 10^{-31} \cdot c_L^2 = 8{,}18752 \cdot 10^{-14} \text{Joule} = 0{,}511 \, \text{MeV}$$

$\Delta M_K \cdot c_L^2$ ist also beim β^--Zerfall die kinetische Energie des Elektrons plus der des (praktisch) masselosen Neutrinos, beim β^+-Zerfall ist es die kinetische Energie des Positrons plus der des Antineutrinos. Dabei steht allerdings nur die um den Betrag von $2m_e \cdot c_L^2 = 1{,}022 \, \text{MeV}$ verminderte Kernenergiedifferenz $\Delta M_K \cdot c_L^2$ für die kinetische Energie der Emission zur Verfügung. Gilt $|\Delta M_K \cdot c_L^2| < 1{,}022 \, \text{MeV}$, kommt es statt der Positronenemission zum Elektroneneinfang (electron capture): ein Atomhüllenelektron wird direkt in den Kern integriert und es kann nur noch das Antineutrino entweichen und eventuell ein Photon (γ). Als Beispiel betrachten wir Abb. 3.28. Auf der oberen Parabel sitzen Atomkerne mit einer ungeraden Zahl Z und ungeraden Zahlen N, wobei $Z + N = A$ konstant ist. Die Kerne $^{108}_{45}\text{Rh}$, $^{108}_{47}\text{Ag}$ und $^{108}_{49}\text{In}$ sind also + und - Kerne, auf der unteren Parabel sitzen die gg-Kerne $^{108}_{46}\text{Pd}$ und $^{108}_{48}\text{Cd}$, die sich nach Gl. (3.97) um den Energiebetrag von $2 \cdot a_P / A^{1/2} = 2 \cdot 11{,}3 / (108)^{1/2} = 2{,}174 \, \text{MeV}$ unterscheiden. Das entspricht den in Abb.

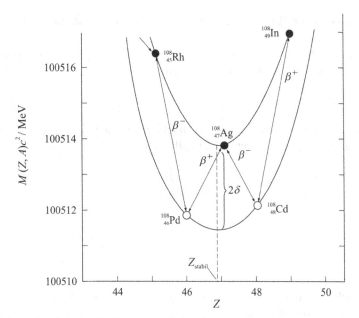

Abb. 3.28: Schnitt durch die Nuklidkarte in Abb. 3.12 für $A = 108$. Aufgetragen ist die Ruheenergie der Atomkerne. Die Scheitelpunkte der beiden Parabeln liegen bei $Z = 46{,}5 \approx 47$, die Differenz der Kurven beträgt 2δ mit $2\delta = 2a_P/A^{1/2} = 2{,}17\,\text{MeV}$.

3.28 ablesbaren Differenzen. Mit Gl. (3.100) lässt sich die Voraussage des Tropfenmodells überprüfen. Man erhält für Z_0:

$$Z_0 = \frac{108}{(108)^{2/3} \cdot \frac{0{,}7103}{2 \cdot 23{,}4} + 1{,}98} = 46{,}5$$

Das liegt sehr dicht am tatsächlichen Wert von $Z = 47$ für $^{108}_{47}\text{Ag}$. Die parabelförmigen Verläufe in Abb. 3.28 werden also mit $Z = Z_0 = 46{,}7$ durch das Tropfenmodell nach Gl. (3.97) gut vorhersagt.

$$E_B(Z) - E_B(Z = Z_0) = \frac{a_C}{A^{1/3}}\left(Z^2 - Z_0^2\right) + a_A\left[\frac{(A - 2Z)^2}{A} - \frac{(A - 2Z_0)^2}{A}\right] + \frac{a_P}{A^{1/2}}$$

Damit erklären sich auch die beobachten β^--Zerfälle, bei denen Z sich von 47 auf 48 erhöht, bzw. die β^+-Zerfälle, bei denen sich Z von 47 auf 46 erniedrigt. Die Halbwertszeiten dieser β^-- bzw. β^+-Strahler liegen zwischen 2 Minuten und 1 Stunde.

3.7.12 Die α-Teilchen-Emission als asymmetrische Kernspaltung

Neben der β^-- und β^+-Emission ist die Emission von α-Teilchen (^{4}He-Kernen) die dritt-häufigste Zerfallsart schwerer Kerne. Man schreibt:

$$^A_Z X_N \rightarrow {}^{A-4}_{Z-2} Y_{N-2} + {}^4_2 He$$

Bei diesem Prozess handelt es sich eigentlich schon um eine Kernspaltung. Es ist Energie- und Impulserhaltung zu beachten, d.h., es gilt mit $E_{kin,Y} = \vec{p}_Y{}^2/2$ und $E_{kin,\alpha} = \vec{p}_\alpha{}^2/2$ nach Gl. (3.118):

$$M_X \cdot c_L^2 = M_Y \cdot c_L^2 + \frac{1}{2}\frac{\vec{p}_Y{}^2}{M_Y} + M_\alpha \cdot c_L^2 + \frac{1}{2}\frac{\vec{p}_\alpha{}^2}{M_\alpha}$$

sowie

$$|\vec{p}_X| = |\vec{p}_Y|$$

Wir setzen dabei voraus, dass der X-Kern anfangs in Ruhe war ($\vec{p}_X = 0$). Die Summe der kinetischen Energien bezeichnen wir mit E_{kin}.

$$E_{kin} = \frac{1}{2}\vec{p}_\alpha{}^2 \left(\frac{1}{M_Y} + \frac{1}{M_\alpha}\right) = \frac{1}{2}\frac{\vec{p}_\alpha{}^2}{M_\alpha}\left(\frac{M_\alpha}{M_Y} + 1\right)$$

und damit:

$$E_{kin,\alpha} = E_{kin}\frac{M_Y}{M_\alpha + M_Y} = E_{kin} - E_{kin,Y}$$

E_{kin}/c_L^2 ist gleich dem Verlust der Ruhemassen nach dem Zerfall:

$$\Delta M_K = M_X - M_Y - M_\alpha = E_{kin}/c_L^2$$

$E_{kin,\alpha}$ lässt sich experimentell bestimmen, und damit auch ΔM_K

$$\Delta M_K = M_X - M_Y - M_\alpha = E_{kin,\alpha} \cdot \frac{M_\alpha + M_Y}{M_Y} \cdot c_L^2$$

bzw. M_X, wenn die Ruhemassen M_α und M_Y bekannt sind. Wir untersuchen das System

$$^{238}_{92}U \rightarrow {}^{234}_{90}Th + + {}^4_2 He$$

Sind die Massen M_{238_U}, $M_{234_{Th}}$ und $M_{4_{He}}$ der Kerne (ohne Hüllenelektronen) genau be-kannt, lassen sich nach Gl. (3.98) die Bindungsenergien $E_{B,238_U}$, $E_{B,234_{Th}}$ und $E_{B,4_{He}}$ be-rechnen. Man erhält mit $m_P \cdot c_L^2 = 938{,}27203\,\mathrm{MeV}$ und $m_N \cdot c_L^2 = 939{,}56536\,\mathrm{MeV}$ sowie $A_{238_U} = 238$ und $A_{234_{Th}} = 234$ und $A_{4_{He}} = 4$:

	$^{238}_{92}$U(Kern)	$^{234}_{90}$Th(Kern)	$^{4}_{2}$He(Kern)
$\dfrac{E_B}{A}$/MeV	7,5701	7,5969	7,0739
M_K/g·mol^{-1}	237,95	233,90	4,00121

Mit diesen Daten lässt sich die Vorhersagekraft des Tropfen-Modells testen. Einsetzen $A = 238$ und $Z = 92$ für ^{238}U in Gl. (3.97) bzw. $A = 234$ und $Z = 90$ für ^{234}Th ergibt die Zahlenwerte für E_B nach Gl. (3.97) im Vergleich zu den aus Gl. (3.98) erhaltenen:

^{238}U	1802	1808
^{234}Th	1178	1184
	$-E_B$ (Gl. (3.98)) / MeV	$-E_B$ (Gl. (3.97)) / MeV

Die Übereinstimmung ist sehr gut. Die Halbwertszeit des α-Zerfalls von ^{238}U beträgt $4{,}4 \cdot 10^9$ Jahre. Uran ist das schwerste Element, das natürlicherweise auf der Erde vorkommt. In Urgestein, wo neben ^{238}U auch ^{234}Th gefunden wird, lässt sich daher eine Altersbestimmung des Minerals durchführen. Ein Fund, wo z. B. gleiche Mengen an ^{238}U wie ^{234}Th festgestellt werden, besagt also, dass diese Gesteinsprobe ca. 4,4 Milliarden Jahre alt ist. Auf diese Weise wurde das Alter der Erde bestimmt, genauer, die Zeit, seit der die Erde eine feste Kruste besaß.

3.7.13 Heiße Compound-Atomkerne schwerer Elemente

Wir betrachten den Zusammenstoß eines schweren Atomkerns K ($A > 100$) mit leichten Teilchen, z. B. einem Neutron:

$$^A_Z\text{K} + \text{n} \rightarrow \left(^{A+1}_Z\text{K}\right)^* \rightarrow \sum \text{P}_i$$

Es bildet sich ein Übergangszustand $\left(^{A+1}_Z\text{K}\right)^*$, den man als *Compoundkern* bezeichnet, der in der Regel zu verschiedenen Produktkernen P_i weiter zerfällt. Ist die Lebensdauer des Compoundkerns nicht zu kurz, stellt sich in $\left(^{A+1}_Z\text{K}\right)^*$ ein thermisches Gleichgewicht mit einer bestimmten Temperatur T ein, die sich mithilfe der Theorie des fast entarteten Fermi-Gases (Abschnitt 3.5.2) berechnen lässt. Wir nehmen als Beispiel den Beschuss von Goldkernen $^{197}_{79}$Au mit Neutronen:

$$\text{n} + {}^{197}_{79}\text{Au} \rightarrow {}^{198}_{79}\text{Au}^* \rightarrow \gamma + {}^{198}_{80}\text{Hg} + \text{e}^- + \tilde{\nu}_\text{e} \tag{3.201}$$

wobei der Compoundkern $^{198}_{79}$Au* nach Emission eines γ-Lichtquants durch β^--Zerfall in das Quecksilberisotop $^{198}_{80}$Hg übergeht. Die Energiebilanz der Bildung von $^{198}_{79}$Au* lautet:

$$\Delta U^* = \frac{1}{2}m_\text{N} \cdot v_\text{N}^2 + \frac{1}{2}m_\text{Au} \cdot v_\text{Au}^2 - \frac{1}{2}m_{\text{Au}^*} \cdot v_{\text{Au}^*}^2 \tag{3.202}$$

m_N ist die Masse des Neutrons. Gleichzeitig muss die Impulsbilanz (unter Annahme eines zentralen Stoßes) berücksichtigt werden:

$$m_N \cdot v_N + m_{Au} \cdot v_{Au} = (m_N + m_{Au}) \cdot v_{Au^*} \qquad (3.203)$$

Einsetzen von v_{Au^*} aus Gl. (3.203) in Gl. (3.202) ergibt:

$$\Delta U^* = \frac{1}{2} m_N v_N^2 + \frac{1}{2} m_{Au} v_{Au}^2 - \frac{1}{2} (m_{Au} + m_N) \left[\frac{m_N}{m_N \cdot m_{Au}} \cdot v_N + \frac{m_{Au}}{m_N + m_{Au}} \cdot v_{Au} \right]^2$$

Wir betrachten die Bilanz von einem ruhenden Goldkern aus, d. h. wir setzen $v_{Au} = 0$ und erhalten:

$$\Delta U^* = \frac{1}{2} m_N \cdot v_N^2 \left[1 - \frac{(m_{Au} + m_N) \cdot m_N}{(m_N + m_{Au})^2} \right] = \frac{1}{2} m_N \cdot v_N^2 \cdot 0{,}995 \qquad (3.204)$$

wobei wir in der eckigen Klammer $m_N = 1{,}674 \cdot 10^{-27}$ kg und $m_{Au} = 197 \cdot 1{,}674 \cdot 10^{-27}$ kg gesetzt haben. Die Anregungsenergie ΔU^* behandeln wir nun wie die eines *fast* entarteten Fermi-Gases nach Gl. (3.78) mit dem chemischen Potential pro Nukleon $\mu_0^* = \varepsilon_F = \frac{5}{3} \cdot U_{K0}/A$:

$$\Delta U^* = U_K - U_{K0} = U_{K0} \cdot \frac{5}{12} \pi^2 \cdot \left(k_B T \cdot \frac{3}{5} \cdot \frac{A}{U_{K0}} \right)^2 \qquad (3.205)$$

A ist die Nukleonenzahl $N + Z = 198$. Andererseits gilt für ΔU^* Gl. (3.204), sodass wir erhalten:

$$\frac{1}{2} m_N \cdot v_N^2 \cdot 0{,}995 = \frac{5}{12} \pi^2 \frac{1}{U_{K0}} \left(\frac{3}{5} k_B T \cdot A \right)^2 \qquad (3.206)$$

Für U_{K0} gilt nach Gl. (3.90) mit $\Delta = N + Z = 119 + 79 = 198$

$$U_{K0} = C \cdot \frac{N^{5/3} + Z^{5/3}}{A^{2/3}} = C \cdot \frac{(119)^{5/3} + (79)^{5/3}}{(198)^{2/3}} = C \cdot 127{,}5 \qquad (3.207)$$

Der Faktor C ergibt sich aus Gl. (3.91). Mit dem Nukleonenradius $r_0 = 1{,}24 \cdot 10^{-15}$ m gilt $C = 4{,}774 \cdot 10^{-12}$ Joule und somit

$$U_{K0} = 6{,}086 \cdot 10^{-10} \text{ Joule}$$

Wir setzen U_{K0} aus Gl. (3.207) in Gl. (3.206) ein und erhalten mit $m_N = 1{,}6749 \cdot 10^{-27}$ kg und $A = 198$ für die gesuchte Temperatur T des Compoundkerns:

$$T_{Comp} = \frac{v_N}{\pi} \cdot \frac{1}{A} \cdot \frac{1}{k_B} \cdot \frac{5}{3} \sqrt{m_N \cdot \frac{6}{5} \cdot 0{,}995 \cdot U_{K0}} = v_N \cdot 214{,}09 \qquad (3.208)$$

Die Compoundkern-Temperatur ist also proportional zu v_N, der Einschussgeschwindigkeit des Neutrons. Wir berechnen noch die Fermi-Temperatur des Kerns ${}^{197}_{79}\mathrm{Au}$

$$T_{F,Au} = \frac{\varepsilon_F}{k_B} = \frac{5}{3} U_{K0} / (A k_B) = 3{,}71 \cdot 10^{11}\,\mathrm{K} \tag{3.209}$$

Die Neutronengeschwindigkeit sollte nicht über $10^6\,\mathrm{m \cdot s^{-1}}$ liegen, da sonst relativistische Korrekturen benötigt werden, wenn v_N in die Größenordnung von c_L kommt. Wir überprüfen, ob $v_N = 10^6\,\mathrm{m \cdot s^{-1}}$ noch im Bereich der linearen Näherung von Gl. (3.78) liegt. Wir berechnen also mit $\mu_0^* = \varepsilon_F = 3{,}73 \cdot 10^{11} \cdot k_B = 5{,}15 \cdot 10^{-12}\,\mathrm{J}$ und $T = 216{,}28 \cdot 10^6\,\mathrm{K} = 2{,}1628 \cdot 10^8\,\mathrm{K}$ (Gl. (3.206)):

$$\frac{5}{12}\pi^2 \cdot \left(\frac{2{,}1413 \cdot 10^8}{3{,}73 \cdot 10^{11}}\right)^2 = 1{,}355 \cdot 10^{-6} \ll 1$$

Die Bedingung ist also erfüllt. Die Temperatur T_{Comp} des Compoundkern nach Gl. (3.208) als Funktion der Neutrongeschwindigkeit v_N ist in Tabelle 3.5 angegeben.

Tab. 3.5: Compoundkerntemperatur T_{Comp} eines ${}^{198}\mathrm{Au}$-Kerns als Funktion der Neutronengeschwindigkeit v_N

T_{Comp}/K	$2{,}16 \cdot 10^5$	$1{,}08 \cdot 10^6$	$2{,}16 \cdot 10^6$	$1{,}08 \cdot 10^7$	$2{,}16 \cdot 10^7$	$1{,}08 \cdot 10^8$
$v_N/\mathrm{m \cdot s^{-1}}$	1000	5000	10^4	$5 \cdot 10^4$	10^5	$5 \cdot 10^5$

Als Maßstab betrachten wir thermische Neutronen mit der mittleren Geschwindigkeit von ca. $3000\,\mathrm{m \cdot s^{-1}}$. Dem entspricht eine Compoundkerntemperatur von $6{,}5 \cdot 10^5\,\mathrm{K}$. Man sieht, dass mit schnellen Neutronen Werte für T_{Comp} zwischen 10^7 bis $10^8\,\mathrm{K}$ erreicht werden, das entspricht Temperaturen wie sie im Zentralbereich brennender Sterne herrschen.

3.7.14 Kernspaltung oder Kernfusion? Eine Anwendung des Tropfenmodells

Spontane Kernspaltung wie auch die Kernfusion kann zur Energieerzeugung genutzt werden. Mit dem Tropfenmodell von Bethe und v. Weizsäcker lässt sich zeigen, dass nur Atomkerne mit einer Nukleonenzahl $A < 40$ grundsätzlich durch Fusion zum Energiegewinn nutzbar sind, bei der Kernspaltung sind es nur Kerne mit $A > 95$. Atomkerne mit $40 < A < 95$ sind stabil gegen Fusion oder Spaltung. Die Kernspaltung eines Kerns X formulieren wir durch

$$^{(A_1+A_2)}_{(Z_1+Z_2)}X \rightarrow {}^{A_1}_{Z_1}X + {}^{A_2}_{Z_2}X \quad + Q_{Spaltung} = -\Delta E_{Spaltung}$$

und einen Fusionsprozess durch die Umkehrreaktion

$$^{A_1}_{Z_1}X + {}^{A_2}_{Z_2}X \rightarrow {}^{A_1+A_2}_{Z_1+Z_2}X \quad + Q_{Fusion} = -\Delta E_{Fusion}$$

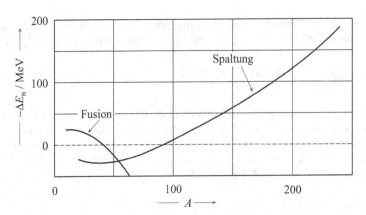

Abb. 3.29: Reaktionsenergie ΔE_B bei Kernfusion und symmetrischer Kernspaltung nach dem Tropfenmodell.

Für die frei werdenden Energiebeiträge gilt dann bei der Kernfusion:

$$\Delta E_{Fusion} - Q_{Fusion} = E_B(A_1 + A_2, Z_1 + Z_2) - E_B(A_1, Z_1) - E_B(A_2, Z_2)$$

und bei der Spaltung

$$\Delta E_{B,Spaltung} - Q_{Spaltung} = E_B(A_1, Z_1) + E_B(A_2, Z_2) - E_B(A_1 + A_2, Z_1 + Z_2)$$

Mit E_B bezeichnen wir die Bindungsenergie des betreffenden Kerns. $Q = -\Delta E_B$ bedeuten die frei werdende Wärme bzw. die Reaktionsenergie. Wir betrachten nur symmetrische Spaltungen bzw. Fusionen ($A_1 = A_2$, $Z_1 = Z_2$) und setzen auf der rechten Seite von Q_{Fusion} bzw. $Q_{Spaltung}$ E_B nach Gl. (3.97) mit Z nach Gl. (3.100). Das ergibt mit $N = A - Z$:

$$-E_B = A \cdot a_V - \frac{a_C}{A^{4/3}} \cdot \left(\frac{A}{A^{2/3} \cdot a_C/2a_A + 1{,}98} \right)^2 - a_S \cdot A^{-1/3} - a_A \cdot \frac{(N - Z)^2}{A^2} \pm a_P \cdot A^{-3/2}$$

Setzt man diese Formel in die obigen Gleichungen für ΔE_{Fusion} und $\Delta E_{Spaltung}$ ein, erhält man die in Abb. 3.29 dargestellten Resultate.

Einen Energiegewinn erhält man für $\Delta E_{B,Fusion} < 0$ bzw. $\Delta E_{B,Spaltung} < 0$. Das ist für die Fusion nur bei $A < 40$ und bei der Spaltung nur für $A > 95$ der Fall. Atomkerne mit $40 < A < 95$ sind für eine Energienutzung nicht verwendbar, da ihre Fusionskerne bzw. Spaltungskerne eine höhere Energie als die Eduktkerne besitzen.

Wir haben bei diesen Berechnungen unsymmetrische Fusionen und Spaltungen ($A_1 \neq A_2$, $Z_1 \neq Z_2$) weggelassen. An der grundsätzlichen Aussage ändert sich aber nichts Wesentliches gegenüber den symmetrischen Fällen (Eine Ausnahme ist der α-Zerfall, s. Exkurs 3.7.12). Dass viele der energiewirksamen Umsätze dennoch nicht oder nur bei sehr hohen Temperaturen (z.B. in Sternen) stattfinden liegt an der starken kinetischen

Hemmung der meisten dieser Prozesse. Bei Fusionsreaktionen ist es die starke abstoßende Coulomb-Wechselwirkung, die als Aktivierungsenergie überwunden werden muss (s. Abb. 3.30 links), bei der Kernspaltung ist zwar die Coulomb-Energie der Spaltprodukte geringer als beim Ausgangskern, aber es muss im Übergangszustand des deformierten Kerns eine höhere Oberflächenenergie aufgebracht werden (s. Abb. 3.30 rechts).

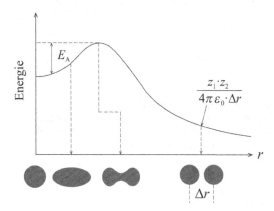

Abb. 3.30: Energieverlauf bei spontaner Kernspaltung im Bild des Tropfenmodells. E_A = Aktivierungsenergie. Die Kurve durchläuft ein Maximum.

3.7.15 Das Tunnelelektronenmikroskop (STM)

Das Tunnelelektronenmikroskop, STM genannt (Scanning TunnelMicroscope), ermöglicht elektrisch leitende Oberflächen zu mikroskopieren mit einer Auflösung im atomaren Abstandsbereich. Seine Wirkung beruht auf dem quantenmechanischen Tunneleffekt von Elektronen, die Potentialbarrieren am Rand einer metallischen Oberfläche durchdringen können, auch wenn ihre kinetische Energie, i. d. R. die Fermi-Energie ε_F, im klassischen Sinn dazu nicht ausreicht. Abb. 3.31 illustriert das Prinzip.

Eine metallische Nadelspitze mit der Breite von wenigen Atomdurchmessern wird dicht an eine elektrisch leitende Oberfläche herangeführt (Abstand d). Damit Elektronen von der Nadelspitze zum Oberflächenmaterial fließen, muss eine elektrische Spannung U_T (Tunnelspannung) angelegt werden. Wir nehmen an, dass die Tunnelspannung U_T so gewählt ist, dass der Potentialabfall auf der rechten Seite ungefähr den Betrag von $\Phi_{0,1}$ erreicht. Die Elektronen auf dem Fermienergie-Niveau $\varepsilon_{F,1}$ können nur wegen des quantenmechanischen Tunneleffektes (s. Anhang 11.11) die Energieschwelle $\Phi_{0,1}$ (Austrittsarbeit) überwinden, indem sie durch den dreieckförmigen Bereich „hindurchtunneln" mit einer Wahrscheinlichkeit W_T, die durch das Produkt der Einzelwahrscheinlichkeiten für das Durchdringen von Streifen der Höhe $\Phi_i = \Phi_{0,1}(1 - i\Delta r)$ mal der Breite Δr (s. Gl. (11.213))

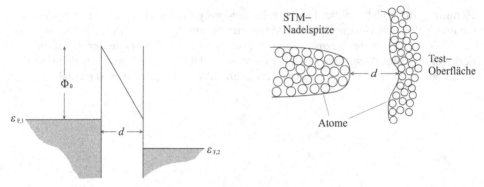

Abb. 3.31: Theoretisches Prinzip des STM: links: ε_{F_1}, ε_{F_2} sind die Fermienergien des Materials der leitenden Nadelspitze bzw. der Testoberfläche, $\Phi_{O,1}$, $\Phi_{O,2}$ sind die Austrittsarbeiten der Elektronen, d = Abstand der Nadelspitze auf der Höhe von $\varepsilon_{F,1}$ zur Oberfläche des Testmaterials, U_T = Tunnelspannung zwischen Nadelspitze und Testmaterial.

gegeben ist:

$$W_T \cong 16\frac{\varepsilon_{F,1}}{\varepsilon_{F,1}+\Phi_0} \cdot \prod_{\varepsilon=\varepsilon_{max}}^{i=0} \exp\left[-\sqrt{2m_e\Phi_i/\hbar^2}\cdot\Delta r\right]$$

$$\cong 16\frac{\varepsilon_F}{\varepsilon_F+\Phi_0}\cdot\exp\left[-\sqrt{2m_e\Phi_0}\cdot\int_{r=d}^{r=0}\left(1-\frac{\gamma}{2d}\right)^{1/2}dr\right]$$

$$W_T \cong 16\frac{\varepsilon_F}{\varepsilon_F+\Phi_0}\cdot\exp\left[-\frac{4}{3}d\sqrt{2m_e\cdot\Phi_0/\hbar^2}\right]$$

Der Tunnelstrom j_T ist proportional zu $W_T \cdot U_T$:

$$j_T = const\cdot U_T\cdot\exp\left[-\frac{4}{3}d\sqrt{2m_e\cdot\Phi/\hbar^2}\right]$$

Abb. 3.32 (links) zeigt schematisch die Funktionsweise eines STM. Im häufigsten Betriebsmodus (Abb. 3.32 rechts oben) wird der Abstand d konstant gehalten, ebenso U_T und damit auch j_T. Die Abtastspitze sitzt unter einem piezokristallinem Körper (s. Abb. 3.32 links), dessen Ausdehnung durch eine automatisch geregelte Piezospannung für einen konstanten d-Wert sorgt, während ein x, y Scanner die gesamte Oberfläche der Probe schrittweise abtastet.

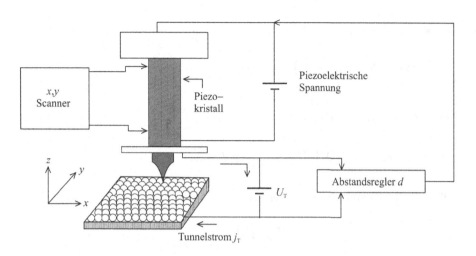

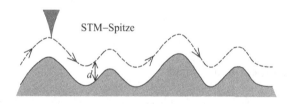

atomare Oberflächenstruktur

Abb. 3.32: oben: Tunnelstrom j_T, unten: atomare Oberflächenstruktur

3.7.16 Konsistenztest für die Herleitung der Bosonenzahl N_ε in angeregten Energieniveaus im Bereich der BE-Kondensation

Wir berechnen zunächst das Integral über Gl. (3.188):

$$\int\limits_0^\infty n_0(T,r) \cdot 4\pi r^2 \mathrm{d}r = N_0 \left(\frac{\omega_0 \cdot m}{\pi\hbar}\right)^{3/2} \int 4\pi r^2 \cdot \exp\left[-\frac{m \cdot \omega_0}{\hbar} \cdot r^2\right] \mathrm{d}r$$

Es gilt nach Gl. (11.7) in Anhang 11.2

$$\int\limits_0^\infty r^2 \cdot \mathrm{e}^{-\alpha \cdot r^2} \, \mathrm{d}r = \frac{1}{4}\frac{1}{\alpha^{3/2}} \sqrt{\pi} = \frac{1}{4} \cdot \left(\frac{\hbar}{m \cdot \omega_0}\right)^{3/2} \cdot \sqrt{\pi}$$

Daraus folgt direkt:

$$\int_0^\infty n_0(T,r)\, 4\pi r^2\, \mathrm{d}r = N_0 \left(\frac{\omega_0 \cdot m}{\pi \hbar}\right)^{3/2} 4\pi^{3/2} \cdot \frac{1}{4}\left(\frac{\hbar}{m \cdot \omega_0}\right)^{3/2} = N_0$$

Wir wollen nun nachweisen, dass gilt:

$$\int_0^\infty n_\varepsilon(T,r) \cdot 4\pi r^2\, \mathrm{d}r = 2{,}404 \left(\frac{k_\mathrm{B}T}{\hbar \cdot \omega_0}\right)^3 \qquad 0 \leq T \leq T_\mathrm{c}$$

Mit $n_\varepsilon(T,r)$ aus Gl. (3.190) lässt sich schreiben:

$$\int_0^\infty n_\varepsilon(T,r) \cdot 4\pi r^2\, \mathrm{d}r = \Lambda_\mathrm{th}^{-3}(T) \cdot \sum_{n=1}^\infty \frac{4\pi}{n^{3/2}} \int_0^\infty r^2 \exp\left[-n\frac{m \cdot \omega_0^2}{2k_\mathrm{B}T} \cdot r^2\right]\mathrm{d}r$$

Mit

$$\int_0^\infty r^2 \cdot \mathrm{e}^{-\alpha r^2}\, \mathrm{d}r = \frac{1}{4}\frac{1}{\alpha^{3/2}} \cdot \sqrt{\pi}$$

und $\alpha = n \cdot m \cdot \omega_0^2/(2k_\mathrm{B}T)$ erhält man somit:

$$\frac{4\pi}{n^{3/2}} \int_0^\infty r^2 \cdot \exp\left[-n\frac{m \cdot \omega_0^2}{2k_\mathrm{B}T} \cdot r^2\right]\mathrm{d}r = \frac{1}{4} \cdot \frac{1}{n^{3/2}} \cdot \frac{4\pi^{3/2} \cdot (2k_\mathrm{B}T)^{3/2}}{(n \cdot m \cdot \omega_0^2)^{3/2}} = \left(\frac{2\pi k_\mathrm{B}T}{n^2 \cdot m\omega_0^2}\right)^{3/2}$$

Also ergibt sich daraus nach Gl. (2.56) für Λ_th mit $\Lambda_\mathrm{th}^{-3} = \left(\dfrac{m \cdot k_\mathrm{B}T}{2\pi \cdot \hbar^2}\right)^{3/2}$:

$$\int_0^\infty n_\varepsilon(T,r) \cdot 4\pi r^2\, \mathrm{d}r = \sum_{n=1}^\infty \left(\frac{mk_\mathrm{B}T}{2\pi\hbar^2}\right)^{3/2} \cdot \left(\frac{2\pi k_\mathrm{B}T}{n^2 \cdot m \cdot \omega_0^2}\right)^{3/2} = \left(\frac{k_\mathrm{B}T}{\hbar\omega_0}\right)^3 \cdot \sum_{n=1}^\infty \frac{1}{n^3}$$

Nach Gl. (11.435) in Anhang 11.21 gilt:

$$\sum_{n=1}^\infty \frac{1}{n^3} = \Gamma(3) \cdot \zeta(3) = 2 \cdot 1{,}202 = 2{,}404$$

Damit ist der Nachweis erbracht und der Konsistenztest mit Gl. (3.192) erwiesen:

$$N_\varepsilon = \int_0^\infty n_\varepsilon(T,r) \cdot 4\pi r^2\, \mathrm{d}r = 2{,}404 \cdot \left(\frac{k_\mathrm{B}T}{\hbar \cdot \omega_0}\right)^3 \qquad 0 \leq T \leq T_\mathrm{c}$$

4 Reaktionsgleichgewichte in Gasmischungen

Unsere Welt besteht fast ausschließlich aus molekularen Mischungen. Die meisten von ihnen sind sogar (quasi)ideale Gasmischungen, wie z.B. die Luft in unserer Atmosphäre ($N_2 + O_2 + Ar + CO_2 + \ldots$), und vor allem das Innere von Sternen ($H^+ + He^+ + H^{2+} + e^-$ $+ \ldots$) die den überwiegenden Teil der sichtbaren Materie des Weltalls ausmachen.

In molekularen Gasmischungen finden wichtige chemische Reaktionen statt (z.B. chemische Synthesen, Verbrennungsprozesse, Atmosphärenchemie). Im Zentrum von Sternen kommt es bei den dort herrschenden extremen Temperaturen und Drücken sogar zu Umwandlungsreaktionen von Atomkernen. In den folgenden Abschnitten dieses Kapitels beschäftigen wir uns mit nichtreaktiven und reaktiven Gasmischungen, die sich in ausreichender Näherung als ideale Gasmischungen behandeln lassen.

4.1 Mischungsentropie und freie Mischungsenergie

Wir definieren zunächst die sog. Mischungsgrößen. Eine thermodynamische Größe X *ohne* Querstrich über dem Buchstaben ist eine *extensive* Größe, sie ist proportional zur Molzahl der Komponente (Index i) in einer Mischung. $\overline{X}_i = \left(\dfrac{\partial X}{\partial n_i}\right)$ hingegen ist die partielle molare Größe der Komponente i, sie ist eine *intensive* Größe, die sich auf 1 Mol von i in der Mischung bezieht. Reine Stoffe werden durch den zusätzlichen Index 0 gekennzeichnet, also X^0 bzw. $\overline{X}^0$. Der Index M bezieht sich stets auf die ganze Mischung, also X_M bzw. $\overline{X}_M$ (s. Anhang 11.17).

Die Zustandssumme einer *idealen Gasmischung* wurde bereits abgeleitet (s. Gl. (2.28)). Davon ausgehend wollen wir zunächst die *freie Energie der Mischung* F_M berechnen, und beschränken uns dabei zunächst auf 2 Komponenten A und B mit den Molzahlen n_A und n_B. Nach dem idealen Gasgesetz gilt für das Volumen der Mischung: $V_M = V_A + V_B$ (s. Abb. 4.1).

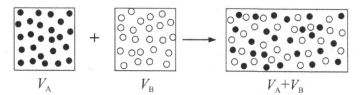

Abb. 4.1: Mischungsprozess zweier Gase A und B bei konstantem Volumen $V_M = V_A + V_B$

© Der/die Autor(en), exklusiv lizenziert an
Springer-Verlag GmbH, DE, ein Teil von Springer Nature 2025
A. Heintz, *Molekulare Statistik der Materie*,
https://doi.org/10.1007/978-3-662-70983-2_4

Bei idealen Gasmischungen erhalten wir mit der Stirling'schen Formel ($\ln N_i! \cong N_i \ln N_i - N_i$), für die freie Energie der Mischung:

$$F_M = (n_A + n_B) \cdot \overline{F}_M = -k_B T \ln Q_M = -k_B T \ln \frac{q_A^{N_A} \cdot q_B^{N_B}}{N_A! N_B!}$$

$$= -k_B T (N_A \ln q_A + N_B \ln q_B - N_A \ln N_A + N_A - N_B \ln N_B + N_B)$$

$$= -k_B T (N_A \ln V_M + N_A \ln \widetilde{q}_A(T) + N_B \ln V_M + N_B \ln \widetilde{q}_B(T)$$

$$- N_A \ln N_A + N_A - N_B \ln N_B + N_B)$$

Die Werte für die reinen Gase $n_A \overline{F}_A^0$ bzw. $n_B \overline{F}_B^0$ ergeben sich daraus mit $N_B = 0$ bzw. $N_A = 0$: Wir kürzen mit

$$\widetilde{q}_i(T) = q_i/V = \left(\frac{2\pi m_i k_B T}{h^2}\right)^{3/2} \cdot q_{\text{vib},i} \cdot q_{\text{rot},i} \cdot q_{\text{el},i} \quad (i = A, B) \tag{4.1}$$

den nur von der Temperatur abhängigen Anteil der molekularen Zustandssumme ab.

Differenzbildung ergibt für $\Delta F_M = F_M - n_A \cdot \overline{F}_A^0 - n_B \cdot \overline{F}_B^0$:

$$\Delta F_M = -k_B T \left[(N_A + N_B) \ln V_M - N_A \ln V_A - N_B \ln V_B \right]$$

$$= -k_B T (N_A + N_B) \left[x_A \ln V_M - x_B \ln V_M - x_A \ln V_A - x_B \ln V_B \right]$$

ΔF_M heißt freie Mischungsenergie. Für die Molenbrüche x_A und x_B gilt nach dem idealen Gasgesetz:

$$\frac{N_A}{N_A + N_B} = x_A = 1 - x_B = \frac{V_A^0}{V_A^0 + V_B^0} = 1 - \frac{V_B^0}{V_A^0 + V_B^0}$$

$\Delta \overline{F}_M$ ist die *molare freie Mischungsenergie*

$$\frac{\Delta F_M}{n_A + n_B} = \Delta \overline{F}_M = R \cdot T \left[x_A \ln x_A + x_B \ln x_B \right] \tag{4.2}$$

Jetzt berechnen wir aus Gl. (4.2) die *molare Mischungsentropie* $\Delta \overline{S}_M = - \left(\partial \Delta \overline{F}_M / \partial T \right)_V$:

$$\boxed{\Delta \overline{S}_M = -R \left[x_A \ln x_A + x_B \ln x_B \right]} \tag{4.3}$$

Dies ist die Formel für die *ideale molare Mischungsentropie* einer binären Gasmischung. Sie ist in Abb. 4.2 graphisch dargestellt und ist grundsätzlich positiv. Die Steigung von $\Delta \overline{S}_M(x_A)$ hat an den Rändern den Wert $+\infty$ bzw. $-\infty$. Das lässt sich zeigen:

$$\frac{d \Delta \overline{S}_M}{d x_A} = -R \left[(\ln x_A + 1) + (-(\ln(1 - x_A) - 1)) \right] = -R \ln \frac{x_A}{1 - x_A}$$

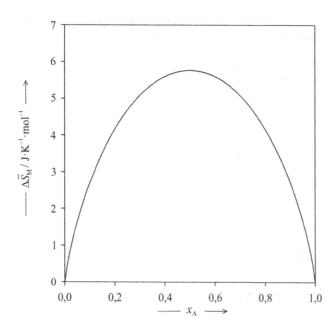

Abb. 4.2: Molare Mischungsentropie $\Delta\overline{S}_M$(Gl. (4.3)) einer binären idealen Gasmischung. x_A = Molenbruch von A. Die Steigungen der Kurve bei $x_A = 0$, bzw. $x_A = 1$ sind $+\infty$ bzw. $-\infty$ (s. Text).

Es gilt also:

$$\lim_{x_A \to 0}\left(\frac{d\Delta\overline{S}_M}{dx_A}\right) = +\infty \quad \text{bzw.} \quad \lim_{x_A \to 1}\left(\frac{d\Delta\overline{S}_M}{dx_A}\right) = -\infty$$

Die molare Mischungsenergie $\Delta\overline{U}_M/(n_A + n_B) = \Delta\overline{U}_M$ verschwindet bei idealen Gasmischungen:

$$\boxed{\Delta\overline{U}_M = \frac{\Delta F_M + T\Delta S_M}{(n_A + n_B)} = 0} \quad \text{(ideale Gase)} \tag{4.4}$$

Den Druck in einer binären Gasmischung p_M erhalten wir aus

$$-\left(\frac{\partial \overline{F}_M(n_A + n_B)}{\partial V_M}\right)_{T,N_A,N_B} = p_M = k_B T \frac{N_A}{V_M} + k_B T \frac{N_B}{V_M}$$

$$\boxed{p_M = p_A + p_B}$$

p_A und p_B sind die Partialdrücke von A bzw. B.

Alle Formeln können unmittelbar auf multinäre ideale Gasmischungen ausgedehnt werden, und man erhält für eine beliebige Zahl von Komponenten k:

$$\Delta F_M \bigg/ \sum_{i=1}^{k} n_i = \Delta \overline{F}_M = RT \cdot \sum_{i=1}^{k} x_i \ln x_i$$

bzw.

$$\Delta S_M \bigg/ \sum_{i=1}^{k} n_i = \Delta \overline{S}_M = -R \cdot \sum_{i=1}^{k} x_i \ln x_i$$

bzw.

$$\Delta U_M \bigg/ \sum_{i=1}^{k} n_i = \Delta \overline{U}_M = 0$$

und schließlich für den Gesamtdruck p_M die Summe der Partialdrücke p_i:

$$p_M = k_B T \sum_{i=1}^{k} \left(\frac{N_i}{V_M} \right) = \sum_{i=1}^{k} p_i \tag{4.5}$$

4.2 Das chemische Potential in gasförmigen Mischungen

Wir berechnen jetzt das *chemische Potential* μ_i in einer multinären idealen Gasmischung für die Komponente i (Molzahl $n_i = N_i/N_L$) (zur Unterscheidung: als $\widetilde{\mu}_i$ bezeichnen wir die reduzierte Masse). Es gilt (s. auch Anhang 11.17):

$$\mu_i = \left(\frac{\partial F_M}{\partial n_i} \right)_{T,V,n_{j \neq i}} = \left(\frac{\partial F_M}{\partial N_i} \right)_{T,V,N_{j \neq i}} \cdot N_L = -N_L \cdot k_B T \frac{\partial}{\partial N_i} (\ln Q_M)$$

Für die Zustandssumme Q_M der Gasmischung gilt nach Gl. (2.28):

$$\ln Q_M = \ln \left(\prod_j \frac{q^{N_j}}{N_j!} \right) = \sum_j \left(N_j \ln q_j - N_j \ln N_j + N_j \right)$$

und damit:

$$\mu_i = -N_L k_B T [\ln q_i - 1 - \ln N_i + 1]$$

bzw.:

$$\boxed{\mu_i = -N_L k_B T \ln \frac{q_i}{N_i} = -RT \cdot \ln \left(\widetilde{q}_i \cdot \frac{V}{N_i} \right)} \tag{4.6}$$

An dieser Stelle bietet es sich an, das chemische Potential μ_i in einer idealen Gasmischung direkt als Änderung der freien Energie der Mischung $F_M(N_1 \ldots N_i - 1, \ldots N_n, V, T)$ zu berechnen, indem man dem System *ein Molekül* der Sorte i hinzufügt, wenn sich schon $N_i - 1$-Moleküle dieser Sorte in der Mischung befinden:

$$\mu_i = \frac{F_{M(N_1 \ldots N_i, \ldots N_k, V,T)} - F_{M(N_1 \ldots, N_i - 1, \ldots N_k, V,T)}}{N_i - (N_i - 1)} \cdot N_L$$

Also gilt:

$$\mu_i = N_L \cdot k_B T \ln \left(\frac{q_1^{N_1} \cdots q_i^{N_i - 1} \cdots q_k^{N_k}}{q_1^{N_1} \cdots q_i^{N_i} \cdots q_k^{N_k}} \cdots \frac{N_1! \cdots N_i! \cdots N_k!}{N_1! \cdots (N_i - 1)! \cdots N_k!} \right)$$

Damit ergibt sich:

$$\mu_i = N_L \cdot k_B T \cdot \ln \left(\frac{N_i}{q_i} \right) = -N_L \cdot k_B T \cdot \ln \left(\frac{q_i}{N_i} \right)$$

Man erhält also exakt dasselbe Resultat wie in Gl. (4.6), obwohl hier von der Näherung der Stirling'schen Formel gar kein Gebrauch gemacht wurde.

Für Gl. (4.6) können wir mit $V_i/N = p_i/k_B T$ schreiben:

$$\mu_i = -RT \ln \bar{q}_i + RT \ln \left(\frac{p_i}{k_B T} \right)$$

mit dem Partialdruck p_i (s. Gl. (4.5)). Wir erhalten also:

$$\boxed{\mu_i = \mu_i^{0,\text{Gas}}(T) + RT \ln(p_i/1\,\text{Pa})} \qquad (4.7)$$

Das Standardpotential

$$\mu_i^{0,\text{Gas}}(T) = -RT \cdot \ln(\widetilde{q}_i \cdot k_B T/1\,\text{Joule}) = \overline{G}_i^{0,\text{Gas}}(T, p_i = 1\,\text{Pa})$$

hängt nur von T ab. Die Größen unter den Logarithmen denken wir uns durch die entsprechende Einheit dividiert, so dass sie dimensionslos bleiben. Es muss der Partialdruck p_i in Gl. (4.7) in Pascal (Pa) eingesetzt werden, wenn er in bar eingesetzt werden soll, gilt für das Standardpotential wegen $1\,\text{Pa} = 10^{-5}$ bar:

$$\mu_i^{0,\text{Gas}}(T)\mu_i(T, p = 1\,\text{bar}) = -RT \ln(\widetilde{q}_i \cdot k_B T) + 5RT \ln 10$$

4.3 Chemisches Gleichgewicht in der idealen Gasphase – Das Massenwirkungsgesetz (MWG)

Wir betrachten chemische Reaktionen der Art:

$$\nu_A \cdot A + \nu_B \cdot B \rightleftharpoons \nu_C \cdot C + \nu_D \cdot D$$

wobei A, B, C, D die beteiligten Molekülsorten und $\nu_A, \nu_B, \nu_C, \nu_D$ die stöchiometrischen Koeffizienten bezeichnen.

Aus den allgemeinen Gleichgewichtsbedingungen der Thermodynamik lässt sich die Bedingung für das chemische Gleichgewicht ableiten (s. Anhang 11.17). Sie lautet für den obigen Fall:

$$\nu_A \cdot \mu_A + \nu_B \cdot \mu_B = \nu_C \cdot \mu_C + \nu_D \cdot \mu_D \tag{4.8}$$

Daraus ergibt sich nach Einsetzen von Gl. (4.6) in Gl. (4.8):

$$\frac{N_C^{\nu_C} \cdot N_D^{\nu_D}}{N_A^{\nu_A} \cdot N_B^{\nu_B}} = \frac{q_C^{\nu_C} \cdot q_D^{\nu_D}}{q_A^{\nu_A} \cdot q_B^{\nu_B}}$$

Jetzt machen wir wieder Gebrauch von $q_i = V \cdot \widetilde{q}_i(T)$ mit $\widetilde{q}_i(T)$ nach Gl. (4.1) und erhalten:

$$\frac{\left(\frac{N_C}{V}\right)^{\nu_C} \cdot \left(\frac{N_D}{V}\right)^{\nu_D}}{\left(\frac{N_A}{V}\right)^{\nu_A} \cdot \left(\frac{N_B}{V}\right)^{\nu_B}} = \frac{\widetilde{q}_C^{\nu_C} \cdot \widetilde{q}_D^{\nu_D}}{\widetilde{q}_A^{\nu_A} \cdot \widetilde{q}_B^{\nu_B}} = \frac{C_C^{\nu_C} \cdot C_D^{\nu_D}}{C_A^{\nu_A} \cdot C_B^{\nu_B}} \tag{4.9}$$

$C_i(i = A, B, C, D, \cdots) = N_i/V_M$ ist die Teilchenzahlkonzentration von Komponente i in m^{-3}.

Bei der statistisch-thermodynamischen Behandlung chemischer Gleichgewichte spielt die elektronische Zustandssumme $q_{el,i}$ eine besondere Rolle (Gl. (2.42)). Wir schreiben sie in der Form:

$$q_{el,i} = e^{-{}^{el}\varepsilon_0/k_B T}\left(g_0 + g_1\, e^{-{}^{el}(\varepsilon_1-\varepsilon_0)/k_B T} + g_2\, e^{-{}^{el}(\varepsilon_2-\varepsilon_0)/k_B T} + \dots\right)$$

Es bedeuten $^{el}(\varepsilon_1 - \varepsilon_0) = \Delta^{el}\varepsilon_1$ und $^{el}(\varepsilon_2 - \varepsilon_0) = \Delta^{el}\varepsilon_2$ usw. die elektronischen Anregungsenergien. Ist $^{el}(\varepsilon_1-\varepsilon_0), {}^{el}(\varepsilon_2-\varepsilon_0) \gg k_B T$, so ist $(g_0 + g_1 e^{-{}^{el}(\varepsilon_1-\varepsilon_0)/k_B T} + \cdots) \approx q_{el} = g_0 e^{-{}^{el}\varepsilon_0/k_B T}$. Bei der Behandlung chemischer Gleichgewichte ist es wichtig, die *elektronische Energie* ε_0, die bei $T = 0$ K für die *Bildung des Moleküls aus seinen Atomen frei wird,* für jeden Reaktionspartner zu kennen. ε_0 ist also negativ. Werte für ε_0 lassen sich im Prinzip aus der Schrödingergleichung für die Elektronenbewegung im Kerngerüst berechnen. Das ist heutzutage mit quantenmechanischen ab initio Computerprogrammen für kleine Moleküle mit nicht zu schweren Atomen mit hoher Präzision möglich. Statt ε_0 wird meistens D_e, die elektronische Dissoziationsenergie des Moleküls angegeben, sie ist positiv ($D_e = -\varepsilon_0$) und ist in Tabelle 2.2 als molare Größe, also $N_L \cdot D_e$ angegeben.

Als Beispiel greifen wir auf Abb. 2.12 zurück, wo die potentielle Energiekurve der chemischen Bindung $\Phi(r)$ als Funktion des Abstandes r der beiden Atome für den Fall von HBr gezeigt ist.

Man sieht, dass in der Nähe des Potentialminimums bei $r = r_0$ das Molekül praktisch harmonische Schwingungen ausführt. Die unteren Abstände der Schwingungsenergieniveaus sind fast konstant und entsprechen näherungsweise dem harmonischen Oszillator.

Bei höheren Schwingungsanregungen rücken die Abstände jedoch zusammen und verschwinden bei $\Phi(r) = 0$. Der Wert von $\Phi(r = r_0) = -N_i \cdot \varepsilon = +D_e$ ist die elektronische (Index „e") Bindungsenergie, während $D_0 = D_e - 1/2h\nu$ die tatsächlich aufzubringende Dissoziationsenergie ist. Wenn wir also die Schwingungsbewegungen eines Moleküls als harmonische Schwingungen beschreiben, so ist das nur bei Temperaturen $T \ll h\nu/k_B = \Theta_{vib}$ gerechtfertigt, wo lediglich die untersten Energieniveaus der Schwingung besetzt sind. Entsprechendes gilt für alle Normalschwingungen bei mehratomigen Molekülen. Damit kann man ausgehend von Gl. (4.9) das Massenwirkungsgesetz (MWG) mit der Gleichgewichtskonstante $K_C(T)$ folgendermaßen formulieren:

$$K_C(T) = \frac{C_C^{\nu_C} \cdot C_D^{\nu_D}}{C_A^{\nu_A} \cdot C_B^{\nu_B}} = \left(\frac{2\pi k_B T}{h^2}\right)^{3/2(\nu_C + \nu_D - \nu_A - \nu_B)} \cdot \left(\frac{m_C^{\nu_C} \cdot m_D^{\nu_D}}{m_A^{\nu_A} \cdot m_B^{\nu_B}}\right)^{3/2}$$

$$\cdot \frac{q_{rot,C}^{\nu_C} \cdot q_{rot,D}^{\nu_D}}{q_{rot,A}^{\nu_A} \cdot q_{rot,B}^{\nu_B}} \cdot \frac{q_{vib,C}^{\nu_C} \cdot q_{vib,D}^{\nu_D}}{q_{vib,A}^{\nu_A} \cdot q_{vib,B}^{\nu_B}}$$

$$\cdot \left(\frac{g_{0,C}^{\nu_C} \cdot g_{0,D}^{\nu_D}}{g_{0,A}^{\nu_A} \cdot g_{0,B}^{\nu_B}}\right)_{el} \cdot \exp\left[-\left({}^{el}\varepsilon_{0,C} \cdot \nu_C + {}^{el}\varepsilon_{0,D} \cdot \nu_D - {}^{el}\varepsilon_{0,A} \cdot \nu_A - {}^{el}\varepsilon_{0,B} \cdot \nu_B\right)/k_B T\right]$$

$$= \exp\left[-\Delta_R \overline{F}^0/RT\right] \tag{4.10}$$

mit

$$\Delta_R \overline{F}^0 = \nu_C \overline{F}_C^0 + \nu_D \overline{F}_D^0 - \nu_A \overline{F}_A^0 - \nu_B \overline{F}_B^0 = \Delta_R \overline{F}^0$$

$\Delta_R \overline{F}^0$ ist die molare freie Standardreaktionsenergie. Ferner gilt wegen Gl. (2.15):

$$RT^2 \cdot \left(\frac{\partial \ln K_C}{\partial T}\right)_V = \Delta_R \overline{U}^0 \tag{4.11}$$

mit der molaren Standardreaktionsenergie $\Delta_R \overline{U}^0$. Es ist bei Gasen gebräuchlich, statt Teilchenkonzentration C_i den *Partialdruck* p_i einzuführen (s. Gl. 4.5):

$$p_i = C_i \cdot k_B \cdot T$$

Daraus folgt die Definition der Gleichgewichtskonstante K_p:

$$\boxed{K_p = \frac{p_C^{\nu_C} \cdot p_D^{\nu_D}}{p_A^{\nu_A} \cdot p_B^{\nu_B}} = \exp\left[-\left(\nu_C \cdot \mu_C^0 + \nu_D \cdot \mu_D^0 - \nu_A \cdot \mu_A^0 - \nu_B \cdot \mu_B^0\right)/RT\right]} \tag{4.12}$$

Der Zusammenhang von K_p mit K_C lautet demnach

$$\boxed{K_p = (k_B T)^{\nu_C + \nu_D - \nu_A - \nu_B} \cdot K_C} \tag{4.13}$$

mit K_C nach Gl. (4.10). Die Einheit für K_p in Gl. (4.13) ist $p^{(\nu_C + \nu_D - \nu_A - \nu_B)}$ mit p in Pa. Berechnet man jedoch K_p aus Tabellen für thermodynamische Werte der freien molaren Reaktionsenthalpie $\Delta_R \overline{G} = \nu_C \, \Delta^F \overline{G}_C + \nu_D \, \Delta^F \overline{G}_D - \nu_A \, \Delta^F \overline{G}_A - \nu_B \, \Delta^F \overline{G}_B$, gilt $K_p = \exp[-\Delta_R \overline{G}/RT]$ mit den Werten für die molaren freien Bildungsenthalpien $\Delta^F \overline{G}_i$ der Reaktanden, so ist hier als Einheit $p^{(\nu_C + \nu_D - \nu_A - \nu_B)}$ mit p in bar, da $\Delta^F \overline{G}_i$-Werte sich auf 1 bar beziehen. $\mu_i^0 = \mu_i^{0,\mathrm{Gas}}$ sind die standardchemischen Potentiale in Gl. (4.7). In dieser Form wird das MWG für Gasreaktionen meistens verwendet. Damit erhält man aus Gl. (4.11) und (4.13):

$$RT^2 \left(\frac{\partial \ln K_p}{\partial T} \right)_p = \Delta_R \overline{U}^0 + RT \, (\nu_C + \nu_D - \nu_A - \nu_B) = \Delta_R \overline{H}^0 \qquad (4.14)$$

$\Delta_R \overline{H}^0$ ist die Standardreaktionsenthalpie, und entsprechend ist die Standardreaktionsentropie $\Delta_R \overline{S}^0$:

$$\Delta_R \overline{S}^0 = - \left(\frac{\partial \Delta_R \overline{G}^0}{\partial T} \right)_p = R \ln K_p + RT \left(\frac{\partial \ln K_p}{\partial T} \right)_p \qquad (4.15)$$

Wir wollen vier Beispiele diskutieren.

- *Die Isotopenaustauschreaktion* $H_2 + D_2 \rightleftharpoons 2HD$

Hier gilt:

$$\nu_C + \nu_D - \nu_A - \nu_B = 2 + 0 - 1 - 1 = 0$$

Also ergibt sich mit $-N_L \varepsilon_{0,i} = +D_e \cdot 10^{-3}$, wobei D_e hier die Einheit $\mathrm{kJ \cdot mol^{-1}}$ hat (s. Tab. 2.2):

$$K_C = K_p = \left(\frac{m_{HD}^2}{m_{H_2} \cdot m_{D_2}} \right)^{3/2} \cdot \frac{q_{\mathrm{rot,HD}}^2}{q_{\mathrm{rot,H_2}} \cdot q_{\mathrm{rot,D_2}}} \cdot \frac{q_{\mathrm{vib,HD}}^2}{q_{\mathrm{vib,H_2}} \cdot q_{\mathrm{vib,D_2}}}$$
$$\cdot \, e^{+(2D_{e,HD} - D_{e,H_2} - D_{e,D_2})/k_B T}$$

K_C bzw. K_p sind also hier dimensionslos.

Die einzusetzenden Größen sind:

$$\left(\frac{m_{HD}^2}{m_{H_2} \cdot m_{D_2}} \right)^{3/2} = \left(\frac{9}{8} \right)^{3/2} \qquad \text{sowie} \qquad \frac{q_{\mathrm{rot,HD}}^2}{q_{\mathrm{rot,H_2}} \cdot q_{\mathrm{rot,D_2}}} = 4 \, \frac{I_{HD}^2}{I_{H_2} \cdot I_{D_2}} = 4 \, \frac{\widetilde{\mu}_{HD}^2}{\widetilde{\mu}_{H_2} \cdot \widetilde{\mu}_{D_2}}$$

Hier bedeuten $\widetilde{\mu}_i (i = HD, H_2, D_2)$ die reduzierten Massen (nicht etwa die chemischen Potentiale!):

$$\widetilde{\mu}_{HD} = \frac{m_H \cdot m_D}{m_H + m_D} = \frac{1 \cdot 2 \cdot 10^{-3} \cdot 10^{-3}}{3 \cdot 10^{-3}} \cdot \frac{1}{6{,}022 \cdot 10^{23}} = 1{,}10705 \cdot 10^{-27} \, \mathrm{kg}$$

und entsprechend

$$\widetilde{\mu}_{H_2} = \frac{m_H \cdot m_H}{m_H + m_H} = 8{,}303 \cdot 10^{-28}\,\text{kg} \quad \text{und} \quad \widetilde{\mu}_{D_2} = \frac{m_D^2}{2m_D} = 1{,}6606 \cdot 10^{-27}\,\text{kg}$$

Damit erhält man mit den Symmetriezahlen $\sigma_{H_2} = \sigma_{D_2} = 2$:

$$\frac{q_{rot,HD}^2}{q_{rot,H_2} \cdot q_{rot,D_2}} = 4 \cdot \frac{\left(\frac{2}{3}\right)^2}{\frac{1}{2} \cdot 1} = 4 \cdot \frac{8}{9}$$

$$\frac{q_{vib,HD}^2}{q_{vib,H_2} \cdot q_{vib,D_2}} = \frac{\left(1 - e^{-\Theta_{vib,H_2}/T}\right)\left(1 - e^{-\Theta_{vib,D_2}/T}\right)}{\left(1 - e^{-\Theta_{vib,HD}/T}\right)^2} \cdot e^{-(2\Theta_{vib,HD}-\Theta_{vib,H_2}-\Theta_{vib,D_2})/2T}$$

Es ist $\Theta_{vib,H_2} = 6215\,\text{K} = h\nu_{H_2}/k$. Wegen $\nu_i = 1/2\pi\,\sqrt{k/\widetilde{\mu}_i}$ folgt:

$$\frac{\Theta_{vib,HD}}{\Theta_{vib,H_2}} = \frac{\nu_{HD}}{\nu_{H_2}} = \left(\frac{\widetilde{\mu}_{H_2}}{\widetilde{\mu}_{HD}}\right)^{1/2} = \left(\frac{3}{4}\right)^{1/2} \quad \text{also}: \quad \Theta_{vib,HD} = 6215\left(\frac{3}{4}\right)^{1/2} = 5382\,\text{K}$$

sowie:

$$\frac{\Theta_{vib,D_2}}{\Theta_{vib,H_2}} = \frac{\nu_{D_2}}{\nu_{H_2}} = \left(\frac{\widetilde{\mu}_{H_2}}{\widetilde{\mu}_{D_2}}\right)^{1/2} = \left(\frac{1}{2}\right)^{1/2} \quad \text{also}: \quad \Theta_{vib,D_2} = 6215 \cdot \left(\frac{1}{2}\right)^{1/2} = 4395\,\text{K}$$

Damit ergibt sich:

$$e^{-(2\Theta_{vib,HD}-\Theta_{vib,H_2}-\Theta_{vib,D_2})/2T} = e^{-77{,}0/T}$$

Da alle D_e-Werte gleich sind (Isotope beeinflussen die elektronische Energie nicht), gilt hier $\exp[+(2D_{e,HD} - D_{e,H_2} - D_{e,D_2})/RT] = 1$.

Welchen Wert haben die Faktoren $(1 - e^{-\Theta_{vib,i}/T})$? Da alle $\Theta_{vib,i}$-Werte groß gegen T sind, $(\Theta_{vib,i} > 4\,300\,\text{K})$ sind diese Faktoren alle ungefähr 1 sind, d. h. die Schwingungsenergie-Niveaus der Wasserstoffisotope sind nicht angeregt und es ist praktisch nur der Grundzustand mit $v = 0$ besetzt.

Damit gilt für K_p:

$$K_p = \frac{p_{HD}^2}{p_{H_2} \cdot p_{D_2}} = \left(\frac{9}{8}\right)^{3/2} \cdot 4 \cdot \left(\frac{8}{9}\right) \cdot e^{-77{,}0/T} = 4 \cdot 1{,}06 \cdot e^{-77{,}0/T} \quad (T \ll \Theta_{vib,i})$$

Den Vergleich von Theorie mit dem Experiment zeigt Tabelle 4.1: Die beobachtete Temperaturabhängigkeit wird gut beschrieben, sie rührt von den Unterschieden der Isotopenmassen und vor allem von den unterschiedlichen Nullpunktsenergien der Schwingung der isotopen Wasserstoffmoleküle her.

Tab. 4.1: Gleichgewichtskonstanten K_p für die Isotopenaustauschreaktion $H_2 + D_2 \rightleftharpoons 2HD$

T/K	K_p (theor.)	K_p (exp.)
195	2,85	2,92
273	3,18	3,24
298	3,26	3,28
383	3,46	3,50
543	3,67	3,75
670	3,77	3,80

Bei hohen Temperaturen ($T \gg \Theta_{\text{vib},i}$) darf man die Faktoren $(1 - e^{-\Theta_{\text{vib},i}/T})$ nicht mehr gleich 1 setzen, sie nähern sich dem Wert $\Theta_{\text{vib},i}/T$. Dann gilt:

$$K_p = 4 \cdot 1{,}06 \cdot \frac{\Theta_{\text{vib},H_2} \cdot \Theta_{\text{vib},D_2}}{\Theta^2_{\text{vib},HD}} \cdot 1 = 4 \cdot 1{,}06 \cdot (1{,}06)^{-1} = 4 \quad (T \gg \Theta_{\text{vib},i})$$

Für $T \to \infty$ ist K_p allein durch die unterschiedlichen Symmetriezahlen σ von H_2, D_2 und HD bestimmt. Dieser Grenzfall ist allerdings in der Realität nicht erreichbar, da bei hohen Temperaturen die Wasserstoffmoleküle zunehmend in Wasserstoffatome dissoziieren (s. Exkurs 4.6.8).

- *Das chemische Gleichgewicht* $2Na \rightleftharpoons Na_2$ *in der (idealen) Gasphase.*

Hier gilt:

$$\nu_C + \nu_D - \nu_A - \nu_B = 1 + 0 - 2 - 0 = -1$$

Entsprechend den Gleichungen (4.10) und (4.12) schreiben wir:

$$K_p = \frac{p_{Na_2}}{p^2_{Na}} = (k_B T)^{-1} \frac{\widetilde{q}_{Na_2}}{\widetilde{q}^2_{Na}}$$

mit

$$\widetilde{q}_{Na} = \left(\frac{2\pi m_{Na} \cdot k_B T}{h^2} \right)^{3/2} \cdot q_{Na,el}$$

$$\widetilde{q}_{Na_2} = \left(\frac{2\pi m_{Na_2} \cdot k_B T}{h^2} \right)^{3/2} \cdot \left(\frac{T}{2\Theta_{\text{rot}}} \right) \cdot \left(1 - e^{-\Theta_{\text{vib}}/T} \right)^{-1} \cdot g_{0,el,Na_2} \cdot e^{(D_e/RT - \Theta_{\text{vib}}/2T)}$$

$\widetilde{q}_i$ hat die Dimension m^{-3}, also hat K_p die Dimension $J^{-1} \cdot m^3 = Pa^{-1}$.

Wir berechnen jetzt K_p bei 1000 K. Für Na_2 gilt $\Theta_{\text{vib}} = 229\,K$ und $\Theta_{\text{rot}} = 0{,}221\,K$ (s. Tab. 2.2).

Ferner gilt:

$$m_{Na_2} = \frac{0{,}046}{6{,}022} \cdot 10^{-23}\,kg = 7{,}64 \cdot 10^{-26}\,kg$$

Tab. 4.2: Gleichgewichtskonstanten K_p für die Gasreaktion $2\text{Na} \rightleftharpoons \text{Na}_2$

T/K	K_p (theoretisch)/bar^{-1}	K_p (exp.)/bar^{-1}
900	1,42	1,38
1000	0,461	0,46
1100	0,21	0,21
1200	0,11	0,10

und

$$D_e = 72\,380\,\text{J/mol} \qquad \text{und} \qquad g_{0,\text{el},\text{Na}_2} = 1$$

Für das Na-Atom gelten die Daten:

$$m_{\text{Na}} = \frac{0,023}{6,022} \cdot 10^{-23}\,\text{kg} = 3,82 \cdot 10^{-26}\,\text{kg} \quad \text{und} \quad q_{\text{el},\text{Na}} = g_0 = 2$$

Die zweifache Entartung des elektronischen Grundzustandes des Na-Atoms rührt von dem 3s-Elektron her, dass entweder α- oder β-Spin hat.

Die Berechnung von $\widetilde{q}_{\text{Na}}$ ergibt:

$$\widetilde{q}_{\text{Na}} = \left(\frac{2\pi \cdot 3,82 \cdot 10^{-26} \cdot 1,3807 \cdot 10^{-23} \cdot 10^3}{(6,626)^2 \cdot 10^{-68}} \right)^{3/2} \cdot 2 = 1,31 \cdot 10^{33}\,\text{m}^{-3}$$

Die Berechnung von $\widetilde{q}_{\text{Na}_2}$ ergibt:

$$\widetilde{q}_{\text{Na}_2} = \left(1,85 \cdot 10^{33}\right) \cdot \left(\frac{1000}{2 \cdot 0,221}\right) \cdot (0,2047)^{-1} \cdot \exp\left[\frac{8,695 \cdot 10^3 - 114,5}{1000} \right]$$

$$= 1,09 \cdot 10^{41}\,\text{m}^{-3}$$

Also folgt für K_p bei $T = 1000$ K:

$$K_p = \frac{10^{-3}}{k_{\text{B}}} \cdot \frac{1,09 \cdot 10^{41}}{(1,310)^2 \cdot 10^{66}} = 0,461 \cdot 10^{-5}\,\text{Pa}^{-1} = 0,461\,\text{bar}^{-1}$$

Tabelle 4.2 zeigt den Vergleich zwischen Theorie und Experiment bei verschiedenen Temperaturen. Die Übereinstimmung ist sehr gut.

- *Das Ammoniaksynthese-Gleichgewicht*

Die Ammoniak-Synthese gehört zu den wichtigsten Verfahren der chemischen Industrie. Wir wollen die Ergebnisse der statistisch-thermodynamischen Berechnung mit experimentellen Daten vergleichen. Die Gleichgewichtsreaktion lautet:

$$\frac{3}{2}\text{H}_2 + \frac{1}{2}\text{N}_2 \rightleftharpoons \text{NH}_3$$

Für die Gleichgewichtskonstante K_p dieser Reaktion erhält man entsprechend Gl. (4.10) bzw. (4.12):

$$K_p = \frac{p_{NH_3}}{p_{H_2}^{3/2} \cdot p_{N_2}^{1/2}} = \left(k_B T\right)^{-1} \left(\frac{m_{NH_3}}{m_{H_2}^{3/2} \cdot m_{N_2}^{1/2}}\right)^{3/2} \cdot \left(\frac{2\pi k_B T}{h^2}\right)^{-3/2}$$

$$\cdot \left(\prod_i q_{vib,NH_3,i}\right) \cdot \left(\prod_i q_{vib,H_2,i}\right)^{-3/2} \cdot \left(\prod_i q_{vib,N_2,i}\right)^{-1/2}$$

$$\cdot \frac{q_{rot,NH_3}}{q_{rot,H_2}^{3/2} \cdot q_{rot,N_2}^{1/2}} \cdot \exp\left[-\left({}^{el}\varepsilon_{0,NH_3} - \frac{3}{2}{}^{el}\varepsilon_{0,H_2} - \frac{1}{2}{}^{el}\varepsilon_{0,N_2}\right)\Big/k_B T\right]$$

Die Einheit für K_p ist hier Pa^{-1}. Wählt man die Einheit bar^{-1} statt Pa^{-1} für K_p ist mit 10^5 zu multiplizieren. In dieser Form sind in Abb.4.3 experimentelle Daten und theoretische Werte als ${}^{10}lg\,K_p - 10^3/T$-Diagramm dargestellt. Es wurden die Werte für m_i, $\Theta_{vib,i}$, Θ_{rot} und ${}^{el}\varepsilon_{0,i}$ der Reaktionspartner aus Tabelle 2.2 in die molekularen Zustandssummen für NH_3, H_2 und N_2 eingesetzt. Die gute Übereinstimmung zwischen Experiment und thermodynamisch-statistischer Theorie zeigt die Leistungsfähigkeit solcher Berechnungen.

- *Reaktionsenthalpien und Reaktionsentropien*

Wir wollen als Beispiel die molare Standardreaktionsenthalpie $\Delta_R \overline{H}^0$ für die bereits behandelte Gleichgewichtsreaktion $2Na \rightleftharpoons Na_2$ bei 1000 K berechnen. Es gilt:

$$K_p = \left(k_B T\right)^{-1} \cdot \frac{\widetilde{q}_{Na_2}}{\widetilde{q}_{Na}^2} = \left(k_B T\right)^{-1} \cdot \frac{\left(\frac{2\pi m_{Na_2} k_B T}{h^2}\right)^{3/2} \cdot \left(\frac{T}{2\Theta_{rot}}\right)\left(1 - e^{-\Theta_{vib}/T}\right) \cdot e^{(D_e - \frac{h\nu}{2})/k_B T}}{\left(\frac{2\pi m_{Na} k_B T}{h^2}\right)^3 \cdot 2^2}$$

und mit Gl. (4.14):

$$\Delta_R \overline{H}^0 = RT^2 \left(\frac{\partial \ln K_p}{\partial T}\right)_p = -\frac{3}{2} RT + \frac{R \cdot \Theta_{vib} \cdot e^{-\Theta_{vib}/T}}{1 - e^{-\Theta_{vib}/T}} - \left(D_e N_L - \frac{\Theta_{vib}}{2} R\right)$$

Wir setzen ein für $\Theta_{vib} = 229\,K$, für $T = 1000\,K$ und für $D_e \cdot N_L = 72380\,J \cdot mol^{-1}$ und erhalten:

$$\Delta_R \overline{H}^0 = -12471 + \frac{8{,}3145 \cdot 229 \cdot 0{,}7953}{1 - 0{,}7953} - 72380 + 952 = -76502\,J \cdot mol^{-1}$$

Wir überprüfen dieses Ergebnis, indem wir $\Delta_R \overline{H}^0$ aus der als linear angenommenen Abhängigkeit K_p von $1/T$ mit Hilfe der Daten der Tabelle 4.2 bei 900 K und 1200 K berechnen:

$$\Delta_R \overline{H}^0 = RT^2 \left(\frac{\partial \ln K_p}{\partial T}\right)_p = -R\left[\frac{\partial \ln K_p}{\partial \left(\frac{1}{T}\right)}\right]_p \approx -R \cdot \frac{\ln(0{,}11) - \ln 1{,}42}{\frac{1}{1200} - \frac{1}{900}} = -76564\,J \cdot mol^{-1}$$

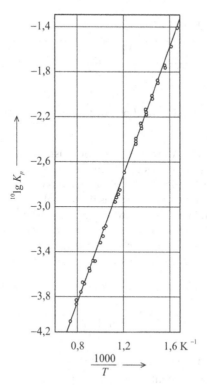

Abb. 4.3: Gleichgewichtskonstante der Ammoniaksynthesereaktion dargestellt als $^{10}\lg K_p$ gegen $1000/T$. ∘ Experimente, ———— Theorie. (K_p in bar^{-1})

Die Übereinstimmung ist sehr gut (0,08 % Abweichung). Wir berechnen noch die Standardreaktionsentropie für diese Reaktion nach Gl. (4.15) bei $T = 1000\,\mathrm{K}$:

$$\Delta_R \overline{S}^0 = R \cdot \ln(0{,}461) + R \cdot 1000 \cdot \frac{\ln(0{,}11) - \ln(1{,}42)}{300} = -77{,}3\,\mathrm{J} \cdot \mathrm{mol}^{-1} \cdot \mathrm{K}^{-1}$$

Der Wert ist negativ, das ist nicht überraschend, da der Ordnungsgrad eines 2-atomigen Moleküls größer sein muss, als der seiner beiden unabhängigen Atome, aus denen es besteht. Weitere Beispiele von chemischen Reaktionsgleichgewichten werden in den Exkursen von Abschnitt 4.6 behandelt einschließlich eines Beispiels für die nukleare Umwandlung von Atomkernen (Exkurs 4.6.12).

4.4 Die Saha'sche Formel für das Ionisierungsgleichgewicht von Atomen

Ionierungsgleichgewichte von Atomen:

$$A \rightleftharpoons A^+ + e^-$$

werden nach Gl. (4.10) durch

$$K_p = K_c \cdot (k_B T) = k_B \cdot \left(\frac{2\pi k_B}{h^2} \cdot m_e\right)^{3/2} \cdot \frac{g_e \cdot g_{A^+}^{el}}{g_A^{el}} \cdot T^{5/2} \cdot \exp\left[-I_A/k_B T\right] \qquad (4.16)$$

berechnet. Das ist die *Saha'sche Formel* mit der Ionisierungsenergie I_A von A. m_e ist die Elektronenmasse.

Die Gleichung impliziert die Annahme, dass die Zustandssumme des neutralen Atoms A durch die Zustandssumme seines elektronischen Grundzustandes in einem s-Orbital beschrieben werden kann. Für das neutrale Atom ist das nicht selbstverständlich, denn die elektronischen Anregungsniveaus des Atoms finden dabei ja gar keine Berücksichtigung. $g_e = 2$ ist der Entartungsfaktor des Elektrons, $g_{A^+}^{el} = 1$ und $g_A^{el} = 2$ sind die elektronischen Entartungsfaktoren des Ions bzw. des neutralen Atoms. Die Kernentartungsfaktoren von A und A^+ sind identisch und heben sich gegenseitig heraus. Am Beispiel des H-Atoms zeigen wir, warum die Saha'sche Formel dennoch mit hoher Genauigkeit gültig ist.

Die atomare elektronische Zustandssumme des H-Atoms lautet:

$$q_H^{el} = 2 + \sum_{n=2}^{\infty} 2 g_n e^{-\varepsilon_n \cdot \beta} = 2 + 2\sum_{n=2}^{\infty} n^2 \exp\left[-\frac{R_E}{k_B T}\left(1 - \frac{1}{n^2}\right)\right]$$

mit $\varepsilon_n = R_E\left(1 - 1/n^2\right)$ und dem Entartungsfaktor $g_n = 2 \cdot n^2$ sowie der Rydberg-Energie $R_E = 2{,}18 \cdot 10^{-18}$ Joule. Man sieht, dass die Summe divergiert, $q_{H,el}$ geht also gegen unendlich. Bei der üblichen Berechnung wird aber $q_{H,el} = 2$ gesetzt, es wird nur der elektronische Grundzustand berücksichtigt. Wir wollen zeigen, warum die Summe keine Rolle spielt, obwohl sie divergiert. Die Ionisierungsenergie des H-Atoms, das sich im n-ten Anregungszustand befindet, beträgt:

$$I_{H,n} = \frac{R_H}{n^2}$$

Die Frage lautet nun: welcher Anregungszustand gehört noch zum H-Atom in Gegenwart der anderen Atome bzw. Ionen, die im Mittel die translatorische kinetische Energie $\frac{3}{2} k_B T$ besitzen? Wegen der ständigen Stöße zwischen den Atomen und Ionen werden H-Atome mit $I_{H,n} \le \frac{3}{2} k_B T$ nicht stabil sein und können nicht mehr zum neutralen H-Atom gezählt werden. Als Kriterium für die maximale Quantenzahl n_{max} des neutralen H-Atoms kann also gelten:

$$\frac{R_E}{n_{max}^2} = \frac{3}{2} k_B T \quad \text{bzw.} \quad n_{max} = T^{-1/2} \cdot \sqrt{\frac{2}{3}\frac{R_E}{k_B}} = T^{-1/2} \cdot 324{,}4$$

Für die fragliche Summe gilt also:

$$\sum_{n=2}^{n_{max}} n^2 \cdot e^{-\beta \varepsilon_n} < e^{-\beta \varepsilon_2} \sum_{n=2}^{n_{max}} n^2 = F(T, n_{max})$$

Das Zeichen $<$ ist berechtigt, da $e^{-\beta\varepsilon_2} > e^{-\beta\varepsilon_n}$ für alle $n > 2$.

Wir berechnen die Summe (s. Anhang 11.3, Gl. 11.10):

$$\sum_{n=2}^{n_{\max}} n^2 = \frac{n_{\max}(n_{\max}+1)(2n_{\max}+1)}{6} - 1$$

Also gilt mit $\varepsilon_2/k_B = 0{,}75 \cdot R_E/k_B$:

$$\sum_{n=2}^{n_{\max}} n^2 e^{-\beta\varepsilon_n} < F(T, n_{\max}) = \exp[-1{,}184 \cdot 10^5/T] \cdot \left[\frac{n_{\max}(n_{\max}+1)(2n_{\max}+1)}{6}\right]$$

Mit $n_{\max} = T^{-1/2} \cdot 1026$ berechnen wir $F(T, n_{\max})$ bei 5 Temperaturen. Die Ergebnisse zeigt Tabelle 4.3:

Tab. 4.3: Daten für $F(T, n_{\max})$

T/K	$F(T, n_{\max})$	$n_{\max}$
300	10^{-167}	19
1000	$8 \cdot 10^{-49}$	10
5000	10^{-8}	5
10000	$6 \cdot 10^{-4}$	3
25000	$3 \cdot 10^{-1}$	2

Tab. 4.4: Ionisationspotentiale (in eV) von Atomen und Ionen.

$H \to H^+ + e^-$	13,597	$Fe \to Fe^+ + e^-$	7,87
$He \to He^+ + e^-$	24,587	$Fe^+ \to Fe^{2+} + e^-$	16,18
$He^+ \to He^{2+} + e^-$	54,42	$Fe^{2+} \to Fe^{3+} + e^-$	30,65
$Ar \to Ar^+ + e^-$	15,75	$Na \to Na^+ + e^-$	5,14
$N \to N^+ + e^-$	14,53	$Na^+ \to Na^{2+} + e^-$	47,30
$N^+ \to N^{2+} + e^-$	47,44	$K \to K^+ + e^-$	4,34
$O \to O^+ + e^-$	13,62	$K^+ \to K^{2+} + e^-$	31,71
$O^+ \to O^{2+} + e^-$	35,12	$Ca \to Ca^+ + e^-$	6,11
$C \to C^+ + e^-$	11,26	$Ca^+ \to Ca^{2+} + e^-$	11,87
$C^+ \to C^{2+} + e^-$	24,38	$Li \to Li^+ + e^-$	5,39
$C^{2+} \to C^{3+} + e^-$	47,88	$Li^+ \to Li^{2+} + e^-$	75,6

Oberhalb von $25\,000$ K gibt es praktisch keine Atome mehr, die als angeregte neutrale Atome bezeichnet werden können. Es gilt für alle Temperaturen mit sehr guter Näherung:

$$q_H^{el} = 2, \quad \text{da} \quad F(T, n_{\max}) \ll \sum_{2}^{n_{\max}} n^2 e^{-\beta\varepsilon_n}$$

Die Besetzungswahrscheinlichkeit der noch zum neutralen Atom zählenden Niveaus ist stets sehr gering gegenüber der des Grundniveaus mit $n = 1$. Die Ursache für die Gültigkeit der Saha'schen Formel liegt also letztlich an der starken Koppelung zwischen Translationsenergie und elektronischer Energie, also zweier Energieformen, die wir i. d. R. als unabhängig voneinander betrachten können. In Tabelle 4.4 sind Ionisationspotentiale der wichtigsten Atome und ihrer Ionen angegeben, wie sie z. B. in sehr heißen Flammen oder Sternatmosphären vorkommen. In Exkurs 4.6.7 wird die Saha-Gleichung benötigt.

4.5 Nichtstarre Moleküle in der Gasphase

4.5.1 Innere Rotation

Bisher haben wir nur starre Moleküle behandelt, bei denen die relativen Positionen der Atome innerhalb eines Moleküls unverändert bleiben. Zu dieser Art von Molekülen gehören alle in Tabelle 2.2 aufgelisteten Moleküle. Weitere Beispiele sind Ethylen, Azethylen, Benzol, Naphtalin, Cyclopropan oder C_{60}-Fulleren und viele andere.

Die meisten Moleküle sind jedoch nicht starr, d. h., Atome bzw. Atomgruppen können innerhalb des Moleküls ihre Positionen zueinander verändern. Das gilt schon für ein so einfaches Molekül wie Methanol (CH_3OH), wo sich die drei H-Atome der Methylgruppe und die OH-Gruppe um die C-O-Achse drehen können. Die Verhältnisse können recht kompliziert werden, wenn wir z. B. an ein Molekül wie n-Hexan denken. In solchen Fällen spricht man von inneren Rotationsfreiheitsgraden oder kurz von innerer Rotation. Am einfachsten zu behandeln sind Moleküle, deren äußere Rotationsachse mit dem dazugehörigen Hauptträgheitsmoment identisch ist mit der Achse der inneren Rotation, wie z. B. bei CH_3CH_3, CF_3CF_3, CF_3CH_3, Toluol, CH_3CCH (Methylazetylen) u. a. Wir betrachten als Beispiel die Verhältnisse beim Ethan in Abb. 4.4. Wenn wir die Drehwinkel der beiden Methylgruppen um die $C-C$-Achse jeweils mit ϑ_1 und ϑ_2 bezeichnen, erhält man für die kinetische Energie der Rotation um die $C-Achse$:

$$E_{\text{kin}} = \frac{1}{2}\left(\sum_i m_i r_i^2 \cdot \dot{\vartheta}_1^2\right) + \frac{1}{2}\left(\sum_i m_i r_i^2 \cdot \dot{\vartheta}_2^2\right) = \frac{1}{2} I_1 \cdot \dot{\vartheta}_1^2 + \frac{1}{2} I_2 \cdot \dot{\vartheta}_2^2 \qquad (4.17)$$

wobei $\dot{\vartheta}_1 = \mathrm{d}\vartheta_1/\mathrm{d}t$ bzw. $\dot{\vartheta}_2 = \mathrm{d}\vartheta_2/\mathrm{d}t$ die Winkelgeschwindigkeiten um die C-Achse bedeuten und I_1 bzw. I_2 die Trägheitsmomente.

Im Fall von CH_3CH_3 gilt:

$$I_1 = I_2 = 3m_{\text{H}} \cdot r_{\text{H}}^2$$

Hier ist m_{H} die Masse des H-Atoms und r_{H} der Abstand eines H-Atoms von der Drehachse. Die Drehbewegungen lassen sich nun aufspalten in zwei unabhängige Bewegungsformen, und zwar die *äußere Rotation* und die eigentliche *innere Rotation*. Dazu schreiben wir mit $\dot{\xi} = d\xi/dT$ und $\dot{\varphi} = d\varphi/dt$:

$$E_{kin} = \frac{1}{2}(I_1 + I_2)\dot{\xi}^2 + \frac{1}{2} I_r \dot{\varphi}^2 \tag{4.18}$$

Gl. (4.18) ergibt Übereinstimmung mit Gl. (4.17), wenn man schreibt:

$$\dot{\xi} = \frac{I_1 \cdot \dot{\vartheta}_1 + I_2 \cdot \dot{\vartheta}_2}{I_1 + I_2} = \left(\dot{\vartheta}_1 + \dot{\vartheta}_2\right)\frac{I_1 \cdot I_2}{I_1 + I_2} = \left(\dot{\vartheta}_1 + \dot{\vartheta}_2\right) \cdot I_r \tag{4.19}$$

mit $\quad \dot{\varphi} = \dot{\vartheta}_1 - \dot{\vartheta}_2 \quad$ und $\quad I_r = I_1 \cdot I_2 / (I_1 + I_2)$

I_r heißt das reduzierte Trägheitsmoment. Wegen $I_1 = I_2$ hat es bei Ethan den Wert $I_1/2 = I_2/2$.

Nun kommen wir zur potentiellen Energie der inneren Rotation um den Winkel $\varphi = \vartheta_1 - \vartheta_2$. Dazu lassen wir gedanklich ϑ_2 fest und variieren ϑ_1 von 0° bis 360° C. Die Form der potentiellen Energie $E_p(\varphi)$ zeigt Abb. 4.4 (oben).

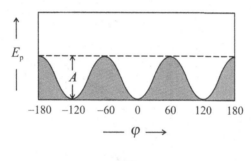

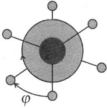

Abb. 4.4: Oben: Potentielle Energie der inneren Rotation von X_3 C-CX_3 Molekülen. Unten: Projektion auf die C-C-Achse.

$E_p(\varphi)$ hat 3 Maxima bei −60°, +60° und 180° (bzw. −180°) und 3 Minima bei 0°, 120° und −120°. Dieses periodische Potential kommt zustande durch die 3 Positionen, die man „staggard" nennt (Minima) und 3 Positionen, die man „eclipsed" nennt (Maxima). $E_p(\varphi)$ lässt sich in guter Näherung beschreiben durch

$$E_p(\varphi) = \frac{1}{2} \cdot A(1 - \cos 3\varphi) \tag{4.20}$$

wobei A die Höhe des Energiemaximums bedeutet.

Um die Energieeigenwerte dieser inneren Rotation zu erhalten, muss die entsprechende Schrödinger-Gleichung gelöst werden:

$$\frac{h^2}{8\pi^2 I_{red}}\frac{d^2\psi_i}{d\varphi^2} + \frac{A}{2}(1 - \cos 3\varphi)\psi_i = \varepsilon_{red,i} \cdot \psi_i$$

Diese Differentialgleichung lässt sich nur numerisch lösen mit der Randbedingung $\varphi(0) = \varphi(360°)$. Die Ergebnisse für die Eigenwerte ε_i als Funktion der Höhe der Potentialschwelle A zeigt Abb. 4.5.

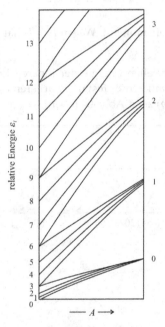

Abb. 4.5: Energieeigenwerte des gehemmten Rotators als Funktion von A (nach A. Münster: Statistical Thermodynamics, Volume I, Springer (1969)).   Links: $A = 0$ mit den Quantenzahlen J des ungehemmten Rotators. Rechts: für $A \gg$ konvergieren die ε_i-Linien in die Eigenwerte des harmonischen Oszillators ($v = 0,1,2,3,\ldots$).

Man erkennt, dass bei hohen Werten von A die Lösungen denen eines harmonischen Oszillators zustreben, dessen Frequenz sich aus der Reihenentwicklung von Gl. (4.20) um ein Minimum (z. B. bei $\varphi = 0$) ergibt:

$$E_p \approx A \cdot \frac{9}{4}\,\varphi^2$$

Die Oszillationsfrequenz v_r um das Minimum beträgt dann

$$v_r = 2\pi\sqrt{A \cdot \frac{9}{2I_r}} \tag{4.21}$$

mit den Energieeigenwerten ε_v:

$$\varepsilon_v = \left(\frac{1}{2} + v\right) \cdot h \cdot v_r \tag{4.22}$$

Mit abnehmenden Werte von A spalten die ε-Werte in Abb. 4.5 auf und gehen für $A = 0$ in die eines eindimensionalen, freien Rotators über mit den Energieeigenwerten:

$$\lim_{A \to 0} \varepsilon_J = \frac{\hbar^2}{2I_r} J^2 \tag{4.23}$$

J ist die Rotationsquantenzahl ($J = 0$ bis ∞) Die molekulare Zustandssumme der inneren freien Rotation lautet also:

$$q_{\text{red}} = \sum_{j=0}^{\infty} \exp\left[-\hbar^2 J^2 / 2I_{\text{red}}\right]$$

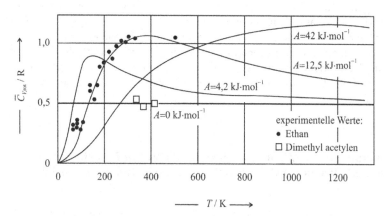

Abb. 4.6: $\overline{C}_{V,\text{rot}}(\text{exp})$ und $\overline{C}_{V,\text{rot}}(\text{theor})$ mit verschiedenen Werten von A für Ethan und Dimethylazetylen.

Daraus lassen sich alle thermodynamischen Funktionen ($F_r, U_r, S_r, C_{V,r}$) für den Anteil der inneren Rotation in der üblichen Weise berechnen. Der unbekannte molekulare Parameter ist die Höhe der Energieschwelle A. Man kann ihn ermitteln, indem man vom gemessenen Wert der Molwärme $\overline{C}_{V,\text{exp}}$ die berechneten Anteile für Translation, Normalschwingungen und äußere Rotation abzieht und den Rest, also

$$\overline{C}_{V,r} = \overline{C}_{V,\text{exp}} - \frac{3}{2} - \sum_i^{3N-6} \overline{C}_{\text{vib},i} - \frac{3}{2}$$

aufträgt und nun den Wert von A so anpasst, dass $\overline{C}_{V,r}(\text{exp})$ möglichst gut mit $\overline{C}_{V,r}(\text{theor})$ übereinstimmt. Abb. 4.6 zeigt solche Ergebnisse für CH_3CH_3 und $CH_3C_2CH_3$.

Ganz offensichtlich gibt der Wert $A = 12,5 \text{ kJ} \cdot \text{mol}^{-1}$ die Experimente für CH_3CH_3 am besten wieder. Für das Molekül Dimethylazetylen ($CH_3C_2CH_3$) gilt $A = 0$, also der Wert

Tab. 4.5: Potentialschwellen A in $kJ \cdot mol^{-1}$ für Moleküle mit innerer Rotation (Daten in cm^{-1} aus: C. H. Townes und A. L. Schawlow, Microwave Spectroscopy, Dover (1975)) Z = Zahl der Potentialminima bei Drehung um 360°.

Moleküle	$A/kJ \cdot mol^{-1}$	Z
CF_3-SF_5	2,9	12
CH_3-CCl_3	12,3	3
CH_3-SiH_3	7,3	3
CH_3-CF_3	15,6	3
CH_3-SiF_3	5,3	3
CH_3-OH	4,9	3
CH_3-SH	5,2	3
H_2O_2	1,5	2

für den ungehemmten Rotator, da die beiden Methylgruppen soweit voneinander entfernt sind, dass sie unabhängig rotieren ohne gegenseitige Wechselwirkung. Ganz analog kann man bei anderen Molekülen vorgehen, wenn die Drehachse für die innere Rotation mit einer der 3 Drehachsen für die äußere Rotation übereinstimmt. Ist das nicht der Fall, werden die Rechnungen kompliziert, worauf wir hier nicht näher eingehen wollen. In Tabelle 4.5 sind Potentialschwellenwerte A der inneren Rotation für eine Auswahl weiterer Moleküle angegeben.

4.5.2 Näherung der Konfigurationsgleichgewichte zur Berechnung thermodynamischer Eigenschaften kleiner nichtstarrer Moleküle

Unter Isomerie versteht man bekanntlich die unterschiedliche Struktur von Molekülen, die dieselbe Summenformel haben, aber unterschiedlich verknüpfte Atome innerhalb des Moleküls. Beispiele sind Isomere wie Xylole (ortho, para, meta) , $ClCH_2-CH_2Cl$ und CH_3-CHCl_2 oder n-Pentan und 2-Methylbutan. Unter unterschiedlicher Konfiguration versteht man dagegen die Struktur unterscheidbarer Moleküle, die nicht nur Isomere sind, sondern bei denen auch die Art der Verknüpfung der Atome im Molekül unverändert bleibt, wobei sich dennoch die Struktur im Raum unterscheidet (Konfigurationsisomerie oder Konformere). Beispiele sind in Abb. 4.7 gezeigt.

Auch die 1,2- disubstituierten Ethane, wie sie in Abschnitt 4.5.1 beschrieben sind, gehören zur Klasse der konfigurationsisomeren Moleküle. Um die thermodynamischen Eigenschaften solcher Moleküle zu beschreiben, verzichtet man in der Regel auf die Berücksichtigung aller möglichen Anordnungen im Raum, sondern wählt eine endliche Zahl von Konfigurationen aus, die jeweils ein Minimum der potentiellen Energie aufweisen, und die auch im lokalen Bereich der unterschiedlich tiefen Minima stabil sind. Mit anderen Worten: man betrachtet diese Konformere als unterscheidbare Moleküle, die miteinander im chemischen Reaktionsgleichgewicht stehen:

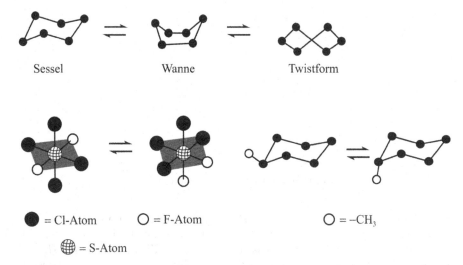

Sessel   Wanne   Twistform

● = Cl-Atom   ○ = F-Atom   ○ = –CH₃

⊕ = S-Atom

Abb. 4.7: Drei Beispiele für Moleküle mit unterschiedlicher Konfiguration. Cyclohexan (oben) und SCl_4F_2 sowie Methylcyclohexan (unten).

$$\mu_1 = \mu_2 = \ldots = \mu_i = \ldots = \mu_n \tag{4.24}$$

Für das chemische Potential des Konformeren i gilt nach Gl. (4.6):

$$\mu_i = -RT \ln \frac{q_i}{N_i} \quad \text{bzw.} \quad N_i = q_i \cdot \exp\left[-\mu_i/RT\right]$$

mit der Molekülzahl N_i des Konformers i und der molekularen Zustandssumme q_i:

$$q_i = q_{\text{trans}} \cdot q_{\text{vib}} \cdot q_{\text{rot}} \cdot e^{-\varepsilon_i/k_B T}$$

$\varepsilon_{0,i}$ ist die Nullpunktsenergie des Konformeres i. Dann gilt für den Bruchteil des Konformeren i (Population):

$$\frac{N_i}{\sum\limits_j N_j} = \frac{N_i}{N} = \frac{(q_{\text{vib}} \cdot q_{\text{rot}})_i \cdot e^{-\Delta\varepsilon_i/k_B T}}{\sum\limits_{j=1}^{n} (q_{\text{vib}} \cdot q_{\text{rot}})_j \cdot e^{-\Delta\varepsilon_j/k_B T}} \tag{4.25}$$

wobei die das chemische Potential enthaltenden Exponentialterme sich wegen Gleichung (4.24) wegkürzen, ebenso wie q_{trans}.

Es gilt $\Delta\varepsilon_{0,i} = \varepsilon_{0,2} - \varepsilon_{0,1}$, wobei ε_1 das Konformere mit dem tiefsten Energieminimum ist, also die größte Stabilität besitzt. Als Beispiel für ein 1,2-disubstituiertes Ethan-Molekül betrachten wir 1,2-Dibromethan. Es gibt 2 äquivalente gauche-Konformationen (g_+ und

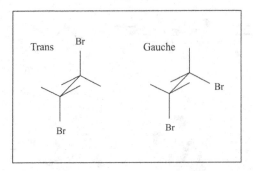

Abb. 4.8: Konformere von 1,2-Dibromethan

g_-) beim Winkelabstand $\varphi_2' = 120°$ und $-120°$ (s. Abb. 4.8) und eine trans-Konformation (t) bei $\varphi_2' = 0°$. Das schematische Energieprofil ist in Abb. 4.9 gezeigt. Die Minima der g_+ und g_- Konformere liegen i. d. R. höher als das t-Minimum m: $\Delta E_{pot} = (E_{g_+} - E_t) = (E_{g_-} - E_t)$. Fasst man die 3 Konformere als unterschiedliche molekulare Zustände ein und desselben Moleküls auf, lautet die Zustandssumme des Moleküls:

$$q = q_t + 2q_{g_\pm} = (q_{trans} \cdot q_{vib} \cdot q_{rot})_t + 2(q_{trans} \cdot q_{vib} \cdot q_{rot})_{g_\pm} \cdot \exp\left(-\Delta\varepsilon_0/k_B T\right)$$

mit $\Delta\varepsilon_0 = \varepsilon_{0,g_\pm} - \varepsilon_{0,t}$. Es ist $q_{t,trans} = q_{g_\pm,trans}$ und es gelte $q_{t,vib} \approx q_{g_\pm,vib}$. (Der Index „trans" bedeutet hier „Translation", der Index t „trans-Konformation".) $q_{t,rot}$ und $q_{g_\pm,rot}$ müssen unterschieden werden. Zur Berechnung der Trägheitsmomente I_x, I_y und I_z nutzen wir Abb. 11.9 und Abb. 11.10 in Anhang 11.9. Wir vernachlässigen die H-Atome und setzen zur Berechnung von $q_{t,rot}$ die Sesselform nach Abb. 11.9 voraus und von $q_{g_\pm,rot}$ nach Gl. (2.41) einen Mittelwert zwischen Sessel- und Wannenform für $(I_x \cdot I_y \cdot I_z)_{g_\pm}$ ein:

$$(I_x \cdot I_y \cdot I_z)_{g_\pm} \approx \frac{2}{3} \cdot (I_x \cdot I_y \cdot I_z)_{Wanne} + \frac{1}{3} \cdot (I_x \cdot I_y \cdot I_z)_{Sessel}$$

wobei $(I_x \cdot I_y \cdot I_z)_{Sessel} = (I_x \cdot I_y \cdot I_z)_{trans}$ ist. Mit den Daten $^*r_1 = r_{CC} = 77$ pm, $r_2 = r_{CBr} = 191$ pm, $\theta = 109{,}28°$ (Tetraederwinkel) $m_a = m_C = 1{,}99 \cdot 10^{-26}$ kg und $m_b = m_{Br} = 1{,}326 \cdot 10^{-25}$ kg erhalten wir folgende Ergebnisse:

$$(I_x \cdot I_y \cdot I_z)_{trans} = (I_x \cdot I_y \cdot I_z)_{Sessel} = 1{,}669 \cdot 10^{-134} \text{ kg} \cdot \text{m}^2$$

und

$$(I_x \cdot I_y \cdot I_z)_{Wanne} = 3{,}311 \cdot 10^{-136} \text{ kg} \cdot \text{m}^2$$

sowie

$$(I_x \cdot I_y \cdot I_z)_{g_\pm} = \frac{2}{3} \cdot 3{,}311 \cdot 10^{-136} + \frac{1}{3} \cdot 1{,}669 \cdot 10^{-134} = 5{,}785 \cdot 10^{-135} \text{ kg} \cdot \text{m}^2$$

---

*nach P. Atkins, J. de Paula, "Physical Chemistry", 7th Ed., Table 14.2

Für den Molenbruch x_t von 1,2-Dibromethan in der Gasphase gilt:

$$x_t = \frac{q_{t,\text{rot}}}{q_{t,\text{rot}} + 2q_{g_\pm,\text{rot}} \cdot \exp\left[-\Delta\varepsilon_0/k_B T\right]} \tag{4.26}$$

wobei $q_{t,\text{vib}} \approx q_{g_\pm,\text{vib}}$ gesetzt wurde.

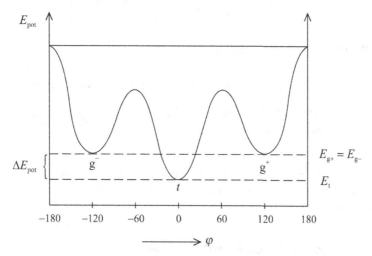

Abb. 4.9: Verlauf der potentiellen Energie als Funktion des Drehwinkels φ um die C-C-Achse bei 1,2-disubstituiertem Ethan, Beispiele: $X_1 CH_2\text{-}CH_2\text{-}X_2$ (X_1, X_2 = Halogene, -OH, -CN etc.)

Als experimenteller Wert wird in der Literatur[†] das Molenbruchverhältnis $x_{g_\pm}/x_t = 0{,}164$ in der Gasphase bei 25°C angegeben. Daraus lässt sich ΔE_{pot} für 1,2-Dibromethan berechnen:

$$\Delta\varepsilon_0 = -k_B \cdot 298 \cdot \ln\left[\left(\frac{x_{g_\pm}}{x_t}\right)_{\text{exp}} \cdot \frac{1}{2}\frac{q_{t,\text{rot}}}{q_{g_\pm,\text{rot}}}\right] \tag{4.27}$$

Wir berechnen $q_{t,\text{rot}}/q_{g_\pm,\text{rot}}$ mit Hilfe von Gl. (2.41):

$$\frac{q_{t,\text{rot}}}{q_{g_\pm,\text{rot}}} = \left[\frac{\left(I_x \cdot I_y \cdot I_z\right)_t}{\left(I_x \cdot I_y \cdot I_z\right)_{g_\pm}}\right]^{1/2} = \left(\frac{16{,}69}{5{,}785}\right)^{1/2} = 1{,}6985$$

Einsetzen in Gl. (4.27) ergibt:

$$\Delta\varepsilon_0 = -k_B \cdot 298 \cdot \ln\left[0{,}164 \cdot \frac{1}{2} \cdot 1{,}6985\right] = +8{,}1108 \cdot 10^{-21}\,\text{J} = 4{,}884\,\text{kJ} \cdot \text{mol}^{-1}$$

[†]J. E. Leffler, E. Grunwald, Rates and Equilibria of Organic Reactions, Dover Publ., New York (1989)

$\varepsilon_{0,g_\pm}$ ist nun diesen Betrag höher als $\varepsilon_{0,t}$. Das deutet auf eine Abstoßung der partiell negativ geladenen Br-Atome hin, die in der $g_\pm$-Form größer als in der t-Form ist, wobei der Abstand der Br-Atome am größten ist. Damit lassen sich x_t und $x_{g_\pm}$ für 1,2-Dibrommethan als Funktion von T mit Gl. (4.26) angeben:

$$x_t = \left(2\frac{q_{g_\pm,\text{rot}}}{q_{t,\text{rot}}} \cdot \exp\left[-\frac{4884}{R \cdot T}\right] + 1 \right)^{-1} = \left(1 + 1{,}1175 \cdot \exp\left[-\frac{587{,}4}{T}\right] \right)^{-1}$$

Man erhält die in Tabelle 4.6 angegebenen Resultate.

Tab. 4.6: Molenbruch x_t von trans-1,2-Dibromethan in der Gasphase

x_t	0,859	0,787	0,733	0,693	0,662	0,639	0,620	0,604
T	298	400	500	600	700	800	900	1000

Wie erwartet nimmt x_t mit T zu und $x_{g_\pm} = x_t - 1$ entsprechend ab. Für $T \to \infty$ wird $x_t = 0{,}459$. Hätten wir $q_{t,\text{rot}}$ und $q_{g_\pm,\text{rot}}$ nicht berücksichtigt, hätte man $x_t = 1/3 \cong 0{,}333$ für $T \to \infty$ erhalten.

4.5.3 Rotationsisomere Moleküle im Gleichgewicht

Häufig sind zur Berechnung nach Gl. (4.25) nicht genügend molekulare Daten bekannt. Dann wird

$$\frac{N_i}{N} = W_i \approx \frac{e^{-\Delta\varepsilon_i/k_B T}}{\sum\limits_{j=1}^{n} e^{-\Delta\varepsilon_j/k_B T}} \tag{4.28}$$

verwendet, in der Annahme, dass $(q_{\text{vib}} \cdot q_{\text{rot}})$; für alle Isomere i ungefähr denselben Wert hat. Gl. (4.28) kann man als Pseudo-Boltzmann-Verteilung bezeichnen.

Abb. 4.10 zeigt 10 verschiedene Konformere (Konfigurationen) des n-Hexan-Moleküls mit den dazugehörigen Energiewerten bezogen auf den niedrigsten Wert, den das Molekül in seiner gestreckten Form annimmt, und der gleich Null gesetzt ist. Wir berechnen die Population von n-Hexan-Konformeren in der Näherung nach Gleichung (4.28) und erhalten nach Einsetzen der Werte aus Abb. 4.10 die in Tabelle 4.7 angegebenen Ergebnisse. Bei 353 K sinkt gegenüber 273 K bei der niedrigsten Energie der Besetzungsanteil zugunsten der höheren Energiewerte.

Tab. 4.7: Prozentuale Anteile von n-Hexan-Konfomeren

$\Delta \varepsilon_i / \text{kJ} \cdot \text{mol}^{-1}$	0	2,59	2,60	4,12	5,15	5,57	5,72	12,51	14,18	21,89
$100 \cdot W_i(273\ \text{K})/\%$	48,1	15,4	15,3	7,8	5,0	4,2	3,9	0,19	0,1	$2 \cdot 10^{-3}$
$100 \cdot W_i(353\ \text{K})/\%$	37,5	16,2	16,1	9,9	7,1	6,2	5,9	0,68	0,38	0,04

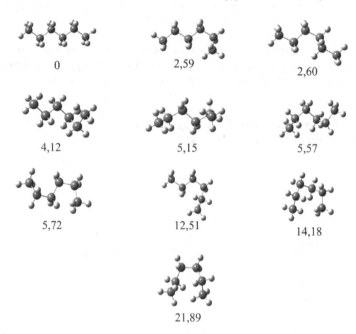

Abb. 4.10: Die 10 ersten Konformere von n-Hexan mit den relativen Energiewerten in kJ $\cdot$ mol^{-1}(nach K. Lucas, Molecular Models of Fluids, Cambrigde University Press (2007))

4.6 Exkurs zu Kapitel 4

4.6.1 Das Gleichgewicht $N_2 + O_2 \rightleftharpoons 2NO$

Die Gasreaktion $N_2 + O_2 \rightleftharpoons 2NO$ führt bei hohen Temperaturen zur Bildung von NO, z. B. in Gewitterblitzen oder in Verbrennungsmotoren (z. B. Smogentstehung durch Autoverkehr).

a) Berechnen Sie die Gleichgewichtskonstante $K_p = x_{NO}^2/(x_{N_2} \cdot x_{O_2})$ bei 2500 K. Tabelle 4.8 enthält alle notwendigen Angaben.

Tab. 4.8

	Θ_{vib}/K	Θ_{rot}/K	σ	$g_{0,el}$	$g_{1,el}$	$D_e/kJ \cdot mol^{-1}$
N_2	3374	2,88	2	1	1	953,0
O_2	2265	2,07	2	3	1	503,0
NO	2719	2,39	1	2	2	639,1

Beachten Sie insbesondere, dass der elektronische Grundzustand von O_2 dreifach entartet ist und der zweifach entartete erste elektronisch angeregte Zustand von NO nur $\Delta\varepsilon_1 = 2{,}41 \cdot 10^{-21}$ J über dem zweifach entarteten elektronischen Grundzustand liegt.

b) Berechnen Sie den Molenbruch von x_{NO} in Luft ($x_{N_2} \approx 0{,}8$, $x_{O_2} \approx 0{,}2$) bei 2500 K und gebrauchen Sie die Werte in Tabelle 4.8.

Lösung:

a)

$$K_p = K_c = \left(\frac{m_{NO}^2}{m_{O_2} \cdot m_{N_2}}\right)^{3/2} \cdot \frac{q_{rot,NO}^2}{q_{rot,O_2} \cdot q_{rot,N_2}} \cdot \frac{q_{vib,NO}^2}{q_{vib,O_2} \cdot q_{vib,N_2}}$$

$$\cdot \frac{\left(g_{0,NO} + g_{1,NO} \cdot e^{-\frac{\Delta\varepsilon_1}{k_B T}}\right)^2}{g_{0,N_2} \cdot g_{0,O_2}} \cdot e^{\frac{\left(2D_{e,NO} - D_{e,O_2} - D_{e,N_2}\right)}{RT}}$$

$$= \left(\frac{(0{,}030)^2}{0{,}032 \cdot 0{,}028}\right)^{3/2} \cdot \frac{4 \cdot 2{,}88 \cdot 2{,}07}{(2{,}39)^2} \cdot \left(1 - e^{-\frac{2265}{T}}\right)\left(1 - e^{-\frac{3374}{T}}\right) \cdot \left(1 - e^{-\frac{2719}{T}}\right)^{-2}$$

$$\cdot e^{-(2 \cdot 2719 - 2265 - 3374)/(2T)}$$

$$\cdot \frac{1}{3} \cdot \left(2 + 2 \cdot \exp\left[-\frac{2{,}4 \cdot 10^{-21}}{1{,}3807 \cdot 10^{-23}} \cdot \frac{1}{T}\right]\right)^2 \cdot \exp\left[\frac{(2 \cdot 639{,}1 - 953 - 503) \cdot 10^3}{8{,}3145 \cdot T}\right]$$

Einsetzen bei $T = 2500$ K ergibt:

$$K_p = 7{,}6923 \cdot 10^{-6}$$

b)

$$K_p = 7{,}6923 \cdot 10^{-6} \cong \frac{x_{NO}^2}{(0{,}8 - x_{NO})(0{,}2 - x_{NO})}$$

Daraus erhält man $x_{NO} = 1{,}106 \cdot 10^{-3} = 0{,}1106$ Mol %.

4.6.2 Elektronische Nullpunktsreaktionsenergie chemischer Reaktionen

Bei Kenntnis der Gleichgewichtskonstante für eine chemische Reaktion aus experimentellen Daten lässt sich mit Hilfe der statistischen Thermodynamik die Reaktionsenergie $\Delta\varepsilon_0$ am absoluten Nullpunkt bestimmen.

Für die Gasphasenreaktion $H_2 + CO_2 \rightleftharpoons H_2O + CO$ wurde $K_p = 7{,}65 \cdot 10^{-1}$ bei 1000 K gemessen. Berechnen Sie $\Delta\varepsilon_0 =^{el}\varepsilon_{0,H_2O} +^{el}\varepsilon_{0,CO} -^{el}\varepsilon_{0,H_2} -^{el}\varepsilon_{0,CO_2}$. Entnehmen Sie die Werte für Θ_{vib} und Θ_{rot} Tabelle 2.2, beachten Sie die Symmetriezahlen.

Lösung:

$$K_p = \left(\frac{0{,}018 \cdot 0{,}028}{0{,}002 \cdot 0{,}044}\right)^{3/2} \cdot \frac{\frac{\pi^{1/2}}{\sigma_{H_2O}}\left(\frac{T^3}{40{,}1 \cdot 20{,}9 \cdot 13{,}4}\right)^{1/2} \cdot \frac{1}{\sigma_{CO}}\left(\frac{T}{2{,}77}\right)}{\frac{1}{\sigma_{H_2}} \cdot \left(\frac{T}{85{,}35}\right) \cdot \frac{1}{\sigma_{CO_2}} \cdot \left(\frac{T}{0{,}561}\right)}$$

$$\cdot \frac{\left[e^{-\frac{2290}{T}} \middle/ \left(1 - e^{-\frac{2290}{T}}\right)\right] \cdot \left[e^{-\frac{5160}{2T}} \middle/ \left(1 - e^{-\frac{5160}{2T}}\right)\right] \cdot \left[e^{-\frac{5360}{2T}} \middle/ \left(1 - e^{-\frac{5360}{T}}\right)\right]}{\left[e^{-\frac{6215}{2T}} \middle/ \left(1 - e^{-\frac{6215}{2T}}\right)\right] \cdot \left[e^{-\frac{3360}{2T}} \middle/ \left(1 - e^{-\frac{3360}{T}}\right)\right] \cdot \left[e^{-\frac{1890}{2T}} \middle/ \left(1 - e^{-\frac{1890}{T}}\right)\right]}$$

$$\cdot \frac{e^{-\frac{3103}{2T}} \middle/ \left(1 - e^{-\frac{3103}{T}}\right)}{\left(e^{-\frac{954}{2T}}\right)^2 \middle/ \left(1 - e^{-\frac{954}{T}}\right)^2} \cdot e^{-\Delta\varepsilon_0/k_B T} = 0{,}765 = 25{,}61 \cdot e^{-\Delta\varepsilon_0/k_B \cdot 1000}$$

Bei $T = 1000\,\text{K}$ ergibt sich daraus für $\Delta\varepsilon_0$:

$$\Delta\varepsilon_0 = 4{,}847 \cdot 10^{-20}\,\text{Joule} \quad \text{bzw.} \quad \Delta\varepsilon_0 \cdot N_L = 29191\,\text{Joule} \cdot \text{mol}^{-1} = 29{,}2\,\text{kJ} \cdot \text{mol}^{-1}$$

Als Test für die Richtigkeit des Ergebnisses lässt sich $N_L \Delta\varepsilon$ auch aus den in Tabelle 2.2 angegebenen molaren Dissoziationsenergien berechnen. Man erhält:

$$N_L \Delta\varepsilon_0 = -N_L \left(D_{e,H_2O} + D_{e,CO} - D_{e,H_2} - D_{e,CO_2}\right)$$
$$= -(970{,}8 + 1085{,}0 - 457{,}6 - 1626{,}0) = 27{,}8\,\text{kJ} \cdot \text{mol}^{-1}$$

in befriedigender Übereinstimmung mit $29{,}2\,\text{kJ} \cdot \text{mol}^{-1}$.

4.6.3 Berechnung von Standardreaktionsentropien $\Delta_R \overline{S}^0$ für $H_2 + I_2 \rightleftharpoons 2HI$

Im Gegensatz zu $\Delta_R G^0$ und $\Delta_R H^0$ kann $\Delta_R S^0$ ohne Kenntnis der Reaktionsenergie $\Delta\varepsilon_0$ mit den Methoden der statistischen Thermodynamik vorausberechnet werden.

Berechnen Sie $\Delta_R \overline{S}^0$ bei 298,15 K und 1 bar für die Reaktion $H_2 + I_2 \rightleftharpoons 2HI$ und verwenden Sie dazu die Daten aus Tabelle 2.2.

Lösung:

Die molaren Entropiewerte $\overline{S}^0$ der 3 Gase ergeben sich aus

$$\overline{S}^0 = \overline{S}^0_{trans} + \overline{S}^0_{rot} + \overline{S}^0_{vib}$$

mit Gl. (2.52), (2.53) und (2.55) ergibt sich nach Einsetzen der Molekülmassen:

$m_{H_2} = 3,32 \cdot 10^{-22}$ kg, $m_{I_2} = 4,215 \cdot 10^{-25}$ kg und $m_{HI} = 2,124 \cdot 10^{-25}$ kg. Die Werte für Θ_{vib} und Θ_{rot} entnimmt man Tabelle 2.2.

Bei $T = 298,15$K und $p = 1$ bar $= 10^5$ Pa folgt dann nach Gl. (2.52), (2.53) und (2.55):

$$\overline{S}^0_{H_2} = 117,48 + 12,95 + 1,59 \cdot 10^{-7} = 130,43 \, J \cdot mol^{-1} \cdot K^{-1}$$

$$\overline{S}^0_{I_2} = 177,84 + 73,53 + 8,375 = 259,75 \, J \cdot mol^{-1} \cdot K^{-1}$$

$$\overline{S}^0_{HI} = 169,38 + 37,19 + 1,73 \cdot 10^{-3} = 206,48 \, J \cdot mol^{-1} \cdot K^{-1}$$

Damit ergibt sich für $\Delta_R \overline{S}^0$:

$$\Delta_R \overline{S}^0 (298) = 2 \cdot \overline{S}^0_{HI} - \overline{S}^0_{H_2} - \overline{S}^0_{I_2} = 2 \cdot 206,48 - 130,38 - 259,75 = 22,83 \, J \cdot mol^{-1} \cdot K^{-1}$$

Experimentelle Werte von $\Delta_R \overline{S}^0$ lassen sich nach Gl. (4.15) aus den Messdaten von $\ln K_p(T)$ aufgetragen in einem $1/T$-Diagramm ermitteln. Es gilt:

$$\frac{\Delta_R \overline{S}(298)}{R} = \ln K_p - \frac{1}{T}\left(\frac{\partial \ln K_p}{\partial 1/T}\right)$$

Der Achsenabschnitt der Tangente bei 298 K ergibt $\Delta_R \overline{S}/R = 2,65$, also $\Delta_R \overline{S}(298) = 22,0$ J $\cdot$ mol$^{-1} \cdot$ K^{-1}.

4.6.4 Chemisches Gleichgewicht als Mittelwert des kanonischen Ensembles

Zeigen Sie für das Beispiel einer chemischen Gleichgewichtsreaktion in einer idealen Gasmischung bestehend aus A und B

$$B \rightleftharpoons A,$$

dass das chemische Gleichgewicht auch durch folgende Mittelwertbildung berechnet werden kann: man betrachtet die Reaktionslaufzahl $\xi = N_A$ als Parameter, der von $N_A = 0$ bis $N_A = N(= N_A + N_B)$ läuft und über den zur Berechnung der Zustandssumme Q des

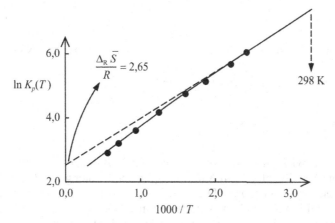

Abb. 4.11: $\ln K_p(T)$ für die Gasreaktion $H_2 + I_2 \rightleftharpoons 2HI$. —•— Experimente, - - - - - Steigung bei 298 K mit Achsenabschnitt $\Delta_R \overline{S}^0/R(298) = 2{,}65$.

Gesamtsystems aufsummiert werden muss. Die Molekülzahlen von A bzw. B im chemischen Gleichgewicht werden als Mittelwerte $\langle N_A \rangle$ bzw. $\langle N_B \rangle$ aus dieser Zustandssumme erhalten.

Lösung:
Im Fall von idealen Gasteilchen kann für die Zustandssumme Q des reaktiven Systems nach dem binomischen Lehrsatz geschrieben werden (s. Gl. (1.15) und (1.16)):

$$Q = \sum_{N_A=0}^{N} \frac{N!}{N_A!(N-N_A!)} q_A^{N_A} \cdot q_B^{N-N_A} = (q_A + q_B)^N$$

wobei q_A und q_B die molekularen Zustandssummen von A bzw. B bedeuten.

Der Mittelwert $\langle N_A \rangle$ wird nach der üblichen Methode bestimmt:

$$\langle N_A \rangle = \sum_{N_A=0}^{N} N_A \cdot \frac{N!}{N_A!(N-N_A)!} q_A^{N_A} \cdot q_B^{N-N_A} \Big/ Q$$

Wir führen die Abkürzung $q_B/q_A = \alpha$ ein und schreiben:

$$\langle N_A \rangle = \frac{\displaystyle\sum_{N_A=0}^{N} N_A \frac{N!}{N_A!(N-N_A)!} \cdot \alpha^{N_A}}{\displaystyle\sum_{N_A=0}^{N} \frac{N!}{N_A!(N-N_A)!} \alpha^{N_A}} = \alpha \cdot \frac{\dfrac{d}{d\alpha}\left(\displaystyle\sum_{N_A=0}^{N} \frac{N!}{N_A!(N-N_A)!} \cdot \alpha^{N_A}\right)}{\displaystyle\sum_{N_A=0}^{N} \frac{N!}{N_A!(N-N_A)!} \cdot \alpha^{N_A}}$$

$$= \alpha \frac{d \ln \sum \cdots}{d\alpha} = \alpha \frac{d[\ln(1+\alpha)^N]}{d\alpha} = \frac{\alpha \cdot N}{1+\alpha}$$

Damit folgt:

$$\langle N_A \rangle + \alpha \langle N_A \rangle = \alpha \cdot N \qquad \text{sowie} \qquad \langle N_A \rangle = \alpha(N - \langle N_A \rangle) = \alpha \cdot \langle N_B \rangle$$

Also ergibt sich mit den Partialdrücken p_A und p_B:

$$\frac{\langle N_A \rangle}{\langle N_B \rangle} = \frac{p_A}{p_B} = \alpha = \frac{q_A}{q_B} = K_p$$

Das ist das Massenwirkungsgesetz, das sich auch nach Gl. (4.9) bzw. (4.10) aus der Gleichheit der chemischen Potentiale von A und B ergibt. Bei der hier gezeigten Ableitung wird diese Gleichheit gar nicht benötigt. Das Beispiel demonstriert die Gültigkeit der Aussage über Mittelwertbildungen am Ende von Abschnitt 2.3. Sie kann nach dem hier gezeigten Beispiel auf chemische Gleichgewichte allgemein erweitert werden.

4.6.5 Verteilung von Deuterium in Chlorwasserstoff + Wasserstoff- Gemischen

a) Berechnen Sie die Gleichgewichtskonstanten K_1 und K_2 für folgende Isotopenaustauschreaktionen bei $T = 300\,\text{K}$

$$H^{35}Cl + D_2 \overset{K_1}{\rightleftharpoons} D^{35}Cl + HD \quad (1)$$

$$H^{35}Cl + HD \overset{K_2}{\rightleftharpoons} D^{35}Cl + H_2 \quad (2)$$

Berechnen Sie zunächst K_1 und machen Sie zur Berechnung von K_2 Gebrauch von dem Ergebnis für die Gleichgewichtskonstante der Gasreaktion $H_2 + D_2 \rightleftharpoons 2HD$ des Beispiels Nr. 1 in Abschnitt 4.3.

b) Eine im chemischen Gleichgewicht befindliche Gas-Mischung von HCl, DCl, H_2, D_2 und HD bei 300 K und 1 bar wird im IR-Spektrometer untersucht, und es wird für das Extinktionsverhältnis der Rotations-Schwingungsbanden $E_{HCl}/E_{DCl} = r = 2{,}5$ gefunden. Dann wird das Gas mit wässriger NaOH-Lösung gewaschen. HCl und DCl werden dabei vollständig gelöst und aus der Gasphase entfernt. Danach wird festgestellt, dass der Druck in demselben Kolbenvolumen auf 0,8025 bar gesunken ist. Geben Sie die Molenbrüche aller 5 Gase der Gleichgewichtsmischung im Kolben an. Wenn die Mischung ursprünglich aus HCl + H_2 + D_2 hergestellt wurde, wie war die Zusammensetzung dieser Startmischung vor der Gleichgewichtseinstellung in Molprozent HCl, H_2 und D_2? Setzen Sie ideales Gasverhalten voraus.

Lösung

a) Wir berechnen zunächst die Gleichgewichtskonstante K_1:

$$K_1 = \frac{x_{DCl} \cdot x_{HD}}{x_{HCl} \cdot x_{D_2}} = \frac{\widetilde{q}_{DCl} \cdot \widetilde{q}_{HD}}{\widetilde{q}_{HCl} \cdot \widetilde{q}_{D_2}} = \left(\frac{m_{DCl} \cdot m_{HD}}{m_{HCl} \cdot m_{D_2}}\right)^{3/2} \cdot \left(\frac{\Theta_{rot,HCl} \cdot \Theta_{rot,D_2} \cdot 2}{\Theta_{rot,DCl} \cdot \Theta_{rot,HD}}\right)$$

$$\cdot \frac{(1 - \exp[-\Theta_{vib,HCl}/T]) \cdot (1 - \exp[-\Theta_{vib,D_2}/T])}{(1 - \exp[-\Theta_{vib,DCl}/T]) \cdot (1 - \exp[-\Theta_{vib,HD}T])}$$

$$\cdot \exp\left[-\left(\Theta_{vib,DCl} + \Theta_{vib,HD} - \Theta_{vib,HCl} - \Theta_{vib,D_2}\right)/2T\right]$$

Mit Hilfe der Daten aus Tabelle 2.2 setzt man ein:
$m_{DCl}/m_{HCl} = 37/36, m_{HD}/m_{D_2} = 3/4, \Theta_{rot,HCl} = 15{,}02\,K, \Theta_{rot,DCl} = 15{,}04\,K, \Theta_{rot,D_2} = 42{,}7\,K, \Theta_{rot,HD} = 64{,}26\,K, \Theta_{vib,HCl} = 4227\,K, \Theta_{vib,DCl} = 4226\,K, \Theta_{vib,D_2} = 4394\,K, \Theta_{vib,HD} = 5382\,K$. Bei $T = 300\,K$ ergibt sich: $K_1 = 0{,}1734$.
Es gilt ferner:

$$K_2 = \frac{x_{DCl} \cdot x_{H_2}}{x_{HCl} \cdot x_{HD}} = \frac{x_{DCl} \cdot x_{HD}}{x_{HCl} \cdot x_{D_2}} \cdot \frac{x_{H_2} \cdot x_{D_2}}{x_{HD}^2} = K_1 \cdot \frac{x_{H_2} \cdot x_{D_2}}{x_{HD}^2}$$

Mit $K_{HD} = \frac{x_{HD}^2}{x_{H_2} \cdot x_{D_2}} = 4 \cdot 1{,}06 \cdot \exp[-77{,}5/300] = 3{,}27$ (s. Tabelle 4.1) folgt dann:
$K_2 = 0{,}1734/3{,}27 = 0{,}05295$.

b) Es gelten folgende Beziehungen und Bilanzen für die Gleichgewichtsmischung:

$$x_{HCl,Gl} = 2{,}5 \cdot x_{DCl} \quad \text{und} \quad x_{HCl,Gl} + x_{DCl,Gl} = 1 - 0{,}8025 = 0{,}1975,$$

ferner gilt wegen $\sum x_i = 1 : x_{HD,Gl} + x_{H_2,Gl} + x_{D_2,Gl} = 0{,}8025$.

Daraus ergibt sich:

$$x_{HCl,Gl} = 0{,}1975/(1 + 1/2{,}5) = 0{,}14107$$
$$x_{DCl,Gl} = 0{,}1975 - 0{,}14107 = 0{,}05643$$

Mit $x_{H_2,Gl} = x_{HD,Gl} \cdot K_2 \cdot 2{,}5 = x_{HD,Gl} = 0{,}132375$ und $x_{D_2,Gl} = x_{HD,Gl}/(K_1 \cdot 2{,}5) = x_{HD,Gl} \cdot 2{,}3068$ ergibt sich ferner für die Gleichgewichtsmischung:

$$x_{HD,Gl} = \frac{0{,}8025}{1 + 0{,}132375 + 2{,}3068} = 0{,}23334$$
$$x_{D_2,Gl} = 0{,}23334 \cdot 2{,}3068 = 0{,}53827$$
$$x_{H_2,Gl} = \frac{x_{HD,Gl}^2}{x_{D_2,Gl} \cdot K_{HD}} = \frac{(0{,}23334)^2}{0{,}53827 \cdot 3{,}27} = 0{,}03093$$

Die Summe dieser 5 Molenbrüche ergibt 1, wie es sein muss. Die Zusammensetzung der Startmischung vor Gleichgewichtseinstellung ergibt sich aus der Bilanz der Atomzahlen H, D und Cl, die konstant bleibt.

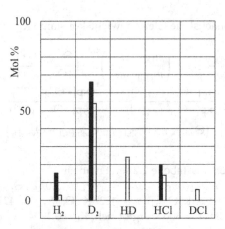

Abb. 4.12: Histogramm der prozentualen Zusammensetzung in Mol% der Reaktanden für die Isotopenaustauschreaktion vor der Reaktion (schwarze Balken) und nach der Reaktion in der Gleichgewichtsmischung (weiße Balken)

Sie lautet mit $x_{HD,Start} = 0$ und $x_{DCl,Start} = 0$:

$$x_{HCl,Start} = \left(\frac{x_{HCl}}{x_{HCl} + x_{H_2} + x_{D_2}} \right)_{Start}$$

$$= \left[\frac{x_{HCl} + x_{DCl}}{x_{HCl} + x_{DCl} + [x_{HCl}/2 + x_{H_2} + x_{HD}/2] + [x_{DCl}/2 + x_{HD}/2 + x_{D_2}]} \right]_{Gl}$$

$$= 0{,}19207$$

$$x_{H_2,Start} = \left[\frac{x_{H_2} + x_{HD}/2}{(x_{HCl} + x_{DCl}) + (x_{H_2} + x_{HD}/2) + (x_{DCl}/2 + x_{HD}/2 + x_{D_2})} \right]_{Gl}$$

$$= 0{,}14354$$

$$x_{D_2,Start} = \left[\frac{x_{D_2} + x_{HD}/2 + x_{DCl}/2}{(x_{HCl} + x_{DCl}) + (x_{H_2} + x_{HD}/2) + (x_{DCl}/2 + x_{HD}/2 + x_{D_2})} \right]_{Gl}$$

$$= 0{,}66438$$

Es gilt auch hier $x_{HCl,Start} + x_{H_2,Start} + x_{D_2,Start} = 1$ Das Ergebnis ist in Abb. 4.12 nochmals graphisch dargestellt.

4.6.6 Der Einfluss der inneren Rotation auf das Gleichgewicht $C_2H_6 \rightleftharpoons C_2H_4 + H_2$.

In Tabelle 4.9 (erste Zeile) sind experimentelle Werte für die Gleichgewichtskonstante K_p^{exp} der Reaktion $C_2H_6 \rightleftharpoons C_2H_4 + H_2$ angegeben:

Tab. 4.9: K_p-Werte des Gleichgewichtes $C_2H_6 \rightleftharpoons C_2H_4 + H_2$

T/K	700	750	800
K_p^{exp}/Pa	$4{,}04 \cdot 10^{-5}$	$5{,}16 \cdot 10^{-4}$	$2{,}44 \cdot 10^{-2}$
K_p^0/Pa	$2{,}4 \cdot 10^{-5}$	$3{,}08 \cdot 10^{-4}$	$1{,}53 \cdot 10^{-2}$
$K_{p,Opt}/Pa$	$4{,}08 \cdot 10^{-5}$	$5{,}04 \cdot 10^{-4}$	$2{,}46 \cdot 10^{-2}$

Nach Gl. (4.10) lautet für diese Reaktion der Ausdruck für K_p

$$K_p = \left(\frac{2\pi k_B T}{h^2}\right)^{3/2} \left(\frac{m_{C_2H_4} \cdot m_{H_2}}{m_{C_2H_6}}\right)^{3/2} \cdot \frac{\Theta_{rot,C_2H_6}}{\Theta_{rot,C_2H_4} \cdot \Theta_{rot,H_2}} \cdot \frac{q_{vib,C_2H_4} \cdot q_{vib,H_2}}{q_{vib,C_2H_6}}$$
$$\cdot \frac{1}{q_{red,C_2H_6}} \cdot e^{-\left(^{el}\varepsilon_{0,C_2H_4} + {}^{el}\varepsilon_{0,H_2} - {}^{el}\varepsilon_{0,C_2H_6}\right)/k_B T}$$

q_{red,C_2H_6} ist die molekulare Zustandssumme der inneren Rotation für C_2H_6. Setzt man für q_{red} die freie Rotation um die C-C-Bindung voraus, erhält man mit $q_{red}^0 = T/\Theta_{red} (\Theta_{red} = \hbar^2/2\,I_{red}k_B)$ die in der zweiten Zeile von Tabelle 4.9 angegebenen Werte K_p^0. Offensichtlich ergibt sich damit keine gute Übereinstimmung mit den experimentellen Daten. Benutzen Sie die in Tabelle 4.10 angegebenen Werte für q_{red}/q_{red}^0, um die Maximalhöhe der potentiellen Energieschwelle A (s. Gl. (4.4)) durch Anpassung von K_p an die Experimente zu bestimmen.

Tab. 4.10: Einfluss der Energieschwelle A auf q_{red}/q_{red}^0

	q_{red}/q_{red}^0		
$A/kJ \cdot mol^{-1}$	700 K	750 K	800 K
0	1	1	1
2,092	1,11	1,10	1,10
4,184	1,21	1,20	1,19
8,368	1,45	1,42	1,41
12,552	1,70	1,64	1,61
20,920	2,18	2,14	2,11

Lösung:

Wir schreiben $K_p = K_p^0 \cdot q_{red}/q_{red}^0$ und wählen diejenige Zeile in Tabelle 4.10 aus, die die beste Übereinstimmung ($K_{p,Opt}$) mit den Werten von K_p^{exp} ergibt. Der günstige Werte ist $A = 12{,}55$ kJ·mol^{-1} (s. auch Abb. 4.6). Das Ergebnis für $K_{p,Opt}$ in Tabelle 4.9 zeigt, dass eine Berücksichtigung der Rotations-Schwellenenergie A notwendig ist, um Übereinstimmung zwischen Experiment und Theorie für K_p zu erreichen.

4.6.7 Thermodynamik der Bildung eines Wasserstoffplasmas

Wir nehmen an, dass sich bei 298 K reiner Wasserstoff (H_2) in einem Volumen von 1 m^3 bei 1 bar = 10^5 Pa befindet. Das entspricht einer H-Atomzahl von 80,72 mol. Wir nennen sie n_A. Jetzt wird bei festem Volumen die Temperatur erhöht bis ca. 30000 K. Wir wollen davon absehen, ob es für ein solches Szenario ein geeignetes Material der Gefäßwände überhaupt gibt, es könnte sich in der tieferen äußeren Schicht eines Sterns abspielen. Dabei entstehen durch Dissoziation H-Atome und auch H^+-Ionen und Elektronen. Wie erhöht sich dabei der Druck des Systems und welche Partialdrücke bzw. Molenbrüche ergeben sich für H_2, H, H^+ und e^- als Funktion von T? Wir haben dazu die idealen Gasgleichgewichte

$$H_2 \rightleftharpoons 2H \quad \text{mit} \quad K_1 = p_H^2/p_{H_2}$$

und

$$H \rightleftharpoons H^+ + e^- \quad \text{mit} \quad K_2 = p_{H^+} \cdot p_{e^-}/p_H \quad \text{(Saha-Gleichung)}$$

zu berücksichtigen. Eine mögliche Reaktion $H_2 \rightleftharpoons H_2^+ + e^-$ spielt praktisch keine Rolle, da H_2^+ sehr instabil ist. Um die 4 unbekannten Partialdrücke p_{H_2}, p_H, p_{H^+} und p_{e^-} zu bestimmen, müssen die Gleichgewichtskonstanten K_1 und K_2 bei allen Temperaturen bekannt sein. Ferner gilt als Nebenbedingung die Konstanz der atomaren Bilanz von Wasserstoff:

$$2n_{H_2} + n_H + n_{H^+} = n_A = \text{const} = 80{,}72 \text{ mol}$$

wobei n_i die Molzahlen bedeuten. Außerdem muss die elektrische Neutralitätsbedingung gelten:

$$n_{H^+} = n_{e^-} \quad \text{bzw.} \quad p_{H^+} = p_{e^-}$$

Damit lässt sich eine Bestimmungsgleichung für p_{H^+} ableiten. Zunächst definieren wir p_0 nach dem idealen Gasgesetz:

$$\boxed{p_0 = 2p_{H_2} + p_H + p_{H^+} = RT \cdot n_A/V = T \cdot 671{,}14 \text{ Pa}}$$

p_0 ist nicht der Gesamtdruck, sondern eine nützliche Rechengröße, die wegen n_P (Protonenzahl) = const und V = const nur von T abhängt. Ferner lässt sich schreiben:

$$p_H = \frac{1}{K_2} \cdot p_{H^+}^2 \quad \text{bzw.} \quad p_0 = 2p_{H_2} + \frac{1}{K_2}p_{H^+}^2 + p_{H^+}$$

Aufgelöst nach p_{H_2} ergibt das:

$$p_{H_2} = \frac{1}{2}\left(p_0 - \frac{1}{K_2}p_{H^+}^2 - p_{H^+}\right)$$

Setzt man p_H und p_{H_2} in $K_1 = p_H^2/p_{H_2}$ ein, erhält man:

$$K_1 \cdot p_0 - \frac{K_1}{K_2} p_{H^+}^2 - K_1 p_{H^+} - 2\left(\frac{1}{K_2}\right)^2 \cdot p_{H^+}^4 = 0$$

Diese Gleichung muss für p_{H^+} numerisch gelöst werden. Dann ergeben sich direkt die restlichen Partialdrücke:

$$p_{e^-} = p_{H^+}, \quad p_H = p_{H^+}^2/K_2, \quad p_{H_2} = p_{H^+}^4 \big/ \left(K_1 \cdot K_2^2\right)$$

Um konkrete Lösungen zu erhalten, müssen K_1 und K_2 als Funktion von T bekannt sein. Nach Gl. (4.10) bzw. (4.12) ergibt sich für K_1:

$$K_1 = k_B T \cdot \left(\frac{m_H^2}{m_{H_2}}\right)^{3/2} \cdot \left(\frac{2\pi k_B T}{h^2}\right)^{3/2} \cdot g_{el,H}^2 \cdot \frac{2\Theta_{rot,H_2}}{T} \cdot \frac{1 - \exp\left[-\frac{\Theta_{vib,H_2}}{T}\right]}{\exp\left[\frac{D_e/k_B - \Theta_{vib}/2}{T}\right]}$$

Mit $m_H = 1{,}673 \cdot 10^{-27}$ kg, $m_{H_2} = 2 \cdot 1{,}673 \cdot 10^{-27}$ kg, $g_{el,H} = 2$, $\Theta_{rot,H_2} = 85{,}35$ K, $\Theta_{vib,H_2} = 6215$ K und $D_e = 457600/N_L = 7{,}5988 \cdot 10^{-19}$ Joule ergibt sich:

$$K_1 = 6{,}33815 \cdot 10^5 \cdot T^{3/2} \cdot \frac{1 - \exp[-6215/T]}{\exp[+51928/T]} \text{ Pa}$$

Für K_2 gilt nach der Saha'schen Formel (s. Gl. (4.16)):

$$K_2 = k_B \left(\frac{2\pi m_e k_B}{h^2}\right)^{3/2} \cdot T^{5/2} \cdot \exp\left[-I_H/k_B T\right]$$

Mit der Masse des Elektrons $m_e = 9{,}1094 \cdot 10^{-31}$ kg und der Ionisierungsenergie des H-Atoms $I_H = 2{,}179 \cdot 10^{-18}$ Joule ergibt sich:

$$K_2 = 0{,}03334 \cdot T^{5/2} \cdot \exp\left[-1{,}5782 \cdot 10^5/T\right]$$

In Abb. 4.13 sind die Molenbrüche x_{H_2}, x_H, $x_{H^+} = x_{e^-}$, in Abb. 4.13 b) der Gesamtdruck $p_{H_2} + p_H + 2p_{H^+} = p_t$ im Bereich von 1000 bis 30000 K dargestellt ($x_i = p_i/p_t$). Man sieht, dass H_2 ab ca. 9000 K verschwunden ist zugunsten von H-Atomen, deren Molenbruch ein Maximum bei ca. 10000 K durchläuft. Erst bei $T > 10000$ K bilden sich H^+ und e^- in gleichen Mengen. Ab 25000 K gilt dann $x_{H^+} = x_{e^-} > x_H$. Der Anteil an Protonen und Elektronen nimmt ab ca. 1500 K deutlich zu und macht bei 30000 K ca. 80 % der Teilchen aus. Bei $T > 3 \cdot 10^4$ K liegt also ein Gasplasma vor.

Anmerkung: eine genauere Berechnung hat noch die Wechselwirkungsenergie zwischen den Ionen durch ein abgeschirmtes Coulomb-Potential zu berücksichtigen (Debye-Hückel-Theorie). Dieser Effekt ist umso geringer, je höher die Temperatur ist. Bei niedrigeren Temperaturen ist die Konzentration der H^+-Ionen und Elektronen wegen der Assoziation $H^+ + e^- \rightarrow H$ so stark erniedrigt ($T < 15000$ K, s. Abb. 4.13), dass auch hier die Ionenwechselwirkung eine geringe Rolle spielt.

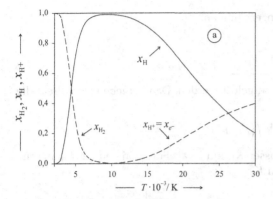
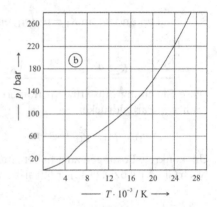

Abb. 4.13: a) Molenbrüche $x_i(i = H_2, H, H^+ = e^-)$, b) Gesamtdruck p_t eines Wasserstoff-Plasmas im Bereich von 300 K bis 30000 K bei konstantem Volumen mit dem Anfangsdruck 2 bar bei 300 K. Bei $T > 30\,000$ K befindet sich das Gas im Plasmazustand.

4.6.8 Molwärme dissoziierender Moleküle am Beispiel von $N_2O_4 \leftrightharpoons 2NO_2$ und $I_2 \leftrightharpoons 2I$

Wir betrachten dissoziierende Gasreaktionen vom Typ:

$$X_2 \leftrightharpoons 2X$$

Beispiele sind $N_2O_4 \leftrightharpoons 2\,NO_2$, $I_2 \leftrightharpoons 2I$ oder $(HCOOH)_2 \leftrightharpoons 2\,HCOOH$. Die Gleichgewichtskonstanten K_p lauten dann:

$$K_p = \frac{p_X^2}{p_{X_2}} \tag{4.29}$$

Wir führen den Dissoziationsgrad α_D ein, der definiert ist als das Verhältnis der Molzahl der Moleküle X_2, die dissoziiert sind, bezogen auf die Gesamtzahl n_0 von X_2 im undissoziierten Zustand:

$$\alpha_D = \frac{n_0 - n_{X_2}}{n_0} = \frac{n_X}{2n_0} \tag{4.30}$$

Nun kann man die Partialdrücke p_X und p_{X_2} ausdrücken durch:

$$p_X = \frac{n_X}{n_X + n_{X_2}} \cdot p \quad \text{und} \quad p_{X_2} = \frac{n_{X_2}}{n_X + n_{X_2}} \cdot p$$

wobei $p = p_X + p_{X_2}$ der Gesamtdruck ist. Es lässt sich also für Gl. (4.29) schreiben mit $n_X = \alpha_D \cdot 2n_0$ und $n_{X_2} = n_0(1 - \alpha_D)$ bzw. $n_X + n_{X_2} = n_0(1 + \alpha_D)$:

$$K_p = \left(\frac{n_X}{n_X + n_{X_2}}\right)^2 \cdot \left(\frac{n_{X_2} + n_X}{n_{X_2}}\right) \cdot p = \frac{4n_0^2\alpha_D^2}{n_0^2(1 + \alpha_D)^2} \cdot \frac{n_0(1 + \alpha_D)}{n_0(1 - \alpha_D)} \cdot p = \frac{4\alpha_D^2}{1 - \alpha_D^2} \cdot p \tag{4.31}$$

Für die Enthalpie bzw. Molwärme $\overline{C}_{p,M}$ des reaktiven Gleichgewichtsgemisches gilt:

$$H_M = n_{X_2} \cdot \overline{H}_{X_2} + n_X \cdot \overline{H}_X = n_0(1 - \alpha_D)\overline{H}_{X_2} + 2n_0\alpha_D \cdot \overline{H}_X + \alpha_D n_0 \Delta_R \overline{H}^0 \tag{4.32}$$

bzw.

$$\frac{1}{n_0}\left(\frac{\partial H_M}{\partial T}\right)_p = \overline{C}_{p,M} = (1 - \alpha_D)\overline{C}_{p,X_2} + 2\alpha_D\overline{C}_{p,X} + \left(\frac{\partial \alpha_D}{\partial T}\right)_p \cdot \Delta_R\overline{H}^0 \tag{4.33}$$

wobei $\Delta_R\overline{H}^0$ die molare Reaktionsenthalpie bedeutet, also $\Delta_R\overline{H}^0 = 2\overline{H}_X^0 - \overline{H}_{X_2}^0$. Nun gilt nach Gl. (4.14):

$$\left(\frac{\partial \ln K_P}{\partial T}\right)_p = \frac{\Delta_R\overline{H}^0}{RT^2}$$

Daraus ergibt sich mit Gl. (4.32):

$$\frac{\Delta_R\overline{H}^0}{RT^2} = \frac{\partial}{\partial T}\ln\left[4\alpha_D^2 \cdot p\big/(1 - \alpha_D^2)\right]_p = \left(\frac{\partial \ln \alpha_D^2}{\partial T}\right)_p - \left(\frac{\partial \ln(1 - \alpha_D^2)}{\partial T}\right)_p$$

$$= \frac{2}{\alpha_D(1 - \alpha_D^2)} \cdot \frac{\partial \alpha_D}{\partial T} \tag{4.34}$$

Eingesetzt in Gl. (4.33) ergibt das:

$$\boxed{\overline{C}_{p,M} = \overline{C}_{p,X_2}(1 - \alpha_D) + \overline{C}_{p,X} \cdot 2\alpha_D + \frac{\alpha_D(1 - \alpha_D^2)}{2} \cdot \frac{\Delta_R\overline{H}^{0^2}}{RT^2}} \tag{4.35}$$

Aus der Messung der Gleichgewichtszusammensetzung $N_2O_4 \leftrightarrows 2NO_2$ als Funktion von T erhält man aus Gl. (4.31) $\alpha_D(T)$ und aus Gl. (4.34) dann $\Delta_R\overline{H}^0$. Direkte Messergebnisse von $\overline{C}_{p,M}$ zeigen Abb. 4.14 und 4.15 . Die Anpassung von Gl. (4.35) mit den beiden Parametern $\overline{C}_{p,X}$ und $\overline{C}_{p,X_2}$ an die Messdaten von $\overline{C}_{p,M}$ ergibt eine sehr gute Beschreibung, insbesondere im Bereich des Kurvenmaximums.

Wir betrachten als weiteres Beispiel die Dissoziationsreaktion

$$I_2 \leftrightarrows 2I \tag{4.36}$$

für die wir statistisch-thermodynamisch $\overline{C}_{p,M}$ vorausberechnen wollen mit Hilfe der Daten in Tab. 2.2. Daraus benötigen wir:

Molekül	m/kg	Θ_{vib}/K	Θ_{rot}/K	$\frac{N_L D_e}{\text{kJ·mol}^{-1}}$	σ	g_e
I	$2{,}107 \cdot 10^{-25}$	-	-	-	-	2
I_2	$4{,}215 \cdot 10^{-25}$	309	0.05385	150.3	2	1

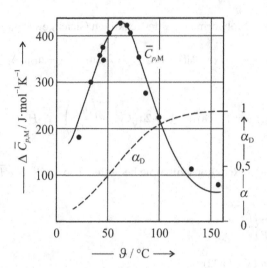

Abb. 4.14: Molwärme $\Delta \overline{C}_{p,M} = \overline{C}_{p,M} - \overline{C}_{p,N_2O_4}(1-\alpha_D) - \overline{C}_{p,NO_2} \cdot 2\alpha_D$ des dissoziierten Gases $N_2O_4 \leftrightharpoons$ $2NO_2$. • direkte Messung von $\overline{C}_{p,M}$, ——— berechnet mit Gl. (4.35) und α_D aus Gl. (4.31). (Experimentelle Daten aus: E. D. McCollum, J. Am. Soc., *49*, 28 (1927)) mit $\Delta_R\overline{H} = 55{,}2\,\mathrm{kJ \cdot mol^{-1} \cdot K^{-1}}$, $\overline{C}_{p,NO_2} = 37{,}2\,\mathrm{J \cdot mol^{-1} \cdot K^{-1}}$ und $\overline{C}_{p,N_2O_4} = 77{,}3\,\mathrm{J \cdot mol^{-1} \cdot K^{-1}}$.

Für die Gleichgewichtskonstante der Reaktion von Gl. (4.36) gilt entsprechend Gl. (3.23):

$$K_p = \frac{p_X^2}{p_{X_2}} = k_B T \cdot \frac{\widetilde{q}_I^2}{\widetilde{q}_{I_2}} \tag{4.37}$$

mit

$$\widetilde{q}_I = \left(\frac{2\pi m_I \cdot k_B T}{h^2}\right)^{3/2}$$

$$\widetilde{q}_{I_2} = \left(\frac{2\pi m_{I_2} \cdot k_B T}{h^2}\right)^{3/2} \cdot \left(\frac{T}{\Theta_{rot,I_2}}\right)\left(1 - \exp\left[-\Theta_{vib,I_2}\big/T\right]\right) \cdot \exp\left[\frac{D_e/k_B - \Theta_{vib,I_2}/2}{T}\right]$$

Einsetzen dieser Ausdrücke in Gl. (4.37) mit den Zahlen aus der Tabelle ergibt für K_p in bar:

$$K_p = 3{,}065 \cdot T^{3/2} \cdot \frac{\exp\left[-17922/T\right]}{1 - \exp\left[-309/T\right]} \cdot p \tag{4.38}$$

Nach Einsetzen von K_p aus Gl. (4.38) in die linke Seite von Gl. (4.31) lassen sich Werte für $\alpha_D(T)$ numerisch bestimmen (s. Abb. 4.14 und 4.15). Die molare Standardreaktionsenthalpie $\Delta_R\overline{H}^0$ berechnen wir aus:

$$\Delta_R\overline{H}^0 = RT^2 \left(\frac{\partial \ln K_p}{\partial T}\right)_p \tag{4.39}$$

und erhalten mit K_p aus Gl. (4.38):

$$\Delta_R \overline{H}^\circ RT^2 \left(\frac{\partial \ln K_p}{\partial T}\right)^2 = \left[\frac{3}{2}\frac{1}{T} + \frac{1}{T^2}\left\{17922 + 309 \cdot \frac{\exp[-309/T]}{1 - \exp[-309/T]}\right\}\right]^2 \qquad (4.40)$$

Gl. (4.40) eingesetzt in Gl. (4.35) ergibt das Ergebnis für $\overline{C}_{p,M}$ als Funktion von α_D bzw. von T mit $\alpha_D(T)$ aus Gl. (4.31). Abb. 4.15 a) zeigt die berechneten Kurven von $\overline{C}_{p,M}$ sowie dem Anteil $\overline{C}_{p,I_2}(1 - \alpha_D) + 2\alpha_D\overline{C}_{p,I}$ und Abb. 4.15 b) $\alpha_D(T)$ als Funktion von T.

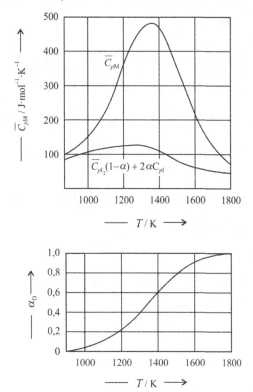

Abb. 4.15: a) Molwärme $\overline{C}_{p,M}$ und b) Dissoziationsgrad α_D der reaktiven Gleichgewichtsmischung $I_2 \leftrightarrows 2I$ berechnet mit Gl. (4.35) und mit K_p aus Gl. (4.38).

Man sieht, dass der durch die Reaktionsenthalpie $\Delta_R\overline{H}^0$ bedingte Anteil von $\overline{C}_{p,M}$ zu dem ausgeprägten Maximum bei ca. 1350 K wesentlich beiträgt. Der Anteil $\overline{C}_{p,I_2}(1-\alpha_D)+2\alpha_D\overline{C}_{p,I}$ zeigt dagegen einen flachen Verlauf. Er trägt im Kurvenmaximum nur ca. 20 % zum Gesamtwert von $\overline{C}_{p,M}$ bei. Wir halten fest: aus Abb. 4.14 und 4.15 ist ersichtlich, dass die Molwärme einer reaktiven Gleichgewichtsmischung im Kurvenmaximum diejenige ohne Berücksichtigung von $\Delta_R\overline{H}$ um das 4-5 fache übertrifft.

4.6.9 Die Gleichgewichtsreaktion $CO_2 \rightleftharpoons \frac{1}{2} O_2 + CO$. Phänomenologische und molekularstatistische Berechnung im Vergleich.

In der phänomenologischen Thermodynamik werden chemische Gleichgewichtskonstanten K_p bzw. freie Reaktionsenthalpien $\Delta_R \overline{G}(T)$, 1 bar aus den sog. freien Standardbildungsenthalpien $\Delta^f \overline{G}$(298 K, 1 bar) berechnet, die aus experimentellen Daten (Kalorimetrie, Dampfdruckdaten u. ä.) ermittelt wurden und für eine große Anzahl von Molekülen tabelliert sind (s. z. B. A. Heintz, Thermodynamik der Mischungen, Springer, 2017). Es gilt:

$$\Delta_R \overline{G}(298) = \sum \nu_i \Delta^f \overline{G}_i(298)$$

mit den stöchiometrischen Koeffizienten ν_i der Reaktionsgleichung. (ν_i ist positiv für Produkte, negativ für die Edukte.) In internationalen Tabellenwerken findet man für O_2, CO und CO_2 (der Standardwert für Elemente (hier O_2) ist gleich Null):

$$\frac{1}{2}\Delta^f \overline{G}_{O_2}(298) = 0 \text{ kJ·mol}^{-1}, \Delta^f \overline{G}_{CO}(298) = -137{,}16 \text{ kJ·mol}^{-1}, \Delta^f \overline{G}_{CO_2}(298) = -394{,}4 \text{ kJ·mol}^{-1}$$

Also ist $\Delta_R \overline{G}(298) = +257{,}24$ kJ · mol^{-1}. Ebenso findet man Standardbildungsenthalpien $\Delta^f \overline{H}(298)$ in tabellierter Form.

Für die Standardreaktionsenthalpien $\Delta_R \overline{H}(298 \text{ K})$ gilt dann entsprechend:

$$\Delta_R \overline{H}(298) = \sum \nu_i \Delta^f \overline{H}_i(298)$$

Mit den Tabellenwerten:

$$\Delta^f \overline{H}_{O_2}(298) = 0 \text{ kJ} \cdot \text{mol}^{-1}, \Delta^f \overline{H}_{CO}(298) = -111{,}53 \text{ kJ} \cdot \text{mol}^{-1} \text{ und}$$
$$\Delta^f \overline{H}_{CO_2}(298) = -393{,}52 \text{ kJ} \cdot \text{mol}^{-1}$$

ergibt sich:

$$\Delta_R \overline{H}(298) = +282{,}99 \text{ kJ} \cdot \text{mol}^{-1}$$

Wir berechnen K_p für $CO_2 \rightleftharpoons \frac{1}{2} O_2 + CO$ bei 1500 K.

Um $\Delta_R \overline{G}$ (1500 K, 1 bar) aus $\Delta_R \overline{G}$ (298, 1 bar) zu berechnen, benötigt man die integrierte Form der Gibbs-Helmholtz-Gleichung. Sie lautet (s. z. B. A. Heintz, Gleichgewichtsthermodynamik, Springer, 2010):

$$\Delta_R \overline{G}(T) = \Delta_R \overline{H}(298) + \int_{298}^{T} \Delta_R \overline{C}_p dT - T \int_{298}^{T} \frac{\Delta_R \overline{C}_p}{T} \, dT$$
$$- \frac{T}{298} \left(\Delta_R \overline{H}(298) - \Delta_R \overline{G}(298) \right)$$

mit $\Delta_R\overline{H}(298) - \Delta_R\overline{G}(298) = 298 \cdot \Delta_R\overline{S}(298)$. $\Delta_R\overline{C}_p$ ist die stöchiometrische Differenz der molaren Wärmekapazitäten:

$$\Delta_R\overline{C}_p = \frac{1}{2}\overline{C}_{p,O_2} + \overline{C}_{p,CO} - \overline{C}_{p,CO_2}$$

$\overline{C}_p$ kann als Funktion der Temperatur ebenfalls in Tabellenwerken nachgeschlagen werden. Folgende Funktion wird dort als Ausgleichskurve durch experimentelle Messdaten angegeben (gültig bis 1500 K):

$$\overline{C}_{p_i} = a_i + b_i \cdot T + c_i \cdot T^2 + d_i \cdot T^3 \text{ in J} \cdot \text{mol}^{-1} \cdot \text{K}^{-1}$$

mit charakteristischen Koeffizienten a_i, b_i, c_i und d_i in Tabelle 4.11.

Tab. 4.11: Koeffizienten für $\overline{C}_p$-Berechnungen

	a_i	$b_i \cdot 10^3$	$c_i \cdot 10^6$	$d_i \cdot 10^9$
O_2	25,723	12,979	- 3,862	-
CO	26,861	6,966	- 0,820	-
CO_2	21,556	63,697	- 40,505	- 9,678

Bei $T = 1500\,\text{K}$ erhält man dann:

$$\Delta_R\overline{G}(1500) = 154{,}8\,\text{kJ} \cdot \text{mol}^{-1}$$

und damit für K_p:

$$K_p = \frac{p_{O_2}^{1/2} \cdot p_{CO}}{p_{CO_2}} = \exp\left[-\frac{154{,}8}{R \cdot 1500} 10^3\right] = 4{,}069 \cdot 10^{-6}\,\text{bar}^{1/2}$$

Umgerechnet mit $\text{bar}^{1/2} = 316{,}23\,\text{Pa}^{1/2}$ ergibt sich:

$$\boxed{K_p = 1{,}29 \cdot 10^{-3}\,\text{Pa}^{1/2}} \quad \text{(aus } \Delta^f\overline{G}^0 - \text{Daten berechnet)}$$

Wir fassen nochmals zusammen: Dieses Ergebnis für K_p wurde aus Daten errechnet, die alle eine experimentelle Grundlage haben. Molekulare Eigenschaften gehen hier nicht ein. Da $\Delta_R\overline{G}$ sich auf 1 bar bezieht, wird das Ergebnis auch für die Partialdrücke in bar erhalten. Wir berechnen jetzt mit den uns bekannten Methoden der statistischen Thermodynamik K_p bei 1500 K aus molekularen Eigenschaften. Dazu benötigen wir die uns bekannte Gl. (4.10) bzw. (4.12) mit den molekularen Daten der Massen, den Werten für Θ_{vib} und Θ_{rot} sowie den elektronischen Dissoziationsenergien D_e aus Tabelle 2.2. Nach Gl. (4.12) ergibt sich für die Reaktion $CO_2 \rightleftharpoons \frac{1}{2} O_2 + CO$:

$$K_p = (k_B T)^{1/2} \cdot \left(\frac{2\pi k_B T}{h^2}\right)^{3/4} \cdot \left(\frac{m_{O_2}^{1/2} \cdot m_{CO}}{m_{CO_2}}\right)^{3/2} \cdot \left(\frac{1}{2}\frac{T}{\Theta_{rot,O_2}}\right)^{1/2}$$

$$\cdot \left(\frac{T}{\Theta_{rot,CO}}\right) \cdot \left(\frac{1}{2}\frac{T}{\Theta_{rot,CO_2}}\right)^{-1} \cdot \left(\frac{\exp\left[-\Theta_{vib,O_2}/2T\right]}{1 - \exp\left[-\Theta_{vib,O_2}/T\right]}\right)^{1/2}$$

$$\cdot \frac{\exp\left[-\Theta_{vib,CO}/2T\right]}{1 - \exp\left[-\Theta_{vib,CO}/T\right]} \cdot \prod_{i=1}^{4}\left[\frac{\exp\left[-\Theta_{vib,CO_2}/2T\right]}{1 - \exp\left[-\Theta_{vib,CO_2}/T\right]}\right]^{-1}$$

$$\cdot \sqrt{g_{e,O_2}} \cdot \exp\left[\left(\frac{1}{2}D_{e,O_2} + D_{e,CO} - D_{e,CO_2}\right) \cdot 10^3/RT\right]$$

Einsetzen aller Daten aus Tabelle 2.2 sowie $g_{e,O_2} = 3$ ergibt für $T = 1500$ K:

$$\boxed{K_p = 1{,}74 \cdot 10^{-3} \text{ Pa}^{1/2}} \quad \text{(statistisch-thermodynamische Berechnung)}$$

Die Übereinstimmung mit dem aus $\Delta^f \bar{G}^0$ berechneten Wert für K_p ist durchaus befriedigend, wenn man bedenkt, dass bei höheren Temperaturen Anharmonizitäten und Rotation-Schwingungskopplung, die wir nicht berücksichtigt haben, eine wachsende Rolle spielen (s. Abschnitt 2.8).

4.6.10 Regenerative Produktion von Wasserstoff durch Wasserelektrolyse

Die Bereitstellung von Energieträgern aus wirklich CO_2-freien und resourcenschonenden Quellen wird langfristig durch die Produktion von Wasserstoff H_2 aus Wasser mittels Solar- und/oder Windenergie erfolgen. Diesen Prozess nennt man *Wasserelektrolyse*. Um das Wasser zu zersetzen nach der Reaktion

$$H_2O \rightarrow H_2 + \frac{1}{2}O_2$$

muss Arbeit von außen geleistet werden in Form von elektrischer Energie, die aus einer Photovoltaikanlage oder einem Windrad stammt. Abb. 4.16 zeigt das Prinzip der Elektrolyse.

In ein Gefäß, das mit verdünnter Schwefelsäure gefüllt ist, tauchen in die linke bzw. rechte Hälfte zwei Platinelektroden, an die von außen eine genügend hohe elektrische Spannung V angelegt ist, so dass ein elektrischer Strom durch das Gefäß mit der schwefelsauren Lösung fließt, in der sich als Ladungsträger die H^+-Ionen und die SO_4^{2-}-Ionen befinden. In den Elektroden und ihren Zuleitungen findet der Stromtransport durch Elektronen (e^-) statt. Die linke Elektrode heißt *Kathode*, dort findet an der Oberfläche der Übergang des

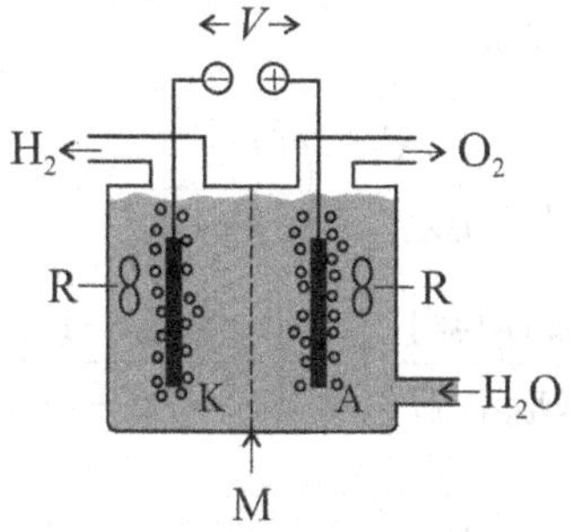

Kathodenprozess (K):
$$2H^+ + 2e^- \rightarrow H_2$$

Anodenprozess (A):
$$SO_4^{2-} + H_2O \rightarrow H_2SO_4 + \tfrac{1}{2}O_2 + 2e^-$$
$$H_2SO_4 \rightarrow 2H^+ + SO_4^{2-}$$

Kathoden- + Anodenprozess: $\boxed{H_2O \rightarrow H_2 + \tfrac{1}{2}\,O_2}$

Abb. 4.16: Wasserelektrolyse in verdünnter Schwefelsäure-Lösung (schematisch) K = Kathode (Platin), A = Anode (Platin), M = Kationentauschermembran selektiv für den Durchlass von H^+-Ionen, R = Rührer, V = angelegte elektrische Spannung.

elektrischen Stromflusses durch den Kathodenprozess statt, an der rechten Elektrode, der *Anode*, durch den entsprechenden Anodenprozess (s. Abb. 4.16). Innerhalb der Lösung wird der Strom durch die H^+-Ionen von rechts nach links transportiert. Zur Verhinderung einer Durchmischung des Kathodenraumes mit dem Anodenraum sind die beiden Bereiche durch eine Kationentauschermembran getrennt, die nur H^+-Ionen bzw. H_3O^+-Ionen von rechts nach links hindurch lässt. An der Kathode entsteht H_2 als Gas (durch Blasenbildung angedeutet), an der Anode entsprechend O_2 als Gas. Beide Gase werden, wie gezeigt, getrennt abgeführt und zur weiteren Verwendung entweder gespeichert, oder direkt in einer Brennstoffzelle (Umkehrung der Elektrolyse) zur Energieerzeugung wieder zu H_2O umgesetzt. Dem Elektrolysegefäß muss in dem Maße wie H_2 und O_2 entweichen, kontinuierlich Wasser (in Abb. 4.16 unten rechts) zugeführt werden, so dass das ganze System stationär arbeitet, d. h., die Menge an Lösung und die Konzentration von H_2SO_4 bleiben zeitlich unverändert. Das Ergebnis der Elektrolyse ist also die kontinuierlich ablaufende Reaktion

$$H_2O \rightarrow H_2 + \frac{1}{2}O_2$$

Die Schwefelsäure spielt bei dem Prozess die Rolle eines Katalysators. Damit die Reaktion überhaupt abläuft, muss die elektrische Spannung V einen Minimalwert V_0 besitzen. Bei $V = V_0$ herrscht elektrochemisches Gleichgewicht, bei $V > V_0$ fließt elektrischer Strom und es werden H_2 und O_2 produziert. Wir berechnen zunächst den Wert von K_p für die Wasserdampfzersetzungsreaktion

$$H_2O \rightarrow H_2 + \frac{1}{2}O_2$$

in der Gasphase nach Gl. (4.13) mit K_C nach Gl. (4.10):

$$K_p = (k_B T)^{1/2} \cdot \left(\frac{2\pi k_B T}{h^2}\right)^{3/4} \cdot \left(\frac{m_{O_2}^{1/2} \cdot m_{H_2}}{m_{H_2O}}\right)^{3/2} \cdot \left(\frac{1}{2}\frac{T}{\Theta_{rot,O_2}}\right)^{1/2} \cdot \left(\frac{1}{2}\frac{T}{\Theta_{rot,H_2}}\right)\frac{2}{\pi^{1/2}}$$

$$\left(\frac{T^3}{\Theta_{rot,A} \cdot \Theta_{rot,B} \cdot \Theta_{rot,C}}\right)_{H_2O}^{-1/2} \cdot \left(\frac{\exp\left[-\Theta_{vib,O_2}/2T\right]}{1 - \exp\left[-\Theta_{vib,O_2}/T\right]}\right)^{1/2} \cdot \left(\frac{\exp\left[-\Theta_{vib,H_2}/2T\right]}{1 - \exp\left[-\Theta_{vib,H_2}/T\right]}\right)$$

$$\cdot \prod_{i=1}^{3} \cdot \left(\frac{\exp\left[-\Theta_{vib,i}/2T\right]}{1 - \exp\left[-\Theta_{vib,i}/T\right]}\right)_{H_2O}^{-1} \cdot \sqrt{g_{2,O_2}} \cdot \exp\left[\left(\frac{1}{2}D_{e,O_2} + D_{e,H_2} - D_{e,H_2O}\right) \cdot \frac{10^3}{RT}\right]$$

Alle Parameter Θ_{rot} und Θ_{vib} werden Tabelle 2.2 entnommen, es ist $g_{e,O_2} = 3$, die Massen m_i sind in kg pro Molekül einzusetzen. Man erhält bei $T = 298$ K:

$$K_p = 1{,}405 \cdot 10^{-38} \, \text{Pa}^{1/2} \quad \text{bzw.:} \quad -R \cdot 298 \cdot \ln K_p = \Delta_R \bar{G}^0 (298{,}1 \, \text{Pa}) = 216{,}0 \, \text{kJ} \cdot \text{mol}^{-1}$$

In der Einheit bar$^{1/2}$ gilt:

$$K_p = 4{,}44 \cdot 10^{-41} \, \text{bar}^{1/2} \quad \text{bzw.:} \quad -R \cdot 298 \cdot \ln K_p = \Delta_R \bar{G}^0 (298{,}1 \, \text{bar}) = 230{,}2 \, \text{kJ} \cdot \text{mol}^{-1}$$

Aus thermodynamischen Tabellenwerten ergibt sich:

$$\Delta_R \bar{G}^0 (298{,}1 \, \text{bar}) = 228{,}6 \, \text{kJ} \cdot \text{mol}^{-1}$$

in akzeptabler Übereinstimmung mit dem molekularstatistisch berechneten Wert von $230{,}2 \, \text{kJ} \cdot \text{mol}^{-1}$. Im elektrochemischen Gleichgewicht der Elektrolysezelle gilt bei 1 bar (s. Gl. (11.385) in Anhang 11.17):

$$\Delta_R \bar{G}^0 = 2 \cdot F \cdot \Delta\Phi^0$$

F ist hier die Faraday-Konstante (s. Anhang 11.25), der Faktor 2 ist die Zahl der übertragenen Elementarladungen pro Formelumsatz. Für die Gleichgewichtsspannung $\Delta\Phi^0$ der Elektrolysezelle ergibt sich dann:

$$\Delta\Phi^0 = \frac{230{,}2 \cdot 10^3}{96485 \cdot 2} = 1{,}193 \, \text{Volt}$$

Da jedoch der Elektrolysezelle flüssiges Wasser und kein Wasserdampf bei 1 bar zugeführt wird, gilt in diesem Fall $\Delta_R \bar{G}^0 = 237{,}2 \, \text{kJ} \cdot \text{mol}^{-1}$ und man erhält für V_0

$$\Delta\Phi^0 = \frac{237{,}2 \cdot 10^3}{96485 \cdot 2} = 1{,}230 \, \text{Volt}$$

Bei $\Delta\Phi > \Delta\Phi^0$ produziert die Elektrolysezelle H_2 und O_2.

4.6.11 „Power to Gas"-Systeme

Wachsende Bedeutung für die Energiewirtschaft der Zukunft könnte den sog. „Power to Gas"-Systemen zukommen. Solar oder durch Windkraft hergestellter H_2 kann mit CO_2 mittels eines geeigneten Katalysators zu Kohlenwasserstoffen umgesetzt werden. Ein Beispiel ist die Produktion von Methan:

$$4H_2 + CO_2 \rightleftharpoons CH_4 + 2H_2O \tag{4.41}$$

Methan kann dann zum Betrieb von Verbrennungsmotoren in Autos, Schiffen und Gaskraftwerken eingesetzt werden. Wichtig: diese Verbrennungsprozesse sind CO_2-neutral, da das Methan aus der Umsetzung von H_2 mit CO_2 stammt, das als Abgas bei der Methanverbrennung entsteht oder aus der Luft stammt. Die CO_2-freie Gesamtbilanz lautet:

$$4H_2 + CO_2 \rightleftharpoons CH_4 + 2H_2O$$
$$CH_4 + 2O_2 \rightleftharpoons 2H_2O + CO_2$$

$$4H_2 + 2O_2 \rightleftharpoons 4H_2O$$

Mit den molekularen Daten von H_2, CO_2, CH_4 und H_2O aus Tabelle 2.2 lässt sich die Gleichgewichtskonstante K_p für die Methanbildungsreaktion berechnen. Mit $\Delta_R \overline{G}^\circ$ (298 K) $= -113{,}6\,kJ \cdot mol^{-1}$ erhält man für $T = 298\,K$:

$$K_p = \frac{p_{CH_4} \cdot p_{H_2O}^2}{p_{H_2}^4 \cdot p_{CO_2}} = \exp\left[+\frac{113{,}6 \cdot 10^3\,J \cdot mol^{-1}}{R \cdot 298\,K} \right] = 8{,}19 \cdot 10^{19}\,bar^{-2} = 8{,}19 \cdot 10^9\,Pa^{-2}$$

mit der Standardreaktionsenthalpie $\Delta_R H^\circ$(298 K) nach Gl. (4.14)

$$\Delta_R \overline{H}^\circ (298\,K) = R \cdot (298)^2 \cdot \left(\frac{\partial \ln K_p}{\partial T} \right)_p = -164{,}9\,kJ \cdot mol^{-1}$$

Die Methanbildungsreaktion liegt bei 298 K also ganz auf der Produktseite. Die Reaktion ist exotherm. Die erzeugte Wärme könnte als Heizungswärme für Gebäude Verwendung finden. Das Problem einer praktischen Anwendung liegt bei der Entwicklung geeigneter, möglichst selektiver Katalysatoren im Raumtemperaturbereich, um eine ausreichende Reaktionsgeschwindigkeit zu erreichen.

Die Umkehrung der Reaktion (Gl. (4.41)) ist der sog. Dampf-Reforming-Prozess zur Herstellung von H_2 aus Erdgas, der allerdings wegen der Endothermie nur bei hohen Temperaturen durch heterogene Katalyse durchgeführt werden kann. Es ist auch möglich den „grünen Wasserstoff" mit CO_2 zu Methanol umzusetzen:

$$3H_2 + CO_2 \rightarrow CH_3OH + H_2O$$

Das wäre ein „Power to liquid"-Prozess, Methanol ist ein effektiver flüssiger Treibstoff, die Kompression eines Gases wie CH_4 auf flüssigähnliche Dichten entfällt in diesem Fall.

4.6.12 Das nukleare Reaktionsgleichgewicht ^{8}Be $\rightleftharpoons$ 2 ^{4}He und die stellare Fusion von ^{4}He zu ^{12}C

Im Vergleich zu chemischen Reaktionen haben die meisten *nuklearen* Reaktionen sehr hohe Reaktionsenergien im MeV-Bereich bezogen auf den nuklearen Umsatz pro Teilchen. Sie laufen daher auch bei hohem Temperaturen vollständig (exotherm) oder gar nicht ab (endotherm), auch wenn es keine reaktionskinetischen Hemmnisse gibt. Nur wenn die Reaktionsenergie ΔE in der Größenordnung von $k_B T$ liegt, liegen im Gleichgewicht vergleichbare Mengen von Edukt- und Produktkernen vor. Ein Beispiel dafür ist die Reaktion

$$2\,^4\text{He} \rightleftharpoons \,^8\text{Be}$$

Sie spielt im sog. „Triple-α-Prozess" beim Umsatz von ^{4}He zu ^{12}C im Zentrum der „roten Riesen" eine entscheidende Rolle (s. Abb. 7.12 a). Dieser Prozess des „Heliumbrennens" läuft nach folgendem Mechanismus ab:

$$
\begin{array}{lll}
1) & 2\,^4\text{He} \rightleftharpoons \,^8\text{Be} & \Delta E_1 = 92\ \text{keV} \\[4pt]
2) & ^4\text{He} + \,^8\text{Be} \rightleftharpoons \,^{12}\text{C}^* & \Delta E_2 = 283\ \text{keV} \\[4pt]
3) & ^{12}\text{C}^* \rightarrow \,^{12}\text{C} + \gamma & \Delta E_3 = -7654\ \text{keV}
\end{array}
$$

Das Gleichgewicht von Reaktion 1) liegt unter den äußeren Bedingungen im Zentrum eines roten Riesen weit auf der linken Seite. Die hochverdünnten ^{8}Be-Kerne reagieren jedoch mit ^{4}He zu einem hochangeregten Kohlenstoffkern ^{12}C*, der dann rasch unter Ausstrahlung von γ-Photonen in den Grundzustand ^{12}C übergeht. Die Summe der Reaktionen 1) bis 3) lautet also:

$$3\,^4\text{He} \rightarrow \,^{12}\text{C} \qquad \Delta E = \Delta E_1 + \Delta E_2 + \Delta E_3 = -7279\ \text{keV}$$

Die ^{8}Be-Atomkerne wirken also als Katalysatoren und werden nicht verbraucht, so dass im Lauf der Zeit steigende Mengen an ^{12}C erzeugt werden.

a) Berechnen Sie die Reaktionsenergie ΔE alternativ aus den folgenden Angaben der Bindungsenergie pro Nukleon E_B/A. Für ^{12}C beträgt dieser Wert 7,6801 MeV und für ^{4}He 7,0739 MeV. Überprüfen Sie, ob der oben angegebene Wert von -7279 keV erhalten wird.

b) Berechnen Sie die Gleichgewichtskonstante K_p für die Reaktion 2 ^{4}He $\rightleftharpoons$ ^{8}Be über die kanonischen Zustandssummen nach der für chemische Reaktionen entwickelten Methode.

c) Der Fusionsprozess 3^4He $\rightarrow^{12}$ C läuft im Sternenzentrum bei $T = 1{,}74 \cdot 10^8$ K und $3{,}6 \cdot 10^{14}$ bar ab (Details dazu: s. Abschnitt 7). Wie groß ist der Molenbruch von ^{8}Be unter diesen Bedingungen?

Lösung:

a) ^{4}He hat 4 Nukleonen, beim Kohlenstoff ^{12}C sind es 12. Das ergibt für ΔE:

$$\Delta E = 3 \cdot 4 \cdot 7{,}0739 - 12 \cdot 7{,}6801 = -7275 \text{ keV} = -1{,}1656 \cdot 10^{-12} \text{ J}$$

Die Abweichung zu -7279 keV beträgt 0,55 Promille.

b) Es sind bei Atomkernen nur Translationszustandssummen zu berücksichtigen. Mit K_C nach Gl. (4.10) erhält man mit $92 \text{ keV} = \Delta E_1 = 1{,}474 \cdot 10^{-14}$ J:

$$K_C = \frac{C_{^8\text{Be}}}{C_{^4\text{He}}^2} = \frac{2s_{^8\text{Be}} + 1}{2s_{^4\text{He}} + 1} \cdot \left(\frac{2\pi k_\text{B} T}{h^2}\right)^{-3/2} \left(\frac{m_{^4\text{He}}^2}{m_{^8\text{Be}}}\right)^{-3/2} \cdot \exp\left[-\frac{1{,}474 \cdot 10^{-14}}{k_\text{B} T}\right]$$

$s_{^4\text{He}}$ und $s_{^8\text{Be}}$ sind die Kernspinzahlen von ^{4}He und ^{8}Be, $2s_i + 1$ die Entartungen. Mit Gl. (4.13) ergibt sich für K_p in der Einheit Pa^{-1}:

$$p^{-1} \cdot \frac{x_{^8\text{Be}}}{x_{^4\text{He}}^2} = K_p = k_\text{B}^{-1} \cdot K_C = \left[\frac{2\pi k_\text{B}}{h^2} \cdot \frac{m_{^4\text{He}}^2}{m_{^8\text{Be}}}\right]^{-3/2} \cdot T^{-5/2} \cdot \exp\left[+\frac{1{,}0676 \cdot 10^9}{T}\right]$$

c) Wir setzen in den Ausdruck für K_p den angegebenen Wert $T = 1{,}74 \cdot 10^8$ K ein und für $p = 3{,}6 \cdot 10^{19}$ Pa ein und erhalten:

$$\frac{x_\text{Be}}{x_\text{He}^2} = 2{,}66 \cdot 10^{-8} \simeq x_\text{Be} \qquad (x_\text{He} \approx 1) \tag{4.42}$$

Der stationäre Molenbruch x_Be ist also sehr gering. Ein großer Teil der Sterne produziert mit ^{8}Be als Katalysator auf diese Weise ^{12}C und wiederum ein merklicher Teil davon endet später in einer Supernovaexplosion, deren Material weiträumig als Gas oder Staub im Raum verteilt wird und somit erneut zur Bildung neuer Sterne und deren Planeten zur Verfügung steht. Wir können also den Prozess des „Heliumbrennens" als ursprüngliche Quelle für das Element Kohlenstoff ansehen, das unabdingbar ist für die Entwicklung von Leben auf der Erde und möglicherweise auch anderswo im Weltraum.

5 Das Nernst'sche Wärmetheorem

Im Jahr 1906 stellte Walter Nernst aufgrund von experimentellen Befunden die Hypothese auf, dass alle Materie am absoluten Nullpunkt $T = 0$ dieselbe konstante Entropie, also $S(T = 0) = $ const besitzt. Häufig wird dieses Theorem auch als 3. Hauptsatz der Thermodynamik bezeichnet, obwohl es sich nicht wie beim 1. und 2. Hauptsatz um ein echtes Axiom handelt, denn das Wärmetheorem kann auf das Axiom zurückgeführt werden, dass ein quantenmechanisches Vielteilchensystem im Grundzustand nicht entartet ist. In diesem Fall gilt $S(T = 0) = 0$, wie in Abschnitt 5.2 gezeigt wird. Scheinbare Ausnahmen, wo durch Messung $S(T = 0) > 0$ erhalten wird, sind auf kinetisch bedingte Nichtgleichgewichtseinstellungen zurückzuführen und können statistisch interpretiert werden (Abschnitt 5.3).

5.1 Spektroskopische und kalorimetrische Entropie

Am Ende von Abschnitt 2.5.6 hatten wir bereits die molare Entropie von N_2 als ideales Gas bei 298 K und 1 bar berechnet:

$$\bar{S}_{N_2} = \bar{S}_{N_2,\text{trans}} + \bar{S}_{N_2,\text{rot}} + \bar{S}_{N_2,\text{vib}} = 150{,}35 + 41{,}17 + 0{,}001 = 191{,}52\,\text{J} \cdot \text{K}^{-1} \cdot \text{mol}^{-1}$$

Das ist ein Absolutwert, dessen Berechnung nur molekulare Daten (Masse, Trägheitsmoment, Schwingungsfrequenzen) des *idealen molekularen* Gases erfordert. Da diese Daten häufig mit spektroskopischen Methoden ermittelt werden, heißt die so bestimmte Entropie auch die *„spektroskopische" Entropie* ($S_{\text{spekt.}}$).

Es gibt aber noch einen ganz anderen Weg, die molare Entropie eines idealen Gases zu bestimmen. Das geschieht experimentell über die kalorimetrische Messung der Molwärme $\bar{C}_p$ eines Stoffes als Funktion der Temperatur im festen, flüssigen und gasförmigen Zustand. Wegen $d\bar{S} = \bar{C}_p \frac{dT}{T}$ (s. Gl. (11.358) in Anhang 11.17) gilt:

$$\bar{S}_{(T,p)} = \int\limits_{T=0}^{T_{\text{sl}}} \frac{\bar{C}_p^{\text{Fest}}(T)}{T}\, dT + \frac{\Delta \bar{H}_{\text{sl}}}{T_{\text{sl}}} + \int\limits_{T_{\text{sl}}}^{T_{\text{lg}}} \frac{\bar{C}_p^{\text{Flüss}}(T)}{T}\, dT$$

$$+ \frac{\overline{\Delta H}_V}{T_{\text{lg}}} + \int\limits_{T_{\text{lg}}}^{T} \frac{\bar{C}_p^{\text{gas}}(T)}{T}\, dT + \text{Korrekturterme} \tag{5.1}$$

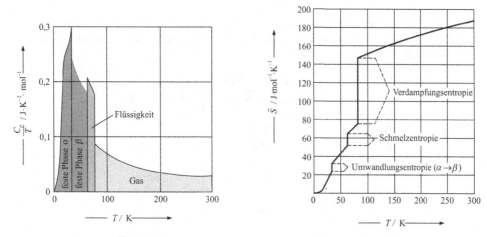

Abb. 5.1: Molwärme $\overline{C}_p$ und molare kalorimetrische Entropie $\overline{S}_{kalo}$ für Stickstoff N_2 als Funktion von T.

Dabei bedeuten:

$\overline{C}_p^{gas}(T)$: die gemessene Molwärme des gasförmigen Zustands als Funktion von T, bei $p =$ const, $\overline{C}_p^{Fest}(T)$: die gemessene Molwärme des festen Zustands als Funktion von T, bei $p =$ const, $\overline{C}_p^{Flüss}(T)$: die gemessene Molwärme des flüssigen Zustands als Funktion von T bei $p =$ const, T_0: die tiefste Messtemperatur bzw. $T_0 = 0$ K (durch Extrapolation erreichbar), T_{sl}: die Schmelztemperatur (solid - liquid), T_{lg}: die Siedetemperatur (liquid - gas), $\Delta \overline{H}_{sl} = \overline{H}_l - \overline{H}_s$: die Schmelzenthalpie (liquid - solid), $\overline{\Delta H}_V = \overline{H}_g - \overline{H}_l$: die Verdampfungsenthalpie (gas - liquid).

Experimentelle Daten der Schmelz- und Verdampfungsenthalpien können in der Regel genau gemessen werden, ebenso Daten von $\overline{C}_p$ in den 3 Aggregatzuständen. Die erwähnte Extrapolation für $T \rightarrow 0$ kann mit Hilfe des sog. „Debye'schen-T^3-Gesetzes" (s. Abschnitt 10.3) mit hoher Zuverlässigkeit durchgeführt werden. Es gibt auch Fälle, wie z. B. bei N_2, wo im festen Zustand zusätzlich Phasenumwandlungen fest-fest vorkommen. Diese müssen im Bedarfsfall durch einen zusätzlichen additiven Term $\Delta \overline{H}_{\alpha\beta}/T_{\alpha\beta}$ mit $\Delta \overline{H}_{\alpha\beta} = \overline{H}_\beta - \overline{H}_\alpha$ bei $T = T_{\alpha\beta}$ berücksichtigt werden. Die Entropiewerte in der Gasphase gelten bei $p = 1$bar und sind durch Korrekturterme in Gl. (5.1) für ideales Gasverhalten berechnet (s. Exkurs 5.6.7).

Die so bestimmte Entropie heißt die *„kalorimetrische Entropie"*. Die Summe aller dieser Beträge ergibt im Fall von N_2:

$$\overline{S}_{N_2,kalo} = 192{,}15 \,\text{J} \cdot \text{mol}^{-1} \cdot \text{K}^{-1}$$

Die Übereinstimmung zwischen $\overline{S}_{spekt}$ und $\overline{S}_{kalo}$ ist also ausgezeichnet.

Abb. 5.1 zeigt den Verlauf der gemessenen Molwärme von N_2 und der daraus mit Hilfe von Gl. (5.1) ermittelten kalorimetrischen Entropie als Funktion der Temperatur.

Tab. 5.1: Absolute molare Entropien bei 298 K und 1 bar (Auswahl). Alle Angaben beziehen sich auf die ideale Gasphase, d.h., die Werte für $\overline{S}_{\mathrm{kalo}}$ wurden auf den (hypothetischen) idealen Gaszustand bei 1 bar umgerechnet (s. Exkurs 5.6.6 und 5.6.7).

Substanz	„Spektroskopische" Entropie $\overline{S}_{\mathrm{spekt}}$ ($\mathrm{J \cdot K^{-1} \cdot mol^{-1}}$)	„Kalorimetrische" Entropie $\overline{S}_{\mathrm{kalo}}$ ($\mathrm{J \cdot K^{-1} \cdot mol^{-1}}$)
Ne	146,22	146,00
Ar	154,74	155,18
N_2	191,50	192,05
O_2	205,1	205,4
F_2	202,7	202,8
Cl_2	222,95	223,10
HCl	186,68	186,07
HBr	198,48	199,00
HJ	206,47	207,1
HCN	253,2	253,6
NH_3	192,34	192,09
H_2S	205,7	205,4
CO_2	213,64	214,00
CH_3Cl	234,22	234,05
CH_3Br	243,00	242,00
CH_3NO_2	275,01	275,01
C_2H_4	219,30	219,58
Cyclopropan	227,02	226,65
Benzol	269,28	269,70
Toluol	320,83	321,21
CH_4	186,30	186,36
C_2H_2	200,90	200,80
C_2H_6	229,60	229,50
NO_2	240,10	240,20
Na	153,8	155,1
Zn	161,1	160,7
Hg	175,0	175,7
Pb	175,3	174,9

Ähnlich gute Ergebnisse erhält man auch für die meisten anderen Stoffe. Bei Stoffen, die bei 298 K im Gleichgewicht mit ihrer flüssigen oder festen Phase einem Sättigungsdampfdruck $p_{\mathrm{sat}} < 1$ bar haben, wird mit Hilfe von Gl. (2.52) auf den hypothetischen Druck $p = 1$ bar umgerechnet (s. Exkurs 5.6.7). Eine Auswahl von Systemen ist in Tabelle 5.1 dargestellt. Alle Werte gelten für $p = 1$ bar.

Daraus kann man folgendes schließen. Wenn die Unabhängigkeit des Weges bei der Berechnung der Entropie als Zustandsgröße über die „spektroskopische" Entropie und die „kalorimetrische" Entropie zu denselben Ergebnissen führt, ist das ein Hinweis darauf,

1. dass die Methode der statistischen Thermodynamik korrekt ist,

2. dass die Integrationskonstante bei der Ermittlung der „kalorimetrischen Entropie" gleich 0 ist, dass also der dritte Hauptsatz der Thermodynamik gilt, der besagt:

$$\boxed{\lim_{T \to 0} S_{(T)} = 0} \tag{5.2}$$

Alle Materie hat also im kondensierten Zustand des thermodynamischen Gleichgewichtes bei $T = 0$ denselben konstanten Wert für die Entropie, den man gleich Null setzen kann (Max Planck, 1909). Im nächsten Abschnitt wird eine Begründung der Planck'schen Formulierung gegeben.

5.2 Statistische Interpretation des Wärmetheorems

Zur Begründung von Gl. (5.2) gehen wir von der Zustandssumme Q eines makroskopischen Systems aus, wobei wir einen reinen Stoff betrachten:

$$Q = g_0 e^{-E_0/k_B T} + g_1 e^{-E_1/k_B T} + g_2 e^{-E_2/k_B T} + \cdots$$

Das kann man schreiben als:

$$Q = Q_0 \cdot e^{-E_0/k_B T} \quad \text{mit} \quad Q_0 = g_0 + g_1 e^{-(E_1-E_0)/k_B T} + g_2 e^{-(E_2-E_0)/k_B T} + \cdots$$

Daraus folgt:

$$\boxed{\lim_{T \to 0} (\ln Q_0) = \ln g_0} \tag{5.3}$$

Wir differenzieren jetzt $\ln Q_0$ zunächst nach T und bilden dann den Grenzwert für $T \to 0$:

$$\lim_{T \to 0} \left(\frac{\partial \ln Q_0}{\partial T} \right)_{V,N} = \frac{\lim\limits_{T \to 0} \left[g_1 (E_1 - E_0) \dfrac{1}{k_B T^2} \exp[-(E_1 - E_0)/k_B T] + \cdots \right]}{\lim_{T \to 0} [g_0 + g_1 \exp[-(E_1 - E_0)/k_B T] + \cdots]}$$

Der Grenzwert des Nenners ergibt nach Gl. (5.3) den Wert g_0.

Eine Grenzwertbetrachtung des Zählers mit

$$a_i = \frac{(E_i - E_0)}{k_B} \quad \text{und} \quad b_i = g_i \cdot \frac{(E_i - E_0)}{k_B} \qquad (i = 1, 2, \dots \infty)$$

und Definition der Variablen $t = 1/T$ führt für jeden Summanden (Index i) des Zählers zu:

$$\lim_{T \to 0} \left[\frac{b_i \cdot e^{-a_i/T}}{T^2} \right] = \lim_{t \to \infty} \left[\frac{b_i \cdot e^{-a_i t}}{1/t^2} \right] = \lim_{t \to \infty} \left[\frac{b_i \cdot t^2}{e^{a_i t}} \right]$$

Die Berechnung des Grenzwertes erfolgt durch zweifache Anwendung der Bernoulli-L'Hospital'schen Regel (s. Anhang 11.18, Gl. (11.410)):

$$\lim_{t \to \infty} \left[\frac{b_i \cdot t^2}{e^{a_i t}} \right] = \lim_{t \to \infty} \left[\frac{2 b_i \cdot t}{a_i \cdot e^{a_i t}} \right] = \lim_{t \to \infty} \left[\frac{2 b_i}{a_i^2 \, e^{a_i t}} \right] = 0 \quad \text{(für alle } i = 1, 2, \ldots)$$

Damit folgt:

$$\lim_{T \to 0} \left(\frac{\partial \ln Q_0}{\partial T} \right)_{V,N} = \frac{0}{g_0} = 0 \tag{5.4}$$

Für die Entropie S gilt dann:

$$S = k_B \left[\ln Q + T \left(\frac{\partial \ln Q}{\partial T} \right)_{V,N} \right]$$

$$S = k_B \left[\ln Q_0 - \frac{E_0}{k_B T} + T \left(\frac{\partial \ln Q_0}{\partial T} \right)_{V,N} + \frac{E_0}{k_B T} \right] = k_B \left[\ln Q_0 + T \left(\frac{\partial \ln Q_0}{\partial T} \right)_{V,N} \right]$$

Mit Gl. (5.3) und (5.4) ergibt sich somit:

$$\lim_{T \to 0} S = k_B \cdot \ln g_0 \tag{5.5}$$

Die Ergebnisse der Quantenmechanik legen nahe: *wenn der Grundzustand eines realen Systems, - auch eines Vielteichensystems - nicht entartet ist, gilt $g_0 = 1$*. Unter dieser Voraussetzung folgt also in Übereinstimmung mit dem Postulat nach Gl. (5.2) im thermodynamischen Gleichgewicht:

$$\boxed{\lim_{T \to 0} S(T) = 0} \tag{5.6}$$

Wir betrachten noch die innere Energie U. Es gilt hier:

$$U = k_B T^2 \left(\frac{\partial \ln Q}{\partial T} \right)_{V,N} = E_0 + k_B T^2 \left(\frac{\partial \ln Q_0}{\partial T} \right)_{V,N}$$

Daraus folgt:

$$\boxed{\lim_{T \to 0} U = E_0} \quad \text{sowie} \quad \boxed{\lim_{T \to 0} F = \lim_{T \to 0}(U - TS) = E_0} \tag{5.7}$$

U und F werden also im Grenzfall $T \to 0$ identisch.

Bei $T = 0$ ist alle Materie (mit Ausnahme von ^{4}He und ^{3}He) kristallin. $S(T = 0) = 0$ bzw. $g_0 = 1$ bedeutet, dass im thermodynamischen Gleichgewicht ein ideal angeordneter Kristall vorliegt.

5.3 Beobachtete Nullpunktsentropien

Es gibt Systeme, bei denen ein Unterschied zwischen $S_{(spekt)}$ und $S_{(kalo)}$ festgestellt wurde. Beispiele bei 298 K und 1 bar sind in Tabelle 5.2 aufgeführt.

Tab. 5.2: Stoffe mit beobachteten Nullpunktsentropien

	$\overline{S}_{(spekt)}/$ $J \cdot K^{-1} \cdot mol^{-1}$	$\overline{S}_{(kalo)}/$ $J \cdot K^{-1} \cdot mol^{-1}$	$[\overline{S}_{(spekt)} - \overline{S}_{(kalo)}]/$ $J \cdot K^{-1} \cdot mol^{-1}$
H_2	130,57	124,2	6,4
D_2	145,00	142,0	3,0
CO	197,56	193,3	4,3
N_2O	219,92	215,2	4,6
H_2O	188,72	185,3	3,4
NO	211,0	208,0	3,0
CH_3CH_2Cl	283,7	275,7	8,0

Die Differenz $\overline{S}_{(spekt)} - \overline{S}_{(kalo)}$ nennen wir die *molare Nullpunktsentropie*.

Wird in diesen Fällen das Nernst'sche Wärmetheorem verletzt?

Die Antwort lautet: Der 3. HS gilt nur im thermodynamischen Gleichgewicht. Der Grund für die offensichtliche Abweichung von $\overline{S}_{spekt}$ zu $\overline{S}_{kalo}$ liegt in einer *Nichtgleichgewichtseinstellung* des Kristallzustands bei tiefen Temperaturen. Wir geben einige Beispiele.

Die *Orientierung* der CO- oder N_2O-Moleküle muss *im kristallinen Gleichgewicht eindeutig* sein, z. B.
CO$\cdots$CO$\cdots$CO$\cdots$CO$\cdots$CO, d. h., alle CO-Moleküle haben dieselbe Orientierung. Wenn sich aber dieses Gleichgewicht wegen der langsamen *Kinetik der Einorientierung* bei $T = 0$ nicht einstellt, bleibt eine *statistische Anordnung* der Richtung der CO-Moleküle zurück, z. B. CO$\cdots$OC$\cdots$CO$\cdots$CO$\cdots$OC. Jedes Molekül hat dann unabhängig von anderen 2 *Orientierungsmöglichkeiten*. Wenn N Moleküle unabhängig voneinander diese 2 Möglichkeiten haben, gibt es $2 \cdot 2 \cdot 2 \cdots = 2^N$ Möglichkeiten insgesamt, d. h. $g_0 = 2^N$ für den ganzen Kristall. Daraus würde sich ergeben:

$$S(T = 0) = k_B \cdot \ln 2^N = k_B \cdot N \cdot \ln 2$$

Wenn $N = N_L$, ist $\overline{S}(T = 0) = R \cdot \ln 2 = 5,76$ Joule $\cdot K^{-1} \cdot mol^{-1}$. Das entspricht ungefähr dem in Tabelle (5.2) angegebenen Differenzwert von 4,3 Joule $\cdot K^{-1} \cdot mol^{-1}$. Ähnliches gilt für N_2O. Eine Erklärung für die Diskrepanzen bei NO und CH_3CH_2Cl wird in Exkurs 5.6.1 gegeben.

Bei H_2O führt eine analoge (etwas umfangreichere) Überlegung (s. Exkurs 5.6.2) zu

$$\overline{S}_{spekt} - \overline{S}_{kalo} = R \cdot \ln \frac{3}{2} = 3,37 \text{ Joule} \cdot K^{-1} \cdot mol^{-1}$$

was gut dem experimentellen Differenzwert von 3,4 Joule $\cdot$ K^{-1} $\cdot$ mol^{-1} in der Tabelle 5.2 entspricht. In Exkurs 5.6.4 werden die Nullpunktsentropien deuterierter Methan-Isotope diskutiert.

Nichtgleichgewichtseinstellungen im festen Zustand kommen häufiger vor (s. z. B. Exkurs 5.6.5), insbesondere bei Polymeren und bei Gläsern, hier versagt die Methode der kalorimetrischen Bestimmung der Entropie, da die vorliegenden glasartigen festen Zustände ungeordnet sind und sich nicht im thermodynamischen Gleichgewicht befinden.

Eine Besonderheit tritt beim Wasserstoff auf. Hier wird bei H_2 die sehr deutliche Differenz von 6,4 J $\cdot$ mol^{-1} $\cdot$ K^{-1} am besten durch den Zusammenhang

$$\overline{S}_{\text{spekt}} - \overline{S}_{\text{kalo}} = \frac{3}{4} R \cdot \ln 3 = 6{,}85\,\text{J} \cdot \text{mol}^{-1} \cdot \text{K}^{-1}$$

beschrieben. Bei D_2 lässt sich die entsprechende Abweichung am besten durch

$$\overline{S}_{\text{spekt}} - \overline{S}_{\text{kalo}} = \frac{1}{3} R \cdot \ln 3 = 3{,}0\,\text{J} \cdot \text{mol}^{-1} \cdot \text{K}^{-1}$$

beschreiben. Die Ursache liegt hier an einer Nichtgleichgewichtseinstellung zwischen den sog. Kernspinisomeren von H_2- bzw. D_2-Molekülen (s. Abschnitt 2.6) bei tieferen Temperaturen. Darauf gehen wir in Abschnitt 5.5 näher ein.

5.4 Isotopenmischungen

In der Regel müssen sich Mischungen bei $T \rightarrow 0$ vollständig entmischen oder in einem hochgeordneten Mischkristall übergehen. In beiden Fällen gilt wieder $g_0 = 1$ und $S(T = 0) = 0$. Es gibt aber Mischungen, bei denen keine Entmischung in Kristalle reiner Stoffe beobachtet wird, dazu gehören fast alle Isotopen-Mischungen (z. B. $H^{35}Cl + H^{37}Cl$) aber auch andere Fälle, wie z. B. AgCl + AgBr. Hier liegen ebenfalls kinetische Hemmungen vor, die eine wirkliche Gleichgewichtseinstellung (Entmischung oder symmetrischer Mischkristall) bei $T = 0$ verhindern. Die Nullpunktsentropie solcher Mischungen ist im Wesentlichen identisch mit der Mischungsentropie der Mischungspartner. Diese ergibt sich aus der Berechnung der Zahl Z von unterscheidbaren Anordnungen von N_1 Molekülen des Isotops 1, N_2 Molekülen des Isotops 2 usw. auf ein Kristallgitter, das insgesamt $N = \sum_{i=1}^{n} N_i$ Gitterplätze enthält, wobei n die Anzahl der unterscheidbaren Arten von Isotopen ist. Nach Gl. (1.11) gilt für diese Zahl

$$Z = \frac{N_1! \cdot N_2! \cdots N_n!}{\left(\sum_{i}^{n} N_i\right)!} \tag{5.8}$$

Bei $T = 0$ ergibt sich für die Entropie

$$S(T = 0) = N k_B \ln Z$$

Anwendung der Stirling'schen Formel $\ln(N_i!) \approx N_i \ln N_i - N_i$ ergibt dann

$$S_{T=0} = -Nk_B \sum x_i \ln x_i$$

wobei $x_i = N_i / \sum N_i$ der Molenbruch der Isotopensorte i bedeutet.

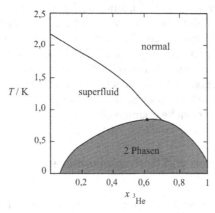

Abb. 5.2: Das Flüssig-Flüssig Phasendiagramm von ^{3}He $+^4$He– Mischungen

Wir wollen als Beispiel die molare „Nullpunktsentropie" des Metalls Wolfram (W) berechnen mit der in Tabelle 5.3 angegebenen Isotopenzusammensetzung und Atommassen.

Tab. 5.3: Isotopenzusammensetzung von Wolfram

Atom %	0,2	26,3	14,3	30,6	28,6
$M_W / \text{kg} \cdot \text{mol}^{-1}$	0,180	0,182	0,183	0,184	0,186

Daraus berechnet sich eine Mischungsentropie der Isotope, die gleich der molaren „Nullpunktsentropie" des Wolframs gesetzt werden kann:

$$\overline{S}(T=0) = -R \sum_i x_i \ln x_i = -R\,[0{,}002 \cdot \ln(0{,}002) + 0{,}263 \cdot \ln(0{,}263) + 0{,}143 \cdot \ln(0{,}143)$$

$$+0{,}306 \cdot \ln(0{,}306) + 0{,}286 \cdot \ln(0{,}286)] = 11{,}33\,\text{J} \cdot \text{mol} \cdot \text{K}^{-1}$$

Da die meisten in natürlicher Form vorkommenden Elemente Isotopenmischungen sind, kann bei Molekülen, die aus Atomen dieser Elemente zusammengesetzt sind, die Mischungsentropie und damit die Nullpunktsentropie sehr groß werden. Man denke an das Beispiel von BCl$_3$ (Exkurs 1.7.11), wo es 8 Isotope gibt. Hier können auch noch wegen der Unterscheidbarkeit der Isotope in einem Molekül unterscheidbare Orientierungen im Kristallgitter zusätzlich zur Nullpunktsentropie beitragen, ganz im Sinn, wie wir es beim CO besprochen hatten (s. Abschnitt 5.3). Obwohl also in den meisten

Fällen reiner molekularer Substanzen eine Nullpunktsentropie aufgrund der Isotopen-Mischungsentropie existiert, macht sie sich nicht bemerkbar. Denn wird sie sowohl in der festen Phase bei 0 K wie auch in der idealen Gasphase bei 298 K berücksichtigt, so wird die Differenz ($S_{spekt,gas} - S_{kalo}$) dennoch Null, da die Mischungsentropien sich gegenseitig kompensieren. In der Gasphase stellt allerdings der Zustand der Mischung einen *Gleichgewichtszustand* dar, im festen Zustand bei 0 K dagegen genau genommen einen *Nichtgleichgewichtszustand*, denn im festen Zustand bei $T = 0$ sollten die reinen Isotope in getrennter Form oder im geordneten Mischkristall vorliegen. In der Praxis hat man sich darauf geeinigt bei Isotopenmischungen keine Nullpunktsentropie zu berücksichtigen. Eine weitgehende Entmischung bei $T = 0$ K zeigt das flüssige Gemisch ^{4}He + ^{3}He, das sich im thermodynamischen Gleichgewicht befindet mit $S(T = 0) = 0$. Abb. 5.2 zeigt das Phasendiagramm. Dass die Mischung nicht vollständig in 2 getrennte Phasen von reinem ^{4}He und ^{3}He zerfällt, hat spezielle quantenstatistische Ursachen.

5.5 Nullpunktsentropien von Kernspinisomeren

In den meisten Anwendungsfällen bleibt die Kernspinzustandssumme q_{Kern}^N unberücksichtigt, da sie bei Berechnungen von chemischen Gleichgewichten, Phasengleichgewichten und Molwärmen keine Rolle spielt. Bei H_2 und D_2 ist das jedoch nicht der Fall, wie wir in Abschnitt Abschnitt 2.6 gesehen haben. Da sich das Gleichgewicht zwischen para- und ortho-Wasserstoff bei tiefen Temperaturen nicht einstellt (das gilt für H_2 wie für D_2), sollte sich das in der Gesamtbilanz bei Berücksichtigung der Kernspinzustandssummen durch eine entsprechende Nullpunktsentropie bemerkbar machen. In Tabelle 5.2 sind diese molaren Nullpunktsentropien angegeben, die sich für H_2 durch $3/4R \cdot \ln 3$ und für D_2 durch $1/3R \ln 3$ gut beschreiben lassen.

Um die Nullpunktsentropien von H_2 und D_2 zu berechnen, müssen zunächst die Kernspinzustandssummen sowohl im idealen Gas bei 298 K wie auch im festen Zustand bei 0 K berechnet werden. Im idealen Gaszustand gilt für zweiatomige, homonukleare Moleküle (s. Gl. (2.84) ohne ε_{Kern} und molekularem Rotationsbeitrag):

$$q_{Kern} = (2I + 1)^2$$

wobei I die Spinquantenzahl des Atomkerns (H oder D) ist und der Energiegrundzustand des Kerns definitionsgemäß gleich Null gesetzt ist. Für H gilt $I = 1/2$, für D gilt $I = 1$.

Damit gilt für den Anteil der molaren Entropie im Gas, wenn wir $Z = q_{Kern}^{N_L}$ in Gl. (2.16) einsetzen:

$$\overline{S}_{gas,Kern} = R \ln(2I + 1)^2 = 2R \cdot \ln(2I + 1)$$

Im festen Zustand muss berücksichtigt werden, dass hier die Gleichgewichtsmischung von para- und ortho-Molekülen, wie sie bei hohen Temperaturen vorliegt, bei 0 K in derselben Zusammensetzung erhalten bleibt. Damit liegt bei 0 K eine Mischung von para- und ortho-Molekülen im Nichtgleichgewichtszustand vor. Es gilt für $S_{\text{fest,Kern}}$ bei $T = 0\,$K:

$$\overline{S}_{\text{fest,Kern}} = \frac{(2I + 1) \cdot I}{(2I + 1)^2} R \cdot \ln[(2I + 1) \cdot I] + \frac{(2I + 1)(I + 1)}{(2I + 1)^2} R \ln[(2I + 1) \cdot (I + 1)]$$

$$+ R \cdot \ln \frac{N_{\text{L}}!}{\left[\frac{2I+1}{(2I+1)^2} I \cdot N_{\text{L}}\right]! \cdot \left[\frac{(2I+1)}{(2I+1)^2}(I + 1) \cdot N_{\text{L}}\right]!} \tag{5.9}$$

Hierbei bedeuten:

$$\frac{(2I + 1)I}{(2I + 1)^2} = \frac{I}{2I + 1} = \text{Molenbruch von p–H}_2 \text{ bzw. o–D}_2$$

$$\frac{(2I + 1)(I + 1)}{(2I + 1)^2} = \frac{I + 1}{2I + 1} = \text{Molenbruch von o–H}_2 \text{ bzw. p–D}_2$$

$$(2I + 1) \cdot I = \text{Entartungsgrad von p–H}_2 \text{ bzw. o–D}_2$$

$$(2I + 1)(I + 1) = \text{Entartungsgrad von o–H}_2 \text{ bzw. p–D}_2$$

Der dritte Term in Gl. (5.9) ist die Mischungsentropie von para- und ortho-Molekülen im festen Zustand. Wenn wir von der Stirling'schen Formel $\ln n! = n \cdot \ln n - n$ Gebrauch machen, ergibt sich aus Gl. (5.9):

$$\overline{S}_{\text{fest,Kern}}(T = 0) = \frac{I}{2I + 1} \cdot R \cdot \ln \left[(2I + 1) \cdot I\right] + \frac{I + 1}{2I + 1} \cdot R \cdot \ln \left[(2I + 1)(I + 1)\right]$$

$$- R\frac{I}{2I + 1} \ln \left(\frac{I}{2I + 1}\right) - R\frac{I + 1}{2I + 1} \ln \left(\frac{I + 1}{2I + 1}\right)$$

Fasst man die Terme zusammen, so folgt als Resultat:

$$\overline{S}_{\text{Kern}}(T = 0) = 2 \cdot R \cdot \ln(2I + 1)$$

Das ist dasselbe Ergebnis wie für $\overline{S}_{\text{gas,Kern}}$ nach Gl. (5.9). Damit ergibt sich als Nullpunktsentropie unter Berücksichtigung der Kernspins:

$$\overline{S}_{\text{gas,spekt}} - \overline{S}_{\text{kalor}} = \overline{S}_{0,\text{Kern}} - \overline{S}_{\text{gas,Kern}} = 0$$

Es kompensieren sich also offensichtlich die Kernspinanteile der Entropie des Festkörpers bei $T = 0$ und im idealen Gas bei hohen Temperaturen. Man sollte also meinen, dass der Kernspin keine Rolle spielt und eine Nullpunktsentropie nicht messbar ist, obwohl sie existiert, denn es gilt ja, da sich das para $\rightleftharpoons$ ortho-Gleichgewicht nicht einstellt, $\overline{S}_{\text{fest,Kern}} = 2R \ln(2I + 1)$ für $T \to 0$! Diese Überlegung ist jedoch im Fall von H_2 und D_2 nicht korrekt, da sie unvollständig ist. Im Fall des ortho-H_2 befindet sich ja das Molekül im niedrigsten Rotationszustand, der zur Rotationsquantenzahl $J = 1$ und nicht $J = 0$ gehört, d. h., die Entartung beträgt $(2I + 1)(I + 1) \cdot (2J + 1)$ mit $J = 1$. Dasselbe gilt auch für para-D_2.

Damit ergibt die Bilanz $\overline{S}_{\text{Kern}}(T = 0) - \overline{S}_{\text{gas,Kern}}$ nicht Null, sondern es gilt für H_2 mit $I = 1/2$ und $J = 1$:

$$\frac{I + 1}{2I + 1} \cdot R \cdot \ln(2J + 1) = \overline{S}_{0,\text{Kern}} - \overline{S}_{\text{gas,Kern}} = \overline{S}_{\text{gas,spekt}} - \overline{S}_{\text{kalo}} = \frac{3}{4}R \ln 3 \tag{5.10}$$

und für D_2 mit $I = 1$ und $J = 1$:

$$\frac{I}{2I+1} \cdot R \cdot \ln(2J+1) = \overline{S}_{0,\text{Kern}} - \overline{S}_{\text{gas,Kern}} = \overline{S}_{\text{gas,spekt}} - \overline{S}_{\text{kalo}} = \frac{1}{3}R\ln 3 \qquad (5.11)$$

in guter Übereinstimmung mit den experimentell gefundenen Werten (s. Tab. 5.2).

Dieses Ergebnis setzt allerdings voraus, dass die H_2- bzw. D_2-Moleküle auch bei tiefsten Temperaturen noch frei rotieren können. Das ist offenbar der Fall und könnte durch den quantenmechanischen Tunneleffekt des behinderten Rotators ermöglicht werden, da H_2 bzw. D_2 sehr kleine Trägheitsmomente besitzen. Ein Blick auf Tabelle 5.1 zeigt, dass Moleküle wie H_2C_2 oder N_2 offensichtlich keine Nullpunktsentropie besitzen, obwohl auch hier para- und ortho-Kernspinisomerie im Nichtgleichgewicht vorliegt. Wie ist das quantitativ zu erklären? Der Unterschied von H_2C_2 oder N_2 zu H_2 bzw. D_2 liegt darin, dass diese Moleküle bei tiefen Temperaturen *keine* freie Rotationsbewegung durchführen, sondern nur noch Torsionsschwingungen. Für Schwingungen ist kein Austausch der H-Atome bei H_2C_2 oder der N-Atome bei N_2 möglich, so dass hier in der Tat für die Differenz $\overline{S}_{\text{fest},T\to 0} - \overline{S}_{\text{gas}} = \overline{S}_{\text{spekt}} - \overline{S}_{\text{kalor}} = 0$ herauskommt und damit die Berücksichtigung der Kernspinzustände im festen Zustand und im Gaszustand zur Kompensation der Entropie führt (s. Exkurs 5.6.3). Die Situation ist also ähnlich wie bei den Mischungsentropien von Isotopen. Obwohl sich offensichtlich H_2C_2, N_2 u. a. Moleküle *nicht* im thermodynamischen Gleichgewichtszustand bei 0 K befinden, wird keine Nullpunktsentropie beobachtet. Es wird also eine Gültigkeit des Nernst'schen Wärmetheorems vorgetäuscht, die gar nicht vorliegt.

5.6 Exkurs zu Kapitel 5

5.6.1 Nullpunktsentropien von NO und CH_3CH_2Cl

Erklären Sie die in Tabelle 5.2 angegebenen konventionellen Nullpunktsentropien $\overline{S}_{\text{spekt}} - \overline{S}_{\text{kalo}}$ von NO und CH_3CH_2Cl quantitativ durch statistische Fehlordnungen im festen kristallinen Körper.

Lösung:

a) Die NO-Radikale finden sich bei sehr tiefer Temperatur zu Dimeren zusammen, wodurch es zur Spinabsättigung kommt. Ein solches Dimer $(NO)_2$ kann 2 unterschiedliche Positionen im Gitter einnehmen (ähnlich wie bei CO oder N_2O), z. B. $NO \cdots NO$ oder $ON \cdots ON$). Da die Zahl dieser Dimere aber $N/2$ und nicht N (Zahl der NO-Moleküle) beträgt, ergibt sich als molare Nullpunktsentropie

$$\overline{S}_0 = \frac{N_L}{2} k_B \ln 2 = \frac{1}{2} R \ln 2 = 2{,}88 \, \text{J} \cdot \text{mol}^{-1} \cdot \text{K}^{-1}$$

Das liegt dicht am experimentell gefundenen Wert von $3 \, \text{J} \cdot \text{mol}^{-1} \cdot \text{K}^{-1}$.

b) Wenn die C-C-Achse des CH_3CH_2Cl-Moleküls auf dem Gitterplatz fixiert ist und dabei alle Achsenrichtungen identisch sind, kann es dennoch 3 unterscheidbare Positionen des Cl-Atoms geben, entsprechend den 3 Newman-Projektionen in Abb. 5.3

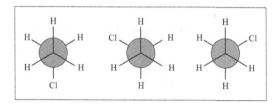

Abb. 5.3: Newman-Projektionen von CH_3CH_2Cl

Das führt zu einem molaren Entropiebeitrag für N_L unabhängige Moleküle auf ihren Gitterplätzen:

$$\bar{S}_0 = N_L \cdot k_B \cdot \ln 3 = R \ln 3 = 9{,}13 \, J \cdot mol^{-1} \cdot K^{-1}$$

in befriedigender Übereinstimmung mit dem experimentellen Wert $8 \, J \cdot mol^{-1} \cdot K^{-1}$.

5.6.2 Nullpunktsentropie von H_2O

Für H_2O wurde eine molare Nullpunktsentropie von $3{,}4 \, J \cdot mol^{-1} \cdot K^{-1}$ festgestellt (s. Tab. 5.2). Zeigen Sie, dass durch H-Brückenaustausch im Kristallgitter von H_2O (s. Abbildung 5.4) dieser Wert quantitativ durch $R \cdot \ln(3/2)$ erklärt werden kann.

Lösung:

In der festen Struktur des Wassereises sitzt ein Wassermolekül mit seinem O-Atom in der Mitte eines Tetraeders, dessen 4 Ecken von O-Atomen benachbarter Wassermoleküle besetzt sind (s. Abb. 5.4). Das H_2O-Molekül im Zentrum des Tetraeders hat 6 Möglichkeiten, seine beiden O-H-Bindungen durch H-Brücken zu je 2 O-Atomen benachbarter H_2O-Moleküle im Raum zu orientieren, denn es gibt 6 Tetraederkanten. Damit das möglich ist, muss jedes der beiden auf einer Kante sitzenden O-Atome eines seiner beiden freien Elektronenpaare in Richtung zur Tetraedermitte orientieren. Die Wahrscheinlichkeit, dass das geschieht, ist 1/2, denn die Alternative wären die beiden Möglichkeiten, eine der beiden O-H-Bindungen in die Tetraedermitte zu orientieren.

Damit das zentrale H_2O-Molekül seine beiden OH-Bindungen zu den je 2 Ecken einer Tetraederkante orientieren kann, müssen an beiden Ecken freie Elektronenpaare des O-Atoms *gleichzeitig* zur Verfügung stehen. Diese Wahrscheinlichkeit ist $\frac{1}{2} \cdot \frac{1}{2} = \frac{1}{4}$. Jede der 6 Möglichkeiten der Orientierungen des zentralen H_2O-Moleküls kann also nur mit der Wahrscheinlichkeit $\frac{1}{4}$ realisiert werden, d. h., es gibt im Durchschnitt $\frac{6}{4} = \frac{3}{2}$ Möglichkeiten unterscheidbarer Orientierungen pro H_2O-Molekül. Für N_L H_2O-Moleküle im

Kristall sind das $(3/2)^{N_L}$ Möglichkeiten. Damit folgt für die molare „Nullpunksentropie" $\overline{S}_{gas,spekt} - \overline{S}_{kalo}$:

$$k_B \cdot \ln\left(\frac{3}{2}\right)^{N_L} = R\ln\left(\frac{3}{2}\right) = 3{,}371\,\text{J} \cdot \text{mol}^{-1} \cdot \text{K}^{-1}$$

Das sind nur ca. 0,8 % Abweichung vom gemessenen Wert von $3{,}4\,\text{J} \cdot \text{mol}^{-1} \cdot \text{K}^{-1}$

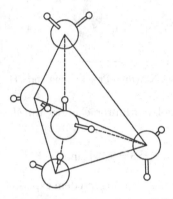

Abb. 5.4: Anordnung von H_2O-Molekülen in Eis. Eine der möglichen Konfigurationen ist gezeigt.- - - - -H-Brücken

5.6.3 Nullpunktsentropien von N_2, H_2C_2, F_2 und $^{16}O_2$

Berechnen Sie für $^{14}N_2$ (Kernspinzahl von $^{14}N : I = 1$), H_2C_2 (Kernspinzahl von H: $I = 1/2$) und F_2 (Kernspinzahl von $^{19}F : I = 1/2$) die Nullpunktsentropie für die Fälle:

a) freie Rotation der Moleküle bei $T = 0\,\text{K}$

b) gehemmte Rotation (Drehschwingung) der Moleküle bei $T = 0\,\text{K}$

Lösung:

a) Bei $N_2(I = 1)$ sind es die para-Moleküle, die den tiefstmöglichen Rotationszustand mit $J = 1$ einnehmen.

Daher ergibt sich hier:

$$\overline{S}_{spekt} - \overline{S}_{kalo} = \overline{S}_{0,\text{Kern}} - \overline{S}_{\text{Gas,Kern}} = 2R\ln(2I + 1) + x_{para} \cdot R\ln(2J + 1)$$
$$-2R\ln(2I + 1) = \frac{I}{2I + 1}R\ln(2J + 1)$$

mit $I = 1$ und $J = 1$ folgt:

$$\overline{S}_{0,\text{Kern}} - \overline{S}_{\text{Gas,Kern}} = \overline{S}_{spekt,gas} - \overline{S}_{kalo} = \frac{1}{3}R\ln 3$$

Bei H_2C_2 (Azetylen) und F_2 sind es wegen $I = \frac{1}{2}$ die ortho-Moleküle, für die $J = 1$ der niedrigste Rotationszustand ist. Also gilt hier:

$$\overline{S}_{spekt} - \overline{S}_{kalo} = \overline{S}_{0,Kern} - \overline{S}_{Gas,Kern} = x_{ortho} \cdot R \ln(2J + 1) = \frac{I + 1}{2I + 1} R \ln(2J + 1)$$

$$= \frac{3}{4} R \ln 3$$

Diese Nullpunktsentropien werden jedoch nicht beobachtet im Gegensatz zu H_2 und D_2 (s. Aufgabenteil b)).

b) Bei Rotationshemmung im festen Zustand gibt es nur *nichtentartete* Schwingungen, und es gilt für N_2, C_2H_2 und F_2:

$$\overline{S}_{spekt} - \overline{S}_{kalo} = \overline{S}_{0,Kern} - \overline{S}_{Gas,Kern} = 2R \ln(2I + 1) - 2R \ln(2I + 1) = 0$$

Experimentell werden in der Tat keine Nullpunktsentropien beobachtet.

5.6.4 Nullpunktsentropien von deuterierten Methan-Molekülen

Die folgende Tabelle enthält die spektroskopisch und kalorimetrisch bestimmten Entropien deuterierter Methan-Moleküle. Berechnen Sie die Nullpunktsentropien und erklären sie die quantitativen Unterschiede.

	$\overline{S}_{0,spekt}/J \cdot K^{-1} \cdot mol^{-1}$	$\overline{S}_{0,kalo}/J \cdot K^{-1} \cdot mol^{-1}$
CH_4	$186{,}25 \pm 0{,}1$	$186{,}35 \pm 0{,}2$
CH_3D	$179{,}2 \pm 0{,}1$	$167{,}3 \pm 0{,}2$
CH_2D_2	$185{,}6 \pm 0{,}1$	$170{,}9 \pm 0{,}2$
CHD_3	$185{,}0 \pm 0{,}1$	$173{,}5 \pm 0{,}2$
CD_4	$170{,}9 \pm 0{,}1$	$171{,}0 \pm 0{,}2$

Lösung:

Für die unterscheidbaren Positionen eines Methan-Moleküls im festen Kristall berechnet man die Zahl z der unterscheidbaren (fixierten) Positionen von H- und D-Atomen nach Gl. (1.12). Der Wert $R \cdot \ln z$ erklärt überzeugend die gefundenen Nullpunktsentropien $\overline{S}_{0,spekt} - \overline{S}_{0,kalo}$ (alle Zahlen in $J \cdot mol^{-1} \cdot K^{-1}$):

	z	$R \cdot \ln z$	$(\overline{S}_{0,spekt} - \overline{S}_{0,kalo})$
CH_4	$4!/(4! \cdot 0!) = 1$	0	$-0{,}1$
CH_3D	$4!/(3! \cdot 1!) = 4$	$11{,}5$	$11{,}9$
CH_2D_2	$4!/(2! \cdot 2!) = 6$	$14{,}9$	$14{,}7$
CHD_3	$4!/(3! \cdot 1!) = 4$	$11{,}5$	$11{,}5$
CD_4	$4!/(4! \cdot 0!) = 1$	0	$-0{,}1$

5.6.5 Nullpunktsentropien von Defektkristallen

Viele Kristalle befinden sich bei höheren Temperaturen nicht mehr im perfekt geordneten Kristallzustand, weil z. B. n der insgesamt N Gitterplätze unbesetzt sind. Kühlt man einen solchen Kristall zu schnell ab frieren diese „Löcher" ein und bleiben auch bei $T = 0$ K als Fehlordnungszustand bestehen. Einen perfekten Kristall erreicht man durch sehr langsames Abkühlen, sodass die Löcher kontinuierlich entsprechend einem thermodynamischen Gleichgewicht $N + n \rightarrow N$ mit abnehmender Temperatur verschwinden. Bei Messung der molaren kalorimetrischen Entropie eines solchen defekten Kristalls im Unterschied zur Messung eines perfekten Kristalls wurde eine molare Nullpunktsentropie $\overline{S}_{\text{Defekt}} - \overline{S}_{\text{Perfekt}} = 1{,}5$ J $\cdot$ mol^{-1} $\cdot$ K^{-1} gefunden. Wie viele Löcher enthält der defekte Kristall bei $T = 0$ K?

Lösung:

Der Entropieunterschied von perfekten und defekten Kristallen kann als Mischungsentropie von N_{L} Molekülen und n Löchern aufgefasst werden, ähnlich wie bei Isotopenmischungen. Es lässt sich daher schreiben (s. Gl. (5.8)):

$$\overline{S}_{\text{Defekt}} - \overline{S}_{\text{Perfekt}} = \Delta \overline{S} = -R \left[x \ln x + (1 - x) \ln(1 - x) \right]$$

wobei x der Bruchteil der Löcher bedeutet. Setzen wir für $\Delta \overline{S} = 1{,}5$ J $\cdot$ mol^{-1} $\cdot$ K^{-1} ein, erhalten wir $x = 0{,}044$. 4,4 % der Kristallgitterplätze sind also unbesetzt.

5.6.6 Dampfdruckberechnung von Metallen bei 298 K - Anwendung der Sackur-Tetrode-Gleichung und des Nernst'schen Wärmetheorems.

Unter der Voraussetzung, dass Metalle in der Gasform einatomige Teilchen sind, lässt sich ihre molare Entropie beim Druck p mithilfe von Gl. (2.52) berechnen, der sog. Sackur-Tetrode-Gleichung:

$$\overline{S}_{\text{Me}}(T) = \frac{5}{2}R + R \ln \left[\left(\frac{2\pi m \cdot k_{\text{B}} T}{h^2} \right)^{3/2} \cdot \frac{k_{\text{B}} T}{p} \right]$$

Dafür lässt sich schreiben mit $T = 298$ K:

$$\overline{S}_{\text{Me}}(298 \text{ K}) = 290{,}73 + \frac{3}{2}R \ln M - R \ln p \qquad \text{in} \quad \text{J} \cdot \text{mol}^{-1} \cdot \text{K}^{-1}$$

$M = m \cdot N_{\text{L}}$ ist die Molmasse des Metalls in kg $\cdot$ mol^{-1} und p der Druck in Pa. Setzt man $p = 10^5$ Pa $= 1$ bar ist $\overline{S}_{\text{Me}}(298 \text{ K})$ identisch mit der „spektroskopischen Entropie" des Nernst'schen Wärmetheorems. Dann gilt:

$$\overline{S}_{\text{Me,spekt}}(298 \text{ K}) = 195{,}01 + \frac{3}{2}R \cdot \ln M$$

Tab. 5.4: Berechnete Werte für $\overline{S}_{Me,spekt}(298\ K)/(J \cdot mol^{-1} \cdot K^{-1})$.

$M/kg \cdot mol^{-1}$	0,0230	0,0391	0,08546	0,1329	0,0654	0,20059	0,208
$\overline{S}_{Me,spekt}(298\ K)$	147,96	154,58	164,3	169,8	161,0	175,0	175,3
Metall	Na	K	Rb	Cs	Zn	Hg	Pb

Diese Werte für $\overline{S}_{Me,spekt}(298\ K)$ bei $p = 10^5$ Pa $= 1$ bar sind hypothetische Standardwerte, da bei 298 K der Druck höchstens gleich dem Sättigungsdampfdruck des Metalls sein kann, der i. d. R. ganz wesentlich geringer als 1 bar und in den meisten Fällen gar nicht messbar ist. Der Vergleich mit Tabelle 5.1 zeigt für Zn, Hg und Pb Übereinstimmung, bei Na fällt jedoch eine Differenz von $(153,8 - 147,96) = 5,84\ J \cdot mol^{-1} \cdot K^{-1}$ auf. Eine Übereinstimmung wird nur erreicht, wenn für Na in der Gasphase eine mittlere Molmasse $\langle M \rangle = 0,037\ kg \cdot mol^{-1}$ angenommen wird. Das deutet auf die Bildung von Dimeren entsprechend $2Na \rightleftharpoons Na_2$ hin. Mit $\langle M \rangle_{Me} = x \cdot 0,023 + (1 - x) \cdot 0,046 = 0,037$ ergibt sich für den Molenbruch des Monomeres $x = 0,391$, was bei Angabe des Zahlenwertes für Na in Tab. 5.1 offensichtlich berücksichtigt wurde.

Es gibt jedoch einen indirekten Weg, der zur Ermittlung von Metalldampfdrücken führt. Im Phasengleichgewicht Dampf-Festkörper gilt nach Gl. (11.371):

$$\Delta_V \overline{S} = \frac{\Delta_V \overline{H}}{T}$$

mit der molaren Verdampfungsentropie $\Delta_V \overline{S} = \overline{S}_{Dampf}(p_{sat}, T) - \overline{S}_{Fest}(T)$ und der molaren Verdampfungsenthalpie $\Delta_V \overline{H}$. Für einatomige Stoffe gilt unter Annahme idealer Gaseigenschaften:

$$\Delta_V \overline{S} = \left(290,73 + \frac{3}{2}R \ln M - R \ln p_{sat}\right) - \overline{S}_{Fest}(T)$$

und

$$\Delta \overline{H}_V = \frac{5}{2}RT - \overline{H}_{Fest}(T)$$

$\overline{H}_{Fest}$ und $\overline{S}_{Fest}$ sind experimentell zugänglich durch genaue Messungen der Molwärme $\overline{C}_p(T)$ im festen Zustand:

$$\overline{S}_{Fest}(T) = \int\limits_0^T \frac{\overline{C}_p}{T}\,dT \quad \text{und} \quad \overline{H}_{Fest}(T) = \int\limits_0^T \overline{C}_p(T)\,dT + \overline{H}(T = 0)$$

Es ist $\overline{H}(T = 0) = U(T = 0)$ die Gitterenergie des Metalls, die man aus einem Born-Haber'schen Kreisprozess ermittelt. Das Wärmetheorem geht ein durch $S(T = 0) = 0$. Fasst man die 3 Gleichungen zusammen, ergibt sich für $p_{sat}(T)$:

$$p_{sat}(T)/p = \left(M/\text{kg}\cdot\text{mol}^{-1}\right)^{3/2}\cdot\exp\left[-\frac{\Delta_V\overline{H}}{R\cdot T} - \frac{\overline{S}_{Fest}}{R} + 290{,}73/R\right]$$

Tab. 5.5: Experimentelle Daten für $\overline{S}_{Fest}$ und $\Delta_V\overline{H}$ und daraus berechneter Dampfdruck p_{sat} in Pa bei $T = 298\,$K.

Metall	K	Rb	Cs	Hg	Pb	Zn
$\overline{S}_{Fest}(298\,\text{K})/\text{J}\cdot\text{mol}^{-1}\cdot\text{K}^{-1}$	64,67	76,23	85,15	76,03	64,79	41,63
$\Delta\overline{H}_V(298\,\text{K})\,10^{-3}/\text{J}\cdot\text{mol}^{-1}$	79,1	69,0	66,1	58,2	176,9	114,8
$M/\text{kg}\cdot\text{mol}^{-1}$	0,0391	0,0855	0,1329	0,2006	0,2072	0,0654
$p_{sat}\,10^5/\text{Pa}$	6,78	561	688	$9{,}26\cdot10^4$	$5{,}9\cdot10^{-16}$	$1{,}30\cdot10^{-4}$

Während die berechneten Dampfdrücke von Zn und Pb bei 298 K praktisch unmessbar sind, liegen die von Rb, Cs und Hg im messbaren Bereich (z. B. mithilfe der Knudsen-Zelle, s. Exkurs 2.11.17).

5.6.7 Korrekturverfahren zur Umrechnung der Entropie realer Gase auf ideale Entropiewerte

Die spektroskopische Entropie ist definitionsgemäß die des idealen Gases der entsprechenden Substanz bei 298 K und 1 bar. Die kalorimetrische Entropie wird aus $\overline{C}_p$-Messungen gewonnen. Der Endzustand der Entropie bei diesem Messverfahren ist jedoch bei 298 K das *reale Gas* bei 1 bar, oder, wenn der Sättigungsdampfdruck der Substanz $p_{sat}(298\,\text{K}) < 1\,$bar ist, der des realen Gases bei p_{sat}. Um die reale Entropie mit der spektroskopischen Entropie vergleichen zu können, muss die molare reale Entropie $\overline{S}_{real}$ bei p_{sat} umgerechnet werden auf ideale Gasbedingungen bei 1 bar. Dazu benötigen wir eine Zustandsgleichung des realen Gases. Sie lautet in genügender Näherung:

$$p \cong \frac{RT}{\overline{V}}\left(1 + \frac{B(T)}{\overline{V}}\right)$$

$B(T)$ ist der sog. zweite Virialkoeffizient, der i. A. gut messbar ist und den wir in Kapitel 10 noch genauer kennenlernen werden. Um die Entropie des realen Gases zu erhalten schreiben wir:

$$p = -\left(\frac{\partial\overline{F}_{real}}{\partial\overline{V}}\right)_T = k_B T\frac{\partial\ln Q}{\partial V} = \frac{RT}{\overline{V}}\left(1 + \frac{B(T)}{\overline{V}}\right)$$

Da

$$-\left(\frac{\partial \overline{F}_{\text{ideal}}}{\partial \overline{V}}\right)_T = \frac{RT}{\overline{V}}$$

lässt sich integrieren:

$$-\left(\overline{F}_{\text{real}} - \overline{F}_{\text{ideal}}\right) = RT \cdot B(T) \cdot \int_{\infty}^{\overline{V}} \frac{1}{\overline{V}^2}\, d\overline{V} = -RT \cdot B(T)\frac{1}{\overline{V}}$$

Daraus folgt für die Entropiedifferenz mit $\overline{V} \cong RT/p$:

$$-\frac{\partial}{\partial T}\left(\overline{F}_{\text{real}} - \overline{F}_{\text{ideal}}\right) = \overline{S}_{\text{real}} - \overline{S}_{\text{ideal}} = -\frac{R}{\overline{V}}\left(B(T) + T\frac{dB(T)}{dT}\right) \cong -\frac{p}{T}\left(B(T) + T\frac{dB(T)}{dT}\right)$$

bzw.

$$S_{\text{ideal}} = S_{\text{real}} + \frac{p}{T}\left(B(T) + T\frac{dB(T)}{dT}\right)$$

Sind $B(T)$ und $dB(T)/dT$ bekannt, kann die ideale Entropie $\overline{S}_{\text{kalo}}$ bei $p = p_{\text{sat}}$ berechnet werden und ohne Schwierigkeiten für den (hypothetischen) Zustand bei 1 bar angegeben werden. Es gilt bei $T = 298\,\text{K}$ und $p = 1\,\text{bar}$ (s. Gl. (2.52)):

$$\overline{S}_{\text{ideal}}(298\,\text{K}, 1\,\text{bar}) = \overline{S}_{\text{ideal}}(298\,\text{K}, p_{\text{sat}}) + R\ln\left(\frac{p_{\text{sat}}}{1\,\text{bar}}\right) = \overline{S}_{\text{kalo}}$$

Dieser Wert der kalorimetrischen Entropie kann dann mit $\overline{S}_{\text{spekt}}$ verglichen werden. Auf diese Weise wurden die Werte von $\overline{S}_{\text{kalo}}$ in Tab. 5.1 ermittelt.

6 Molekularstatistische Methoden in der chemischen und nuklearen Kinetik

In diesem Kapitel beschäftigen wir uns mit den Grundlagen zeitabhängiger, molekularer Prozesse in der Gasphase wie dem Ablauf chemischer Reaktionen sowie dem Transport von gasförmigen Molekülen in einem Konzentrationsgefälle (Diffusion), dem Transport von Energie in einem Temperaturgefälle (Wärmeleitung) und dem Transport von Impuls in einem Geschwindigkeitsgefälle (Viskosität). Auch einfache thermische nukleare Reaktionsprozesse wie sie z. B. in Sternen ablaufen werden behandelt. Voraussetzung ist, dass all diese Prozesse unter Bedingungen stattfinden, die wohldefinierte lokale Werte von Temperatur, Druck und Konzentration bei quasistationären Bedingungen gewährleisten.

6.1 Elementare Stoßtheorie bimolekularer chemischer Reaktionen in der Gasphase

Für eine bimolekulare chemische Reaktion $A + B \rightarrow C$ gilt bekanntlich das Geschwindigkeitsgesetz:

$$\frac{dc_A}{dt} = \frac{dc_B}{dt} = -k \cdot c_A \cdot c_B \tag{6.1}$$

wobei c_A und c_B die molaren Konzentrationen bedeuten und k die sog. Geschwindigkeitskonstante. Die Reaktionsgeschwindigkeiten dc_A/dt bzw. dc_B/dt sind also proportional zum Produkt von c_A und c_B. Das lässt sich unmittelbar einsehen, denn es kann nur dann zur Reaktion von A mit B in einem molekularen Prozess kommen, wenn die Moleküle A und B zusammenstoßen. Die Wahrscheinlichkeit eines Zusammenstoßes, also die Wahrscheinlichkeit, dass sich gleichzeitig A und B an einem bestimmten Ort befinden, ist gleich dem Produkt der Einzelwahrscheinlichkeiten und diese sind den Konzentrationen proportional. Dreierstöße und höhere Stoßordnungen können hier vernachlässigt werden, da wir nur Gase bei mäßigem Druck betrachten.

Um einen Ausdruck für k abzuleiten beginnen wir mit einem einfachen Modell. Wir betrachten das Zusammentreffen von 2 Molekülen als einen Stoßprozess von zwei Kugeln der Sorte A und B. Die beiden Geschwindigkeitsvektoren der Kugeln sind $\vec{v}_A$ und $\vec{v}_B$. Wir definieren jetzt zwei neue Geschwindigkeitsvektoren, die sich folgendermaßen aus $\vec{v}_A$ und $\vec{v}_B$ zusammensetzen:

$$\vec{v}_S = \frac{m_A \cdot \vec{v}_A + m_B \cdot \vec{v}_B}{m_A + m_B} \quad \text{und} \quad \vec{v}_R = \vec{v}_B - \vec{v}_A \tag{6.2}$$

$\vec{v}_S$ ist die Geschwindigkeit des Massenschwerpunktes von A und B. Dieser Vektor ist vor dem Stoß in Betrag und Richtung derselbe wie nach dem Stoß sein, da der Impulserhaltungssatz fordert, dass $m_A \cdot \vec{v}_A + m_B \cdot \vec{v}_B$ unverändert bleibt. $\vec{v}_R$ ist die sog. Relativgeschwindigkeit. Es gilt nun, wie man durch Ausmultiplizieren leicht nachprüft für die gesamte kinetische Energie E_{kin} von A und B beim Stoß:

$$E_{kin} = \frac{1}{2}m_A|\vec{v}_A|^2 + \frac{1}{2}m_B|\vec{v}_B|^2 = \frac{1}{2}(m_A + m_B) \cdot |\vec{v}_S|^2 + \frac{1}{2}\tilde{\mu}_{AB} \cdot |\vec{v}_R|^2 \qquad (6.3)$$

mit der reduzierten Masse $\tilde{\mu}_{AB}$:

$$\tilde{\mu}_{AB} = \frac{m_A \cdot m_B}{m_A + m_B} \qquad (6.4)$$

Entscheidend ist nun, dass nur $\frac{1}{2}\tilde{\mu}_{AB}\vec{v}_R^2$ für eine mögliche Energieübertragung bzw. Energieumwandlung (inelastischer Stoß) zur Verfügung steht, da $\vec{v}_S$ wegen der Impulserhaltung unverändert bleiben muss. Wir betrachten daher den Stoßprozess in einem Koordinatensystem, das sich mit der Geschwindigkeit $\vec{v}_S$ bewegt, d. h., wir beobachten nur die Relativbewegung der stoßenden Moleküle. Dabei fliegt Kugel B mit der Relativgeschwindigkeit $\vec{v}_R$ und der Masse $\tilde{\mu}_{AB}$ auf die ruhende Kugel A zu. Ferner stellt man sich die ruhende Kugel auf den Durchmesser $(d_A + d_B)$ vergrößert vor (s.Abb. 6.1). Es bewegt sich dann der Massenpunkt mit der Masse $\tilde{\mu}_{AB}$ und der Geschwindigkeit $\vec{v}_R$, wobei es zum Stoß mit der ruhenden Kugel kommt, wenn für den sog. Stoßparameter b gilt, dass $b < (d_A + d_B)$ (s. Abb. 6.1).

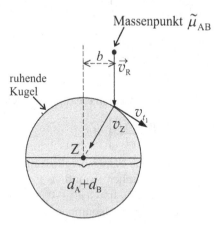

Abb. 6.1: Stoßprozess zweier Kugeln A und B im Schwerpunktsystem

Nun zerlegen wir den Vektor $\vec{v}_R$ in 3 Komponenten $\vec{v}_R = (v_z, v_{t_1}, v_{t_2})$, so dass v_z senkrecht zur Kugeloberfläche in Richtung des Kugelzentrums Z zeigt. Von den beiden tangentialen Komponenten v_{t_1} und v_{t_2} ist in Abb. 6.1 nur v_{t_1} gezeigt, da v_{t_2} senkrecht zur Zeichenebene steht, also gleich Null ist, wenn $\vec{v}_R$ in der Zeichenebene liegt. Es ist deutlich, dass nur die kinetische Energie $\frac{1}{2}\mu_{AB}v_z^2$ beim Stoß umgewandelt werden kann. Damit es zur chemischen

Reaktion kommt, muss dieser kinetische Energieanteil größer als eine Schwellenenergie ε_A sein, die man *Aktivierungsenergie* nennt. Es muss also gelten:

$$\frac{1}{2}\tilde{\mu}_{AB}v_Z^2 > \varepsilon_A \tag{6.5}$$

Die Frage ist nun, wie viele der stattfindenden Stöße diese Bedingung erfüllen. Die Geschwindigkeiten $\vec{v}_A$ und $\vec{v}_B$ der beiden Moleküle sind nach der Maxwell-Boltzmann-Funktion verteilt, d. h. für die Wahrscheinlichkeit, dass dN_A Moleküle eine Geschwindigkeit zwischen $\vec{v}_A$ und $\vec{v}_A + d\vec{v}_A$ besitzen und gleichzeitig dN_B Moleküle eine zwischen $\vec{v}_B$ und $\vec{v}_B + d\vec{v}_B$, gilt nach Gl. (2.64) und den Regeln der Wahrscheinlichkeitsrechnung für das Auftreten zweier unabhängiger Ereignisse (s. Kapitel 1, Abschnitt 1.1):

$$\frac{dN_A}{N_A}\cdot\frac{dN_B}{N_B} = \frac{(m_A\cdot m_B)^{3/2}}{(2\pi k_B T)^3}\cdot\exp\left[-\frac{m_A|\vec{v}_A|^2 + m_B|\vec{v}_B|^2}{2k_B T}\right]d\vec{v}_A\cdot d\vec{v}_B \tag{6.6}$$

mit $d\vec{v}_A = dv_{Ax}\cdot dv_{Ay}\cdot dv_{Az}$ und $d\vec{v}_B = dv_{Bx}\cdot dv_{By}\cdot dv_{Bz}$. Wir schreiben jetzt die rechte Seite von Gl. (6.6) in die Schwerpunkts- bzw. Relativkoordinaten nach Gl. (6.3) um:

$$\frac{dN_A}{N_A}\cdot\frac{dN_B}{N_B} = \frac{(m_A\cdot m_B)^{3/2}}{(2\pi k_B T)^3}\cdot\exp\left[-\frac{(m_A + m_B)|\vec{v}_S|^2 + \tilde{\mu}_{AB}|\vec{v}_R|^2}{2k_B T}\right]d\vec{v}_S\cdot d\vec{v}_R \tag{6.7}$$

Es gilt $d\vec{v}_A\cdot d\vec{v}_B = d\vec{v}_S d\vec{v}_R$, was sich in völlig analoger Weise zeigen lässt wie $d\vec{r}_1\cdot d\vec{r}_2 = d\vec{r}_S d\vec{r}_{12}$ (s. Exkurs 10.8.3). Wir integrieren jetzt Gl. (6.7) über $d\vec{v}_S$ indem wir schreiben:

$$\frac{dN_A}{N_A}\cdot\frac{dN_B}{N_B} = \frac{(m_A\cdot m_B)^{3/2}}{(2\pi k_B T)^3}\cdot\left(\frac{2\pi k_B T}{m_A + m_B}\right)^{3/2}\cdot\left\{\int_0^\infty\left(\frac{m_A + m_B}{2\pi k_B T}\right)^{3/2}\right.$$

$$\left.\cdot\exp\left[-\frac{(m_A + m_B)\cdot\vec{v}_S^2}{k_B T}\right]d\vec{v}_S\right\}\cdot e^{-\frac{\mu_{AB}\cdot\vec{v}_R^2}{k_B T}}\cdot d\vec{v}_R$$

Die geschweifte Klammer ist gleich 1, und man erhält schließlich mit $dN_{AB} = dN_A\cdot dN_B$:

$$\frac{dN_{AB}}{N_A\cdot N_B} = \left(\frac{\tilde{\mu}_{AB}}{2\pi k_B T}\right)^{3/2}\cdot\exp\left[-\frac{\tilde{\mu}_{AB}|\vec{v}_R|^2}{2k_B T}\right]\cdot d\vec{v}_R \tag{6.8}$$

Die linke Seite von Gl. (6.8) gibt jetzt die Wahrscheinlichkeit an, wie viele Teilchenpaare dN_{AB} eine Relativgeschwindigkeit zwischen $\vec{v}_R$ und $\vec{v}_R + d\vec{v}_R$ besitzen. Jetzt bedenken wir, dass in Gl. (6.8) $d\vec{v}_R = dv_Z\cdot dv_{t_1}\cdot dv_{t_2}$ und $|\vec{v}_R|^2 = v_Z^2 + v_{t_1}^2 + v_{t_2}^2$ gilt, und integrieren erneut über dv_{t_1} und dv_{t_2}, da ja die Tangentialkomponenten von $\vec{v}_R$ am Stoßprozess nicht beteiligt sind. Wir schreiben:

$$\frac{dN'_{AB}}{N_A\cdot N_B} = \left(\frac{\tilde{\mu}_{AB}}{2\pi k_B T}\right)^{1/2}\cdot\left(\frac{2\pi k_B T}{\tilde{\mu}_{AB}}\right)\left\{\int_0^\infty\left(\frac{\tilde{\mu}_{AB}}{2\pi k_B T}\right)\exp\left[\tilde{\mu}_{AB}\frac{v_{t_1}^2 + v_{t_2}^2}{2k_B T}\right]dv_{t1}\,dv_{t2}\right\}$$

$$\cdot\exp\left[-\frac{\tilde{\mu}_{AB}\cdot v_Z^2}{2k_B T}\right]d\vec{v}_Z$$

Wieder ist die geschweifte Klammer gleich 1 und man erhält:

$$\frac{dN'_{AB}}{N_A \cdot N_B} = \left(\frac{\tilde{\mu}_{AB}}{2\pi k_B T}\right)^{1/2} \cdot \exp\left[-\frac{\tilde{\mu}_{AB} v_Z^2}{2k_B T}\right] \cdot dv_Z \tag{6.9}$$

dN'_{AB} ist jetzt die Zahl der Teilchenpaare, deren zentraler Stoßvektor zwischen v_Z und $v_Z dv_Z$ liegt. Wir setzen jetzt in Gl. (6.9) $N_A = 1$, da wir zunächst nur eine ruhende Kugel betrachten. Dann ist die Zahl der Stöße mit Geschwindigkeiten zwischen v_Z und $v_Z + dv_Z$ von Teilchen B auf die Fläche dF in der Zeit dt:

$$d^3 Z_B = \left(\frac{N_B}{V}\right)\left(\frac{\tilde{\mu}_{AB}}{2\pi k_B T}\right)^{1/2} \cdot \exp\left[-\frac{\tilde{\mu}_{AB} v_Z^2}{2k_B T}\right] \cdot v_Z \cdot dv_Z \cdot dF \cdot dt \tag{6.10}$$

wobei V das Systemvolumen bedeutet und $v_Z \cdot dF \cdot dt$ das Volumen, in dem jedes Teilchen B die differentielle Oberfläche dF auf der Kugeloberfläche in der Zeit dt erreicht, auf der seine Geschwindigkeitskomponente v_Z senkrecht steht. $(N_B/V) \cdot v_Z \cdot dF \cdot dt$ ist dann die Teilchenzahl N_B in diesem Volumen. Wenn wir jetzt über die ganze Kugeloberfläche mit dem Kugeldurchmesser $(d_A + d_B)$ integrieren, ergibt sich die Zahl der Stöße pro Zeit von N_B Teilchen mit *einem* Teilchen A im Geschwindigkeitsintervall dv_Z:

$$\frac{d^2 Z_B}{dt} = \left(\frac{N_B}{V}\right)\left(\frac{\tilde{\mu}_{AB}}{2\pi k_B T}\right)^{1/2} \cdot 4 \cdot \pi \left(\frac{d_A + d_B}{2}\right)^2 \cdot \exp\left[-\frac{\tilde{\mu}_{AB} v_Z^2}{2k_B T}\right] \cdot v_Z \cdot dv_Z \tag{6.11}$$

$\pi[(d_A + d_B)/2]^2$ ist die Projektionsfläche, die die Kugel dem herauf liegenden Massenpunkt $\tilde{\mu}_{AB}$ als effektive Stoßfläche bietet. Sie wird als Stoßquerschnitt σ_{AB} bezeichnet (Ableitung: s. Exkurs 6.6.2) Um nun die Zahl der *reaktiven Stöße* zu erhalten, muss Gl. (6.11) über v_Z integriert werden von einem Wert an, der der Aktivierungsenergie ε_A entspricht. Dazu gehen wir von der Integrationsvariablen v_Z zu ε über. Es gilt nun:

$$\varepsilon = \frac{1}{2}v_Z^2 \cdot \tilde{\mu}_{AB} \quad \text{und} \quad d\varepsilon = v_Z \cdot \tilde{\mu}_{AB} \cdot dv_Z$$

Substitution in Gl. (6.11) und Integration von $\varepsilon = \varepsilon_A$ bis $\varepsilon = \infty$ ergibt:

$$\frac{dZ_B}{dt} = 2\left(\frac{N_B}{V}\right)\left(\frac{2\tilde{\mu}_{AB}}{\pi k_B T}\right)^{1/2} \cdot \sigma_{AB} \cdot \left(\frac{k_B T}{\tilde{\mu}_{AB}}\right) \int_{\varepsilon=\varepsilon_A}^{\infty} e^{-\varepsilon/k_B T} \cdot d\left(\frac{\varepsilon}{k_B T}\right)$$

$$= \left(\frac{N_B}{V}\right)\left(\frac{8k_B T}{\pi\tilde{\mu}_{AB}}\right)^{1/2} \cdot \sigma_{AB} \cdot e^{-\varepsilon_A/k_B T} \tag{6.12}$$

wobei wir $\pi[(d_A + d_B)/2]^2$ mit σ_{AB} abgekürzt haben.

Um nun die gesuchte Zahl der reaktiven Stöße zwischen Teilchen A und B pro Volumen zu erhalten, muss Gl. (6.12) noch mit N_A multipliziert und durch V dividiert werden.

Die Zahl der reaktiven Stöße pro Volumen und Zeit ist gleich dem zeitlichen Verlust der Teilchenzahlkonzentrationen von A und B. Somit gilt für die Reaktionsgeschwindigkeit:

$$-\frac{\mathrm{d}\left(\frac{N_A}{V}\right)}{\mathrm{d}t} = -\frac{\mathrm{d}\left(\frac{N_B}{V}\right)}{\mathrm{d}t} = \left(\frac{N_A}{V}\right)\left(\frac{N_B}{V}\right)\left(\frac{8k_B T}{\pi \cdot \tilde{\mu}_{AB}}\right)^{1/2} \cdot \sigma_{AB} \cdot e^{-\varepsilon_A/k_B T} \tag{6.13}$$

Wenn wir stattdessen molare Konzentrationen c_A und c_B einführen, erhalten wir entsprechend Gl. (6.1) für die Reaktionsgeschwindigkeitskonstante k die Einheit $m^3 \cdot mol^{-1} \cdot s^{-1}$. k ist gegeben durch:

$$k = N_L \left(\frac{8k_B \cdot T}{\pi \tilde{\mu}_{AB}}\right)^{1/2} \cdot \sigma_{AB} \cdot e^{-\varepsilon_A/k_B T} \quad \text{mit} \quad \sigma_{AB} = \pi \left(\frac{d_A + d_B}{2}\right)^2 \tag{6.14}$$

Man sieht, dass k mit der Temperatur anwächst. Wenn ε_A gegen ∞ geht, wird $k = 0$, es findet keine Reaktion statt, ist dagegen $\varepsilon = 0$, führt jeder Stoß zwischen A und B zur Reaktion und k erhält einen maximalen Wert

$$k_{max}^{Stoss} = N_L \left(\frac{8k_B \cdot T}{\pi \mu_{AB}}\right)^{1/2} \cdot \sigma_{AB} \tag{6.15}$$

k_{max}^{Stoss} wird häufig als *Arrheniusfaktor A* bezeichnet. Für die Gesamtzahl Z_{AB} aller Stöße (reaktiver und nichtreaktiver) pro m^3 und s erhalten wir aus Gl. (6.13)

$$Z_{AB} = \left(\frac{N_A}{V}\right)\left(\frac{N_B}{V}\right)\left(\frac{8k_B T}{\pi \tilde{\mu}_{AB}}\right)^{1/2} \cdot \sigma_{AB} \tag{6.16}$$

Ein Beispiel zur Berechnung von Z_{AB} findet sich in Exkurs 6.6.1.

6.2 Die mittlere freie Weglänge von Molekülen in Gasen

Ein nützlicher Begriff in der kinetischen Gastheorie ist die *mittlere freie Weglänge*. Wir betrachten ein mit der Geschwindigkeit v fliegendes Molekül in einem Gas bzw. einer Gasmischung. Früher oder später wird dieses Molekül mit einem anderen zusammenstoßen. Wann das geschieht, lässt sich nicht voraussagen, da wir nicht alle Geschwindigkeiten und Positionen der anderen Moleküle kennen. Wir müssen uns also mit Wahrscheinlichkeitsüberlegungen behelfen. Wir bezeichnen mit $f(x)$ die Wahrscheinlichkeit, dass ein Molekül von seinem letzten Stoß aus die Wegstrecke x stoßfrei durchfliegt. Ferner ist die

Wahrscheinlichkeit dw, dass ein Molekül innerhalb der differentiellen Wegstrecke dx zum Stoß kommt, zu dieser Wegstrecke dx proportional.

$$dw = l_v^{-1} \cdot dx$$

wobei wir mit l_v^{-1} die Proportionalitätskonstante bezeichnen. $(1 - l_v^{-1})$ ist dann die Wahrscheinlichkeit, dass es innerhalb dx nicht zum Stoß kommt. Dann ist die Wahrscheinlichkeit, dass ein Molekül die Strecke x und zusätzlich die differentielle Strecke dx frei durchfliegt, nach dem Multiplikationsgesetz:

$$f(x + dx) = f(x) \cdot (1 - l_v^{-1} \cdot dx) \tag{6.17}$$

Dieser Ausdruck muss identisch sein mit

$$f(x + dx) = f(x) + \frac{df(x)}{dx} \cdot dx \tag{6.18}$$

Gleichsetzen von Gl. (6.17) und Gl. (6.18) ergibt:

$$\frac{df(x)}{dx} = -\frac{f(x)}{l_v}$$

und nach Integration:

$$\boxed{f(x) = f(x = 0) \cdot \exp\left[-\frac{x}{l_v}\right]} \tag{6.19}$$

Die Wahrscheinlichkeit, die Wegstrecke x frei zu durchfliegen, fällt also exponentiell mit x ab. Wir berechnen jetzt den Mittelwert von $x = \langle x \rangle$:

$$\langle x \rangle = \int_0^\infty x \cdot \exp\left[-\frac{x}{l_v}\right] dx \Big/ \int_0^\infty \exp\left[-\frac{x}{l_v}\right] \cdot dx = l_v$$

l_v hat also die Bedeutung der mittleren Weglänge eines mit der Geschwindigkeit v fliegenden Moleküls. Um nun einen Ausdruck für die *mittlere* freie Weglänge zu erhalten, bei dem über alle möglichen Geschwindigkeiten des betreffenden Moleküls nochmals gemittelt ist, berechnen wir die Zahl der Stöße, die ein Molekül der Sorte j pro Zeiteinheit mit Molekülen des Gasgemisches bestehend aus den Komponenten $1, 2, \ldots j \ldots k$ erfährt. Dazu gehen wir von Gl. (6.12) aus, setzen dort $\varepsilon = 0$, wodurch wir die Gesamtzahl *aller* Stöße von einem Molekül der Sorte j mit irgendeinem der Sorte i erhalten:

$$\frac{d^j z_i}{dt} = \left(\frac{N_i}{V}\right)\left(\frac{8k_B \cdot T}{\pi \cdot \tilde{\mu}_{ij}}\right)^{1/2} \cdot \sigma_{ij}$$

Für die reduzierte Masse $\tilde{\mu}_{ij}$ lässt sich schreiben:

$$\frac{1}{\tilde{\mu}_{ij}} = \frac{1}{m_i} + \frac{1}{m_j} = \frac{1}{m_j}\left(1 + \frac{m_j}{m_i}\right)$$

Für die Gesamtzahl, die *ein* Molekül der Sorte j mit irgendeinem Molekül aller anderen Molekülsorten der Gasmischung erfährt (einschließlich der Sorte j selbst), gilt dann:

$$\sum_{i=1}^{k} \frac{d^j z_i}{dt} = \left(\frac{8k_B \cdot T}{m_j \cdot \pi}\right)^{1/2} \cdot \sum_{i=1}^{k} \left(\frac{N_i}{V}\right)\left(1 + \frac{m_j}{m_i}\right)^{1/2} \cdot \sigma_{ij}$$

Der erste Faktor auf der rechten Seite der Gleichung ist gerade die mittlere thermische Geschwindigkeit $\langle v_j \rangle$ (s. Gl. (2.65)). Nun lässt sich die mittlere freie Weglänge $\langle l_v \rangle_j$ eines Moleküls j, das sich mit der mittleren Geschwindigkeit $\langle v_j \rangle$ bewegt, leicht angeben. Sie ist nichts anderes als $\langle v_j \rangle$ dividiert durch die Zahl der Stöße, die ein Molekül der Sorte j in einer Gasmischung pro Zeiteinheit erfährt:

$$\langle l_v \rangle_j = \frac{\langle v_j \rangle}{\sum_{i=1}^{k} \frac{d^j z_i}{dt}} = \frac{1}{\sum_{i=1}^{k} \left(\frac{N_i}{V}\right)\left(1 + \frac{m_j}{m_i}\right)^{1/2} \cdot \sigma_{ij}} = \frac{k_B T}{\sum_{i=1}^{k} p_i \left(1 + \frac{m_j}{m_i}\right)^{1/2} \cdot \sigma_{ij}} \qquad (6.20)$$

wobei $p_i = p \cdot x_i$ der Partialdruck von Komponente i bedeutet und p der Gesamtdruck. Für die Stoßquerschnitte σ_{ij} gilt:

$$\sigma_{ij} = \pi\, d_{ij}^2$$

mit $d_{ij} = (d_i + d_j)/2$.

Im Grenzfall des reinen Gases der Molekülsorte j ergibt sich aus Gl. (6.20)

$$\langle l_v \rangle_j = (\text{reines Gas } j) = k_B T / (p \cdot \sqrt{2} \cdot \pi \cdot d_j^2) \qquad (6.21)$$

Wir wollen $\langle l_v \rangle_j$ am Beispiel der Gasmischung CO_2 + He berechnen, um eine Vorstellung von der Größe der mittleren freien Weglänge zu erhalten. Wir nehmen an, dass die Moleküle als harte Kugeln betrachtet werden können. Dann hat CO_2 einen effektiven Kugeldurchmesser von $d_{CO_2} = 0{,}407$ nm bzw. einen Stoßquerschnitt $\sigma_{CO_2} = \pi\, d_{CO_2}^2 = 0{,}520\,\text{nm}^2$. Für He gilt $d_{He} = 0{,}258\,\text{nm}$ bzw. $\sigma_{He} = 0{,}209\,\text{nm}^2$. Für σ_{ij} gilt:

$$\sigma_{ij} = \pi \left(\frac{d_i + d_j}{2}\right)^2$$

also ist $d_{CO_2/He} = 0{,}3325\,\text{nm}$ bzw. $\sigma_{CO_2/He} = 0{,}3473\,\text{nm}^2$.

Mit diesen Angaben lässt sich $\langle l_v \rangle_{He}$ und $\langle l_v \rangle_{CO_2}$ nach Gl. (6.20) als Funktion vom Molenbruch x_{He} bei 293 K und 10^5 Pa berechnen. Die Formeln lauten demnach für $\langle l_v \rangle_i$ in nm und $x_{He} = p_{He}/10^5$:

$$\langle l_v \rangle_{CO_2} = \frac{40{,}45}{x_{He} \cdot 1{,}203 + (1 - x_{He}) \cdot 0{,}7354}$$

$$\langle l_v \rangle_{He} = \frac{40{,}45}{(1 - x_{He}) \cdot 0{,}3627 + x_{He} \cdot 0{,}2955}$$

Abb. 6.2 zeigt die Ergebnisse. $\langle l_v \rangle_{CO_2}$ ist naturgemäß deutlich kleiner als $\langle l_v \rangle_{He}$. Bei 1 bar und 293 K liegen beide $\langle l_v \rangle$-Werte beim 100- bis 300-fachen der Moleküldurchmesser.

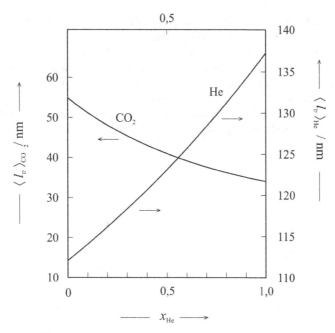

Abb. 6.2: Abhängigkeit der mittleren freien Weglängen $\langle l_v \rangle_{He}$ und $\langle l_v \rangle_{CO_2}$ in [nm] von der Gemischzusammensetzung bei 1 bar und 293 K.

6.3 Die Theorie des Übergangszustandes (Transition State Theory = TST) bimolekularer chemischer Reaktionen

Die TST-Methode beruht auf der molekularstatistischen Grundlage des quasi-stationären Gleichgewichts und stellt eine erhebliche Verbesserung der einfachen, in 6.1 geschilderten Methode der Stoßtheorie dar. Moleküle sind keine harten Kugeln, sie haben eine Struktur, die durch die Anordnung der Atome im Molekül bestimmt ist und die man in einer verbesserten Theorie berücksichtigen muss. Wie kompliziert der tatsächliche Reaktionsweg sogar bei der einfachen Reaktion eines zweiatomigen Moleküls AB mit einem Atom C , also AB + C → A + BC ist, zeigt Abb. 6.3. Hier ist der potentielle Energieinhalt des reagierenden Systems A $\cdots$ B $\cdots$ C als Funktion der beiden unabhängig wählbaren Abstände der Atome r_{AB} und r_{BC} durch Höhenlinien (Äquipotentiallinien) dargestellt. Das Energieprofil hat die Gestalt einer Gebirgslandschaft (Abb. 6.3 a), wo der Weg aus dem Tal links oben (s. Abb. 6.3b)) über einen Sattel in das Tal rechts unten (Produkte A + BC) verläuft. Die gestrichelte Linie ist Abb. 6.3 b) der Pfad, auf dem das System bei niedrigstem Energieaufwand von einem Tal (Edukte) zum anderen Tal (Produkte) gelangt. Diese Linie heißt Minimaltrajektorie, sie führt über die „Passhöhe", den Sattelpunkt SP. Es sind aber beliebig viele andere Wege möglich, die mehr oder weniger über die Seitenhänge zum Ziel führen und dabei höhere Energien erfordern (Abb. 6.3 c). Es gibt, z. B. in Abb.

6.3 d), aber auch Pfade, die die Passhöhe gar nicht überwinden können, weil dazu die kinetische Energie der Reaktanden im rechten Tal nicht ausreicht (s. Abb. 6.3 d)). Alle möglichen Trajektorien müssen bei der Berechnung des Reaktionsablaufes mit der Wahrscheinlichkeit ihres Auftretens gewichtet werden, um die Reaktionsgeschwindigkeit des Prozesses zu bestimmen. Das ist schon für dieses einfache Beispiel eine komplizierte Angelegenheit, bei der wir sogar nur kolineare Reaktionswege berücksichtigen, wo die 3 Reaktionspartner A, B, C auf einer Linie liegen. Man muss aber auch gewinkelte Anordnungen betrachten, bei denen die Energieprofile für jeden Winkel anders als in Abb. 6.3 aussehen.

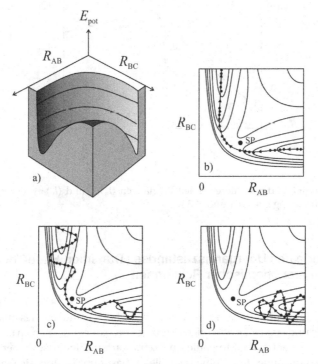

Abb. 6.3: Energieoberfläche der Reaktion AB + C → A + BC in kolinearem Reaktionsverlauf als Funktion der Abstände r_{BC} und r_{AB}. SP ist der Sattelpunkt mit dem minimalen Wert der Energie E_{pot}, der für eine Reaktion aufzubringen ist.

Wir suchen daher ein Verfahren, das nicht zu kompliziert ist, das aber die Struktur der Moleküle und der Molekülkomplexe im Übergangszustand (das ist der Bereich um die Passhöhe) wenigstens näherungsweise berücksichtigt, und von dem wir deutlich bessere Ergebnisse als von der Stoßtheorie harter Kugeln erwarten können.

Dazu stellen wir die Minimaltrajektorie aus Abb. 6.3 b als Kurve entlang des Reaktionsweges dar, wir nennen sie *Reaktionskoordinate*. Das ist in Abb. 6.4 gezeigt.

In der Theorie des Übergangszustandes betrachten wir näherungsweise als relevante Be-

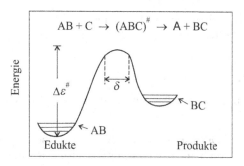

Abb. 6.4: Minimaltrajektorie = potentielle Energie des Reaktionssystems AB + C → A +BC als Funktion der Reaktionskoordinate (s. Abb. 6.3 b)

reiche des Energieprofils nur den Zustand der getrennten Edukte A und B sowie den von $(ABC)^{\sharp}$ im Bereich um den Sattelpunkt, wo die Minimaltrajektorie ihr Maximum hat. Er heißt *Übergangszustand* oder *aktivierter Komplex*. Edukte, Produkte und der aktivierte Komplex können sich nun in verschiedenen Energiezuständen der Translation, Rotation und Schwingung befinden, die in Abb. 6.4 durch Striche angedeutet sind. Die Weglänge im Übergangszustand des aktivierten Komplexes wird durch die Länge δ abgegrenzt. Alle Kombinationen der Differenzen von Energieniveaus in den Produkten mit denen des aktivierten Komplexes sind mögliche Reaktionswege. Diese Differenzen sind die entsprechenden Aktivierungsenergien, die geeignet gemittelt werden müssen. Dazu gehen wir aus von folgendem kinetischen Mechanismus:

$$AB + C \underset{k_{-1}}{\overset{k_1}{\rightleftharpoons}} \quad (ABC)^{\sharp} \quad \overset{k_2}{\rightarrow} \quad A + BC \tag{6.22}$$

Der aktivierte Komplex $(ABC)^{\sharp}$ soll instabil und kurzlebig genug sein, um das sog. *Quasistationaritätsprinzip* anwenden zu können. Es besagt, dass die Konzentration im Übergangszustand $c_{ABC^{\sharp}}$ so gering ist, dass $dc_{ABC^{\sharp}}/dt$ praktisch gleich null wird. Andererseits soll $(ABC)^{\sharp}$ solange existieren, dass sich thermisches Gleichgewicht mit der Umgebung einstellen kann. Es gilt also:

$$\frac{dc_{ABC^{\sharp}}}{dt} = k_1\, c_{AB} \cdot c_C - k_{-1}\, c_{ABC^{\sharp}} - k_2\, c_{ABC^{\sharp}} \approx 0$$

Daraus folgt die quasistationäre Konzentration $c_{ABC^{\sharp}}$ des aktivierten Komplexes:

$$c_{ABC^{\sharp}} = c_A \cdot c_B \frac{k_1}{k_{-1} + k_2}$$

Das ergibt für die Bildungsgeschwindigkeit des Produktes BC:

$$\frac{dc_{BC}}{dt} = k_2 \cdot c_{ABC^{\sharp}} = k_2 \frac{k_1}{k_{-1} + k_2}\, c_A \cdot c_B = -\frac{dc_{AB}}{dt} = -\frac{dc_C}{dt}$$

Die Konzentrationen c_i haben die SI-Einheit $\text{mol} \cdot \text{m}^{-3}$. Die Größe k ist die gesuchte Geschwindigkeitskonstante:

$$k_{\text{TST}} = k_2 \frac{k_1}{k_{-1} + k_2} \tag{6.23}$$

Die Aufgabe ist es nun, k_1, k_{-1} und k_2 zu ermitteln. Dazu führen wir folgende Überlegungen durch.

1. Die Annahme der Quasistationarität legt nahe, näherungsweise für $A + BC \rightleftharpoons (ABC)^{\sharp}$ eine thermodynamische Gleichgewichtseinstellung anzunehmen. Es soll also gelten:

$$K = \frac{k_1}{k_{-1}} = \frac{c_{\text{ABC}^{\sharp}}}{c_{\text{AB}} \cdot c_{\text{C}}} = N_{\text{L}} \frac{C_{\text{ABC}^{\sharp}}}{C_{\text{AB}} \cdot C_{\text{C}}} \tag{6.24}$$

C_i sind hier die Teilchenzahlkonzentrationen (m^{-3}). Wir identifizieren jetzt K/N_{L} mit K_c nach Gl. (4.10) und schreiben:

$$K_c = \frac{\tilde{q}_{\text{ABC}^{\sharp}}}{\tilde{q}_{\text{AB}} \cdot \tilde{q}_{\text{C}}} = \frac{C_{\text{ABC}^{\sharp}}}{C_{\text{AB}} \cdot C_{\text{C}}}$$

2. Die Zustandssumme $\tilde{q}_{\text{ABC}^{\sharp}}$ hat die Besonderheit, dass eine ihrer Normalschwingungsmoden zur Translation „entartet" ist, nämlich die Bewegung entlang der Strecke δ im aktivierten Komplex. Die sich innerhalb δ bewegende effektive Masse bezeichnen wir mit $m^{\sharp}$.

Dann gilt für K_c (zur Erinnerung: $\tilde{q}_{i,\text{trans}} = q_{i,\text{trans}}/V$):

$$K_c = \frac{\left(\tilde{q}_{\text{trans,ABC}^{\sharp}} \cdot q_{\text{rot,ABC}^{\sharp}} \cdot q_{\text{vib,ABC}^{\sharp}}\right) \left(\frac{2\pi m^{\sharp} k_{\text{B}} T}{h^2}\right)^{1/2} \cdot \delta}{(\tilde{q}_{\text{trans}} \cdot q_{\text{rot}} \cdot q_{\text{vib}})_{\text{AB}} \cdot (\tilde{q}_{\text{trans}} \cdot q_{\text{rot}} \cdot q_{\text{vib}})_{\text{C}}}$$
$$\cdot \exp\left[-\left(\varepsilon_{\text{AB}^{\sharp}} - \varepsilon_{\text{AB}} - \varepsilon_{\text{C}}\right)/k_{\text{B}} T\right] \tag{6.25}$$

$\varepsilon_{\text{AB}}^{\sharp} - \varepsilon_{\text{A}} - \varepsilon_{\text{B}} = \Delta\varepsilon^{\sharp}$ bezeichnen wir als *elektronische Nullpunktaktivierungsenergie* (s. Abb. 6.4). $q_{\text{vib, ABC}^{\sharp}}$ bezeichnet das Produkt der Normalschwingungsanteile von $\text{ABC}^{\sharp}$ *ohne* die Bewegungsrichtung in Richtung der Minimaltrajektorie im Bereich δ.

3. Wir berechnen jetzt k_2. Der aktivierte Komplex bewegt sich mit der thermisch gemittelten Geschwindigkeit in eine Richtung (s. auch Gl. 2.67):

$$\langle v \rangle^{\sharp} = \frac{\int_0^{\infty} v_{\delta} \cdot \exp\left[-m^{\sharp} v^2/2k_{\text{B}} T\right] dv}{\int_0^{\infty} \cdot \exp\left[-m^{\sharp} v^2/2k_{\text{B}} T\right] dv} \tag{6.26}$$

Im Mittel vergeht die Zeit τ, bis der Komplex sich von links nach rechts (oder von rechts nach links) über die Strecke δ bewegt:

$$\tau = \delta / \langle v \rangle^{\sharp}$$

τ ist nichts anderes als die mittlere Lebenszeit des Komplexes für eine Zerfallsreaktion erster Ordnung:

$$\frac{\mathrm{d}c_{\mathrm{AB}^{\sharp}}}{\mathrm{d}t} = -k_2 \cdot c_{\mathrm{AB}^{\sharp}}$$

mit $k_2 = k_{-1}$. Damit lässt sich τ berechnen:

$$\tau = \int_0^{\infty} e^{-k_2 \cdot t} \cdot t \cdot \mathrm{d}t \bigg/ \int_0^{\infty} e^{-k_2 \cdot t} \cdot \mathrm{d}t = \frac{1}{k_2} = \frac{1}{k_{-1}} \tag{6.27}$$

Also gilt:

$$k_2 = \frac{\langle v \rangle^{\sharp}}{\delta} = \frac{1}{\delta} \left(\frac{2k_{\mathrm{B}} T}{\pi \cdot m^{\sharp}} \right)$$

Fassen wir die Ergebnisse von 1. bis 3. zusammen, so erhalten wir für die Geschwindigkeitskonstante k_{TST}:

$$k_{\mathrm{TST}} = \frac{N_{\mathrm{L}} \cdot \left(\tilde{q}_{\mathrm{tr}} \cdot q_{\mathrm{rot}} \cdot q'_{\mathrm{vib}} \right)_{\mathrm{ABC}^{\sharp}}}{(\tilde{q}_{\mathrm{tr}} \cdot q_{\mathrm{rot}} \cdot q_{\mathrm{vib}})_{\mathrm{AB}} \cdot (\tilde{q}_{\mathrm{tr}} \cdot q_{\mathrm{rot}} \cdot q_{\mathrm{vib}})_{\mathrm{C}}} \cdot \left(\frac{2\pi m^{\sharp} k_{\mathrm{B}} T}{h^2} \right)^{1/2} \cdot \delta$$
$$\cdot \left(\frac{2k_{\mathrm{B}} T}{\pi m^{\sharp}} \right)^{1/2} \cdot \frac{1}{\delta} \cdot \exp \left[-\Delta\varepsilon^{\sharp} / k_{\mathrm{B}} T \right]$$

bzw.:

$$\boxed{k_{\mathrm{TST}} = \frac{R \cdot T}{h} \cdot \frac{\left(\tilde{q}_{\mathrm{tr}}^{\sharp} \cdot q_{\mathrm{rot}}^{\sharp} \cdot q_{\mathrm{vib}}'^{\sharp} \right)_{\mathrm{ABC}^{\sharp}}}{(\tilde{q}_{\mathrm{tr}} \cdot q_{\mathrm{rot}} \cdot q_{\mathrm{vib}})_{\mathrm{AB}} \cdot (\tilde{q}_{\mathrm{tr}} \cdot q_{\mathrm{rot}} \cdot q_{\mathrm{vib}})_{\mathrm{C}}} \exp \left[-\Delta\varepsilon^{\sharp} / k_{\mathrm{B}} T \right]} \tag{6.28}$$

Gl. (6.28) ist das Ergebnis der *Theorie des Übergangszustandes (TST)* für die Geschwindigkeitskonstante k_{TST} einer bimolekularen Elementarreaktion, wie sie von H. Eyring und M. Polanyi in den Jahren 1931 – 1935 entwickelt wurde.

Man sieht, dass weder δ noch $m^{\sharp}$ in der Endformel vorkommen. k_{TST} hat die SI-Einheit $\mathrm{m}^3 \cdot \mathrm{mol}^{-1} \cdot \mathrm{s}^{-1}$, da $k_{\mathrm{B}} T / h$ die Einheit s^{-1} hat und $\tilde{q}_{\mathrm{tr,ABC}^{\sharp}} / \tilde{q}_{\mathrm{tr,AB}} \cdot \tilde{q}_{\mathrm{tr,C}}$ die Einheit $\mathrm{m}^3 \cdot \mathrm{mol}^{-1}$.

Wir wollen zwei Anwendungsbeispiele von Gl. (6.28) vorstellen. Zunächst fragen wir nach dem Ausdruck, der sich für k_{TST} nach Gl. (6.28) ergibt, wenn wir annehmen, dass die

Reaktionspartner A und B harte Kugeln sind mit den Durchmessern d_A und d_B. Die beiden Kugeln enthalten dann nur Translationsanteile der molekularen Zustandssummen:

$$\tilde{q}_A = \left(\frac{2\pi\, m_A k_B T}{h^2}\right)^{3/2} \quad \text{und} \quad \tilde{q}_{\mathrm{tr},B} = \left(\frac{2\pi\, m_B k_B T}{h^2}\right)^{3/2}$$

Der Übergangskomplex ist also hier ein zweiatomiges Molekül mit der Masse $m_A + m_B$, das aus 2 sich berührenden Kugeln mit den Durchmessern d_A und d_B besteht. Neben $\tilde{q}_{ABC^\ddagger} = \left(2\pi(m_A + m_B)k_B \cdot T/h^2\right)^{3/2}$ gibt es also noch $q_{\mathrm{rot},ABC^\ddagger}$, aber keinen Schwingungsanteil ($q_{S,AB^\ddagger} = 1$). Für das Trägheitsmoment $I_{AB^\ddagger}$ gilt mit $d_{AB} = (d_A + d_B)/2$:

$$I_{ABC^\ddagger} = \frac{m_A \cdot m_B}{m_A + m_B} \cdot \frac{(d_A + d_B)^2}{4}$$

Alles eingesetzt in Gl. (6.28) ergibt für k_{TST}:

$$k_{\mathrm{TST}} = \frac{RT}{h} \cdot \frac{\left(\frac{2\pi(m_A + m_B)k_B T}{h^2}\right)^{3/2} k_B T\, \frac{8\pi^2}{h^2}\left(\frac{d_A + d_B}{2}\right)^2 \left(\frac{m_A \cdot m_B}{m_A + m_B}\right)}{\left(\frac{2\pi m_A\, k_B T}{h^2}\right)^{3/2} \cdot \left(\frac{2\pi m_B\, k_B T}{h^2}\right)^{3/2}}$$

Also erhält man mit dem Stoßquerschnitt $\sigma_{AB} = \pi \cdot \left(\frac{d_A + d_B}{2}\right)^2$ und $\tilde{\mu}_{AB} = m_A \cdot m_B/(m_A + m_B)$:

$$k_{\mathrm{TST,Kugeln}} = N_L\left[8k_B T/\pi \cdot \tilde{\mu}_{AB}\right]^{1/2} \cdot \sigma_{AB} \cdot \exp\left[-\Delta\varepsilon^\ddagger/k_B T\right]$$

Wir stellen fest: dieser Ausdruck für k_{TST} ist *identisch mit k nach Gl. (6.14)*. Die Theorie des Übergangszustandes ergibt also für den Spezialfall, dass A und B harte Kugeln sind, dasselbe Ergebnis wie die Stoßtheorie.

Als weiteres Beispiel für die Berechnung einer Geschwindigkeitskonstante k_{TST} wählen wir:

$$D + H_2 \rightarrow DH + H \tag{6.29}$$

Dieses System ist experimentell gut untersucht und die Energieoberfläche der Reaktion ist quantenchemisch zuverlässig berechnet worden. Entscheidend ist, die Struktur im Übergangszustand zu kennen, d. h., die Abstände $r_D \ldots r_H \ldots r_H$ eventuell der DHH-Winkel und die Nullpunktsaktivierungsenergie $\Delta\varepsilon^\ddagger$. Im Fall von Gl. (6.29) ist der aktivierte Komplex linear. Gewinkelte Anordnungen tragen wenig bei und können vernachlässigt werden. Gl. (6.28) ergibt in diesem Fall:

$$k_{\mathrm{TST}} = \frac{k_B T}{h} \cdot \frac{\left(\frac{2\pi(m_D + 2m_{H_2})k_B T}{h^2}\right)^{3/2} \cdot \frac{I}{\Theta^\circ_{\mathrm{rot,DHH}}} \left[\frac{e^{-\Theta^\ddagger_{\mathrm{vib1}}/2T}}{1 - e^{-\Theta^\ddagger_{\mathrm{vib1}}/T}} \cdot \frac{e^{-\Theta_{\mathrm{vib2}}/2T}}{1 - e^{-\Theta^\ddagger_{\mathrm{vib2}}/T}} \cdot \frac{e^{-\Theta^\ddagger_{\mathrm{vib3}}/2T}}{1 - e^{-\Theta^\ddagger_{\mathrm{vib3}}/T}}\right] g^{DH}_{\mathrm{el}}}{\left(\frac{2\pi m_D\, k_B T}{h^2}\right)^{3/2} \cdot \left(\frac{2\pi\, 2m_{H_2}\, k_B T}{h^2}\right)^{3/2} \cdot \frac{e^{-\Theta_{\mathrm{vib},H_2}/2T}}{1 - e^{-\Theta_{\mathrm{vib},H_2}/T}} \cdot \frac{T}{2\Theta_{\mathrm{rot},H_2}} \cdot g^D_{\mathrm{el}} \cdot g^{H_2}_{\mathrm{el}}}$$

$$\cdot \exp\left[-\frac{\Delta\varepsilon^\ddagger}{k_B \cdot T}\right] \tag{6.30}$$

Aus den Abständen $r_{DH} \cong r_{HH} = 0{,}93\,\text{Å}$ im aktivierten Komplex, den Massen $m_H = 0{,}001/N_L$ kg und $m_D = 0{,}002/N_L$ kg sowie den 3 berechneten Normalschwingungen des Komplexes $\tilde{\nu}_1^{\#} = 1764\ \text{cm}^{-1}$, $\tilde{\nu}_2^{\#} = \tilde{\nu}_3^{\#} = 870\ \text{cm}^{-1}$ ($\tilde{\nu}_1^{\#}$ ist die symmetrische Streckschwingung, $\tilde{\nu}_2^{\#} = \tilde{\nu}_3^{\#}$ sind die beiden entarteten Biegeschwingungen, eine vierte Schwingung (unsymmetrische Streckschwingung) existiert hier nicht, da sie die Translation des Komplexes mit der effektiven Masse $m^{\#}$ entlang der Reaktionskoordinate darstellt)! Damit lassen sich die Werte von $\Theta_{S1}^{\#}$, $\Theta_{S2}^{\#} = \Theta_{S3}^{\#}$ berechnen. $\Theta_{rot,DHH}^{\#}$ ergibt sich aus $r_{HH} = r_{DH}$ und den Massen von H und D. Die Werte von Θ_S und Θ_{rot} für H_2 und HD entnimmt man Tabelle 2.2. Der quantenmechanisch berechnete Wert von $\Delta\varepsilon_0^{\#}$ ist $6{,}725 \cdot 10^{-20}$ Joule. Die elektronischen Entartungsfaktoren sind $g_{el} = 2$, $g_{el}^{H_2} = 1$ und $g_{el}^{D} = 2$. Alles eingesetzt in Gl. (6.30) ergibt das Resultat bei $T = 450$ K:

$$k_{TST} = 5{,}6 \cdot 10^3\ \text{m}^3 \cdot \text{mol}^{-1} \cdot \text{s}^{-1}$$

Der experimentelle Wert ist $k_{exp} = 9{,}0 \cdot 10^3\ \text{m}^3 \cdot \text{mol}^{-1} \cdot \text{s}^{-1}$. Die Übereinstimmung ist recht gut, wenn man den Näherungscharakter des Modells bedenkt.

Wir wollen nun $k_{Stoß}$ für diese Reaktion berechnen und das Ergebnis mit dem für k_{TST} vergleichen. Dazu müssen wir lediglich die Kugeldurchmesser abschätzen, die der Größe von D bzw. von H_2 entsprechen. Wir berechnen den äquivalenten Kugeldurchmesser von H_2 aus der v. d. Waals-Konstante $b_{H_2} = \frac{2}{3}\pi \left(\frac{d_{H_2}}{2}\right)^3$ mit $b_{H_2} = 2{,}667 \cdot 10^{-5}\ \text{m}^3 \cdot \text{mol}^{-1}$ zu $d_{H_2} = (12b/\pi \cdot N_L)^{1/3} = 5{,}53 \cdot 10^{-10}$ m. d_H bzw. d_D schätzen wir mit $2 \cdot 10^{-10}$ m ab. Die reduzierte Masse beträgt $\tilde{\mu}_{D/H_2} = 1{,}107 \cdot 10^{-27}$ kg. Dann ergibt sich für $k_{Stoß}$:

$$k_{Stoß} = N_L \left(\frac{8k_B \cdot 450}{\pi\tilde{\mu}_{D/H_2}}\right)^{1/2} \cdot \pi \left(\frac{5{,}53 + 2}{2}\right)^2 \cdot 10^{-20} \cdot e^{-\Delta\varepsilon^{\#}/k_B \cdot 450} = 22{,}5 \cdot 10^3\ \text{m}^3 \cdot \text{mol}^{-1} \cdot \text{s}^{-1}$$

Der Wert für $k_{Stoß}$ ist also 4 mal größer als k_{TST} und 2,5 mal größer als das Experiment.

Tabelle 6.1 zeigt die Ergebnisse für eine Reihe von Reaktionen. Alle Strukturen der aktivierten Komplexe wurden quantenchemisch berechnet.

Man sieht, dass in allen Fällen $k_{Stoß}$ um 1 bis 2 Größenordnungen zu hoch ist, während die k_{TST}-Werte etwas tiefer als k_{exp} liegen und viel besser mit k_{exp} übereinstimmen.

Durch Berücksichtigung des sog. quantenmechanischen Tunneleffektes (s. Anhang 11.11) erhöht sich k_{TST} noch etwas, wodurch es in vielen Fällen zu noch besserer Übereinstimmung mit k_{exp} kommt.

Gl. (6.28) lässt sich noch in anderer Form schreiben. Wir identifizieren zunächst (s. Gl. (4.10)):

$$K_c^{\#} = \frac{\tilde{q}_{tr,ABC^{\#}} \cdot q_{rot,ABC^{\#}} \cdot q_{S,ABC^{\#}}'}{(\tilde{q}_{Tr} \cdot q_{rot} \cdot q_S)_{AB} \, (\tilde{q}_{Tr} \cdot q_{rot} \cdot q_S)_C} \cdot e^{-\Delta\varepsilon^{\#}/k_B T} = \exp\left[-\Delta\overline{F}^{\#}/RT\right]$$

Tab. 6.1: Werte für $k/\exp[-\Delta\varepsilon^{\ddagger}/k_{B}T]\cdot 10^{-6}$ in $m^3\cdot mol^{-1}\cdot s^{-1}$ für einige Elementarreaktionen. $\Delta\overline{S}^{\ddagger}_{Stoss}-\Delta\overline{S}^{\ddagger}_{TST}=R\cdot\ln(k_{Stoss}/k_{TST})$ in $J\cdot mol^{-1}\cdot K^{-1}$.

Reaktion	Experiment	Stoßtheorie	TST	$\Delta\overline{S}^{\ddagger}_{Stoss}-\Delta\overline{S}^{\ddagger}_{TST}$
$NO+O_3\rightarrow NO_2+O_2$	0,8	47	0,44	38,8
$NO_2+F_2\rightarrow NO_2F+F$	1,6	59	0,13	50,8
$NO_2+CO\rightarrow NO+CO_2$	12	110	6,0	24,2
$F_2+ClO_2\rightarrow FClO_2+F$	0,035	47	0,082	52,8
$2NOCl\rightarrow 2NO+Cl_2$	0,058	26	0,010	65,3
$Br+H_2\rightarrow HBr+H$	30	750	100	16,8
$D+H_2\rightarrow HD+H$	450	1190	290	11,7

$\Delta\overline{F}^{\ddagger}$ ist die freie molare Aktivierungsenergie. Daraus folgt:

$$k_{TST}=\frac{k_BT}{h}\cdot\exp\left[-\frac{\Delta\overline{F}^{\ddagger}}{RT}\right]=\frac{k_BT}{h}\exp\left[\frac{\Delta\overline{S}^{\ddagger}}{R}\right]\cdot\exp\left[-\frac{\Delta\overline{U}^{\ddagger}}{RT}\right] \tag{6.31}$$

$\Delta\overline{S}^{\ddagger}$ ist die molare Aktivierungsentropie und $\Delta\overline{U}^{\ddagger}$ die molare Aktivierungsenergie. Wenn wir für die Stoßtheorie und das TST-Modell voraussetzen, dass die $\Delta\varepsilon^{\ddagger}$-Werte dieselben sind, kann der Unterschied von $k_{Stoß}$ und k_{TST} auf unterschiedliche Werte von $\Delta\overline{S}^{\ddagger}$ zurückgeführt werden (s. Tabelle 6.1), denn es gilt dann:

$$\frac{k_{Stoß}}{k_{TST}}=\exp\left[\frac{\Delta\overline{S}^{\ddagger}_{Stoß}-\Delta\overline{S}^{\ddagger}_{TST}}{R}\right] \tag{6.32}$$

In Tabelle 6.1 ist stets $\Delta\overline{S}^{\ddagger}_{Stoß}>\Delta\overline{S}^{\ddagger}_{TST}$. Das ist leicht erklärbar. In der Stoßtheorie wird i. G. zum TST-Modell keine *Orientierung* der Stoßpartner berücksichtigt, daher ist der Ordnungsgrad des Übergangskomplexes im TST-Modell höher und daher seine Entropie niedriger als im Modell der Stoßtheorie. Aus der Temperaturabhängigkeit von k_{TST} lässt sich die molare Aktivierungsenergie $\Delta\overline{U}^{\ddagger}$ bzw. die Aktivierungsenthalpie $\Delta\overline{H}^{\ddagger}$ bestimmen. Man erhält mit k_{TST} aus Gl. (6.31):

$$RT^2\left(\frac{d\ln k_{TST}}{dT}\right)=RT-T^2\cdot\frac{\partial\left(\Delta\overline{F}^{\ddagger}/T\right)}{\partial T}=RT-T\left(\frac{\partial\Delta\overline{F}^{\ddagger}}{\partial T}\right)+\Delta\overline{F}^{\ddagger}=RT+\Delta\overline{U}^{\ddagger}=\Delta\overline{H}^{\ddagger}$$

Daraus bestimmt man die molare Aktivierungsenergie $\Delta\overline{U}^{\ddagger}$ und aus der k_{TST} dann $\Delta\overline{S}^{\ddagger}$ mit Hilfe von Gl. (6.31). Weitere Beispiele zur TS-Theorie werden in den Exkursen 6.6.3 und 6.6.4 behandelt.

6.4 Kinetik thermonuklearer Fusionsreaktionen und der quantenmechanische Tunneleffekt

Die Reaktionen von Atomkernen durch Fusion spielen sich naturgemäß in ganz anderen Zustandsbereichen von Temperatur und Druck ab als chemische Reaktionen. In der Natur finden Kernfusionsreaktionen vor allem im Zentralbereich von Sternen bei Temperaturen von 10^7 bis 10^9 K und Drücken von 10^{11} bis 10^{14} bar statt, wo es keine Chemie mehr gibt, sondern nur noch freie, positiv geladene Atomkerne und Elektronen. In der Kernphysik und Astrophysik ist als Energieeinheit statt Joule fast ausschließlich die Einheit Elektronenvolt (eV) als Kiloelektronenvolt (keV = 10^3 eV) bzw. Megaelektronenvolt (MeV = 10^6 eV) in Gebrauch: Für die Energiebilanz einer nuklearen Reaktion benutzt man nicht wie in der Chemie die molaren Größen $\Delta_R \overline{U}$ oder $\Delta_R \overline{H}$ in J · mol^{-1}, sondern bezieht sich auf den nuklearen Energieumsatz, der mit Q bezeichnet wird. Außerdem vertauschen definitionsgemäß Exothermie und Endothermie das Vorzeichen. Es wird $Q = -(\Delta_R \overline{U}/N_L) \cdot 6{,}2415 \cdot 10^{18}$ eV für die Reaktionsenergie geschrieben (s. Anhang 11.25). Werte für Q liegen pro nuklearem Umsatz in der Größenordnung von MeV, d. h., umgerechnet auf einen molaren Umsatz sind das mehrere $N_L \cdot 1$ MeV = $1{,}602 \cdot 10^{-13} \cdot N_L$ J · mol$^{-1} \approx 10^8$ kJ · mol^{-1}, während chemische Umsätze im Bereich von $100 - 1000$ kJ · mol^{-1} liegen, also um den Faktor 10^{-6} bis 10^{-5} geringer sind. Wegen der hohen Werte für die Reaktionsenergien bei nuklearen Fusionsreaktionen, müssen wir hier auf die Ergebnisse der speziellen Relativitätstheorie zurückgreifen, nach der für die totale Energie eines idealen Gassystems bestehend aus N Teilchen mit der Teilchenmasse m_i gilt

$$E_{\text{total}} = \sum_{i=1}^{N} \sqrt{\left(m_i c_L^2\right)^2 + c_L^2 |\vec{p}_i|^2} \qquad (6.33)$$

mit dem Impuls $|\vec{p}_i|$ des Teilchens i und der Lichtgeschwindigkeit c_L. Für Geschwindigkeiten $|\vec{v}_i| = |\vec{p}_i|/m_i \ll c_L$ lässt sich Gl. (6.33) in eine Taylor-Reihe entwickeln, die man nach dem quadratischen Glied abbricht ($\sqrt{1 + x^2} \approx 1 + \frac{1}{2}x^2 + \ldots$). Man erhält somit:

$$E_{\text{total}} - \sum_{i=1}^{N} m_i c_L^2 \cong E_{\text{klass}} = \sum_{i=1}^{N} \frac{|\vec{p}_i|^2}{2m_i} = \sum_{i=1}^{N} \frac{1}{2} m_i |\vec{v}_i|^2 \qquad (6.34)$$

Gl. (6.34) ist die „klassische" Translationsenergie E_{klass}, die bei Geschwindigkeiten $v_i \ll c_L$ gilt. Die Energie E_{klass} des Systems ist dabei auf die Energie der Ruhemassen $\sum_i m_i c_L^2$ bezogen, die wir bislang stillschweigend als Bezugswert immer gleich Null gesetzt haben. Nun aber müssen wir die Energie der Ruhemassen bei unseren Berechnungen miteinbeziehen. Nukleare Reaktionsenergien lassen sich somit durch die relativistische Massendifferenz Δm der Reaktionspartner nach der Formel $Q = c_L^2 \cdot \Delta m$ berechnen. In diesem Abschnitt wollen wir uns mit der Kinetik von Kernreaktionen beschäftigen und uns dabei auf *Fusionsreaktionen* beschränken, wie sie bei der Nukleosynthese in Sternen (s. Kapitel 7,

Abschnitt 7.4.5) stattfinden, oder bei der künstlichen Kernfusion, die auf der Erde in Fusionsreaktoren als künftige Energiequelle genutzt werden soll (s. Exkurs 6.6.14). Ganz allgemein lässt sich eine Fusionsreaktion zweier Atomkerne der Massenzahlen A_1 und A_2 mit den positiven Ladungszahlen $+Z_1$ und $+Z_2$ formulieren

$$A_1(Z_1, N_1) + A_2(Z_2, N_2) \rightarrow A_3(Z_1 + Z_2, N_1 + N_2) \tag{6.35}$$

wobei ein neuer Kern A_3 entsteht mit der positiven Ladungszahl $Z_1 + Z_2$. Für die Reaktionsenergie dieser Reaktion gilt dann in der Einheit MeV:

$$Q = c_L^2 \cdot (m_1 + m_2 - m_3) \cdot 6{,}24515 \cdot 10^{12} = \Delta m \cdot c_L^2 \cdot 6{,}24515 \cdot 10^{12} \tag{6.36}$$

Ist $\Delta m > 0$, ist die Reaktion exotherm, ist $\Delta m < 0$, ist sie endotherm. Um die Kinetik solcher Fusionsreaktionen zu beschreiben, erscheint es zunächst naheliegend, auf die Ergebnisse der Stoßtheorie chemischer Reaktionen zurückzugreifen. Als Aktivierungsenergie ε_A kann man die abstoßende positive Coulombenergie definieren, die zwischen zwei Atomkernen herrscht, wenn sich diese gerade beim Abstand $r_1 + r_2$ berühren:

$$\varepsilon_A = \frac{Z_1 \cdot Z_2 \cdot e^2}{\varepsilon_0 \cdot 4\pi \cdot (r_1 + r_2)} \approx \frac{Z_1^2 \cdot Z_2^2 \cdot e^2}{\varepsilon_0 \cdot 4\pi \cdot r_0 \cdot (A_1^{1/3} + A_2^{1/3})} \tag{6.37}$$

e ist die elektrische Elementarladung, r_0 ist der Nukleonenradius und $r_0 \cdot A_1^{1/3}$ bzw. $r_0 A_2^{1/3}$ sind die Atomkernradien. Für $r < r_1 + r_2$ sollen die Kerne bereits fusioniert sein.

In Analogie zu Gl. (6.13) lässt sich demnach für die Reaktionsgeschwindigkeit der Fusion schreiben:

$$-\frac{d(N_{A_1}/V)}{dt} = -\frac{d(N_{A_2}/V)}{dt} = \left(\frac{N_{A_1}}{V}\right)\left(\frac{N_{A_2}}{V}\right)\left(\frac{8k_B T}{\pi \tilde{\mu}_{AB}}\right)^{1/2} \pi (r_1 + r_2)^2 \exp\left[-\varepsilon_A/k_B T\right] \tag{6.38}$$

Sind die Ladungszahlen Z_1 und Z_2 bekannt und setzen wir für $r_1 + r_2 = r_0\left(A_1^{1/3} + A_2^{1/3}\right)$ mit $r_0 = 1{,}25 \cdot 10^{-15}$ m, lässt sich Gl. (6.38) berechnen und mit experimentellen Daten vergleichen. Wir nehmen als Beispiel die Fusionsreaktion $^3H + {}^2H \rightarrow {}^4He + n$. Wir setzen $\pi(r_1 + r_2)^2 = r_0^2\left(A_{3H}^{1/3} + A_{2H}^{1/3}\right)^2 \cdot \pi$ mit $r_0 = 1{,}25 \cdot 10^{-15}$ m und $A_{3H} = 3$, $A_{2H} = 2$ sowie die reduzierte Masse $m_{2H} \cdot m_{3H}/(m_{2H} + m_{3H}) = 2{,}01 \cdot 10^{-27}$ kg. Man erhält dann für die Reaktion $^3H + {}^2H \rightarrow {}^4He + n$ nach Gl. (6.38) für die Geschwindigkeitskonstante k_{Fus}

$$k_{Fus} = \left(\frac{8k_B T}{\pi \tilde{\mu}_{AB}}\right)^{1/2} \cdot \pi \cdot (r_1 + r_2)^2 \cdot \exp\left[-\varepsilon_A/k_B T\right]$$

$$= 132{,}25 \cdot T^{1/2} \cdot 3{,}584 \cdot 10^{-29} \cdot \exp\left[-2{,}023 \cdot 10^{10} \cdot \frac{1}{T}\right] \tag{6.39}$$

Die Auftragung von Gl. (6.39) gegenüber experimentellen Daten zeigt Abb. 6.6. Gl. (6.39) liegt bei $k_B T < 500$ keV bzw. $T < 5 \cdot 10^9$ K um viele Größenordnungen unterhalb den experimentellen Daten, erst oberhalb von 10^{10} K erreicht Gl. (6.39) ungefähr die Werte der Experimente. Die einfache Stoßtheorie verfehlt also das Ziel einer Vorhersage der Reaktionsgeschwindigkeit praktisch vollständig, die tatsächlichen Geschwindigkeiten sind um Größenordnungen höher. Dieses Ergebnis weist auf den sog. quantenmechanischen *Tunneleffekt* hin, der besagt, dass bei reaktiven Stößen die klassische Aktivierungsenergie nicht überwunden werden muss, sondern auch Reaktionen stattfinden, bei denen das „Aktivierungsgebirge" „durchgetunnelt" wird, sodass die effektive Aktivierungsenergie erheblich niedriger sein kann. Der Tunneleffekt wird in Anhang 11.11 als Beispiel Nr. 4 genauer behandelt. Dort wird gezeigt, dass bei der Reaktion zweier Atomkerne 1 und 2 der Gl. (6.11) der Stoßtheorie gültig bleibt, allerdings erhält der Stoßparameter σ_{12} eine ganz andere Form. Es gilt (s. Gl. (11.246) in Anhang 11.11):

$$\frac{d^2Z_2}{dt} = \left(\frac{N_2}{V}\right) \cdot 4 \cdot \frac{S(E)}{E} \cdot W_T(E) \cdot \exp\left[-\frac{\tilde{\mu}_{12} \cdot v_Z^2}{2k_BT}\right] v_Z \, dZ \tag{6.40}$$

σ_{12} ist durch $S(E) \cdot W_T(E)/E$ zu ersetzen, wobei $E = \frac{1}{2}\tilde{\mu}_{12} \cdot v_Z^2$ die kinetische Energie in Relativkoordinaten beim Stoß bedeutet. Während $S(E)$ eine nur schwach von E abhängige Größe ist, stellt $W_T(E)$ die entscheidende Größe dar mit der Bedeutung der Wahrscheinlichkeit, dass die Masse $\tilde{\mu}_{12}$ die Coulombbarriere durchdringt, auch wenn die kinetische Stoßenergie E kleiner als die zu überwindende Coulombenergie nach Gl. (6.37) ist. Für $W_T(E)$ gilt nach Gl. (11.226) in Anhang 11.11:

$$W_T(E) = E \cdot \frac{A_1^{1/3} + A_2^{1/3}}{Z_1 + Z_2} \cdot K_G \cdot \exp\left[-\sqrt{\frac{E_B}{E}}\right] \tag{6.41}$$

mit $K_G = 16 \cdot r_0 \cdot 4\pi \cdot \varepsilon_0/e^2 = 1{,}35 \cdot 10^{-2}$ keV^{-1}. $W_T(E)$ heißt auch Transmissionsfaktor. Einsetzen von Gl. (6.41) in Gl. (6.40) ergibt unter Beachtung von $v_Z \cdot dv_Z = \tilde{\mu}_{12}^{-1} dE$:

$$\frac{d^2Z}{dt} = \left(\frac{N_2}{V}\right) \cdot \left(\frac{8}{\pi\tilde{\mu}_{12}k_BT}\right)^{1/2} \cdot S(E) \frac{A_1^{1/3} + A_2^{1/3}}{Z_1 \cdot Z_2} \cdot K_G \cdot \exp\left[-\sqrt{\frac{E_B}{E}}\right] \cdot \exp\left[-\frac{E}{k_BT}\right] dE$$
$$\tag{6.42}$$

E_B mit der Dimension einer Energie ist ein von E unabhängiger Parameter (s. Gl. (11.227)). Multiplikation von Gl. (6.42) mit $(N_1)/V$ und Integration über dE ergibt dann die thermisch gemittelte Reaktionsgeschwindigkeit der Fusionsreaktion:

$$-\frac{d(N_1/V)}{dt} = -\frac{d(N_2/V)}{dt} = \left(\frac{N_1}{V}\right) \cdot \left(\frac{N_2}{V}\right) \cdot \left(\frac{8}{\pi\tilde{\mu}_{12} \cdot k_BT}\right)^{1/2} \cdot \frac{A_1^{1/3} + A_2^{1/3}}{Z_1 \cdot Z_2} \cdot K_G$$
$$\cdot \int_0^\infty S(E) \cdot \exp\left[-\sqrt{\frac{E_B}{E}} - \frac{E}{k_BT}\right] dE \tag{6.43}$$

Die beiden Exponentialfaktoren in Gl. (6.42) bzw. (6.43) haben einen sehr unterschiedlichen Einfluss auf die Reaktionsgeschwindigkeit. Der erste, $\exp\left[-\sqrt{E_B/E}\right]$, ist sehr klein bei niedrigen Werten von E und steigt bei höherem Wert von E steil an, der zweite, $\exp\left[-E/k_\mathrm{B}T\right]$, ist bei niedrigen Werten von E relativ hoch und wird bei höheren Werten von E niedrig. Der Effekt beider Beiträge ist, dass ihr Produkt, also der Integrand in Gl. (6.43), als Funktion von E ein ausgeprägtes Maximum durchläuft und bei niedrigen wie hohen Werten von E sehr klein wird. Das Maximum ergibt sich aus der Bedingung:

$$\frac{\mathrm{d}}{\mathrm{d}E}\left(\frac{E}{k_\mathrm{B}T} + \sqrt{\frac{E_\mathrm{B}}{E}}\right) = 0 = \frac{1}{k_\mathrm{B}T} - \frac{1}{2}\cdot\sqrt{\frac{E_\mathrm{B}}{E}}\cdot\frac{1}{E} \tag{6.44}$$

mit dem Resultat:

$$E_{\max} = E_\mathrm{G} = E_\mathrm{B}^{1/3}\cdot\left(\frac{k_\mathrm{B}T}{2}\right)^{2/3} \tag{6.45}$$

Für E_B gilt nach Gl. (11.227):

$$E_\mathrm{B} = 6{,}1664\cdot10^{29}\cdot\tilde{\mu}_{12}\cdot Z_1^2\cdot Z_2^2 \quad \text{in} \quad \text{keV} \tag{6.46}$$

$E_{\max} = E_\mathrm{G}$ heißt *Gamow-Energie*.

Man kann den Integranden $I(E) = \exp\left[-\sqrt{E_\mathrm{B}/E} - E/k_\mathrm{B}T\right]$ in Gl. (6.43) um den Wert von E im Maximum E_G in eine Taylor-Reihe entwickeln, die man nach dem quadratischen Glied abbricht:

$$I(E) = I(E = E_\mathrm{G}) + \frac{1}{2}\left(\frac{\mathrm{d}^2 I(E)}{\mathrm{d}E^2}\right)\cdot(E - E_\mathrm{G})^2 + \cdots$$

Das lineare Glied in der Reihe ist gleich Null wegen der Maximalforderung (Gl. (6.44)). Für $I(E)$ gilt dann:

$$I(E) = -\left(\frac{E_\mathrm{B}}{E_\mathrm{G}} + \sqrt{\frac{E_\mathrm{B}}{E_\mathrm{G}}}\right) - \frac{3}{4}\,(E_\mathrm{G}k_\mathrm{B}T)^{-1}\cdot(E - E_\mathrm{G})^2$$

Wir schreiben für

$$\frac{3}{4}\,(E_\mathrm{G}\cdot k_\mathrm{B}T)^{-1} = \left(\frac{2}{\Delta}\right)^2 \quad \text{bzw.} \quad \Delta = \frac{4}{\sqrt{3}}\,(E_\mathrm{G}\cdot k_\mathrm{B}T)^{1/2}$$

Damit ergibt sich für den Exponentialterm unter dem Integral in Gl. (6.43):

$$\exp\left[-\sqrt{\frac{E_\mathrm{B}}{E}} - \frac{E}{k_\mathrm{B}T}\right] \cong C\cdot\exp\left[-\frac{(E - E_\mathrm{G})^2}{(\Delta/2)^2}\right] \tag{6.47}$$

mit

$$C = \exp\left[-\sqrt{\frac{E_B}{E_G}} - \frac{E_G}{k_B T}\right] = \exp\left[-\frac{3E_G}{k_B T}\right]$$

wobei wir E_B mithilfe von Gl. (6.45) eliminiert haben. Die Gaußsche Glockenkurve in Gl. (6.47) heißt *Gamow-Peak*. Das Integral in Gl. (6.43) erhält damit folgende Form:

$$\int_0^\infty S(E) \cdot \exp\left[-\sqrt{\frac{E_B}{E}} - \frac{E}{k_B T}\right] dE \cong \exp\left[-\sqrt{\frac{E_B}{E_G}} - \frac{E_G}{k_B T}\right] \cdot S(E_G)$$

$$\cdot \int_{-\infty}^\infty \exp\left[-\frac{(E - E_G)^2}{(\Delta/2)^2}\right] d(E - E_G)$$

In dieser Gleichung haben wir $S(E)$ als $S(E_G)$ vor das Integral gezogen wegen der geringen Abhängigkeit von $S(E)$ von E. Da als Variable $(E - E_G)$ eingeführt wurde, läuft die Integration von $-\infty$ bis $+\infty$, wodurch der ganze Gamow-Peak erfasst wird. Bei dieser Integration machen wir von Gl. (11.8) in Anhang 11.2 Gebrauch und erhalten schließlich:

$$\int_0^\infty S(E) \cdot \exp\left[-\sqrt{\frac{E_B}{E}} - \frac{E}{k_B T}\right] dE \approx S(E_G) \cdot \exp\left[-\frac{3E_G}{k_B T}\right] \cdot \sqrt{\pi} \cdot \left(\frac{\Delta}{2}\right)$$

$$= S(E_G) \exp\left[-\frac{3E_G}{k_B T}\right] \cdot 2 \cdot \left(\frac{\pi}{3}\right)^{1/2} (E_G k_B T)^{1/2}$$

Damit ergibt sich für die Reaktionsgeschwindigkeit RG in Gl. (6.43):

$$\boxed{\begin{aligned} RG &= -\frac{d(N_1/V)}{dt} = -\frac{d(N_2/V)}{dt} \\ &= \left(\frac{N_1}{V}\right) \cdot \left(\frac{N_2}{V}\right) \cdot \left(\frac{32}{3} \cdot \frac{E_G}{\tilde{\mu}_{12}}\right)^{1/2} \cdot \frac{A_1^{1/3} + A_2^{1/3}}{Z_1 \cdot Z_2} \cdot K_G \cdot S(E_G) \cdot \exp\left[-\frac{3E_G}{k_B T}\right] \end{aligned}}$$ (6.48)

Wir überzeugen uns von der Gleichheit der SI-Einheiten der beiden Gleichungsseiten:

$$m^{-3} \cdot s^{-1} = m^{-6} \cdot \left(J \cdot kg^{-1}\right)^{1/2} \cdot J^{-1} \cdot \left(m^2 \cdot J\right) = m^{-6} \left(kg\, m^2\, s^{-2}\, kg^{-1}\right)^{1/2} \cdot m^2 = m^{-3} \cdot s^{-1}$$

In Abb. 6.5 sind für die Reaktion $2\,^3He \rightarrow\ ^4He + 2\,^1H$ die Funktionen $\exp\left[-\sqrt{E_B/E}\right]$ und $\exp\left[-E/k_B T\right]$ als Funktion von E dargestellt. Das Produkt der beiden Funktionen ergibt den eingezeichneten Gamow-Peak, dessen Maximum bei $E_G = 18{,}5\,keV$ liegt. Die Höhe des Peaks ergibt sich aus Gl. (6.47) zu $\exp\left[-3E_G/k_B T\right]$. Nach Gl. (6.46) kann man

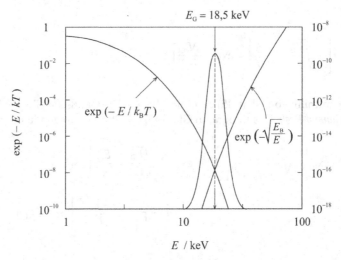

Abb. 6.5: Die Funktionen $\exp\left[-E/k_B T\right]$ und $\exp\left[-\sqrt{E_B/E}\right]$ als Funktion von E bei $T = 1{,}17 \cdot 10^7$ K sowie ihre Produktfunktion in Form einer Gaußschen Verteilung (Gamow-Peak) nach Gl. (6.47) für die Fusionsreaktion $2\,^3$He $\to$ ^{4}He $+ 2\,^1$H. Höhe des Gamow-Peaks $= 1{,}8 \cdot 10^{-24}$ (dimensionslos).

E_B berechnen. Es ergibt sich mit $\tilde{\mu} = 2{,}49 \cdot 10^{-27}$ kg für $E_B = 24575$ keV und somit aus Gl. (6.45) die Temperatur T:

$$T = \left[E_G/E_B^{1/3}\right]^{3/2} \cdot \frac{2}{k_B} = \left[18{,}5 \cdot (24575)^{-1/3}\right]^{3/2} \cdot \frac{2}{8{,}6173 \cdot 10^{-8}} = 1{,}178 \cdot 10^7 \text{ K}$$

Mit den Werten $E_B = 24575$ keV und $T = 1{,}178 \cdot 10^7$ K ergeben sich die beiden eingezeichneten Kurvenverläufe in Abb. 6.5. Die Höhe des Gamow-Peaks $\exp\left[-3E_G/k_B T\right]$ beträgt $1{,}8 \cdot 10^{-24}$ und die Peakbreite $\Delta = 4 \cdot 3^{-1/2} \cdot (E_B \cdot k_B T)^{1/2} = 10{,}0$ keV. Aus einer Angabe, hier der Wert von $E_G = 18{,}5$ keV lassen sich also der Gamow-Peak, die Temperatur und die beiden Kurvenverläufe $\exp\left[-\sqrt{E/B}\right]$ und $\exp\left[-E/k_B T\right]$ berechnen (s. Exkurs 6.6.13).

In Abb. 6.6 sind 2 effektive Geschwindigkeitskonstanten $k_{Fus} = \langle \sigma_{12} \cdot v_Z \rangle$ als Funktion von T dargestellt. Die Reaktion ^{3}H $+ \,^2$H $\to \,^4$He $+$ n spielt eine Schlüsselrolle in Kernfusionsreaktoren (s. Abschnitt 6.6.14). E_B nach Gl. (6.46) ergibt 1228 keV, E_G wurde bestimmt mit 6,9 keV, daraus ergibt sich nach Gl. (6.45)

$$T = \frac{2}{k_B}\left(\frac{E_G^3}{E_B}\right)^{1/2} = \frac{2}{8{,}617 \cdot 10^{-8}} \cdot \left(\frac{(6{,}9)^3}{1228}\right)^{1/2} = 1{,}20 \cdot 10^7 \text{ K}$$

In dem Temperaturfenster um $1{,}2 \cdot 10^7$ K liegt der Gamow-Peak für die Reaktion ^{3}H $+ \,^2$H $\to$ ^{4}He $+$ n.

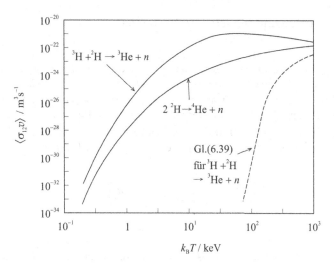

Abb. 6.6: Die effektive Geschwindigkeitskonstante $k_{\text{Fus}} = \langle\sigma_{12}\cdot v_z\rangle$ als Funktion von $(k_B T)$ für die Reaktion $^3\text{H} + {}^2\text{H} \rightarrow {}^4\text{He} + \text{n}$ und $2\,{}^2\text{H} \rightarrow {}^3\text{He} + \text{n}$.

Nach Gl. (6.48) gilt:

$$k_{\text{Fus}} = \langle\sigma_{12}\cdot v\rangle = \left(\frac{32}{3}\frac{E_G}{\tilde{\mu}_{12}}\right)^{1/2} \cdot \frac{A_1^{1/3} + A_2^{1/3}}{Z_1 \cdot Z_2} \cdot K_G \cdot S(E_G) \cdot \exp\left[-\frac{3 E_G}{k_B T}\right] \qquad (6.49)$$

Um $\langle\sigma_{12}\cdot v_z\rangle$ in der SI-Einheit $\text{m}^3\cdot\text{s}^{-1}$ zu erhalten, muss E_G und K_G in SI-Einheiten eingesetzt werden, also $E_G = 6{,}9 \cdot 1{,}602 \cdot 10^{-16} = 1{,}105 \cdot 10^{-15}\,\text{J}$, $K_G = 5{,}256 \cdot 10^{12}\,\text{J}^{-1}$. Dann erhält man mit dem Literaturwert $S(E_G) = 14000\,\text{keV}\cdot\text{barn} = 2{,}243\cdot 10^{-40}\,\text{J}\cdot\text{m}^2$ bei $k_B T = 10\,\text{keV}$ (das entspricht $1{,}16\cdot 10^8\,\text{K}$) für $\langle\sigma_{12}\cdot v_z\rangle \cong 8\cdot 10^{22}\,\text{m}^3\cdot\text{s}^{-1}$, was recht dicht an dem Wert für $\langle\sigma_{12}\cdot v_z\rangle = 2\cdot 10^{22}\,\text{m}^3\cdot\text{s}^{-1}$ liegt, den man aus der Kurve in Abb. 6.6 für die Reaktion $^3\text{H} + {}^2\text{H} \rightarrow {}^4\text{He} + \text{n}$ abliest. Man sieht außerdem, wie bereits erwähnt, dass das Ergebnis der einfachen Stoßtheorie nach Gl. (6.39) das Ziel einer Voraussage völlig verfehlt. Es ist der Tunneleffekt, der solche thermischen Kernfusionsreaktionen bestimmt und überhaupt erst ermöglicht.

6.5 Elementare Theorie von Transportgrößen in Gasen

Die mittlere freie Weglänge $\langle l_v\rangle$ (s. Abschnitt 6.2) kann als Grundlage einer einfachen molekularen Theorie von Transportgrößen wie Diffusion, Wärmeleitfähigkeit und Viskosität in Gasen und Gasgemischen genutzt werden, die für das molekulare Modell der harten Kugeln Resultate liefert, die den korrekten Werten teilweise recht nahe kommen. Im Fall der Diffusion diskutieren wir noch die alternative Theorie des „random walk" und die Brown'sche Molekularbewegung.

6.5.1 Selbstdiffusion und Diffusion in Mischungen

Diffusion ist ein irreversibler Prozess, der in molekularen Mischungen stattfindet, die Unterschiede in den Konzentrationen der molekularen Mischungskomponenten aufweisen, so dass es zum Konzentrationsausgleich durch Teilchentransport kommt, bis das chemische Potential jeder Komponente wieder überall gleich ist. Der molare Strom $\vec{J}_i = (j_{x,i}, j_{y,i}, j_{z,i})$ in mol pro Zeit und Fläche ist proportional zum Gradienten der molaren Konzentration c_i der Molekülsorte i. Es gilt das sog. *1. Fick'sche Gesetz*:

$$\vec{J}_i = -D \cdot \mathrm{grad} c_i = -D\left(\left(\frac{\partial c}{\partial x}\right)\vec{e}_x + \left(\frac{\partial c}{\partial y}\right)\vec{e}_y + \left(\frac{\partial c}{\partial z}\right)\vec{e}_z\right) \tag{6.50}$$

mit den Einheitsvektoren des kartesischen Koordinatensystems $\vec{e}_x$, $\vec{e}_y$ und $\vec{e}_z$. D heißt Diffusionskoeffizient, er hat die SI-Einheit $m^2 \cdot s^{-1}$. Es gilt stets und überall die sog. *Kontinuitätsgleichung* (s. Anhang 11.14), die die *Erhaltung der Teilchenzahl* bzw. der Molzahl in einem Volumenelement $dV = dx \cdot dy \cdot dz$ garantiert:

$$\left(\frac{\partial c_i}{\partial t}\right)_{x,y,z} = -\mathrm{div}\vec{J}_i = -\left(\frac{\partial J_x}{\partial x} + \frac{\partial J_y}{\partial y} + \frac{\partial J_z}{\partial z}\right) \tag{6.51}$$

Einsetzen von Gl. (6.50) in Gl. (6.51) ergibt dann das sog. *2. Fick'sche Gesetz*

$$\left(\frac{\partial c_i}{\partial t}\right)_{x,y,z} = D \cdot \mathrm{div}(\mathrm{grad} c_i) = D \cdot \left(\frac{\partial^2 c_i}{\partial x^2} + \frac{\partial^2 c_i}{\partial y^2} + \frac{\partial^2 c_i}{\partial z^2}\right) \tag{6.52}$$

in kartesischen Koordinaten.

Für den Diffusionskoeffizienten D lässt sich in Gasen mit Hilfe der mittleren freien Weglänge ein praktikabler Näherungsausdruck ableiten. Dazu betrachten wir in Abb. 6.7 a) eine (gedachte) Fläche A durch die in z-Richtung von links senkrecht zur Fläche ein Teilchenstrom $(dN/dt)_L$ und von rechts ein Teilchenstrom $(dN/dt)_R$ hindurch tritt. Die Teilchen von links haben ihren letzten molekularen Stoß im Abstand $|\Delta z|$ von der Fläche A erlitten, dasselbe gilt für die Teilchen von rechts.

Abb. 6.7 b) zeigt, wie der mittlere Abstand $|\Delta z|$ berechnet wird. Moleküle die das differentielle Flächenstück dA von ihrem letzten Stoß ausgehend erreichen, liegen alle auf einem Halbkreis mit dem Radius der mittleren freien Weglänge $\langle l_v \rangle$ und haben somit einen Abstand von $\langle l_v \rangle \cdot \sin \vartheta$ zum Flächenstück dA. Der mittlere Abstand zu A über alle

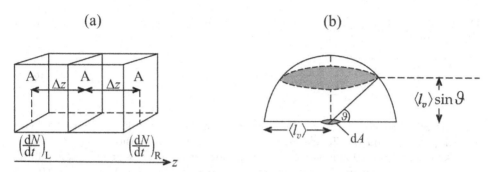

Abb. 6.7: a) Teilchentransport durch Diffusion im Modell der mittleren freien Weglänge mit $|\Delta z| = \frac{2}{3}\langle l_v \rangle$. b) Berechnung der mittleren Entfernung $\Delta z = \frac{2}{3}\langle l_v \rangle$.

Winkel gemittelt beträgt demnach:

$$|\Delta z| = \langle l_v \rangle \cdot \langle \sin \vartheta \rangle = \frac{\int\limits_0^{\pi/2} \langle l_v \rangle \sin \vartheta \cdot 2\pi \cos \vartheta \cdot \sin \vartheta \, d\vartheta}{\int\limits_0^{\pi/2} 2\pi \cos \vartheta \sin \vartheta \, d\vartheta}$$

$$= \langle l_v \rangle \cdot \frac{\int\limits_0^1 \sin^2 \vartheta \cdot d \sin \vartheta}{\int\limits_0^1 \sin \vartheta \, d \sin \vartheta} = \frac{\frac{1}{3} \sin^3 \vartheta \Big|_0^1}{\frac{1}{2} \sin^2 \vartheta \Big|_0^1} \langle l_v \rangle = \frac{2}{3} \langle l_v \rangle \tag{6.53}$$

Jetzt berechnen wir die Zahl der Moleküle, die aus dieser mittleren Entfernung $\frac{2}{3}\langle l_v \rangle$ die Fläche A pro Zeiteinheit durchdringen. Nach Gl. (2.68) gilt für die Zahl der Teilchen von links (L) bzw. rechts (R):

$$\left(\frac{dN}{dt}\right)_L = \frac{1}{4}\left(\frac{N}{V}\right)_L \cdot \langle v \rangle \qquad \text{bzw.} \qquad \left(\frac{dN}{dt}\right)_R = -\frac{1}{4}\left(\frac{N}{V}\right)_R \cdot \langle v \rangle$$

und damit für den molaren Gesamtfluss der Teilchen in z-Richtung:

$$\vec{J} = \frac{1}{A}\frac{dn}{dt} = \frac{1}{N_L} \cdot \frac{d(N_R - N_L)}{dt} = -\frac{1}{4}\langle v \rangle \cdot (c_R - c_L) = -\frac{1}{4}\langle v \rangle \cdot N_L \cdot \frac{dc}{dz} \cdot 2 \cdot |\Delta z|$$

Also erhält man für den molaren Teilchenfluss mit Gl. (6.53)

$$\boxed{\frac{1}{A}\frac{dn}{dt} = -\frac{1}{3}\langle l_v \rangle \cdot \langle v \rangle \cdot \frac{dc}{dz}} \tag{6.54}$$

Der Vergleich mit Gl. (6.50) ergibt somit für den Diffusionskoeffizienten D mit $\langle v \rangle$ nach Gl. (2.65) und $\langle l_v \rangle$ nach Gl. (6.21):

$$\boxed{D = \frac{1}{3}\langle l_v \rangle \langle v \rangle = \frac{2}{3} \cdot \frac{1}{N_L} \cdot \frac{1}{p}\frac{1}{M^{1/2}} \cdot (RT)^{3/2}} \tag{6.55}$$

mit dem Stoßquerschnitt $\sigma = \pi \cdot d^2$ in m^2, mit dem Druck p in Pascal, der Molmasse M in kg $\cdot$ mol^{-1} und der Temperatur T in K. D hat die Dimension m$^2 \cdot$ s^{-1}, ist also umgekehrt proportional zum Druck und steigt mit der Temperatur an. Gl. (6.55) gilt für harte Kugeln, eine genaue Berechnung ergibt statt des Faktors $\frac{1}{3}$ den Wert $3\pi/16 = 0{,}589$. D in Gl. (6.55) heißt *Selbstdiffusionskoeffizient*. Makroskopisch lässt sich Diffusion nur in Mischungen beobachten, im einfachsten Fall in binären Mischungen A+B. Im ruhenden Laborsystem gilt daher stets:

$$\vec{J}_A + \vec{J}_B = 0$$

sowie bei $p = $ const und $T = $ const:

$$c_A + c_B = c \qquad \text{bzw.} \qquad \frac{dc_A}{dz} = -\frac{dc_B}{dz}$$

Zusammen mit dem 1. Fick'schen Gesetz Gl. (6.50) folgt daraus

$$\vec{J}_A + \vec{J}_B = 0 = -D_{AB}\frac{dc_A}{dz} - D_{BA}\frac{dc_B}{dz} \tag{6.56}$$

und somit:

$$D_{AB} = D_{BA} \tag{6.57}$$

Betrachtet man jedoch in einer binären Gasmischung die molaren Ströme $\vec{J}_A$ und $\vec{J}_B$ einzeln, hat man zu berücksichtigen, dass insgesamt ein konvektiver Massenstrom stattfindet, d. h., wegen der unterschiedlichen Masse der Moleküle A und B verschiebt sich bei der Diffusion der Schwerpunkt des System. In molaren Einheiten lauten diese Konvektionsströme in mol $\cdot$ m$^{-2} \cdot$ s^{-1}

$$\vec{w} \cdot c_A \qquad \text{und} \qquad \vec{w} \cdot c_B \tag{6.58}$$

wobei $\vec{w}$ die Konvektionsgeschwindigkeit in m $\cdot$ s^{-1} bedeutet. Also lauten die beiden molaren Partialströme:

$$\vec{J}_A = \vec{w} \cdot c_A - \frac{1}{3}\langle v_A \rangle \cdot \langle l_v \rangle_{AB}\left(\frac{dc_A}{dz}\right) \tag{6.59}$$

$$\vec{J}_B = \vec{w} \cdot c_B - \frac{1}{3} \langle v_B \rangle \cdot \langle l_v \rangle_{BA} \left(\frac{dc_B}{dz} \right) \tag{6.60}$$

Da Gl. (6.56) gültig bleiben muss, lässt sich $\vec{w}$ aus Gl. (6.56) und (6.60) berechnen:

$$\vec{w} = \frac{1}{3} \left(\frac{1}{c_A + c_B} \right) \cdot [\langle v_A \rangle \cdot \langle l_v \rangle_{AB} - \langle v_B \rangle \cdot \langle l_v \rangle_{BA}] \frac{dc_A}{dz} \tag{6.61}$$

Somit gilt für $\vec{J}_A$ und $\vec{J}_B$:

$$\vec{J}_A = -\vec{J}_B = -\frac{1}{2} \cdot \frac{1}{3} \cdot [x_B \cdot \langle v_A \rangle \langle l_v \rangle_{AB} + \langle v_B \rangle \langle l_v \rangle_{BA} \cdot x_A] \frac{dc_A}{dz} = -D_{AB} \frac{dc_A}{dz} \tag{6.62}$$

wobei $x_A = c_A/(c_A + c_B)$ und $x_B = c_B/(c_A + c_B)$ die Molenbrüche bedeuten. Für die mittleren freien Weglängen sind nur Stöße der unterschiedlichen Moleküle A und B beim Diffusionsprozess von Bedeutung, so dass in Gl. (6.20) im Nenner nur die Stoßzahlen der ungleichen Moleküle auftauchen dürfen. Der Faktor $\frac{1}{2}$ in Gl. (6.62) vermeidet die Doppelzählung dieser Stöße. Man erhält mit den Partialdrücken $p_B = x_B \cdot p$ und $p_A = x_A \cdot p$) ($p = p_A + p_B$):

$$\langle l_v \rangle_{AB} = k_B T / \left(x_B \cdot p \cdot (1 + m_A/m_B)^{1/2} \cdot \sigma_{AB} \right) \tag{6.63}$$

und

$$\langle l_v \rangle_{BA} = k_B T / \left(x_A \cdot p \cdot (1 + m_B/m_A)^{1/2} \cdot \sigma_{AB} \right) \tag{6.64}$$

Der Stoßquerschnitt σ_{AB} ist gleich $\pi \cdot (d_A + d_B)^2/4$. Man beachte, dass $\langle l_v \rangle_{AB} \neq \langle l_v \rangle_{BA}$ gilt. Mit $\langle v_A \rangle$ und $\langle v_B \rangle$ nach Gl. (2.65), $\langle l_v \rangle_{AB}$ nach Gl. (6.63) und $\langle l_v \rangle_{BA}$ nach Gl. (6.64) ergibt sich eingesetzt in Gl. (6.62):

$$\vec{J}_A = -\vec{J}_B = -\frac{1}{3} \sqrt{\frac{2}{\pi}} (k_B T)^{3/2} \cdot \frac{1}{\sigma_{AB}} \cdot \frac{1}{p} \left[\frac{1}{m_A^{1/2}(1 + m_A/m_B)} + \frac{1}{m_B^{1/2}(1 + m_B/m_A)} \right] \cdot \frac{dc_A}{dz} \tag{6.65}$$

Multiplikation des ersten Terms in der eckigen Klammer in Zähler und Nenner mit m_A^{-1}, des zweiten Terms entsprechend mit m_B^{-1} führt zu

$$\boxed{\vec{J}_A = -\left[\frac{1}{3} \sqrt{\frac{2}{\pi}} \cdot (k_B T)^{3/2} \cdot \frac{1}{p} \cdot \frac{1}{\sigma_{AB}} \frac{1}{\tilde{\mu}_{AB}^{1/2}} \right] \frac{dc_A}{dz} = -D_{AB} \cdot \frac{dc_A}{dz}} \tag{6.66}$$

mit der reduzierten Molekülmasse:

$$\tilde{\mu}_{AB} = \frac{m_A \cdot m_B}{m_A + m_B} = \frac{1}{N_L} \cdot \frac{M_A \cdot M_B}{M_A + M_B} \tag{6.67}$$

Die eckige Klammer in Gl. (6.66) ist also der gesuchte binäre Diffusionskoeffizient $D_{AB} = D_{BA}$. Er ist nach dieser Theorie unabhängig von der Mischungszusammensetzung und geht für $m_A = m_B$ über in den Ausdruck für den Selbstdiffusionskoeffizienten nach Gl. (6.55). Der korrekte Ausdruck für D_{AB} im Hartekugelmodell ergibt sich wiederum durch Ersetzen von 1/3 in Gl. (6.66) durch $3\pi/16$.

In Tabelle 6.2 sind einige Werte der Durchmesser $d_{AB} = \sqrt{\sigma_{AB}/\pi}$ von Molekülpaaren aufgelistet, die aus Messdaten von D_{AB} über Gl. (6.66) berechnet wurden. Eine weitere Anwendung von Gasdiffusion wird in Exkurs 6.6.6 vorgestellt.

Tab. 6.2: Diffusionskoeffizienten D_{AB} bei 101,3 kPa und daraus mithilfe von Gl. (6.66) berechnete σ_{AB}-Werte (Experimentelle Daten nach R. Taylor and R. Krishna: Multicomponent Mass Transfer, John Wiley + Sons, 1993).

System A+B	T/K	$D_{AB} \cdot 10^5/(m^2 \cdot s^{-1})$	$d_{AB}/Å$
$CO + O_2$	273	1,85	3,48
$H_2 + N_2$	297	7,79	3,01
$H_2 + He$	298	11,32	2,72

Natürlich ist das Modell der harten Kugeln für Moleküle eine recht grobe Vereinfachung der tatsächlichen intermolekularen Wechselwirkungen. Berücksichtigt man beim molekularen Stoßprozess diese Wechselwirkungen z. B. durch ein realistisches LJ(n,6)-Potential werden die Rechnungen erheblich komplizierter. Das Modell der mittleren freien Weglängen ist nicht mehr anwendbar. Es stellt sich heraus, dass der Stoßquerschnitt σ_{AB} durch $\sigma_{AB} \cdot \Omega(T)$ ersetzt wird, wobei σ_{AB} den Abstand der Nullstelle des Potentials bedeutet und $\Omega(T)$ ein T-abhängiger Faktor ist (s. S. Chapman and T. G. Cowling, „The Mathematical Theory of Non-Uniform Gases", Cambridge University Press, 3rd edition (1970)).

6.5.2 Diffusion als statistischer Prozess. Das „Random walk"-Modell

Wir wollen die Diffusion nochmals von einem anderen Standpunkt aus behandeln. In Abb. 6.8 betrachten wir den Diffusionsprozess eines herausgegriffenen Moleküls in einem Gas, das ausgehend vom Ursprung eines gedachten Koordinatensystems eine bestimmte Strecke frei fliegt, bis es mit einem anderen Molekül zusammenstößt und nach diesem Stoß vom Ort des Stoßes wieder in eine beliebige Richtung weiterfliegt bis es den nächsten Stoß erleidet. Dieser Prozess wiederholt sich ständig, so dass das Molekül einen „Irrflug" („random walk") durch den Raum macht. In Abb. 6.8 ist eine bestimmte Flugroute eingezeichnet, die schwarzen Punkte kennzeichnen jeweils den Ort eines Zusammenstoßes. Auf dem Streckenabschnitt zwischen zwei Punkten legt das Molekül die freie Weglänge $\langle l_v^2 \rangle^{1/2}$ zurück mit der mittleren thermischen Geschwindigkeit $\langle v \rangle$. Die nach N Schritten zurückgelegte Strecke ist der Vektor $\vec{r}$. Nun gilt im statistischen Mittel für den stoßfrei zurückgelegten Streckenabschnitt:

$$\langle x^2 \rangle + \langle y^2 \rangle + \langle z^2 \rangle = \langle l_v^2 \rangle$$

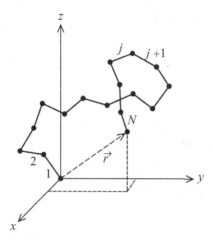

Abb. 6.8: Irrflugmodell („random walk") eines Moleküls im Raum mit N Schrittfolgen $\vec{r}$ = zurück-gelegte Strecke vom Ursprung aus.

und wegen der Isotropie des Raumes gilt ferner:

$$\langle x^2 \rangle = \langle y^2 \rangle = \langle z^2 \rangle = \frac{1}{3}\langle l_v^2 \rangle \qquad (6.68)$$

Die Streckenabschnitte haben als Wurzel eines Quadrates 2 Lösungen für ihre Richtung: eine in positive oder in negative Richtung. Allgemein gilt: Um m Schritte in x-Richtung vorwärts zu kommen, wenn insgesamt N Schritte auszuführen sind, muss es $(N + m)/2$ Schritte in die *positive* Richtung geben und $(N - m)/2$ Schritte in die *negative* Richtung. Ein Beispiel zeigt Abb. 6.9.

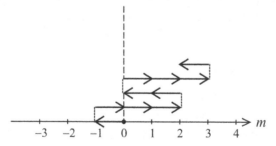

Abb. 6.9: Eine mögliche Wegstrecke der Diffusion (Pfeile) in einer Dimension für N = 10 Schritt-folgen mit m = 2 (6 positive und 4 negative Schritte).

Die Zahl der Möglichkeiten solcher Schrittfolgen ist nach Gl. (1.13):

$$\frac{N!}{\left(\dfrac{N + m}{2}\right)! \left(\dfrac{N - m}{2}\right)!}$$

Die Wahrscheinlichkeit P für einen Schritt in die positive oder negative x-Richtung ist gleich groß, also gilt $P = 1/2$.

Die Wahrscheinlichkeit, dass eine ganz *bestimmte* Schrittfolge stattfindet, ist demnach

$$\left(\frac{1}{2}\right)^N$$

Die Wahrscheinlichkeit $W(N, m)$, dass *irgendeine* Schrittfolge stattfindet, die in der Bilanz m Schritte in positiver x-Richtung beinhaltet, ist also:

$$W(N, m) = \frac{N!}{\left(\frac{N+m}{2}\right)! \left(\frac{N-m}{2}\right)!} \cdot \left(\frac{1}{2}\right)^N \tag{6.69}$$

Das ist die Binominalverteilung nach Gl. (1.15). Wenn die Zahl der Schrittfolgen N genügend groß ist, lässt sich auf Gl. (6.69) die Stirling'sche Formel nach Gl. (11.2) in Anhang 11.1 anwenden:

$$\ln n! = n \ln n - n + \ln \sqrt{2\pi} + \frac{1}{2} \ln n \tag{6.70}$$

Für Gl. (6.69) ergibt sich dann:

$$\begin{aligned}
\ln W = &-\frac{m^2}{2N} + \ln \sqrt{2\pi} + \frac{1}{2} \ln N - \ln \sqrt{2\pi} - \frac{1}{2} \ln \frac{N}{2} \\
&- \frac{1}{2} \ln\left(1 + \frac{m}{N}\right) - \ln \sqrt{2\pi} - \frac{1}{2} \ln \frac{N}{2} - \frac{1}{2} \ln\left(1 - \frac{m}{N}\right)
\end{aligned} \tag{6.71}$$

Jetzt machen wir die plausible Annahme, dass wegen der Größe von N für praktisch alle Werte von m gilt:

$$\frac{m}{N} \ll 1$$

Reihenentwicklung bis zum quadratischen Glied

$$\ln\left(1 \pm \frac{m}{N}\right) = \pm \frac{m}{N} - \left(\frac{m}{N}\right)^2 \cdot \frac{1}{2} + \cdots$$

und Einsetzen in Gl. (6.71) ergibt:

$$\ln W(N, m) = -\frac{m^2}{2N} - \ln \sqrt{2\pi} - \frac{1}{2} \ln N + \ln 2 + \frac{1}{2}\left(\frac{m}{N}\right)^2$$

Der letzte Term ist vernachlässigbar und man erhält unter Beachtung dass $m^2 = x^2/\langle x^2 \rangle$:

$$W(x, N) = \frac{2}{\sqrt{2\pi N}} \cdot e^{-\frac{m^2}{2N}} = \frac{1}{\sqrt{2\pi N \langle x^2 \rangle}} \cdot e^{-\frac{x^2}{\langle x^2 \rangle} \cdot \frac{1}{2N}} \tag{6.72}$$

Die Gleichung ist bereits normiert, was man durch Integration nach Gl. (11.8) in Anhang 11.2 leicht überprüft. Es gilt:

$$\int\limits_{-\infty}^{+\infty} W(x,N)\mathrm{d}x = \int\limits_{-\infty}^{+\infty} W(y,N)\mathrm{d}y = \int\limits_{-\infty}^{+\infty} W(z,N)\mathrm{d}z = 1 \tag{6.73}$$

Ferner gilt, wie man anhand von Gl. (11.7) ebenfalls leicht feststellt:

$$\langle x^2 \rangle = \int\limits_{-\infty}^{+\infty} x^2 W(N,x)\mathrm{d}x \tag{6.74}$$

Entsprechendes gilt für $\langle y^2 \rangle$ und $\langle z^2 \rangle$. Also erhält man für $\langle r^2 \rangle$:

$$\langle r^2 \rangle = \langle (\vec{l}_{v1} + \vec{l}_{v2} + \vec{l}_{v3} + \cdots \vec{l}_{vN})\rangle^2 = \langle l_v^2 \rangle \cdot N + \sum_{i \neq j} \langle l_{vi} \cdot l_{vj} \rangle = \langle l_v^2 \rangle \cdot N \tag{6.75}$$

denn die Mittelwerte $\langle l_{vi} \cdot l_{vj} \rangle$ sind alle gleich Null für $j \neq i$. Nun berechnen wir den quadratischen Mittelwert der freien Weglänge $\langle l_v^2 \rangle$ mit der Wahrscheinlichkeitsfunktion $f(x)$ nach Gl. (6.19):

$$\langle l_v^2 \rangle = \int\limits_0^\infty x^2 \cdot \exp\left[-\frac{x}{l_v}\right]\mathrm{d}x \Big/ \int\limits_0^\infty \exp\left[-\frac{x}{l_v}\right]\mathrm{d}x = 2\langle l_v \rangle^2 \tag{6.76}$$

Das Integrationsergebnis entnimmt man Gl. (11.5) in Anhang 11.2 mit $n = 2$.

Nun wenden wir uns dem 2. Fick'schen Gesetz Gl. (6.52) zu und wählen die x-Achse als Diffusionsrichtung aus:

$$\left(\frac{\partial c}{\partial t}\right)_x = D\left(\frac{\partial^2 c}{\partial x^2}\right)_t \tag{6.77}$$

Als Randbedingungen setzen wir $c \to \infty$ für $t = 0$ und für $x = 0$, wir stellen uns also bei $t = 0$ alle N diffusionsfähigen Moleküle im Punkt $x = 0$ konzentriert vor. Die Lösung von Gl. (6.77) lautet dann

$$c(x,t) = N \cdot \frac{\mathrm{e}^{-x^2/(4Dt)}}{\sqrt{4\pi Dt}} \tag{6.78}$$

Man überprüft das Ergebnis durch Einsetzen von Gl. (6.78) in Gl. (6.77) (zur Ableitung: s. z. B. J. Crank „The Mathematics of Diffusion", Clarendon Press, Oxford (1985)). Außerdem erfüllt Gl. (6.78) auch die Bedingung der Erhaltung der Teilchenzahl N, denn für jeden Zeitpunkt t gilt:

$$\int_{-\infty}^{+\infty} c(x,t)\mathrm{d}x = N \tag{6.79}$$

$c(x,t)$ nach Gl. (6.78) ist in Abb. 6.10 als Funktion von x für 3 verschiedene Zeitpunkte t dargestellt.

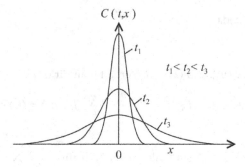

Abb. 6.10: Gl. (6.78) für drei verschiedene Zeiten $t_1 < t_2 < t_3$. Die Glockenkurve wird mit wachsender Zeit immer flacher und niedriger.

Wir stellen jetzt den Zusammenhang von Gl. (6.73) mit Gl. (6.78) her. Offensichtlich gilt:

$$N \cdot W(x,N) = c(x,t)$$

Daraus folgt mit $t = \tau$

$$D = \frac{1}{2}\frac{\langle x^2 \rangle}{\tau} \qquad \text{bzw.} \quad \langle x^2 \rangle = 2D\tau \tag{6.80}$$

Aus Gl. (6.75) und Gl. (6.68) folgt dann

$$\langle r^2 \rangle = \langle l_v^2 \rangle \cdot N = 3\langle x^2 \rangle \cdot N$$

Einsetzen von $\langle x^2 \rangle$ aus Gl. (6.80) ergibt die wichtige Beziehung

$$\boxed{\langle r^2 \rangle = 6D \cdot t} \qquad \text{mit} \quad t = N \cdot \tau \qquad (t \gg \tau) \tag{6.81}$$

Das mittlere *Verschiebungsquadrat* $\langle r^2 \rangle$ ist also *proportional zur Zeit t*, die ein Molekül im statistischen Mittel benötigt, um die Strecke $\langle r^2 \rangle^{1/2}$ zurückzulegen. Die Gültigkeit von Gl. (6.81) ist nur gewährleistet, wenn N eine große Zahl ist, gemäß der Näherung $N/m \gg 1$, die zu Gl. (6.72) führte.

Dieses Ergebnis ist nicht auf Gasmoleküle beschränkt und kann z. B. auch in flüssiger Phase direkt beobachtet werden, wenn man die thermischen Zitterbewegungen sehr kleiner dispergierter Teilchen verfolgt, deren Verhalten genau Gl. (6.81) befolgt. Auch Computersimulationsrechnungen mit Molekülen bestätigen die Gültigkeit von Gl. (6.81).

Wir wenden uns nochmals den Gasmolekülen zu, um einen Zusammenhang von Diffusionskoeffizient und mittlerer freier Weglänge $\langle l_v \rangle$ herzustellen. Zunächst können wir nach Gl. (6.76) und Gl. (6.68) zusammenfassen und erhalten:

$$\langle x^2 \rangle = \frac{1}{3}\langle l_v^2 \rangle = \frac{2}{3}\langle l_v \rangle^2 \qquad (6.82)$$

Es sei τ_v die Zeit, die das Molekül zum Durchfliegen der mittleren Weglänge $\langle l_v \rangle$ benötigt. Wenn es sich mit der mittleren thermischen Geschwindigkeit $\langle v \rangle$ bewegt, kann man also schreiben:

$$\frac{1}{\tau_v} = \frac{\langle v \rangle}{\langle l_v \rangle} \qquad (6.83)$$

Setzen wir nun Gl. (6.82) und Gl. (6.83) in Gl. (6.80) ein, erhalten wir:

$$\boxed{D = \frac{1}{3}\langle v \rangle \cdot \langle l_v \rangle} \qquad (6.84)$$

Das ist genau der Ausdruck für den Selbstdiffusionskoeffizienten D, den wir bereits in Gl. (6.54) bzw. Gl. (6.55) im Rahmen des Modells der mittleren freien Weglänge abgeleitet hatten. Das Irrflugmodell und das Modell der mittleren freien Weglänge ergeben also für Gase identische Ausdrücke für den Diffusionskoeffizienten.

6.5.3 Brown'sche Molekularbewegung und Langevin'sche Gleichung

Verfolgt man die Bewegung mikroskopisch kleiner Teilchen in einem fluiden Medium (ein Gas oder eine Flüssigkeit), stellt man eine „Zitterbewegung" der einzelnen Teilchen fest, die sich z. B. mit einem Mikroskop bei dispergierten Latexteilchen in einer Flüssigkeit oder bei Staubteilchen in der Luft durch Streuung des Sonnenlichtes gut beobachten lässt, wobei diese Teilchen erheblich größer als die nicht sichtbaren Moleküle des fluiden Mediums sind. Diese „Zitterbewegung" ähnelt der statistischen Zufallsbewegung des in Abschnitt 6.5.2 behandelten Irrflugmodells („random walk"), sie heißt Brown'sche Bewegung, da sie zuerst von dem Botaniker Robert Brown im 19. Jahrhundert an in Wasser suspendierten Blütenpollen beobachtet wurde. Sie wird durch statistisch erfolgende Stöße der Teilchen mit den nicht sichtbaren Molekülen verursacht. Das gilt auch für die Moleküle selbst. Die Kraftwirkungen, die ein Molekül zu irgendeinem bestimmten Zeitpunkt zwischen $t = 0$ und $t = \Delta t$ erfährt, können Reibungskräfte und sehr kurzzeitig wirkende Kräfte sein, die durch Stöße mit anderen Molekülen rein statistisch verursacht werden.

Man schreibt als Kraftgesetz mit der Molekülmasse m und der Molekülgeschwindigkeit $\vec{v}$:

$$\text{Kraft} = m \cdot \frac{\Delta \vec{v}}{\Delta t} = -\frac{1}{B} \cdot \vec{v} + \frac{1}{N} \sum_{i=1}^{N} \vec{F}_i \qquad (6.85)$$

B heißt *Beweglichkeit*, bzw. B^{-1} *Reibungskoeffizient*.

Hier ist N die große Zahl der rein statistisch formulierbaren Kräfte F_i innerhalb des Zeitintervalls Δt. Für Gl. (6.85) lässt sich also schreiben mit $\Delta t \to dt$:

$$\boxed{m \cdot \frac{d\vec{v}}{dt} = -\frac{1}{B} \cdot \vec{v} + \frac{1}{N} \sum_{i=1}^{N} \vec{F}_i} \qquad (6.86)$$

$\sum_{i=1}^{N} \vec{F}_i/N$ ist der Mittelwert der kurzzeitig im Zeitabschnitt Δt wirkenden Kräfte. Sein Wert ist gering, er kann positiv oder negativ sein. Gl. (6.86) heißt *Langevin'sche Gleichung* (zur Unterscheidung: als Langevin'sche Funktion bezeichnet man die in Exkurs 8.8.1 diskutierte Beziehung der Abhängigkeit der Orientierungspolarisation von der elektrischen Feldstärke). Wir schreiben jetzt $\vec{v} = \dot{\vec{r}}$, multiplizieren Gl. (6.86) mit dem Lagevektor $\vec{r}$ und bilden den Mittelwert des kanonischen Ensembles, d. h. den *thermischen Mittelwert* $\langle \ldots \rangle$:

$$m \cdot \left\langle \vec{r} \cdot \left(\frac{d\dot{\vec{r}}}{dt} \right) \right\rangle = -\frac{1}{B} \langle \vec{r} \cdot \dot{\vec{r}} \rangle + \langle \vec{r} \cdot \frac{1}{N} \sum_{i=1}^{N} F_i \rangle = -\frac{1}{B} \langle \vec{r} \cdot \dot{\vec{r}} \rangle \qquad (6.87)$$

Dabei haben wir berücksichtigt, dass gilt:

$$\langle \vec{r} \cdot \frac{1}{N} \sum_{i=1}^{N} F_i \rangle = \langle \vec{r} \rangle \langle \frac{1}{N} \sum_{i=1}^{N} \vec{F}_i \rangle = 0$$

denn $\vec{r}$ und $\sum_{i=1}^{N} F_i/N$ sind unkorreliert und ihre Mittelwerte verschwinden beide, da keine Richtung von $\vec{r}$ oder $\vec{F}_i$ bevorzugt ist.

Für die linke Seite von Gl. (6.87) gilt dann:

$$m \langle \vec{r} \cdot \frac{d\dot{\vec{r}}}{dt} \rangle = m \left[\langle \frac{d}{dt} (\vec{r} \cdot \dot{\vec{r}}) - \dot{\vec{r}}^2 \rangle \right] \qquad (6.88)$$

Da $m \cdot \langle \dot{\vec{r}}^2 \rangle = 3k_B T$ ist, erhält man für Gl. (6.87) eine Differentialgleichung für die Größe $\langle \vec{r} \cdot \dot{\vec{r}} \rangle$:

$$m \frac{d}{dt} \langle (\vec{r} \cdot \dot{\vec{r}}) \rangle = 3k_B T - \frac{1}{B} \langle (\vec{r} \cdot \dot{\vec{r}}) \rangle \qquad (6.89)$$

deren Lösung lautet:

$$\langle \vec{r} \cdot \dot{\vec{r}} \rangle = C \cdot e^{-\gamma \cdot t} + 3Bk_B T \tag{6.90}$$

mit $\gamma = (B \cdot m)^{-1} = \tau_R^{-1}$. τ_R hat die Bedeutung einer Relaxationszeit. Da zur Zeit $t = 0$ gilt, dass $\vec{r} = 0$, erhält man für die Integrationskonstante $C = -3Bk_B T$. Die daraus folgende Gleichung

$$\left\langle \frac{1}{2} \frac{d}{dt} (\vec{r})^2 \right\rangle = \langle \vec{r} \cdot \dot{\vec{r}} \rangle = 3B \cdot k_B T \left(1 - e^{-\gamma t} \right) \tag{6.91}$$

kann erneut integriert werden mit dem Resultat

$$\boxed{\langle \vec{r}^2 \rangle = 6 \cdot B \cdot k_B T \left[t - \gamma^{-1} \left(1 - e^{-\gamma t} \right) \right]} \tag{6.92}$$

In Gl. (6.92) können wir 2 Grenzfälle unterscheiden.

- $t \gg \tau_R = \gamma^{-1}$. In diesem Fall gilt:

$$\boxed{\langle \vec{r}^2 \rangle = 6B \cdot k_B T \cdot t}$$

Der Vergleich mit Gl. (6.81) ergibt das wichtige Ergebnis:

$$\boxed{D = B \cdot k_B T = \tau_R \cdot \frac{k_B T}{m}} \qquad t \gg \tau_R \tag{6.93}$$

Der Diffusionskoeffizient D ist also proportional zur Beweglichkeit B bzw. zur Relaxationszeit τ_R und umgekehrt proportional zur Molekülmasse.

- $t \ll \tau_R = \gamma^{-1}$. In diesem Fall können wir $e^{-\gamma t}$ in Gl. (6.92) in eine Reihe entwickeln

$$e^{-\gamma t} = 1 - \gamma \cdot t + \frac{1}{2} (\gamma t)^2 - \dots$$

die man nach dem quadratischen Glied abbricht. Man erhält dann:

$$\boxed{\langle \vec{r}^2 \rangle = 6 \cdot B \cdot k_B T \cdot \gamma \cdot t^2 = \frac{6 \cdot k_B T}{m} \cdot t^2} \qquad t \ll \tau_R \tag{6.94}$$

Die gesamte Funktion für $\langle \vec{r}^2 \rangle$ als Funktion von t nach Gl. (6.92) ist in Abb. 6.11 dargestellt.

Der Übergang vom Bereich mit quadratischen zum linearen Anstieg in t liegt bei $t \approx \tau_R$.

Der Reibungsterm $B^{-1} \cdot \vec{v}$ in Gl. (6.86) mit $B^{-1} = k_B T / D$ kann auch in anderer Weise abgeleitet werden, wenn man einen stationären Zustand mit $(d\vec{v}/dt) = 0$ betrachtet,

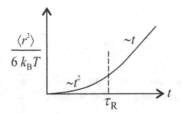

Abb. 6.11: $\langle \vec{r}^2 \rangle$ als Funktion der Zeit in reduzierten Einheiten (nach Gl. (6.92))

in dem als zusätzliche Kraft der Gradient des chemischen Potentials μ pro Molekül $\mu^* = \mu/N_L$ auf der rechten Seite von Gl. (6.87) hinzu addiert wird:

$$\vec{\nabla}\mu^* = \left(\frac{\partial \mu^*}{\partial x}, \frac{\partial \mu^*}{\partial y}, \frac{\partial \mu^*}{\partial z} \right)$$

Im Fall von Gasen gilt ja pro Molekül:

$$\mu^* = \mu_0^* + k_B T \ln p = \mu_0^* + k_B T \ln k_B T + k_B T \ln C$$

mit der Teilchenzahlkonzentration $C = N/V$. Daraus folgt für den Zusammenhang zwischen $\vec{\nabla}\mu^*$ und dem Konzentrationsgradienten $\vec{\nabla}C$:

$$\vec{\nabla}\mu^* = \frac{k_B T}{C} \cdot \vec{\nabla}C \tag{6.95}$$

Nach dem 1. Fick'schen Gesetz gilt (s. Gl. (6.50)):

$$\vec{J} = \vec{v} \cdot C = -D \cdot \vec{\nabla}C \tag{6.96}$$

und somit für die Kräftebilanz im stationären Zustand:

$$m\frac{d\vec{v}}{dt} = 0 = \vec{v} \cdot \frac{k_B T}{D} - \frac{1}{B}\vec{v}$$

woraus $D = B \cdot k_B T$, also Gl. (6.93) folgt.

Andere Kraftwirkungen, die zu stationären Zuständen führen, können zusätzlich in die Langevin'sche Gleichung miteinbezogen werden. Sind z. B. die Teilchen geladen (Ladung e), bewirkt ein elektrisches Feld $\vec{E}$ eine zusätzliche Kraft:

$$m \cdot \frac{d\vec{v}}{dt} = e \cdot \vec{E} - \frac{k_B T}{D}\vec{v}$$

Im stationären Zustand gilt $(d\vec{v}/dt) = 0$ und man erhält:

$$\frac{D}{k_B T} \cdot e \cdot \vec{E} = \vec{v}$$

$\vec{v}$ ist die stationäre *Driftgeschwindigkeit* in Richtung des $\vec{E}$-Feldes. Gl. (6.92) und (6.93) sind allgemein gültige Beziehungen, die auch in Flüssigkeiten gültig sind.

6.5.4 Wärmeleitung in Gasen

Wir betrachten nochmals Abb. 6.7. Statt des Konzentrationsgradienten stellen wir uns einen Temperaturgradienten in z-Richtung vor. Die Konzentration sei dabei konstant. Dann kommt es zu einem Wärmefluss $\vec{Q}$ in Energie pro Zeit und Fläche. Es gilt das sog. 1. Fourier'sche Gesetz:

$$\vec{Q} = -\Lambda_W \cdot \mathrm{grad} T \tag{6.97}$$

Λ_W heißt Wärmeleitfähigkeit des Gases bzw. Gasgemisches und hat die SI-Einheit $J \cdot s^{-1} \cdot m^{-1} \cdot K^{-1}$. Da die Moleküle die Träger der Energie sind, bedeutet das für den Wärmetransport von links in z-Richtung:

$$\dot{Q}_L = \frac{1}{4}\left(\frac{N}{V}\right)\langle v \rangle \cdot \varepsilon_L$$

und von rechts gegen die z-Richtung:

$$\dot{Q}_R = \frac{1}{4}\left(\frac{N}{V}\right)\langle v \rangle \cdot \varepsilon_R$$

wobei ε_L und ε_R die mittlere Energie pro Molekül auf der linken bzw. der rechten Seite bedeutet. Der Nettowärmefluss ist also

$$\dot{Q}_z = \left(\dot{Q}_L - \dot{Q}_R\right) = \frac{1}{4}\left(\frac{N}{V}\right) \cdot \langle v \rangle \cdot (\varepsilon_L - \varepsilon_R) \tag{6.98}$$

Es gilt nun:

$$\varepsilon_L - \varepsilon_R = \left(\frac{d\varepsilon}{dT}\right) \cdot dT = \frac{\overline{C}_V}{N_L} \cdot dT = -\frac{\overline{C}_V}{N_L} \cdot \left(\frac{dT}{dz}\right)\Delta z \tag{6.99}$$

mit der Molwärme $\overline{C}_V$.

Die mittlere Strecke, die ein Molekül vom letzten Stoß bei $T + dT$ die Temperaturdifferenz dT frei durchfliegt und bei T durch den nächsten Stoß die Energie $d\varepsilon$ abgibt, beträgt wie bei der Diffusion $4/3 \cdot \langle l_v \rangle = \Delta z$. Einsetzen von Δz in Gl. (6.99) ergibt dann für Gl. (6.98):

$$\dot{Q}_z = -\frac{1}{3}\langle l_v \rangle \cdot \langle v \rangle \cdot \left(\frac{\overline{C}_V}{N_L}\right) \cdot \left(\frac{N}{V}\right) \cdot \frac{dT}{dz}$$

Aus Gl. (6.97) folgt dann für die Wärmeleitfähigkeit Λ_W:

$$\boxed{\Lambda_W = \frac{1}{3}\langle l_v \rangle \cdot \langle v \rangle \cdot \left(\frac{\overline{C}_V}{N_L}\right) \cdot \left(\frac{N}{V}\right)} \tag{6.100}$$

Ähnlich wie bei der Diffusion gilt auch hier eine Kontinuitätsgleichung, die der *Energie-erhaltungssatz* fordert:

$$\overline{C}_V \cdot \left(\frac{\partial T}{\partial t}\right) = -\text{div}\vec{Q}_z = \Lambda_W \cdot \text{div} \cdot \text{grad}T = \Lambda_W\left(\frac{\partial^2 T}{\partial x^2} + \frac{\partial^2 T}{\partial y^2} + \frac{\partial^2 T}{\partial z^2}\right) \tag{6.101}$$

Gl. (6.101) heißt das 2. Fourier'sche Gesetz. Zusammenfassen von Gl. (6.99) bis (6.101) und Einsetzen in Gl. (6.97) mit $\Delta z = dz$ ergibt für den Wärmefluss $\dot{Q}_z$ von Gasmischungen mit k Komponenten:

$$\dot{Q}_z = \sum_{j=1}^{k} \dot{Q}_{z,j} = -\left[\frac{1}{3} \cdot \frac{1}{N_L}\left(\frac{8RT}{\pi}\right)^{1/2} \cdot \sum_{i=1}^{k} M_j^{-1/2}\left(\frac{N_j}{V}\right) \cdot x_j\overline{C}_{V,j} \cdot \langle l_v \rangle_j\right]\left(\frac{dT}{dz}\right) \tag{6.102}$$

mit $(N_j/V) = x_j \cdot p/(k_B T)$. $\overline{C}_{V,j}$ ist die Molwärme der Komponente j und $\langle l_v \rangle_j$ die mittlere freie Weglänge der Molekülsorte j nach Gl. (6.20). Im Fall eines reinen Gases gilt demnach:

$$\dot{Q}_z = -\left[\frac{1}{3}\frac{1}{N_L} \cdot \left(\frac{8RT}{\pi M}\right)^{1/2} \cdot \frac{\overline{C}_V}{\sqrt{2}\pi d^2}\right] \cdot \frac{dT}{dz} \tag{6.103}$$

Die eckigen Klammern in Gl. (6.102) und (6.103) sind die Wärmeleitfähigkeit Λ_W des Gasgemisches bzw. die eines reinen Gases. Man ersieht aus Gl. (6.102) und Gl. (6.103), das Λ_W nicht vom Druck abhängt aber i. G. zum Diffusionskoeffizienten von der Mischungs-zusammensetzung, also den Molenbrüchen x_i. Eine notwendige Korrektur in Gl. (6.102) bzw. (6.103) betrifft die Molwärme $\overline{C}_V$, für die bekanntlich gilt:

$$\overline{C}_V = \overline{C}_{V,\text{trans}} + \overline{C}_{V,\text{rot}} + \overline{C}_{V,\text{vib}}$$

Empirisch wurde gefunden, dass nur ca. 2/5 des Rotations und des Schwingungsanteils von $\overline{C}_V$ beim Wärmetransport übertragen werden (sog. Eucken-Korrektur). Es gilt statt $\overline{C}_V$:

$$\overline{C}_{V,\text{eff}} = \frac{3}{2}R + \frac{2}{5}\left(\overline{C}_{V,\text{rot}} + \overline{C}_{V,\text{vib}}\right) = \frac{3}{2}R + \frac{2}{5}\left(\overline{C}_V - \frac{3}{2}R\right) = \frac{2}{5}\left(\overline{C}_V + \frac{9}{4}R\right)$$

Eine korrekte Berechnung für Λ_W von harten Kugeln ergibt sich, wenn 1/3 in Gl. (6.102) und Gl. (6.103) durch $25\pi/64$ ersetzt wird, also erhält man für reine Gase mit dem Stoß-querschnitt $\pi \cdot d^2$:

$$\Lambda_W = \frac{25\pi}{64}\left(\frac{8RT}{\pi M}\right)^{1/2} \cdot \frac{2}{5} \cdot \left(\overline{C}_V + \frac{9}{4}R\right) \cdot \frac{1}{N_L \sqrt{2}\pi d^2} \tag{6.104}$$

Die SI-Dimension für Λ_W ist $J \cdot m^{-1} \cdot kg^{-1} \cdot s^{-1}$. Gl. (6.104) gilt für harte Kugelmoleküle. Will man Λ_W für reale Moleküle berechnen, wird der Stoßquerschnitt $\pi \cdot d^2$ temperatur-abhängig, da Moleküle keine harten Kugeln sind. Die Wärmeleitung in Gasen spielt in vielen Bereichen eine wichtige Rolle, z. B. bei der Fernwärmeleitung, Fensterisolation oder der chemischen Reaktionstechnik. 2 Anwendungsbeispiele werden in den Exkursen 6.6.8 und 6.6.9 behandelt.

6.5.5 Viskosität in Gasen

Wir betrachten in Abb. 6.12 ein Gas, das in x-Richtung durch ein Rohr strömt. Am Rohrrand ist die Geschwindigkeit $v_x = 0$ und steigt mit dem Abstand vom Rohrrand in z-Richtung an. Es handelt sich um einen laminaren viskosen Fluss. Die Reibungskraft K_x ist proportional zum Geschwindigkeitsgefälle ($\mathrm{d}v_x/\mathrm{d}z$):

$$K_x = \eta \cdot A \cdot \frac{\mathrm{d}v_x}{\mathrm{d}z} = \frac{\mathrm{d}(mv_x)}{\mathrm{d}t} \tag{6.105}$$

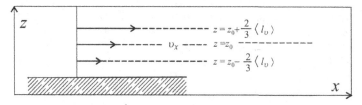

Abb. 6.12: Viskoser laminarer Fluss einer fluiden Substanz (Gas oder Flüssigkeit) in x-Richtung mit dem Strömungsprofil der Geschwindigkeitsvektoren v_x, die vom Abstand z von der Rohrwand abhängen.

A ist die durchströmte Fläche, $\mathrm{d}(mv_x)/\mathrm{d}t$ = Impuls pro Zeit ist gleich der Reibungskraft K_x. Die Größe η heißt *Viskositätskoeffizient* und hat die SI-Einheit $\mathrm{Pa} \cdot \mathrm{s}$ = Poise. Damit lässt sich für den Impulsfluss in z-Richtung im Modell der freien Weglänge für Gase schreiben:

$$\frac{1}{4}\left(\frac{\mathrm{d}m \cdot v_x}{\mathrm{d}t}\right) = \frac{1}{4}\left(\frac{N}{V}\right) \cdot \langle v \rangle \left(mv_x\left(z_0 + \frac{2}{3}\langle l_v \rangle\right) - mv_x\left(z_0 - \frac{2}{3}\langle l_v \rangle\right)\right)$$

$$= \frac{1}{4}\left(\frac{N}{V}\right) \cdot \langle v \rangle \cdot m \cdot \frac{4}{3}\langle l_v \rangle \cdot \frac{\mathrm{d}v_x}{\mathrm{d}z} \tag{6.106}$$

wobei $\langle v \rangle = (8RT/(\pi M))^{1/2}$ wieder die mittlere thermische Geschwindigkeit bedeutet. Vergleich von Gl. (6.106) mit Gl. (6.105) ergibt für den Viskositätskoeffizienten von Gasen:

$$\boxed{\eta = \frac{1}{3}\langle v \rangle \left(\frac{N}{V}\right) \cdot m \langle l_v \rangle = \frac{1}{3}\left(\frac{8RT}{\pi M}\right)^{1/2} \cdot \frac{M}{N_\mathrm{L} \cdot \sqrt{2} \cdot \pi d^2}} \tag{6.107}$$

mit der Molmasse $M = m \cdot N_\mathrm{L}$ und dem Kugeldurchmesser d des als harte Kugel gedachten Gasmoleküls. Bemerkenswert an Gl. (6.107) ist, dass η in Gl. (6.107) unabhängig von der Dichte bzw. dem Druck ist. Das wird durch das Experiment bestätigt, zumindest bei nicht zu hohen Drücken.

Ähnlich wie bei Diffusion und Wärmeleitung ergibt eine korrekte Berechnung statt des Faktors $\frac{1}{3}$ hier den Faktor $(5 \cdot \pi)/32 = 0{,}491$, so dass der korrekte Ausdruck für η eines Hartkugel-Gases lautet:

$$\eta = \frac{5}{16}\sqrt{\frac{M \cdot R \cdot T}{\pi}} \cdot \frac{1}{N_\mathrm{L} \cdot d^2} \tag{6.108}$$

Tab. 6.3: Experimentelle Daten von Transporteigenschaften einiger einfacher Gase bei 101,3 kPa und 273 K. (Quelle: W. Kauzmann, *Kinetic Theory of Gases*. Benjamin, New York, 1966.)

Gas	$\dfrac{10^6 \cdot \eta}{kg \cdot m^{-1} \cdot s^{-1}}$	$\dfrac{10^2 \cdot \Lambda_W}{J \cdot m^{-1} \cdot K^{-1} \cdot s^{-1}}$	$\dfrac{10^5 \cdot D}{m^2 \cdot s^{-1}}$	$\left(M \cdot \Lambda_W / \overline{C}_{V,m} \eta\right)$	$\left(1 + \dfrac{9}{4}\dfrac{R}{\overline{C}_{V,m}}\right)$	$\dfrac{\rho m D}{\eta}$
He	19,20	14,25	—	2,37	2,50	—
Ne	29,67	4,64	4,52	2,53	2,50	1,38
Ar	20,99	1,65	1,56	2,51	2,50	1,33
Kr	23,27	0,870	0,81	2,50	2,50	1,30
Xe	21,07	0,515	0,48	2,57	2,50	1,33
H_2	8,53	16,60	12,9	1,90	1,91	1,36
N_2	16,63	2,30	1,85	1,89	1,92	1,39
O_2	19,18	2,44	1,87	1,98	1,91	1,39
CO_2	13,66	1,46	0,97	1,66	1,66	1,40
CH_4	10,30	3,02	2,06	1,87	1,75	1,43

Aus der Messung von η (s. Exkurs 6.6.10) lassen sich mit Hilfe von Gl. (6.108) Moleküldurchmesser d abschätzen. Für gasförmiges Argon z. B. beträgt bei 273 K der experimentelle Wert von $\eta = 20{,}99 \cdot 10^{-6}$ Pa $\cdot$ s (s. Tabelle 6.3). Daraus ergibt sich für d mit $M_{Ar} = 36{,}5 \cdot 10^{-3}$ kg $\cdot$ mol^{-1}:

$$
d = \left[\frac{5}{16\sqrt{\pi}} \cdot \frac{\left(36{,}5 \cdot 10^{-3} \, kg \cdot mol^{-1} \cdot 8{,}3145 \, J \cdot mol^{-1} \cdot K^{-1} \cdot 273 \, K\right)^{1/2}}{6{,}022 \cdot 10^{23} \, mol^{-1} \cdot 20{,}99 \cdot 10^{-6} \, Pa \cdot s}\right]^{1/2}
$$
$$
= 3{,}56 \cdot 10^{-10} \, m
$$

In Tabelle 10.3 wird der Wert σ des LJ(12,6)-Potentials für die Nullstelle im Fall von Ar mit $3{,}45 \cdot 10^{-10}$ m angegeben, was recht gut mit dem harten Kugeldurchmesser von $3{,}64 \cdot 10^{-10}$ m in unserem einfachen Modell zusammenpasst.

In Tabelle 6.3 sind zusammenfassend für eine Reihe von Gasen experimentelle Zahlenwerte für die Viskosität η, den Wärmeleitungskoeffizienten λ und den Selbstdiffusionskoeffizienten D wiedergegeben. Die Verhältnisse $M \cdot \lambda / \overline{C}_V \cdot \eta$, $(1 + 9R/(4\overline{C}_V))$ und $\rho \cdot m \cdot D / \eta$ sollten nach der Theorie für alle Gase ungefähr konstant sein, was annähernd der Fall ist.

Bei der Viskosität gilt ebenso wie bei Diffusion und Wärmeleitung, dass die entsprechenden Formeln statt der Stoßparameter πd^2 die temperaturabhängigen Ω-Integrale enthalten, die es zu berechnen gilt, wenn für die zwischenmolekulare Wechselwirkungsenergien realistischere Potentiale wie das LJ(n,6)-Potential statt des harten Kugel-Modells verwendet werden (s. S. Chapman and T. G. Cowling „The Mathematical Theory of Non-Uniform Gases", Cambridge University Press (1970)). Die Viskosität in Gasen spielt in vielen technischen Bereichen eine wichtige Rolle, z. B. in der Strömungsmechanik, beim

Erdgastransport oder der Meteorologie. 2 Beispiele aus anderen Bereichen werden in den Exkursen 6.6.10 und 6.6.11 behandelt.

6.5.6 Elektrische Leitfähigkeit in Gasen. Gasplasma und Plasmafrequenz

Die elektrische Leitfähigkeit von Gasen setzt voraus, dass ein bestimmter Anteil der Moleküle in ionischer Form vorliegt, der durch die thermische Dissoziation $A \rightleftharpoons A^+ + e^-$ entsprechend der Saha-Gleichung [Gl. (4.16)] bestimmt wird. Wirkt ein elektrisches Feld $\vec{E}$ in dem Gasgemisch auf die Ladungsträger A^+ und e^- und bleibt dabei das lokale thermische Gleichgewicht erhalten, ergibt die Kräftebilanz für die Ladungsträger mit den Massen m_{e^-} und m_{A^+} und den Driftgeschwindigkeiten $\vec{v}_{e^-}$ und $\vec{v}_{A^+}$:

$$\left. \begin{aligned} m_{e^-} \cdot \frac{d\vec{v}_{e^-}}{dt} + \beta_{e^-} \cdot \vec{v}_{e^-} &= -e \cdot \vec{E} \\[2mm] m_{A^+} \cdot \frac{d\vec{v}_{A^+}}{dt} + \beta_{A^+} \cdot \vec{v}_{A^+} &= +e \cdot \vec{E} \end{aligned} \right\} \tag{6.109}$$

$\vec{E}$ ist die elektrische Feldstärke, e die Elementarladung, e^- die Bezeichnung für das Elektron. β_{e^-} und β_{A^+} sind die „Reibungskoeffizienten" von e^- und A^+. Führen wir die elektrischen Stromdichten $\vec{j}_{e^-} = -e(N_{e^-}/V) \cdot \vec{v}_{e^-}$ und $\vec{j}_{A^+} = +e(N_{A^+}/V) \cdot \vec{v}_{A^+}$ ein, erhält man für Gl. (6.109):

$$\left. \begin{aligned} m_{e^-} \cdot \frac{d\vec{j}_{e^-}}{dt} + \beta_{e^-} \cdot \vec{j}_{e^-} &= +e^2 \left(\frac{N_{e^-}}{V}\right) \vec{E} \\[2mm] m_{A^+} \cdot \frac{d\vec{j}_{A^+}}{dt} + \beta_{A^+} \cdot \vec{j}_{A^+} &= +e^2 \left(\frac{N_{A^+}}{V}\right) \vec{E} \end{aligned} \right\} \tag{6.110}$$

(N_{e^-}/V) bzw. (N_{A^+}/V) sin die Teilchenzahldichten der Elektronen bzw. der Kationen A^+. Wir betrachten zunächst den *stationären* Zustand, wo $d\vec{j}_{e^-}/dt = 0$ und $d\vec{j}_{A^+}/dt = 0$ gilt. Addition in Gl. (6.110) ergibt für die Gesamtstromdichte $\vec{j}$:

$$\vec{j} = \vec{j}_{e^-} + \vec{j}_{A^+} = \left[\frac{e^2}{\beta_{e^-}} \cdot \left(\frac{N_{e^-}}{V}\right) + \frac{e^2}{\beta_{A^+}} \cdot \left(\frac{N_{A^+}}{V}\right) \right] \cdot \vec{E} \tag{6.111}$$

Die Größe

$$\sigma_{el} = \left[\frac{e^2}{\beta_{e^-}} \cdot \left(\frac{N_{e^-}}{V}\right) + \frac{e^2}{\beta_{A^+}} \cdot \left(\frac{N_{A^+}}{V}\right) \right] \tag{6.112}$$

heißt *elektrische Leitfähigkeit* und hat die SI-Dimension $(\Omega \cdot m)^{-1}$ ($1\,\Omega = 1\,\text{Ohm} = 1\,\text{J} \cdot \text{s} \cdot \text{C}^{-2}$). Die Größe σ_{el}^{-1} heißt *spezifischer elektrischer Widerstand*. Die Bedeutung der Reibungskoeffizienten β_{e^-} und β_{A^+} ergibt sich aus der Vorstellung, dass das Feld $\vec{E}$ im stationären Zustand schlagartig zu einem Zeitpunkt $t = 0$ abgeschaltet wird, dann entsteht ein nichtstationärer Zustand für den nach Gl. (6.110) gilt:

$$m_e \cdot \frac{d\vec{j}_e}{dt} + \beta_e \cdot \vec{j}_e = 0$$

$$m_{A^+} \cdot \frac{d\vec{j}_{A^+}}{dt} + \beta_{A^+} \cdot \vec{j}_{A^+} = 0$$

Die beiden Gleichungen sind unmittelbar integrierbar und man erhält:

$$\vec{j}_{e^-}(t) = \vec{j}_{e^-}(t = 0) \cdot \exp\left[-\frac{\beta_e}{m_e} \cdot t\right]$$

$$\vec{j}_{A^+}(t) = \vec{j}_{A^+}(t = 0) \cdot \exp\left[-\frac{\beta_{A^+}}{m_A^+} \cdot t\right]$$

Die Größen m_{e^-}/β_{e^-} bzw. m_{A^+}/β_{A^+} haben also die Bedeutung von Relaxationszeiten τ_{e^-} bzw. τ_{A^+}:

$$\tau_{e^-} = \frac{m_{e^-}}{\beta_{e^-}} \quad \text{und} \quad \tau_{A^+} = \frac{m_{A^+}}{\beta_{A^+}} \tag{6.113}$$

τ_{e^-} bzw. τ_{A^+} ist die mittlere Zeit, die e^- bzw. A^+ nach Abschalten des $\vec{E}$-Feldes noch in Richtung von $\vec{v}_{e^-}$ bzw. $\vec{v}_{A^+}$ weiterfliegt, bevor e^- bzw. A^+ durch Stöße zur Ruhe kommt und keine bevorzugte Richtung mehr aufweist. Die gerichteten Driftgeschwindigkeiten $\vec{v}_{e^-}$ und $\vec{v}_{A^+}$ sind der ungeordneten thermischen Geschwindigkeit überlagert. Wenn $|\vec{v}_{e^-}| \ll (8k_BT/m_{e^-})$ bzw. $|\vec{v}_{A^+}| \ll (8k_BT/m_{A^+})$, können τ_{e^-} und τ_{A^+} aus Gl. (6.113) unmittelbar mit der mittleren freien Weglänge in Zusammenhang gebracht werden:

$$\tau_{e^-} = \langle l_{v,e^-} \rangle / (8k_BT/\pi \cdot m_{e^-}), \quad \tau_{A^+} = \langle l_{v,A^+} \rangle / (8k_BT/\pi \cdot m_{A^+})$$

Somit lässt sich für σ_{el} in Gl. (6.112) schreiben mit $\left(\dfrac{N_{e^-}}{V}\right) = \left(\dfrac{N_{A^+}}{V}\right)$:

$$\sigma_{el} = \left(\frac{N_{e^-}}{V}\right) \cdot e^2 \left(\frac{8k_BT}{\pi}\right)^{1/2} \left[\frac{\langle l_{v,e^-} \rangle}{m_{e^-}^{1/2}} + \frac{\langle l_{v,A^+} \rangle}{m_{A^+}^{1/2}}\right] \tag{6.114}$$

Für $\langle l_{v,e^-} \rangle$ bzw. $\langle l_{v,A^+} \rangle$ ist Gl. (6.20) einzusetzen. Ist die Konzentration $(N_{e^-}/V) = (N_{A^+}/V)$ klein gegenüber der des neutralen Gases A, können interionische Wechselwirkungen der Ladungsträger vernachlässigt werden (Debye-Hückel-Theorie) und es sind für $\langle l_{v,e^-} \rangle$

und $\langle l_{v,A^+}\rangle$ nur die Stoßquerschnitte mit den neutralen Molekülen A von Bedeutung. Wir gehen also davon aus, dass der Dissoziationsgrad des Gases klein ist, d. h., für K_p nach Gl. (4.16) gilt:

$$K_p = \frac{p_{e^-} \cdot p_{A^+}}{p_A} \ll 1$$

Wegen der großen Massenunterschiede von m_{e^-} und m_{A^+} bzw. wegen $\langle l_{v,e^-}\rangle \gg \langle l_{v,A^+}\rangle$ genügt es meist in Gl. (6.114) nur den ersten Term der eckigen Klammer zu berücksichtigen.

Ein teilweise oder vollständig ionisiertes Gas heißt *Gasplasma*. In Exkurs 6.6.12 wird die Leitfähigkeit eines schwach ionisierten Argon-Gasplasmas berechnet. Vollständig ionisierte Gasplasmen existieren in der Natur im Inneren von Sternen, im ionisierten Teilchenstrom des Sonnenwindes, teilionisierte Plasmazustände trifft man z. B. in der Ionosphäre der Erde an oder in der Korona der Sonne. Auf der Erde spielt das künstlich erzeugte Gasplasma $^2H^+ + {}^3H^+$ bei der geplanten Energiegewinnung durch Kernfusion eine zentrale Rolle (s. Exkurs 6.6.14).

Wir betrachten jetzt ein schwach ionisiertes Gasplasma in einem periodischen elektrischen Feld mit der zeitabhängigen Form (ω = Kreisfrequenz):

$$\vec{E}(t) = \vec{E}_0 \cdot e^{-i\omega t} \tag{6.115}$$

Die komplexe Schreibweise vereinfacht die nachfolgenden Herleitungen, wobei man stets im Auge behalten muss, dass nur die Realanteile physikalische Bedeutung haben. Wir setzen Gl. (6.115) in Gl. (6.110) ein und erhalten, wenn wir nur die Elektronen als effektive Ladungsträger berücksichtigen ($\vec{j} \approx \vec{j}_{e^-}$):

$$\vec{j} + \tau_{e^-}\frac{d\vec{j}}{dt} = \sigma_{el}(\omega = 0) \cdot \vec{E}_0 \cdot e^{-i\omega t}$$

$\sigma_{el}(\omega = 0)$ ist Gl. (6.114). Mit dem Lösungsansatz $\vec{j} = \alpha \cdot e^{-i\omega t}$ erhält man:

$$\alpha \cdot e^{-i\omega t} - \alpha \cdot i(\omega \cdot \tau_e) \cdot e^{-i\omega t} = \sigma_{el}(\omega = 0) \cdot \vec{E}_0 \cdot e^{-i\omega t}$$

mit

$$\alpha = \frac{\sigma_{el}(\omega = 0) \cdot \vec{E}_0}{1 - (\omega\tau) \cdot i} \quad \text{und der Lösung} \quad \vec{j} = \frac{\sigma_{el}(\omega = 0) \cdot \vec{E}_0}{1 - i(\omega\tau)} \cdot e^{-i\omega t} \tag{6.116}$$

wie man durch Einsetzen von $\vec{j}$ leicht nachvollzieht:

$$\vec{j} + \tau_{e^-} \cdot \frac{d\vec{j}}{dt} = \frac{\sigma_{el}(\omega = 0)}{1 - i(\omega\tau_e)} \cdot \vec{E}_0 \tag{6.117}$$

In einem periodischen $\vec{E}$-Feld ergibt sich also eine komplexe, von $(\omega\tau_e)$ abhängige elektrische Leitfähigkeit bezogen auf $\vec{E} = \vec{E}_0$:

$$\sigma_{el}(\omega) = \frac{\sigma_{el}(\omega = 0)}{1 - i(\omega \cdot \tau_e)} = \frac{\sigma_{el}(\omega = 0)}{1 + (\omega \cdot \tau_e)^2} + i \cdot \frac{(\omega\tau) \cdot \sigma_{el}(\omega = 0)}{1 + (\omega\tau_e)^2} \tag{6.118}$$

Der Realanteil von Gl. (6.118) ist die messbare Leitfähigkeit. Ihr Wert strebt mit wachsender Frequenz ω dem Wert Null zu. Der elektrische Stromfluss erzeugt eine spezifische Wärmeleistung, die wir mit der irreversiblen Arbeitsleitung $\dot{W}_{irr}$ pro m^3 identifizieren können, denn für $\dot{W}_{irr}$ gilt in Watt $\cdot$ m^{-3} bei komplexer Schreibweise für die elektrische Stromdichte:

$$\dot{W}_{irr} = \frac{1}{\sigma_{el}(\omega)} \vec{j} \cdot \vec{j}^* = \frac{\sigma_{el}(\omega = 0) \cdot |\vec{E}_0|^2}{(1 - i(\omega\tau_e))(1 + i(\omega\tau_e))} (1 - i(\omega\tau_e)) = \sigma_{el}(\omega = 0)|\vec{E}_0|^2 \cdot \frac{1}{1 + i(\omega\tau_e)}$$

Erweitern dieser Gleichung mit $(1 - i(\omega\tau))$ ergibt eine Trennung von Real- und Imaginärteil:

$$\dot{W}_{irr} = \sigma_{el}(\omega = 0) \cdot |\vec{E}_0|^2 \cdot \frac{1}{1 + \omega^2\tau^2} - \sigma_{el}(\omega = 0) \cdot |\vec{E}_0|^2 \frac{i(\omega\tau_e)}{1 + \omega^2 \cdot \tau_e^2} \tag{6.119}$$

Der reale (erste) Term in Gl. (6.119) stellt die tatsächliche Wärmeleistung $\dot{W}_{irr}$ in J$\cdot$s$^{-1}\cdot$m^{-3} dar, die mit wachsender Frequenz ω abnimmt, da die Auslenkung der mitschwingenden Elektronen immer kleiner und schließlich Null wird. Eine weitere bemerkenswerte Eigenschaft von Gasplasmen sind die kollektiven Eigenschwingungen, die auch ohne den äußeren Einfluss von periodischen elektrischen Feldern zustande kommen. Das sieht man folgendermaßen ein. Wir beschränken uns wieder auf die Bewegungen der leichten Elektronen als alleinige Ladungsträger $(\vec{j} \cong \vec{j}_e)$ und bilden von Gl. (6.110) die Divergenz (s. Anhang 11.14):

$$-\text{div}\left(\frac{d\vec{j}_{e^-}}{dt}\right) - \text{div}\left(\frac{1}{\tau_e \cdot \vec{j}_{e^-}}\right) = \left(\frac{N_{e^-}}{V}\right) \cdot \frac{e^2}{m_{e^-}} \cdot \text{div}\vec{E} \tag{6.120}$$

Nun verwenden wir die in Anhang 11.14 abgeleitete Kontinuitätsgleichung für die den elektrischen Strom verursachenden Elektronen:

$$\frac{d\varrho_{e^-}}{dt} = -\text{div}\vec{j}_{e^-} \tag{6.121}$$

wobei ϱ_{e^-} die lokale elektrische Ladungsdichte der Elektronen bedeutet. Ferner verwenden wir die ebenfalls in Anhang 11.14 abgeleitete Poisson-Gleichung, die im Fall des elektrischen Feldes $\vec{E}$ mit dem elektrischen Potential Φ in SI-Einheiten lautet:

$$\text{div}(\text{grad}\Phi) = -\text{div}\vec{E} = (\varrho_{e^-} + \varrho_{A^+}) / (\varepsilon_0 \cdot \varepsilon_R \cdot m_{e^-}) \tag{6.122}$$

Einsetzen von Gl. (6.121) und (6.122) in Gl. (6.120) ergibt:

$$\left(\frac{d^2 \varrho_{e^-}}{dt^2}\right) + \frac{1}{\tau_{e^-}} \cdot \left(\frac{d\varrho_{e^-}}{dt}\right) + \omega_P^2 \cdot \varrho_{e^-} = 0 \qquad (6.123)$$

mit

$$\omega_P = \left(\frac{(\varrho_{e^-} + \varrho_{A^+}) \cdot e^2}{\varepsilon_0 \varepsilon_R \cdot m_{e^-}}\right)^{1/2} \qquad (6.124)$$

Die Dielektrizitätszahl ε_R ist bei gering ionisierten unpolaren Gasen nahe bei 1. Man beachte: während $(\varrho_{e^-} + \varrho_{A^+})$ immer und überall konstant ist, unterliegen ϱ_{e^-} und ϱ_{A^+} einzeln lokalen Unterschieden, die in Gl. (6.123) zum Ausdruck kommen, denn Gl. (6.123) stellt die Differentialgleichung einer gedämpften Schwingung für die Elektronendichte ϱ_{e^-} dar! Vernachlässigt man den Reibungsterm, d. h., setzt man $\tau_{e^-} = \infty$, erhält man die Schwingungsgleichung eines harmonischen Oszillators:

$$\left(\frac{d^2 \varrho_{e^-}}{dt^2}\right) + \omega_P^2 \cdot \varrho_e = 0 \qquad (6.125)$$

mit der Eigenfrequenz ω_P nach Gl. (6.124). Die Lösungsfunktion ist $\varrho_{e^-}(t) = \sin(\omega_P t)$, $\cos(\omega_P t)$ oder in komplexer Schreibweise $e^{-\omega_P t}$. ω_P heißt *Plasmafrequenz*. Interpretiert man Gl. (6.125) quantenmechanisch, entspricht Gl. (6.125) der Schrödingergleichung eines harmonischen Oszillators (s. Anhang 11.11).

$$E_v = \hbar \cdot \omega_P \left(\frac{1}{2} + v\right) \qquad v = 0, 1, 2, \ldots$$

Den Energiewerten E_v können wir Quasiteilchen als Bosonen zuordnen (s. auch Exkurs 3.7.3). Sie heißen *Plasmonen*. Plasmafrequenz und Plasmonen spielen auch in elektrisch leitenden Festkörpern wie Metallen und Halbleitern eine wichtige Rolle, wo das Elektronengas sich als alleiniger Ladungsträger in sog. Leitungsbändern gegenüber den festsitzenden Ionen des Kristallgitters weitgehend frei bewegt.

6.6 Exkurs zu Kapitel 6

6.6.1 Zahl der molekularen Zusammenstöße in einer $H_2 + N_2$-Gasmischung

Berechnen Sie für eine Gasmischung von H_2 und N_2 bei 1 bar und dem Molenbruch $x_{N_2} = 0{,}25$ die Zahl der Stöße pro Sekunde und m^3 Z_{H_2,H_2}, Z_{N_2,N_2} und Z_{H_2,N_2} nach Gl. (6.16) bei $T = 300$ K. Es gilt: $d_{N_2} = 3{,}73$ Å und $d_{H_2} = 2{,}71$ Å, $T = 300$ K.

Lösung: Die Teilchenzahldichten für N_2 und H_2 betragen

$$\left(\frac{N_{N_2}}{V}\right) = \frac{N_L \cdot 0,25 \cdot 10^5}{R \cdot 300} = 6,036 \cdot 10^{24}\ \text{m}^{-3}$$

$$\left(\frac{N_{H_2}}{V}\right) = \frac{N_L \cdot 0,75 \cdot 10^5}{R \cdot 300} = 1,81 \cdot 10^{25}\ \text{m}^{-3}$$

Damit ergibt sich mit $N_L \cdot \tilde{\mu}_{AB} = M_A \cdot M_B/(M_A + M_B)$ nach Gl. (6.16):

$$Z_{H_2,H_2} = \pi\left(2,71 \cdot 10^{-10}\right)^2 \cdot \left(\frac{8 \cdot R \cdot 300}{\pi \cdot 2,02 \cdot 10^{-3}}\right)^{1/2} \cdot \left(1,81 \cdot 10^{25}\right)^2 = 1,340 \cdot 10^{35}\ \text{m}^{-3} \cdot \text{s}^{-1}$$

$$Z_{N_2,N_2} = \pi\left(3,73 \cdot 10^{-10}\right)^2 \cdot \left(\frac{8 \cdot R \cdot 300}{\pi \cdot 28,01 \cdot 10^{-3}}\right)^{1/2} \cdot \left(6,036 \cdot 10^{24}\right)^2 = 7,583 \cdot 10^{33}\ \text{m}^{-3} \cdot \text{s}^{-1}$$

$$Z_{N_2,H_2} = \pi\left(6,036 \cdot 10^{24}\right) \cdot \left(1,81 \cdot 10^{25}\right) \cdot \left(\frac{8R \cdot 300 \cdot (2,02 + 28,01) \cdot 10^{-3}}{\pi \cdot 2,02 \cdot 10^{-3} \cdot 28,01 \cdot 10^{-3}}\right)^{1/2}$$
$$\cdot \left[\frac{(2,71 + 3,73)}{2} \cdot 10^{-10}\right]^2 = 6,534 \cdot 10^{34}\ \text{m}^{-3} \cdot \text{s}^{-1}$$

Die Stoßzahl zwischen H_2-Molekülen ist trotz $\sigma_{H_2} < \sigma_{N_2}$ höher als die zwischen N_2-Molekülen, da H_2 schneller ist als N_2 und daher die Zeit zwischen zwei H_2-Stößen kürzer ist.

6.6.2 Allgemeiner differentieller Streuquerschnitt und totaler Streuquerschnitt für harte Kugeln

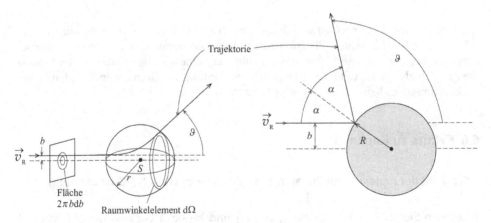

Abb. 6.13: links: allg. Form des Streuprozesses eines Teilchens an einem Streuzentrum S. rechts: Spezialfall einer harten Kugel

In Abb. 6.13 links ist der Streuprozess eines Teilchens der reduzierten Masse $\tilde{\mu}_{12}$ und der Geschwindigkeit $\vec{v}_R$ an einem festen Streuzentrum S mit einer Wechselwirkungsenergie $V(r)$ zwischen Teilchen und S (Trajektorie = Flugbahn des Teilchens) dargestellt, rechts der Spezialfall einer harten Kugel mit $V(r) = 0$ für $r > R$ und $V(r) = \infty$ für $r < R$. Alle Teilchen, die in weiter Entfernung zu S durch die differentielle Ringfläche $2\pi b\,db$ hindurchfliegen werden in großer Entfernung von S um den Winkel ϑ abgelenkt. Mit der Teilchenflussdichte

$$\vec{j} = \left(\frac{N}{V}\right) \cdot \vec{v}_R$$

gilt folgende Bilanz mit dem sog. Stoßparameter b:

$$\vec{j} \cdot 2\pi b\,db = 2\pi \sin\vartheta \cdot \frac{d\sigma_{12}}{d\Omega} \cdot \vec{j}$$

Durch diese Gleichung wird der sog. *differentielle Streuquerschnitt* $(d\sigma_{12}/d\Omega)$ definiert, für den also gilt:

$$\frac{d\sigma_{12}}{d\Omega} = \frac{b}{\sin\vartheta}\left|\frac{db}{d\vartheta}\right|$$

σ_{12} hat die Dimension einer Fläche (SI-Einheit m^2, auch gebräuchlich ist 1 barn (b) $= 10^{-28}\,m^2$). Handelt es sich bei $V(r)$ um eine harte Kugel mit dem Radius R, gilt $V(r) = 0$ für $r > R$ und $V(r) = \infty$ für $r \leq R$. Dann besteht nach Abb. 6.13 rechts folgende Beziehung zwischen den Winkeln α und ϑ:

$$2\alpha + \vartheta = \pi = 180° \qquad \text{bzw.} \qquad \alpha = 90° - \frac{\vartheta}{2}$$

Ferner gilt:

$$\sin\alpha = \cos\left(\frac{1}{2}\vartheta\right) \qquad \text{und} \quad b = R \cdot \sin\alpha = R \cdot \cos\left(\frac{1}{2}\vartheta\right)$$

und (wie man durch Anwendung von Gl. (11.391) in Anhang 11.18 leicht nachweist):

$$\sin\vartheta = 2 \cdot \cos\left(\frac{1}{2}\vartheta\right) \cdot \sin\left(\frac{1}{2}\vartheta\right)$$

Damit erhält man für $(d\sigma_{12}/d\Omega)$ mit $db/d\vartheta = -\frac{R}{2} \cdot \sin\left(\frac{1}{2}\vartheta\right)$:

$$\frac{d\sigma_{12}}{d\Omega} = \frac{R}{2\sin\left(\frac{1}{2}\vartheta\right)} \cdot \frac{R}{2}\sin\left(\frac{1}{2}\vartheta\right) = \frac{R^2}{4}$$

Wir erhalten den sog. totalen Stoßquerschnitt durch Integration über den Raumwinkel $d\Omega$:

$$\sigma_{12} = \frac{R^2}{4} \int d\Omega = \frac{R^2}{4} \cdot 4\pi = \pi R^2 = \pi(r_1 + r_2) = \pi d_{12} \tag{6.126}$$

Das ist gerade die Projektionsfläche der harten Kugel. Man sieht, dass σ_{12} weder von den Winkeln ϑ und φ noch von der Geschwindigkeit $\vec{v}_Z$ abhängt, sondern nur vom Kugelradius R. Gl. (6.126) ist die genauere Begründung für die Einführung des Stoßquerschnitts in Gl. (6.11) der Stoßtheorie zweier Moleküle mit den Eigenschaften harter Kugeln.

6.6.3 Aktivierungsentropie der Reaktion $Br + CH_4 \rightarrow HBr + CH_3$

Für die bimolekulare Reaktion

$$Br + CH_4 \rightarrow HBr + CH_3$$

wurde bei 500 K experimentell aus dem Achsenabschnitt des „Arrhenius-Plots" $\ln k_{exp} = \ln A_{exp} - \frac{\Delta\varepsilon_{exp}^{\ddagger}}{k_B \cdot T}$ ein Wert für $A_{exp} = 1{,}81 \cdot 10^7$ m$^3 \cdot$mol$^{-1} \cdot$s^{-1} gefunden. Für d_{Br} wird 2,5 Å und für $d_{CH_4} = 3{,}0$Å abgeschätzt. Wie groß ist das Verhältnis A_{exp}/A_{Stoss} nach der Stoßtheorie?

Lösung:
Mit $M_{Br} = 0{,}080$ kg$\cdot$mol^{-1} und $M_{CH_4} = 0{,}016$ kg$\cdot$mol^{-1} folgt für A_{Stoss}:

$$A_{Stoss} = 6{,}022 \cdot 10^{23} \cdot \pi \cdot \left(\frac{2{,}5 + 3{,}0}{2}\right)^2 \cdot 10^{-20} \cdot \left(\frac{8{,}3145 \cdot 500}{\pi \frac{0{,}08 \cdot 0{,}016}{0{,}08 + 0{,}016}}\right)^{1/2}$$

$$= 4{,}507 \cdot 10^7 \text{ m}^3 \cdot \text{mol}^{-1} \cdot \text{s}^{-1}$$

$A_{exp}/A_{Stoss} = 1{,}81 \cdot 10^7 / (4{,}507 \cdot 10^7) = 0{,}4016$
Die Stoßtheorie sagt einen zu hohen Wert voraus. Der Unterschied kann nach der TS-Theorie durch eine negative Aktivierungsentropie $\Delta \overline{s}^{\ddagger}$ in Gl. (6.31) erklärt werden. Das Bromatom muss die passende Orientierung des CH_4-Moleküls antreffen, sodass es zu einem Übergangskomplex $Br \cdots H \cdots CH_3$ kommen kann.

6.6.4 Berechnung von k_{TST} für die Reaktion $F + H_2 \rightarrow HF + H$

Die Reaktion $F + H_2 \rightarrow HF + H$ spielt eine Rolle im Mechanismus von chemischen Lasern (HF-Laser). Die Struktur des Übergangszustandes wurde sorgfältig mit quantenchemischen Rechenmethoden berechnet und ist praktisch linear ($F \cdots H \cdots H$). Werte von $\Delta\varepsilon^{\ddagger}$ und 4 Normalschwingungen sind in Tabelle 6.4 angegeben. Abb. 6.14 zeigt das Energieprofil der Reaktionskoordinate. Die 4. Mode ist imaginär ($298 \cdot i/$cm^{-1}), das ist die

Tab. 6.4: Parameter für die Reaktion $F + H_2 \rightarrow HF + H$

Parameter	$F \cdots H \cdots H$	F	H_2
$r_{H-F}/\text{Å}$	1,602	-	-
$r_{H-H}/\text{Å}$	0,756	-	0,7417
$\tilde{v}_1/\text{cm}^{-1}$	4007,6	-	4395,2
$\tilde{v}_2/\text{cm}^{-1}$	397,9	-	-
$\tilde{v}_3/\text{cm}^{-1}$	397,9	-	-
$\Delta\varepsilon^{\sharp}/\text{kJ}\cdot\text{mol}^{-1}$	1,79	-	-
g_{el}	2	4	1

unsymmetrische Streckschwingung, die der translatorischen Bewegung auf der Reaktionskoordinate entspricht. Der elektronische Entartungsfaktor g_{el} ist 2 für den Komplex ($^2\Sigma$-Zustand), für das Fluoratom 4 ($^2P_{3/2}$-Zustand) und für das H_2-Molekül 1. Nach Gl. (6.28) gilt:

$$k_{TST} = \frac{k_B T}{h} \left(\frac{q^{\sharp}}{q_F \cdot q_{H_2}} \right)_{\text{vib}} \cdot \left(\frac{q^{\sharp}}{q_F \cdot q_{H_2}} \right)_{\text{rot}} \cdot \left(\frac{\tilde{q}^{\sharp}}{\tilde{q}_F \cdot \tilde{q}_{H_2}} \right)_{\text{trans}} \cdot e^{-\Delta\varepsilon^{\sharp}/k_B T}$$

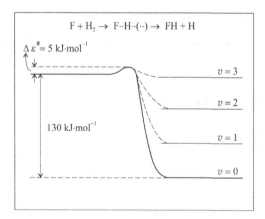

Abb. 6.14: Energieprofil auf der Minimaltrajektorie (Reaktionskoordinate) für $F + H_2 \rightarrow HF + H$. ($v$ = Schwingungsquantenzahl von HF).

Einsetzen der Zahlenwerte aus Tabelle 6.4 ergibt für die einzelnen Beiträge bei $T = 300$ K:

$$\left(\frac{\tilde{q}_{FHH}^{\#}}{\tilde{q}_F\,\tilde{q}_{H_2}}\right)_{trans} = \left(\frac{m_F + m_{H_2}}{m_F \cdot m_{H_2}}\right)^{3/2}\left(\frac{h^2}{2\pi\,k_BT}\right)^{3/2} = 4{,}206 \cdot 10^{-31}\text{ m}^3$$

$$\left(\frac{\tilde{q}_{FHH}^{\#}}{q_{H_2}}\right)_{rot} = \frac{I_{FHH}^{\#}}{I_{H_2}} \cdot 2 = 25{,}8 \quad (\text{Symmetriezahl } \sigma_{H_2} = 2)$$

$$\left(\frac{\tilde{q}_{FHH}^{\#}}{q_{H_2}}\right)_{vib} \cong \frac{(1 - \exp[-h\nu_{H_2}/k_BT]) \cdot \exp\left[-\frac{1}{2}\cdot\frac{h}{k_BT}\,(\nu_1 + 2\nu_2 - \nu_{H_2})\right]}{(1 - \exp[-h\nu_1/k_BT])\,(1 - \exp[-h\nu_2/k_BT])^2} = 2{,}56$$

mit

$$\nu_2 = \nu_3 = 1{,}19 \cdot 10^{13}\text{ s}^{-1},\ \nu_1 = 1{,}2 \cdot 10^{14}\text{ s}^{-1},\ \nu_{H_2} = 1{,}318 \cdot 10^{14}\text{ s}^{-1}$$

$$e^{-\Delta\varepsilon^{\#}/k_BT} = 0{,}135$$

Das Ergebnis für k_{TST} bei 300 K ist:

$$k_{TST} = 5{,}47 \cdot 10^5\text{ m}^3 \cdot \text{mol}^{-1} \cdot \text{s}^{-1}$$

Das experimentelle Resultat lautet:

$$k_{exp} = 4{,}53 \cdot 10^5\text{ m}^3 \cdot \text{mol}^{-1} \cdot \text{s}^{-1}$$

Der Wert von k_{TST}/k_{exp} beträgt also 1,21. Die Übereinstimmung ist angesichts des Modellcharakters der Theorie sehr gut.

6.6.5 Stoßzeit von H-Atomen im interstellaren Raum

Die Teilchenzahldichte von H-Atomen im interstellaren Raum der Milchstraße wird auf $5 \cdot 10^5$ m^{-3} geschätzt bei einer Temperatur von ca. 125 K. Wie viel Zeit vergeht zwischen 2 Stößen eines H-Atoms mit einem anderen? Der Durchmesser d_H eines H-Atoms sei 0,1 nm. Warum reagieren 2 H-Atome hier nicht zu H_2?

Lösung:

Wir berechnen den Druck der H-Atome

$$p_H = (N/V) \cdot k_BT = 5 \cdot 10^5 \cdot k_B \cdot 125 = 8{,}63 \cdot 10^{-16}\text{ Pa}$$

Nach Gl. (6.21) gilt dann für die mittlere freie Weglänge

$$\langle l_H \rangle = k_BT/\left(p \cdot \sqrt{2} \cdot \pi \cdot d_H^2\right) = 4{,}5 \cdot 10^{13}\text{ m}$$

Die mittlere Geschwindigkeit der H-Atome beträgt:

$$\langle v \rangle_H = \sqrt{\frac{8k_B T}{\pi \cdot m_H}} = 1\,621\,\text{m} \cdot \text{s}^{-1}$$

Die Zeit zwischen 2 Stößen ist also

$$t_{\text{Stoss,H}} = \frac{\langle l_H \rangle}{\langle v \rangle_H} = \frac{4{,}5 \cdot 10^{13}}{1\,621} = 2{,}76 \cdot 10^{10}\,\text{s} = 880\,\text{Jahre}$$

2 H-Atome, die jetzt gerade zusammenstoßen, hatten statistisch betrachtet ihren letzten Zusammenstoß also im Mittelalter. Zur Reaktion von 2 H zu H_2 kommt es nicht, weil das H_2 Molekül wegen der Impulserhaltung beim Stoß die gewonnene Bindungsenergie nicht an einen dritten Stoßpartner abgeben kann, es zerfällt sofort wieder.

6.6.6 Verdampfungsgeschwindigkeit einer Flüssigkeit

Ein Standzylinder mit dem Innendurchmesser $d = 2{,}5$ cm ist bei 298 K bis zu einer Höhe von 0,5 cm mit flüssigem Ethanol gefüllt (s. Abb. 6.15).Der Abstand der Flüssigkeitsoberfläche zum offenen Zylinderende beträgt $z = 20$ cm. Der Zylinder oberhalb der Flüssigkeit enthält Luft bei 1 bar. Direkt an der Flüssigkeitsoberfläche herrscht der Sättigungsdampfdruck von Ethanol. Er beträgt 0,0586 bar bei 298 K. Am Rohrende ist der Partialdruck von Ethanol gleich Null, da Ethanol von der Außenluft durch eine leichte Luftströmung über dem Rohr ständig weggeblasen wird. Bei 298 K beträgt der Diffusionskoeffizient von Ethanol in Luft $D_{\text{EtOH}} = 1{,}5 \cdot 10^{-5}\,\text{m}^2 \cdot \text{s}^{-1}$. Die molare Dichte von flüssigem Ethanol beträgt $1{,}667 \cdot 10^4\,\text{mol} \cdot \text{m}^{-3}$.Mit welcher Geschwindigkeit wird Ethanol verdampft in der Einheit dV_{EtOH}/dt, wobei V_{EtOH} das Volumen des flüssigen Ethanols bedeutet. Wann ist die Flüssigkeit ganz verdampft? Die Temperatur soll während des Verdampfungsprozesses stets 298 K betragen.

Lösung:
Ethanol diffundiert unter stationären Bedingungen in der Luft, d. h., es gilt für $dn_{\text{EtOH}}/dt = j_{\text{EtOH}}$:

$$j_{\text{EtOH}} = -AD_{\text{EtOH}} \cdot \frac{dn}{dz} \cong -A\,D_{\text{EtOH}}\frac{n_0}{z} = -A\,D_{\text{EtOH}} \cdot p_{\text{sat}}/(z \cdot RT)$$

$n_0 = p_{\text{sat}}/(RT)$ ist die molare Dichte des Dampfes beim Sättigungsdampfdruck p_{sat} und A ist die Querschnittsfläche des Zylinders. Es gilt:

$$A = \frac{\pi}{4} \cdot (2{,}5)^2 = 4{,}909\,\text{cm}^2 = 4{,}909 \cdot 10^{-4}\,\text{m}^2$$

Damit gilt für die Verlustrate an Ethanol (p_{sat} in Pa):

$$j_{\text{EtOH}} = \frac{dn_{\text{EtOH}}}{dt} = -4{,}909 \cdot 10^{-4} \cdot 1{,}5 \cdot 10^{-5} \cdot \frac{5860}{0{,}2 \cdot R \cdot 298} = -8{,}71 \cdot 10^{-8}\,\text{mol} \cdot \text{s}^{-1}$$

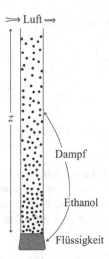

Abb. 6.15: Verdampfungsprozess einer Flüssigkeit im Standzylinder durch Diffusion

Das entspricht einem Flüssigkeitsvolumenverlust von

$$\frac{\mathrm{d}V_{\mathrm{EtOH}}}{\mathrm{d}t} = \frac{j_{\mathrm{EtOH}}}{\varrho_{\mathrm{mol,EtOH}}} = -\frac{-8{,}71 \cdot 10^{-8} \cdot 3{,}6 \cdot 10^3}{1{,}667 \cdot 10^4} = -1{,}88 \cdot 10^{-8} \ \mathrm{m}^3 \cdot \mathrm{h}^{-1}$$

Das Volumen von Ethanol V_{EtOH} beträgt zu Beginn $\pi \cdot d^2/4 \cdot 0{,}5 = 2{,}454 \ \mathrm{cm}^3$ Die flüssige Ethanolmenge ist also in

$$\frac{2{,}454}{1{,}881 \cdot 10^{-2}} \approx 130 \ \mathrm{h} = 5 \ \text{Tagen und } 10 \ \text{Stunden}$$

verdampft. Anmerkung: die sich während des Verdampfens um 0,5 cm erhöhende Diffusionsstrecke im Gasraum haben wir vernachlässigt.

6.6.7 Stoßverbreiterung von Spektrallinien

Die Breite einer Spektrallinie $\Delta\nu$ hängt nach der Unschärferelation mit der Lebensdauer τ des angeregten Zustands zusammen. Es gilt:

$$\Delta E = h/\tau = h \cdot \Delta\nu$$

Bei Gasen gilt für τ:

$$\tau = \langle l_v \rangle / \langle v \rangle = \frac{k_{\mathrm{B}}T}{p \cdot \sqrt{2}\pi d^2} \cdot \sqrt{\frac{\pi \cdot m}{8 k_{\mathrm{B}}T}} = \frac{1}{4pd^2} \cdot \sqrt{\frac{k_{\mathrm{B}}T \cdot m}{\pi}}$$

Wir betrachten ein lichtabsorbierendes Molekül, das in einem inerten Gas vom Druck p gelöst ist. Dann verhalten sich die Breiten der Spektrallinien $\Delta\nu_1/\Delta\nu_2$ wie die Drücke des gasförmigen Lösungsmittels p_1/p_2 bzw. die Teilchenzahldichten $(N/V)_1/(N/V)_2$.

Abb. 6.16 zeigt als Beispiel das Rotations-Schwingungsspektrum von DCl als Gas bei 1 bar und in flüssiger Lösung von CCl_4. Die hohe Stoßzahl und damit stark verkürzte Lebensdauer der angeregten Zustände von DCl in der dichten Lösung von CCl_4 verschmiert die Struktur des Gasspektrums fast vollständig.

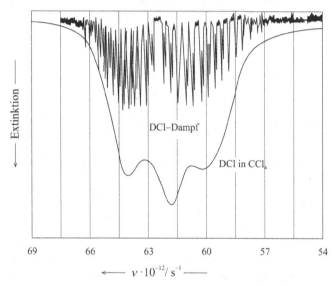

Abb. 6.16: Rotations-Schwingungssprektrum von DCl im Gaszustand und in Lösung von flüssigem CCl_4.

6.6.8 Der Wärmeleitungsdetektor in der Gaschromatographie

Wir betrachten in Abb. 6.17 einen dünnen Draht mit dem Durchmesser $2r_D$, durch den bei konstanter Spannung U ein elektrischer Strom I fließt. Die elektrische Stromleistung wird als „Ohm'sche Wärme" $L = U \cdot I$ nach außen an das den Draht umgebende Gas durch Wärmeleitung abgegeben, d.h. es gilt nach Gl. (6.66) für den Wärmestrom J_Q:

$$J_Q = L = U \cdot I = U^2/R_D = 2\pi r \cdot l \cdot \sigma_{el}(x)\frac{dT}{dr},$$

wobei wir vom Ohm'schen Gesetz $U = R \cdot I$ Gebrauch gemacht haben. R_D ist der elektrische Widerstand des Drahtes. Hier ist r der Abstand von der Drahtmitte ($r > r_D$), l die Drahtlänge und $\sigma_{el}(x)$ die Wärmeleitung, die von der Zusammensetzung des Gases mit dem Molenbruch x abhängt. Das Gas fließt langsam an dem Draht vorbei, im

Bereich bis zum Abstand d vom Draht existiert eine laminare Grenzschicht mit einem Temperaturgefälle $\Delta T(r)$

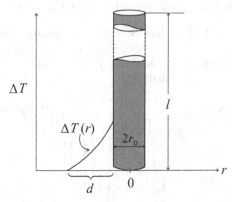

Abb. 6.17: Temperaturverlauf $\Delta T = T_D - T_0$ eines Gases als Funktion des Abstandes r vom Rand eines elektrisch beheizten Drahtes. l = Drahtlänge, r_D = Drahtradius, d = Grenzschichtdicke.

Wenn die Spannung U konstant gehalten wird, gilt im stationären Zustand nach Integration über r von r_D bis $r_D + d$:

$$\frac{U^2}{R_D \cdot 2\pi \cdot l} \int\limits_{r=r_D}^{r=r_D+d} \frac{dr}{r} = \frac{U^2}{R_D \cdot 2\pi \cdot l} \cdot \ln\left(1 + \frac{d}{r_D}\right) = \Lambda_W(x) \cdot \Delta T$$

mit $\Delta T = T_D - T_0$. T_0 ist die stets konstante Temperatur des Gases, T_D die des Drahtes, die *variieren* kann. Ändert sich die Zusammensetzung x des Gasmischung und damit auch $\Lambda_W(x)$, ändern sich auch T_D und damit der Drahtwiderstand R_D, denn l, r_D, d und U bleiben konstant. Es gilt für R_D:

$$R_D = b + a \cdot \Delta T \qquad \text{bzw.} \quad \Delta T = (R_D - b)/a$$

a und b sind Materialkonstanten des Drahtes. Damit erhält man für das Verhältnis der Wärmeleitungsfähigkeit des Gases bei $x = x_0$ und R_D bzw. $R_{D,0}$:

$$\frac{\Lambda_W(x_0)}{\Lambda_W(x)} = \frac{R_D}{R_{D,0}} \cdot \frac{\Delta T}{\Delta T_0} \qquad \text{bzw.} \quad \frac{\Lambda_W(x_0)}{\Lambda_W(x)} = \frac{R_D}{R_{D,0}} \frac{(R_D - b)}{(R_{D,0} - b)}$$

Es ändert sich also in einem solchen Detektor die Zusammensetzung x kontinuierlich im Bereich der Retentionszeit eines Gases.

Setzt man $R_D \approx R_{D,0}$ erhält man

$$\frac{\Lambda_W(x_0)}{\Lambda_W(x)}(R_{D,0} - b) + b \cong R_D(x) \qquad \text{bzw.} \quad \frac{R_D(x) - R_D(x_0)}{U} = I(x) - I(x_0)$$

Die messbare Differenz der elektrischen Stromstärke $I(x)$ ist also ein Maß für die Änderung der Gaszusammensetzung.

6.6.9 Das Pirani-Manometer

Mit dem Pirani-Manometer lassen sich Gasdruckmessungen im Niederdruckbereich von 0,01 Pa bis 20 Pa durchführen. Seine Funktionsweise beruht darauf, dass die Wärmeleitfähigkeit Λ_W eines Gases bei genügend tiefem Druck vom Gasdruck abhängig wird. Dieser Fall tritt ein, wenn die mittlere freie Weglänge eines Gasmoleküls zwischen zwei molekularen Stößen $\langle l_v \rangle$ in die Größenordnung der Abmessungen des Gefäßes L kommt. Die Wahrscheinlichkeit für ein Molekül entweder mit einem anderen Molekül zu stoßen oder mit der Gefäßwand ist proportional zur Summe der beiden Einzelwahrscheinlichkeiten pro Zeiteinheit einen dieser beiden Stöße zu erleiden. Diese Einzelwahrscheinlichkeiten sind proportional zum Kehrwert der jeweiligen mittleren Stoßzeiten, also gilt für ihre Summe:

$$\frac{1}{\tau} = \frac{\langle v \rangle}{\langle l_v \rangle} + \frac{\langle v \rangle}{\langle L \rangle} = \langle v \rangle \cdot \frac{1}{\langle l \rangle_{\text{Pirani}}}$$

$\langle v \rangle$ ist die mittlere thermische Geschwindigkeit (Gl. (2.65)) und $\langle l \rangle_{\text{Pirani}}$ die effektive mittlere freie Weglänge. Daraus folgt:

$$\langle l \rangle_{\text{Pirani}} = \frac{\langle L \rangle \langle l_v \rangle}{\langle L \rangle + \langle l_v \rangle} = \frac{\langle L \rangle}{1 + \langle L \rangle / \langle l_v \rangle}$$

Ist die mittlere Gefäßdimension $\langle L \rangle \gg \langle l_v \rangle$ wird $\langle l \rangle_{\text{Pirani}} \approx \langle l_v \rangle$, ist $\langle L \rangle \ll \langle l_v \rangle$, bestimmen die Gefäßdimensionen allein den Wert von $\langle l \rangle_{\text{Pirani}}$, es gilt dann $\langle l \rangle_{\text{Pirani}} \cong \langle L \rangle$. Führen wir nun $\langle l \rangle_{\text{Pirani}}$ statt $\langle l_v \rangle$ in den Ausdruck für die Wärmeleitfähigkeit Λ_W in Gl. (6.103) ein, erhält man:

$$\frac{\Lambda_W}{\Lambda_{W,\infty}} = \frac{p}{p + k_B T / \langle L \rangle \sqrt{2} \cdot \pi d^2}$$

wobei $\Lambda_{W,\infty}$ der Wert von Λ_W für $\langle L \rangle = \infty$ ist, also gleich Gl. (6.103). Λ_W wird also druckabhängig. Wir berechnen ein Beispiel. Für den Moleküldurchmesser d wählen wir $3,5 \cdot 10^{-10}$ m (das ist etwa der Wert für Argon) und setzen $T = 293$ K. Dann erhalten wir mit $\langle L \rangle = 10$ cm für $\Lambda_W / \Lambda_{W,\infty} = 0,87$ bei $p = 0,5$ Pa, mit $\langle L \rangle = 1$ cm ergibt sich bei $p = 0,5$ Pa für $\Lambda_W / \Lambda_{W,\infty} = 0,40$. Zur Messung von Λ_W bzw. $\Lambda_W / \Lambda_{W,\infty}$ verwendet man kleine zylindrische Rohre in deren Achse ein Glühdraht eingespannt ist, dessen elektrischer Widerstand gemessen wird (s. Abb. 6.17). Je kleiner Λ_W des Gases im zylindrischen Rohr ist, desto höher ist die Drahttemperatur und der elektrische Widerstand des Drahtes (s. Exkurs 6.6.8). Das Pirani-Manometer muss geeicht werden und es müssen Korrekturen wegen der Wärmeabstrahlung des Drahtes vorgenommen werden.

In Abb. 6.18 ist $(\Lambda_W / \Lambda_{W,\infty})$ gegen p bzw. $(\Lambda_W / \Lambda_{W,\infty})^{-1}$ gegen p^{-1} wiedergegeben für die beiden Fälle $\langle L \rangle = 10$ cm und $\langle L \rangle = 1$ cm. Man sieht, dass die Empfindlichkeit der Druckabhängigkeit umso höher ist, je kleiner $\langle L \rangle$ ist.

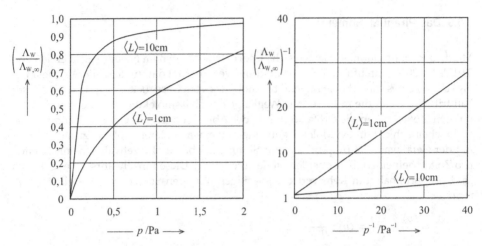

Abb. 6.18: links: $(\Lambda_W/\Lambda_{W,\infty})$ als Funktion von p bei 293 K und $d = 3{,}5 \cdot 10^{-10}$ m (Moleküldurchmesser). rechts: linearisierte Darstellung $(\Lambda_W/\Lambda_{W,\infty})^{-1}$ gegen p^{-1}.

6.6.10 Laminarer Gasfluss durch dünne Röhren. Kapillarviskosimetrie

Wir betrachten in Abb. 6.19 (links) den laminaren Fluss eines Gases in z-Richtung durch eine dünne Röhre (Kapillare) mit dem Innendurchmesser $2R$. Am unteren Eingang der Röhre herrsche der Gasdruck p_0, am oberen Ende der Röhre mit der Länge L der Druck p_L. Es kommt zu einem Fluss des Gases mit der Massengeschwindigkeit $(dm/dt) = \dot{m}$ in z-Richtung wenn $p_0 > p_L$. Unsere Frage lautet: wie hängt $\dot{m}$ von der Druckdifferenz $p_0 - p_L$, dem Radius R und der Kapillarlänge L ab? Welchen Einfluss hat die Viskosität des Gases?

Für den in Abb. 6.19 (links) eingezeichneten flachen Zylinder mit dem Radius r und der Breite dz lässt sich die folgende Kräftebilanz aufstellen. Das Gas strömt an der Stelle r, also auf dem Umfang des grauen Zylinders, mit einer bestimmten Geschwindigkeit $v_z(r)$ in z-Richtung. Im stationären Zustand des Gasflusses hängt v_z nicht von z ab, d. h., $(dv/dz) = 0$. Da aber $dv/dr \neq 0$, wirkt auf der Zylinderseitenfläche $2\pi r \cdot dz$ nach Gl. (6.105) ein differenzieller Beitrag der Reibungskraft dK_z:

$$dK_z = -\left(\frac{\partial v}{\partial r}\right) \cdot \eta \cdot 2\pi r \cdot dz$$

Andererseits wirkt eine gleichförmige Gegenkraft als Druckkraft auf die Stirnfläche des Zylinders $\pi \cdot r^2$:

$$dK_z' = \pi \cdot r^2 \left(\frac{dp}{dz}\right) \cdot dz$$

Im stationären Zustand müssen sich diese Kräfte genau kompensieren, es gilt also: $dK_z +$

$\mathrm{d}K_z' = 0$: Daraus folgt:

$$-\left(\frac{\partial v}{\partial r}\right) \cdot 2 \cdot \eta + r\left(\frac{\mathrm{d}p}{\mathrm{d}z}\right) = 0$$

Da $p(z)$ nicht von r abhängt, lässt sich die Gleichung integrieren und man erhält:

$$v(r) = \left(\frac{\mathrm{d}p}{\mathrm{d}z}\right) \cdot \frac{1}{2\eta} \int_r^R r \cdot \mathrm{d}r + v(R) = +\left(\frac{\mathrm{d}p}{\mathrm{d}z}\right)\frac{1}{4\eta}\left(R^2 - r^2\right)$$

An der Innenfläche der Kapillare gilt als Randbedingung $v(R) = 0$.

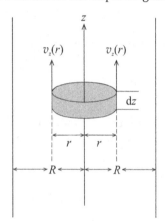 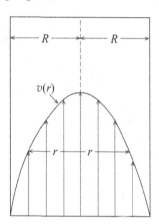

Abb. 6.19: links: Strömung eines Fluides in z-Richtung durch eine Röhre mit dem Radius R. $v(r)$ = Geschwindigkeit im Abstand r. rechts: Geschwindigkeit $v(r)$ mit $v(r = 0) = v_{\max} = R^2 \cdot (\frac{\mathrm{d}p}{\mathrm{d}z})/4\eta$.

Es ergibt sich also ein parabelförmiges Geschwindigkeitsprofil mit einem Maximum bei $r = 0$ (Abb. 6.19 rechts). Wir wollen nun den Gesamtmassenstrom $\mathrm{d}m/\mathrm{d}t = \dot{m}$ berechnen, für den gilt:

$$\dot{m} = 2\pi \int_0^R v(r) \cdot \varrho \cdot r \mathrm{d}r = \frac{\pi}{2\eta}\varrho(z) \cdot \left(\frac{\mathrm{d}p}{\mathrm{d}z}\right) \int_0^R r\left(R^2 - r^2\right) \mathrm{d}r$$

$$= \frac{\pi}{8\eta} \cdot R^4 \cdot \varrho(z) \cdot \left(\frac{\mathrm{d}p}{\mathrm{d}z}\right)$$

Da im stationären Zustand $\dot{m}$ unabhängig von z sein muss, gilt:

$$\varrho(z) \cdot \frac{\mathrm{d}p}{\mathrm{d}z} = \text{const}$$

Wir betrachten den Fluss eines verdünnten Gases. Hier gilt:

$$p \cong \frac{RT}{M} \cdot \varrho$$

mit der Molmasse M und der Massendichte ϱ. Man erhält also

$$\frac{M}{RT} \cdot p \cdot \frac{dp}{dz} = \frac{M}{2RT} \cdot \frac{dp^2}{dz} = \text{const} \qquad \text{bzw.} \qquad \frac{p_0^2 - p_L^2}{2RT} \cdot M = \text{const} \cdot L$$

bzw.

$$\frac{M}{L} \cdot \frac{p_0^2 - p_L^2}{2RT} = \varrho \cdot \left(\frac{dp}{dz} \right)$$

Einsetzen der rechten Gleichungsseite in obige Gleichung für $\dot{m}$ ergibt schließlich:

$$\dot{m} = \frac{M}{RT} \cdot \pi \cdot R^4 \frac{p_0^2 - p_L^2}{16\eta \cdot L} = \frac{M}{RT} \pi \cdot R^4 \left(\frac{p_0 + p_L}{2} \right) \frac{1}{8\eta \cdot L} \left(p_0 - p_L \right)$$

Diese Gleichung kann zur Bestimmung der Viskosität η genutzt werden, denn p_0, p_L, $\dot{m}$, T und L können genau festgelegt bzw. gemessen werden. R^4 gewinnt man aus dem gemessenen Volumen der Kapillare $V_K = \pi R^2 \cdot L$, also:

$$R^4 = \left(\frac{V_K}{\pi L} \right)^2$$

In der Praxis empfiehlt es sich, durch Messung von $\dot{m}$ mit einem Gas genau bekannter Viskosität den Wert für R^4 zu bestimmen und so die Messeinrichtung zu kalibrieren.

6.6.11 Wärmeentwicklung einfallender Meteore in der Erdatmosphäre

Kleinere Himmelskörper wie Meteore oder sog. Meteoroide (Sternschnuppen) zeigen beim Eintritt in die Erdatmosphäre Leuchterscheinungen, die auf die hohe Reibungswärme hinweisen, die beim Durchflug in der Luftschicht entsteht. Dabei erfahren die Meteoroide sowohl eine beschleunigende Kraft durch die Erdanziehung wie auch eine bremsende Kraft. Die Bewegungsgleichung lautet:

$$m \cdot \dot{\vec{v}} + m \cdot g_E + \beta_R \vec{v} = 0 \qquad (6.127)$$

$\vec{v} = (v_x, v_y, v_z)$ ist die Geschwindigkeit des einfallenden Flugkörpers, $\dot{\vec{v}} = (dv/dt)$ seine Beschleunigung und m seine Masse. g_E ist die Erdbeschleunigung, die zum Erdmittelpunkt hingerichtet ist, diese Richtung bezeichnen wir als z-Koordinate. Die bremsende Kraft $\beta_R \cdot v$

setzt man proportional zur Geschwindigkeit $\vec{v}$ an, wobei β_R der sog. Reibungskoeffizient ist, der von der Viskosität der Luft abhängig ist.

Die durch die Reibung entstehende Wärmeleistung $\dot{Q}$ ist gleich der Verlustleistung von kinetischer und potentieller Energie. Es gilt:

$$\frac{dQ}{dt} = \dot{Q} = \frac{d}{dt}\left[\frac{m}{2}\vec{v}^2 + m \cdot g_E \cdot z\right] = -\beta_R \cdot \vec{v}^2$$

was man leicht verifiziert, indem man Gl. (6.127) mit $\vec{v}$ multipliziert und bedenkt, dass $d\vec{v}^2/dt = 2\vec{v}\dot{\vec{v}}$ und $dz/dt = \vec{v}$ gilt.

Langgestreckte Meteorschwärme umkreisen die Sonne, sodass es zu Überkreuzungen dieser Schwärme mit der Erdbahn kommt (s. Abb. 6.20). Die Relativgeschwindigkeit der Meteore in Bezug auf die Erde kann erheblich sein. Die Erde umkreist die Sonne innerhalb eines Jahres ($3{,}1553 \cdot 10^7$ s) auf einer Kreisbahn der Länge $2\pi \cdot$ AE $= 2\pi \cdot 1{,}496 \cdot 10^{11}$ m, ihre Geschwindigkeit beträgt also $2{,}98 \cdot 10^4$ m $\cdot$ s^{-1}. Die Geschwindigkeitskomponente des Meteorschwarms beträgt $10 \cdot 10^4$ bis $30 \cdot 10^4$ m s^{-2} in Gegenrichtung zur Erde (s. Abb. 6.20). Die Geschwindigkeit, mit der die Meteore auf die Erde treffen liegt also zwischen $4 \cdot 10^5$ und $5 \cdot 10^5$ m $\cdot$ s^{-2}. Bekannte Meteoritenschwärme sind im August (Perseiden) und im November (Leoniden) zu beobachten.

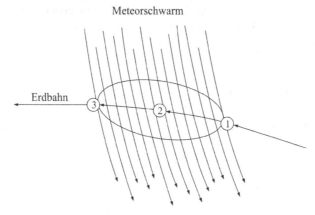

Abb. 6.20: Ein Meteorschwarm kreuzt die Erdbahn. ① Eintritt der Erde in den Schwarm ② Maximum der Leuchterscheinungen ③ Austritt. (Nach H. Zimmermann, A. Weigert: Lexikon der Astronomie, Spektrum-Verlag (1999)).

Um die Wärmeleistung zu berechnen, machen wir die vereinfachende Annahme, dass das sog. Stoke'sche Reibungsgesetz gilt für Kugeln mit dem Radius r:

$$\beta_R = 6\pi\eta \cdot r = (3m/(4\pi \cdot \varrho))^{1/3} \cdot 6\pi\eta$$

Das ergibt mit der Masse m und der Dichte ϱ für den als kugelförmig angesehenen

Meteoroiden:

$$\beta_R = 11{,}693 \cdot \left(\frac{m}{\varrho}\right)^{1/3} \cdot \eta$$

Die Viskosität η hängt von der Temperatur ab. Näherungsweise gilt für Luft:

$$\eta_{Luft} \cong 1{,}7 \cdot 10^{-5} \left(\frac{T}{290}\right)^{2/3} /kg \cdot m^{-1} \cdot s^{-1}$$

Die Abweichung dieser Formel von Gl. (6.108) beruht auf einer Abhängigkeit des Kugeldurchmessers d von der Temperatur, die bei großen Temperaturunterschieden eine Rolle spielt.

Wir setzen $m/\varrho = 4\pi r^3/3$ und erhalten für β:

$$\beta_R = 3{,}204 \cdot 10^{-4} \left(\frac{T}{290}\right)^{2/3} \cdot r$$

Um eine Vorstellung von der Temperatur zu erhalten, die an der Oberfläche des Meteoroiden durch die Reibungswärme erreicht wird, nehmen wir einen stationären Zustand an und setzen die Reibungswärmeleistung gleich der abgegebenen Wärmestrahlungsleistung nach dem Stefan-Boltzmann'schen Strahlungsgesetz (s. Gl. (3.155)).

$$\beta_R \vec{v}^2 = 4\pi r^2 \cdot \sigma_{SB} \cdot T^4$$

Einsetzen von $\beta_R = 6\pi\eta r$ und Auflösen nach T ergibt:

$$\boxed{T = 2{,}01 \cdot r^{-0{,}3} \cdot |\vec{v}|^{0{,}6}} \tag{6.128}$$

Nehmen wir an, $\vec{v} = 50\,000$ m $\cdot$ s^{-1} und $r = 1$ cm $= 0{,}01$ m, dann erhält man z.B.:

$$T = 5279 \text{ K}$$

Realistischer ist die Annahme, dass nur ein Bruchteil f der Reibungswärmeleistung in Strahlungsleistung umgewandelt wird, dann ist T um den Faktor $f^{1/4}$ kleiner. Das ist sicher ein Extremwert, da ein Teil der Wärmeleistung auch zur Erhöhung der Temperatur des Meteoroiden beiträgt. Mit $f = \frac{1}{3}$ treffen wir die Größenordnung der Temperatur richtig. Die Resultate der Berechnungen von T als Funktion von r und $\vec{v}$ zeigt Tabelle 6.5.

Man sieht, dass kleinere Meteoroide höhere Temperaturen erreichen, die über ihrem Schmelzpunkt oder sogar ihrem Siedepunkt liegen, sie verglühen rasch in der Atmosphäre. Größere Meteoroide werden nur teilweise aufgeschmolzen und gelangen möglicherweise bis zur Erdoberfläche. Die Funde solcher Überreste bezeichnet man als Meteorite.

Tab. 6.5: Geschätzte Strahlungstemperaturen von Meteoroiden beim Eindringen in die Erdatmosphäre ($f = 1/3$) für zwei verschiedene Geschwindigkeiten $\vec{v}$.

T/K	8009	4938	4006	2475	2010	1527	1240	$\vec{v} = 50\,000 \text{ m} \cdot \text{s}^{-1}$
r/m	0,001	0,005	0,01	0,05	0,10	0,25	0,50	
T/K	5890	3635	2952	1822	1480	1124	913	$\vec{v} = 30\,000 \text{ m} \cdot \text{s}^{-1}$

6.6.12 Argon Plasma und Plasmafrequenz

Wir betrachten gasförmiges Argon bei 1 bar und 8000 K. Berechnen Sie die Teilchenzahldichte der Elektronen (N_e/V) mithilfe der Saha-Gleichung und der Ionisierungsenergie für Ar nach Tabelle 4.4. Berechnen Sie ferner die Plasmafrequenz ω_P unter der Annahme, dass nur die Elektronen als Ladungsträger zu berücksichtigen sind.

Lösung:
Die Saha-Gleichung für die Dissoziationskonstante von Argon lautet nach Gl. (4.16):

$$K_p = k_B \left(\frac{2\pi k_B}{h^2} \cdot m_e \right)^{3/2} \cdot \frac{g_{e^-} \cdot g_{Ar^+}}{g_{Ar}} \cdot T^{5/2} \cdot \exp\left[-I_{Ar}/k_B T\right]$$

Mit $I_{Ar} = 15{,}75$ eV $= 2{,}523 \cdot 10^{-18}$ J, $g_e = 2$, $g_{Ar^+} = 2$, $g_{Ar} = 1$ und $m_e = 9{,}1094 \cdot 10^{-31}$ kg erhält man bei $T = 8000$ K:

$$K_p = 0{,}13337 \cdot T^{5/2} \cdot \exp\left[-1{,}8273 \cdot 10^5/T\right] = 0{,}0918 \text{ Pa}$$

Wir berechnen den Partialdruck der Elektronen $p_{e^-} = p_{Ar^+}$ aus

$$K_p = \frac{p_e^2}{(p - 2p_e)} = 0{,}0918 \text{ Pa} \qquad \text{mit} \quad p = 10^5 \text{ Pa} = 1 \text{ bar}$$

als quadratische Gleichung für p_e:

$$p_e = -K_p + \sqrt{K_p^2 + K_p \cdot 10^5} = 95{,}72 \text{ Pa}$$

Für die Teilchenzahldichte (N_e/V) ergibt sich daraus:

$$\left(\frac{N_e}{V} \right) = \frac{95{,}72 \text{ Pa}}{k_B \cdot 8000 \text{ K}} = 8{,}66 \cdot 10^{20} \text{ m}^{-3}$$

und nach Gl. (6.124) für die Plasmafrequenz ω_P ($\varepsilon_R \approx 1$):

$$\omega_P = \frac{e \cdot \sqrt{2\,(N_e/V)}}{\sqrt{m_e \cdot \varepsilon_0}} = 2{,}37 \cdot 10^{12} \text{ s}^{-1}$$

6.6.13 Der Gamow-Peak der thermonuklearen Reaktion $^{12}C + {}^1H \rightarrow {}^{13}N + \gamma$

Diese Reaktion spielt im sog. CNO-Prozess der nuklearen Umwandlung von ^1H zu ^4He im Zentrum der Sonne eine wichtige Rolle (s. Gl. (7.77) in Abschnitt 7.4.4). Berechnen Sie den Gamow-Peak in der Näherung der Gauß-Verteilungsfunktion nach Gl. (6.47) bei $T = 1{,}5 \cdot 10^7$ K (Zentraltemperatur der Sonne).

Lösung:

Nach Gl. (6.45) gilt: $E_G = E_B^{1/3} \cdot (k_B T/2)^{1/2}$. Die Berechnung von E_B nach Gl. (6.46) ergibt:

$$E_B = 6{,}1664 \cdot 10^{29} \cdot 1{,}533 \cdot 10^{-27} \cdot 36 \cdot 1 = 34031 \, keV$$

Daraus folgt für E_G und Δ mit $k_B = 8{,}6173 \cdot 10^{-8}$ keV $\cdot$ K^{-1}:

$$E_G = (34031)^{1/3} \cdot \left(k_B \cdot 1{,}5 \cdot 10^7/2\right)^{1/2} = 26{,}05 \, keV$$

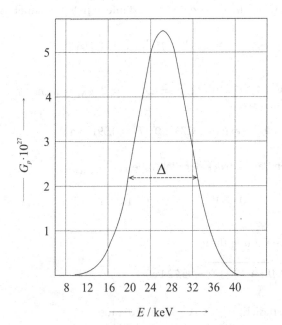

Abb. 6.21: Gamow-Peak nach Gl. (6.47) für die Reaktion $^{12}C + {}^1H \rightarrow {}^{13}N + \gamma$ bei $T = 1{,}5 \cdot 10^7$ K.

Ein Maß für die Peakbreite ist Δ. Es gilt:

$$\Delta = \frac{4}{\sqrt{3}} (E_G \cdot k_B T)^{1/2} = \frac{4}{\sqrt{3}} \left(26{,}05 \cdot 8{,}6173 \cdot 10^{-8} \cdot 1{,}5 \cdot 10^7\right)^{1/2} = 13{,}4 \, keV$$

Damit erhält man für den Gamow-Peak nach Gl. (6.47):

$$G_P = \exp\left[-\frac{3E_G}{k_B T}\right] \cdot \exp\left[-\frac{(E - E_G)^2}{(\Delta/2)^2}\right] = 5{,}53 \cdot 10^{-27} \cdot \exp\left[-\frac{(E - 26{,}05)^2}{44{,}89}\right]$$

Abb. 6.21 zeigt die graphische Darstellung von G_P als Funktion der Energie E.

6.6.14 Kernfusionsreaktoren als Energiequelle der Zukunft?

Die nukleare Energiequelle der Sonne, also die Fusion von Wasserstoff ^{1}H zu ^{4}He, auch unter irdischen Bedingungen zur Verfügung zu haben, ist ein schon lange verfolgtes Ziel menschlichen Bemühens. Im Gegensatz zur nuklearen Spaltung von Uran ^{235}U, wie sie in den weltweit verbreiteten Atomreaktoren zur Energiegewinnung betrieben wird, wäre die Kernfusion $4\,^1$H$^+$ + 2 e$^-$ → ^{4}He^{2+} eine weitgehend „saubere" Energiequelle, die außer der Entstehung unschädlicher Neutrinos keinen radioaktiven Müll hinterlässt, und zudem einen erheblich höheren Energiegewinn als die konventionelle Kernspaltung von ^{235}U ergibt. Außerdem steht Wasserstoff in Form von H$_2$O in praktisch unbegrenzter Menge zur Verfügung (H$_2$-Elektrolyse, s. auch Exkurs 4.6.11).

Leider ist diese Kernreaktion unter irdischen Bedingungen nicht durchführbar, da sie bei dem extrem hohen Druck von ca. $2 \cdot 10^{11}$ bar = 200 Gbar ablaufen müsste, wie er im Zentrum der Sonne herrscht. Warum ist ein so hoher Druck erforderlich? Die Ursache ist: Es handelt sich beim Kernfusionsprozess in der Sonne um eine *kinetisch kontrollierte* Kernreaktion, weit entfernt vom thermodynamischen Gleichgewicht. Ein entscheidender Schritt im Mechanismus (s. Gl. (7.74)) ist die Reaktion $2\,^3$He → ^{4}He + 2 ^{1}H. Diese Reaktion benötigt eine sehr hohe Aktivierungsenergie, verursacht durch die hohe Coulombabstoßung der beiden ^{3}He-Kerne, die ca. $4 \cdot e^2/\sigma_{3\text{He}}$ beträgt, wobei $\sigma_{3\text{He}}$ ungefähr der Durchmesser eines ^{3}He-Kerns bedeutet, der sog. Reaktionsquerschnitt. Bei den vorausgehenden Elementarschritten der Reaktion ^{1}H + ^{1}H → ^{2}H + e$^+$ + ν_e gefolgt von ^{2}H + ^{1}H → ^{3}He + γ_{Ph} ist die Coulombabstoßung zwar um den Faktor 1/4 niedriger, aber da nach Gl. (7.75) 6 Teilchen ($4\,^1$H + 2 e$^-$) in *ein* ^{4}He-Teilchen umgewandelt werden, bedarf es sehr hoher Konzentration aller beteiligten Reaktionspartner ^{1}H, ^{2}H, e$^-$ und ^{3}He, um eine ausreichende Reaktionsgeschwindigkeit zu erreichen. Bei deutlich niedrigerem Gesamtdruck als 200 Gbar würde die Reaktion auch bei $T = 15{,}4 \cdot 10^6$ K nicht ablaufen, da die Zahl der Reaktionspartner der Edukte von 6 ($4\,^1$H + 2 e$^-$) auf 1 (^{4}He) erniedrigt wird, und daher einen hohen Druck erfordert.

Man muss also nach anderen nuklearen Reaktionen suchen, die auf der Erde durchführbar sind, und die ebenfalls zu dem energetisch stabilen ^{4}He-Kern führen. Der Druck sollte dabei 2 - 3 bar nicht überschreiten, die Coloumb-Abstoßung der Reaktionspartner sollte möglichst niedrig sein, dafür muss man allerdings eine höhere Temperatur als sie im Zentrum der Sonne herrscht, in Kauf nehmen. Es stellte sich schon in den 50-er und 60-er Jahren des 20sten Jahrhunderts heraus, dass dafür insbesondere die folgende nukleare

Reaktion in Frage kommt, bei der die beiden Wasserstoffisotope ^{2}H (Deuterium) und ^{3}H (Tritium) zu ^{4}He reagieren:

$$^2H + {}^3H \rightarrow n + {}^4He \tag{6.129}$$

Die Reaktion ist stark exotherm, wie wir gleich nachweisen werden, und es entsteht dabei ein Neutron. Entscheidend für ihre Nutzung als Energiequelle ist eine genügend hohe *Reaktionsgeschwindigkeit*. Die Reaktionsquerschnitte und die Aktivierungsenergien sind aus Messdaten von Stoßprozessen zwischen ^{2}H und ^{3}H$_3$ genügend genau bekannt. Die kinetische Energie der beiden Reaktionspartner muss mindestens 10 keV betragen (s. Abb. 6.6), wenn das ^{2}H + ^{3}H-Gasgemisch bei ca. 2,5 bar in einem Reaktor eine ausreichende Reaktionsgeschwindigkeit erreichen soll. 10 keV entsprechen einer Temperatur von

$$T \geq 10 \text{ keV}/k_B = 10^4 \cdot 1{,}602 \cdot 10^{-19} \text{ J}/k_B = 1{,}16 \cdot 10^8 \text{ K} = 116 \text{ Millionen K}$$

Das ist also mindestens das 80-fache der Temperatur im Zentrum der Sonne! Ein solches Gasplasma in materiellen Gefäßen einzuschließen ist unmöglich. Man benötigt geeignete starke Magnetfelder, die so geformt sind, dass die Ionen ^{3}H$^+$, ^{2}H$^+$ und ^{4}He^{2+} von den Magnetfeldrändern zurückgehalten werden. Auf die äußerst komplexen Probleme eines stabilen Magnetfeldes, das ein Gasplasma von über 100 Millionen K einschließt und zusammenhält, ohne dass die Ionen mit materiellen Teilen der Umgebung in Berührung kommen, können wir hier nicht im Detail eingehen. * Abb. 6.22 zeigt zumindest das Prinzip. Das ringförmig als Torus angeordnete System von stromdurchflossenen Spulen erzeugt ein starkes Magnetfeld, in dem ein Plasma aus ionisiertem Gas eingeschlossen wird und gleichzeitig ein elektrischer Kreisstrom induziert wird, dessen elektrischer Widerstand das Plasma aufheizt. Die Ionen, also die positiv geladenen Atomkerne ^{2}H, ^{3}H und ^{4}He, sowie die Elektronen haben eine Driftgeschwindigkeit, die dem elektrischen Ringstrom beim Umlauf in dem Torus entspricht. *Senkrecht dazu* bewegen sich die Teilchen auf zirkularen Bahnen gemäß der Lorentz-Kraft in dem Magnetfeld der Spulenkonstruktion, die sie am seitlichen Entweichen aus dem Plasmaschlauch hindern. Insgesamt ergibt sich also eine Schraubenbewegung mit der Vorwärtsbewegung in Richtung des elektrischen Stromes (mit entgegengesetzter Richtung für die Atomkerne gegenüber den negativ geladenen Elektronen). Das zur Kreisebene senkrecht über einen Transformator erzeugte zusätzliche Magnetfeld sorgt für einen helikalen Verlauf der Magnetfeldlinien im Plasma und kompensiert auf diese Weise die Inhomogenität des durch die Spulen erzeugten Magnetfeldes, das am inneren Rand des Plasmaschlauches stärker als am äußeren Rand ist und somit aufgrund dieser Inhomogenität das Plasma radial nach außen aus dem Einschlussbereich treiben würde. Da der elektrische Widerstand eines Gasplasmas mit der Temperatur sinkt, sind dieser Heizmethode Grenzen gesetzt und man muss durch zusätzliche Mikrowellenheizung oder durch Einschuss hochenergetischer Ionen oder eines Laserstrahles ins Plasma dafür sorgen, dass die für die „Zündung" der Reaktion nach Gl. (6.129) notwendige Temperatur von 100-150 Millionen Kelvin erreicht wird. Dann erst erzeugt das Plasma die notwendige Wärme durch die Kernfusion selbst.

---

*s. z. B.: U. Stroht, Plamaphysik, Springer-Spektrum (2018)

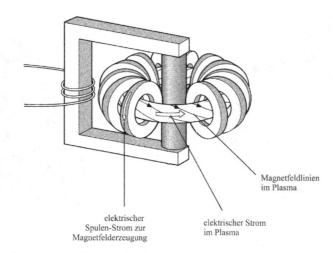

Magnetfeldlinien
im Plasma

elektrischer
Spulen-Strom zur
Magnetfelderzeugung

elektrischer Strom
im Plasma

Abb. 6.22: Projektskizze von Plasmaeinschluss und Plasmaheizung durch magnetische Felder in einem Fusionsexperiment nach dem Tokamak-Prinzip.

In Europa gibt es mehrere Forschungseinrichtungen, die sich damit beschäftigen, z. B. das ITER-Projekt in Frankreich, das nach dem sog. „Tokamak"-Prinzip arbeitet, oder das Projekt „Wendelstein 7-X" in Greifswald, wo dasselbe Ziel mit dem sog. „Stellarator" Prinzip verfolgt wird. Für uns genügt es, einen (vereinfachten) Querschnitt des torusförmig gebogenen Bereiches, in dem das Plasma durch magnetische Spulensysteme eingeschlossen ist, in Abb. 6.23 näher zu betrachten. Zwischen dem durch das Magnetfeld eingeschlossenen Bereich des heißen Plasmas und der Gefäßwand herrscht Hochvakuum.

In einem funktionierenden Reaktor enthält das Gasplasma bei ca. 2,5 - 3-0 bar das Reaktionsgemisch ^{2}H, ^{3}H und ^{4}He plus Elektronen bei 102 - 150 Millionen K. Die bei der Reaktion nach Gl. (6.129) entstehenden Neutronen verlassen ungehindert den Plasmabereich und werden außerhalb des Plasmas in einem sog. „Blanket" weitgehend abgefangen, wo sie ihre hohe kinetische Energie in Form von Wärme abgeben, die in einem künftigen, noch zu entwickelnden Verfahren in elektrische Energie umgewandelt werden soll mittels einer Dampfturbine. Der Hauptbestandteil des Blanket-Materials besteht aus stark neutronenabsorbierenden Materialien.

Um die Reaktion in Gl. (6.129) im stationären Betrieb zu halten, müssen die Reaktionspartner ^{3}H und ^{2}H ständig nachgeliefert werden und das Produkt ^{4}He als neutrales Gas in sog. *Divertoren* entfernt werden. Die Nachlieferung von ^{2}H geschieht durch den Einschuss von festen, tiefgekühlten D_2-Pellets in das Plasma, wo sie augenblicklich verdampft werden und das Deuterium ionisiert wird. Die Nachlieferung von ^{3}H kann durch die Reaktion des Isotopes ^{6}Li mit Neutronen im Blanket-Bereich erfolgen:

$$^6\text{Li} + \text{n} \rightarrow {}^4\text{He} + {}^3\text{H} \tag{6.130}$$

Lithium kann im Blanket als $^6\text{Li}_2\text{CO}_3$ oder $^6\text{LiSiO}_3$ eingebaut werden. Auch diese Reaktion

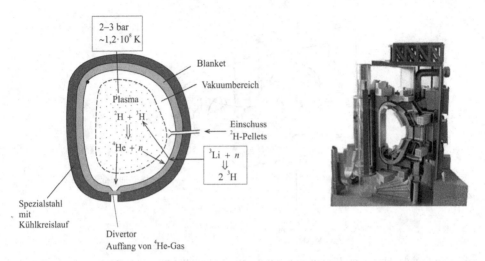

Abb. 6.23: Links: Querschnitt durch den torusförmigen Plasmaschlauch in einem Fusionsreaktor. Rechts: Projektziel des ITER-Kernfusionsreaktors. Die Größe des Reaktors lässt sich anhand der rechts unten im Bild dargestellten Person abschätzen.

ist exotherm, sie „erbrütet" neues ^{3}H und trägt somit zusätzlich zur Wärmeentwicklung durch die abgebremsten schnellen Neutronen bei.

Wir wollen nun die Energiebilanzen der beiden Reaktionen Gl. (6.129) und Gl. (6.130) berechnen. Dazu benutzen wir die relativistische Formel, die die Massendifferenz der Reaktionspartner mit der frei werdenden Energie verknüpft, also $\Delta E = \Delta m \cdot c_L^2$. Für die Reaktion Gl. (6.129) lautet diese Bilanz:

$$(m_{4\text{He}} + m_\text{n} - m_{2\text{H}} - m_{3\text{H}}) \cdot c_L^2 = \Delta E \tag{6.131}$$

Die Massen von ^{4}He, des Neutrons n, von ^{2}H (Deuterium) und ^{3}H (Tritium) sind genau bekannt. Es gilt: $m_{4\text{He}} = 6{,}64465 \cdot 10^{-27}$ kg, $m_\text{n} = 1{,}674922 \cdot 10^{-27}$ kg, $m_{2\text{H}} = 3{,}34358 \cdot 10^{-27}$ kg und $m_{3\text{H}} = 5{,}007348 \cdot 10^{-27}$ kg. Einsetzen in Gl. (6.131) ergibt:

$$\Delta E = -2{,}8182 \cdot 10^{-12} \text{ J} = -1{,}759 \cdot 10^7 \text{ eV} = -17{,}59 \text{ MeV} \tag{6.132}$$

Es lässt sich auch die Verteilung dieses Energiebeitrages auf ^{4}He und das Neutron berechnen. Dazu benötigen wir neben der Energiebilanz noch die Impulsbilanz des reaktiven Stoßes von ^{2}H und ^{3}H. Aufgrund der Impulserhaltung muss gelten:

$$\vec{p}_{2\text{H}} + \vec{p}_{3\text{H}} = \vec{p}_\text{n} + \vec{p}_{4\text{He}} \tag{6.133}$$

Im Vergleich zu der bei der Reaktion Gl. (6.129) nach Gl. (6.132) frei werdenden Energie von $\Delta E = 17{,}59$ MeV ist die kinetische Energie der stoßenden Teilchen ^{2}H und ^{3}H von

10 - 20 kV praktisch vernachlässigbar, so dass die linke Seite von Gl. (6.133) gleich Null gesetzt werden kann und man erhält:

$$\vec{p}_n \cong -\vec{p}_{4He} \qquad \text{bzw.} \qquad m_n^2 \cdot v_n^2 = m_{4He}^2 \cdot v_{4He}^2 \qquad (6.134)$$

Zusammen mit der Energiebilanz

$$\Delta E = \frac{1}{2} m_n \cdot v_n^2 + \frac{1}{2} m_{4He} \cdot v_{4He}^2 = -17{,}59 \text{ MeV} \qquad (6.135)$$

ergibt sich aus Gl. (6.134) und (6.135) für die Verteilung von 17,59 MeV auf die beiden Teilchen n und ^{4}He:

$$E_{kin,n} = \Delta E \cdot \frac{m_{4He}}{m_{4He} + m_n} = 14{,}05 \text{ MeV} \qquad (6.136)$$

$$E_{kin,^4He} = \Delta E \cdot \frac{m_n}{m_{4He} + m_n} = 3{,}54 \text{ MeV} \qquad (6.137)$$

Die hochenergetischen im Blanket vollständig absorbierten Neutronen erzeugen dabei noch zusätzlich nach Gl. (6.130) Energie durch die Bilanz:

$$\Delta E_2 = (m_{4He} + m_{3H} - m_n - m_{6Li}) \cdot c_L^2$$

Mit $m_{4He} = 6{,}64465 \cdot 10^{-27}$ kg, $m_{3H} = 5{,}007348 \cdot 10^{-27}$ kg $m_n = 1{,}674922 \cdot 10^{-27}$ kg und $m_{6Li} = 9{,}98561 \cdot 10^{-27}$ kg ergibt das:

$$\Delta E_2 = 0{,}764 \cdot 10^{-12} \text{ J} = -4{,}77 \text{ MeV} \qquad (6.138)$$

Addition von Gl. (6.132) und (6.138) ergibt einen Gesamtenergiegewinn von $17{,}59 + 4{,}77 = 22{,}36$ MeV für die Bruttoreaktion des Reaktors:

$$^6\text{Li} + {}^2\text{H} \rightarrow 2\,{}^4\text{He} \qquad (6.139)$$

Diesem idealisierten Wärmegewinn stehen eine Reihe von unvermeidlichen Energieverlusten bzw. Energiekosten gegenüber:

- Kühlung der supraleitenden Magnetfeldspulen durch flüssiges He

- Wärmeverluste in den Blankets

- Gasverluste und Strahlungsverluste des Plasmas

- Nachregulierung der Heizleistung des Plasmas durch Mikrowellenheizung oder Neutralteilcheneinschuss (tiefgefrorene D_2-Pellets).

- Betrieb von Hochvakuumpumpen

Dazu kommen der Energieaufwand zu Abtrennung von ^{6}Li aus natürlichem Li, das aus 7,5 % ^{6}Li und 92,5 % ^{7}Li besteht, auf einen Anreicherungsgrad von 90 % ^{6}Li sowie der Energieaufwand zur Bereitstellung von D_2 aus natürlichem Wasser (0,015 % des Wasserstoffes im Wasser besteht aus Deuterium). Nehmen wir an, dass pro Jahr 100 kg Deuterium bzw. 300 kg ^{6}Li im Reaktorbetrieb verbraucht werden, so entspricht das (100/0,002) = $5 \cdot 10^4$ mol Deuterium ^{2}H, wodurch im Idealfall $5 \cdot 10^4 \cdot N_L \cdot 22{,}36$ MeV $= 6{,}73 \cdot 10^{29}$ MeV $= 1{,}08 \cdot 10^{17}$ J als Hochtemperaturwärme in ein Dampfturbinenkraftwerk zur Erzeugung von elektrischer Energie eingespeist werden können. Der Rohstoff Wasser zur Gewinnung von Deuterium steht praktisch unbegrenzt zur Verfügung, bei Lithium könnte es mit der Verfügbarkeit auf Dauer Probleme geben, auch wenn nur 7,5 % als ^{6}Li davon benötigt werden, denn der größte Teil des Li-Vorkommens wird in die Elektromobilität gehen.

Tritium wird praktisch ausschließlich im Reaktor erbrütet (Gl. (6.130)). Insgesamt sind die stationären Mengen von ^{3}H und Neutronen im Reaktor gering (bei 2,5 bar und 10^8 K in einem Volumen von 100 m^3 ergibt das $2{,}5 \cdot 10^5 \cdot 100/(R \cdot 10^8) = 0{,}03$ mol Teilchen). Dennoch stellen im Dauerbetrieb vor allem die hochenergetischen Neutronen für Material und Menschen in unmittelbarer Nähe des Reaktors (Betriebspersonal) eine Risikobelastung dar.

Noch liegt die Inbetriebnahme eines solchen Fusionsreaktors in weiter Ferne. In Versuchsanlagen ist es bisher lediglich gelungen, einen Fusionsprozess für kürzere Zeit aufrecht zu erhalten. Um einen stationären Betrieb zu erreichen und die erzeugte Wärmeleistung auf eine Dampfturbine zu übertragen, bedarf es nach Expertenmeinung noch 15-25 Jahre weiterer Entwicklungszeit. Man kann sich zu Recht fragen, ob angesichts der sich beschleunigenden Bereitstellung von solar- und windbetriebenen Anlagen zur elektrischen Stromerzeugung die Kernfusion als Energiequelle noch eine notwendige Option darstellt.

7 Strahlung und Materie

7.1 Photonenstrahlung in Wechselwirkung mit Materie. Spontane und induzierte Emission.

Wir haben in Abschnitt 3.6.1 das Photonengas weitgehend wie ein im Volumen V eingeschlossenes System behandelt. Das Gleichgewicht der Photonen mit Materie wurde dabei nur allgemein erwähnt, aber der Mechanismus der Gleichgewichtseinstellung nicht näher behandelt. Das wollen wir jetzt nachholen. Im Plancksche Strahlungsgesetz kann man 2 Grenzfälle unterscheiden, die sich aus Gl. (3.151) sofort ableiten lassen. Der eine gilt für den Fall, dass $h\nu \ll k_B T$. Dann lässt sich im Nenner für die Exponentialfunktion schreiben:

$$e^{h\nu/k_B T} \cong 1 + \frac{h\nu}{k_B T} + \cdots$$

wobei höhere Glieder der Taylor-Reihenentwicklung vernachlässigt werden dürfen. Somit erhält man für die Energiedichte der Photonen der Frequenz ν:

$$u_\nu(\nu, T) \cong \frac{8\pi}{c_L^3} \cdot \nu^2 \cdot k_B T \qquad (h\nu \ll k_B T) \tag{7.1}$$

Gl. (7.1) heißt das *Rayleigh-Jeans'sche Strahlungsgesetz*. Hier taucht die Planck'sche Konstante h nicht mehr auf. Gl. (7.1) beschreibt das Photonenenergiespektrum nur bei niedrigen Frequenzen und versagt bei hohen Frequenzen. Gl. (7.1) war schon zum Ende des 19. Jahrhunderts bekannt, ebenso wie ihre Unzulänglichkeit bei höheren Frequenzen. Man kann sie direkt aus der klassischen, elektromagnetischen Lichttheorie ableiten unter Verwendung des klassischen Gleichverteilungssatzes der Energie. Der andere Grenzfall von Gl. (3.151) ergibt sich, wenn gilt: $h\nu \gg k_B T$. Dann darf die Zahl 1 neben dem e-Faktor im Nenner von Gl. (3.151) vernachlässigt werden, und man erhält:

$$u_\nu(\nu, T) \cong \frac{8\pi h\nu^3}{c_L^3} e^{-h\nu/k_B T} \quad (h\nu \gg k_B T) \tag{7.2}$$

Gl. (7.2) heißt das *Wien'sche Strahlungsgesetz*, das von Wilhelm Wien in der Form $\nu^3 \cdot \exp[-a\nu/T]$ empirisch gefunden wurde, bevor Max Planck Gl. (3.151) ableitete.

Gl. (3.151) lässt sich in alternativer Weise ableiten, die ein unmittelbares Verständnis des Strahlungsgleichgewichtes mit Materie offenbart. Nachdem Albert Einstein den Photoeffekt als Quantenphänomen erkannt hatte, war er auch der erste, der das Photonenbild in die Physik einführte. Er betrachtete die Wechselwirkung von Photonen mit Materie als

© Der/die Autor(en), exklusiv lizenziert an
Springer-Verlag GmbH, DE, ein Teil von Springer Nature 2025
A. Heintz, *Molekulare Statistik der Materie*,
https://doi.org/10.1007/978-3-662-70983-2_7

einen kinetischen Prozess. Die Zahl dZ_{12} der Photonen der Frequenz v, die pro Zeit von einem schwarzen Körper absorbiert werden, muss dem Produkt der Photonenzahldichte $N_v/V = u_{\text{Ph}}/hv$ und der Teilchenzahldichte N_1/V im energetischen Grundniveau der Atome bzw. Moleküle proportional sein:

$$\frac{1}{V}\frac{dN_1}{dt} = \frac{dZ_{12}}{dt} = -B_{12}\cdot\frac{N_v}{V}\left(\frac{N_1}{V}\right)\tag{7.3}$$

Die Emissionsrate der angeregten Atome bzw. dZ_{21}/dt betrachtete er als einen aus zwei Teilprozessen zusammengesetzten Prozess:

$$-\frac{1}{V}\frac{dN_2}{dt} = \frac{dZ_{21}}{dt} = A_{21}\cdot\left(\frac{N_2}{V}\right) + B_{21}\cdot\frac{N_v}{V}\cdot\left(\frac{N_2}{V}\right)\tag{7.4}$$

wobei N_2 die Zahl der angeregten Atome bedeutet. B_{12}, B_{21} und A_{21} hängen von v ab. Der erste Term auf der rechten Seite von Gl. (7.4) ist ein spontaner Emissionsprozess (analog wie beim radioaktiven Zerfall), der zweite Term kommt als Zerfallsprozess nur durch die Wechselwirkung des Lichtes (Konzentration (N_v/V)) mit den angeregten Teilchen N_2 zustande, also durch einen „Stoßprozess" von Photonen mit angeregten Atomen bzw. Molekülen.Man nennt ihn *induzierte Emission*. Diese 3 Wechselwirkungsprozesse von Strahlung mit Materie (Absorption, spontane Emission und induzierte Emission) sind in Abb. 7.1 anschaulich zusammengefasst.

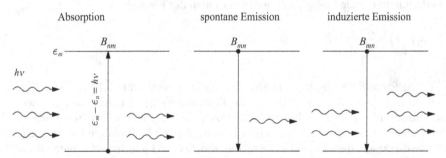

Abb. 7.1: Wechselwirkungsprozesse von Licht und Materie.

Da wir uns im thermodynamischen Gleichgewicht befinden, gilt:

$$\frac{dZ_{12}}{dt} + \frac{dZ_{21}}{dt} = 0\tag{7.5}$$

Ferner muss nach dem Boltzmann'schen Verteilungssatz für ideale Teilchen (Atome, Moleküle) gelten (s. Gl. (2.58)):

$$\frac{N_2}{N_1} = \frac{g_2}{g_1}e^{-(E_2-E_1)/k_{\text{B}}T} = \frac{g_2}{g_1}e^{-hv/k_{\text{B}}T}\tag{7.6}$$

(g_1 und g_2 sind die Entartungsfaktoren für E_1 und E_2.)

Fasst man nun Gl. (7.3) bis (7.6) zusammen und löst nach der Energiedichte $u_\nu(\nu, T) = (N_\nu/V) \cdot h\nu$ auf, so erhält man:

$$u_{\mathrm{Ph}}(\nu, T) = \frac{h\nu \cdot A_{21} \cdot g_1}{g_1 B_{12} \cdot e^{+h\nu/k_B T} - B_{21} \cdot g_2} \qquad (7.7)$$

Um die noch unbekannten Koeffizienten $g_1 \cdot A_{21}$, $g_1 \cdot B_{12}$ und $g_2 \cdot B_{21}$ zu bestimmen, betrachten wir den Grenzfall $T \to \infty$. Dann wird $u_\nu(\nu, T)$ ebenfalls unendlich groß, das kann nur erreicht werden, wenn gilt:

$$g_1 B_{12} = B_{21} \cdot g_2$$

Nun gilt andererseits bei $k_B T \gg h\nu$ ja das Rayleigh-Jeans'sche Strahlungsgesetz nach Gl. (7.1). Daraus folgt mit $\exp[-h\nu/k_B T] \approx 1 - h\nu/k_B T$:

$$u_{\mathrm{Ph}}(\nu, T) \cong \frac{g_1 A_{21}}{g_2 B_{21}} \cdot k_B T = \frac{8\pi}{c_L^3} \nu^2 \cdot k_B T \qquad (h\nu \ll k_B T) \qquad (7.8)$$

Setzt man Gl. (7.8) in Gl. (7.7) ein, sind alle unbekannten Koeffizienten eliminiert und man erhält genau das Planck'sche Strahlunsgesetz, d. h. Gl. (3.151). Diese ebenso einfache wie geniale Ableitung liefert darüber hinaus neue Einsichten in die Absorptions- und Emissionsprozesse, insbesondere die Notwendigkeit eines *induzierten Emissionsprozesses*, denn würde man diesen Teilprozess ($B_{21} \cdot n_\nu \cdot (N_2/V)$) in Gl.(7.4) weglassen, so ergäbe sich das Näherungsgesetz von Wien (Gl. (7.2))! Die induzierte Emission wurde die Grundlage der späteren Entwicklung von Lasern, eine Form von Lichtstrahlen, die extrem weit von einem thermischen Gleichgewicht mit Materie entfernt sind.

7.2 Lichtabsorption und Spektroskopie

Aus dem bisher Gesagtem lässt sich eine für die Spektroskopie, wichtige Schlussfolgerung ziehen. Dazu betrachten wir den Absorptionsprozess eines *monochromatrischen* Lichtstrahls der Intensität I_0 mit der Frequenz ν, der aus einer Quelle L auf eine Küvette der Schichtdicke d in x-Richtung fällt (Abb. 7.2).
Es sei betont, dass bei diesem Prozess *kein* thermodynamisches Gleichgewicht zwischen Strahlung (monochromatischer gerichteter Lichtstrahl!) und Materie (absorbierende und reemittierende Moleküle) herrscht, lediglich die Moleküle im Grundzustand (N_1) und angeregten Zustand (N_2) befinden sich näherungsweise im (lokalen) thermodynamischen Gleichgewicht. Die Küvette ist gefüllt mit einer verdünnten Lösung oder einem verdünnten Gas der Teilchenzahlkonzentration $C_0 = N_1/V + N_2/V$ mit den Teilchenzahlen N_1 im Grundzustand und N_2 im angeregten Zustand. Wir betrachten den Absorptionsprozess nach Gl. (7.3) und Gl. (7.4), wobei wir bedenken, dass neben der Absorption auch die induzierte Emission in Strahlrichtung zur Bilanzierung der Intensitätsänderung dI in der differentiellen Schichtdicke dx zu berücksichtigen ist. Man erhält also für die Intensitätsänderung dI in der Schichtdicke dx einen negativen Beitrag (Intensitätsschwächung

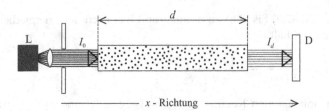

Abb. 7.2: Lichtabsorption durch eine Küvette der Länge d (L = monochromatische Lichtquelle, D = Detektor). $I_0 > I_D$

durch spontane Emission in alle Richtungen bzw. Energieabgabe an das Lösemittel durch Stöße) und einen positiven Beitrag (Intensitätsverstärkung durch induzierte Emission in Strahlrichtung):

$$\mathrm{d}I = -h\nu \cdot c_L \left[B_{12} \cdot \left(\frac{N_\nu}{V}\right)\left(\frac{N_1}{V}\right) - B_{21} \cdot \left(\frac{N_\nu}{V}\right)\left(\frac{N_2}{V}\right) \right] \mathrm{d}x \tag{7.9}$$

wobei die differentielle Änderung der Photonenzahl (eckigen Klammer mal dx) mit dem Energieinhalt des Photons und mit der Lichtgeschwindigkeit c_L zu multiplizieren ist, um die entsprechende Intensitätsänderung dI zu erhalten. Mit Hilfe von Gl. (7.6) und $g_1 B_{12} = g_2 B_{21}$ ergibt sich dann:

$$B_{12}\left(\frac{N_1}{V}\right) - B_{21}\left(\frac{N_2}{V}\right) = B_{12} \cdot \left(\frac{N_1}{V}\right)\left(1 - e^{-h\nu/k_B T}\right) \tag{7.10}$$

sowie aus der Bilanz $C_0 = N_1/V + N_2/V$:

$$\left(\frac{N_1}{V}\right) = \frac{C_0}{1 + \frac{g_2}{g_1} \cdot e^{-h\nu/k_B T}} \tag{7.11}$$

Nun ist aber $c_L \cdot h\nu \cdot (N_\nu/V)$ gerade die gerichtete Lichtintensität I in x- Richtung. Also wird aus Gl. (7.9)

$$\mathrm{d}I = -\kappa_{Ph}(\nu) \cdot f(T) \cdot I \cdot C_0 \mathrm{d}x$$

mit dem molaren Absorptionskoeffizienten $\kappa_{Ph}(\nu) = B_{12}(\nu)$ und dem temperaturabhängigen Faktor $f(T)$:

$$\boxed{f(T) = \frac{1 - e^{-h\nu/k_B T}}{1 + \frac{g_2}{g_1} \cdot e^{-h\nu/k_B T}}} \tag{7.12}$$

Integration von Gl. (7.9) ergibt das *verallgemeinerte Lichtabsorptionsgesetz* der Spektroskopie:

$$\boxed{I(x = d) = I(x = 0) \cdot \exp\left[-\kappa_{Ph}(\nu) \cdot f(T) \cdot C_0 \cdot d\right]} \tag{7.13}$$

Die Frequenzabhängigkeit des Absorptionskoeffizienten $\kappa_{Ph}(\nu)$ ist das sog. Absorptionsspektrum der absorbierenden Teilchenart.

Der Faktor $f(T)$ ist unter Laborbedingungen bei UV-VIS spektroskopischen Messungen praktisch gleich 1. Beispiel: $\lambda = 440$ nm ergibt bei $T = 300$ K:

$$\frac{h\nu}{k_B T} = \frac{h \cdot c_L}{\lambda \cdot k_B T} \cdot \frac{1}{T} = \frac{6{,}626 \cdot 10^{-34} \cdot 2{,}9989 \cdot 10^{8}}{440 \cdot 10^{-9} \cdot 1{,}3807 \cdot 10^{-23}} \cdot \frac{1}{300} = 109$$

Daraus folgt, dass nach Gleichung (7.12) $f(T) \cong 1$ wird und man erhält für Gl. (7.13) als *Grenzfall das sog. Lambert-Beer'sche Gesetz*. Ist aber z.B. $\lambda = 50.000$ nm (ferner IR-Bereich), so ist $h\nu/k_B T = 0{,}96$ und $f(T) = 0{,}45$, hier macht sich der Temperaturfaktor $f(T)$ bereits deutlich im Sinne einer geringeren Lichtabsorption bemerkbar, als man sie nach dem Lambert-Beer'schen Gesetz erwartet.

Besonders wichtig ist die Berücksichtigung von $f(T)$ bei noch größeren Wellenlängen (Radiowellenbereich), wie z.B. in der NMR-Spektroskopie. Abb. 7.3 zeigt $f(T,\lambda)$ als Funktion der Wellenlänge λ bei 300 K und 3000 K. Dort, wo $(1 - f(T,\lambda)) \ll 1$ ist die Extinktion der Strahlung sehr gering, d. h., ihre Detektion erfordert eine hohe Empfindlichkeit des Detektors.

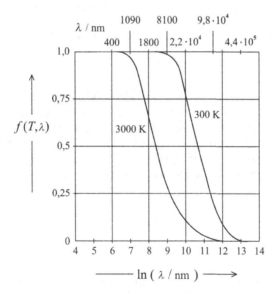

Abb. 7.3: $f(T,\lambda)$ nach Gl. (7.12) als Funktion der Lichtwellenlänge $\lambda = c_L/\nu$ bei 300 K und 3000 K mit $g_1 = g_2$.

7.3 Strahlungsbilanzen und Treibhauseffekt in Planetenatmosphären

Planeten oder deren Monde mit festen Oberflächen besitzen in vielen Fällen gasförmige Atmosphären deren Dichte bzw. Masse, sowie Gaszusammensetzungen und Temperatur sehr unterschiedlich sein können in Abhängigkeit von der sehr unterschiedlichen Strahlungsintensität der Sonne. In Tabelle 7.1 sind Daten einiger Beispiele aus unserem Sonnensystem wiedergegeben. Der innerste Planet, der Merkur, besitzt ähnlich wie der Erdmond praktisch keine Atmosphäre. Sein Nachbarplanet, die Venus besitzt dagegen eine sehr dichte und heiße Atmosphäre.

Tab. 7.1: Atmosphärische Eigenschaften von Planeten und Monden des Sonnensystems mit festen Oberflächen. Angegeben sind der Atmosphärendruck auf der Oberfläche p_P, die mittlere Oberflächentemperatur T_P, die gasförmige Zusammensetzung und die Gesamtmasse der Atmosphäre.

	p_P/bar	T_P/K	Hauptbestandteile (Volumenprozent)	Masse der Atmosphäre m_{At} /kg
Venus	91	735	CO_2 (97 %), N_2 (3 %)	$4{,}722 \cdot 10^{20}$
Erde	1	288	N_2 (79 %), O_2 (20 %), Ar (1 %)	$5{,}190 \cdot 10^{18}$
Mars	$4 - 6 \cdot 10^{-3}$	220 ± 10	CO_2 (95 %), N_2 (4 %), Ar (1 %)	$2{,}317 \cdot 10^{16}$
Titan (Saturnmond)	1,5	93	N_2 (95 %), CH_4 (5 %)	$9{,}227 \cdot 10^{18}$
Triton (Neptunmond)	$30 \cdot 10^{-5}$	38	N_2 (99 %), CH_4 (1 %)	$8{,}847 \cdot 10^{13}$

Druck p_P und Temperatur T_P am Planetenboden sind weitgehend unabhängig von der Position des Planeten auf seiner Umlaufbahn mit Ausnahme vom Mars, wo die Schwankungen dieser Werte von den unterschiedlichen Entfernungen zur Sonne im Perihel und Aphel herrühren. Die Gesamtmasse m_{At} der Atmosphäre hängt nur vom Oberflächendruck p_P und dieser wieder von der Masse m_P und Radius r_P des Himmelskörpers ab, aber nicht von T_P. Der Wert von m_{At} ergibt sich sehr einfach aus der Definition des Druckes als Kraft pro Fläche:

$$p_P = \frac{m_{At} \cdot g}{4\pi r_P^2} \quad \text{also} \quad m_{At} = p_P \cdot \frac{4\pi r_P^2}{g} = p_P \cdot 4\pi \cdot \frac{r_P^4}{m_P \cdot G} \tag{7.14}$$

wobei $g = m_P \cdot G/r_P^2$ die Schwerebeschleunigung auf der Oberfläche bedeutet. Da die Dicke der Atmosphärenschicht sehr klein gegenüber r_P ist, kann g als konstant angesehen werden. Bei vorgegebener Atmosphärenmasse liegt demnach der Gasdruck am Planetenboden fest. Das gilt allerdings nur, wenn keines der atmosphärischen Gase auskondensiert ist (Ozeanbildung bei Erde und dem Saturnmond Titan: s. Exkurs 10.8.11).

T_P und der Temperaturverlauf als Funktion der Höhe über dem Boden hängt von der Intensität des eingestrahlten Sonnenlichts, der Beschaffenheit des Bodens und der Art der atmosphärischen Gase ab. Die eingestrahlte Intensität des Sonnenlichtes am Ort des Planeten oder seines Mondes lässt sich berechnen. Sie beträgt in der Entfernung

$r_{P\odot}$ von der Sonne nach dem Stefan-Boltzmann-Gesetz (s. Gl. (3.155)) entsprechend der Gesamtstrahlungsbilanz:

$$I(r_{P\odot}) = I(r_\odot)/4\pi r_{P\odot}^2 = \sigma_{SB} \cdot T_\odot^4 \cdot r_\odot^2/r_{P\odot}^2 \qquad (7.15)$$

Die Strahlungsintensität der Sonne $I_\odot$ wird also in der Entfernung $r_{P\odot}$ des Planeten oder seines Mondes von der Sonne um den Faktor $r_\odot^2/r_{P\odot}^2$ geschwächt. $r_\odot$ ist der Sonnenradius. Die im Winkel ϑ zur Einstrahlrichtung auf der Planetenoberfläche auftreffende Intensität beträgt $I(r_{P\odot}) \cdot \cos\vartheta$ (s. Abb. 7.4). Die gesamte eingestrahlte Strahlungsleistung L_{Ein} in Watt ist das Integral über alle differentiellen Kreisringflächen $2\pi r \sin\vartheta \cdot (r \cdot d\vartheta)$:

$$L_{Ein} = I(r_{P\odot}) \cdot 2\pi r_P^2 \int_0^\pi \cos\vartheta \cdot \sin\vartheta d\vartheta = I(r_{P\odot}) \cdot 2\pi r_P^2 \int_0^1 \cos\vartheta \cdot d\cos\vartheta = I(r_{P\odot}) \cdot \pi r_P^2$$

$$(7.16)$$

Die effektive Oberfläche, auf die die Strahlung trifft, ist die Projektionsfläche der Planetenkugel, also die Kreisfläche $\pi \cdot r_P^2$.

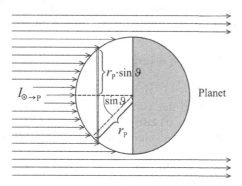

$I_{\odot \to P}$

$r_P \cdot \sin\vartheta$

$\sin\vartheta$

r_P

Planet

Abb. 7.4: Zur Berechnung der einfallenden Strahlungsleistung $I_{\odot \to P}$ der Sonne auf der Oberfläche eines Planeten oder Planetenmondes mit dem Radius r_P.

In der Realität wird von L_{Ein} nur ein Bruchteil A vom Planeten absorbiert, er heißt *Albedo*, der Anteil $(1 - A)$ wird von der festen Oberfläche und von eventuell vorhandenen Wolken reflektiert. Im stationären Zustand muss die eingestrahlte Leistung gleich der vom Planeten wieder in den Weltraum abgestrahlten Leistung L_{Aus} sein, es muss also gelten:

$$L_{Ein} = \sigma_{SB} \cdot T_\odot^4 \cdot \left(\frac{r_\odot}{r_{P\odot}}\right)^2 \cdot \pi r_P^2 (1 - A) = L_{Aus} \qquad (7.17)$$

In Abb. 7.5 ist schematisch und etwas vereinfacht die Bilanz der verschiedenen Energieströme von Atmosphäre und Oberfläche eines Planeten bzw. Mondes dargestellt.

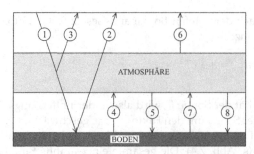

Abb. 7.5: Bilanz einfallender und austretender Energieströme auf einem Planeten (bzw. Mond).①
= L_{Ein}. ② + ③: reflektierte Sonnenstrahlung (UV-VIS), ④: Emissionsstrahlung vom Boden (IR), ⑤:
atmosphärische Rückstrahlung (IR) zum Boden, ⑥: atmosphärische Abstrahlung in den Weltraum
(IR), ⑦: konvektiver Energietransport + latente Wärme, ⑧: von Wolken reflektierte Rückstrahlung
zum Boden (IR)

Die Strahlungsleistungen ① bis ③ liegen im UV- und sichtbaren (VIS) Spektralbereich, alle
anderen Strahlungsarten ④ bis ⑥ + ⑧ im IR-Bereich. Wir berechnen nun die insgesamt
vom Planeten abgestrahlte Leistung L_{Aus}. Im stationären Zustand muss sie gleich der
Summe aller Energieströme sein, die vom Boden *und* der Atmosphäre ausgehen (④ bis
⑧). Wir bezeichnen die Atmosphärentemperatur mit T_{At} und die am Planetenboden mit
T_{P}. Dann erhalten wir mit Gl. (7.17) für L_{Aus} = ④ + ⑥ + ⑦ - ⑤ - ⑧:

$$4\pi r_{\text{P}}^2 \cdot \left(\frac{R_{\odot}}{2r_{\text{P}\odot}}\right)^2 \cdot \sigma_{\text{SB}} \cdot T_{\odot}^4(1-A) = 4\pi r_{\text{P}}^2 \cdot \sigma_{\text{SB}} \cdot \left(T_{\text{P}}^4(1-\alpha-\beta) + T_{\text{At}}^4\right) + L_{\text{konv}} \qquad (7.18)$$

Hier bezeichnet α den Bruchteil der vom Boden abgestrahlten Leistung, der von der
Atmosphäre absorbiert wird, $(1-\alpha)$ also den Bruchteil dieser Leistung, die ins Weltall
abgestrahlt wird. β ist der Bruchteil der vom Boden ausgehenden Strahlung, die an
Wolken reflektiert wird, $(1-\beta)$ der Bruchteil der ins Weltall gestrahlt wird und L_{konv}
ist der konvektive Wärmestrom plus der latenten Wärme (Kondensationswärme von
Wasser) vom Boden zur Atmosphäre.

Im stationären Zustand muss noch eine weitere Bedingung erfüllt sein. Die Leistungsströ-
me zur Oberfläche hin und von der Oberfläche weg müssen sich gegenseitig aufheben,
ihre Bilanz muss gleich Null sein. Es muss also gelten:

$$L_{\text{konv}} + 4\pi r_{\text{P}}^2 \cdot \sigma_{\text{SB}} \cdot T_{\text{P}}^4 = 4\pi r_{\text{P}}^2 \left(\frac{R_{\odot}}{2r_{\text{P}\odot}}\right)^2 \cdot \sigma_{\text{SB}} \cdot T_{\odot}^4(1-A) + 4\pi r_{\text{P}}^2 \sigma_{\text{SB}} \cdot T_{\text{At}}^4 \qquad (7.19)$$

Die linke Seite von Gl. (7.19) ist die gesamte vom Boden in Form von konvektivem
Wärmetransport (L_{konv}) und von Strahlungsleistung abgegebene Leistung, wobei β den
an den Wolken der Atmosphäre zurück reflektierten Anteil bedeutet. Die rechte Seite von
Gl. (7.19) ist die am Boden von der Sonne empfangene Strahlungsleistung plus die von
der Atmosphäre zum Boden zurückgestrahlte Leistung. Aus Gl. (7.19) und (7.18) lässt sich

der Term mit T_{At} eliminieren, und man erhält aufgelöst nach T_P bei Vernachlässigung von L_{konv}:

$$T_P \cong \left(\frac{R_\odot}{2r_{P\odot}}\right)^{1/2} \cdot T_\odot \left(\frac{1-A}{1-(\alpha+\beta)/2}\right)^{1/4} \tag{7.20}$$

Die Bodentemperatur T_P hängt von der Albedo A und der Summe der Parameter α und β ab, für die jeweils gilt $0 \leq \alpha \leq 1$ und $0 \leq \beta \leq 1$. Kennt man A und T_P, lässt sich $(\alpha + \beta)$ aus Gl. (7.20) berechnen. Für die in Tabelle 7.2 aufgelisteten Planeten bzw. Monde sind diese Parameter angegeben, mit denen man nach Gl. (7.20) Werte der Bodentemperaturen T_P erhält, die in Übereinstimmung mit den von Landesonden gemessenen $T_{P,exp}$ sind. Die Werte für $(\alpha + \beta)$ ergeben sich einfach aus der Beziehung

$$\alpha + \beta = 1 - \left(T_{P,0}/T_{P,exp}\right)^4 (1 - A) \tag{7.21}$$

Die Größe $\alpha + \beta$ kennzeichnet den sog. *Treibhauseffekt* der Atmosphäre. Bei Merkur und Triton liegt er bei Null, bei der Venus ist er fast maximal hoch. Erde und Titan haben vergleichbare Treibhauseffekte. Bei Mars liegt er deutlich niedriger.

Tab. 7.2: Physikalische Parameter fester zirkumsolarer Himmelskörper und des Saturnmondes Titan sowie des Neptunmondes Triton. $r_{P\odot}$ = Entfernung zur Sonne in astronomischen Einheiten (AE = $1{,}496 \cdot 10^{11}$ m), A = Albedo, $\alpha + \beta$ = Sorptions- und Reflektionskoeffizient der Atmosphäre, $T_{P,exp}$ = T_P nach Gl. (7.21) mit A und $(\alpha + \beta)$ aus der Tabelle. $(\alpha + \beta)/2$ wurde angepasst um $T_{P,exp}$ zu erreichen.

	$r_{P\odot}$/AE	A	$(\alpha + \beta)/2$	$T_P(A=0, \alpha + \beta = 0)$/ K	$T_{P,exp}$/ K
Merkur	0,387	0,11	0,04	448,0	440
Venus	0,723	0,74	0,989	327,8	735
Erde	1	0,31	0,394	278,8	288
Mars	1,524	0,25	0,168	225,8	220
Titan	9,537	0,23	0,315	90,3	93
Triton	30,069	0,68	~ 0	50,8	38

7.4 Lebenslauf und Schicksal der Sterne

Die Sterne des Weltraums, die zu Milliarden in jeweils wieder Milliarden von Galaxien darin verteilt sind, enthalten praktisch alle sichtbare Materie, die wir kennen. Gegen diese Massen sind die Planeten unseres Sonnensystems einschließlich der Erde und der bisher ca. 5000 (Stand: 2022) entdeckten Exoplaneten vernachlässigbar. Schon in unserem Sonnensystem entfallen 99,85 % der gesamten Masse auf die Sonne selbst. Ein Größenvergleich mit der Erde macht das deutlich: neben der Sonne erscheint die Erde wie eine Erbse neben einem großen Medizinball. Die Sonne selbst ist nur ein mittelgroßer Stern unserer Galaxie, der Milchstraße. Neben den größten Sternen, den sog. roten Überriesen, wie z.B. Beteigeuze, hat die Sonne selbst die Größe einer kleinen Perle neben einer gelb-roten Kugel von ca. 1-2 m Durchmesser (s. Abb. 7.6).

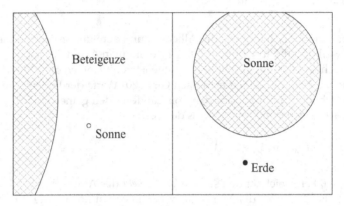

Abb. 7.6: Größenvergleich stellarer Objekte.

Als Gegenstand einer statistisch-thermodynamischen Behandlung haben Sterne gegenüber den teilweise recht kompliziert gebauten Molekülen auf unserer Erde einen großen Vorteil. Man kann sie praktisch als ein ideales Gas betrachten, das im einfachsten Fall aus atomaren Ionen wie z.B. H^+ und He^{2+} und Elektronen besteht. Das erleichtert die theoretische Behandlung wesentlich. Andererseits ist die innere Struktur eines Sterns aufgrund der starken gravitativen Kräfte, die ihn zusammenhalten, und der im Zentrum ablaufenden Kernfusionsreaktion, alles andere als einfach. Wir wollen in dem folgenden Abschnitten nur einige ausgewählte Themen der Sternstruktur und Sternenentwicklung behandeln, soweit sie molekularstatistische Aspekte beinhalten. In Abschnitt 7.4.1 stellen wir das Jeans-Kriterium vor, das etwas darüber aussagt, unter welchen Bedingungen ein Stern aus einer großen Gaswolke entstehen kann. Wesentliche Eigenschaften der Sterne lassen sich schon gut verstehen, wenn wir uns zunächst mit Mittelwerten von Druck, Dichte und Temperatur und deren Abhängigkeiten voneinander begnügen. Unsere Sonne z.B. ist ein glühender Gasball mit einer Masse von $2 \cdot 10^{30}$ kg und einer mittleren Dichte von 1410 kg $\cdot$ m^{-3} (ca. 40 % mehr als flüssiges Wasser), ihr Radius beträgt $6{,}98 \cdot 10^8$ m. Wie groß ist ihre mittlere Temperatur und der mittlere Druck in ihrem Inneren? Bei Kenntnis vorgegebener Größen wie Masse und Gaszusammensetzung, lassen sich diese und andere statistisch gemittelte physikalische Größen recht gut voraussagen. Davon handelt der Abschnitt 7.4.2. In den Abschnitten 7.4.3, 7.4.4 und 7.4.5 wenden wir uns den wichtigsten inneren Strukturmerkmalen von Sternen zu, dem Temperatur-, Dichte- und Druckprofil, und ihrer Leuchtkraft, die ihre stabile und langwährende Existenz der nuklearen Synthese von ^{1}H zu ^{4}He und weiteren Atomkernen verdankt. Das Leben der meisten Sterne endet im Stadium eines „weißen Zwerges" (Abschnitt 7.4.5 und 7.4.6) oder eines Neutronensterns (Abschnitt 7.4.7). Hier spielt die Fermi-Dirac-Statistik des entarteten nichtrelativistischen und des relativistischen Elektronengases (s. Abschnitt 3.5.4) bzw. Neutronengases die entscheidende Rolle. Abschließend zum Unterkapitel 7.4 werden noch einige grundlegende Eigenschaften von Sternatmosphären behandelt (Abschnitt 7.4.8). Viele weitere Themen der Astrophysik können aus Platzgründen nicht zur Sprache kommen, wie z. B. der Energietransport im Sterninneren oder die komplexen Kernfusionsprozesse und ihre kinetischen Gesetze. Wer hier tiefer einsteigen möchte, sei auf das hervorragende Buch von D. Clayton (s. Anhang 11.24) verwiesen.

7.4.1 Ursprung der Sterne und das Jeans-Kriterium

Der interstellare Raum in einer Galaxie ist nicht leer. Er enthält im wesentlichen Wasserstoff in molekularer Form als H_2 oder atomarer Form als H und Helium als ^{4}He, dessen Dichte größeren Schwankungen unterliegt. Überschreitet ein großräumiger Bereich einen bestimmten Wert der Dichte, kann er sich unter Wirkung seiner eigenen Gravitationskraft zu einer kompakten Gaswolke zusammenziehen, aus der ein Stern oder auch mehrere Sterne entstehen können. Diese Grenzdichte heißt Jeans-Dichte ϱ_{Jeans}.

Wir leiten das Jeans-Kriterium unter zwei vereinfachenden Annahmen ab.

- Die Gaswolke soll ungefähr kugelförmig sein und als isoliert betrachtet werden können.

- Temperatur und Dichte der Gaswolke seien homogen

Nach Gl. (11.307) und (11.308) in Anhang 11.17 gilt mit $E_i = E_{\text{pot}}$ und $E_{\text{ges}} = \text{const}$ dann für die Gaswolke (Index W):

$$dE_{\text{pot}} + dU_W = dE_{\text{pot}} + \delta Q + \delta W = 0$$

Voraussetzungsgemäß gilt für die isolierte Gaswolke $\delta Q = 0$ und man erhält somit:

$$\frac{dE_{\text{pot}}}{dr_W} = -\frac{\delta W}{dr_W} = -\frac{\delta W_{\text{rev}}}{dr_W} - \frac{\delta W_{\text{irr}}}{dr_W} = +p\frac{dV_W}{dr_W} - \frac{\delta W_{\text{irr}}}{dr_W} \tag{7.22}$$

Da $\delta W_{\text{irr}} \geq 0$ (Gl. (11.315)) gilt also:

$$\frac{dE_{\text{pot}}}{dr_W} \geq +\frac{pdV_W}{dr_W} \tag{7.23}$$

Da r_W nicht festgelegt ist, existiert nur ein Spezialfall $r_W = r_{W,Gl}$, bei dem Gleichgewicht herrscht. Dieses Gleichgewicht ist jedoch instabil bei kleinsten Abweichungen von $r_{W,Gl}$. Ist $r_W < r_{W,Gl}$ kommt es zur Kontraktion, ist $r_W > r_{W,Gl}$ zur Expansion. Beide Prozesse sind irreversibel.

Wir berechnen zunächst $E_{pot}(r_W)$:

$$E_{pot} = \int\limits_0^{r_W} dE_{pot} = -\int\limits_0^{r_W} \frac{G \cdot m(r)}{r} dm(r) = -\int\limits_0^{r_W} G\frac{m(r)\varrho_W}{r} 4\pi r^2 \, dr$$

ϱ_W ist die Massendichte der Gaswolke. Unter der Annahme, dass ϱ_W innerhalb der Gaswolke ungefähr konstant ist (und damit näherungsweise auch der Druck p), erhält man:

$$E_{pot}(r_W) = -\varrho_W^2 \cdot G \frac{(4\pi)^2}{3} \int\limits_0^{r_W} r^4 dr = -\varrho_W^2 \frac{(4\pi)^2}{15} \cdot G \cdot r_W^5 = -G\frac{m_W^2}{r_W} \cdot \frac{3}{5}$$

Aus Gl. (7.23) ergibt sich dann mit $r = r_W$ und $V_W = 4\pi r_W^3/3$:

$$\frac{dE_{pot}(r_W)}{dr_W} = +G \frac{m_W^2}{r_W^2} \cdot \frac{3}{5} \geq p \frac{dV_W}{dr_W} = p \cdot 4\pi r_W^2$$

Man sieht, dass gilt mit $E_{kin} = n_W \cdot \frac{3}{2}RT$:

$$-E_{pot} \geq 3 \cdot pV_W = 3n_WRT = 2 \cdot E_{kin}$$

wobei n_W die Molzahl der Gaswolke bedeutet. Im Gleichgewichtsfall gilt also das Virialtheorem (Anhang 11.16, Gl. (11.300)): Man erhält somit bei Anwendung des idealen Gasgesetzes mit $n_W = m_W/\langle M \rangle$:

$$\frac{1}{5} G \frac{m_W^2}{r_W} \geq p \cdot V_W = \frac{m_W}{\langle M \rangle} \cdot RT_W$$

Wir ersetzen r_W durch ϱ_W:

$$r_W = \left(\frac{3m_W}{4\pi\varrho_W} \right)^{1/3}$$

und erhalten das sogenannte *Jeans-Kriterium*:

$$\boxed{\varrho_W > \varrho_{Jeans} \cong \left(\frac{5}{G} \cdot \frac{R}{\langle M \rangle} \right)^3 \cdot \frac{3}{4\pi} \cdot \frac{T_W^3}{m_W^2} = \frac{5{,}7725 \cdot 10^{34}}{\langle M \rangle^3} \cdot \frac{T_W^3}{m_W^2}} \qquad (7.24)$$

Man erkennt aus dieser Gleichung, dass in der frühen Zeit der kosmischen Entwicklung, als die Temperaturen der Gaswolken T_W viel höher waren als heute (s. Anschnitte 7.6.4 und 7.6.5), bevorzugt schwere Sterne mit relativ kurzer Lebensdauer gebildet wurden (s. Exkurs 7.7.5, Tabelle 7.14). Später entstehende Sterne, wie z. B. auch die Sonne (nach ca. 9 Milliarden Jahren) waren kleiner, können dafür aber länger existieren.

Wir wählen als Rechenbeispiel eine Gaswolke mit der Masse der Sonne, also $m_W = m_\odot = 2 \cdot 10^{30}\,kg$, $\langle M \rangle \cong M_{H_2} = 0{,}002\,kg \cdot mol^{-1}$ und nehmen an, dass $T = 100\,K$ ist. Das ergibt nach Gl. (7.24):

$$\varrho_{Jeans} = 3{,}38 \cdot 10^{-13}\,kg \cdot m^{-3} \quad (T = 100\,K)$$

Der Druck beträgt dann:

$$p = \varrho_{Jeans} \cdot R \cdot \frac{T_W}{\langle M \rangle} = 1{,}4 \cdot 10^{-7}\,Pa \quad (T = 100\,K)$$

Das wäre im Labor ein kaum erreichbarer Hochvakuumdruck! Ferner gilt für das Volumen V der Gaswolke:

$$V \leq \frac{m_\odot}{\varrho_{Jeans}} = 5{,}92 \cdot 10^{42}\,m^3 \quad (T = 100\,K)$$

Die größte Entfernung des Kleinplaneten Pluto von der Sonne beträgt $5{,}96 \cdot 10^{12}\,m$. Der maximal mögliche Radius wäre $r_W = 6{,}4 \cdot 10^{13}\,m$, also immer noch ca. 10 mal größer als der Abstand von Pluto und Sonne. Wenn die Gaswolke rotiert, muss r_W allerdings geringer sein als hier berechnet. Darauf gehen wir jedoch nicht weiter ein, auch wenn das wesentlich ist für die Entstehung eines Planetensystems. Bei dieser groben Abschätzung der Jeans-Masse wollen wir es hier belassen. Eine genauere Berechnung, die Inhomogenitäten der Gaswolke und eine hydrodynamische Behandlung berücksichtigt, zeigt auch, dass die Gaswolke in mehrere Fragmente zerbrechen kann, aus denen dann mehr als ein Stern entsteht.

Die Gaswolke bzw. ihre Fragmente verdichtet sich weiter, zunächst durch einen freien Kollaps (s. Exkurs 7.7.3), der bei größer werdender Dichte abgebremst wird durch Reibungseffekte, wobei Gravitationsenergie in Wärme umgewandelt wird, H_2 dissoziiert in H-Atome und diese dann in H^+ und e^-, bis die erhitzte Gaskugel als Protostern einen stationären Zustand erreicht mit einer langsam weiter fortschreitenden Verdichtung. Die dabei freiwerdende Energie wird von der Sternoberfläche abgestrahlt, das Sterninnere erhitzt sich langsam weiter, bis die Zentraltemperatur hoch genug ist, um die Kernfusion von Protonen zu ^4He-Kernen einzuleiten. Dieser neue stationäre Zustand wird langzeitstabil, der Stern ändert seine Struktur kaum noch. Die Sonne z.B. verbleibt in ihm ca. $10 \cdot 10^9$ Jahre, ca. $4{,}6 \cdot 10^9$ davon sind bis heute bereits vergangen.

7.4.2 Das hydrostatische Gleichgewicht und eine einfache Zustandsbeschreibung von Sternen

In der Regel kann man davon ausgehen, dass ein Stern in seinem Inneren sich nahezu im *lokalen thermodynamischen Gleichgewicht* befindet. Wir können also für jeden Abstand zwischen r und $r + dr$ (vom Zentrum des Sternes aus gesehen) nach dem 1. Hauptsatz schreiben (s. Tab. 11.1 in Anhang 11.17):

$$dU(r) \cong \delta Q_{\text{rev}}(r) + \delta W_{\text{rev}}(r)$$

Für δQ_{rev} gilt dann (s. Anhang 11.17):

$$\delta Q_{\text{rev}} = T \cdot dS$$

Für die Arbeitsanteile $\delta W_{\text{rev}}(r)$ haben wir Volumenarbeit und Gravitationsarbeit zu berücksichtigen (s. Tabelle 11.1, Anhang 11.17):

$$\delta W_{\text{rev}}(r) = -p(r) \cdot dV + \Phi_{\text{Grav}}(r) \cdot dm$$

$\Phi_{\text{Grav}}(r)$ ist das Gravitationspotential im Abstand r vom Sternenzentrum:

$$\boxed{\Phi_{\text{Grav}}(r) = + \int_0^r \frac{G \cdot m(r)}{r^2} dr + \Phi_{\text{Grav}}(r = 0)} \qquad (0 < r < r_{\text{st}}) \qquad (7.25)$$

mit der von einer Kugel mit dem Radius r eingeschlossenen Masse $m(r)$:

$$m(r) = \int_0^r \varrho(r) \cdot 4\pi r^2 dr$$

Definitionsgemäß wählen wir $\Phi_{\text{Grav}}(r = 0) = \Phi_{\text{Grav}}^{\text{c}}$ (Index c: Zentrum) so, dass $\Phi(r = r_{\text{st}}) = 0$, also $\Phi_{\text{Grav}}^{\text{c}} = - \int_0^{r_{\text{st}}} \frac{G \cdot m(r)}{r^2} dr$ gilt. r_{st} ist der Sternradius. Die innere Energie U formulieren wir als Funktion der Entropie S, des Volumens V und der Masse m. Damit erhält dU mit $dV = 4\pi r^2 dr$ die Form:

$$\boxed{dU(r) = T \cdot dS - p \cdot 4\pi r^2 dr + \Phi_{\text{Grav}} \cdot dm} \qquad (7.26)$$

Wir benutzen jetzt die sog. Maxwell-Relation, die besagt, dass die gemischten zweiten Ableitungen einer thermodynamischen Zustandsgröße unabhängig von der Reihenfolge der Differentiation ist, also

$$\left(\frac{\partial^2 U}{\partial V \partial m} \right)_S = \left(\frac{\partial^2 U}{\partial m \partial V} \right)_S$$

Angewandt auf Gl. (7.26) ergibt das:

$$\left(\frac{\partial^2 U}{\partial m \partial V} \right)_S = - \left(\frac{\partial p}{\partial m} \right)_S = \left(\frac{\partial^2 U}{\partial V \partial m} \right)_S = \left(\frac{\partial \Phi_{\text{Grav}}}{\partial V} \right)_S$$

Daraus folgt unmittelbar die *hydrostatische Gleichgewichtsbedingung* mit $dV = 4\pi r^2 dr$ und $dm = 4\pi r^2 \varrho(r) \cdot dr$:

$$\boxed{\frac{dp}{dr} = -\varrho(r) \cdot \left(\frac{d\Phi_{\text{Grav}}}{dr}\right) = -\varrho(r) \cdot G \cdot \frac{m(r)}{r^2}} \qquad (7.27)$$

$\varrho(r)$ ist die lokale Dichte im Abstand r vom Zentrum. Anschaulich ausgedrückt bedeutet Gl. (7.27), dass sich die „Druckkraft" und die „Gravitationskraft", die auf ein Massenelement $dm = 4\pi r^2 \varrho(r) dr$ wirken, genau kompensieren.

Nun benötigen wir noch eine thermische Zustandsgleichung $p(\varrho, T)$. Da Sternmaterie sich praktisch wie eine ideale Gasmischung verhält, die im wesentlichen aus positiven Ionen (z.B. H^+, $^4He^{2+}$) und Elektronen besteht, muss an jedem Ort im Sterninneren näherungsweise das ideale Gasgesetz gelten:

$$p(r) = \frac{\varrho(r)}{\langle M \rangle} R \cdot T(r)$$

$\langle M \rangle$ ist die mittlere Molmasse in $\text{mol} \cdot \text{kg}^{-1}$.

Da wir von $p(r)$, $\varrho(r)$ und $T(r)$ nicht mehr wissen, als dass diese Größen von der Oberfläche aus nach innen in Richtung zum Sternenzentrum stark anwachsen und dort bei $r = 0$ maximale Werte erreichen, beschränken wir uns zunächst darauf, wenigstens über *Mittelwerte* von T, p und ϱ etwas halbwegs Zuverlässiges zu erfahren. Dazu greifen wir auf das Ergebnis von Gl. (11.432) in Anhang 11.20 zurück und können schreiben:

$$\boxed{\langle p_{\text{st}} \rangle = \frac{\int\limits_0^{r_{\text{st}}} p(r) 4\pi r^2 dr}{V_{\text{st}}} = -\frac{1}{3} \frac{1}{V_{\text{st}}} \cdot E_{\text{Grav,st}}} \qquad (7.28)$$

$\langle p_{\text{st}} \rangle$ ist also der mittlere Druck im Sterninneren mit der Gravitationsenergie des Sterns:

$$-E_{\text{Grav,st}} = \int\limits_{r=0}^{r_{\text{st}}} \varrho(r) \cdot \Phi(r) \cdot 4\pi r^2 dr = \alpha \cdot \frac{G \cdot m_{\text{st}}^2}{r_{\text{st}}} \qquad (7.29)$$

m_{st} ist die Sternmasse und α ist ein Zahlenfaktor in der Größenordnung von 1 (Genaueres: s. Anhang 11.20). Zum Mittelwert $\langle p_{\text{st}} \rangle$ gehören Mittelwerte $\langle T_{\text{st}} \rangle$ und $\langle \varrho_{\text{st}} \rangle$, die das ideale Gasgesetz liefert:

$$\langle p_{\text{st}} \rangle = \frac{\langle \varrho_{\text{st}} \rangle}{\langle M_{\text{st}} \rangle} \cdot R \langle T_{\text{st}} \rangle \qquad (7.30)$$

mit $\langle \varrho_{st} \rangle = m_{st}/V_{st}$. Für den Translationsanteil der inneren Energie, die mittlere kinetische Energie $\langle E_{kin,st} \rangle$ gilt:

$$\langle E_{kin,st} \rangle = \frac{3}{2} \frac{m_{st}}{\langle M_{st} \rangle} \cdot R \cdot \langle T_{st} \rangle = \frac{3}{2} \langle p_{st} \rangle \cdot V_{st} \tag{7.31}$$

Setzt man $\langle p_{st} \rangle$ aus Gl. (7.31) in Gl. (7.28) ein, ergibt sich:

$$\boxed{2 \langle E_{kin,st} \rangle = -E_{Grav,st}} \tag{7.32}$$

Wir haben hier also eine Form des *Virialtheorems* abgeleitet (allg. Ableitung: s. Anhang 11.16).

Einsetzen von Gl. (7.28) in Gl. (7.30) und Auflösen nach $\langle T_{st} \rangle$ ergibt mit $E_{Grav,st}$ nach Gl. (7.29):

$$\boxed{\langle T_{st} \rangle = -\frac{1}{3} \frac{1}{V_{st}} \frac{E_{Grav,st}}{\langle \varrho_{st} \rangle \cdot R} = +\frac{1}{3} \alpha \cdot \frac{G \cdot m_{st}}{r_{st}} \cdot \frac{\langle M_{st} \rangle}{R}} \tag{7.33}$$

Den Mittelwert für den Druck $\langle p_{st} \rangle$ erhalten wir durch Einsetzen von Gl. (7.33) in Gl. (7.30) und der mittleren Dichte

$$\langle \varrho_{st} \rangle = \frac{3 m_{st}}{4 \pi r_{st}^3} \tag{7.34}$$

Das ergibt:

$$\boxed{\langle p_{st} \rangle = \frac{m_{st}}{\langle M_{st} \rangle} \cdot R \cdot \langle T_{st} \rangle \cdot \frac{3}{4 \pi r_{st}^3} = \alpha \frac{G}{4 \pi} \frac{m_{st}^2}{r_{st}^4}} \tag{7.35}$$

Gl. (7.33) bis (7.35) ergeben die Mittelwerte von Temperatur, Dichte und Druck als Funktion von Radius und Masse des Sterns an unter Vernachlässigung des Strahlungsdrucks p_{Ph} (zur Rechtfertigung, dass $p_{Ph} \ll \langle p_{st} \rangle$: s. Exkurs 7.7.2). Man erkennt aus Gl. (7.33) bis Gl. (7.35), dass bei einer Kontraktion des Sternes (d$r < 0$) alle Mittelwerte, also $\langle \varrho_{st} \rangle$, $\langle p_{st} \rangle$ und $\langle T_{st} \rangle$ größer werden.

Ausgehend von Gl. (7.26) berechnen wir noch den Ausdruck für den Mittelwert der inneren Energie $\langle U_{st} \rangle$. Zunächst wandeln wir U als Funktion von S und V in eine Funktion von T und V um, indem wir schreiben (Gl. (11.344)):

$$dS = \frac{\varrho}{\langle M \rangle} \cdot \frac{\overline{C}_V}{T} dT + \left(\frac{\partial p}{\partial T} \right)_V \cdot dV \tag{7.36}$$

sodass wir mit $dU = T \cdot dS - pdV + dE_{Grav}$ erhalten:

$$dU = \frac{\varrho}{\langle M \rangle} \cdot \overline{C}_V dT + T \cdot \left(\frac{\partial p}{\partial T}\right)_V dV - pdV + dE_{Grav}$$

Im Fall *einatomiger idealer* Gase gilt $(\partial p / \partial T)_V \cdot T = +p$ und für die Molwärme $\overline{C}_V = \frac{3}{2}R$, also ergibt sich:

$$dU = \frac{\varrho}{\langle M \rangle} \cdot \frac{3}{2}RdT + dE_{Grav} \quad \text{bzw.} \quad \langle U \rangle = \frac{\langle \varrho \rangle}{\langle M \rangle} \cdot V_{st} \cdot \frac{3}{2}R\langle T \rangle + E_{Grav}$$

$$= \frac{3}{2}\langle p \rangle \cdot V_{st} + E_{Grav}$$

Dann erhält man mit Gl. (7.28) bzw. (7.32):

$$\langle U_{st} \rangle = -\frac{1}{2}E_{Grav} + E_{Grav} = \frac{1}{2}E_{Grav} = -\frac{1}{2} \cdot \alpha \cdot G \cdot \frac{m_{st}^2}{r_{st}} \tag{7.37}$$

$\langle U_{st} \rangle$ ist also negativ. Nun muss noch die mittlere Molmasse $\langle M_{st} \rangle$ berechnet werden. Wir nehmen dazu an, dass die Mischung des voll ionisierten Gases homogen im Sterninneren verteilt ist, was i.d.R. zwar nicht zutrifft, aber als akzeptable Annahme gelten soll. Wir beschränken uns auf zwei mögliche Ionensorten, wie z.B. $H^+ + {}^4He^{2+}$ oder ${}^4He^{2+} + {}^{12}C^{6+}$ neben den Elektronen, deren negative Ladungen die positive Ladungsmenge genau kompensieren müssen. Wir bezeichnen die beiden Ionenarten mit A^{n+} und B^{m+} und ihre Atommassen mit M_A und M_B. Vorgegeben sei der Massenbruch w_A:

$$w_A = \frac{n_A \cdot M_A}{n_A M_A + n_B M_B} = \frac{M_A x_A}{M_A \cdot x_A + M_B \cdot x_B} \quad \text{bzw.} \quad \frac{w_B}{w_A} = \frac{1 - w_A}{w_B} = \frac{M_B}{M_A} \cdot \frac{x_B}{x_A} \tag{7.38}$$

mit den Molzahlen n_A und n_B bzw. den Molenbrüchen x_A und x_B. Die Masse der Elektronen ist vernachlässigbar. Die Frage lautet: wie groß ist der Molenbruch x_A bzw. x_B? Wir gehen aus von der Molenbruchbilanz:

$$x_A + x_B + x_e = 1 \tag{7.39}$$

und der elektrischen Neutralitätsbedingung für A^{n+} und B^{m+}

$$n \cdot x_A + m \cdot x_B = x_e \tag{7.40}$$

x_e ist der Molenbruch der Elektronen. Gl. (7.38) bis (7.40) stellen 3 Bedingungsgleichungen zur Bestimmung der 3 Unbekannten x_A, x_B und x_e dar. Durch Eliminieren von x_e aus Gl.

(7.39) und (7.40) erhalten wir $x_B = [1 - (n+1)x_A]/(m+1)$. Einsetzen von x_B in Gl. (7.38) ergibt dann, aufgelöst nach x_A:

$$x_A = \left(\frac{1-w_A}{w_A} \cdot \left(\frac{M_A}{M_B}\right) \cdot (m+1) + n + 1\right)^{-1} \tag{7.41}$$

Als Beispiel wählen wir einen Stern, der die Ionensorten $^4He^{2+}$ und $^{12}C^{6+}$ enthält mit einem Gewichtsbruch $w_{4He} = w_{12C} = 0,5$. Mit $M_A/M_B = M_{4He}/M_{12C} = 1/3$ erhält man

$$x_A = \frac{3}{16}, \qquad x_B = \frac{1}{16} \quad \text{und} \quad x_e = \frac{12}{16} = 0,75.$$

Die molare Dichte n_{st}/V_{st} berechnen wir mit den Molzahlen $n_{st} = n_A + n_B + n_e$. Es lässt sich mit Einführung der gesamten Massendichte ϱ schreiben:

$$\frac{n_{st}}{V_{st}} = \varrho\left(\frac{n_A}{n_A M_A + n_B M_B} + \frac{n_B}{n_A M_A + n_B M_B} + \frac{n_e}{n_A M_A + n_B M_B}\right) = \frac{\varrho}{x_A \cdot M_A + x_B \cdot M_B} \tag{7.42}$$

wobei wir wieder den Massenanteil der Elektronen $x_e \cdot M_e$ im Nenner vernachlässigt haben.

Als mittlere Molmasse (oder Atommasse) bezeichnen wir

$$\langle M \rangle = x_A \cdot M_A + x_B \cdot M_B \tag{7.43}$$

Im ausgeführten Beispiel mit $x_{4He} = 3/16$ und $x_{12C} = 1/16$ erhalten wir

$$\langle M \rangle = \frac{3}{16}0,004 + \frac{1}{16}0,012 = 1,5 \cdot 10^{-3}\,kg \cdot mol^{-1}.$$

Wir wollen nun unser einfaches Modell der Mittelwertsgrößen $\langle T_{st} \rangle$, $\langle p_{st} \rangle$ und $\langle U_{st} \rangle$ auf die Sonne anwenden, den Stern dessen Daten und Struktur wir am besten kennen. Es gilt $m_\odot = 2 \cdot 10^{30}$ kg, $r_\odot = 6,96 \cdot 10^8$ m. Also beträgt ihre mittlere Dichte nach Gl. (7.34) $\langle \varrho_\odot \rangle = 1410\,kg \cdot m^{-3}$ Die Sonne besteht aus einer Ionenmischung von $^1H^+$ und $^4He^{2+}$ mit dem Gleichgewichtsbruch $w_H \cong 0,70$ (Mittelwert). Dann ergibt sich nach Gl. (7.41) für $x_H = 0,4308$ und $x_{4He} = 0,0462$ und $x_e = 0,523$. Aus Gl. (7.43) folgt dann für die mittlere Molmasse

$$\langle M_\odot \rangle = 0,4308 \cdot M_H + 0,0462 \cdot M_{He} = 6,156 \cdot 10^{-4}\,kg \cdot mol^{-1}$$

Nach Gl. (7.33) ergibt sich dann für $\langle T_\odot \rangle$ mit $\alpha = 6/7$ (Ableitung: s. Anhang 11.20)

$$\langle T_\odot \rangle = \frac{1}{3} \cdot \frac{6}{7} \cdot G \cdot \frac{2 \cdot 10^{30}}{6,96 \cdot 10^8} \cdot \frac{6,156}{R} \cdot 10^{-4} = 4,06 \cdot 10^6\,K$$

und für $\langle p_\odot \rangle$ nach (7.30) bzw. (7.35):

$$\boxed{\langle p_\odot \rangle = \frac{1410}{6{,}156} \cdot 10^4 \cdot R \cdot 4{,}06 \cdot 10^6 = 7{,}73 \cdot 10^{13}\,\text{Pa} = 7{,}73 \cdot 10^8\,\text{bar}}$$

Wir berechnen noch die innere Energie der Sonne nach Gl. (7.37). Wir setzen $m_\odot = 2 \cdot 10^{30}\,\text{kg}$, $r_\odot = 6{,}96 \cdot 10^8\,\text{m}$ und erhalten mit $\alpha = 6/7$ (s. Anhang 11.20):

$$\boxed{\langle U_\odot \rangle = -\frac{\alpha}{2} \cdot G \cdot \frac{m_\odot^2}{r_\odot} = -\frac{6}{7} \cdot \frac{1}{2} \cdot G \cdot \frac{m_\odot^2}{r_\odot} = -1{,}645 \cdot 10^{41}\,\text{J}} \qquad (7.44)$$

sowie die Gravitationsenergie nach Gl. (7.29):

$$\langle E_{\text{Grav}} \rangle = -\frac{6}{7} \cdot G \cdot \frac{m_\odot^2}{r_\odot} = -3{,}29 \cdot 10^{41}\,\text{J} \qquad (7.45)$$

Für die kinetische Energie gilt mit $V_\odot = \frac{4}{3}\pi r_\odot^3$:

$$\langle E_{\text{kin}} \rangle = V_\odot \cdot \frac{\langle \varrho_\odot \rangle}{\langle M_\odot \rangle} \cdot \frac{3}{2}R \cdot \langle T_\odot \rangle = \frac{6}{7}\langle p_\odot \rangle \cdot V_\odot = 1{,}645 \cdot 10^{41}\,\text{J} \qquad (7.46)$$

in Übereinstimmung mit dem Virialsatz $\langle E_{\text{kin}} \rangle = -\frac{1}{2}\langle E_{\text{Grav}} \rangle$ sowie $\langle U_\odot \rangle = \langle E_{\text{kin}} \rangle + \langle E_{\text{Grav}} \rangle$.

Die tatsächlichen Strukturdaten der Sonne lassen sich heutzutage zuverlässig berechnen, auch wenn ihr Inneres experimentell nicht direkt erfassbar ist. Abb. 7.7 zeigt den tatsächlichen Verlauf von T/T_C und ϱ/ϱ_C als Funktion von r im Sonneninneren. T_C und ϱ_C sind Temperatur und Dichte im Sonnenzentrum. Diese Werte betragen $T_C = 15{,}4 \cdot 10^6\,\text{K}$ und $\varrho_C = 1{,}5 \cdot 10^5\,\text{kg} \cdot \text{m}^{-3}$. Man sieht, dass im Kern der Anteil an Wasserstoff erheblich niedriger ist als im äußeren Bereich. Die Ursache ist: unterhalb von $r/r_\odot < 0{,}2$ ist ein erheblicher Teil bereits zu ^{4}He fusioniert. In diesem Bereich nimmt die Leuchtkraft L stark ab, denn es gilt nach der Kontinuitätsgleichung für Energieproduktion durch ^{1}H-Fusion und Energietransport durch Strahlung:

$$\frac{dL}{dr} = \varepsilon(r) \qquad (7.47)$$

Die nukleare Energieproduktion $\varepsilon(r)(\text{J} \cdot \text{m}^{-3} \cdot \text{s}^{-1})$ ist im Zentrum am höchsten und fällt im Bereich $0 \leq r \leq 0{,}2$ stark ab. Dementsprechend nimmt $L(r)$ zu. Wir kommen darauf in Abschnitt 7.4.4 nochmals zurück. Zumindest lässt sich feststellen, dass unsere Berechnungen für die Mittelwerte $\langle T_\odot \rangle$ und $\langle p_\odot \rangle$ durchaus vernünftig zu sein scheinen.

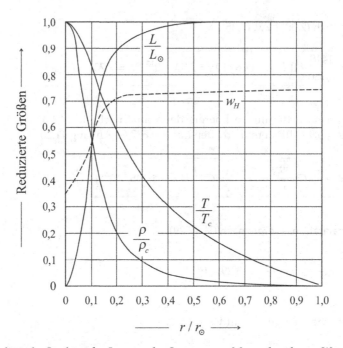

Abb. 7.7: Realistische Struktur des Inneren der Sonne. w_H = Massenbruch von Wasserstoff, $L/L_\odot$ relative Leuchtkraft, ϱ/ϱ_C relative Dichte T/T_C relative Temperatur als Funktion des reduzierten Radius $r/r_\odot$ (komplexe theoretische Berechnung mit Kernfusion auf hydrodynamischer Grundlage).

7.4.3 Die innere Struktur nichtbrennender Sterne. Die Lane-Emden-Gleichung

Bisher haben wir uns mit Mittelwerten von Sterneigenschaften zufrieden gegeben. Um mehr über den inneren Aufbau eines Sterns zu erfahren, wie also Temperatur, Druck und Dichte von r abhängen, müssen wir vom hydrostatischen Gleichgewicht nach Gl. (7.27) ausgehen. Dabei betrachten wir zunächst *nichtbrennende* Sterne, also Sterne ohne Kernfusion. Gl. (7.27) multiplizieren wir mit r^2, differenzieren nach r und erhalten eine Differentialgleichung, die die Dichte $\varrho(r)$ mit dem Gravitationspotential $\Phi_{\text{Grav}}(r)$ verbindet:

$$\frac{1}{r^2}\frac{\mathrm{d}}{\mathrm{d}r}\left(r^2\frac{\mathrm{d}\Phi_{\text{Grav}}}{\mathrm{d}r}\right) = 4\pi \cdot G \cdot \frac{\mathrm{d}m(r)}{\mathrm{d}r} \cdot \frac{1}{4\pi r^2} = 4\pi \cdot G \cdot \varrho(r) \tag{7.48}$$

Das ist nichts anderes als die Poisson-Gleichung nach Gl. (11.278) mit dem Vorfaktor $4\pi \cdot G$. Alle Sterne befinden sich in einem stationären Nichtgleichgewichtszustand. In diesem Zustand herrscht ein zeitunabhängiges Temperatur- und Druckgefälle im Sterninneren mit lokalem thermodynamischen Gleichgewicht (s. Abb. 7.8). Für den Wärmefluss gilt: $\dot{Q}(r+\mathrm{d}r) = \dot{Q}(r)$, also $\mathrm{d}\dot{Q}/\mathrm{d}r = 0$, d. h. $\dot{Q}$ ist überall konstant und ist gleich der Luminosität L_{st} des Sternes (s. Gl. (3.157)). Damit gilt auch für die Änderung des Entropieflusses

$\mathrm{d}\dot{Q}/\mathrm{d}r \cdot T^{-1} = \mathrm{d}\dot{S}/\mathrm{d}r = 0$ und somit für die Entropiebilanz im Volumenbereich $\mathrm{d}V = 4\pi r^2 \cdot \mathrm{d}r$: *

$$\frac{\mathrm{d}\dot{S}}{\mathrm{d}V} = \frac{\mathrm{d}_i \dot{S}}{\mathrm{d}V} + \frac{\mathrm{d}_e \dot{S}}{\mathrm{d}V} = 0 \tag{7.49}$$

Nun gilt stets für die spezifische innere Entropieproduktion $\mathrm{d}_i \dot{S}/\mathrm{d}V > 0$ (s. Anhang 11.17), und somit:

$$\frac{\mathrm{d}_e \dot{S}}{\mathrm{d}V} = \frac{\dot{Q}(r)}{\mathrm{d}V} \cdot \frac{1}{T} - \frac{\dot{Q}(r+\mathrm{d}r)}{\mathrm{d}V} \cdot \frac{1}{T+\mathrm{d}T} = \frac{\dot{Q}}{4\pi r^2} \cdot \frac{1}{T^2} \cdot \frac{\mathrm{d}T}{\mathrm{d}r} < 0$$

Ein stationärer Prozess ist also ein irreversibler Prozess. Da ferner $\dot{Q}$ in Richtung von r positiv ist, muss $(\mathrm{d}T/\mathrm{d}r) < 0$ sein. Es wird in demselben Maß Entropie im Inneren erzeugt $(\mathrm{d}_i S/\mathrm{d}t) > 0$, wie nach außen abfließt $(\mathrm{d}_e S/\mathrm{d}t) < 0$ (s. Exkurs 7.7.26). Es gilt also bei Annahme eines *lokalen* thermodynamischen Gleichgewichtes:

$$\mathrm{d}\dot{S} = 0 = \left(\frac{\partial \dot{S}}{\partial T}\right)_p \cdot \mathrm{d}T + \left(\frac{\partial \dot{S}}{\partial p}\right)_T \cdot \mathrm{d}p$$

Das ist genau die *Bedingungsgleichung für einen adiabatischen bzw. isentropen Prozess.* Wir folgen nun Gl. (11.357) bis (11.361) in Anhang 11.17 und gelangen zur adiabatischen Zustandsgleichung für ideale Gase:

$$\boxed{p = K \cdot \varrho^\gamma = K \cdot \varrho^{\frac{1}{n}+1}} \tag{7.50}$$

mit der Massendichte ϱ. Gl. (7.50) bestimmt das thermodynamische Verhalten im Inneren eines Sterns. $\gamma = \overline{C}_p/\overline{C}_V$ ist der Adiabatenkoeffizient. n heißt Adiabatenindex und hängt mit γ über $n = (\gamma - 1)^{-1}$ zusammen.

Einsetzen von Gl. (7.50) in Gl. (7.27) ergibt:

$$\frac{1}{\varrho}\left(\frac{\mathrm{d}p}{\mathrm{d}r}\right) = -\left(\frac{\mathrm{d}\Phi_{\mathrm{Grav}}}{\mathrm{d}r}\right) = \gamma K \cdot \varrho^{\gamma-2}(r) \cdot \frac{\mathrm{d}\varrho}{\mathrm{d}r} \tag{7.51}$$

Die Integration von Gl. (7.51) liefert dann für ϱ als Funktion von Φ_{Grav}:

$$\varrho = \left(\frac{-\Phi_{\mathrm{Grav}}}{(n+1)K}\right)^n \tag{7.52}$$

Da $\Phi_{\mathrm{Grav}} \leq 0$, ist Gl. (7.52) stets positiv, d.h. $-\Phi_{\mathrm{Grav}} = |\Phi_{\mathrm{Grav}}|$. Wir setzen Gl. (7.52) in die Poisson-Gleichung Gl. (7.48) ein, und erhalten die folgende Differentialgleichung für $\Phi_{\mathrm{Grav}}(r)$:

$$\frac{\mathrm{d}^2\Phi_{\mathrm{Grav}}}{\mathrm{d}r^2} + \frac{2}{r}\frac{\mathrm{d}\Phi_{\mathrm{Grav}}}{\mathrm{d}r} = -4\pi G \cdot \left(\frac{|\Phi_{\mathrm{Grav}}|}{(n+1)K}\right)^n \tag{7.53}$$

---

*s. z. B.: R. Haase, Thermodynamik irreversibler Prozesse, Steinkopf-Verlag (1963)

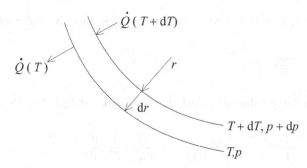

Abb. 7.8: Temperatur-, Druckgradient und radialer Wärmefluss $\dot{Q}$ in einem Stern mit einem isentropen (adiabatischen) Zustandsverhalten ($dT > 0, dp > 0$).

Wir definieren als dimensionslose Größe für r

$$\boxed{\xi = \frac{r}{r^*}} \quad \text{mit} \quad r^* = \left(\frac{n+1}{4\pi G} \cdot K \cdot \varrho_C^{1/n-1}\right)^{1/2} \tag{7.54}$$

und für $|\Phi|$ entsprechend Gl. (7.52):

$$w = \frac{\Phi_{\text{Grav}}}{\Phi_{\text{Grav,C}}} = \left(\frac{\varrho}{\varrho_C}\right)^{1/n} \tag{7.55}$$

wobei der Index C den Wert von Φ_{Grav} bzw. ϱ im Zentrum bei $r = 0$ bezeichnet. Damit wird aus Gl. (7.53):

$$\frac{d^2 w}{d\xi^2} + \frac{2}{\xi}\frac{dw}{d\xi} + w^n = 0$$

oder

$$\boxed{\frac{1}{\xi^2}\frac{d}{d\xi}\left(\xi^2 \cdot \frac{dw}{d\xi}\right) + w^n = 0} \quad \text{(LE-Gleichung)} \tag{7.56}$$

Gl. (7.56) heißt *Lane-Emden-Gleichung* (LE-Gleichung). Ihre Lösung liefert den allg. Zusammenhang von $w(\xi)$ und daraus ableitbaren anderen Größen als Funktion von ξ. Um physikalisch sinnvolle Lösungen zu erhalten, müssen die Randbedingungen $(dw/d\xi)_{\xi=0} = 0$ und $w(\xi = 0) = 0$ gelten. Für bestimmte Werte von n lässt sich Gl. (7.56) auch analytisch lösen (s. Exkurs 7.7.6), ansonsten muss man numerische Lösungen finden. Die Konstante K in Gl. (7.50) muss entweder durch einen absoluten Wert vorgegeben sein, der nicht von individuellen Parametern eines Sterns abhängt, oder er erfordert die Kenntnis spezifischer Parameter wie p_C und ϱ_C. Letzteres ist bei adiabatischen Zustandsgleichungen für ideale Gase der Fall, denn nach Gl. (7.50) gilt für das Sternenzentrum:

$$K = p_C \cdot \varrho_C^{-\frac{n+1}{n}} \qquad (7.57)$$

und damit nach dem idealen Gasgesetz für die Temperatur:

$$w = \left(\frac{\varrho}{\varrho_C}\right)^{1/n} = \frac{T}{T_C} \qquad (7.58)$$

mit

$$T_C = K \cdot \frac{\langle M \rangle}{R} \cdot \varrho_C^{1/n} \qquad (7.59)$$

w ist also (ebenso wie ξ) dimensionslos und hat die Bedeutung der Temperatur in der reduzierten Einheit T_C. Abb. 7.9 zeigt den Verlauf der Lösungsfunktion $w(\xi)$ von Gl. (7.56) für verschiedene Werte von n. Die berechneten Parameter der Kurven sind die Nullstellen ($\xi = \xi_{st}$ bzw. $r = r_{st}$ = Sternradius) und die Steigung $(dw/d\xi)_{\xi_{st}} = w'_{st}$ an der Stelle $\xi = \xi_{st}$. Sie sind in Tabelle 7.3 für verschiedene Werte von n bzw. γ zusammengefasst.

Tab. 7.3: Parameter für die Lösungsfunktion der LE-Gleichung

γ	∞	2	5/3	3/2	4/3	5/4	6/5
n	0	1	3/2	2	3	4	5
$\xi(w=0) = \xi_{st}$	2,4494	π=3,1416	3,6538	4,3529	6,8969	14,9716	∞
$-\left(\dfrac{dw}{d\xi}\right)_{\xi_{st}} = -w'_{\xi_{st}}$	0,8165	$1/\pi$=0,31831	0,2033	0,12725	0,04243	$8{,}02 \cdot 10^{-3}$	0
$-\xi_{st}^2 \cdot w'_{\xi_{st}}$	4,8988	π=3,1416	2,7141	2,4111	2,0182	1,7972	1,732

Wir stellen nun die folgenden Beziehungen her, die aus den Lösungen der LE-Gleichung folgen. Es gilt:

$$m(r) = \int_0^r 4\pi\varrho(r)r^2 dr = 4\pi r^{*3} \cdot \varrho_C \int_0^\xi \xi^2 \frac{\varrho}{\varrho_C} d\xi = 4\pi r^{*3} \cdot \varrho_C \cdot \int_0^\xi \xi^2 w^n d\xi \qquad (7.60)$$

Beim letzten Term in Gl. (7.60) haben wir von Gl. (7.58) Gebrauch gemacht. Wir setzen w^n aus Gl. (7.55) in Gl. (7.60) ein. Integration und Einsetzen von Gl. (7.54) für r^* ergibt dann

$$m(r) = 4\pi r^3 \cdot \varrho_C \cdot \left|\frac{dw}{d\xi}\right| \cdot \xi^{-1} \qquad (7.61)$$

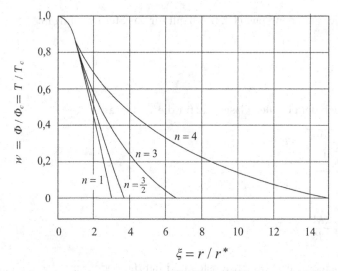

Abb. 7.9: Lösungsfunktionen der Lane-Emden-Gleichung (7.56) für verschiedene Werte von n. Φ/Φ_C ist nach Gl. (7.58) gleich T/T_C (T_C = Gl. (7.59), r^* = Gl. (7.54)).

bzw.

$$m_{st} = 4\pi\varrho_C \cdot r_{st}^3 \cdot \left|\frac{1}{\xi}\frac{dw}{d\xi}\right|_{\xi=\xi_{st}} \tag{7.62}$$

Setzt man $r_{st}^3 = \langle\varrho\rangle^{-1} \cdot \dfrac{3}{4\pi} \cdot m_{st}$ in Gl. (7.61) ein, erhält man:

$$\varrho_C = \langle\varrho\rangle \cdot \left|\frac{3}{\xi}\frac{dw}{d\xi}\right|_{\xi=\xi_{st}}^{-1} \tag{7.63}$$

Wir berechnen $T = T_C$ nach Gl. (7.58) indem wir Gl. (7.54) nach K auflösen, $r^* = r_{st}/\xi$ setzen und ϱ_C aus Gl. (7.63) entnehmen. Dann erhält man

$$T_C = K\frac{\langle M\rangle_\odot}{R} \cdot \varrho_C^{1/n} = \frac{m_{st}}{r_{st}} \cdot \frac{\langle M\rangle}{R} \cdot \frac{G}{(n+1)\cdot|w'_{st}|\cdot\xi_{st}} \tag{7.64}$$

und schließlich mit ϱ_C nach Gl. (7.63) und T_C nach Gl. (7.64) über das ideale Gasgesetz den Druck p_C im Zentrum:

$$p_C = R\frac{T_C \cdot \varrho_C}{\langle M\rangle_\odot} \tag{7.65}$$

Aus Gl. (7.63) bis (7.65) können also bei vorgegebenem Wert von n und den entsprechenden Parameter der LE-Gleichung aus Tabelle 7.3 die zentralen Größen ϱ_C, T_C und p_C bei bekanntem Radius r_{st} und Masse m_{st} berechnet werden.

Als Rechenbeispiel wählen wir für nichtrelativistische ideale Gase den Wert $n = 3/2$ mit den bekannten Daten der Sonne: $m_\odot = 1{,}99 \cdot 10^{30}$ kg, $r_{st} = r_\odot = 6{,}96 \cdot 10^8$ m und daraus folgend: $\langle \varrho \rangle_\odot = m_{st}/(\frac{4}{3}\pi r_{st}^3) = 1409$ kg $\cdot$ m^3. Somit ergibt sich nach Gl. (7.63)

$$\varrho_{C,\odot} = 1409 \cdot \left| \frac{1}{3} \cdot \frac{3{,}6538}{0{,}2033} \right| = 8{,}44 \cdot 10^3 \text{ kg} \cdot \text{m}^{-3}$$

Für $\langle M_\odot \rangle$ übernehmen wir aus Abschnitt 7.4.2

$$\langle M_\odot \rangle = 6{,}56 \cdot 10^{-4} \text{ kg} \cdot \text{mol}^{-1}$$

und erhalten für T_C aus Gl. (7.64) bzw. für $p_{C,\odot}$ aus Gl. (7.65) mit $n = 3/2$ und den entsprechenden Parametern w'_{st} und ξ_{st}:

$$T_{C,\odot} = 7{,}64 \cdot 10^6 \text{ K} \qquad \text{bzw.} \qquad p_{C,\odot} = 8{,}71 \cdot 10^{14} \text{ Pa}$$

Die Ergebnisse für $n = 3/2$ sind zusammen mit denen einer komplexen Rechnung, die Kernfusion und Inhomogenitäten der solaren Mischung mit berücksichtigt und der Realität sehr nahe kommt (s. Abb. 7.7), in Tabelle 7.4 zusammengefasst. Die Werte für T_C, ϱ_C und p_C liegen erwartungsgemäß über den entsprechenden in Abschnitt 7.4.2 berechneten Mittelwerten $\langle T_\odot \rangle = 4{,}06 \cdot 10^6$ K, $\langle \varrho_\odot \rangle = 1{,}41 \cdot 10^3$ kg $\cdot$ m^{-3} und $\langle p_\odot \rangle = 7{,}73 \cdot 10^8$ bar.

Tab. 7.4: Zentraldaten für die Sonne

	T_C/K	ϱ_C/kg $\cdot$ m^{-3}	p_C/bar
LE-Gleichung ($n = \frac{3}{2}$)	$7{,}64 \cdot 10^6$	$8{,}44 \cdot 10^3$	$8{,}71 \cdot 10^9$
komplexe Rechnung	$15{,}4 \cdot 10^6$	$1{,}5 \cdot 10^5$	$1{,}9 \cdot 10^{11}$

Die Übereinstimmung mit den tatsächlichen, auf der komplexen Rechnung beruhenden Werten ist nicht befriedigend (s. auch Abb. 7.7). Die mit der LE-Gleichung für $n = 3/2$ berechneten Werte liegen zu niedrig. Das darf uns aber nicht wundern, denn die Kernfusion wurde bei unseren Berechnungen mit der LE-Gleichung nicht miteinbezogen. Da sie eine wichtige Energiequelle im zentralen Bereich der Sonne darstellt, trägt sie zu einer zusätzlichen Temperaturerhöhung und Druckerhöhung bei und wegen der dort herrschenden erheblich höheren Massenanteile von He gegenüber H auch zu einer deutlich höheren zentralen Dichte. Wir lernen daraus, dass die LE-Gleichung nur auf Sterne ohne Kernfusion angewendet werden sollte, wie z. B. auf sog. „braune Zwerge" (s. Exkurs 7.7.16) oder Sterne, die noch nicht mit der Kernfusion begonnen haben.

Welche Erkenntnisse lassen sich aus der Lösung der LE-Gleichung noch gewinnen? Aus den abgeleiteten Gleichungen (7.62) bis (7.65) und (7.54) für den Sternradius $r_{st} = \xi_{st} \cdot r^*$

lässt sich eine Beziehung zwischen Sternmasse m_{st} und Sternradius r_{st} herleiten, indem man T_C, ϱ_C und p_C aus den Gleichungen eliminiert. Man erhält durch entsprechende Substitutionen:

$$\frac{m_{st}^2}{r_{st}^4} \cdot \frac{G}{4\pi(n+1)|w_{st}'|^2} = K \cdot \varrho_C^{\frac{n+1}{n}} = K\left[\frac{m_{st}}{r_{st}^3}\frac{\xi_{st}}{4\pi\,|w_{st}|}\right]^{\frac{n+1}{n}} \tag{7.66}$$

Auflösen von Gl. (7.66) nach m_{st}, ergibt folgende Beziehung, durch die m_{st} mit dem Sternradius r_{st} verknüpft ist:

$$\boxed{m_{st} = C_n \cdot r_{st}^{\frac{n-3}{n-1}}} \tag{7.67}$$

mit

$$C_n = \left[K \cdot \frac{4\pi(n+1)}{G}|w_{st}'|^2\right]^{\frac{n}{n-1}} \cdot \left[\frac{\xi_{st}}{4\pi \cdot |w_{st}'|}\right]^{\frac{n+1}{n-1}} \tag{7.68}$$

Wir betrachten die beiden wichtigsten Fälle mit $n = \frac{3}{2}$ ($\gamma = 5/3$) und $n = 3$ ($\gamma = 3/2$). Man erhält:

$$\boxed{m_{st} = C_{3/2} \cdot r_{st}^{-3}} \quad (n = 3/2) \qquad \text{bzw.} \qquad \boxed{m_{st} = C_3} \quad (n = 3) \tag{7.69}$$

Aus Gl. (7.69) ziehen wir eine wichtige Schlussfolgerung:

- Ist $n = 3/2$, was bei einem (idealen klassischen) Gas ohne innere Freiheitsgrade der Fall ist (H^+, He^{2+}, e^-), besteht eine Relation zwischen Masse und Radius: $m_{st} \hat{=} r_{st}^{-3}$. In diesem Fall können bei Kenntnis von ξ_{st} und w_{st} entsprechend Tabelle 7.3 für $n = 3/2$ aus den Gleichungen (7.63) bis (7.65) die Werte für ϱ_C, T_C und p_C und damit auch der Verlauf von $T/T_C(\xi = r/r^*)$ aus der Lösung der LE-Gleichung berechnet werden (s. Abb. 7.9) und ebenso $\varrho(\xi = r/r^*)$ aus Gl. (7.58) wie auch $p(\xi = r/r^*) = R \cdot T(\xi) \cdot \varrho(\xi)/\langle M \rangle$ (ideales Gasgesetz).

- Im Fall $n = 3$ tritt eine Besonderheit auf. m_{st} ist dann nach Gl. (7.68) unabhängig von r_{st} und nimmt den festen Wert $m_{st} = C_3$ ein mit dem Charakter einer Grenzmasse. Sterne, deren Massen diesen Wert überschreiten, werden instabil. Aus Abschnitt 3.5.4 wissen wir, dass mit $n = 3$ der Zustand eines relativistischen entarteten Fermigases erreicht wird. In Abschnitt 7.4.6 werden wir uns damit näher befassen.

7.4.4 Leuchtkraft und Lebenszeit von Sternen. Nukleares Wasserstoffbrennen.

Mit der Abstrahlung von Energie in Form von Licht ist ein Verlust an innerer Energie verbunden ($dU_{st} < 0$). Diese von der Oberfläche des Sterns abgestrahlte Energie bezeichnen wir mit L_{st} als sog. Leuchtkraft des Sterns (in Joule $\cdot$ s^{-1} = Watt) und erhalten für den Strahlungsverlust nichtbrennender Sterne unter der Bedingung der Energieleistungsbilanz $-(dU_{st}/dt) = L_{st}$ nach Gl. (7.37) mit $\alpha = 6/7$ und $n = 3/2$ (s. Anhang 11.20), für nichtbrennende Sterne:

$$\frac{d\langle U_{st}\rangle}{dt} = \frac{1}{2}\frac{d\langle E_{Grav}\rangle}{dr_{st}} \cdot \left(\frac{dr_{st}}{dt}\right) = +\frac{3}{7}G\frac{m_{st}^2}{r_{st}^2}\left(\frac{dr_{st}}{dt}\right) = -L_{st} \qquad (7.70)$$

Wegen $d\langle U_{st}\rangle/dt < 0$ muss nach Gl. (7.70) gelten: $dr_{st}/dt < 0$. *Der Stern kontrahiert also, wenn er strahlt* und ihm keine weiteren Energiequellen zur Verfügung stehen. Mit Gl. (7.70) lässt sich etwas über die zeitliche Entwicklung eines nichtbrennenden Sterns aussagen. Nehmen wir an, ein solcher Stern hätte über seine ganze bisherige Lebenszeit τ_{st} mit konstanter Leuchtkraft gestrahlt, dann ergibt die Integration von Gl. (7.70):

$$L_{st} \cdot \tau_{st} = \frac{3}{7}G \cdot m_{st}^2 \cdot \frac{r_0 - r_{st}}{r_0 \cdot r_{st}}$$

Unter Annahme von $r_0 \gg r_{st}$ erhält man dann:

$$\boxed{\tau_{st} \cong \frac{3}{7} \cdot G \cdot \frac{m_{st}^2}{r_{st} \cdot L_{st}}} \qquad (7.71)$$

Gl. (7.71) heißt Kelvin-Helmholtz-Gleichung. Sie war, wie die Namensgebung der Gleichung verrät, schon vor dem Ende des 19. Jahrhunderts bekannt. Setzen wir als Beispiel die Daten der Sonne ein: $m_\odot = 2 \cdot 10^{30}$ kg, $r_{st} = 6{,}96 \cdot 10^8$ m und $L_\odot = 3{,}487 \cdot 10^{26}$ Watt, ergibt sich:

$$\tau_\odot = 4{,}7 \cdot 10^{14} \text{ s} = 14{,}9 \cdot 10^6 \text{ Jahre} \qquad (7.72)$$

Nun wissen wir aber, dass bereits vor 235 bis 65 Millionen Jahren die Dinosaurier die Erde beherrschten. Aus geophysikalischen und paläontologischen Erkenntnissen ist sogar mit Sicherheit bekannt, dass allein die Erde bereits seit $4{,}4 \cdot 10^9$ Jahren existiert. Ähnliches gilt für die anderen Planeten. τ_{st} nach Gl. (7.71) beträgt aber nur 0,4 % dieser Zeit. Die Sonne kann jedoch nicht jünger, sondern muss mindestens genauso alt sein wie ihre Planeten, da sie zusammen mit ihnen oder kurz zuvor entstanden ist. Selbst wenn $L_\odot$ im Mittel nur halb so groß war wie der heutige Wert, ändert sich dabei nichts Grundsätzliches. Die Sonne muss eine ganz andere Energiequelle zur Verfügung haben, wenn sie schon über $4{,}4 \cdot 10^9$ Jahre existiert. Die hohen Temperaturen im Zentrum der Sonne betragen über 15 Millionen K (s. Tabelle 7.4). Unter diesen Bedingungen läuft dort bereits die *Kernfusionsreaktionsreaktion von* ^{1}H *zu* ^{4}He ab. Die Leuchtkraft wird allein durch den

Verbrauch eines zusätzlichen Vorrats an innerer Energie U_{Kern} erzeugt, demgegenüber die Energieerzeugung durch Kontraktion vernachlässigbar ist, sie ist praktisch gleich Null, sodass der Sonnenradius $r_\odot$ langzeitstabil bleibt. Es gilt also:

$$\frac{d\langle U_{st}\rangle}{dt} = \frac{dU_{Kern}}{dt} + \frac{3}{7}G\frac{m_{st}^2}{r_{st}^2}\left(\frac{dr_{st}}{dt}\right) + L_\odot = 0$$

Daraus folgt mit $(dr_{st}/dt) \approx 0$ für die Verlustrate des nuklearen Energieinhaltes:

$$-\frac{d\langle U_{st}\rangle}{dt} \cong -\frac{dU_{Kern}}{dt} = \int\limits_0^{r_\odot} 4\pi r^2 \cdot \varepsilon(r)dr = L_\odot \tag{7.73}$$

$\varepsilon(r)$ ist die Energieproduktion in $J \cdot m^{-3} \cdot s^{-1}$ durch nukleare Kernfusion, die im einfachsten Fall nach dem sog. ppI-Mechanismus verläuft (^1H = Proton, ^2H = Deuterium, e^- = Elektron, e^+ = Positron, ν_e = Neutrino, γ_{Ph} bzw. γ'_{Ph} = Gammastrahlenquanten):

$$\left.\begin{array}{rcl}
^1H + {}^1H &\to& {}^2H + e^+ + \nu_e \\
^2H + {}^1H &\to& {}^3He + \gamma_{Ph} \\
e^+ + e^- &\to& \gamma'_{Ph} \\
^3He + {}^3He &\to& {}^4He + 2\,{}^1H
\end{array}\right\} \quad \text{ppI-Mechanismus} \tag{7.74}$$

Die nukleare Nettoreaktion ergibt sich durch Addition des Doppelten der ersten 3 Reaktionen zur vierten Reaktion:

$$4\,{}^1H + 2e^- \to {}^4He + 2\nu_e + 2\gamma_{Ph} + 2\gamma'_{Ph} \tag{7.75}$$

Die bei dieser Kernreaktion insgesamt freiwerdende Energie berechnen wir wie üblich nach der relativistischen Massenformel unter Berücksichtigung von $2(\gamma_{Ph} + \gamma'_{Ph}) = 1,663 \cdot 10^{-13}$ J:

$$\left(m_{^4He} - 4m_p - 2m_e\right) \cdot c_L^2 = \left(6,6465 \cdot 10^{-27} - 4 \cdot 1,672623 \cdot 10^{-27} - 2 \cdot 9,1094 \cdot 10^{-31}\right)$$
$$\cdot c_L^2 - 1,663 \cdot 10^{-13} = -4,28406 \cdot 10^{-12}\,J = 2,6739 \cdot 10^7\,eV$$
$$= -26,739\,MeV$$

Die beiden Photonen γ_{Ph} und γ'_{Ph} liegen im Wellenlängenbereich 0,5 Å, also bereits im Röntgenstrahlungsbereich. Die Energie der Neutrinos ν_e kann nicht in die Bilanz von Gl. (7.75) mit eingerechnet werden, da diese wegen ihrer äußerst geringen Wechselwirkung mit Materie die Sonne ungehindert verlassen (Sonnenneutrinos, s. auch Exkurs 1.7.15 und Exkurs 7.7.10), die γ-Strahlungsquanten aber werden von der Sonne absorbiert (s. Exkurs 7.7.15). Die Formel für die Energieproduktionsrate in Gl. (7.73) lautet:

$$\varepsilon(r)_{ppI} = 4,5 \cdot 10^{-37} \cdot \varrho^2(r) \cdot w_H^2 \cdot T^4(r) \quad \text{in Watt} \cdot m^{-3} \tag{7.76}$$

mit der lokalen Massendichte ϱ und dem Massenbruch w_H. Demnach fällt $\varepsilon(r)$ mit wachsendem r im Bereich des Zentrums stark ab, da auch T/T_C und ϱ/ϱ_C abfallen (s. Abb. 7.7). Im Bereich des Zentrums ist w_H niedriger als in den Außenbereichen, wo es sich dem Wert vor Fusionsbeginn ($w_H = 0{,}74$) annähert. Der Mechanismus nach Gl. (7.75) wird bei steigender Zentraltemperatur in Zukunft langsam durch den sog. CNO-Mechanismus abgelöst. Dieser Mechanismus der Verbrennung von ^{1}H zu ^{4}He setzt voraus, dass in geringen Mengen ^{12}C-Atomkerne vorhanden sind wobei intermediär auch ^{13}C, ^{14}N, ^{15}N und ^{16}O-Atomkerne eine Rolle spielen, daher der Name CNO-Mechanismus. Er wurde zum ersten Mal von H. Bethe und C. F. v. Weizsäcker vorgeschlagen und entwickelt. Er läuft in seiner Hauptsequenz folgendermaßen ab:

$$
\left.
\begin{array}{l}
^1\text{H} + \ ^{12}\text{C} \rightarrow \ ^{13}\text{N} + \gamma \\
^{13}\text{N} \quad\quad \rightarrow \ ^{13}\text{C} + \nu_e + e^+ \\
^1\text{H} + \ ^{13}\text{C} \rightarrow \ ^{14}\text{N} + \gamma' \\
^1\text{H} + \ ^{14}\text{N} \rightarrow \ ^{15}\text{O} + \gamma'' \\
^{15}\text{O} \quad\quad \rightarrow \ ^{15}\text{N} + e^+ + \nu_e \\
^1\text{H} + \ ^{15}\text{N} \rightarrow \ ^{12}\text{C} + \ ^4\text{He}
\end{array}
\right\} \quad \text{CNO-Mechanismus} \tag{7.77}
$$

Man sieht, dass die Isotope von C, N und O die wichtige Rolle von Katalysatoren spielen, die nur in geringen Mengen vorhanden sein müssen, da sie nicht verbraucht werden. In der Bilanz von Gl. (7.77) ergibt sich somit:

$$
4\ ^1\text{H} \rightarrow \ ^4\text{He} + 2\nu_e + 2e^+ \tag{7.78}
$$

Die Positronen werden durch die vorhandenen Elektronen vernichtet

$$
2e^+ + 2e^- \rightarrow 4\gamma'''
$$

wodurch die elektrische Neutralität erhalten bleibt. Da der CNO-Mechanismus das Vorhandensein von ^{12}C-Kernen erfordert, ohne die die Reaktionskette (Gl. (7.77)) nicht ablaufen kann, muss man schließen, dass der CNO-Mechanismus nur in Sternen stattfindet, die mindestens zu einer zweiten Sterne-Generation gehören, die bereits als rote Riesensterne über die Nuklearreaktion $3\ ^4\text{He} \rightarrow \ ^{12}$C bereits ^{12}C-Kerne „erbrütet" haben (s. Abschnitt 7.4.5) und später durch eine Supernova-Explosion einen größeren Teil ihrer Masse in den Weltraum geschleudert haben, der dann als Sternenstaub in Gaswolken für eine nächste Generation von Sternen zur Verfügung stand, die den CNO-Mechanismus realisieren können. Die Formel für die Energieproduktionsrate des CNO-Prozesses lautet:

$$
\varepsilon(r)_{\text{CNO}} \hat{=} (\varrho \cdot w_H)^2 \cdot T^{12}(r)
$$

Er wird erst bei höheren Temperaturen als der ppI-Mechanismus wirksam, d. h., in einer späteren Brennphase der Kernfusion zu ^{4}He. Unsere Sonne tritt gerade in diese Phase ein. Abb. 7.10 zeigt die beiden Kurven $\varepsilon(r)_{\text{ppI}}$ und $\varepsilon(r)_{\text{CNO}}$ und verdeutlicht das Gesagte.

Für $r/r_{\text{st}} \geq 0{,}35$ ist nach Abb. 7.7 $L/L_\odot \cong 1$, ab $r/r_{\text{st}} > 0{,}35$ findet daher keine Kernfusion mehr statt. Kernfusion ($4\text{H}^+ + 2e^- \rightarrow \ ^4\text{He}^{2+}$) findet nur im Bereich $r/r_{\text{st}} < 0{,}35$ statt, wo

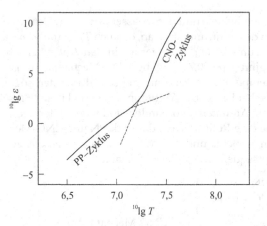

Abb. 7.10: $\varepsilon(r)_{\mathrm{ppI}}$ und $\varepsilon(r)_{\mathrm{CNO}}$ als Funktion der Temperatur.

$L/L_\odot$ in Richtung zum Zentrum ($r/r_{\mathrm{st}} \to 0$) stark abfällt. $L/L_\odot$ hängt mit der spezifischen Energieproduktionsrate (Gl. (7.76)) zusammen. Wenn man $\varepsilon(r)$ als Energiequelle ($\mathrm{J \cdot m^{-3} \cdot s^{-1}}$) und L als radialen Energiestrom betrachtet, muss nach dem Gauß'schen Satz (Gl. (11.272)) gelten:

$$\frac{\mathrm{d}L}{\mathrm{d}r} = 4\pi r^2 \cdot \varepsilon(r) \qquad \text{(Kontinuitätsgleichung für die Energie)} \qquad (7.79)$$

oder

$$\boxed{L_\odot = \int_0^{r_{\mathrm{st}}} 4\pi r^2 \cdot \varepsilon(r)\mathrm{d}r} \qquad (7.80)$$

Das ist genau Gl. (7.73). Da $L_\odot$ gleich der Strahlungsenergieleistung beim Austritt aus der Oberfläche ist, muss aus Energiebilanzgründen die vom Stern insgesamt abgestrahlte Energie pro Zeit gleich der gesamten nuklearen Energieproduktionsrate der Sonne sein.

Die Lebenszeit der Sonne seit dem Einsetzen der Kernfusion von Wasserstoff zu Helium lässt sich aus der Bilanz von Gl. (7.75) folgendermaßen abschätzen. Die durch Fusion pro Mol ^{1}H freiwerdenden Energie beträgt:

$$\begin{aligned} \Delta U_{\mathrm{Kern}} &= \frac{1}{4}\left(M_{^4\mathrm{He}} - 4M_{^1\mathrm{H}}\right) \cdot c_{\mathrm{L}}^2 = 10^{-3}\frac{1}{4}(4{,}0029 - 1{,}0079 \cdot 4) \cdot c_{\mathrm{L}}^2 \\ &= -6{,}45 \cdot 10^{11}\,\mathrm{J \cdot mol^{-1}} \end{aligned}$$

wobei $4{,}0029 \cdot 10^{-3}\,\mathrm{kg \cdot mol^{-1}}$ die Molmasse von ^{4}He und $1{,}0079 \cdot 10^{-3}\,\mathrm{kg \cdot mol^{-1}}$ die von ^{1}H bedeuten. Der Gewichtsbruch an ^{1}H vor Beginn der Fusion beträgt $w_{\mathrm{H,vorher}} = 0{,}735$ der heutige *mittlere* Gewichtsbruch beträgt $w_{H,heute} \cong 0{,}695$ (s. Abb. 7.7). Also ist die Masse des bisher fusionierten Wasserstoffs:

$$\Delta m_H = m_\odot(0{,}735 - 0{,}695) = 2 \cdot 10^{30} \cdot 0{,}04 = 8 \cdot 10^{28} \text{ kg}$$

bzw. die entsprechende Molzahl Δn_H:

$$\Delta n_H = \frac{8 \cdot 10^{28}}{1{,}0079 \cdot 10^{-3}} = 7{,}94 \cdot 10^{31} \text{ mol}$$

Die gesamte, seit Beginn der Kernfusion umgesetzte Energie ΔE beträgt demnach:

$$\Delta U_{Kern} = \Delta n_H \cdot \Delta\varepsilon = 7{,}94 \cdot 10^{31} \cdot 6{,}47 \cdot 10^{11} = 5{,}12 \cdot 10^{43} \text{ J}$$

Unter der Annahme, dass die Leuchtkraft der Sonne $L_\odot$ im Mittel über die vergangene Zeit dieselbe war wie heute, erhalten wir für die Lebenszeit $\Delta\tau_\odot$ seit Beginn der Kernfusion:

$$\Delta\tau_\odot = \frac{\Delta E}{L_\odot} = \frac{5{,}12 \cdot 10^{43}}{3{,}487 \cdot 10^{26}} = 1{,}468 \cdot 10^{17} \text{ s} = 4{,}65 \cdot 10^9 \text{ Jahre} \qquad (7.81)$$

Diese Zeit ist realistisch, sie macht auch das geschätzte Alter der Erde von ca. $4{,}4 \cdot 10^9$ Jahren plausibel.

Gl. (7.81) gilt für die Sonne, sie wird also noch ca. $4{,}5 \cdot 10^9$ Jahre im Modus des H-Brennens weiterexistieren. Allgemein gilt: Die Lebenszeit von Sternen liegt - abhängig von ihrer Masse - zwischen ein paar hunderttausend bis zu über 10 Milliarden Jahren (s. Exkurs 7.7.5). Ein paar Jahrhunderte astronomischer Forschung sind also nur eine „Blitzlichtaufnahme" aus dem Lebenslauf der Sterne, die jetzt gerade existieren. Die große Mehrzahl der Sterne unserer Milchstraße befindet sich in der Hauptreihe des sog. Hertzsprung-Russel-Diagramms (Abb. 7.11).

Dort ist eine repräsentative Zahl von Sternen der Milchstraße in einem $^{10}\lg(L_{st}/L_\odot)$-$^{10}\lg(T_{eff})$-Diagramm eingetragen. Das sind Sterne, die sich im Zustand der H-Kernfusion befinden, der im Fall der Sonne $10 \cdot 10^9$ Jahre, bei größeren Sternen kürzer, bei kleineren länger dauert (s. Exkurs 7.7.5). In dieser Phase verbringen die Sterne den längsten Teil ihrer Lebenszeit. Daher findet man auf der Hauptreihe auch die meisten Sterne.

7.4.5 Weitere Stadien der Sternentwicklung und stellare Nukleosynthesen

Als typisches Beispiel für die Entwicklung eines Hauptreihensterns von seiner Geburt bis zu seinem Ende wählen wir wieder die Sonne. Ihr Lebenspfad ist im HR-Diagramm von Abb. 7.11 als gestrichelte Linie eingezeichnet. Nach dem Kollaps einer Gaswolke (s. Exkurs 7.7.3) und dem Durchlauf einer Kontraktionsphase, der sog. Geburtslinie (ca. 27 Millionen Jahre) befindet sich die Sonne heute auf der Hauptreihe, wo sie bereits ca. 4,7

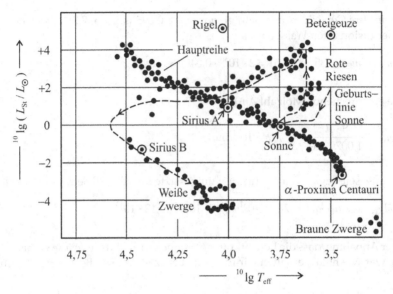

Abb. 7.11: Das Hertzsprung-Russel Diagramm einer Auswahl von Sternen (schematisch). - - - - - Entwicklungsweg der Sonne (modifiziert nach K. H. Spatschek, Astrophysik, Teubner (2003))

Milliarden Jahre verbracht hat (s. Gl. (7.81)). Nach ungefähr demselben Zeitraum wird sie sich durch gravitative Kontraktion ihres ausgebrannten Kerns, der im wesentlichen aus ^{4}He besteht, im Zentrum weiter aufheizen. Was dann geschieht ist in Abb. 7.12 a illustriert. Es setzt zunächst das nukleare Brennen von ^{4}He im Sonnenzentrum ein (3 ^{4}He → ^{12}C, s. auch Exkurs 4.6.12), während sich die ^{1}H-Brennzone in einer breiter werdenden Kugelschale nach außen verschiebt. Dadurch bläht sich der Stern um ein Vielfaches seiner ursprünglichen Größe auf, wobei seine Oberflächentemperatur absinkt. Die Sonne tritt dann in das Stadium des roten Riesen ein. Das hat fatale Konsequenzen für das Leben auf der Erde (s. Exkurs 7.7.9). In einer weiteren Folge von komplexen Fusionsprozessen mit instabilen Übergangszuständen (sog. „He-Flash") entsteht ein sog. planetarischer Nebel, bei dem die Sonne ca. 40 % ihrer Masse durch heftige Expansionsfolgen verliert. Danach kehrt wieder Ruhe ein, der Kernenergievorrat ist endgültig verbraucht, der Stern besteht aus einer Mischung von ^{4}He, ^{12}C und ^{16}O (gebildet aus ^{12}C + ^{4}He → ^{16}O). Er kontrahiert weiter, erhitzt sich dabei weiter, der Druck steigt ebenfalls an, bis der Fermi-Druck der Elektronen erreicht wird. Jetzt entartet das Elektronengas und hält dem Gravitationsdruck stand, solange die Sternmasse einen bestimmten Wert (~ 1,43 · $m_\odot$) nicht überschreitet. Es entsteht ein stabiler sog. *weißer Zwerg*. Das wird einmal bei der Sonne der Fall sein. Aus dem HR-Diagramm in Abb. 7.11 kann man ablesen, dass weiße Zwerge eine extrem hohe Dichte besitzen, denn ihre Oberflächentemperatur ist sehr hoch (10^4 bis $2,5 \cdot 10^4$ K), ihre Leuchtkraft aber gering, 100 bis 10000 mal geringer als die der heutigen Sonne. Daraus folgt nach Gl. (3.157) ein sehr kleiner Radius, womit eine sehr hohe Dichte verbunden sein muss (s. Exkurs 7.7.8 und Tabelle 7.13). Die Kontraktion wird gestoppt und langsam kühlt der Stern dann aus, seine Oberflächentemperatur T_{eff} sinkt immer weiter ab und er bewegt sich im HR-Diagramm ohne weitere Kontraktion langsam in ein Gebiet, wo bereits Sterne mit ähnlichem Schicksal versammelt sind. Ganz unten rechts im HR-Diagramm findet man auch Sterne, die von Anfang an zu klein waren ($m_{st} \leq 0{,}08 m_\odot$) mit zu niedriger Zentraltemperatur, um die ^{1}H-Kernfusion zünden zu können, so dass sie die Hauptreihe erst gar nicht erreichen konnten, die sog. *braunen Zwerge* (s. Exkurs 7.7.16).

Tab. 7.5: Stadien der Sternentwicklung. $M_{\min}/M_\odot$ ist die Mindestmasse um das entsprechende Stadium zu erreichen.

Stadium		$\dfrac{T-\text{Bereich}}{10^6\,\text{K}}$	$\dfrac{E_{\text{Grav}}}{\text{keV}/n}$	$\dfrac{E_{\text{Nukl}}}{\text{MeV}/n}$	$\gamma(\%)$	$\nu(\%)$	Nukleare Reaktion
①	Kontraktion	0-10	~ 1		100	0	
	nukl. Reaktion $M_{\min}/M_\odot = 0{,}08$	10-30		6,7	95	5	$4\,^1\text{H} \rightarrow {}^4\text{He}$
②	Kontraktion	30-100	~ 10		100	0	$3\,^4\text{He} \rightarrow {}^{12}\text{C}$
	nukl. Reaktion $M_{\min}/M_\odot = 0{,}3$	100-300		7,4	100	0	$4\,^4\text{He} \rightarrow {}^{16}\text{O}$
③	Kontraktion	300-800	~ 100		50	50	$2\,^{12}\text{C} \rightarrow {}^{24}\text{Mg,}$
	nukl. Reaktion $M_{\min}/M_\odot = 1{,}0$	800-1100		~ 7,7	0	100	$^{12}\text{C} + {}^4\text{He} \rightarrow {}^{20}\text{Ne,}$ Na, Al
④	Kontraktion	1100-1400	~ 150		0	100	$2\,^{16}\text{O} \rightarrow {}^{32}\text{Si,}$
	nukl. Reaktion $M_{\min}/M_\odot = 1{,}3$	1400-2000		~ 8,0			$^{16}\text{O} + {}^{12}\text{C} \rightarrow {}^{28}\text{Si, P}$
⑤	Kontraktion	>2000	~ 400		0	100	
	nukl. Reaktion $M_{\min}/M_\odot \lesssim 5$			~ 8,4			$2\,^{28}\text{Si} \rightarrow {}^{56}\text{Fe}$

Je größer ein Stern ist, desto weiter kann er sich entwickeln, bis seine Kernenergievorräte verbraucht sind. In Tab 7.5 sind die 5 wichtigsten Entwicklungsstadien von Sternen schematisch zusammengefasst. Jeder Kontraktionsphase schließt sich eine erneute nukleare Reaktionsphase im Kernbereich des Sterns an, in der die Kontraktion weitgehend gestoppt wird. Nach dem „Ausbrennen" der nuklearen Reaktionsphase folgt ein weiteres Stadium mit einer erneuten Kontraktionsphase und Reaktionsphase. Wie viele Stadien erreicht werden, hängt von der Masse des brennenden Kerns ab. Es muss ein Minimalwert der Masse des Zentralbereichs des Sterns erreicht werden, um die entsprechende Kernreaktionsphase zünden zu können, andernfalls verbleibt der Stern in diesem Stadium stecken. Die Elektronen entarten und kompensieren den Gravitationsdruck, die darüber liegenden Schichten rücken durch Kontraktion nach, bis fast der ganze Stern aus einem entarteten Elektronengas besteht, in das die verschiedenen Schichten mit den zugehörigen Atomkernen eingebettet sind (s. Abb. 7.12 b). Der Stern wird zum weißen Zwerg und stabilisiert seinen Zustand. Die Sonne z. B. erreicht nach dem Massenverlust im Zustand des planetarischen Nebels ihre ursprüngliche Masse von $M_\odot$ nicht wieder und wird, wie bereits erwähnt, im Stadium ② zum stabilen weißen Zwerg. Schwerere Sterne entwickeln sich weiter.

(a)

(b)

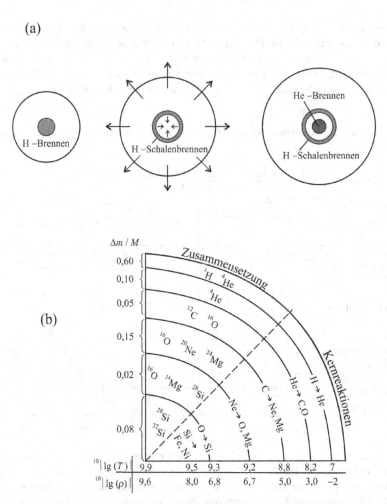

Abb. 7.12: a) Beim Übergang vom nuklearen H-Brennen zum He-Brennen expandiert der Stern und wird zum roten Riesen.   b) Schalenaufbau eines großen Sterns nach Abschluss aller möglichen Kernfusionsprozesse. $\Delta m/m$ = relativer Massenanteil der Schale, T = Temperatur in K, ϱ = Massendichte in $g \cdot cm^{-3}$. Die Aufteilung in Massenabteile ist nicht maßstabsgerecht. Den weitaus größten Volumenanteil nimmt der H- und He-Anteil ein. Alle anderen Zonen mit den Elementen von ^{12}C, ^{16}O bis zu Fe, Ni sind auf einen kleinen Kern zusammengedrückt mit sehr hoher Massendichte ϱ.

Die 2. Spalte in Tab. 7.5 gibt die in der jeweiligen Kontraktionsphase insgesamt gewonnene Gravitationsenergie E_{Grav} pro Nukleon an, die 3. Spalte gibt die jeweils durch die entsprechende Kernreaktion erzeugte Energie pro Nukleon an, die beiden Spalten γ(%) und ν(%) geben den prozentualen Anteil der abgestrahlten Energie an in Form von Photonen γ und Neutrinos ν wieder, der den erzeugten Energien E_{Grav} bzw. E_{Nukl} im stationären Zustand entspricht. Die starke Zunahme der Neutrinostrahlung ab Stadium ③ zeigt an, dass Reaktionen wie $A(Z,N) + e^- \rightarrow A(Z-1,N) + \bar{\nu}$ stattfinden, da die abstoßenden Coulombenergien mit wachsender Protonenzahl Z der Elemente stark anwachsen und die direkte Fusion erschweren. Schwerere Elemente als ^{56}Fe wie z. B. Pb, Au oder U können in den geschilderten Prozessen nicht entstehen, ihre Nukleosynthese findet bei sog. Supernova-Ereignissen statt, wenn ein Stern die Grenzmasse eines weißen Zwerges überschreitet und zum Neutronenstern wird, oder, wenn ein entstehender Neutronenstern eine bestimmte Grenzmasse für Neutronensterne überschreitet (s. Abschnitt 7.4.7), und durch einen finalen Kollaps zu einem schwarzen Loch wird (s. Abschnitt 7.5). Dabei werden durch Schockwellen Teile der Sternmasse ins Weltall geschleudert. Unter diesen Extrembedingungen entstehen dann auch Elemente mit Atommassen, die größer als die von Eisen sind. Abb. 7.13 zeigt die heutige Zusammensetzung des Kosmos als Gewichtsbruch des entsprechenden Elements logarithmisch aufgetragen gegen seine Massenzahl A (Summe der Protonen plus Neutronen im Atomkern). Die Dominanz von ^{1}H und ^{4}He ist deutlich. Auffallend ist auch das bevorzugte Auftreten von Elementen, deren Massenzahl aus einem Vielfachen der Massenzahl von ^{4}He besteht, also 12, 16, 20, ... bis 56 (durchgezogene Linie). Das weist darauf hin, dass viele Sterne bereits zu einer Generation von Sternen gehören, die durch Kontraktion von Gas- und Staubwolken entstanden sind, die ihrerseits Überreste einer Vorgängergeneration explodierter Sterne enthalten.

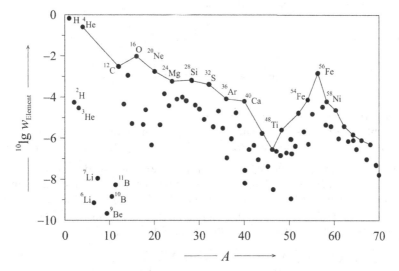

Abb. 7.13: Massenbruchanteile w der häufigsten Elemente im Kosmos logarithmisch aufgetragen gegen ihre Massenzahl A.

7.4.6 Die Chandrasekhar-Masse und die innere Struktur eines weißen Zwergsterns

Wir kehren zurück zum Entstehungsprozess eines weißen Zwergsterns, der die Kontraktion / Reaktions-Phasen eines Sterns in einem der Stadien von Tabelle 7.5 beendet, wenn die Elektronen entarten. Der gesamte mögliche Zustandsbereich stellarer Gase ist - eingeteilt nach den dominierenden Druckbeiträgen - in Abb. 7.14 in einem T,ρ-Diagramm dargestellt. Die Trennungslinien kennzeichnen die Übergangsbereiche, es sind also keine scharfen Trennungslinien. Der Zustand der Sterne auf der Hauptreihe wird weitgehend durch das Verhalten eines klassischen idealen Gases bestimmt bestehend aus Ionen und Elektronen, in dem nukleare Reaktionen ablaufen.

Nur sehr große Sterne mit $m_{st} > 80 m_\odot$ geraten in den vom Strahlungsdruck dominierten Bereich, dort werden sie jedoch instabil und stoßen einen großen Teil ihrer Masse ab (s. Exkurs 7.7.17).

Um zu verstehen, wie ein kontrahierender Stern, der bereits seine verfügbaren nuklearen Energievorräte verbraucht hat, und dessen Kern nicht heiß genug ist, um weitere Kernreaktionen zu zünden, zum weißen Zwerg wird, benötigen wir eine Zustandsgleichung, die die wachsende Entartung der Elektronen mit zunehmender Dichte beschreibt. Dabei gehen wir davon aus, dass sich der Stern aus verschiedenen Atomkernen mit den Teilchenzahlen N_i zusammensetzt plus der entsprechenden Teilchenzahl N_e der Elektronen, die die Kernladungen kompensieren.

In dieser Zustandsgleichung setzt sich der Druck aus 3 Anteilen zusammen, dem *Ionendruck* der Atomkerne p_{Ion}, für den das klassische ideale Gasgesetz gilt, dem *Elektronendruck* p_e bereits entarteter Elektronen nach Gl. (3.123) und dem *Strahlungsdruck* p_{rad} nach Gl. (3.140). Für den Gesamtdruck p gilt demnach:

$$p = p_{Ion} + p_e + p_{rad} = \frac{\varrho_{st}}{\langle M \rangle} \sum_i x_i R \cdot T + \frac{\pi m_e^4}{3 h^3} c_L^5 \left[\chi_F \left(2 \chi_F^2 - 3 \right) \left(1 + \chi_F^2 \right)^{1/2} \right.$$
$$\left. + 3 \cdot \ln \left[\chi_F + \left(1 + \chi_F^2 \right)^{1/2} \right] \right] + \frac{1}{3} a \cdot T^4 \qquad (7.82)$$

χ_F ist der Fermiimpuls der Elektronen dividiert durch $m_e \cdot c_L$ nach Gl. (3.124). ϱ_{st} ist die Massendichte, die praktisch ausschließlich von den Atomkernen herrührt, x_i sind die Molenbrüche der Atomkerne und $\langle M \rangle = \sum_i M_i x_i$ ihre mittlere Atomkernmasse. Wenn die Sternmasse nicht zu groß ist, kann p_{rad} gegenüber den beiden anderen Beiträgen p_{Ion} und p_e vernachlässigt werden, der Stern kontrahiert und wandert aus dem Bereich „klassischer Gasdruck" (Abb. 7.14) in den Bereich „Entartung der Elektronen", wo der Druck p_e praktisch allein dominiert ($p_e \gg p_{Ion}$), d. h. $p \cong p_e$ ist der mittlere Term in Gl. (7.82) mit der eckigen Klammer. Die Elektronenzahldichte n_e lautet:

$$n_e = \frac{N_e}{V} = \sum_i \frac{Z_i N_i}{V} \cong \sum_i Z_i \varrho_i / \left(A_i m_p \right) = \varrho_{st} \sum_i \frac{w_i Z_i}{A_i m_p} \qquad (7.83)$$

wobei N_e gleich der Summe der positiven Elementarladungen Z_iN_i sein muss mit der Protonenzahl Z_i des Atomkerns i und seiner Massenzahl A_i. ϱ_i ist die Partialdichte der Atomsorte i, w_i ihr Gewichtsbruch im Stern, m_p die Masse eines Protons und ϱ_{st} die Dichte der gesamten Sternmasse (Elektronenmassen sind dabei vernachlässigt). Für χ_F in Gl. (7.82) gilt Gl. (3.124) mit n_e nach Gl. (7.83):

$$\chi_{F,e} = \left(\frac{3}{8\pi}\right)^{1/3} \cdot \frac{h}{m_e \cdot c_L} \cdot \left(\varrho_{st}^{1/3} \cdot \sum_i \frac{w_i Z_i}{A_i m_p}\right)^{1/3} \tag{7.84}$$

Da der Elektronendruck p_e in Gl. (7.82) den nichtrelativistischen bis ultrarelativistischen Fall entarteter Elektronen enthält, gilt Gl. (7.82) nur für Temperaturen $T \leq T_{F,e}$ (Fermi-Temperatur). Die Ionen sind wegen ihrer viel größeren Massen *nicht* entartet und ihr Verhalten genügt einfach (näherungsweise) dem idealen Gasgesetz. Den Grenzfall bei niedrigen Dichten, wo auch die Elektronen nicht entartet sind, ist in Gl. (7.82) nicht enthalten. Er spielt nur in der äußersten Schicht der Atmosphäre des weißen Zwerges eine gewisse Rolle, die wir hier vernachlässigen dürfen.

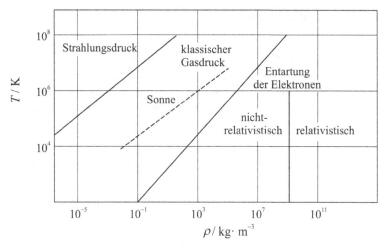

Abb. 7.14: Zustandsbereiche stellarer Gase. Bei der Sonne herrscht derzeit der Gasdruck nichtentarteter Elektronen und Ionen überall im Inneren vor (- - - -). Die Trennungslinien (——) teilen die Gebiete ein, wo Strahlungsdruck, klassischer Gasdruck und entartete Elektronen den Gesamtdruck dominieren.

Bevor wir Dichte- und Druckverlauf im Inneren eines weißen Zwerges berechnen, wollen wir das Verhalten des Drucks $p \approx p_e$ in einem weißen Zwerg für die möglichen Extremfälle $\chi_F \ll 1$ (nichtrelativistisches entartetes Elektronengas) und $\chi_F \gg 1$ (ultrarelativistisches entartetes Elektronengas) untersuchen. Dazu verwenden wir die Reihenentwicklung in Gl. (3.127) bzw. (3.128) und berücksichtigen dabei jeweils nur das erste Reihenglied. Man erhält mit χ_F nach Gl. (7.84) für den Elektronendruck p_e im Bereich $\chi_F \ll 1$ (s. allgemein gültige Gl. (7.50)):

$$p_{e,3/2} = \frac{8\pi m_e^4}{15h^3} c_L^5 \cdot \chi_F^5 = K_{3/2} \cdot \varrho^{5/3} \qquad \chi_F \ll 1 \tag{7.85}$$

mit

$$K_{3/2} = \frac{8\pi}{15} \cdot \left(\frac{3}{8\pi}\right)^{5/3} \cdot \frac{h^2}{m_e} m_p^{-5/3} \cdot \left(\sum_i \frac{w_i Z_i}{A_i}\right)^{5/3} = 9,915 \cdot 10^6 \cdot \sum_i \left(\frac{w_i Z_i}{A_i}\right)^{5/3} \tag{7.86}$$

Der Index 3/2 kennzeichnet den Adiabatenindex n. Im nichtrelativistischen Fall ist der Druck entarteter Elektronen proportional zu $\varrho^{5/3}$ innerhalb eines weißen Zwergsterns und hängt von Art und Zusammensetzung der Atomkerne ab, die seine Masse bestimmen. Im Bereich $\chi_F \gg 1$ gilt dagegen

$$p_{e,3} = \frac{2\pi m_e^4}{3h^3} c_L^5 \cdot \chi_F^4 = K_3 \cdot \varrho^{4/3} \qquad \chi_F \gg 1 \tag{7.87}$$

mit dem Adiabatenindex $n = 3$ und

$$K_3 = \left(\frac{3}{8\pi}\right)^{4/3} \cdot \frac{2}{3}\pi \cdot c_L \cdot h \cdot m_p^{-4/3} \cdot \left(\sum_i \frac{w_i Z_i}{A_i}\right)^{4/3} = 1,232 \cdot 10^{10} \cdot \left(\sum_i \frac{w_i Z_i}{A_i}\right)^{4/3} \tag{7.88}$$

Im ultrarelativistischen Grenzfall ist also der Elektrondruck proportional zu $\varrho^{4/3}$ und hängt ebenfalls von Art und Zusammensetzung der Atomkerne ab, die die Masse des weißen Zwerges ausmachen.

Die beiden Grenzfälle für p_e nach Gl. (7.85) und Gl. (7.87) haben die Struktur von Gl. (7.50) mit $n = 3/2$ bzw. $n = 3$ und können formal als Lösungen der LE-Gleichung angesehen werden.

Damit lassen sich die Konstanten $C_{3/2}$ und C_3 in Gl. (7.68) und (7.69) berechnen. Man erhält mit den Daten aus Tabelle 7.3

$$C_{3/2} = \left[9,921 \cdot 10^6 \cdot \frac{10\pi}{G}(0,12725)^2\right]^3 \cdot \left[\frac{4,3529}{4\pi \cdot 0,12725}\right]^5 \cdot \left(\sum_i \frac{w_i Z_i}{A_i}\right)^5$$

$$= 6,457 \cdot 10^{52} \cdot \left(\sum_i \frac{w_i Z_i}{A_i}\right)^5 \tag{7.89}$$

und

$$C_3 = m_{Cha} = \left[1,232 \cdot 10^{10} \cdot \frac{16\pi}{G} \cdot (0,04243)^2\right]^{3/2} \cdot \left(\frac{6,8969}{4\pi 0,04243}\right)^2 \cdot \left(\sum_i \frac{w_i Z_i}{A_i}\right)^2 \tag{7.90}$$

$C_3 = m_{\text{Cha}}$ hat die Dimension einer Masse. Sie heißt *Chandrasekhar-Masse* und man erhält aus Gl. (7.90):

$$m_{\text{Cha}} = 1{,}1434 \cdot 10^{31} \cdot \left(\sum_i \frac{w_i Z_i}{A_i}\right)^2 = 1{,}1430 \cdot 10^{31} \cdot \mu_e^{-2} \qquad (7.91)$$

Wir bezeichnen den Kehrwert der Summe mit μ_e. Sterne, deren Masse diesen Wert überschreiten, kollabieren, da $\chi_F = \infty$ wird. Der Wert von m_{Cha} hängt von Art und Zusammensetzung der Ionen ab. Für Sterne, die durch ^{4}He-Brennen teilweise aus ^{12}C- und ^{16}O-Kernen bestehen, bleibt der Wert $(\sum\limits_i \frac{w_i z_i}{A_i})^2 = \mu_e^{-2}$ bei Prozessen 3 ^{4}He $\rightarrow$ ^{12}C, und ^{12}C + ^{4}He $\rightarrow$ ^{16}O, sowie ^{16}O + ^{4}He $\rightarrow$ ^{20}Ne, et cet. unverändert gleich 1/4. In diesem Fall gilt:

$$m_{\text{Cha}} = 2{,}859 \cdot 10^{30} \text{ kg} \qquad (^4\text{He}, {}^{12}\text{C}, {}^{16}\text{O}, \ldots) \qquad (7.92)$$

bzw.

$$\left(\frac{m_{\text{Cha}}}{m_\odot}\right) = 1{,}43 \qquad (7.93)$$

Im relativistischen Fall mit $n = 3$ ist also die Sternmasse unabhängig vom Radius r_{st}. Das kann nur bedeuten, dass $r_{\text{st}} = 0$ wird. Für die Masse des Sterns $m_{\text{st}} \ll m_{\text{Cha}}$ als Funktion des Sternradius r_{st} gilt nach Gl. (7.67) mit $n = 3/2$

$$m_{\text{st}} = C_{3/2} \cdot r_{\text{st}}^{-3} = 6{,}469 \cdot 10^{52} \cdot \left(\sum_i \frac{w_i Z_i}{A_i}\right)^5 \cdot r_{\text{st}}^{-3} \qquad (7.94)$$

bzw.

$$r_{\text{st}} = \left(C_{3/2}\right)^{1/3} \cdot m_{\text{st}}^{-1/3} = 4{,}014 \cdot 10^{17} \cdot \left(\sum_i \frac{w_i Z_i}{A_i}\right)^{5/3} \cdot m_{\text{st}}^{-1/3} \qquad (7.95)$$

Wir betrachten ein Beispiel. Für einen reinen Heliumstern mit der Masse der Sonne $m_{\text{st}} = m_\odot = 2 \cdot 10^{30}$ kg $w_{\text{He}} = 1$, $Z_{\text{He}} = 2$ und $A_{\text{He}} = 4$ ergibt Gl. (7.95):

$$r_{\text{st}} = 1{,}04 \cdot 10^7 \cdot m_{\text{st}} \qquad \text{bzw.} \qquad \varrho_{\text{st}} = \frac{3m_{\text{st}}}{4\pi r_{\text{st}}^3} = 4{,}306 \cdot 10^8 \text{ kg} \cdot \text{m}^{-3}$$

Der tatsächliche Verlauf $r_{\text{st}}(m_{\text{st}})$ des entarteten Elektronengases folgt bei kleinen Massen der Gl. (7.95) (s. Abb. 7.15), andererseits wird $m_{\text{st}} = m_{\text{Cha}}$, wenn $r_{\text{st}} = 0$ wird, so dass im Zwischenbereich die Kurve formal Gl. (7.67) entspricht, wobei der Adiabatenindex n kontinuierlich von $n = 3/2$ nach $n = 3$ übergeht und bei $r_{\text{st}} = 0$ schließlich in die

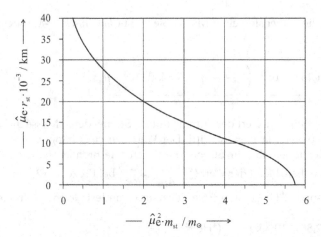

Abb. 7.15: Abhängigkeit des Sternradius von seiner Masse m_{st} für weiße Zwerge. $\hat{\mu}_e = \sum_i (w_i Z_i / A_i)$.

m_{st}-Achse einmündet bei $m_{st} = m_{Cha}$. Abb. 7.15 zeigt den Verlauf in einem Diagramm. Die Auftragung von $r_{st} \cdot \hat{\mu}_e$ gegen $m_{st} \cdot \hat{\mu}_e^2 / m_\odot$ macht die Kurve unabhängig von $\hat{\mu}_e^{-1} = x_e / \langle M_{st} \rangle \cdot 10^{-3}$. $\hat{\mu}_e$ hat die Bedeutung der Zahl von Elektronen pro Nukleon (p oder n).

Jeder Stern mit $\hat{\mu}_e = 2$, dessen Masse kleiner ist als $m_{Cha} = 1{,}43 \cdot m_\odot$, findet seine Gleichgewichtsposition auf der Kurve in Abb. 7.15, alle Sterne mit $m_{st} < m_{Cha}$ bleiben also stabil!

Das langsame Verglühen eines stabilen weißen Zwerges betrifft nur die Temperatur der Ionen. Die vollständig entarteten Elektronen verhalten sich praktisch wie ein ideales relativistisch entartetes Fermi-Gas bei $T = 0\,\mathrm{K}$. Die Gleichungen (7.85) bis (7.88) sind unabhängig von T, solange $T_{Fermi} \gg T_{st}(r)$. Dabei ändert sich die Dimension des weißen Zwerges nicht mehr und es wird keine Energie mehr produziert, da es keine weitere Kontraktion mehr gibt. Die durch die Masse der Ionen erzeugte Gravitationskraft wird an jedem Ort $r < r_{st}$ genau durch den praktisch temperaturunabhängigen Druck des entarteten Elektronengases kompensiert. Der thermische Druck der Ionen selbst ist dem gegenüber vernachlässigbar. Gilt jedoch für die Sternmasse $m_{st} > m_{Cha}$ (Gl. (7.91)) kann der Elektronendruck dem Gravitationsdruck nicht mehr standhalten, der Stern kollabiert, es kommt zu einer sog. *Supernova-Explosion*, die meist in einem *Neutronenstern* endet (s. Abschnitt 7.4.7) oder in einem sog. *schwarzen Loch* (s. Abschnitt 7.5).

Wir kommen nun noch zur inneren Struktur eines weißen Zwerges. Zur Ableitung des Verlaufs der Dichte $\varrho(r)$ und des Druckes $p(r)$ im Inneren eines weißen Zwerges, gehen wir ganz ähnlich vor, wie bei der Ableitung der LE-Gleichung. Allerdings berücksichtigen wir jetzt nur die entarteten Elektronen, die Ionen gehen nur durch ihre Masse über die Dichte $\varrho(r)$ ein. Wir beginnen mit Gl. (7.27), der hydrostatischen Gleichgewichtsbedingung:

$$\frac{d\Phi_{Grav}}{dr} = -\frac{1}{\varrho} \cdot \left(\frac{dp}{dr} \right) \tag{7.96}$$

Einsetzen von Gl. (7.96) in die Poisson-Gleichung (Gl. (7.48)) ergibt:

$$\frac{1}{r^2}\frac{d}{dr}\left(\frac{r^2}{\varrho(r)}\cdot\frac{dp}{dr}\right) = -\varrho(r)4\pi\cdot G \tag{7.97}$$

Für $p(r)$ setzen wir den Anteil p_e aus der Zustandsgleichung Gl. (7.82) ein und die Dichte ϱ aus Gl. (7.84). Es gilt also:

$$p \approx p_e = A \cdot f(\chi_F) \qquad \text{und} \qquad \varrho = B \cdot \chi_F^3 \tag{7.98}$$

mit

$$f(\chi_F) = \chi_F\left(2\chi_F^2 - 3\right)\left(1 + \chi_F^2\right)^{1/2} + 3\cdot\ln\left[\chi_F + \left(1 + \chi_F^2\right)^{1/2}\right] \tag{7.99}$$

sowie

$$A = \pi m_e^4 c_L^5/(3h^3) \qquad \text{und} \qquad B = \left(\frac{8\pi}{3}\right)\cdot\left(\frac{m_e\cdot c_L}{h}\right)^3\cdot m_p\cdot\left(\sum_i \frac{w_i\cdot Z_i}{A_i}\right)^{-1} \tag{7.100}$$

A hat die Einheit eines Druckes in Pa, B die Einheit einer Dichte in $\text{kg}\cdot\text{m}^{-3}$. Aus Gl. (7.97) wird dann:

$$\frac{A}{B^2}\frac{1}{r^2}\frac{d}{d\chi_F}\left(\frac{r^2}{\chi_F^3}\cdot\frac{df(\chi_F)}{dr}\right) = -4\pi G\cdot\chi_F^3 \tag{7.101}$$

Differenzieren von Gl. (7.82) nach χ_F ergibt:

$$\boxed{\frac{1}{\chi_F^3}\frac{df(\chi_F)}{dr} = \frac{d}{dr}\left[\chi_F^2 + 1\right]^{1/2} = \frac{dz}{dr}} \tag{7.102}$$

wobei wir die neue Variable z eingeführt haben, für die gilt:

$$\boxed{z^2 = \chi_F^2 + 1} \tag{7.103}$$

Gl. (7.102) beweisen wir wie folgt. Es gilt wegen der Proportionalität zu $V^{-1/3}$ für $\chi_F = a\cdot r^{-1}$ (s. Gl. (3.124)). Daraus folgt:

$$\frac{1}{\chi_F^3}\frac{df(\chi_F)}{dr} = \frac{1}{\chi_F^3}\frac{df(\chi_F)}{d\chi_F}\cdot\frac{d\chi_F}{dr} = -\frac{1}{\chi_F^3}\frac{df(\chi_F)}{d\chi_F}\cdot\frac{1}{a}\chi_F^2 = -\frac{1}{\chi_F}\frac{df(\chi_F)}{d\chi_F}\cdot\frac{1}{a} \tag{7.104}$$

und

$$\frac{d}{dr}\left[\chi_F^2 + 1\right]^{1/2} = \frac{1}{2}\frac{2\chi_F}{(1 + \chi_F^2)^{1/2}}\frac{d\chi_F}{dr} = -\frac{\chi_F^3}{(1 + \chi_F^2)^{\frac{1}{2}}}\cdot\frac{1}{a} \tag{7.105}$$

Nun gilt nach Gl. (11.416) in Anhang 11.19 mit $s = \chi_F$:

$$\frac{\mathrm{d}f(\chi_F)}{\mathrm{d}\chi_F} = \frac{\chi_F^4}{(1 + \chi_F^2)^{1/2}} \tag{7.106}$$

Einsetzen von Gl. (7.106) in Gl. (7.104) beweist, dass Gl. (7.104) und Gl. (7.105) identisch sind. Im nächsten Schritt kehren wir zurück zu Gl. (7.101), setzen dort Gl. (7.102) ein mit der neuen Variablen z nach Gl. (7.103) und erhalten mit A und B nach Gl. (7.100):

$$\frac{1}{r^2}\frac{\mathrm{d}}{\mathrm{d}r}\left(r^2\frac{\mathrm{d}z}{\mathrm{d}r}\right) = -4\pi G \cdot \frac{B^2}{A}\left(z^2 - 1\right)^{3/2} \tag{7.107}$$

Wir führen jetzt reduzierte Variablen ein

$$\xi = \frac{r}{r^*} \quad \text{mit} \quad r^* = \sqrt{\frac{2A}{8\pi G}} \cdot \frac{1}{B \cdot z_C} \quad \text{und} \quad \varphi = \frac{z}{z_C} = \sqrt{\frac{\chi_F^2 + 1}{\chi_{F,C}^2 + 1}} \tag{7.108}$$

z_C ist der Wert von z im Zentrum. Aus Gl. (7.107) wird somit:

$$\boxed{\frac{1}{\xi^2}\frac{\mathrm{d}}{\mathrm{d}\xi}\left(\xi^2\frac{\mathrm{d}\varphi}{\mathrm{d}\xi}\right) = \frac{\mathrm{d}^2\varphi}{\mathrm{d}\xi^2} + \frac{2}{\xi} \cdot \frac{\mathrm{d}\varphi}{\mathrm{d}\xi} = -\left(\varphi^2 + \frac{1}{z_C^2}\right)^{3/2}} \tag{7.109}$$

Die Größe $\varphi\,(\xi)$ hängt über z bzw. χ_F nur von der Dichte ϱ ab, nicht von der Temperatur.

Diese Differenzialgleichung wird gelegentlich auch als *Chandrasekhar*-Gleichung bezeichnet. Sie beschreibt die innere Struktur eines Sterns, der vom Verhalten eines entarteten Elektronengases beherrscht wird und kontinuierlich den nichtrelativistischen bis relativistischen Zustandsbereich umfasst. Gl. (7.109) stellt das Analogon zur LE-Gleichung (Gl. (7.56)) dar, die Sternstrukturen beschreibt, wo Ionen *und* Elektronen sich wie eine klassische ideale Gasmischung verhalten.

Die Randbedingungen für physikalisch sinnvolle Lösungen von Gl. (7.109) lauten:

$$\xi_C = 0 \quad \text{und} \quad \varphi_C = 1 \quad \text{sowie} \quad \varphi_C' = \left(\frac{\mathrm{d}\varphi}{\mathrm{d}\xi}\right)_{\xi=0} = 0 \tag{7.110}$$

Ferner muss der Parameter z_C, d.h. $\chi_{F,C}$ bzw. die zentrale Dichte ϱ_C vorgegeben werden entsprechend Gl. (7.84).

Die Dichte $\varrho(r)$ hängt von den Lösungen $\varrho(\xi)$ mit ξ nach Gl. (7.108) ab:

$$\varrho(\xi) = B \cdot \chi_F^3 = B(z^2 - 1)^{3/2} = B\left[\varphi^2(\xi) \cdot z_C^2 - 1\right]^{3/2} \tag{7.111}$$

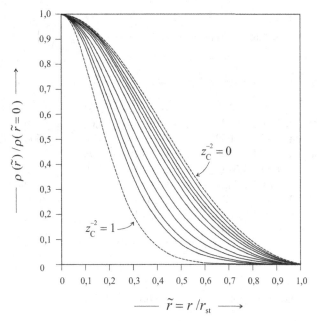

Abb. 7.16: Numerische Ergebnisse der Lösung von Gl. (7.109): Reduzierte Dichteverteilung eines vollständig entarteten Elektronengases in einem weißem Zwerg als Funktion von r/r_{st} mit r_{st} nach Gl. (7.114) für Werte von $z_C^{-2} = 0{,}8|0{,}6|0{,}5|0{,}4|0{,}3|0{,}2|0{,}1|0{,}05|0{,}02|0{,}01$. Die untere gestrichelte Kurve entspricht dem nicht relativistischen Fall mit $n = 3/2$ bzw. $z_C^{-2} = 1$, die obere gestrichelte Kurve mit $z_C^{-2} = 0$ dem vollrelativistischen Fall mit $n = 3$ bzw. $z_C^{-2} = 1$.

bzw.

$$\chi_F(\xi) = \left(\varphi^2(\xi) \cdot z_C^2 - 1\right)^{1/2} \tag{7.112}$$

Lösungen für Gl. (7.109) können nur numerisch erhalten werden. An der Oberfläche ist $\varrho = \chi_F = 0$ und dort gilt:

$$\xi = \xi_{st} \quad \text{und} \quad \varphi(\xi_{st}) = \frac{1}{z_C} \tag{7.113}$$

Der Sternradius r_{st} beträgt nach Gl. (7.108) mit A und B nach Gl. (7.100):

$$\boxed{r_{st} = \xi_{st} \cdot r^* = \xi_{st} \cdot \frac{1}{z_C} \cdot \sqrt{\frac{A}{B^2 4\pi \cdot G}}} \tag{7.114}$$

G ist die Gravitationskonstante. A und B sind nach Gl. (7.100) zu berechnen. Für die Masse

Tab. 7.6: Parameter für Gl. (7.109) mit $\hat{\mu}_e = \left(\sum_i \dfrac{w_i Z_i}{A_i} \right)^{-1}$

$1/z_C^2$	$\chi_{F,C}$	ξ_{st}	$\left(-\xi^2 \cdot \dfrac{d\varphi}{d\xi} \right)_{\xi_{st}}$	$\dfrac{\varrho_C/\hat{\mu}_e}{kg \cdot m^{-3}}$	$\dfrac{m_{st}}{m_\odot} \cdot \hat{\mu}_e^2$	$\dfrac{r_{st} \cdot \hat{\mu}_e}{km}$	$\dfrac{\langle \varrho \rangle/\hat{\mu}_e}{kg \cdot m^{-3}}$
0	∞	6,8968	2,0182	∞	5,84	0	∞
0,01	9,95	5,3571	1,9321	$9,48 \cdot 10^{11}$	5,60	4,170	$7,36 \cdot 10^{10}$
0,02	7	4,9857	1,8652	$3,31 \cdot 10^{11}$	5,40	5,500	$3,09 \cdot 10^{10}$
0,05	4,36	4,4601	1,7096	$7,98 \cdot 10^{10}$	4,95	7,760	$1,01 \cdot 10^{10}$
0,1	3	4,0690	1,5186	$2,59 \cdot 10^{10}$	4,40	10,000	$4,20 \cdot 10^{9}$
0,2	2	3,7271	1,2430	$7,70 \cdot 10^{9}$	3,60	13,000	$1,56 \cdot 10^{9}$
0,3	1,53	3,5803	1,0337	$3,43 \cdot 10^{9}$	2,98	16,000	$6,94 \cdot 10^{8}$
0,5	1	3,5330	0,7070	$9,63 \cdot 10^{8}$	2,04	19,500	$2,62 \cdot 10^{8}$
0,8	0,5	4,0446	0,3091	$1,21 \cdot 10^{8}$	0,89	28,200	$3,74 \cdot 10^{7}$
1,0	0	∞	0	0	0	∞	0

m_{st} gilt mit der Integrationsgrenze $\varphi_{st} = 1/z_C$ (Gl. (7.113)):

$$m_{st} = \int_0^{r_{st}} 4\pi r^2 \cdot \varrho \, dr = 4\pi r^{*3} \cdot z_C^3 \cdot B \cdot \int_0^{\xi_{st}} \xi^2 \left(\varphi^2 - \frac{1}{z_C^2} \right)^{3/2} d\xi \qquad (7.115)$$

also

$$\boxed{ m_{st} = \frac{4\pi}{B^2} \left(\frac{2A}{8\pi G} \right)^{3/2} \cdot \xi_{st}^2 \cdot \left| \frac{d\varphi}{d\xi} \right|_{\xi_{st}} \cdot z_C^3 } \qquad (7.116)$$

wobei wir den Integranden in dem zweiten Ausdruck von Gl. (7.115) durch die linke Seite von Gl. (7.109) ersetzt haben. Die Vorgehensweise, die zu Gl. (7.109), Gl. (7.114) und Gl.(7.115) führt, ähnelt also sehr derjenigen, die zur LE-Gleichung (7.55) und (7.62) führen. Die numerische Integration von Gl. (7.109) führt zu einer Funktion $\varphi(\xi)$, die noch den Parameter z_C enthält, der durch Gl. (7.114) festgelegt ist, wenn die Sternmasse m_{st} bekannt ist. Ist eine solche (numerische) Lösung $\varphi(\xi)$ gefunden, kann sofort mit Gl. (7.111) $\varrho(\xi)$ angegeben werden. Die von z_C^{-2} abhängigen Parameter sind in Tabelle 7.6 zusammengefasst, aus der wir den Zusammenhang von m_{st} mit r_{st} entnehmen (die 6. und 7. Spalte). Die dazu gehörende graphische Darstellung zeigt Abb. 7.15, die wir bereits qualitativ diskutiert hatten. Jeder Stern, für den gilt $m_{st} < 5,836 \cdot m_\odot/\mu_e^2$ findet seine Position als weißen Zwergstern auf dieser Kurve. Zu jeder Sternmasse gehört ein Radius $r_{st} = \xi_{st} \cdot r^*$ mit r^* nach Gl. (7.54) und dem entsprechenden Wert für ξ_{st} aus Tabelle 7.6. Der damit ebenfalls festgelegte Wert von z_C erlaubt es, eindeutige Lösungen von Gl. (7.109) zu erhalten und damit über Gl. (7.111) für $\varrho(\xi)$ Berechnete Verläufe von $\varrho(\tilde{r})/\varrho(\tilde{r} = 0)$ als Funktion von $\tilde{r} = r/r_{st}$ sind für verschiedene Parameter $z_C^{-2} = \varphi(\xi_{st})$ (Gl. (7.113)) in

Abb. 7.16 wiedergegeben. Über den Temperaturverlauf $T(\xi)$ der Atomkernionen kann die
Theorie nichts aussagen, da das Elektronengas völlig entartet und damit T-unabhängig
ist. Wir machen ein Rechenbeispiel.

Es sei $m_{st} = m_\odot$. daraus folgt für einen reinen ^{4}He-Stern mit $\hat{\mu}_e = 2$ aus der siebenten
Spalte von Tabelle 7.6 durch Interpolation:

$$r_{st} = \hat{\mu}_e = 11500\,\text{km} \qquad \text{also}: \quad r_{st} = 5750\,\text{km (ungefähr der Radius der Erde)}$$

Für die mittlere Dichte erhält man:

$$\langle \varrho \rangle = m_\odot/(4/3 \cdot \pi \cdot r_{st}^3) = 2 \cdot 10^{30}/(4/3 \cdot \pi \cdot (5{,}750 \cdot 10^6)^3) = 2{,}5 \cdot 10^9\,\text{kg} \cdot \text{m}^{-3}$$

Zur Berechnung von $\varrho(r)$ im Bereich $0 < r < r_{st}$ benötigen wir zunächst den Wert von
z_C. Mit $z_C^{-2} = 0{,}15$ aus Tab. 7.6 erhält man $z_C = 2{,}582$. Damit lässt sich $\xi(r)$ aus Gl.
(7.108) berechnen. Mit $z_C = 2{,}582$ und $\hat{\mu}_e = 2$ erhält man zunächst r^* und damit $\xi(r) = r/r^*$ aus Gl. (7.108). Jetzt benötigen wir die numerische Lösung $\varphi(\xi)$ aus Gl. (7.109) mit
dem Parameter $z_C = 2{,}582$. $\varphi(\xi)$ eingesetzt in Gl. (7.111) ergibt $\varrho(\xi) = \varrho(r/r^*)$. Damit
ist $\varrho(r)$ als Funktion von r bekannt. Die Lösungskurve liegt in Abb. 7.16 zwischen den
Parameterwerten $z_C^{-2} = 0{,}1$ und $z_C^{-2} = 0{,}2$. Den Druck $p(r)$ erhalten wir aus Gl. (7.98) mit
$\chi_F = (\varrho(r)/B)^{1/3}$. Den Druck im Zentrum $p_C = p(r = 0)$ erhält man mit $\chi_F = \chi_{F,C} = 2{,}5$
aus Gl. (7.98) mit Gl. (7.99) zu $1{,}1 \cdot 10^{16}\,\text{Pa} = 110\,\text{Gbar}$. Die Dichte im Zentrum ϱ_C erhält
man aus Gl. (7.98) mit $B = 9{,}811 \cdot 10^8 \cdot 2\,\text{kg} \cdot \text{m}^{-3}$ und $\chi_{F,C} = 2{,}5$ zu $3{,}06 \cdot 10^{10}\,\text{kg} \cdot \text{m}^{-3}$.
Als Konsistenztest berechnen wir m_{st} nach Gl. (7.116) und erhalten $m_{st} \cong 1{,}6 \cdot 10^{30}\,\text{kg}$, in
akzeptabler Übereinstimmung mit $m_{st} = m_\odot = 1{,}998 \cdot 10^{30}\,\text{kg}$. Der Unterschied beruht auf
der etwas fehlerhaften Interpolation der Werte in Tab. 7.6.

Wir hatten bereits darauf hingewiesen: ein weißer Zwergstern verliert durch seine Strahlung ständig Energie, die durch keine Kernfusionsprozesse mehr kompensiert wird. Er
kühlt langsam aus. Was geschieht bei diesem Abkühlungsprozess mit dem Ionengas in
einem stabilen weißen Zwerg? Mit abnehmender Temperatur macht sich immer mehr
bemerkbar, dass das positive Ionengas *kein* ideales Gas ist. Es kommt durch Wechselwirkungen der Ionen mit den entarteten Elektronen und der abstoßenden Wechselwirkung
der Ionen untereinander bei genügend tiefen Temperaturen zur Bildung von kristallinen
Zuständen, die denen von Metallen ähneln. Der Endzustand des weißen Zwerges ist
also ein erkaltetes, extrem verdichtetes kristallines Material. Wenn die Ionen vor allem
Kohlenstoffionen sind, entsteht also eine Art „Diamant" mit metallischen Eigenschaften.

7.4.7 Auf dem Weg zum Neutronenstern

Wir haben gesehen: Sterne, deren Masse die Chandrasekhar-Masse $m_{Cha} \simeq 1{,}43 \cdot m_\odot$ überschreiten, werden instabil und müssen kollabieren. Der Druck des entarteten Elektronengases kann dem Gravitationsdruck der Sternenmasse nicht mehr standhalten. Über das
Schicksal des kollabierenden Sterns kann die Theorie der weißen Zwerge nichts Weiteres

aussagen. Die Sternmasse bestehend aus Protonen und Neutronen, die die Atomkerne des Sternmaterials bilden, sind nur durch ihre Gravitationswirkung an das entartete Elektronengas gekoppelt, eine weitere Wechselwirkung zwischen den Elektronen und den Atomkernen bleibt dabei unberücksichtigt.

Bei weiter wachsender Dichte, während des Kollapses eines weißen Zwerges, beginnt jedoch eine Reaktion Bedeutung zu erlangen, die bis dahin kaum eine Rolle spielte. Die Protonen der Atomkerne (^{4}He, ^{12}C oder ^{16}O) reagieren mit den Elektronen:

$$(A,Z) + e^- \rightarrow (A, Z - 1) + \nu_e \qquad A = 6{,}003 \cdot 10^{21} \, \text{Pa} \qquad\qquad (7.117)$$

Die Protonen des Atomkerns werden in Neutronen umgewandelt und es stellt sich ein Gleichgewicht ein:

$$e^- + \tilde{\nu}_e + (A,Z) \rightleftharpoons (A, Z - 1) + \nu_e \qquad\qquad (7.118)$$

Das Gleichgewicht in Gl. (7.118) wird bei wachsender Teilchenzahldichte nach rechts verschoben. Die entstehenden Neutrinos ν_e und $\tilde{\nu}_e$ verlassen jedoch weitgehend den kollabierenden Stern wegen ihrer geringen Wechselwirkung mit Materie. Bei der Gleichgewichtseinstellung spielen sie als (fast) masselose Teilchen sowieso keine Rolle, da ihr chemisches Potential gleich Null ist. Als Gleichgewichtsbedingung gilt also:

$$\mu'_p + \mu_e = \mu'_n \qquad\qquad (7.119)$$

wobei μ'_p und μ'_n die chemischen Potentiale der Protonen bzw. Neutronen in den Atomkernen bedeuten. Da sich in erster Näherung die Differenz $\mu'_n - \mu'_p$ nicht sehr von der Differenz $\mu_n - \mu_p$ der *freien* Protonen und Neutronen unterscheidet, können wir statt Gl. (7.118) auch schreiben:

$$p^+ + e^- \rightleftharpoons n \qquad \text{mit} \quad \mu_p + \mu_e = \mu_n \qquad\qquad (7.120)$$

Gl. (7.120) von rechts nach links gelesen ist der β-Zerfall, von links nach rechts gelesen heißt er *inverser β-Zerfall*. Unter normalen Bedingungen liegt in Sternen und weißen Zwergen das Gleichgewicht in Gl. (7.118) bzw. Gl. (7.120) ganz auf der linken Seite, in einem kollabierenden Stern verschiebt es sich nach rechts. Es entsteht ein Stern mit neutronenreichen Atomkernen bzw. freien Neutronen, den man als *Neutronenstern* bezeichnet.

Die mit dieser Gleichgewichtsverschiebung auftretenden Energiebilanzen sind *endotherm*, d. h., der üblicherweise in der Kernphysik mit Q bezeichnete Wert der Reaktionsenergie ist negativ, (i. G. zu der in der physikalischen Chemie üblichen Vorzeichenregel bei chemischen Reaktionen!). Diese Energiebeträge ergeben sich aus den relativistischen Massenbilanzen für Gl. (7.120):

$$Q = -c_L^2 \left(m_n - m_p - m_e \right) = -0{,}78 \, \text{MeV} \qquad\qquad (7.121)$$

Die Energie der freiwerdenden Neutrinos bleibt dabei unberücksichtigt, da diese rasch und fast vollständig vom kollabierenden Stern emittiert werden. Ein neues Gleichgewicht wird nach dem Kollaps erst wieder erreicht, wenn die zunehmende Menge an Neutronen bei zunehmender Massendichte des Sterns entarten (Neutronen sind Fermionen!). Das geschieht, wenn die Fermi-Temperatur der Neutronen $T_{F,n}$ die Temperatur des Sterns übersteigt. $T_{F,n}$ ergibt sich aus Gl. (3.59), wenn dort der Index e durch den Index n ersetzt wird. Man erhält:

$$T_{F,n} = \frac{h^2}{2m_n} \cdot \frac{1}{k_B} \cdot \left(\frac{3}{8\pi}\right)^{2/3} \cdot \left(\frac{N_n}{V}\right)^{2/3} = \frac{h^2}{2m_n^{5/3}} \cdot \frac{1}{k_B} \cdot \left(\frac{3}{8\pi}\right)^{2/3} \cdot \varrho^{2/3} \cdot w_n^{2/3}$$

$$= 1{,}6317 \cdot (\varrho_{st} \cdot w_n)^{2/3} \tag{7.122}$$

mit $w_n = 1 - w_p$, dem Gewichtsbruch der Neutronen. Setzen wir für die Temperatur des Sterns $T_{st} \approx 10^7$ K ergibt sich als Bedingung für die Entartung der Neutronen

$$\varrho_{st} \cdot w_n = 4{,}8 \cdot 10^{11}\,\text{kg} \cdot \text{m}^{-3} \tag{7.123}$$

Die Massendichte ϱ_{st} des Neutronensterns übersteigt diesen Wert erheblich die Fermi-Temperatur der Neutronen, T_F steigt rasch an und das Neutronengas bleibt entartet. Dasselbe gilt zunächst auch für Protonen und Elektronen. Die Bilanz der chemischen Potentiale nach Gl. (7.120) lautet dann mit $\mu_i^* = \varepsilon_{F,i} = m_i \cdot c_L^2 \sqrt{1 + \chi_{F,i}^2}$ (Gl. (3.117)):

$$m_e \sqrt{1 + \chi_{F,e}^2} + m_P \sqrt{1 + \chi_{F,P}^2} = m_n \sqrt{1 + \chi_{F,n}^2} \tag{7.124}$$

wobei nach Gl. (3.124) gilt:

$$\chi_{F,i}^2 = \left(\frac{3}{8\pi}\right)^{2/3} \cdot \left(\frac{h}{m_i \cdot c_L}\right)^2 \cdot n_i^{2/3}$$

und ferner aus Neutralitätsgründen $n_e = n_P$.

Abb. 7.15 und Abb. 7.16 gelten auch für „ideale" reine Neutronensterne. Wenn wir die Masse in absoluten Einheiten angeben wollen, haben wir bei Elektronen nach Tabelle 7.6 den Wert 5,84 mit $m_\odot / \bar\mu_e^2$ zu multiplizieren und erhalten mit $\bar\mu_e \approx 1/4$ für den Grenzwert, wenn $r_{st} = 0$ wird, die Chandrasekhar-Masse $m_{Cha} = m_\odot \cdot 5{,}84/4 = 1{,}45 \cdot m_\odot$. Bei einem entarteten Neutronenstern ist statt $\bar\mu_e = \sum \frac{w_i Z_i}{A_i} \approx \frac{1}{2}$ jedoch der Wert $\bar\mu_n = \frac{w_n}{A_n}$ einzusetzen. Die Neutronen sind ungeladen mit $w_n \approx 1$ und $A_n = 1$ also $\bar\mu_n = 1$. Somit gilt für die Grenzmasse eines Neutronensterns (NS), der nur aus Neutronen besteht, die sich wie ein ideales entartetes nichtrelativistisches Gas verhalten:

$$\boxed{m_{NS,Limit} = m_\odot \cdot 5{,}84} \tag{7.125}$$

Welchen Radius hat ein Neutronenstern mit der Masse m_{NS} im Vergleich zum Radius eines weißen Zwergsterns mit derselben Masse? Zur Beantwortung dieser Frage greifen wir zurück auf Gl. (7.114), nach der sich der Radius r_{st} sowohl eines weißen Zwerges (entartetes Elektronengas) wie auch der eines Neutronensterns (entartetes Neutronengas) berechnen lässt. Die reduzierten Größen ξ_{st} und z_C sind in beiden Fällen dieselben. Aus Gl. (7.114) erhält man für das Radienverhältnis mit A_e/B_e^2 und A_n/B_n^2 unter Beachtung von Gl. (7.100):

$$\frac{r_{NS}}{r_{WZ}} = \sqrt{\frac{A_e}{A_n}\frac{B_n^2}{B_e^2}} = 2 \cdot \frac{m_e}{m_n} = 1{,}0877 \cdot 10^{-3} \tag{7.126}$$

Daraus folgt, dass z. B. ein weißer Zwerg, mit der Masse $m_\odot$ einen Wert $\hat{\mu}_e \cdot r_{st} \approx 27.000$ km hat (s. Tabelle 7.6). Als Neutronenstern hätte er den Radius ($\hat{\mu}_e = 1/2$):

$$r_{NS} = \frac{27000}{2} \cdot 1{,}0877 \cdot 10^{-3} = 14{,}7\,\text{km} \tag{7.127}$$

Die mittlere Dichte des weißen Zwergsterns wäre

$$\langle \varrho_{WZ} \rangle = m_\odot/(4/3 \cdot \pi \cdot r_{st,WZ}^3) = 1{,}94 \cdot 10^8\,\text{kg} \cdot \text{m}^{-3} \tag{7.128}$$

und die des Neutronensterns wäre:

$$\langle \varrho_{NS} \rangle = m_\odot/(4/3 \cdot \pi \cdot r_{st,NS}^3) = 1{,}50 \cdot 10^{17}\,\text{kg} \cdot \text{m}^{-3} \tag{7.129}$$

Ein Stern mit der Masse $m_{st} > m_{Cha}$ wird also zwangsläufig zu einem Neutronenstern. Der Radius schrumpft dabei (je nach Masse m_{st}) auf 12 – 25 km zusammen. Der Zusammenbruch verläuft nach astrophysikalischen Zeitmaßstäben fast blitzartig, d. h. in wenigen Stunden. Der Kollaps bewirkt einen weitgehenden Verlust an potentieller Gravitationsenergie, die in kinetische Energie der einstürzenden Masse umgewandelt wird (s. auch Exkurs 7.7.3). Diese prallt auf den sich bereits gebildeten Kern und wird teilweise dabei zurückgeschleudert ins Weltall. Es kommt dabei zu Schockwellen und als Folge davon zu einem sog. *Supernova-Ausbruch*, dessen Helligkeit die der ganzen Galaxie überstrahlen kann, zu der der Stern gehört. Findet ein solches Supernova-Ereignis in unserer Galaxie, der Milchstraße, statt, wird es auch tagsüber am Himmel sichtbar sein. Man geht davon aus, dass im beobachtbaren Raum des gesamten Universums pro Sekunde (!) ca. 100 Supernova-Explosionen stattfinden. In der Milchstraße und ihrer nächsten Umgebung (kleine und große Magellansche Wolke) wurden in den letzten 1000 Jahren mindestens 6 Supernovae beobachtet (in den Jahren 1054, 1572, 1604, 1680, 1987, 2014), weitere blieben dem Auge der Beobachter vergangener Jahrhunderte wahrscheinlich verborgen, weil sie in der galaktischen Scheibe stattfanden, deren hoher Gas- und Staubgehalt das Licht in Richtung zur Erde stark absorbiert. Die enorme Lichtabstrahlung wird von einer ebenso heftigen Neutrino-Abstrahlung begleitet, da die Neutrinos beim quasi-explosionsartigen Ablauf von Gl. (7.117) den Bereich des Sterns weitgehend unbehindert verlassen, wovon wir nichts bemerken wegen der äußerst geringen Absorptionsfähigkeit der Neutrinos in Materie. Supernova-Ereignisse sind - wie bereits erwähnt - auch die Brutstätten von

Elementen, die schwerer als Eisen sind und die nicht durch stellare Fusionsprozesse entstehen können (s. Tabelle 7.5). Das auf der Erde gefundene Blei, Gold oder Uran und alle schwereren Elemente natürlichen Ursprungs mit Massenzahlen $A_i \geq 56$ stammen aus Supernova-Explosionen der Vergangenheit und sind bei der Entstehung neuer Sterne, wie z. B. der Sonne und unseres Planetensystems auch Bestandteil der Erde und damit unserer Lebensgrundlage geworden.

Bei der Ableitung der Grenzmasse $m_{NS,Limit}$ (Gl. (7.125)) sind wir formal genauso vorgegangen wie bei den weißen Zwergen, wir haben lediglich statt $\mu_e = 1/2$ für $\mu_n = 1$ gesetzt und die unterschiedlichen Massen m_e und m_n durch Gl. (7.126) berücksichtigt, wodurch sich nach Gl. (7.129) extrem hohe Dichtewerte für Neutronensterne in der Größenordnung von 10^{17} kg · m^{-3} ergaben. Diese Dichten ähneln den Dichten von Nukleonen in schweren Atomen wie z. B. Pb, das 208 Nukleonen enthält und einen Atomkerndurchmesser von $\sim 12 \cdot 10^{-15}$ m hat (s. Abb. 3.10). Daraus errechnet sich eine Atomkerndichte von $\varrho_{Pb-Kern} \approx 4 \cdot 10^{17}$ kg · m^{-3}.

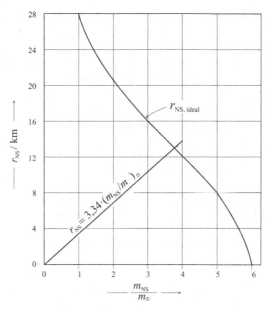

Abb. 7.17: Kurve stabiler Existenzen von Neutronensternen dargestellt als Funktion des Neutronensternradius r_{NS} von der Masse m_{NS} in Relation zur Sonnenmasse $m_\odot$. Die Oppenheimer-Volkoff-Gleichung sagt eine maximal mögliche Masse von $\sim 3{,}76 \cdot m_\odot$ mit einem Radius von ca. 12,8 km voraus (s. Text).

Die Auftragung des Radius eines Neutronensterns gegen das Massenverhältnis $m_{NS}/m_\odot$ ist im Prinzip dieselbe wie beim weißen Zwerg. Die Radien r_{NS} werden nach Gl. (7.126) berechnet, die Achse für $m/m_\odot$ ist identisch. Demnach müsste ein Neutronenstern mit der Masse $5{,}84 \cdot m_\odot$ ein ähnliches Schicksal erleiden wie ein weißer Zwergstern mit der Chandrasekhar-Masse: er müsste kollabieren. Wegen der erheblich höheren Massendichte der Neutronensterne müssen jedoch Modifikationen durch die allgemeine Relativitätstheorie beachtet werden. Die nichtrelativistische Gleichung für das hydrostatische Gleichgewicht (Gl. (7.27)) wird zu einer relativistischen Gleichung (sog. *Oppenheimer-Volkoff*-Gleichung):

$$\frac{dp}{dr} = -\frac{G \cdot m(r)}{r^2} \cdot \varrho(r) \left(1 + \frac{p}{\varrho(r) \cdot c_{\mathrm{L}}^2}\right) \cdot \left(1 + \frac{4\pi r^3}{m(r) \cdot c_{\mathrm{L}}^2}\right) \cdot \left(1 - \frac{2G \cdot m(r)}{c_{\mathrm{L}} \cdot r^2}\right)^{-1} \tag{7.130}$$

mit $r \leq r_{\mathrm{st}}$ und $m(r) \leq m_{\mathrm{st}}$. Die Lösung von Gl. (7.130) für den Fall einer homogenen Dichte $\varrho_{\mathrm{st}} = m_{\mathrm{st}}/(\frac{4}{3}\pi r_{\mathrm{st}}^3)$ wollen wir hier nicht nachvollziehen (s. z. B. T. Fließbach, Allgemeine Relativitätstheorie, Anhang 11.24). Sie ergibt für den Druck im Massenzentrum:

$$p(r = 0) = \varrho_{\mathrm{st}} \cdot c_{\mathrm{L}}^2 \frac{1 - \sqrt{1 - r_{\mathrm{SL}}/r_{\mathrm{NS}}}}{3\sqrt{1 - r_{\mathrm{SL}}/r_{\mathrm{NS}}} - 1} \tag{7.131}$$

mit dem sog. Schwarzschildradius $r_{\mathrm{SL}} = 2Gm_{\mathrm{NS}}/c_{\mathrm{L}}^2$, das ist gerade der Radius des sog. Ereignishorizonts eines schwarzen Loches (Index SL) (s. Abschnitt 7.5, Gl. (7.167)). Man sieht, dass für den zentralen Druck gilt: $p(r = 0) = \infty$, wenn der Neutronensternradius $r_{\mathrm{NS,Limit}} = (9/8) \cdot r_{\mathrm{SL}}$ beträgt. Diesen Grenzwert kann ein Neutronenstern nicht unterschreiten, ohne zu einem schwarzen Loch zu kollabieren, er beträgt $1{,}670 \cdot 10^{-27} \cdot m_{\mathrm{NS}}$. Die Gerade $r_{\mathrm{NS}} = \frac{9}{8} \cdot \frac{2G}{c_{\mathrm{L}}^2} \cdot \frac{m_{\mathrm{NS}}}{m_{\odot}}$ ist in Abb. 7.17 miteingezeichnet. Ihr Schnittpunkt mit der Kurve $r_{\mathrm{NS}}(m_{\mathrm{NS}}/m_{\odot})$ liegt bei $(m_{\mathrm{NS}}/m_{\odot}) \approx 3{,}76$. Schwerer kann also ein Neutronenstern nicht werden und sein Radius nicht kleiner als ca. 12,8 km. Das ergibt eine Grenzdichte $\langle \varrho_{\mathrm{NS,Limit}} \rangle = 8{,}56 \cdot 10^{17} \; \mathrm{kg} \cdot \mathrm{m}^{-3}$.

Der bislang massenreichste Neutronenstern wurde 2017 entdeckt als Partner eines Doppelsternsystems. Seine Masse beträgt $2{,}16 \cdot m_{\odot}$. Diese Voraussage für die Grenzmasse $m_{\mathrm{NS}}/m_{\odot} = 3{,}76$ beruht allerdings auf der Annahme, dass die Neutronen sich wie ein entartetes *ideales* Gas verhalten, was bei Elektronen in weißen Zwergsternen berechtigt sein mag wegen der um den Faktor $\sim 10^{-3}$ kleineren Teilchenzahldichte gegenüber dem Neutronengas. Wir wissen jedoch, dass Neutronen als Teilchen einen effektiven Radius haben, den man aus der Größe von Atomkernen zu $r_{\mathrm{n}} = 1 - 1{,}25 \cdot 10^{-15}$ m abschätzen kann. Man benötigt also zur Beschreibung eines Neutronensterns eigentlich eine reale Zustandsgleichung der entarteten Neutronen statt des idealisierten Modells der Punktmassen. Fasst man den Neutronenstern als dicht gepackte Menge von Kugeln mit dem Radius r_{n} auf, ergibt sich für die Massendichte einer dichten (quasikristallinen) Kugelpackung:

$$\varrho = \frac{m_{\mathrm{n}}}{(2r_{\mathrm{n}})^3} \cdot \sqrt{2}$$

Mit $r_{\mathrm{n}} = 1 \cdot 10^{-15}$ m erhält man für eine solche Neutronenkugel als Neutronenstern folgende mittlere Massendichte, wenn wir für die Masse eines Neutrons $1{,}67492 \cdot 10^{-27}$ kg setzen:

$$\langle \varrho_{\mathrm{NS}} \rangle = \frac{1{,}67492 \cdot 10^{-27}}{8 \cdot 10^{-45}} \cdot \sqrt{2} = 2{,}96 \cdot 10^{17} \; \mathrm{kg} \cdot \mathrm{m}^{-3} \tag{7.132}$$

für $r_n = 1{,}25 \cdot 10^{-15\,m}$ ist $\langle \varrho_{NS} \rangle = 1{,}52 \cdot 10^{17}$ kg $\cdot$ m^{-3}. Dieser Werte liegt zwar in der Nähe, aber noch unter der Grenzdichte $\langle \varrho_{NS,Limit} \rangle = 8{,}56 \cdot 10^{17}$ kg $\cdot$ m^{-3}, die wir oben berechnet hatten. In Abb. 7.18 ist die innere Struktur eines Neutronensterns, wie man sie sich vermutlich vorzustellen hat, neben der eines typischen weißen Zwerges nochmals zusammenfassend dargestellt. Die Dichte eines Neutronensterns steigt von außen nach innen um ca. 8 bis 10 Zehnerpotenzen an und lässt sich aufgrund genauer theoretischer Berechnungen in gewisse Zonen von A bis E einteilen. Im Kern nimmt man die Existenz eines sog. Quark-Gluonen-Plasmas an (die inneren Bestandteile eines Neutrons), am äußeren Rand des Neutronensterns herrscht eine Dichte, die etwa der zentralen Dichte eines weißen Zwerges entspricht.

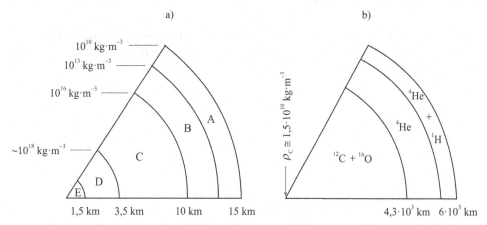

Abb. 7.18: a) Innere Struktur eines Neutronensterns: A = äußerste Kruste (Eisengitter + entartete Elektronen), B = neutronenreiche Atomkerne, C = Neutronenflüssigkeit, D = Neutronengitter, E = Quark-Gluonen-Plasma (Auflösung der Neutronen in seine elementaren Bausteine); b) Innere Struktur eines typischen weißen Zwergsterns

Eine Besonderheit von beobachteten Neutronensternen ist ihre häufig enorm schnelle Rotation (verursacht durch die Erhaltung des Drehimpulses eines kollabierenden weißen Zwerges), die ein extrem hohes Magnetfeld erzeugt. In Richtung der magnetischen Dipolachse wird eine intensive Strahlung beobachtet, die im Radiofrequenzbereich bis hin zum harten Röntgenstrahlungsbereich liegen kann. Da Dipolachse und Rotationsachse i. d. R. nicht zusammenfallen, ergibt das für einen irdischen Beobachter einen „Leuchtturmeffekt", d. h. ein periodisches Aufleuchten, falls die Strahlung gerade in Richtung zum Sonnensystem bzw. zur Erde ausgerichtet ist. Daher heißen diese Neutronensterne *Pulsare*.

7.4.8 Stationärer Strahlungstransport in Sternatmosphären. Randverdunkelung und Strahlungstemperatur

Wir kehren nochmals zurück zu den „normalen" Sternen. Als Sternatmosphäre bezeichnet man die äußere Schicht der Oberfläche eines Sterns, aus der die vom Stern emittierte

Lichtstrahlung stammt. Sie wird auch *Photosphäre* genannt. Wir müssen uns zunächst mit einigen Grundlagen der Strahlungstheorie vertraut machen, um die physikalischen Verhältnisse in einer Sternatmosphäre verstehen zu können. In Abb. 7.19 betrachten wir in Punkt P im Abstand h von einem noch näher festzulegenden Atmosphärenrand aus die *Strahlungsintensität* von Photonen $I_v(h,\vartheta)$ der Frequenz v in Richtung des Vektors $\vec{s}$, der mit der Normalen des Flächenelementes dA den Winkel ϑ bildet. Innerhalb des Streckenelementes $d|\vec{s}| = ds = -dh/\cos\vartheta$ verliert die Intensität I_v durch Absorption den Betrag $\kappa_v \cdot \varrho \cdot I(\vartheta,h) \cdot ds$ und gewinnt durch induzierte Emission den Betrag $\varepsilon_v \cdot ds$. Es gilt also die folgende Bilanz (s. auch Abschnitt 7.2):

$$dI_v(\vartheta,h) = -(\kappa_v \cdot \varrho) \cdot I(\vartheta,h)ds + \varepsilon_v ds \qquad (7.133)$$

ϱ ist die Gasdichte, κ_v heißt *Absorptionskoeffizient* und ε_v *Emissionskoeffizient* für die Strahlungsintensität I_v. Aus Symmetriegründen ist klar, dass I_v nicht vom Winkel φ in Abb. 7.19 abhängt.

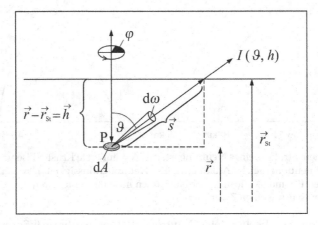

Abb. 7.19: Strahlungsintensität $I_v(h,\vartheta)$ in einer Sternatmosphäre mit $\vec{h} = \vec{r} - \vec{r}_{st}$. $h = 0$ definiert den Atmosphärenrand. Für das Raumwinkelelelement $d\omega$ gilt: $d\omega = d\varphi \cdot \sin\vartheta \cdot d\vartheta$.

Wir definieren jetzt die *optische Tiefe* oder *Opazität* τ_v als differenzielle Größe:

$$d\tau_v = (\kappa_v \cdot \varrho) \cdot dh = -(\kappa_v \cdot \varrho) \cdot \cos\vartheta \cdot ds \qquad (7.134)$$

Damit lässt sich Gl. (7.133) auf folgende Form bringen:

$$\boxed{\cos\vartheta \cdot \frac{dI_v(\tau_v,\vartheta)}{d\tau_v} = I_v(\tau_v,\vartheta) - J(\tau_v)} \qquad (7.135)$$

mit

$$\boxed{J(\tau_v) = \varepsilon_v/(\kappa_v \cdot \varrho)} \qquad (7.136)$$

τ_v ist dimensionslos, ϱ ist die Massendichte, also hat κ_v die SI-Einheit $m^2 \cdot kg^{-1}$. ε_v hat die Dimension Watt$\cdot m^{-3}$. $J(\tau_v)$ heißt *Ergiebigkeit* (engl.: source function). Integration über alle Frequenzen v ergibt die Gesamtintensität $I(\tau, \vartheta) = \int I_v(\tau_v, \vartheta)dv$, und man erhält für Gl. (7.135):

$$\boxed{\cos\vartheta \cdot \frac{dI(\tau, \vartheta)}{d\tau} = I(\tau, \vartheta) - J(\tau)} \tag{7.137}$$

mit $J(\tau) = \langle\varepsilon_v\rangle/\langle\kappa_v\rangle$, wobei $\langle\varepsilon_v\rangle$ und $\langle\kappa_v\rangle$ geeignete, frequenzgemittelte Größen sind. Im nächsten Schritt berechnen wir die das Flächenelement dA in Abb. 7.19 durchdringende mittlere Intensität $\langle I_+\rangle$ in Richtung senkrecht zur Oberfläche. Es gilt mit $d\omega = d\varphi \cdot \sin\vartheta \cdot d\vartheta$:

$$\langle I_+\rangle = \frac{\int_{\vartheta=0}^{\vartheta=\pi/2}\int_{\varphi=0}^{\varphi=2\pi} I(\tau, \vartheta)\cdot\cos\vartheta\cdot d\omega}{\int_{\vartheta=0}^{\pi/2}\int_{\varphi=0}^{\varphi=2\pi}\cos\vartheta\cdot d\omega} = +2\cdot\int_0^{\pi/2} I(\tau, \vartheta)\cdot\cos\vartheta\cdot\sin\vartheta d\vartheta \tag{7.138}$$

Für die mittlere Intensität $\langle I_-\rangle$ in Gegenrichtung gilt:

$$\langle I_-\rangle = \frac{\int_{\vartheta=\pi/2}^{\vartheta=\pi}\int_{\varphi=0}^{\varphi=2\pi} I(\tau, \vartheta)\cdot\cos\vartheta\cdot d\omega}{\int_{\vartheta=\pi/2}^{\pi}\int_{\varphi=0}^{\varphi=2\pi}\cos\vartheta\cdot d\omega} = -2\cdot\int_{\pi/2}^{\pi} I(\tau, \vartheta)\cdot\cos\vartheta\cdot\sin\vartheta d\vartheta \tag{7.139}$$

Für die Gesamtbilanz $\langle I\rangle$ senkrecht zur Oberfläche gilt demnach:

$$\langle I\rangle = \langle I_+\rangle - \langle I_-\rangle = 2\int_0^{\pi} I(\tau, \vartheta)\cdot\cos\vartheta\cdot\sin\vartheta d\vartheta \tag{7.140}$$

Nun ist $\langle I\rangle$ aber im stationären Zustand eine von r, bzw. h, bzw. τ *unabhängige* Größe, denn es gilt

$$\langle I\rangle = \frac{L_{st}}{4\pi r^2} = const \tag{7.141}$$

wobei L_{st} die Luminosität des Sterns bedeutet (s. Gl. (3.157)) und r der Abstand vom Sternzentrum mit $0 \le r \le r_{st}$. Integration von Gl. (7.137) über $d\omega$ unter Beachtung von Gl. (7.141) und (7.140) ergibt dann:

$$\frac{d}{d\tau}\left[\int_0^{\pi} I(\tau, \vartheta)\cdot\cos\vartheta\cdot\frac{d\omega}{4\pi}\right] = 0 = \int_0^{\pi} I(\tau, \vartheta)\frac{d\omega}{4\pi} - J(\tau) \tag{7.142}$$

Daraus folgt wegen

$$\int d\omega = 2\pi \int\limits_0^\pi \sin\vartheta d\vartheta = -2\pi \cdot \cos\vartheta \Big|_0^\pi = 4\pi$$

$$J(\tau) = \int\limits_0^\pi I(\tau,\vartheta)\frac{d\omega}{4\pi} = \frac{1}{2}\int\limits_0^\pi I(\vartheta,\tau)\sin\vartheta d\vartheta \qquad (7.143)$$

$J(\tau)$ in Gl. (7.143) hat die Bedeutung des gesamten Strahlungsenergieflusses, der aus der Oberfläche der Einheitskugel um den Punkt P in Abb. 7.19 strömt. Wir haben also, wenn wir Gl. (7.143) mit $\sin\vartheta \cdot d\vartheta = -d\cos\vartheta$ in Gl. (7.137) einsetzen, folgende Gleichung für $I(\vartheta,\tau)$ zu lösen:

$$\cos\vartheta \cdot \frac{dI(\vartheta,\tau)}{d\tau} = I(\vartheta,\tau) + \frac{1}{2}\int\limits_0^\pi I(\vartheta,\tau)d\cos\vartheta \qquad (7.144)$$

Gl. (7.144) ist eine sog. Integro-Differentialgleichung, sie heißt *Schwarzschild'sche Gleichung* (benannt nach dem Astrophysiker Karl Schwarzschild). Da die gesuchte Funktion $I(\vartheta,\tau)$ von $\cos\vartheta$ abhängt, setzen wir mit τ als Parameter als Lösungsfunktion eine Reihenentwicklung nach dem Legendre'schen Polynomen ein mit den Koeffizienten $a(\tau),b(\tau),c(\tau),\ldots$:

$$I(\vartheta,\tau) = a(\tau) + b(\tau)\cdot\cos\vartheta + c(\tau)\cdot\left(\frac{3}{2}\cos^2\vartheta - \frac{1}{2}\right) + \cdots \qquad (7.145)$$

Als Näherungsansatz brechen wir die Reihe in Gl. (7.145) nach dem linearen Glied ab, d. h., es soll gelten:

$$I(\vartheta,\tau) \approx a(\tau) + b(\tau)\cdot\cos\vartheta \qquad (7.146)$$

Mit Gl. (7.146) eingesetzt in G. (7.143) erhält man:

$$J(\tau) \cong \frac{1}{2}\int\limits_0^\pi (a(\tau) + b(\tau)\cdot\cos\vartheta)\cdot\sin\vartheta d\vartheta$$

bzw.:

$$J(\tau) = -\frac{1}{2}a(\tau)\int\limits_{+1}^{-1} d\cos\vartheta - \frac{1}{2}b(\tau)\int\limits_{+1}^{-1}\cos\vartheta \cdot d\cos\vartheta = a(\tau) \qquad (7.147)$$

denn das erste Integral in Gl. (7.147) ist gleich −2, das zweite Integral verschwindet.

Gl. (7.146) eingesetzt in Gl. (7.140) ergibt:

$$\langle I \rangle \cong 2 \cdot \int_0^\pi (a(\tau) + b(\tau) \cdot \cos \vartheta) \cdot \cos \vartheta \cdot \sin \vartheta \cdot d\vartheta$$

$$= -2b(\tau) \cdot \int_1^{-1} \cos^2 \vartheta \, d \cos \vartheta = +\frac{4}{3} b = \text{const} \tag{7.148}$$

b ist also in dieser Näherung unabhängig von τ, da $\langle I \rangle$ nach Gl. (7.141) unabhängig von τ ist. Setzen wir Gl. (7.146) und (7.147) mit b nach Gl. (7.148) in Gl. (7.144) ein, erhält man:

$$\frac{da(\tau)}{d\tau} = \frac{3}{4} \cdot \langle I \rangle \qquad \text{bzw.} \quad a(\tau) = \frac{3}{4} \cdot \langle I \rangle \cdot \tau + a(\tau = \tau_0)$$

Wir müssen noch den Bezugswert der Opazität τ_0 festlegen. Sinnvollerweise setzen wir dort $\tau = 0$, wo keine Rückstrahlung mehr auftritt, d. h. wo in Gl. (7.139) $\langle I_- \rangle = 0$ gilt, also:

$$\int_{\pi/2}^\pi (a(\tau = 0) + b \cdot \cos \vartheta) \cdot \cos \vartheta \cdot \sin \vartheta \, d\vartheta = 0 = -\frac{a(\tau = 0)}{2} + \frac{b}{3}$$

Damit lautet die Näherungslösung für $I(\vartheta, \tau)$ in Gl. (7.144):

$$\boxed{I(\vartheta, \tau) = \frac{1}{2}\langle I \rangle \cdot \left(1 + \frac{3}{2}\tau + \frac{3}{2}\cos \vartheta\right)} \tag{7.149}$$

und

$$\boxed{J(\tau) = \frac{1}{2}\langle I \rangle \cdot \left(1 + \frac{3}{2}\tau\right)} \tag{7.150}$$

Gl. (7.149) ist in Abb. 7.20 grafisch dargestellt.

Man sieht, dass die Gestalt der Strahlungsausbreitung umso anisotroper und mehr nach oben gerichtet ist, je kleiner der dazu gehörige τ-Wert ist. Für große Werte von τ nimmt die Strahlungsausbreitung Kugelgestalt an (in Abb. 7.20 Kreisgestalt). Dann herrscht völlige Strahlungsisotropie. Je größer die Anisotropie und je kleiner τ ist, desto mehr Strahlung gelangt zur Oberfläche. Bei $\tau = 0$ gibt es maximale Anisotropie, die gesamte Strahlungsleistung wird am Atmosphärenrand nach oben, also in den Weltraum abgegeben.

Eine Möglichkeit, die Qualität der Näherungslösung Gl. (7.149) zu überprüfen, ist die Berechnung der sog. *Randverdunkelung* des Sterns, die man im Fall der Sonne gut messen und mit der Berechnung vergleichen kann.

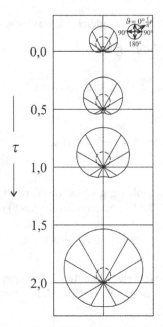

Abb. 7.20: Grafische Darstellung von Gl. (7.149). —Winkelabhängigkeit der Strahlungsintensität $J(\tau)$ (nach A. Unsöld, Physik der Sternatmosphären, Springer (1968))

Als Randverdunkelung bezeichnet man die abnehmende Strahlungsintensität, die man beim Blick auf die Sonnenscheibe vom Zentrum zum Scheibenrand hin beobachten kann (s. Abb. 7.21 links). Der gemessene Intensitätsverlauf ist als Funktion von $\cos\vartheta$ in Abb. 7.21 (rechts) dargestellt. Gl. (7.149) liefert direkt den theoretischen Verlauf des Intensitätsverhältnisses $I(\vartheta, \tau)/I(0,\tau)$:

$$\frac{I(\vartheta, \tau)}{I(\vartheta = 0, \tau)} = \frac{1 + \dfrac{3}{2}(\tau + \cos\vartheta)}{1 + \dfrac{3}{2}(\tau + 1)} \tag{7.151}$$

Definieren wir als Sternenrand ($r = r_{st}$) die Atmosphärentiefe, wo $\tau = 0$ ist, erhält man:

$$\frac{I(\vartheta, \tau = 0)}{I(\vartheta = 0, \tau = 0)} = \frac{2}{5}\left(1 + \frac{3}{2}\cos\vartheta\right) \tag{7.152}$$

Den Vergleich der Theorie nach Gl. (7.152) und der Messung ist in Abb. 7.21 dargestellt. Die Übereinstimmung mit Gl. (7.152) ist befriedigend und bestätigt dem Näherungsverfahren eine gute Qualität auch für die Prognose anderer Phänomene. Wir stellen uns z. B. die Frage, aus welcher Tiefe der Sternatmosphäre die Strahlung stammt, die der messbaren Strahlungstemperatur $T_{st,eff}$ entspricht.

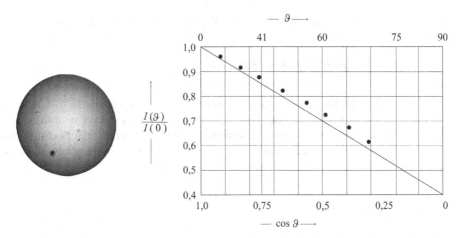

Abb. 7.21: Links: Sonnenscheibe im abgetönten weißen Licht, die Randverdunkelung ist deutlich zu erkenne; Rechts: Gl. (7.152), • Messung (entnommen: A. Unsöld, Physik der Sternatmosphären, 2. Aufl., Springer 1968), —— Gl. (7.152) (Die schwarzen Punkte auf der Sonnenscheibe sind die sog. Sonnenflecken).

In stationären Sternen herrscht *lokales thermodynamisches Gleichgewicht* (LTG), d. h., im Stern und in seiner Atmosphäre sind Temperatur und Druck wohldefinierte Größen. Die effektive Strahlungstemperatur T_{eff} ist ja nach Gl. (3.157) bekanntlich mit dem Sternenradius r_{st} und der Leuchtkraft bzw. Luminosität des Sterns verbunden.

Für Gl. (7.141) gilt also:

$$\langle I \rangle = \frac{L_{\text{st}}}{4\pi r_{\text{st}}} = \sigma_{\text{SB}} \cdot T_{\text{eff}}^4 \tag{7.153}$$

Den Zusammenhang von $J(\tau)$ nach Gl. (7.143) und der Temperatur gewinnen wir ebenfalls aus der Annahme des LTG. Dann gilt für Gl. (7.143):

$$J(\tau) = \int_0^\pi I(\vartheta, \tau)\frac{\mathrm{d}\omega}{4\pi} = \sigma_{\text{SB}} \cdot T^4(\tau) \tag{7.154}$$

und man erhält aus Gl. (7.149) mit $\langle I \rangle$ eingesetzt nach Gl. (7.153):

$$\boxed{T^4(\tau) = \frac{1}{2}T_{\text{eff}}^4\left(1 + \frac{3}{2}\tau\right)} \tag{7.155}$$

Daraus folgt:

$$\boxed{T(\tau = 0) = \left(\frac{1}{2}\right)^{1/4} T_{\text{eff}}} \quad \text{und} \quad \boxed{T\left(\tau = \frac{2}{3}\right) = T_{\text{eff}}} \tag{7.156}$$

Angewandt auf die Sonne mit $T_{eff} = 5780$ K ergibt sich für den Atmosphärenrand, wo definitionsgemäß $\tau = 0$ gilt:

$$T_{\odot}(\tau = 0) = 0{,}8409 \cdot 5780 \text{ K} = 4860 \text{ K}$$

Der so definierte Atmosphärenrand $r = r_{st}$ ist also um 920 K kälter als $T_{\odot,eff}$. $T_{\odot,eff}$ liegt bei $r = r_{eff} < r_{st}$. Es sei noch erwähnt, dass im Bereich von 1 bis ca. 3 Sonnenradien $r_{\odot}$ vom Sonnenrand aus die Sonne eine sog. Korona aufweist, die aus einem hochverdünnten Plasma (H^+ und e^-) besteht, in dem Temperaturen von über 10^6 K herrschen. Die Ursache für diesen Effekt ist Gegenstand intensiver Forschung.

7.5 Schwarze Löcher

Sogenannte „schwarze Löcher" gehören zu den spektakulärsten Phänomenen der Astrophysik. Ihre Existenz im Kosmos gilt heute als endgültig gesichert. Ein Weg, auf dem schwarze Löcher entstehen können, ist der explosionsartige Kollaps eines schweren Sterns als Supernova, dessen Restmasse so groß ist, dass auch ein möglicher Neutronenstern nicht mehr stabil genug ist, um einen finalen Zusammenbruch verhindern zu können. Die Materie „verschwindet" dann hinter einer Grenze, an der die Gravitationskraft so hoch ist, dass selbst Photonen ihr nicht mehr entkommen können. Davon, dass schwarze Löcher trotzdem Energie abstrahlen können - die sog. Hawking-Strahlung - und ihrer zeitlichen Entwicklung, handeln die Abschnitte 7.5.1 bis 7.5.3.

Einen ganz anderen Ursprung haben die riesigen schwarzen Löcher, von denen man heute annimmt, dass sie im Zentrum fast aller Galaxien vorkommen. Abb. 7.22 zeigt, wie ein solches schwarzes Loch zum ersten mal indirekt nachgewiesen wurde, das sich im Zentrum des schwarzen inneren Kreises befindet. Die Strahlenquelle ist ein außergalaktischer Quasar, der das schwarze Loch als Akkretionsscheibe umgibt (s. Abschnitt 7.5.4). Die vom schwarzen Loch in der Mitte des Bildes aufgesaugte Materie des Gasnebels in seiner Umgebung wird durch das Gravitationsfeld enorm beschleunigt und dadurch aufgeheizt. Ein stationärer Massenfluss zum schwarzen Loch kommt dadurch zustande, dass durch innere Reibung ständig Wärme erzeugt wird, die in demselben Ausmaß als Strahlungsenergie abgegeben wird. Solche riesigen schwarzen Löcher sind nicht aus einzelnen übergewichtigen Sternen entstanden, sondern höchstwahrscheinlich durch Massenkonzentrierung bei Dichteschwankungen, noch bevor sich Sterne und Galaxien bildeten, und die materielle Dichte im Weltraum noch erheblich höher war als heute.

7.5.1 Entstehung und Wärmestrahlung schwarzer Löcher

Ein gründliches Verständnis davon, was ein schwarzes Loch ist, erfordert Kenntnisse der allgemeinen Relativitätstheorie, die wir aber nicht voraussetzen müssen, denn das Grundphänomen lässt sich mit relativ einfachen Mitteln verständlich machen. Auch ein

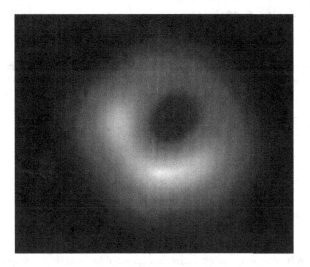

Abb. 7.22: Teleskopische Aufnahme (Event Horizon Telescope) eines schwarzen Loches im Nebel M87 in einer Entfernung von 55 Millionen Lichtjahren $= 15{,}2 \cdot 10^6$ pc und der enormen Masse von $6{,}5 \cdot 10^9 \cdot m_\odot$. Der Radius r_{SL} (s. Gl. (7.157)) beträgt ca. 130 astronomische Einheiten $= 1{,}94 \cdot 10^{11}$ km. Die leuchtende ringförmige Fläche besteht aus ionisierter Materie, die durch die enorme Gravitationswirkung erhitzt wird (Hellere Bereiche bedeuten höhere Temperatur). (Quelle: EHT Collaboration, Spiegel Online)

schwarzes Loch hat einen definierbaren Radius. Die zu diesem Radius gehörende Kugeloberfläche heißt der Ereignishorizont. Er stellt eine Grenze dar, hinter der es für Materie kein Zurück mehr gibt und auch kein Lichtsignal mehr nach außen gelangen kann. Dieser Grenzradius lässt sich durch eine nicht ganz korrekte, aber plausible Überlegung nach der klassischen Mechanik ableiten, die aber zum korrekten Ergebnis führt.

Um der Schwerkraft eines Himmelskörpers mit der Masse M und dem Radius r zu entkommen, gilt:

$$-\frac{m \cdot M \cdot G}{r} + \frac{m}{2}\, v_{Fl}^2 \geq 0$$

Hierbei ist m die Masse des entfliehenden Körpers, G die Gravitationskonstante und v_{Fl} die sogenannte Fluchtgeschwindigkeit. Man erhält, nach r aufgelöst:

$$r = \frac{2M\,G}{v_{Fl}^2}$$

Die Masse m des entfliehenden Körpers spielt also keine Rolle. Ersetzt man bei Photonen v_{Fl} durch die Lichtgeschwindigkeit c_L, erhält man die Beziehung zwischen dem Radius eines schwarzen Loches r_{SL} und seiner Masse M_{SL} (Index SL: schwarzes Loch):

$$r = r_{SL} = \frac{2M_{SL}G}{c_L^2} = 1{,}485 \cdot 10^{-27} \cdot M_{SL} \quad \text{in m} \tag{7.157}$$

Der Radius r_{SL} heißt *Schwarzschild-Radius*. Zu demselben Ergebnis gelangt man auch bei der korrekten Ableitung mittels der Allgemeinen Relativitätstheorie. Für die Massendichte ϱ_{SL} eines schwarzen Loches gilt dann:

$$\varrho_{SL} = \frac{3}{4\pi} \cdot \frac{M_{SL}}{r_{SL}^3} = 7{,}29 \cdot 10^{79} \cdot M_{SL}^{-2} \quad \text{in kg} \cdot \text{m}^{-3} \tag{7.158}$$

Gl. (7.158) besagt *nicht*, dass die Masse M_{SL} gleichförmig im Inneren des schwarzen Loches verteilt ist, vielmehr bleibt das Problem der Singularität, also der Massenkonzentrierung von $\lim_{r \to 0} \varrho_{SL} = \infty$ bestehen (s. auch Abschnitt 7.5.3). ϱ_{SL} ist also eine effektive, mittlere Dichte.

Wir wollen nun durch eine ebenso einfache wie plausible Ableitung zeigen, dass ein schwarzes Loch dennoch eine bestimmte Strahlungsleistung abgibt, die sog. *Hawking-Strahlung*. Photonen hinter dem Grenzradius r_{SL} haben nicht mehr genug Energie, um dem Gravitationsfeld zu entkommen. Das gilt für alle Photonen gleichermaßen, da ihr Impuls $h\nu/c_L$ in Gl. (7.157) keine Rolle spielt. Als Konsequenz davon ist bei $r = r_{SL}$ die Lichtfrequenz für alle Photonen $\nu = 0$ bzw. die Wellenlänge $\lambda = c_L/\nu = \infty$. Nun ist es aber nach der Heisenberg'schen Unschärferelation gar nicht möglich, dass ein Teilchen oder auch ein Photon in einem beschränkten Bereich wie der Oberfläche des Ereignishorizontes keinen Impuls $h\nu/c_L$ mehr besitzt. Es muss daher eine maximale Wellenlänge λ_{max} geben, die nicht überschritten werden darf. Wir können λ_{max} gleich dem Umfang des Ereignishorizontes $2\pi r_{SL}$ setzen, um eine stationäre, stehende „Photonenwelle", also eine stehende Lichtwelle, zu erhalten, die die Unschärferelation erfüllt. Es gilt also:

$$\Delta x \cdot \Delta p \approx h \approx 2\pi r_S \cdot \left(\frac{h\nu_{min}}{c_L}\right) \quad \text{oder} \quad \Delta x \cdot \Delta p \approx 2\pi r_S \cdot h\lambda_{max}$$

Die Situation ist in Abb.7.23 illustriert. Die Unschärferelation verlangt, dass ein Photon mindestens eine Wellenlänge $\lambda = 2\pi r_{SL}$ haben muss (stehende Welle), also eine Mindestenergie $h\nu > 0$. Es gibt noch weitere stehende Wellen mit $\lambda < \lambda_{max}$. Wenn thermodynamisches (lokales) Gleichgewicht herrscht, gibt es also auch einen geeigneten thermischen Mittelwert, für den gilt:

$$\langle \lambda \rangle = \frac{c_L}{\langle \nu \rangle} 2\pi \langle r_{SL} \rangle$$

$\langle \lambda \rangle$ ist nichts anderes als die sog. thermische Wellenlänge $\Lambda_{therm,Ph}$ für Photonen (s. Abschnitt 2.5.7, Gl. (2.57)). Für ein Teilchen mit der Masse m haben wir bei Photonen stattdessen die Äquivalenzmasse des Photons $h\nu/c_L^2$ einzusetzen, ferner ist bei Photonen

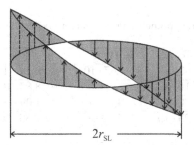

Abb. 7.23: Stehende Lichtwelle auf den Umfang des Ereignishorizontes $2\pi r_{SL}$.

ein Entartungsfaktor 2 wegen der beiden Polarisationseinrichtungen bzw. Spins (+1, - 1) zu berücksichtigen, so dass man für die Zustandssumme q_{Ph} eines Photons auf der Oberfläche L^2 erhält:

$$q_{Ph} = \left(2 \cdot \frac{2\pi \cdot h \cdot \langle v \rangle k_B T}{h^2 \cdot c_L^2}\right) \cdot L^2 = \frac{L^2}{\Lambda_{therm,Ph}^2} \quad \text{bzw.} \quad \Lambda_{therm,Ph}^2 = \frac{h \cdot c_L^2}{4\pi \langle v \rangle \cdot k_B T}$$

Wenn man beachtet, dass $\Lambda_{Ph} = c_L / \langle v \rangle$ ist, ergibt sich für die gesuchte thermische Wellenlänge Λ_{th}:

$$\Lambda_{therm,Ph} = \frac{h \cdot c_L}{4\pi k_B T} = 1{,}145 \cdot \frac{10^{-3}}{T} \text{ m}$$

Mit $\Lambda_{Ph} = 2\pi \langle r_{SL} \rangle$ folgt damit nach Gl. (7.157) mit $T = T_{SL}$:

$$T_{SL} = \frac{h \cdot c_L^3}{16\pi^2 \cdot k_B \cdot G \cdot M_{SL}} = 1{,}227 \cdot 10^{23} \cdot M_{SL}^{-1} \quad \text{in K} \tag{7.159}$$

Das ist genau die Formel für die Strahlungstemperatur eines schwarzen Loches, wie sie von S. Hawking im Jahre 1975 mit Hilfe der Quantenfeldtheorie abgeleitet wurde und die wir hier auf überraschend einfache Weise erhalten.

Setzen wir T_{SL} aus Gl. (7.159) in Gl. (3.155) ein, so erhält man die Wärmestrahlungsintensität I_{SL} eines schwarzen Loches, die sog. *Hawking-Strahlung*:

$$I_{SL} = \sigma_{SB} \cdot \left(\frac{h \cdot c_L^3}{16\pi^2 k_B \cdot G \cdot M_{SL}}\right)^4 = 1{,}2854 \cdot 10^{85} \cdot M_{SL}^{-4} \quad \text{in Watt} \cdot \text{m}^{-2} \tag{7.160}$$

In Tabelle 7.7 sind für einige Massen Strahlungstemperatur T_{SL}, Strahlungsintensität I_{SL} und der Radius r_{SL} sowie die Dichte ϱ_{SL} angegeben, die mit Hilfe der Gleichungen (7.157) bis (7.160) berechnet wurden.

Tab. 7.7: Eigenschaften hypothetischer schwarzer Löcher mit verschiedenen Massen

Masse/kg	T_{SL}/K	$I_{SL}/Watt \cdot m^{-2}$	r_{SL}/m	Dichte/kg $\cdot$ m^{-3}
$1{,}998 \cdot 10^{30}$ (Sonne)	$6{,}14 \cdot 10^{-8}$	$4{,}67 \cdot 10^{-36}$	$2{,}96 \cdot 10^3$	$1{,}38 \cdot 10^{19}$
$5{,}974 \cdot 10^{24}$ (Erde)	$0{,}0205$	$1{,}01 \cdot 10^{-14}$	$8{,}87 \cdot 10^{-3}$	$2{,}04 \cdot 10^{30}$
$7{,}348 \cdot 10^{22}$ (Mond)	$1{,}67$	$4{,}41 \cdot 10^{-7}$	$1{,}09 \cdot 10^{-4}$	$1{,}35 \cdot 10^{34}$
10^{14} (Asteroid, 4 km Durchmesser)	$1{,}23 \cdot 10^9$	$1{,}29 \cdot 10^{29}$	$1{,}485 \cdot 10^{-13}$	$7{,}29 \cdot 10^{51}$
$1{,}35 \cdot 10^8 \cdot m_\odot$	$4{,}5 \cdot 10^{-16}$	$2{,}36 \cdot 10^{-69}$	$4{,}01 \cdot 10^{11}$ (=2,68 AE)	10^3 (Dichte von H$_2$O!)
$6{,}5 \cdot 10^9 \cdot m_\odot$ (schwarzes Loch Abb. 7.22)	$9{,}45 \cdot 10^{-18}$	$4{,}5 \cdot 10^{-76}$	$1{,}92 \cdot 10^{13}$ (=129 AE)	$0{,}432$

Man sieht, dass hypothetische schwarze Löcher mit der Masse unserer Sonne einen Durchmesser von ca. 6 km (!) hätten und ihre Temperatur so tief läge, wie die heutige Tieftemperaturphysik sie gerade noch erzeugen kann. Hier handelt es sich im wahrsten Sinne des Wortes um schwarze Löcher. Solche Objekte hätten unvorstellbar hohe (mittlere) Dichten, die nach Gl. (7.158) umso höher sind, je kleiner ihr Radius r_{SL} ist. Ein Asteroid von 4 km Durchmesser würde auf den Radius eines schweren Atomkerns zusammenschrumpfen, während seine Temperatur einen Wert wie der des Universums kurz nach dem Urknall hätte. Von einem „schwarzen" Loch kann hier kaum noch die Rede sein. Dagegen hat z. B. das im Jahr 2019 nachgewiesene schwarze Loch in Abb. 7.22 mit einer Masse von $6{,}5 \cdot 10^9 \cdot m_\odot = 1{,}2987 \cdot 10^{40}$ kg eine unmessbar geringe Temperatur und eine (mittlere!) Dichte von ca. 0,5 kg $\cdot$ m^{-3}, die ungefähr gleich der Dichte von Luft auf dem Mount-Everest (8843 m) ist! Sein Radius r_{SL} beträgt ca. 130 AE, das ist die 3-fache Entfernung von der Sonne zum äußersten Objekt unseres Sonnensystems, dem Pluto! Das bisher Gesagte bezieht sich auf *nicht* rotierende schwarze Löcher. Bei den meisten schwarzen Löchern muss man jedoch davon ausgehen, dass sie rotieren, das kompliziert die theoretische Behandlung etwas und erklärt z. B. die Scheibenbildung bei sog. Quasaren (s. Abschnitt 7.5.4) und das Auftreten von „Jets", hochenergetischer Materieströme, die in beide Richtungen der Rotationsachse mit extremer Geschwindigkeit entweichen.

7.5.2 Entropie und Lebenslauf schwarzer Löcher

Aufgrund der Hawking-Strahlung erleidet ein schwarzes Loch einen kontinuierlichen Energieverlust und lebt als isoliertes Objekt nicht ewig. Damit eng zusammen hängen seine Entropieproduktion und seine Lebensdauer. Wir behandeln hier nur nichtrotierende und elektrisch neutrale schwarze Löcher. Da wir von ihnen nicht mehr als ihre Masse

M_{SL} kennen, gilt für die innere Energie U_{SL} die relativistische Formel:

$$\boxed{U_{SL} = c_L^2 \cdot M_{SL}}$$
(7.161)

Über die thermodynamische Definition der Temperatur (s. Anhang 11.17, Gl. (11.331)) erhält man nach Gl. (7.159):

$$\frac{dU_{SL}}{dS_{SL}} = T_{SL} = \frac{h \cdot c_L^3}{16\pi^2 \, k_B \cdot G \cdot M_{SL}}$$

Also gilt mit Gl. (7.161):

$$dS_{SL} = \frac{c_L^2 \, dM_{SL}}{T_{SL}} = \frac{16\pi^2 \, k_B \cdot G \cdot M_{SL}}{h \cdot c_L} \cdot dM_{SL}$$

Daraus folgt durch Integration von $M = 0$ bis $M = M_{SL}$ für die Entropie S_{SL}:

$$\boxed{S_{SL} = \frac{8\pi^2 \cdot k_B \cdot G}{h \cdot c_L} \cdot M_{SL}^2 = 3{,}6621 \cdot 10^{-7} \cdot M_{SL}^2 \; \text{J} \cdot \text{K}^{-1}}$$
(7.162)

oder mit Hilfe von Gl. (7.157):

$$S_{SL} = \frac{2\pi^2 \cdot k_B \cdot c_L^3}{h \cdot G} \, r_{SL}^2 = \frac{\pi}{2} \frac{k_B \cdot c_L^3}{h \cdot G} \cdot A_{SL} = \frac{1}{4} k_B \cdot \frac{A_{SL}}{l_{Pl}^2}$$
(7.163)

mit $A_{SL} = 4\pi \, r_{SL}^2$, der Oberfläche des Ereignishorizontes. $l_{Pl} = \sqrt{h \cdot G/2\pi c_L^3} = 1{,}6 \cdot 10^{-35}$ m ist die sog. Planck'sche Länge. Sie hat die Bedeutung der kleinstmöglichen Länge in der Natur. S_{SL} ist also proportional zur Oberfläche A_{SL} gemessen in Flächeneinheiten von l_{Pl}^2.

S_{SL} in Gl. (7.162) hat die merkwürdige Eigenschaft unendlich groß zu werden, wenn die Temperatur T_{SL} gleich Null wird, denn dann geht M_{SL} in Gl. (7.159) gegen unendlich. Das steht im krassen Widerspruch zum Nernst'schen Wärmetheorem (s. Kapitel 5). Es wird auch der 2. Hauptsatz und die Stabilitätsbedingung verletzt, dass die Wärmekapazität eines geschlossenen Systems immer positiv sein muss (s. Gl. (2.23))! Diese Bedingung scheint beim schwarzen Loch nicht erfüllt zu sein, denn es gilt:

$$C_{SL} = T_{SL} \cdot \frac{dS_{SL}}{dT_{SL}} = T_{SL} \cdot \frac{8\pi^2 \cdot k_B \cdot G}{h \cdot c_L} \cdot 2M_{SL} \cdot \frac{dM_{SL}}{dT_{SL}} = -\frac{h \cdot c_L^5}{16\pi^2 \cdot k_B \cdot G} \cdot \frac{1}{T_{SL}^2} < 0$$
(7.164)

wobei wir aus Gl. (7.159) abgeleitet und eingesetzt haben:

$$\frac{dM_{SL}}{dT_{SL}} = -\frac{h \cdot c_L^3}{16\pi^2 \, k_B \cdot G} \cdot \frac{1}{T_{SL}^2}$$

Tab. 7.8: Lebensdauer τ_{SL} einiger hypothetischer schwarzer Löcher und eines realen Monsterlochs.

	Sonne	Erde	Mond	Asteroid	Monsterloch 2019
$M_{SL,0}$/kg	$1{,}989 \cdot 10^{30}$	$5{,}974 \cdot 10^{24}$	$7{,}348 \cdot 10^{22}$	10^{14}	$1{,}3 \cdot 10^{40}$
τ_{SL}/Jahre	$2{,}09 \cdot 10^{67}$	$5{,}68 \cdot 10^{50}$	$1{,}06 \cdot 10^{45}$	$2{,}67 \cdot 10^{18}$	$5{,}86 \cdot 10^{96}$

Schwarze Löcher können sich daher *nicht* im thermodynamischen Gleichgewicht befinden. Sie durchlaufen einen *irreversiblen Prozess*, da sie ständig Energie abstrahlen (Gl. (7.160)). Wir wollen zunächst überlegen, wie und in welchem Zeitraum dieser Prozess abläuft. Für die Strahlungsintensität I_{SL} lässt sich auch schreiben:

$$I_{SL} = -\frac{dU_{SL}}{dt} \cdot \frac{1}{4\pi r_{SL}^2} = -\frac{c_L^2}{4\pi r_{SL}^2} \frac{dM_{SL}}{dt} = -\frac{c_L^6}{16\pi (G \cdot M_{SL})^2} \frac{dM_{SL}}{dt}$$

wobei wir Gebrauch von Gl. (7.161) und Gl. (7.157) gemacht haben. Einsetzen von I_{SL} aus Gl. (7.160) und Auflösen nach dM_{SL}/dt ergibt:

$$-\frac{dM_{SL}}{dt} = \sigma_{SB} \cdot \frac{h^4 \cdot c_L^6}{16^3 \cdot \pi^7 \cdot k_B \cdot G^2 M_{SL}^2} = \frac{1}{M_{SL}^2} \tag{7.165}$$

Integration von $M_{SL,0}$ (Masse bei $t = 0$) bis M_{SL} (Masse bei t) ergibt dann:

$$\boxed{\frac{1}{3}(M_{SL,0}^3 - M_{SL}^3) = 3{,}9647 \cdot 10^{15} \cdot t} \quad \text{bzw.} \quad \boxed{M_{SL} = \left(M_{SL,0}^3 - 1{,}1894 \cdot 10^{16} t\right)^{1/3}}$$

$$\tag{7.166}$$

Für die Lebensdauer τ_{SL} des schwarzen Loches folgt demnach, wegen $M_{SL} = 0$ bei $t = \tau_{SL}$:

$$\boxed{\tau_{SL} = \frac{10^{-15}}{3 \cdot 3{,}9647} \cdot M_{SL,0}^3 = 8{,}4075 \cdot 10^{-17} \cdot M_{SL,0}^3 \quad \text{in sec}} \tag{7.167}$$

In Gl. (7.166) und (7.167) sind in SI-Einheiten angegeben. Mit den Massen aus Tabelle 7.7 erhält man dann nach Gl. (7.167) Werte für die entsprechenden Lebensdauern τ_{SL}, die in Tabelle 7.8 angegeben sind.

Hypothetische schwarze Löcher mit Massen zwischen Mond und Sonne haben Lebensdauern, gegenüber denen die Zeit, seit der das Universum besteht ($1{,}38 \cdot 10^{10}$ Jahre), völlig vernachlässigbar ist. Für das im Jahr 2019 entdeckte Monsterloch berechnete sich sogar eine Lebensdauer von über 10^{96} Jahren! Selbst bei kleineren Objekten, wie der Masse eines Asteroiden, würde die Lebensdauer noch bei über 10^{18} Jahren liegen. Wenn man noch zusätzlich bedenkt, dass die Intensität I_{kosm} der sog. komischen Hintergrundstrahlung höher als die von schwarzen Löchern mit $M_{SL} > 10\,M_\odot$ ist, wird der Beginn des Zerfalls eines schwarzen Loches weiter hinausgezögert, bis $I_{kosm} < I_{SL}$ geworden ist (s. Exkurs 7.7.11).

In Abb. 7.24 ist diese zeitliche Entwicklung eines schwarzen Loches in reduzierten Einheiten $M_{SL}/M_{SL,0}$ und $\tilde{t} = t/\tau_{SL}$ nach Gl. (7.166) aufgetragen, vorausgesetzt es nimmt im Laufe seiner Lebenszeit keine weitere Materie auf.

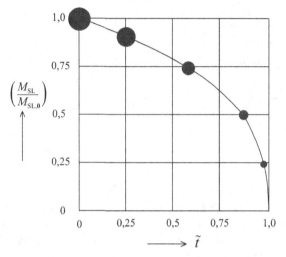

Abb. 7.24: Relative Masse $M_{SL}/M_{SL,0}$ eines schwarzen Loches als Funktion der Zeit $\tilde{t} = t/\tau_{SL}$ nach Gl. (7.166) mit τ_{SL} nach Gl. (7.167).

Jetzt wenden wir uns dem eigentlichen irreversiblen Prozess zu. Der Zerfallsprozess eines schwarzen Loches beschleunigt sich gegen Ende seiner Lebenszeit. Das „Zerfallsprodukt" ist reine Wärmestrahlung. Wir betrachten das schwarze Loch und seine Wärmestrahlung als ein *gemeinsames, abgeschlossenes System*, in dem ein irreversibler Prozess abläuft. Differenzieren von Gl. (7.162) nach t unter Berücksichtigung von Gl. (7.165) ergibt für das schwarze Loch eine Entropieabnahme:

$$\frac{dS_{SL}}{dt} = \frac{16\pi^2 \cdot k_B G}{h \cdot c_L} \cdot M_{SL} \frac{dM_{SL}}{dt} = -\frac{1}{1920} \frac{k_B c_L^3}{G} \cdot \frac{1}{M_{SL}} = -9{,}36 \cdot 10^7 \cdot \frac{1}{M_{SL}} J \cdot K^{-1} \cdot s^{-1}$$

(7.168)

Zum Gesamtsystem gehört jedoch auch die Strahlungsentropie S_{Ph} nach Gl. (3.141). Diese Entropieproduktion ist der eigentliche irreversible Prozess. Er lautet:

$$\frac{dS_{Ph}}{dt} = \frac{16}{3} \frac{\sigma_{SB}}{c_L} \frac{d}{dt}\left(T_{SL}^3 \cdot V_{Ph}\right) \approx \frac{16}{3} \frac{\sigma_{SB}}{c} T_{SL}^3 \cdot \frac{dV_{Ph}}{dt}$$

Es gilt: $dV_{Ph}/dT \gg dT_{SL}^3/dt$, so dass T_{SL} als quasistationäre, d. h., mathematisch als konstante Größe beim Ableiten betrachtet werden kann (mit Ausnahme des Stadiums unmittelbar am Ende, also bei $t = \tau_{SL}$).

Für die differentielle Zunahme des Volumens dV_{Ph} des von der Oberfläche des Ereignishorizontes in der Zeit dt abgestrahlten Lichtes gilt:

$$dV_{Ph} = 4\pi r_S^2 \cdot dr = 4\pi r_{SL}^2 \cdot c_L \cdot dt$$

Also erhält man unter Berücksichtigung von Gl. (7.162) und Gl. (7.165):

$$\frac{dS_{Ph}}{dt} = \frac{2}{15} \cdot \frac{1}{16^2} \left(\frac{16 k_B \cdot c_L^3}{G} \right) \cdot \frac{1}{M_{SL}} \tag{7.169}$$

Die gesamte Entropieänderung ist demnach die Summe von Gl. (7.168) und (7.169):

$$\frac{dS_{total}}{dt} = \frac{dS_{Ph}}{dt} + \frac{dS_{SL}}{dt} = \frac{2}{15} \cdot \frac{1}{16^2} (16-1) \frac{k_B \cdot c_L^3}{G} \cdot \frac{1}{M_{SL}}$$

Also gilt:

$$\boxed{\frac{dS_{total}}{dt} = \frac{1}{128} \frac{k_B \cdot c_L^3}{G} \cdot \frac{1}{M_{SL}} = 4{,}355 \cdot 10^{10} \frac{1}{M_{SL}} > 0\, J \cdot K^{-1} \cdot s^{-1}} \tag{7.170}$$

Die gesamte zeitliche *Entropieänderung des Systems* „schwarzes Loch + Strahlung" ist also *positiv* und erfüllt damit die Forderung des 2. Hauptsatzes der Thermodynamik. Einsetzen von Gl. (7.166) für M_{SL} in Gl. (7.170) und Integration ergibt die Entropie S_{total} als Funktion der Zeit t. Division von Gl. (7.169) durch Gl. (7.170) ergibt:

$$\left| \frac{dS_{Ph}}{dS_{SL}} \right| = \frac{2}{15 \cdot 16} \cdot 1920 = 16$$

Beim Massenverlust des schwarzen Loches in Form von Strahlung erhöht sich die gesamte Entropie um den Faktor 16. Ebenso gilt für die Wärmekapazität $C_{total} = C_{SL} + C_{Ph} > 0$, da wegen Gl. (7.170) $C_{SL,total} = T_{SL} \frac{dS_{total}}{dt} > 0$ und $dT_{SL}/dt > 0$.

7.5.3 Das Ende von schwarzen Löchern

Was geschieht am Ende der Lebenszeit τ_S eines schwarzen Loches? Die Lebenszeiten schwarzer Löcher sind extrem lang (s. Tab. 7.8). Wir setzen einmal voraus, dass das schwarze Loch während dieser Zeit keine weitere Materie aufnimmt. Nach Gl. (7.159) geht die Temperatur bei verschwindender Masse gegen unendlich. Das ist wenig befriedigend, wie alle Aussagen der Physik, die in Grenzfällen zu Singularitäten führen. Man kann jedoch abschätzen, was dort geschieht, indem man erneut die Unschärferelation der Quantenmechanik zu Hilfe nimmt, und zwar in der Form

$$\Delta t \cdot \Delta E \approx h/2\pi$$

Lebensdauer und Energieunschärfe eines Systems sind also nicht unabhängig voneinander. Wenn das Schwarze Loch nach der Zeit $\tau_{SL} = \Delta t$ „verschwunden" ist, kann nach der

Unschärferelation seine Energie bzw. Masse nicht gleich Null geworden sein, denn das würde $\Delta E = 0$ bedeuten, vielmehr muss seine Energie $E_{SL}(t = \tau_{SL})$ mindestens den Wert von

$$E_{SL} = \Delta E \cong \frac{h}{2\pi} \cdot \frac{1}{\tau_{SL}} \tag{7.171}$$

besitzen. τ_{SL} können wir berechnen, indem wir τ_{SL} nach Gl. (7.167) als Funktion von M_0 und $E_{SL} = M_{SL} \cdot c_L^2$ setzen. Man erhält::

$$\tau_{SL} = \frac{10240 \cdot \pi^2 \, G^2}{h \cdot c_L^{10}} \cdot E_{SL}^3 \tag{7.172}$$

Eliminieren von τ_{SL} aus Gl. (7.171) mit Hilfe von Gl. (7.172) ergibt:

$$\boxed{E_{SL} \cong \left(\frac{h^2 \cdot c_L^{10}}{20480 \cdot \pi^3 \cdot G^2} \right)^{1/4} = 1{,}737 \cdot 10^8 \, \text{J}} \tag{7.173}$$

oder

$$M_{SL} = \frac{E_{SL}}{c_L^2} = 1{,}932 \cdot 10^{-9} \, \text{kg} = 1{,}932 \cdot 10^{-3} \, \mu\text{g} = 1{,}932 \, \text{ng} \tag{7.174}$$

Kleiner als dieser Wert kann also die Masse eines schwarzen Loches zu keinem Zeitpunkt sein. Für die Temperatur ergibt sich nach Gl. (7.159) ein maximaler Wert, der grundsätzlich nicht überschritten werden kann:

$$\boxed{T_{SL}(t = \tau_{SL}) \cong \frac{c_L^3 \cdot h \cdot 10^9}{16\pi^2 \cdot k_B \cdot G \cdot 1{,}932} = 6{,}35 \cdot 10^{31} \, \text{K}} \tag{7.175}$$

Eine solche Temperatur ist zwar jenseits jeder Vorstellung, aber sie ist nicht unendlich groß! Setzt man E_{SL} aus Gl. (7.173) in Gl. (7.174) ein, erhält man:

$$\tau_{SL} = 6{,}08 \cdot 10^{-43} \, \text{s} \tag{7.176}$$

Eine kürzere Lebenszeit kann ein schwarzes Loch nicht haben.

Und noch eine weitere Konsequenz hat dieses Resultat. Sollte z. B. bei einem Zusammenstoß von 2 Protonen ein schwarzes Loch entstehen, müsste die Stoßenergie mindestens den Wert von $1{,}737 \cdot 10^8 \, \text{J} = 1{,}084 \cdot 10^{27} \, \text{eV}$ erreichen. Erst oberhalb dieser Energieschwelle können überhaupt schwarze Löcher entstehen, die dann zudem noch extrem schnell wieder zerfallen würden, bevor sie durch „Aufsaugen" weiterer Teilchen anwachsen könnten. Mit keinem Beschleuniger auf der Erde werden sich solche Bedingungen jemals erreichen lassen.

Es lässt sich schließlich auch der Umfang l_{SL} des kleinstmöglichen schwarzen Loches berechnen. Nach Gl. (7.157) gilt:

$$l_{SL} = 2\pi r_{SL} = 2\pi \frac{m_{SL} \cdot G}{c_L^2} = \frac{4\pi \cdot G}{c_L^2} \left(\frac{\hbar^2 \cdot c_L^2}{5210 \cdot \pi \cdot G^2} \right)^{1/4} = 1{,}8 \cdot 10^{-35} \, \text{m} \tag{7.177}$$

Tab. 7.9: Kosmologische Minimalgrößen für Zeit, Länge, Masse und Energie. Index Pl = Planck, Index SL = schwarzes Loch.

t_{Pl}/s	t_{SL}/s	l_{Pl}/m	l_{SL}/m
$5{,}4 \cdot 10^{-44}$	$1{,}8 \cdot 10^{-43}$	$1{,}61 \cdot 10^{-35}$	$1{,}8 \cdot 10^{-35}$
m_{Pl}/kg	m_{SL}/kg	E_{Pl}/J	E_{SL}/J
$2{,}18 \cdot 10^{-8}$	$1{,}93 \cdot 10^{-9}$	$1{,}95 \cdot 10^{9}$	$1{,}74 \cdot 10^{8}$

Die abgeleiteten Gleichungen (7.172) bis (7.177) enthalten interessanterweise nur Naturkonstanten. Es gilt für den dimensionslosen Ausdruck

$$\frac{E_{SL} \cdot \tau_{SL}^2}{m_{SL} \cdot l_{SL}^2} = \sqrt{5120 \cdot 320}/4\pi = 102$$

In der Quantenkosmologie des Urknalls werden folgende Minimalgrößen für die Zeit t und die Länge l definiert (sog. Planck-Zeit und Planck-Länge):

$$t_{Pl} = \sqrt{\hbar \cdot G/c^5} \quad \text{und} \quad l_{Pl} = \sqrt{\hbar \cdot G/c^3}$$

mit $\hbar = h/2\pi$. Zeit- und Raumskala kann also nicht beliebig fein eingeteilt werden, d. h. Zeiten $t < t_{Pl}$ und Längen $l < l_{Pl}$ gibt es nicht. Es gibt ferner eine Planck-Masse:

$$m_{Pl} = \sqrt{\frac{\hbar \cdot c_L}{G}}$$

sowie eine Planck-Energie:

$$E_{Pl} = m_{Pl} \cdot c_L^2 = \sqrt{\frac{\hbar \cdot c^5}{G}}$$

aus der sich die maximal mögliche Energiedichte berechnen lässt:

$$\frac{E_{Pl}}{l_{Pl}^3} = \rho_{E,Pl} = c_L^7 \cdot \hbar^{-1} \cdot G^{-1}$$

Schließlich erhält man eine maximal mögliche Temperatur:

$$T_{Pl} = \frac{E_{Pl}}{k_B} = \sqrt{\frac{\hbar \cdot c_L^5}{k_B^2 \cdot G}}$$

Bildet man auch hier den dimensionslosen Ausdruck ($E_{Pl} \cdot t_{Pl}^2 \cdot m_{Pl}^{-1} \cdot l_{Pl}^{-2}$), ergibt sich genau der Wert 1. In Tabelle 7.9 sind die Ergebnisse zusammengefasst:

Man erhält schließlich für die intensiven Größen:

$T_{Pl} = 1{,}4 \cdot 10^{32}$ K $\qquad$ $T_{SL} = 6{,}35 \cdot 10^{31}$ K

$\rho_{E,Pl} = E_{Pl}/l_{Pl}^3 = 4{,}6 \cdot 10^{113}$ J $\cdot$ m^{-3} $\qquad$ $\rho_{E,SL} = E_{SL}/l_{SL}^3 = 2{,}98 \cdot 10^{112}$ J $\cdot$ m^{-3}

Die Ähnlichkeit der Planck-Größen mit den Extremalgrößen von schwarzen Löchern legt die Vermutung nahe, dass der Urknall möglicherweise eine Analogie zu schwarzen Mikrolöchern aufweist. Weitere Eigenschaften schwarzer Löcher werden in den Exkursen 7.7.11, 7.7.12 und 7.7.13 behandelt.

7.5.4 Quasare

Die berechneten riesigen Lebensdauern schwarzer Löcher sind in der Realität hypothetisch, da sie während solch langer Zeiträume höchstwahrscheinlich weitere Masse durch Kontakt mit anderer Materie aufnehmen und dadurch wachsen und noch längere Lebenszeiten in Aussicht haben. Sind sie auf diese Weise genügend groß geworden, oder schon von Beginn an groß genug gewesen, wird ihre gravitative Wirkung immer weitreichender. Sie „saugen" dabei aus ihrer Umgebung, z.B. einem Gasnebel oder unmittelbar benachbarten Sternen, große Mengen von Materie ab, die dabei extrem beschleunigt, durch Ionisierung so stark erhitzt wird und eine so riesige Leuchtkraft entwickeln, dass diese die gesamte Leuchtkraft der Galaxie überstrahlen kann. Diese Objekte heißen Quasare. Sie zeigen indirekt die Existenz eines schwarzen Loches an und befinden sich in der Regel im Zentrum einer Galaxie. Auch im Zentrum der Milchstraße befindet sich ein riesiges schwarzes Loch. Als Quasar ist es jedoch für uns nicht direkt sichtbar, da die Erde bzw. die Sonne und das schwarze Loch in der Ebene der galaktischen Scheibe liegen, und daher riesige Gas- und Staubwolken zwischen dem Zentrum und uns das Licht absorbieren (s. Abb. 7.25). Bei der Beobachtung anderer Galaxien ist es jedoch möglich, dass wir mehr oder weniger „von oben" auf die galaktische Scheibe schauen können. Allerdings sind diese Lichtquellen so weit von uns entfernt, dass man sie zwar detektieren, aber ihre Detailstruktur nur sehr schwer auflösen kann. Im Jahr 2019 ist erstmals der direkte Nachweis gelungen, dass tatsächlich ein schwarzes Loch im Zentrum eines Quasars liegt (s. Abb. 7.22).

Wir wollen nun ein etwas vereinfachtes Modell eines Quasars entwickeln und betrachten eine kleine Masse m die sich durch Einfang auf einer (vereinfachend angenommenen) Kreisbahn um das schwarze Loch mit der Masse m_{SL} bewegt. Dann gilt wegen Gleichheit von Zentrifugalkraft und gravitativer Anziehungskraft:

$$r \cdot \dot{\omega}^2 \cdot m = m \cdot \frac{Gm_{SL}}{r^2}$$

Durch Reibung und Stöße mit anderen Teilchen wird die kinetische Energie der Masse m in thermische Energie umgewandelt:

$$\frac{r^2 \cdot \dot{\omega}^2 \cdot m}{2} = E_{Therm}(r) = \frac{1}{2}m \cdot \frac{G \cdot m_{SL}}{r} = -E_{Grav}/2$$

Das entspricht genau dem Virialsatz. Das Teilchen wird abgebremst und nähert sich spiralförmig dem galaktischen Kern, von dem es schließlich absorbiert wird. Dafür wird

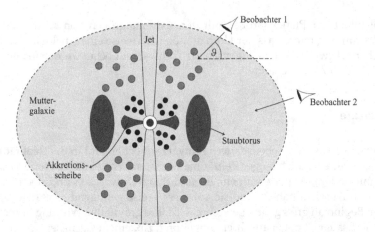

Abb. 7.25: Schematische Darstellung der Struktur eines aktiven Galaxienkernes (Quasar) mit einem schwarzen Loch in der Mitte (modifiziert, nach Λ. Weigert, H. J. Wendker, L. Wisotzki, Astronomie und Astrophysik, Wiley-VCH (2010)) AS = leuchtende Akkretionsscheibe. Der Staubtorus ist stark lichtabsorbierend und behindert Beobachtungen von Typ 2, während Beobachtungen von Typ 1 den Quasar sichtbar machen. Die grauen Kugeln kennzeichnen Objekte die um den Quasar konzentriert sind und sich im Anziehungsbereich des schwarzen Loches befinden. Der Staub und die nahen Objekte „füttern" die Akkretionsscheibe mit Masse.

neue Masse von außen angesaugt. Eine ständige Zufuhr von Masse $\dot{m} = (\mathrm{d}m/\mathrm{d}t)$ bedeutet auch eine ständige Zunahme an thermischer Energie $(\mathrm{d}E_{\mathrm{Therm}}/\mathrm{d}t)$. Im *stationären* Zustand muss $(\mathrm{d}E_{\mathrm{Therm}}/\mathrm{d}t)$ durch thermische Abstrahlung (Leuchtkraft L) kompensiert werden:

$$\frac{\mathrm{d}^2 E_{\mathrm{Therm}}}{\mathrm{d}t \cdot \mathrm{d}r} = -\frac{\mathrm{d}L(r)}{\mathrm{d}r} = -\frac{1}{2} \cdot \dot{m} \cdot \frac{G \cdot m_{\mathrm{SL}}}{r^2}$$

Der Massenfluss $\dot{m}$ ist gleich dem Massenzuwachs des schwarzen Loches. Für $\mathrm{d}L$ gilt nun, wenn wir lokales thermisches Gleichgewicht annehmen:

$$\mathrm{d}L = 2 \cdot (2\pi r) \cdot \sigma_{\mathrm{SB}} T_{\mathrm{eff}}^4 \cdot \mathrm{d}r = +\frac{1}{2} \cdot \dot{m} \frac{G \cdot m_{\mathrm{SL}}}{r^2} \mathrm{d}r$$

$2\pi r \cdot \mathrm{d}r$ ist die differentielle Scheibenfläche zwischen r und $r + \mathrm{d}r$ die näherungsweise die Gestalt eines flachen Zylinders hat. Der Faktor 2 berücksichtigt, dass in beide Richtungen senkrecht zur Scheibe Lichtenergie abgestrahlt wird. Damit erhält man für $T_{\mathrm{eff}}(r)$ im Abstand r vom Zentrum:

$$T_{\mathrm{eff}}(r) = \left(\frac{\dot{m} \cdot m_{\mathrm{SL}} \cdot G}{8\pi\sigma_{\mathrm{SB}}} \right)^{1/4} \cdot r^{-3/4} \qquad (7.178)$$

An dieser Formel müssen wir aber noch eine Korrektur vornehmen. Ein Photon, das im Abstand r zu einem Massenzentrum mit der Masse m dieses durch Abstrahlung verlässt, erleidet eine Rotverschiebung am Ort eines fernen Beobachters, d. h. eine Vergrößerung seiner Wellenlänge von λ_{emit} auf λ':

$$\lambda' = \lambda_{\text{emit}} \cdot \left(1 - \frac{2G \cdot m}{c_{\text{L}}^2 \cdot r}\right)^{-1/2} \tag{7.179}$$

Nach der allgemeinen Relativitätstheorie bedeutet das einen Energieverlust des Photons um den Betrag $h \cdot c_{\text{L}}/(\lambda' - \lambda_{\text{emit}})$. λ_{emit} ist die Wellenlänge am Ort der Emission, also r. Da $2G \cdot m/c_{\text{L}}^2$ gerade der Radius des Ereignishorizontes eines schwarzen Loches des Masse m ist (Gl. (7.157)), gilt:

$$\frac{\lambda'}{\lambda_{\text{emit}}} = \left(1 - \frac{r_{\text{SL}}}{r}\right)^{-1/2} = \left(\frac{\tilde{r}}{\tilde{r} - 1}\right)^{1/2} \tag{7.180}$$

mit $\tilde{r} = r/r_{\text{SL}}$. Dem Verhältnis $\lambda'/\lambda_{\text{emit}}$ entspricht bei thermischer Strahlung das umgekehrte Verhältnis der Temperaturen:

$$\frac{\lambda'}{\lambda_{\text{emit}}} = \frac{T_{\text{emit}}}{T'} \tag{7.181}$$

Also lautet die korrigierte Formel für die vom Beobachter wahrnehmbare Temperatur $T'(r) = T_{\text{eff}}(r)$ nach Gl. (7.178):

$$\boxed{T_{\text{eff}}(r) = \left(\frac{G \cdot m_{\text{SL}} \cdot \dot{m}}{8\pi\sigma_{\text{SB}}} \cdot \frac{1}{r_{\text{SL}}^3}\right)^{1/4} \cdot \tilde{r}^{-3/4}\left(\frac{\tilde{r}}{\tilde{r} - 1}\right)^{-1/2}} \tag{7.182}$$

Für die entsprechende Strahlungsintensität I' gilt dann mit $r_{\text{SL}} = 2m_{\text{SL}} \cdot G/c_{\text{L}}^2$ am Ort des Beobachters:

$$\boxed{I'(\tilde{r}) \cdot \sin\vartheta = \sigma_{\text{SB}} \cdot T'^4 = \left(\frac{G \cdot m_{\text{SL}}\dot{m}}{8\pi \cdot r_{\text{SL}}^3}\right) \cdot \frac{1}{\tilde{r}^3} \cdot \left(\frac{\tilde{r} - 1}{\tilde{r}}\right)^2} \tag{7.183}$$

wenn ϑ der Winkel ist, unter dem der Beobachter auf die Scheibe blickt (s. Abb. 7.25). Wir haben bei der Ableitung von Gl. (7.183) unbeachtet gelassen, dass auch Lichtstrahlen, deren Weg unter der Gravitationskraft des schwarzen Loches auf gekrümmten Bahnen verlaufen in der Strahlungsbilanz zu berücksichtigen sind, deren Beitrag aber höchstwahrscheinlich keine wesentliche Korrektur bedeutet.

$I'(\tilde{r})$ ist in reduzierter Form in Abb. 7.26 dargestellt. Die Kurve spiegelt das beobachtete Intensitätsmuster in Abb. 7.28 wider. Der leuchtende Ring entspricht dem Maximum von $F(\tilde{r})$ in Abb. 7.26

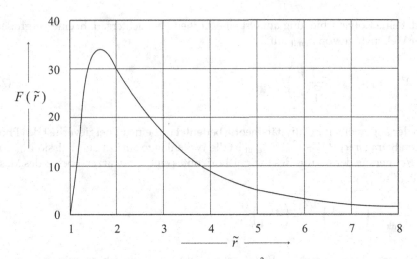

Abb. 7.26: Reduzierter Intensitätsverlauf $F(\tilde{r}) = \tilde{r}^{-3} \cdot \left(\dfrac{\tilde{r}-1}{\tilde{r}}\right)^2$ der Akkretionsscheibe am Ort eines entfernten Beobachters.

Für die gesamte Leuchtkraft L'_Q des Quasars gilt dann am Ort des Beobachters integriert über die ganze Scheibe von $\tilde{r} = 1$ bis $\tilde{r} = \infty$:

$$L'_Q = 2 \cdot 2\pi \int I'(\tilde{r})r \cdot \mathrm{d}r = 4\pi r_{\mathrm{SL}}^2 \int_1^\infty I'(\tilde{r}) \cdot \tilde{r} \cdot \mathrm{d}\tilde{r} = \frac{G \cdot m_{\mathrm{SL}} \cdot \dot{m}}{2 r_{\mathrm{SL}}} \cdot \int_1^\infty \frac{1}{\tilde{r}^2}\left(\frac{\tilde{r}-1}{\tilde{r}}\right)^2 \mathrm{d}\tilde{r}$$

$$(7.184)$$

Die Lösung des Integrals lautet:

$$\int_1^\infty \frac{1}{\tilde{r}^2}\left(1 - \frac{1}{\tilde{r}}\right)^2 \mathrm{d}\tilde{r} = \int_1^\infty \frac{1}{\tilde{r}^2}\left(1 - \frac{2}{\tilde{r}} + \frac{1}{\tilde{r}^2}\right)\mathrm{d}\tilde{r} = \frac{1}{3}$$

Also ergibt sich für Gl. (7.184) unter Beachtung von Gl. (7.157):

$$L'_Q = \frac{1}{12}\dot{m}c_{\mathrm{L}}^2$$

Am Ort der Emission gilt dagegen:

$$L_{Q,\mathrm{emit}} = \frac{G \cdot m_{\mathrm{SL}} \cdot \dot{m}}{2 r_{\mathrm{SL}}} \int_1^\infty \frac{1}{\tilde{r}^2}\mathrm{d}\tilde{r} = +\frac{G \cdot m_{\mathrm{SL}} \cdot \dot{m}}{2 r_{\mathrm{SL}}} = \frac{1}{4}\dot{m}c_{\mathrm{L}}^2 \qquad (7.185)$$

wobei wir im letzten Schritt wieder von Gl. (7.157) Gebrauch gemacht haben. Man kann $\dot{m}c_L^2$ als maximal denkbare Leuchtkraft bezeichnen und $\eta = 1/4$ als Konversionsfaktor. Wir geben ein Beispiel:

Der Quasar 3C 273 strahlt mit einer gemessenen Leuchtkraft $L_Q/L_\odot \cong 5 \cdot 10^{13}$. Daraus ergibt sich für den Massenstrom mit $L_\odot = 3{,}853 \cdot 10^{26}$ Watt aus Gl. (7.185):

$$\dot{m} = 5 \cdot 10^{13} \cdot \frac{3{,}853 \cdot 10^{26}}{0{,}250} \cdot \frac{1}{c_L^2} = 8{,}573 \cdot 10^{23}\,\text{kg} \cdot \text{s}^{-1} = 2{,}7 \cdot 10^{31}\,\text{kg/Jahr}.$$

Das schwarze Loch verschlingt also ca. 14 Sonnenmassen pro Jahr! Die Masse des schwarzen Loches wird auf $m_{SL} = 10^9 m_\odot$ geschätzt, also ist der Radius des Ereignishorizontes $r_{SL} = 1{,}03 \cdot 10^{13}$ m ≈ 69 AE.

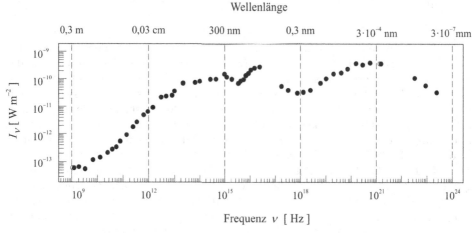

Abb. 7.27: Spektrale Intensitätsverteilung des Quasars 3C 273 (nach: A. Weigert, H. J. Wendker, L. Wisotzki, Astronomie und Astrophysik, Wiley-VCH (2010)).

Abb. 7.27 zeigt eine breite Intensitätsverteilung der Strahlung eines Quasars, die sich vom Radio- bis zum γ-Frequenzbereich erstreckt.

Das wird durch einen Blick auf Abb. 7.26 verständlich. Jedem Wert von $F(\tilde{r})$ entspricht nach dem Wien'schen-Verschiebungsgesetz (s. Exkurs 7.7.1) ein Intensitätsmaximum mit der zugehörigen Planck'schen Frequenzverteilungsfunktion bei der Temperatur $T(\tilde{r})$. Durch die kontinuierliche Überlagerung dieser Funktionen kommt die breite Verteilung von Frequenzen in Abb. 7.27 zustande.

7.6 Kosmologie des frühen Universums

Als Kosmos bezeichnen wir die Welt in ihrer Gesamtheit, also den Raum, in dem wir leben bis hin an seine erfassbaren Grenzen. Er umschließt also Erde, Sonne und alle

Sterne, die in lokalen Verdichtungen, den Galaxien, zusammengeballt sind, soweit wir sie beobachten können. Dieser Raum expandiert ständig wie wir heute wissen. Es sind keineswegs die Sterne, die sich im Raum von uns entfernen, sondern der Raum selbst dehnt sich aus (ähnlich wie Rosinen in einem aufgehenden Hefeteig). Das gilt für jeden Standort im Universum und heißt das *kosmologische Prinzip*. Es gibt *keinen* bevorzugten Punkt im Universum etwa ein Zentrum. Das Universum sieht in seiner großräumigen Struktur überall gleich aus und seine mittlere Dichte gemittelt über alle Galaxien und intergalaktische Materie hat überall denselben Wert (*Homogenitätsprinzip*). Ein Punkt im Raum (z. B. eine Galaxie) entfernt sich vom Standpunkt eines Beobachters aus gesehen umso schneller, je weiter entfernt dieser Punkt ist. Es gilt das von E. Hubble 1929 aus der Rotverschiebung des Lichtes ferner Galaxien gefundene und nach ihm benannte *Hubble'sche Gesetz*:

$$\frac{dR}{dt} = H \cdot R \qquad\qquad (7.186)$$

wobei R der Abstand einer Galaxie im Weltraum von einem anderen Punkt im Raum ist, in unserem Fall der Erde. H ist die sog. *Hubble'sche Konstante*. Hubbles Resultate und die anderer Beobachter erwiesen sich als unabhängig von der Beobachtungsrichtung. Daraus musste man den Schluss ziehen, dass es nicht die Galaxien sind, sondern dass es der Raum ist, der expandiert. Die daraus folgende kosmologische Rotverschiebung des Lichtes und die Grundlage des Hubble'schen Gesetzes werden in Exkurs 7.7.23 behandelt. Erreicht die Entfernung einen Wert, wo der Raumpunkt sich mit Lichtgeschwindigkeit fortbewegt, ist dort die Grenze des Weltalls erreicht, hinter die kein Beobachter, wo auch immer er sich befindet, blicken kann. Von jenseits dieser Grenze, dem sog. Sichthorizont, kann uns grundsätzlich keine Information mehr erreichen. In diesem Sinn kann das Universum als ein abgeschlossenes System angesehen werden, für das sich seine großräumige Entwicklung vom Standpunkt der Thermodynamik aus als *adiabatischer Prozess* behandeln lässt, der im *quasi-statischen Gleichgewicht* abläuft, sodass die *Entropie S konstant* bleibt. Diese Annahme trifft aber nicht mehr zu, wenn wir den großräumigen Blickwinkel verlassen, und lokale Inhomogenitäten wie Galaxien und Sterne im Detail betrachten. Hier spielen sich zeitabhängige irreversible Prozesse ab, wie wir sie bereits in den Abschnitten 7.4 und 7.5 behandelt haben. In den folgenden Unterabschnitten 7.6.1 bis 7.6.4 untersuchen wir die thermische Entwicklung des Weltalls auf der großräumigen Skala. Im Abschnitt 7.6.5 beschäftigen wir uns - aufbauend auf dem kosmologischen Prinzip - näher mit der zeitlichen Entwicklung des Kosmos. Schließlich werden in Abschnitt 7.6.6 die theoretischen Grundlagen für die Entstehung der ersten Atomkerne entwickelt, die sog. *primordiale Nukleosynthese*, die fast ausschließlich zu ^{1}H und ^{4}He-Atomen im Massenverhältnis von ca. 3 : 1 geführt hat, d.h. 25 % der Masse bestand aus ^{4}He, 75 % aus ^{1}H.

7.6.1 Gleichgewicht von Photonen mit Materie und Antimaterie

Thermodynamisch betrachtet leistet das System „Weltraum" bei seiner isentropen Ausdehnung Arbeit gegen die Gravitationskräfte der Materie, die sich dabei ständig weiter abkühlt. Daraus folgt, dass in der Frühphase dieser Entwicklung der kosmische Raum viel kleiner und viel heißer als heute war. Die Temperaturen müssen kurz nach dem sog. Urknall („big bang"), der als Beginn der Zeit gilt, extrem hoch gewesen sein, so dass zunächst nur Photonen und Elementarteilchen existierten wie e^-, e^+, Quarks und Antiquarks. Atomkerne gab es zu diesem frühen Zeitpunkt noch nicht. Nach dem Zusammenschluss von Quarks und Antiquarks zu Protonen p und Neutronen n und deren Antiteilchen p̃ und ñ unterhalb von ca. $T = 10^{12}$ K lässt sich diese „Ursuppe" des Kosmos als thermodynamisches Gleichgewicht zwischen massenbehafteten Teilchen und Antiteilchen einerseits und Photonen und Neutrinos andererseits formulieren. Die Bildung von materiellen Teilchen aus Photonen kann nach der Methode der Quantenstatistik als ideales Gasgleichgewicht behandelt werden. Damit erhalten wir gleichzeitig einen relativ einfachen, aber quantitativen Einblick in die frühe Zeit des Universums kurz nach dem Urknall. Auch wenn die Situation zum Zeitpunkt $t = 0$ noch nicht wirklich verstanden ist, kann die Physik unmittelbar danach bis zum heutigen Zustand als weitgehend gesichert gelten. Unser Prozess soll ca. 10^{-7} s nach dem Urknall beginnen. Das Weltall hat zu diesem Zeitpunkt (etwa nach 10^{-30} s!) bereits einen extrem schnellen Inflationsprozess hinter sich durch den der bei ca. 10^{-35} s winzige Raumbereich auf das 10^{50}-fache (!) seiner ursprünglichen Größe explosionsartig expandiert (Näheres: s. Exkurs 7.7.25). Es existieren vor allem materielle Teilchen X_M und ihre Antiteilchen X_A, zwischen denen ein thermodynamisches Gleichgewicht mit Photonen $h\nu$ vorliegt:

$$\boxed{2h\nu \rightleftharpoons X_M + X_A} \tag{7.187}$$

Die Rückreaktion zu Photonen bedeutet also die Vernichtung von Materie und Antimaterie. Bei X_M und X_A kann es sich um Protonen p^+ und Antiprotonen p^-, Neutronen n und Antineutronen ñ, Myonen $\overline{\mu}^-$ und Antimyonen $\overline{\mu}^+$ sowie Elektronen e^- und Positronen e^+ handeln.

Außerdem gibt es noch die praktisch masselosen Neutrinos ν und Antineutrinos $\tilde{\nu}$. 3 Sorten von Neutrinos und Antineutrinos sind bekannt: die Elektronenneutrinos ν_e bzw. $\tilde{\nu}_e$, die Myonenneutrinos ν_μ bzw. $\tilde{\nu}_\mu$, und die Tau-Neutrinos ν_τ bzw. $\tilde{\nu}_\tau$. Die Neutrinos ν_e und $\tilde{\nu}_e$ stehen mit den Teilchen p^+, p^-, n, ñ, e^-, e^+ in dieser sehr frühen Phase des Kosmos ebenfalls durch folgende Beziehungen im thermodynamischen Gleichgewicht

$$\nu_e + n \rightleftharpoons p^+ + e^- \tag{7.188}$$
$$\tilde{\nu}_e + p^+ \rightleftharpoons n + e^+ \tag{7.189}$$

bzw. :

$$\nu_e + \tilde{\nu}_e \rightleftharpoons e^- + e^+$$

Entsprechende Gleichungen existieren auch für die Antiprotonen p^- und Antineutronen ñ, indem in Gl. (7.188) und (7.189) für alle Reaktionspartner die Antiteilchen eingesetzt werden. Zunächst waren unmittelbar nach dem „Urknall" alle Paare von Teilchen nach Gl. (7.187) vorhanden. Zu welchem Zeitpunkt die jeweiligen Teilchen-Paare unter Photonenbildung verschwanden (mit Ausnahme der Neutrinos und Antineutrinos), hängt von ihrer Masse ab. Solange noch $p^+, p^-, n, \widetilde{n}$ existierten (bis ca. 10^{-6} Sekunden) spricht man von der sog. *Hadronenära*, da diese Teilchen zur Teilchenklasse der Hadronen gehören (Protonen und Neutronen sind streng genommen keine Elementarteilchen, da sie aus den Elementarteilchen der Quarks und den kraftvermittelnden Gluonen aufgebaut sind). Mit der Expansion und sinkender Temperatur verschwinden p^+, p^-, n und $\widetilde{n}$ *fast* vollständig. Nach Ende der Hadronenära verschwinden auch die Myonen und Antimyonen. Sie gehören bereits zur *Leptonenära* (bis ca. 10 Sekunden nach dem Urknall), da die Myonen und Antimyonen ebenso wie e^- oder e^+ zur Teilchenklasse der Leptonen zählen. Nach ihrem Verschwinden folgt die sog. *Strahlungsära*, in der es praktisch nur noch Photonen, Neutrinos und Antineutrinos gab. Insgesamt jedoch bleibt ein *winziger Überschuss von Materie gegenüber der Antimaterie* übrig, die völlig verschwunden ist. Diese *Restmaterie*, ein Bruchteil von ca. 10^{-9} der ursprünglichen Masse, bestand zunächst nur aus Elektronen, Protonen und Neutronen, den Grundbausteinen der heute existierenden Materie.

Bei Temperaturen unterhalb von ca. 10^9 K beginnt dann im nächsten Schritt die sog. primoridale Nukleosynthese, bei der über einen komplexen Mechanismus die übriggebliebenen Protonen und Neutronen der Restmaterie weitgehend zu Heliumkernen ^{4}He umgesetzt werden (näheres dazu in Abschnitt 7.6.6). Mit weiter fallender Temperatur und abnehmender Teilchenzahldichte „friert" jedoch das Gleichgewicht der Bildung von Atomkernen ein, da jetzt die Temperatur zu niedrig ist und die Abstände der Teilchen zu groß sind. Dieser eingefrorene kosmische Nichtgleichgewichtszustand von Atomkernen beherrscht auch heute noch das Weltall, dessen Sterne bzw. Galaxien zu einem viel späteren Zeitpunkt gebildet werden und die ganz überwiegend aus einer Mischung von Wasserstoff und Helium bestehen. Damit hatten wir uns bereits ausführlicher in Abschnitt 7.4 beschäftigt. Die Mehrzahl der heute existierenden Sterne sind sog. „brennende" Sterne, die durch gravitative Kontraktion so viel Hitze erzeugen, dass ihr zentraler Bereich heiß genug ist, um durch Kernfusion Protonen in Heliumkerne umzusetzen (s. Unterabschnitt 7.4.4), bei großen Sternen können weitere Fusionsprozesse stattfinden, die bis zur Produktion von C, N, O und Si oder im Extremfall zu Fe führen (s. Unterabschnitt 7.4.5). Einige dieser Sterne enden in einer sog. Supernova-Explosion als Neutronensterne (s. Unterabschnitt 7.4.7) oder als schwarze Löcher (s. Unterabschnitt 7.5), bei der noch schwerere Elemente entstehen, die in den Raum geschleudert werden. Die chemischen Elemente, aus denen unsere Erde und wir selbst bestehen, stammen also aus stellaren Fusionsprozessen und solchen Supernova-Ereignissen. Man kann sagen, dass der Kosmos auf lokaler Ebene in den Sternen nachholt, was er anfangs „versäumt" hat: die Produktion schwererer Elemente.

7.6.2 Protonen, Neutronen, Myonen, Elektronen, Neutrinos und ihre Antiteilchen

Die extrem hohen Temperaturen, die während der ersten Sekundenbruchteile im Universum herrschten, bedeuten, dass sich alle Teilchen und ihre Antiteilchen mit Geschwindigkeiten nahe der Lichtgeschwindigkeit c_L bewegt haben müssen. Es ist daher erforderlich, die Mechanik der *speziellen Relativitätstheorie* zu benutzen, wenn wir Gl. (7.187) mit unseren Methoden als Gleichgewichtsreaktion beschreiben wollen. Bei den Photonen greifen wir dazu auf die Ergebnisse in Abschnitt 3.6.1 zurück. Für die Teilchen X_M und ihre Antiteilchen X_A, die eine Masse haben, ist nur translatorische Energie zu berücksichtigen. Es gilt für die totale kinetische Energie E_{total} eines idealen Gassystems mit N Teilchen der Masse m_i nach der speziellen Relativitätstheorie Gl. (6.33) bzw. (6.34). Die Bedingung des thermodynamischen Reaktionsgleichgewichtes für Gl. (7.187) lautet (s. Anhang 11.17):

$$2\mu_{Ph} = \mu_{X_M} + \mu_{X_A} \tag{7.190}$$

Da nach Gl. (3.144) das chemische Potential der Photonen μ_{Ph} gleich Null ist, muss die Summe der chemischen Potentiale von Teilchen und ihrem Antiteilchen auch gleich Null sein. Das bedeutet aber, dass alle chemischen Potentiale in Gl. (7.190) gleich Null sein müssen, denn die Beziehung

$$\mu_{X_M} = -\mu_{X_A}$$

kann dann nur durch die Bedingung

$$\mu_{X_M} = \mu_{X_A} = 0 \tag{7.191}$$

erfüllt werden. Die einzelnen Teilchen/Antiteilchen gehören alle der Klasse der *Fermionen* an ($e^-/e^+, \widetilde{\mu}^-/\widetilde{\mu}^+, p^-/p^+, n/\overline{n}$) mit Spin $+\frac{1}{2}$ oder $-\frac{1}{2}$. Geladene Teilchen und Antiteilchen haben entgegengesetzte elektrische Ladungen. Das Antielektron e^+ wird meistens als *Positron* bezeichnet. Das (kurzlebige) Myon $\widetilde{\mu}^+$ bzw. Antimyon $\widetilde{\mu}^-$ ist wie das Elektron ein echtes Elementarteilchen, allerdings ca. 200-mal schwerer. Die Eigenschaften der kosmologisch wichtigen Teilchen sind in Tabelle 7.10 zusammengestellt.

Die (fast) masselosen und elektrisch neutralen Neutrinos gehören ebenfalls der Klasse der Fermionen an. Sie haben aber nur den Spin $\frac{1}{2}$ und nicht $-\frac{1}{2}$. Das gilt auch für die Myonneutrinos bzw. Tauneutrinos und ihre Antiteilchen $\nu_\mu/\widetilde{\nu}_\mu$ und $\nu_\tau/\widetilde{\nu}_\tau$. Für alle Neutrinos und Antineutrinos gilt daher, dass ihr chemisches Potential wie das der Photonen gleich Null ist.

Für Fermionen gilt das Pauli-Verbot, d. h., ein 1-Teilchenzustand kann nur von *einem oder keinem* Teilchen (bzw. Antiteilchen) besetzt werden (s. Abschnitt 3.2 und Anhang 11.12). Für die Gesamtteilchenzahl N von Fermionen mit dem chemischen Potential pro Teilchen $\mu^* = 0$ bzw. der Aktivität $z = 1$ gilt nach Gl. (3.31) in der Integralnäherung:

$$N_{FD} = \frac{1}{h^3} \int_{|\vec{r}|=0}^{V} \cdot \int_{\vec{p}=0}^{\infty} \cdot \frac{g(|\vec{p}|)d|\vec{p}| \cdot d|\vec{r}|}{\exp\left[\varepsilon(|\vec{p}|)/k_B T\right] + 1} \tag{7.192}$$

Die Indizierung FD (Fermi-Dirac) kennzeichnet die Fermionen. Dabei ist zu beachten, dass $d|\vec{p}| \cdot d|\vec{r}|$ nicht beliebig klein werden kann, denn es gilt nach der Unschärferelation der Quantenmechanik:

$$(dp_x\, dp_y\, dp_z)(dx\, dy\, dz) = d|\vec{p}| \cdot d|\vec{r}| \cong h^3$$

Der *Phasenraum* besteht also aus endlichen Einheiten der Größe h^3 (s. auch Kapitel 8). Für den Entartungsfaktor $g(|\vec{p}|)$ von idealen Fermionen mit der Spinquantenzahl $s = \frac{1}{2}$ oder $s = -\frac{1}{2}$ gilt:

$$g(|\vec{p}|) = 2 \cdot 4\pi |\vec{p}|^2$$

da $g(|\vec{p}|)\mathrm{d}|\vec{p}|$ die Zahl der Teilchen im Kugelschalvolumen $4\pi|\vec{p}|^2\mathrm{d}|\vec{p}|$ mit identischen, also entarteten Energiezuständen bzw. Impulsbeiträgen $|\vec{p}|$ ist. Der Faktor 2 berücksichtigt die beiden Spinzustände.

Wir beachten jetzt, dass nach Gl. (6.33) gilt (mit $N = 1$):

$$\varepsilon = mc_L^2 \sqrt{1 + \left(\frac{|p|}{m_i c_L}\right)^2}$$

Wir führen die Variable $|p|/(m_i \cdot c_L) = y$ ein und erhalten für die Teilchenzahldichte eines Materie- bzw. Antimaterieteilchens N/V mit Fermioneneigenschaften nach Gl. (7.192):

$$\boxed{\frac{N_{FD}}{V} = 8\pi \cdot \left(\frac{m \cdot c_L}{h}\right)^3 \int\limits_{y=0}^{\infty} \frac{y^2 \mathrm{d}y}{1 + \exp\left[+w\sqrt{1+y^2}\right]}} \qquad \text{(Fermionen)} \qquad (7.193)$$

mit der Abkürzung $w = mc_L^2/(k_B \cdot T)$. Der Faktor 2 berücksichtigt die beiden möglichen Spinzustände.

Das Integral in Gl. (7.193) lässt sich nur numerisch lösen, aber wir können den Grenzfall für sog. ultrarelativistische Teilchen betrachten ($k_B T \gg mc_L^2$), wo w so klein ist, dass beim Integrieren erst Werte von $y^2 \gg 1$ ins Gewicht fallen. Dann gilt:

$$\frac{N_{FD}}{V} \cong 8\pi \cdot \left(\frac{mc_L}{h}\right)^3 \int\limits_{0}^{\infty} \frac{y^2 \mathrm{d}y}{1 + e^{wy}} \qquad (k_B T \gg mc_L^2) \qquad (7.194)$$

Wir substituieren $x = w \cdot y$ und erhalten:

$$\frac{N_{FD}}{V} = 8\pi \cdot \left(\frac{k_B T}{h \cdot c_L}\right)^3 \cdot \int\limits_{0}^{\infty} \frac{x^2 \mathrm{d}x}{1 + e^x} \qquad (7.195)$$

Im ultrarelativistischen Fall ist also N/V unabhängig von der Masse m. Das Integral lässt sich lösen, indem man unter dem Integral in Gl. (7.195) den Nenner als alternierende Reihe darstellt (s. Exkurs 7.7.27). Das Ergebnis lautet:

$$\int\limits_{0}^{\infty} \frac{x^2 \mathrm{d}x}{e^x + 1} = \left(1 - 2^{1-3}\right) \cdot \Gamma(3) \cdot \zeta(3) = 1{,}803\ldots \qquad (7.196)$$

Damit wird aus Gl. (7.195) in der Einheit m^{-3}:

$$\left(\frac{N_{FD}}{V}\right) = 1{,}803 \cdot 8\pi \cdot \left(\frac{k_B T}{h\,c_L}\right)^3 = 1{,}521 \cdot 10^7 \cdot T^3 \qquad \text{(Fermionen)} \quad (mc_L^2 \ll k_B T)$$

$$(7.197)$$

Wir wollen nun die Energiedichte U/V der Fermionen ableiten. Ausgehend von Gl. (7.193) gilt für ein Teilchen (oder Antiteilchen) mit $\varepsilon = m \cdot c_L^2 \sqrt{1 + y^2}$:

$$\int_{y=0}^{\infty} \frac{\varepsilon}{V} \cdot \frac{dN}{dy}\,dy = 8\pi \left(\frac{mc_L}{h}\right)^3 \int_{y=0}^{\infty} \frac{\varepsilon y^2 dy}{1 + \exp[w \cdot \sqrt{1 + y^2}]}$$

Nachfolgende Integration mit $\varepsilon = mc_L^2 \sqrt{1 + y^2}$ über y ergibt für die Energiedichte in $J \cdot m^{-3}$:

$$\left(\frac{U_{FD}}{V}\right) = \frac{N}{V} \cdot \langle\varepsilon\rangle = 8\pi \cdot \left(\frac{m \cdot c_L}{h}\right)^3 \cdot mc_L^2 \int_0^{\infty} \frac{y^2 \sqrt{1 + y^2} \cdot dy}{1 + \exp[w \cdot \sqrt{1 + y^2}]}$$

$$(7.198)$$

$\langle\varepsilon\rangle$ ist die mittlere Energie pro Teilchen. Auch Gl. (7.198) kann nur numerisch gelöst werden. Wenn wir jedoch wieder zum ultrarelativistischen Bereich übergehen, ist $w = mc_L^2/k_B T$ eine kleine Größe, und es ergibt sich wieder wegen $y^2 \ll 1$ beim Integrieren mit $x = y \cdot w$:

$$\left(\frac{U_{FD}}{V}\right) = 8\pi \cdot \left(\frac{k_B T}{h \cdot c_L}\right)^3 \cdot k_B\,T \int_0^{\infty} \frac{x^3 dx}{1 + e^x} \qquad (mc_L^2 \ll k_B T)$$

x ist ebenso wie y und w dimensionslos.

Das Integral lässt sich analog wie im Fall von Gl. (7.196) lösen (s. Exkurs 7.7.27):

$$\int_0^{\infty} \frac{x^3 dx}{1 + e^x} = \left(1 - 2^{1-4}\right) \cdot \Gamma(4) \cdot \zeta(4) = \frac{7}{8} \cdot 2 \cdot 3 \cdot \frac{\pi^4}{90} = 5{,}682\ldots$$

$$(7.199)$$

Damit ergibt sich für die Energiedichte eines ultrarelativistischen fermionischen Teilchens bzw. Antiteilchens:

$$\left(\frac{U_{FD}}{V}\right) = \frac{1}{15} \cdot 7\pi^5 \cdot hc_L \left(\frac{k_B T}{hc_L}\right)^4 \qquad (mc_L^2 \ll k_B T)$$

$$(7.200)$$

Auch die Energiedichte ist im ultrarelativistischen Fall unabhängig von Masse und Teilchensorte des Fermions. Als Bosonen tauchen in dieser Phase der kosmologischen Entwicklung nur die Photonen auf.

Wir vergleichen Gl. (7.200) mit der Energiedichte des Photonengases (Gl. (3.153)):

$$\left(\frac{U_{\mathrm{Ph}}}{V}\right) = \frac{8\pi^5}{15} \cdot h \cdot c_{\mathrm{L}} \left(\frac{k_{\mathrm{B}}T}{hc_{\mathrm{L}}}\right)^4$$

Damit folgt für das Verhältnis von Fermionenenergie zu Photonenenergie im ultrarelativistischen Fall (Index FD = p$^+$, p$^-$, n, ñ, e$^-$, e$^+$):

$$\boxed{\left(\frac{U_{\mathrm{FD}}/V}{U_{\mathrm{Ph}}/V}\right) = \frac{7}{8}} \qquad (mc_{\mathrm{L}}^2 \ll k_{\mathrm{B}}T) \tag{7.201}$$

Jetzt berechnen wir noch die Entropie S_{FD}.

Wegen

$$\left(\frac{\partial(F_{\mathrm{FD}}/T)}{\partial T}\right)_V = -\frac{U_{\mathrm{FD}}}{T^2} \qquad \text{bzw. integriert} \qquad F_{\mathrm{FD}}(T,V) = -T \int\limits_0^T \frac{U_{\mathrm{FD}}(T)}{T^2}\mathrm{d}T$$

ergibt sich:

$$S_{\mathrm{FD}}(T,V) = \frac{U_{\mathrm{FD}} - F_{\mathrm{FD}}}{T} = \frac{U_{\mathrm{FD}}(T,V)}{T} + \int\limits_0^T \frac{U_{\mathrm{FD}}(T,V)}{T^2}\mathrm{d}T$$

Einsetzen von Gl. (7.198) ergibt für Fermionen die Entropie S:

$$\boxed{\begin{aligned}
S_{\mathrm{FD}} = V \cdot 16\pi \cdot \left(\frac{m \cdot c_{\mathrm{L}}}{h}\right)^3 \cdot m\, c_{\mathrm{L}}^2 \cdot \Bigg[&\frac{1}{T} \int\limits_0^\infty \frac{y^2 \cdot \sqrt{1+y^2}}{1 + \exp\left(w \cdot \sqrt{1+y^2}\right)}\,\mathrm{d}y \\
&+ \int\limits_0^T \frac{\mathrm{d}T}{T^2} \cdot \int\limits_0^\infty \frac{y^2 \cdot \sqrt{1+y^2}}{1 + \exp\left(w\sqrt{1+y^2}\right)}\,\mathrm{d}y \Bigg]
\end{aligned}} \tag{7.202}$$

mit $w_i = m_i \cdot c_{\mathrm{L}}^2/(k_{\mathrm{B}}T)$. Nun gilt für Fermionen als Teilchen bzw. Antiteilchen:

$$\mu_{\mathrm{FD}} = U_{\mathrm{FD}} - TS_{\mathrm{FD}} + p_{\mathrm{FD}}V = 0$$

Daraus folgt sofort der Druck p_{FD}:

$$p_{\mathrm{FD}} = \frac{S_{\mathrm{FD}} \cdot T - U_{\mathrm{FD}}}{V}$$

Einsetzen von Gl. (7.202) und (7.198) ergibt unmittelbar die für den Druck p_{FD} von Fermionen-Teilchenpaaren:

$$\boxed{p_{\mathrm{FD}} = 32\pi\left(\frac{m_{\mathrm{FD}}c_{\mathrm{L}}}{h}\right)^3 \cdot m_{\mathrm{FD}}c_{\mathrm{L}}^2 \cdot T \cdot \int\limits_0^T \frac{\mathrm{d}T}{T^2} \int\limits_0^\infty \frac{\sqrt{1+y^2} \cdot y^2 \cdot \mathrm{d}y}{1 + \exp\left(w_i\sqrt{1+y^2}\right)}} \tag{7.203}$$

Jetzt berechnen wir die ultrarelativistischen Fälle ($k_B T \gg m_i\, c_L^2$) für die Entropie S_{FD} und den Druck p_{FD}. Dazu machen wir wieder Gebrauch von Gl. (7.199).

Einsetzen von Gl. (7.199) in Gl. (7.202) ergibt für die Entropie eines ultrarelativistischen Fermions:

$$S_{FD} = V \cdot 16\pi\, \frac{k_B^4}{(h \cdot c_L)^3} \left[T^3 + \frac{1}{3}T^3 \right] \cdot \frac{7}{8}\,\frac{\pi^4}{30} = V \cdot \frac{4}{3} \cdot \frac{1}{15} \cdot 7 \cdot \pi^5 \cdot k_B \left(\frac{k_B T}{h c_L} \right)^3$$

Also gilt mit Gl. (7.200):

$$\boxed{S_{FD} = \frac{4}{3}\frac{U_{FD}}{T}} \qquad (k_B T \gg m\, c_L^2) \tag{7.204}$$

Damit ergibt sich für den ultrarelativistischen Druck der Fermionen:

$$\boxed{p_{FD} = \frac{S \cdot T - U}{V} = \frac{1}{3}(U_{FD}/V)} \qquad (k_B T \gg m\, c_L^2) \tag{7.205}$$

Die Formeln Gl. (7.204) und (7.205) sind identisch mit denen für das Photonengas. Berechnen wir die Verhältnisse von S_{FD} bzw. p_{FD} zu den entsprechenden Werten des Photonengases, erhalten wir unter Berücksichtigung von Gl. (7.201):

$$\left(\frac{S_{FD}}{S_{Ph}} \right) = \frac{4}{3}\frac{U_{FD}}{T} \bigg/ \left(\frac{4}{3}\frac{U_{Ph}}{T} \right) = \left(\frac{U_{FD}}{U_{Ph}} \right) = \frac{7}{8} \tag{7.206}$$

und

$$\left(\frac{p_{FD}}{p_{Ph}} \right) = \frac{1}{3} U_{FD} \bigg/ \left(\frac{1}{3}U_{Ph} \right) = \left(\frac{S_{FD}}{S_{Ph}} \right) = \left(\frac{U_{FD}}{U_{Ph}} \right) = \frac{7}{8} \tag{7.207}$$

Für Energie, Entropie und den Druck ist also im ultrarelativistischen Fall das Verhältnis der Werte für Fermionen zu Photonen stets dasselbe, nämlich 7/8.

Abschließend wenden wir uns noch den elektrisch neutralen, fast masselosen *Neutrinos* zu. In dieser Beziehung ähneln sie den Photonen, allerdings haben sie den Spin $\frac{1}{2}$ und sie sind daher Fermionen. In ähnlicher Weise kann man die beiden Polarisationen der Photonen, mit der Spinquantenzahl +1 und −1 als Photon und Antiphoton auffassen, nur dass Photonen Bosonen sind. Neutrinos haben i. G. zu Photonen eine äußerst geringe Wechselwirkung mit Materie, sie können sehr große Entfernungen in kondensierter Materie zurücklegen, ohne mit einem Atom zusammenzustoßen (s. Exkurs 1.7.15 als Beispiel). Wegen ihrer verschwindenden Masse sind sie - ähnlich wie Photonen - über den gesamten Temperaturbereich ultrarelativistische Teilchen, sie existieren als eigene kosmische Strahlung seit einem Zeitpunkt in der Frühzeit des Universums, wo sie sich bei $\sim 10^8$ K von allen anderen Teilchen abgekoppelt haben und wegen ihrer geringen Wechselwirkungseigenschaft in einem eigenen „Wärmebad" mit einer Temperatur T_ν existieren, die etwas niedriger ist als die Temperatur der Photonen (Genaueres: s. Abschnitt 7.6.3). Energie,

Entropie und Druck der Neutrinos hängen entsprechend der genannten Eigenschaften mit denen der Photonen in folgender Weise zusammen, wenn wir die 3 Neutrinosorten zusammenfassen einschließlich ihrer Antiteilchen:

$$\left(\frac{U}{V}\right)_{\nu,\tau} = 6 \cdot \frac{7}{8} \cdot \left(\frac{U}{V}\right)_{\text{Ph}} \cdot \left(\frac{T_\nu}{T_{\text{Ph}}}\right)^4 \qquad \text{(Neutrino-Energiedichte)} \qquad (7.208)$$

$$\left(\frac{S}{V}\right)_{\nu,\tau} = 6 \cdot \frac{7}{8} \cdot \left(\frac{S}{V}\right)_{\text{Ph}} \cdot \left(\frac{T_\nu}{T_{\text{Ph}}}\right)^3 \qquad \text{(Neutrino-Entropiedichte)} \qquad (7.209)$$

$$p_{\nu,\tau} = 6 \cdot \frac{7}{8} \cdot p_{\text{Ph}} \cdot \left(\frac{T_\nu}{T_{\text{Ph}}}\right)^4 \qquad \text{(Neutrinodruck } p_\nu) \qquad (7.210)$$

In den folgenden beiden Abschnitten 7.6.3 und 7.6.4 werden wir uns mit dem Schicksal aller relevanten Teilchen (p^+, p^-, n, $\tilde{n}$, $\tilde{\mu}^+$, $\tilde{\mu}^-$, e^-, e^-, ν_e, $\tilde{\nu}_e$, ν_μ, $\tilde{\nu}_\mu$, ν_τ, $\tilde{\nu}_\tau$) im Lauf der thermischen Entwicklung des expandierenden Kosmos näher befassen.

7.6.3 Schwellentemperaturen und Vernichtung der Antimaterie

Der Kosmos kühlt sich bei seiner isentropen Ausdehnung rasch ab. Sind bei sehr hohen Temperaturen im Reaktionsgleichgewicht nach Gl. (7.187) fast nur Teilchen und Antiteilchen vorhanden, verschiebt sich das Gleichgewicht ab einer bestimmten Temperatur innerhalb eines sehr kleinen Temperaturintervalls vollständig auf die linke Seite. Es entstehen Photonen durch die gegenseitige Vernichtung von Teilchen-/Antiteilchen-Paaren. Die Temperatur innerhalb dieses schmalen T-Intervalls heißt Schwellentemperatur $T_{S,i}$ der Teilchen-/Antiteilchen-Sorte i. Sie ist definiert als die Temperatur, bei der die Ruheenergie $m_i c_L^2$ gleich der mittleren thermischen Energie $k_B T$ ist:

$$\boxed{T_{S,i} = m_i c_L^2 / k_B} \qquad (7.211)$$

$T_{S,i}$ ist allein durch die Ruhemasse m_i des entsprechenden Teilchens bzw. Antiteilchens bestimmt. In Tabelle 7.10 sind Massen und Schwellentemperaturen für alle relevanten Teilchen bzw. Antiteilchen aufgelistet.

Die Schwellentemperaturen $T_{S,i}$ liegen zwischen 10^{13} K und 10^9 K und sind umso höher, je größer die Masse m_i ist. Wegen der verschwindend kleinen Masse der Neutrinos liegt $T_{S,\nu}$ bei ca. 0 K. Unterhalb von $T_{S,i}$ verschwinden also die entsprechenden Teilchen-/Antiteilchenpaare. Wir wollen uns davon überzeugen, warum diese Aussage gerechtfertigt ist. Dazu berechnen wir die Teilchenzahldichte N_i/V nach Gl. (7.193) in reduzierter Form als Funktion von $w_i = m c_L^2 / k_B T$:

$$\boxed{I(w_i) = \frac{N}{V} \left(\frac{h}{m \cdot c_L}\right)^3 \frac{1}{8\pi} = \int_0^\infty \frac{y^2 \cdot \mathrm{d}y}{1 + \exp\left[w_i \sqrt{1+y^2}\right]}} \qquad (7.212)$$

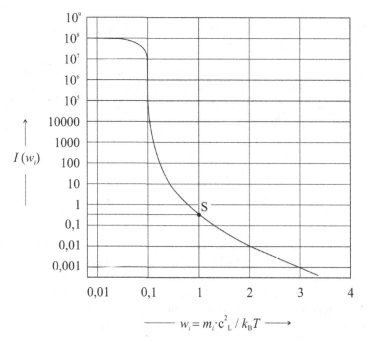

$$\underline{\qquad} \ w_i = m_i \cdot c^2_L / k_B T \ \longrightarrow$$

Abb. 7.28: Reduzierte Teilchenzahldichte $I(w_i)$ als Funktion von $w_i = m_i c^2_L/k_B T$ nach Gl. (7.212) im Bereich der Schwellentemperatur $T_{S,i}$. Bei $w_i = 1$ ist $T = T_{S,i} = m_i c^2_L/k_B$. Das ist bei Punkt S der Fall. (Unterhalb $w_i = 1$ ist die Skalierung logarithmisch)

$I(w_i)$ ist als Funktion von w_i in Abb. 7.28 dargestellt. Bei hohen Temperaturen ($w < 0{,}01$ bzw. $T > 100\,T_S$) ist $I(w)$ konstant und sein Wert liegt bei ca. $10^{8{,}2} = 1{,}585 \cdot 10^8$, bei $w_i = 0{,}1$ bzw. $T \approx 10\,T_S$ ist $I(0{,}1) \approx 10^5$. Die Teilchenzahldichte des Materie/Antimaterie-Paares fällt um mehrere Zehnerpotenzen ab und verschwindet bei $w_i > 1$ sehr rasch vollständig.

7.6.4 Die thermische Entwicklung des Universums

Nachdem wir alle notwendigen Beziehungen zusammengestellt haben, können wir nun die thermische Entwicklung des Kosmos von 10^{-6} s bis ca. 10 s nach dem „Urknall" quantitativ beschreiben. Wegen der extrem hohen Temperaturen und Dichten befindet sich zu dieser Zeit der Kosmos stets im quasi-thermodynamischen Gleichgewicht und *dehnt sich unter adiabatischen, quasi-reversiblen, also isentropen Bedingungen aus*, d. h., die Entropie des Kosmos bleibt unverändert ($\delta Q_{rev} = TdS = 0$). Wir haben mehrere Stadien der Entwicklung zu unterscheiden:

- *Stadium I*: Wegen $S_i = \frac{7}{8}S_{Ph}$ (Gl. 7.206) folgt für Photonen und für die 4 Teilchen /Antiteilchenpaare (p^+/p^-, $n/\tilde{n}$, $\tilde{\mu}^-/\tilde{\mu}^+$, e^+/e^-) sowie die 3 Neutrinopaare ($\nu_e/\tilde{\nu}_e$, $\nu_\mu/\tilde{\nu}_\mu$, $\nu_\tau/\tilde{\nu}_\tau$):

Tab. 7.10: Ruhemassen, Schwellentemperaturen $T_{S,i}$ und Ruheenergien von elementaren Fermionen im frühen Materie/Antimaterie-Kosmos.

X_i^+ bzw. X_i^-	p^+, p^-	$n, \widetilde{n}$	$\widetilde{\mu}^+, \widetilde{\mu}^-$	e^+, e^-	$\nu, \widetilde{\nu}$
$m_i^+ = m_i^-/kg$	$1{,}6726 \cdot 10^{-27}$	$1{,}6749 \cdot 10^{-27}$	$1{,}189 \cdot 10^{-28}$	$9{,}1094 \cdot 10^{-31}$	~ 0
$T_{S,i}/K = m_i c_L^2/k_B$	$1{,}080 \cdot 10^{13}$	$1{,}081 \cdot 10^{13}$	$1{,}22 \cdot 10^{12}$	$5{,}88 \cdot 10^9$	~ 0
$m_i c_L^2/MeV$	$938{,}272$	$939{,}565$	106	$0{,}511$	~ 0

$$S_{\text{I,Kosmos}} = S_{\text{Ph}} + \frac{7}{8} \cdot 2 \cdot 4 S_{\text{Ph}} + \frac{7}{8} \cdot 2 \cdot 3 S_{\text{Ph}} = 13{,}25 S_{\text{Ph}} \quad (T > 10^{13}\,\text{K}) \qquad (7.213)$$

- *Stadium II:* Bei der Schwellentemperatur $T_S \cong 10^{13}$ K für Protonen, Neutronen und ihre Antiteilchen verschiebt sich das Gleichgewicht nach Gl. (7.187), sobald T_S unterschritten ist, ganz nach links. Dabei bleibt das Volumen des Kosmos praktisch konstant. Unterhalb $T_S = 10^{13}$ K sind alle Protonen- und Neutronen-Paare verschwunden bis auf einen winzigen Rest von p^+ und n-Teilchen, und es gilt in diesem neuen Stadium:

$$S_{\text{II,Kosmos}} = S_{\text{Ph}} + S_{e^+/e^-} + S_{\widetilde{\mu}^+/\widetilde{\mu}^-} + 3S_\nu = S_{\text{Ph}}\left(1 + 2 \cdot 2 \cdot \frac{7}{8} + 3 \cdot 2 \cdot \frac{7}{8}\right)$$

$$= 9{,}75 \cdot S_{\text{Ph}} \qquad (10^{13} > T > 10^{12}) \qquad (7.214)$$

- *Stadium III:* Die Schwellentemperatur der Myonen wird bei $1{,}2 \cdot 10^{12}$ K erreicht. Die Myonen verschwinden vollständig, da auch ein verbleibender Restanteil von $\widetilde{\mu}^-$ instabil ist und innerhalb von 10^{-6} s zerfällt ($\widetilde{\mu}^- \to e^- + \nu_e + \widetilde{\nu}_e$). Die Entropiebilanz in diesem Stadium lautet:

$$S_{\text{III,Kosmos}} = S_{\text{Ph}} + S_{e^+,e^-} + 3S_\nu = S_{\text{Ph}} + 2 \cdot \frac{7}{8} S_{\text{Ph}} + 3 \cdot 2 \cdot \frac{7}{8} S_{\text{Ph}}$$

$$= 8 S_{\text{Ph}} \qquad (T < 1{,}2 \cdot 10^{12}\,\text{K}) \qquad (7.215)$$

- *Stadium IV:* Kurz bevor die Schwellentemperatur der Elektronen-/Positionen-Paare bei $T_S = 5{,}88 \cdot 10^9$ K erreicht ist, entkoppeln alle Neutrino-/Antineutrino-Paare vom e^-, e^+ und $h\nu$, da die Wechselwirkung der Neutrinos/Antineutrinos mit e^+, e^- und $h\nu$ wegen der sinkenden Teilchenzahldichte so gering wird, dass der thermische Kontakt zwischen Neutrinos/Antineutrinos und dem Rest der Teilchen (e^+, e^-, $h\nu$) abbricht, d. h. Neutrinos/Antineutrinos einerseits und Photonen, Elektronen/Positronen (und der sehr geringe Anteil von Restmaterie (Protonen, Neutronen, Elektronen)) andererseits führen jeweils ab diesem Zeitpunkt ein thermisches Eigenleben. Die Temperatur der beiden getrennten Systeme bleibt zunächst gleich, bis das Stadium V erreicht wird.

- *Stadium V*: Bei $T_S = 5{,}88 \cdot 10^9$ K wird die Schwellentemperatur der Elektronen/ Positronen-Paare erreicht. Sie verschwinden durch gegenseitige Vernichtung bis auf einen winzigen Rest an e$^-$. Es gilt also für $T < 6 \cdot 10^9$ K:

$$S_{V,\text{Kosmos}} = S_{\text{Ph}} \quad (T < 6 \cdot 10^9 \text{ K}) \tag{7.216}$$

Jetzt liegt also nur noch ein Photonengas vor neben dem sehr kleinen Anteil an Restmaterie, den wir hier vernachlässigen können.

Der Effekt, den der Durchlauf dieser Stadien I bis V auf das kosmische Geschehen hat, ist folgender. Bei jedem Übergang von einem Stadium zum nächsten ändert sich quasi sprungartig die Temperatur. Das sieht man leicht folgendermaßen ein. Die Entrsopie S des ganzen Systems bleibt im thermischen Gleichgewicht unter adiabatisch-reversiblen, also isentropen Bedingungen, stets konstant, d. h., es gilt:

$$S = \text{const} = \text{Gl. (7.213)} = \text{Gl. (7.214)} = \text{Gl. (7.215)} = S_{IV,\text{Kosmos}} = \text{Gl. (7.216)}$$

mit

$$S_{I,\text{Kosmos}} = 13{,}25 \cdot S_{\text{Ph}}, \ S_{II,\text{Kosmos}} = 9{,}75 \cdot S_{\text{Ph}}, \ S_{III,\text{Kosmos}} = 8 \cdot S_{\text{Ph}}, \ S_{V,\text{Kosmos}} = 8 \cdot S_{\text{Ph}}$$

Wir erinnern uns an Gl. (3.141): $S_{\text{Ph}} = \frac{4}{3} a \cdot V \cdot T^3$. Es muss sich daher beim Übergang von einem Stadium zum nächsten die Temperatur ändern, wenn $S_I = S_{II} = S_{III} = S_{IV}$ gelten soll. Beim Übergang I $\to$ II gilt also (s. Gl. (7.213) und (7.214)):

$$\text{const} = 13{,}25 \cdot S_{\text{Ph,I}} = 9{,}75 \cdot S_{\text{Ph,II}} \quad \text{oder} \quad 13{,}25 \cdot T_I^3 = 9{,}75 \cdot T_{II}^3$$

Daraus folgt am Übergangspunkt von I nach II:

$$\boxed{T_{II} = T_I \cdot \left(\frac{13{,}25}{9{,}75}\right)^{1/3} = 1{,}108 \cdot T_I \quad (I \to II)} \tag{7.217}$$

Beim Übergang von I $\to$ II nimmt also die Temperatur quasi sprungartig um ca. 11 % zu. Beim Übergang II $\to$ III gilt also mit $S_{II} = S_{III}$:

$$9{,}75 \cdot S_{\text{Ph}} = 8 \cdot S_{\text{Ph}} \quad \text{oder} \quad 9{,}75 \cdot T_{II}^3 = 8 \cdot T_{III}^3$$

Daraus folgt beim Übergang von II nach III

$$\boxed{T_{III} = \left(\frac{9{,}75}{8}\right)^{1/3} \cdot T_{II} = 1{,}068 \cdot T_{II}} \tag{7.218}$$

Beim Übergang II $\to$ III nimmt also die Temperatur um ca. 7 % zu.

Da beim Übergang III $\to$ IV keine Neutrino/Antineutrino-Paare vernichtet werden, sondern nur eine thermische Entkoppelung stattfindet, bleibt $T_{IV} = T_{III}$. Allerdings spaltet sich die Entropie in einen Neutrino-Anteil $S_\nu = 3 \cdot (7/4) \cdot S_{Ph} = 5{,}25 S_{Ph}$ und einen Anteil der Elektronen/Positronen und Photonen auf:

$$S_{e^-,e^+,Ph} = \left(1 + \frac{7}{4}\right) S_{Ph} = S_{IV} = \left(\frac{11}{4}\right) \cdot S_{Ph}$$

Für den Übergang IV $\to$ V gilt:

$$\frac{11}{4} \cdot S_{Ph} = S_{IV}$$

Hier gilt beim Übergang:

$$\boxed{T_V = T_{IV} \cdot \left(\frac{11}{4}\right)^{1/3} = 1{,}401 \cdot T_{IV}} \quad \text{bei} \quad T_{IV} \approx 6 \cdot 10^9 \, \text{K} \tag{7.219}$$

Es kommt also zu einer ca. 40 %-igen Temperaturerhöhung bei der Vernichtung von Elektronen und Positronen, an der die entkoppelten Neutrinos nicht teilnehmen. Diese Temperatursprünge sind dem eigentlichen Temperaturverlauf des expandierenden Weltalls überlagert, der ja in diesem Zeitabschnitt von 10^{13} K auf 10^9 K abfällt. Die bei den jeweiligen Schwellentemperaturen erfolgenden positiven Sprünge treten daher als kurzzeitige Bereiche mit konstanter Temperatur im abfallenden Temperaturverlauf in Erscheinung (s. Abb. 7.29).

Wir wollen noch den Wert der Neutrinotemperatur gegenüber dem der Photonentemperatur berechnen. Die Neutrinos haben wegen ihrer äußerst geringen Masse seit ihrer Entkoppelung am Ende von Stadium IV keine weiteren Übergänge mit entsprechenden Schwellentemperaturen erfahren im Gegensatz zu den anderen Teilchen. Damit ist für alle Zukunft das kosmische Temperaturverhältnis von Photonengas zu Neutrinogas festgelegt:

$$T_{IV} = T_\nu = \left(\frac{4}{11}\right)^{1/3} \cdot T_V = 0{,}7138 \cdot T_V \tag{7.220}$$

Die heutige Temperatur des Photonengases $T_{Ph,0}$ ist die der gegenwärtigen sog. kosmischen Hintergrundstrahlung, die sehr genau bekannt ist (s. Abb. 7.30):

$$T_V = T_{Ph,0} = 2{,}7275 \, \text{K}$$

Also gilt derzeit:

$$T_{\nu,0} = 0{,}7138 \cdot 2{,}7275 = 1{,}947 \, \text{K}$$

Für die Energiedichte, die Entropiedichte und den Druck der Neutrinos im heutigen Universum gelten die Gleichungen (7.208) bis (7.210) mit $T_\nu = T_{\nu 0} = 1{,}947$ K. Leider kann man $T_{\nu,0}$ im Gegensatz zu $T_{Ph,0}$ nicht messen. Es wäre ein sehr schöner Test für die Gültigkeit der gesamten kosmologischen Theorie des Standardmodells.

Wir wollen jetzt den Temperaturverlauf berechnen, wie er in Abb. (7.29) dargestellt ist. Bei der Expansion des Kosmos in einem *quasi-adiabatisch-reversiblen* Prozess gilt:

$$dU = -pdV \quad \text{mit} \quad \delta Q_{rev} = 0 \quad \text{bzw.} \quad dS = \frac{\delta Q_{rev}}{T} = 0$$

Mit der Energiedichte $u = U/V$ lässt sich dafür bei einer sphärischen Geometrie mit dem Radius R_K schreiben:

$$\frac{4}{3}\pi \cdot \frac{d(u \cdot R_K^3)}{dR_K} = -p \cdot 4\pi R_K^2$$

Das ergibt:

$$\boxed{\frac{du}{dR_K} + 3(u+p) \cdot \frac{1}{R_K} = 0} \tag{7.221}$$

Alle vorkommenden Teilchen $p^+, p^-, \tilde{\mu}^+, \tilde{\mu}^-, e^+, e^-, n, \tilde{n}, \nu_e, \tilde{\nu}_e, \nu_\mu, \tilde{\nu}_\mu, \nu_\tau, \tilde{\nu}_\tau$ und $h\nu$ sind ultrarelativistisch. Es gelten also die Gl. (7.200), (7.201), (7.203) und (3.153) und somit für die Energiedichte u und den Druck p:

$$u + p = \frac{4}{3}u \tag{7.222}$$

Also wird aus Gl. (7.221):

$$\frac{1}{4}\frac{du}{u} = -\frac{dR_K}{R_K}$$

und nach Integration:

$$\frac{u}{u_0} = \frac{T^4}{T_0^4} = \left(\frac{R_0}{R_K}\right)^4 \quad \text{bzw.} \quad a_K = \frac{R_K}{R_{K0}} = \frac{T_0}{T} \tag{7.223}$$

$T_0 = 2{,}73$ K ist die Temperatur des Photonengases im heutigen Kosmos, $a_K = R_K/R_{K0}$ ist dimensionslos und heißt *Skalenfaktor*. Eine absolute Größe R_K ist nicht bestimmbar a_K ist also gleich 1, wenn $T = T_0$. Das ergibt für den Verlauf von T als Funktion von R_K/R_{K0}:

$$\boxed{^{10}\lg T = 0{,}436 - {}^{10}\lg(a_K) \qquad T < 6 \cdot 10^9 \text{ K}} \tag{7.224}$$

und mit Gl. (7.219)

$$^{10}\lg T = 0{,}436 - \frac{1}{3} \cdot {}^{10}\lg(11/4) - {}^{10}\lg(a_K) \quad \text{für} \quad 10^{13} \text{ K} > T > 6 \cdot 10^9 \text{ K}$$

also:

$$\boxed{^{10}\lg T = 0{,}290 - {}^{10}\lg(a_K) \qquad 10^{13} \text{ K} > T > 6 \cdot 10^9 \text{ K}} \tag{7.225}$$

Ferner gilt mit Gl. (7.217):

$$^{10}\lg T = 0{,}290 - {}^{10}\lg(11{,}5/8) - {}^{10}\lg(a_K) \quad \text{für} \quad T < 6 \cdot 10^9 \text{ K}$$

also:

$$\boxed{^{10}\lg T = 0{,}132 - {}^{10}\lg(a_K) \qquad T > 10^{13} \text{ K}} \tag{7.226}$$

Gl. (7.224), (7.225) und (7.226) sind graphisch in Abb. 7.29 dargestellt und zeigen den gesamten Temperaturverlauf des ultrarelativistischen Kosmos mit kleinen, sprunghaften Temperaturschwellen bei den entsprechenden Schwellentemperaturen $T_{S,i}$.

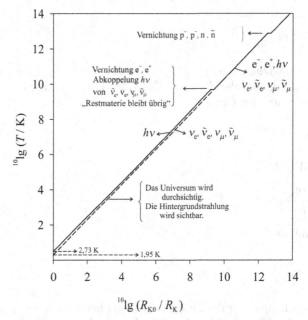

Abb. 7.29: Temperaturverlauf im Kosmos $^{10}\lg T$ als Funktion des kosmischen Radienverhältnisses $^{10}\lg(R_{K0}/R_K)$ für ultrarelativistische Teilchen. R_{K0} ist der Radius des heutigen Zustandes. In dem kurzen waagerechten Verlauf der $^{10}\lg T$-Kurve kompensiert die bei der jeweiligen Teilchenpaar-Vernichtung freiwerdende Energie praktisch den inneren Energieverlust durch die Expansion.

Das Neutrinogas folgt nach der thermischen Entkoppelung bei $T \approx 10^{10}$ K dem Verlauf von Gl. (7.224) mit dem Verhältnis $T_{Ph}/T_\nu = (11/4)^{1/3} = 1{,}401$. Bei $T = 10^{13}$ K sind 10^{-5} s seit dem Urknall vergangen, bei $T = 6 \cdot 10^9$ sind es ca. 5 s und heute sind es $13{,}8 \cdot 10^9$ Jahre. Mit der Zeitabhängigkeit des gesamten Prozesses, also $a_K(t)$ bzw. $T(t)$ beschäftigen wir uns in Abschnitt 7.6.5.

Es bleiben einige Fragen offen, die nach wie vor zu den ungelösten Fundamentalproblemen der Physik gehören.

- *Die Nichtexistenz von Antimaterie und der Verbleib von Restmaterie*
  Wieso existiert denn unsere heutige Welt überhaupt, wenn doch alle Materie und
  Antimaterie bei Temperaturen von ca. 10^9 K sich gegenseitig vollständig vernichtet
  haben sollten? Müsste die Welt nicht heute ganz einfach nur aus Photonen und
  Neutrinos bestehen? Wieso bleibt ein Rest an Materie übrig, der nur noch ca. 1 Mil-
  liardstel von der ursprünglichen Menge an Materie + Antimaterie beträgt? Der
  Grund liegt wahrscheinlich in einem „Symmetriebruch" zwischen Materie und Antimaterie, der schon sehr kurz nach dem eigentlichen Urknall (nach ca. 10^{-8} s) dafür
  gesorgt hat, dass ein *winziger Überschuss an Materie*, also Protonen, Neutronen) und
  Elektronen übriggeblieben ist. Aus diesem kleinen Überschuss, der sog. *Restmaterie*,
  besteht die ganze heute sichtbare existierende Welt, und damit auch wir selbst.

- *Die dunkle Materie*
  Der überwiegende Teil der Restmaterie existiert in Form der sog. „dunklen Materie",
  die nachweisbar, aber unsichtbar ist. Sie unterliegt nur der Gravitationskraft und
  ist immun gegen die elektromagnetischen Kräfte, die starke Kernkraft und die
  schwache Kernkraft, also nimmt sie an den geschilderten Vernichtungsprozessen
  nicht teil. Sie macht 85 % der Masse des Weltalls aus und beeinflusst wesentlich die
  inneren Bewegungsformen der Galaxien. Woraus sie besteht und warum sie existiert
  ist noch immer unbekannt. Einer theoretischen Vermutung zufolge soll sie aus
  schweren Teilchen (etwa 100 Protonenmassen), den sog. WIMP's (weakly interacting
  massive particles) bestehen. Die gewöhnliche Materie, die sog. baryonische Materie
  (Protonen, Neutronen) ferner die Elektronen ist sichtbar, d. h., sie emittiert bzw.
  absorbiert Photonen (leuchtende Sterne, Planeten, Asteroide, interstellarer Staub
  etc.) macht also nur ca. 15 % der Gesamtmasse des Weltalls aus!

- *Die dunkle Energie*
  Genaue Messungen der Expansionsgeschwindigkeit des Weltalls in den vergangenen Jahrzehnten haben zu dem Schluss geführt, dass das Weltall sich mit wachsender Geschwindigkeit ausdehnt. Das ist nur erklärbar mit einer verborgenen
  „dunklen Energiediche" ϱ_Λ, die einen *zeitunabhängigen* Wert hat. Da das Weltall
  sich ausdehnt, bedeutet das einen ständig wachsenden dunklen Energieanteil des
  Weltalls, von dem wir sonst nichts spüren, der aber verantwortlich ist für die
  beschleunigte Expansion (näheres: Abschnitt 7.6.5). Ursprung und Natur dieser
  dunklen Energie sind nach wie vor unklar.

Die Zahl der Elektronen, Protonen und Neutronen im heutigen Universum liegt im Durchschnitt bei wenigen Teilchen pro m^3. Das lässt sich aus der Populationsdichte der Galaxien,
ihrer mittleren Zahl an Sternen und der mittleren Zahl von Kernteilchen und Elektronen
pro Stern abschätzen, zumindest für den Raum des Universums, den man beobachten
kann. Dagegen ist die Photonenzahl des frühen Universums bis heute im Wesentlichen
dieselbe geblieben. Heute sind es fast 10^9 Photonen pro m^3, nur ihr Energieinhalt hat sich
drastisch verringert. Nach der gegenseitigen Vernichtung aller Materie und Antimaterie
hatten die Photonen nach der Bildung von Atomkernen aus der Restmaterie zunächst
noch thermischen Kontakt mit der Restmaterie, die aus positiv geladenen Atomkernen
und negativ geladenen Elektronen bestand. Mit weiter sinkender Temperatur folgte dann

die Bildung von *neutralen* Atomen wie H, ^{4}He und D, die sog. *Rekombination*. Damit ging auch der thermische Kontakt der Photonen zur Restmaterie verloren. Diese entkoppelten Photonen bilden bis heute die sog. kosmische Hintergrundstrahlung. Die Entkopplung fand bei ca. 3000 bis 4000 K statt. Das Weltall wurde ab diesem Zeitpunkt, etwa 400 000 Jahre nach dem Urknall, „durchsichtig", da die Photonen sich seither praktisch frei und ohne Absorption und Emission durch Materie im Raum bewegen können. Mit wachsender Expansion des Kosmos nahm ihr Energieinhalt weiter ab. Die Spektrale Intensitätsverteilung der heutigen kosmischen Hintergrundstrahlung zeigt Abb. 7.30. Sie liegt im Mikrowellenbereich und befolgt mit hohen Präzision die Planck'sche Formel nach Gl. (3.154) mit $T = 2{,}73$ K.

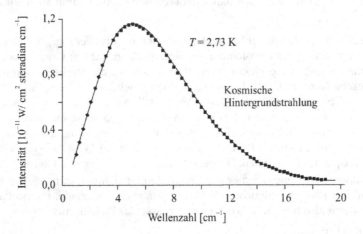

Abb. 7.30: Spektrale Intensitätsverteilung der kosmischen Hintergrundstrahlung mit $T = 2{,}725$ K nach Gl. (3.154), Experimente: ■, Gl. (3.154): ——.

Was wir heute als sichtbares Licht, also sichtbare Photonen wahrnehmen, stammt also aus der Restmaterie, die sich bei der späteren Sternentstehung innerhalb von Galaxien punktuell durch Gravitationskräfte erhitzt hat (s. Abschnitt 7.4) und so „neue" Photonen als Strahlung heißer Sterne erzeugte, die aber mit der kosmischen Hintergrundstrahlung aus der Frühzeit des Universums nichts zu tun haben. Die Zahl der heute sichtbaren Photonen liegt ungefähr in der Größenordnung der Zahl von Elektronen und Kernteilchen der Restmaterie und ist vernachlässigbar gering gegenüber der Zahl von Photonen der heutigen kosmischen Hintergrundstrahlung. Sie bildet den Zustand des Kosmos ab, wie er ca. 400.000 Jahren nach dem Urknall aussah. Bis zu diesem Zeitpunkt können wir also grundsätzlich in die Geschichte des Kosmos zurückblicken. Die Entdeckung der Hintergrundstrahlung durch A. Penzias und R. W. Wilson im Jahr 1964 hat zur Wiederbelebung der kosmologischen Forschung wesentlich beigetragen. Sie hat mit einem Schlag die zunächst rein spekulative Theorie vom Urknall (G. Gamow, 1946) bestätigt. Die in Abb. 7.31 gezeigten geringen Temperaturschwankungen geben Auskunft über die Dichteverteilung der Restmaterie im Universum zum damaligen Zeitpunkt und lassen Schlüsse auf die damalige und davor liegende Struktur des Kosmos zu. Sterne und Galaxien entstanden erst

Abb. 7.31: Panorama der kosmischen Hintergrundstrahlung als aufgeschnittene Kugel, in deren Zentrum der Beobachter sitzt. Die Schwarz-Grau-Hell Schattierungen kennzeichnen Temperaturschwankungen im Mikrokelvinbereich bezogen auf den mittleren Wert von 2,7275 K. Sie geben Auskunft über die damaligen Dichteschwankungen der Materie.

viele Millionen Jahre später.

7.6.5 Die zeitliche Entwicklung des Kosmos. Die Friedmann-Lemaitre-Gleichung und das Lambda-CDM-Weltmodell (Standardmodell)

Die Schilderung der thermischen Entwicklung des Kosmos in den Abschnitten 7.6.3 und 7.6.4 gab uns noch keine Auskunft darüber, nach welchen Zeitgesetzen sich dieses Geschehen abgespielt hat. Eine Basisinformation zur zeitlichen Entwicklung des Kosmos erhalten wir durch das Hubble'sche Gesetz Gl. (7.186). Dabei ist R entsprechend dem kosmologischen Prinzip die Entfernung irgendeines Punktes im Raum zu irgendeinem anderen Punkt, denn Gl. (7.186) gilt für jeden Punkt im Weltall. Nun stellt sich bei der Formulierung der zeitlichen Entwicklung des Kosmos heraus, dass man Raum und Zeit nicht unbedingt im Rahmen der allgemeinen Relativitätstheorie behandeln muss um zu den korrekten Resultaten zu gelangen. Darauf hatte bereits 1934 der Astrophysiker E. A. Milne hingewiesen. Es soll uns also genügen im Sinn einer quasi-klassischen Newton'schen Mechanik, die Bewegung der Massenpunkte im Universum durch ein etwas modifiziertes Gravitationsgesetz zu beschreiben. Zwischen 2 Massenpunkten (z. B. 2 Galaxien im Abstand R voneinander) wirkt also eine Kraft mit der Beschleunigung $\ddot{R} = d^2R/dt^2$, die sich aus dem Hubble'schen Gesetz Gl. (7.186) ableiten lässt:

$$\frac{d^2R}{dt^2} = \ddot{R} = H \cdot \dot{R} + R \cdot \dot{H} = R \cdot \left(H^2 + \dot{H}\right) = R \cdot F(t) \tag{7.227}$$

wobei H bzw. F wegen der Homogenität des Raumes nur von der Zeit t abhängen. Wenn wir diese Kraft wie in der Mechanik üblich als negativen Gradienten eines Potentials Φ darstellen, erhält man aus Gl. (7.227) durch Integration

$$\Phi = F(t) \cdot \int \ddot{R} \, dR = F(t) \int R \cdot dR = +\frac{1}{2} \cdot F(t) \cdot R^2 \qquad (7.228)$$

Die beliebig wählbare Integrationskonstante setzen wir gleich Null. Das Potential Φ muss nach dem Verständnis der klassischen Mechanik der Poisson'schen Gleichung genügen (s. Anhang 11.14):

$$\Delta\Phi = \frac{\partial^2\Phi}{\partial x^2} + \frac{\partial^2\Phi}{\partial y^2} + \frac{\partial^2\Phi}{\partial z^2} = -4\pi \cdot G \cdot \varrho(t) \qquad (7.229)$$

G ist die Gravitationskonstante und $\varrho(t)$ die (gemittelte) homogene Massendichte im Raum. Einsetzen von Φ aus Gl. (7.228) in Gl. (7.229) ergibt mit $R^2 = x^2 + y^2 + z^2$:

$$\Delta\Phi = -3 \cdot F(t)$$

und damit

$$F(t) = -\frac{4}{3}\pi G \cdot \varrho(t) \qquad (7.230)$$

Einsetzen von Gl. (7.230) in Gl. (7.227) ergibt:

$$\ddot{R} = \frac{d^2R}{dt^2} = -\frac{4}{3}\pi \cdot G \cdot \varrho(t) = -G \cdot \frac{M}{R^2} \qquad (7.231)$$

Diese Gleichung erinnert an die Beschleunigung durch eine Kraft, die eine kleine Testmasse m am Ort R erfährt, wobei M die von der Kugel mit dem Radius R eingeschlossene Masse bedeutet. Es besteht jedoch ein entscheidender Unterschied: in Gl. (7.231) bewegen sich keine Massen in einem festgelegten räumlichen Koordinatensystem, sondern *es bewegen sich die Raumkoordinaten und tragen dabei die Massenpunkte mit sich*. Es expandiert (oder kontrahiert) also der Raum. Nur in diesem Sinn können klassische mechanische Vorstellungen auf die zeitliche Entwicklung des Kosmos übertragen werden. In Gl. (7.231) ist $M = \frac{4}{3}\pi R^3 \varrho$ nicht von t abhängig, da das Produkt $R^3 \cdot \varrho$ zeitunabhängig ist. Natürlich können sich auch die Massenpunkte selbst (Galaxien, Sterne, interstellarer Staub und Gaswolken) individuell im Raum bewegen (sog. Pekuliargeschwindigkeit), aber diese lokalen Bewegungen sind relativ gering und kompensieren sich zudem im statistischen Mittel. Nach dem Hubble'schen Gesetz machen wir nun Gebrauch von einer weiteren Eigenschaft des sich ausdehnenden Raumes, die schon die Grundlage für die Abschnitte 7.6.3 und 7.6.4 war: das isentrope Verhalten. Für die innere Energie U gilt (s. Anhang 11.17):

$$dU = \left(\frac{\partial U}{\partial S}\right)_V dS + \left(\frac{\partial U}{\partial V}\right)_S dV = TdS - pdV \qquad (7.232)$$

Isentropie bedeutet dS = 0, und wir erhalten:

$$dU = -p\,dV \tag{7.233}$$

wobei wir die Energiedichte $(\partial U/\partial V)_S$ relativistisch formulieren über die Massendichte ϱ. Für die Zeitabhängigkeit folgt dann aus Gl. (7.233):

$$\boxed{\frac{d(R^3 \cdot \varrho)}{dt} = -\frac{p}{c_L^2}\frac{dR^3}{dt}} \quad \text{bzw.} \quad \boxed{\frac{d(a_K^3 \cdot \varrho)}{dt} = -\frac{p}{c_L^2} \cdot \frac{da_K^3}{dt}} \tag{7.234}$$

mit der dimensionslosen Raumkoordinate $a_K = R(t)/R_{\text{heute}}$. Sie heißt kosmischer *Skalenfaktor*. R_{heute} ist eine feste Bezugsgröße, sie stellt den Wert von R zum heutigen Zeitpunkt dar, dessen absolute Größe unbekannt bleibt und auch für das Folgende nicht benötigt wird.

Nun stellen wir noch eine Energiebilanz auf. Dazu integrieren wir Gl. (7.231) mit dem Resultat:

$$\left(\frac{dR}{dt}\right)^2 = 2\frac{G \cdot M}{R} + \frac{2E}{M} = \frac{8}{3}\pi G \cdot \varrho \cdot R^2 + \frac{2E}{M} \tag{7.235}$$

wovon man sich durch Differenzieren nach t überzeugt:

$$2\left(\frac{dR}{dt}\right) \cdot \frac{d^2R}{dt^2} = 2G \cdot M\frac{dR^{-1}}{dt} = 2GM\frac{dR^{-1}}{dR} \cdot \left(\frac{dR}{dt}\right) = -2\frac{GM}{R^2}\left(\frac{dR}{dt}\right)$$

Daraus folgt unmittelbar Gl. (7.231). Die Integrationskonstante $2E/m$ in Gl. (7.235) hat folgende Bedeutung: multipliziert man Gl. (7.235) mit $m/2$ erhält man die Gesamtenergie E des Systems:

$$E = E_{\text{kin}} + E_{\text{pot}} \tag{7.236}$$

wobei E_{kin} als kinetische und E_{pot} als potenzielle Energie aufzufassen sind mit

$$E_{\text{kin}} = \frac{1}{2}M \cdot \left(\frac{dR}{dt}\right)^2 \quad \text{und} \quad E_{\text{pot}} = -\frac{4}{3}\pi G \cdot \varrho R^2 \cdot M$$

ϱ ist hier die Massendichte des Weltalls, wozu auch massenlose Teilchen wie Photonen oder Neutrinos beitragen durch ihre Äquivalenzmasse $h\nu/c_L^2$.

Aus Abb. 7.32 geht hervor, dass jedes denkbare Kugelschalenvolumen seine „Testmasse" $m = dM$ mit sich trägt aber bei der Ausdehnung sein Volumen vergrößert, wenn sich der Radius R um den Faktor a_K vergrößert.

Die Gesamtenergie E in Gl. (7.236) kann dabei positiv, negativ oder gleich Null sein. Wir entwickeln nun schrittweise das sog. *Lambda CDM Weltmodell* (Cold Dark Matter)

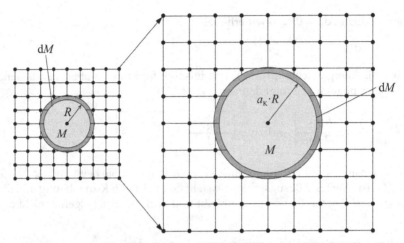

Abb. 7.32: 2-dimensionale Illustration zur Expansion des Raumes. Die homogen mit Masse M gefüllte Kugel mit dem Kugelschalenanteil dM expandiert, weil das Koordinatensystem expandiert. Der Koordinatenpunkt für R ist willkürlich gewählt. Die Ausdehnung wird von jedem Punkt im Raum aus genauso beobachtet. $a_K > 1$ ist der Skalenfaktor.

das als kosmologisches *Standardmodell* bezeichnet wird. Dazu schreiben wir Gl. (7.235) in relativen Koordinaten des Skalenfaktors a_K:

$$(\dot{a}_K)^2 - \frac{8\pi}{3} \cdot G \cdot \varrho \cdot a_K^2 = \kappa \tag{7.237}$$

Unser Ziel ist die Integration von Gl. (7.237), d. h. die Kenntnis der Zeitabhängigkeit des Skalenfaktors $a_K(t)$, also der relativen Raumgröße des Kosmos. Die Dimension dieser Gleichung ist s^{-2}, d. h., die Größe $\kappa = E/(MR_{\text{heute}}^2)$ ist ein Parameter, der positiv, negativ oder gleich Null sein kann, je nachdem ob die Gesamtenergie E des Weltalls positiv, negativ oder gleich Null ist. In der ART bedeutet er die Art der Raumkrümmung: positiv gekrümmt, negativ gekrümmt, oder flach. Nun erhebt sich die Frage, welche Arten von Dichte ϱ in Gl. (7.237) einzusetzen ist, ϱ besteht aus einer Summe von Beiträgen $\varrho = \sum \varrho_i$. Wir haben zu berücksichtigen:

$\varrho_b + \varrho_e \approx \varrho_b$ = Dichte der baryonischen Materie (Protonen und Neutronen) und
$\qquad\qquad$ der Elektronen

ϱ_{dm} = Dichte der sog. dunklen Materie

$\varrho_{\text{m}} = \varrho_b + \varrho_{\text{dm}}$ = die gesamte Massendichte

$\varrho_{\text{rel}} = u_{\text{rel}}/c_L^2$ = Dichte der relativistischen Materie mit Energiedichte u_{rel}
$\qquad\qquad$ (Photonen, Neutrinos, Materie/Antimaterie)

ϱ_Λ = const (durch die dunkle Energie erzeugte Dichte)

Die Einführung einer konstanten „dunklen Energiedichte" ϱ_Λ ist notwendig, um die Beobachtung erklären zu können, dass das heutige Universum sich beschleunigt ausdehnt (s. auch Exkurs 7.7.25). Damit wird aus Gl. (7.237)

$$a_K^2 \left[\left(\frac{\dot{a}_K}{a_K} \right)^2 - \frac{8}{3} \pi \cdot G \cdot (\varrho_b + \varrho_{dm} + \varrho_{rel} + \varrho_\Lambda) \right] = \kappa \qquad (7.238)$$

Für $H = \dot{R}/R$ (Gl. (7.186)) gilt auch $H = \dot{a}_K / a_K$ und so lässt sich Gl. (7.237) auch in folgender Form schreiben:

$$H^2 \left[1 - (\Omega_b + \Omega_{dm} + \Omega_{rel} + \Omega_\Lambda) \right] \cdot a_K^2 = \kappa \qquad (7.239)$$

mit

$$\Omega_i = \frac{\varrho_i}{\varrho_c} \qquad \text{wobei} \qquad \varrho_c = \frac{3H^2}{8\pi G} \qquad (7.240)$$

Die dimensionslosen Größen Ω_i heißen *Dichteparameter*. Die Dichte ϱ_c heißt *kritische Dichte*, sie stellt den Wert von ϱ dar, falls $\kappa = 0$ ist, d. h., wenn $\sum_i \varrho_i = \varrho_c$ bzw. $\sum_i \Omega_i = 1$ gilt. ϱ_i bzw. Ω_i hängen noch in unterschiedlicher Weise von a_K ab. Erst wenn wir diese Abhängigkeiten kennen, lässt sich Gl. (7.238) bzw. (7.239) integrieren. Bestimmen kann man aber nur die Werte $\varrho_{i,heute}$ und H_{heute} zum *heutigen* Zeitpunkt innerhalb gewisser Fehlergrenzen. Eine weitere Informationsquelle stellt Gl. (7.234) dar, die wir folgendermaßen ausnutzen. Wir multiplizieren Gl. (7.238) mit a_K und differenzieren dann nach t. Damit ergibt sich mit $\sum_i \varrho_i = \varrho$:

$$\frac{d}{dt} \left(a_K \cdot \dot{a}_K^2 \right) - \frac{8}{3} \pi G \frac{d}{dt} \left(\varrho \cdot a_K^3 \right) = \dot{a}_K^3 + a_K \cdot 2\dot{a}_K \cdot \ddot{a}_K - \frac{8}{3} \pi \cdot G \frac{d}{dt} \left(\varrho \cdot a_K^3 \right) = \kappa \cdot \dot{a}_K \qquad (7.241)$$

Nun multiplizieren wir Gl. (7.238) mit $\dot{a}_K$:

$$-\kappa \cdot \dot{a}_K = \dot{a}_K^3 - \frac{8}{3} \pi G \cdot \varrho \cdot \dot{a}_K \cdot a_K^2 \qquad (7.242)$$

Aus Gl. (7.234) entnehmen wir

$$\frac{d}{dt} \left(\varrho \cdot a_K^3 \right) = -\frac{p}{c_L^2} \frac{da_K^3}{dt} = -\frac{3p}{c_L^2} a_K^2 \cdot \dot{a}_K \qquad (7.243)$$

Einsetzen von Gl. (7.243) in Gl. (7.241) gefolgt von Gleichsetzen von Gl. (7.242) und Gl. (7.241) ergibt dann:

$$\ddot{a}_K = -\frac{4}{3} \pi G \left(\varrho + \frac{3p}{c_L^2} \right) \cdot a_K \qquad (7.244)$$

Auch für den Druck p in Gl. (7.244) gibt es verschiedene Beiträge $p = \sum_i p_i$.

$$p_m = p_b + p_{dm} \approx 0$$

$$p_{rel} = \frac{1}{3} u_{rel} = \varrho_{rel} \cdot c_L^2 \qquad\qquad (7.245)$$

$$p_\Lambda = -\varrho_\Lambda \cdot c_L^2$$

Heute gilt $p_m \approx 0$, da Materie praktisch nur in makroskopischer Form (Sterne, Staub) vorkommt, p_{rel} hatte nur in der Hadronen- und Leptonenära einen hohen Wert, danach gilt $p_{rel} = p_{Ph}$ und wird mit wachsendem Wert von a_K immer kleiner. Bemerkenswert an Gl. (7.245) ist, dass p_Λ einen negativen Wert ergibt, das weisen wir in Exkurs 7.7.20 nach. Wir stellen jedenfalls fest, dass der innere Energieanteil $dU_\Lambda = -p_\Lambda \cdot dV$ mit wachsendem Volumen, also $dV > 0$ zunimmt. Das ist nicht überraschend, denn wir haben ja vorausgesetzt, dass die Massendichte ϱ_Λ stets konstant ist. Begründet wird diese Annahme - wie bereits erwähnt - durch die gesicherte Beobachtung, dass das Weltall sich *beschleunigt* ausdehnt!

Im nächsten Schritt müssen wir die Abhängigkeit der ϱ_i-Werte von a_K ermitteln. Aus Gl. (7.234) folgt wegen $p_m \cong 0$, dass $\varrho_m \cdot a_K^3$ ein konstanter Wert ist. Es gilt also:

$$\varrho_b + \varrho_{dm} = \varrho_m = \varrho_{m,heute} \cdot \frac{a_{K,heute}^3}{a_K^3} \qquad\qquad (7.246)$$

Das bedeutet: es gilt die Massenerhaltung der baryonischen Materie plus der Elektronen während der Expansion. Zur Bestimmung der relativistischen Dichte $\varrho_{rel}(a_K)$ gehen wir aus von Gl. (7.234):

$$\varrho_{rel} \frac{da_K^3}{dt} + a_K^3 \cdot \frac{d\varrho_{rel}}{dt} = -\frac{p_{rel}}{c_L^2} \frac{da_K^3}{dt} = -\frac{1}{3} \frac{u_{rel}}{c_L^2} \cdot \frac{da_K^3}{dt} = -\frac{1}{3} \varrho_{rel} \frac{da_K^3}{dt}$$

wobei wir von $p_{rel} = u_{rel}/3$ (Gl. (7.205)) Gebrauch gemacht haben. Wir erhalten dann:

$$\frac{4}{3} \cdot \varrho_{rel} da_K^3 = -a_K^3 \cdot d\varrho_{rel} \qquad\text{bzw.}\qquad \frac{4}{3} \frac{da_K^3}{a_K^3} = -\frac{d\varrho_{rel}}{\varrho_{rel}}$$

Da $da_K^3/a_K^3 = 3 \cdot d\ln a_K$ und $d\varrho_{rel}/\varrho_{el} = d\ln \varrho_{rel}$ ist, ergibt die Integration:

$$\varrho_{rel} = \varrho_{rel,heute} \frac{a_{K,heute}^4}{a_K^4} \qquad\qquad (7.247)$$

Damit wird aus Gl. (7.238)

$$\dot{a}_K^2 - \frac{8}{3}\pi G \left[\frac{\varrho_{m,heute} \cdot a_{K,heute}^3}{a_K^3} + \frac{\varrho_{rel,heute} \cdot a_{K,heute}^4}{a_K^4} + \varrho_\Lambda \right] \cdot a_K^2 = -\kappa \qquad (7.248)$$

Da wir mit $a_{\mathrm{K,heute}} = 1$ den heutigen Wert von a_{K} bezeichnen, lautet unsere Gleichung schließlich:

$$\dot{a}_{\mathrm{K}}^2 = \frac{8}{3}\pi \cdot G \left[\frac{\varrho_{\mathrm{m,heute}}}{a_{\mathrm{K}}} + \frac{\varrho_{\mathrm{rel,heute}}}{a_{\mathrm{K}}^2} + \varrho_{\Lambda,\mathrm{heute}} \cdot a_{\mathrm{K}}^2 \right] + \kappa \qquad (7.249)$$

Sie heißt *Friedmann-Lemaitre-Gleichung*. Aus Gl. (7.249) ist ersichtlich, dass die 3 Terme in der eckigen Klammer im Laufe der Expansion des Kosmos unterschiedliche Bedeutung haben. Zu Beginn, also kurz nach dem „Urknall", ist der Raum des Weltalls ausgedrückt durch den Skalenfaktor $a_{\mathrm{K}}(t)$ noch sehr klein, d. h. der relativistische Strahlungsanteil $\varrho_{\mathrm{rel}}/a_{\mathrm{K}}^2$ überwiegt den Materieanteil $\varrho_{\mathrm{m}}/a_{\mathrm{K}}$, der Λ-Anteil $\varrho_{\Lambda} \cdot a_{\mathrm{K}}^2$ ist noch sehr gering. Später, mit wachsendem Skalenfaktor a_{K} verliert $\varrho_{\mathrm{rel}}/a_{\mathrm{K}}^2$ rasch an Bedeutung, $\varrho_{\mathrm{m}}/a_{\mathrm{K}}$ wird dominant und bei weiterer Ausdehnung wird der Λ-Anteil zum wichtigsten Anteil, das ist heute bereits der Fall, wie wir gleich sehen werden.

Wir benötigen also zunächst einigermaßen zuverlässige Werte für $\varrho_{\mathrm{m,heute}}$, $\varrho_{\mathrm{rel,heute}}$ und ϱ_{Λ} um die Abhängigkeit $a_{\mathrm{K}}(t)$ nach Gl. (7.249) für die vergangene oder zukünftige Zeit berechnen zu können. Ferner müssen wir κ ermitteln, dazu benötigen wir die Hubble'sche Konstante H zum heutigen Zeitpunkt mit $a_{\mathrm{K,heute}} = 1$, also $H_{\mathrm{heute}} = \dot{a}_{\mathrm{K,heute}}/a_{\mathrm{K,heute}} = \dot{a}_{\mathrm{K,heute}}$. Wir wollen hier nicht darstellen, wie im Einzelnen diese Größen experimentell mit astronomischen bzw. astrophysikalischen Methoden bestimmt werden und geben in Tabelle 7.11 die Zahlenwerte an, die als die heute zuverlässigsten gelten und aus denen wir zwei wichtige Schlussfolgerungen ziehen.

- Der Wert für die Summe der Ω_i-Beiträge ist im Rahmen der geschätzten Fehlergrenzen gleich 1, d. h., $\kappa \cong 0$ in Gl. (7.238) bzw. (7.239). Das bedeutet: im Bild der ART hat der Weltraum *keine* Krümmung, er ist flach, d. h., euklidisch. In unserem Bild der „Newton'schen Kosmologie" bedeutet das, dass die Gesamtenergie $E_{\mathrm{kin}} + E_{\mathrm{pot}}$ nach Gl. (7.236) gleich Null ist.

- Aus den Daten von $\Omega_{\mathrm{b,heute}}$ und $\Omega_{\mathrm{dm,heute}}$ folgt, dass der Anteil der dunklen Materie an der Gesamtmasse $\Omega_{\mathrm{dm,heute}}/(\Omega_{\mathrm{dm,heute}} + \Omega_{\mathrm{b,heute}})$ ca. 85 % und der baryonische (sichtbare) Massenanteil nur 15 % beträgt.

Von der insgesamt im Weltall vorhandenen Energie bzw. äquivalenten Materie, die den zeitlichen Verlauf der kosmischen Raumzeit bestimmt (unterste Zeile von Tabelle 7.11), hat die in Sternen und Galaxien sichtbare Materie nur einen Anteil von 4,4 %! Was die „Dunkle Materie" (24,6 %) und die „Dunkle Energie" (72 %) eigentlich bedeuten, ist wie erwähnt bis heute unbekannt und Gegenstand intensiver Forschung.

Mit den Daten aus Tabelle 7.11 lässt sich nun Gl. (7.249) lösen. Zu Beginn, also kurz nach dem „Big Bang" zur Zeit $t = 10^{-22}$ s, wo a_{K} klein ist, wird die Entwicklung vom relativistischen Anteil beherrscht, der materielle und der Λ-Anteil sind vernachlässigbar, und wir können schreiben (mit $\kappa = 0$):

$$\dot{a}_{\mathrm{K}}^2 \cong \frac{8}{3}\pi G \cdot \frac{\varrho_{\mathrm{rel}}}{a_{\mathrm{K}}^2} \qquad \text{bzw.} \qquad \dot{a}_{\mathrm{K}} = \sqrt{\left(\frac{8}{3}\pi G \cdot \varrho_{\mathrm{rel}}\right)} \cdot \frac{1}{a_{\mathrm{K}}} \qquad (a_{\mathrm{K}} \ll 1)$$

Tab. 7.11: Kosmologische Standardparameter (s. Gl. (7.240) bis (7.242)) des CMD-Lambda-Welt-Modells. Alle Werte für die Dichten ϱ_i in $kg \cdot m^{-3}$.

$H_0{}^* = H_{heute}/s^{-1}$	$\varrho_{b,heute}$	$\varrho_{dm,heute}$	$\varrho_{rel,heute}$	ϱ_Λ	ϱ_{cr}
$2,32 \cdot 10^{-18}$	$4,17 \cdot 10^{-28}$	$2,35 \cdot 10^{-27}$	$8,1 \cdot 10^{-31}$	$1,92 \cdot 10^{-27}$	$9,546 \cdot 10^{-27}$
$\sum \Omega_i$	$\Omega_{b,heute}$	$\Omega_{dm,heute}$	$\Omega_{rel,heute}$	$\Omega_{\Lambda,heute}$	Ω_{cr}
$1,0105 \pm 0,015$	$0,0437$	$0,2467$	$8,5 \cdot 10^{-5}$	$0,720$	1

*
$^*H_0 = H_{heute}$ wird oft in der Einheit $km \cdot s^{-1} \cdot Mpc^{-1}$ angegeben, das ergibt $H_{heute} = 66/kms^{-1}Mpc^{-1}$

mit der Lösung

$$\int_0^{a_K} a_K \cdot da_K = \sqrt{\frac{8}{3}\pi G \cdot \varrho_{rel}} \cdot t = \frac{1}{2}a_K^2(t)$$

Im Bereich der Strahlungsdominanz setzt sich ϱ_{rel} zusammen aus $\varrho_{Ph} + \varrho_{Ph} \cdot 4 \cdot \frac{7}{4}$ da alle 3 Neutrinosorten und auch die e^-/e^+-Paare relativistisch sind mit der fermionischen Energiedichte $\varrho_{FD} = \frac{7}{4} \cdot \varrho_{Ph}$.

$$\boxed{a_K(t) = \sqrt{2} \cdot \left(\frac{8}{3}\pi G \varrho_{rel,heute}\right)^{1/4} \cdot \sqrt{t}} \qquad \text{(Strahlungsdominanz)} \qquad (a_K \ll 1) \quad (7.250)$$

In späteren Zeiten wird dieser Anteil vernachlässigbar klein, Materie und Dunkle Energie beherrschen dann das Geschehen. Betrachten wir allein die Materie ohne den Λ-Term und ohne Strahlungsanteil wird Gl. (7.249) zu:

$$\dot{a}_K^2 \cong \frac{8}{3}\pi G \cdot a_K^{-1} \cdot \varrho_{m,heute} \qquad \text{bzw.} \qquad \dot{a}_K = \sqrt{\frac{8}{3}\pi G \cdot \varrho_{m,heute}} \cdot a_K^{-1/2}$$

mit $\varrho_{m,heute} = \varrho_{b,heute} + \varrho_{dm,heute}$.

Integration ergibt:

$$\int_0^{a_K} a_K^{1/2} da_K = \frac{2}{3}a_K^{3/2} = t \cdot \sqrt{\frac{8}{3}\pi G \cdot \varrho_{m,heute}}$$

Es gilt in diesem Fall

$$\boxed{a_K(t) = \left(\frac{3}{2}\right)^{2/3}\left(\frac{8}{3}\pi G \cdot \varrho_{m,heute}\right)^{1/3} \cdot t^{2/3}} \qquad \text{(nur Materie)} \qquad (7.251)$$

Schließlich betrachten wir den Fall $a_K \gg 1$, also die ferne Zukunft. Dort dominiert die Dunkle Energie und man erhält ohne Strahlungs- und Materieanteil

$$\dot{a}_K^2 = \frac{8}{3}\pi G \cdot \varrho_\Lambda \cdot a^2 \qquad \text{bzw.} \qquad \frac{\dot{a}_K}{a_K} = \sqrt{\frac{8}{3}\pi \varrho_\Lambda G}$$

mit der Lösung

$$\boxed{a_K(t) = a_{K,\text{heute}} \cdot \exp\left[\sqrt{\frac{8}{3}\pi G \varrho_\Lambda} \cdot (t - t_{\text{heute}})\right]} \qquad \text{(nur dunkle Energie)} \qquad (7.252)$$

In ferner Zukunft wird also die Raumgröße exponentiell mit der Zeit ansteigen, zunächst sehr langsam ($t \ll t_{\text{heute}}$), dann rasch ($t > t_{\text{heute}}$).
Natürlich sind Gl. (7.250) bis (7.252) nicht tauglich zur Berechnung des tatsächlichen Verlaufes $a(t)$ über den gesamten Zeitraum seit dem Urknall, sondern liefern nur Lösungen für einen *reinen Strahlungskosmos* ohne Materie und dunkler Energie (Gl. (7.250)), bzw. einen *reinen Materiekosmos* ohne Strahlungsanteil und dunkler Energie (Gl. (7.251)), bzw. *einen reinen Λ-Kosmos*, der nur dunkle Energie enthält (Gl. (7.252)). Der Anteil der Strahlung in der Entwicklungsgeschichte des Kosmos ist aber nur ganz zu Anfang von Bedeutung. Er ist so kurz gegenüber dem heutigen Weltalter, dass er für Zeiten $t/t_{\text{heute}} > 10^{-4}$ vernachlässigbar ist bei der Berechnung von $a_K(t)$, worauf auch schon der sehr kleine Wert $\Omega_{\text{rel,heute}}$ in Tabelle 7.11 gegenüber den anderen Dichteparametern hinweist. Unter diesen Bedingungen lässt sich für Gl. (7.249) in sehr guter Näherung schreiben mit $\kappa = 0$:

$$\dot{a}_K = \sqrt{\frac{8}{3}\pi \cdot G} \cdot \left[\frac{\varrho_{m,\text{heute}}}{a_K} + \varrho_{\Lambda,\text{heute}} \cdot a_K^2\right]^{1/2} = H_{\text{heute}}\left[\frac{\Omega_{m,\text{heute}}}{a_K} + \Omega_{\Lambda,\text{heute}} \cdot a_K^2\right]^{1/2}$$
$$(7.253)$$

Das ergibt mit $H_{\text{heute}} = \sqrt{\frac{8\pi}{3} \cdot G \cdot \varrho_{\text{cr}}}$ (s. Gl. (7.240)):

$$t = H_{\text{heute}}^{-1} \int_0^{a_K} \frac{da_K}{\sqrt{\Omega_{m,\text{heute}}/a_K + \Omega_\Lambda \cdot a_K^2}} \qquad (7.254)$$

Gl. (7.254) ist analytisch lösbar, wie in Exkurs 7.7.21 gezeigt wird und ist von der korrekten Lösung von Gl. (7.249) praktisch nicht unterscheidbar, solange $t/t_{\text{heute}} > 10^{-4}$ ist:

$$\boxed{t = \frac{2}{3} \cdot \frac{1}{H_{\text{heute}}\sqrt{\Omega_{\Lambda,\text{heute}}}} \cdot \ln\left[\left(\frac{\Omega_{\Lambda,\text{heute}}}{\Omega_{m,\text{heute}}}\right)^{1/2} \cdot a_K^{3/2} + \left(1 + \frac{\Omega_{\Lambda,\text{heute}}}{\Omega_{m,\text{heute}}} \cdot a_K^3\right)^{1/2}\right]} \qquad (7.255)$$

Man sieht, dass die Zeit t wesentlich durch den Kehrwert von H_{heute} bestimmt wird, wenn $a_K = a_{K,\text{heute}} = 1$ ist. Abb. 7.33 zeigt den Verlauf von $a_K(t)$ nach Gl. (7.255).

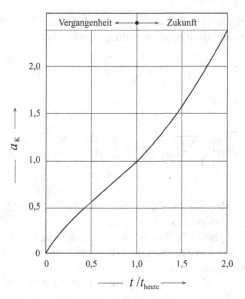

Abb. 7.33: Lösung $a_K(t)$ nach Gl. (7.255). Bei $a_K(t_{heute}) = 1$ ist $t = t_{heute} = 13{,}6 \cdot 10^9$ Jahre, das ist das heutige Alter des Weltalls.

Weiterhin erkennt man: wir leben zu einer Zeit, wo die dunkle Energie bereits begonnen hat die Entwicklung zu dominieren. Mit Gl. (7.255) lässt sich auch das Alter des Weltalls, also die Zeit, die seit dem Urknall bis heute vergangen ist, berechnen indem man $a_K = a_{K,heute} = 1$ setzt. Man erhält mit den in Tabelle 7.11 angegebenen Parametern:

$$\boxed{\text{Weltalter} = t_{heute} = 4{,}29 \cdot 10^{17}\,\text{s} = 13{,}6 \cdot 10^9 \text{ Jahre}}$$

Das liegt dicht bei dem auf Grundlage detaillierter Rechnungen erhaltenen Wert von $13{,}8 \cdot 10^9$ Jahren. Jetzt lassen sich auch die in Abschnitt 7.6.3 diskutierten Schwellentemperaturen für die Vernichtung der Teilchen/Antiteilchen zeitlich festlegen. Diese Ereignisse finden in der frühesten Phase der Entwicklung statt, wo der Strahlungsanteil noch völlig dominiert, also Gl. (7.250) allein den Wert von $a(t)$ bestimmt. Wir betrachten den Temperaturbereich von 10^{13} bis 10^9 K. Nach Gl. (7.247) und Gl. (3.139) gilt:

$$\frac{a_{K,heute}^4}{a_K^4} = \frac{\varrho_{rel}}{\varrho_{rel,heute}} = \frac{u(T)}{u(T_{heute})} = \frac{T^4}{T_{heute}^4} \qquad \text{also} \quad T = \frac{T_{heute}}{a_K} \tag{7.256}$$

Einsetzen von Gl. (7.256) in Gl. (7.250) ergibt $\varrho_{rel,heute}/\varrho_{rel}(T)$,

$$\frac{T_{heute}}{T} = \sqrt{2}\left(\frac{8}{3}\pi G \cdot \frac{\varrho_{rel,heute}}{\varrho_{rel}(T)}\right)^{1/4} \cdot t^{1/2}$$

und aufgelöst nach t ergibt sich unter Beachtung, dass in Gl. (7.250) $\varrho_{rel} = \varrho_{Ph} + \frac{7}{4}\sum_i n_i\varrho_{Ph} = 8 \cdot \varrho_{Ph}$ und $\varrho_{rel,heute} = \varrho_{Ph,heute}$ gilt:

$$t = \left(\frac{T_{heute}}{T}\right)^2 \cdot \frac{1}{2} \cdot \left(\frac{8}{3}\pi G \cdot 8\right)^{-1/2} = \left(\frac{2{,}73}{T}\right)^2 \cdot \frac{2{,}35 \cdot 10^{19}}{\sqrt{8}} = 6{,}192 \cdot T^{-2} \cdot 10^{19} \qquad (7.257)$$

In Tabelle 7.12 sind die Zeiten für die verschiedenen Schwellentemperaturen aus Tabelle 7.10 angegeben.

Tab. 7.12: Zeiten t_S für die Schwellentemperaturen T_S von Teilchen/Antiteilchen-Paaren.

	$p^+ + p^- \to 2h\nu$	$n + \bar{n} \to 2h\nu'$	$e^+ + e^- \to 2h\nu''$
T_S/K	$1{,}080 \cdot 10^{13}$	$1{,}081 \cdot 10^{13}$	$5{,}88 \cdot 10^9$
t/s	$5{,}3 \cdot 10^{-7}$	$5{,}03 \cdot 10^{-7}$	$1{,}79$

7.6.6 Primordiale Nukleosynthese aus Protonen und Neutronen

Unter diesem Begriff versteht man die Bildung der ersten Atomkerne, die aus 2 oder mehr Nukleonen bestehen, das sind im Wesentlichen der ^{4}He-Kern und im weit untergeordneten Ausmaß auch ^{2}H (Deuterium), ^{3}He, ^{7}Li, ^{6}Li und ^{7}Be. Protonen und Neutronen liegen schon in der frühen Entwicklungsphase über die Gleichgewichte in Gl. (7.188) und (7.189) in einem bestimmten Mengenverhältnis vor. Wir beginnen in Stadium II (s. Abschnitt 7.6.4) bei $T < 10^{13}$ K, nachdem die Antiprotonen und Antineutronen bereits verschwunden sind und nur noch als winzige Restmaterie Protonen und Neutronen übrig geblieben sind, während Elektronen und Positronen zunächst noch als Materie/Antimaterie-Paare vorliegen ebenso wie die $\nu_e/\tilde{\nu}_e$-Paare. Als ultrarelativistische Fermionen sind ihre chemischen Potentiale alle gleich Null. Aus den beiden Gleichgewichtsreaktionen nach Gl. (7.188) und (7.189) folgt für das Konzentrations- bzw. Teilchenzahlverhältnis von Neutronen zu Protonen:

$$\frac{C_n}{C_{^1H}} = \exp\left[-\frac{(m_n - m_{p^+})}{k_B T} \cdot c_L^2\right] = \exp\left[-\frac{1{,}4972 \cdot 10^{10}}{T}\right] \qquad (7.258)$$

mit der Massendifferenz $\Delta m = m_n - m_{p^+} = 2{,}3 \cdot 10^{-30}$ kg. Das Vorliegen des thermodynamischen Gleichgewichts von Gl. (7.258) setzt auch das Vorliegen der beiden Gleichgewichte Gl. (7.188) und Gl. (7.189) voraus. Das ist aber nur solange gewährleistet, wie die Neutrinos noch nicht thermisch entkoppelt sind. Wegen der Expansion des Raumes und dem Absinken der Temperatur verlangsamt sich die Kinetik der wechselwirkungsschwachen Neutrinos der beiden Reaktionen $\nu_e + n \to e^- + p^+$ und $\tilde{\nu}_e + p^+ \to e^+ + n$. Dazu trägt auch die Expansionsgeschwindigkeit des Raumes bei. Wir wollen das etwas genauer formulieren. Die Teilchenkonzentration C_i der Teilchensorte i ist definiert als

$$C_i = \left(\frac{N_i}{V}\right) \tag{7.259}$$

Die Reaktionsgeschwindigkeit einer (nuklearen) Reaktion bei *konstantem Volumen V* zwischen Teilchen i und j lautet (s. Abschnitt 6.4):

$$\left(\frac{dC_i}{dt}\right)_V = -C_i \cdot C_j \langle \sigma_{ij} \cdot v \rangle$$

Vergrößert sich jedoch auch das Volumen V mit der Zeit durch Expansion des Raumes, so gilt für die Gesamtgeschwindigkeit der Reaktion:

$$\frac{d\,(N_i/V)}{dt} = \frac{1}{V}\left(\frac{dN_i}{dt}\right)_V + N_i \left(\frac{\partial V^{-1}}{\partial t}\right)_{N_i,N_j} = \left(\frac{\partial C_i}{\partial t}\right)_V - C_i \cdot 3\left(\frac{d \ln a_K}{dt}\right)_{N_i,N_j}$$

wegen $V(t) = \text{const} \cdot a_K^3(t)$. Die Gesamtreaktionsgeschwindigkeit wird dadurch zusätzlich verringert, das Gleichgewicht nach Gl. (7.258) friert ein bei ca. $T = 8{,}6 \cdot 10^9$ K, sodass es rasch zu einer Entkopplung der Neutrinos kommt. Die Neutronen zerfallen nun unterhalb dieser Temperatur durch β-Zerfall:

$$n \rightarrow p^+ + e^- + \bar{\nu}_e \qquad (T < 8{,}6 \cdot 10^9 \, K) \tag{7.260}$$

über das Zeitgesetz

$$C_n(t) = C_{n,0} \cdot \exp\left[-(t - t_0)/\tau_n\right] \tag{7.261}$$

mit der mittleren Lebensdauer $\tau_n = 880$ s. Das entspricht einer Halbwertszeit von $t_{1/2} = \tau_n \cdot \ln 2 = 610$ s. Nach Gl. (7.258) beträgt das erreichte Gleichgewichtsverhältnis bei $T(t_0) = 8{,}6 \cdot 10^9$ K $C_{n,0}/C_{1_H,0} = 0{,}175$. Mit dem Zerfall sinkt C_n nach Gl. (7.260) bzw. (7.261) und C_{1_H} steigt an.

Kurz nach Beginn des freien Neutronenzerfalls findet bei $T \cong 6 \cdot 10^9$ K die Vernichtung der Positronen und Elektronen statt (s. Tabelle 7.12). Es verbleibt ein sehr kleiner Restanteil von Elektronen, der die Zahl der vorhandenen Protonen genau kompensiert (Ladungsneutralität). Davon unberührt setzt sich der β-Zerfall der Neutronen weiter fort, er dauert so lange an, bis die Nukleosynthese von Deuterium ^2H einsetzt mit einer sehr raschen Verschiebung des folgenden Gleichgewichtes von links nach rechts:

$$n + \,^1H \rightleftharpoons \,^2H + \gamma \tag{7.262}$$

gefolgt von einer raschen Serie weiterer Kernreaktionen:

$$^2\text{H} + \ ^2\text{H} \rightarrow \ ^3\text{He} + \text{n}$$
$$^3\text{H} + \ ^2\text{H} \rightarrow \ ^4\text{He} + \text{n}$$
$$^2\text{H} + \ ^2\text{H} \rightarrow \ ^4\text{He} + \gamma \qquad\qquad (7.263)$$
$$^2\text{H} + \text{n} \ \ \rightarrow \ ^3\text{H}$$
$$^3\text{He} + \text{n} \ \rightarrow \ ^4\text{He}$$

Das 6-fache von Gl. (7.262) plus die Summe der Reaktionen nach Gl. (7.263) ergibt den Nettoumsatz von Neutronen mit Protonen zu ^4He:

$$2\text{n} + 2 \ ^1\text{H} \rightarrow \ ^4\text{He}$$

Entscheidend ist Gl. (7.262), denn ohne die Bildung von Deuterium ^2H, laufen die Reaktionen in Gl. (7.263) nicht ab und es kann kein ^4He gebildet werden. Eine ausreichende Konzentration von ^2H in Gl. (7.262) wird jedoch erst bei einer Temperatur erreicht, wo das Partialdruckverhältnis $p_{^2\text{H}}/(p_\text{n} \cdot p_{^1\text{H}}) > 1$ ist. Diese Temperatur lässt sich näherungsweise über das statistisch-thermodynamische Gleichgewicht berechnen. Es gilt für Gl. (7.262) (s. Kapitel 4, Gl. (4.10) mit $g_\text{n} = 2$, $g_{^1\text{H}} = 2$, $g_{^2\text{H}} = 1$) wobei zu beachten ist, dass das chemische Potential der Photonen $\mu_\text{Ph} = 0$ ist:

$$\frac{\left(\dfrac{N_{^2\text{H}}}{V}\right)}{\left(\dfrac{N_\text{n}}{V}\right) \cdot \left(\dfrac{N_{^1\text{H}}}{V}\right)} = \frac{1}{4}\left(\frac{m_{^2\text{H}}}{m_\text{n} \cdot m_{^1\text{H}}}\right)^{3/2} \cdot \left(\frac{h^2}{2\pi k_\text{B}}\right)^{3/2} \cdot T^{-3/2} \cdot \exp\left[-\frac{E_{\text{B},^2\text{H}}}{k_\text{B}T}\right] \qquad (7.264)$$

$E_{\text{B},^2\text{H}}$ ist die Bindungsenergie des Deuteriumkerns ^2H. Sie beträgt $-2{,}22$ MeV $= -3{,}556 \cdot 10^{-13}$ Joule. Man erhält:

$$\frac{p_{^2\text{H}}}{p_\text{n} \cdot p_{^1\text{H}}} \cdot k_\text{B}T = 3{,}01 \cdot 10^{-26} \cdot T^{-3/2} \cdot \exp\left[\frac{2{,}5755 \cdot 10^{10}}{T}\right]$$

Wir schätzen, dass das Einsetzen der Nukleosynthese bei einer Temperatur einsetzt, wo das Partialdruckverhältnis $p_{^2\text{H}}/(p_\text{n} \cdot p_{^1\text{H}}) \approx 1$ ist:

$$\frac{p_{^2\text{H}}}{p_\text{n} \cdot p_{^1\text{H}}} \approx 1 = 2{,}18 \cdot 10^{-3} \cdot T^{-5/2} \cdot \exp\left[\frac{2{,}5755 \cdot 10^{10}}{T}\right] \qquad (7.265)$$

Daraus berechnet sich $T = 4{,}6 \cdot 10^8$ K. Das Partialdruckverhältnis ist sehr empfindlich von T abhängig. Bei $T = 5 \cdot 10^8$ K beträgt es $9{,}1 \cdot 10^{-3}$, bei $4{,}6 \cdot 10^8$ K beträgt es bereits 6258. Die Nukleosynthese von ^2H setzt also fast schlagartig bei $4{,}47 \cdot 10^8$ K ein und damit nach Gl. (7.263) auch die von ^4He. Die ^2H-Konzentration stellt also eine Art „Flaschenhals" ("bottle neck") für die Synthese von ^4He nach Gl. (7.263) dar. Neben ^4He entstehen in weit untergeordneter Menge auch ^2H, ^3He, ^7Li und ^7Be. Nach Abschluss der ^4He-Synthese ist die Konzentration von $^2\mathrm{H}$, $^3\mathrm{He}$, $^7\mathrm{Li}$, $^7\mathrm{Be}$ um den Faktor 10^{-4} bis 10^{-6} geringer als die von $^4\mathrm{He}$ und $^1\mathrm{H}$. Weitere Kerne bilden sich nicht, da die Coulombabstoßung der Reaktanden für mögliche Reaktionen mit der weiter abfallenden Temperatur viel zu groß ist. Damit ist die atomare Zusammensetzung des Kosmos für lange Zeit auf $^1\mathrm{H}$ und $^4\mathrm{He}$ beschränkt. Freie Neutronen gibt es nicht mehr, sie sind alle in den $^4\mathrm{He}$-Kernen abgespeichert. Wenn wir wissen, wann die Nukleosynthese nach Gl. (7.262) einsetzt, kann mit Hilfe von Gl. (7.261) die Konzentration der Neutronen und der Protonen und damit auch die Konzentration von $^4\mathrm{He}$-Kernen berechnet werden.

Wir wollen die Zeitspanne $(t_E - t_0)$ berechnen, in der der β-Zerfall der freien Neutronen stattfindet, die bei $T \approx 8{,}6 \cdot 10^9\,\mathrm{K}$ beginnt und bei $T \cong 4{,}6 \cdot 10^8\,\mathrm{K}$ beendet wird durch Einsetzen der Nukleosynthese. Da wir uns noch völlig im Bereich der Strahlungsdominanz befinden, lassen sich die Zeitpunkte t_0 und t_E bei diesen Temperaturen nach Gl. (7.258) berechnen. Man erhält:

$$t_0 = \frac{6{,}192 \cdot 10^{19}}{(8{,}60 \cdot 10^9)^2} = 0{,}84\,\mathrm{s} \quad \text{und} \quad t_E = \frac{6{,}192 \cdot 10^{19}}{(4{,}6 \cdot 10^8)^2} = 292{,}6\,\mathrm{s} \cong 4{,}9\,\mathrm{min} \qquad (7.266)$$

Wir hatten bereits berechnet: $(C_n/C_{1H})_{t_0} = 0{,}175$ bei ca. $8{,}6 \cdot 10^9\,\mathrm{K}$. Mit $t_E - t_0 = 291{,}8\,\mathrm{s}$ ergibt sich unter Beachtung, dass $C_{1H}(t_E) = C_{1H}(t_0) + C_n(t_0) - C_n(t_E)$ ist:

$$\begin{aligned}
\frac{C_n(t_E)}{C_{1H}(t_E)} &= \frac{C_n(t_0) \cdot \exp\left[-(t_E - t_0)/\tau_n\right]}{C_{1H}(t_0) + C_n(t_0)\left(1 - \exp\left[-(t_E - t_0)/\tau_n\right]\right)} \\
&= \left(\frac{C_n}{C_{1H}}\right)_{t_0} \cdot \frac{\exp\left[-(t_E - t_0)/\tau_n\right]}{1 + \left(\frac{C_n}{C_{1H}}\right)_0 \cdot \left(1 - \exp\left[-(t_E - t_0)/\tau_n\right]\right)} \\
&= 0{,}175 \cdot \frac{\exp\left[-291{,}8/880\right]}{1 + 0{,}175 \cdot \left(1 - \exp\left[-291{,}8/880\right]\right)} = 0{,}1197
\end{aligned}$$

Da mit der fast schlagartig einsetzenden Nukleosynthese alle zum Zeitpunkt t_E noch vorhandenen Neutronen $n_{n,0}$ in $^4\mathrm{He}$-Kernen inkorporiert werden, gilt für die Zahl der Heliumkerne nach Abschluss der Synthese, da sich jeweils 2 Neutronen in einem $^4\mathrm{He}$-Kern befinden:

$$N_{^4\mathrm{He}}(t_E) = \frac{N_n(t_E)}{2}$$

und das Verhältnis von $N_{^4\mathrm{He}}$ zur Zahl der übrig gebliebenen freien Protonen $N_{1H}(t_E)$ beträgt dann:

$$\frac{N_{^4\mathrm{He}}(t_E)}{N_{1H}(t_E)} = \frac{N_n(t_E)/2}{N_{1H}(t_E)} = 0{,}05985$$

Für das Massenverhältnis von $^4\mathrm{He}$ zu $^1\mathrm{H}$ ergibt sich dann:

$$\boxed{\frac{m_{^4\mathrm{He}}}{m_{1H}} = 4 \cdot 0{,}05985 = 0{,}239}$$

Der tatsächliche genauer berechnete Wert beträgt 0,247 in Übereinstimmung mit 0,250 aus astrophysikalischen Beobachtungen. Mit unserer vereinfachten Berechnung kommen wir diesem Wert schon recht nahe.

Dieses Ergebnis ist eine wichtige Stütze des kosmologischen Standardmodells des frühen Universums. Die Mengenanteile anderer Kerne wie ^{2}H, ^{6}Li, ^{7}Li und ^{7}Be betragen nach Abschluss der primordialen Nukleosynthese zusammen weniger als 1 Promille. Das Massenverhältnis von ^{4}He zu ^{1}H hat sich im Lauf der Zeit auf 1 : 2,5 = 0,4 zugunsten von ^{4}He verschoben aufgrund der Nukleosynthese von ^{1}H zu ^{4}He im Zentrum der Sterne während der vergangenen 13 Milliarden Jahre, seit es Sternbildungen gibt (s. Abschnitt 7.4.4). Schwerere Elemente wie C, N, O, Na, Mg, Si *et cet.* bis zum Eisen (Fe) entstehen ausschließlich durch die viel spätere Nukleosynthese im Inneren von Sternen (s. Abschnitt 7.4.5). Noch schwerere Elemente (bis Uran) entstehen durch Supernova-Ausbrüchen (s. Abschnitt 7.4.5). In Abb. 7.34 ist das Verhältnis von Neutronen- zur Protonenzahl, eingeteilt in die verschiedenen Phasen bis zum Einsetzen der primordialen Nukleosynthese, nochmals graphisch zusammengefasst dargestellt.

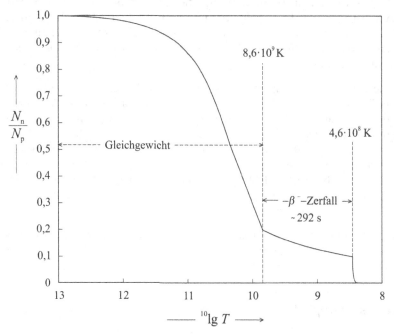

Abb. 7.34: Teilchenzahlverhältnis von freien Neutronen zu Protonen $N_n/N_{^1H}$ des Kosmos im Temperaturbereich von 10^{13} K bis 10^8 K. Für $T < 4,6 \cdot 10^8$ K befinden sich alle Neutronen in ^{4}He-Kernen.

Die weitere Entwicklung des Universums ist geprägt von fortschreitender Ausdehnung und Abkühlung. Nach ca. $4 \cdot 10^5$ Jahren wird das Universum „durchsichtig", die Photonen entkoppeln von der gasförmigen Materie bei ca. 3500 K, die aus neutralen Atomen besteht (^{1}H und ^{4}He). Diese Phase heißt *Rekombination*. Die kosmische Hintergrundstrahlung entsteht, d.h., sie wird sichtbar und durchflutet absorptionsfrei den Raum, ohne dass die homogene Struktur und Zusammensetzung sich wesentlich ändert, bis nach 300-400 Millionen Jahren langsam die Bildung der Sterne und Galaxien einsetzt. Dieser Prozess der lokalen Zusammenballung von Materie bestehend aus 75 Massenprozent ^{1}H und 25 % ^{4}He wird verursacht durch Fluktuationen der Dichte, wobei offensichtlich die dunkle Materie als „cold dark matter" eine Schlüsselrolle gespielt hat, die auch heute die Struktur und Dynamik von Galaxien nachhaltig beeinflusst. Jüngste Bilder, die das *James Webb Space Telescope* lieferte, lassen vermuten, dass bereits 300 Millionen Jahre nach dem „Big Bang" Galaxien existierten (s. z. B. R. Boyle, Spektrum der Wissenschaft, Juli 2023). Das ist gemessen am heutigen Alter des Universums von 13,8 Milliarden Jahren, eine kurze Zeitspanne. Wir fassen die Ergebnisse des gesamten Abschnitts 7.6 nochmals zusammen.

- Die Methode der Pseudo-Newtonschen Gravitationstheorie (PNG) erreicht in fast allen Aspekten dieselben Resultate wie die korrekte ART. Die Interpretation des Parameters κ in Gl. (7.237) ist allerdings unterschiedlich in PNG und ART.

- Die Notwendigkeit der Einführung einer Dichte von dunkler Materie und einer dunklen Energiedichte betrifft PNG und ART gleichermaßen. Ohne dunkle Materie ist die Bildung von Galaxien aus ursprünglichen Dichteschwankungen nicht erklärbar, ohne dunkle Energiedichte ist die beschleunigende Expansion des Kosmos nicht erklärbar.

- Eine weitere Schwierigkeit, die die PNG-Theorie betrifft aber nicht die ART, ist die Tatsache, dass der Kosmos in unserer Raumvorstellung kein Zentrum besitzt und grundsätzlich keine Begrenzung hat, auch wenn er endlich groß sein kann. Ein weiteres Problem, dass sowohl die PNG-Theorie wie die ART betrifft, ist die Tatsache, dass $\kappa = 0$ ist (sog. Flachheitsproblem). Die Annahme, dass der eigentliche „Urknall" in der Zeitspanne von 10^{-35} bis 10^{-32} s einen inflationären Prozess (eine Art Phasenübergang) erlebt hat, bei dem ein winziger Raumzeitbereich um den Faktor 10^{26} angewachsen ist, kann beide Probleme erklären. Darüber gibt Exkurs 7.7.25 nähere Auskunft.

Mit diesem Überblick beenden wir die frühe Entwicklungsgeschichte des Kosmos, die uns gezeigt hat, wie wesentlich sie bis zur Entstehung der ersten Atome bestimmt war durch die Gesetzmäßigkeiten der statistischen Physik ihrer mikroskopischen Bestandteile.

7.7 Exkurs zu Kapitel 7

7.7.1 Die Wellenlänge der maximalen Lichtintensität eines thermischen Strahlers – Der Wien'sche Verschiebungssatz

Bestimmen Sie als Beispiel für einen sog. schwarzen Strahler die Wellenlänge des Sonnenlichtes im Maximum der Intensitätskurve für das Zentrum der Sonne ($T_C = 1,57 \cdot 10^7$ K) und auf ihrer Oberfläche ($T = 5800$ K). *Hinweis:* drücken Sie zunächst I_ν statt in J $\cdot$ m^{-2} durch I_λ aus, d. h. in J $\cdot$ m$^{-3} \cdot$ s^{-1} also pro Wellenlänge statt pro Frequenz.

Lösung:

Es gilt mit $v \cdot \lambda = c_L$: $dv = -(c_L/\lambda^2) \, d\lambda$:

$$I_\lambda = -I_v \frac{dv}{d\lambda} = +I_v \frac{c_L}{\lambda^2} = \frac{2\pi h \cdot c_L}{\lambda^5 \left(e^{hc_L/(k_B T \cdot \lambda)} - 1\right)} \, J \cdot m^{-3} \cdot s^{-1}$$

Differenzieren nach λ und Nullsetzen ergibt mit der Abkürzung $a = h \cdot c_L/(k_B T)$:

$$5 \cdot \left(1 - e^{-a/\lambda_{max}}\right) \doteq \frac{a}{\lambda_{max}}$$

Die numerische Lösung dieser Gleichung lautet.

$$\frac{a}{\lambda_{max}} = 4,965 \quad \text{bzw.} \quad \lambda_{max} = \frac{h \cdot c_L}{4,965 \cdot k_B T}$$

Das Produkt $\lambda_{max} \cdot T$ ist also eine Konstante. Diese Gesetzmäßigkeit heißt der *Wien'sche Verschiebungssatz*. Als Ergebnisse erhält man:

$$\begin{aligned}
&\text{Für } T = \quad 5800 \, K : \lambda_{max} = 4,996 \cdot 10^{-7} \, m = 499,6 \, nm \\
&\text{Für } T_C = 1,57 \cdot 10^7 \, K : \lambda_{max} = 2,11 \cdot 10^{-10} \, m = 0,185 \, nm
\end{aligned}$$

Bei 5800 K liegt das Wellenlängenmaximum im sichtbaren Bereich, die Farbe ist grün. Bei $1,57 \cdot 10^7$ K liegt λ_{max} im Röntgenstrahlungsbereich. Die Röntgenstrahlung im Inneren der Sonne dringt nicht nach außen, die mittlere freie Weglänge der Röntgenquanten ist viel zu gering (s. auch Exkurs 7.7.15). Neben der intensiven, aber praktisch nicht wahrnehmbaren Neutrinostrahlung aus dem tiefen Inneren der Sonne (s. Exkurs 7.7.10), wo Kernfusion stattfindet, gelangt auf die Erde nur die Photonenstrahlung von der Oberfläche der Sonne, die optimale Bedingungen für das Funktionieren der Photosynthese ermöglicht.

7.7.2 Lichtdruck und Plasmadruck im Zentrum der Sonne

In den Sternen auf der Haupttreihe des HR-Diagramms kann neben dem Druck des Plasmas der Protonen, He^{2+}-Ionen und Elektronen auch der Lichtdruck eine Rolle spielen. Für die Sonne gelten im Zentrum: $T_c = 15,4 \cdot 10^6$ K und $\varrho_c = 1,50 \cdot 10^5$ kg $\cdot$ m^{-3}. Der Gewichtsbruch der Protonen w_H beträgt im Zentrum 0,355. Berechnen Sie x_{He}, x_H, x_e und den Druck im Sonnenzentrum p_c. Geben Sie den prozentualen Anteil des Photonendrucks am Gesamtdruck an, der im Zentrum herrscht. Die mittlere Molmasse $\langle M \rangle$ im Zentrum ist nach Gl. (7.41) bis (7.43) zu berechnen.

Lösung:
Nach Gl. (7.41) gilt mit $w_{He} = 1 - w_H$, sowie $m = 1$, $n = 2$ und $M_A/M_B = M_{He}/M_H = 4$:

$$x_{He} = \frac{1}{8\left(w_{He}^{-1} - 1\right) + 3} = 0,135$$

und nach Gl. (7.39) kombiniert mit Gl. (7.40):

$$x_H = (1 - 3x_{He})/2 = 0{,}298 \qquad \text{bzw.} \quad x_e = 1 - x_H - x_{He} = 0{,}567$$

Also erhält man nach Gl. (7.43) (der Massenanteil der Elektronen kann vernachlässigt werden):

$$\langle M \rangle = x_H 10^{-3} + x_{He} \cdot 4 \cdot 10^{-3} = 8{,}38 \cdot 10^{-4} \, \text{kg} \cdot \text{mol}^{-1}$$

- Damit lässt sich der Wert für p_c berechnen:

$$p_c = \frac{\varrho_c}{\langle M \rangle} \cdot RT_c + \frac{4}{3}\sigma_{SB}\frac{1}{c_L} \cdot T_c^4 = \frac{1{,}5 \cdot 10^5}{8{,}38 \cdot 10^{-4}} R \cdot 15{,}4 \cdot 10^6 + \frac{4}{3}\frac{\sigma_{SB}}{c_L} \cdot (15{,}4 \cdot 10^6)^4$$

$$= 2{,}29 \cdot 10^{16} \, \text{Pa} + 1{,}42 \cdot 10^{13} \, \text{Pa}$$

Der Bruchteil dieses Druckes, der vom Photonendruck herrührt, beträgt demnach:

$$\frac{p_{Ph}}{p_{Materie} + p_{Ph}} = \frac{1{,}42 \cdot 10^{13}}{2{,}29 \cdot 10^{16} + 1{,}42 \cdot 10^{13}} = 6{,}19 \cdot 10^{-4} = 0{,}0619\,\%$$

Der Lichtdruck im Zentrum der Sonne ist also gegenüber dem materiellen Druck vernachlässigbar gering. Bei sehr großen Sternen ist das aber häufig nicht mehr der Fall (s. Exkurs 7.7.17).

7.7.3 Der Kollaps einer Gaswolke als Geburtsvorgang eines Sterns

Das Jeans-Kriterium (Abschnitt 7.4.1) besagt, dass eine Gaswolke mit der Dichte $\varrho_w >$ ϱ_{Jeans} instabil wird und unter dem Einfluss ihrer eigenen Gravitation beginnt zu kollabieren. Wenn m die Masse der Wolke ist und r ihr Radius, erfährt ein Masseteilchen im Abstand r vom Zentrum die Beschleunigung

$$\frac{d^2 r}{dt^2} = -\frac{G \cdot m}{r^2}$$

m ist die von der Kugel mit dem Radius r eingeschlossene Masse. Mit

$$\frac{d}{dt}\left(\frac{dr}{dt}\right)^2 = 2 \cdot \frac{dr}{dt} \cdot \left(\frac{d^2 r}{dt^2}\right) = -\frac{2G \cdot m}{r^2} \cdot \left(\frac{dr}{dt}\right)$$

lässt sich diese Gleichung einfach integrieren:

$$\left(\frac{dr}{dt}\right)^2 = -\int_{r_0}^{r} \frac{2 \cdot G \cdot m}{r^2} dr = 2G \cdot m \left(\frac{1}{r} - \frac{1}{r_0}\right)$$

wobei r_0 der Radius zu Beginn ($t = 0$) des Kollaps bedeutet. Für die Masse gilt zu jeder Zeit:

$$m(r) = \varrho \cdot \frac{4}{3}\pi r^3 = m(r_0) = \varrho_0 \cdot \frac{4}{3}\pi r_0^3$$

mit der Massendichte $\varrho(T > 0)$ und $\varrho_0 = \varrho(t = 0)$. Das führt uns zu der Differentialgleichung

$$\frac{1}{r_0}\frac{dr}{dt} = \left(\frac{8\pi G \cdot \varrho_0}{3}\right)^{1/2} \cdot \left(\frac{r_0}{r} - 1\right)^{1/2}$$

die sich durch die Substitution $r/r_0 = \cos^2 \vartheta$ lösen lässt mit der neuen Variablen ϑ. Es ergibt sich also unter Beachtung von $\cos^2 \vartheta + \sin^2 \vartheta = 1$ und der Abkürzung $A = (8\pi \cdot G \cdot \varrho_0/3)^{1/2}$:

$$\frac{d\cos^2 \vartheta}{dt} = 2 \cdot \cos \vartheta \cdot \frac{d\cos \vartheta}{dt} = \pm A \cdot \left[\frac{1}{\cos^2 \vartheta} - 1\right]^{1/2} = \pm A \cdot \frac{\sin \vartheta}{\cos \vartheta}$$

und somit

$$2 \cdot \cos^2 \vartheta \cdot \frac{d\cos \vartheta}{dt} = \pm A \cdot \sin \vartheta = \pm A \cdot \frac{d\cos \vartheta}{d\vartheta}$$

bzw., wenn wir das positive Vorzeichen wählen (das negative würde eine Expansion von 0 bis r bedeuten!):

$$2 \cdot \cos^2 \vartheta d\vartheta = \frac{d(\sin \vartheta \cdot \cos \vartheta + \vartheta)}{d\vartheta} \cdot d\vartheta = A \cdot dt$$

Damit erhält man als Lösung für $t = \tau$ (freie Fallzeit mit $r(\tau) = 0$), also $\cos(\pi/2) = 0$ bzw. $\sin \vartheta = \sin(\pi/2) = 1$ und für $t = 0$ mit $r = r_0$, also $\cos(0) = 1$ und $\sin(0) = 0$:

$$\tau \cdot \left(\frac{8\pi G \cdot \varrho_0}{3}\right)^{1/2} = \sin \vartheta \cos \vartheta \Big|_0^{\pi/2} + \frac{\pi}{2} = \frac{\pi}{2}$$

Das ergibt für die freie Fallzeit τ

$$\tau = \left(\frac{3\pi}{32 \cdot G \cdot \varrho_0}\right)^{1/2}$$

Wir wählen zur Berechnung das Beispiel einer Gaswolke bestehend aus H_2 mit der Masse der Sonne mit $m_\odot = 2 \cdot 10^{30}$ kg und $T = 20$ K (s. Gl. (7.24)) und erhalten, wenn wir $\varrho_0 = \varrho_{\text{Jeans}} = 2{,}7 \cdot 10^{-15}$ kg $\cdot$ m^{-3} einsetzen:

$$\tau_\odot = \left(\frac{3\pi \cdot 10^{15}}{32 \cdot G \cdot 2{,}7}\right)^{1/2} = 1{,}279 \cdot 10^{12} \text{ s} = 40.544 \text{ Jahre}$$

Verglichen mit der Zeitdauer späterer Lebensabschnitte ist $\tau_\odot$ sehr kurz (nur $\approx 2 \cdot 10^{-4}\%$ der nachfolgenden Jahre bis zum Ende der H-Kernfusion!). Es handelt sich um ein quasi blitzartiges Ereignis, für das die Bezeichnung „Kollaps" durchaus angemessen ist.

Die abgeleitete Gleichung für τ offenbart jedoch das Problem, dass alle Massenteile der Gaswolke zu derselben Zeit τ in einem Punkt vereint sind, r wird dort gleich Null, aber die Dichte ϱ würde dort unendlich groß, wenn m konstant bleiben soll.

Die Wirklichkeit eines Kollaps sieht etwas anders aus. Zunächst verläuft der Prozess tatsächlich nach unserem Kollaps-Modell ab. Die Phase kann man als isotherme Phase bezeichnen. Das setzt aber voraus, dass sich die Moleküle nur als gleichmäßig verteilte Massenpunkte in dem von ihnen selbst erzeugten Gravitationskraftfeld beschleunigt werden. Es handelt sich um ein idealisiertes, rein mechanisches Modell, die Wechselwirkung des Moleküle untereinander und die molekulare Statistik spielen zunächst keine Rolle. Sobald sich aber die Dichte der Wolke bei der Kontraktion genügend erhöht hat, stoßen die Moleküle miteinander, da ihr mittlerer Abstand immer geringer wird. Die aus der abnehmenden Gravitationsenergie gewonnenen kinetische Energie wird durch Stöße in thermische Energie umgewandelt, die Temperatur erhöht sich, der Kollaps wird durch Reibung abgebremst und gelangt in einen verlangsamten stationären Zustand sobald der Virialsatz erfüllt ist, also $E_{Grav} + 2E_{Therm} = 0$. Erst mit dem Reibungseffekt und der Temperaturerhöhung kommt die Molekularstatistik ins Spiel und dominiert das Geschehen, die Entropie erhöht sich (irreversibler Prozess!). Der Stern erreicht einen endlichen Radius und strahlt Lichtenergie in den Raum ab. Der Kollaps ist vollzogen und der Stern kontrahiert nur noch langsamer weiter bis seine zentrale Temperatur hoch genug wird, um die Kernfusion von ^{1}H zu ^{4}He einzuleiten. Die Zeit bis das stationäre Gleichgewicht nach Beginn des Kollaps erreicht ist, dauert sicher wegen der beschriebenen Reibungseffekten deutlich länger als $4 \cdot 10^4$ Jahre, sie dürfte bei einigen 10^5 Jahren liegen. Das ist immer noch sehr kurz gegenüber der Lebenszeit eines Sterns. Vergleichbar damit ist das Alter eines neugeborenen Menschen von 2 Stunden mit seiner mittleren Lebenszeit von ca. 80 Jahren. Das zeitliche Verhältnis ähnelt dem bei den Sternen.

7.7.4 Ermittlung von Sterndaten aus dem HR-Diagramm

In Abb. 7.11 (HR-Diagramm) sind einige der bekanntesten Sterne der Milchstraße eingezeichnet. Ihre Koordinaten (^{10}lg$(L_s/L_\odot)/^{10}$ lgT_{eff}) lauten: Sirius A (1,4048/3,996), Sirius B (−1,569/4,40), Rigel A (5,079/4,09), Beteigeuze (4,740/3,54), Proxima Centauri (−2,799/3,48). Berechnen Sie aus diesen Angaben die Oberflächentemperatur T_{eff}, die maximale Wellenlänge λ_{max} (in nm) der Planck'schen Verteilungsfunktion nach dem Wien'schen Verschiebungsgesetz (s. Exkurs 7.7.1) und das Radienverhältnis $r_s/r_\odot$, sowie die mittlere Dichte dieser Sterne.
Angaben: $T_{eff,\odot} = 5785$ K, $r_\odot = 6,96 \cdot 10^8$ m.

Lösung:

Nach dem Wien'schen Verschiebungsgesetz gilt:

$$\lambda_{max} = \frac{h \cdot c_L}{4{,}965 \cdot k_B \cdot T_{eff}}$$

Ferner gilt

$$L_s/L_\odot = \left(r_s^2 \cdot T_{eff,s}^4\right) / \left(r_\odot^2 \cdot T_{eff,\odot}^4\right) \qquad \text{bzw.} \qquad \frac{r_s}{r_\odot} = \frac{T_{eff,\odot}^2}{T_{eff,s}^2} \cdot \sqrt{\frac{L_s}{L_\odot}}$$

Die Ergebnisse zeigt Tabelle 7.13. Die Massenverhältnisse $m/m_\odot$ lassen sich bei Doppel-sternen (Sirius A, Sirius B, Proxima Centauri) berechnen, anderenfalls aus dem empiri-schen Masse-Leuchtkraft-Diagramm abschätzen (s. Exkurs 7.7.5).

Tab. 7.13: Berechnete Sterndaten

	Sirius A	Sirius B	Rigel A	Beteigeuze	Proxima Centauri
T_{eff} / K	9.900	25.190	12.200	3450	3020
λ_{max}/nm	293	115	236	835	960
Farbe:	weißblau	weißblau	weißblau	gelbrot	rot
$r_s/r_\odot$	1,720	0,0086	70	~ 500	0,146
$m/m_\odot$	2,2	0,978	17	20	0,122
Dichte ϱ / kg $\cdot$ m^{-3}	612	$2{,}175 \cdot 10^9$	~ 0,07	~ $2 \cdot 10^{-4}$	$5{,}5 \cdot 10^4$

Sirius A ist ein typischer Stern auf der Hauptreihe, Sirius B ein typischer weißer Zwerg, Beteigeuze und Rigel, die beiden markanten Ecksterne des Orion Sternbildes, gehören zu den weißen bzw. roten Riesen, ihre unterschiedliche Farbe ist sogar mit bloßem Auge zu erkennen. Proxima Centauri ist ein kleiner Stern, der nur sichtbar ist, weil er zu den Sternen zählt, die uns am nächsten sind, er wird von einem Exoplaneten umkreist, der in der sog. habitablen (also prinzipiell „bewohnbaren") Zone liegt (s. Exkurs 7.7.7). Man beachte vor allem die extremen Dichteunterschiede. Während Sirius A ungefähr die halbe Dichte der Sonne (1415 kg $\cdot$ m^{-3}) hat, besitzt der kleine Stern Proxima Centauri fast die 40-fache Dichte. Da er aufgrund seiner kleinen Masse wahrscheinlich keine Kernfusion als Energiequelle besitzt, ist er schneller kontrahiert und hat daher eine relativ hohe Dichte erreicht. Sirius B erreicht fast die Masse der Sonne, hat also eine längere Phase von Kernfusionen schon hinter sich gelassen, und die enorme Dichte des $1{,}5 \cdot 10^6$-fachen der Dichte der Sonne. Sirius B ist ein typischer weißer Zwerg. Beteigeuze, ein enorm weit aufgeblähter Roter Riese, hat eine sehr niedrige mittlere Dichte und besteht vorwiegend aus einem verdünnten heißen Gasplasma mit einem relativ kleinen dichten Kern. Der Strahlungsdruck in seinem Inneren dürfte sehr hoch sein und seine Stabilität gefährden (s. Exkurs 7.7.17).

7.7.5 Verweildauer von Sternen auf der Hauptreihe des HR-Diagramms

Die Sterne, die auf der Hauptreihe des HR-Diagramms liegen (s. Abb. 7.11), befinden sich im Stadium des nuklearen Brennens von ^{1}H zu ^{4}He. In diesem Zustand verbringen sie den längsten Teil ihres Daseins. Ein Stern ist charakterisiert durch seine Masse m_{st}, seine Effektivtemperatur T_{eff} (Strahlungstemperatur), seinen Radius r_{st} und seine Leuchtkraft L_{st}. Während die Entfernung d und die relative Leuchtkraft L_{st}/d^2 noch in den meisten Fällen gut bestimmbar sind und damit auch über das Stefan-Boltzmann-Gesetz der Radius r_{st} (s. Exkurs 7.7.4), lässt sich die Masse nur bei Doppelsternen zuverlässig ermitteln oder man muss auf spezielle spektroskopische Methoden zurückgreifen. In Abb. 7.35 ist für solche Sterne $^{10}\lg(L_{st}/L_\odot)$ gegen $^{10}\lg(m_{st}/m_\odot)$ aufgetragen. Man sieht, dass sich ein ungefähr linearer Zusammenhang ergibt, der sich durch die Beziehung

$$^{10}\lg\left(\frac{L_{st}}{L_\odot}\right) \cong 3{,}5 \cdot {}^{10}\lg\left(\frac{m_{st}}{m_\odot}\right)$$

beschreiben lässt sog. (Masse-Leuchtkraft-Relation). Sterne auf der Hauptreihe verbrauchen ca. 10 % ihres H-Vorrates zur nuklearen Synthese von ^{4}He, bevor sie im HR-Diagramm nach rechts oben abbiegen und ins Gebiet der roten Riesen wandern. Die Zeit t_{HR}, die der Stern auf der Hauptreihe mit der nuklearen H-Verbrennung verbringt, lässt sich abschätzen, denn es gilt:

$$L_{st} \cdot t_{HR} = E_H \cong 0{,}1 \cdot m_{st} \cdot c_L^2$$

wobei E_H die gesamte Energiemenge darstellt, die der Stern durch H-Brennen erzeugt. t_{HR} ist die Zeit, die er dafür benötigt, also seine Lebenszeit auf der Hauptreihe. E_H ist proportional zu der Masse an Wasserstoff, also ca. 10 % der Sternmasse m_{st}. Aus der Kombination der beiden Gleichungen lässt sich die Zeit t_{HR} berechnen, da man die Sonnenmasse $m_\odot$ und ihre Leuchtkraft $L_\odot$ kennt und für $t_{HR,\odot} \approx 10^{10}$ Jahre einzusetzen hat.

Man erhält also:

$$t_{HR} \cong t_{HR,\odot} \cdot \left(\frac{m_{st}}{m_\odot}\right)^{-2{,}5}$$

Die Ergebnisse zeigt Tabelle 7.14

Je größer der Stern ist, desto kürzer ist seine Verweildauer auf der Hauptreihe. Ein Stern mit $0{,}5 \cdot m_\odot$ verbringt über 50 Milliarden Jahre auf der Hauptreihe. Sein H-Verbrauch ist so langsam, dass seine Temperatur im Zentrum gerade ausreicht, um die Kernfusion überhaupt aufrechtzuerhalten. Ein Stern mit 40 Sonnenmassen hat dagegen bereits nach ca. 1 Millionen Jahre 10 % seines Wasserstoffs verbraucht und verlässt die Hauptreihe. Seine Temperatur im Zentrum ist sehr hoch (ca. $40 \cdot 10^6$ K), er verbrennt also sehr schnell. Die berechneten Zahlenwerte sind geschätzt, aber sie treffen die Größenordnung richtig.

Tab. 7.14: Verweildauer t_{HR} von Sternen auf der Hauptreihe

t_{HR} / Jahre	$5,6 \cdot 10^{10}$	10^{10}	$1,76 \cdot 10^9$	$1,8 \cdot 10^8$	$3,2 \cdot 10^7$	$5,6 \cdot 10^6$	10^6
$\dfrac{m_{\text{st}}}{m_{\odot}}$	0,5	1	2	5	10	20	40

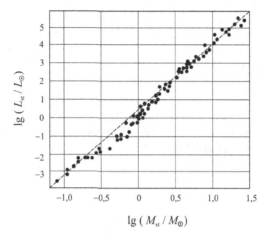

Abb. 7.35: Masse-Leuchtkraft-Diagramm von Hauptreihen-Sternen im Stadium des Wasserstoff-Brennens. - - - - lineare Korrelation mit der Steigung 3,5.

7.7.6 Analytische Lösungen der Lane-Emden-Gleichung

Die Lane-Emden Gleichung (7.56) lässt sich für $n = 0$, $n = 1$ und $n = 5$ analytisch lösen. Geben Sie die Lösungen für $n = 0$ und $n = 1$ an.

Lösung:

Für $n = 0$ lautet Gl. (7.56):

$$\frac{1}{\xi^2} \frac{\text{d}}{\text{d}\xi} \left(\xi^2 \cdot \frac{\text{d}w}{\text{d}\xi} \right) = -1$$

Das lässt sich sofort integrieren und ergibt:

$$\xi^2 \cdot \frac{\text{d}w}{\text{d}\xi} = -\frac{1}{3} \cdot \xi^3 - C$$

Die nächste Integration liefert die Lösung:

$$w = D + \frac{C}{\xi} - \frac{1}{6} \cdot \xi^2$$

Die Integrationskonstanten C und D lassen sich durch die physikalischen Randbedingungen bestimmen. Bei $\xi = 0$ muss $\theta = 1$ sein, also muss $C = 0$ und $D = 1$ gelten und man erhält:

$$\boxed{w = 1 - \frac{1}{6} \cdot \xi^2} \quad (n = 0)$$

Wenn $w = 0$ ist, ist $\xi_{St} = \sqrt{6} = 2{,}44949$ (s. Tabelle 7.3). Der zweite Fall mit $n = 1$ ist auch nicht schwierig zu behandeln. Wir beginnen mit der Variablentransformation $w = \chi/\xi$. Eingesetzt in Gl. (7.56) ergibt das für $n = 1$:

$$\frac{d^2\chi}{d\xi^2} = -\chi$$

Eine allgemeine Lösung, die 2 Intergationskonstanten α und δ enthält, lautet:

$$\chi = \alpha \cdot \sin(\xi + \delta) \quad \text{bzw.} \quad w = \alpha \cdot \frac{\sin(\xi + \delta)}{\xi}$$

Es muss $\delta = 0$ gelten, da sonst bei $\xi = 0$ der Wert für w gegen ∞ geht. Da $w(\xi = 0) = 1$ gilt, muss $\alpha = 1$ sein, denn der Grenzwert $\sin \xi/\xi$ wird 1 für $\xi = 0$. Also lautet die Lösung:

$$\boxed{w = \frac{\sin \xi}{\xi}} \quad (n = 1)$$

Für $\xi = \xi_{St} = \pi$ wird $w = 0$. Der Kurvenverlauf für $n = 1$ ist in Abb. 7.9 dargestellt. Auf die Lösung für $n = 5$ wollen wir verzichten, da sie keine weitere physikalische Bedeutung hat und der Lösungsweg etwas beschwerlicher ist (s. z.B. S. Chandrasekhar, Introduction to the Study of Stellar Structure, Dover (1967)).

7.7.7 Exoplaneten und habitable Zonen

Exoplaneten sind Planeten, die um andere Sterne als unsere Sonne kreisen. Dank erheblich verbesserter Beobachtungsmethoden konnten bis heute (Stand 2023) bereits über 5000 solcher Exoplaneten in unserer Galaxie, der Milchstraße entdeckt worden. Ihre Eigenschaften wie Masse, Umlaufzeit, Abstand zum Mutterstern und Oberflächentemperatur sind bei Kenntnis von Masse, Leuchtkraft und Strahlungstemperatur des Sterns in vielen Fällen bestimmbar.

Eine der Beobachtungstechniken ist die in Abb. 7.36 skizzierte sog. Transit-Methode. Abb. 7.36 (links) zeigt den Verlauf der Leuchtkraft des Systems Stern + Planet als Funktion der Umlaufbahn des Planeten. Im Bereich des Vollschattens, dem sog. Transit I, ist ein Intensitätsverlust zu beobachten. Die Strahlungsintensität wächst nach Austritt des Planeten aus dem Schatten kontinuierlich an, da sein beleuchteter Flächenanteil zunehmend zur Leuchtkraft L_S des Systems Stern + Planet beiträgt, bis der Planet hinter dem Stern verschwindet. Dort kommt es zu einem erneuten Verlust der Leuchtkraft (Transit II), bevor der Planet wieder sichtbar wird. Die Gesamtleuchtkraft nimmt dann wieder ab, da der Planet zunehmend beschattet wird. Die gestrichelte Umlauflinie ist die Linie konstanter Leuchtkraft (Referenzlinie, Punkt L_{ref}). Zusätzliche Informationen werden aus der Beobachtung der periodischen „Zitterbewegung" des Sterns Δx um den gemeinsamen Schwerpunkt erhalten (s. Abb. 7.37). So lassen sich die Masse, Umlaufzeit, Abstand von Planet zu Stern und die Oberflächentemperatur (Strahlungstemperatur) des Exoplaneten bestimmen. Ein Beispiel zeigt Abb. 7.36 (rechts). Dort sind Messpunkte der relativen Leuchtstärke von Stern + Planet GJ 1214 (ein fester Planet in der Größenordnung des Jupiter) im Bereich seines Vollschatten-Transits vor seinem Mutterstern gezeigt. Der Stern ist mehrere hundert Lichtjahre von uns entfernt.

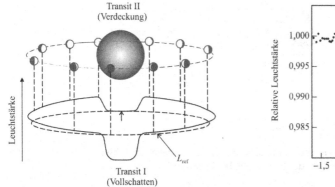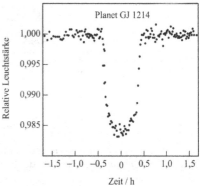

Abb. 7.36: Links: Leuchtkraft L_S des Muttersterns (durchgezogene Linie) während des Umlaufes eines Exoplaneten. Rechts: Relative Leuchtstärke im Bereich des Transits des Planeten GJ 1214 vor dem Stern (Vollschatten)

In jüngerer Zeit ist ein Exoplanet (Proxima B) eines nahen Nachbarsterns der Sonne, Proxima Centauri, entdeckt worden, der nur 4,3 Lichtjahre von uns entfernt ist. Es konnten folgende Daten ermittelt werden: Umlaufperiode: 11,186 Tage (ermittelt aus dem Zeitab-schnitt zwischen 2 benachbarten Transiten), Planetenmasse (das 1,27-fache der Erdmasse) und Masse des Sterns (0,12 · $m_\odot$)(ermittelt aus Umlaufzeit und Schwankung von Proxima Centauri um den gemeinsamen Schwerpunkt von Stern und Planet), Leuchtkraft des Sterns: $L_S = 0{,}00155 \cdot L_\odot$ (ermittelt aus der scheinbaren Helligkeit am irdischen Sternen-himmel bei Kenntnis der Entfernung von 4,3 LJ), Temperatur des Sterns: 2900 K (ermittelt aus dem Lichtspektrum). Entfernung Stern zum Exoplanet: $7{,}2 \cdot 10^6$ km. Wir stellen uns folgende Aufgaben:

a) Bestimmen Sie aus dem Leuchtkraftverhältnis $L_S/L_\odot$ den Radius des Sterns Proxima Centauri.

   Angaben:
   Radius der Sonne: $r_\odot = 6{,}96 \cdot 10^8$ m, Oberflächentemperatur der Sonne: $T_\odot = 5780$ K

b) Bestimmen Sie Oberflächentemperatur des Exoplaneten Proxima B.

   Angaben:
   Entfernung Exoplanet zum Stern: $r_{S \to Exo} = 7{,}2 \cdot 10^9$ km (s. o.).

c) Wie groß ist die habitable (bewohnbare) Zone, definiert als der Abstandsbereich zu Proxima Centauri, in dem die Strahlungstemperatur eines Exoplaneten zwischen -20 °C und +40 °C liegt?

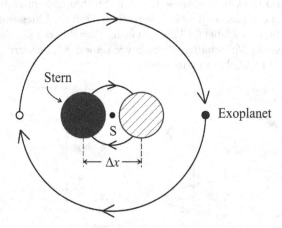

Abb. 7.37: Rotation von Stern und Exoplanet um den gemeinsamen Schwerpunkt S. Δx ist die periodisch schwankende Position des Sterns, die beobachtbar ist

Lösung:

a) Nach dem Stefan-Boltzmann'schen Strahlungsgesetz gilt:

$$\frac{L_S}{L_\odot} = 0{,}00155 = \frac{r_S^2}{r_\odot^2} \cdot \frac{T_S^4}{T_\odot^4}$$

Mit $T_S = 2900$ K und $T_\odot = 5780$ K erhält man daraus:

$$r_S = r_\odot \cdot 0{,}03937 \cdot r_\odot \cdot (T_\odot/T_S)^2 = 6{,}96 \cdot 10^8 \cdot 0{,}1564 = 1{,}089 \cdot 10^8 \text{ m}$$

b) Für den Exoplaneten gilt mit der Albedo $A \cong 0$ und $\widetilde{\gamma} = 1$ (s. Gl. (7.20)):

$$T_{Exo} = T_S \left(\frac{r_S^2}{4 r_{S \to Exo}^2} \right)^{1/4} = 2900 \cdot \frac{\left(1{,}089 \cdot 10^8 \right)^{1/2}}{(2 \cdot 7{,}2 \cdot 10^9)^{1/2}} = 252 \text{ K} = -21°C$$

c) Den Bereich der habitablen Zone erhält man aus

$$T_{Exo} = 2900 \frac{r_S^{1/2}}{(2 \cdot r_{S \to Exo})^{1/2}}$$

Man erhält die Wertetabelle:

$10^{-9} \cdot r_{S \to Exo}/m$	7,2	7,0	6,6	6,0	5,5	5,0	4,65
T_{Exo}/K	252	256	263	276	288	302	313

Daraus lesen wir ab:
263 = −10 °C   entspricht $6{,}6 \cdot 10^9$ m
313 = +40 °C   entspricht $4{,}65 \cdot 10^9$ m

Die habitable Zone liegt also in einem Abstandsbereich $(4{,}65 - 6{,}6) \cdot 10^6$ km. Der Exoplanet Proxima B liegt also etwas außerhalb dieser Zone. Mit −21 °C ist es etwas zu kalt, aber die Unsicherheit der Ausgangsdaten lassen keine eindeutigen Schlussfolgerungen zu.

7.7.8 Radius und Dichte von Sirius B

Schon im 19. Jahrhundert war bekannt, dass Sirius A, der hellste Stern am Himmel, einen unsichtbaren Begleiter haben muss, den man Sirius B nannte. Mit Hilfe verbesserter Beobachtungsmethoden ließ sich später aus den periodischen Bewegungen von Sirius A Masse und Umlaufbahnen von Sirius A und B um den gemeinsamen Schwerpunkt berechnen (s. Abb. 7.38 rechts) und mit empfindlichen Teleskopen gelang es schließlich, Sirius B sichtbar werden zu lassen (s. Abb. 7.38 links).

Die Bestimmung des Radius r_{st} von Sirius B gehörte zu den ersten Anwendungen der allgemeinen Relativitätstheorie. Die theoretische Grundlage dieser Bestimmungsmethode kann man sich auf plausible (wenn auch nicht ganz korrekte) Weise, folgendermaßen klarmachen.

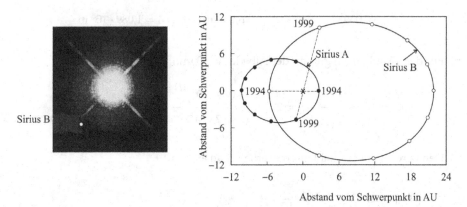

Abb. 7.38: Das Doppelstern-System A und B. Links: fotografische Aufnahme von Sirius A, der kleine (lichtverstärkte) leuchtende Punkt links unterhalb von Sirius A markiert Sirius B. Rechts: Umlaufbahnen mit gemeinsamem Schwerpunkt x. Die Verbindungsgerade zwischen einem weißen und einem zugehörigen schwarzen Punkt muss durch den Schwerpunkt gehen, z.B. im Jahr 1994 und 1999.

Ein Photon, das von der heißen Oberfläche eines Sterns abgestrahlt wird, verliert Energie, um dem Gravitationsfeld des Sterns zu entkommen. Für den Energieinhalt $h\nu$ des Photons kann man formal schreiben:

$$h\nu = m_{Ph} \cdot c_L^2$$

m_{Ph} ist die „Äquivalenzmasse ", da die Ruhemasse eines Photons ja gleich Null ist. Der Energieverlust muss aus Gründen der energetischen Bilanz gleich der potentiellen Energie sein, die das Photon überwinden muss. Also gilt (m_{st} = Sternmasse):

$$G \frac{m_{Ph} \cdot m_{st}}{r_{st}} = G \frac{m_{st} \cdot h\nu}{c_L^2 \cdot r_{st}} = h\,\Delta\nu$$

$\Delta\nu$ ist der Frequenzverlust. Also gilt:

$$\left|\frac{\Delta\nu}{\nu}\right| = +\frac{G \cdot m_{st}}{c_L^2 \cdot r_{st}}$$

Das Licht, das beim Beobachter auf der Erde ankommt, hat einen um den Betrag $\Delta\nu$ niedrigere Frequenz, es wird durch das Gravitationsfeld des Sterns „rot verschoben". Aus der Messung von $\Delta\nu$ kann man also das Verhältnis m_{st}/r_{st} bestimmen. Je größer die Masse m_{st} ist und/ oder je kleiner r_{st} ist, desto größer ist $\Delta\nu$. Unsere Frage lautet: wie groß ist r_{st}, wenn die Masse von Sirius B bekannt ist ($0{,}977 \cdot m_\odot$) und $\Delta\nu/\nu = 2{,}4 \cdot 10^{-4}$ gemessen wurde? Um welche Art von Stern handelt es sich?

Lösung:

$$r_{st} = \frac{G \cdot m_{st}}{c_L^2} \left(\left| \frac{\Delta v}{v} \right| \right)^{-1} = 6{,}013 \cdot 10^6 \text{ m}$$

Wir berechnen die Dichte von Sirius B:

$$\varrho_{st} = \frac{m_{st}}{\frac{4}{3}\pi r_{st}^3} 2{,}146 \cdot 10^9 \text{ kg} \cdot \text{m}^{-3}$$

Die extrem hohe Dichte legt nahe, dass es sich um einen weißen Zwerg handelt.

Anmerkung: Die korrekte Formel der Relativitätstheorie lautet:

$$\left| \frac{\Delta v}{v} \right| = \frac{1}{\sqrt{1 - \frac{2G \cdot m_{st}}{c_L^2 \cdot r_{st}}}} - 1 \approx \frac{G \cdot m_{st}}{c_L^2 \cdot r_{st}}$$

Die benutzte Gleichung ist also eine Näherung für kleine Werte $x = \frac{2Gm_{st}}{c_L^2 r_{st}}$ wegen $(1 - x)^{1/2} \cong 1 - \frac{1}{2}x$. Sie ist in unserem Fall gerechtfertigt, da $2G \cdot m_{st}/(c_L^2 \cdot r_{st}) = 4{,}8 \cdot 10^{-4} \ll 1$.

7.7.9 Die Oberflächentemperatur der Erde in 5 Milliarden Jahren

Unsere Sonne wird in ca. $5 \cdot 10^9$ Jahren ihre gesamte Strahlungsleistung verdoppelt haben und ihr Radius wird um 60 % zugenommen haben. Das ist der Eintritt in das Stadium eines „Roten Riesen".

a) Welche Oberflächentemperatur $T_\odot$ hat dann die Sonne? Derzeit ist $T_\odot = 5750$ K.

b) Welche Oberflächentemperatur hat dann die Erde? Derzeit beträgt sie 288 K = 15 °C (Mittelwert).

Es werden keine weiteren Angaben benötigt. Verwenden Sie das Stefan-Boltzmann'sche Strahlungsgesetz und beachten Sie die Strahlungsenergiebilanz der Erde.

Lösung:

a) Für die Sonne lautet die Strahlungsleistung $L_\odot$ in ca. $5 \cdot 10^9$ Jahren:

$$L_\odot = 4\pi R_\odot^2 \cdot \sigma_{SB} \cdot T_\odot^4 = 2 \cdot 4\pi R_{\odot,heute}^2 \cdot \sigma_{SB} \cdot T_{\odot,heute}^4$$

Daraus folgt mit den obigen Angaben:

$$T_\odot = T_{\odot,heute} \cdot \left(2 \frac{R_{\odot,heute}^2}{R_\odot^2} \right)^{1/4} = 5750 \cdot \left(\frac{2}{(1{,}6)^2} \right)^{1/4} = 5406 \text{ K}$$

b) Die auf die Erde einfallende Strahlungsleistung beträgt:

$$L_E = L_\odot \cdot \pi R_E^2 \big/ 4\pi R_{SE}^2$$

wobei $R_{SE} = 1\,\text{AE}$ der Abstand der Erde von der Sonne ist.

Es gilt die Strahlungsbilanz Einstrahlung gleich Abstrahlung (R_E = Erdradius):

$$L_E = 4\pi R_E^2 \cdot T_E^4$$

Somit erhält man:

$$\frac{L_\odot}{L_{\odot,\text{heute}}} = \frac{T_E^4}{T_{E,\text{heute}}^4} = 2 \quad \text{also} \quad T_E = 342\,\text{K}$$

Obwohl die Oberflächentemperatur der Sonne um ca. 350 K abgenommen hat, steigt die der Erde um 54 K auf 342 K = 69 °C. Die Ursache ist die um den Faktor $(1,6)^2 = 2{,}56$ vergrößerte Sonnenoberfläche. Ein großer Teil der Ozeane wird verdampft sein. Durch die hohe Konzentration von H_2O in der Atmosphäre wird zusätzlich die Temperatur durch den Treibhauseffekt auf über 400 K steigen. Nehmen wir an, die Albedo A sei von 0,3 auf 0,6 gestiegen (verstärkte Wolkenbildung) und γ von 0,4 auf 0,9 (Treibhauseffekt von H_2O-Dampf), dann ergibt sich:

$$T_E = 341 \left(\frac{1-A}{1-A_{\text{heute}}} \cdot \frac{1-(\alpha+\beta)/2_{\text{heute}}}{1-(\alpha+\beta)/2} \right)^{1/4} = 341 \cdot 1{,}361 = 464\,\text{K}$$

Unter diesen Bedingungen ist auf der Erde keine Art von Leben mehr möglich.

7.7.10 Die Strahlungsintensität von Sonnenneutrinos auf der Erdoberfläche

Berechnen Sie aus folgenden Daten die Intensität der Neutrinos, die im Inneren der Sonne durch Kernfusion nach Gl. (7.78) bzw. (7.75) erzeugt werden. Mit welcher Intensität pro s und m^2 treffe diese Neutrinos auf die Erde? Daten: Luminosität der Sonne $L_\odot = 3{,}853 \cdot 10^{26}$ Watt, Abstand der Sonne zur Erde = 1 AE = $1{,}496 \cdot 10^{11}$ m, Bindungsenergie pro Nukleon in ^{4}He: $7{,}0739\,\text{MeV} = 1{,}133 \cdot 10^{-12}$ J. Bedenken Sie auch die Energiebilanz der Elektronen und Positronen bei der Berechnung.

Lösung:
Die gesamte Energieerzeugungsrate im Inneren der Sonne setzt sich summarisch aus den beiden Prozessen

$$\left. \begin{array}{l} 4\,^1\text{H}^+ \quad \rightarrow\, ^4\text{He}^{2+} + 2\text{e}^+ + 2\nu \\ 2\text{e}^+ + 2\text{e}^- \rightarrow \gamma \end{array} \right\} 4\,^1\text{H}^+ + 2\text{e}^- \rightarrow\, ^4\text{He}^{2+} + 2\nu$$

zusammen. Da die Neutrinos stoßfrei in den Raum entweichen, gehen sie nicht in die Bilanz der Energieerzeugung ein, und die pro ^{4}He-Atom in der Sonne erzeugte Energie

(Produktseite minus Eduktseite mit Bezug auf die Bindungsenergie $E_{H^+} = 0$ für das Proton) beträgt:

$$\Delta E = 4 \cdot 1{,}133 \cdot 10^{-12}\,\text{J} - 2m_e \cdot c_L^2 = 4{,}532 \cdot 10^{-12} - 2 \cdot 9{,}1094 \cdot 10^{-31} \cdot c_L^2$$
$$= 4{,}368 \cdot 10^{-12}\,\text{J}$$

Die nukleare Energieleistung der Sonne ist im stationären Zustand gleich ihrer Luminosität $L_\odot$. Daraus berechnet sich die Zahl der pro Sekunde erzeugten Heliumatomkerne:

$$\frac{L_\odot}{\Delta E} = \frac{3{,}853 \cdot 10^{26}\,\text{J} \cdot \text{s}^{-1}}{4{,}368 \cdot 10^{-12}\,\text{J}} = 8{,}82 \cdot 10^{37}\,\text{s}^{-1}$$

Da pro ^{4}He-Kern 2 Neutrinos erzeugt werden, beträgt deren Erzeugungsrate $1{,}764 \cdot 10^{38}\,\text{s}^{-1}$. Die Neutrinos werden praktisch vollständig in den Raum abgestrahlt und bewegen sich ebenso wie die Photonen mit Lichtgeschwindigkeit. Ihre Intensität in der Entfernung von 1 AE beträgt somit auf der Erde:

$$\frac{1{,}764 \cdot 10^{38}}{4\pi \cdot (1{,}496 \cdot 10^{11})^2} = 6{,}27 \cdot 10^{14} \qquad \text{Neutrinos pro m}^2 \text{ und Sekunde.}$$

Wegen ihrer äußerst geringen Wechselwirkung mit Materie sind Neutrinos auf der Erde trotz ihrer hohen Intensität nur schwer nachweisbar (s. auch Exkurs 1.7.15). Sie durchdringen weitgehend ungeschwächt die Erde.

7.7.11 Energiedichte und Teilchenzahldichte der Photonen und Nukleonen im heutigen Universum

Berechnen Sie die Teilchenzahldichte $(N/V)_{Ph}$ und die Äquivalentmassendichte der Photonen im heutigen Universum. Hinweis: Gehen Sie aus von Gl. (3.150) und bedenken Sie, dass $T_{Ph,heute} = 2{,}73$ K beträgt. Vergleichen Sie das Ergebnis mit den entsprechenden Teilchenzahldichten und Massendichten, der Nukleonen. Verwenden Sie die Daten aus Tabelle 7.11.

Lösung:

Nach Gl. (3.150) gilt für die Photonenzahldichte im heutigen Universum mit $T = 2{,}73$ K:

$$\left(\frac{N}{V}\right)_{Ph} = 4{,}128 \cdot 10^8\,\text{m}^{-3}$$

und für die Äquivalenzmassendichte der Photonen nach Gl. (3.153)

$$\rho_{Ph,heute} = \left(\frac{U_{Ph}}{V}\right)\frac{1}{c_L^2} = \frac{4}{c_L^3}\sigma_{SB}T^4 = \frac{5{,}6705 \cdot 10^{-8} \cdot 4}{(2{,}998)^3 \cdot 10^{24}} \cdot (2{,}73)^4 = 4{,}68 \cdot 10^{-31}\,\text{kg} \cdot \text{m}^{-3}$$

Für die Massendichte der Nukleonen gilt nach Tab. 7.11:

$$\varrho_{\text{Nukl}} = \varrho_{\text{b,heute}} = 4{,}17 \cdot 10^{-28} \text{ kg} \cdot \text{m}^{-3}$$

und für die Nukleonenzahldichte, wenn wir pro Nukleon im Mittel von Protonen und Neutronen $m_b = 1{,}673 \cdot 10^{-27}$ kg setzen:

$$\left(\frac{N}{V}\right)_{\text{Nukl}} = \frac{\varrho_{\text{b,heute}}}{m_b} = \frac{4{,}17 \cdot 10^{-28}}{1{,}673 \cdot 10^{-27}} \text{ m}^{-3} = 0{,}249 \cdot \text{m}^{-3}$$

Der Vergleich der Zahlendichte von Nukleonen zu Photonen ergibt also: $\rho_{\text{Nukl,heute}} = \varrho_{\text{b,heute}} = 4{,}17 \cdot 10^{-28} \text{ kg} \cdot \text{m}^{-3}$ (s. Tabelle 7.11).

$$\frac{N_{\text{Nukl}}}{N_{\text{Ph}}} = \frac{0{,}249}{4{,}13} \cdot 10^{-8} = 6{,}03 \cdot 10^{-10}$$

und der für die Massendichten

$$\frac{\varrho_{\text{b,heute}}}{\varrho_{\text{Ph,heute}}} = \frac{4{,}17 \cdot 10^{-28}}{4{,}68 \cdot 10^{-31}} = 891$$

Die Zahl der Nukleonen (Protonen und Neutronen) ist gegenüber der Zahl der Photonen der kosmischen Hintergrundstrahlung verschwindend gering, aber die Masse der Nukleonen ist erheblich größer als die Äquivalenzmasse der Photonen.

7.7.12 „Hawking Strahlung" contra „kosmische Hintergrundstrahlung"

Ein schwarzes Loch kann erst beginnen zu zerfallen, wenn seine Strahlungsintensität größer als die der kosmischen Hintergrundstrahlung ist, erst dann gibt das schwarze Loch mehr Strahlung ab, als es von außen empfängt. Welche Masse und welchen Radius r_{SL} darf ein gegenwärtiges schwarzes Loch höchstens besitzen, damit es zu einem Netto-Strahlungszerfall kommt? Angabe: die Temperatur der Hintergrundstrahlung beträgt 2,73 K.

Lösung:

Wir setzen in Gl. (7.159) $T_{\text{SL}} = 2{,}73$ K und lösen nach der Masse M_{SL} auf.

$$M_{\text{SL}} = 1{,}227 \cdot 10^{23}/2{,}73 = 4{,}495 \cdot 10^{22} \text{ kg}$$

mit Gl. (7.157) folgt r_{SL}:

$$r_{\text{SL}} = 1{,}485 \cdot 10^{-27} \cdot 4{,}495 \cdot 10^{22} = 6{,}675 \cdot 10^{-5} \text{ m} = 66{,}75 \, \mu\text{m}$$

Das ist ein Körper, der ungefähr die Masse des Mondes besitzt mit einem Durchmesser von 0,133 mm. Schwarze Löcher mit solch niedrigen Massen, wie sie aus einem Sternkollaps entstehen können, gibt es jedoch nicht im heutigen Weltall. Die kosmische Hintergrundstrahlung wirkt also lebensverlängernd für ein schwarzes Loch.

7.7.13 Gezeitenkräfte in der Nähe von schwarzen Löchern

Auf einen stabförmigen Körper der Masse m_l, dem Zylinderradius R und der Länge l, der sich im Gravitationsfeld eines Sterns, Planeten oder eines schwarzen Loches befindet, wirken neben der Schwerkraft auf das Massenzentrum dieses Körpers auch unterschiedliche Kräfte bei $x = 0$ und $x = l$, die den Körper einer Dehnungskraft aussetzen, die als Differenz der Kräfte im Abstand r und $r + l$ zum Massenzentrum wirksam wird und den Körper auseinander zu ziehen versucht. Diese Kraftdifferenz heißt *Gezeitenkraft* K_G und ergibt sich aus (m_l = Masse des Probekörpers, M_{SL} = Masse des schwarzen Loches):

$$K_G = \frac{G \cdot m_l \cdot M_{SL}}{\left(r - \frac{l}{2}\right)^2} - \frac{G \cdot m_l \cdot M_{SL}}{\left(r + \frac{l}{2}\right)^2} = G \cdot m_l M_{SL} \cdot \frac{\left(r + \frac{l}{2}\right)^2 - \left(r - \frac{l}{2}\right)^2}{\left(r - \frac{l}{2}\right)^2 \left(r + \frac{l}{2}\right)^2}$$

Ausmultiplizieren und Vernachlässigen von quadratischen und biquadratischen Gliedern $(l/r)^2$ bzw. $(l/r)^4$ (wegen $l \ll r$) führt zur Gezeitenkraft K_G

$$K_G \approx G \cdot m_l \cdot M_{SL} \cdot \frac{2l}{r^3} \tag{7.267}$$

die eine Dehnung des Körpers der Masse m_l durch den Einfluss der Masse M_{SL} (schwarzes Loch) im Abstand r bewirkt. Wenn die Kräfte, die diesen Körper zusammenhalten, schwächer als K_G sind, wird der Körper zerrissen. Diese Zugkraft ist z. B. die Ursache der Gezeiten der Meere auf der Erde (daher ihr Name) verursacht durch Mond und Sonne. Die Ringe des Saturns stammen von Monden, die der zentralen Kraft des Saturns einst zu nahe gekommen sind und in kleine Stücke zerrissen wurden. Die Gezeitenkraft wird umso größer, je kleiner der Abstand r des Körpers vom Zentralgestirn ist. Im Falle eines schwarzen Loches der Masse M_{SL} kann die Kraft besonders hoch werden wegen des kleinen Radius des schwarzen Loches (Ereignishorizont r_{SL}), so dass in der Nähe von $r_{SL} \leq r$ extreme Gezeitenkräfte auftreten können. Als anschauliches Beispiel untersuchen wir die Dehnung eines Gummibandes der Länge l mit dem Zylinderradius R.

Die Zugkraft, mit der ein solches Gummiband von seiner Länge l_0 im kräftefreien Zustand auf die Länge $l = l_0 \cdot \alpha$ (mit $\alpha \geq 1$) ausgedehnt wird beträgt nach einer erweiterten Netzwerktheorie:

$$K(\alpha) = \left(\frac{N_{Netz}}{V}\right) \cdot \pi R_0^2 \cdot k_B T \left[\alpha - \frac{1}{\alpha^2} + \frac{1}{N_K}\left(\alpha^3 - \frac{1}{\alpha^3}\right)\right] \tag{7.268}$$

Das Volumen des Gummibandes $V = l_0 \pi \cdot R_0^2 = l \pi \cdot R^2$ bleibt dabei konstant. (N_{Netz}/V) ist die Zahl der Verknüpfungspunkte des Polymernetzwerkes pro m³, $\alpha = l/l_0$ ist der Dehnungskoeffizient und N_K ist die mittlere Zahl der Polymerkettensegmente zwischen zwei Vernetzungspunkten (s. Abb. 7.39).

Wir wählen als Beispiel ein vernetztes Polymermaterial mit den Materialdaten (N_{Netz}/V) $= 5 \cdot 10^{24} \, \text{m}^{-3}$, $R_0 = 0{,}05 \, \text{m}$, $N_K = 20$ und $l_0 = 1 \, \text{m}$. Hängt man an ein solches am oberen

Abb. 7.39: Gummielastisches Polymernetzwerk (schematisch), • Verknüpfungspunkte, der Abschnitt •——• enthält im Mittel N_K Monomerbausteine des Polymermaterials.

Ende befestigtes Gummiband ein Gewicht von 5 kg, lässt sich der Dehnungskoeffizient α aus folgender Kräftebilanz berechnen:

$$m_l \cdot g = 5 \cdot 9{,}81 = \left(5 \cdot 10^{24}\right) \cdot \pi \cdot (0{,}05)^2 \cdot k_B T \cdot \left[\alpha - \frac{1}{\alpha^2} + \frac{1}{20}\left(\alpha^3 - \frac{1}{\alpha^3}\right)\right]$$

Für die Temperatur T wählen wir 293 K. Daraus ergibt sich

$$\left[\alpha - \frac{1}{\alpha^2} + \frac{1}{20}\left(\alpha^3 - \frac{1}{\alpha^3}\right)\right] = 0{,}30876$$

Als Lösung wird $\alpha = 1{,}102$ erhalten. Ein Gewicht von 5 kg dehnt also das aufgehängte Gummiband um ca. 10 % aus. Jetzt stellen wir uns vor, das Gummiband befindet sich im Gravitationsfeld eines schwarzen Loches mit der Masse der Sonne ($2 \cdot 10^{30}$ kg) im Abstand r vom Zentrum. Bezüglich der Wirkung der Gezeitenkraft gilt dann $K(\alpha) = K_G$:

$$\left(\frac{N_{Netz}}{V}\right) \cdot \pi R_0^2 \cdot k_B T \left[\alpha - \frac{1}{\alpha^2} + \frac{1}{N_K}\left(\alpha^3 - \frac{1}{\alpha^3}\right)\right] = G \cdot m_l \cdot M_{SL} \cdot \frac{2l}{r^3}$$

oder wegen $\alpha = l/l_0$:

$$k_B T \left(\frac{N_{Netz}}{V}\right) \cdot \pi R_0^2 \cdot \frac{1}{l_0}\left[1 - \frac{1}{\alpha^3} + \frac{1}{N_K}\left(\alpha^2 - \frac{1}{\alpha^4}\right)\right] = 2G \cdot \pi R_0^2 \cdot l_0 \cdot \varrho_{Netz} \cdot M_{SL} \cdot \frac{2}{r^3}$$

wobei ϱ_{Netz} die Massendichte des Gummimaterials beträgt. Wir setzen $\varrho_{Netz} = 800\ \text{kg} \cdot \text{m}^{-3}$ und haben jetzt folgende Gleichung für α zu lösen:

$$\left[1 - \frac{1}{\alpha^3} + \frac{1}{20}\left(\alpha^2 - \frac{1}{\alpha^4}\right)\right] = \frac{2G \cdot l_0^2}{\left(\frac{N_{Netz}}{V}\right) k_B T} \cdot \varrho_{Netz} \cdot \frac{M_{SL}}{r^3} = \frac{1{,}0556 \cdot 10^{19}}{r^3} \qquad (7.269)$$

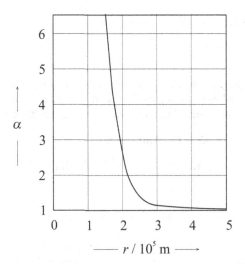

Abb. 7.40: Dehnung α eines Gummibandes durch die Gezeitenkraft im Abstand r von einem schwarzen Loch mit der Masse der Sonne ($M_{SL} = 2 \cdot 10^{30}$ kg nach Gl. (7.269)).

Die Sonne als gedachtes schwarzes Loch schrumpft von ihrem tatsächlichen Radius von $6{,}96 \cdot 10^8$ m auf einen Radius (Ereignishorizont) von $r_{SL} = 2{,}97 \cdot 10^3$ m (s. Tabelle 7.7)! Im Abstand $r = 6{,}96 \cdot 10^8$ m ist $\alpha \approx 1$, d. h., die Gezeitenkraft ist noch vernachlässigbar. Erst im Bereich von $r \leq 5 \cdot 10^5$ m nimmt α zunächst nur wenig aber unterhalb $r = 3 \cdot 10^5$ drastisch zu. Abb. 7.40 zeigt die grafische Darstellung der Berechnungen nach Gl. (7.269).

Man kann davon ausgehen, dass das Gummiband für Werte von $\alpha > 3$, also ab $r < 200$ km zerreißen wird. Ein fiktiver Astronaut befände sich dabei in einer Lage, die der einer mittelalterlichen Folter durch eine Streckbank ähnelt. Kein schöner Gedanke.

7.7.14 Warum ist der Nachthimmel dunkel? Das Olbers'sche Paradoxon

Die Denker im antiken Griechenland sagten, dass Wissenschaft mit dem Staunen, dem Sich-Wundern beginne. Man muss ihnen Recht geben, denn man wird sich z.B. fragen, warum eigentlich der Nachthimmel dunkel ist, wenn es doch praktisch unendlich viele Sterne gibt. Schon die Astronomen J. Kepler, E. Halley und später der Bremer Arzt und Hobbyastronom J. Olbers im 19. Jahrhundert haben sich darüber Gedanken gemacht.
Um dieser Frage nachzugehen, betrachten wir in einer Kugelschale das Volumen $4\pi r^2 \mathrm{d}r$. In der Entfernung r von uns befinden sich darin $\mathrm{d}N = 4\pi r^2 n_S$ der Sterne, wobei n_S die mittlere Zahl von Sternen pro Volumeneinheit im Weltall bedeutet. Aus den zahlreichen Entfernungsmessungen von Sternen und Galaxien kann man diese Zahl recht genau abschätzen. Danach haben die Sterne, gemittelt über alle bekannten Galaxien einen mittleren Abstand von $\langle d \rangle = 10$ Ly $= 9{,}46 \cdot 10^{16}$ m voneinander. Also befindet sich im Mittel ca. 1

Stern in einem Volumen von 10^{51} m^3. Es gilt also:

$$n_S = \langle d \rangle^{-3} \cong 10^{-51} \text{ m}^{-3}$$

Nun stellen wir uns die Sterne aller Galaxien im Weltraum statistisch verteilt vor. Auch findet man, dass die mittlere Größe eines Sterns ungefähr gleich der der Sonne ist ($r_S \cong r_\odot$). Dasselbe gilt auch für seine Strahlungsintensität mit $T_\odot = 5780$ K:

$$\langle I_S \rangle \cong I_\odot = \sigma_{SB} \cdot T_\odot^4 = 6{,}33 \cdot 10^7 \text{ Watt} \cdot \text{m}^{-2}$$

Also tragen die Sterne in der Kugelschale $4\pi r^2 \mathrm{d}r$ zur Strahlungsleistung auf der Erde mit dem Radius r_E:

$$\mathrm{d}I_E = I_\odot \cdot \frac{r_E^2}{r^2} \cdot n_S \cdot 4\pi r^2 \mathrm{d}r = 6{,}33 \cdot 10^7 \cdot n_S \cdot 4\pi \cdot r_E^2 \mathrm{d}r$$

bei. Nun betrachten wir die durchschnittliche Entfernung $\langle r \rangle$ der Sterne, von der aus ein Photon ungehindert die Sonne, bzw. die Erde erreicht. Das ist nichts anderes als die mittlere freie Weglänge der emittierten Photonen eines Sterns im Weltraum, bis sie wieder auf einen Stern treffen. Wir übernehmen Gl. (6.21) in modifizierter Form:

$$\langle r \rangle = \frac{1}{4\pi n_S \cdot r_\odot^2}$$

wobei wir die Molekülzahldichte $p/k_B T$ durch n_{st} ersetzt und $\pi \cdot d^2 = \pi d_{st}^2 \cong 4\pi r_\odot^2$ gesetzt haben. Der Faktor $\sqrt{2}$ im Nenner von Gl. (6.21) entfällt, da es keine thermischen Relativgeschwindigkeiten, sondern nur den festen Wert der Lichtgeschwindigkeit gibt. Dann erhalten wir, wenn wir $\mathrm{d}I_E$ von $r = 0$ bis $r = \langle r \rangle$ integrieren für die Lichtintensität I_E aller Sterne auf der Erde:

$$I_E = I_\odot \cdot 4\pi \cdot n_S \cdot r_E^2 \cdot \langle r \rangle = I_\odot \cdot \frac{r_E^2}{r_\odot^2}$$

Das ergibt:

$$I_E = 6{,}351 \cdot 10^7 \cdot \left(\frac{6{,}37 \cdot 10^6}{6{,}96 \cdot 10^8} \right)^2 = 5\,320 \text{ Watt} \cdot \text{m}^{-2}$$

Die tatsächliche mittlere Strahlungsleistung S der Sonne am Erdboden beträgt dagegen:

$$S = \sigma_{SB} \cdot T_\odot^4 \cdot \frac{r_\odot^2}{r_{AU}^2} = 1\,350 \text{ Watt} \cdot \text{m}^{-2}$$

wobei $r_{AU} = 1{,}496 \cdot 10^{11}$ m die astronomische Einheit (Abstand der Sonne von der Erde) ist. S ist die sog. Solarkonstante. Wir erhalten also für die Strahlungsleistung aller Sterne auf dem Erdboden

$$I_E \cong 4 \cdot S \qquad \text{(Olbers'sches Paradoxon)}$$

Das nennt man das *Olbers'sche Paradoxon*. Es bedeutet, dass es auch *ohne* die Strahlung der Sonne etwa 4 mal so hell auf der Erde sein sollte, wie es tatsächlich ist, und zwar tags *und* nachts, da die Strahlung der Sterne von allen Richtungen mit gleicher Intensität auf die Erde trifft.

Der wesentliche Fehler dieser Berechnung besteht jedoch darin, dass wir den mittleren Abstand

$$\langle r \rangle = (4\pi n_S r_\odot^2)^{-1} = 6{,}12 \cdot 10^{33} \text{ m} = 6{,}37 \cdot 10^{17} \text{ Ly}$$

erheblich überschätzt haben. Heute wissen wir, dass das Weltall $1{,}38 \cdot 10^{10}$ Jahre alt ist. Sterne gibt es erst seit ca. 10^{10} Jahren. Das Volumen des Weltalls ist nicht unendlich, es dehnt sich seit dem „Urknall" vor $1{,}38 \cdot 10^{10}$ Jahren beständig aus. Es gibt daher einen Sichthorizont, hinter den wir nicht blicken können (s. Exkurs 7.7.23), da sich dort der Raum mit Lichtgeschwindigkeit ausdehnt. Die Sterne können daher nicht weiter als im Mittel

$$c_L \cdot 10^{10} \cdot (365 \cdot 24 \cdot 3600) = 9{,}5 \cdot 10^{25} \text{ m} = 9{,}89 \cdot 10^9 \text{ Lichtjahre}$$

von uns entfernt sein. Setzen wir diesen Zahlenwert statt $\langle r \rangle$ ein, erhalten wir:

$$I_E = 4 \cdot S \cdot 1{,}5 \cdot 10^{-8} = S \cdot 6 \cdot 10^{-8}$$

Das ist vernachlässigbar und erklärt, warum es nachts dunkel ist. Dabei wurde eine Schwächung der Sternenlichtintensität durch Rotverschiebung des Lichtes nicht berücksichtigt. Die nächtliche Lichtintensität der Sterne ist in Wirklichkeit doch um einige Größenordnungen höher, aber es gilt immer noch $I_E^{\text{Nacht}} \ll I_E^{\text{Tags}}$. Der Grund liegt an unserer Position in der Milchstraße, wo die Sternzahldichte viel größer und ihre Entfernung zu uns viel geringer ist als ihr Mittelwert im gesamten Weltall.

7.7.15 Strahlungstransport und Wärmeleitfähigkeit von Photonen

Der Energietransport durch Photonen spielt vor allem im Inneren von Sternen eine wichtige Rolle. Wir betrachten Photonen als Teilchen, die in einem Temperaturgradienten diffundieren, der wie ein Konzentrationsgefälle wirkt, da es in einem Ionenplasma bei tieferer Temperatur auch weniger Photonen gibt. Für den Diffusionskoeffizienten von materiellen Teilchen gilt (s. Gl. (6.84))

$$D = \frac{1}{3}\langle v \rangle \cdot \langle l_v \rangle$$

mit der mittleren thermischen Geschwindigkeit $\langle v \rangle$ und der mittleren freien Weglänge $\langle l_v \rangle$. Für Photonen setzen wir $\langle v \rangle$ gleich der Lichtgeschwindigkeit c_L. Man kann also für den Energiefluss von Photonen pro Zeit und Fläche A als Strahlungsintensität I_{Ph} schreiben:

$$I_{\text{Ph}} = \frac{1}{A}\frac{\mathrm{d}\,(N_{\text{Ph}} \cdot \langle h\nu \rangle)}{\mathrm{d}t} = -\frac{1}{3} \cdot c_L \cdot \langle l_{\text{Ph}} \rangle \frac{\mathrm{d}\,(\langle h\nu \rangle \cdot (N_{\text{Ph}}/V))}{\mathrm{d}r} \tag{7.270}$$

wobei $\langle hv \rangle$ die mittlere Energie eines Photons, $\langle l_{Ph} \rangle$ seine mittlere freie Weglänge und (N_{Ph}/V) die Photonenzahldichte bedeuten. Nun gilt:

$$\frac{d((N_{Ph}/V) \cdot \langle hv \rangle)}{dr} = \left(\frac{du_{Ph}}{dT} \right) \cdot \left(\frac{dT}{dr} \right)$$

wobei u_{Ph} die Energiedichte des „Photonengases" nach Gl. (3.139) ist. Somit können wir mit $a = 4\sigma_{SB}/c_L$ für Gl. (7.270) schreiben:

$$I_{Ph} = \frac{1}{A} \frac{d(N_{Ph} \cdot \langle hv \rangle)}{dt} = -\frac{16}{3} \cdot \langle l_{Ph} \rangle \cdot \sigma_{SB} \cdot T^3 \cdot \left(\frac{dT}{dr} \right) = -\Lambda_{W,Ph} \cdot \frac{dT}{dr} \qquad (7.271)$$

σ_{SB} ist die Stefan-Boltzmann-Konstante (Gl. (3.156)). Λ_{Ph} ist die Wärmeleitfähigkeit der Photonen. Die mittlere freie Weglänge der Photonen $\langle l_{Ph} \rangle$ kann angegeben werden, wenn wir den Stoßquerschnitt von Photonen mit geladenen Teilchen (e^-, H^+, He^{2+}, ...) kennen, er heißt der *Thomson'sche Streuquerschnitt* σ_{Ph} und lautet bezüglich eines einfach geladenen Teilchens i:

$$\sigma_{Ph,i} = \frac{8}{3}\pi \cdot \left(\frac{e^2}{4\pi \cdot \varepsilon_0 \cdot m_i \cdot c_L^2} \right)^2 \qquad (7.272)$$

e ist die Elementarladung, ε_0 die elektrische Feldkonstante (s. Anhang 11.25) und m_i die Masse des Ions bzw. des Elektrons. Man sieht, dass σ_{Ph} für Elektronen um den Faktor $(m_{Ion}/m_e)^2$ größer als für die Ionen H^+, He^{2+} ist, sodass in einem Ionenplasma nur der Streuquerschnitt von Photonen mit Elektronen ins Gewicht fällt. Er beträgt nach Gl. (7.272) mit $m_i = m_e$:

$$\sigma_{Ph,e^-} = 6{,}656 \cdot 10^{-29} \text{ m}^2 \qquad (7.273)$$

Die mittlere freie Weglänge $\langle l_{Ph} \rangle$ für Photonen beträgt dann, wenn wir auf Gl. (6.21) zurückgreifen, πd^2 durch σ_{Ph,e^-} ersetzen, sowie $(N_e/V) = (p_e/k_B T)$ mit dem Druck p_e und der Teilchenzahldichte (N_e/V) der Elektronen und ferner den Faktor $\sqrt{2}$ weglassen, da Photonen sich mit Lichtgeschwindigkeit bewegen:

$$\langle l_{Ph} \rangle = \left[\sigma_{Ph,e^-} \cdot \left(\frac{N_e}{V} \right) \right]^{-1} \qquad (7.274)$$

Dann erhalten wir für die Wärmeleitfähigkeit $\Lambda_{W,Ph}$ von Photonen nach Gl. (7.271):

$$\Lambda_{W,Ph} = 32\pi \left[\frac{\varepsilon_0 \cdot m_e \cdot c_L^2}{e^2} \right]^2 \cdot \frac{\sigma_{SB}}{\left(\frac{N_e}{V} \right)} \cdot T^3 = 0{,}06 \cdot \frac{T^4}{x_e \cdot p} \qquad (7.275)$$

Wir wollen als Beispiel $\langle l_{Ph} \rangle$ und $\Lambda_{W,Ph}$ im Zentrum der Sonne (Index c) berechnen, wo der Druck $p_{c,\odot} = 1{,}9 \cdot 10^{16}$ Pa und die Temperatur $T_{c,\odot} = 1{,}54 \cdot 10^7$ K betragen. Wir entnehmen den Molenbruch der Elektronen im Zentrum aus Exkurs 7.7.2 zu $x_{e,c} = 0,567$. Für $(N_e/V)_c$ im Sonnenzentrum erhält man somit:

$$\left(\frac{N_e}{V}\right)_c = x_e \cdot \frac{p_{c,\odot}}{k_B T_{c,\odot}} = 5,066 \cdot 10^{31}\ \text{m}^{-3}$$

Setzt man diesen Wert zusammen mit $\sigma_{Ph,e^-} = 6,656 \cdot 10^{-29}\ \text{m}^2$ in Gl. (7.274) ein, erhält man:

$$\langle l_{Ph}\rangle_c \cong 3 \cdot 10^{-4}\ \text{m} = 0,3\ \text{mm}$$

Die Wellenlänge der Photonen mit der maximalen Intensität $\lambda_{c,max}$ beträgt nach dem Wien'schen Verschiebungsgesetz (s. Exkurs 7.7.1):

$$\lambda_{c,max} = \frac{h \cdot c_L}{4,965 \cdot k_B \cdot T_c} = 1,88 \cdot 10^{-10}\ \text{m} \approx 0,2\ \text{nm}$$

Die Wellenlänge liegt also im Röntgenbereich, die mittlere freie Weglänge der Photonen ist mit ca. 0,3 mm so gering, dass Strahlung in diesem Wellenlängenbereich das Zentrum nicht verlassen und ins Weltall gelangen kann, und somit auch nicht zur Erde. Für die Wärmeleitfähigkeit $\Lambda_{W,Ph}$ erhält man nach Gl. (7.275) für das Sonnenzentrum:

$$\Lambda_{W,Ph} = 3,13 \cdot 10^{11}\ \text{J} \cdot \text{m}^{-1} \cdot \text{K}^{-1} \cdot \text{s}^{-1}$$

Vergleicht man das mit dem Wert für $\Lambda_{W,Ph}$ nach Gl. (6.104) für eine Mischung aus $He^{2+} + H^+$ mit $\pi d^2 \cong 10^{-15}$ m und $T = 1,54 \cdot 10^7$ K, $\overline{C}_V = 3/2$ und $\langle M \rangle = 0,003\ \text{kg} \cdot \text{mol}^{-1}$, ergibt sich

$$\Lambda_{W,He^{2+},H^+} = 6 \cdot 10^{-3}\ \text{J} \cdot \text{m}^{-1} \cdot \text{K}^{-1} \cdot \text{s}^{-1}$$

also vernachlässigbar wenig gegenüber $\Lambda_{W,Ph}$. Dieser enorm hohe Wert von $\Lambda_{W,Ph}$ zeigt, warum über weite Bereiche der Energietransport, d. h. die Luminosität im Inneren der Sonne durch den Strahlungstransport bestimmt wird. Nur in den äußeren Schichten der Sonne dominiert der konvektive Energietransport.

7.7.16 Braune Zwerge. Verhinderte Sterne ohne Kernfusion

Im HR-Diagramm (Abb. 7.11) sind sog. *braune Zwerge* (eigentlich besser: rote Zwerge) eingetragen, das sind Sterne, deren Zentraltemperatur T_C während der Kontraktion zu keinem Zeitpunkt groß genug wird, um die Kernfusion von ^{1}H zu ^{4}He zu zünden. Braune Zwerge sind lichtschwache stellare Objekte, die schwer zu entdecken sind. Ihre Oberflächentemperatur beträgt 2000 – 3000 K. Möglicherweise gibt es in unserer Galaxie mehr davon als die gut sichtbaren hellen „brennenden" Sterne. Wir wollen zeigen, dass ein kontrahierender Stern nur dann zur Kernfusion gelangt, wenn er eine Mindestmasse von ca. $0,08 \cdot M_\odot$ besitzt. Zunächst verhält sich ein kontrahierender Stern wie ein ionisiertes, ideales Gas, das sich mit der Lane-Emden-Gleichung behandeln lässt, wenn keine Kernfusion stattfindet. Es gilt also im Sternzentrum:

$$p_C = R \cdot \frac{T_C \cdot \varrho_C}{\langle M \rangle}$$

$\langle M \rangle$ ist die mittlere Molmasse des Sternenmaterials. Setzen wir für ϱ_C und T_C die Formeln nach Gl. (7.63) bzw. (7.64) ein, erhält man mit $\langle \varrho \rangle = m_{st}/(4/3 \cdot \pi \cdot r_{st}^3)$ für Gl. (7.65):

$$p_C = \frac{G}{4\pi(n+1)|w'|_{st}^2} \left(\frac{4\pi}{3}\right)^{4/3} \cdot m_{st}^{2/3} \cdot \langle \varrho \rangle^{4/3} = \frac{G}{4\pi(n+1)} \left(\frac{4\pi}{\xi_{st}}\right)^{4/3} \cdot |w'_{st}|^{-2/3} \cdot \varrho_C^{4/3} \cdot m_{st}^{2/3}$$

oder mit $n = 3/2$ und den Daten für $\xi_{st} = 3{,}6538$ und $|w'|_{st} = 0{,}2033$ aus Tabelle 7.3:

$$p_C = G \cdot 0{,}4779 \cdot m_{st}^{2/3} \cdot \varrho_C^{4/3} \tag{7.276}$$

Erreicht T_C bei Kontraktion, also mit wachsendem Wert von $\langle \varrho \rangle$ bzw. ϱ_C die Temperatur eines Sterns mit entartetem Elektronengas, bevor dieser die Zündtemperatur $T_Z (\sim 2 \cdot 10^6$ K$)$ erreicht, wird es zu keiner Kernfusion kommen, bleibt jedoch T_C immer oberhalb der Entartungstemperatur wird Kernfusion eintreten. Die Zustandsgleichung eines Sterns im Zentrum mit entartetem, *nichtrelativistischem* Elektronengas lautet:

$$p_C = p_{Ion} + p_e = \frac{R \cdot T_C}{\langle M \rangle} \cdot \varrho_C \cdot (x_H + x_{He}) + K_{3/2} \cdot \varrho_C^{5/3} \tag{7.277}$$

mit p_e nach Gl. (7.85) und $K_{3/2}$ nach Gl. (7.86). Wir machen nun die plausible Annahme, dass p_C aus Gl. (7.276) gleich p_C aus Gl. (7.277) sein sollte. Dann erhalten wir eine Gleichung für den Zusammenhang von ϱ_C und T_C mit der Masse m_{st} als Parameter, die die kritische Bedingung des Übergangs vom nichtentarteten zum entarteten idealen Elektronengas mit nichtentarteten Ionen beschreibt. Man erhält somit:

$$G \cdot 0{,}4779 \cdot m_{st}^{2/3} \cdot \varrho_C^{4/3} = \frac{R \cdot T_C}{\langle M \rangle} \cdot \varrho_C (x_H + x_{He}) + K_{3/2} \cdot \varrho_C^{5/3}$$

bzw.

$$T_C = \left(G \cdot 0{,}4779 \cdot m_{st}^{2/3} \cdot \varrho_C^{1/3} - K_{3/2} \cdot \varrho_C^{2/3}\right) \cdot \langle M \rangle / (R\,(x_H + x_{He})) \tag{7.278}$$

Trägt man Gl. (7.278) als Funktion $T_C(\varrho_C, m_{st})$ gegen ϱ_C auf, durchläuft diese Funktion ein Maximum, das umso höher liegt, je größer m_{st} ist. Liegt die Zündtemperatur T_Z oberhalb dieses Maximums, kann der Stern diese Temperatur beim Kontraktionsprozess niemals erreichen, er bildet im Zentrum ein entartetes Elektronengas ohne dass eine H-Kernfusion stattfindet. Das ist der Zustand eines braunen Zwerges, die Kontraktion verlangsamt sich

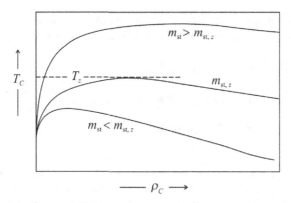

Abb. 7.41: Zentraltemperatur T_C als Funktion von ϱ_C unter der Bedingung des kritischen Übergangs von nichtentarteten zum entarteten Elektronengas in einem kontrahierenden Stern (schematisch). Im Fall der unteren Kurve wird keine Kernfusionszündung erreicht, bei der oberen Kurve setzt beim Schnittpunkt $T_C = T_Z$ die H-Kernfusion ein.

und kommt schließlich zum Stillstand. Liegt jedoch die Zündtemperatur unterhalb des Maximums, wird die Kernfusion von H zu He bei einer bestimmten Dichte, wo $T_C = T_Z$ ist, gezündet. Abb. 7.41 illustriert diese Szenarien.

Die Stelle im Diagramm, wo die Kurve $T_C(\varrho_C)$ die Linie $T_Z = T_C$ gerade berührt, bestimmt den Parameter der Masse $m_{st,Z}$. Ist $m_{st} > m_{st,Z}$ findet Fusion statt, bei $m_{st} < m_{st,Z}$ nicht. $m_{st,Z}$ erhält man durch Differenzieren von Gl. (7.278) nach T_C und erhält aus $dT_C/d\varrho_C = 0$ das Kurvenmaximum bei Wert $\varrho_{C,max}$.

Wir wählen zur konkreten Berechnung für das stellare Gas die Gewichtsbrüche $w_H = 0{,}735$ und $w_{He} = 0{,}265$, daraus ergeben sich nach Gl. (7.41) die Molenbrüche $x_H = 0{,}44$, $x_{He} = 0{,}04$ und $x_e = 0{,}52$. Nach Gl. (7.86) ergibt sich für $K_{3/2}$:

$$K_{3/2} = 100{,}35 \cdot \left(\frac{0{,}52}{\langle M \rangle}\right)^{5/3} = 7{,}902 \cdot 10^6$$

mit $\langle M \rangle = x_H \cdot M_H + x_{He} \cdot M_{He} = 6 \cdot 10^{-4}\ kg \cdot mol^{-1}$. Damit wird aus Gl. (7.278):

$$T_C = m_{st}^{2/3} \cdot 4{,}794 \cdot 10^{-15} \cdot \varrho_C^{1/3} - 1188 \cdot \varrho_C^{2/3} \tag{7.279}$$

Mit $dT_C/d\varrho_C = 0$ erhält man:

$$\varrho_{C,max}^{1/3} = \left(\frac{1{,}598}{792} \cdot 10^{-15}\right) \cdot m_{st}^{2/3} \tag{7.280}$$

Einsetzen von Gl. (7.280) in Gl. (7.279) ergibt schließlich für $m_{st,Z}$ mit $T_C = T_Z$:

$$m_{st,Z} = \left(\frac{T_Z}{4{,}836} \cdot 10^{33}\right)^{3/4} \tag{7.281}$$

Für die Zündtemperatur der H-Kernfusion T_Z werden Werte um $3 \cdot 10^6$ K angegeben. Man erhält als Ergebnis für $m_{st,Z}$ nach unserer Berechnung aus Gl. (7.281):

$$\frac{m_{st,Z}}{m_\odot} = 0{,}037 \qquad \text{mit} \quad T_Z = 1{,}5 \cdot 10^6 \, \text{K}$$

$$\frac{m_{st,Z}}{m_\odot} = 0{,}062 \qquad \text{mit} \quad T_Z = 3 \cdot 10^6 \, \text{K}$$

$$\frac{m_{st,Z}}{m_\odot} = 0{,}091 \qquad \text{mit} \quad T_Z = 5 \cdot 10^6 \, \text{K}$$

Genauere numerische Rechnungen ergeben $m_{st,Z}/m_\odot \approx 0{,}08$. Das Ergebnis unserer vereinfachten Theorie liefert also akzeptable Werte für die Grenzmasse $m_{st,Z}$. Alle Sterne mit $m_{st} < m_{st,Z}$ werden also zu braunen Zwergen. Anmerkung: Jupiter, der größte Planet unseres Sonnensystems hat eine Masse von $m_J = 1{,}898 \cdot 10^{27}$ kg und besteht im wesentlichen aus Wasserstoff und Helium. Für ihn gilt $m_J/m_\odot = 0{,}00095$ bzw. $m_J/m_{st,Z} = 0{,}012$, das liegt also weit unterhalb der kritischen Masse $m_{st,Z}$. Es sei noch erwähnt, das braune Zwerge enorm lange Lebensdauern besitzen, bevor sie langsam verlöschen (10-40 Milliarden Jahre). Mögliche Exoplaneten in ihrer habitablen Zone verfügen daher über eine große Zeitspanne, um eventuell Leben entwickeln zu können.

7.7.17 Obere Massengrenze für stabile Sterne

Sterne können nicht beliebig groß werden, da der durch die Gravitationskraft bedingte Zusammenhalt durch die massenlose Druckkraft des Strahlungsdruckes kompensiert werden kann, die in Gegenrichtung zur Gravitationskraft auf die Ionen und Elektronen wirkt. Zum genaueren Verständnis gehen wir aus von der hydrostatischen Gleichgewichtsbeziehung nach Gl. (7.27), in die wir jetzt noch den Strahlungsdruck $p_{rad} = \frac{1}{3} a \cdot T^4$ (Gl. (3.140)) miteinbeziehen. Es gilt dann:

$$\frac{dp}{dr} = -\varrho \cdot G \frac{m(r)}{r^2} + \frac{d}{dr}\left[\frac{a}{3} T^4\right] \tag{7.282}$$

Stabil kann ein Stern nur sein, wenn überall $dp/dr < 0$ gilt. Als Stabilitätsgrenze fordern wir $(dp/dr) = 0$ und erhalten mit $a = 4\sigma_{SB}/c_L$:

$$\varrho \cdot G \cdot \frac{m(r)}{r^2} = \frac{4}{3} a \cdot T^3 \cdot \left(\frac{dT}{dr}\right) = \frac{16}{3} \frac{\sigma_{SB}}{c_L} \cdot T^3 \cdot \left(\frac{dT}{dr}\right) \tag{7.283}$$

Wir ersetzen dT/dr durch $-I_{Ph}/\Lambda_{W,Ph}$ nach Gl. (7.271) und erhalten, da Gl.(7.283) auch für $m(r) = m_{st}$ gelten muss:

$$\varrho \cdot \frac{G \cdot m_{st}}{r_{st}^2} = -\frac{16}{3} \frac{\sigma_{SB}}{c_L} \cdot T^3 \cdot \frac{I_{Ph}}{\Lambda_{W,Ph}} = \frac{16}{3} \frac{\sigma_{SB}}{c_L} \cdot T^3 \cdot \frac{L_{st}}{4\pi r_{st}^2} \frac{1}{\Lambda_{W,Ph}} \tag{7.284}$$

$L_{st} = L_{Ed}$ heißt *Eddington-Luminosität* und $m_{st} = m_{Ed}$ *Eddington-Masse*. Man überzeuge sich davon, dass die beiden Gleichungsseiten dieselbe Dimension haben (s. Exkurs 7.7.24). m_{Ed} ist die gesuchte Grenzmasse. Für $\Lambda_{W,Ph}$ setzen wir Gl. (7.275) in Gl. (7.284) ein und erhalten, aufgelöst nach L_{Ed}:

$$L_{Ed} = 0{,}06 \cdot \frac{T}{x_e \cdot p} \cdot \varrho \cdot G \cdot m_{Ed} \cdot \frac{3}{4}\pi \frac{c_L}{\sigma_{SB}} \tag{7.285}$$

Wir ersetzen ϱ in Gl. (7.285) durch

$$\varrho = \langle M \rangle \cdot p/RT$$

mit der mittleren Molmasse $\langle M \rangle$,

$$L_{Ed} = 0{,}06 \cdot \frac{\langle M \rangle}{x_e \cdot R} \cdot G \cdot m_{Ed} \cdot \frac{3}{4}\pi \cdot c_L/\sigma_{SB}$$

Unser Ziel ist es, $m_{Ed}/m_\odot$ zu berechnen. Dazu machen wir Gebrauch von der semiempirisch gefundenen Relation von Luminosität und Masse aus Exkurs 7.7.5:

$$\frac{L_{Ed}}{L_\odot} \cong \left(\frac{m_{Ed}}{m_\odot}\right)^{3,5} \tag{7.286}$$

Einsetzen von Gl. (7.286) in Gl. (7.285) ergibt mit $1/3{,}5 = 2/7$:

$$\frac{m_{Ed}}{m_\odot} = \left[\frac{G \cdot 0{,}06}{x_e \cdot R} \cdot \frac{3}{4}\pi \cdot \langle M \rangle \frac{c_L}{\sigma_{SB}} \cdot \frac{m_\odot}{L_\odot}\right]^{2/5} \tag{7.287}$$

Mit dem Molenbruch der Elektronen $x_e = 0{,}567$, $\langle M \rangle = 6{,}14 \cdot 10^{-4}\,\text{kg} \cdot \text{mol}^{-1}$ (s. Abschnitt 7.4.2), $m_\odot = 2 \cdot 10^{30}\,\text{kg}$, $L_\odot = 3{,}85 \cdot 10^{26}$ Watt und den bekannten Zahlenwerten von G, c_L und σ_{SB} (s. Anhang 11.25) erhält man:

$$\frac{m_{Ed}}{m_\odot} \cong 65$$

Dieser Wert ist allerdings mit einer gewissen Unsicherheit behaftet wegen des Näherungscharakters von Gl. (7.286). Genauere Berechnungen ergeben Werte für $m_{Ed}/m_\odot$ zwischen 80 und 100. Schwerer können also Sterne nicht werden, da sie dann durch ihren Strahlungsdruck auseinander getrieben werden. Die schwersten und größten Sterne der Milchstraße sind in Tabelle 7.15 aufgelistet mit ihren charakteristischen Daten. Keiner von ihnen hat eine relative Masse $m/m_\odot > 65$. Außer Rigel gehören sie zur Klasse der roten Überriesen. Man beachte die riesigen Ausmaße $r/r_\odot$ im Vergleich zur Sonne!

Tab. 7.15: Daten der größten Sterne der Milchstraße (Quelle: Wikipedia).

	$T_{\mathrm{eff}}/\mathrm{K}$	$r/r_\odot$	$m/m_\odot$	$L_{\mathrm{st}}/L_\odot$
Rigel	12300	62	17	765
Antares	3500	700	12	6,5
Beteigeuze	3600	760	19	8,7
VY Canis Majoris	3600	1420	35	30
VV Cephei A	3500	1500	30 – 40	32
WOH G64	3400	1540	20	28

7.7.18 Bildung von H^--Ionen in stellaren Atmosphären

Das H^--Ion wurde in Sternatmosphären beobachtet. Es wird durch die Reaktion

$$H + e^- \rightleftharpoons H^-$$

gebildet. Die Elektronenaffinität von H^- beträgt −0,77 eV. Zum Vergleich: die Ionisationsenergie von H zu H^+ beträgt +13,6 eV.

Berechnen Sie den Molenbruch x_{H^-} von H^- im Inneren einer Sternatmosphäre, wo folgender Zustand herrscht:

$$T = 24000 \text{ K}, \quad p = 220 \text{ bar}, \quad x_{H^+} = x_{e^-} = 0{,}3 \quad \text{und} \quad x_H = 0{,}4$$

Führen Sie die Berechnung durch unter der Annahme $x_{H^-} \ll x_{e^-}, x_{H^+}, x_H$. Lässt sich diese Annahme rechtfertigen?

Lösung:

Für $K_{p,H^-} = p_{H^-}/(p_H \cdot p_{e^-})$ gilt nach Gl. (4.13) mit K_C aus Gl. (4.10):

$$K_{p,H^-} = (k_B T)^{-1} \cdot \left(\frac{2\pi k_B T}{h^2} \right)^{-3/2} \cdot m_e^{-3/2} \cdot \left(\frac{g_{e^-} \cdot g_H}{g_{H^-}} \right)^{-1} \cdot \exp\left[+\frac{0{,}77 \cdot 1{,}6022 \cdot 10^{-19}}{k_B \cdot 24000} \right]$$

mit den Entartungsfaktoren der Elektronenspins $g_e = 2$, $g_H = 2$ und $g_{H^-} = 1$. Einsetzen der Zahlenwerte für x_{e^-}, x_{H^+} und x_H unter Vernachlässigung von x_{H^-} gegenüber x_{e^-} und x_H ergibt:

$$K_{p,H^-} = 1{,}219 \cdot 10^{-10} \text{ Pa}^{-1}$$

Die Berechnung von x_{H^-} erfolgt aus:

$$K_{p,H^-} = \frac{x_{H^-}}{x_H \cdot x_{e^-}} \cdot \frac{1}{p} = 1{,}219 \cdot 10^{-10} \text{ Pa}^{-1}$$

mit $p = 220\,\text{bar} = 2,2 \cdot 10^7\,\text{Pa}$. Man erhält also für den Molenbruch x_{H^-}:

$$x_{H^-} = 1,219 \cdot 10^{-10} \cdot 0,4 \cdot 0,3 \cdot 2,2 \cdot 10^7 = 3,22 \cdot 10^{-4}$$

x_{H^-} beträgt $\approx 0,8\,\%$ von x_H. Der Wert beeinflusst die Molenbruchbilanz in vernachlässigbarem Ausmaß, die Annahme $x_{H^-} \ll x_{e^-}, x_{H^+}, x_H$ ist gerechtfertigt.

7.7.19 Der Radiometereffekt in hochverdünnten Gasen. Funktionsweise einer Lichtmühle.

Wir betrachten ein Gefäß, in dem sich 4 senkrecht zueinander orientierte Platten befinden, die an eine leicht drehbare Achse montiert sind. Die eine Seite jeder Platte ist verspiegelt, die andere Seite dagegen ist schwarz beschichtet. Einfallendes Sonnenlicht sorgt für eine Erwärmung der schwarzen gegenüber der verspiegelten Seite ($T_2 > T_1$) (s. Abb. 7.42). In dem Gefäß befindet sich ein Gas, dessen Druck so gering ist, dass die mittlere freie Weglänge (s. Gl. (6.20)) größer ist als die Gefäßdimension. Das bedeutet: stößt ein Molekül mit der mittleren Geschwindigkeit $< |\vec{v}_1| >$ auf eine verspiegelte Plattenseite, wird es mit derselben Geschwindigkeit wieder reflektiert, beim Stoß auf eine geschwärzte Plattenseite dagegen nimmt das Molekül eine neue mittlere Geschwindigkeit $< |\vec{v}_2| >$ an, die der Temperatur T_1 der geschwärzten Plattenseite entspricht. Dieses Molekül gibt seine überschüssige Energie an die Gefäßwand ab, die, wie die verspiegelte Plattenseite, die Temperatur T_2 hat und fliegt zurück in den Gasraum mit der mittleren Geschwindigkeit $< |\vec{v}_1| >$, bevor es entweder mit der Platte oder wiederum mit der Gefäßwand stößt. Es findet also ein ständiger Energiefluss von der schwarzen Plattenseite durch Molekültransport an die Gefäßwand statt. Da das System stationär, also der Energiefluss von der schwarzen Platte durch das Gefäß und durch die Gefäßwand in die Umgebung zeitlich konstant ist, muss auch für die auf die schwarze Platte auftreffende Zahl von Teilchen pro Zeiteinheit gelten, dass diese gleich ist der von der schwarzen Plattenseite wegfliegenden Zahl der Teilchen pro Zeiteinheit. Nach Gl. (2.68) muss also gelten:

$$\frac{1}{4}\left(\frac{N_2}{V}\right) < |\vec{v}_2| > = \frac{1}{4}\left(\frac{N_1}{V}\right) < |\vec{v}_1| > \tag{7.288}$$

Der Druck des Gases im Gefäß beträgt

$$p_1 = \left(\frac{N_1}{V}\right) k_B T_1$$

Dann gilt unter Beachtung der Stationarität nach Gl. (7.288)

$$\left(\frac{N_2}{V}\right) = \left(\frac{N_1}{V}\right) \frac{\langle \vec{v}_1 \rangle}{\langle \vec{v}_2 \rangle} = \left(\frac{N_1}{V}\right) \sqrt{\frac{T_1}{T_2}} \tag{7.289}$$

Sonnenlicht

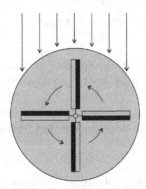

Abb. 7.42: Prinzip einer Lichtmühle (Blick von oben); Temperatur der schwarzen Seite $T_2 > T_1 =$ Temperatur der verspiegelten Seite.

wegen der allg. Beziehung $\langle |\vec{c}| \rangle = \sqrt{8k_BT/\pi \cdot m}$ nach Gl. (2.70). Wir berechnen jetzt die Kräfte, die auf eine Platte wirken. Auf der schwarzen Seite üben die einfallenden Moleküle die Kraft

$$K_1 = A \cdot p_1 = A \cdot \left(\frac{N_1}{V}\right) k_B T_1$$

aus. Die von der schwarzen Seite reemittierten Teilchen üben die Kraft

$$K_2 = A \cdot p_2 = A \left(\frac{N_2}{V}\right) k_B T_2$$

aus, wobei p_2 ein „virtueller" Druck ist. Als Kräftesumme auf der schwarzen Seite gilt

$$K_1 + K_2 = A \cdot (p_1 + p_2)$$

Auf der verspiegelten Seite der Platte gilt dagegen:

$$2K_1 = 2A \cdot p_1$$

Damit ist die gesamte Kraftbilanz, die auf eine Platte wirkt, die Differenz dieser Kräfte:

$$\Delta K = A\left(p_1 + p_2\right) - 2Ap_1 = A \cdot p_2 - A \cdot p_1 \tag{7.290}$$

Also erhält man

$$\Delta K = A\left[\left(\frac{N_2}{V}k_B T_2 - \left(\frac{N_1}{V}\right)k_B T_1\right)\right] = A\left(\frac{N_1}{V}\right)k_B\left[\sqrt{\frac{T_1}{T_2}} \cdot T_2 - T_1\right] \tag{7.291}$$

$$= Ap_1 \cdot \left[\sqrt{\frac{T_1}{T_2}} \cdot \frac{T_2}{T_1} - 1\right] = Ap_1 \cdot \left[\sqrt{\frac{T_2}{T_1}} - 1\right] \tag{7.292}$$

ΔK wirkt als Drehmoment auf jede der vier Platten. Das ist eine sog. „Lichtmühle". T_1 ist die Umgebungstemperatur der Gefäßwände. Es fehlen uns noch geeignete Werte für p_1 (Gasdruck im Gefäß) und die Temperatur T_2 (stationärer Wert der schwarzen Plattenseite). T_2 ergibt sich aus der Wärmestrahlungsbilanz. Für die Wärmestrahlung eines schwarzen Körpers gilt nach Gl. (3.155)

$$I = \sigma_{SB} \cdot T^4$$

Die Sonnenstrahlungsintensität am Ort der Erde beträgt

$$\sigma_{SB} \cdot T_\odot^4 \cdot \left(\frac{r_\odot}{r_{SE}}\right)^2 = \sigma_{SB} \cdot (5785\,K)^4 \cdot \left(\frac{6{,}96 \cdot 10^8}{1{,}496 \cdot 10^{11}}\right)^2 = 1375\,\text{Watt}$$

wobei $r_\odot$ der Sonnenradius und $r_{SE} = 1\,AE = 1{,}496 \cdot 10^{11}$ m sind. Pro Umlauf nimmt eine Plattenhälfte den Bruchteil

$$\frac{\int_0^\pi \sin\varphi\,d\varphi}{\int_0^\pi d\varphi} = -\frac{1}{\pi} \cdot \cos\varphi \Big|_0^\pi = \frac{2}{\pi}$$

der eingestrahlten Leistung auf. Zusätzlich empfängt sie kontinuierlich die Wärmestrahlung aus der Umgebung mit der Temperatur $T = 298$ K. Die stationäre Temperatur T_2 der schwarzen Plattenseite ergibt sich also aus der Bilanz

$$\sigma_{SB} \cdot (298\,K)^4 + \gamma \cdot 1{,}375\,\text{Watt} \cdot \frac{2}{\pi} = \sigma_{SB} \cdot T_2^4 \qquad (7.293)$$

$\gamma \cong 0{,}73$ ist der Schwächungsfaktor der eingestrahlten Strahlungsleistung durch die Atmosphäre. Aus Gl. (7.293) berechnet sich die Temperatur T_2:

$$T_2 = \left(\frac{\sigma_{SB} \cdot (298\,K)^4 + 0{,}73 \cdot 1375\,\text{Watt} \cdot \frac{2}{\pi}}{\sigma_{SB}}\right)^{1/4} = 372{,}0\,K$$

Das gilt natürlich nur für den optimalen Fall, dass das Sonnenlicht permanent scheint und senkrecht auf die sich drehenden Platten fällt, wie es in Abb. 7.42 angenommen ist. Ferner soll es idealerweise keinen Verlustwärmestrom von der schwarzen Seite zur verspiegelten Seite innerhalb der Platte geben. Da die verspiegelte Seite weder Wärmestrahlung aufnehmen noch abgeben kann, bleibt ihre Temperatur bei $T_1 = 298$ K.

Der Druck des Gases in der Lichtmühle muss einen Wert haben, der so klein ist, dass die mittlere freie Weglänge $\langle l_v \rangle$ der Gasmoleküle größer als die charakteristische Gefäßdimension wird. Wir setzen diese zu 10 cm an. Dann erhält man mit Gl. (6.21):

$$\langle l_v \rangle = \frac{k_B \cdot 298\,K}{\sqrt{2}\pi \cdot d^2 \cdot p_1} > 0{,}1\,m \qquad (7.294)$$

Setzt man für den Moleküldurchmesser einen geeigneten Wert ein, etwa $3{,}7 \cdot 10^{-10}$ m für N_2 oder $2{,}2 \cdot 10^{-10}$ m für He, ergibt sich:

$$p_1 < \frac{k_B \cdot 298\,\mathrm{K}}{0{,}1 \cdot \sqrt{2} \cdot \pi d^2} = 0{,}068\,\mathrm{Pa} \quad \text{für } N_2$$

oder

$$p_1 < 0{,}2\,\mathrm{Pa} \quad \text{für Helium.}$$

Für die Kraftbilanz, die auf eine der vier Halbplatten in Abb. 7.42 wirkt, gilt also:

$$\Delta K = Ap_1 \cdot \left[\sqrt{\frac{T_2}{T_1}} - 1 \right]$$

Mit $T_1 = 298\,\mathrm{K}$ und $T_2 = 372\,\mathrm{K}$ gilt mit $p_1 = 0{,}068\,\mathrm{Pa}$ (N_2)

$$\Delta K\,(N_2 - \text{Füllung}) = 4A \cdot 0{,}068\,\mathrm{Pa} \cdot \left[\sqrt{\frac{372}{298}} - 1 \right] = A \cdot 0{,}0319\,\mathrm{Newton}$$

$$\Delta K\,(He - \text{Füllung}) = 4A \cdot 0{,}2\,\mathrm{Pa} \cdot \left[\sqrt{\frac{372}{298}} - 1 \right] = A \cdot 0{,}0938\,\mathrm{Newton}$$

7.7.20 Der negative Druck p_Λ der dunklen Energiedichte im kosmologischen Standardmodell

Weisen Sie nach, dass nach Gl. (7.245) $p_\Lambda = -\varrho_\Lambda \cdot c_L^2$ gilt. Betrachten Sie dazu in Gl. (7.238) den Fall $\varrho_\Lambda > 0$, $\varrho_b = \varrho_{\mathrm{dm}} = \varrho_{\mathrm{rel}} = 0$ sowie $\kappa = 0$ in Kombination mit Gl. (7.244) mit $p = p_\Lambda$.

Lösung:

Gl. (7.245) lautet dann:

$$\left(\frac{\dot{a}_K}{a_K} \right)^2 = \frac{8}{3}\pi G \cdot \varrho_\Lambda$$

Da ϱ_Λ eine konstante Größe ist, lässt sich die Gleichung sofort integrieren und man erhält mit $(\dot{a}/a) = (\mathrm{d}\ln a / \mathrm{d}t)$:

$$a_K(t) = a_K(t_0) \cdot \exp\left[\sqrt{\frac{8}{3}\pi \cdot G \cdot \varrho_\Lambda} \cdot (t - t_0) \right]$$

und daraus für $\ddot{a}(t)$:

$$\ddot{a}_K(t) = \frac{\mathrm{d}^2 a_K}{\mathrm{d}t^2} = \frac{8}{3}\pi \cdot G \cdot \varrho_\Lambda \cdot a_K(t_0) \cdot \exp\left[(t - t_0) \cdot \sqrt{\frac{8}{3}\pi \cdot G \cdot \varrho_\Lambda} \right]$$

Einsetzen von $\ddot{a}_K(t)$ und $a_K(t)$ in Gl. (7.244) ergibt unter Beachtung von $a_K(t = 0) = 1$:

$$\frac{8}{3}\pi \cdot G \cdot \varrho_\Lambda = -\frac{4}{3}\pi \cdot G \cdot \varrho_\Lambda - \frac{12}{3}\pi \cdot G \cdot \frac{p_\Lambda}{c_L^2}$$

und somit das zu beweisende Resultat

$$p_\Lambda = -\varrho_\Lambda \cdot c_L^2$$

7.7.21 Analytische Lösung der Friedmann-Lemaitre-Gleichung ohne Strahlungsbeitrag

Wir wollen Gl. (7.254) lösen und damit Gl. (7.255) beweisen. Für Gl. (7.254) lässt sich zunächst schreiben:

$$t = \frac{1}{H_{\text{heute}} \cdot \sqrt{\Omega_{\text{m,heute}}}} \int_0^{a_K} \frac{a_K^{1/2} \cdot da_K}{\sqrt{1 + (\Omega_{\Lambda,\text{heute}}/\Omega_{\text{m,heute}}) \cdot a_K^3}}$$

Wir substituieren

$$y^2 = \frac{\Omega_{\Lambda,\text{heute}}}{\Omega_{\text{m,heute}}} \cdot a_K^3 \qquad \text{bzw.} \qquad \frac{2}{3}\sqrt{\frac{\Omega_{\text{m,heute}}}{\Omega_{\Lambda,\text{heute}}}} \cdot dy = a_K^{1/2} \cdot da_K$$

und erhalten

$$t = \frac{2}{3} \cdot \frac{1}{\sqrt{\Omega_{\Lambda,\text{heute}}}} \cdot \frac{1}{H_{\text{heute}}} \int_0^y \frac{dy}{\sqrt{1 + y^2}}$$

Zur Lösung des Integrals führen wir erneut eine Substitution durch (s. Gl. (11.395)):

$$y = \sinh x \qquad \text{bzw.} \qquad dy = d\sinh x = \cosh x\, dx$$

Wir setzen mit $e^x = v$

$$\sinh x = \frac{e^x - e^{-x}}{2} = \frac{v - 1/v}{2} = y$$

Das ergibt eine quadratische Gleichung für v:

$$v^2 - 2y \cdot v - 1 = 0$$

mit der Lösung

$$e^x = v = y + \sqrt{y^2 + 1} \qquad \text{bzw.} \qquad x = \ln\left[y + \sqrt{1 + y^2}\right]$$

Wir erhalten also:

$$\int_0^y \frac{dy}{\sqrt{1+y^2}} = \int_0^x \frac{d(\sinh x)}{\sqrt{1+(\sinh x)^2}} = \int_0^x \frac{d(\sinh x)}{\cosh x} = \int_0^x dx = \ln\left[y + \sqrt{1+y^2}\right]$$

wobei wir von $d(\sinh x) = \cosh x \cdot dx$ Gebrauch gemacht haben. Somit lautet die Lösung in Übereinstimmung mit Gl. (7.255):

$$t = \frac{2}{3}\frac{1}{H_{\text{heute}}\sqrt{\Omega_{\Lambda,\text{heute}}}} \cdot \ln\left[\left(\frac{\Omega_{\Lambda,\text{heute}}}{\Omega_{\text{m,heute}}}\right)^{1/2} \cdot a_K^{3/2} + \left(1 + \frac{\Omega_{\Lambda,\text{heute}}}{\Omega_{\text{m,heute}}} \cdot a_K^3\right)^{1/2}\right]$$

7.7.22 Der Übergang vom Strahlungs- zum Materieuniversum

Zum Zeitpunkt dieses Übergangs in der Entwicklungsgeschichte des Kosmos ist definitionsgemäß die Dichte der relativistischen Strahlung ϱ_{rel} und die Dichte der Materie ϱ_{m} gleich groß:

$$\varrho_{\text{rel}} = \varrho_{\text{m}} = \varrho_B + \varrho_{\text{dm}}$$

Wir wollen diesen Zeitpunkt berechnen. Dazu setzen wir ϱ_{m} in Gl. (7.246) gleich ϱ_{rel} in Gl. (7.247) mit $a_{K,\text{heute}} = 1$ und erhalten:

$$\frac{\varrho_{\text{m,heute}}}{a_K^3} = \frac{\varrho_{\text{rel,heute}}}{a_K^4} \qquad \text{bzw.} \qquad a_{K,\text{eq}} = \frac{\varrho_{\text{rel,heute}}}{\varrho_{\text{m,heute}}} = 2{,}93 \cdot 10^{-4}$$

wobei wir die Daten aus Tabelle 7.11 eingesetzt haben $a_{K,\text{eq}}$ ist der Skalenfaktor im Fall $\varrho_{\text{rel}} = \varrho_{\text{m}}$. Gl. (7.249) beschreibt den zeitlichen Verlauf von a_K. Da das Universum „flach" ist, gilt $\kappa = 0$. Ferner ist zu diesem frühen Zeitpunkt $\varrho_\Lambda \cdot a_K^2 = 0{,}73 \cdot \left(3{,}026 \cdot 10^{-4}\right)^2 = 6{,}68 \cdot 10^{-8}$ vernachlässigbar in Gl. (7.249). Wir haben also folgende Gleichung zu lösen:

$$\dot{a}_K^2 \cong \frac{8}{3}\pi G\left[\frac{\varrho_{\text{m,heute}}}{a_K} + \frac{\varrho_{\text{rel,heute}}}{a_K^2}\right]$$

Wir ziehen $\varrho_{\text{m,0}}$ vor die Klammer, setzen $\varrho_{\text{rel,0}}/\varrho_{\text{m,0}} = a_K$ ein und erhalten:

$$\dot{a}_K^2 = \frac{8}{3}\pi G \cdot \frac{2}{a_K} \qquad \text{bzw.} \qquad \dot{a}_K = \left(\frac{16}{3}\pi G\right)^{1/2} \cdot a_K^{-1/2}$$

Integration ergibt:

$$\int_0^{a_K} a_K^{1/2} \cdot da_K = \left(\frac{16}{3}\pi \cdot G\right)^{1/2} \cdot t = \frac{2}{3}a_K^{3/2}$$

Damit erhalten wir die Bestimmungsgleichung für die Zeit t mit $a_K = \varrho_{\text{rel,heute}}/\varrho_{\text{m,heute}}$:

$$t = \frac{2}{3}\left(\frac{\varrho_{\text{rel,heute}}}{\varrho_{\text{m,heute}}}\right)^{3/2}\left(\frac{16}{3}\pi \cdot G \cdot \varrho_{\text{m,heute}}\right)^{-1/2}$$

Einsetzen der Daten aus Tabelle 7.11 ergibt:

$$t = 1{,}845 \cdot 10^{12} \text{ s} = 58486 \text{ Jahre}$$

für den Übergang vom strahlendominierten zum materiedominierten Universum. Da Strahlung und Materie sich zu diesem Zeitpunkt noch im thermischen Gleichgewicht befinden, können wir die Temperatur aus der Strahlungstemperatur für den gesamten Kosmos berechnen: Es gilt nach dem Stefan-Boltzmann'schen Gesetz Gl. (3.139):

$$\frac{u(T)}{u(T_{\text{heute}})} = \frac{\varrho_{\text{rel}}}{\varrho_{\text{rel,heute}}} = \frac{T^4}{T_{\text{heute}}^4}$$

Wir setzen für ϱ_{rel} Gl. (7.247) ein und erhalten mit $a_{K,0} = 1$:

$$T = \frac{T_{\text{heute}}}{a_K} = \frac{2{,}73}{2{,}93 \cdot 10^{-4}} = 9317\,\text{K}$$

Die berechneten Werte sind nicht zu genau zu nehmen. Man kann sagen: im Zustand gleicher Massendichten von Strahlung und Materie herrschen fast 10 000 K nach einer Zeit von ca. 60 000 Jahren seit dem Urknall. Zu diesem Zeitpunkt liegt die Materie des Weltalls bereits in Form gasförmiger H-Atome und He-Atome vor, die noch zum großen Teil ionisiert sind. Den Verlauf von $\varrho_{\text{rel}}/\varrho_{\text{cr}}$, $\varrho_{\text{m}}/\varrho_{\text{cr}}$ und $\varrho_\Lambda/\varrho_{\text{cr}}$ als Funktion des Skalenfaktors a_K zeigt Abb. 7.43. Bei $a_{K,\text{eq}} = 3{,}024 \cdot 10^{-4}$ herrscht Gleichheit von Materiedichte und relativistischer Strahlungsdichte.

7.7.23 Die kosmologische Rotverschiebung des Lichtes und die Größe des Weltraums als Sichthorizont

Wir stellen uns eine sehr grundsätzliche Frage. Wie groß ist das sich ausdehnende Weltall? Wo ist für uns als irdische Beobachter die Grenze erreicht, hinter der kein Licht mehr zu uns gelangen kann? Diese Grenze heißt *Sichthorizont* oder Welthorizont.

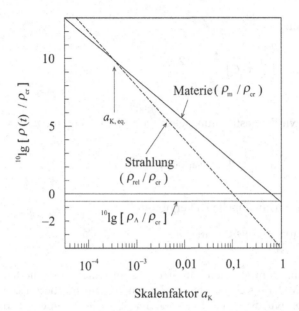

Abb. 7.43: $\varrho_{rel}/\varrho_{cr}$, ϱ_m/ϱ_{cr} und $\varrho_\Lambda/\varrho_{cr}$ als Funktion von a_K in logarithmischer Darstellung bezogen auf die kritische Dichte $\varrho_{cr} = 9{,}546 \cdot 10^{-27} \, \text{kg} \cdot \text{m}^{-3}$.

Wir gehen aus vom kosmologischen Prinzip, nach dem - gemittelt über große Bereiche - die Dichte $\varrho(t)$ überall zur Zeit t im Weltall denselben Wert hat.

Es gilt also allgemein, bei Aussendung eines Lichtsignals:

$$\frac{\lambda_{\text{Empfänger}}}{\lambda_{\text{Sender}}} = \frac{R(t_{\text{heute}})}{R(t_1)} \qquad \text{mit} \qquad \frac{R(t)}{\lambda} = \text{const}$$

Während der Flugzeit des Photons vom Sender zum Empfänger z. B. auf der Erde dehnt sich das Weltall adiabatisch weiter aus und für das betrachtete Photon gilt, was für alle Photonen gilt: sie verlieren den Energiebeitrag $h(\nu_1 - \nu_0)$ mit $\nu_1 > \nu_0$ also $h \cdot c_L \left(\dfrac{1}{\lambda_1} - \dfrac{1}{\lambda_{\text{heute}}} \right)$ mit $\lambda_1 < \lambda_{\text{heute}}$.

Als kosmologische Rotverschiebung bezeichnet man

$$\boxed{z = \frac{R(t_{\text{heute}})}{R(t_1)} - 1 = \frac{\lambda_{\text{heute}} - \lambda_1}{\lambda_1} = \frac{\Delta\lambda}{\lambda_1} > 0} \tag{7.295}$$

wobei wir mit dem Index „heute" den Zustand des Lichtempfängers zur Zeit t_{heute} bezeichnen t_1 ist der Zeitpunkt der Lichtemission des Senders zur Zeit t_1. Wie ändert sich $R(t)$ im Lauf der Zeit? Wir entwickeln ganz allgemein $R(t)$ in eine Taylor-Reihe um $t = t_{\text{heute}}$:

$$R(t) = R(t_{\text{heute}}) + \left(\frac{dR}{dt} \right)_{t=\text{heute}} \cdot (t - t_{\text{heute}}) + \frac{1}{2} \left(\frac{d^2R}{dt^2} \right)_{t=t_{\text{heute}}} \cdot (t - t_{\text{heute}})^2 + \dots \tag{7.296}$$

die wir nach dem quadratischen Glied abbrechen, das soll für unsere Zwecke genügen. Dann erhält man mit

$$\left(\frac{\mathrm{d}^2 R}{\mathrm{d}t^2}\right)_{\text{heute}} = H_{\text{heute}} \cdot \left(\frac{\mathrm{d}R}{\mathrm{d}t}\right)_{\text{heute}} = H_{\text{heute}}^2 \cdot R = \frac{1}{R}\left(\frac{\mathrm{d}R}{\mathrm{d}t}\right)^2$$

$$R(t) = R(t_{\text{heute}})\left[1 + H_{\text{heute}}(t - t_{\text{heute}}) + \frac{1}{2} q_{\text{heute}} \cdot H_{\text{heute}}^2 (t - t_{\text{heute}})^2 + \ldots\right] \qquad (7.297)$$

mit der Hubble'schen Konstante H_{heute}:

$$H_{\text{heute}} = \frac{1}{R(t_{\text{heute}})} \cdot \left(\frac{\mathrm{d}R(t)}{\mathrm{d}t}\right)_{t=t_{\text{heute}}} = \frac{\dot{a}_{\text{K,heute}}}{a_{\text{K,heute}}}$$

und

$$q_{\text{heute}} = -\frac{(\ddot{R})_{t=t_{\text{heute}}} \cdot R(t_{\text{heute}})}{(\dot{R})_{t=t_{\text{heute}}}^2} = -\frac{\ddot{a}_{\text{K,heute}} \cdot a_{\text{K,heute}}}{\dot{a}_{\text{K,heute}}^2} \qquad (7.298)$$

H_{heute} ist die Hubble'sche Konstante nach dem Hubble'schen Gesetz zum heutigen Zeitpunkt am Ort des Lichtempfängers auf der Erde. q_{heute} *heißt Verzögerungsparameter.* Wir berechnen ihn aus Gl. (7.254), die im Materie- und Λ-Bereich gilt, also für Zustände des Weltalls, wo es schon lange leuchtende Sterne und Galaxien gibt, die man beobachten kann. Wir differenzieren Gl. (7.254) nach t und erhalten:

$$\ddot{a}_{\text{K}} = \frac{H_{\text{heute}}}{2}\left[\frac{\Omega_{\text{m,heute}}}{a_{\text{K}}} + \Omega_{\Lambda} \cdot a_{\text{K}}^2\right]^{-1/2} \cdot \left[2\Omega_{\Lambda} \cdot a_{\text{K}} \cdot \dot{a}_{\text{K}} - \frac{\Omega_{\text{m,heute}}}{a_{\text{K}}^2} \cdot \dot{a}_{\text{K}}\right]$$

Aus Gl. (7.254) berechnen wir $\dot{a}_{\text{K}}$:

$$\dot{a}_{\text{K}} = H_{\text{heute}} \cdot \sqrt{\Omega_{\text{m,heute}}/a_{\text{K}} + \Omega_{\Lambda} \cdot a_{\text{K}}^2}$$

Eingesetzt in $\dot{a}_{\text{K}}$ ergibt das mit $a_{\text{K}} = a_{\text{K,heute}} = 1$:

$$\ddot{a}_{\text{K,heute}} = \frac{H_{\text{heute}}^2}{2} \cdot (2\Omega_{\Lambda} - \Omega_{\text{m,heute}})$$

Wir erhalten also mit $\dot{a}_{\text{K,heute}}^2 = H_{\text{heute}}^2 \cdot (\Omega_{\text{m,heute}} + \Omega_{\Lambda})$ für Gl. (7.298) mit $a_{\text{K,heute}} = 1$:

$$q_{\text{heute}} = -\frac{\ddot{a}_{\text{K,heute}}}{\dot{a}_{\text{K,heute}}^2} = \frac{1}{2}\frac{\Omega_{\text{m,heute}} - 2\Omega_{\Lambda}}{\Omega_{\text{m,heute}} + \Omega_{\Lambda}} = -0{,}584 \qquad (7.299)$$

mit den Zahlenwerten für $\Omega_{\text{m,heute}}$ und Ω_{Λ} aus Tabelle 7.11. Wir erkennen im übrigen, dass wegen $\ddot{a}_{\text{K,heute}} > 0$ das heutige Weltall sich beschleunigt ausdehnt. Wir suchen nun

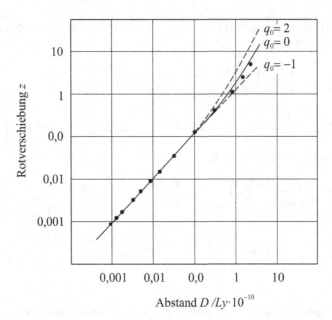

Abb. 7.44: Hubble-Diagramm: Rotverschiebung z doppelt logarithmisch aufgetragen gegen den Abstand D. Eingetragen sind repräsentative Beobachtungsdaten von Galaxien und Supernova-Erscheinungen (Abb. nach T. Fließbach, Allgemeine Relativitätstheorie, Springer-Spektrum (2006)) —— repräsentative Kurve der Beobachtungsdaten, - - - - - berechnet nach Gl. (7.302) mit den angegebenen $q_0 = q_{\text{heute}}$-Werten. Der optimale Wert ist $q_0 = q_{\text{heute}} = -0,6$.

nach dem Zusammenhang der kosmischen Rotverschiebung z mit der Entfernung D, die das leuchtende Objekt (Galaxie) zu uns hat.

Mit Hilfe von Gl. (7.297) lässt sich für z in Gl. (7.295) schreiben, indem man $R^{-1}(t)$ in eine Taylor-Reihe nach $(t - t_{\text{heute}})$ entwickelt und beim Einsetzen in Gl. (7.295) nur lineare und quadratische Glieder berücksichtigt:

$$z \cong H_{\text{heute}} \left(t_{\text{heute}} - t_1\right) + \left(1 + \frac{q_{\text{heute}}}{2}\right) H_{\text{heute}}^2 \left(t_{\text{heute}} - t_1\right)^2 + \dots \qquad (7.300)$$

Die Laufzeit des Lichtes $(t_{\text{heute}} - t_1)$ wollen wir nun durch die heutige Entfernung D von uns zu der Emissionsquelle (Galaxie) ausdrücken. Es gilt nach Gl. (7.295) mit $R(t)$ aus Gl. (7.297):

$$
l = \int\limits_{t_1}^{t_{\text{heute}}} \frac{c_{\text{L}}}{R(t)} \cdot \mathrm{d}t = \int\limits_{t_1}^{t_{\text{heute}}} \frac{c_{\text{L}}}{R(t_{\text{heute}})} \left(1 - H_{\text{heute}}\left(t - t_{\text{heute}}\right) \pm \dots \right) \mathrm{d}t
$$

$$
= \frac{c_{\text{L}}\left(t_{\text{heute}} - t_1\right)}{R\left(t_{\text{heute}}\right)} - \int\limits_{t_{\text{heute}}}^{0} \frac{c_{\text{L}}}{R\left(t_{\text{heute}}\right)} \cdot H_{\text{heute}}\left(t - t_{\text{heute}}\right) \cdot d\left(t - t_{\text{heute}}\right)
$$

$$
\approx \frac{c_{\text{L}}\left(t_{\text{heute}} - t_1\right)}{R\left(t_{\text{heute}}\right)} + \frac{H_{\text{heute}}}{2} \cdot \frac{c_{\text{L}}}{R\left(t_{\text{heute}}\right)} \left(t_{\text{heute}} - t_1\right)^2
$$

Für den heutigen Abstand D gilt dann:

$$
D = R(t_{\text{heute}}) \cdot l = c_{\text{L}}(t_{\text{heute}} - t_1) + \frac{H_{\text{heute}} \cdot c_{\text{L}}}{2}(t_{\text{heute}} - t_1)^2 \tag{7.301}
$$

Wir eliminieren $(t_{\text{heute}} - t_1)$ in Gl. (7.300) durch Gl. (7.301) (quadratische Gleichung für $(t - t_1)$) und erhalten:

$$
\boxed{z \approx \frac{H_{\text{heute}}}{c_{\text{L}}} D + \frac{(1 + q_{\text{heute}}) \cdot H_{\text{heute}}^2}{2 c_{\text{L}}^2} \cdot D^2} \tag{7.302}
$$

In Abb. 7.44 ist Gl. (7.302) für 3 Werte von q_0 als Parameter aufgetragen mit $H = H_{\text{heute}} = \sqrt{(8\pi/3) \cdot G \cdot \varrho_{\text{cr}}} = 2{,}31 \cdot 10^{-18}$ s^{-1} (s. Tabelle 7.11). Man sieht, dass es in der doppeltlogarithmischen Darstellung oberhalb von $z = 1$ zu Abweichungen von der Linearität kommt. Mit $q_0 \approx -0{,}6$ werden die experimentellen Daten am besten beschrieben. Das entspricht auch dem in Gl. (7.299) berechneten Wert.

Nun sind wir auch in der Lage die Größe des prinzipiell sichtbaren Weltalls zu berechnen, sein Durchmesser heißt *Sichthorizont* oder *Welthorizont*. Wir bezeichnen ihn mit D_{Welt}, d. h., wir integrieren vom Anfang der Zeit $t = 0$ an, wo $z = \infty$ wird, da dort $R(t = 0) = 0$ ist:

$$
D_{\text{Welt}} = \int\limits_{0}^{t_0} \frac{R(t_{\text{heute}})}{R(t)} \cdot c_{\text{L}} \mathrm{d}t = c_{\text{L}} \int\limits_{0}^{t_{\text{heute}}} \frac{1}{a_{\text{K}}(t)} \mathrm{d}t = c_{\text{L}} \int\limits_{0}^{1} \frac{1}{a_{\text{K}} \cdot \dot{a}_{\text{K}}} \mathrm{d}a_{\text{K}}
$$

Einsetzen von Gl. (7.248) für $\dot{a}_{\text{K}}$ ergibt mit $\kappa = 0$ und $a_{\text{K},t=t_{\text{heute}}} = 1$:

$$
D_{\text{Welt}} = c_{\text{L}} \cdot \int\limits_{0}^{1} \frac{\mathrm{d}a_{\text{K}}}{\left[\varrho_{\text{m,heute}} \cdot a_{\text{K}} + \varrho_{\text{rel,heute}} + \varrho_{\Lambda} \cdot a_{\text{K}}^4\right]^{1/2}}
$$

oder, wenn wir wieder $H = \sqrt{(8\pi/3) \cdot G \cdot \varrho_{cr}} = \dot{a}_K/a_K = (\dot{a}_K)_{t=t_{heute}} = H_{heute}$ einführen (s. Gl. (7.239)):

$$D_{Welt} = \frac{c_L}{H_{heute}} \int\limits_0^1 \frac{da_K}{\left[\Omega_{m,heute} \cdot a_K + \Omega_{rel,heute} + \Omega_\Lambda \cdot a_K^4\right]^{1/2}} \tag{7.303}$$

wobei wir wieder die Parameter $\Omega_{m,0}$, $\Omega_{rel,0}$ und Ω_Λ Tabelle 7.11 entnehmen. Das numerische Resultat ergibt für den sog. *Sichthorizont* oder *Welthorizont*:

$$D_{Welt} = 3{,}93 \cdot 10^{26}\,\text{m} = 4{,}1 \cdot 10^{10}\,\text{Ly} \quad (41 \text{ Milliarden Lichtjahre})$$

Weiter hinaus kann man grundsätzlich nicht sehen, da für $D > D_{Welt}$ uns kein Lichtsignal mehr erreichen kann (s. auch Abb. 7.43 und Exkurs 7.7.25).

7.7.24 Dimensionsanalyse von Gl. (7.283)

Zeigen Sie, dass in Gl. (7.284) auf beiden Gleichungsseiten die SI-Dimensionen identisch sind.

Lösung:

Wir multiplizieren die Gleichung mit r_{st}^2 und erhalten auf der linken Seite die SI-Dimension

$$\left(\text{kg} \cdot \text{m}^{-3}\right) \cdot \left(\text{m}^3 \cdot \text{kg}^{-1} \cdot \text{s}^{-2}\right) \cdot \text{kg} = \text{kg} \cdot \text{s}^{-2}$$

Auf der rechten Seite haben wir die SI-Dimensionen

$$\left(\text{J} \cdot \text{m}^{-2} \cdot \text{K}^{-4} \cdot \text{s}^{-1}\right) \cdot \left(\text{s} \cdot \text{m}^{-1}\right) \cdot \text{K}^3 \cdot \left(\text{J} \cdot \text{s}^{-1}\right) \cdot \left(\text{J}^{-1} \cdot \text{m} \cdot \text{K} \cdot \text{s}\right)$$

Mit $1\,\text{J} = \text{m}^2 \cdot \text{kg} \cdot \text{s}^{-2}$ ergibt das:

$$\left(\text{m}^2 \cdot \text{kg} \cdot \text{s}^{-2} \cdot \text{m}^{-2} \cdot \text{K}^{-4} \cdot \text{s}^{-1}\right) \cdot \left(\text{s} \cdot \text{m}^{-1}\right) \cdot \text{K}^3 \cdot \text{s}^{-1} \cdot \text{m} \cdot \text{K} \cdot \text{s} = \text{kg} \cdot \text{s}^{-2}$$

Auf beiden Seiten von Gl. (7.284) sind also die Dimensionen identisch, so wie es sein muss.

7.7.25 Der inflatorische Prozess beim Urknall. Die kritische Dichte des Kosmos und der Sichthorizont.

Ist es Zufall oder Notwendigkeit, dass die Dichte des Kosmos gerade den kritischen Wert $9{,}546 \cdot 10^{-27}\,\text{kg} \cdot \text{m}^{-3}$ erreicht? Warum hat das Weltall kein Zentrum und warum können wir nur endlich weit blicken (Sichthorizont, s. Exkurs 7.7.23)? Um diese Fragen zu

beantworten, wollen wir uns den theoretischen Aufwand der allgemeinen Relativitätstheorie mit der 4-dimensionalen Raumzeit ersparen, indem wir uns gedanklich in eine
2-dimensionale Welt vorstellen versetzt zu sein, in der wir nur 2-dimensional sehen und
denken können. Unser Erfahrungsraum sei ein kleiner Flächenausschnitt auf der Oberfläche einer sich ausdehnenden großen Kugel (s. Abb. 7.45). Das ist eine 3-dimensionale
Raumzeit, die man sich vorstellen kann. Diese gekrümmte Oberfläche der Kugel ist der
Kosmos. Er wird mit der Zeit ständig größer, er hat keinen Rand und kein Zentrum, die
Materie ist auf dieser Oberfläche im Mittel gleichförmig (homogen) verteilt, kein Punkt
ist bevorzugt, ein Punkt, z. B. eine Galaxie, entfernt sich von einem anderen Punkt umso
rascher, je weiter die beiden Punkte auf der Oberfläche voneinander entfernt sind (s. auch
Abb. 7.32).

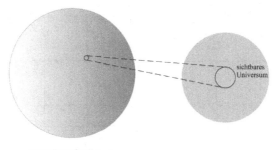

expandierender Kosmos

Abb. 7.45: Die Oberfläche einer expandierenden Kugel mit dem winzigen Ausschnitt des sichtbaren Universums, der uns flach zu sein scheint.

Die Dichte, die wir im Kosmos beobachten, ist gerade die kritische Dichte. Das bedeutet,
dass unsere erfahrbare Welt auf dieser Oberfläche flach zu sein scheint, denn unser
Sichthorizont ist nur ein kleiner Umkreis auf der Oberfläche dieser großen Kugel, die
natürlich eine Krümmung hat, die wir aber nicht wahrnehmen können, da uns jenseits
der Umrandung unseres Sichthorizontes kein Lichtsignal mehr erreichen kann (s. Exkurs
7.7.23). Warum ist die Kugel so groß und unser erfahrbarer Bereich auf der Kugel so klein?
Dafür scheint es bisher nur eine überzeugende Erklärung zu geben.

Unsere Kugel war zur Zeit $t = 0$ ein winziger kleiner Punkt mit der Ausdehnung der
Planck-Länge $l_{Pl} \approx 1{,}6 \cdot 10^{-35}$ m (s. Tabelle 7.9), der sich im Zeitfenster von 10^{-35} bis 10^{-32}
Sekunden zum 10^{50}-fachen (!) seiner Oberfläche explosionsartig mit Überlichtgeschwin-
digkeit aufblähte, und sich erst ab ca. 10^{-32} s nach dem Standardmodell mit der uns
bekannten extrem verlangsamten Zeitabhängigkeit weiter vergrößerte. Dieser *überlicht-
schnelle* Prozess heißt *kosmische Inflation*. Die zeitliche Entwicklung des Sichthorizontes
zeigt Abb. 7.46.

Dadurch wird verständlich, dass wir heute nach $13{,}8 \cdot 10^9$ Jahren in einer uns als *flach*
erscheinenden Welt mit eingeschränkter Sichtweite leben (euklidischer Raum mit $\varrho = \varrho_{cr}$!),
die sich überall nach dem Hubbel'schen Gesetz weiter ausdehnt. Unser Ausflug in die 2D-
Welt der Kugeloberfläche diente der Veranschaulichung eines Geschehens, das wir uns in

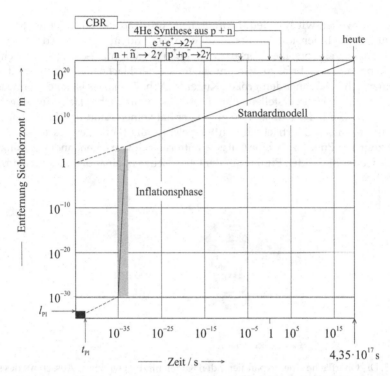

Abb. 7.46: Expansion des kosmischen Sichthorizontes mit Inflationsphase als Funktion der Zeit. CBR = c̲osmical b̲ackground r̲adiation (Freiwerden der Hintergrundstrahlung). Der würfelförmige schwarze Bereich links unten kennzeichnet den kleinstmöglichen Raumzeitbereich mit l_{Pl} = Planck-Länge $\approx 1{,}6 \cdot 10^{-35}$ m und der Planck-Zeit $t_{Pl} \approx 5 \cdot 10^{-44}$ s. Innerhalb dieses Bereiches ist das physikalische Geschehen bisher noch weitgehend unverstanden (Quantengravitation, schwarzes Mikroloch, Quantenschaum).

der 3D-Welt nicht vorstellen können, das aber durch die ART mathematisch beschrieben werden kann.

7.7.26 Entropieproduktion eines strahlenden Sterns

In Abschnitt 7.4.3 hatten wir festgestellt, dass im *lokalen* thermodynamischen Gleichgewicht die innere Entropieproduktion $\frac{dS_i}{dt}$: eines Sterns gleich ist dem Entropieverlust des Sterns $-\frac{dS_e}{dt}$ durch Abstrahlung in den Weltraum. Das bedeutet: das System Stern + Weltraum erfährt insgesamt einen Entropiezuwachs $\frac{dS_i}{dt}$. Dieser Entropiezuwachs steckt in der Strahlungsintensität (Luminosität) des Sterns. Die Strahlungsentropie eines Photonengases beträgt nach Gl. (3.141):

$$S_{Ph} = \frac{4}{3}a \cdot T^3 \cdot V = \frac{16}{3}\frac{\sigma_{SB}}{c_L} \cdot T_{eff}^3 \cdot V$$

Die Entropieproduktion durch Abstrahlung von der Sternoberfläche beträgt also:

$$\frac{S_{Ph}}{dt} = \frac{16}{3}\frac{\sigma_{SB}}{c_L} \cdot T_{eff}^3 \cdot \frac{dV}{dt} = \frac{16}{3}\frac{\sigma_{SB}}{c_L} \cdot T_{eff}^3 \cdot 4\pi r_{st}^2 \cdot c_L$$

mit der effektiven Strahlungstemperatur T_{eff} des Sterns. Es gilt also für die Entropieproduktion des Sterns:

$$\frac{dS_i}{dt} = \frac{dS_{Ph}}{dt} = \frac{64}{3}\pi \cdot \sigma_{SB} \cdot T_{eff}^3 \cdot r_{st}^2$$

Wir berechnen diesen Wert für den Fall der Sonne mit $T_{\odot,eff} = 5870\,K$ und $r_{st} = 6{,}96\cdot10^8$ m:

$$\left(\frac{dS_i}{dt}\right)_\odot = 3{,}80 \cdot 10^{-6}\,(5870)^3 \cdot \left(6{,}96 \cdot 10^8\right)^2 = 3{,}723 \cdot 10^{23}\,J \cdot K^{-1} \cdot s^{-1}$$

oder bezogen auf $1\,m^2$ Sonnenoberfläche ergibt sich für die Entropiestromdichte:

$$\left(\frac{dS_i}{dt \cdot dA}\right)_\odot = \frac{3{,}723 \cdot 10^{23}}{4\pi r_\odot^2} = 6{,}116 \cdot 10^4\,J \cdot K^{-1} \cdot s^{-1} \cdot m^{-2}$$

7.7.27 Berechnung des Integrals $\int_0^\infty x^{l-1} \cdot (1 + e^x)^{-1} \cdot dx$

Wir schreiben $(1 + e^x)^{-1} = e^{-x}/(e^{-x} + 1)$ und entwickeln $(e^{-x} + 1)^{-1}$ in eine Taylor-Reihe (s. Gl. (11.406)):

$$\int_0^\infty x^{l-1} \cdot e^{-x} \cdot \left(\sum_{n=0}^\infty (-1)^n \cdot e^{-nx}\right) dx = \int_0^\infty x^{l-1} \cdot e^{-x} \cdot \left(\sum_{n=1}^\infty (-1)^{n-1} \cdot e^{-(n-1)\cdot x}\right) dx$$

$$= \int_0^\infty x^{l-1} \cdot \left(\sum_{n=1}^\infty (-1)^{n-1} \cdot e^{-nx}\right) dx$$

Wir substituieren $z = n \cdot x$ und erhalten:

$$\int_0^\infty x^{l-1} \cdot \left(\sum_{n=1}^\infty (-1)^{n-1} \cdot e^{-nx}\right) dx = \int_0^\infty z^{l-1} \cdot e^{-z} \cdot \left(\sum_{n=1}^\infty (-1)^{n-1} \cdot \frac{1}{n^l}\right) dz$$

Es gilt:

$$\sum_{n=1}^{\infty} \frac{(-1)^{n-1}}{n^l} = 1 - \frac{1}{2^l} + \frac{1}{3^l} - \frac{1}{4^l} + \frac{1}{5^l} - \cdots = \sum_{n=1}^{\infty} \frac{1}{n^l} - 2 \sum_{n=1}^{\infty} \frac{1}{(2n)^l} = \left(1 - 2^{1-l}\right) \cdot \sum_{n=1}^{\infty} \frac{1}{n^l}$$

$$= \left(1 - 2^{1-l}\right) \cdot \zeta(l)$$

mit der Riemann'schen Zetafunktion $\zeta(l)$ (s. Gl. (11.440)). Damit ergibt sich:

$$\int_0^{\infty} x^{l-1} \cdot (1 + e^x)^{-1} \cdot dx = \left(1 - 2^{1-l}\right) \cdot \zeta(l) \cdot \int_0^{\infty} z^{l-1} \cdot e^{-z} \, dz = \left(1 - 2^{1-l}\right) \cdot \zeta(l) \cdot \Gamma(l)$$

mit der Gammafunktion $\Gamma(l) = (l-1)!$ nach Gl. (11.3). Somit erhält man die gesuchten Ergebnisse für Gl. (7.196):

$$\int_0^{\infty} \frac{x^2}{1 + e^x} \, dx = \left(1 - 2^{-2}\right) \zeta(3) \cdot \Gamma(3) = \frac{3}{4} \cdot 1{,}202 \cdot 2 = 1{,}803 \ldots$$

und für Gl. (7.199):

$$\int_0^{\infty} \frac{x^3}{1 + e^x} \, dx = \left(1 - 2^{-3}\right) \zeta(4) \cdot \Gamma(4) = \frac{7}{8} \cdot \frac{\pi^4}{90} \cdot 6 = 5{,}682 \ldots$$

8 Molekulare Gase in äußeren Kraftfeldern

8.1 Die quasiklassische Zustandssumme

In Kapitel 2 hatten wir die kanonische Zustandssumme als Summe über Exponentialterme erhalten, die diskrete, quantisierte Energieniveaus $E_i (i = 0, 1, \ldots, \infty)$ eines makroskopischen Systems enthalten.

Wir wollen jetzt die Berechnung der kanonischen Zustandssumme nochmals vom Standpunkt der klassischen Mechanik aus betrachten.

Ein System bestehend aus N Molekülen hat die Gesamtenergie E, die aus Translationsenergie E_{trans}, Rotationsenergie E_{rot}, Schwingungsenergie E_{vib} und potentieller Energie E_{pot} der Moleküle bestehen soll:

$$E = E_{\text{trans}} + E_{\text{rot}} + E_{\text{vib}} + E_{\text{pot}}$$

Wenn wir die sog. verallgemeinerten Impulskoordinaten und Ortskoordinaten der Moleküle verwenden, ist in dieser Formulierung die Gesamtenergie E gleich der Hamiltonfunktion des Systems.

Die Translationsenergie des Systems hängt nur von den linearen Impulsen $\vec{p}_i = (p_{x_i}, p_{y_i}, p_{z_i})$ $= m_i \vec{v}_i$ der einzelnen Moleküle ab. Sie lautet:

$$E_{\text{trans}} = \sum_{i=1}^{N} \frac{1}{2} m_i \left(v_{x_i}^2 + v_{y_i}^2 + v_{z_i}^2 \right) = \sum_{i=1}^{N} \frac{1}{2 m_i} \left(p_{x_i}^2 + p_{y_i}^2 + p_{z_i}^2 \right)$$

Die Rotationsenergie hängt von den Drehimpulskoordinaten p_{ϑ_i} und p_{φ_i} ab, deren Zusammenhang mit der Rotationsenergie für 2-atomige Moleküle sich anschaulich folgendermaßen ableiten lässt. Wir beschränken uns auf zweiatomige Moleküle und betrachten in Abb. 8.1 die Bewegung des Massenpunktes $\tilde{\mu}_{\text{red}}$ (reduzierte Masse der 2-atomigen Moleküle) im Abstand r der beiden Atome auf der Oberfläche einer Kugel vom Radius r. Die kinetische Energie dieser Rotationsbewegung lautet:

$$\frac{1}{2} \tilde{\mu}_{\text{red}} \left(v_{\varphi}^2 + v_{\vartheta}^2 \right)$$

wobei v_{φ} und v_{ϑ} die senkrecht aufeinander stehenden tangentialen Komponenten der Gesamtgeschwindigkeit $\vec{v}$ der reduzierten Masse $\widetilde{\mu}_{\text{red}} = m_1 \cdot m_2 / (m_1 + m_2)$ auf der Kugeloberfläche bedeuten. Aus Abb. 8.1 geht hervor, dass gilt:

$$v_{\varphi}^2 = r^2 \sin^2 \vartheta \left(\frac{\mathrm{d}\varphi}{\mathrm{d}t} \right)^2 \qquad \text{und} \qquad v_{\vartheta}^2 = r^2 \left(\frac{\mathrm{d}\vartheta}{\mathrm{d}t} \right)^2$$

© Der/die Autor(en), exklusiv lizenziert an
Springer-Verlag GmbH, DE, ein Teil von Springer Nature 2025
A. Heintz, *Molekulare Statistik der Materie*,
https://doi.org/10.1007/978-3-662-70983-2_8

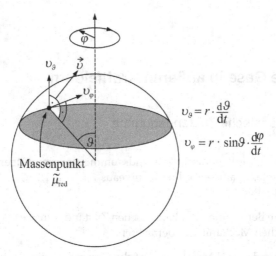

$$v_\vartheta = r \cdot \frac{d\vartheta}{dt}$$

$$v_\varphi = r \cdot \sin\vartheta \cdot \frac{d\varphi}{dt}$$

Abb. 8.1: Ersatzbild zur Rotation eines 2-atomigen Moleküls: Bewegung eines Massenpunktes der Masse $\tilde\mu_{red}$ auf einer Kugeloberfläche mit dem Radius r und der Geschwindigkeit $\vec{v}$.

wenn $(d\varphi/dt)$ und $(d\vartheta/dt)$ die Winkelgeschwindigkeiten sind.

Die Drehimpulse p_ϑ und p_φ lauten:

$$p_\vartheta = \tilde\mu_{red} \cdot r \cdot v_\vartheta = \widetilde\mu_{red} \cdot r^2 \cdot \left(\frac{d\vartheta}{dt}\right)$$

$$p_\varphi = \widetilde\mu_{red} \cdot (r\sin\vartheta) \cdot v_\varphi = \widetilde\mu_{red} \cdot r^2 \cdot \sin^2\vartheta \cdot \left(\frac{d\varphi}{dt}\right)$$

Damit erhält man für die Rotationsenergie des zweiatomigen Moleküls:

$$\frac{1}{2}\widetilde\mu_{red}\left(v_\varphi^2 + v_\vartheta^2\right) = \frac{1}{2\widetilde\mu_{red}r^2}\left(\frac{p_\varphi^2}{\sin^2\vartheta} + p_\vartheta^2\right) = \frac{1}{2I}\left(\frac{p_\varphi^2}{\sin^2\vartheta} + p_\vartheta^2\right)$$

wobei $I = \widetilde\mu_{red} \cdot r^2$ das Trägheitsmoment des Moleküls ist.

Die Gesamtenergie E, d. h. die Hamiltonfunktion H für das ganze System von N zweia-tomigen Molekülen, lautet (zunächst ohne innere Schwingung):

$$E = H = \sum_{i=1}^{N}\frac{1}{2m_i}\left(p_{x_i}^2 + p_{y_i}^2 + p_{z_i}^2\right) + \sum_{i=1}^{N}\frac{1}{2I_i}\left(\frac{p_{\varphi_i}^2}{\sin^2\vartheta_i} + p_{\vartheta_i}^2\right)$$
$$+ W(\vec{r}_1, \vec{r}_2, \ldots \vec{r}_N, \vartheta_1, \vartheta_2, \ldots \vartheta_N, \varphi_1, \varphi_2, \ldots \varphi_N) \tag{8.1}$$

Die potentielle Gesamtenergie des Systems W hängt also ab von allen Lagekoordinaten, d. h. Ortsvektoren der Molekülschwerpunkte $\vec{r}_1$ bis $\vec{r}_N$ sowie von den Orientierungen der Moleküle im Raum, d. h. den Winkelkoordinaten (ϑ_1, φ_1) bis (ϑ_N, φ_N). W kann sowohl die potentielle, zwischenmolekulare Wechselwirkungsenergie beinhalten, die von den Molekülabständen $(\vec{r}_i-\vec{r}_j)$ und den relativen Orientierungen $(\vartheta_i, \vartheta_j, \varphi_i-\varphi_j)$ aller möglichen Molekülpaare $(i\,j)$ abhängt, als auch die potentielle Energie der Moleküle am Ort $\vec{r}_i$ und ihrer Orientierung im Raum (ϑ_i, φ_i) in einem äußeren Kraftfeld (z. B. Gravitationsfeld, elektrisches Feld, magnetisches Feld).

Wenn wir für dieses System die kanonische Zustandssumme bilden wollen, so wird diese automatisch als Integral geschrieben werden müssen, da die möglichen Energiewerte des Systems in der klassischen Betrachtungsweise „unendlich dicht" beieinander liegen. Es gilt also der Ansatz:

$$Q = C \cdot \int \ldots \int e^{-H(\vec{p}_1,\ldots\vec{p}_N,\vec{q}_1,\ldots\vec{q}_N)\big/k_\mathrm{B}T} \,\mathrm{d}\vec{p}_1 \cdot \mathrm{d}\vec{p}_2 \ldots \mathrm{d}\vec{p}_N \cdot \mathrm{d}\vec{q}_1 \cdot \mathrm{d}\vec{q}_2 \ldots \mathrm{d}\vec{q}_N \qquad (8.2)$$

mit einer zunächst unbekannten Konstante C. Alle Impulskoordinaten $\vec{p}_i$ (linearer Impuls und Drehimpuls) und alle Ortskoordinaten $\vec{q}_i$ (Lagekoordinaten und Winkel) des Moleküls i sind zusammengefasst. $\mathrm{d}\vec{p}_i$ bzw. $\mathrm{d}\vec{q}_i$ sind differentielle Volumenelemente im $\vec{p}_i$-Raum bzw. im $\vec{q}_i$-Raum. Wir setzen H aus Gl. (8.1) in Gl. (8.2) ein und erhalten:

$$Q = C \cdot \left[\prod_i \int\limits_{p_{x_i}=-\infty}^{\infty} e^{-p_{x_i}^2/(2m_ik_\mathrm{B}T)} \cdot \int\limits_{p_{y_i}=-\infty}^{\infty} e^{-p_{y_i}^2/(2m_ik_\mathrm{B}T)} \cdot \int\limits_{p_{z_i}=-\infty}^{\infty} e^{-p_{z_i}^2/(2m_ik_\mathrm{B}T)} \mathrm{d}p_{x_i} \cdot \mathrm{d}p_{y_i} \cdot \mathrm{d}p_{z_i} \right.$$

$$\left. \int\limits_{p_{\varphi_i}=-\infty}^{\infty} \int\limits_{p_{\vartheta_i}=-\infty}^{\infty} \exp\left[-\frac{p_{\varphi_i}^2/\sin^2\vartheta_i + p_{\vartheta_i}^2}{2I_i \cdot k_\mathrm{B}T} \right] \mathrm{d}p_{\varphi_i} \cdot \mathrm{d}p_{\vartheta_i} \right]$$

$$\cdot \int\limits_{\vec{r}_1=0}^{V} \ldots \int\limits_{\vec{r}_N=0}^{V} \int\limits_{\varphi_1=0}^{2\pi} \int\limits_{\vartheta_1=0}^{\pi} \ldots \int\limits_{\varphi_N=0}^{2\pi} \int\limits_{\vartheta_N=0}^{\pi} \exp\left[-E_\mathrm{pot}(\vec{r}_1,\ldots\vec{r}_N, \vartheta_1, \varphi_1, \ldots \vartheta_n, \varphi_n)\big/k_\mathrm{B}T \right]$$

$$\mathrm{d}\vec{r}_1 \ldots \mathrm{d}\vec{r}_N \,\mathrm{d}\vartheta_1 \mathrm{d}\varphi_1 \ldots \mathrm{d}\vartheta_N \,\mathrm{d}\varphi_N$$

mit $\mathrm{d}\vec{r}_i = \mathrm{d}x_i\mathrm{d}y_i\mathrm{d}z_i$. Statt $\mathrm{d}p_{\varphi_i}$ führen wir die Variable $\mathrm{d}\varphi_i/\sin\vartheta_i$ ein.

Nach Ausführung der Integration über die verallgemeinerten Impulse ergibt sich dann (s. Gl. (11.8) in Anhang 11.2):

$$Q = C \cdot \prod_i \left[(2\pi m_ik_\mathrm{B}T)^{3/2} \cdot (2\pi I_ik_\mathrm{B}T) \right] \cdot \int\limits_{\varphi_1=0}^{2\pi} \int\limits_{\vartheta_1=0}^{\pi} \ldots \int\limits_{\varphi_N=0}^{2\pi} \int\limits_{\vartheta_N=0}^{\pi}$$

$$\int\limits_{\vec{r}_1=0}^{V} \ldots \int\limits_{\vec{r}_N=0}^{V} \exp\left[-E_\mathrm{pot}(\vec{r}_1,\ldots\vec{r}_N, \vartheta_1\ldots\vartheta_N, \varphi_1\ldots\varphi_1)\big/k_\mathrm{B}T \right]$$

$$\mathrm{d}^3\vec{r}_1 \ldots \mathrm{d}^3\vec{r}_N \cdot \sin\vartheta_1 \cdot \mathrm{d}\vartheta_1\mathrm{d}\varphi_1 \ldots \sin\vartheta_N \cdot \mathrm{d}\vartheta_N \cdot \mathrm{d}\varphi_N$$

Die klassische Behandlungsmethode gibt keine Auskunft über den Wert der Konstante C. Um C zu bestimmen, betrachten wir den Grenzfall des idealen (reinen) Gases. Dort ist $W = 0$. Dann erhält man, wenn alle $m_i = m$ und alle $I_i = I$ sind ($i = 1, 2, \ldots N$):

$$Q = C \cdot \left[(2\pi\, m\, k_B T)^{3/2} \cdot (2\pi\, I\, k_B T) \right]^N \cdot V^N \cdot (2\pi)^N \cdot \left[\int_0^\pi \sin\vartheta \cdot d\vartheta \right]^N$$

Nun gilt:

$$\int_0^\pi \sin\vartheta\, d\vartheta = - \int_1^{-1} d\cos\vartheta = \cos\vartheta \Big|_{-1}^{1} = 2$$

und somit:

$$Q = C\, (2\pi\, m\, k_B T)^{3/2N} \cdot \left(8\pi^2\, I\, k_B T \right)^N \cdot V^N \tag{8.3}$$

Welchen Wert hat nun die Konstante C? Vergleichen wir Gl. (8.3) mit der „Integralnäherung" der quantenmechanisch ermittelten Zustandssumme (s. Gl. (2.31) und (2.35)), so ergibt sich für die Moleküle eines 2-atomigen oder linearen mehratomigen Gases mit 5 Freiheitsgraden (ohne Schwingungen):

$$C = \frac{1}{N!} \left(\frac{1}{h} \right)^{5N} \tag{8.4}$$

Wir stellen also fest, dass neben dem Faktor $1/N!$, der die Nichtunterscheidbarkeit der Moleküle im idealen Gas berücksichtigt, in Gl. (8.2) geschrieben werden muss:

$$\boxed{\frac{d^5 \vec{p}_i \cdot d^5 \vec{q}_i}{h^5}} \quad \text{statt} \quad \boxed{d^5 \vec{p}_i d^5 \vec{q}_i} \quad \text{mit} \quad \boxed{\begin{array}{l} (\vec{p}_i = (p_x, p_y, p_z, p_\varphi, p_\vartheta))_i \\ (\vec{q}_i = (x, y, z, \varphi, \vartheta))_i \end{array}} \tag{8.5}$$

Das gilt für jedes Paar von verallgemeinerten Impuls- und Ortskoordinaten, damit Gl. (8.4) erfüllt ist. Gl. (8.5) bedeutet, dass das Produkt der beiden differentiellen Größen $(d\vec{p}_i \cdot d\vec{q}_i)$ nicht beliebig klein sein kann, denn es muss gelten:

$$dp_{x_i} dx_i = dp_{y_i} dy_i = dp_{z_i} dz_i = dp_\vartheta \cdot d\vartheta = dp_\varphi \cdot d\varphi \cong h > 0$$

Das ist nichts anderes als die *Heisenberg'sche Unschärferelation*, die ja besagt, dass Ort und Impuls eines Teilchens nicht gleichzeitig beliebig genau bestimmbar sind. Sie sorgt dafür, dass bei der Berechnung der kanonischen Zustandssumme nach der klassischen Mechanik dafür, dass der Faktor C eine endliche, festlegbare Größe wird. Daher stammt der Ausdruck *„quasiklassische* Methode".

Wir berücksichtigen nun auch noch die Normalschwingungen eines Moleküls. Nach der klassischen Mechanik gilt für die Energie einer Normalschwingung i.

$$E_{\text{vib}} = \frac{1}{2\tilde{\mu}_{\text{red},i}} p_i^2 + \frac{1}{2} f_{q_i} (q_i - q_{i0})^2$$

f_{q_i} ist die Kraftkonstante für die Normalkoordinate q_i, q_{i0} ist der Normalkoordinatenwert in der Ruhelage, p_i ist der entsprechende Impuls und $\widetilde{\mu}_i$ die schwingende reduzierte Masse.

Damit ergibt sich für die quasiklassische molekulare Zustandssumme $q_{i,\mathrm{vib}}$:

$$
q_{i,\mathrm{vib}} = \int\limits_{-\infty}^{+\infty} \int\limits_{-\infty}^{+\infty} \exp\left[-\frac{p_i^2}{2\widetilde{\mu}_i k_B T} - \frac{f_{q_i}}{2} \frac{(q_i - q_{i0})^2}{k_B T} \right] \cdot \frac{\mathrm{d}p_i \mathrm{d}q_i}{h}
$$

$$
= \left(\frac{2\pi\widetilde{\mu}_i \cdot k_B T}{h} \right)^{1/2} \cdot \left(\frac{2\pi k_B T}{f_{q_i} \cdot h} \right)^{1/2} = \frac{k_B T}{h\nu_i}
$$

wobei ν_i die Schwingungsfrequenz ist:

$$
\nu_i = \frac{1}{2\pi} \sqrt{\frac{f_{q_i}}{\widetilde{\mu}_i}}
$$

Wenn wir die Schwingungstemperatur $\Theta_{\mathrm{vib},i} = h\nu_i / k_B$ einführen, ergibt sich:

$$
\boxed{q_{i,\mathrm{vib}} = \frac{k_B T}{h\nu_i} = \frac{T}{\Theta_{\mathrm{vib},i}}} \qquad \text{(klassisch)} \tag{8.6}
$$

Dieser Ausdruck ist identisch mit dem Grenzwert des Ausdruckes von Gl. (2.32), für $T \rightarrow \infty$. Die quasiklassische Methode ist daher in den meisten Fällen ungeeignet, die Schwingungsenergie-Niveaus liegen meist nicht dicht genug beieinander. Für $q_{i,\mathrm{vib}}$ muss daher statt Gl. (8.6) Gl. (2.32) eingesetzt werden:

$$
\boxed{q_{i,\mathrm{vib}} = \frac{e^{-\Theta_{\mathrm{vib},i}/2T}}{1 - e^{-\Theta_{\mathrm{vib},i}/T}}} \qquad \text{(quantenmechanisch)}
$$

Für $T \rightarrow \infty$ geht diese Gleichung in Gl. (8.6) über.

Wir fassen das Ergebnis der quasiklassischen Methode folgendermaßen zusammen. Die quasiklassische Methode liefert die korrekte kanonische Zustandssumme Q für den Grenzfall $T \rightarrow \infty$. Sie berücksichtigt darüber hinaus auch den allgemeinen Fall, dass das System kein ideales Gas ist, indem sie die *potentielle Energie E_{pot} des Systems* enthält, die von den zwischenmolekularen Wechselwirkungen der Moleküle herrührt, die aber ebenso auch die *potentielle Energie W des Systems in möglichen äußeren Kraftfeldern* bedeuten kann. Die Korrekturen für die Nichtunterscheidbarkeit der Moleküle (Faktor $1/N!$) sowie für die Symmetrieeigenschaften der Moleküle (Faktor $1/\sigma$) müssen zusätzlich eingefügt werden. Es gilt also für einen reinen Stoff, der N lineare Moleküle enthält mit N_A Atomen pro Molekül:

$$
\begin{aligned}
Q_{\text{quasikl}} = {} & \frac{1}{N!} \left(\frac{2\pi\, m\, k_B\, T}{h^2} \right)^{\frac{3}{2}N} \cdot \left(\frac{1}{\sigma} \cdot \frac{T}{\Theta_{\text{rot}}} \cdot \frac{1}{2\pi} \right)^N \cdot q_{\text{el}}^N \cdot \prod_{i=1}^{3N_A - 5} q_{i,\text{vib}} \\[2mm]
& \cdot \int\limits_{\vec{r}_1=0}^{V} \cdots \int\limits_{\vec{r}_N=0}^{V} \int\limits_{\varphi_1=0}^{2\pi} \int\limits_{\vartheta_1=0}^{\pi} \cdots \int\limits_{\varphi_1=0}^{2\pi} \int\limits_{\vartheta_N=0}^{\pi} \exp\left[-\frac{E_{\text{pot}}\,(\vec{r}_1 \ldots \vec{r}_N, \varphi_1, \vartheta_1 \ldots \varphi_N, \vartheta_N)}{k_B \cdot T} \right] \\[2mm]
& \cdot \mathrm{d}^3 \vec{r}_1 \ldots \mathrm{d}^3 \vec{r}_N \, \mathrm{d}\varphi_1 \cdot \sin\vartheta_1 \, \mathrm{d}\vartheta_1 \ldots \mathrm{d}\varphi_N \cdot \sin\vartheta_N \cdot \mathrm{d}\vartheta_N
\end{aligned}
$$

$$(8.7)$$

mit $\mathrm{d}^3\vec{r}_i = \mathrm{d}x_i \cdot \mathrm{d}y_i \cdot \mathrm{d}z_i$. Wir haben hier noch die elektronische molekulare Zustandssumme q_{el} zur Vervollständigung hinzugefügt.

Gl. (8.7) stellt die allgemeine Form der kanonischen Zustandssumme Q für 2-atomige und lineare mehratomige Moleküle dar, die wir für verschiedene ausgewählte Fälle in den folgenden Abschnitten verwenden werden. Handelt es sich um nichtlineare Moleküle, muss in Gl. (8.7) statt $\frac{1}{\sigma} \frac{T}{\Theta_{\text{rot}}}$ der Ausdruck für die Rotationszustandssumme nach Gl. (2.41) eingesetzt werden.

Ist E_{pot} in Gl. (8.7) gleich Null, dann ergibt das Integral über $\mathrm{d}\vec{r}_1 \ldots \mathrm{d}\vec{r}_N$ genau V^N und das Integral über $\mathrm{d}\varphi_1 \sin\vartheta_1 \,\mathrm{d}\vartheta_1 \ldots \mathrm{d}\varphi_N \sin\vartheta_N \,\mathrm{d}\vartheta_N$ ergibt $(2\pi)^N$. Damit geht Q_{quasikl} über in die bekannte Form des idealen Gases über:

$$
Q = \frac{1}{N!} \cdot q_{\text{trans}}^N \cdot q_{\text{rot}}^N \prod_i q_{\text{vib},i}^N \cdot q_{\text{el}}^N
$$

mit q_{trans} nach Gl. (2.31), q_{rot} nach Gl. (2.39) bis Gl. (2.41) und $q_{i,\text{vib}}$ nach Gl. (2.32).

Der für die Anwendung wichtige Vorteil der Methode besteht darin, dass man die potentielle Energie E_{pot} nach der klassischen Mechanik berechnen kann. Das ist eigentlich in der Quantenmechanik nicht möglich, denn die Lösung der Schrödinger-Gleichung liefert nur die Gesamtenergiewerte des Systems, eine Aufspaltung in kinetische „Energieanteile" und „potentielle Energieanteile" ist grundsätzlich nicht möglich. Gl. (8.7) ist im strengen Sinn nicht korrekt, stellt aber in den meisten Fällen eine sehr gute Näherung dar.

In den folgenden Abschnitten dieses Kapitels machen wir von der quasiklassischen Methode Gebrauch.

8.2 Dielektrische Materie im elektrischen Feld

Wir benötigen zunächst den Begriff des elektrischen Feldes. Dazu betrachten wir in Abb. 8.2 links zwei parallele Platten im Abstand h, die entgegengesetzt elektrisch aufgeladen sind mit der Flächenladungsdichte $+\sigma = +Q/F$ bzw. $-\sigma = -Q/F$ in der SI-Einheit $C \cdot m^{-2}$. Der Raum zwischen den Platten sei leer (Vakuum). Wir bezeichnen mit $\vec{E}$ das elektrische Feld, das senkrecht zu den Platten von oben nach unten verläuft. Ein solches System heißt elektrischer Kondensator. Die Kapazität dieses Kondensators im Vakuum ist definiert durch C_0:

$$C_0 = \frac{|Q|}{\Phi} = \frac{|\sigma| \cdot F}{\Phi} = \frac{|\sigma| \cdot F}{\vec{E}_0 \cdot h}$$

wobei Φ die elektrische Spannung zwischen den Platten bedeutet. $\vec{E}_0$ ist das elektrische Feld im Vakuum.

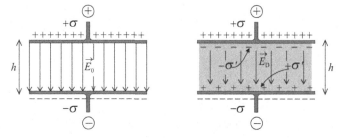

Abb. 8.2: Links: Kondensator mit Flächenladung $+\sigma$ und $-\sigma$ im Vakuum. Rechts: Kondensator gefüllt mit dielektrischer Materie und den durch Polarisation zusätzlich erzeugten Ladungsdichten $-\sigma'$ und $+\sigma'$.

In Abb. 8.2 rechts ist der Kondensator mit dielektrischer Masse gefüllt (das kann ein Gas, eine Flüssigkeit oder ein Festkörper sein), die elektrisch nicht leitend aber polarisierbar ist und dadurch oben die zusätzliche Ladungsdichte $-\sigma'$ sowie unten $+\sigma'$ erzeugt, wodurch das ursprüngliche elektrische Feld geschwächt wird ($\vec{E}_D < \vec{E}_0$). Das wird zum Ausdruck gebracht durch

$$\frac{C_0}{C_D} = \frac{|\sigma|}{|\sigma| - |\sigma'|} = \varepsilon_R \geq 1 \tag{8.8}$$

mit der *Dielektrizitätszahl* $\varepsilon_R > 1$. Die angelegte Spannung Φ bleibt unverändert. Die dielektrische *Suszeptibilität* χ_e ist definiert durch

$$\chi_e = \varepsilon_R - 1 \geq 0$$

Im Vakuum ist also $\chi_e = 0$. Wir wollen jetzt den Zusammenhang von $\vec{E}_0$ mit σ im Fall des Vakuums ableiten. Wir gehen aus von sehr großen Plattenflächen, sodass Randeffekte keine Rolle spielen und betrachten dazu Abb. 8.3. Dabei beachten wir, dass $\vec{E}_0$ in SI-Einheiten Volt$\cdot m^{-1} = J \cdot m^{-1} \cdot C^{-1}$ anzugeben ist. Die von der gesamten Ladungsmenge der positiv geladenen Platte am Ort $\vec{r}$ erzeugte Feldstärke $\vec{E}_0(\vec{r})$ ist nach dem Coulomb'schen

Gesetz die Summe aller Ladungselemente dq auf der Platte (s. Anhang 11.25), wobei s der Radius des in Abb. 8.3 eingezeichneten Kreises auf der Platte bedeutet:

$$4\pi\varepsilon_0 \cdot \vec{E} = \int_0^r \frac{dq(r)}{r^2} = 2\pi\sigma \int_0^s \frac{s}{r^2}ds = 2\pi\sigma \int \frac{r \cdot \sin\vartheta \cdot r\, d(\sin\vartheta)}{r^2}$$

$$= 2\pi\sigma \int_{-\frac{\pi}{2}}^{+\frac{\pi}{2}} \sin\vartheta \cdot d(\sin\vartheta) = 2\pi\sigma \frac{1}{2} \sin^2\vartheta \Big|_{-\pi/2}^{+\pi/2} = 2\pi\sigma$$

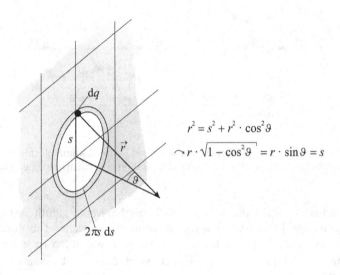

$$r^2 = s^2 + r^2 \cdot \cos^2\vartheta$$
$$\curvearrowright r \cdot \sqrt{1 - \cos^2\vartheta} = r \cdot \sin\vartheta = s$$

Abb. 8.3: Zur Berechnung der Feldstärke $\vec{E}$ am Ort $\vec{r}$ im leeren Kondensator.

Für die gegenüberliegende Platte mit negativem Vorzeichen der elektrischen Ladung und dem entsprechenden Integral von $+\pi/2$ bis $-\pi/2$ ergibt sich dasselbe. Es gilt also insgesamt $\vec{E}_0 = 2\vec{E}$:

$$4\pi \cdot \varepsilon_0 \vec{E}_0 = 4\pi\sigma \tag{8.9}$$

Das Feld $\vec{E}_0$ ist also unabhängig von r und somit überall innerhalb des Kondensators konstant und senkrecht zu den Platten orientiert. Befindet sich nun ein dielektrisches Material zwischen Kondensatorplatten, gilt mit $\vec{E}_D < \vec{E}_0$:

$$4\pi\varepsilon_0 \vec{E}_D = 4\pi (|\sigma| - |\sigma'|) \tag{8.10}$$

Man erhält durch Einsetzen von $(|\sigma| - |\sigma'|)$ aus dieser Gleichung sowie von $|\sigma|$ aus Gl. (8.9) in Gl. (8.8):

$$\frac{|\sigma|}{|\sigma| - |\sigma'|} = \frac{\vec{E}_0}{\vec{E}_D} = \varepsilon_R$$

Nun bezeichnen wir die induzierte Flächenladungsdichte σ' als *Polarisationsvektor* mit $\vec{P}$ und erhalten für Gl. (8.10):

$$4\pi\varepsilon_0 \cdot \vec{E}_D = 4\pi\varepsilon_0 \cdot \vec{E}_0 \cdot \varepsilon_R - |\vec{P}| \cdot 4\pi$$

und schließlich:

$$\boxed{|\vec{P}| = (\varepsilon_R - 1) \cdot \varepsilon_0 \cdot \vec{E}_D} \qquad \text{SI-Einheit: } C \cdot m^{-2} \tag{8.11}$$

Die *Dielektrizitätszahl* ε_R ist eine Funktion von Dichte ϱ und Temperatur T des dielektrischen Materials. Im folgenden Abschnitt 8.3 erfahren wir, wie im Falle polarer Gase im quasi-idealen Gaszustand $\varepsilon_R(\varrho, T)$ mit molekularstatistischen Methoden berechnet werden kann und welche molekularen Eigenschaften dabei eine Rolle spielen.

An dieser Stelle wollen wir noch die elektrische Arbeit berechnen, die an dem dielektrischen Material beim Aufladen des Kondensators zu leisten ist. Wir bedenken, dass $\vec{P}$ mit der Dimension $C \cdot m^{-2}$ auch als Dipolmoment pro Volumen aufgefasst werden kann, mit der Einheit $(C \cdot m) \cdot m^{-3}$. Die elektrische Arbeit lautet in differenzieller Form mit U nach Gl. (11.311) in Anhang 11.17:

$$\delta W_{el} = dF = dU - d(TS) = dU - TdS - SdT = -SdT - pdV + V \cdot \vec{E}_D \cdot d\vec{P}$$

mit $l_i \, dL_i$ nach Tabelle 11.1. Es gilt also für $dn = 0$, $dT = 0$ und $dV = 0$ nach Einsetzen von $|\vec{P}|$ aus Gl. (8.11) für die zu leistende Arbeit pro Flächeneinheit:

$$W_{el} = V(\varepsilon_R - 1) \cdot \varepsilon_0 \cdot \int \vec{E}_D \cdot d\vec{E}_D = V(\varepsilon_R - 1) \cdot \varepsilon_0 \cdot \frac{1}{2}|\vec{E}_D|^2 = V \cdot \chi_e \cdot \frac{\varepsilon_0}{2} \cdot |\vec{E}_D|^2 \tag{8.12}$$

W_{el} ist also die aufzubringende elektrische Arbeit beim Aufladen des gefüllten Kondensators *minus* der Arbeit am leeren Kondensator. Man kann W_{el} auch als elektrische Polarisationsarbeit bezeichnen.

8.3 Orientierungspolarisierbarkeit polarer Gase

Wir betrachten ein ideales Gas, das aus Molekülen mit permanentem Dipol besteht (z. B. H_2O, HCl, NH_3, CH_3F etc.). Das Dipolmoment $\vec{\mu}$ eines Moleküls ist definiert als das Produkt des Abstandes $\vec{l}$ der Schwerpunkte von positiver $(+q)$ und negativer Partialladung $(-q)$ mit dem Betrag der Ladung (s. Abb. 8.4a):

$$\vec{\mu} = |q| \cdot \vec{l}$$

Das Dipolmoment $\vec{\mu}$ ist also ein Vektor. Seine Einheit ist Coulomb mal Meter (C · m).[*]
Wir stellen uns nun vor, dass ein einzelner molekularer Dipol sich zwischen zwei sehr
großen Kondensatorplatten befindet, die entgegengesetzt aufgeladen sind.

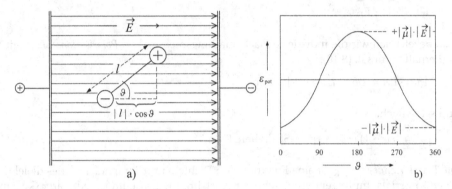

Abb. 8.4: a) Dipolmolekül im homogenen lokalen elektrischen Feld $\vec{E}$, b) potentielle Energie ε_{pot}
eines elektrischen Dipols als Funktion des Winkels ϑ im $\vec{E}$-Feld.

Es herrsche am Ort des Dipols die elektrische Feldstärke $\vec{E}$. Das Dipolmoment $\vec{\mu}$ des
Moleküls bildet mit der Richtung von $\vec{E}$ den Winkel ϑ. Wenn man den Dipol durch eine
Drehung aus der ursprünglichen Richtung senkrecht zu den Feldlinien ($\vartheta = 90°$) in die
Orientierung ϑ bringt, erhält er durch die bei dieser Drehung stattfindenden Ladungs-
verschiebung im $\vec{E}$-Feld die potentielle Energie:

$$\varepsilon_{\text{pot}} = -|q| \cdot |\vec{l}| \cdot \cos \vartheta \cdot |\vec{E}| = -|\vec{\mu}| \cdot |\vec{E}| \cdot \cos \vartheta = -\vec{\mu} \cdot \vec{E}$$

Bei $\vartheta = 0°$ verliert der Dipol die maximale potentielle Energie $-|\vec{\mu}| \cdot |\vec{E}|$, bei $\vartheta = 180°$ muss
dagegen die maximale potentielle Energie $+|\vec{\mu}| \cdot |\vec{E}|$ aufgebracht werden. Bei $\vartheta = 90°$ ist
die potentielle Energie definitionsgemäß gleich 0 (s. Abb. 8.4 b)).

Für die gesamte potentielle Energie E_{pot} von N unabhängigen Dipolmolekülen im elektrischen Feld gilt dann:

$$E_{\text{pot}}(\vartheta_1, \vartheta_2, \ldots \vartheta_N) = -N \cdot |\vec{\mu}| \cdot |\vec{E}| \cdot \sum_{i=1}^{N} \cos \vartheta_i$$

E_{pot} hängt also für ein ideales Gas weder von den $\vec{r}_i$-Werten noch von den Winkeln φ_i

---

[*] In der älteren Literatur findet man für das Dipolmoment auch die Einheit 1 Debye = $3{,}3356 \cdot 10^{-30}$ C · m,
die man nicht mehr verwenden sollte, da sie keine SI-Einheit darstellt.

(homogenes $\vec{E}$-Feld) ab. Für die Zustandssumme Q erhält man also nach Gl. (8.7):

$$Q = \frac{1}{N!}q_{\text{trans}}^N \left(\prod_i^{(3\overline{N}-6(5))} q_{S,i}\right)\left(\frac{2\pi \cdot I \cdot k_B T}{h^2}\right)^N \int\limits_{\varphi_1=0}^{2\pi} \cdots \int\limits_{\varphi_N=0}^{2\pi} d\varphi_1 \ldots d\varphi_N$$

$$\cdot \left[\int\limits_0^\pi \exp\left(+|\vec{\mu}| \cdot |\vec{E}| \cdot \cos\vartheta / k_B T\right)\sin\vartheta d\vartheta\right]^N$$

$$= \frac{1}{N!}q_{\text{trans}}^N \left(\prod_i^{(3\overline{N}-6(5))} q_{S,i}\right) \cdot \left(\frac{8\pi^2 \cdot I \cdot k_B T}{\sigma h^2}\right)^N \cdot \left[\frac{1}{2}\int\limits_0^\pi e^{\frac{|\vec{\mu}||\vec{E}| \cdot \cos\vartheta}{k_B T}} \cdot \sin\vartheta d\vartheta\right]^N$$

wobei gilt:

$$\left(\frac{8\pi^2 \cdot I \cdot k_B T}{\sigma \cdot h^2}\right)^N = q_{\text{rot}}^N$$

Die Symmetriezahl σ wurde hinzugefügt. Wir müssen jetzt das Integral in der Zustandssumme Q berechnen. Wegen $d\cos\vartheta = -\sin\vartheta d\vartheta$ schreibt man mit $x = \cos\vartheta \cdot |\vec{\mu}| \cdot |\vec{E}|/k_B T$:

$$-\int\limits_0^\pi e^{|\vec{\mu}|\cdot|\vec{E}|\cdot\cos\vartheta / k_B T} d\cos\vartheta = \frac{k_B \cdot T}{|\vec{\mu}| \cdot |\vec{E}|} \cdot \left(e^{|\vec{\mu}|\cdot|\vec{E}|/k_B T} - e^{-|\vec{\mu}|\cdot|\vec{E}|/k_B T}\right)$$

Daraus folgt für Q:

$$Q = \frac{1}{N!}q_{\text{trans}}^N \left(\prod_i^{(3\overline{N}-6(5))} q_{S,i}\right) \cdot q_{\text{rot}}^N \cdot \left(\frac{k_B T}{|\vec{\mu}| \cdot |\vec{E}|}\right)^N \cdot \left(\frac{e^{|\vec{\mu}|\cdot|\vec{E}|/k_B T} - e^{-|\vec{\mu}|\cdot|\vec{E}|/k_B T}}{2}\right)^N$$

Mit $(e^x - e^{-x})/2 = \sinh(x)$ erhält man für die freie Energie F nach Gl. (2.13) mit $\beta = (k_B T)^{-1}$:

$$\boxed{F(|\vec{E}|) - F(|\vec{E}| = 0) = -k_B T \cdot N \ln\left(\frac{\sinh(\beta \cdot |\vec{\mu}| \cdot |\vec{E}|)}{\beta \cdot |\vec{\mu}| \cdot |\vec{E}|}\right)} \tag{8.13}$$

Man beachte, dass $F(\vec{E}) = F(\vec{E} = 0)$ für $\beta = 0$ bzw. für $T \to \infty$ wird. Mit Gl. (8.13) lassen sich weitere thermodynamische Zustandsgrößen wie $\overline{U}$ (Gl. (2.15)), $\overline{C}_V$ (Gl. (2.20)) oder $\overline{S}$ (Gl. (2.16)) im elektrischen Feld berechnen.

Da die Moleküle als ideales Gas im elektrischen Feld behandelt werden, können wir jetzt den *Boltzmann'schen Verteilungssatz* anwenden (s. Abschnitt 2.6), um die Zahl der

Dipolmoleküle $n(\vartheta) \cdot d\vartheta$ zu berechnen, die eine Orientierung zwischen ϑ und $\vartheta + d\vartheta$ zur elektrischen Feldrichtung haben:

$$\frac{n(\vartheta) \cdot d\vartheta}{N_{gesamt}} = \frac{\exp\left[|\vec{\mu}| \cdot |\vec{E}| \cdot \cos\vartheta/(k_B T)\right] \cdot \sin\vartheta d\vartheta}{\int_0^\pi \exp\left[|\vec{\mu}| \cdot |\vec{E}| \cdot \cos\vartheta/(k_B T)\right] \cdot \sin\vartheta d\vartheta}$$

Jetzt berechnen wir den Mittelwert der Komponente von $\vec{\mu}$ in Feldrichtung:

$$\langle\vec{\mu}\rangle = |\vec{\mu}| \cdot \frac{\int_0^\pi e^{a\cdot\cos\vartheta} \cdot \cos\vartheta \cdot \sin\vartheta \cdot d\vartheta}{\int_0^\pi e^{a\cdot\cos\vartheta} \sin\vartheta \cdot d\vartheta} \tag{8.14}$$

mit der Abkürzung $a = |\vec{\mu}|\cdot|\vec{E}|/(k_B T)$. Gl. (8.14) lässt sich korrekt berechnen (s. Exkurs 8.8.1). In der Regel gilt in ausreichender Näherung $a \ll 1$. Mit $a \cdot \cos\vartheta = y$ und $-a \cdot \sin\vartheta \cdot d\vartheta = a \cdot d\cos\vartheta = dy$ erhält man dann mit $e^y \cong 1 + y + \dots$:

$$\frac{a^{-2}\int_{+a}^{-a} e^y \cdot y \, dy}{a^{-1}\int_{+a}^{-a} e^y \, dy} \approx \frac{1}{a} \cdot \frac{\int_{+a}^{-a}(1+y) \cdot y \, dy}{\int_{+a}^{-a}(1+y) \, dy} = \frac{1}{a}\left(\frac{-\frac{2}{3}a^3}{-2a}\right) = \frac{1}{3}a$$

Damit ergibt sich als Näherung für $|\vec{\mu}| \cdot |\vec{E}| \ll k_B T$:

$$\boxed{\langle\vec{\mu}\rangle \cong \frac{a}{3}|\vec{\mu}| = \frac{|\vec{\mu}|^2}{3k_B T} \cdot |\vec{E}|} \tag{8.15}$$

Man nennt $|\vec{\mu}|^2/(3 \cdot k_B T)$ die *Orientierungspolarisierbarkeit*. Unter der *Polarisierbarkeit* α eines Moleküls versteht man allgemein die Proportionalität zwischen Dipolmoment $\vec{\mu}$ und äußerem elektrischen Feld $\vec{E}$. Alle Moleküle (und Atome) haben außerdem eine sog. mittlere *elektronische Polarisierbarkeit* α_e, die durch eine Verschiebung der negativ geladenen „Elektronenwolke" gegenüber dem positiv geladenen Kerngerüst der Atome des Moleküls zustande kommt (s. Abb. 8.5). Es wird ein elektronisches Dipolmoment $\vec{\mu}_e$ induziert:

$$|\vec{\mu}_e| = \alpha_e|\vec{E}|$$

Bei dipolaren Molekülen addieren sich Orientierungspolarisierbarkeit und elektronische Polarisierbarkeit, so dass man erhält:

$$\langle\vec{\mu}\rangle = \left(\alpha_e + \frac{|\vec{\mu}|^2}{3k_B T}\right) \cdot \vec{E}_{lok} \tag{8.16}$$

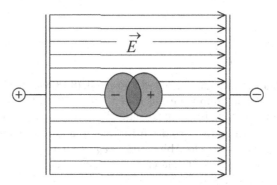

Abb. 8.5: Zur elektronischen Polarisierbarkeit α eines Moleküls im elektrischen Feld $\vec{E}$.

wobei $\vec{E}_{\text{lok}}$ das elektrische Feld am Ort des Moleküls bedeutet.

Die SI-Einheit für α_e bzw. $|\vec{\mu}|^2/(3k_B\,T)$ ist $C^2 \cdot m^2 \cdot J^{-1}$. In älteren Arbeiten wird die Polarisierbarkeit auch in m^3 angegeben. Das vermeiden wir hier. Bei nichtsphärischen Molekülen ist α_e in Gl. (8.16) durch $\langle \alpha_e \rangle = (\alpha_1 + \alpha_2 + \alpha_3)/3$ zu ersetzen. $\alpha_1, \alpha_2, \alpha_3$ sind die Polarisierbarkeiten in Richtung der Hauptachsen des Moleküls.

Die makroskopische Messgröße, die mit der Polarisierbarkeit verknüpft ist, ist die *Dielektrizitätszahl* ε_R (Gl. (8.8)). Sie ist dimensionslos und hängt mit der Polarisierbarkeit von Molekülen bei niedrigen Gasdichten folgendermaßen zusammen (Ableitung: s. Anhang 11.13):

$$\widetilde{P} = \frac{\varepsilon_R - 1}{\varepsilon_R + 2} \cdot \frac{M}{\varrho} = \frac{N_L}{3\varepsilon_0}\left(\frac{|\vec{\mu}|^2}{3k_B\,T} + \alpha_e\right) \qquad \text{(CMD-Gleichung)} \qquad (8.17)$$

M/ϱ ist das Molvolumen, ϱ die Massendichte ($kg \cdot m^{-3}$) und M die Molmasse ($kg \cdot mol^{-1}$). $\widetilde{P}$ heißt die *Molpolarisation* und hat die Einheit $m^3 \cdot mol^{-1}$ (streng zu unterscheiden von der Polarisation (Polarisationsvektor $\vec{P}$) in Gl. (8.11)). Gl. (8.17) heißt Clausius-Mosotti-Debye-Gleichung, wobei $|\vec{\mu}_e|^2/(3k_BT)$ und α_e in der Einheit $C^2 \cdot m^2 \cdot J^{-1}$ einzusetzen sind. ε_0 ist die elektrische Feldkonstante (s. Anhang 11.25).

Die Gleichung (8.17) stellt die Grundlage für die experimentelle Bestimmung von Dipolmomenten in verdünnten Gasen, also unter quasi-idealen Gasbedingungen, dar, oder auch in verdünnten Lösungen polarer Moleküle in unpolaren, inerten Lösemitteln. Eine Möglichkeit besteht in der Bestimmung von $\widetilde{P}$ aus Messungen von ε_R in Abhängigkeit von der Temperatur T. Die Messung von ε_R findet durch Kapazitätsmessung in einem geeigneten Plattenkondensator statt. Die Auftragung von $\widetilde{P}$ gegen $1/T$ (s. Abb. 8.6) ergibt einen linearen Zusammenhang, aus dessen Steigung der Wert von $|\vec{\mu}|$ bestimmt werden kann. Der Achsenabschnitt liefert den Wert für α_e. Die alternative Methode benutzt die Messung des Brechungsindex $\tilde{n}$ von sichtbarem Licht (z. B. Na-D-Linie), für den gilt (in

SI-Einheiten):

$$\widetilde{R} = \frac{\tilde{n}^2 - 1}{\tilde{n}^2 + 2} \cdot \frac{M}{\varrho} = \frac{N_L}{3\varepsilon_0} \cdot \alpha_e \tag{8.18}$$

$\widetilde{R}$ heißt Molrefraktion. $\widetilde{P}$ nach Gl. (8.17) und $\widetilde{R}$ nach Gl. (8.18) werden beide bei derselben Temperatur bestimmt und erlauben es, $\vec{\mu}_e$ und α_e simultan zu bestimmen. Da Licht ein hochfrequentes elektromagnetisches Feld darstellt, können permanente Dipole dieser raschen Richtungsänderung des $\vec{E}$-Feldes nicht folgen, und ihr Beitrag fällt in Gl. (8.17) weg. Es gilt dann $\varepsilon_R = \varepsilon_R^\infty = \tilde{n}^2$. Die Abhängigkeit ε_R von der Frequenz wird in Abschnitt 8.6 behandelt. Gl. (8.18) ist bei unpolaren Substanzen auch bei höheren Dichten bzw. Drücken weitgehend gültig (s. Exkurs 8.8.3).

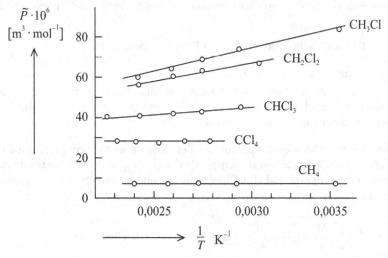

Abb. 8.6: Die Molpolarisation $\widetilde{P}$ für verschiedene Methanderivate als Funktion von 1/T bei 1,01325 bar. ○ Experimente, —— Gl. (8.17).

Abb. 8.6 zeigt: je polarer das Molekül ist, desto größer ist die Steigung von $\widetilde{P}$ gegen $1/T$. Aus der Steigung lässt sich $|\vec{\mu}|$ bestimmen und aus dem Achsenabschnitt α_e. CH_4 und CCl_4 haben kein Dipolmoment und $\widetilde{P}$ ist daher unabhängig von $1/T$.

Gl. (8.17) bzw. (8.18) lassen sich direkt für Mischungen erweitern:

$$\widetilde{P}_{Misch} = \sum_i \widetilde{P}_i x_i = \frac{\varepsilon_{R,Misch} - 1}{\varepsilon_{R,Misch} + 2} \cdot \widetilde{V}_{Misch} = \frac{N_L}{3\varepsilon_0} \sum_i x_i \left(\frac{|\vec{\mu}_i|^2}{3k_B T} + \alpha_{e,i} \right) \tag{8.19}$$

wobei $\widetilde{P}_i$ die Molpolarisationen der reinen Gase sind und x_i der Molenbruch der Komponente i.
In Tabelle 8.1 sind Dipolmomente μ_e und Polarisierbarkeiten α_e für eine Auswahl von Molekülen angegeben.

Tab. 8.1: Molekulare Eigenschaften polarer Moleküle Die elektronischen Polarisierbarkeiten α_e sind Mittelwerte der Hauptachsenwerte $\alpha_1, \alpha_2, \alpha_3$ also $\alpha_e = (\alpha_1 + \alpha_2 + \alpha_3)/3$

	$10^{30} \cdot \mu/C \cdot m$	$10^{40} \cdot \alpha_e/C^2\,m^2 \cdot J^{-1}$
H_2O	6,14	1,66
HF	6,37	0,91
HCl	3,44	2,93
HBr	2,64	4,02
HJ	1,27	6,06
SO_2	5,37	4,14
NH_3	4,90	2,51
CO	0,32	2,17
HCN	9,77	2,88
$(CH_3)_2O$	4,30	5,74
$(CH_3)_3N$	2,0	9,22
CH_3Cl	6,24	5,04
CH_2Cl_2	5,27	7,21
$CHCl_3$	3,40	9,16
C_6H_5Cl	5,67	13,6
CH_3OH	5,70	3,59
$(CH_3)_2CO$	9,47	7,04
$C(CH_2)_3Cl$	6,83	12,51
$C_6H_5NO_2$	13,30	14,43
CH_3CN	11,4	4,89
H_2S	3,37	4,20

8.4 Temperaturabhängige Dipolmomente

Eine interessante Klasse von Molekülen mit Dipolmomenten sind 1,2 substituierte Ethane mit polaren Substituenten. Zur Berechnung der Dipolmomente solcher Moleküle machen wir von der Näherungstheorie der Konfigurationsisomerie nach Abschnitt 4.5.2 Gebrauch. Dort wurde bereits als Beispiel das Molekül Dibromethan behandelt. Während die t-Form kein Dipolmoment bzw. eines mit einem Wert sehr nahe bei Null besitzt, ist bei den beiden g-Formen wegen der polaren Gruppe ein deutliches Dipolmoment zu erwarten. Wenn alle drei Formen im thermodynamischen Gleichgewicht vorliegen, bietet die Messung des mittleren Dipolmomentes dieser Formen bei verschiedenen Temperaturen die Möglichkeit, den Wert der Gleichgewichtskonstanten zwischen den "g-Molekülen" und den „t-Molekülen" zu bestimmen. Aus der Temperaturabhängigkeit der Gleichgewichtskonstanten lässt sich die Reaktionsenthalpie (bzw. Reaktionsenergie), das ist im wesentlichen die Energiedifferenz des Minimums der beiden g-Formen und der t-Form, also ΔE_{pot}, ebenfalls ermitteln. Wir gehen dabei nach der in Abschnitt 4.5.2 geschilderten Methode der Konfigurationsgleichgewichte vor.

Ausgehend von Gl. (8.19) berechnen wir den Mittelwert des Dipolmomentquadrates $\langle \mu^2 \rangle$ der Mischung von t- und g-Molekülen. Es gilt mit $g_+ = g_- = g$

$$\langle \mu^2 \rangle = \mu_t^2 \cdot x_t + \mu_{g_+}^2 \cdot x_{g_+} + \mu_{g_-}^2 \cdot x_{g_-} = \frac{\mu_t^2 + 2\mu_g^2 \cdot K}{1 + 2K} \tag{8.20}$$

K ist die Gleichgewichtskonstante. Für die Molenbrüche $x_{g_+} + x_{g_-} = 2x_g$ gilt

$$x_t = \frac{(q_{vib} \cdot q_{rot})_t \cdot e^{-\varepsilon_t/k_B T}}{(q_{vib} \cdot q_{rot})_t \cdot e^{-\varepsilon_t/k_B T} + 2 (q_{vib} \cdot q_{rot})_g \cdot e^{-\varepsilon_g/k_B T}} = \frac{1}{1 + 2 \dfrac{(q_{vib} \cdot q_{rot})_g}{(q_{vib} \cdot q_{rot})_t} \cdot e^{-\Delta\varepsilon/k_B T}}$$

$$= 1 - 2x_g$$

mit

$$K = \frac{(q_{vib} \cdot q_{rot})_g}{(q_{vib} \cdot q_{rot})_t} \cdot e^{-\Delta\varepsilon/k_B T} \qquad \left(\Delta\varepsilon = \varepsilon_{g_\pm} - \varepsilon_t\right) \tag{8.21}$$

Zur Berechnung von μ_t^2 und μ_g^2 betrachten wir Abb.8.7 am Beispiel des Moleküls Succinodinitril NC-CH$_2$-CH$_2$-CN Die Vektoren der Bindungsdipolmomente μ_1 der beiden Nitril-

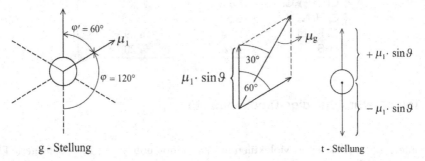

g - Stellung   t - Stellung

Abb. 8.7: Geometrische Verhältnisse im Succinodinitril-Molekül. Die C-C-Achse steht senkrecht auf der Zeichenebene. Die Pfeile kennzeichnen die Nitrilgruppe $-C \equiv N$. ϑ ist der CCC-Bindungswinkel.

gruppen werden in Komponenten in Richtung der C-C-Bindung ($\mu_1 \cdot \cos \vartheta$) und senkrecht dazu ($\mu_1 \cdot \sin \vartheta$) zerlegt. Es ist offensichtlich, dass die beiden Werte $\mu_1 \cdot \cos \vartheta$ entgegengesetzte Richtung haben und sich gegenseitig aufheben. Die Komponenten $\mu_1 \cdot \sin \vartheta$ werden nun in den jeweils 3 möglichen Positionen vektoriell addiert, also $\varphi = 0°, 120°$ und $240°$.

Dabei ergibt sich, dass $\mu_t = 0$ (s. Abb. 8.7 rechts) und für die beiden Positionen in g^+ und g^- gilt (s. Abb. 8.7 links und Mitte):

$$\mu_g = 2(\mu_1 \cdot \sin \vartheta) \cdot \cos(30°) = \sqrt{3} \cdot \mu_1 \cdot \sin \vartheta \tag{8.22}$$

Also lässt sich für $\langle \mu^2 \rangle$ in Gl. (8.20) schreiben:

$$\langle \mu^2 \rangle = \frac{0 + 6\mu_1^2 \cdot K}{1 + 2K} \cdot \sin^2 \vartheta = 3 \cdot \mu_1^2 \cdot \sin^2 \vartheta \cdot \frac{2K}{1 + 2K}$$

Nimmt man an, dass der Winkel der beiden Bindungen C-C-C ein Tetraederwinkel (= 109,47°) ist, also $\vartheta = 70{,}528°$, folgt wegen $\cos \vartheta = 1/3$:

$$\sin^2 \vartheta = 1 - \cos^2 \vartheta = 1 - \frac{1}{9} = \frac{8}{9} \tag{8.23}$$

Damit folgt:

$$\boxed{\langle \mu^2 \rangle = \frac{8}{3} \cdot \mu_1^2 \cdot \frac{2K}{1 + 2K}} \tag{8.24}$$

Um Gl. (8.24) zur Bestimmung von K für Succinodinitril zu nutzen, benötigt man das Bindungsdipolmoment μ_1 der Nitrilgruppe. Man kann es näherungsweise gleich dem von $CH_3\text{-}C{\equiv}N$ oder $CH_3\text{-}CH_2\text{-}C{\equiv}N$ setzen. Als Extremfälle lassen sich aus Gl. (8.24) für $T \to \infty$ bzw. $T = 0$ K ablesen.

$$\langle \mu^2 \rangle_{T \to \infty} = \frac{16}{9} \cdot \mu_1^2 \quad (K \approx 1) \qquad \langle \mu^2 \rangle_{T \to 0} = 0 \quad (\sigma \to 0) \tag{8.25}$$

Wir setzen als Bindungsmoment μ den Wert für CH_3CN ein $\mu_{CH_3CN} = 11{,}4 \cdot 10^{-30}$ Cm (s. Tab. 8.1) und erhalten

$$\langle \vec{\mu} \rangle_{T \to \infty}^{1/2} = \sqrt{\frac{16}{9}} \cdot 11{,}4 \cdot 10^{-30} = 15{,}2 \cdot 10^{-30} \text{ Cm.}$$

Werte für $\langle \vec{\mu}^2 \rangle_{(T)}$ liegen also zwischen 0 (bei $T = 0$) und $15{,}2 \cdot 10^{-30}$ Cm (bei $T \to \infty$). Der Verlauf von $\langle \mu^2 \rangle / \mu_1^2$ als Funktion von T nach Gl. (8.24) ist in Abb. 8.8 für 2 Werte von $\Delta\varepsilon/k_B$ gezeigt. Dabei wurde angenommen, dass nach Gl. (8.21) $\sigma \cong \exp[-\Delta\varepsilon/k_BT]$ gilt.

Man sieht, dass für kleinere Werte von $\Delta\varepsilon/k_B$ die Kurve höher und flacher verläuft und schon bei $T = 300$ K in der Nähe des völlig statistischen Mittelwertes von $16/9 = 1{,}777$ liegt, der bei $T \to \infty$ erreicht würde. Bei größeren Werten von $\Delta\varepsilon/k_B$ kann bei tiefen Temperaturen $\langle \mu^2 \rangle$ sogar kleiner als der Wert des Bindungsmomentes μ_1^2 werden, und die Kurve verläuft steiler.

8.5 Die „Polarisationskatastrophe" der CMD-Gleichung

Die Anwendbarkeit der CMD-Theorie ist beschränkt auf polare Gase bei niedrigem Druck bzw. auf verdünnte Lösungen von polaren Molekülen in unpolaren Lösemitteln. Dann

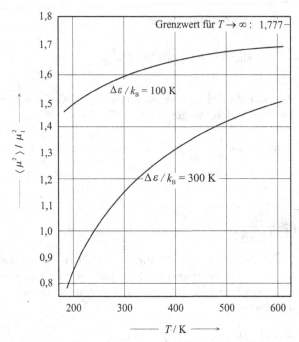

Abb. 8.8: $(\langle\mu^2\rangle/\mu_1^2)$ für ein T-abhängiges Dipolmoment nach Gl. (8.24) für $\Delta\varepsilon/k_B = 100\,\mathrm{K}$ und $\Delta\varepsilon/k_B = 300\,\mathrm{K}$ für das Molekül Succinodinitril (s. Text).

sind die Dipole so weit voneinander entfernt, dass sie sich gegenseitig kaum beeinflussen, also praktisch nicht in Wechselwirkung miteinander treten. In konzentrierten Lösungen oder gar in reinen dipolaren Flüssigkeiten bzw. stark komprimierten dipolaren Gasen ist das jedoch nicht mehr der Fall. Es tritt dann folgendes Problem auf, das offensichtlich wird, wenn wir Gl. (8.17) nach ε_R auflösen:

$$\varepsilon_R = \frac{2\cdot\dfrac{\varrho}{M}\cdot\dfrac{N_L}{3\varepsilon_0}\left(\dfrac{\mu^2}{3k_BT}+\alpha\right)+1}{1-\dfrac{\varrho}{M}\cdot\dfrac{N_L}{3\varepsilon_0}\left(\dfrac{\mu^2}{k_BT}+\alpha\right)} \tag{8.26}$$

Man sieht sofort, dass Gl. (8.26) eine Singularität hat, wenn gilt:

$$\overline{V} = \frac{M}{\varrho} = \frac{N_L}{3\varepsilon_0}\cdot\left(\frac{\mu^2}{k_BT}+\alpha\right) \tag{8.27}$$

ε_R wird dann ∞, bzw. kann sogar negativ werden, wenn die rechte Seite von Gl. (8.27)>1 wird. Dieser Fall tritt auf, wenn die Teilchenkonzentration ϱ_N des Dipols genügend hoch ist und/oder die Temperatur genügend niedrig. Das ist bei hochverdichteten polaren Gasen oder polaren Flüssigkeiten meistens der Fall. *Diese Situation nennt man die „Polarisationskatastrophe"*. Die Ursache des Versagens der CMD-Gleichung liegt zum einen an der Näherungsmethode, die zu Gl. (8.15) geführt hat, zum anderen aber auch an der vereinfachten Berechnung des lokalen elektrischen Feldes E_{lok}, das die Grundlage für ihre Ableitung war (s. Anhang 11.13). Bei der Berechnung von E_{lok} wurde vernachlässigt, dass das Molekül im Hohlraum seinerseits eine Wechselwirkung auf die Nachbarmoleküle an der Hohlraumgrenze ausüben kann. Diese Wechselwirkung ist bei nichtpolaren Molekülen klein und unspezifisch. Das erklärt auch die gute Beschreibung von ε_R in komprimierten Gasen und Flüssigkeiten mit unpolaren Molekülen (s. Exkurs 8.8.3). Bei dipolaren Molekülen muss man jedoch bei höheren Dichten die Wirkung des elektrischen Feldes eines Dipolmoleküls auf die Materie an der Hohlraumgrenze und darüber hinaus berücksichtigen. Eine erfolgreiche Lösung dieses Problems wurde von Lars Onsager (1936) angegeben. Der Lösungsweg ist kompliziert und wir verzichten hier auf eine Darstellung.

8.6 Dielektrische Polarisation im zeitabhängigen E-Feld

Bisher wurden nur Gleichgewichtszustände in dielektrischen Gasen behandelt, die durch ein statisches äußeres elektrisches Feld polarisiert werden, wobei ein Polarisationsfeld $\vec{P}$ entsteht. Wir fragen uns jetzt, was geschieht, wenn das äußere Feld $\vec{E}$ schlagartig abgeschaltet wird ($\vec{E} = 0$). Die polarisierte Materie wird in einem sog. Relaxationsprozess innerhalb einer gewissen Zeit in den neuen Gleichgewichtswert $\vec{P} = 0$ übergehen, der dem Wert des äußeren Feldes $\vec{E} = 0$ entspricht. Dieser Relaxationsprozess wird sich nach einer Zerfallskinetik 1. Ordnung vollziehen. Dabei brauchen wir nur die Orientierungspolarisation $\vec{P}_{Or}$ zu behandeln, die von den permanenten Dipolen herrührt. Der Grund ist, dass die Relaxation der permanenten Dipole um Größenordnungen langsamer ist als die Relaxation der elektronischen und atomaren Polarisation, die schon längst zeitlich abgeschlossen ist, wenn die Relaxation der molekularen Dipole gerade erst begonnen hat. Wir schreiben daher:

$$\frac{d\vec{P}_{Or}}{dt} = -\frac{1}{\tau}\vec{P}_{Or} \qquad \text{bzw.} \qquad \vec{P}_{Or}(t) = \vec{P}_{Or}(0) \cdot \exp\left[-t/\tau\right] \tag{8.28}$$

Hierbei ist τ die dipolare Relaxationszeit, sie stellt die mittlere Lebensdauer eines Dipols im Relaxationsprozess 1. Ordnung dar. Sie wird als Debye'sche Relaxationszeit bezeichnet.

Falls nun das elektrische Feld $\vec{E}$ nicht sprungartig gleich 0 wird, sondern $\vec{E}(t)$ irgendeinen anderen zeitlichen Verlauf nimmt, gilt zum Zeitpunkt t, dass die Änderungsgeschwindigkeit von $\vec{P}_{Or}$, also $(d\vec{P}_{Or}/dt)$, proportional sein wird der Differenz von $\vec{P}_{Or}$ zu dem Wert von $\vec{P}_{Or}$, der sich einstellen würde, wenn $\vec{E}_{(t)}$ der neue Gleichgewichtswert von $\vec{E}$ wäre. Aus Gl. (8.28) wird also in diesem Fall:

$$\frac{d\vec{P}_{Or}}{dt} = -\frac{1}{\tau}\left(\vec{P}_{Or} - (\chi_e^s - \chi_e^\infty) \cdot \varepsilon_0 \cdot \vec{E}(t)\right) \tag{8.29}$$

wobei $(\chi_e^s - \chi_e^\infty)\varepsilon_0 \cdot \vec{E}(t)$ der Wert von $\vec{P}_{Or}$ im Gleichgewicht wäre, der dem Feld $\vec{E}(t)$ entspräche. Das Polarisationsfeld $\vec{P}_{Or}$ „hinkt" also hinter dem Feld $\vec{E}$ hinterher. χ_e^s ist die statische Suszeptibilität und χ_e^∞ die Suszeptibilität bei hoher Frequenz eines Lichtfeldes, die nur von der elektronischen und atomaren Polarisierbarkeit herrührt. Zu beachten ist: $\vec{E}(t)$ muss mit ε_0 multipliziert werden, um dieselbe Einheit wie $\vec{P}$ zu erreichen, nämlich $C \cdot m^{-2}$ (s. Anhang 11.25).

Liegt jetzt $\vec{E}(t) = \vec{E}_0 \cdot \cos \omega t$ als periodisch oszillierendes Feld an den Kondensatorplatten an, erhält man eine Differentialgleichung, die sich am besten behandeln lässt, wenn man in Gl. (8.29) für $\vec{E}(t)$ von der reellen zur komplexen Schreibweise $\exp(i\omega t) = \cos \omega t + i \cdot \sin \omega t$ übergeht:

$$\tau \cdot \frac{d\vec{P}_{Or}}{dt} + \vec{P}_{Or} = (\chi_e^s - \chi_e^\infty) \cdot \varepsilon_0 \cdot \vec{E}_0 \cdot e^{i\omega t} \tag{8.30}$$

Die Lösung dieser Differentialgleichung kann der allgemeinen Behandlung von inhomogenen Differentialgleichungen zweiter Ordnung entnommen werden. Wir verzichten auf die Darstellung des Lösungsweges und geben die Lösung an. Sie lautet:

$$\vec{P}_{Or} = (\chi_e^s - \chi_e^\infty) \cdot \frac{\varepsilon_0 \cdot \vec{E}_0 \cdot e^{i\omega t}}{1 + i\omega \cdot \tau} \tag{8.31}$$

Wir überprüfen, ob die Lösung korrekt ist durch Einsetzen von Gl. (8.31) und deren Ableitung in Gl. (8.30):

$$\frac{d\vec{P}_{Or}}{dt} = \frac{(\chi_e^s - \chi_e^\infty)}{1 + i\omega \cdot \tau} \cdot \varepsilon_0 \cdot \vec{E}_0 \cdot (i \cdot \omega) \cdot e^{i\omega t}$$

Einsetzen von $d\vec{P}_{Or}/dt$ von Gl. (8.31) in die linke Seite von Gl. (8.30) ergibt:

$$\varepsilon_0 \cdot \vec{E}_0 \frac{(\chi_e^s - \chi_e^\infty) \cdot (i\omega \cdot \tau)}{1 + i\omega \cdot \tau} \cdot e^{i\omega t} + \varepsilon_0 \cdot \vec{E}_0 \frac{\chi_e^s - \chi_e^\infty}{1 + i\omega \cdot \tau} \cdot e^{i\omega t} = (\chi_e^s - \chi_e^\infty) \cdot \varepsilon_0 \cdot \vec{E}_0 \cdot e^{i\omega t}$$

in Übereinstimmung mit der rechten Seite von Gl. (8.30).

Die Aufspaltung der komplexen Lösung Gl. (8.31) in Real- und Imaginärteil erhält man durch Erweitern von Gl. (8.31) in Zähler und Nenner mit $(1 - i\omega \cdot \tau)$:

$$\vec{P}_{Or} = (\chi_e^s - \chi_e^\infty)\left[\frac{1}{1 + \omega^2\tau^2} - i\frac{\omega\tau}{1 + \omega^2\tau^2}\right]\vec{E}_0 \cdot \varepsilon_0 \cdot e^{i\omega t} \tag{8.32}$$

Formal wird somit auch die Suszeptibilität der Orientierungspolarisation zu einer komplexen Größe:

$$\chi_{Or} = \frac{\vec{P}_{Or}}{\varepsilon_0 \cdot \vec{E}_0} \cdot e^{-i\omega t}$$

Ausgeschrieben mit $\vec{P}_{Or}$ nach Gl. (8.32) lautet sie:

$$\chi_{Or}(\omega) = \frac{\chi_e^s - \chi_e^\infty}{1 + \omega^2\tau^2} - i\frac{\omega\tau}{1 + \omega^2\tau^2}(\chi_e^s - \chi_e^\infty) \tag{8.33}$$

mit der statischen Suszeptibilität χ_e^s und $\chi_e^\infty = \lim\limits_{\omega \to \infty} \chi(\omega)$. Entsprechendes gilt für $\varepsilon_R(\omega) = \chi_{Or}(\omega) + \chi_e^\infty$:

$$\varepsilon_R(\omega) = \tilde{n}^2 + \frac{\varepsilon_R^s - \tilde{n}^2}{1 + \omega^2\tau^2} - i\frac{\varepsilon_R^s - \tilde{n}^2}{1 + \omega^2\tau^2} \cdot \omega\tau \tag{8.34}$$

mit der statischen Dielektrizitätszahl $\varepsilon_R^s = \varepsilon_R(\omega = 0)$ und $\tilde{n}^2 = \varepsilon_R^\infty$, wobei $\tilde{n}$ der Brechungsindex von hochfrequentem Licht (Na-D-Linie) bedeutet. Man sieht, dass die Realanteile von $\chi_{Or}(\omega)$ und von $\varepsilon_R(\omega)$ mit wachsender Kreisfrequenz ω im Grenzfall $\omega \to \infty$ verschwinden bzw. gleich $\tilde{n}^2$ werden. Die Dipole können dem schnell wechselnden $\vec{E}$-Feld nicht mehr folgen. In Abb. 8.9 ist der Realteil von $\varepsilon_R(\omega)$ und sein Imaginärteil in Form von $(\varepsilon_{R,\text{real}} - \tilde{n}^2)/(\varepsilon_R^s - \tilde{n}^2)$ bzw. $\varepsilon_{R,\text{imag}}/(\varepsilon_R^s - \tilde{n}^2)$ gegen $\omega \cdot \tau$ aufgetragen. Man sieht, dass der Realteil, den man am Kondensator messen kann, im Bereich $\omega \cdot \tau = 1$ rasch abfällt, während der Imaginärteil ein Maximum durchläuft.

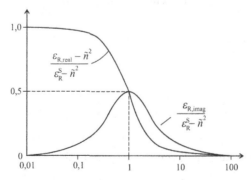

Abb. 8.9: Darstellung von Real- und Imaginärteil von Gl. (8.34) in logarithmischer Skalierung. ε_R, ist die Dielektrizitätszahl als Funktion von $\omega\tau$. $\varepsilon_{R,\text{imag}}$ hat die Bedeutung einer spezifischen Energieabsorption (Gl. (8.43)).

Auch der imaginäre Anteil von $\chi(\omega)$ in Gl. (8.33) hat eine wichtige physikalische Bedeutung. Um das zu zeigen gehen wir aus von Gl. (11.311) in Anhang 11.17 mit $dn_i = 0$ und schreiben laut Tab. 11.1 mit $l_i dL_i = V\vec{E} \cdot d\vec{P}$

$$dU = TdS - pdV + V\vec{E}d\vec{P} \tag{8.35}$$

$V\vec{E}d\vec{P}$ ist hier die reversible Arbeit, die am Dielektrikum geleistet wird. Im Kondensator wird jedoch gar keine Arbeit geleistet, wenn ein Feld $\vec{E}_0 \cdot e^{i\omega t}$ eingeschaltet wird, denn der Prozess ist irreversibel. Nach Gl. (11.312) in Anhang 11.17 gilt für die geleistete Arbeit

$$\delta W = \delta W_{\text{rev}} + \delta W_{\text{diss}}$$

Wenn also im Kondensator $\delta W = 0$ ist, gilt für die dissipierte Arbeit $\delta W_{\text{diss}} = -\delta W_{\text{rev}} = -V\vec{E} \cdot d\vec{P}$. Die dissipierte Arbeitsleistung in der Einheit $J \cdot s^{-1} = $ Watt lautet somit:

$$\frac{\delta W_{\text{diss}}}{dt} = L = -V\vec{E} \cdot \frac{d|\vec{P}|}{dt} \tag{8.36}$$

wobei $\vec{E}$ in $\text{Volt} \cdot m^{-1} = J \cdot m^{-1} \cdot C^{-1}$ und $\vec{P}$ in $C \cdot m^{-2}$ einzusetzen ist. L ist negativ und wird bei $T = $ const und $V = $ const als irreversible Wärmeleistung *nach außen* abgegeben. Die mittlere Leistung $\langle L \rangle$ erhalten wir durch Integration von $t = 0$ bis $2\pi/\omega$:

$$\langle L \rangle = -V \int_0^{2\pi/\omega} \vec{E}_{\text{rel}} \cdot \left(\frac{d\vec{P}_{\text{real}}}{dt}\right) dt \Big/ \left(\frac{2\pi}{\omega}\right) \tag{8.37}$$

wobei wichtig ist, dass nur die Realanteile von $\vec{E}$ bzw. $\vec{P}_{\text{Or}}$ berücksichtigt werden dürfen, wenn $\langle L \rangle$ eine reale Energieleistung sein soll. Zur Abkürzung schreiben wir nun für $\chi(\omega)$ in Gl. (8.33)

$$\chi(\omega) = (\chi' - i\chi'') \tag{8.38}$$

mit

$$\chi' = \frac{\chi_e^s - \chi_e^\infty}{1 + \omega^2\tau^2} \quad \text{und} \quad \chi'' = \frac{\omega\tau}{1 + \omega^2\tau^2}(\chi_e^s - \chi_e^\infty) \tag{8.39}$$

Wir berechnen nun den Realanteil von $\vec{P}_{\text{Or}}$. Es gilt mit Gl. (8.32) und Gl. (8.38)

$$\vec{P}_{\text{Or}} = \chi \cdot \varepsilon_0 \cdot \vec{E} = (\chi' - i\chi'')\vec{E}_0 \cdot e^{i\omega t}$$

mit $e^{i\omega t} = \cos\omega t + i \cdot \sin\omega t$ erhält man daraus:

$$\vec{P}_{\text{Or}} = \varepsilon_0\vec{E}_0(\chi' \cdot \cos\omega t + \chi'' \cdot \sin\omega t) + i \cdot \varepsilon_0 \cdot \vec{E}_0(\chi' \cdot \sin\omega t - \chi'' \cdot \cos\omega t)$$

Der Realanteil ist also:

$$\vec{P}_{\text{Or,real}} = \varepsilon_0 \cdot \vec{E}_0 \, (\chi' \cdot \cos \omega t + \chi'' \cdot \sin \omega t) \tag{8.40}$$

bzw.

$$\frac{\mathrm{d}\vec{P}_{\text{Or,real}}}{\mathrm{d}t} = \varepsilon_0 \cdot \vec{E}_0 \cdot \omega \, (\chi'' \cdot \cos \omega t - \chi' \cdot \sin \omega t) \tag{8.41}$$

Wir setzen $\vec{E}_{\text{real}} = \vec{E}_0 \cdot \cos \omega t$ und Gl. (8.41) in Gl. (8.37) ein und erhalten:

$$\langle L \rangle = -V \cdot \vec{E}_0^{\ 2} \cdot \varepsilon_0 \cdot \omega^{-1} \left[\chi'' \int_0^{2\pi} \cos^2 \omega t \cdot \mathrm{d}(\omega t) - \chi' \int_0^{2\pi} \cos \omega t \cdot \sin \omega t \cdot \mathrm{d}(\omega t) \right] \Big/ \left(\frac{2\pi}{\omega} \right) \tag{8.42}$$

Für die beiden Integrale gilt:

$$\int_0^{2\pi} \cos^2 x \, \mathrm{d}x = \frac{1}{2} \left(\sin x \cdot \cos x + x \right) \Big|_0^{2\pi} = \pi \quad \text{und} \quad \int_0^{2\pi} \cos x \cdot \sin x \, \mathrm{d}x = \frac{1}{2} \sin^2 x \Big|_0^{2\pi} = 0$$

Damit ergibt sich für $\langle L \rangle$ mit χ'' nach Gl. (8.39):

$$\boxed{\langle L \rangle = -V \cdot \vec{E}_0^2 \cdot \frac{\varepsilon_0}{2} \frac{\omega\tau}{1 + \omega^2 \cdot \tau^2} \left(\chi_e^s - \chi_e^\infty \right)} \tag{8.43}$$

Die Funktion $\langle L \rangle(\omega\tau)$ entspricht genau dem Verlauf von ε_R'' in Abb. 8.9. Die glockenförmige Kurve repräsentiert also die *Energieabsorption der dielektrischen Substanz* zwischen den Kondensatorplatten und kann als Absorptionspeak einer elektromagnetischen Welle mit der zentralen Frequenz $\omega = \tau^{-1}$ aufgefasst werden. τ ist demnach die mittlere Lebensdauer eines angeregten energetischen Zustands der dipolaren Moleküle, deren Lebensdauer durch molekulare Stöße begrenzt wird. Das ist die Grundlage der sog. *dielektrischen Spektroskopie (Impedanzspektroskopie).* Als Beispiel dafür sind in Abb. 8.10 die Messdaten für t-Butylbromid wiedergegeben. t-Butylbromid ist bei 293 K zwar eine Flüssigkeit, aber das Orientierungsverhalten der Dipole verläuft wie im Gaszustand, da die Moleküle durch die voluminöse t-Butyl-Gruppe von einer intermolekularen Dipol-Dipol-Wechselwirkung der Moleküle gut abgeschirmt sind. Wir können also für ε_R^s in Gl. (8.34) den Wert für $\varepsilon_R^s = \varepsilon_R$ nach Gl. (8.26) einsetzen.

Für verdünnte dipolare Gase gilt mit $\varepsilon_R + 2 \approx 3$ also

$$\varepsilon_R(\omega) - \tilde{n}^2 = \frac{1}{\varepsilon_0} \frac{\varrho}{M} \cdot N_L \cdot \frac{|\vec{\mu}|^2}{3k_B T} \left[\frac{1}{1 + \omega^2\tau^2} - i\frac{\omega\tau}{1 + \omega^2\tau^2} \right] \tag{8.44}$$

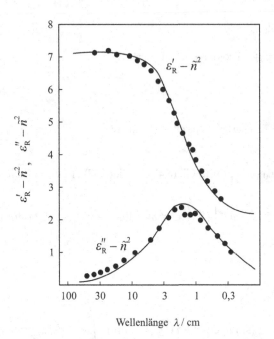

Wellenlänge λ / cm

Abb. 8.10: $\varepsilon_R' - \tilde{n}^2 = \dfrac{\varepsilon_R^s - \tilde{n}^2}{1 + \omega^2\tau}$ und $\varepsilon_R'' = \left(\varepsilon_R^2 - \tilde{n}^2\right)\cdot(\omega\tau)/(1 + \omega^2\tau)$ für t-iso-Butylbromid $((CH_3)_3CBr)$ als Funktion von $\lambda = 2\pi \cdot \tau \cdot c_L$ —— Theorie (Gl. (8.34)) • • •• Experiment bei 293 K (nach: E. J. Hennely, W. M. Heston, C. P. Smyth, *J. Amer. Chem. Soc.* **70**, 4102 (1948)).

Es sei noch erwähnt, dass ein Ergebnis wie das in Abb. 8.10 gezeigte, eher die Ausnahme als die Regel ist. Meistens findet man mehrere sich überlagernde Relaxationsprozesse, die zu entkoppeln und zu interpretieren sind. Nützlich in diesem Zusammenhang sind die sog. „Kramers-Kronig"-Relationen, die eine allgemeine Beziehung zwischen realem und imaginärem Anteil von Suszeptibilitäten herstellen. Eine gute Darstellung findet man z. B. in dem Buch „Statistical Mechanics" (Harper and Row (1976)) von D. A. McQaurrie. Auch die *Mikrowellenheizung* funktioniert nach diesem Prinzip, die polaren Moleküle sind hier die Wassermoleküle (allerdings im flüssigen Milieu).

8.7 Gase im Gravitations- und Zentrifugalfeld

Wir stellen die kanonische Zustandssumme Q für ein ideales Gas auf, das sich im Gravitationsfeld der Erde befindet. Die potentielle Energie eines Moleküls beträgt $m \cdot g \cdot h$, wobei m die Molekülmasse, g die Erdbeschleunigung mit 9,807 $m \cdot s^{-2}$ und h die Höhe über dem Erdboden bedeuten. Wir vernachlässigen in dieser Betrachtung, dass g eigentlich nicht unabhängig von der Höhe h ist (s. Exkurs 8.8.7), ferner lassen wir die Krümmung der Erdoberfläche und die Erdrotation außer Acht. Unter diesen Voraussetzungen lässt sich für die Zustandssumme einer isothermen Atmosphäre schreiben:

$$Q = \frac{1}{N!} \cdot \widetilde{q}_{\text{trans}}^N \cdot q_{\text{vib}}^N \cdot q_{\text{rot}}^N \cdot \left[\int_0^x \int_0^y \int_0^{z=h} \exp\left(-\frac{mz}{k_B T}\right) \cdot dx dy dz \right]^N$$

$$= \frac{1}{N!} \cdot \widetilde{q}_{\text{trans}}^N \cdot q_{\text{vib}}^N \cdot q_{\text{rot}}^N \cdot (x \cdot y)^N \cdot \left[\frac{k_B T}{m \cdot g} \left(1 - \exp\left[-\frac{m \cdot g \cdot h}{k_B \cdot T} \right] \right) \right]^N \qquad (8.45)$$

$(x \cdot y)$ ist hier die Erdoberfläche A und $\widetilde{q}_{\text{trans}} = (2\pi m k_B T/h^2)^{3/2}$. Lässt man in Gl. (8.45) h gegen ∞ gehen, wird das Volumen des Gases $V = x \cdot y \cdot h$ ebenfalls unendlich groß. Dennoch bleibt die Zustandssumme Q endlich, denn es ergibt sich für $h \to \infty$:

$$Q = \frac{1}{N!} \cdot \widetilde{q}_{\text{trans}}^N \cdot q_{\text{vib}}^N \cdot q_{\text{rot}}^N \cdot A^N \cdot \left(\frac{k_B T}{m \cdot g} \right)^N$$

Man kann $(k_B T)/(m \cdot g)$ als eine mittlere Höhe $\langle h \rangle$ der Atmosphärenmoleküle auffassen (sog. Skalenhöhe).

Wir wenden jetzt den Boltzmann'schen Verteilungssatz nach Gl. (2.58) an, um die Zahl der Moleküle $n(h)$ zu berechnen, die sich in einer Höhe zwischen h und $h + dh$ befinden:

$$\frac{n(h) \cdot dh}{N} = \frac{e^{-m \cdot g \cdot h/(k_B T)}}{(k_B T)/(m \cdot g)} \cdot dh$$

Wegen $n(h)/n(h = 0) = p(h)/p(h = 0)$ erhält man:

$$\boxed{p(h) = p(h = 0) \cdot \exp[-m \cdot g \cdot h/k_B T]} \qquad (8.46)$$

Das ist die sog. *barometrische Höhenformel* für eine isotherme Atmosphäre mit konstanter Erdbeschleunigung g. Bei Gasmischungen gilt Gl. (8.46) für jede Komponente i mit $p_i(h)$ als dem Partialdruck von i. Setzt man näherungsweise für m die mittlere Molekülmasse der Luft ein ($m_{\text{Luft}} = 0{,}029/N_L$ kg), erhält man für $T = 288$ K den in Abb. 8.11 gezeigten Verlauf. Der Druckabfall wird zwar gut beschrieben, die Atmosphäre ist aber nicht wirklich isotherm, ihre Temperatur sinkt mit der Höhe. Das weist auf ein adiabatisches bzw. polytropes Verhalten hin (s. Exkurs 8.8.8).

In ähnlicher Weise lässt sich das Verhalten von Gasen in einem Zentrifugalfeld behandeln. Dazu betrachten wir in Abb. 8.12 einen gasgefüllten Zylinder, der sich mit der Winkelgeschwindigkeit $\dot{\omega} = d\omega/dt$ um seine Achse dreht. Die potentielle Energie ε_{pot} eines Gasmoleküls der Masse m in einem solchen rotierenden System ist

$$\varepsilon_{\text{pot}} = -\frac{1}{2} m \cdot \dot{\omega}^2 \cdot r^2 \qquad (8.47)$$

denn die Zentrifugalkraft, die auf ein Molekül der Masse m in Richtung von r wirkt, ist gleich der Masse multipliziert mit der Zentrifugalbeschleunigung, also $m \cdot (\dot{\omega}^2 \cdot r)$, und

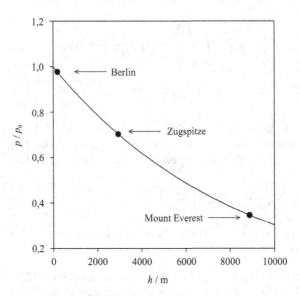

Abb. 8.11: Der Luftdruck p als Funktion der Höhe h über dem Erdboden nach der barometrischen Höhenformel bei $T = 288{,}15\ \mathrm{K}$

demnach ist der Verlust der potentiellen Energie die Integration der Zentrifugalkraft über r von $r = 0$ bis $r > 0$, was unmittelbar zu Gl. (8.47) führt.

Bei der Bildung der kanonischen Zustandssumme Q verwendet man praktischerweise statt kartesischer Koordinaten Zylinderkoordinaten. Q lautet dann:

$$Q = \frac{1}{N!}\,\tilde{q}_{\text{trans}}^{N} \cdot q_{\text{vib}}^{N} \cdot q_{\text{rot}}^{N} \left[\int\limits_{\omega=0}^{2\pi} d\omega \int\limits_{r=0}^{R} \exp\left[+\frac{m \cdot \dot{\omega}^2 \cdot r^2}{2k_B T} \right] \cdot r \cdot dr \int\limits_{l=0}^{L} dl \right]^{N} \tag{8.48}$$

Man beachte: die Integration im ersten Integral von Gl. (8.48) läuft über den Winkel ω von 0 bis 2π, wobei $\dot{\omega} = d\omega/dt$ konstant bleibt.

Wir setzen $a = m \cdot \dot{\omega}^2/(2k_B T)$ und substituieren $u = a \cdot r^2$ bzw. $du = 2r \cdot dr$:

$$\int\limits_{r=0}^{r=R} \exp[a \cdot r^2] \cdot r \cdot dr = \frac{1}{2a} \int\limits_{u=0}^{u=aR^2} e^u \cdot du = \frac{k_B T}{m\dot{\omega}^2} \left(\exp\left[\frac{m \cdot \dot{\omega}^2 \cdot R^2}{2k_B T} \right] - 1 \right)$$

so dass man für Q erhält:

$$Q = \frac{1}{N!}\,\tilde{q}_{\text{trans}}^{N} \cdot q_{\text{vib}}^{N} \cdot q_{\text{rot}}^{N} \cdot \left[L \cdot \pi \cdot \frac{2k_B T}{m \cdot \dot{\omega}^2} \left(\exp\left[\frac{m \cdot \dot{\omega}^2 \cdot R^2}{2k_B T} \right] - 1 \right) \right]^{N} \tag{8.49}$$

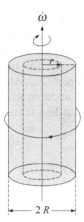

Abb. 8.12: Rotierender mit Gas gefüllter Zylinder.

Der Grenzwert von Q für $\dot{\omega} \to 0$ lautet:

$$Q(\omega = 0) = \frac{1}{N!}\, \overline{q}^N_{\text{trans}} \cdot q^N_{\text{vib}} \cdot q^N_{\text{rot}} \cdot \left(L \cdot \pi \cdot R^2\right)^N \tag{8.50}$$

wegen

$$\exp\left[\frac{m\dot{\omega}^2 R^2}{2k_\text{B}T}\right] - 1 \approx 1 + \frac{m\dot{\omega}^2}{2k_\text{B}T} \cdot R^2 - 1 = \frac{m\dot{\omega}^2}{2k_\text{B}T}R^2$$

für kleine Werte von $\dot{\omega}$. Da $L \cdot \pi \cdot R^2$ gleich dem Zylindervolumen V ist, stellt Gl. (8.50) nichts anderes als die Zustandssumme des idealen Gases im Zylindervolumen V ohne den Einfluss äußerer Kraftfelder dar.

Für die Verteilung der Moleküle in Richtung von r, also senkrecht zur Zylinderachse gilt der Boltzmann'sche Verteilungssatz. Danach ist die Zahl der Moleküle in einem Volumenelement zwischen $L \cdot \pi \cdot r^2$ und $L \cdot \pi \cdot r^2 + L \cdot 2\pi r\,dr$ im Verhältnis zur Gesamtzahl N der Moleküle:

$$\frac{C(r) \cdot L \cdot 2\pi r\,dr}{N} = \frac{\exp\left[\frac{m\cdot\dot{\omega}^2 \cdot r^2}{2k_\text{B}T}\right] L\, 2\pi r \cdot dr}{L \cdot \pi \cdot \frac{2k_\text{B}T}{m\cdot\dot{\omega}^2}\left(\exp\left[\frac{m\cdot\dot{\omega}^2 \cdot R^2}{2k_\text{B}T}\right] - 1\right)}$$

wobei $C(r)$ die Molekülzahlkonzentration im Abstand r von der Drehachse bedeutet.

Damit lässt sich berechnen:

$$\boxed{\frac{C(r)}{C(r = 0)} = \exp\left[\frac{m \cdot \dot{\omega}^2 \cdot r^2}{2k_\text{B}T}\right]} \tag{8.51}$$

Die Konzentration der Gasmoleküle nimmt also mit dem Abstand r von der Zylinderachse zu und erreicht bei $r = R$ ihren Maximalwert. Die Zentrifugalkraft wird in Gaszentrifugen zur Trennung von Molekülen nach ihrer Masse verwendet, z. B. bei der Isotopentrennung (s. Exkurs 8.8.10). Gl. (8.46) und (8.51) können übrigens auch direkt, ohne molekular-statistische Behandlung aus der verallgemeinerten Gibbs-Duhem-Gleichung (11.321) in Anhang 11.17 abgeleitet werden. Setzt man dort für $L_i = m$ und $\Phi_{\text{Grav}} = g \cdot h$ bzw. $\dot\omega$ und integriert, ergibt sich direkt Gl. (8.46) und (8.51). Ähnlich wie bei Gravitationsfeldern und Zentrifugalfeldern lassen sich auch bei anderen Kraftfeldern mit der potentiellen Energie $V(x,y,z)$ Konzentrationsverteilungen im Raum berechnen. Ein Beispiel wird in Exkurs 8.8.11 behandelt.

8.8 Exkurs zu Kapitel 8

8.8.1 Die Langevin'sche Funktion

Berechnen Sie Gl. (8.14) korrekt, stellen Sie das Resultat $L(a)$ als Funktion von a graphisch dar und interpretieren Sie den Funktionsverlauf.

Lösung

Einsetzen von $\cos\vartheta = x$ und $\sin\vartheta \cdot d\vartheta = dx$ ergibt:

$$\langle\vec{\mu}\rangle/|\vec{\mu}| = \int_{+1}^{-1} e^{ax} \cdot x\,dx \Big/ \int_{+1}^{-1} e^{ax}\,dx = \frac{d}{da}\left(\ln\int_{+1}^{-1} e^{ax}\,dx\right) = \frac{d}{da}\left(\ln\frac{e^a - e^{-a}}{a}\right)$$

$$= \frac{e^a + e^{-a}}{e^a - e^{-a}} - \frac{1}{a} = \coth(a) - \frac{1}{a} = L(a) \qquad \text{(Langevin'sche Funktion)}.$$

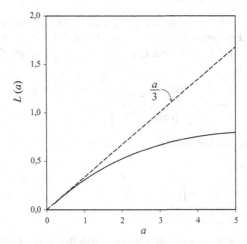

Abb. 8.13: Die Langevin'sche Funktion $L(a)$ —, Näherung $L(a) \approx a/3$:- - - (Gl. (8.15)).

Die Funktion $L(a)$ heißt Langevin'sche Funktion (im Unterschied zur Langevin'schen Gleichung (6.86)). Die Anfangssteigung von $L(a)$ ist 1/3. Dort ist $L(a)$ identisch mit $a/3$ in Gl. (8.15). Für $a \to \infty$ geht $L(a)$ gegen 1 bzw. $T \to 0$. Dort sind alle Dipole vollständig in Feldrichtung orientiert (s. Abb. 8.13).

8.8.2 Dipolmomente und Polarisierbarkeiten von *ortho*- und *m*-Dichlorbenzol – Additiviitätstest der Bindungsmomente

Folgende experimentelle Daten für die Dielektrizitätszahl ε_R in der Gasphase, den Brechungsindex $\tilde{n}$ und die Dichte der Flüssigkeit ϱ sowie die Siedetemperaturen T_S sind für ortho- und meta-Dichlorbenzol in Tabelle 8.2 zusammengefasst.

Tab. 8.2: Dielektrische Daten von *o*-DCB und *m*-DCB. ϱ und $\tilde{n}$: flüssige Phase. ε_R: Werte in der Gasphase (1 bar). T_S = Siedetemperatur bei 1 bar.

	$\varrho/\mathrm{kg} \cdot \mathrm{m}^{-3}$	$\tilde{n}$	T_S/K	ε_R
o-DCB	1306	1,5464	180,5	1,05319
m-DCB	1288	1,5518	173,0	1,02409

a) Bestimmen Sie die Dipolmomente μ und Polarisierbarkeiten α der beiden Isomere

b) Bestimmen Sie aufgrund der Molekülgeometrien die Cl−C-Bindungsdipolmomente μ_B und überprüfen Sie die Annahme der Additivität dieser Momente zum Gesamtdipolmoment der Moleküle. Stellen Sie einen Vergleich an zwischen den Bindungsdipolmomenten und dem Dipolmoment von Chlorbenzol ($5{,}66 \cdot 10^{-40} \mathrm{C} \cdot \mathrm{m}$).

Lösung:

a) Die elektronischen Polarisierbarkeiten α_e erhält man aus der Molrefraktion R_n der Flüssigkeiten nach Gl. (8.18):

$$R_n = \frac{\tilde{n}^2 - 1}{\tilde{n}^2 + 2} \left(\frac{M}{\varrho} \right) = \frac{N_L}{3 \cdot \varepsilon_0} \cdot \alpha_e$$

Die Molmasse M der beiden Isomere beträgt 0,1470 kg mol^{-1}. Einsetzen der Zahlenwerte für ϱ und $\tilde{n}$ bei 293 K ergibt für die Werte von α:

$$\alpha_{e,o\text{-DCB}} = 15{,}73 \cdot 10^{-40} \mathrm{C}^2 \mathrm{m}^2 \cdot \mathrm{J}^{-1} \quad \text{und} \quad \alpha_{e,m\text{-DCB}} = 16{,}08 \cdot 10^{-40} \mathrm{C}^2 \mathrm{m}^2 \cdot \mathrm{J}^{-1}$$

Damit lassen sich die Dipolmomente bestimmen (Gl. (8.17):

$$\left[\left(\frac{\varepsilon_R - 1}{\varepsilon_R + 2} \cdot \frac{3\varepsilon_0}{N_L} \left(\frac{RT}{p} \right) - \alpha_e \right) 3k_B T \right]^{1/2} = |\vec{\mu}|$$

Einsetzen der Werte von α_e, ε_R und den Siedetemperaturen $T = T_S$ bei $p = 10^5$ Pa ergibt:

$$\mu_{o\text{-}DCB} = 8{,}63 \cdot 10^{-30} \, C \cdot m \quad \text{und} \quad \mu_{m\text{-}DCB} = 4{,}97 \cdot 10^{-30} \, C \cdot m$$

b) Abb. 8.14 zeigt die Strukturen der Bindungsdipolmomente μ_B.

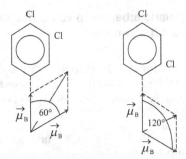

Abb. 8.14: Struktur und Bindungsdipolmomente (Pfeile) in o- und m-Dichlorbenzol.

Mit $\varphi = 60°$ bei o-Dichlorbenzol ergibt sich $\mu_B = \mu_{o\text{-}DCB}/(2 \cdot \cos(30°)) = 4{,}98 \cdot 10^{-40}\,C{\cdot}m$. Mit $\varphi = 120°$ bei m-Dichlorbenzol ergibt sich $\mu_B = \mu_{m\text{-}DCB}/(2{\cdot}\cos(60°)) = 4{,}97 \cdot 10^{-40}\,C \cdot m$.

Die Additivität der Bindungsmomente zum Gesamtdipolmoment der beiden Dichlorbenzole ist also in sehr guter Näherung erfüllt. Das Bindungsmoment in den Dichlorbenzolmolekülen ist allerdings um ca. $0{,}69 \cdot 10^{-40}\,C \cdot m$ geringer als das Dipolmoment von Chlorbenzol ($5{,}66 \cdot 10^{-40}\,C \cdot m$).

8.8.3 Gültigkeitstest der CMD-Gleichung für unpolare Moleküle bei höheren Gasdichten

Für die unpolaren Gase Ar und CO_2 wurden die Brechungsindices $\tilde{n}$ bei molaren Dichten ϱ_{mol} bei 293 K bis zu 3000 mol $\cdot$ m^{-3} gemessen.

Tab. 8.3: Dielektrische Daten von Ar und CO_2

Ar		CO_2	
$\varrho_{mol}/mol \cdot m^{-3}$	$(\tilde{n}^2 - 1) \cdot 10^4$	$\varrho_{mol}/mol \cdot m^{-3}$	$(\tilde{n}^2 - 1) \cdot 10^4$
10	1,241	10	2,203
100	12,412	100	22,04
500	62,06	500	100,45
1000	124,39	1000	221,5
2000	248,9	2000	445,5
3000	373,2	3000	671,7

Tabelle 8.3 enthält die experimentellen Daten der molaren Dichten und von $\tilde{n}^2 - 1$ (Na-D-Linie). Berechnen Sie die Polarisierbarkeit α als Funktion von ϱ_{mol}. Beurteilen Sie die Ergebnisse.

Lösung:

Einsetzen in Gl. (8.18) ergibt:

Tab. 8.4: Polarisierbarkeiten von Ar und CO_2

$10^{40} \cdot \alpha_{e,Ar}/C^2 \, m^2 \cdot J^{-1}$	1,825	1,825	1,825	1,826	1,827	1,829
$10^{40} \cdot \alpha_{e,CO_2}/C^2 \, m^2 \cdot J^{-1}$	3,239	3,241	3,248	3,257	3,275	3,292
$\varrho_{mol}/mol \cdot m^{-3}$	10	100	500	1000	2000	3000

Für Argon sind die α_e-Werte praktisch konstant. Bei CO_2 wird im Bereich bis 3000 mol·m^{-3} eine geringe Zunahme um knapp 2 % erhalten. Die Clausius-Mossotti-Gleichung ist also für beide Gase auch bei höheren Dichten gut erfüllt.

8.8.4 Winkelverteilungsfunktion dipolarer Gase im elektrischen Feld

Ähnlich wie bei der Frage nach der Geschwindigkeitsverteilung der Molekülschwerpunkte im Raum (Maxwell-Boltzmann-Verteilung) kann man die Frage nach der Verteilungsfunktion $dN(\vartheta)/N_{ges} = f(\vartheta)d\vartheta$ von polaren Molekülen für den Winkel ϑ des Dipolmomentes zur Richtung des vorgegebenen elektrischen Feldes stellen. Wie lautet diese Verteilungsfunktion? Diskutieren Sie die Extremfälle für hohe und niedrige Temperaturen. Wo liegt das Maximum der Verteilungsfunktion?

Lösung:

Für die gesuchte Verteilungsfunktion gilt nach dem Boltzmann'schen Verteilungssatz:

$$f(\vartheta) = \frac{dN(\vartheta)}{d\vartheta} \cdot \frac{1}{N_{ges}} = \frac{\exp[a \cdot \cos\vartheta] \cdot \sin\vartheta}{\int_0^\pi \exp[a \cdot \cos\vartheta] \cdot \sin\vartheta \, d\vartheta} = a \cdot \frac{\exp[a \cdot \cos\vartheta] \cdot \sin\vartheta}{\exp[a] - \exp[-a]}$$

mit der Abkürzung $a = |\vec{\mu}| \cdot |\vec{E}|/k_B T$. Abbildung 8.15 zeigt 3 Beispiele für $f(\vartheta)$ mit verschiedenen Werten von a. Das Maximum ergibt sich aus

$$\frac{df(\vartheta)}{d\vartheta} = 0 = \cos\vartheta \cdot e^{a\cos\vartheta} - a\sin^2\vartheta \cdot e^{a\cos\vartheta}$$

Mit $\cos\vartheta_{max} = x$ und $\sin^2\vartheta = 1 - x^2$ ergibt sich:

$$x^2 + \frac{x}{a} - 1 = 0 \quad \text{bzw.} \quad x = \cos\vartheta_{max} = -\frac{1}{2a} + \sqrt{\frac{1 + 4a^2}{4a^2}}$$

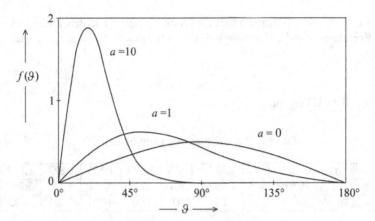

Abb. 8.15: Winkelverteilungsfunktion $f(\vartheta)$ von Dipolen im homogenen $\vec{E}$-Feld,
$$\alpha = |\vec{\mu}| \cdot |\vec{E}|/k_B T.$$

Für $a = 1$ ist $\vartheta_{max} = 51{,}8°$, für $a = 10$ ist $\vartheta_{max} \cong 18°$.

Für $a \ll 1$ wird $\exp[a] \approx 1 + a$ und $-\exp[-a] = -(1 - a)$, also wird $f(\vartheta) = 1/2 \cdot \sin\vartheta$. Für $a = 0$ geht x gegen a, also ist $\cos\vartheta = a$ und $\vartheta_{max} = 90°$. Für $a \to 0$ bzw. $T \to \infty$ sind also die Dipole symmetrisch um $\vartheta = 90°$ verteilt, und es gilt $\langle\mu\rangle = 0$.

8.8.5 Molpolarisation assoziierender Ameisensäure in der Gasphase

Flüchtige Carbonsäuren wie Ameisensäure (HCOOH) oder Essigsäure (CH$_3$COOH) bilden in der Gasphase Dimere entsprechend der Reaktionsgleichung $2A \rightleftharpoons A_2$. Während die monomere Säure ein elektrisches Dipolmoment μ_A besitzt, ist das Dipolmoment von A_2 gleich Null, da sich ein zyklisches Assoziat bildet (s. Abb. 8.16)

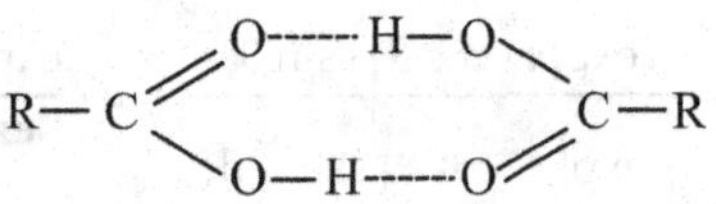

$$R-C \begin{array}{c} O\text{-----}H-O \\ \diagup \qquad\qquad \diagdown \\ O-H\text{-----}O \end{array} C-R$$

Abb. 8.16: Carbonsäureassoziate in der Gasphase mit doppelter Wasserstoffbrücken-Bindung

Die Gleichgewichtskonstante K_p der Gasphasenreaktion berechnet sich aus den freien Standardbildungsenthalpien $\Delta^f\overline{G}°$ (298) von Monomeren und Dimeren. Für Ameisensäure können diese Daten der Literatur entnommen werden und sind in Tabelle 8.5 aufgelistet.

Daraus berechnen sich die molaren Standardreaktionsgrößen $\Delta\overline{G}°$ (298) und $\Delta\overline{H}°$ (298):

$$\Delta_R\overline{G}° (298) = \Delta^f\overline{G}°_{dimer}(298) - 2\Delta^f\overline{G}°_{mono}(298) = -13\,900 \text{ J} \cdot \text{mol}^{-1}$$

Tab. 8.5: Freie molare Standardbildungsenthalpie $\Delta^f\overline{G}^\circ$(298) und molare Standardbildungsenthalpien $\Delta^f\overline{H}^\circ$(298) bei 298 K und 1 bar in kJ $\cdot$ mol^{-1} für Ameisensäure HCOOH und ihr dimeres Assoziat in der Gasphase (Datenquelle: A. Heintz, Thermodynamik - Grundlagen und Anwendungen, Springer (2017)).

$\Delta^f\overline{G}^\circ_{mono}$(298)	$\Delta^f\overline{H}^\circ_{mono}$(298)	$\Delta^f\overline{G}^\circ_{dimer}$(298)	$\Delta^f\overline{H}^\circ_{dimer}$(298)
−335,72	−362,63	−685,34	−785,35

$$\Delta_R\overline{H}^\circ(298) = \Delta^f\overline{H}^\circ_{dimer}(298) - 2\Delta^f\overline{H}^\circ_{mono}(298) = -60\,090\;J \cdot mol^{-1}$$

Für die Gleichgewichtskonstante K_p mit den Partialdrücken p_A und p_{A_2} in bar der Reaktion 2HCOOH $\rightleftharpoons$ (HCOOH)$_2$ ergibt sich dann:

$$K_p(298) = \frac{p_{A_2}}{p_A^2} = \frac{1}{p}\frac{x_{A_2}}{x_A^2} = \frac{1}{p}\frac{1-x_A}{x_A^2} = \exp\left[-\frac{\Delta_R\overline{G}^\circ(298)}{R\cdot 298}\right] = 273{,}14\,bar^{-1}$$

Mithilfe von $\Delta_R\overline{H}^\circ$(298) erhält man somit für die T-Abhängigkeit von K_p:

$$K_p(T) = K_p(298)\cdot\exp\left[-\frac{\Delta_R\overline{H}^\circ}{R}\left(\frac{1}{T}-\frac{1}{298}\right)\right] = 273{,}14\cdot\exp\left[7227{,}1\left(\frac{1}{T}-\frac{1}{298}\right)\right] \quad (8.52)$$

Wir definieren noch den Dissoziationsgrad α_D von (HCOOH)$_2$ als Bruchteil der -HCOOH-Moleküle, die in monomerer Form vorliegen:

$$\alpha_D = \frac{n_A}{n_A + 2n_{A_2}} = \frac{x_A}{x_A + 2x_{A_2}} = \frac{x_A}{2-x_A} \quad (8.53)$$

n_A bzw. n_{A_2} sind die Molzahlen von Monomer bzw. Dimer und x_A bzw. $x_{A_2} = 1 - x_A$ die entsprechenden Molenbrüche. Der Zusammenhang mit K_p lautet demnach mit $x_A = 2\alpha_D/(1+\alpha_D)$:

$$K_p = \frac{1}{p}\frac{(1-x_A)}{x_A^2} = \frac{1-\alpha_D^2}{4\alpha_D^2}\cdot\frac{1}{p} \quad (8.54)$$

Nun berechnen wir noch die Massendichte ϱ und den Druck p

$$\varrho = \left(\frac{n_A + 2n_{A_2}}{V}\right)\cdot M_A \quad (8.55)$$

$$p = \frac{n_A + 2n_{A_2}}{V}\left(\frac{n_A + n_{A_2}}{n_A + 2n_{A_2}}\right) \cdot RT = \frac{\varrho}{M_A}R \cdot T\frac{1 + \alpha_D}{2} = \frac{\varrho}{\langle M \rangle} \cdot RT \tag{8.56}$$

$M_A = 0{,}04602\,\text{kg·mol}^{-1}$ ist die Molmasse von HCOOH. $2M_A/(1+\alpha_D)$ kann man als mittlere Molmasse $\langle M \rangle$ interpretieren. Das Dipolmoment μ_e von HCOOH beträgt $5 \cdot 10^{-30}$ C · m, die elektronische Polarisierbarkeit $\alpha_{e,mono} = 5{,}9 \cdot 10^{-40}$ C^2 · m^2 · J^{-1}.

Berechnen Sie mit diesen Zahlenangaben und mithilfe der Gl. (8.52) bis (8.56) die Molpolarisation $\tilde{P}$ von HCOOH im Bereich von 290 K bis 380 K für den gesättigten Dampf von HCOOH. Verwenden Sie dazu die in Tab. 8.6 angegebenen Sättigungsdampfdrücke p_{sat}.

Lösung:

Wir berechnen zunächst die Sättigungsdampfdichten von HCOOH als Funktion des Sättigungsdampfdruckes, dessen T-abhängigen Werte in Tab. 8.6 der Literatur entnommen sind. Nach Gl. (8.56) gilt für die Dampfphase:

$$\varrho_{sat} = \frac{p_{sat} \cdot M_A}{R \cdot T} \cdot \frac{2}{1 + \alpha_D} \qquad \text{mit} \quad \alpha_D = \left(1 + 4K_p \cdot p_{sat}\right)^{-1/2} \tag{8.57}$$

Tab. 8.6: Daten der Ameisensäure in der gesättigten Dampfphase (s. Text)

$T/$K	297,1	315,9	334,5	353,4	373,7
$p_{sat}/$Pa	5332,8	13332,0	26664,0	53328,0	101325,0
$10^5 \cdot K_p/$Pa^{-1}	294,0	69,1	18,3	6,1	2,0
α_D	0,1253	0,1625	0,2207	0,2671	0,3314
$\varrho_{sat}/$kg · m^{-3}	0,1709	0,4019	0,7229	1,318	2,254

Mit K_p nach Gl. (8.52) bzw. α_D nach Gl. (8.57) und den bekannten vorgegebenen Dampfdrücken p_{sat} der Ameisensäure erhält man die in Tabelle 8.6 wiedergegebenen Resultate für $\varrho_{sat}(T)$.

Die Molpolarisation $\tilde{P}$ für den Ameisensäuredampf lautet ($\alpha_{e,mono}$ = elektrische Polarisierbarkeit der monomeren Ameisensäure):

$$\tilde{P} = \frac{\varepsilon_R - 1}{\varepsilon_R + 2} \cdot \frac{\langle M \rangle}{\varrho_{sat}} = \left[(1 - \alpha_D)\,2\alpha_{e,mono} + \alpha_D\left(\alpha_{e,mono} + \frac{\vec{\mu}_{HCOOH}^2}{3k_BT}\right)\right]\frac{N_L}{3\varepsilon_0}$$

$$= \left[(2 - \alpha_D)\,\alpha_{e,mono} + \frac{\vec{\mu}_{HCOOH}^2}{3k_BT} \cdot \alpha_D\right]\frac{N_L}{3\varepsilon_0} \tag{8.58}$$

Einsetzen aller Zahlenwerte aus Tab. 8.6 ergibt für Gl. (8.58):

$$\tilde{P} = \left[(2 - \alpha_D(T)) \cdot 1{,}338 \cdot 10^{-3} + \frac{\alpha_D(T)}{T} \cdot 1{,}368\right] \cdot 10^{-2} \tag{8.59}$$

Werte für die Dielektrizitätszahl ε_R lassen sich berechnen durch Auflösen von Gl. (8.58) nach ε_R. Man erhält mit $\langle M \rangle = 2M_{HCOOH}/(1 + \alpha_D)$:

$$\varepsilon_R - 1 = \frac{3 \cdot \tilde{P}}{\frac{2M_A}{1+\alpha_D} \cdot \frac{1}{\varrho_{sat}} - \tilde{P}} \tag{8.60}$$

Damit ergeben sich folgende Ergebnisse in Tab. 8.7 für gesättigten HCOOH-Dampf:

Tab. 8.7: $\tilde{P}$ in $m^3 \cdot mol^{-1}$ nach Gl. (8.59) mit $\alpha_D(T)$ aus Tab. 8.6.

$10^6 \cdot \tilde{P}$	30,9	31,7	32,8	33,6	34,5
T/K	297,1	316,9	334,5	353,4	373,7
$10^3 \cdot (\varepsilon_R - 1)$	0,193	0,482	0,943	1,829	3,375

Die Molpolarisation $\tilde{P}$ als Funktion von $1/T$ in Tab. 8.7 zeigt eine *negative* Steigung, d. h., die Polarisation $\tilde{P}$ nimmt mit der Temperatur zu, i. G. zu dem, was man üblicherweise für dipolare Moleküle erwartet (vgl. Abb. 8.6). Der Grund für dieses unerwartete Verhalten ist die Assoziation von HCOOH zu unpolaren Dimeren, denn die Dissoziation der nichtpolaren Dimere nimmt mit der Temperatur zu und erhöht dadurch den Anteil der dipolaren Monomere und damit die Polarisation insgesamt. Dieser Effekt überwiegt die Abnahme des gemittelten effektiven Dipolmomentes der Monomere mit der Temperatur, die bei normalen dipolaren Molekülen zur Abnahme von $\tilde{P}$ mit T führt (vergl. Abb. 8.6).

8.8.6 Gravitationspotential und Gasdruck in einer Kaverne unter der Planetenoberfläche

Wir stellen uns vor, dass in die feste Oberfläche eines Planeten mit der Masse m_P ein schmaler Schacht in eine Tiefe von d km getrieben wird. Dieser Schacht hat Kontakt zur äußeren Gashülle des Planeten, wo an der Oberfläche der Druck $p(0)$ herrscht (s. Abb. 8.17).

a) Wie lautet der Ausdruck für die Abhängigkeit des Gravitationspotentials $\Phi(r)$ eines Planeten im Bereich $0 \leq r < \infty$

b) Wie tief muss man auf dem Mars graben, wenn am Schachtboden ein Druck von 1 bar CO_2 herrschen soll? Für den Mars gilt: $p(0) = 0{,}008$ bar, $T(0) \cong 210$ K, $r_{Mars} = 3{,}387 \cdot 10^6$ m, $m_{Mars} = 6{,}417 \cdot 10^{23}$ kg. Nehmen Sie an: $d \ll r_{Mars}$

Lösung:

a) Das Gravitationspotential Φ_a (Index a = außen) lautet für $r > r_P$ (Planetenradius):

$$\Phi_a(r) = -\frac{m_P \cdot G}{r} \qquad (r > r_P) \tag{8.61}$$

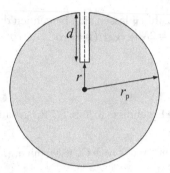

Abb. 8.17: Schacht der Tiefe d in der Oberfläche eines Planeten mit dem Radius R_p (d und die Schachtbreite sind übertrieben groß gezeichnet).

und für $r < r_P$ setzen wir (Index i = innen):

$$\Phi_i(r) \cong +\frac{2}{3}\pi\langle\varrho_P\rangle \cdot G \cdot r^2 + C_i \qquad (r < r_P)$$

wobei $\langle\varrho_P\rangle$ die mittlere Dichte des Planeten ist. Es gilt die Randbedingung:

$$\Phi_i(r_P) = \Phi_a(r_P)$$

mit:

$$C_i = -\frac{m_P \cdot G}{r_P} - \frac{2}{3}\pi\langle\varrho_P\rangle \cdot r_P^2 \cdot G = -\frac{m_P \cdot G}{r_P} - \frac{1}{2}\frac{m_P \cdot G}{r_P} = -\frac{3}{2}\frac{m_P \cdot G}{r_P}$$

Die zweite Randbedingung

$$\left(\frac{d\Phi_i}{dr}\right)_{r=r_P} = \left(\frac{d\Phi_a}{dr}\right)_{r=r_P} = \frac{m_P \cdot G}{r_P^2} = g_P$$

ist dann automatisch erfüllt. g_P ist die Schwerebeschleunigung am Planetenboden. Für $\Phi_i(r)$ gilt also:

$$\Phi_i(r) = \frac{2}{3}\pi \cdot \langle\varrho_P\rangle \cdot G \cdot r^2 - \frac{3}{2}G \cdot \frac{m_P}{r_P} \qquad (r < r_P) \tag{8.62}$$

Abb. 8.18 zeigt $\Phi(r)$ mit $0 \leq r \leq \infty$ als Beispiel für die Erde ($m_E = 5,974 \cdot 10^{24}$ kg, $\langle\varrho_E\rangle = 5515$ kg $\cdot$ m^{-3}, $r_E = 6,371 \cdot 10^6$ m).

Für die Teilchenzahldichte n_{Gas} der Atmosphäre erhält man nach dem Boltzmann'schen Verteilungssatz für $r > r_P$ (M_{Gas} = Molmasse des atmosphärischen Gases):

$$\frac{n_{Gas}(r)}{n_{Gas}(r = r_P)} = \exp\left[-(\Phi_a(r) - \Phi_a(r_P)) \cdot M_{Gas}/RT\right]$$

$$= \exp\left[M_{Gas} \cdot \frac{m_P \cdot G}{RT}\left(\frac{1}{r} - \frac{1}{r_P}\right)\right] \qquad (r > r_P) \tag{8.63}$$

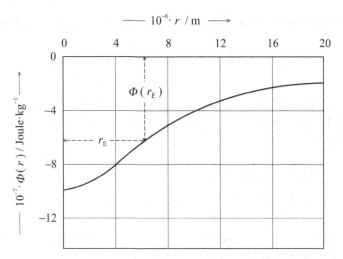

Abb. 8.18: —— Verlauf des Gravitationspotentials der Erde $\Phi(r)$. r_E = Erdradius.

Mit der Höhe $h = r - r_P$ über dem Planetenboden lässt sich dafür schreiben:

$$\frac{n_{\text{Gas}}(r)}{n_{\text{Gas}}(r_P)} = \exp\left[\frac{M_{\text{Gas}} \cdot m_P}{R \cdot T \cdot r_P} \cdot \frac{G}{1 + h/r_P} - \frac{M_{\text{Gas}} \cdot m_P \cdot G}{R \cdot T \cdot r_P}\right]$$

Für $h/r_P \ll 1$ gilt näherungsweise $(1 + h/r_P)^{-1} \approx 1 - h/r_P$ und wir erhalten die barometrische Höhenformel (vergl. mit Gl. (8.46)):

$$n_{\text{Gas}}(h) \cong n_{\text{Gas}}(h = 0) \cdot \exp\left[-\frac{M_{\text{Gas}} \cdot g_P \cdot h}{R \cdot T}\right] \qquad (r > r_P) \tag{8.64}$$

mit der Schwerebeschleunigung an der Planetenoberfläche $g_P = m_P \cdot G/r_P^2$. Nun betrachten wir den Fall $r < r_P$. Hier gilt nach dem Boltzmann'schen Verteilungssatz mit $d = r_P - r$ nach Gl. (8.63) mit Φ_i nach Gl. (8.62):

$$\frac{n_{\text{Gas}}(r)}{n_{\text{Gas}}(r_P)} = \exp\left[-\left(\Phi_i(r) - \Phi_i(r_P)\right) \cdot M_{\text{Gas}}/RT\right]$$

$$= \exp\left[M_{\text{Gas}} \cdot \langle\varrho_P\rangle \cdot \frac{2}{3}\pi \cdot G \cdot r_P^2 \left(1 - \frac{(r_P - d)^2}{r_P^2}\right) \cdot \frac{1}{R \cdot T}\right] \tag{8.65}$$

Mit der Näherung $d \ll r_P$, also $(1 - 2d/r_P + (d/r_P)^2) \approx 1 - 2d/r_P$ erhält man:

$$\frac{n_{\text{Gas}}(r)}{n_{\text{Gas}}(r_P)} = \frac{p(r)}{p(r_P)} \cong \exp\left[M_{\text{Gas}} \cdot \frac{g_P \cdot d}{RT}\right] \qquad (r < r_P) \tag{8.66}$$

mit $g_P = m_P \cdot G/r_P^2$ wie in Gl. (8.64). Die Gasdichte steigt also mit der Tiefe d an.

b) Die Schwerebeschleunigung auf dem Mars ergibt sich aus den angegebenen Daten:

$$g_{\text{Mars}} = \frac{m_{\text{Mars}}}{r^2_{\text{Mars}}} G = 3{,}73 \text{ m} \cdot \text{s}^{-2}$$

Die Marsatmosphäre besteht im Wesentlichen aus CO_2 (Molmasse: $0{,}044 \text{ kg} \cdot \text{mol}^{-1}$). Die durchschnittliche Temperatur beträgt 210 K. Man erhält aus Gl. (8.66) aufgelöst nach d:

$$d \cong \ln\left(\frac{p(d)}{p(0)}\right) \cdot \frac{RT}{M_{CO_2}} \cdot \frac{1}{g_{\text{Mars}}}$$

$$= \ln\left(\frac{1}{0{,}008}\right) \cdot \frac{8{,}3145 \cdot 210}{0{,}044 \cdot 3{,}73} = 51368 \text{ m} = 51{,}368 \text{ km}$$

Erst in ca. 51 km Tiefe wäre der CO_2-Druck 1 bar. Es ist $|d|/r_{\text{Mars}} = 0{,}015$, d. h., die Näherung aus Aufgabenteil a) ist gerechtfertigt.

8.8.7 Instabilität isothermer Planetenatmosphären

Zeigen Sie, dass eine isotherme Planetenatmosphäre nicht stabil sein kann, da die Zustandssumme des Atmosphärengases unendlich groß wird, wenn man die Abhängigkeit der Gravitationsbeschleunigung g als Funktion der Höhe h über dem Planetenboden berücksichtigt.

Lösung: Für $g(h)$ gilt mit der Masse m_P des Planeten:

$$g(h) = G \cdot \frac{m_P}{(r_P + h)^2} = \frac{G \cdot m_P}{r_P^2} \frac{1}{\left(1 + \frac{h}{r_P}\right)^2}$$

und damit für ε_{pot} für die potentielle Energie eines Moleküls der Masse m in der Atmosphäre:

$$\varepsilon_{\text{pot}}(h) - \varepsilon_{\text{pot}}(h = 0) = m \cdot \int_0^h g(h)\,\mathrm{d}h = m\,\frac{G \cdot m_P}{r_P} \int_0^{h/r_P} \frac{1}{\left(1 + \frac{h}{r_P}\right)^2} \cdot \mathrm{d}\left(\frac{h}{r_P}\right)$$

$$= m\,\frac{G \cdot m_P}{r_P} \cdot \frac{h}{r_P} \bigg/ \left(1 + \frac{h}{r_P}\right)$$

Die Zustandssumme Q der isothermen Atmosphäre lautet (N = Zahl der Gasmoleküle):

$$Q = \frac{1}{N!}\,\widetilde{q}^N \cdot q_{\text{Schw}}^N \cdot q_{\text{rot}}^N \cdot (x \cdot y)^N \left[\int_0^\infty e^{-[\varepsilon_{\text{pot}}(h) - \varepsilon_{\text{pot}}(h=0)]/k_B T}\,\mathrm{d}h\right]^N$$

mit der Fläche $x \cdot y$. Wir betrachten das Integral mit $a = G \cdot m \cdot m_P / (k_B T \cdot r_P)$:

$$\int_0^\infty \exp\left[-a\frac{h/r_P}{1 + h/r_P}\right] dh$$

Für große Höhen h über der Planetenoberfläche wird der Integrand konstant, nämlich gleich $\exp(-a)$ und notwendigerweise divergiert dann das Integral, die Zustandssumme Q wird unendlich. Eine isotherme Atmosphäre wird also ständig Gas verlieren, das in den Weltraum entweicht. Planetenatmosphären sind jedoch nicht isotherm, sondern verhalten sich polytrop (im Idealfall adiabatisch), die Temperatur nimmt mit der Höhe ab (s. Exkurs 8.8.8).

8.8.8 Die adiabatische Planetenatmosphäre. Wolkenbildung

Die Annahme isothermer Planetenatmosphären ist eine erhebliche Vereinfachung der tatsächlichen Verhältnisse. Die Oberfläche eines festen Planeten empfängt Wärme durch die Strahlung der Sonne und gibt im sog. stationären Zustand in gleichem Ausmaß Wärme nach außen in den Weltraum ab durch direkte Wärmestrahlung und durch langsamen konvektiven Transport seines Atmosphärengases. Dabei befindet sich die Atmosphäre im lokalen thermodynamischen Gleichgewicht und verhält sich weitgehend *isentrop*, es gilt in erster Näherung die adiabatische Zustandsgleichung quasi-idealer Gase Gl. (11.360) bzw. (11.361) in Anhang 11.17:

$$\left(\frac{p}{p_0}\right)^{1-\gamma} = \left(\frac{T}{T_0}\right)^\gamma \tag{8.67}$$

mit $\gamma = (\overline{C}_p / \overline{C}_V)$.
Differenzieren von Gl. (8.67) führt zu:

$$\frac{dT}{T} = \frac{\gamma - 1}{\gamma} \cdot \frac{dp}{p} \tag{8.68}$$

Nun lautet die hydrostatische Gleichgewichtsbedingung für ein ideales Gas mit der mittleren Molmasse $\langle M \rangle$ im Schwerefeld eines Planeten mit der Schwerebeschleunigung g:

$$dp = -\varrho \cdot g dh = -p\frac{\langle M \rangle \cdot g}{RT} \cdot dh \tag{8.69}$$

Es gilt für $h \ll r_{\text{Planet}}$:

$$g = \frac{m_{\text{Planet}}}{(r_{\text{Planet}} + h)^2} \cdot G \approx \frac{m_{\text{Planet}}}{r_{\text{Planet}}^2} \cdot G$$

Wir setzen Gl. (8.69) in Gl. (8.68) ein und erhalten:

$$dT = -\frac{\gamma-1}{\gamma} \cdot \frac{\langle M \rangle \cdot g}{R} \cdot dh \quad \text{bzw.} \quad T - T_0 = -\frac{\gamma-1}{\gamma} \cdot \frac{\langle M \rangle \cdot g}{R} \cdot h \qquad (8.70)$$

mit h, der Höhe über dem Boden und T_0 bzw. p_0 die Temperatur und Druck am Boden. Einsetzen von Gl. (8.70) in Gl. (8.67) ergibt dann:

$$p(h) = p_0\left(1 - \frac{\langle M \rangle g}{R} \cdot \frac{\gamma-1}{\gamma} \cdot \frac{h}{T_0}\right)^{\frac{\gamma}{\gamma-1}} \qquad (8.71)$$

bzw.

$$T(h) = T_0\left(1 - \frac{\langle M \rangle g}{R} \cdot \frac{\gamma-1}{\gamma} \cdot \frac{h}{T_0}\right) \qquad (8.72)$$

Man sieht durch eine Grenzwertbetrachtung von Gl. (8.72)

$$\lim_{n\to\infty}\left(1 - \frac{a}{n}\right)^n = e^{-a} \quad \text{mit } n = \frac{\gamma}{\gamma-1} \text{ und } a = \frac{\langle M \rangle \, g \, h}{R \cdot T_0},$$

dass gilt:

$$\lim_{\gamma\to 1} p(h) = p_0 \cdot \exp\left[-\frac{\langle M \rangle \cdot g \cdot h}{R \cdot T_0}\right] \quad \text{bzw.} \quad \lim_{\varepsilon\to 1} T(h) = T_0,$$

so dass für $\gamma = 1$ der isotherme Fall vorliegt, d. h., man erhält die barometrische Höhenformel nach Gl. (8.46). Für Luft gilt $\gamma_{\text{Luft}} = \bar{C}_p/\bar{C}_V = (1 + 5/2)/(5/2) = 1{,}4$.

Für die Erdatmosphäre lässt sich mit folgenden Daten $p(h)$ und $T(h)$ rechnen: $T_0 = 288\,\text{K}$, $p_0 = 1\,\text{bar}$, $\langle M_{\text{Luft}} \rangle = 0{,}029\,\text{kg}\cdot\text{mol}^{-1}$, $g = 9{,}81\,\text{m}\cdot\text{s}^{-2}$ und $\gamma = 1{,}24$ (statt $\gamma = 1{,}4$). Das globale Verhalten der Erdatmosphäre ist polytrop, d. h., es liegt zwischen einem adiabatischen ($\gamma = 1{,}4$) und einem isothermen Verhalten ($\gamma = 1$). Abb. 8.19 zeigt die graphische Darstellung von Gl. (8.71) und (8.72). T fällt linear mit der Höhe ab ($\sim 6{,}5\,\text{K}$ pro km). Eine rein adiabatische Atmosphäre mit $\gamma = 1{,}4$ hätte einen Temperaturgradienten von ca. $10\,\text{K} \cdot \text{m}^{-1}$. Der Druck p liegt nur geringfügig unter den Werten für den isothermen Fall. Die Gültigkeit von Gl. (8.71) und (8.72) ist bei der Erde auf die sog. Troposphäre, d. h. bis ca. 22 km Höhe beschränkt. Oberhalb dieser Höhe findet eine kontinuierliche Temperaturerhöhung statt aufgrund der Absorption von Licht (Ozonschicht) und bei noch größeren Höhen durch Ionisierung von N_2- und O_2-Molekülen. Es lässt sich die Frage beantworten, wo innerhalb der Troposphäre im Mittel die Wolkenbildungsgrenze liegt, das ist die Höhe h, wo der Partialdampfdruck des Wassers in der Atmosphäre den Sättigungsdampfdruck des Wassers erreicht. Als Partialdampfdruck von H_2O rechnen wir a) mit einer 40%igen Sättigung von H_2O, b) mit einer 70%igen Sättigung von H_2O bei jeweils 288 K für T_0. Die Dampfdruckkurve von H_2O lautet:

$$^{10}\lg\left(p^{sat}_{H_2O}/bar\right) = A - \frac{B}{T+C} \tag{8.73}$$

mit $A = 5{,}1961$, $B = 1730{,}6\,K$ und $C = -39{,}73\,K$. Dort, wo p_{H_2O} jeweils gleich p_{H_2O} (40 %) bzw. p_{H_2O} (70 %) des Sättigungsdampfdruckes bei $T = T_0$ wird, liegt die Wolkengrenze. Diese Höhe h berechnet sich aus:

$$\omega \cdot \exp\left[A - \frac{B}{T+C}\right] = \exp\left[A - \frac{B}{T_0 \cdot \left(1 - \frac{\gamma-1}{\gamma}\frac{\langle M \rangle}{RT_0} \cdot g \cdot h\right) + C}\right]$$

wobei ω der Sättigungsgrad (0,4 bzw. 0,7) bedeutet. Das Ergebnis zeigt Abb. 8.19. Die Wolkengrenze liegt für 70 % Sättigung bei ca. 1000 m, für 40 % bei ca. 2000 m.

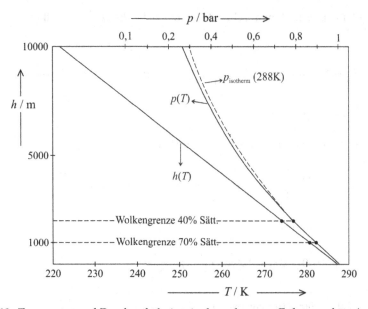

Abb. 8.19: Temperatur und Druckverhältnisse in der polytropen Erdatmosphäre ($\gamma = 1{,}24$).

Die Eigenschaften der Atmosphäre unterliegen größeren lokalen und zeitlichen Schwankungen. Die Erdrotation, der Einstrahlwinkel der Sonne und das Freiwerden von Energie bei der Kondensation von Wasserdampf hat einen großen Einfluss auf das regionale Wettergeschehen und den Luftdruck. Daher sind die berechneten Resultate nur als globale Mittelwerte anzusehen.

8.8.9 Druckverteilung in einer Gaszentrifuge

In eine zylindrische Gaszentrifuge mit dem Innenradius ϱ und der Zylinderlänge l wird ein Gas der Molmasse M beim Druck p und bei der Temperatur T eingefüllt. Dann wird die Zentrifuge mit der Winkelgeschwindigkeit $\dot\omega$ in Bewegung gesetzt.

a) Welcher Druck $p(r = 0)$ bzw. $p(r = \varrho)$ stellt sich im Zentrifugalgleichgewicht ein? Geben Sie die Formeln an.

b) Welche Werte für $p(r = 0)$ und $p(r = \varrho)$ ergeben sich mit $M = 0{,}349\,\mathrm{kg \cdot mol^{-1}}$ (^{235}UF$_6$), $\dot\omega = 60.000\,\mathrm{min^{-1}}$, $p = 1\,\mathrm{bar}$, $T = 273\,\mathrm{K}$ und $\varrho = 10\,\mathrm{cm}$? Wie sieht die Kurve $p(r/\varrho)$ für dieses Beispiel aus?

Lösung:

a) Die gesamte Molzahl n_g im Zylinder ist beim Einfüllen unter dem Druck p:

$$n_g = \frac{p \cdot V}{RT} = \frac{p}{RT} \cdot \pi\varrho^2 \cdot l$$

Es gilt im thermodynamischen Gleichgewicht des Zentrifugalkraftfeldes (s. Gl. (8.51)):

$$n_g = 2\pi l \cdot \frac{p(r = 0)}{RT} \cdot \int_0^\varrho \exp\left[M \cdot \omega^2 \cdot r^2/2RT\right] \cdot r\,dr = \pi l \cdot \frac{p(r = 0)}{RT} \cdot \int_0^\varrho e^{ar^2} \cdot 2\,r\,dr$$

mit $a = M\dot\omega^2/2RT$.

Substitution $u = r^2 a$ bzw. $du = 2\,ar\,dr$ ergibt:

$$n_g = \pi l \cdot \frac{p(r = 0)}{RT} \cdot \frac{1}{a} \cdot \int_0^u e^u \cdot du = \pi l \frac{p(r = 0)}{RT}(e^u - 1) \cdot \frac{2RT}{M \cdot \dot\omega^2}$$

bzw. mit dem Einfülldruck $p = RT \cdot n_g/(\pi \cdot \varrho^2 \cdot l)$

$$p = p(r = 0)(\exp[M\dot\omega^2\varrho^2/2RT] - 1)\frac{2RT}{M\dot\omega^2\varrho^2}$$

Also folgt für $p(r = 0)$ bzw. für $p(r = \varrho)$:

$$p(r = 0) = \frac{p \cdot M\dot\omega^2\varrho^2/2RT}{\exp\left[M\dot\omega^2\varrho^2/2RT\right] - 1}$$

bzw. nach Gl. (8.51)

$$p(\varrho) = p(r = 0) \cdot \exp\left[M \cdot \dot\omega^2 \cdot \varrho^2/(2/R \cdot T)\right]$$

b) Wir berechnen zunächst:

$$\frac{M\dot{\omega}^2\varrho^2}{2RT} = \frac{0{,}349 \cdot \left(\frac{60000}{60}\right)^2 \cdot (0{,}1)^2}{2 \cdot 8{,}3145 \cdot 273} = 0{,}76877$$

Also folgt mit $p = 1\,\text{bar}$:

$$p(r = 0) = p \cdot \frac{1}{e^{0{,}76877} - 1} \cdot 0{,}76877 = 0{,}6644\,\text{bar}$$

$$p(r = \varrho) = p(r = 0) \cdot e^{0{,}76877} = 1{,}433\,\text{bar}$$

und allgemein

$$p(r) = p(r = 0) \cdot \exp\left[\frac{0{,}349 \cdot (1000)^3 \cdot r^2}{2 \cdot R \cdot 273}\right]$$

Abb. 8.20 zeigt den Druckverlauf $p(r)$ als Funktion von r/ϱ.

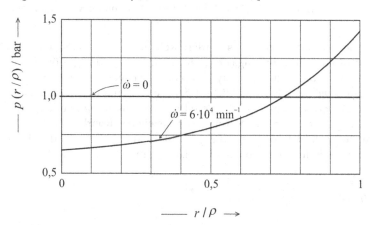

Abb. 8.20: Druckverlauf in einer Zentrifuge. $\varrho = 0{,}1\,\text{m}, T = 273\,\text{K}, M = 0{,}349\,\text{kg} \cdot \text{mol}^{-1}$. Einfülldruck $p = 1\,\text{bar}$

8.8.10 Uranisotopentrennung mit Gaszentrifugen

Uran kommt in der Natur als Uranerz im Isotopenverhältnis $^{235}U/^{238}U = 7{,}15 \cdot 10^{-3}$ vor, der prozentuale Anteil von ^{235}U beträgt also nur 0,715 %. Chemische Umwandlung des Uranerzes in UF_6 ermöglicht eine Isotopenanreicherung von $^{235}UF_6$ durch die Anwendung von Gaszentrifugen. Abbildung 8.21 zeigt die Funktionsweise.

Die zylinderförmige Zentrifuge dreht sich um ihre Achse mit der Kreisfrequenz $\frac{d\omega}{dt} = \dot{\omega}$. In der Zylinderachse befinden sich drei konzentrische Rohre. Das innerste Rohr reicht

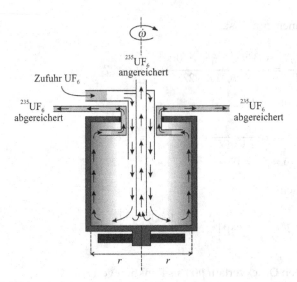

Abb. 8.21: Wirkungsweise einer Gaszentrifuge zur Trennung von Uranisotopen

fast bis auf den Zylinderboden, das mittlere Rohr endet im oberen Teil des Zylinders. Durch dieses Rohr wird sehr langsam, aber kontinuierlich das gasförmige Isotopengemisch zugeführt, so dass sich thermodynamisches Gleichgewicht im rotierenden Zylinder einstellen kann. Die Gasmischung, die mit dem schwereren Isotop angereichert ist, verlässt den Zylinder durch das zweite äußere Rohr, die Mischung mit dem angereicherten leichteren Isotop durch das innerste Rohr. Die feststehende Rohrkonstruktion muss gegen den rotierenden Zylinder ausreichend abgedichtet sein. Nach Gl. (8.51) gilt dann für die Konzentrationsverhältnisse der beiden UF_6-Isotope im rotierenden Zylinder:

$$\frac{^{238}C(r=0)}{^{235}C(r=0)} = \frac{^{238}C(r)}{^{235}C(r)} \cdot \exp\left[\frac{\Delta M}{2RT} \cdot \dot{\omega}^2 \cdot r^2\right]$$

wobei ΔM die Massendifferenz der molaren Massen $^{238}M_{UF_6} -^{235} M_{UF_6} = 0{,}238 - 0{,}235 = 0{,}003\,\text{kg} \cdot \text{mol}^{-1}$ bedeutet. Mit der in Abb. 8.21 gezeigten Konstruktion ist es möglich, mehrere solche Zylinder hintereinanderzuschalten, d. h., das abgereicherte Gemisch wird im mittleren Rohr der nächsten zylinderförmigen Zentrifugeneinheit zugeführt usw. Bei n hintereinandergeschalteten Zylindern gilt dann für die abgereicherte Mischung im ersten Zylinder $^{235}C(r=0)/^{238}C(r=0)$ im Verhältnis zu $^{235}C(r)/^{238}C(r)$ der angereicherten Mischung im n-ten Zylinder:

$$\frac{^{235}C(r=0)}{^{238}C(r=0)} = \frac{^{235}C(r)}{^{238}C(r)} \cdot \exp\left[n \cdot \frac{\Delta M}{2RT} \cdot \dot{\omega}^2 \cdot r^2\right]$$

Uran, das zum Einsatz in Kernreaktoren kommt, muss ca. 5 % des Uranisotops ^{235}U enthalten. Wie groß muss $\dot{\omega}$ sein, wenn $n = 2000$ Zylinder hintereinandergeschaltet sind und der Innenradius eines Zylinders 10 cm beträgt? Es sei $T = 298\,\text{K}$.

Lösung:

Es sollen die Molenbrüche $^{235}x = 0{,}05$ und $^{238}x = 0{,}95$ betragen. Es gilt demnach mit $r^2 = (0{,}1)^2 = 0{,}01\ \text{m}^2$ und $n = 2000$:

$$\frac{0{,}05}{0{,}95} = 7{,}15 \cdot 10^{-3} \cdot \exp\left[\frac{2000 \cdot 0{,}003}{2R \cdot 298} \cdot \dot{\omega}^2 \cdot 0{,}01\right]$$

bzw.

$$\dot{\omega} = \left[\ln\left(\frac{0{,}05 \cdot 10^3}{0{,}95 \cdot 7{,}15}\right) \cdot \frac{2R \cdot 298}{2000 \cdot 0{,}01 \cdot 0{,}003}\right]^{1/2} = 406\ \text{s}^{-1}$$

Das sind $\dot{\omega}/2\pi = 64{,}6$ Umdrehungen pro Sekunde, also 3876 Umdrehungen pro Minute. Abb. 8.22 zeigt eine Anlage mit hintereinander geschalteten Gaszentrifugen.

Abb. 8.22: Eine Anordnung zum Betrieb von hintereinander geschalteten Gaszentrifugen.

8.8.11 Gase im 3D-parabelförmigen Potentialfeld nach der MB-Statistik

Wir nehmen an, ein Gas bewegt sich im Wirkungsbereich der potentiellen Energie

$$V(x,y,z) = a_x x^2 + a_y y^2 + a_z z^2$$

a) Berechnen sie den Anteil der Zustandssumme $Q(x,y,z)$ und die Verteilungsfunktion $c(x,y,z)/c(x = 0, y = 0, z = 0)$ nach dem Boltzmann'schen e-Satz.

b) Berechnen Sie die molare innere Energie $\overline{U}$ und die Molwärme $\overline{C}_V$ des Systems für die von x, y und z abhängigen Anteile.

c) Wie lautet der mittlere quadratische Radius $\langle r^2 \rangle$ der Molekülwolke?

Lösung:

a)

$$Q^{1/N}(x,y,z) = \iiint \exp\left[\frac{-a_x x^2 - a_y y^2 - a_z z^2}{k_B T}\right] dx\,dy\,dz$$

$$= \int_{-\infty}^{\infty} \exp\left[-a_x x^2/k_B T\right] dx \cdot \int_{-\infty}^{\infty} \exp\left[-a_y y^2/k_B T\right] dy \cdot \int_{-\infty}^{\infty} \exp\left[-a_z z^2/k_B T\right] dz$$

$$Q = \left(\frac{\pi}{a_x}k_B T\right)^{1/2N} \cdot \left(\frac{\pi}{a_y}k_B T\right)^{1/2N} \cdot \left(\frac{\pi}{a_z}k_B T\right)^{1/2N} = \left(\frac{\pi}{a_x \cdot a_y \cdot a_z}k_B T\right)^{3/2N}$$

wobei wir von Gl. (11.8) Gebrauch gemacht haben.

$$\frac{c(x,y,z)}{c(0,0,0)} = \exp\left[-\frac{\left(a_x \cdot x^2 + a_y \cdot y^2 + a_z \cdot z^2\right)}{k_B T}\right]$$

Das ist eine 3D-Gaußsche Glockenkurve, die mit steigender Temperatur breiter und flacher wird.

b)

$$\overline{U} = k_B T^2 \cdot \left(\frac{\partial \ln Q}{\partial T}\right) = k_B T^2 \cdot N\left(\frac{\partial \ln\left(T^{3/2}\right)}{\partial T}\right) = N k_B \cdot \frac{3}{2}k_B T = \frac{3}{2}RT$$

$$\overline{C}_{V(x,y,z)} = N_L k_B \cdot \frac{3}{2} = \frac{3}{2}R$$

Pro quadratischem Freiheitsgrad ergibt sich also wie erwartet $R/2$.

c) Wir berechnen nach Gl. (11.7) und (11.8) mit $a = a_x/k_B T$

$$\langle x^2 \rangle = \int_{-\infty}^{\infty} x^2 \cdot e^{-a_x x^2/k_B T} dx \Big/ \int_{-\infty}^{\infty} e^{-a_x x^2/k_B T} dx = \frac{\sqrt{\pi}}{2} \cdot (a_x/k_B T)^{-3/2}$$

Entsprechend Gl. (11.7) mit $l = 1$ sowie Gl. (11.8) erhält man:

$$\langle r^2 \rangle = \langle x^2 \rangle + \langle y^2 \rangle + \langle z^2 \rangle = \frac{\sqrt{\pi}}{2}\left[\left(\frac{k_B T}{a_x}\right)^{3/2} + \left(\frac{k_B T}{a_y}\right)^{3/2} + \left(\frac{k_B T}{a_z}\right)^{3/2}\right]$$

Die Molekülwolke $c(x,y,z)$ verbreitert sich also mit steigender Temperatur.

9 Molekulare Statistik in Magnetfeldern

Wir behandeln in diesem Kapitel Atome bzw. Moleküle, die ein magnetisches Dipolmoment besitzen und untersuchen ihr Verhalten in einem äußeren Magnetfeld der Stärke $\vec{B}$. Üben die Teilchen selbst keine magnetischen Wechselwirkungen aufeinander aus, da ihr Abstand voneinander genügend groß ist, spricht man von *Paramagnetismus*. Sind die Abstände gering und spielen solche Wechselwirkungen eine Rolle, führt das zum sog. *Ferromagnetismus* oder *Antiferromagnetismus*. Magnetismus, der durch Magnetfelder in der Atomhülle induziert wird, führt zum *Diamagnetismus*. Da die Bausteine der molekularen Materie, also die Elektronen und die meisten Atomkerne magnetische Dipolmomente besitzen, sind magnetische Phänomene vielfältig und komplex, und wir beschränken uns im Folgenden auf die wichtigsten Teilaspekte.

Im Gegensatz zu elektrischen Feldern $\vec{E}$, die stets in elektrischen Ladungen entspringen und in Gegenladungen enden, sind die Feldlinien magnetischer Felder stets in sich geschlossen. Das lässt sich nach dem Gaußschen Satz (s. Anhang 11.14) durch das Integral über eine geschlossene Oberfläche S ausdrücken:

$$\int_S \vec{B} \cdot d\vec{S} = 0 = \int_V \text{div}\vec{B}\, dV = 0 \quad \rightarrow \quad \text{div}\vec{B} = 0$$

$$\int_S \vec{E} \cdot d\vec{S} = \int_V \text{div}\vec{E}\, dV = \varrho_{el} \quad \rightarrow \quad \text{div}\vec{E} = \varrho_{el}$$

ϱ_{el} ist die elektrische Ladungsdichte. Es gibt keine magnetischen Ladungen sondern nur magnetische Dipole. Zerteilt man einen (makroskopischen) magnetischen Dipol, entstehen 2 neue Dipole. Abb. 9.1 zeigt am Beispiel eines elektrischen und magnetischen Dipols diese Unterschiede.

9.1 Paramagnetismus: Kernspin im Magnetfeld

Man kann sich die Existenz von magnetischen Dipolen durch einen geschlossenen, z. B. ringförmigen, elektrischen Strom erzeugt vorstellen (s. Lehrbücher der Physik und Abschnitt 9.2). Ähnlich wie bei molekularen elektrischen Dipolen im $\vec{E}$-Feld gibt es eine Abhängigkeit der potentiellen Energie eines molekularen magnetischen Dipols von seiner Orientierung im magnetischen Feld. Träger eines molekularen magnetischen Dipols

© Der/die Autor(en), exklusiv lizenziert an
Springer-Verlag GmbH, DE, ein Teil von Springer Nature 2025
A. Heintz, *Molekulare Statistik der Materie*,
https://doi.org/10.1007/978-3-662-70983-2_9

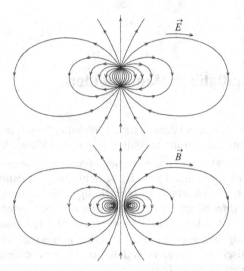

Abb. 9.1: Feldlinienverlauf $\vec{E}$ eines elektrischen Dipols und $\vec{B}$ eines magnetischen Dipols. Die magnetischen Feldlinien sind in sich geschlossen, die elektrischen entspringen und enden immer in entgegengesetzten elektrischen Ladungen.

können z. B. ungepaarte Elektronen sein oder Atomkerne. Hier kann man sich vereinfachend vorstellen, dass das magnetische Dipolmoment durch die Eigenrotation des elektrisch geladenen Elektrons bzw. Atomkerns erzeugt wird. Man nennt diese magnetischen Momente „Elektronen-Spin" oder „Kernspin". Wir befassen uns zunächst mit den Kernspins. Ihr magnetisches Dipolmoment $\vec{\mu}_N$ (Index N = Nucleus = Kern) ist gegeben durch (s. Lehrbücher der Kernphysik):

$$|\vec{\mu}_N| = g_N \left(\frac{e}{2m_p} \right) \cdot \hbar \cdot [J_N(J_N + 1)]^{1/2} \tag{9.1}$$

Hierbei ist g_N ein dimensionsloser Faktor, der sog. „Kern-g-Faktor", dessen Wert vom jeweiligen Atomkern abhängt, e ist die elektrische Elementarladung und m_P ist die Masse des Protons. J_N ist ein ganzzahliger oder halbzahliger Zahlenwert: die Kernspin-Quantenzahl.

Die Größe

$$\gamma_N = \left(\hbar \cdot \frac{e}{2m_p} \right) = \frac{1{,}6022 \cdot 10^{-19}\,C \cdot 6{,}626 \cdot 10^{-34}\,J \cdot s}{4\pi \cdot 1{,}6726 \cdot 10^{-27}\,kg} = 5{,}051 \cdot 10^{-27}\,C \cdot J \cdot s \cdot kg^{-1}$$

heißt *Kernmagneton* und wird mit γ_N bezeichnet (s. Anhang 11.25). Die SI-Einheit für die magnetische Feldstärke $\vec{B}$ ist:

$$1\frac{kg}{C \cdot s} = 1\,\text{Tesla}$$

Tab. 9.1: Charakteristische Daten von Atomkernen

Isotop	Häufigkeit in %	J_N	g_N
^{1}H	99,985	1/2	5,5857
^{2}H = D	0,015	1	0,8574
^{12}C	98,90	0	-
^{13}C	1,10	1/2	1,4048
^{16}O	99,76	0	-
^{19}F	100	1/2	5,2577
^{35}Cl	75,8	3/2	0,5479
^{37}Cl	24,2	3/2	0,45608

Sie ergibt sich aus der Tatsache, dass (ähnlich wie bei elektrischen Dipolen im $\vec{E}$-Feld) das Skalarprodukt von magnetischem Dipolmoment und $\vec{B}$ die Einheit Joule (1 J = 1 kg·m^{-2}· s^{-2}) besitzt. Die übliche Bezeichnung für Tesla ist der Buchstabe T. Wir wollen jedoch die Schreibweise „Tesla" beibehalten, um einer Verwechslung mit der Bezeichnung T für die Temperatur vorzubeugen.

Tabelle (9.1) enthält für einige Atomkerne charakteristische Größen. Nicht alle Atomkerne haben also ein magnetisches Moment, der ^{12}C-Kern und der ^{16}O-Kern besitzen z. B. keines. Im Gegensatz zu den molekularen elektrischen Dipolen können magnetische Dipole von Atomkernen nur bestimmte Orientierungen im Magnetfeld einnehmen*.Diesen Orientierungen entsprechen bestimmte, diskrete Quantenzustände. Beim ^{1}H-Kern gibt es z. B. mit J_N = +1/2 oder −1/2 zwei entsprechende Energiezustände, einen mit positivem und einen mit negativem Vorzeichen:

$$\varepsilon_{\pm\frac{1}{2}} = \pm g_{^1\text{H}} \cdot \gamma_N \cdot \frac{1}{2} \cdot |\vec{B}| \tag{9.2}$$

Allgemein gilt:

$$\varepsilon_{m_J} = -g_N \cdot \gamma_N \cdot m_J \cdot |\vec{B}| \tag{9.3}$$

$\vec{B}$ ist die am Ort des Dipols wirkende magnetische Feldstärke. Für m_J gilt:

$$m_J = -J_N, -(J_N + 1), \ldots, -1, 0, 1, \ldots, (J_N - 1), J_N$$

Es gibt also 2 J_N + 1 Orientierungen des magnetischen Dipols zu einer vorgegebenen Richtung. Im Magnetfeld der Stärke $|\vec{B}|$ sind diesen Richtungen verschiedene Energiewerte zugeordnet (Gl. (9.3)). Der Drehwinkel φ bleibt unbestimmt entsprechend der

---

*Ganz korrekt ist diese Aussage nicht, auch elektrische Dipole haben im elektrischen Feld $\vec{E}$ streng genommen gequantelte Orientierungen. Diese liegen allerdings so dicht zusammen, dass die Orientierung des elektrischen (molekularen) Dipols im $\vec{E}$-Feld praktisch kontinuierlich ist.

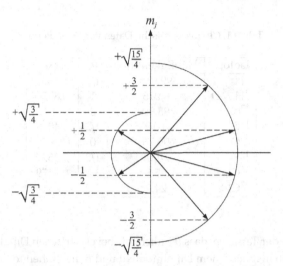

Abb. 9.2: Mögliche Orientierungen eines magnetischen Dipols mit dem Betrag der Pfeillänge $\sqrt{J_\mathrm{N}(J_\mathrm{N}+1)}$ zum Magnetfeld der Stärke $\vec{B}$, hier gezeigt für $J_\mathrm{N} = \frac{3}{2}$ (rechts) und $J_\mathrm{N} = \frac{1}{2}$ (links) Die Vektorpfeile kreiseln frei um die m_j-Achse (Drehwinkel φ)

Unschärferelation der Quantenmechanik, denn der Drehimpulsbetrag (Pfeillänge) und die Komponente des Drehimpulses in m_j-Richtung sind bereits durch die Quantenzahlen J_N und m_j festgelegt, daher muss der Winkel φ unbestimmt bleiben (s. Abb. 9.2).

Unter der Annahme, dass die Kernspins unabhängig voneinander sind, berechnen wir nach dem Boltzmann'schen Verteilungssatz die Besetzungswahrscheinlichkeit der beiden Energiezustände des ^{1}H-Kern in einem homogenen Magnetfeld der Stärke 1 Tesla bei 300 K. Für die kanonische Zustandssumme des Systems von N ^{1}H-Kernen (Protonen) gilt also nach Gl. (9.2):

$$Q = q^N = \left[\mathrm{e}^{-\frac{1}{2}\gamma \cdot g_{1_\mathrm{H}} \cdot |\vec{B}|/(k_\mathrm{B}T)} + \mathrm{e}^{+\frac{1}{2}\gamma \cdot g_{1_\mathrm{H}} \cdot |\vec{B}|/(k_\mathrm{B}T)} \right]^N = [2 \cdot \cosh(a/2)]^N \qquad (9.4)$$

mit

$$a = \gamma_{1_\mathrm{H}} \cdot g_{1_\mathrm{H}} \cdot |\vec{B}|/k_\mathrm{B}T$$

Für die Besetzungswahrscheinlichkeit $P_{+1/2}$ gilt dann $(n_{1/2} + n_{-1/2} = N)$ nach dem Boltzmann'schen Verteilungssatz für unabhängige Teilchen:

$$P_{+\frac{1}{2}} = \frac{n_{\frac{1}{2}}}{n_{\frac{1}{2}} + n_{-\frac{1}{2}}} = \frac{\mathrm{e}^{-a/2}}{\mathrm{e}^{-a/2} + \mathrm{e}^{+a/2}} \qquad (9.5)$$

Wir berechnen (alle Werte in SI-Einheiten) für $T = 300\,\mathrm{K}$ und $\vec{B} = 1$ Tesla:

$$a = \gamma_{1_\mathrm{H}} \cdot g_{1_\mathrm{H}} \cdot |\vec{B}|/(k_\mathrm{B}T) = \frac{5{,}051 \cdot 10^{-27} \cdot 5{,}5857 \cdot 1}{1{,}3807 \cdot 10^{-23} \cdot 300} = 6{,}81 \cdot 10^{-6}$$

Für so kleine Werte von a lässt sich für Gl. (9.5) schreiben:

$$P_{-\frac{1}{2}} = 1 - P_{+\frac{1}{2}} = \frac{e^{a/2}}{e^{a/2} + e^{-a/2}} \approx \frac{1 + \frac{a}{2}}{1 + \frac{a}{2} + 1 - \frac{a}{2}} = \frac{1}{2} + \frac{1}{4}a = \frac{1}{2} + \frac{1}{4}\frac{\gamma \cdot g_{1H} \cdot |\vec{B}|}{k_B T}$$
$$= 0{,}5000017\ldots$$

Die Besetzungswahrscheinlichkeit $p_{+\frac{1}{2}}$ für $J = +\frac{1}{2}$ liegt also bei 300 K nur äußerst geringfügig unterhalb von 0,5, die für $J = -\frac{1}{2}$, also $p_{-\frac{1}{2}}$ entsprechend nur geringfügig über 0,5. Beide Energiezustände sind also bei 300 K und 1 Tesla praktisch gleich stark besetzt. Der Energieunterschied zwischen beiden Energieniveaus beträgt:

$$\Delta \varepsilon_{12} = \gamma_{1H} \cdot g_{1H} \cdot |\vec{B}| = h\nu = 2{,}821 \cdot 10^{-26} \text{ Joule}$$

Mit den Zahlenwerten dieses Beispiels ergibt sich für die Resonanzfrequenz ν:

$$\nu = \frac{\Delta \varepsilon_{12}}{h} = \frac{2{,}821 \cdot 10^{-26}}{6{,}626 \cdot 10^{-34}} = 4{,}2578 \cdot 10^7 \text{ s}^{-1}$$

Das sind 42,578 MHz, also eine Frequenz, die im Radiowellenlängenbereich liegt. In diesem Frequenzbereich arbeitet die *Kernresonanzspektroskopie* (NMR-Spektroskopie: Nuclear Magnetic Resonance Spectroscopy). Die NMR-Spektroskopie ist die wichtigste spektroskopische Methode in der Chemie und in der medizinischen Diagnostik, insbesondere die ^{1}H-NMR- und ^{13}C-NMR-Spektroskopie.

In der praktischen NMR-Spektroskopie findet der Absorptionsprozess in einem Mess-System statt, das eine konstante Radiofrequenz (60 MHz, 120 MHz, 300 MHz oder 500 MHz) erzeugt. Es wird die Magnetfeldstärke $\vec{B}$ variiert, bis es zur Resonanz, d. h. zur Absorption, kommt entsprechend

$$\Delta \varepsilon = h \cdot \nu = \left[\frac{1}{2}\gamma_N \cdot g_N \cdot |\vec{B}| - \left(-\frac{1}{2}\gamma \cdot g_N \cdot |\vec{B}| \right) \right](1 - \sigma') = \gamma \cdot g_N (1 - \sigma')|\vec{B}|$$

wobei σ' die sog. Abschirmkonstante für den betreffenden Atomkern ist, die von der Elektronendichte in unmittelbarer Umgebung des Kerns abhängt. Entscheidend für die Messempfindlichkeit ist die *Absorptionswahrscheinlichkeit A*. Diese ist proportional zur *Differenz der Konzentrationen* des betreffenden Atomkerns im energetisch tieferen Zustand und energetisch höheren Zustand (s. Abschnitt 7.2, Gl. (7.12)):

$$\boxed{A \stackrel{\frown}{=} C_0 \left(p_{-\frac{1}{2}} - p_{+\frac{1}{2}} \right) = C_0 \cdot \frac{e^{a/2} - e^{-a/2}}{e^{a/2} + e^{-a/2}} = C_0 \cdot \frac{1 - e^{-a}}{1 + e^{-a}} = C_0 \cdot \tanh\left(\frac{a}{2}\right)} \qquad (9.6)$$

wenn C_0 die Gesamtkonzentration des betreffenden Atomkerns ist. Wir haben abgekürzt: $a = \left(\gamma_N \cdot g_{1H} \cdot \vec{B}/k_B T \right)$. $\sinh(x/4)$ in Gl. (9.6) ist genau $f(T)$ nach Gl. (7.12) mit $h\nu = \frac{1}{2}\gamma \cdot g_{1H} \cdot |\vec{B}|$ und $g_1 = g_2 = 1$. Bei Magnetfeldstärken bis zu 10 Tesla und 300 K ist die Absorptionswahrscheinlichkeit A gering, da wegen $a \ll 1$ der Zähler in Gl. (9.6) klein ist. Das hat zur Folge, dass die NMR-Spektroskopie eine hohe Messempfindlichkeit erfordert, verbunden mit einem entsprechenden technischen Aufwand. Dies ist die wesentliche Ursache dafür, dass NMR-Spektrometer erheblich teurer sind als IR- oder UV-VIS-Spektrometer. Die magnetischen Dipole von Atomkernen innerhalb eines Moleküls sind nicht wirklich unabhängig voneinander. Vermittelt durch die Elektronen im betrachteten Molekül üben sie über Spin-Spin-Kopplungen Wechselwirkungen aufeinander aus (s. z. B. Exkurs 1.7.4) und es kommt zur Aufspaltung der Resonanzsignale. Gerade darin liegt die große Bedeutung der NMR-Spektroskopie bei der molekularen Strukturaufklärung, der molekularen Dynamik und vor allem der Bildgebungsverfahren in der medizinischen Diagnostik (MRT).

9.2 Ursprung des atomaren Paramagnetismus

In Abschnitt 9.1 haben wir den Kernspin magnetischer Dipole kennengelernt, der in den Atomkernen lokalisiert ist, die sich praktisch wie ein System idealer Teilchen verhalten (entweder lokalisiert in einem Kristallgitter oder frei beweglich in Flüssigkeiten und Gasen), da ihre magnetische Wechselwirkung untereinander gering ist. Solche Systeme verhalten sich in einem äußeren Magnetfeld paramagnetisch. Eine weitere Art des Magnetismus kann aber auch von freien Elektronen oder von Elektronen der Atomhülle herrühren. Man unterscheidet hier zwischen Paramagnetismus und Diamagnetismus.

1. Die Bewegung der Elektronen um den Kern wirkt wie ein elektrischer Ringstrom, durch den ein magnetisches Moment erzeugt wird, das mit dem Bahndrehimpuls der Elektronen verbunden ist. Er führt zum *Diamagnetismus* im $\vec{B}$-Feld: die Dipole sind einem äußeren Magnetfeld entgegen ausgerichtet.

2. Ungepaarte Elektronen, die keine Spinabsättigung erfahren, besitzen durch ihren Spin ein magnetisches Moment. Die Folge ist: *Paramagnetismus* im $\vec{B}$-Feld, die Dipole tendieren zur Ausrichtung in Feldrichtung

In einem äußeren Magnetfeld $\vec{B}$ verstärkt der Paramagnetismus das Feld, während der Diamagnetismus das Feld schwächt. Es sind vor allem die Ionen der Übergangsmetalle und der seltenen Erden auf den festen Gitterplätzen der Metallsalze, die ungepaarte Elektronen in ihrer Atomhülle besitzen. Es gibt aber auch Radikale, die stabil genug sind, um untersucht werden zu können, sowie bestimmte Gase z. B. O_2, NO oder NO_2 mit Radikalcharakter, die permanente magnetische Momente besitzen. Wir wollen jetzt die Ursache magnetischer Dipolmomente näher betrachten. Dazu gehen wir vom Bahndrehimpuls eines Elektrons aus. Wir stellen uns zunächst ganz im klassischen Sinn vor, dass sich ein Elektron auf einer Kreisbahn mit dem Radius r und der Geschwindigkeit v um den Atomkern bewegt. Wenn i die elektrische Stromdichte und F die umkreiste Fläche bedeuten, dann gilt für das dadurch erzeugte magnetische Dipolmoment (s. Lehrbücher der Physik):

$$\vec{\mu}_{\text{mag}} = -i \cdot F = -i \cdot \pi r^2 = -\frac{e \cdot v\pi \cdot r^2}{2\pi r} = -\frac{e}{2} \cdot v \cdot r$$

wobei v auf r senkrecht steht. Wenn die Bewegung des Elektrons um den Kern zwar periodisch, aber nicht unbedingt kreisförmig und $\vec{r}$ nicht unbedingt senkrecht zu $\vec{v}$ orientiert ist, gilt allgemein:

$$\vec{\mu}_{\text{mag}} = -\frac{e}{2} \cdot \vec{v} \times \vec{r} = -\frac{e}{2m_e}\vec{L} \quad \text{mit dem Drehimpuls} \quad \vec{L} = m_e \cdot \vec{v} \times \vec{r}$$

m_e ist hier die Masse des Elektrons und e seine negative elektrische Ladung (Elementarladung). Man nennt das Vektorprodukt $\vec{l} = \vec{v} \times \vec{r}$ das *Bahndrehmoment* (s. auch Anhang 11.5). $\vec{L} = m_e \cdot (\vec{v} \times \vec{r})$ ist der *Bahndrehimpuls*. Aus der Quantenmechanik ist bekannt, dass der Eigenwert des Skalarproduktes des *Drehimpulsoperators* $\hat{L}$ mit sich selbst, also $\hat{L} \cdot \hat{L}$, gegeben ist durch

$$\hat{L} \cdot \hat{L} \cdot \Psi_L = \hbar^2 \cdot l(l+1)\Psi_L$$

wobei Ψ_L die Eigenfunktion des Operators $\hat{L} \cdot \hat{L}$ ist. Der Wert $|\vec{L}|^2 = \int \Psi_L^* \hat{L} \cdot \hat{L}\Psi_L \mathrm{d}\vec{r} = \hbar^2 l(l+1) \int \Psi_L^* \cdot \Psi_L \mathrm{d}\vec{r} = \hbar^2 l(l+1)$ ist der Erwartungswert des Skalarproduktes des Bahndrehimpulses mit der ganzzahligen Quantenzahl l. Wir bezeichnen die Quadratwurzel dieses Erwartungswertes einfach als Bahndrehimpuls $|\vec{L}|$, für den dann gilt:

$$|\vec{L}| = \hbar \cdot \sqrt{l(l+1)} \quad \text{bzw.} \quad |\vec{\mu}_{\text{mag}}| = \frac{e}{2m_e} \cdot |\vec{L}| = \frac{e \cdot \hbar}{2m_e} \sqrt{l(l+1)} \tag{9.7}$$

Die ganzzahlige Quantenzahl l legt den Betrag des Drehimpulses fest. Nun kann der Vektor $\vec{L}$ zu seiner Achse z, um die er kreiselt, verschiedene Orientierungen einnehmen, die ebenfalls durch Quantenzahlen $0, \pm 1, \pm 2, \cdots \pm l$ gegeben sind. Diese Quantenzahlen bezeichnen wir mit m_L, sie bestimmen die Werte der Projektion von $\vec{L}$ auf die z-Achse. Es gibt demnach $2l + 1$ solcher Orientierungen. Graphisch lassen sich diese Projektionen so darstellen, wie das bereits in Abb. 9.2 gezeigt wurde, nur dass hier l eben ganzzahlig ist, während J beim Kernspin halbzahlig war. Was für $\vec{L}$ gesagt wurde, gilt natürlich genauso für das magnetische Dipolmoment $\vec{\mu}_L$, da $\vec{L}$ zu $\vec{\mu}_L$ ja proportional ist. Die Projektionen von $\vec{\mu}_L$ auf die Präzessionsachse z sind gegeben durch:

$$\mu_{M_L,z} = \frac{e\hbar}{2m_e} \cdot m_L \quad \text{mit} \quad m_L = \pm l, \pm(l-1), \dots, 0 \tag{9.8}$$

Die Größe des Vorfaktors von m_L in Gl. (9.8) heißt das *Bohr'sche Magneton* $|\vec{\mu}_B|$ (s. Anhang 11.25):

$$\boxed{|\vec{\mu}_B| = \frac{e\hbar}{2m_e} = 9{,}274 \cdot 10^{-24} \, \text{J} \cdot \text{Tesla}^{-1}} \tag{9.9}$$

Nun gibt es neben dem Bahndrehimpuls noch einen „Eigendrehimpuls" des Elektrons, den man wie bei den Atomkernen, den Spin $\vec{S}$ nennt, mit der Spinquantenzahl $s = \frac{1}{2}$:

$$|\vec{S}| = \hbar \sqrt{s(s+1)} = \frac{\hbar}{2}\sqrt{3} \quad \text{bzw.} \quad |\vec{S}|^2 = \frac{3}{4} \cdot \hbar^2$$

Entsprechend gilt für das magnetische Moment des Elektronenspins:

$$|\vec{\mu}_S| = \frac{e}{m_e} \cdot |\vec{S}| = 2|\vec{\mu}_B| \sqrt{s(s+1)} = |\vec{\mu}_B| \cdot \sqrt{3} \tag{9.10}$$

Man beachte, dass in Gl. (9.10) der Vorfaktor im Gegensatz zu Gl. (9.7)) doppelt so groß ist, also $2|\vec{\mu}_B|$. Das ist eine besondere Eigenschaft des Elektronenspins. Für die Komponente von $\vec{\mu}_S$ auf der z-Achse gilt:

$$\mu_{S,z} = 2|\vec{\mu}_B| \cdot m_S \quad \text{mit} \quad m_S = \pm\frac{1}{2}$$

Soweit haben wir die magnetischen Eigenschaften *eines* Elektrons betrachtet. Bei *mehreren* Elektronen in einem Atom gilt in erster Näherung, dass sich die Bahndrehimpulse und Spindrehimpulse jeweils getrennt vektoriell zusammenaddieren*. Es gilt:

$$|\vec{L}| = \left(\sum_i \vec{L}_i \cdot \sum_j \vec{L}_j\right)^{1/2} = \hbar \sqrt{l(l+1)} \tag{9.11}$$

wobei jetzt $\vec{L}$ für den gesamten Bahndrehimpuls der Elektronen steht und $\vec{L}_i$ bzw. $\vec{L}_j$ für den der einzelnen Elektronen. l ist die Quantenzahl des Gesamtbahndrehimpulses. Entsprechend gilt für den Spin

$$|\vec{S}| = \left(\sum_i \vec{S}_i \cdot \sum_j \vec{S}_j\right)^{1/2} = \hbar \sqrt{s(s+1)} \tag{9.12}$$

mit einer halbzahligen Gesamtspinquantenzahl s. Die Vektoren $\vec{L}$ und $\vec{S}$ (bzw. ihre entsprechenden Operatoren $\hat{L}$ und $\hat{S}$) können nun wiederum vektoriell addiert werden zu einem Vektor $\vec{J} = (\vec{L} + \vec{S})$, so dass für den quantenmechanischen Erwartungswert gilt:

$$|\vec{J}|^2 = \int \Psi_J^* \left(\hat{L} + \hat{S}\right)^2 \cdot \Psi_J \, d\vec{r} = \hbar^2 \cdot j(j+1)$$

bzw.

$$|\vec{J}| = \hbar \sqrt{j(j+1)} \tag{9.13}$$

j ist eine halb- oder ganzzahlige Quantenzahl. Gl. (9.11) bis (9.13) gelten aber in akzeptabler Näherung nur für Atome mit Kernladungszahlen $Z \lesssim 70$ (sog. Russel-Saunders Koppelung). Auch der Vektor $\vec{J}$ kreiselt um die Präzessionsachse z. Seine Komponenten in Richtung dieser Achse sind

$$|\vec{J}_{m_j,z}| = \hbar \cdot m_J$$

---

*Es gibt stets eine sog. Bahn-Spin-Kopplung, daher ist das Verhalten von Bahn- und Spindrehimpuls streng genommen nicht additiv.

wobei wiederum m_J Werte zwischen $-j$ bis $+j$ annehmen können, also insgesamt $2j + 1$ Werte.

Jetzt kommen wir zum magnetischen Gesamtdipolmoment $\vec{\mu}_J$ der Elektronen des Atoms. Zunächst gilt nach Gl. (9.11) und (9.12):

$$\vec{\mu}_L = \vec{\mu}_B \cdot \vec{L} \quad \text{und} \quad \vec{\mu}_S = 2\vec{\mu}_B \cdot \vec{S}$$

Es ist zwar $\vec{J} = \vec{L} + \vec{S}$, aber das gilt *nicht* für $\vec{\mu}_J$, denn $\vec{L} + 2\vec{S}$ hat eine andere Richtung als $\vec{J}$.

Den Zusammenhang zwischen $\vec{\mu}_J$ und $\vec{J}$ erhält man folgendermaßen. Wir schreiben:

$$\vec{L} + 2\vec{S} = \vec{J} + \vec{S} = (\vec{J} + \vec{S}) \cdot \frac{\vec{J}}{|\vec{J}|} \cdot \frac{\vec{J}}{|\vec{J}|} = \vec{J}\left(1 + \frac{\vec{S} \cdot \vec{J}}{|\vec{J}|^2}\right) \tag{9.14}$$

und ferner:

$$|\vec{L}|^2 = |\vec{J} - \vec{S}|^2 = |\vec{J}|^2 + |\vec{S}|^2 - 2\vec{S} \cdot \vec{J}$$

Wir lösen nach $\vec{S} \cdot \vec{J}$ auf:

$$\vec{S} \cdot \vec{J} = \frac{|\vec{J}|^2 + |\vec{S}|^2 - |\vec{L}|^2}{2}$$

setzen in Gl. (9.14) ein, und erhalten:

$$\vec{L} + 2\vec{S} = \vec{J}\left(1 + \frac{|\vec{J}|^2 + |\vec{S}|^2 - |\vec{L}|^2}{2|\vec{J}|^2}\right)$$

Dafür lässt sich mit Gl. (9.11) bis (9.13) schreiben:

$$\vec{L} + 2\vec{S} = \vec{J}\left(1 + \frac{j(j + 1) + s(s + 1) - l(l + 1)}{2j(j + 1)}\right)$$

und somit gilt für das effektive magnetische Dipolmoment $\vec{\mu}_J$:

$$\boxed{\vec{\mu}_J = \frac{e\hbar}{2m_e} \cdot |\vec{J}| \cdot g_L = |\vec{\mu}_B| \cdot g_L \cdot \sqrt{j(j + 1)} \quad \text{mit } g_L = \left(1 + \frac{j(j + 1) + s(s + 1) - l(l + 1)}{2j(j + 1)}\right)}$$
$$\tag{9.15}$$

Der Faktor g_L heißt *Landé-Faktor*. Er hat eine ähnliche Bedeutung wie bei den Atomkernen der Kernfaktor g_N (vgl. Abschnitt 9.1). Der Dipolvektor $\vec{\mu}_J$ „kreiselt" mit verschiedenen Winkelabständen um die Präzisionsachse z, denen $2j + 1$ verschiedene Projektionen von $\vec{\mu}_j$ auf diese Achse entsprechen. Diese Dipole sind in z-Richtung orientiert und lauten:

$$\boxed{\mu_{z,J} = g_L \cdot |\mu_B| \cdot m_j} \tag{9.16}$$

m_j läuft von $-j$ bis $+j$, also über $2j + 1$-Werte. $2j + 1$ ist die energetische Entartung des Systems, die bei Anlegen eines $\vec{B}$-Feldes in ein Multiplett aufspaltet (sog. *Zeemann-Effekt*).

Abb. 9.3 zeigt als Beispiel das Vektordiagramm von $\vec{\mu}_j/\mu_B$ und seiner $2j + 1$ Projektionen $\mu_{z,j}/\mu_B$ auf die z-Achse (Drehachse) für den Fall des Ce^{3+}-Ions mit den Werten $s = 1/2$, $l = 3$, $j = 5/2$ und $g_L = 6/7$ (s. Tab. 9.2). $|\vec{\mu}_j|$ und g_L berechnen sich aus Gl. (9.15).

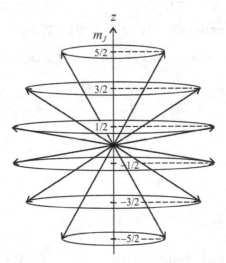

Abb. 9.3: Vektordiagramm für das magnetische Dipolmoment $\vec{\mu}_J/|\vec{\mu}_B|$ in Einheiten von $|\vec{\mu}_B|$ und seine z-Komponente $\vec{\mu}_{z,J}/|\vec{\mu}_B|$ für ein freies Ce^{3+}-Ion. Der Ort der Pfeilspitze der Vektoren auf den Kreisen um die z-Achse ist unbestimmt.

Magnetische Momente $\vec{\mu}_j$ von Atomen lassen sich messen, z. B. mit einer Farady-Waage, Gouy-Waage oder, genauer (aber teurer) mit dem SQUID-Verfahren (*S*uperconducting *q*uantum *i*nterference *d*ivice). Wir gehen auf diese Messtechniken hier nicht ein, zeigen aber in Tabelle 9.2 experimentelle Ergebnisse im Vergleich zu theoretischen Voraussagen nach Gl. (9.15). Es sind vor allem die Kationen der Seltenen Erden mit ihren abgeschlossenen 3d-Elektronenorbitalen, für die die Russel-Saunders Koppelung der teilweise aufgefüllten 4f-Orbitale gilt.

Alle Ionen der seltenen Erden liegen im Kristall ihrer verschiedenen Salze als 3fach positiv geladene Ionen vor. Die 5s- und 5p-Orbitale sind bei den seltenen Erdmetallen vollständig aufgefüllt ($5s^2$, $5p^6$). Die Auffüllung der 4f-Orbitale erfolgt nach der sog. *Hund'schen Regel*: zunächst werden die Elektronen mit identischer Spinausrichtung eingeordnet, bis das 4f-Orbital einfach ausgefüllt ist (bis Gandolinium Gd^{3+}), dann werden die nächsten 7 Elektronen eingeordnet und der Gesamtspin nimmt wieder ab entsprechend der paarweisen Spinabsättigung. Das entspricht dem Pauli-Verbot, nach dem sich maximal 2 Elektronen in demselben Atomorbital nur dann befinden dürfen, wenn sie entgegengesetzten Spin haben. Die Übereinstimmung zwischen Experiment und Theorie ist gut mit

Tab. 9.2: Magnetische Eigenschaften der Ionen der seltenen Erden

Zahl der Elektronen in der 4f-Schale	Ion	s	l	j	g_L	$\vec{\mu}_j/\vec{\mu}_B$ Gl. (9.15)	$\vec{\mu}_j/\vec{\mu}_B$ (Experiment)
0	La^{3+}	0	0	0	1	0	0
1	Ce^{3+}	1/2	3	5/2	6/7	2,54	2,4
2	Pr^{3+}	1	5	4	4/5	3,58	3,5
3	Nd^{3+}	3/2	6	9/2	8/11	3,62	3,5
4	Pm^{3+}	2	6	4	3/5	2,68	-
5	Sm^{3+}	5/2	5	5/2	2/7	0,84	1,5
6	Eu^{3+}	3	3	0	1	0	3,4
7	Gd^{3+}	7/2	0	7/2	2	7,94	8,0
8	Tb^{3+}	3	3	6	3/2	9,72	9,5
9	Dy^{3+}	5/2	5	15/2	4/3	10,63	10,6
10	Ho^{3+}	2	6	8	5/4	10,60	10,4
11	Er^{3+}	3/2	6	15/2	6/5	9,59	9,5
12	Tm^{3+}	1	5	6	7/6	7,57	7,3
13	Yb^{3+}	1/2	3	7/2	8/7	4,54	4,5
14	Lu^{3+}	0	0	0	1	0	0

Ausnahme von Europium und Samarium.[*]

Anders sieht die Situation bei den Übergangsmetallionen von Ti^{4+} bis Zn^{2+} aus. Hier wird die 3d-Schale mit Elektronen aufgefüllt. Wegen der starken Wechselwirkung des 3d-Niveaus mit den negativ geladenen oder stark polaren Liganden wird der Bahndrehimpuls so stark beeinflusst, dass er als magnetisches Moment fast nicht mehr in Erscheinung tritt. Sein Einfluss wird sozusagen ausgelöscht. Zum magnetischen Moment tragen im wesentlichen nur noch die Spins der Elektronen bei, und es gilt daher in guter Näherung für das magnetische Dipolmoment der Übergangsmetallionen:

$$\boxed{\vec{\mu}_j = \vec{\mu}_S = 2\vec{\mu}_B|\vec{S}| = 2|\vec{\mu}_B|\sqrt{s(s+1)}} \tag{9.17}$$

Den Faktor 2 können wir als Landé-Faktor nach Gl. (9.15) interpretieren mit $s = j$ und $l \cong 0$.

Tabelle 9.3 zeigt magnetische Eigenschaften nicht koordinierter, also ligandenfreier Ionen der Übergangsmetalle und den Vergleich von experimentellen Daten für $\vec{\mu}_j = \vec{\mu}_S$ mit den nach Gl. (9.17) berechneten Zahlenwerten in Einheiten des Bohrschen Magnetons $|\vec{\mu}_B|$. Die Übereinstimmung ist einigermaßen befriedigend. Die Abweichungen sind auf einen geringen Anteil von Spin-Bahn-Kopplung zurückzuführen.

---

[*]Zur Erklärung dieses Problems: s. J. H. van Vleck, The Theory of Electric and Magnetic Susceptibilities, Oxford University Press (1932)

Tab. 9.3: Magnetische Eigenschaften *ligandenfreier* Übergangsmetallionen im 3d-Orbital

Zahl der Elektronen	Ion	s	$\vec{\mu}_S/\vec{\mu}_B$ (Eq. 9.17)	$\vec{\mu}_S/\vec{\mu}_B$ (exp.)
0	Sc^{3+}, Ti^{4+}, V^{5+}	0	0	0
1	Ti^{3+}, V^{4+}	1/2	1,73	1,8
2	V^{3+}	1	2,83	2,8
3	Cr^{3+}, V^{2+}	3/2	3,87	3,8
4	Mn^{3+}, Cr^{2+}	2	4,90	4,9
5	Fe^{3+}, Mn^{2+}	5/2	5,92	5,9
6	Fe^{2+}	2	4,90	5,4
7	Co^{2+}	3/2	3,87	4,7
8	Ni^{2+}	1	2,83	3,2
9	Cu^{2+}	1/2	1,73	1,9
10	Cu^{+}, Zn^{2+}	0	0	0

Im ligandenfreien Fall sind die 5 3d-Orbitale energetisch entartet. Sind die Metallionen jedoch von 6 oktaedrisch angeordneten Liganden umgeben, ändern sich die Verhältnisse. Das ist als Beispiel für das Cr^{2+}-Ion in Abb. 9.4 gezeigt. Stellen wir uns die Ladungen der Liganden zunächst gleichförmig auf einer Kugelschale verteilt vor, bleibt die Entartung erhalten, nur das Energieniveau wird durch die elektrostatische Wechselwirkung der Metallionen mit der Kugelschale abgesenkt. Wenn wir nun die Ladung der Kugelschale auf die 6 Plätze der Liganden in einem oktaedrischen Komplex konzentrieren, wird die Kugelsymmetrie zerstört und es kommt zur Aufspaltung der Orbitale des 3d-Niveaus, in 3 sog. t_{2g}-Niveaus und 2 sog. e_g-Niveaus unter Beibehaltung des energetischen Schwerpunktes aller 5 ursprünglich entarteten 3d Orbitale. Je nach der Art des Ions und/oder des oktaedrischen Ligandenfeldes kann es dabei zur „high spin"- oder „low spin"-Anordnung kommen. Die „low spin" Anordnung entspricht nicht mehr der Hund'schen Regel, da der Energieunterschied zwischen e_g- und t_{2g}-Niveau größer ist als der Energieaufwand für die Spinabsättigung in demselben Atomorbital. Mit dem Übergang vom low-spin-Zustand (LS) zum high-spin-Zustand werden wir uns eingehender in Exkurs 9.8.8 beschäftigen.

9.3 Paramagnetische Suszeptibilitäten, Brillouin-Funktion und Curie'sches Grenzgesetz

Magnetische Dipole von unabhängigen Teilchen verhalten sich in einem Magnetfeld ähnlich wie die Kernspins. Ein wesentlicher Unterschied besteht in dem deutlich höheren Betrag für das magnetische Dipolmoment, das in den Elektronen der Valenzorbitale seinen Ursprung hat, denn dieses Verhältnis entspricht dem Verhältnis des Bohr'schen Magneton zum Kernmagneten, das gleich dem Verhältnis von Protonenmasse zu Elektronenmasse ist, also 1836. Infolgedessen machen sich die von den Atomelektronen verursachten magnetischen Momente viel stärker bemerkbar. Ferner ist ihre Multiplizität,

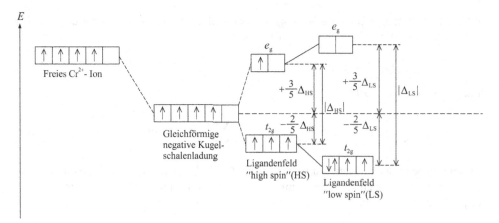

Abb. 9.4: Energieschema E der fünf d-Orbitale von freien Cr^{2+}-Ionen über eine gedachte negativ oder bipolar geladene Kugelschale zur Aufspaltung der entarteten 5 Niveaus in 2 e_g-Niveaus und 3 t_{2g}-Niveaus im *oktaedrischen Ligandenfeld*. $E_{LS} = -(8/5) \cdot |\Delta_{LS}| = $ Energie des LS-Komplexes, $E_{HS} - (3/5) \cdot |\Delta_{HS}| = $ Energie des HS-Komplexes bezogen auf die Energieschwerpunktslinie. $E_{Paar} \leq E_{HS} - E_{LS} = $ Energieaufwand zur Bildung eines doppelt besetzten Orbitals aus 2 einfach besetzten Orbitalen. Beispiel für einen HS-Komplex: $Cr(H_2O)_6SO_4$ und für einen LS-Komplex: $K_4Cr(CN)_6$.

d. h. die Zahl der im magnetischen Feld aufgespaltenen Energieniveaus gleich $(2j + 1)$ i. A. größer als bei den Atomkernen. Wir betrachten im Folgenden Ionen der seltenen Erden und Übergangsmetallionen, die sich in einem oktaedrischen oder tetraedrischen Ligandenfeld befinden, wo die Ionen des Kristalls im LS-Zustand vorliegen, so dass im feldfreien Fall die besetzten Orbitale energetisch entartet sind. Diese Entartung wird in Gegenwart eines Magnetfeldes $\vec{B}$ aufgehoben und es kommt dann zu einer Aufspaltung in $2j + 1$ Energieniveaus. Dabei lassen wir zunächst diamagnetische Anteile außer acht, da sie i. d. R. gegenüber den paramagnetischen Eigenschaften vernachlässigbar sind und nur durch eventuell notwendige Korrekturen in Erscheinung treten. Wir betrachten also ein System bestehend aus N unabhängigen magnetischen Dipolen in einem Magnetfeld der Stärke $\vec{B}$. Die Zustandssumme für ein solches System lautet:

$$Q_{para} = q_{para}^N$$

mit der molekularen bzw. atomaren Zustandssumme q_{para}:

$$q_{para} = \sum_{m_j=-j}^{m_j=+j} \exp\left[-\varepsilon_{m_j}/k_B T\right] \tag{9.18}$$

Hier läuft die Quantenzahl m_j über die $(2j+1)$ Werte von $+j$ über $j = 0$ bis $-j$ entsprechend den verschiedenen Orientierungen des Gesamtdipolmoments zum magnetischen Feld $\vec{B}$ am Ort des Atoms. Für die potentielle Energie ε_{m_j} eines atomaren magnetischen Dipols gilt in Analogie zu Gl. (9.2):

$$-\varepsilon_{m_j} = (g_L \cdot \vec{\mu}_B \cdot m_j) \cdot |\vec{B}| = \vec{\mu}_{z,m_j} \cdot |\vec{B}|$$

wobei $\vec{\mu}_{z,m_j}$ die z-Komponente des magnetischen Dipolmomentes in z-Richtung ($\vec{B} = \vec{B}_z$) ist. Wir führen jetzt die dimensionslose Größe x ein:

$$\boxed{x = j \cdot g_L \cdot |\vec{\mu}_B| \, |\vec{B}|/k_B T} \tag{9.19}$$

und erhalten für Gl. (9.18):

$$q_{\text{para}} = \sum_{m_j=-j}^{m_j=+j} (e^x)^{m_j/j} = e^{-x} \cdot \sum_{n=0}^{2j} e^{x \cdot n/j} = e^{-x} \cdot \sum_{n=0}^{2j} \left(e^{x/j}\right)^n \quad \text{mit} \quad n = j + m_j$$

Dabei wurde in der zweiten Summe statt des Zählindexes m_j der neue Index $n = j + m_j$ eingeführt, so dass sich für die Summe folgende endliche geometrische Reihe mit $s = e^{x/j}$ ergibt (s. Anhang 11.3):

$$e^{-x} \sum_{n=0}^{2j} s^n = \sum_{n=0}^{2j} e^{(x/j) \cdot n} = e^{-x} \cdot \frac{1 - \left(e^{x/j}\right)^{2j+1}}{1 - e^{x/j}} \quad (s < 1)$$

Erweitern von Zähler und Nenner mit $\exp[-x/2j]$ ergibt:

$$q_{\text{para}} = \frac{\exp\left[-x\frac{2j+1}{j}\right] - \exp\left[x\frac{2j+1}{j}\right]}{e^{-x/2j} - e^{x/2j}} = \boxed{\frac{\sinh\left[x\left(\frac{2j+1}{2j}\right)\right]}{\sinh[+x/2j]}} \tag{9.20}$$

wobei wir von Gl. (11.395) Gebrauch gemacht haben.

Es gilt also für den magnetischen Anteil der freien Energie:

$$\overline{F}_{\text{mag}}\left(\vec{B}\right) - \overline{F}_{\text{mag}}\left(\vec{B} = 0\right) = -N \cdot k_B T \cdot \ln q_{\text{para}} = -N k_B T \cdot \ln\left[\frac{\sinh\left(x\frac{2j+1}{2j}\right)}{\sinh\left(\frac{x}{2j}\right)}\right]$$

Wir wollen jetzt das gesamte makroskopische magnetische Moment, die Magnetisierung $\vec{M}$ der N magnetischen Dipole in Feldrichtung als thermischen Mittelwert über die Summe der Dipolmomente berechnen,

$$|\vec{M}| = N \sum_{m_j=-j}^{m_j=+j} \cdot \vec{\mu}_{z,m_j} \cdot e^{x \cdot m_j/j} \bigg/ \sum_{m_j=-j}^{m_j=+j} e^{x \cdot m_j/j}. \tag{9.21}$$

Dafür lässt sich auch schreiben mit $(\partial x/\partial|\vec{B}|)_{T,V} = j \cdot g_L \cdot |\vec{\mu}_B|/k_B T$ und $\vec{\mu}_{z,m_j} = j \cdot g_L \cdot |\vec{\mu}_B| \cdot m_j$:

$$|\vec{M}| = +N k_B T \left[\frac{d}{dx} \sum_{m_j=-j}^{m_j=+j} e^{+\frac{xm_j}{j}}\right] \cdot \left(\frac{\partial x}{\partial|\vec{B}|}\right)_{T,V} \bigg/ \sum_{m_j=-j}^{m_j=+j} e^{+\frac{xm_j}{j}} = N \cdot g_L \cdot |\vec{\mu}_B| \cdot \left(\frac{dq_{\text{para}}}{dx}\right) \bigg/ q_{\text{para}}$$

$$= N \cdot g_L \cdot |\vec{\mu}_B| \cdot j \, \frac{d \ln q_{\text{para}}}{dx}$$

Die Magnetisierung $\vec{M}$ hat die SI-Einheit $C \cdot J \cdot s \cdot kg^{-1} = J \cdot Tesla$. Wenn wir Gl. (9.20) für q_{para} einsetzen, ergibt sich für die Magnetisierung von N atomaren Dipolen im thermischen Gleichgewicht:

$$\boxed{\vec{M} = N \cdot g_L \cdot |\vec{\mu}_B| \cdot j \cdot B_j(x)} \tag{9.22}$$

mit der sog. *Brillouin-Funktion* $B_j(x) = \frac{1}{j}\left(\dfrac{d \ln q_{para}}{dx}\right)$, für die mit q_{para} nach Gl. (9.20) gilt:

$$\boxed{B_j(x) = \frac{1}{j}\frac{d \ln q_{para}}{dx} = \frac{2j+1}{2j} \cdot \coth\left(\frac{2j+1}{2j}x\right) - \frac{1}{2j}\coth\left(\frac{x}{2j}\right)} \tag{9.23}$$

wie man mithilfe von Gl. (11.395) in Anhang 11.18 leicht ableitet.

Zwei Grenzfälle der Brillouin-Funktion, für $j = \infty$ und $j = 1/2$, werden in Exkurs 9.8.3 diskutiert. Makroskopisch gemessene Magnetisierungen $\vec{M}(T, \vec{B}, N)$ müssen sich also durch Gl. (9.22) beschreiben lassen. Bei gegebener Temperatur T und Feldstärke $|\vec{B}|$ hängt $|\vec{M}|(T, |\vec{B}|, N)$ in systemspezifischer Weise noch vom Landé-Faktor g_L ab sowie von der Quantenzahl j. In Abb. 9.5 sind drei Beispiele für experimentelle Magnetisierungskurven als Funktion von $x = (g_L \cdot m_B \cdot |\vec{B}|)/k_B T$ in reduzierten Einheiten dargestellt im Vergleich zur Theorie nach Gl. (9.22). Es wird eine hervorragende Übereinstimmung beobachtet. Es ist kein Zufall, dass der Kristallwasseranteil in den untersuchten paramagnetischen Salzen so hoch ist, er hält die magnetischen Atome Cr^{3+}, Fe^{3+} und Gd^{3+} im Kristallgitter auf Distanz, so dass die Wechselwirkungen der magnetischen Dipole dieser Metallionen sehr gering sind und wir es in der Tat bei diesen Beispielen mit nahezu wechselwirkungsfreien idealen Systemen zu tun haben, die Paramagnetismus zeigen. Man sieht auch, dass die Kurven mit den Quantenzahlen j als Parameter genau den vorausgesagten Werten für j bzw. s in Tabelle 9.1 und 9.2 entsprechen.

Als paramagnetische Suszeptibilität χ_{para} definiert man (Einheit: $J \cdot Tesla^{-2}$):

$$\boxed{\chi_{para} = \left(\frac{\partial |\vec{M}|}{\partial |\vec{B}|}\right)_{T,N} \cong \frac{|\vec{M}(x, N)|}{|\vec{B}|}} \tag{9.24}$$

Das zweite Gleichheitszeichen in Gl. (9.24) gilt nur solange $\vec{M}$ direkt proportional zu $\vec{B}$ ist also im Bereich der linearen Anfangssteigung der in Abb. 9.5 gezeigten Kurvenverläufe.

Den Anteil der diamagnetischen Suszeptibilität χ_{dia} können wir hier vernachlässigen, da gilt $|\chi_{dia}| \ll \chi_{para}$.

Wir untersuchen jetzt zwei Grenzfälle für die Werte der Magnetisierung $|\vec{M}|$ in Gl. (9.22):

- $x \gg 1$, d. h., die Temperatur ist niedrig und/oder die magnetische Feldstärke ist sehr hoch. Dann geht $\coth(y)$ mit $y = (2j + 1) \cdot x/2$ bzw. $y = x/2$ gegen den Grenzwert 1, und man erhält:

$$\lim_{x \to \infty} B_j(x) = 1 + \frac{1}{2j} - \frac{1}{2j} = 1$$

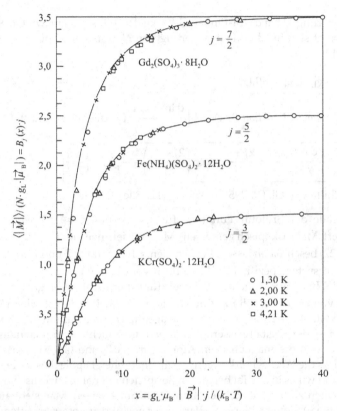

$$x = g_\mathrm{L} \cdot \mu_\mathrm{B} \cdot |\,\vec{B}\,| \cdot j \,/\, (k_\mathrm{B} \cdot T)$$

Abb. 9.5: Reduzierte Magnetisierung $B(x) \cdot j$ für $KCr(SO_4)_2 \cdot 12\,H_2O$, $Fe(NH_4)(SO_4)_2 \cdot 12\,H_2O$ und $Gd_2(SO_4)_3 \cdot 8\,H_2O$. Symbole: experimentelle Daten, ——— $B_j(x)$ nach Gl. (9.23) mit den angegebenen Werten für $j = s$ bei Fe^{3+} und Cr^{3+} (Tab.9.3) bzw. bei Gd^{3+} (Tab.9.2).

Dann gilt für $\vec{M}$ nach Gl. (9.22):

$$|\vec{M}| = N \cdot g_\mathrm{L} \cdot |\vec{\mu}_\mathrm{B}| \cdot j = |\vec{M}_\mathrm{max}| \qquad\qquad (9.25)$$

Es herrscht Sättigungsmagnetisierung. $\vec{M}_\mathrm{max}$ ist also die maximal mögliche Magnetisierung (s. Abb. 9.5). Alle magnetischen Dipole liegen in Feldrichtung. χ_para ist temperaturunabhängig und ebenfalls unabhängig von der Feldstärke $|\vec{B}|$. Das ist in Abb. 9.5 bei allen 3 Beispielen für $x > 30$ praktisch der Fall.

- $x \ll 1$, d. h., die Temperatur ist hoch und/oder die magnetische Feldstärke ist niedrig. In diesem Fall kann man $\coth(y)$ in eine Reihe entwickeln und erhält für kleine Werte von y (s. Exkurs 9.8.2):

$$\coth(y) \cong y^{-1} + \frac{1}{3} y + \cdots$$

Damit ergibt sich für $B_j(x)$ aus Gl. (9.23) für $x \ll 1$:

$$B_j(x) \cong \frac{2j+1}{2j}\left(\frac{2j}{2j+1}\cdot\frac{1}{x}+\frac{1}{3}x\frac{2j+1}{2j}\right)-\frac{1}{2j}\left(\frac{2j}{x}+\frac{1}{3}\frac{x}{2j}\right)=\frac{j+1}{j}\cdot\frac{x}{3} \qquad (9.26)$$

und für die Suszeptibilität $\chi_{\text{para}}^{\text{mol}}$ nach Gl. (9.24) unter Beachtung von Gl. (9.22) und Gl. (9.26):

$$\boxed{\chi_{\text{para}}^{\text{mol}} \cong N_{\text{L}}\frac{g_{\text{L}}^2\cdot|\vec{\mu}_{\text{B}}^2|\cdot j(j+1)}{3k_{\text{B}}T}=\frac{C_{\text{C}}}{T}} \qquad (x \ll 1) \qquad (9.27)$$

Gl. (9.27) heißt *Curie'sches Gesetz*, C_{C} ist die *Curie'sche Konstante*. χ_{para} hat die SI-Einheit $C^2\cdot m^2\cdot kg^{-1}\cdot mol^{-1} = J\cdot Tesla^{-2}\cdot mol^{-1}$. Man gibt häufig $\chi_{\text{para}}^{\text{mol}}$ in $m^3\cdot mol^{-1}$ an, indem man Gl. (9.27) mit der Permeabilität des Vakuums μ_0 multipliziert (s. Anhang 11.25). Man erhält dann:

$$\chi_{\text{para}}^{\text{Vol}} = \mu_0\chi_{\text{para}}^{\text{mol}} \qquad \text{in der Einheit } m^3\cdot mol^{-1}. \qquad (9.28)$$

Die Curie'sche Konstante hat dann die Einheit $m^3\cdot K\cdot mol^{-1}$.

$\chi_{\text{para}}^{\text{mol}}$ ist also nach Gl. (9.19) im Grenzfall $x \ll 1$, d. h. für genügend hohe Temperaturen, proportional zu T^{-1}. Wir erhalten somit eine ähnliche Gesetzmäßigkeit wie für die Orientierungspolarisation von elektrischen Dipolen (s. Gl. (8.15)). Trägt man χ_{para} gegen T^{-1} auf, erhält man im Bereich des Curie'schen Gesetzes einen linearen Verlauf durch den Ursprung. Diesen Geraden entsprechen die Anfangssteigungen der Magnetisierungskurven in Abb. 9.5.

Will man aus Werten von $\chi_{\text{para}}^{\text{Vol}}$ das effektive atomare magnetische Moment $|\vec{\mu}_{\text{eff}}| = g_{\text{L}}\cdot|\vec{\mu}_{\text{B}}|\sqrt{j(j+1)}$ im Gültigkeitsbereich des Curie'schen Gesetzes bestimmen, so gilt mit Gl. (9.28):

$$|\vec{\mu}_{\text{eff}}| = \sqrt{\chi_{\text{para}}^{\text{Vol}}\cdot 3k_{\text{B}}T/(N_{\text{L}}\cdot\mu_0)} = 7{,}3983\cdot 10^{-21}\cdot\sqrt{\chi_{\text{para}}^{\text{Vol}}\cdot T} \qquad (9.29)$$

9.4 Innere Energie, Entropie und Molwärme paramagnetischer Systeme im äußeren Magnetfeld

Mithilfe der Zustandssumme nach Gl. (9.20) lassen sich alle magnetfeldabhängigen Anteile molarer Zustandsgrößen $\overline{X}_{\text{mag}} = \overline{X}(\vec{B}) - \overline{X}(\vec{B}=0)$ einer paramagnetischen Substanz berechnen. Wir erhalten für die Entropie mit x nach Gl. (9.19):

$$\overline{S}_{\text{mag}} = -\left(\frac{\partial F_{\text{mag}}}{\partial T}\right)_{V,|\vec{B}|} = R\cdot\ln q_{\text{para}} + RT\left(\frac{\text{d}\ln q_{\text{para}}}{\text{d}x}\right)\cdot\left(\frac{\partial x}{\partial T}\right)_{V,|\vec{B}|}$$

und somit nach Einsetzen von Gl. (9.20) und Berücksichtigung von Gl. (9.19):

$$\overline{S}_{mag} = +R \cdot \ln \left[\frac{\sinh\left(\frac{2j+1}{2j} \cdot x\right)}{\sinh(x/2j)} \right] - R \cdot x \cdot B_j(x) \tag{9.30}$$

Jetzt berechnen wir die molare innere Energie $\overline{U}_{mag} = \overline{F}_{mag} + T \cdot \overline{S}_{mag}$:

$$\overline{U}_{mag} = -N \cdot k_B T \cdot x \cdot B_j(x) = -N \cdot g_L \cdot \vec{\mu}_B \cdot j \cdot |\vec{B}| \cdot B_j(x) = -|\vec{B}| \cdot |\vec{M}| \tag{9.31}$$

Für die Molwärme folgt dann unter Beachtung von $dx/dT = -x/T$ mit $N = N_L$:

$$\overline{C}_{V,mag} = \left(\frac{\partial \overline{U}}{\partial T}\right)_{V,\vec{B}} = \left(\frac{\partial \overline{U}}{\partial x}\right)_{V,\vec{B}} \cdot \left(\frac{dx}{dT}\right) = R \cdot x^2 \cdot \frac{dB_j(x)}{dx} \tag{9.32}$$

Die Ableitung von $B_j(x)$ nach x ergibt sich aus Gl. (9.23):

$$\frac{dB_j(x)}{dx} = j \cdot \left(\frac{2j+1}{2}\right)^2 \left[1 - \left\{\coth\left(x \cdot \frac{2j+1}{2j}\right)\right\}^2\right] - j \cdot \left(\frac{1}{2j}\right)^2 \left[1 - \left\{\coth\left(\frac{x}{2j}\right)\right\}^2\right] \tag{9.33}$$

Wir betrachten jetzt zwei Grenzfälle, zunächst den Fall, dass $x \gg 1$ gilt. T ist also sehr klein und/oder $\vec{B}$ sehr hoch. Daraus folgt mit $\exp[-(2j+1) \cdot x/2] \cong 0$ bzw. $\exp[-x/2] \cong 0$:

$$\overline{F}_{mag} \approx -RT \cdot \ln\left\{\exp\left[\left(\frac{2j+1}{2j} - \frac{1}{2j}\right)x\right]\right\} = -RT \cdot x = -N_L \cdot j \cdot g_L \cdot |\vec{\mu}_B| \cdot |\vec{B}| \tag{9.34}$$

Daraus folgt mit $\overline{S}_{mag} = -(\partial \overline{F}_{mag}/\partial T)_{\vec{B}}$:

$$\lim_{T \to 0} \overline{S}_{mag} = 0 \qquad (x \to \infty) \tag{9.35}$$

Gl. (9.35) bestätigt die Gültigkeit des 3. Hauptsatzes (s. Kapitel 5).

Für die innere Energie gilt für $x \gg 1$ nach Gl. (9.25) und (9.31) mit $U_{mag} = F_{mag} + T \cdot S_{mag}$:

$$\overline{U}_{mag} \approx -|\vec{B}| \cdot |\vec{M}_{max}| = -N_L g_L \cdot |\vec{\mu}_B| \cdot j \cdot |\vec{B}| \qquad (x \gg 1) \tag{9.36}$$

Also ist nach Gl. (9.34) $\overline{F}_{mag} = \overline{U}_{mag}$ bei $T \to 0$. Bei $T = 0$ sind alle magnetischen Dipole in Feldrichtung ausgerichtet, d. h. U hat seinen tiefstmöglichen Wert angenommen.

Im anderen Grenzfall gilt: $x \ll 1$. Für F_{mag} erhält man nach Gl (9.20) bei Reihenentwicklung bis zum quadratischen Glied der sinh-Funktionen (s. Anhang 11.18):

$$\overline{F}_{mag} \approx -RT \ln(2j+1) - RTj \cdot \frac{j+1}{6}x^2 \qquad (x \ll 1) \tag{9.37}$$

Für die Entropie S ergibt sich somit:

$$\overline{S}_{\mathrm{mag}} \approx -\left(\frac{\partial \overline{F}_{\mathrm{mag}}}{\partial T}\right)_{\vec{B}} = R \cdot \ln(2j+1) - R \cdot j \cdot \frac{j+1}{6} \cdot x^2 \qquad (x \ll 1) \tag{9.38}$$

also gilt:

$$\lim_{x \to 0} \overline{S}_{\mathrm{mag}} = R \cdot \ln(2j+1) \qquad (x \ll 1) \tag{9.39}$$

Dieses Ergebnis für $x \to 0$, also $T \to \infty$ bzw. $\vec{B} \to 0$, ist zu erwarten, denn die Orientierungen der Dipole sind in diesem Fall völlig statistisch verteilt, und es gibt $(2j+1)^N$ Möglichkeiten für diese Verteilung. Für die innere Energie U_{mag} erhält man mit Gl. (9.31) und B_j nach Gl. (9.26) oder direkt aus Gl. (9.38):

$$\overline{U}_{\mathrm{mag}} \approx -N_L g_L |\vec{\mu}_B| \cdot j(j+1) \cdot \frac{x}{3} \cdot |\vec{B}| = -RT \cdot \frac{x^2}{3}(j+1) \qquad (x \ll 1) \tag{9.40}$$

Daraus folgt $\lim\limits_{x \to 0} U = 0$. Die Ableitung von Gl. (9.40) nach T ergibt die Molwärme ($N = N_L$):

$$\boxed{\overline{C}_{V,\mathrm{mag}} = R \cdot \frac{(j+1)}{3} \cdot x^2 \qquad (x \ll 1)} \tag{9.41}$$

mit x nach Gl. (9.19). Bei $T \to \infty$ bzw. $x = 0$ verschwindet $\overline{C}_{V,\mathrm{mag}}$. In den Abbildungen 9.6, 9.7 und 9.8 sind jeweils die molaren Größen $\overline{S}_{\mathrm{mag}}/R$, $U_{\mathrm{mag}}/(\vec{M}_{\mathrm{max}} \cdot |\vec{B}|)$ und $\overline{C}_{V,\mathrm{mag}}/R$ gegen $j \cdot x$ aufgetragen mit den Parametern $g_L = 1$ und $j = 1/2$ als Beispiel.

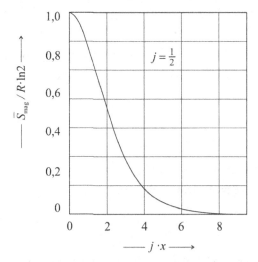

Abb. 9.6: ——— $\overline{S}_{\mathrm{mag}}/(R \cdot \ln 2)$ nach Gl. (9.30) als Funktion von $j \cdot x = \frac{g_L \vec{m}_B \cdot j \cdot |\vec{B}|}{k_B T}$ für $j = 1/2$ und $g_L = 1$. Für $x = 0$ gilt Gl. (9.39), also $\overline{S}/(R \cdot \ln 2) = 1$

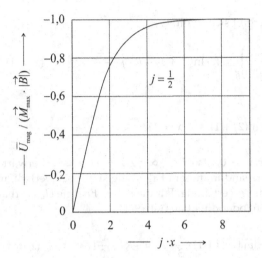

Abb. 9.7: ——— $U_{\text{mag}}/(\vec{M}_{\text{max}} \cdot |\vec{B}|)$ nach Gl. (9.31) als Funktion von $jx = \frac{g_{\text{L}} \vec{m}_{\text{B}} \cdot j \cdot |\vec{B}|}{k_{\text{B}}T}$ für $j = 1/2$ und $g_{\text{L}} = 1$.

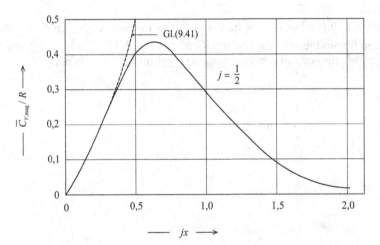

Abb. 9.8: ——— $\overline{C}_{V,\text{mag}}/R$ nach Gl. (9.32) als Funktion von $x = \frac{g_{\text{L}} \vec{m}_{\text{B}} \cdot j \cdot |\vec{B}|}{k_{\text{B}}T}$ für $j = 1/2$ und $g_{\text{L}} = 1$.

Abb. 9.9 zeigt experimentelle Werte von $\overline{C}_{V,\text{mag}}$ für die paramagnetische Substanz CeMg$_{3/2}$(NO$_3$)$_6 \cdot$ 12H$_2$O (C̲e̲r̲magnesiumn̲itrat: CMN) aufgetragen gegen T für die Magnetfeldstärken $\vec{B} = 0{,}1$ und $0{,}5$ Tesla.

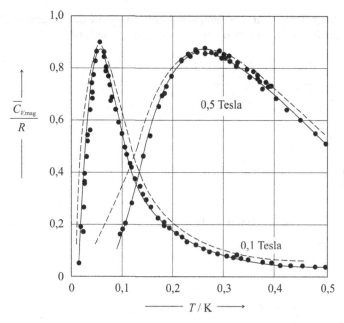

Abb. 9.9: $\overline{C}_{V,\text{mag}}/R$ von CMN als Funktion von T bei magnetischen Feldstärken $\vec{B}$ von 0,1 und 0,5 Tesla. - - - - Gl. (9.32) –•– Experimente (W. F. Giauge, R. A. Fisher, E. W. Hornung and G. E. Brodale: J. Chem. Phys. *58*, 2621 (1973)).

Für Ce^{3+}-Ionen ergeben sich mit $g_L = 6/7$ und $j = 5/2$ die in Abb. 9.9 gestrichelten Kurvenverläufe nach Gl. (9.32), die mit den experimentellen Daten vor allem im Bereich des Maximums recht gut übereinstimmen.

9.5 Magnetisches Kühlen als isentroper Prozess.

In einem adiabatisch-reversiblen Prozess gilt (s. Anhang 11.17):

$$\frac{\delta Q_{\text{rev}}}{T} = dS = 0 \tag{9.42}$$

Wir bilden nun das totale Differenzial der Entropie $S(|\vec{B}|, T)$:

$$dS = \left(\frac{\partial S}{\partial T}\right)_{|\vec{B}|} dT + \left(\frac{\partial S}{\partial |\vec{B}|}\right)_T d|\vec{B}| \tag{9.43}$$

Mit $dS = 0$ folgt daraus für die Temperaturänderung mit der Magnetfeldstärke unter isentropen Bedingungen für einen Paramagneten mit x nach Gl. (9.19):

$$\left(\frac{dT}{d|\vec{B}|}\right)_S = -\frac{\left(\frac{\partial S}{\partial|\vec{B}|}\right)_T}{\left(\frac{\partial S}{\partial T}\right)_{|\vec{B}|}} = -\frac{\frac{dS}{dx}\cdot\left(\frac{\partial x}{\partial|\vec{B}|}\right)_T}{\frac{dS}{dx}\cdot\left(\frac{\partial x}{\partial T}\right)_{|\vec{B}|}} \tag{9.44}$$

Nach Gl. (9.19) gilt:

$$\left(\frac{\partial x}{\partial|\vec{B}|}\right)_T = \frac{x}{|\vec{B}|} \quad \text{und} \quad \left(\frac{\partial x}{\partial T}\right)_{|\vec{B}|} = -\frac{x}{T} \tag{9.45}$$

Also erhält man aus Gl. (9.44) mit Gl. (9.45):

$$\left(\frac{\partial T}{T}\right)_S = \left(\frac{\partial|\vec{B}|}{|\vec{B}|}\right)_S$$

und nach Integration von Zustand i zum Zustand f:

$$\boxed{\frac{T_f}{T_i} \cong \frac{|\vec{B}|_f}{|\vec{B}|_i}} \tag{9.46}$$

Gl. (9.46) sagt aus, dass in einem vom Wärmetausch mit der Umgebung isolierten, idealen Paramagneten bei $T = T_i$ und angeschalteter Magnetfeldstärke $\vec{B}_i$ eine Erniedrigung der Magnetfeldstärke auf $\vec{B}_f < \vec{B}_i$ zu einer niedrigeren Temperatur $T = T_f = T_i \cdot \vec{B}_f/\vec{B}_i$ führt. Das ist der Prozess der sog. *„adiabatischen Entmagnetisierung"*, der somit eine *Abkühlung des paramagnetischen Systems* bewirkt. Allerdings bedeutet Gl. (9.46), dass $T_f = 0$, wenn $\vec{B}_f = 0$. Das widerspricht jedoch dem 3. Hauptsatz, demzufolge $T = 0$ mit einer endlichen Zahl von Schritten nicht erreichbar ist. Das ist ein Hinweis darauf, dass es trotz Gl. (9.35) keine idealen paramagnetischen Systeme bei $T = 0$ geben kann. Um das Problem zu lösen, müssen wir offenbar andere Effekte berücksichtigen, die bei tiefen Temperaturen eine Rolle spielen.

Wir hatten bereits in Abb. 9.4 gesehen, dass bei den seltenen Erden und Übergangsmetallen die entarteten elektronischen Energieniveaus der freien Ionen durch die polaren bzw. dipolaren elektrischen Felder der Liganden aufgespalten werden können. Oft sind diese Aufspaltungen sehr gering, aber jedenfalls nicht gleich Null. Das führt bei sehr tiefen Temperaturen zu einem zusätzlichen Anteil der Molwärme, der im Gegensatz zum Kristallgitteranteil der Molwärme (s. Gl. (2.128)) bei tiefen Temperaturen nicht vernachlässigt werden darf. Um das zu verstehen, wollen wir ein sog. 2-Niveau-System betrachten, bei dem zwei elektronische Niveaus ε_0 und ε_1 des Metallions mit $\varepsilon_1 > \varepsilon_0$ vorliegen. In

Exkurs 2.11.3 wurde die Molwärme $\overline{C}_{V,\text{el}}$ eines solchen elektronischen 2-Niveau-Systems abgeleitet. Das Ergebnis lautet mit $\Delta\varepsilon = \varepsilon_1 - \varepsilon_0$:

$$\overline{C}_{V,\text{el}} = \frac{R \cdot g_1 \cdot g_0 \left(\frac{\Delta\varepsilon}{k_B T}\right)^2 \cdot e^{-\Delta\varepsilon/k_B T}}{(g_0 + g_1 \cdot e^{-\Delta\varepsilon/k_B T})^2} \tag{9.47}$$

g_0 und g_1 sind jeweils die Entartungsfaktoren der beiden Niveaus. Auch bei sehr tiefen Temperaturen gilt, dass $\Delta\varepsilon/k_B \ll T_i$, sodass sich in ausreichender Näherung der Exponentialterm gleich 1 setzen lässt und man erhält:

$$\overline{C}_{V,\text{el}} \simeq R \frac{g_1 \cdot g_0}{(g_0 + g_1)^2} \cdot \left(\frac{\Delta\varepsilon}{k_B T}\right)^2 = A \frac{\Theta^2}{T^2} \tag{9.48}$$

mit $A = R \cdot g_1 g_0/(g_0 + g_1)^2$ und $\Theta = \Delta\varepsilon/k_B$. Werte von Θ liegen bei $1{,}2 \cdot 10^{-3}$ K (s. Tabelle 9.4). $\Delta\varepsilon$ beträgt also ca. $1{,}65 \cdot 10^{-26}$ Joule. Das entspricht einer Resonanzfrequenz von $\nu = \Delta\varepsilon/h = 2{,}5 \cdot 10^7 \text{ s}^{-1}$ bzw. einer Wellenlänge von $\lambda = c_L/\nu \cong 12$ m.

Wir greifen nun erneut auf die Ausgangsbeziehung Gl. (9.43) zurück und nutzen die Maxwell-Beziehung zur Berechnung von $(\partial S/\partial|\vec{B}|)_T$:

$$\left(\frac{\partial S}{\partial|\vec{B}|}\right)_T = -\frac{\partial}{\partial|\vec{B}|}\left(\frac{\partial F}{\partial T}\right)_{|\vec{B}|} = -\frac{\partial}{\partial T}\left(\frac{\partial F}{\partial|\vec{B}|}\right)_T$$

$(\partial F/\partial|\vec{B}|)_T$ berechnen wir aus Gl. (9.20) und setzen F als molare Größe $\overline{F}$ ein.

$$\left(\frac{\partial\overline{F}}{\partial|\vec{B}|}\right)_T = -k_B T \cdot N_L \left(\frac{\partial \ln q_{\text{para}}}{\partial|\vec{B}|}\right)_T = -RT \cdot \left(\frac{\partial \ln q_{\text{para}}}{\partial x}\right)\left(\frac{\partial x}{\partial|\vec{B}|}\right)_T$$

$$= -N k_B T \cdot j B_j(x) \cdot g_L \cdot |\vec{\mu}_B|/k_B T = -N \cdot j \cdot B_j(x) \cdot g_L \cdot |\vec{\mu}_B|$$

Dafür lässt sich nach Gl. (9.22) schreiben mit der Molzahl $n = N/N_L$:

$$n \cdot \left(\frac{\partial\overline{F}}{\partial|\vec{B}|}\right)_T = -|\vec{M}| \cdot \frac{N_L}{N}$$

Wir erhalten daraus mit $\overline{S}$ als molare Größe:

$$\boxed{\left(\frac{\partial\overline{S}}{\partial|\vec{B}|}\right)_T = \left(\frac{\partial|\vec{M}|_{\text{mol}}}{\partial T}\right)_{|\vec{B}|} \cdot \frac{N_L}{N}} \tag{9.49}$$

$\vec{M}_{\text{mol}} = \vec{M}/n$ ist die Magnetisierung pro mol. Ferner bedenken wir, dass gilt:

$$\left(\frac{\partial\overline{S}}{\partial T}\right)_{|\vec{B}|} = \frac{\overline{C}_V}{T} = \frac{\overline{C}_{V,\text{el}} + \overline{C}_{V,\text{mag}} + \overline{C}_{V,\text{Kristall}}}{T}$$

Der Kristallgitteranteil $\overline{C}_{V,\text{Kristall}}$ ist bei der hier herrschenden tiefen Temperatur vernach-lässigbar (s. Gl. (2.128)), sodass sich mit $\mathrm{d}\overline{S} = 0$ aus Gl. (9.43) ergibt:

$$\left(\frac{\mathrm{d}T}{\mathrm{d}|\vec{B}|}\right)_{\overline{S}} = -T \frac{\left(\dfrac{\partial|\vec{M}|_{\text{mol}}}{\partial T}\right)_{|\vec{B}|}}{\overline{C}_{V,\text{el}} + \overline{C}_{V,\text{mag}}} \tag{9.50}$$

Aus Gl. (9.22) leiten wir ab:

$$\left(\frac{\mathrm{d}|\vec{M}|}{\mathrm{d}T}\right)_{|\vec{B}|} = N \cdot j \cdot g_{\text{L}} \cdot |\vec{\mu}_{\text{B}}| \cdot \frac{\mathrm{d}B_j(x)}{\mathrm{d}x} \cdot \left(\frac{\partial x}{\partial T}\right)_{|\vec{B}|}$$

Nun greifen wir auf Gl. (9.32) zurück und schreiben mit $(\partial x/\partial T)_{|\vec{B}|} = -x/T$ (Gl. (9.45)):

$$\frac{N_{\text{L}}}{N} \cdot \left(\frac{\partial|\vec{M}|_{\text{mol}}}{\partial T}\right)_{|\vec{B}|} = -N_{\text{L}} \cdot j \cdot g_{\text{L}} \cdot |\vec{\mu}_{\text{B}}| \cdot \frac{\overline{C}_{V,\text{mag}}}{R \cdot x} \cdot \frac{1}{T} \tag{9.51}$$

Mit x nach Gl. (9.19) folgt daraus:

$$\frac{N_{\text{L}}}{N} \cdot \left(\frac{\partial|\vec{M}|_{\text{mol}}}{\partial T}\right)_{|\vec{B}|} = -\frac{\overline{C}_{V,\text{mag}}}{\vec{B}} \tag{9.52}$$

Damit wird aus Gl. (9.50):

$$\left(\frac{\mathrm{d}T}{\mathrm{d}|\vec{B}|}\right)_{\overline{S}} = +\frac{T}{\vec{B}} \cdot \frac{\overline{C}_{V,\text{mag}}}{|\vec{B}| \cdot (\overline{C}_{V,\text{el}} + \overline{C}_{V,\text{mag}})} \tag{9.53}$$

Die vorgekühlte paramagnetische Substanz befindet sich in einem mit flüssigem Helium vorgekühlten System bei ca. 1 K. Das ist eine Temperatur, die deutlich höher ist als die Lage der Maxima der $\overline{C}_{V,\text{mag}}(T)$-Kurven (s. z. B. Abb. 9.9). Wir können daher als Näherung für $\overline{C}_{V,\text{mag}}$ Gl. (9.41) verwenden.

Mit $\overline{C}_{V,\text{el}}$ nach Gl. (9.48) und $\overline{C}_{V,\text{mag}}$ nach Gl. (9.41) erhalten wir somit für die Gesamtmol-wärme $\overline{C}_V$:

$$\overline{C}_V = \overline{C}_{V,\text{el}} + \overline{C}_{V,\text{mag}} = A\frac{\Theta^2}{T^2} + C_{\text{C}}\frac{\vec{B}^2}{T^2} \tag{9.54}$$

mit der Curie'schen Konstante C_{C} nach Gl. (9.27). Damit ergibt sich:

$$\left(\frac{\mathrm{d}T}{\mathrm{d}|\vec{B}|}\right)_{\overline{S}} = C_{\text{C}}\frac{|\vec{B}|}{T} \bigg/ \left(A\frac{\Theta^2}{T^2} + C_{\text{C}}\frac{|\vec{B}|^2}{T^2}\right) = \frac{C_{\text{C}} \cdot T \cdot |\vec{B}|}{A\Theta^2 + C_{\text{C}} \cdot |\vec{B}|^2}$$

oder:

$$\frac{dT}{T} = \frac{C_C |\vec{B}| \cdot d|\vec{B}|}{A\Theta^2 + C_C|\vec{B}|^2} = \frac{1}{2} \cdot \frac{2C_C|\vec{B}|d|\vec{B}|}{A\Theta^2 + C_C|\vec{B}|^2} = \frac{1}{2} \cdot \frac{d(A\Theta^2 + C_C|\vec{B}|^2)}{A \cdot \Theta^2 + C_C|\vec{B}|^2} = \frac{1}{2} d\ln(A\Theta^2 + C_C|\vec{B}|^2)$$

Integration und Entlogarithmieren ergibt:

$$\frac{T_f}{T_i} = \left(\frac{A \cdot \Theta^2 + C_C|\vec{B}|_f^2}{A \cdot \Theta^2 + C_C|\vec{B}|_i^2} \right)^{1/2} \tag{9.55}$$

Bei der Anfangstemperatur T_i herrscht die Feldstärke $|\vec{B}|_i$, dann wird das Magnetfeld abgeschaltet und es gilt statt Gl. (9.55):

$$T_f = T_i \left(\frac{A \cdot \Theta^2}{A \cdot \Theta^2 + C_C|\vec{B}|_i^2} \right)^{1/2} \tag{9.56}$$

Man sieht, dass stets nur eine Endtemperatur $T_f > 0$ erreichbar ist.

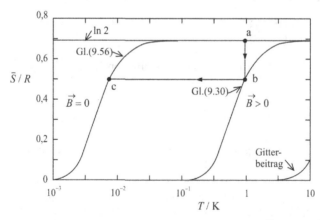

Abb. 9.10: Entropieverlauf a-b-c im paramagnetischen Festkörper bei $\vec{B} = 0$ und $\vec{B} \neq 0$ im Bereich tiefer Temperaturen.

Die adiabatische Entmagnetisierung mit paramagnetischen Salzen erlaubt es also günstigenfalls Temperaturen zwischen 10^{-2} und 10^{-3} K zu erreichen, wenn man von einer Magnetfeldstärke von 1 Tesla und einer Anfangstemperatur von 1 K ausgeht, die zuvor durch Verdampfungskühlung mit flüssigem Helium erreicht wird.

Abb. 9.10 zeigt den Verlauf der Entropie bei eingeschaltetem Magnetfeld $\vec{B} = 1$ Tesla als Funktion von T nach Gl. (9.30) mit $j = 1/2$. Nach dem Abschalten von $\vec{B}$, also bei $\vec{B} = 0$

Tab. 9.4: Parameter paramagnetischer Salze und erreichbare Temperaturen T_f bei $T_i = 1\,\text{K}$ und $\vec{B}_i = 1\,\text{Tesla}$. $C_C/4\pi$ hat die Einheit $10^{-6}\,\text{K}\,\text{m}^3 \cdot \text{mol}^{-1}$

Ion	Substanz	$C_C/(4\pi)$	A/R	T_f/K	$\Theta \cdot 10^3\,\text{K}$
Mn^{2+}	$Mn(NH_4)_2(SO_4)_2 \cdot 6H_2O$	4,38	$3,4 \cdot 10^{-2}$	$8,7 \cdot 10^{-2}$	1,21
Fe^{3+}	$Fe(NH_4)_2(SO_4)_2 \cdot 12H_2O$	4,37	$1,3 \cdot 10^{-2}$	$5,4 \cdot 10^{-2}$	1,22
Gd^{3+}	$Gd_2(NH_4)_3(SO_4)_2 \cdot 8H_2O$	7,82	$3,7 \cdot 10^{-1}$	0,21	1,21
Cr^{3+}	$Cr(NH_3CH_3)(SO_4)_2 \cdot 12H_2O$	1,87	$1,9 \cdot 10^{-2}$	0,10	1,23
Cu^{2+}	$CuK_2(SO_4)_2 \cdot 6H_2O$	0,5	$6,0 \cdot 10^{-4}$	$3,4 \cdot 10^{-2}$	1,21
Ce^{3+}	$Ce_2Mg_3(NO_3)_{12} \cdot 24H_2O$	0,32	$7,5 \cdot 10^{-6}$	$4,8 \cdot 10^{-3}$	1,22

(bzw. $x = 0$) ergäbe sich $\overline{S}/R = \ln 2$ (Gl. 9.38), also eine Parallele zur T-Achse mit $\overline{S} = R \cdot \ln 2$ bei $T = 0$, was dem 3. Hauptsatz widerspricht. Es gilt jedoch bei $\vec{B} = 0$ derjenige Entropieverlauf, der sich aus der molekularen Zustandssumme q des geringfügig aufgespaltenen, elektronischen 2-Niveau-Systems ergibt:

$$q = e^{-\varepsilon_0/k_B T} \cdot \left(g_0 + g_1\, e^{-\Delta\varepsilon/k_B T} \right)$$

mit $\Delta\varepsilon = \varepsilon_1 - \varepsilon_0$ und $\Delta\varepsilon/k_B T = \Theta = 1,21 \cdot 10^{-3}\,\text{K}$. Man erhält:

$$\overline{S} = R\left[\ln q + T\left(\frac{\partial \ln q}{\partial T} \right) \right] \tag{9.57}$$

Für $\Theta/T \ll 1$ ergibt eine Taylorreihenentwicklung von Gl. (9.57):

$$\lim_{T \to 0} \frac{\overline{S}}{R} = \ln g_0 \tag{9.58}$$

Nach dem 3. Hauptsatz ist $g_0 = 1$ (s. Gl. (5.5)), also $\overline{S} = 0$. Der adiabatische Kühlprozess ist in Abb. 9.10 durch den isothermen Schritt $a \to b$ gekennzeichnet, bei dem das Magnetfeld angeschaltet wird ($T_i = 1\,\text{K}$). Der Prozess $b \to c$ ist der adiabatisch-reversible Schritt, bei dem das Magnetfeld abgeschaltet wird ($\vec{B}_f = 0$), und die Temperatur von $T_i \approx 1\,\text{K}$ auf $T_f \approx 10^{-2}\,\text{K}$ abfällt (Punkt c).

Abb. 9.11 zeigt die Skizze einer Apparatur zum Prinzip des magnetischen Kühlens. In Tabelle 9.4 sind für einige paramagnetische Salze die Parameter C_C, A/R und Θ angegeben sowie die nach Gl. (9.56) berechneten Werte der erreichbaren Temperaturen T_f, wenn $T_i = 1\,\text{K}$ beträgt und $|\vec{B}|_i = 1\,\text{Tesla}$. Abb. 9.11 zeigt das Prinzip der magnetischen Kühlung durch die adiabatische Entmagnetisierung.

Die „adiabatische Entmagnetisierung" war die erste Technik, mit der man in den Bereich unterhalb $10^{-2}\,\text{K}$ vordringen konnte. Der Effekt wurde von P. Debye vorausgesagt (1926) und von W. F. Giauque zum ersten Mal experimentell nachgewiesen.

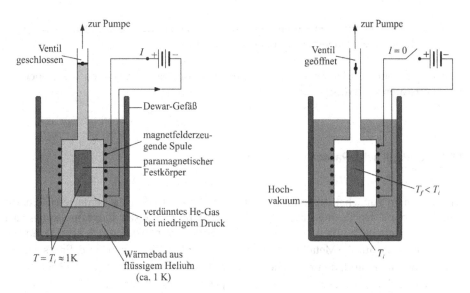

Abb. 9.11: Das Prinzip des magnetischen Kühlens. *Links:* Magnetisieren der Probe bei T_i = const und $|\vec{B}| > 0$ (He-Gas sorgt für Temperaturausgleich zwischen Probe und Bad). *Rechts:* nach Abpumpen des He-Gases ist das System thermisch isoliert, dann wird das Magnetfeld abgeschaltet ($|\vec{B}| = 0$), die Temperatur der Probe sinkt auf $T = T_f < T_i$ ab (Abb. nach F. Reif, Statistische Physik und Theorie der Wärme, de Gruyter (1987)).

Zu noch tieferen Temperaturen ($10^{-4} - 10^{-5}$ K) gelangt man mit der „Kernentmagnetisierung", wo die Kernspins nicht-ferromagnetischer Metalle wie Cu statt der Elektronenspins der paramagnetischen Salze genutzt werden. Rekordtiefen von ca. 10^{-7} K erreicht man heute durch Kombination der sog. „Laserkühlung" mit der sog. MOT-Technik (*Magnetic optic trap*), wo mit extrem verdünnten Gasatomen (z. B. Na- oder Cs-Atome) gearbeitet wird (s. Abschnitt 3.6.3 in Kapitel 3).

9.6 Das freie Elektronengas im magnetischen Feld

In diesem Abschnitt kommen wir nochmals auf eine Anwendung der FD-Statistik zurück (s. Kapitel 3). Wir betrachten nichtferromagnetische Metalle, wie z.B. die Alkalimetalle und die Edelmetalle, deren Atome keine permanenten magnetischen Dipole in ihrer elektronischen Atomhülle besitzen. Bringt man diese Metalle in ein Magnetfeld $\vec{B}$, so werden sie magnetisiert, wenn auch in viel geringerem Ausmaß als ferromagnetische Metalle. Man unterscheidet 3 wesentliche Anteile, die zu einer Magnetisierung nichtferromagnetischer Metalle führen:

- einen *paramagnetischen Anteil*, der von den Spins der quasi-freien Elektronen herrührt (sog. *Pauli-Magnetismus*)

- einen diamagnetischen Anteil, der von der Wirkung der Lorentz-Kraft auf die beweglichen Elektronen herrührt (sog. *Landau-Magnetismus*)

- einen weiteren diamagnetischen Anteil, der von den lokalisierten Elektronen der Gitteratome herrührt.

9.6.1 Der Pauli'sche Paramagnetismus

Wir behandeln zunächst den paramagnetischen Anteil. In dem fast entarteten Elektronengas ist ohne den Einfluss äußerer Felder die eine Hälfte der Elektronenspins nach oben, die andere nach unten ausgerichtet. Alle Spins kompensieren sich also. Wirkt nun ein Magnetfeld $\vec{B}$ auf die Metallelektronen ein, so werden Elektronen, derer Spins in Feldrichtung orientiert sind, den zusätzlichen Energiebetrag $-\vec{\mu}_B \cdot \vec{B}$ erhalten, und solche, die gegen das Feld orientiert sind die Energie $+\vec{\mu}_B \cdot \vec{B}$. Dabei stellt sich eine Ungleichheit der Elektronenzahl N_+ (in Feldrichtung) zu N_- (gegen die Feldrichtung) ein.

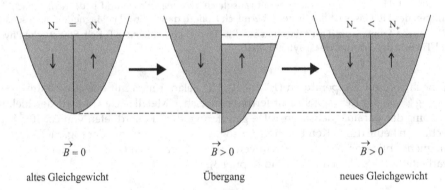

Abb. 9.12: Verschiebung der Energieniveaus eines Elektronengases im magnetischen Feld $\vec{B}$ (Pauli-Magnetismus). Im Gleichgewicht gilt $N_\uparrow > N_\downarrow$

Für die Fermi-Verteilungsfunktion gilt dann nach Gl. (3.29):

$$f(\varepsilon,\vec{B}) = \frac{1}{\exp\left[\dfrac{\varepsilon \pm |\vec{\mu}_B||\vec{B}|}{k_B T} - \dfrac{\mu^* \pm |\vec{\mu}_B||\vec{B}|}{k_B T}\right] + 1} = f(\varepsilon) = \frac{1}{\exp\left[\dfrac{\varepsilon - \mu^*}{k_B T}\right] + 1} \tag{9.59}$$

Das Minus- bzw. Pluszeichen steht für die verschiedenen Orientierungen der Spins. Da sowohl ε wie auch μ um $\pm \vec{m}_B \cdot \vec{B}$ verändert werden, ist $f(\varepsilon,\vec{B})$ effektiv unabhängig von $\vec{B}$. Für den Entartungsfaktor g gilt das nicht. Daher beträgt die Zahl der Elektronen N_+ in

Feldrichtung bzw. N_- gegen Feldrichtung:

$$N_+ = \int_{\varepsilon=-\vec{m}_B \cdot \vec{B}}^{\infty} f(\varepsilon) \cdot g(\varepsilon + \vec{\mu}_B \cdot \vec{B}) d\varepsilon \qquad (9.60)$$

$$N_- = \int_{\varepsilon=+\vec{\mu}_B \cdot \vec{B}}^{\infty} f(\varepsilon) \cdot g(\varepsilon - \vec{\mu}_B \cdot \vec{B}) d\varepsilon \qquad (9.61)$$

mit $N_+ + N_- = N$. Da $\vec{B} \cdot \vec{\mu}_B \ll \varepsilon$, kann man $g(\varepsilon \pm \vec{\mu}_B \cdot \vec{B})$ in eine Taylorreihe entwickeln und nach dem linearen Glied abbrechen:

$$g(\varepsilon \pm \vec{\mu}_B \cdot \vec{B}) \approx g(\varepsilon, \vec{B} = 0) \pm \left(\frac{dg(\varepsilon)}{d\varepsilon} \right)_{\vec{B}=0} \cdot \vec{\mu}_B \cdot \vec{B} + \dots$$

Außerdem können wir, ohne einen nennenswerten Fehler zu machen, die unteren Integrationsgrenzen gleich Null setzen. Eingesetzt in Gl. (9.60) und (9.61) erhält man:

$$N_\pm = \frac{1}{2} \int_0^\infty f(\varepsilon) \cdot g(\varepsilon, \vec{B}) d\varepsilon \pm \frac{1}{2} \cdot \vec{\mu}_B \vec{B} \int_0^\infty \left(\frac{dg(\varepsilon)}{d\varepsilon} \right)_{\vec{B}=0} \cdot f(\varepsilon) d\varepsilon \qquad (9.62)$$

Also gilt:

$$N_+ + N_- = N = \int_0^\infty g(\varepsilon) \cdot f(\varepsilon) d\varepsilon$$

Man erhält also für die Magnetisierung $|\vec{M}|$:

$$\boxed{|\vec{M}| = |\vec{\mu}_B|(N_+ - N_-) = |\vec{\mu}_B|^2 \cdot |\vec{B}| \int_0^\infty \left(\frac{dg(\varepsilon)}{d\varepsilon} \right)_{\vec{B}=0} \cdot f(\varepsilon) d\varepsilon} \qquad (9.63)$$

$\vec{M}$ hat die SI-Einheit $C \cdot J \cdot s \cdot kg^{-1}$. Zur Berechnung des Integrals verwenden wir die in Abschnitt 3.5.2 entwickelte Methode. Nach Gl. (3.67) gilt:

$$h(\varepsilon) = dg(\varepsilon)/d\varepsilon \qquad bzw. \qquad H(\varepsilon) = g(\varepsilon)$$

und damit erhält man für Gl. (3.68):

$$I = \int_0^\infty f(\varepsilon, \mu, T) \left(\frac{dg}{d\varepsilon} \right) d\varepsilon \qquad (9.64)$$

und für Gl. (3.73) :

$$I = g(\varepsilon = \mu) + (k_B T)^2 \cdot \frac{\pi^2}{6} \cdot \left(\frac{d^2 g(\varepsilon)}{d\varepsilon^2}\right)_{\varepsilon = \mu} \tag{9.65}$$

Einsetzen von $g(\varepsilon = \mu^*)$ nach Gl. (3.11) ergibt dann (m_e = Masse des Elektrons):

$$I = 4\pi \cdot \left(\frac{2m_e}{h^2}\right)^{3/2} \cdot V \mu^{*1/2} - (k_B T)^2 \cdot \frac{\pi^2}{6} \cdot \left(\frac{2m_e}{h^2}\right)^{3/2} \cdot \pi \cdot V \cdot \mu^{*-3/2}$$

Einsetzen von μ aus Gl. (3.76) unter Beachtung von $(1-x)^{1/2} \approx (1-x/2)$ für $x \ll 1$ ergibt:

$$I = 4\pi \cdot V \cdot \left(\frac{2m_e}{h^2}\right)^{3/2} \left[1 - \frac{\pi^2}{24}\left(\frac{k_B T}{\mu^*}\right)^2\right]\left[1 - \frac{\pi^2}{24}\left(\frac{k_B T}{\mu}\right)^2\right] \cdot \mu_0^{*1/2} \tag{9.66}$$

Ausmultiplizieren und Vernachlässigen des Gliedes mit $(k_B T/\mu^*)^4$ ergibt:

$$I = 4\pi \cdot V \cdot \left(\frac{2m_e}{h^2}\right)^{3/2} \left[1 - \frac{\pi^2}{12}\left(\frac{k_B T}{\varepsilon_F}\right)^2\right] \cdot \varepsilon_F^{1/2} \tag{9.67}$$

Mit $N = N_L$ erhält man die molare Magnetisierung $|\vec{M}_{mol}|$ bzw. die paramagnetische Suszeptibilität χ_{Pauli} als Funktion von T in erster Näherung von N_L Elektronen im Molvolumen $\overline{V}$, die 1929 von Wolfgang Pauli abgeleitet wurde:

$$\boxed{\chi_{Pauli} = \frac{|\vec{M}_{mol}|}{|\vec{B}|} = |\vec{\mu}_B|^2 \cdot \left(\frac{2m_e}{h^2}\right)^{3/2} \cdot \overline{V} \cdot 4\pi \cdot \varepsilon_F^{1/2} \left[1 - \frac{\pi^2}{12} \cdot \left(\frac{k_B T}{\varepsilon_F}\right)^2\right]} \tag{9.68}$$

χ_{Pauli} hat die SI-Einheit $C \cdot J \cdot s \cdot kg^{-1} \cdot mol^{-1} \cdot Tesla^{-1} = C^2 \cdot m^2 \cdot kg^{-1} \cdot mol^{-1}$ genau wie in Gl. (9.27). Statt Gl. (9.68) wird (wie in Gl. (9.28)) χ_{Pauli} in der Literatur auch häufig als $\chi_{Pauli}^{Vol} = \chi_{Pauli} \cdot \mu_0$ in $m^3 \cdot mol^{-1}$ angegeben. Die Magnetisierung $\vec{M}$ liegt in Feldrichtung und ist kaum von T abhängig, denn es gilt $(k_B T/\varepsilon_F) \ll 1$. Die paramagnetischen Ionen in einem Kristallgitter (s. Abschnitt 9.2) zeigen einen erheblich stärkeren Paramagnetismus als nichtferromagnetische Metalle. Die Voraussagen für $\vec{M}$ bzw. χ_{Pauli} nach Gl. (9.68) lassen sich nicht direkt mit Messungen vergleichen, da dem paramagnetischen Effekt ja noch zwei weitere diamagnetische Anteile überlagert sind, die wir nun untersuchen wollen.

9.6.2 Der Landau'sche Diamagnetismus

Zunächst beschäftigen wir uns mit dem sog. Landau'schen Diamagnetismus. Wir benötigen einen Zusammenhang von Gl. (3.33) mit dem Magnetfeld $\vec{B}$ und der Magnetisierung $\vec{M}$.

Dazu schreiben wir für die molare innere Energie nach Gl. (11.321) in Anhang 11.17 mit $l_i L_i = \vec{B} \cdot \vec{M}$:

$$U = TS - pV + \vec{B} \cdot \vec{M} \tag{9.69}$$

U ist ein thermodynamisches Potential, denn die Variablen $\bar{S}$, V und $|\vec{M}|$, von denen U abhängt, sind extensive Variablen. Man erhält für das totale Differential:

$$dU = TdS - pdV + \vec{B} \cdot d\vec{M} \tag{9.70}$$

Gl. (9.69) aufgelöst nach pV lautet:

$$pV = TS - U + \vec{B} \cdot \vec{M} \tag{9.71}$$

Wir bilden das totale Differential von Gl. (9.71):

$$d(pV) = T\,dS + S\,dT - dU + \vec{B}\,d\vec{M} + \vec{M}\,d\vec{B}$$

Einsetzen von dU aus Gl. (9.70) ergibt dann:

$$d(pV) = S\,dT + p\,dV + \vec{M}\,d\vec{B} \quad \text{bzw.} \quad \left(\frac{\partial (pV)}{\partial \vec{B}} \right)_{T,V} = \vec{M} \tag{9.72}$$

Damit haben wir den gewünschten Zusammenhang gefunden. Im nächsten Schritt leiten wir ab, wie pV eines idealen, *fast*-entarteten Fermigases freier Elektronen vom Magnetfeld $\vec{B}$ abhängt.

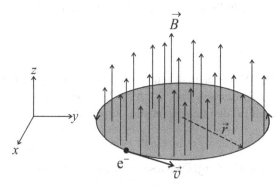

Abb. 9.13: Zur Lorentz-Kraft eines geladenen Teilchens mit der Geschwindigkeit $\vec{v}$ im homogenen Magnetfeld $\vec{B}$. Die Kreisbahn des geladenen Teilchens mit der Ladung q liegt in der xy-Ebene, das magnetische Feld $\vec{B}$ weist in z-Richtung.

Aus der Elektrodynamik ist die sog. Lorentz-Kraft $\vec{F}_\mathrm{L}$ bekannt, die die Bewegung eines geladenen Teilchens mit der Ladung q in einem elektrischen Feld $\vec{E}$ und/ oder einem Magnetfeld $\vec{B}$ beschreibt. Sie lautet in SI-Einheiten

$$\vec{F}_\mathrm{L} = q \cdot \vec{E} - q \cdot \vec{v} \times \vec{B} \tag{9.73}$$

Wir setzen $\vec{E} = 0$ und nehmen an, dass die Geschwindigkeit $\vec{v}$ des Teilchens und das Magnetfeld $\vec{B}$ senkrecht aufeinander stehen. Dann wird das Vektorprodukt $\vec{v} \times \vec{B}$ (s. Anhang 11.5) zum einfachen Produkt (wie in Abb. 9.13 gezeigt). Wenn $\vec{F}_\mathrm{L}$ auch ein Skalar sein soll, muss $\vec{F}_\mathrm{L}$ sowohl auf $\vec{v}$ wie auch auf $\vec{B}$ senkrecht stehen. Das geht nur dann dauerhaft, wenn das geladene Teilchen sich auf einer Kreisbahn mit dem Radius r in der Ebene senkrecht zu $\vec{B}$ bewegt. Dann ist $\vec{F}_\mathrm{L}$ die Zentrifugalkraft und es gilt:

$$|\vec{F}_\mathrm{L}| = \frac{m \cdot v^2}{r} = -q \cdot v \cdot |\vec{B}| \tag{9.74}$$

Für ein Elektron gilt $q = -e$ (Elementarladung). Seine Umlauffrequenz ν auf einer Kreisbahn mit dem Radius r ist somit:

$$\nu = +\frac{v}{2\pi r} = +\frac{e|\vec{B}|}{m_\mathrm{e} \cdot 2\pi} \tag{9.75}$$

Wir lernen daraus, dass ein Magnetfeld in seiner Wirkung auf ein quasi-frei bewegliches Elektron, wie es näherungsweise in Metallen vorliegt, nicht nur über den Spin seinen Energiezustand verändert, sondern auch durch sein Bahndrehmoment im Raum. Mit welchem Energiewert ist diese Kreisbahnbewegung im $\vec{B}$-Feld verbunden? Wenn wir in 9.13 auf der xy-Ebene jeweils von der x-Achse bzw. der y-Achse aus auf die Kreisbewegung schauen, beobachten wir in der Projektion zwei um den Winkel 90° phasenverschobene harmonische Schwingungen. Die Energiewerte solcher Schwingungen sind bekanntlich gequantelt und wir erhalten mit $\omega = 2\pi\nu$ die Energieeigenwerte E_{xy} eines harmonischen Oszillators mit ν nach Gl. (9.75) und $q = -e$ für ein Elektron:

$$\varepsilon_{xy} = +\frac{e|\vec{B}|}{2\pi m_e} \cdot h\left(l + \frac{1}{2}\right) \tag{9.76}$$

mit dem Planck'schen Wirkungsquantum h. l ist die ganzzahlige Quantenzahl, die von 0 bis unendlich läuft. In Richtung z, bzw. $\vec{B}$, hat das Feld keinen Einfluss auf die Bewegung des Elektrons. Dort gilt für den Energieanteil E_z unabhängig von $\vec{B}$

$$\varepsilon_z = p_z^2/2m$$

mit dem Impuls p_z in z-Richtung. Die Gesamtenergie E eines Zustandes ist also mit $|\vec{\mu}_\mathrm{B}|$ nach Gl. (9.8):

$$\varepsilon(p_z,l) = E_z + E_{xy} = p_z^2/2m_e + \frac{e\vec{B}}{2\pi m_e} \cdot h\left(l + \frac{1}{2}\right) = p_z^2/2m_e + 2|\vec{B}||\vec{\mu}_\mathrm{B}| \cdot \left(l + \frac{1}{2}\right) \tag{9.77}$$

mit dem Bohr'schen Magneton $|\vec{\mu}_B|$ nach Gl. (9.9). Nun müssen wir noch die Zahl der Quantenzustände vor und nach Einschalten des magnetischen Feldes $\vec{B}$ bestimmen. Diese Zahl muss gleich bleiben. Gl. (9.77) ist in Abb. 9.14 (links) dargestellt als $\varepsilon(p_z)$ für verschiedene Werte von $l = 0,1,2,3 \ldots$ Alle Zustände l bei $\vec{B} > 0$ fächern sich bei $\vec{B} = 0$ in einen Zustandsbereich der Breie $|\vec{\mu}_B| \cdot \vec{B}$ auf (Abb. 9.14 rechts). Dabei muss die Gesamtzahl der Quantenzustände unverändert bleiben. Umgekehrt fokussieren sich die z Quantenzustände bei $\vec{B} = 0$ in einem grauen Bereich auf einen Zustand mit $l = 0,1,2,\ldots$ u. s. w., wenn $\vec{B} > 0$, der für jedes l z-fach entartet ist!

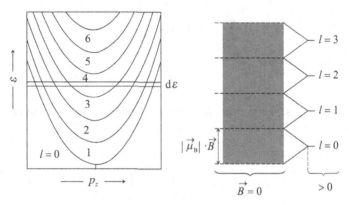

Abb. 9.14: Energieverhalten eines Elektronengases mit und ohne magnetischem Feld.

Wir berechnen jetzt das differentielle Phasenvolumen $(dx \cdot dy \cdot dz) \cdot (dp_x \cdot dp_y \cdot dp_z)$ vor dem Einschalten $(\vec{B} = 0)$ mit $p^2 = p_x^2 + p_y^2$ und $p_z^2 = $ const. $x \cdot y \cdot z = V$ ist das Systemvolumen. Mit $p_{xy}^2 = p_x^2 + p_y^2$ bzw. $d(p_x^2 + p_y^2) = 2\pi p_{xy} \cdot dp_{xy}$ erhält man:

$$2 \cdot 2\pi \cdot p_{xy} \cdot dp_{xy} \cdot dp_z = 2 \cdot 2m_e \cdot \int_0^{2\pi} d\vartheta\, |\vec{\mu}_B| \cdot |\vec{B}|(l + 1 - l) \cdot dp_z$$

$$= 8\pi \cdot m_e \cdot |\vec{\mu}_B| \cdot |\vec{B}| \cdot dp_z$$

$2\pi p_{xy} dp_{xy}$ ist die differentielle Fläche zweier benachbarter Kreise in der $p_x p_y$-Fläche. Der zusätzliche Faktor 2 berücksichtigt die beiden möglichen Spins. Es gilt für differentielle Phasenvolumen:

$$\boxed{dV \cdot \frac{4\pi p_{xy} dp_{xy}}{h^3} \cdot dp_z = dV \cdot \frac{8\pi m_e |\vec{\mu}_B| \cdot |\vec{B}| \cdot dp_z}{h^3}} \tag{9.78}$$

Wir wenden uns jetzt der etwas mühsamen Berechnung der diamagnetischen Suszeptibilität zu. Wir wollen mithilfe von Gl. (9.72) $|\vec{M}|$ berechnen. Dazu beginnen mit Gl. (3.33):

$$pV = k_B T \cdot \sum_l g_l \ln\left[1 + e^{\mu^*/k_B T} \cdot e^{-\varepsilon_l/k_B T}\right]$$

mit $\varepsilon_l = 2|\vec{\mu}_B| \cdot |\vec{B}|(l+1/2) + p_z^2/2m_e$. Wir kürzen ab $\zeta = \exp[\mu^*/k_BT]$ (Aktivität) und erhalten:

$$pV = k_BT \int\limits_{p_z=-\infty}^{+\infty} \cdot \sum_{l=0}^{\infty} g \cdot \ln\left[1 + \zeta \cdot \exp\left[-2 \cdot \frac{|\vec{\mu}_B|}{k_BT} \cdot |\vec{B}|(l + \frac{1}{2}) + \frac{p_z^2/2m_e}{k_BT}\right]\right] dp_z \qquad (9.79)$$

g ist der Entartungsfaktor, also die Zahl der Quantenzustände, die zu einem bestimmten Energiewert gehören. Es gilt nach Gl. (9.78) $g = 8\pi m_e|\vec{\mu}_B| \cdot |\vec{B}|/h^3$ und wir erhalten:

$$pV = \frac{8\pi m_e}{h^3}|\vec{\mu}_B||\vec{B}|k_BT \cdot \int\limits_{-\infty}^{\infty} \sum_{l=0}^{\infty} \ln\left[1 + \zeta \cdot \exp\left[-2|\vec{\mu}_B| \cdot |\vec{B}|(l + \frac{1}{2})/k_BT\right.\right.$$

$$\left.\left. - \frac{1}{k_BT}p_z^2/2m_e\right]\right] dp_z \qquad (9.80)$$

Die Summe in Gl. (9.80) kann nun nicht einfach durch eine Integration ersetzt werden. Wir machen von der Euler'schen Formel Gebrauch (s. Gl. (2.37)), um eine brauchbare Näherung zu erhalten:

$$\sum_{l=0}^{\infty} f(l + \frac{1}{2}) \approx \int\limits_0^{\infty} f(l)dl + \frac{1}{2}\left[f(\infty) - f(0)\right] - \frac{1}{12}\left[\left(\frac{df(l)}{dl}\right)_{l=\infty} - \left(\frac{df(l)}{d(l)}\right)_{l=0}\right] \qquad (9.81)$$

$f(l)$ ist gleich $\ln[1 + \zeta \cdot \exp\left[-2|\vec{\mu}_B| \cdot |\vec{B}|(l + \frac{1}{2})/k_BT - \frac{1}{k_BT}p_z^2/2m_e\right]]$ in Gl. (9.79) bzw. (9.80). Da $k_BT \gg \vec{\mu}_B \cdot \vec{B}$ und ebenso $k_BT \ll p_z^2/2m$, können wir $f(\infty) \approx f(0)$ setzen. Für $df(l)/dl$ erhält man mit $\beta = 1/k_BT$:

$$\frac{df(l)}{dl} = \frac{d}{dl}\ln\left[1 + \zeta \cdot \exp\left[-2|\vec{\mu}_B| \cdot |\vec{B}|(l + \frac{1}{2})/k_BT - \frac{1}{k_BT}p_z^2/2m_e\right]\right]$$

$$= \frac{-2|\vec{\mu}_B| \cdot |\vec{B}| \cdot \beta \cdot \zeta \cdot \exp\left[-2|\mu_B| \cdot |\vec{B}|(l + \frac{1}{2}) - p_z^2 \cdot \beta/2m\right]}{1 + \zeta \cdot \exp\left[-2|\vec{\mu}_B| \cdot |\vec{B}|(l + \frac{1}{2}) \cdot \beta - \beta \cdot p_z^2/2m\right]}$$

$$= -\frac{|\vec{\mu}_B| \cdot |\vec{B}| \cdot \beta}{\zeta^{-1} \cdot \exp\left[\beta \cdot p_z^2/2m\right] + 1}$$

Setzt man Gl. (9.81) in Gl. (9.80) ein, erhält man mit l als kontinuierliche Variable:

$$pV = V \cdot \frac{8\pi m_e}{h^3}|\vec{\mu}_B| \cdot |\vec{B}| \cdot \beta^{-1} \cdot \int\limits_{-\infty}^{\infty} dp_z \int\limits_0^{\infty} \ln\left[1 + \zeta \cdot \exp\left(-2|\vec{\mu}_B| \cdot |\vec{B}| \cdot l \cdot \beta - \frac{p_z^2 \cdot \beta}{2m_e}\right) \cdot\right] dl$$

$$- V \cdot \frac{2}{3}\pi \cdot \frac{m_e\left(|\vec{\mu}_B| \cdot |\vec{B}|\right)}{h^3} \cdot \int\limits_{-\infty}^{\infty} \frac{dp_z}{1 + \exp\left[\beta p_z^2/2m_e\right] \cdot \zeta^{-1}} \qquad (9.82)$$

Das Doppelintegral im ersten Term von Gl. (9.82) lösen wir durch Substitution $\varepsilon = 2|\vec{\mu}_B| |\vec{B}| \cdot l + p_z^2/2m_e$. Die Integration über p_z wird bei *festgehaltenem Wert* von ε durchgeführt, also gilt wegen $\varepsilon = 0 = 2|\vec{\mu}_B| \cdot \vec{B} \cdot dl + p_z/m_z \cdot dp_z$, dass $dp_z = -2|\vec{\mu}_B| \cdot |\vec{B}| \cdot (m_z/p_z) \cdot dl$ und wir erhalten:

$$\ln\left[1 + \zeta \cdot e^{-\beta\varepsilon}\right] \cdot \int_{-p_z(\varepsilon)}^{p_z(\varepsilon)} dp_z = 2 \ln\left[1 + \zeta \cdot e^{-\beta\varepsilon}\right] \int_0^{p_z(\varepsilon)} dp_z$$

$$= 2 \cdot \ln\left[1 + \zeta \cdot e^{-\beta\varepsilon}\right] \cdot \int_{l=\varepsilon/(2|\vec{\mu}_B|\cdot|\vec{B}|)}^{0} \frac{-2|\vec{\mu}_B| \cdot \vec{B} \cdot m_e \, dl}{\left[2m_e\left(\varepsilon - 2|\vec{\mu}_B| \cdot |\vec{B}| \cdot l\right)\right]^{1/2}} \tag{9.83}$$

Im letzten Term von Gl. (9.83) wurde noch $p_z = \left[\left(\varepsilon - 2|\vec{\mu}_B||\vec{B}| \cdot l\right) \cdot 2m_e\right]^{1/2}$ gesetzt. Für Integrale vom Typ wie in Gl. (9.83) gilt:

$$-\int_{x=a}^{0} \frac{dx}{\sqrt{a-x}} = 2\sqrt{a-x}\Big|_a^0 = 2\sqrt{a} \qquad \text{mit} \quad a = \varepsilon \quad \text{und} \quad x = 2|\vec{\mu}_B| \cdot |\vec{B}| \cdot l$$

Das Ergebnis der Integration von Gl. (9.83) lautet dann:

$$\ln\left[1 + \zeta \cdot e^{-\beta\varepsilon}\right] \int_0^{p_z(\varepsilon)} dp_z = 2\left(2m_e \cdot \varepsilon\right)^{1/2} \cdot \ln\left[1 + \zeta \cdot e^{-\beta\varepsilon}\right]$$

Dieses Ergebnis der Integration über dp_z setzen wir in den ersten Term von Gl. (9.82) ein und erhalten indem wir dl durch $d\varepsilon/(2|\vec{\mu}_B| \cdot |\vec{B}|)$ ersetzen (s. Gl. (9.76)) und jetzt über $d\varepsilon$ integrieren:

$$(pV)_{\vec{B}=0} = V \frac{8\pi m_e}{h^3} |\vec{\mu}_B| \cdot |\vec{B}| \cdot \beta^{-1} \cdot 2 \cdot (2 \cdot m_e)^{1/2} \frac{1}{2|\vec{\mu}_B| \cdot \vec{B}} \int_0^\infty \varepsilon^{1/2} \cdot \ln\left(1 + \zeta \cdot e^{-\beta\varepsilon}\right) d\varepsilon$$

$$\boxed{\left(\frac{pV}{k_B T}\right)_{\vec{B}=0} = 4\pi \cdot \frac{(2m_e)^{3/2}}{h^3} \cdot V \cdot \int_0^\infty \varepsilon^{1/2} \cdot \ln\left(1 + \zeta e^{-\beta\varepsilon}\right) d\varepsilon} \tag{9.84}$$

Gl. (9.84) ist identisch mit Gl. (3.33) für Elektronen, wenn man dort für $g_i = g(\varepsilon)$ aus Gl. (3.11) einsetzt und die Summation durch die Integration ersetzt. Gl. (9.84) ist also das

Ergebnis für (pV) bei $\vec{B} = 0$. Der zweite Term in Gl. (9.82) ist der eigentliche Beitrag zu (pV), der von einem Magnetfeld $|\vec{B}| > 0$ herrührt. Diesen Beitrag wollen wir jetzt berechnen. Wir substituieren unter dem Integral $y = \beta p_z^2/2m_e$ mit

$$dy = \beta \cdot 2p_z/(2m_e)\, dp_z \quad \text{und} \quad p_z = \left(\beta^{-1} \cdot y \cdot 2m_e\right)^{1/2}$$

also:

$$dp_z = \beta^{-1/2} \cdot y^{-1/2} \cdot (2m_e)^{1/2}\, dy$$

Eingesetzt in den zweiten Term von Gl. (9.82) ergibt das:

$$-\frac{2}{3}\pi\, m_e \cdot \frac{\left(\vec{\mu}_B \cdot \vec{B}\right)^2}{h^3} \cdot \int_{-\infty}^{\infty} \frac{dp_z}{\zeta^{-1} \cdot e^y + 1} = -\frac{1}{3}\pi\,(2m_e)^{3/2} \cdot \frac{\left(\vec{\mu}_B \cdot \vec{B}\right)^2}{h^3} \beta^{-1/2} \cdot \int_{-\infty}^{\infty} \frac{y^{-1/2}}{\zeta^{-1} \cdot e^y + 1}\, dy \tag{9.85}$$

Jetzt lässt sich unmittelbar der diamagnetische Anteil des Suszeptibilität nach Landau angeben. Mit Gl. (9.71) erhält man angewandt auf Gl. (9.85):

$$\chi_{\text{mag,Landau}} = \frac{|\vec{M}_{\text{mol}}|}{\vec{B}} = \frac{1}{\vec{B}}\left(\frac{\partial(p\overline{V})}{\partial \vec{B}}\right)_{V,T}$$

$$= -\frac{2}{3}\pi\,(2m_e)^{2/3} \cdot \overline{V} \cdot \frac{(\vec{\mu}_B)^2}{h^3} \cdot \beta^{-1/2} \cdot \int \frac{y^{-1/2}}{\zeta^{-1} \cdot e^y + 1}\, dy \tag{9.86}$$

Jetzt bleibt als letzter Schritt noch übrig, das Integral in Gl. (9.86) zu lösen. Da wir ein Metall bei Zimmertemperatur oder darunter betrachten, gilt $T \ll T_F = \varepsilon_F/k_B$ und wir können mit $\zeta^{-1} = \exp\left[-\varepsilon_F/k_B T\right] = e^{-\xi}$ annehmen, dass der Nenner in Gl. (9.86) ungefähr gleich 1 ist, solange $\xi \gg y$, sodass man durch eine Reihenentwicklung um $y = \xi$ erhält (s. z. B. R. K. Pathria, Statistical Mechanics, Pergamon Press):

$$\int_0^{\infty} \frac{y^{-1/2}}{e^{y-\xi} + 1} \approx \int_0^{\xi} y^{-1/2}\, dy + \frac{\pi^2}{6}\left(\frac{dy^{-1/2}}{dy}\right)_{y=\xi} + \cdots = 2\xi^{1/2} - \frac{1}{2}\xi^{-3/2} \cdot \frac{\pi^2}{6}$$

Mit $\xi = \varepsilon_F/k_B T$ erhält man eingesetzt in Gl. (9.86):

$$\boxed{\chi_{\text{Landau}} \cong -\overline{V} \cdot \frac{4}{3}\pi\,(2m_e)^{3/2} \cdot \frac{|\vec{\mu}_B|^2}{h^3} \cdot \varepsilon_F^{1/2}\left[1 - \frac{\pi^2}{12}\left(\frac{k_B T}{\varepsilon_F}\right)^2\right]} \tag{9.87}$$

Vergleicht man Gl. (9.87) mit Gl. (9.68), stellt man fest, dass für die Metallelektronen gilt:

$$\boxed{\chi_{\text{Landau}} = -\frac{1}{3}\chi_{\text{Pauli}}} \quad \text{bzw.} \quad \chi_{\text{Landau}}^{\text{Vol}} = -\frac{1}{3}\chi_{\text{Pauli}}^{\text{Vol}} \tag{9.88}$$

9.6.3 Der Diamagnetismus der Atome im Metallgitter

Der dritte Anteil, der zur Suszeptibilität von Metallen erheblich beiträgt, ist das diamagnetische Verhalten der Gitteratome des Metalls. Es handelt sich dabei um Metallionen mit abgeschlossenen Orbitalen ohne Spin- und magnetische Komponente des Bahndrehimpulses. Die damit verbundene Suszeptibilität bezeichnen wie mit χ_{Dia}. In diesen „Atomrümpfen" gehorchen die Elektronen denselben Gesetzmäßigkeiten wie im freien Elektronengas, nur sind sie durch die Anbindung an den positiven Atomkern in ihrer Bewegung auf einen sehr kleinen Raum beschränkt. Die kinetische Energie eines Elektrons j in einem Atom setzt sich im Fall der Anwesenheit eines Magnetfeldes im klassischen Sinn zusammen aus dem Quadrat seines Gesamtimpulses dividiert durch m_e. Der Gesamtimpuls setzt sich wiederum zusammen aus dem linearen Impuls $\vec{p}_j$, und dem durch das Magnetfeld zusätzlich verursachtem Impuls $m_j \cdot \vec{v}_j$, der senkrecht zum Radiusvektor der Kreisbahn des Elektrons liegt, wobei das Magnetfeld $\vec{B}$ wiederum senkrecht sowohl zu $\vec{r}_j$ wie zu $\vec{v}_j$ ausgerichtet ist (s. Abb. 9.13).

$$m_j \vec{v}_j = -\frac{e}{2} \vec{r}_j \times \vec{B}$$

Wir erhalten also für die gesamte kinetische Energie E_{kin} aller im Ion gebundenen Elektronen:

$$E_{\text{kin}} = \frac{1}{2m_e} \sum_j^{Z-1} \left[\vec{p}_j - \frac{e}{2} \vec{r}_j \times \vec{B} \right]^2 \tag{9.89}$$

Die Summe läuft bis $(z - 1)$, wobei Z die Ordnungszahl, d. h. die Zahl der Protonen im Atomkern bedeutet. In der klassischen Mechanik und Elektrodynamik ist diese Beziehung richtig. Im atomaren Bereich der Quantenmechanik werden jedoch Energie, Ort und Impuls durch Operatoren ersetzt, und nur deren Mittelwerte sind die tatsächlichen physikalischen realisierbaren Größen. So gilt für den Impulsoperator $\widehat{p}_j$ (s. auch Abschnitt 3.1):

$$\widehat{p}_j = \frac{1}{i} \frac{h}{2\pi} \left(\frac{\partial}{\partial x_j} + \frac{\partial}{\partial y_j} + \frac{\partial}{\partial z_j} \right)$$

Für den Ortsoperator gilt $\widehat{r} = \vec{r}$. Beobachtbar sind nur Mittelwerte:

$$\langle \vec{p}_j \rangle = \int \Psi_j \cdot \frac{h}{2\pi i} \left(\frac{\partial}{\partial x_j} + \frac{\partial}{\partial y_j} + \frac{\partial}{\partial z_j} \right) \Psi_j^* dx_j dy_j dz_j \quad \text{bzw.} \quad \langle r \rangle = \int \Psi_j \cdot \vec{r} \cdot \Psi_j^* d\vec{r}$$

mit $d\vec{r} = dx \cdot dy \cdot dz$, wobei Ψ bzw. Ψ^* die entsprechende Wellenfunktion bedeutet. Wenn wir Gl. (9.89) ausmultiplizieren und die Mittelwertbildung der Operatoren durchführen, bleiben nur die beiden quadratischen Glieder übrig, denn das Glied mit dem Operator

$$\left(\frac{h}{2\pi i} \frac{\partial}{\partial r_j} \right) \cdot \left[\frac{e}{2m_e} \cdot \vec{r}_j \times \vec{B} \right] = \frac{h \cdot e}{4\pi c_L} \left[\frac{\partial}{\partial x_j} (y B_z - z_j B_y) + \frac{\partial}{\partial y_j} (z B_x - x_j B_z) + \frac{\partial}{\partial z_j} (x B_y - y_j B_x) \right] = 0$$

verschwindet, denn $B_x = B_y = 0$ und ebenso $\partial(y \cdot B_z)/\partial x = 0$ und auch $\partial(x \cdot B_z)\partial y = 0$ (s. auch Anhang 11.5). Es gilt also für den Operator der kinetischen Energie $\widehat{E}_{kin}$ eines Atomelektrons im magnetischen Feld:

$$\widehat{E}_{j,kin} = \frac{1}{m_e}\frac{h^2}{8\pi^2}\left(\frac{\partial^2}{\partial x_j^2}+\frac{\partial^2}{\partial y_j^2}+\frac{\partial^2}{\partial z_j^2}\right)+\frac{e^2}{8m_e^2\cdot c_L^2}\cdot\left(\vec{r}_j\times\vec{B}\right)^2$$

Da wir uns nur für den magnetischen Anteil der Energie interessieren, folgt als Mittelwert:

$$\langle\varepsilon_j\rangle = |\vec{B}|^2\cdot\left(\frac{e^2}{8m_e^2\cdot c_L^2}\right)\int\Psi\cdot r_j^2\cdot\Psi^*d\vec{r}_j$$

Da das Feld in z-Richtung orientiert ist, spielt nur die x- und y-Komponente von $\vec{r}_i$ eine Rolle und man erhält die magnetische Energie $\langle E_{magn}\rangle$ von $(Z-1)$ an das Atom gebundenen Elektronen:

$$\langle E_{magn}\rangle = |\vec{B}|^2\frac{1}{2}\left(\frac{e}{2m_e\cdot c_L}\right)^2\cdot\sum_j^{Z-1}\left(\langle x_j^2\rangle+\langle y_j^2\rangle\right) = |\vec{B}|^2\cdot\frac{1}{2}\cdot\frac{2}{3}\left(\frac{e}{2m_e\cdot c_L}\right)^2\cdot\sum^{Z-1}\langle r_j^2\rangle$$

Die SI-Einheit von $\langle E_{magn}\rangle$ ist hier Joule. Für das durch das $\vec{B}$-Feld erzeugte magnetische Moment $\vec{\mu}_{magn}$ gilt dann:

$$\vec{M}_{mol,dia} = N_L\cdot\vec{\mu}_{magn} = -N_L\cdot\left(\frac{\partial\langle E_{magn}\rangle}{\partial\vec{B}}\right)$$

Wegen der Kugelsymmetrie gilt $\langle x_j^2\rangle = \langle y_j^2\rangle = \langle z_j^2\rangle = \frac{1}{3}\langle\vec{r}_j^2\rangle$ ergibt sich für die diamagnetische Suszeptibilität χ_{dia} der atomaren Gitterionen des Metalls in:

$$\boxed{\chi_{dia} = -\left(\frac{\partial^2\langle E_{magn}\rangle}{\partial\vec{B}^2}\right) = -\frac{1}{6}\left(\frac{e^2}{m_e}\right)^2\cdot\sum_j^n\langle\vec{r}_j{}^2\rangle} \tag{9.90}$$

χ_{dia} hat die Einheit $C^2\cdot m^2\cdot kg^{-1}\cdot mol^{-1}$. Wie in Gl. (9.27) ergibt Multiplikation mit μ_0

$$\chi_{dia}^{Vol} = \mu_0\cdot\chi_{dia}\quad\text{in}\quad m^3\cdot mol^{-1}.$$

Man beachte: χ_{dia} ist negativ ebenso wie χ_{Landau} (Gl. (9.88)), $\langle\vec{r}_j{}^2\rangle$ lässt sich quantenmechanisch berechnen

$$\langle\vec{r}_j{}^2\rangle = \int\Psi_j\cdot|\vec{r}_i|^2\cdot\Psi_j^*d\vec{r}_i$$

wobei in erster Näherung die elektronische Wellenfunktion des i-ten Atomorbitals bei $\vec{B} = 0$ einzusetzen ist. Damit haben wir die drei Beiträge zur Magnetisierung nichtferromagnetischer Metalle abgeleitet. In Tabelle 9.5 sind diese Beiträge einzeln als $\chi_{Pauli}^{Vol}+\chi_{Landau}^{Vol} =$

$\frac{2}{3}\chi_{\text{Pauli}}^{\text{Vol}}$ und $\chi_{\text{dia}}^{\text{Vol}}$ für verschiedene Metalle angegeben. Sie wurden alle nach den oben beschriebenen Methoden berechnet und ihre Summe $\chi_{\text{theo}}^{\text{Vol}}$ mit experimentellen Daten für $\chi_{\text{exp}}^{\text{Vol}}$ verglichen. Man sieht, dass die Vorhersage $\chi_{\text{theo}}^{\text{Vol}} = \chi_{\text{dia}}^{\text{Vol}} + \frac{2}{3}\chi_{\text{Pauli}}^{\text{Vol}}$ nur mäßig mit den Messergebnissen korreliert. Dennoch ist es wichtig zu sehen, dass die zwei Beiträge, die vom freien Elektronengas herrühren, also $\chi_{\text{Pauli}} + \chi_{\text{Landau}} = \frac{2}{3}\chi_{\text{Pauli}}$, allein durch die FD-Statistik bestimmt sind. Ein freies Elektronengas, das wie Gasatome der MB-Statistik gehorchen würde, hätte eine um ca. 1000-fache höhere magnetische Suszeptibilität.

Tab. 9.5: Magnetische Suszeptibilität von Metallen

Metall	$\dfrac{\chi_{\text{exp}}^{\text{Vol}} \cdot 10^{-12}}{\text{m}^3 \cdot \text{mol}^{-1}}$	$\dfrac{\chi_{\text{theo}}^{\text{Vol}} \cdot 10^{-12}}{\text{m}^3 \cdot \text{mol}^{-1}}$	$\dfrac{\chi_{\text{dia}}^{\text{Vol}} \cdot 10^{-12}}{\text{m}^3 \cdot \text{mol}^{-1}}$	$\dfrac{\frac{2}{3}\chi_{\text{Pauli}}^{\text{Vol}} \cdot 10^{-12}}{\text{m}^3 \cdot \text{mol}^{-1}}$
Na	+15,3	+7,3	−4	+11,3
K	+20,8	+7,0	−9	+16,0
Cu	−5,5	−6,4	−11	+4,6
Ag	−20,3	−18,2	−24	+5,8
Au	−28,0	−34,1	−40	+5,9

Datenquelle: A. Weiss und H. Witte, Magnetochemie, Verlag Chemie (1973)

9.7 Realer Magnetismus. Übergang zum Ferromagnetismus

Bisher haben wir nur magnetische Systeme behandelt, bei denen die Atome mit ihren Elektronen als Träger magnetischer Momente keine bzw. eine sehr geringe magnetische Wechselwirkung aufeinander ausüben. Kommt man bei Anwendung des Curie'schen Gesetzes nach Gl. (9.27) zu tieferen Temperaturen, beobachtet man jedoch zunehmende Abweichungen von Gl. (9.27), die auf Austauschwechselwirkungen benachbarter Atome zurückzuführen sind. Sind diese stark genug, kommt es zum Phänomen des Ferromagnetismus.

9.7.1 Gittertheorie des Ferromagnetismus in der Molekularfeldnäherung

Ferromagnetismus ist ein kooperatives Phänomen, das in Metallen wie Fe oder Ni, aber auch in bestimmten Legierungen und Metalloxiden auftritt. Ursache sind die Wechselwirkungen von Elektronen, die in d- oder f-Orbitalen benachbarter Atome fixiert sind. Wegen der geringen Atomabstände (im Gegensatz zu den paramagnetischen Kristallsalzen) sind hier die Wechselwirkungskräfte nicht mehr vernachlässigbar. Die Wechselwirkung der Orbitale kommt jedoch nicht durch magnetische Dipol-Kräfte zustande, sondern durch quantenmechanische Austauschkräfte (Heisenberg, 1928). Ihr Vorzeichen wird gesteuert durch die Orientierungen der Spins von Elektronen benachbarter Atome (s. Anhang

11.22). Wir betrachten nun die Wechselwirkungsenergie zweier benachbarter Atomorbitale i und $i + 1$. Nach einer störungstheoretischen Rechnung ist sie in erster Ordnung proportional zum Produkt der Spinvektoren $\vec{S}_i \cdot \vec{S}_j$ plus einer Konstante (s. Anhang 11.22, Gl. (11.464)):

$$\varepsilon = \text{const} - \frac{1}{2}I \cdot \vec{S}_i\vec{S}_j = \text{const} - \frac{1}{2}I \cdot \cdot \left(S_{ix} \cdot S_{jx} + S_{iy} \cdot S_{jy} + S_{iz} \cdot S_{jz}\right) \tag{9.91}$$

I heißt Austauschintegral oder Kopplungskonstante, sie ist systemabhängig. Nun legen wir in z-Richtung ein Magnetfeld $\vec{B}$ an und nehmen an, dass die Spinkomponente S_{iz} bzw. S_{jz} in Feldrichtung (+) oder gegen die Feldrichtung (-) ausgerichtet ist. Auf S_{ix}, S_{jx} bzw. S_{iy}, S_{jy} hat $\vec{B} = B_z$ keinen direkten Einfluss. Machen wir die plausible Näherungsannahme, dass nur benachbarte Spins zu berücksichtigen sind, und vernachlässigt man in Gl. (9.91) die y- und x-Terme, erhält man für die Gesamtenergie E:

$$E = -\frac{1}{2}I \sum_i^N \vec{S}_{i,z}\vec{S}_{i+1,z} - \vec{\mu}_{\text{eff}} \cdot \vec{B} \sum_i \vec{S}_{i,z} \tag{9.92}$$

$\vec{\mu}_{\text{eff}}$ ist das effektive magnetische Dipolmoment der Atomelektronen. Jeder Wert von $\vec{S}_{i,z}$ bzw. $\vec{S}_{i+1,z}$ beträgt in Einheiten von $\hbar/2$ entweder +1 oder −1. Gehen wir als *Näherung* von einer statistisch gleichförmigen, d. h. unkorrelierten Verteilung der Spins auf die Gitterplätze aus, erhält man für Gl. (9.92) als Mittelwert mit $\langle S_{i,z}\rangle \cdot \langle S_{i+1,z}\rangle = \langle S_z\rangle^2$ (eine Indizierung erübrigt sich damit):

$$\langle E\rangle = -z_{\text{G}} \cdot \frac{N}{2} \cdot \frac{1}{2}I \cdot \langle S_z^2\rangle - \vec{\mu}_{\text{eff}}\,(N_+ - N_-) \cdot \vec{B} \tag{9.93}$$

z_{G} ist die Zahl nächster Nachbarn, N ist die Gesamtzahl der spintragenden Atome. N_+ ist die Zahl der in Feldrichtung von $\vec{B}$ orientierten Spins, N_- die entgegengesetzt orientierten Spins. $z_{\text{G}} \cdot N/2$ ist die Kontaktzahl aller Spins. Auf 2 benachbarte Spins kommt ein Wechselwirkungskontakt, daher der Faktor 1/2 in Gl. (9.93). Nun gilt, gemäß unserer Näherung in Einheiten von $\hbar/2$:

$$\langle S_z\rangle = \left(\frac{N_+}{N}\right) - \left(\frac{N_-}{N}\right) \tag{9.94}$$

wobei N_+/N bzw. N_-/N die Wahrscheinlichkeit bedeutet, dass ein Gitterplatzatom mit Spin in Feldrichtung bzw. gegen Feldrichtung besetzt ist. Damit wird aus Gl. (9.93)

$$\langle E\rangle = -z_{\text{G}} \cdot \frac{N}{4} \cdot I \cdot \left[\frac{N_+}{N} - \frac{N_-}{N}\right]^2 - N\left[\frac{N_+}{N} - \frac{N_-}{N}\right] \cdot \vec{\mu}_{\text{eff}} \cdot \vec{B} \tag{9.95}$$

Die hier dargestellte Näherungsmethode bezeichnet man als *Molekularfeld-Theorie*. Eine genaue Analyse dieser Näherung wird in Exkurs 9.8.11 durchgeführt.

Für die Zustandssumme des Gesamtsystems einer Mischung von N_+- und N_--Spins gilt dann mit $\langle E \rangle$ nach Gl. (9.95):

$$Q_M \cong \frac{N!}{N_+!N_-!} \cdot \exp\left[-\langle E \rangle / k_B T\right] \tag{9.96}$$

Wir definieren nun als Ordnungsparameter q:

$$q = \frac{N_+}{N} - \frac{N_-}{N} = \frac{\vec{\mu}_{eff}(N_+ - N_-)}{\vec{\mu}_{eff} \cdot N} \approx \frac{\vec{M}}{\vec{M}_{max}} \tag{9.97}$$

$\vec{M}$ ist die gesamte Magnetisierung, $\vec{M}_{max}$ ist ihr maximal möglicher Wert. Wenn $N_+ = N_- = \frac{N}{2}$ ist, wird $q = 0$ (maximale Unordnung) und bei $N_+ = N$ bzw. $N_- = 0$ wird $q = 1$ (vollkommene magnetische Ausorientierung im $\vec{B}$-Feld mit $\vec{M} = \vec{M}_{max}$). Für die freie Energie erhält man mit Q_M nach Gl. (9.96):

$$F = -k_B T \ln Q_M = -k_B T \cdot \ln\left(\frac{N!}{N_+!N_-!}\right) - \left(\frac{z_G \cdot N}{4} \cdot I\right) q^2 - \left(N\vec{\mu}_{eff} \cdot \vec{B}\right) \cdot q \tag{9.98}$$

Anwendung der Stirling'schen Formel unter Beachtung von

$$\frac{N_+}{N} = \frac{1+q}{2} \quad \text{und} \quad \frac{N_-}{N} = \frac{1-q}{2} \tag{9.99}$$

ergibt dann mit $\ln N = \frac{N_+}{N} \ln N + \frac{N_-}{N} \ln N$:

$$F = k_B T \cdot N \left[\frac{1+q}{2} \ln\left(\frac{1+q}{2}\right) + \frac{1-q}{2} \ln\left(\frac{1-q}{2}\right)\right] - \left(\frac{z_G N \cdot I}{2}\right) \cdot q^2 - \left(N \cdot \vec{\mu}_{eff} \cdot \vec{B}\right) q \tag{9.100}$$

In Gl. (9.100) ist q noch ein freier Parameter. Sein Wert q^* im thermodynamischen Gleichgewicht wird nach der Methode des maximalen Terms bestimmt durch:

$$\boxed{\left(\frac{\partial F}{\partial q}\right)_T = 0}$$

Angewandt auf Gl. (9.100) erhält man eine transzendente Bestimmungsgleichung für $q^*(T)$, die nur numerisch lösbar ist:

$$\frac{1}{2} \ln \frac{1+q^*}{1-q^*} = +\frac{z_G \cdot I \cdot q^* + \vec{\mu}_{eff} \cdot \vec{B}}{k_B T} \tag{9.101}$$

Diese Gleichung lässt sich umschreiben mit $q^* = \vec{M}/\vec{M}_{max}$ nach Gl. (9.97):

$$\frac{\vec{M}}{\vec{M}_{max}} = \frac{e^y - e^{-y}}{e^y + e^{-y}} = \tanh(y) \qquad (9.102)$$

Für y gilt:

$$y = \frac{T_C}{T} \cdot \frac{\vec{M}}{\vec{M}max} + \frac{\vec{\mu}_{eff} \cdot \vec{B}}{k_B T} \qquad (9.103)$$

Wir bezeichnen dabei T_C nun als Curie-Temperatur (I hat die Dimension einer Energie):

$$T_C = z_G \cdot I/k_B \qquad (9.104)$$

Wir betrachten jetzt den Fall $\vec{B} = 0$, also $y = (T_C/T) \cdot (\vec{M}/\vec{M}_{max})$ in Gl. (9.102). Trägt man $\vec{M}/\vec{M}_{max}$ nach Gl. (9.102) als gestrichelte Gerade in Abb. 9.15 und $\tanh(y)$ gegen $\vec{M}/\vec{M}_{max}$ auf bei einer vorgegebenen Temperatur T, so schneiden sich die Kurven für $T < T_C$ zweimal, es gibt also 3 Lösungen: $y < 0$, $y = 0$ und $y > 0$. Bei $T = T_C$ fallen die Lösungen bei $y = 0$ zusammen. Für $T > T_C$ gibt es nur noch die Lösung $y = 0$.

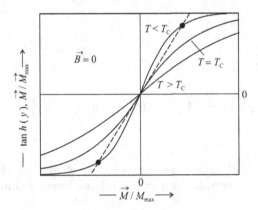

Abb. 9.15: Grafische Lösung von Gl. (9.102) mit $\vec{B} = 0$ für $T < T_C$ (Schnittpunkte), für $T = T_C$ und $T > T_C$ ist $\vec{M}/\vec{M}_{max} = 0$.

Die Magnetisierung $\vec{M}/\vec{M}_{max}$ stellt sich also spontan *ohne* äußeres Magnetfeld $\vec{B}$ ein. Es gilt für $\vec{B} = 0$ nach Gl. (9.102):

$$\frac{\vec{M}}{\vec{M}_{max}} = \tanh(y) \qquad \text{mit} \quad y = \frac{\vec{M}}{\vec{M}_{max}} \cdot \frac{T_C}{T} \qquad (9.105)$$

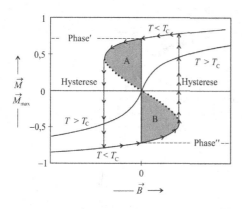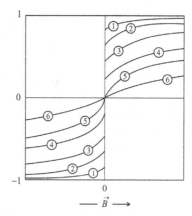

Abb. 9.16: links: $\vec{M}/M_{max} = q^*$ als Funktion von $\vec{B}$ nach Gl. (9.102) bei $T < T_C$ und $T > T_C$. Phasengleichgewicht herrscht bei $T < T_C$ bei $\vec{B} = 0$. Die Pfeile beschreiben den Weg einer Hysterese, bei der die Kurve im metastabilen Bereich bis zum Minimum bzw. Maximum realisierbar sein kann. Rechts: Gleichgewichtskurven $\vec{M}/\vec{M}_{max}$ für zunehmende Temperaturen ① $= T_1$ bis ⑥ $= T_6$ mit ⑤ $= T_C$. Für T_1 bis T_4 treten bei $\vec{B} = 0$ Phasensprünge auf.

Tab. 9.6: Daten ausgewählter Ferromagnetika*

T_C/K	1043	1388	627	293	200	630	37	77
$10^4 \cdot |\vec{M}_{max}|/$Tesla	1752	1446	510	1980	323	726	270	1910
	Fe	Co	Ni	Gd	Au_2MnAl	Cu_2MnAl	$CrBr_3$	EuO

Die spontane Magnetisierung $\vec{M}/\vec{M}_{max}$ ist also eine Funktion von T und verschwindet für $T \geq T_C$. Bei $T = 0$ erreicht $\vec{M}$ seinen maximalen Wert $\vec{M}_{max}$. Gl. (9.105) beschreibt das Phänomen des *Ferromagnetismus*.

Auch wenn der Kopplungsparameter I in Gl. (9.91) bzw. (9.92) im Prinzip berechenbar ist, fassen wir diese Größe, und damit auch T_C als anpassbaren Parameter auf, der dem Experiment entnommen werden muss. In Tabelle 9.6 sind einige experimentelle Daten für verschiedene ferromagnetische Festkörper angegeben, die durch Messung von $\vec{M}$ als Funktion von T erhalten werden. Bei $T = 0$ gilt $\vec{M} = \vec{M}(0) = \vec{M}_{max}$, bei $T = T_C$ ist $\vec{M} = 0$.

Wir diskutieren jetzt den Fall $\vec{B} \neq 0$ mit $\vec{B} > 0$ oder $\vec{B} < 0$. Hier gilt Gl. (9.102) mit y nach Gl. (9.103). Aufgetragen ist links in Abb. 9.16 $\vec{M}/\vec{M}_{max}$ gegen $\vec{B}$ bei $T < T_C$. Für $\vec{B} < 0$ ist $\vec{M}/\vec{M}_{max} < 0$, durchläuft einen maximalen Wert von $\vec{B}$ und kehrt im S-förmigen Verlauf durch den Nullpunkt in den positiven Bereich von $\vec{M}/\vec{M}_{max}$ mit $|\vec{B}| < 0$ zurück, um dann wieder in den positiven Wertebereich von $\vec{B}$ einzutreten. Der punktierte Verlauf zwischen

*Nach F. Keffer, Handbuch der Physik, Vol. 18, Springer (1966) und P. Heller, Rep. Progr. Phys. 30, 731 (1967).

den beiden Extrema ist instabil und nicht realisierbar.

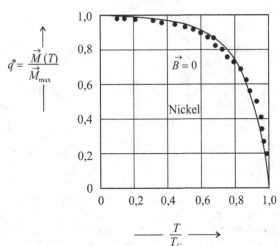

Abb. 9.17: $M(T)/M_{max}$ mit $M_{max} = M(T = 0)$ für Nickel. • = experimentelle Daten, —— Theorie nach Gl. (9.102) und y nach Gl. (9.103) mit $T_C = 627\,K$.

Vergleicht man diese magnetische Zustandsgleichung $\vec{M}(T, \vec{B})$ mit einer fluiden Zustandsgleichung $p(T, V)$, etwa der v. d. Waals Gleichung in Abb. 10.5, so erhalten wir einen ganz ähnlichen Verlauf, wenn wir $\vec{M}$ durch p und $\vec{B}$ durch V ersetzen, d.h. $\vec{M}$ durchläuft bei $T < T_C$ und $\vec{B} = 0$ als Funktion von T einen 2-Phasenbereich und es gilt die Maxwell-Konstruktion, nach der die beiden Flächen A und B in Abb. 9.16 gleich groß sein müssen. Die vertikale Linie, die durch $\vec{B} = 0$ verläuft, zeigt den Phasensprung von Phase' zu Phase'' dort an, wo diese Linie die Kurven $\vec{M}(T, \vec{B} = 0)$ oben und unten schneidet. Die beiden Phasen verschwinden bei der kritischen Temperatur T_C. In Abb. 9.16 rechts ist die Zustandsgleichung $\vec{M}/\vec{M}_{max}(\vec{B}, T)$ als Funktion von $\vec{B}$ bei verschiedenen Werten von T dargestellt. Für $T < T_C$ finden bei $\vec{B} = 0$ Phasensprünge statt. Wir formulieren das Gesagte durch die thermodynamischen Gleichgewichtsbedingungen. Es gilt (s. Anhang 11.17) $G' = G''$, wobei die freie Enthalpie definiert ist durch

$$G = F + pV - \vec{B} \cdot \vec{M} \quad \text{mit} \quad F = U - TS$$

Für das Gleichgewicht folgt, vorausgesetzt $(pV)' = (pV)''$:

$$F'' - F' = \left(\vec{B} \cdot \vec{M}\right)'' - \left(\vec{B} \cdot \vec{M}\right)' \tag{9.106}$$

Nun gilt:

$$dF = dU - TdS - SdT$$

und mit $dU = TdS + \vec{B} \cdot d\vec{M}$ $(pdV = 0)$:

$$dF = -SdT + \vec{B} \cdot d\vec{M}$$

Daraus folgt:

$$\left(\frac{\partial F}{\partial \vec{M}}\right)_{T,V} = \vec{B} \tag{9.107}$$

Die Maxwell-Konstruktion verlangt:

$$F'' - F' = \int_{\vec{M}'}^{\vec{M}''} \vec{B} \cdot d\vec{M} = \left(\vec{B} \cdot \vec{M}\right)'' - \left(\vec{B} \cdot \vec{M}\right)'$$

Da der Phasenübergang bei $\vec{B} = \vec{B}' = \vec{B}'' = 0$ erfolgt, gilt:

$$\boxed{\int_{\vec{M}'}^{\vec{M}''} \vec{B} \cdot d\vec{M} = 0} \tag{9.108}$$

Das ist der Beweis der Flächengleichheit A = B in Abb. 9.16. In Abb. 9.17 sind experimentelle Daten von $\vec{M}/\vec{M}_{max}$ als Funktion von T/T_C für Nickel aufgetragen. Die Messdaten werden durch die numerischen Lösungen für $(\vec{M}/\vec{M}_{max})$ aus Gl. (9.105) recht gut beschrieben.

Eine weitere charakteristische und i.A. gut messbare thermophysikalische Größe ist die Molwärme $\overline{C}_p \approx \overline{C}_V$, die im Übergangsbereich vom Ferromagnetismus zum Paramagnetismus, also vom geordneten Zustand der Elektronenspins ($q^* = 1$) zum ungeordneten Zustand ($q^* \to 0$) einen mehr oder weniger hohen Peak als Funktion von T durchläuft, der gut geeignet ist zur kritischen Überprüfung der Qualität statistischer Theorien des Ferromagnetismus. Wir wollen daher einen Ausdruck für $\overline{C}_p(T)$ ableiten, wie er sich aus unserem Näherungsmodell für $\vec{B} = 0$ ergibt. Zunächst berechnen wir die molare innere Energie aus der freien Energie $\overline{F}$, indem wir schreiben $\overline{U} = \overline{F} + T\overline{S}$. In Gl. (9.100) identifizieren wir mit $q = q^*$ den ersten Term als $-T \cdot \overline{S}$, so dass für $\overline{U}$ gilt:

$$\boxed{\overline{U} = \overline{F} - \left(\frac{\partial \overline{F}}{\partial T}\right) = -(z_G \cdot N_L \cdot I) \cdot q^{*2} = \langle E \rangle} \tag{9.109}$$

Daraus folgt für die Molwärme mit $N = N_L$ und $I = k_B \cdot T_C/z_G$:

$$\overline{C}_p = -(z \cdot N_L \cdot I) \cdot 2q^* \cdot \frac{dq^*}{dT} = -N_L k_B T_C \cdot q^* \cdot \frac{dq^*}{dT} \qquad \left(\frac{dq^*}{dT} < 0!\right) \tag{9.110}$$

Aus Gl. (9.102) erhält man für $\frac{dq^*}{dT}$:

$$\frac{dq^*}{dT} = \frac{d}{dy}(\tanh(y)) \cdot \left(\frac{dy}{dT}\right) \quad \text{mit} \quad y = z \cdot \frac{I \cdot q^*}{k_B T} = \left(\frac{T_C}{T}\right) \cdot q^* \tag{9.111}$$

Wir berechnen zunächst die Ableitung von $\tanh(y)$ nach y unter Beachtung der entsprechenden Formeln in Anhang 11.18:

$$\frac{d\tanh(y)}{dy} = \frac{d}{dy}\left(\frac{\sinh(y)}{\cosh(y)}\right) = \frac{\cosh^2(y) - \sinh^2(y)}{\cosh^2(y)} = \frac{1}{\cosh^2(y)} \tag{9.112}$$

Ferner gilt für dy/dT:

$$\frac{dy}{dT} = \frac{T_C}{T}\left(\frac{dq^*}{dT}\right) - q^*\frac{T_C}{T^2} \tag{9.113}$$

und damit nach Einsetzen von Gl. (9.112) und Gl. (9.113) in Gl. (9.111):

$$\frac{dq^*}{dT} = \frac{1}{\cosh^2(y)}\left[\frac{T_C}{T}\frac{dq^*}{dT} - T_C\frac{q^*}{T^2}\right] = -\frac{T_C \cdot q^*/T^2}{\cosh^2(y) - T_C/T} \tag{9.114}$$

Somit ergibt sich für den magnetischen Anteil $\overline{C}_{p,\text{mag}}$ nach Gl. (9.110)

$$\frac{\overline{C}_{p,\text{mag}}(T)}{N_L \cdot k_B} = q^{*2} \cdot \left(\frac{T_C}{T}\right)^2 \cdot \left[\cosh^2\left(\frac{T_C}{T} \cdot q^*\right) - \frac{T_C}{T}\right]^{-1} \tag{9.115}$$

Für $q^*(T)$ müssen die numerischen Lösungen von Gl. (9.102) eingesetzt werden. Der Grenzwert für $T \to T_C$ beträgt (s. Exkurs 9.8.10):

$$\overline{C}_{p,\text{mag}} = \frac{3}{2}N_L \cdot k_B = \frac{3}{2}R \quad (T = T_C) \tag{9.116}$$

Für $T > T_C$ ist $\overline{C}_{p,\text{mag}} = 0$. In Abb. 9.18 ist für ein typisches Beispiel $\overline{C}_{p,\text{mag}}/R$ gegen (T/T_C) aufgetragen.

Man sieht in Abb. 9.18, dass $\overline{C}_{p,\text{mag}}$ nach Gl. (9.115) zunächst sehr langsam, dann aber steiler werdend ansteigt, bei $T = T_C$ ein Maximum erreicht, um dort sprungartig auf 0 abzufallen. Da $\overline{C}_{p,\text{mag}}$ nur den ferromagnetischen Anteil der Molwärme darstellt, muss beim Vergleich mit experimentellen Daten der ferromagnetischen Substanz $CuK_2Cl_4 \cdot 2$ H_2O von diesen der Anteil, der vom Kristallgitter herrührt, subtrahiert werden.

Die Theorie sagt einen zu früh einsetzenden Anstieg von $\overline{C}_{p,\text{mag}}$ voraus und die Daten von $\overline{C}_{p,\text{mag}} > 0$ für $T > T_C$ kann sie nicht beschreiben. Verbesserte Theorien sind dazu in der Lage (quasi-chemische Näherung, Theorie von Bethe bzw. von Kirkwood).

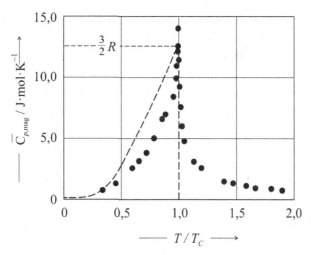

Abb. 9.18: • experimentelle $\overline{C}_{p,\text{mag}}$-Daten (ferromagnetischer Anteil) für $CuK_2Cl_4 \cdot 2H_2O$, - - - - - - Gl. (9.115).

Um den Zusammenhang des Ferromagnetismus mit dem realen Paramagnetismus herzustellen, berechnen wir die magnetische Suszeptibilität $\chi_{\text{mag}} = \vec{M}/|\vec{B}|$ mit Hilfe von Gl. (9.102) für $y \ll 1$, wo $\tanh(y) \approx y$ gilt. Man erhält somit bei höheren Temperaturen ($T \gg T_C$):

$$\chi_{\text{mag}} \cong \frac{\vec{M}}{\vec{B}} = \frac{q^* \cdot \vec{M}_{\text{max}}}{\vec{B}} \cong z_G \cdot I \cdot \frac{\vec{M}}{\vec{B}} \cdot \frac{1}{k_B T} + \frac{\vec{\mu}_B}{k_B T} \cdot \vec{M}_{\text{max}} \qquad \left(\vec{M} \ll \vec{M}_{\text{max}} \right) \qquad (9.117)$$

bzw.

$$\chi_{\text{mag}} \approx \frac{N_L \cdot \mu_{\text{eff}}^2 / k_B}{T - \left(\dfrac{I}{k_B} \right)} = \frac{C_C}{T - T_C'} \qquad (9.118)$$

Gl. (9.118) ist das *Curie-Weiß'sche Gesetz*. Es stellt eine Verbesserung des Curie'schen Gesetzes Gl. (9.27) dar, das nur für ideale paramagnetische Materie gilt. C_C ist die Curie-Konstante für die gilt (s. Gl. (9.27)):

$$C_C = \frac{N_L \cdot \mu_{\text{eff}}^2}{k_B} = N_L \cdot \frac{g_L^2 \cdot \mu_B^2 j(j+1)}{3k_B} \qquad (9.119)$$

Gl. (9.118) ist für Ferromagnetica bei $T \gg T_C'$ eine gute Näherung. Der Vergleich mit experimentellen Daten von χ_{mag}^{-1} für Nickel in Abb. 9.19 zeigt, dass Gl. (9.118) für $T > 680\,\text{K}$ eine gute Übereinstimmung mit den experimentellen Daten ergibt. Der Schnittpunkt mit der

T-Achse ergibt $T'_C = 650$ K. In Wirklichkeit ergibt eine Extrapolation der experimentellen Daten für die tatsächliche kritische Temperatur $T_C = 629$ K. Im Bereich $T < 680$ K muss aus Gl. (9.102) $\chi_{\text{mag}} = \vec{M}/\vec{B}$ berechnet werden, um die Messdaten bis $T = T_C$ beschreiben zu können.

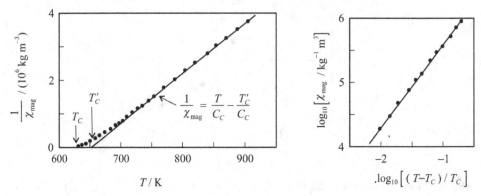

Abb. 9.19: links: χ_{mag}^{-1} als Funktion T für Nickel. • Experimente, —— Gl. (9.118). Rechts: Doppeltlogarithmische Auftragung von χ_{mag} gegen $(T - T_C)/T_C$ zur Ermittlung des kritischen Exponenten.

Wir haben gesehen, dass die Curie-Temperatur T'_C den Charakter einer kritischen Temperatur hat, denn bei $T \geq T_C$ findet keine spontane Magnetisierung ($\vec{B} = 0$) mehr statt. Ähnlich wie wir beim v. d. Waals-Fluid das Verhalten in der Umgebung der kritischen Temperatur in Abschnitt 10.7 untersuchen, wollen wir das magnetische Verhalten $(M/M_{\text{max}}) = q^*(T)$ in unmittelbare Nähe der Curie-Temperatur T_C genauer betrachten. Dazu entwickeln wir in Gl. (9.102) $\tanh(y)$ in eine Taylor-Reihe um den Punkt $y = 0$ bis zum kubischen Glied:

$$q^* = \tanh(y) = y - \frac{1}{3}y^3 + \cdots \qquad (y \ll 1) \tag{9.120}$$

Es gilt (s. Gl. (9.103)):

$$y = q^* \cdot \left(\frac{T_C}{T}\right) \tag{9.121}$$

Einsetzen von y aus Gl. (9.121) in Gl. (9.120) ergibt aufgelöst nach q^*:

$$\boxed{q^* \cong \sqrt{3}\left(1 - \frac{T}{T_C}\right)^{1/2}} \qquad (1 - T/T_C) \ll 1 \tag{9.122}$$

Den Faktor T/T_C vor $\sqrt{3}$ haben wir dabei gleich 1 gesetzt. Der kritische Exponent ist also $\frac{1}{2}$. Das ist derselbe Wert wie beim v. d. Waals-Modell für Flüssigkeiten (s. Kapitel 10). Trägt man im Bereich $T < 680$ K die experimentellen Punkte von χ_{mag} als $\lg^{10} \chi_{\text{mag}}$

gegen $\lg^{10}[(T - T_C)/T_C]$ auf ergibt sich aus Abb. 9.19 rechts aus der Steigung 0,375 statt 0,5. Ganz ähnliche Ergebnisse zeigen auch andere ferromagnetische Stoffe. Auch hier kommt natürlich der Näherungscharakter der Molekularfeld-Näherung zum Ausdruck, der die Ursache für die Diskrepanz ist. Die Gittertheorie des Ferromagnetismus lässt sich verbessern durch die sog. quasichemische Näherung, bei der eine Korrelation der nächsten Nachbaratome zum zentralen Atom berücksichtigt wird. Diese Theorie wird in ihrer vielfältigen Anwendung im 2. Band der „Molekularen Statistik" ausführlich behandelt.

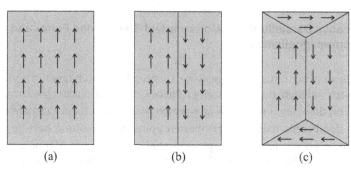

Abb. 9.20: Domänenstruktur in Ferromagnetika, z.B. Eisen. Begünstigt sind (b) und (c) gegenüber (a).

Man erwartet, dass ein Stück ferromagnetisches Eisen stark magnetisiert ist. Das ist jedoch nicht der Fall. Kompaktes Eisen wirkt zunächst nicht als Magnet, es muss erst durch ein äußeres $\vec{B}$-Feld magnetisiert werden, um selbst ein Magnet zu werden. Wird das äußere Feld abgeschaltet, verschwindet die Magnetisierung langsam wieder. Diese Verhalten macht sich auch in der Hysteresekurve (s. Abb. 9.16) bemerkbar. Ohne äußeres $\vec{B}$-Feld ist $\vec{B}$ zunächst gleich Null und wird erst größer Null in einem äußeren $\vec{B}$-Feld. Dann folgt die Magnetisierung dem $\vec{B}$-Feld nicht auf der Gleichgewichtskurve, sondern auf der Hysteresekurve. Die Ursache für dieses Verhalten ist die Bildung sog. *Domänen*. Aus Abb. 9.20 ist ersichtlich, dass größere Bereiche bestehend aus vielen Atomen mit ausgerichteten Spins sich voneinander abgrenzen, indem die Spins innerhalb einer Domäne zwar ausgerichtet bleiben, aber ihre Gesamtausrichtung der einer benachbarten Domäne entgegengesetzt ist, so dass es zu einer Kompensation ihrer Magnetisierung kommt. Die Austauschkräfte der Spins sind zwar stark, aber sie haben eine kurze Reichweite und erstrecken sich nur bis zu benachbarten Atomen. Die klassischen magnetischen Dipol-Dipol-Kräfte sind zwar viel schwächer, aber sie haben eine bedeutend größere Reichweite, die mit r^{-3} geht. Eine Ansammlung von magnetischen Dipolen in einer Domäne, die alle dieselbe Orientierung haben, sind energetisch ungünstig, es muss Energie aufgewendet werden um diese Ausorientierung aufrecht zu erhalten. Es bilden sich Domänen aus, deren Größe und Gestalt einen Kompromiss darstellen zu der gewonnenen magnetischen Dipol-Dipol-Energie der Domänen und dem Energieaufwand, der zum Aufbruch der Austauschenergien an den Domän-Rändern zu erbringen ist, sodass die Gesamtenergie ein Minimum wird. Besonders günstige Anordnungen von Domänen sind in Abb. 9.20 b und c dargestellt.

Wir wollen an dieser Stelle nicht unerwähnt lassen, dass auch die Austauschwechsel-wirkung freier Elektronen zum Ferromagnetismus führen kann. Im Rahmen des elektronischen Bändermodells für quasi-freie Festkörperelektronen gelangt man zu ähnlichen Resultaten wie die Gittertheorie als Ferromagnetismus lokalisierter Elektronen, die wir hier in Abschnitt 9.7.1 behandelt haben. Näheres erfährt man z. B. in dem Buch von H. Ibach und H. Lüth „Festkörperphysik" (s. Literaturliste Anhang 11.24).

9.7.2 Alternative Darstellung der Molekularfeld-Theorie des Ferro- und Antiferromagnetismus

Man kann die in Abschnitt 9.7.1 dargestellte Theorie des Ferromagnetismus in folgender-weise alternativ ableiten, die auch zu einer Theorie des Antiferromagnetismus führt. Wir stellen uns vor, dass dem von außen angelegten Magnetfeld $\vec{B}$ ein Zusatzfeld überlagert ist, das von den bereits teilweise orientierten Spins in $\vec{B}$-Richtung herrührt. Für dieses Zusatzfeld nehmen wir an, dass es proportional zur mittleren Magnetisierung $\vec{M}$ der Probe ist. Es soll also für das am Ort eines Spins wirkende effektive Magnetfeld gelten (P. Weiss, 1926):

$$\vec{B}_{\text{eff}} = \vec{B} + \lambda \cdot \mu_0 \cdot \vec{M} \tag{9.123}$$

λ ist ein Proportionalitätsfaktor und für $\vec{M}$ gilt:

$$\vec{M} = \vec{M}_{\text{max}} \cdot B_j(y) \tag{9.124}$$

mit $\vec{M}_{\text{max}} = g_{\text{L}} \cdot \vec{\mu}_{\text{B}} \sqrt{j \cdot (j + 1)}$. $B_j(y)$ ist die Brillouin-Funktion nach Gl. (9.23) wobei hier für y gilt:

$$y = g_{\text{L}} \cdot |\vec{\mu}_{\text{B}}| \sqrt{j(j+1)} \cdot \left(\vec{B} + \lambda \cdot \mu_0 \cdot \vec{M}\right) / k_{\text{B}}T = \vec{\mu}_{\text{eff}} \cdot \left(\vec{B} + \lambda \mu_0 \cdot \vec{M}\right) / k_{\text{B}}T \tag{9.125}$$

Es wird also statt dem äußeren Feld das effektive Feld nach Gl. (9.123) eingesetzt. Setzen wir in Gl. (9.123) $j = \frac{1}{2}$ gelangen wir zu

$$B_{1/2} = \frac{e^y - e^{-y}}{e^y + e^{-y}} = \tanh(y) = \frac{\vec{M}}{\vec{M}_{\text{max}}}$$

Setzen wir y aus Gl. (9.125) gleich y aus Gl. (9.103), erhalten wir den Zusammenhang zwischen I und λ:

$$\boxed{\lambda = \frac{z \cdot I}{\vec{M}_{\text{max}} \cdot \vec{\mu}_{\text{eff}} \cdot \mu_0}} \tag{9.126}$$

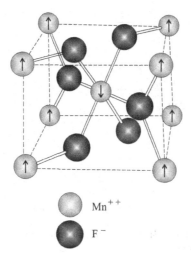

Abb. 9.21: Struktur von MnF_2. Die Mn-Ionen sitzen auf 2 ineinander durchdringenden kubisch-flächenzentrierten Gittern mit antiparallelen Spins. Die F-Atome sind nicht beteiligt.

Ferner gilt für die Curie-Temperatur:

$$T_C = I/k_B = \lambda \cdot \mu_0 \cdot \vec{\mu}_{eff} \cdot \vec{M}_{max}/k_B \qquad \text{bzw.} \qquad \lambda = \frac{k_B \cdot T_C}{\mu_0 \cdot \vec{M}_{max} \cdot \vec{\mu}_{eff}} \qquad (9.127)$$

Gl. (9.124) und (9.125) sind also den Ergebnissen in Gl. (9.102) und (9.103) äquivalent. Sie haben den Vorteil, dass sie nicht auf $\tanh(y) = B_{1/2}(y)$ beschränkt sind, sondern allgemein für $B_j(y)$ mit $j > 1/2$ gelten. Die Diskussion zur Lösung der Gl. (9.124) und (9.125) brauchen wir also hier nicht zu wiederholen.

Mit der Molekularfeld-Theorie lässt sich auch das Phänomen des *Antiferromagnetismus* gut studieren. Beim Ferromagnetismus ist der Austauschparameter I in Gl. (9.126) negativ, d.h., der energetisch niedrige Zustand ist ein Triplett-Zustand, bei dem die Spins S_z benachbarter Atome parallel orientiert sind. Bei antiferromagnetischen Kristallen ist I positiv, d.h. der energetisch niedrigere Zustand ist der Singulett-Zustand, bei dem die Spins antiparallel orientiert sind (das ist ähnlich wie bei einer chemischen Bindung, aber nicht dasselbe!). *Antiferromagnetismus* tritt auf, wenn der Kristall aus 2 Untergittern A und B besteht, auf denen jeweils die den Spin tragenden Atome sitzen. Beispiele sind der einfache kubische Gittertyp oder der kubisch flächenzentrierte Gittertyp. Abb. 9.21 zeigt als Beispiel MnF_2. Das zentrale Mn^{2+}-Ion sitzt auf einem A-Gitterplatz mit α-Spin ($\downarrow$) und ist an den Würfelecken von 8 Mn^{2+}-Ionen mit β-Spin ($\uparrow$) auf B-Gitterplätzen umgeben, von denen jedes dieser Ionen an insgesamt 8 Würfeln beteiligt ist. Es gibt also im Kristall genauso viele Mn^{2+}-Ionen mit α- wie mit β-Spin.

Befindet sich ein solcher Kristall in einem äußeren Magnetfeld der Stärke $\vec{B}$ dann gilt für

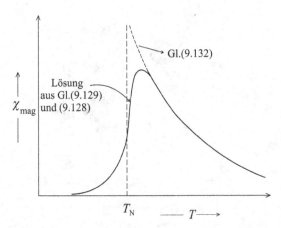

Abb. 9.22: —— χ_{mag} eines Antiferromagneten als Funktion von T. T_N = Neel-Temperatur (schematisch). - - - - entkoppelte Spins.

Feldstärke $\vec{B}_A$ am Ort des Atomes A:

$$\vec{B}_A = \vec{B} - \alpha \cdot \vec{M}_A - \beta \cdot \vec{M}_B = \vec{B} - \alpha\vec{M}_{A,\text{max}} \cdot B_j(y_{A,\alpha}) - \beta\vec{M}_{B,\text{max}} \cdot B_j(y_{B,\beta}) \qquad (9.128)$$

mit $y_{A,\alpha} = \vec{\mu}_{\text{eff},A} \cdot \left(\vec{B} - \alpha\vec{M}_A\right)$ und $y_{B,\beta} = \vec{\mu}_{\text{eff},B} \cdot \left(\vec{B} - \beta\vec{M}_B\right)$ bzw. $\vec{B}_B$ am Ort von Atom B:

$$\vec{B}_B = \vec{B} - \beta \cdot \vec{M}_A - \alpha \cdot \vec{M}_B = \vec{B} - \beta\vec{M}_{A,\text{max}} \cdot B_j(y_{A,\beta}) - \alpha\vec{M}_{B,\text{max}}(y_{B,\alpha}) \qquad (9.129)$$

mit $y_{A,\beta} = \vec{\mu}_{\text{eff},A} \cdot \left(\vec{B} - \beta\vec{M}_A\right)$ und $y_{B,\alpha} = \vec{\mu}_{\text{eff},B} \cdot \left(\vec{B} - \alpha\vec{M}_B\right)$.

$\alpha \cdot \vec{M}_A$, $\beta \cdot \vec{M}_B$ und $\beta \cdot \vec{M}_A$, $\alpha \cdot \vec{M}_B$ sind die Werte der Zusatzfelder, die durch $\vec{M}_A$ bzw. $\vec{M}_B$ verursacht werden. $B_j(y_A)$ und $B_j(y_B)$ sind die Brillouin-Funktionen mit y_A bzw. y_B nach Gl. (9.125).

Tab. 9.7: Neel-Temperatur T_N/K ausgewählter Antiferromagnetika nach: F. Keffer, Handbuch der Physik, (Vol. 18, Springer (1966))

MnO	FeO	CoO	NiO	MnF$_2$	FeF$_2$	CoF$_2$	KFeF$_3$	KMnF$_3$	(5CAP)$_2$CuBr$_4$
122	198	291	600	67,4	78,5	37,7	115	88,3	5,3

Die Gesamtmagnetisierung ist $\vec{M} = \vec{M}_A + \vec{M}_B$. Bei *hohen Temperaturen* herrscht Paramagnetismus, die Gleichungen vereinfachen sich und entkoppeln:

$$\vec{M}_A = \frac{N \cdot \vec{\mu}_{\text{eff}}^2}{3k_B T} \cdot \vec{B}_A \qquad \text{und} \qquad \vec{M}_B = \frac{N \cdot \vec{\mu}_{\text{eff}}^2}{3k_B T} \cdot \vec{B}_B \qquad (9.130)$$

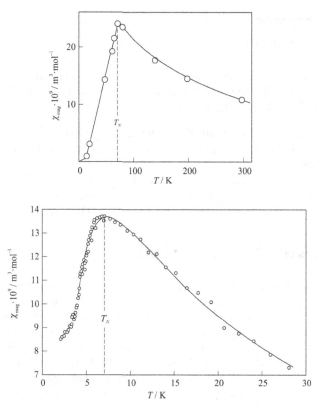

Abb. 9.23: Zwei Beispiele für Antiferromagnetismus oben: ◦ Experimente für MnF_2-Pulver (H. Bizette und B. Tsai, C. R. Acad. Sci, Paris, *238*, 1575 (1954)) unten: ◦ Experimente für bis-(5CAP)-Kupfer(II)-tetrabromide (M. Sorai, ACS Symposium, Paris, *644*, 99-114 (1996)) —— durchgezogene Kurven berechnet aus Gl. (9.128) und (9.129) mit $J = s = 1/2$ und angepassten Werten für α und β.

mit $\vec{\mu}_{eff} = \vec{\mu}_B \cdot g_L \cdot \sqrt{J(J+1)}$. N ist die Zahl der A-Atome bzw. der B-Atome. Für die Gesamtmagnetisierung gilt dann:

$$\vec{M} = \vec{M}_A + \vec{M}_B = \frac{N \cdot \vec{\mu}_{eff}^2}{3k_B T}\left[2\vec{B} - (\alpha + \beta)\cdot\vec{M}\right] \tag{9.131}$$

und man erhält für die magnetische Suszeptibilität:

$$\chi_{mag} = \frac{\vec{M}}{\vec{B}} = \frac{2N\vec{\mu}_{eff}^2/3k_B}{T + \dfrac{N \cdot \vec{\mu}_{eff}^2}{3k_B}(\alpha + \beta)} = \frac{C}{T + T_N} \tag{9.132}$$

$T_N = N\vec{\mu}_{eff}^2(\alpha + \beta)/3k_B$ heißt *Neel-Temperatur*. Im Gegensatz zur Curie-Temperatur T_C hat die Neel-Temperatur T_N im Nenner von Gl. (9.132) ein positives Vorzeichen. Für μ_{eff}^2 gilt wie beim Ferromagnetismus:

$$\vec{\mu}_{eff}^2 = g_L^2 \cdot |\vec{\mu}_B|^2 \cdot J(J+1)$$

Tabelle 9.7 zeigt Daten einiger antiferromagnetischer Stoffe. Bei niedrigeren Temperaturen gilt Gl. (9.132) nicht mehr und man hat numerisch die gekoppelten Gleichungen (9.128) und (9.129) für $\vec{M}_A$ und $\vec{M}_B$ zu lösen.

Trägt man χ_{mag} gegen T auf, erhält man generell ein Verhalten, wie es Abb. 9.22 zeigt. χ_{mag} wächst mit sinkender Temperatur bis $T = T_N$ an, macht dort einen Knick und fällt dann wieder ab, um bei $T = 0$ gegen Null zu gehen, denn dort sind alle Spins antiparallel geordnet ($\vec{M}_{T=0} = 0$). Bei höherer Temperatur nähert sich die gestrichelte Kurve, bei der Entkopplung angenommen ist, rasch der realen Kurve an. Abb. 9.23 zeigt zwei Messbeispiele für antiferromagnetische Suszeptibilitäten χ_{mag} als Funktion von T.

9.7.3 Eindimensionale Spinketten. Ising-Modell.

Die in Abschnitt 9.7.1 und 9.7.2 dargestellte Molekularfeldtheorie stellt eine Näherung dar. Eine korrekte analytische Lösung des Problems im 3D-Raum ist nicht möglich. Im Gegensatz zu 2D- und 3D-Systemen, lassen sich 1-dimensionale Problemstellungen in der molekularen Statistik häufig exakt lösen. Das ist auch bei Systemen mit wechselwirkenden Spins der Fall. Wir betrachten in Abb. 9.24 eine Kette von N Atomen, die linear angeordnet sind. Ein Atom hat entweder einen Spin in positiver Richtung (N_+ Atome) oder negativer Richtung (N_- Atome). Benachbarte Atome treten miteinander durch Austauschkräfte in Wechselwirkung mit dem Energieparameter I, der positiv ist, wenn die benachbarten Atomspins dieselbe Richtung haben, der jedoch negativ ist, wenn sie entgegengesetzte Richtung haben. Ferner soll noch ein Magnetfeld $\vec{B}$ vorgegeben sein, Atome mit positivem Spin haben in diesem Feld die Energie $-\vec{\mu}_B \cdot \vec{B}$, solche mit negativem Spin dagegen die Energie $+\vec{\mu}_B \cdot \vec{B}$.

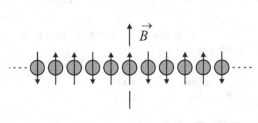

Abb. 9.24: Lineare Kette von Atomen mit positiven und negativen Spins im Magnetfeld $\vec{B}$.

Es bestehen folgende Bilanzen zwischen den Atomzahlen N_+ und N_- mit den Kontaktzahlen N_{+-}, N_{++} und N_{--}:

$$N_+ + N_- = N \tag{9.133}$$

$$2N_+ = 2N_{++} + N_{+-} \tag{9.134}$$

$$2N_- = 2N_{--} + N_{+-} \tag{9.135}$$

Für die Gesamtenergie dieses Systems gilt dann:

$$E = -\vec{\mu}_B \cdot \vec{B} (N_+ - N_-) + I (N_{++} + N_{--} - N_{+-})$$

Mit den drei Bilanzgleichungen Gl. (9.133) bis (9.135) lässt sich dafür schreiben:

$$E = -\vec{\mu}_B \cdot \vec{B} (2N_+ - N) + I (N - 2N_{+-})$$

Von den 5 Zahlen N_+, N_-, N_{+-}, N_{++} und N_{--} sind wegen der 3 Bilanzgleichungen (9.133) bis (9.135) zwei frei wählbar, wir wählen N_+ und N_{+-}. Um die Zustandssumme Q_{Ising} berechnen zu können, benötigen wir den Entartungsfaktor $g(N_+, N_{+-})$, der zu einer vorgegebenen Zahl der beiden variablen Größen N_+ und N_{+-} gehört. Da wir die Kettenenden wegen der sehr großen Zahl N vernachlässigen dürfen, stellen wir uns die Atome wie Perlen einer Kette auf einer geschlossenen Kreislinie angeordnet vor (s. Abb. 9.25) mit N_+ schwarzen und N_- weißen Perlen. Die Zahl der unterscheidbaren Anordnungen bei zunächst festgelegten Zahlen von N_- und N_+ sowie der Kontaktstellenzahl N_{+-} lässt sich folgendermaßen berechnen. Wir betrachten zunächst nur die schwarzen Atome und überlegen, wie sie zu unterschiedlichen Anordnungen auf der Kette vertauscht werden können, ohne dass die Anordnung der weißen Atome und die Kontaktstellenzahl N_{+-} (durch senkrechte gestrichelte Linien gekennzeichnet) geändert wird. Dazu dürfen zusammenhängende „Inseln" schwarzer Atome untereinander ihre schwarzen Atome austauschen, wobei allerdings jede „schwarze Insel" mindestens 1 schwarzes Molekül enthalten muss, damit die Kontaktstellenzahl N_{+-} unverändert bleibt. Es gibt $N_{+-}/2$ „schwarze Inseln", da jeder dieser "Inseln" durch zwei Kontaktstellen $+-$ begrenzt ist. Von den N_+ schwarzen Atomen sind also $(N_+ - N_{+-}/2)$ mobil, d. h. austauschbar, während der Rest in der festgelegten Anzahl der „schwarzen Inseln" verbleibt. Demnach gibt es zwei Gruppen von unterscheidbaren Elementen, nämlich eine mit $(N_+ - N_{+-}/2)$ Elementen (mobile Moleküle A) und die andere mit $N_{+-}/2$ Elementen ("schwarze Inseln"). Die Anzahl der Anordnungsmöglichkeiten ist also nach der Kombinatorik (Gl. (1.12)):

$$\frac{N_+!}{\left(N_+ - \dfrac{N_{+-}}{2}\right)! (N_{+-}/2)!} \tag{9.136}$$

Im Beispiel von Abb. 9.25 sind es $\dfrac{9!}{(9-5)! \cdot 5!} = 126$ Anordnungen, wobei die Zahl der „weißen Inseln" und die jeweilige Zahl von weißen Atomen pro "weißer Insel" unverändert bleibt. Die entsprechende unabhängige Zahl von Austauschmöglichkeiten weißer Atome ist daher analog zu berechnen wie die der schwarzen und beträgt

$$\frac{N_-!}{\left(N_- - \dfrac{N_{+-}}{2}\right)! (N_{+-}/2)!} \tag{9.137}$$

Im Beispiel von Abb. 9.25 sind das $\frac{7!}{(7-5)! \cdot 5!} = 21$

Wegen der Unabhängigkeit von Gl. (9.136) und Gl. (9.137) ist die Gesamtzahl der Anordnungen von N_+ und N_- Molekülen bei gegebener Kontaktstellenzahl N_{+-} im 1-dimensionalen Fall durch das Produkt von Gl. (9.136) und Gl. (9.137) gegeben. Es folgt also für den Entartungsfaktor:

$$g(N, N_+, N_{+-}) = \frac{N_+!(N - N_+)!}{\left(N_+ - \dfrac{N_{+-}}{2}\right)!\left(\dfrac{N_+}{2}!\right)^2\left(N - N_+ - \dfrac{N_{+-}}{2}\right)!} \qquad (9.138)$$

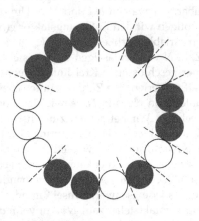

Abb. 9.25: Geschlossener Ring von Atomen N_+ (schwarz) und Atomen N_- (weiß). Die Zahl der gestrichelten Linien ist gleich der Kontaktstellenzahl N_{+-}.

Wir bilden jetzt die Zustandssumme des Systems:

$$Q_{mag,1D} = \sum_{N_+}\sum_{N_{+-}} g(N, N_+, N_{+-}) \cdot \exp\left[\frac{\vec{\mu}_B \cdot \vec{B}(2N_+ - N) + I \cdot (N - 2N_{+-})}{k_B T}\right] \qquad (9.139)$$

Für die freie Energie F gilt dann:

$$F(N, T, \vec{B}) = -k_B T \ln Q_{mag,1D} \qquad (9.140)$$

Statt alle Summenglieder berechnen zu müssen, suchen wir nach der Methode des maximalen Terms das Maximum der Funktion unter der Doppelsumme auf, bzw. den Logarithmus des Maximums. Wir berechnen zunächst $\ln g(N, N_+, N_{+-})$ nach Gl. (9.138) unter Verwendung der Stirling'schen Formel ($\ln x! \cong x \cdot \ln x - x$) und erhalten unter Beachtung der Bilanzen (Gl. (9.133) bis (9.135)):

$$\begin{aligned}\ln g(N, N_+, N_{+-}) = &N_+ \ln N_+ + (N - N_+) \cdot \ln(N - N_+)\\ &- \left(N_+ - \frac{1}{2}N_{+-}\right) \cdot \ln\left(N_+ - \frac{1}{2}N_{+-}\right) - \frac{N_{+-}}{2}\ln\left(\frac{N_{+-}}{2}\right)\end{aligned} \qquad (9.141)$$

Es bleiben also nur logarithmische Glieder übrig. Die Werte von N_+ und N_- des maximalen Summengliedes in Gl. (9.139) ergeben sich aus den Extremalbedingungen, angewandt auf Gl. (9.141):

$$\left(\frac{\partial \ln g\,(N, N_+, N_{+-})}{\partial N_+}\right)_{N_{+-}} + \frac{2 \cdot \vec{\mu}_B \cdot \vec{B}}{k_B T} = 0$$

und

$$\left(\frac{\partial \ln g\,(N, N_+, N_{+-})}{\partial N_{+-}}\right)_{N_+} - \frac{2I}{k_B T} = 0$$

Man erhält:

$$\ln\left(\frac{\langle N_+ \rangle}{N - \langle N_+ \rangle}\right) + \ln\left[\frac{N - \langle N_+ \rangle - \langle N_{+-} \rangle/2}{N - \langle N_{+-} \rangle/2}\right] = -\frac{2\vec{\mu}_B \cdot \vec{B}}{k_B T} \tag{9.142}$$

und

$$\frac{1}{2}\left[\ln\left(\langle N_+ \rangle - \langle N_{+-} \rangle/2\right) + \ln\left(N - \langle N_+ \rangle - \langle N_{+-} \rangle/2\right)\right] - \ln\left(\langle N_{+-} \rangle/2\right) = 2I/k_B T \tag{9.143}$$

wobei wir die Maximalwerte gleich den Mittelwerten $\langle N_+ \rangle$ und $\langle N_{+-} \rangle$ gesetzt haben. Es ist bemerkenswert, dass sich für Gl. (9.143) mit Hilfe von Gl. (9.133) bis (9.135) schreiben lässt:

$$\frac{\langle N_{++} \rangle \cdot \langle N_{--} \rangle}{\langle N_{+-} \rangle^2} = \frac{1}{4}\exp\left[\frac{4I}{k_B T}\right] \tag{9.144}$$

Diese Gleichung ähnelt dem Massenwirkungsgesetz für die „Reaktion" der Kontaktstellenzahl.

$$2N_{+-} \rightleftharpoons N_{++} + N_{--}$$

Man spricht daher auch von einem *quasichemischen Gleichgewicht*. Gl. (9.142) und (9.143) legen die Gleichgewichtswerte $\langle N_+ \rangle$ und $\langle N_{+-} \rangle$ fest und damit auch $\langle N_- \rangle = N - \langle N_+ \rangle$, $\langle N_{++} \rangle = \langle N_+ \rangle - \langle N_{+-} \rangle/2$ und $\langle N_{--} \rangle = N - \langle N_+ \rangle - \langle N_{+-} \rangle/2$. Man erhält $\langle N_+ \rangle$ aus Gl. (9.142) und (9.143), indem man $\langle N_{+-} \rangle$ eliminiert. Es ergibt sich als Lösung:

$$\langle N_+ \rangle = \frac{N}{2}\left(1 + \frac{\sinh\left(\vec{\mu}_B \cdot \vec{B}/k_B T\right)}{\left[e^{-4I/k_B T} + \sinh^2\left(\vec{\mu}_B \cdot \vec{B}/k_B T\right)\right]^{1/2}}\right) \tag{9.145}$$

Damit können wir auch die Magnetisierung $\langle \vec{M} \rangle$ angeben:

$$\langle \vec{M} \rangle = \frac{\langle N_+ \rangle - \langle N_- \rangle}{N} \cdot N \cdot \vec{\mu}_B = \left(2\frac{\langle N_+ \rangle}{N} - 1\right)N\vec{\mu}_B \tag{9.146}$$

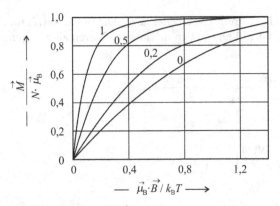

Abb. 9.26: Magnetisierung als Funktion von $\vec{B}$, dargestellt in reduzierter Form mit $\langle\vec{M}\rangle/N\vec{\mu}_B$ nach Gl. (9.146) für verschiedene Werte von $I/k_B T$.

mit $\langle N_+ \rangle$ aus Gl. (9.145). In Abb. 9.26 ist $\langle \vec{M} \rangle$ in reduzierter Form $\langle \vec{M} \rangle / N \cdot \vec{\mu}_B$ dargestellt als Funktion von $\vec{\mu}_B \cdot \vec{B}/k_B T$

Man entnimmt Abb. 9.26, dass es für den Fall $\vec{B} = 0$ zu keiner spontanen Magnetisierung kommen kann, eine lineare Spinkette zeigt keinen Ferromagnetismus. Schließlich können wir auch die freie Energie berechnen, indem wir in Gl. (9.139) nur mit dem maximalen Term unter der Summe rechnen. Einsetzen von Gl. (9.139) in Gl. (9.140) ergibt dann.

$$F = - I (N - 2\langle N_{+-}\rangle) - \vec{\mu}_B \cdot \vec{B} (2\langle N_+\rangle - N) - k_B T [\langle N_+\rangle \ln\langle N_+\rangle$$

$$- (N - \langle N_+\rangle) \ln (N - \langle N_+\rangle) - \left(\langle N_+\rangle - \frac{1}{2}\langle N_{+-}\rangle\right) \ln \left(\langle N_+\rangle - \frac{1}{2}\langle N_{+-}\rangle\right)$$

$$- \frac{\langle N_{+-}\rangle}{2} \cdot \ln (\langle N_{+-}\rangle/2)\Bigg] \tag{9.147}$$

wobei wir für $\ln(g(\langle N_+\rangle, \langle N_{+-}\rangle))$ Gl. (9.141) verwendet haben. Nun setzen wir noch Gl. (9.145) in Gl. (9.142) oder in Gl. (9.143) ein, um $\langle N_{+-}\rangle$ zu erhalten. Der Lösungsweg ist etwas mühsam und man erhält schließlich mit $\beta = 1/k_B T$:

$$\langle N_{+-}\rangle = \frac{N \cdot e^{-2\beta I}}{\left[e^{\beta I} \cdot \cosh\left(\beta \cdot \vec{\mu}_B \cdot \vec{B}\right) + \left\{e^{-2\beta I} + e^{2\beta I} \cdot \sinh^2\left(\beta \cdot \vec{\mu}_B \cdot \vec{B}\right)\right\}^{1/2}\right]}$$

$$\cdot \frac{1}{\left\{e^{-2\beta I} + e^{2\beta I} \cdot \sinh^2\left(\beta\vec{\mu}_B \cdot \vec{B}\right)\right\}^{1/2}} \tag{9.148}$$

Einsetzen von Gl. (9.145) für $\langle N_+\rangle$ und Gl. (9.148) für $\langle N_{+-}\rangle$ in Gl. (9.147) führt dann zur Endformel für die freie Energie F:

$$\boxed{F = -N \cdot k_B T \cdot \ln \left[e^{\beta I} \cdot \cosh\left(\beta\vec{\mu}_B \cdot \vec{B}\right) + \left\{e^{-2\beta I} + e^{2\beta I} \cdot \sinh^2\left(\beta \cdot \vec{\mu}_B \cdot \vec{B}\right)\right\}^{1/2}\right]} \tag{9.149}$$

Ohne äußeres Magnetfeld, also für $\vec{B} = 0$, ergibt sich für F nach Gl. (9.149) der Ausdruck

$$F\left(\vec{B} = 0\right) = -N \cdot k_B T \cdot \ln\left(2 \cdot \cosh\left(I/k_B T\right)\right) \tag{9.150}$$

Daraus lassen sich Entropie $S(\vec{B} = 0)$, innere Energie $U(\vec{B} = 0)$ und die Molwärme $\overline{C}_V(\vec{B} = 0)$ erhalten:

$$S\left(\vec{B} = 0\right) = -\left(\frac{\partial F(\vec{B} = 0)}{\partial T}\right) = Nk_B \cdot \ln\left[2 \cdot \cosh(I \cdot \beta)\right] - Nk_B \cdot \left(\frac{I}{k_B T}\right) \cdot \tanh(I \cdot \beta) \tag{9.151}$$

$$U\left(\vec{B} = 0\right) = F\left(\vec{B} = 0\right) + T \cdot S\left(\vec{B} = 0\right) = -N \cdot I \cdot \tanh(I \cdot \beta) \tag{9.152}$$

$$\overline{C}_V\left(\vec{B} = 0\right) = \left(\frac{\partial \overline{U}(\vec{B} = 0)}{\partial T}\right) = N \cdot k_B \cdot (I \cdot \beta)^2 \cdot \cosh^{-2}(\beta I) \tag{9.153}$$

Abb. 9.27 zeigt den Verlauf von $\overline{C}_V(\vec{B} = 0)$ als Funktion von $(\beta \cdot I)^{-1}$.

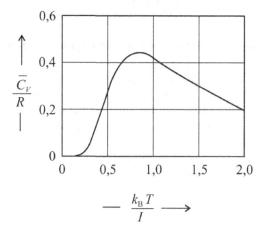

Abb. 9.27: $\overline{C}_V(\vec{B} = 0)$ als Funktion von $k_B T/I$ (Gl. (9.153)) für die Spinkette des Ising-Modells.

Man sieht, dass $\overline{C}_V(\vec{B} = 0)$ zwar ein Maximum durchläuft, aber keinen Sprung macht wie im dreidimensionalen Fall (vgl. Abb. 9.18). Es tritt also beim linearen Ising-Modell kein spontaner Phasensprung auf und damit auch kein Ferromagnetismus. Man sieht im übrigen, das Gl. (9.150) bis (9.153) *nicht* vom Vorzeichen von I abhängen. $I > 0$ bedeutet eine Neigung zum *Ferromagnetismus*, $I < 1$ eine zum *Antiferromagnetismus* (s. Abschnitt 9.7.2). Für $\langle N_+\rangle(\vec{B} = 0)$ und $\langle N_{+-}\rangle(\vec{B} = 0)$ ergibt sich aus Gl. (9.145) bzw. (9.148):

$$\langle N_+\rangle\left(\vec{B} = 0\right) = \frac{N}{2} \quad \text{und} \quad \langle N_{+-}\rangle\left(\vec{B} = 0\right) = \frac{N}{\exp(2\beta I) + 1} \tag{9.154}$$

Im Gegensatz zu den Größen in Gl. (9.151) bis (9.153) hängt $\langle N_{+-}\rangle(\vec{B} = 0)$ also sehr wohl vom Vorzeichen von I ab. Für $T \to 0$ geht $\langle N_{+-}\rangle(\vec{B} = 0)$ gegen Null, wenn $I > 0$ ist. in diesem Fall sind alle Spins parallel zueinander orientiert. Ist dagegen $I < 0$ wird $\langle N_{+-}\rangle(\vec{B} = 0)$ für $T \to 0$ gleich N, d. h. alle Spins sind wechselweise antiparallel angeordnet. Für $T \to \infty$ gilt in beiden Fällen, also $I > 0$ und $I < 0$, dass für $\langle N_{+-}\rangle(\vec{B} = 0) = N/2$, positive und negative Spins sind statistisch gleich verteilt. Noch ein weiterer Sonderfall lässt sich verstehen, wenn wir $\vec{B} > 0$ und $I = 0$ betrachten. Das ist der Fall wechselwirkungsfreier Spins im Magnetfeld. Aus Gl. (9.145) folgt dann für $\langle N_+\rangle$:

$$\langle N_+\rangle = \frac{N}{2}\left(1 + \frac{\sinh(\vec{\mu}_B \cdot \vec{B} \cdot \beta)}{(1 + \sinh^2(\vec{\mu}_B \cdot \vec{B} \cdot \beta))^{1/2}}\right) = \frac{N}{2}\left(1 + \frac{\sinh(\vec{\mu}_B \cdot \vec{B} \cdot \beta)}{\cosh(\vec{\mu}_B \cdot \vec{B} \cdot \beta)}\right)$$

$$= N \cdot \frac{\exp\left[\vec{\mu}_B \cdot \vec{B}/k_B T\right]}{\exp\left[\vec{\mu}_B \cdot \vec{B}/k_B T\right] + \exp\left[-\vec{\mu}_B \cdot \vec{B}/k_B T\right]} \qquad (9.155)$$

$\langle N_+\rangle/N$ ist nichts anderes als der Boltzmannsche Verteilungssatz, also genau die Wahrscheinlichkeit für ein freies paramagnetisches Teilchen mit dem Spin $\frac{1}{2}$ in Richtung des $\vec{B}$-Feldes orientiert zu sein (vgl. auch Gl. (9.5)).

9.7.4 Die Transfer-Matrix-Methode zur Behandlung des Ising-Modells

Das als Transfer-Matrix-Methode bezeichnete Lösungsverfahren des 1-D-Ising-Modells gelangt in sehr eleganter Weise zu demselben Ergebnis für die Berechnung der Zustandssumme wie die in Abschnitt 9.7.3 geschilderte kombinatorische Methode. Die Matrix-Methode wurde von Kramers und Wannier 1941 vorgestellt und bildete die Grundlage von weiteren Entwicklungen, die ihren Höhenpunkt 1944 in Onsagers exakter Lösung des 2-dimensionalen „Spinnetzes" fand. Wir begnügen uns hier mit dem 1-dimensionalen Fall, für den wir etwas lineare Algebra benötigen (s. Anhang 11.6). Wir stellen uns die N spintragenden Atome in einer geschlossenen Kette angeordnet vor mit $i = 1, 2, 3, \ldots N$ und $N + 1 = 1$ (s. Abb. 9.24). Jedes der Atome kann einen Spin nach oben oder nach unten ($\sigma_i = \pm 1$) tragen. Für die Gesamtenergie E lässt sich in symmetrisierter Form schreiben:

$$E = -I\sum_{i=1}^{N}\sigma_i \cdot \sigma_{i+1} - \sum_{i=1}^{N}\frac{1}{2}\vec{\mu}_B \cdot \vec{B}\left(\sigma_i + \sigma_{i+1}\right) \qquad (9.156)$$

σ_i bzw. σ_{i+1} ist hier die Spinkomponente $+1$ oder -1. Wir führen zyklische Randbedingungen für die Spinkette ein, d. h. es soll gelten: $\sigma_{N+1} = \sigma_1$. Dann erhält man für die Zustandssumme Q_N:

$$Q_N\left(T, \vec{B}\right) = \sum_{\sigma_1 = \pm 1} \cdots \sum_{\sigma_N = \pm 1} -\exp\left\{\sum_{i=1}^{N}K \cdot \sigma_i\sigma_{i+1} + \frac{C}{2}\left(\sigma_i + \sigma_{i+1}\right)\right\} \qquad (9.157)$$

Mit den Abkürzungen $K = I/k_BT$ und $C = \vec{\mu}_B \cdot \vec{B}/k_BT$ lässt sich nun Gl. (9.157) folgendermaßen ausdrücken, indem wir jeweils zwei benachbarte Spins zusammenfassen:

$$Q_N\left(T, \vec{B}\right) = \sum_{\sigma_1=\pm 1} \sum_{\sigma_2=\pm 1} \exp\left[K\sigma_1\sigma_2 + \frac{C}{2}(\sigma_1 + \sigma_2)\right]$$

$$\cdot \sum_{\sigma_2=\pm 1} \sum_{\sigma_3=\pm 1} \exp\left[K\sigma_2\sigma_3 + \frac{C}{2}(\sigma_2 + \sigma_3)\right] \cdots$$

$$\cdot \sum_{\sigma_i=\pm 1} \sum_{\sigma_{i+1}=\pm 1} \exp\left[K\sigma_i\sigma_{i+1} + \frac{C}{2}(\sigma_i + \sigma_{i+1})\right] \cdots$$

$$\cdot \sum_{\sigma_N=\pm 1} \sum_{\sigma_1=\pm 1} \exp\left[K\sigma_N\sigma_1 + \frac{C}{2}(\sigma_N + \sigma_1)\right] \tag{9.158}$$

Der letzte Faktor dieser Produktreihe von Doppelsummen berücksichtigt die zyklische Randbedingung ($\sigma_{N+1} = \sigma_1$). Wir greifen uns den Faktor heraus, der die allgemeine Form der Summation über σ_i und σ_{i+1} enthält. Man überprüft leicht, dass die folgende Beziehung besteht:

$$\sum_{\sigma_i=\pm 1} \sum_{\sigma_{i+1}=\pm 1} \exp\left[K\sigma_i\sigma_{i+1} + \frac{C}{2}(\sigma_i + \sigma_{i+1})\right] = \sum_{\sigma_i=\pm 1} \sum_{\sigma_{i+1}=\pm 1} {}^T\vec{s}_i \begin{pmatrix} e^{K+C} & e^{-K} \\ e^{-K} & e^{K-C} \end{pmatrix} \vec{s}_{i+1}$$

$$= e^{K+C} - 2e^{-K} + e^{K-C} \tag{9.159}$$

Für die Vektoren ${}^T\vec{s}_i$ und $\vec{s}_{i+1}$ in Gl. (9.159) gilt dabei:

$${}^T\vec{s}_i = (1,0) \quad \text{und} \quad \vec{s}_{i+1} = \begin{pmatrix} 1 \\ 0 \end{pmatrix}, \text{wenn} \quad \sigma_i = 1, \sigma_{i+1} = 1$$

$${}^T\vec{s}_i = (0,1) \quad \text{und} \quad \vec{s}_{i+1} = \begin{pmatrix} 0 \\ 1 \end{pmatrix}, \text{wenn} \quad \sigma_i = -1, \sigma_{i+1} = -1$$

wobei die Matrix als Transfermatrix $\hat{T}$ bezeichnet wird:

$$\hat{T} = \begin{pmatrix} e^{K+C} & e^{-K} \\ e^{-K} & e^{K-C} \end{pmatrix} \tag{9.160}$$

Die Darstellung von Gl. (9.159) durch Transfermatrizen verschafft uns eine sehr übersichtliche Schreibweise für die Zustandssumme Q_N, denn mit Hilfe von Gl. (9.159) lässt sich nun für Gl. (9.157) bzw. Gl. (9.158) schreiben:

$$Q_N = \sum_{\sigma_1=\pm 1} \cdots \sum_{\sigma_N=\pm 1} \left(\left({}^T\vec{s}_1 \cdot \hat{T} \cdot \vec{s}_2\right) \cdot \left({}^T\vec{s}_2 \cdot \hat{T} \cdot \vec{s}_3\right) \ldots \left({}^T\vec{s}_N \cdot \hat{T} \cdot \vec{s}_1\right)\right) \tag{9.161}$$

Da ${}^T\vec{s}_i \cdot \vec{s}_i = 1$, vereinfacht sich Gl. (9.161) zu

$$Q_N = \sum_{\sigma_1=\pm 1} {}^T\vec{s}_1 \cdot \left(\hat{T}^N\right) \cdot \vec{s}_1 = \text{Tr}\left(\hat{T}^N\right) \tag{9.162}$$

$\mathrm{Tr}(\hat{T}^N)$ ist die Spur der Matrix, also die Summe ihrer Diagonalelemente (s. Anhang 11.6, Gl. (11.80)). Wir suchen nun die Eigenwerte λ der Matrix $\hat{T}$ in Gl. (9.160). Da $\hat{T}$ eine symmetrische bzw. hermitsche Matrix ist, sind alle Eigenwerte reelle Zahlenwerte. Es gilt also im Fall von Gl. (9.160):

$$\begin{vmatrix} (e^{K+C} - \lambda) & e^{-K} \\ e^{-K} & (e^{K+C} - \lambda) \end{vmatrix} = 0 \tag{9.163}$$

Man erhält die quadratische Gleichung:

$$\lambda^2 - 2\lambda \cdot e^K \cdot \cosh(C) + 2\sinh(2K) = 0$$

mit den Lösungen:

$$\lambda_\pm = e^K \cdot \cosh(C) \pm \left[\exp(-2K) + \exp(2K) \cdot \sinh^2(C) \right]^{1/2} \tag{9.164}$$

Nun gilt:

$$\mathrm{Tr}\left(\hat{T}^N \right) = \mathrm{Tr}\begin{pmatrix} \lambda_+ & 0 \\ 0 & \lambda_- \end{pmatrix}^N = \lambda_+^N + \lambda_-^N$$

Da $\lambda_+ > \lambda_-$, gilt für große Werte von N $\lambda_+^N \gg \lambda_-^N$, also $\mathrm{Tr}\left(\hat{T}^N \right) \cong \lambda_+^N = Q_N$ und somit:

$$F_N = -k_B T \cdot N \ln \left[\exp[I/k_B T] \cdot \cosh \left(\vec{\mu}_B \cdot \vec{B}/k_B T \right) + \{ \exp[-2I/k_B T] \right.$$
$$\left. + \exp[2I/k_B T] \cdot \sinh^2 \left(\vec{\mu}_B \vec{B}/k_B T \right) \}^{1/2} \right] \tag{9.165}$$

Gl. (9.165) ist identisch mit Gl. (9.149) in Abschnitt 9.7.3. Alle Ableitungen und Konsequenzen, die in Abschnitt 9.7.3 diskutiert werden (Gl. (9.150) bis (9.155)), gelten somit auch für Gl. (9.165). Die Matrix-Methode zur Ableitung von Q_N des 1-dimensionalen Ising-Modells spielen auch in anderen Bereichen eine fundamentale Rolle, z. B. in der molekularstatistischen Behandlung von Proteinen, DNA- und RNA-Molekülen.

9.7.5 Spinwellen und Magnonen

Überprüft man die Gültigkeit von Gl. (9.102) gegenüber genau durchgeführten Messergebnissen von (M/M_{max}) im Bereich kleiner Werte von $T/T_C < 0{,}1$, stellt man erhebliche Diskrepanzen fest. Eine Auftragung von $(M - M_{max})/M_{max} = \Delta M/M_{max}$ bei kleiner Skalierung in Abb. 9.28 zeigt, dass die Messpunkte im Fall von Nickel durch eine Funktion $c \cdot (T/T_C)^{3/2}$ sehr gut beschrieben werden.

Die Kurve liegt etwas unterhalb der Messpunkte, da sie extrapolierte Werte für $\vec{B} = 0$ repräsentiert, die bei unterschiedlichen Feldstärken $\vec{B} > 0$ gemessen wurden. Messungen

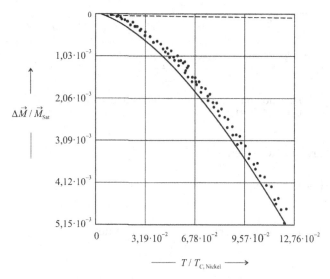

Abb. 9.28: $\left|\frac{\vec{M}-\vec{M}_{max}}{\vec{M}_{max}}\right| = \Delta\vec{M}/\vec{M}_{max}$ für Nickel bei tiefen Temperaturen (T_C = 627 K).

• Messdaten bei verschiedenen Feldstärken, —— auf $\vec{B}$ = 0 extrapolierte Kurve angepasst durch $\frac{\Delta M}{M_{max}} = c \cdot (T/T_C)^{3/2}$. - - - - Vorhersage Gl. (9.102).

bei $\vec{B}$ > 0 sind aber erforderlich, da sonst keine Gleichgewichtswerte für M/M_{max} bzw. $\Delta M/M_{max}$ erreichbar sind (s. die Hysterese in Abb. 9.16!). Die in diesem Bereich nach Gl. (9.102) berechneten Werte sind dagegen um einige Größenordnungen kleiner als die Messwerte. Bei anderen Materialien wie Fe sieht das Ergebnis ähnlich aus, und deutet darauf hin, dass die Molekularfeldtheorie hier versagt. Diese berücksichtigt ja als niedrigst mögliche energetische Anregung bei tiefen Temperaturen die vollständige Umkehr eines einzigen Spins gegen die Orientierung aller anderen Spins. Ganz offensichtlich gibt es aber noch erheblich niedrigere energetische Anregungen, die zu den beobachteten Werten von $\Delta M/M_{max}$ > 0 führen. Als Ursache dafür muss die Kreiselbewegung der Spins um die z-Achse angesehen werden (s. Abb. 9.29), die mit oszillierenden Werten der Spinkomponenten s_x und s_y verbunden ist und die den effektiven Spin in z-Richtung erniedrigen. Im Gittermodell der Molekularfeldtheorie wird die Präzession des Spins gar nicht berücksichtigt und $|\vec{S}| = S_z$ gesetzt (s. o.). Das Umklappen des Spins erfolgt also sozusagen in kollektiver Weise, indem die Anregungsenergie eines Spins in kleinere Energiebeiträge gegenüber einem einmaligen vollständigen Umklappen unterteilt wird. Diese Energieanregungen lassen sich durch sog. Spinwellen beschreiben wie sie in Abb. 9.29 dargestellt sind. Dass es sich bei den Korrelationen der Spins tatsächlich um eine Wellenbewegung handelt, muss im Folgenden allerdings erst nachgewiesen werden.

Dazu gehen wir nochmals aus von Gl. (9.92), für die korrekterweise der vollständige Spinvektor und nicht nur seine z-Komponente einzusetzen ist. Es gilt also, wenn nur

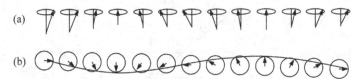

Abb. 9.29: a) Spin-Präzession um die z-Achse, b) Projektion auf die x-y-Ebene in z-Richtung. Der Kreisradius beträgt u (s. Abb. 9.31).

direkte Nachbarkontakte zählen:

$$E = -\frac{1}{2}I\left(\vec{S}_{n-1} \cdot \vec{S}_n + \vec{S}_n \cdot \vec{S}_{n+1}\right) \cdot N \tag{9.166}$$

Das mit $\vec{S}_n$ verbundene magnetische Dipolmoment lautet:

$$\vec{\mu}_n = -\frac{1}{2}|\vec{\mu}_B| \cdot \vec{S}_n \tag{9.167}$$

Eingesetzt in Gl. (9.166) ergibt sich dann:

$$E = \vec{\mu}_n\left[\frac{I}{|\vec{\mu}_B|} \cdot \left(\vec{S}_{n+1} + \vec{S}_{n-1}\right)\right] \cdot N = \vec{\mu}_n \cdot \vec{B}_{\text{eff}} \cdot N \tag{9.168}$$

Die eckige Klammer in Gl. (9.168) hat also die Bedeutung eines effektiven Magnetfeldes $\vec{B}_{\text{eff}}$ (sog. „Austauschfeld") und $\vec{\mu}_n \cdot \vec{B}_{\text{eff}} \cdot N$ ist die Energie des Spins in diesem Feld. Damit können wir für das am Spin angreifende *Drehmoment*, also die zeitliche Ableitung des Drehimpulses $\hbar \cdot \vec{S}_n$ schreiben:

$$\hbar\frac{d\vec{S}_n}{dt} = \vec{\mu}_n \times \vec{B}_{\text{eff}} = \left(\frac{1}{2}I\right) \cdot \left(\vec{S}_n \times \vec{S}_{n+1} + \vec{S}_n \times \vec{S}_{n-1}\right) \tag{9.169}$$

Ausmultiplizieren der Vektorprodukte in kartesischen Koordinaten ergibt:

$$\frac{d\vec{S}_{n,x}}{dt} = \left(\frac{1}{2}I/\hbar\right) \cdot \left[S_{n,y} \cdot (S_{n-1,z} + S_{n+1,z}) - S_{n,z} \cdot \left(S_{n-1,y} + S_{n+1,y}\right)\right] \tag{9.170}$$

Entsprechende Gleichungen gelten für $d\vec{S}_{n,y}$ und $d\vec{S}_{n,z}$. Um dieses gekoppelte Gleichungssystem lösen zu können, machen wir die Annahme, dass $S_{n,x}$, $S_{n,y} \ll |\vec{S}|$ gelten soll und ferner $S_{n,z} \approx |\vec{S}|$.

Auch die beim Ausmultiplizierten in der Gleichung auftretenden Produktterme $S_{n,x} \cdot S_{n,y}$ dürfen wir wegen $\vec{S} \cdot \vec{S}_{n,x}$ bzw. $\vec{S} \cdot \vec{S}_{n,y} \gg S_{n,x} \cdot S_{n,y}$ vernachlässigen, so dass wir folgendes linearisiertes Gleichungssystem erhalten:

$$\frac{dS_{n,x}}{dt} \cong \left(\frac{1}{2}I/\hbar\right)\left(2S_{n,y} - S_{n-1,y} - S_{n+1,y}\right)$$

$$\frac{dS_{n,y}}{dt} \cong -\left(\frac{1}{2}I/\hbar\right)\left(2S_{n,x} - S_{n-1,x} - S_{n+1,x}\right) \qquad (9.171)$$

$$\frac{dS_{n,z}}{dt} = 0$$

Es ist naheliegend als Lösungen für Gl. (9.171) laufende Wellenfunktionen anzusetzen:

$$S_{n,x} = u \cdot \exp\left[i(n \cdot k \cdot a - \omega t)\right]$$

und $\qquad\qquad\qquad\qquad\qquad\qquad\qquad\qquad\qquad\qquad\qquad\qquad$ (9.172)

$$S_{n,y} = v \cdot \exp\left[i(n \cdot k \cdot a - \omega t)\right]$$

mit der Kreisfrequenz ω und den Amplituden u und v. a ist der Abstand benachbarter Spins im Gitter. $k_x = k_y = k$ ist der Wellenzahlvektor definiert als

$$k = \frac{2\pi}{\lambda}$$

mit n als ganzer Zahl von $n = 1$ bis $n = N$. N ist die Gesamtzahl der Spins und λ die Wellenlänge einer Spinwelle. Einsetzen von Gl. (9.172) in Gl. (9.171) ergibt:

$$-i \cdot u \cdot \omega = (I \cdot S/2\hbar) \cdot \left(2 - e^{-ik \cdot a} - e^{ik \cdot a}\right) \cdot v = (I \cdot S/\hbar)\,(1 - \cos ka) \cdot v$$

$$-i \cdot v \cdot \omega = (I \cdot S/2\hbar) \cdot \left(2 - e^{-ik \cdot a} - e^{ik \cdot a}\right) \cdot u = (I \cdot S/\hbar)\,(1 - \cos ka) \cdot u \qquad (9.173)$$

Man beachte: die Zahl n taucht im Gleichgewicht (9.173) nicht auf! Es ergeben sich nur Lösungen für u und v, wenn die Determinante der Koeffizientenmatrix verschwindet:

$$\begin{vmatrix} i\omega & (I \cdot S/\hbar) \cdot (1 - \cos ka) \\ -(I \cdot S/\hbar) \cdot (1 - \cos ka) & i\omega \end{vmatrix} = 0 \qquad (9.174)$$

Daraus folgt:

$$\hbar \cdot \omega = I \cdot |\vec{S}| \cdot (1 - \cos ka) \qquad (9.175)$$

Die Lösungen sind $v = -i \cdot u$ sowie $u = -i \cdot v$. Die beiden Spinwellen lauten also in ihren Realteilen

$$S_{n,x} = u \cdot \cos(nka - \omega t) \qquad \text{und} \quad S_{n,y} = u \cdot \sin(nka - \omega t) \qquad (9.176)$$

und stellen die beiden Koordinaten des rotierenden Vektors u in Abbildung 9.29 dar.

Für große Wellenlängen, also für $ka \ll 1$ kann man $\cos(ka)$ in eine Taylorreihe bis zum quadratischen Glied entwickeln und erhält mit $1 - \cos ka \cong \frac{1}{2}(ka)^2$:

$$\hbar \cdot \omega \cong \left(\frac{1}{2} I \cdot |\vec{S}| \cdot a^2 \right) \cdot k^2 \tag{9.177}$$

Gl. (9.175) und die Näherung nach Gl. (9.177) sind in Abb. 9.30 (a) grafisch dargestellt. Abb. 9.30 (b) zeigt Messergebnisse von inelastischer Neutronenstreuung an einer Legierung von 92 % Co und 8 % Fe. Aus dem Energieverlust der gestreuten Neutronen und der Richtungsänderung ihres Wellenvektors kann auf die Energie $\hbar\omega$ und den Wellenvektor $\vec{k}$ des erzeugten Magnons geschlossen werden. Die Messpunkte werden sehr gut durch Gl. (9.177) beschrieben.

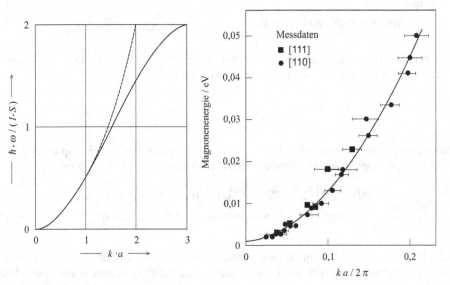

Abb. 9.30: Dispersionskurve für Spinwellen links: —— nach Gl. (9.175), - - - - nach der Näherung Gl. (9.177) rechts: Messdaten aus inelastischer Neutronenstreuung an der Legierung 92 % Co + 8 % Fe, —— mit Gl. (9.175) angepasste Kurve, [111] und [110] kennzeichnen die Netzebenen senkrecht zum Neutronenstrahl.

Welchen Energieinhalt haben die Spinwellen? Dazu betrachten wir zunächst einmal den Zusammenhang eines Spins $\vec{s}$ mit seiner z-Komponente S_z. Aus Abb. 9.29 geht hervor, dass für einen Spin am Ort i gilt:

$$\langle S_z \rangle = \left(\vec{S}^2 - u^2 \right)^{1/2} \approx |\vec{S}| - \frac{u^2}{2}|\vec{S}| \qquad (\text{für } u \ll S) \tag{9.178}$$

wobei $\langle S_z \rangle$ der Mittelwert von S_z über alle Spins bedeutet. Ist N die Gesamtzahl der Spins, muss für das Gesamtsystem die allgemeine Quantisierungsbedingung für Drehimpulse gelten:

$$|\vec{S}| \cdot N - \sum_{i=1}^{N} S_{z,i} = n_k \tag{9.179}$$

wobei n_k eine ganze Zahl ist. Wir setzen $\langle S_z \rangle = \frac{1}{N} \sum S_{i,z} = |\vec{S}| - n_k/N$ aus Gl. (9.179) in Gl. (9.178) ein und erhalten:

$$n_k \approx \frac{N \cdot u_k^2}{2|\vec{S}|} \tag{9.180}$$

Im nächsten Schritt berechnen wir die Austauschenergie zwischen 2 benachbarten Spins S_n und S_{n+1}. Diese beträgt $-\frac{1}{2}\vec{S}_n \cdot \vec{S}_{n+1} = -\frac{1}{2}I \cdot |\vec{S}|^2 \cdot \cos\varphi$. Aus Abb. 9.31 geht hervor, dass der Abstand der beiden Pfeilspitzen des Spins $\vec{S}_{p+1}$ und $\vec{S}_p$ $2 \cdot u \cdot \sin(\frac{1}{2}ka)$ beträgt. Für den Winkel φ zwischen den beiden Spins gilt dann:

$$\sin\frac{1}{2}\varphi = \frac{u}{|\vec{S}|} \cdot \sin\left(\frac{1}{2}k \cdot a\right) \tag{9.181}$$

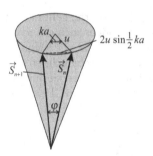

Abb. 9.31: 2 benachbarte Spins mit jeweils dem Betrag $|\vec{S}|$, hier in einem gemeinsamen Diagramm gezeichnet, bilden einen Winkel φ miteinander, der ihre Austauschenergie bestimmt (s. Text).

Für $u/|\vec{S}| \ll 1$ gilt dann für $\varphi/2\pi \ll 1$:

$$\cos\varphi \approx 1 - 2\sin^2(\varphi/2) = 1 - \frac{1}{2}\left(\frac{u}{|\vec{S}|}\right)^2 \cdot \sin^2\left(\frac{1}{2}ka\right) \tag{9.182}$$

Damit können wir für die Austauschenergie nach Gl. (9.166) schreiben:

$$E = -\frac{1}{2}I \cdot |\vec{S}|^2 \cdot \cos\varphi = -\frac{1}{2}I \cdot |\vec{S}|^2 + \frac{1}{2}I \cdot u^2 \cdot \sin^2\left(\frac{1}{2}ka\right) \tag{9.183}$$

oder, wegen $1 - \cos(ka) = \frac{1}{2}\sin^2\left(\frac{1}{2}ka\right)$:

$$E = -\frac{1}{2}I \cdot |\vec{S}|^2 + \frac{1}{2}I \cdot u^2 (1 - \cos(ka)) \tag{9.184}$$

Der zweite Term in Gl. (9.184) ist die Anregungsenergie ε_k einer Spinwelle mit der Amplitude u_k und dem Wellenvektor k:

$$\varepsilon_k = \frac{1}{2}I \cdot u^2 (1 - \cos(ka)) \tag{9.185}$$

Wir setzen u_k^2 aus Gl. (9.180) in Gl. (9.185) ein und erhalten:

$$\boxed{\varepsilon_k = I \cdot |\vec{S}| \,(1 - \cos(ka)) \cdot n_k = \hbar \cdot \omega_k \cdot n_k} \tag{9.186}$$

wobei wir noch Gl. (9.175) verwendet haben. Gl. (9.186) sagt aus: Spinwellen haben gequantelte Energiewerte ε_k, sie haben nur eine Polarisationsrichtung und daher den Spin 0. Die Gesamtheit der Spinwellen verhält sich also wie ein System von Quasipartikeln, die *Bosonen* sind. Diese Quasipartikel nennt man *Magnonen*.

Aus der Ableitung, die zu Gl. (9.186) führte, geht hervor, dass Gl. (9.186) nur für kleine Werte von n_k gültig ist. Nur dann können sich die Spinwellen störungsfrei überlagern, oder im Bild der Quasipartikel ausgedrückt, die Magnonen verhalten sich wie ein wechselwirkungsfreies ideales Bosonengas. Wir berechnen jetzt die thermischen Eigenschaften von Magnonen. Als masselose Teilchen haben sie, ähnlich wie Photonen und Phononen, das chemische Potential $\mu_{\mathrm{Mag}} = 0$. Damit ist in Gl. (3.31) die Aktivität $z = 1$ und es gilt für die Gesamtzahl N_{mag}:

$$N_{\mathrm{Mag}} = \sum_i \frac{g_i}{e^{\varepsilon_i/k_{\mathrm{B}}T} - 1} = \int \frac{g(\varepsilon)\mathrm{d}\varepsilon}{e^{\varepsilon/k_{\mathrm{B}}T} - 1} \tag{9.187}$$

Für die Zustandsdichte $g(\varepsilon)$ setzen wir Gl. (3.37) mit $s = 0$ ein und wandeln mit Gl. (9.178) die Abhängigkeit $g(k)$ von k in eine Abhängigkeit von $\hbar\omega = \varepsilon$ um:

$$g(k) = \frac{V}{2\pi^2}k^2 = \frac{V}{2\pi^2}\frac{\hbar\omega}{(I \cdot |\vec{S}| \cdot a^2/2)} \tag{9.188}$$

Mit

$$\frac{\mathrm{d}\varepsilon}{\mathrm{d}k} = \hbar\frac{\mathrm{d}\omega}{\mathrm{d}k} = \left(I \cdot |\vec{S}| \cdot a^2\right) \cdot k = \left(I|\vec{S}|a^2\right) \cdot \left(\frac{\hbar\omega}{I \cdot |\vec{S}| \cdot a^2/2}\right)^{1/2} \tag{9.189}$$

und mit Gl. (9.188), eingesetzt in Gl. (9.187), erhält man:

$$N_{\text{Mag}} = \sum n_k = \int \frac{V}{2\pi^2} \frac{k^2 \mathrm{d}k}{e^{\varepsilon/k_B T} - 1} = \int \frac{V}{4\pi^2} \cdot \frac{1}{e^{\varepsilon/k_B T} - 1} \cdot \left(\frac{\hbar}{I \cdot |\vec{S}| \cdot a^2/2} \right)^{3/2} \cdot \omega^{1/2} \mathrm{d}\omega \tag{9.190}$$

Wir setzen $\hbar\omega/k_B T = x$ und erhalten:

$$\frac{N_{\text{Mag}}}{V} = \frac{\sum n_k}{V} = \frac{1}{4\pi^2} \left(\frac{k_B T}{I \cdot |\vec{S}| \cdot a^2/2} \right)^{3/2} \int\limits_0^\infty \frac{x^{1/2}}{e^x - 1} \mathrm{d}x \tag{9.191}$$

Obwohl wegen der Näherung unseres Ableitungsverfahrens die Integration auf kleine Werte von ω bzw. k beschränkt bleiben sollte, dürfen wir bei niedrigen Temperaturen $x \to \infty$ gehen lassen, da in diesem Fall trotz dieser Beschränkung, auch wenn x große Werte annehmen kann, mit der oberen Integrationsgrenze $x = \infty$ kein wesentlicher Fehler auftritt. Das Integral in Gl. (9.191) hat den (numerisch ermittelten) Wert 2,3174. Die Zahl der Atome pro Volumen a^3 beträgt q/a^3 (mit $q = 1$, 2 oder 4 bei kubischen Gittertypen). Bedenkt man nun, dass $\sum\limits_k n_k/(N \cdot S)$ gleich der relativen Änderung $\left(|\vec{M}_{\text{sat}}| - |\vec{M}| \right)/|\vec{M}_{\text{sat}}| = \Delta|\vec{M}|/|\vec{M}_{\text{sat}}|$ ist, erhält man das von Felix Bloch bereits 1931 abgeleitete Gesetz, das nach ihm das *Blochsche-$T^{3/2}$-Gesetz* heißt:

$$\frac{\Delta|\vec{M}|}{|\vec{M}_{\text{sat}}|} = \frac{0{,}0587}{S \cdot q} \cdot \left(\frac{k_B \cdot T_C}{I \cdot S \cdot a^2/2} \right)^{3/2} \left(\frac{T}{T_C} \right)^{3/2} \tag{9.192}$$

Der Vorfaktor vor $\left(\frac{T}{T_C} \right)^{3/2}$ ist die Größe c für die Kurve, die in Abb. 9.28 die experimentellen Daten für Nickel bei tiefen Temperaturen so ausgezeichnet beschreibt. Bei Fe und weiteren Ferromagnetika wurde ebenfalls die überzeugende Gültigkeit von Gl. (9.192) festgestellt. Eine weitere thermodynamische Eigenschaft der Magnonen, die sich experimentell bestimmen lässt, ist die Molwärme $\overline{C}_{V,\text{Mag}}$. Dazu berechnen wir nach Gl. (3.32) zunächst die innere Energie der Magnonen in ganz analoger Weise wie N_{Mag}:

$$U_{\text{Mag}} = \int \frac{\varepsilon \cdot g(\varepsilon) \mathrm{d}\varepsilon}{e^{\varepsilon/k_B T} - 1} \tag{9.193}$$

und erhalten:

$$U_{\text{Mag}} = \frac{V}{4\pi^2} \cdot k_B T \cdot \left(\frac{k_B T}{I \cdot S \cdot a^2/2} \right)^{3/2} \int\limits_0^\infty \frac{x^{3/2}}{e^x - 1} \mathrm{d}x \tag{9.194}$$

Für die Molwärme $\overline{C}_{V,\text{Mag}}$ ergibt sich mit dem numerischen Wert 1,784 für das Integral:

$$\overline{C}_{V,\text{Mag}} = \frac{\overline{V}}{4\pi^2} \cdot k_B \cdot \frac{5}{2} \cdot \left(\frac{k_B T}{I \cdot S \cdot a^2/2} \right)^{3/2} \cdot 1{,}784 = k_B \overline{V} \cdot 0{,}1130 \left(\frac{k_B T}{I \cdot S \cdot a^2/2} \right)^{3/2} \tag{9.195}$$

Abb. 9.32 zeigt Messergebnisse von $\overline{C}_V/\overline{V}$ (volumenspezifische Wärmekapazität) von ferromagnetischem Yttrium-Eisen-Granat ($Y_3Fe_5O_{12}$) bei tiefen Temperaturen. Träger des Elektronenspins sind die Fe^{3+}-Ionen. Die Messpunkte werden durch den Ansatz

$$\overline{C}_V/\overline{V} = a \cdot T^{3/2} + b \cdot T^3 \tag{9.196}$$

hervorragend beschrieben. Das zeigt die Auftragung von $\left(\overline{C}_V/\overline{V}\right) \cdot T^{-3/2}$ gegen $T^{3/2}$. Es wird eine lineare Kurve durch die Messpunkte erhalten. Der Achsenabschnitt a ist der Vorfaktor zur $T^{3/2}$-Abhängigkeit von Gl. (9.195). Die lineare Steigung b beschreibt sehr genau den Anteil $b \cdot T^3$ in Gl. (9.196). Der erste Term in Gl. (9.196) ist also der *Magnonenanteil*, der zweite zeigt den *Phononenanteil*, der bei tiefen Temperaturen durch das Debye'sche T^3-Gesetz gegeben ist (s. Kapitel 2, Abschnitt 2.10).

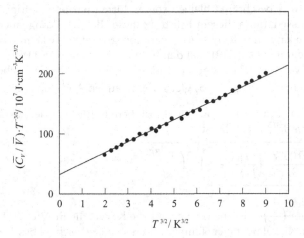

Abb. 9.32: Spezifische Wärmekapazität von $Y_3 \cdot Fe_5 \cdot O_{12}$ bei tiefen Temperaturen in der Auftragung $\left(\overline{C}_V/\overline{V}\right) \cdot T^{-3/2}$ gegen $T^{3/2}$ ($\overline{C}_V$ = Molwärme, $\overline{V}$ = Molvolumen).

9.8 Exkurs zu Kapitel 9

9.8.1 Berechnung der Population von ^{1}H-Kernen im Magnetfeld

Berechnen Sie die Temperatur, bei der die Besetzungswahrscheinlichkeit eines ^{1}H-Kerns in einem Magnetfeld von 1 Tesla im angeregten Zustand 0,45 bzw. im Grundzustand 0,55 beträgt.

Lösung:

Nach Gl. (9.5) gilt aufgelöst nach $P_{+\frac{1}{2}}$ mit $a = \gamma_{^1H} \cdot g_{^1H} \cdot |\vec{B}|/k_B T$:

$$T = \frac{\gamma_{1H} \cdot |\vec{B}| \cdot g_{1H}}{k_B} \cdot \left[\ln \frac{1 - P_{+\frac{1}{2}}}{P_{+\frac{1}{2}}}\right]^{-1} = \frac{5{,}051 \cdot 10^{-27} \cdot 1 \cdot 5{,}5857}{1{,}3807 \cdot 10^{-23}} \cdot \frac{1}{\ln\left(\frac{0{,}55}{0{,}45}\right)}$$

$$= 1{,}017 \cdot 10^{-2}\,\mathrm{K}$$

9.8.2 Ableitung einer Näherungsformel für coth (y)

Entwickeln Sie coth(y) bis zum kubischen Glied von y in eine Reihe.

Lösung:

$$\coth(y) = \frac{e^y + e^{-y}}{e^y - e^{-y}} \approx \frac{2 + y^2 + \cdots}{2y + \frac{1}{3}y^3 + \cdots} \cong \frac{1}{2y}(2 + y^2)\left(1 - \frac{1}{6}\cdot y^2\right) + \cdots$$

$$= \frac{1}{y} - \frac{1}{6}y + \frac{1}{2}y - \frac{1}{12}y^3 + \cdots \approx \frac{1}{y} + \frac{1}{3}y - \frac{1}{12}y^3 + \cdots$$

9.8.3 Grenzfälle der Brillouin'schen Funktion

a) Zeigen Sie, dass die Brillouin'sche Funktion (Gl. (9.23)) für $j \to \infty$ in die Langevin'sche Funktion (s. Exkurs 8.8.1) übergeht.

Lösung:

$$\lim_{j\to\infty} B_j(x) = \coth(x) - \frac{1}{2j} \cdot \lim_{j\to\infty}\left(\frac{e^{x/2j} + e^{-x/2j}}{e^{x/2j} - e^{-x/2j}}\right)$$

$$= \coth(x) - \frac{1}{2j}\lim_{j\to\infty}\left[\frac{(1 + \frac{x}{2j} + 1 - \frac{x}{2j}) + \cdots}{(1 + \frac{x}{2j} - 1 + \frac{x}{2j}) + \cdots}\right] = \coth(x) - \frac{1}{2j}\cdot\frac{2j}{x}$$

$$= \coth(x) - \frac{1}{x}$$

wobei wir die e-Funktionen im Zähler und Nenner von $\frac{\cosh(x/2j)}{\sinh(x/2j)} = \coth(x/2j)$ wegen $x/2j \ll 1$ bis zum linearen Glied in eine Taylor-Reihe entwickelt haben. Das Ergebnis ist identisch mit der Langevin'schen Funktion $L(x)$, wenn wir x mit a identifizieren.

b) Zeigen Sie, dass die Brillouin'sche Funktion und die Zustandssumme q_{mag} für $j = \frac{1}{2}$ übergehen in

$$B_{1/2}(x) = \tanh(x) = \frac{\sinh(x)}{\cosh(x)} \quad \text{bzw.} \quad q_{para}\left(j = \frac{1}{2}\right) = 2\cosh(x)$$

Lösung:

Es gelten die folgenden Beziehungen, die man durch Einsetzen der Exponentialterme leicht nachprüft (s. Gl. (11.395) in Anhang 11.18):

$$\sinh(2x) = 2\sinh(x) \cdot \cosh(x) \quad \text{und} \quad \cosh(2x) = \cosh^2(x) + \sinh^2(x)$$

Einsetzen in $B_{1/2}(x) = 2\coth(2x) - \coth(x)$ und $q_{mag}\left(j = \frac{1}{2}\right) = \sinh(2x)/\sinh(x)$ ergibt unmittelbar das Resultat. Zum Beweis für $B_{1/2}(x)$ muss $\sinh(2x)$ und $\cosh(2x)$ aus den angegebenen Beziehungen eliminiert werden, das ergibt unmittelbar den Wert $\tanh(x)$ für $B_{1/2}(x)$.

9.8.4 Chemische Gleichgewichte mit paramagnetischen Reaktanden

Chemische Gleichgewichte wir z. B. $2\,NO_2 \rightleftharpoons N_2O_4$ mit Reaktionspartnern, die ungepaarte Elektronen enthalten (NO_2), können durch Magnetfelder beeinflusst werden.

Das chemische Gleichgewicht von Triphenylmethyl-Radikalen (TPM) mit seinem Dimer Hexaphenylethan (HPE) (s. Abb. 9.33) lässt sich in geeigneten Lösemitteln gut messen, wegen der paramagnetischen Eigenschaften des Radikals, das durch die Delokalisierung seines π-Elektronensystems relativ gut stabilisiert wird. Es gilt bei 293 K für das Gleichgewicht $HPE \rightleftharpoons 2\,TPM$:

$$K_C = \frac{[TPM]^2}{[HPE]} = 1{,}08 \cdot 10^{-3}\ mol \cdot L^{-1}$$

Wie stark muss das Magnetfeld $\vec{B}$ sein, damit $K_C(\vec{B} > 0) = 1{,}12 \cdot 10^{-3}\ mol \cdot L^{-1}$ wird?

Lösung:

Die freie molare Reaktionsenergie $\Delta_R \overline{F}$ beträgt:

$$\Delta_R \overline{F} = -RT \cdot \ln K_C = 16{,}64\ kJ \cdot mol^{-1}$$

In einem Magnetfeld $\vec{B}$ verschiebt sich dieses Gleichgewicht zugunsten des TPM. Dabei ist die freie Magnetisierungsenergie $\overline{F}_{mag}$ des TPM zu berücksichtigen:

$$\Delta_R F' = \Delta_R \overline{F} + \overline{F}_{mag}$$

Für $\overline{F}_{mag}$ gilt:

$$\overline{F}_{mag} = -N_L \cdot k_B T \cdot \ln q'_{mag}$$

In Exkurs 9.8.3 wurde für die Zustandssumme eines Teilchens mit $s = 1/2$ abgeleitet

$$q_{mag}\left(s = \frac{1}{2}\right) = 2 \cdot \cosh x = e^{-x} + e^{+x} \quad \text{mit} \quad x = \vec{\mu}_{TPM} \cdot \vec{B}/k_B T$$

Für $\vec{B} = 0$ wird $q_{mag} = 2$. Also ist der nur vom $\vec{B}$-Feld abhängige Anteil $q'_{mag} = q_{mag}/2 =$ $\cosh x$. Da $x \ll 1$ lässt sich durch Taylorreihenentwicklung bis zum quadratischen Glied schreiben:

$$q'_{mag} \approx 1 + \frac{x^2}{2} \qquad \text{bzw.} \qquad \overline{F}_{mag} = -RT \ln\left(1 + \frac{x^2}{2}\right)$$

Das magnetische Moment des Radikals kann man gleich dem des Elektrons setzen, für das nach Gl. (9.10) mit $s = 1/2$ gilt:

$$\vec{\mu}_e = 2|\vec{\mu}_B|\sqrt{s(s+1)} = \sqrt{3}|\vec{\mu}_B| = \sqrt{3} \cdot 9{,}274 \cdot 10^{-24}\,\text{J} \cdot \text{Tesla}^{-1}$$

Dann gilt mit $\vec{\mu}_e = \vec{\mu}_{TPM}$:

$$x = \frac{\vec{\mu}_e \cdot \vec{B}}{k_B T} = \sqrt{3} \cdot 9{,}274 \cdot 10^{-24} \cdot \vec{B}/(k_B \cdot 293) = 0{,}00397 \cdot \vec{B}$$

Es gilt also:

$$K_C\left(\vec{B} > 0\right) = K_C\left(\vec{B} = 0\right) \cdot \left(1 + \frac{x^2}{2}\right) = 1{,}12 \cdot 10^{-3}$$

Mit $K_C(\vec{B} = 0) = 1{,}08 \cdot 10^{-3}$ folgt daraus für $x = 0{,}272$ und für $\vec{B}$:

$$\vec{B} = 0{,}272 \cdot 0{,}00397 = 68{,}5\,\text{Tesla}$$

Das wäre ein sehr starkes Magnetfeld. Wir berechnen noch, um wieviel % sich die Konzentration von TPM in diesem Magnetfeld vergrößert, wenn man von einer vorgegebenen Gesamtkonzentration $[TPM]_{total} = 1\,\text{mol} \cdot \text{L}^{-1}$ ausgeht. Es gilt die Bilanz:

$$2[HPE] + [TPM] = [TPM]_{total} = 1\,\text{mol} \cdot \text{L}^{-1}$$

Daraus ergibt sich:

$$K_C = \frac{2 \cdot [TPM]^2}{[TPM]_{total} - [TPM]} \qquad \text{bzw.} \qquad [TPM] = -\frac{1}{4}K_C + \sqrt{\left(\frac{K_C}{4}\right)^2 + \frac{K_C}{2}[TPM]_{total}}$$

Ohne Magnetfeld erhält man $[TPM] = 0{,}0227\,\text{mol} \cdot \text{L}^{-1}$, mit Magnetfeld $\vec{B} = 68{,}5\,\text{Tesla}$ erhöht sich $[TPM]$ auf $0{,}0234\,\text{mol} \cdot \text{L}^{-1}$. Das ist eine Zunahme um ca. 3 %.

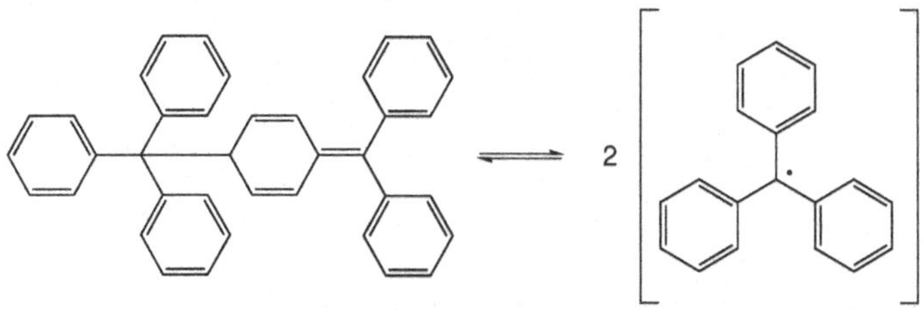

Abb. 9.33: Das Gleichgewicht HPE $\rightleftharpoons$ 2 TPM

9.8.5 Magnetische Suszeptibilität einer paramagnetischen ionischen Flüssigkeit

Ionische Flüssigkeiten (IL) sind geschmolzene Salze, die bei Raumtemperatur und teilweise auch bei Temperaturen deutlich unter 0 °C im flüssigen Zustand vorliegen. Der Grund für dieses Verhalten sind die voluminösen Anionen und Kationen, die die Coulomb'schen Anziehungskräfte soweit auf Distanz halten, dass die Ils im flüssigen Zustand vorliegen und dabei gleichzeitig einen sehr niedrigen Dampfdruck besitzen. Diese Eigenschaften machen sie als Lösemittel, Thermofluide oder als Elektrolyte in der Elektrochemie interessant für verschiedene Anwendungen. Typische Vertreter enthalten Imidazolium-Ionen und negativ geladene, komplexierte Metallionen. Enthalten die Kationen geeignete Übergangsmetallionen wie Co^{2+}, zeigt die IL eine tintenblaue Färbung und hat paramagnetische Eigenschaften. In Abb. 9.34 ist das Beispiel der temperaturabhängigen Suszeptibilität χ_{para}^{Vol} von Bis-Ethyl-methyl-imidazolium- Cobalttetrarhodanid $(EMIm)_2[Co(SCN)_4]$ wiedergegeben, die offensichtlich dem Curieschen Gesetz nach Gl. (9.27) folgt. Die molare Konzentration der komplexierten Co^{2+}-Ionen beträgt $\varrho_{mol} = 3764,5$ mol $\cdot$ m^{-3} bei 293 K, d. h., der mittlere Abstand der Co-Ionen beträgt ca. $(\varrho_{mol} \cdot N_L)^{-1/3} \cong 1,3 \cdot 10^{-9}$ m, das liegt in derselben Größenordnung wie der Abstand paramagnetischer Übergangsmetallionen oder von Ionen der seltenen Erden in den festen Kristallen, die alle durch eine hohe Zahl von H_2O-Molekülen komplexiert sind (s. z. B. Abb. 9.5).

Berechnen Sie aus der Steigung der χ_{para}^{Vol}/T^{-1}-Kurve in Abb. 9.34 den Mittelwert für $\chi_{para}^{Vol} \cdot T$ und ermitteln Sie aus Gl. (9.29) den Wert $\vec{\mu}_{eff}$ bzw. $\vec{\mu}_{eff}/|\vec{\mu}_B|$. Vergleichen Sie diesen Wert mit dem für Co^{2+} nach Gl. (9.17) zu erwartenden Wert für $\vec{\mu}_S/\vec{\mu}_B$.

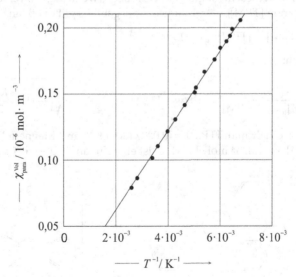

Abb. 9.34: Temperaturabhängige Suszeptibilität χ_{para}^{Vol} von Bis-Ethyl-methyl-imidazolium- Cobalt-tetrarhodanid $(EMIm)_2[Co(SCN)_4]$.

Lösung:

Ein linearer Fit für $\chi_{\text{para}}^{\text{Vol}}$ in Abb. 9.34 ergibt

$$\chi_{\text{para}}^{\text{Vol}} = \frac{3{,}0189}{T} \cdot 10^{-5}\,\text{m}^3 \cdot \text{mol}^{-1} \qquad \text{bzw.} \qquad \chi_{\text{para}}^{\text{Vol}} \cdot T = 3{,}0189 \cdot 10^{-5}\,\text{m}^3 \cdot \text{mol}^{-1} \cdot \text{K}.$$

Einsetzen in Gl. (9.29) ergibt für $|\vec{\mu}_{\text{eff}}|$

$$|\vec{\mu}_{\text{eff}}| = 7{,}3983 \cdot 10^{-21}\,\sqrt{3{,}0189 \cdot 10^{-5}} = 4{,}065 \cdot 10^{-23}\,\text{C} \cdot \text{J} \cdot \text{s} \cdot \text{kg}^{-1}$$

und somit

$$\frac{|\vec{\mu}_{\text{eff}}|}{|\vec{\mu}_{\text{B}}|} = 4{,}38$$

Die Berechnung von $|\vec{\mu}_S|$ für Co^{2+}-Ionen nach Gl. (9.17) ergibt mit $s = 3/2$:

$$\frac{\vec{\mu}_S}{|\vec{\mu}_{\text{B}}|} = 2\sqrt{\frac{3}{2} \cdot \frac{5}{2}} = 3{,}87 \quad \text{(s. auch Tabelle 9.3)}$$

Der aus experimentellen Messungen an Co^{2+}-Ionen erhaltene Wert in Tabelle 9.3 beträgt $\vec{\mu}_S/|\vec{\mu}_{\text{B}}| = 4{,}7$. Der für $(EMIm)_2[Co(SCN)_4]$ bestimmte Wert von 4,38 liegt in diesem Bereich und bestätigt das paramagnetische Verhalten der ionischen Flüssigkeit.

9.8.6 Die Curie'sche Konstante von NO

Moleküle wie O_2, NO_2 oder organische Radikale R· besitzen ungepaarte Elektronen und haben daher paramagnetische Eigenschaften. Wir wollen als Beispiel das Molekül NO näher untersuchen. Das Molekül NO besitzt ein temperaturabhängiges magnetisches Dipolmoment. Die Ursache dafür zeigt Abb. 9.35

Im Grundzustand des Moleküls kompensieren sich Spin und Bahndrehimpuls, während im angeregten Zustand sich die magnetischen Momente addieren zu einem gesamtmagnetischen Dipol mit dem Betrag $2|\vec{\mu}_{\text{B}}|$. Der angeregte Zustand liegt $121\,\text{cm}^{-1}$ über dem Grundzustand. Wir wollen das Gleichgewicht der beiden Zustände berechnen, sowie die entsprechende magnetische Suszeptibilität. Die Wellenzahl $\lambda^{-1} = 121\,\text{cm}^{-1} = 12100\,\text{m}^{-1}$ entspricht einer Energiedifferenz $h\nu = c_{\text{L}} \cdot h/\lambda$ von $2{,}404 \cdot 10^{-21}\,\text{J}$ bzw. einer Temperatur $h\nu/k_{\text{B}}$ von 174,1 K. Für das thermodynamische Gleichgewicht der beiden Zustände 0 und 1 gilt der Boltzmann'sche Verteilungssatz mit den Besetzungszahlen N_0 und N_1:

$$\frac{N_1}{N_0} = \exp\left[-h\nu/k_{\text{B}}T\right] = \exp\left[-174{,}1/T\right]$$

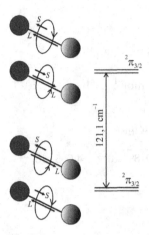

Abb. 9.35: Spin (S) und Bahndrehimpuls (L) bei NO

Bei $T = 293$ K ist $N_1/N_0 = 0{,}552$. Der Grundzustand ist etwas mehr als doppelt so stark besetzt wie der angeregte Zustand. Für den Bruchteil der NO-Moleküle im angeregten Zustand gilt demnach:

$$\frac{N_1}{N_1 + N_0} = \frac{\exp\left[-174{,}1/T\right]}{1 + \exp\left[-174{,}1/T\right]}$$

und die Suszeptibilität $|\vec{\mu}_B|$ lautet nach dem Curie'schen Gesetz mit dem temperaturabhängigen magnetischen Moment $2|\vec{\mu}_B|\frac{N_1}{N_0+N_1}$:

$$\chi_{\text{mag}}^{\text{Vol}} = \frac{N_L \cdot \mu_0 \cdot 4|\vec{\mu}_B|^2}{3k_B T} \cdot \left(\frac{N_1}{N_0 + N_1}\right)^2 \cong \frac{6{,}285 \cdot 10^{-6}}{T} \cdot \left[\frac{\exp\left[-174{,}1/T\right]}{(1 + \exp\left[-174{,}1/T\right])}\right]^2$$

Die Curie'sche Konstante $C_C = T \cdot \chi_{\text{mag,NO}}^{\text{Vol}}$ ist in Abb. 9.36 dargestellt. Sie erweist sich im Fall von NO als T-anhängig. Bei $T = 0$ verschwindet sie und erreicht erst bei hohen Temperaturen ihren maximalen Wert.

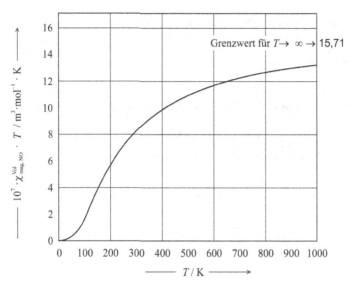

Abb. 9.36: Die Curie'sche Konstante C_C von NO dargestellt als $\chi_{\mathrm{magn,NO}}^{\mathrm{Vol}} \cdot T$-$T$-Diagramm

9.8.7 Druckabhängigkeit der Curie-Temperatur (Magnetostriktion)

In einer magnetisierbaren Festsubstanz, die nach Gl. (9.118) dem Curie-Weiß'schen Gesetz folgt, wird folgende Druckabhängigkeit der Curie-Temperatur festgestellt:

$$T'_C = T'_{C,0}\,(1 + \alpha \cdot p) \tag{9.197}$$

α ist ein konstanter Parameter. Berechnen Sie die Volumenänderung ΔV, wenn die Substanz einem Magnetfeld der Stärke $\vec{B}$ ausgesetzt ist.

Lösung:

Wir gehen aus von der differenziellen Form der freien Energie $F = U - TS - \vec{M} \cdot \vec{B}$ im kanonischen Ensemble als Funktion von T, V und $\vec{B}$:

$$\mathrm{d}F = -S\mathrm{d}T - p\mathrm{d}V - \vec{M}\,\mathrm{d}\vec{B}$$

die wir in die freie Enthalpie als Funktion von T, p und $\vec{B}$ umwandeln:

$$\mathrm{d}G = \mathrm{d}F + \mathrm{d}(p \cdot V) = -S\mathrm{d}T + V\mathrm{d}p - \vec{M}\,\mathrm{d}\vec{B} \tag{9.198}$$

Für die Magnetisierung $\vec{M}$ gilt ja definitionsgemäß:

$$\vec{M} = \chi_{\mathrm{mag}} \cdot \vec{B} \tag{9.199}$$

wobei χ_{mag} durch das Curie-Weiß'sche Gesetz gegeben ist:

$$\chi_{mag} = \frac{\vec{M}}{\vec{B}} = \frac{C_C}{T - T'_{C,0}(1 + \alpha \cdot p)} \tag{9.200}$$

Aus Gl. (9.198) entnehmen wir die Maxwell-Relation:

$$\left(\frac{\partial^2 G}{\partial \vec{B} \partial p}\right)_T = \left(\frac{\partial^2 G}{\partial p \partial \vec{B}}\right)_T = \left(\frac{\partial V}{\partial \vec{B}}\right)_{T,p} = -\left(\frac{\partial \vec{M}}{\partial p}\right)_{T,\vec{B}} \tag{9.201}$$

Wir setzen $\vec{M}$ aus Gl. (9.200) in Gl. (9.201) ein und erhalten:

$$-\left(\frac{\partial \vec{M}}{\partial p}\right)_{T,\vec{B}} = \frac{-C_C \cdot T'_{C,0} \cdot \alpha \cdot \vec{B}}{\left[T - T'_{C,0}(1 + \alpha \cdot p)\right]^2} = \left(\frac{\partial V}{\partial \vec{B}}\right)_{T,p} \tag{9.202}$$

Für die Volumenänderung ΔV ergibt die Integration von Gl. (9.202):

$$\Delta V = V\left(\vec{B}\right) - V\left(\vec{B} = 0\right) = -\int_0^{\vec{B}} \frac{C_C \cdot T'_{C,0} \cdot \alpha \cdot \vec{B} \cdot d\vec{B}}{\left[T - T'_{C,0}(1 + \alpha \cdot p)\right]^2} = \frac{-C_C \cdot T'_{C,0} \cdot \alpha}{\left[T - T'_{C,0}(1 + \alpha \cdot p)\right]^2} \cdot \frac{\vec{B}^2}{2}$$

Ist $\alpha > 0$ gilt $\Delta V < 0$, es findet eine Volumenkontraktion statt. Für $\alpha < 0$ gilt $\Delta V > 0$, es findet eine Volumenexpansion statt. Den Fall $\alpha > 0$ bezeichnet man auch als *Magnetostriktion*.

9.8.8 Spin-Cross-Over (SCO) Effekt von Fe^{2+}-Komplexen

Am Ende von Abschnitt 9.3 wurde gezeigt, dass das 3d-Niveau von Übergangsmetall-Iionen in einem oktaedrischen Komplex mit 6 Liganden in 2 Energieniveaus aufspaltet. Am Beispiel von Cr^{2+} haben wir gesehen, dass bei Wechsel des Liganden ein Übergang von „high spin" (HS) zu „low spin" (LS) erfolgt. Es ist jedoch auch möglich, dass bei einem vorgegebenen System ein solcher Übergang stattfindet, wenn man die Temperatur und/oder den Druck ändert. Solche Systeme heißen *„spin crossover" (SCO)-Systeme*. Die meisten von ihnen enthalten Fe^{2+} als zentrales Ion, die Liganden sind meist größere Moleküle, die mit ihren Stickstoffatomen Ligandenplätze einnehmen. 2 typische Beispiele zeigt Abb. 9.37.

SCO-Komplexe gibt es heutzutage in großer Zahl und die Untersuchungsmethoden sind zahlreich: UV-VIS-, IR-, Raman-Spektroskopie, Röntgenkristallographie sowie Mößbauer- und NMR-Spektroskopie. Wir interessieren uns hier für die paramagnetischen Eigenschaften dieser Komplexe. Abb. 9.38 zeigt für einen solchen Fe^{2+}-Komplex die Ergebnisse

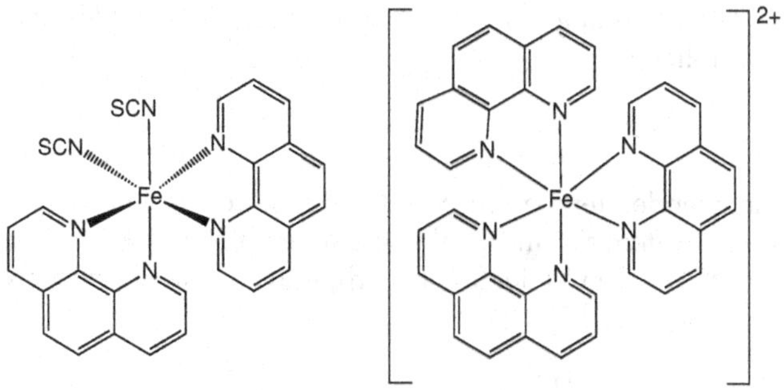

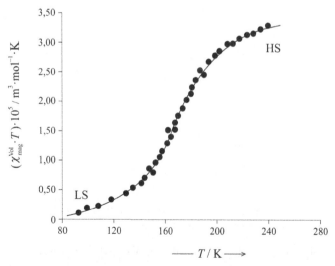

Abb. 9.37: Oktaedrische $Fe(SCN)_2(phen)_2$- und $Fe(phen)_3^{2+}$-Komplexe mit SCO-Effekt vom LS- zum HS-Zustand im Bereich von 150 K.

magnetischer Suszeptibilitätsmessungen bei niedrigen Magnetfeldstärken, aufgetragen als $\chi_{mag} \cdot T$ gegen die Temperatur T.

Bei niedrigen Temperaturen liegt der LS-Zustand vor (alle 6 Elektronen des zentralen Fe^{2+}-Ions) sind als Spinpaare abgesättigt) mit anwachsender Temperatur geht der Komplex in einen Bereich zwischen 120 und 250 K in den HS-Zustand über (4 Elektronen sind ungepaart). Das Energieschema zeigt Abb. 9.39. Es gibt zwei Beiträge zur Energiebilanz zwischen LS- und HS-Zustand. Erstens, der Unterschied der elektronischen Energiezustände Δ_{HS} und Δ_{LS} und zweitens die Energiezustände der Liganden in HS- und LS-Zustand, mit ($\Delta\varepsilon_{Lig}$) als Energiedifferenz. Beide tragen zur Gesamtenergiedifferenz bei, die die freie Reaktionsenthalpie der Umwandlung bestimmt.

Abb. 9.38: ($\chi_{mag} \cdot T$)-Kurve für einen SCO-Komplex. — Gl. (9.205) mit $\Delta_R \overline{G}^{\circ}(T)$ nach Gl. (9.207)

Wir können also den Übergang vom LS-Komplex zum HS-Komplex als ein chemisches Gleichgewicht formulieren,

$$LS \rightleftharpoons HS$$

das sich mit zunehmender Temperatur von links nach rechts verschiebt. Wir betrachten näherungsweise das System als eine ideale Mischung von LS- und HS-Komplex im festen Zustand und können mit den Molenbrüchen x_{LS} und x_{HS} eine Gleichgewichtskonstante K formulieren (s. Anhang 11.17):

$$K = \frac{x_{HS}}{x_{LS}} = \exp\left[-\Delta_R \bar{G}^\circ / RT\right] \tag{9.203}$$

mit der freien molaren Standardreaktionsenthalpie $\Delta_R \bar{G}^\circ(T)$ (Gl. (11.382) bis (11.384)). Wenn wir die Gültigkeit des Curie'schen Gesetzes voraussetzen, gilt unter Beachtung von $x_{LS} + x_{HS} = 1$:

$$\left(\chi_{mag}^{Vol} \cdot T\right) = x_{HS} \cdot \left(\chi_{mag}^{Vol} \cdot T\right)_{max} = \frac{\left(\chi_{mag}^{Vol} \cdot T\right)_{max}}{1 + x_{LS}/x_{HS}} \tag{9.204}$$

Substitution von x_{LS}/x_{HS} aus Gl. (9.203) ergibt dann:

$$\left(\chi_{mag}^{Vol} \cdot T\right) = \frac{\left(\chi_{mag}^{Vol} \cdot T\right)_{max}}{\exp\left[+\Delta_R \bar{G}^\circ / RT\right] + 1} \tag{9.205}$$

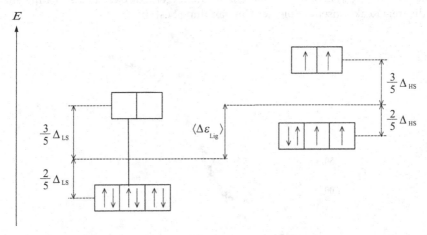

Abb. 9.39: Energieschema von LS- und HS-Komplexen mit Fe^{2+} als Zentralion. $\langle\Delta\varepsilon_{Lig}\rangle$ ist der thermisch gemittelte Energieunterschied der Liganden $(\varepsilon_{HS} - \varepsilon_{LS})_{Lig}$.

Wir setzen zur Beschreibung der Messpunkte in Abb. 9.38 die Versuchsgleichung

$$\Delta_R \bar{G}^\circ(T) = a + b \cdot T + c \cdot T^2 \tag{9.206}$$

in Gl. (9.204) ein mit den anpassbaren Parametern a, b und c. Man erhält für Gl. (9.206) (in $J \cdot mol^{-1}$):

$$\Delta_R \bar{G}^\circ(T) = 2583 + 34{,}89 \cdot T - 0{,}2946 \cdot T^2 \tag{9.207}$$

Die molare Standardreaktionsenthalpie $\Delta_R \bar{H}^\circ(T)$ lautet dann mit Gl. (11.383) in $J \cdot mol^{-1}$:

$$\Delta_R \bar{H}^\circ(T) = \Delta_R \bar{G}^\circ(T) - T \cdot \left(\frac{\partial_R \bar{G}^\circ}{\partial T}\right)_p = 2583 + 0{,}2946 \cdot T^2 \tag{9.208}$$

und für die molare Standardreaktionsentropie $\Delta_R \bar{S}^\circ$ in $J \cdot mol^{-1} \cdot K^{-1}$ erhält man:

$$\Delta_R \bar{S}^\circ(T) = \left(\Delta_R \overline{H}^\circ(T) - \Delta_G \overline{G}^\circ\right)/T = -34{,}89 + 0{,}5892 \cdot T \tag{9.209}$$

Abb. 9.40 zeigt die grafisch dargestellten Ergebnisse von Gl. (9.207) bis Gl. (9.209).

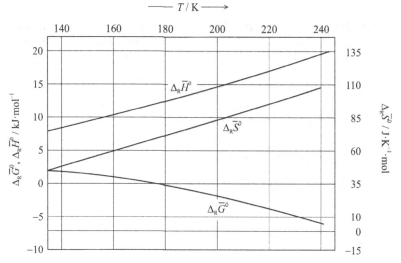

Abb. 9.40: $\Delta_R \bar{G}^\circ$, $\Delta_R \bar{H}^\circ$ und $\Delta_R \bar{S}^\circ$ für das SCO-Gleichgewicht nach Gl. (9.207) bis Gl. (9.209).

Man sieht, dass bei 172 K $\Delta_R \bar{G}^\circ = 0$ wird, dort ist $K = 1$ und $\left(\chi_{mag} \cdot T\right) = \left(\chi_{mag} \cdot T\right)_{max}/2$. Im Gegensatz zu $\Delta_R \bar{G}^\circ$ steigen $\Delta_R \bar{H}^\circ$ wie auch $\Delta_R \bar{S}^\circ$ mit der Temperatur an.

Zunächst überprüfen wir, ob der Wert von $\left(\chi_{mag} \cdot T\right)_{max}(T)$ den Erwartungen für einen Übergang vom LS- zum HS-Zustand für Fe^{2+} entspricht. Es gilt offenbar $\lim\limits_{T \to 0}(\chi_{mag}T) = 0$, Fe^{2+} liegt bei tiefen Temperaturen also im LS-Zustand mit 6 gepaarten Elektronen (Abb. 9.39 links), es gilt dort $s = 0$. Für den HS-Komplex von Fe^{2+} berechnet man nach Gl. (9.27) bzw. Gl. (9.28) für die Curie-Konstante mit $j = s$:

$$C_C = \left(\frac{\chi_{mag}^{Vol}}{\mu_0} \cdot T\right)_{max} = N_L \cdot g_L^2 \cdot |\vec{\mu}_B|^2 \cdot \frac{s(s+1)}{3k_B} \tag{9.210}$$

Wir setzen aus Tabelle 9.3 für Fe^{2+} $s = 2$ in Gl. (9.210) ein und erhalten mit $l = 0$, nach Gl. (9.15) für $g_L = 2$, also $g_L^2 = 4$. Mit den bekannten Zahlenwerten für $N_L = 6{,}022 \cdot 10^{23}$ mol^{-1}, $|\bar{\mu}_B| = 9{,}274 \cdot 10^{-24}$ J $\cdot$ Tesla^{-1} und $k_B = 1{,}3807 \cdot 10^{-23}$ J $\cdot$ K^{-1} ergibt sich für $(\chi_{mag} \cdot T)$ in der Einheit m$^3 \cdot$ K $\cdot$ mol^{-1} nach Gl. (9.28):

$$\left(\chi_{mag} \cdot \mu_0 \cdot T\right) = \left(\chi_{mag}^{Vol} \cdot T\right)_{max} = 3{,}77 \cdot 10^{-5} \text{ m}^3 \cdot \text{mol}^{-1} \cdot \text{K}$$

ein Wert, der dicht bei dem extrapolierten Wert von Abb. 9.38 von $3{,}50 \cdot 10^{-5}$ m$^3 \cdot$ K $\cdot$ mol^{-1} liegt und somit den HS-Zustand von Fe^{2+} bei hohen Temperaturen bestätigt. Mithilfe der Kurven in Abb. 9.40 wollen wir nun thermodynamische Eigenschaften von $\Delta_R \overline{G}^\circ$, $\Delta_R \overline{H}^\circ$ und $\Delta_R \overline{S}^\circ$ in Zusammenhang mit Δ_{HS}, Δ_{LS} und $\langle\Delta\varepsilon_{Lig}\rangle$ diskutieren. Es gilt zunächst folgende Energiebilanz für die Differenz der Gesamtenergien E_{HS} und E_{LS}:

$$\boxed{E_{HS} - E_{LS} - \langle\Delta\varepsilon\rangle_{Lig} \geq \Delta E_{Paar}} \tag{9.211}$$

ΔE_{Paar} in Gl. (9.211) ist der notwendige Energieaufwand um 2 ungepaarte Elektronen ($\uparrow\uparrow$) in einen gepaarten Zustand in einem Orbital ($\uparrow\downarrow$) unterzubringen. Im Fall von Abb. 9.39 sind es 2 Paare bzw. 4 Elektronen. Es gilt für E_{HS} und E_{LS} folgende Bilanz:

$$E_{HS} - E_{LS} = \langle\Delta\varepsilon\rangle_{Lig} + 2 \cdot \frac{3}{5}\Delta_{HS} - 4 \cdot \frac{2}{5}\Delta_{HS} - \left(-6 \cdot \frac{2}{5}\right)\Delta_{LS} + \Delta E_{Paar}$$

$$= \langle\Delta\varepsilon_{Lig}\rangle - \frac{2}{5}\Delta_{HS} + \frac{12}{5}\Delta_{LS} - 2 \cdot \Delta E_{Paar} \tag{9.212}$$

In der Literatur werden für Fe^{2+}-Komplexe folgende Daten in Wellenzahlen angegeben:

$$\Delta_{HS} \approx 12000 \text{ cm}^{-1} \quad \text{und} \quad \Delta_{LS} \approx 21000 \text{ cm}^{-1} \tag{9.213}$$

sowie

$$\Delta E_{Paar} \approx 15000 \text{ cm}^{-1}$$

Es muss also für die Reaktionsenthalpie $\Delta_R \overline{H}^\circ$ gelten:

$$\Delta_R \overline{H}^\circ \approx E_{HS} - E_{LS} \tag{9.214}$$

Für die Umrechnung der Wellenzahl λ^{-1} in cm^{-1} in die Einheit J $\cdot$ mol^{-1} gilt:

$$\lambda^{-1} \cdot h \, c_L \cdot N_L = \lambda^{-1} \cdot 11{,}96 \text{ J} \cdot \text{mol}^{-1} \tag{9.215}$$

Damit erhält man für Gl. (9.214):

$$\Delta_R \overline{H}^\circ = \langle\Delta\varepsilon_{Lig}\rangle - \frac{2}{5} \cdot 12000 \cdot 11{,}96 + \frac{12}{5} \cdot 21000 \cdot 11{,}96 - 2 \cdot 15000 \cdot 11{,}96$$

$$= \langle\Delta\varepsilon_{Lig}\rangle + 186.567 \text{ J} \cdot \text{mol}^{-1} \tag{9.216}$$

Aus Abb. 9.40 bzw. Gl. (9.208) geht hervor, dass $\Delta_R\overline{H} \approx 15000\,\text{J}\cdot\text{mol}^{-1}$ beträgt. Somit folgt aus Gl. (9.216) für $\langle\Delta\varepsilon\rangle_{\text{Lig}}$:

$$\varepsilon_{\text{HS}} - \varepsilon_{\text{LS}} = \langle\Delta\varepsilon_{\text{Lig}}\rangle = 186{,}5 + 15 = 201{,}5\,\text{kJ}\cdot\text{mol}^{-1} \qquad (9.217)$$

Dieser negative Wert entspricht in Abb. 9.41 dem Fall a).

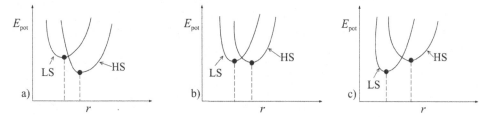

Abb. 9.41: 3 mögliche Darstellungen der potentiellen Energie von LS- und HS-Komplexen als Funktion des Abstandes des Zentralions von den Liganden. • Energieminima im Gleichgewichtsabstand.

Das vorgestellte Beispiel zeigt, dass der niedrige Wert von $\Delta_R\overline{H}^{\circ}$ (und damit auch der von $\Delta_R\overline{G}^{\circ}$) durch eine weitgehende Kompensation der hohen Werte von Δ_{HS}, Δ_{LS}, ΔE_{Paar} und $\langle\Delta\varepsilon_{\text{Lig}}\rangle$ zustande kommt. Offensichtlich sind die Verhältnisse bei Fe^{2+}-Komplexen wie der in Abb. 9.37 gezeigten Verbindungen gerade so günstig, dass sich für $\Delta_R\overline{H}^{\circ}$ und $\Delta_R\overline{G}^{\circ}$ Werte ergeben, die eine Umwandlung von der LS-Form in die HS-Form in einem erreichbaren Temperaturintervall ermöglichen.

9.8.9 Magnetismus von flüssigem ^{3}He

Als Fermion sollte auch ^{3}He nach Gl. (9.68) paramagnetische Eigenschaften besitzen. Abb. 9.42 zeigt Messwerte der reduzierten Magnetisierung in Abhängigkeit von experimentellen Werten für χ_{mag}

$$y = \frac{|\vec{M}_{\text{mol}}|(k_B T)}{N_L \cdot |\vec{\mu}_B|^2 \cdot |\vec{B}|} = \frac{k_B T}{N_L |\vec{\mu}_B|^2} \cdot \chi_{\text{magn,exp.}}$$

aufgetragen gegen $x = \vec{B}/T_F$.

Die durchgezogene Kurve sind die theoretischen Ergebnisse, wenn alle weiteren Entwicklungsglieder der Theorie berücksichtigt werden, die gestrichelte Kurve stellt den Verlauf dar, der mit χ_{Pauli} nach Gl. (9.68)

$$y = \frac{2}{3}\chi_{\text{Pauli}} \cdot \frac{(k_B T)}{|\vec{\mu}_B|^2}$$

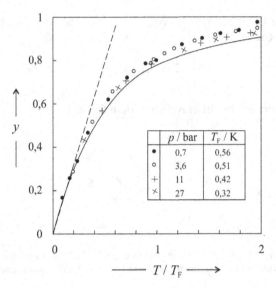

Abb. 9.42: Reduziertes magnetisches Moment y für ^{3}He mit $y = (2/3) \cdot \chi_{mag} \cdot k_B T/|\vec{\mu}_B|^2$. Symbole: Daten mit Parametern verschiedener Messungen, —— Theorie mit $\chi_{mag} = \frac{2}{3}\chi_{Pauli}$ (Gl. (9.68)), – – – – Theorie: nur linearer Term (mit $\varepsilon_F/k_B = T_F$ angepasst an die Anfangssteigung). Experimentelle Daten: J. Hatton, Phys. Rev. A **139**, 1751 (1965).

berechnet wurde, mit ($\chi_{magn} = \chi_{Pauli} + \chi_{Landau} = (2/3) \cdot \chi_{Pauli}$). Es wurde $T_F = \varepsilon_F/k_B$ an die Experimente angepasst und bei hohen Drücken aus der Druckabhängigkeit des molaren Volumens entsprechend Gl. (3.59) berechnen. Erneut ist jedoch der Absolutwert $T_F = 0{,}56$ viel geringer als der direkt aus der Dichte über Gl. (3.59) ermittelte Wert.

Tab. 9.8: T_F für flüssiges ^{3}He nach verschiedenen Methoden bestimmt. m^*/m ist bezogen auf den Wert von T_F aus der Dichte.

T_F/K	5,20	1,97	0,56
Messgröße	Dichte	Molwärme	χ_{mag}
$\dfrac{m^*_{^3He}}{m_{^3He}}$	1	0,379	0,108

Tabelle 9.8 fasst die Ergebnisse nochmals zusammen und verdeutlicht durch die Uneinheitlichkeit der gewonnenen Werte für T_F, dass flüssiges ^{3}He kein ideales Fermi-Gas sein kann. $m^*_{^3He}$ bezeichnet man als effektive Masse. Allerdings ist bemerkenswert, dass mit den unterschiedlich angepassten Werten für T_F die experimentellen Ergebnisse gut beschrieben werden können.

9.8.10 Der Grenzwert der Molwärme eines Ferromagneten bei $T = T_C$ nach dem Gittermodell der Molekularfeldtheorie

Beweisen Sie, dass $\lim\limits_{T \to T_C} \overline{C}_{p,\mathrm{mag}} = (3/2) \cdot R$ gilt (Gl. (9.116)).

Lösung:

Wir gehen aus von Gl. (9.102) mit $\vec{B} = 0$, setzen $y = q^* \cdot (T_C/T)$ in Gl. (9.102) ein und erhalten:

$$\frac{\vec{M}}{\vec{M}_{\max}} = q^* = \tanh\left(q^* \cdot T_C/T\right)$$

Für $T \to T_C$ wird q^* ein kleiner Wert ($q^* \ll 1$). Wir entwickeln daher die Gleichung in eine Taylorreihe nach $(q^* \cdot \frac{T_C}{T})$ bis zum kubischen Glied:

$$q^* \cong \left[\left(q^* \cdot \frac{T_C}{T}\right) - \frac{1}{3}\left(q^* \cdot \frac{T_C}{T}\right)^3 + \dots\right]$$

dividieren diese Gleichung durch q^*, und differenzieren nach T:

$$0 \cong -\frac{T_C}{T^2} - \frac{2}{3}q^* \cdot \frac{\mathrm{d}q^*}{\mathrm{d}T} \cdot \left(\frac{T_C}{T}\right)^3 + q^{*2} \cdot \frac{1}{T}\left(\frac{T_C}{T}\right)^3$$

Aufgelöst nach $(\mathrm{d}q^*/\mathrm{d}T)$ erhält man:

$$\frac{\mathrm{d}q^*}{\mathrm{d}T} = -\frac{3}{2}\frac{T}{T_C^2} \cdot \frac{1}{q^*} + q^* \cdot \frac{1}{T} \cdot \frac{3}{2}$$

Einsetzen von $(\mathrm{d}q^*/\mathrm{d}T)$ in Gl. (9.110) ergibt:

$$\overline{C}_{p,\mathrm{mag}} \cong +R \cdot \frac{3}{2}\frac{T}{T_C} - R \cdot q^{*2} \cdot \left(\frac{T_C}{T}\right)$$

Für $T = T_C$ wird $q^* = 0$ und es folgt das zu beweisende Resultat

$$\lim\limits_{T \to T_C} \overline{C}_p = \frac{3}{2}R$$

9.8.11 Genauere Begründung und Näherungscharakter der Molekularfeld-Methode

Um den Charakter der Näherung der Molekularfeld-Methode gegenüber einer exakten theoretischen Beschreibung genauer zu fassen, gehen wir aus von folgender, zunächst willkürlich erscheinender Identität:

$$S_i \cdot S_k = S_i \langle S_k \rangle + \langle S_i \rangle S_k - \langle S_i \rangle \langle S_k \rangle + (S_i - \langle S_i \rangle) \cdot (S_k - \langle S_k \rangle)$$

Die exakte Energie der Spinwechselwirkungen lautet dann nach Gl. (9.92) ohne den Anteil mit dem Magnetfeld $\vec{B}$, der im Folgenden keine Rolle spielt, da er unverändert bleibt:

$$E = -\frac{1}{2}I \cdot z_G \sum_{i+1} \left[S_i \langle S \rangle + \langle S \rangle S_{i+1} - \langle S \rangle^2 + (S_i - \langle S \rangle)(S_{i+1} - \langle S \rangle) \right]$$

mit $\langle S_i \rangle = \langle S_{i+1} \rangle = \langle S \rangle$. Die Summe geht über alle benachbarten i,k-Kontakte. Für E lässt sich dann schreiben:

$$E = -\frac{1}{2}I \cdot z_G \cdot \langle S \rangle \sum_{i} \langle S_i \rangle + I \cdot \frac{z_G}{4} \cdot N \cdot \langle S \rangle^2 - \frac{1}{2}I \sum_{i,i+1} (S_i - \langle S \rangle)(S_{i+1} - \langle S \rangle)$$

Der zweite Term dieses Ausdruckes enthält als Vorfaktor $\frac{z_G}{2} \cdot N$, also die Gesamtzahl von benachbarten Spinkontakten des Gitters mit der Koordinationszahl Z pro Gitteratom. Bis hierher ist alles exakt. Wenn wir nun den Mittelwert $\langle E \rangle$ bilden, erhalten wir

$$\langle E \rangle = -I \cdot z_G \cdot \frac{N}{2} \cdot \langle S \rangle^2 + \frac{1}{4}I \cdot z_G \cdot N \cdot \langle S \rangle^2 - I \cdot \frac{z_G}{4} \cdot N \cdot \langle (S_i - \langle S \rangle)(S_{i+1} - \langle S \rangle) \rangle$$

$$= -\frac{z_G}{4}N \cdot I \cdot \langle S \rangle^2 + \frac{z_G}{4}N \cdot I \langle S_i \cdot S_{i+1} \rangle$$

In der Molekularfeld-Näherung wird der letzte Term dieser Gleichung mit der Bedeutung einer Korrelationsfunktion benachbarter Spins vernachlässigt und man erhält (ohne $\vec{B}$-Feld):

$$\langle E \rangle_{MF} \cong -\frac{z_G}{4} \cdot N \cdot I \cdot \langle S \rangle^2$$

in Übereinstimmung mit Gl. (9.93).

10 Reale Gase und Flüssigkeiten

In diesem Kapitel beschäftigen wir uns mit fluiden Stoffen, die durch die Auswirkung zwischenmolekularer Kräfte so weit vom idealen Gasverhalten abweichen, dass es zur Phasentrennung Dampf-Flüssigkeit kommt. Bei flüssigen Mischungen können auch zusätzlich zwei oder auch mehrere flüssige Phasen auftreten. Die molekulare Statistik kann diese Phänomene durch Modelltheorien beschreiben und erklären, ohne die eigentliche molekulare Mikrostruktur des fluiden Zustands miteinbeziehen zu müssen, die ein tieferes Verständnis mit Hilfe von sog. molekularen Korrelationsfunktionen ermöglicht. Diese theoretisch-mathematisch anspruchsvollere Methode wird in diesem Kapitel nicht behandelt, ebenso wie auch die Theorie der Elektrolytlösungen sowie die Struktur von assoziierenden Flüssigkeiten stark polarer Moleküle mit H-Brückenbindungen, die molekulare Statistik einzelner Polymermoleküle, Polymernetzwerke, sowie die Struktureigenschaften komplexer biochemisch relevanter Moleküle. Auch das Thema der Grenzflächenphänomene und Nanopartikel bleibt in dem nachfolgenden Abschnitten ausgespart ebenso wie das Thema der Quantenflüssigkeiten, das vor allem flüssiges ^{4}He und ^{3}He betrifft.

10.1 Zwischenmolekulare Kräfte

Bisher haben wir uns weitgehend mit Phänomenen beschäftigt, bei denen die intermolekulare Wechselwirkungsenergie vernachlässigbar gering ist. Dies ist nur bei sehr niedriger Teilchenzahlkonzentration und/oder genügend hohen Temperaturen als gute Näherung zu rechtfertigen. Ist das nicht mehr der Fall müssen die zwischenmolekularen Wechselwirkungskräfte in der Formulierung der kanonischen Zustandssumme Berücksichtigung finden. Wir wollen uns daher zunächst mit der Natur dieser zwischenmolekularen Wechselwirkungen beschäftigen, die verschiedene Ursachen haben. Die 3 wichtigsten werden im Folgenden in Kurzform vorgestellt. (Ausführliche Ableitungen: s. Anhang 11.10)

   a) *Die potentielle Wechselwirkungsenergie zwischen zwei polaren Molekülen* rührt im Wesentlichen von den Coulomb'schen Kräften zwischen den Partialladungen der beiden verschiedenen Moleküle her. Eine wichtige Wechselwirkungsenergie ist die zwischen molekularen Dipolen, sie hängt vom Schwerpunktsabstand der Moleküle und ihrer gegenseitigen Orientierung ab (s. Abb. 10.1).

   Die gestrichelten Linien deuten die anziehenden bzw. abstoßenden Coulomb'schen Kräfte zwischen den Schwerpunkten der Partialladungen an. Für die potentielle Energie φ der gesamten Wechselwirkungen, die von diesen Partialladungen herrührt, gilt:

$$\varphi(r, \vartheta_1, \vartheta_2, \varphi_1, \varphi_2) = |w_{++}| + |w_{--}| - |w_{+-}| - |w_{-+}|$$

© Der/die Autor(en), exklusiv lizenziert an
Springer-Verlag GmbH, DE, ein Teil von Springer Nature 2025
A. Heintz, *Molekulare Statistik der Materie*,
https://doi.org/10.1007/978-3-662-70983-2_10

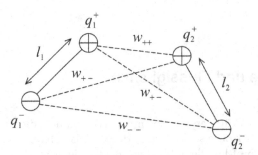

Abb. 10.1: Zwischenmolekulare Wechselwirkung zweier Dipole $|q_1| \cdot l_1$ und $|q_2| \cdot l_2$.

Wie die Funktion $\varphi(r, \vartheta_1, \vartheta_2, \varphi_1, \varphi_2)$ vom Abstand r der Molekülschwerpunkte und den Orientierungswinkeln ϑ_1, φ_1 bzw. ϑ_2, φ_2 der Dipole im Raum abhängt, wird in Anhang 11.10 (Gl. (11.160) gezeigt.

Man kann dieses System als 2-Teilchensystem mit der kanonischen Zustandssumme Q_2 behandeln. Man erhält dann eine effektive Wechselwirkungsenergie, die eigentlich eine freie Wechselwirkungsenergie ($\langle \varphi(r) \rangle_F = -k_B T \ln Q_2$) ist und die einen Mittelwert über die verschiedenen Orientierungen der Dipole zueinander darstellt. Es ergibt sich bei genügend hohen Temperaturen näherungsweise folgender Ausdruck (s. Anhang 11.10, Gl. (11.161)):

$$\langle \varphi(r) \rangle_F \cong -\frac{1}{(4\pi\varepsilon_0)^2} \frac{1}{3} \frac{|\vec{\mu}_1|^2 \cdot |\vec{\mu}_2|^2}{k_B T \cdot r^6} \tag{10.1}$$

$\langle \varphi(r) \rangle_F$ hat die Einheit Joule. $\vec{\mu}_1$ und $\vec{\mu}_2$ sind die permanenten Dipolmomente $|q_1^\pm| l_1$ und $|q_2^\pm| l_2$ der beiden Moleküle in der Einheit $C \cdot m$.

b) Ein molekularer Dipol erzeugt durch Polarisierung der Elektronenhülle eines anderen Moleküls ein *induziertes Dipolmoment*. Die potentielle Energie dieser Art von Wechselwirkung lautet:

$$\varphi_{\text{ind}}(r) = -\frac{2}{3} \cdot \frac{|\vec{\mu}_1|^2 \cdot \alpha_{e1} + |\vec{\mu}_2|^2 \cdot \alpha_{e2}}{r^6} \cdot \frac{1}{(4\pi\varepsilon_0)^2} \tag{10.2}$$

α_{e1} und α_{e2} sind hier die (mittleren) elektronischen Polarisierbarkeiten der Moleküle in der Einheit $C^2 \cdot m^2 \cdot J^{-1}$. Wenn eines der beiden Moleküle kein Dipolmoment besitzt, fällt der entsprechende Term im Zähler von Gl. (10.2) weg. Haben beide Moleküle kein Dipolmoment, fällt die gesamte Wechselwirkungsenergie nach Gl. (10.2) fort. (Ableitung von Gl. (10.2): s. Anhang 11.10, Gl. (11.171).)

c) Es gibt eine Art der zwischenmolekularen Wechselwirkungsenergie, die stets zwischen allen Arten von chemisch gesättigten Molekülen herrscht, auch wenn die Anteile nach Gl. (10.1) und Gl. (10.2) ganz wegfallen. Sie ist universell und hat rein quantenmechanische Ursachen. Sie wird Dispersionsenergie oder manchmal auch

v. d. Waals-Wechselwirkungsenergie genannt und hat stets anziehende Wirkung:

$$\varphi_{\text{Dis}}(r) = -\frac{A_{12}}{r^6} \tag{10.3}$$

wobei A_{12} eine für das Molekülpaar charakteristische Konstante ist.

Eine quantentheoretische Behandlung der Dispersionsenergie liefert für den Parameter A_{12} näherungsweise (Ableitung: Anhang 11.10, Gl. (11.153)):

$$A_{12} = \frac{3I_1 I_2}{2(I_1 + I_2)} \cdot \frac{\alpha_{e1} \cdot \alpha_{e2}}{(4\pi\varepsilon_0)^2}$$

wobei I_1 und I_2 die Ionierungsenergien der Moleküle 1 bzw. 2 (in Joule) bedeuten.

Es gibt neben permanenten elektrischen Dipolmomenten in Molekülen auch elektrische Quadrupolmomente (z. B. im CO_2) und Oktopolmomente (z. B. in CH_4 oder CCl_4), die ebenfalls zur zwischenmolekularen anziehenden Wechselwirkung beitragen können, sie sind aber von untergeordneter Bedeutung. (Eine gut Darstellung zur Theorie der Multipol-Wechselwirkungen findet man z.B. in: C. J. Böttcher, Theory of Electric Polarisation, Elsevier (1973)).

Die Wechselwirkungsenergien a) bis c) sind die wichtigsten Arten der zwischenmolekularen Wechselwirkung quasistarrer Moleküle mit kompakter Gestalt, sie sind alle anziehender Natur, denn das negative Vorzeichen für die Energie bedeutet, dass eine anziehende Kraft zwischen den Molekülen herrscht. Es fällt ebenfalls auf, dass alle anziehenden Wechselwirkungsenergien a) bis c) proportional zu r^{-6} sind. Das gilt zumindest in 1. Näherung.

Besonders stark anziehend wirkende, richtungsabhängige zwischenmolekulare Wechselwirkungsenergien sind Wasserstoffbrücken und „Charge-Transfer"-Komplexe, die schon fast den Charakter von chemischen Bindungen haben, auf die wir hier nicht näher eingehen.

Eine vollständige Wechselwirkungsenergie muss natürlich auch berücksichtigen, dass bei kleinen Abständen der Moleküle eine Abstoßung eintritt, die der anziehenden Wechselwirkung entgegenwirkt und diese bei sehr kurzen Abständen weit übertrifft. Eine allgemeine, physikalisch gut begründete Formel für diesen abstoßenden Anteil der Energie $\varphi_{\text{abst}}(r)$ gibt es nicht, man behilft sich daher in der Regel mit dem empirischen Ansatz:

$$\varphi_{\text{abst}}(r) = +\frac{B_{12}}{r^n} \quad \text{mit} \quad n \geq 9$$

Die gesamte vom Abstand r abhängige Paarwechselwirkungsenergie zwischen 2 Molekülen kann einfach aus anziehendem und abstoßendem Anteil additiv zusammengesetzt werden:

$$\varphi(r) = -\frac{A'_{12}}{r^6} + \frac{B_{12}}{r^n}$$

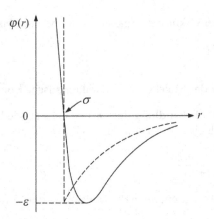

Abb. 10.2: Potentielle Energie der zwischenmolekularen Paarwechselwirkung nach dem Lennard-Jones Potential ———, nach dem Sutherland-Modell - - - - -mit identischen Werten für ε und σ nach Gl. (10.4) und (10.5).

A'_{12} enthält also alle Faktoren, die von den zu r^{-6} proportionalen anziehenden Wechselwirkungsenergien herrühren (Gl. (10.1) bis (10.3)). Abb. 10.2 zeigt die Kurvenform von $\varphi(r)$.

Sie durchläuft ein Minimum beim Wert $\varphi(r) = -\varepsilon$ und wird bei $r \to \infty$ gleich Null, $\varphi(r)$ wird beim Abstand $r = \sigma$ ebenfalls gleich Null. Für $r < \sigma$ ist $\varphi(r) > 0$, für $r > \sigma$ ist $\varphi(r) < 0$.

Führt man statt der Parameter A'_{12} und B_{12} die Parameter ε und σ ein und wählt $n = 12$, gelangt man zum sog. *Lennard-Jones (12,6)-Potential*:

$$\varphi(r) = 4\varepsilon \left[\left(\frac{\sigma}{r}\right)^{12} - \left(\frac{\sigma}{r}\right)^{6} \right] \tag{10.4}$$

Wählt man hingegen $n = \infty$, gelangt man zum sog. *Sutherland-Potential*:

$$\left.\begin{array}{l} \varphi(r) = \quad \infty \quad \text{für } r < \sigma \\ \varphi(r) = -\varepsilon \left(\frac{\sigma}{r}\right)^{6} \text{für } r > \sigma \end{array}\right\} \tag{10.5}$$

Gl. (10.5) ist die Wechselwirkungsenergie $\varphi(r)$ zwischen harten Kugeln mit dem Durchmesser σ, denen eine r^{-6}-abhängige, negative Wechselwirkungsenergie für $r > \sigma$ überlagert ist. Sowohl das Lennard-Jones (12, 6)-Potential wie auch das Sutherland-Potential sind Modellpotentiale für die zwischenmolekulare Wechselwirkungsenergie näherungsweise kugelsymmetrischer Moleküle (Ableitung: s. Exkurs 10.8.2), die tatsächliche Wechselwirkungsenergie wird damit allerdings nicht exakt beschrieben. Für unsere Zwecke jedoch sind Gl. (10.4) und (10.5) ausreichend. Die Existenz zwischenmolekularer Energien ist verantwortlich für die Eigenschaften realer Gase, für den Phasenübergang vom Gas zur Flüssigkeit und auch für den festen Zustand der Materie, soweit er von chemisch gesättigten, stabilen Molekülen bzw. Atomen wie den Edelgasen gebildet wird.

Wir beziehen jetzt diese zwischenmolekularen Energien in die kanonische Zustandssumme für N Teilchen mit ein. Dabei wollen wir vereinfachend annehmen, dass winkelabhängige Anteile der Wechselwirkung keine Rolle spielen sollen bzw. durch geeignete Mittelwertbildung entsprechend Gl. (10.1) berücksichtigt sind. Die Wechselwirkungsenergie der N Moleküle im Volumen V soll also nur vom Ort der einzelnen Moleküle $\vec{r}_i$ abhängen. Ferner nehmen wir an, dass die gesamte zwischenmolekulare Energie sich additiv aus der Summe aller Paarwechselwirkungsenergien zusammensetzt. Es soll also gelten:

$$W(\vec{r}_1, \vec{r}_2, \ldots \vec{r}_N) = \varphi(r_{12}) + \varphi(r_{13}) + \varphi(r_{23}) + \cdots \varphi(r_{N-1,N}) = \frac{1}{2} \sum_{i=1}^{N} \sum_{\substack{j=1 \\ (j \neq i)}}^{N} \varphi(r_{ij}) \tag{10.6}$$

wobei $r_{ij} = |\vec{r}_i - \vec{r}_j|$ ist. Der Faktor 1/2 vor der Doppelsumme vermeidet die Doppelzählung der Paarpotentialenergien $\varphi(r_{ij})$.

Gl. (10.6) kann nun in die (quasiklassische) kanonische Zustandssumme Q nach Gl. (8.7) eingesetzt werden, wo wir statt E_{pot} den Ausdruck für W nach Gl. (10.6) einsetzen. Wir nehmen an, es handle sich um kleine, starre, mehratomige Moleküle. Die Integration über die Winkel ergibt den Faktor $(4\pi)^N$ vor dem verbleibenden Integral über die Ortskoordinaten. Wir beziehen $(4\pi)^N$ in den Faktor in Gl. (8.7) mit ein, der das Trägheitsmoment I bzw. T/Θ_{rot} enthält. Das ergibt bei 2-atomigen Molekülen:

$$\left(\frac{1}{\sigma} \frac{T}{\Theta_{\text{rot}}} \cdot \frac{1}{2\pi} \right)^N \left(\frac{2\pi I k_B T}{h^2 \cdot \sigma} \right)^N \cdot (4\pi)^N = \left(\frac{2I k_B T}{\hbar^2 \cdot \sigma} \right)^N = \left(\frac{1}{\sigma} \frac{T}{\Theta_{\text{rot}}} \right)^N$$

und stellt gerade die N-fache molekulare Rotationszustandssumme dar, also q_{rot}^N für 2-atomige Moleküle. Die Schwingungszustandssumme tritt als unabhängiger Faktor q_{vib}^N hinzu.

10.2 Elementare Theorien des flüssigen Zustands

10.2.1 Die van der Waals-Theorie

Als Ursprungsmodell für eine Reihe von semiempirischen Theorien realer Fluide (z.B. Redlich-Kwong, Peng-Robinson u. a.) stellen wir hier die v. d. Waals-Theorie des flüssigen Zustandes vor, die den Phasenübergang Dampf-Flüssigkeit beschreibt. Dazu gehen wir aus von der quasiklassischen Zustandssumme Gl. (8.7):

$$Q = \frac{1}{N!} \left(\frac{2\pi m k_B T}{h^2} \right)^{\frac{3}{2}N} \cdot q_{\text{vib}}^N \cdot q_{\text{rot}}^N \cdot K_I \tag{10.7}$$

mit

$$K_I = \int_{\vec{r}_1=0}^{V} \cdots \int_{\vec{r}_N}^{V} \exp\left[-\frac{1}{2} \sum_{i}^{N} \sum_{j \neq i}^{N} \varphi(r_{ij})/(k_B T) \right] d\vec{r}_1 \ldots d\vec{r}_N \tag{10.8}$$

wobei $d\vec{r}_i$ hier wieder $dx_i \cdot dy_i \cdot dz_i$ bedeutet und $r_{ij} = |\vec{r}_i - \vec{r}_j|$. Das N-fach-Integral K_I wird häufig als *Konfigurationsintegral* bezeichnet. Seine exakte Berechnung ist nicht möglich. Eine grobe Methode zu seiner Abschätzung beruht auf vier, das Problem stark vereinfachenden Annahmen.

1. Annahme

Die potentielle Wechselwirkungsenergie $\varphi(r_{ij})$ zwischen den Molekülen i und j ist nur von ihrem Abstand r zueinander abhängig und lässt sich in einen attraktiven (negativen) Anteil und in einen abstoßenden (positiven) Anteil zerlegen. Diese Annahme wird automatisch durch die Modellpotentiale nach Lennard-Jones und Sutherland erfüllt, so dass sich schreiben lässt:

$$\frac{1}{2} \sum_i \sum_{j \neq i} \varphi(r_{ij}) = \frac{1}{2} \sum_i \sum_{j \neq i} \varphi_{\text{attr}}(r_{ij}) + \frac{1}{2} \sum_i \sum_{j \neq i} \varphi_{\text{abst}}(r_{ij})$$

Diese Schreibweise impliziert auch die Annahme der Additivität von Wechselwirkungskräften.

2. Annahme

Als Modellpotential wird das Sutherland-Potential gewählt (s. Abb. 10.2) mit $\varphi_{\text{attr}}(r_{ij}) = -\varepsilon_{ij}(\sigma/r_{ij})^6$ für $r_{ij} > \sigma_{ij}$, $\varphi_{\text{abst}} = +\infty$ für $r \leq \sigma$.

3. Annahme

Für den anziehenden Teil des Potentials wird die Doppelsumme durch eine geeignete Mittelwertbildung ersetzt.Man betrachtet dazu bei einem reinen Stoff ein zentrales Molekül, das mit allen anderen in Wechselwirkung steht (s. Abb. 10.3).

In dem differentiellen Kugelschalenvolumen $4\pi r^2\, dr$ um das zentrale Molekül herum befinden sich $\varrho(r) \cdot 4\pi r^2 dr$ Moleküle, die alle die anziehende potentielle Energie $-\varepsilon(\sigma/r)^6$ in Bezug auf das zentrale Molekül besitzen, wobei $\varrho(r)$ die lokale Teilchenzahldichte ist. Wie diese lokale Teichenzahldichte $\varrho(r)$ aussieht, weiß man aus Röntgen- bzw. Neutronenstreuungsmessungen. Schematisch ist das in Abb. 10.4 im Fall des Sutherland-Potential gezeigt. Der genaue Verlauf der Paarverteilungsfunktion $g(r) = \varrho(r)/\langle\varrho\rangle$ braucht uns hier nicht weiter zu interessieren.

Unsere Annahme besteht nun darin, dass $\varrho(r)$ gleich $\langle\varrho\rangle$ gesetzt wird (- - - - in Abb. 10.4). $\langle\varrho\rangle$ ist die über alle Abstände r gemittelte Teilchenzahldichte. Sie ist identisch mit der makroskopischen (messbaren) Teilchenzahldichte. Mit dieser Vereinfachung ergibt sich für die mittlere potentielle Wechselwirkungsenergie $\langle w \rangle$ der Anziehung eines (zentralen)

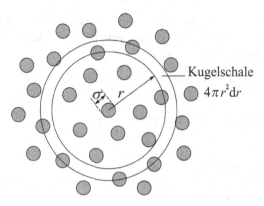

Abb. 10.3: Verteilung von Molekülen um ein herausgegriffenes, zentrales Molekül

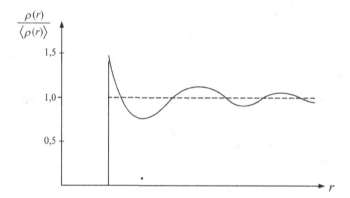

Abb. 10.4: Die relative lokale Teilchenzahldichte $\varrho(r)/\langle\varrho\rangle$ in einer Flüssigkeit um ein herausgegriffenes, zentrales Molekül herum (schematisch), - - - - - mittlere, makroskopische Dichte $\langle\varrho\rangle$. Das gezeigte Bild entspricht in etwa dem Korrelationsverhalten von Flüssigkeitsmolekülen mit einem Sutherland-Potential.

Moleküls mit allen anderen:

$$\langle w \rangle = -\langle \varrho \rangle \int_{\sigma}^{\infty} \varepsilon \cdot \left(\frac{\sigma}{r}\right)^6 \cdot 4\pi r^2 \, dr = -4\pi \varepsilon \, \sigma^6 \langle \varrho \rangle \int_{\sigma}^{\infty} r^{-4} dr$$

$$= -\frac{4}{3}\pi\varepsilon\,\sigma^3 \cdot \langle \varrho \rangle = -2a \cdot \langle \varrho \rangle \qquad \text{mit} \quad a = \frac{2}{3}\pi\varepsilon \cdot \sigma^3 \tag{10.9}$$

Für die gesamte attraktive Wechselwirkungsenergie des realen Systems von N Teilchen ergibt sich dann mit $\langle w \rangle = -2a\langle \varrho \rangle$:

$$\frac{1}{2}\sum_{i}^{N}\sum_{i\neq j}^{N}\varphi_{\text{attr}}(r_{ij}) \approx \frac{N}{2}\langle w \rangle = -N \cdot a \cdot \langle \varrho \rangle$$

$N \cdot \langle w \rangle$ ist die Wechselwirkungsenergie, die man erhält, wenn wir jedes der N Moleküle als zentrales Molekül ansehen. Dabei ist aber jede Paarwechselwirkung doppelt gezählt, daher muss mit 1/2 multipliziert werden.

Für die Zustandssumme des Systems lässt sich somit schreiben:

$$Q = \frac{1}{N!} \widetilde{q}_{\text{trans}}^N \cdot q_{\text{vib}}^N \cdot q_{\text{rot}}^N \cdot \exp\left[+\frac{N \cdot a \cdot \langle \varrho \rangle}{k_\text{B} \cdot T}\right] \cdot \int\limits_{V_f} \cdots \int\limits_{V_f} d^3\vec{r}_1 \cdots d^3\vec{r}_N$$

Das verbleibende N-fach Integral über alle $d\vec{r}_i = dx_i \cdot dy_i \cdot dz_i$ das Konfigurationsintegral nach Gl. (10.8) erstreckt sich über den gesamten frei verfügbaren Bewegungsraum der Moleküle V_f. Dort ist $\varphi_{\text{abst}} = 0$ und es gilt:

$$K^{\text{abst}} = \exp\left[-\sum_i^N \sum_{i \neq j}^N \varphi_{\text{abst}}(r_{ij}/(k_\text{B}T))\right] = 1$$

Diesen frei verfügbaren Bewegungsraum für die „harten Kugeln" bezeichnet man als *freies Volumen* V_f, wobei $V_f < V_{\text{System}}$ ist.

Damit erhält die Zustandssumme (Index v.d.W. = van der Waals) folgende Form:

$$\boxed{Q_{\text{v.d.W.}} = \frac{1}{N!} \widetilde{q}_{\text{trans}}^N \cdot q_{\text{vib}}^N \cdot q_{\text{rot}}^N \cdot \exp\left[+\frac{N^2 \cdot a}{k_\text{B}T \cdot V}\right] \cdot V_f^N} \tag{10.10}$$

wobei wir $\langle \varrho \rangle = N/V$ gesetzt haben.

4. Annahme

Wir setzen

$$V_f = (V - N \cdot b)$$

Diese Schreibweise für das freie Volumen V_f impliziert, dass b proportional dem Eigenvolumen der Moleküle („Hartkernvolumen") sein soll. Das ist eine weitere recht grobe Annahme. Für b gilt:

$$b = \frac{1}{2}\left(\frac{4}{3}\pi\sigma^3\right) = \frac{2}{3}\pi\sigma^3 \tag{10.11}$$

Das Kugelvolumen $2b = (4/3)\pi\sigma^3$ wird also mit 1/2 multipliziert, denn es ist den Schwerpunkten von *zwei* Molekülen, die sich in einem geschlossenen Raum befinden, *gemeinsam nicht zugänglich*, daher der Faktor 1/2, um das Ausschlussvolumen pro Molekül zu erhalten. Bei niedrigen Werten von $\langle \varrho \rangle$ ist diese Annahme noch näherungsweise korrekt, sie wird jedoch umso ungenauer, je höher $\langle \varrho \rangle$ ist. Mit der einfachen Näherung $V_f = V - N \cdot b$

und b nach Gl. (10.10) wollen wir rechnen, indem wir Gl. (10.10) in Gl. (2.17) einsetzen und erhalten:

$$p = k_B \cdot T \left(\frac{\partial \ln Q_{v.d.Waals}}{\partial V} \right)_T = -a \frac{N^2}{V^2} + \frac{N k_B T}{V - N \cdot b}$$

oder umgeschrieben:

$$\left[p + a \left(\frac{N}{V} \right)^2 \right] \cdot (V - N \cdot b) = N k_B T \tag{10.12}$$

Das ist die *van der Waals'sche Zustandsgleichung* (abgekürzt: vdW-Gleichung). Sie geht für $V \to \infty$ in das ideale Gasgesetz über.

Mit $N = N_L$ kann man auch schreiben:

$$\left(p + \frac{a'}{\overline{V}^2} \right) \cdot \left(\overline{V} - b' \right) = R T$$

mit $a' = a N_L^2$ und $b' = N_L b$. $\overline{V}$ ist das Molvolumen.

Die vdW-Gleichung beschreibt nicht nur das Verhalten realer Gase, sondern sagt auch einen Phasenübergang Gas - Flüssigkeit voraus, Dampfdruckkurven können berechnet werden und ebenso der kritische Punkt. Abb. 10.5 zeigt mehrere Isothermen der v. d. Waals-Zustandsgleichung für das Beispiel von CO_2. Phasengleichgewichte erhält man durch die sog. Maxwell-Konstruktion, nach der die beiden Flächen A_1 und A_2 gleich sein müssen, um für eine Isotherme, z. B. T_2, den Gleichgewichtsdruck (Dampfdruck) und die beiden Phasenvolumina V' und V'' zu erhalten.

Der Beweis für die Flächengleichheit $A_1 = A_2$ wird wie folgt erbracht. Es gilt im Phasengleichgewicht zwischen Phase ' und Phase " bei $T = $ const und bei $p = $ const (s. Gl. (11.369), Anhang 11.17):

$$\mu' = G' = \mu'' = G''$$

oder

$$F' + pV' = F'' + pV'' \quad \text{bzw.} \quad F'' - F' = -p(V'' - V')$$

Andererseits gilt wegen $(\partial F/\partial V)_T = -p$:

$$F'' - F' = - \int_{V'}^{V''} p dV$$

Daraus folgt die Flächengleichheit $A_1 = A_2$:

$$\int_{V'}^{V''} p dV = p(V'' - V')$$

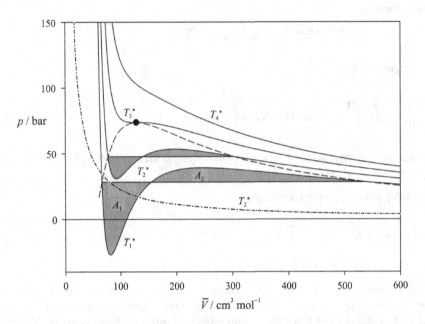

Abb. 10.5: v. d. Waals Isothermen von CO_2 nach Gl. (10.12) mit Phasentrennlinie - - - durch $\bullet$ = kritischer Punkt. $a \cdot N_L^2 = a' = 0{,}3661\,\mathrm{J} \cdot \mathrm{m}^3 \cdot \mathrm{mol}^{-2}$ und $b \cdot N_L = b' = 4{,}29 \cdot 10^{-5}\,\mathrm{m}^3 \cdot \mathrm{mol}^{-1}$. T_1 bis T_4: Isothermen (T_3 = kritische Isotherme), - · - · - · - ideales Gas bei T_2 zum Vergleich. $A_1 = A_2$ (Maxwell-Konstruktion).

Am kritischen Punkt ($\bullet$) verschwinden die Phasenunterschiede. Oberhalb $T_3 = T_c$ existiert im ganzen Zustandsbereich nur noch *eine* Phase. Bei $T_3 = T_C$ gibt es eine *horizontale Tangente und einen Wendepunkt*. Man kann also die Koordinaten des kritischen Punkten ermitteln durch die Bedingungen:

$$\left(\frac{\partial p}{\partial \overline{V}}\right)_{T_C} = 0 \quad\text{und}\quad \left(\frac{\partial^2 p}{\partial \overline{V}^2}\right)_{T_C} = 0$$

Das sind zwei Gleichungen zur Bestimmung der Unbekannten a' und b'. Man erhält:

$$\left(\frac{\partial p}{\partial \overline{V}}\right)_{T_C} = \frac{-R \cdot T_C}{(\overline{V}_C - b')^2} + \frac{2a'}{\overline{V}_C^3} = 0 \quad\text{und}\quad \left(\frac{\partial^2 p}{\partial \overline{V}^2}\right)_{T_C} = \frac{2 \cdot R \cdot T_C}{(\overline{V}_C - b')^3} - \frac{6a'}{\overline{V}_C^4} = 0$$

Man erhält durch Multiplikation der ersten Gleichung mit $3/\overline{V}_C$ und Gleichsetzen mit der zweiten:

$$b' = \frac{\overline{V}_C}{3} \tag{10.13}$$

Einsetzen von b' in die erste Gleichung ergibt für a':

$$a' = \frac{9}{8} R \cdot T_C \cdot \overline{V}_C \tag{10.14}$$

Nach Einsetzen von a' und b' in die v. d. Waals-Gleichung folgt mit $\overline{V} = \overline{V}_C$:

$$p_C = \frac{3}{8} \frac{R T_C}{\overline{V}_C} \quad \text{und} \quad z_C = \frac{p_C \cdot \overline{V}_C}{R T_C} = \frac{3}{8} = 0{,}375 \tag{10.15}$$

z_C heißt der *kritische Koeffizient*. Bei den meisten Flüssigkeiten liegt z_C zwischen 0,27 und 0,33, wenn man experimentelle Daten von T_C, p_C und V_C einsetzt. Die Übereinstimmung mit der v. d. Waals-Theorie ist also nicht sehr befriedigend.

Das vdW-Modell ist das einfachste, das einen Zusammenhang zwischen mikroskopischen, d. h. den molekularen Parametern des zwischenmolekularen Potentials ε und σ, mit dem makroskopischen Verhalten (thermische Zustandsgleichung) eines realen Fluids herstellt. Gl. (10.12) kann auch ohne Schwierigkeiten auf Mischungen übertragen werden. Man kann nun Gl. (10.12) auch als Funktion des Druckes p von der Teilchenzahldichte $\langle \varrho \rangle = N_L / \overline{V}$ darstellen und bei konstanter Temperatur nach $\langle \varrho \rangle$ in eine Reihe entwickeln, wenn man die Abweichung vom idealen Gasverhalten bei kleinen Dichten $\langle \varrho \rangle$ beschreiben will:

$$p = -a \langle \varrho \rangle^2 + \frac{\langle \varrho \rangle \cdot k_B T}{1 - b \cdot \langle \varrho \rangle} = k_B T \left[\langle \varrho \rangle + \left(b - \frac{a}{k_B T} \right) \cdot \langle \varrho \rangle^2 + \cdots \right]$$

Dabei wurde von der Taylorreihenentwicklung $1/(1 - x) = 1 + x + \cdots$ mit $x = b \langle \varrho \rangle$ Gebrauch gemacht. Das entspricht der Virialentwicklung realer Systeme. Wenn man die Reihenentwicklung nach dem zweiten Glied abbricht und $\langle \varrho \rangle$ durch $N_L / \overline{V}$ ersetzt, erhält man:

$$\frac{p}{R T} \cong \frac{1}{\overline{V}} + \left(b' - \frac{a'}{R T} \right) \cdot \frac{1}{\overline{V}^2}$$

Wir identifizieren den Vorfaktor im zweiten Term mit dem 2. Virialkoeffizienten $B(T)$:

$$\boxed{B_{\text{v.d.W.}}(T) = b' - \frac{a'}{R T}} \tag{10.16}$$

Gl. (10.16) ist natürlich nicht der exakte Ausdruck für den 2. Virialkoeffizienten, sondern eben derjenige, der aus der vdW-Gleichung folgt. Seine Abhängigkeit von T wird jedoch qualitativ richtig wiedergegeben. Eine korrekte Ableitung des 2. Virialkoeffizienten und seine Abhängigkeit von einem beliebigen zwischenmolekularen Potential folgt im Abschnitt 10.3.

10.2.2 Die eindimensionale Zustandsgleichung harter Kugeln (Stäbe)

Die Unzulänglichkeit der vdW-Gleichung (Gl. (10.12)) beruht wesentlich auf der feh-
lerhaften Berechnung des freien Volumens durch den Ausdruck $V_f = V - Nb$. Für die
Bewegung von harten Kugeln im 3-dimensionalen Raum (3D) ist diese Beziehung eine zu
grobe Näherung, für den 1-dimensionalen Raum (1D) jedoch ist sie exakt, wenn wir V im
Konfigurationsintegral durch die Länge L ersetzen, auf der sich die „eindimensionalen
Kugeln", also harte Stäbe der Länge σ, bewegen. Das wollen wir im Folgenden zeigen.

Die Zustandssumme Q für ein solches eindimensionales System bestehend aus N harten
Kugelmolekülen lautet:

$$Q = \left(\frac{2\pi m k_B T}{h^2}\right)^{\frac{1}{2}N} \cdot \frac{1}{N!} \cdot \int\limits_0^L \cdots \int\limits_0^L \exp\left[-\beta \cdot \sum_{i \neq j}^N \varphi_{ij}(|x_i - x_j|)\right] dx_1 \ldots dx_N \qquad (10.17)$$

wobei durch den Exponenten 1/2 statt 3/2 in der Translationszustandssumme die Eindi-
mensionalität berücksichtigt wurde. Die Paarwechselwirkungsenergie φ_{ij} hängt nur vom
Betrag des Abstandes $|x_i - x_j|$ auf der x-Achse ab und lautet:

$$\varphi_{ij}(|x_i - x_j|) = \infty \quad \text{für} \quad 0 \leq |x_i - x_j| \leq \sigma$$
$$\varphi_{ij}(|x_i - x_j|) = 0 \quad \text{für} \quad \sigma \leq |x_i - x_j|$$

Gl. (10.17) sagt aus, dass grundsätzlich jedes der Kugelmoleküle einen Ort zwischen
$x = 0$ und $x = L$ einnehmen kann. Dazu stellt man sich vor, dass jedes Teilchen alle
seine Nachbarn „überspringen" kann. Wenn man jedoch jedes Teilchen auf die freie
Strecken zwischen seinen nächsten Nachbarn beschränkt, erhält man denselben Wert für
das Konfigurationsintegral, indem man schreibt:

$$\int\limits_0^L \cdots \int\limits_0^L \exp\left[-\beta \sum_{i \neq j}^N \varphi_{ij}(|x_i - x_j|)\right] dx_1 \cdots dx_N$$

$$= N! \int\limits_0^{x_2-\sigma} dx_1 \int\limits_\sigma^{x_3-\sigma} dx_2 \int\limits_{2\sigma}^{x_4-\sigma} dx_3 \ldots \int\limits_{(N-2)\sigma}^{x_N-\sigma} dx_{N-1} \int\limits_{(N-1)\sigma}^L dx_N \qquad (10.18)$$

denn das erste Teilchen kann sich nur noch zwischen der linken Wand $x = 0$ und dem
zweiten Teilchen bewegen, statt N Platzierungen gibt es nur noch eine, für das zweite
Teilchen statt $(N - 1)$ Platzierungen ebenfalls nur noch eine, nämlich die zwischen dem
ersten und dem dritten Teilchen usw. Für das letzte Teilchen zwischen dem vorletzten
Teilchen und der rechten Wand ($x = L$) ist die Zahl der Platzierungen gleich 1, also
identisch mit der Zahl der möglichen Platzierungen, wenn sich links davon schon $(N-1)$
Teilchen befinden. Daher muss das Integral auf der rechten Seite von Gl. (10.18) mit $N!$
multipliziert werden, wenn die linke und rechte Seite von Gl. (10.18) identisch sein sollen.

Die rechte Seite von Gl. (10.18) lässt sich nun leicht integrieren, wenn man folgende Substitution vornimmt:

$$y_i = x_i - (i-1) \cdot \sigma \quad (i = 1, 2, \ldots N) \tag{10.19}$$

Dann ergibt sich mit $l = L - (N-1) \cdot \sigma$:

$$\int_0^{x_2-\sigma} dx_1 \int_\sigma^{x_3-\sigma} dx_2 \int_{2\sigma}^{x_4-\sigma} dx_3 \cdots \int_{(N-2)\sigma}^{x_N-\sigma} dx_{N-1} \int_{(N-1)\sigma}^{L} dx_N$$

$$= \int_0^l dy_N \int_0^{y_N} dy_{N-1} \cdots \int_0^{y_3} dy_2 \int_0^{y_2} dy_1$$

$$= \int_0^l dy_N \int_0^{y_N} dy_{N-1} \cdots \int_0^{y_3} y_2 dy_2 = \int_0^l dy_N \int_0^{y_N} dy_{N_1} \cdots \int_0^{y_4} \frac{1}{2} y_3^2 dy_3$$

$$= \int_0^l dy_N \int_0^{y_N} dy_{N-1} \cdots \int_0^{y_5} y_4^3 dy_4 = \int_0^l \frac{1}{(N-1)!} y_N^{N-1} dy_N = \frac{l^N}{N!}$$

Damit lautet die 1-dimensionale Zustandssumme von harten Kugeln:

$$Q = \left(\frac{2\pi m k_B T}{h^2} \right)^{\frac{1}{2}N} \cdot \frac{l^N}{N!}$$

und für die Zustandsgleichung entsprechend Gl. (2.17) mit L statt V gilt:

$$p = k_B T \left(\frac{\partial \ln Q}{\partial L} \right)_{T,N} = k_B T \cdot \left(N \frac{d \ln l}{dL} \right) = N k_B T \frac{1}{L - (N-1)\sigma}$$

oder mit $N - 1 \approx N$

$$\boxed{p = \frac{N k_B T}{L - N \cdot \sigma}} \tag{10.20}$$

Das ist genau der Hartkugelanteil der vdW-Gleichung (Gl. (10.12)), wenn wir L mit V und $N \cdot \sigma$ mit $N \cdot b$ identifizieren. Das „freie Volumen" V_f ist hier eine „freie Strecke" $L_f = L - N \cdot \sigma$. Gl. (10.20) stellt eine exakte Beziehung dar.

10.2.3 Die Carnahan-Starling Zustandsgleichung mit attraktivem Wechselwirkungsterm

Im dreidimensionalen Raum gibt es keine exakte Zustandsgleichung für harte Kugeln, aber es gibt eine sehr gute Näherungsgleichung. Zunächst definieren wir eine dem Molvolumen $\overline{V}$ umgekehrt proportionale dimensionslose Größe y:

$$y = N_L b / 4\overline{V} = N_L \cdot \frac{\pi}{6} \sigma^3 / \overline{V} \tag{10.21}$$

wobei $b = \dfrac{2}{3}\pi\sigma^3$ ist entsprechend Gl. (10.11). σ ist der Kugeldurchmesser. Computersimulationsrechnungen ergaben, dass die Zustandsgleichung für harte Kugeln durch die folgende Potenzreihe beschrieben werden kann:

$$\left(\frac{p \cdot \overline{V}}{R\,T}\right) = 1 + 4y + 10\,y^2 + 18{,}365\,y^3 + 28{,}22 \cdot y^4$$

$$+\, 39{,}83\,y^5 + 56{,}1\,y^6 + 73{,}4\,y^7 + 98{,}3\,y^8 + 131{,}1\,y^9 + \ldots$$

Es stellt sich heraus, dass dieses Polynom erstaunlich gut mit dem folgenden Summenausdruck übereinstimmt:

$$\left(\frac{p \cdot \overline{V}}{R\,T}\right) = 1 + \sum_{n=2}^{\infty}\left(n^2 + n - 2\right) y^{n-1}$$

$$= 1 + 4y + 10\,y^2 + 18\,y^3 + 28\,y^4 + 40\,y^5 + 54\,y^6$$

$$+\, 70\,y^7 + 88\,y^8 + 108\,y^9 + \ldots \tag{10.22}$$

Gl. (10.22) kann in einen geschlossenen analytischen Ausdruck umgewandelt werden. Zunächst lässt sich Gl. (10.22) durch Änderung des Summenindex mit $n = 0$ statt $n = 2$ schreiben:

$$1 + \sum_{n=0}^{\infty}(n+2)^2 y^{n+1} + \sum_{n=0}^{\infty}(n+2)y^{n+1} - 2\sum_{n=0}^{\infty}y^{n+1}$$

$$= 1 + y^3\sum_{n=0}^{\infty}n(n-1)y^{n-2} + y^2\sum_{n=0}^{\infty}n \cdot y^{n-1} + 4y^2\sum_{n=0}^{\infty}n \cdot y^{n-1} + 4y\sum_{n=0}^{\infty}y^n$$

$$+\, 2y\sum_{n=0}^{\infty}y^n + y^2\sum_{n=0}^{\infty}n \cdot y^{n-1} - 2y\sum_{n=0}^{\infty}y^n$$

Jetzt bedenkt man, dass gilt (s. Anhang 11.3, Gl. (11.13)):

$$\sum_{n=0}^{\infty}y^n = \frac{1}{1-y}\;;\;\;\sum_{n=0}^{\infty}n \cdot y^{n-1} = \frac{\mathrm{d}}{\mathrm{d}y}\left(\frac{1}{(1-y)}\right) = \frac{1}{(1+y)^2}$$

$$\sum_{n=0}^{\infty}n(n-1) \cdot y^{n-2} = \frac{\mathrm{d}}{\mathrm{d}y}\left(\frac{1}{(1-y)^2}\right) = \frac{2}{(1-y)^3}$$

Damit ergibt sich:

$$1 + \sum_{n=2}^{\infty}(n^2 + n - 2)y^{n-1} = 1 + \frac{y^2}{(1-y)^2} + \frac{2y^3}{(1-y)^3} + \frac{5y^2}{(1-y)^2} + \frac{4y}{1-y}$$

$$= \frac{1 - y^3 + y^2 + y}{(1-y)^3} \tag{10.23}$$

Diese Zustandsgleichung für harte Kugeln heißt *Carnahan-Starling-Gleichung*:

$$\boxed{\frac{p\overline{V}}{RT} = \frac{1 - y^3 + y^2 + y}{(1 - y)^3}} \tag{10.24}$$

Sie beschreibt die Computersimulationsergebnisse für harte Kugeln sehr gut und stellt daher eine ausgezeichnete Näherung für die Zustandsgleichung harter Kugeln dar (s. Abb. 10.6).

Wir vergleichen dieses Ergebnis mit der entsprechenden Reihenentwicklung der v. d. Waals-Gleichung für den Hartkugelanteil:

$$\left(\frac{p\overline{V}}{RT}\right)_{vdW} = \frac{1}{1 - \frac{b}{\overline{V}}} = \frac{1}{1 - 4y} = 1 + 4y + 16\,y^2$$
$$+ 64\,y^3 + 267\,y^4 + 1024\,y^5 + 4096\,y^6 + \ldots \tag{10.25}$$

Man sieht, dass in Gl. (10.25) nur die ersten beiden Terme mit der entsprechenden Entwicklungsreihe der Carnahan-Starling-Gleichung (10.22) übereinstimmen, in den nachfolgenden Termen gibt es rasch wachsende, starke Abweichungen, die zeigen, dass der Hartkugelanteil der v. d. Waals-Gleichung eine schlechte Beschreibung für die Zustandsgleichung harter Kugeln ist. Das illustriert auch Abb. 10.6.

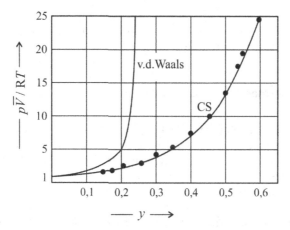

Abb. 10.6: Zustandsgleichungen für harte Kugeln. $p\overline{V}/RT$ nach v. d. Waals $p\overline{V}/RT$ (Gl. (10.25)), Carnahan und Starling (CS) Gl. (10.24), • Computersimulationsergebnisse

Wenn der Hartkugelanteil der CS-Theorie statt des fehlerhaften Terms $(V - b)$ der v. d. Waals-Theorie in Gl. (10.12) eingesetzt wird, erhält man eine erheblich verbesserte Zustandsgleichung:

$$p = \frac{RT}{\overline{V}}\left(\frac{1 + y + y^2 - y^3}{(1 - y)^3}\right) - \frac{a}{\overline{V}^2} \tag{10.26}$$

Nach Einsetzen von $y = N_L \cdot b/4V = b'/4\overline{V}$ in Gl. (10.26) ergibt

$$\left(\frac{\partial p}{\partial \overline{V}}\right)_{T=0} = 0 \quad \text{und} \quad \left(\frac{\partial^2 p}{\partial \overline{V}^2}\right)_{T=T_C} = 0$$

die entsprechenden Werte für T_C, V_C und p_C am kritischen Punkt.

Die Berechnungen sind etwas umständlicher, aber nicht schwierig. Für die CS-v.d.W.-Gleichung erhält man:

$$aN_L^2 = a' = R \cdot T_C \cdot \overline{V}_C \tag{10.27}$$

$$b \cdot N_L = b' = 0{,}5216 \cdot \overline{V}_C \tag{10.28}$$

$$z_C = p_C \cdot V_C/R \cdot T_C = 0{,}3591 \tag{10.29}$$

Aus Messung von $\overline{V}_C$, T_C und p_C lassen sich daraus für das betreffende Fluid die Parameter a' und b' bestimmen (s. Exkurs 10.8.9).

10.2.4 Eine Löchertheorie des fluiden Zustandes

Eine weitere einfache modellhafte Vorstellung des realen fluiden Zustandes, die auch eine Phasentrennung voraussagt, ist die sog. Löchertheorie. Wir stellen uns das Volumen eines Fluids gedanklich in ein „Quasigitter" eingeteilt vor, dessen „Gitterplätze" mit Molekülen oder „Löchern" besetzt sind. Wir nehmen an, die Moleküle haben ein Eigenvolumen $b = \frac{4}{3}\pi\sigma^3$ und wenn sie in benachbarten Plätzen sitzen, ist die Wechselwirkungsenergie $\varphi = -\varepsilon$. Die Wechselwirkung zwischen Löchern untereinander bzw. Löchern mit besetzen Plätzen ist dagegen Null. Bei der Bestimmung der Zustandssumme Q berechnen wir das freie Volumen durch sukzessives Einordnen der Moleküle in das Gitter:

$$Q = \frac{1}{N!} \cdot \tilde{q}^N \cdot \prod_{i=1}^{N}(V - (i-1) \cdot b) \cdot \exp\left[-\frac{E_{WW}}{k_B T}\right] \tag{10.30}$$

Der Produktausdruck gibt die Zahl der Anordnungen von insgesamt N Molekülen in das Quasigitter mit der Gitterplatzgröße b an. E_{WW} ist die Wechselwirkungsenergie aller Moleküle. Das Produktzeichen verdeutlicht, wie das freie Volumen berechnet wird: das 1. Molekül hat noch das ganze Volumen V zur Verfügung, das 2. hat $V - b$, das 3. $V - 2b$, das $i - te\ V - (i-1) \cdot b$ zur freien Bewegung zur Verfügung. Wir wählen $j = i - 1$ statt i als Zählindex und haben zu berechnen:

$$\ln \prod_{j=0}^{N-1}(V - jb) = \sum_{j=0}^{N-1} \ln(V - jb) \approx \int_{j=0}^{N-1} \ln(V - jb) \mathrm{d}j$$

Wir substituieren $u = V - jb$ und $\mathrm{d}u = -\mathrm{d}(jb)$. Daraus folgt:

$$\int_{j=0}^{N-1} \ln(V - jb)\mathrm{d}j = - \int_{V}^{V-(N-1)jb} \ln u \cdot \mathrm{d}u \cdot \frac{1}{b} \cong -\frac{1}{b} \int_{V}^{V-Nb} \ln u \cdot \mathrm{d}u$$

$$= -\frac{1}{b}\left|u\ \ln\ u - u\right|_{V}^{V-Nb} = -\frac{1}{b}\left\{(V - Nb)\ln(V - Nb) - V \ln V\right\} \quad (10.31)$$

Wir berechnen E_{WW} dadurch, dass wir jedes der N Teilchen mit $-\varepsilon$ und der Wahrscheinlichkeit f multiplizieren, dass ein Nachbargitterplatz besetzt ist:

$$f = N \cdot b / V$$

V als Gesamtvolumen des Fluids ist die Summe besetzter und unbesetzter Gitterplatzvolumina. Aufsummieren und Multiplikation mit $\frac{1}{2}$ ergibt mit $b = \frac{4}{3}\pi\sigma^3$:

$$E_{WW} = -\frac{1}{2}N^2 \cdot \frac{4}{3}\pi\sigma^3 \cdot \varepsilon/V = -\frac{N^2}{V} \cdot a \qquad \text{mit} \quad a = \frac{2}{3}\pi\sigma^3 \cdot \varepsilon$$

Logarithmieren von Q (Gl. (10.30)) und Berechnung der freien Energie F unter Berücksichtigung von $\ln N! = N \cdot \ln N - N$ ergibt:

$$F = -k_B T\left[N - N\ln N + N \ln \tilde{q} - \frac{1}{b}(V - Nb)\ln(V - Nb) + \frac{V}{b}\ln V\right] + \frac{N^2 \cdot a}{V} \cdot \frac{1}{k_B T}$$
$$(10.32)$$

Damit erhält man die thermische Zustandsgleichung des „Löcher-Modells":

$$p = -\left(\frac{\partial F}{\partial V}\right)_{T,N} = k_B T\left[-\frac{1}{b}\ln(V - Nb) - \frac{1}{b}(V - Nb)\frac{1}{V - Nb} + \frac{1}{b}\ln V + \frac{V}{b}\cdot\frac{1}{V} - \frac{N^2 \cdot a}{V^2 \cdot k_B T}\right]$$

Zusammengefasst ergibt sich:

$$\boxed{p = k_B T \cdot \frac{1}{b} \cdot \ln\left(\frac{V}{V - Nb}\right) - a\frac{N^2}{V^2}}$$
$$(10.33)$$

Die Isothermen $p(V,T)$ haben einen ganz ähnlichen Verlauf wie die v. d. Waals-Isothermen in Abb. 10.5. Reihenentwicklung für große Werte von V ergibt:

$$p = k_B T \cdot \frac{1}{b} \ln \frac{1}{1 - \frac{Nb}{V}} - \frac{aN^2}{V^2} \approx \frac{k_B T}{b} \left(+ \frac{Nb}{V} - \left(\frac{Nb}{V}\right)^2 \cdot \frac{1}{2} \cdots \right) - \frac{aN^2}{V^2}$$

$$p \cong \frac{N \cdot k_B T}{V} \left[1 + \frac{N}{V} \left(\frac{b}{2} - \frac{a}{k_B T} \right) + \cdots \right] \tag{10.34}$$

Der Vergleich mit Gl. (10.16) zeigt, dass bis zum zweiten Virialkoeffizienten ein ganz ähnlicher Ausdruck für $p(T, V)$ erhalten wird, wie nach der v. d. Waals-Gleichung ($a'_{vdW} = N \cdot a$ und $b'_{vdW} = Nb/2$).

Wir berechnen auch hier die Zustandsgrößen T_C, $\overline{V}_C$ und p_C am kritischen Punkt. Dort gilt:

$$\left(\frac{\partial p}{\partial T}\right)_V = 0 = -\frac{k_B T}{b} \cdot \frac{N - b}{V - N \cdot b} \cdot \frac{1}{V} + 2a \left(\frac{N}{V}\right)^2 \cdot \frac{1}{V} \tag{10.35}$$

und

$$\left(\frac{\partial^2 p}{\partial T^2}\right)_V = 0 = +\frac{k_B T}{b} \cdot \frac{(2V - N \cdot v) \cdot N \cdot v}{(V - Nv)^2 \cdot V^2} - 6a \left(\frac{N}{V}\right)^2 \cdot \frac{1}{V^2} \tag{10.36}$$

Eliminiert man T aus Gl. (10.35) und (10.36), erhält man mit $N = N_L$:

$$\overline{V}_C = 2N_L \cdot b = 2b' \tag{10.37}$$

und nach Einsetzen in Gl. (10.35) mit $T = T_C$ und $a' = a \cdot N_L^2$:

$$\frac{a'}{RT_C \cdot \overline{V}_C} = 1 \tag{10.38}$$

sowie:

$$\frac{p_C \cdot \overline{V}_C}{R \cdot T_C} = 2 \ln 2 - 1 = 0{,}3863$$

10.2.5 Das freie Volumen von Flüssigkeiten

Das freie Volumen eines Fluids ist definiert als der Raum, der den Molekülen zur Verfügung steht, um sich darin wie freie Gasteilchen zu bewegen. Nach der v. d. Waals-Gleichung gilt z. B. für das auf ein Mol bezogene freie Volumen $\overline{V}_F \cong \overline{V} - b'$ bzw. $\overline{V}_F/\overline{V} = 1 - b'/\overline{V}$ mit $b' = N \cdot b$. Wir wollen zunächst zeigen, wie man $\overline{V}_F$ unabhängig von einem Modell definieren und experimentell zugänglich machen kann. Für die molare freie Energie $\overline{F} = \overline{U} - T \cdot \overline{S}$ gilt für ideale Gase in Bezug auf T_0 und V_0:

$$\overline{F}(V,T) - \overline{F}(\overline{V}_0, T_0) = \overline{U}(T) - \overline{U}(T_0) - RT \ln \frac{\overline{V}}{V_0} \tag{10.39}$$

Für reale Fluide setzt man statt $\overline{V}$ jetzt $\overline{V}_F$ ein und addiert eine attraktive Wechselwirkungsenergie φ hinzu, die nur von $\overline{V}$ abhängt (z. B. $\varphi(\overline{V}) = -a'/\overline{V}$ wie bei v. d. Waals). Für die molare freie Energie $\overline{F}$ des realen Fluids gilt dann:

$$\boxed{\overline{F} = \left[\overline{F}(\overline{V}_0, T_0) - \overline{U}(T_0) + \overline{U}(T)\right]_{\text{id. Gas}} - RT \ln \frac{\overline{V}_F}{V_0} - \varphi(\overline{V})} \tag{10.40}$$

Die thermische Zustandsgleichung $p(T, \overline{V})$ ergibt sich dann aus:

$$-\left(\frac{\partial \overline{F}}{\partial \overline{V}}\right)_T = p = RT \left(\frac{\partial \ln \overline{V}_F}{\partial \overline{V}}\right)_T + \frac{d\varphi}{d\overline{V}} \tag{10.41}$$

Mit $\varphi = \dfrac{-a'}{\overline{V}}$ und $\overline{V}_F = \overline{V} - b'$ gibt das direkt die v. d. Waals-Gleichung Gl. (10.12). Wir differenzieren Gl. (10.41) nach T unter der Annahme, dass $(d\varphi/d\overline{V})$ unabhängig von T ist, und erhalten unter Beachtung von Gl. (11.353):

$$\frac{\alpha_p}{\kappa_T} = \left(\frac{\partial p}{\partial T}\right)_{\overline{V}} = \left(\frac{\partial \overline{S}}{\partial \overline{V}}\right)_T = -\left(\frac{\partial^2 \overline{F}}{\partial T \partial \overline{V}}\right) = R \frac{1}{\overline{V}_F} \frac{d\overline{V}_F}{d\overline{V}}$$

Um $\overline{V}_F$ aus experimentellen α_p- und κ_T-Daten abzuschätzen, setzen wir $d\overline{V}_F/d\overline{V} = 1$ (nach v. d. Waals gilt das korrekt) und erhalten:

$$\boxed{\frac{\alpha_p}{\kappa_T} \cong \frac{R}{\overline{V}_F} \quad \text{bzw.} \quad \overline{V}_F \cong R\left(\frac{\kappa_T}{\alpha_p}\right)} \tag{10.42}$$

Gl. (10.42) ist sinnvollerweise nur für unpolare, nicht assoziierende, kompakte Moleküle anwendbar.

Tab. 10.1 zeigt Ergebnisse der Anwendung von Gl. (10.42) für einige Flüssigkeiten.

Das freie Volumen liegt zwischen 7 % und 11 % des Gesamtvolumens. Das ist natürlich nur eine grobe Abschätzung, sie trifft aber die richtige Größenordnung und zeigt, wie

Tab. 10.1: Werte für das molare freie Volumen $\overline{V}_F$ von Flüssigkeiten aus experimentellen Daten von α_p (in K^{-1}), κ_T (in Pa^{-1}) und dem Molvolumen $\overline{V}$ (in $m^3 \cdot mol^{-1}$) bei 293 K nach Gl. (10.42).

	$\alpha_p \cdot 10^5$	$\kappa_T \cdot 10^{11}$	$\overline{V} \cdot 10^6$	$\overline{V}_F \cdot 10^6$	$\frac{\overline{V}_F}{\overline{V}} \cdot 100$
Brom Br_2	111	60	51	4,5	8,8
Hg	20	3,8	15	15	10,7
CCl_4	114	105	97	7,7	7,9
Cyclohexan	115	113	109	8,2	7,5
Benzol	115	96	90	7,0	7,8

dicht die Moleküle gepackt sind. Für ein Fluid, das nur aus harten Kugeln besteht, ist in Gl. (10.40) $\overline{U}(T) = \overline{U}(T_0)$ und $\varphi(\overline{V}) = 0$.

Für die Carnahan-Starling-Gleichung lässt sich das molare freie Volumen $\overline{V}_F$ exakt berechnen. Wir gehen aus von Gl.(10.23) bzw. (10.26) und schreiben:

$$-\left(\overline{F}(\overline{V}) - \overline{F}(\overline{V}_0)\right) = R \cdot T \cdot \ln \frac{\overline{V}_F}{\overline{V}_{F,0}} = \int_{\overline{V}_0}^{\overline{V}} p_{CS} d\overline{V} = RT \int_{\overline{V}_0}^{\overline{V}} \frac{1 + y + y^2 - y^3}{(1-y)^3} \cdot \frac{d\overline{V}}{\overline{V}}$$

mit $y = b/4\overline{V}$. Um das Integral zu lösen, ist es bequemer, von der Summendarstellung des Integranden nach Gl. (10.22) auszugehen, d. h., wir schreiben:

$$\int_{\overline{V}_0}^{\overline{V}} p_{CS} d\overline{V} = RT \int_{\overline{V}_0}^{\overline{V}} \frac{1}{\overline{V}} d\overline{V} + RT \sum_{n=2}^{\infty} (n^2 + n - 2) \int_{\overline{V}_0}^{\overline{V}} \frac{y^{n-1}}{\overline{V}} d\overline{V}$$

Nun gilt $d\overline{V}/\overline{V} = -dy/y$, so dass dieses Integral einfach zu lösen ist. Man erhält:

$$\int_{\overline{V}_0}^{\overline{V}} p_{CS} d\overline{V} = RT \ln \frac{\overline{V}}{\overline{V}_0} - RT \sum_{n=2}^{\infty} \frac{n^2 + n - 2}{n - 1} y^{n-1} \Big|_{y_0}^{y}$$

Wir wechseln jetzt den Index der Summe, wählen $n = m + 1$ und erhalten für die Summe:

$$\sum_{m=1}^{\infty} \frac{m^2 + 2m + 1 + m + 1 - 2}{m} y^m = \sum_{m=1}^{\infty} m \cdot y^m + 3 \sum_{m=1}^{\infty} y^m$$

Das lässt sich durch eine geometrische Reihe und ihre Ableitung ausdrücken (s. Anhang 11.3):

$$y \sum_{m=1}^{\infty} m \cdot y^{m-1} + 3 \sum_{m=1}^{\infty} y^m = y \frac{d\left(\frac{1}{1-y}\right)}{dy} + \frac{3}{1-y} = \frac{3-2y}{(1-y)^2}$$

Damit ergibt sich:

$$\ln \frac{\overline{V}_F}{\overline{V}_{F,0}} = \ln\left(\frac{\overline{V}}{\overline{V}_0}\right) + \left[\frac{3-2y_0}{(1-y_0)^2} - \frac{3-2y}{(1-y)^2}\right]$$

Im Grenzfall des idealen Gases ($\overline{V} \to \infty$) wird $\overline{V}_{F,0} = \overline{V}_0$, und wir erhalten wegen $y_0 \to 0$:

$$\ln \frac{\overline{V}_F}{\overline{V}} = \left[3 - \frac{3-2y}{(1-y)^2}\right] = \frac{3y^2 - 4y}{(1-y)^2}$$

Damit gilt für das molare freie Volumen $\overline{V}_F$ nach der CS-Gleichung:

$$\boxed{\overline{V}_F = \overline{V} \cdot \exp\left[\frac{3y^2 - 4y}{(1-y)^2}\right]} \quad \text{mit} \quad y = \frac{N_L}{\overline{V}} \cdot \pi \cdot \frac{\sigma^3}{6} \tag{10.43}$$

Tabelle 10.2 zeigt die Abhängigkeit $(\overline{V}_F/\overline{V})$ von y, also den Bruchteil des vorgegebenen Volumens $\overline{V}$, der für die freie Bewegung zur Verfügung steht.

Tab. 10.2: $\overline{V}_F$ in % des Gesamtvolumens nach Gl. (10.43). $b = \frac{2}{3} \cdot \pi \cdot \sigma^3 N_L$ (σ = Kugeldurchmesser)

$y = b/4\overline{V}$	0,05	0,1	0,2	0,3	0,35	0,4	0,5	0,6	0,7	0,7405
$(\overline{V}_F/\overline{V}) \cdot 100\,\%$	81	63	34	15	8,7	4,4	0,7	0,026	$3,8 \cdot 10^{-3}$	$3,2 \cdot 10^{-7}$

$\overline{V}_F$ nimmt also mit wachsender molarer Dichte $\overline{V}^{-1}$ rasch ab. $y = 0,7405$ ist der Wert für die dichteste Kugelpackung, wo $\overline{V}_F = 0$ gilt. Das wird von der CS-Gleichung in guter Annäherung vorausgesagt, obwohl sie keinerlei Information über die Struktur einer dichten geordneten Kugelpackung enthält.

10.3 Korrekte Behandlung realer Gase bei niedrigen Dichten: Statistische Ableitung des 2. Virialkoeffizienten

In Abschnitt 10.2.1 haben wir gelernt: aus der vdW-Gleichung lässt sich zwar ein zweiter Virialkoeffizient entsprechend der Virialentwicklung ableiten (Gl. (10.16)), aber er kann nicht der korrekte Ausdruck für den 2. Virialkoeffizienten sein. Es gibt jedoch einen Weg, den 2. Virialkoeffizienten mit Hilfe der kanonischen Zustandssumme abzuleiten, der das korrekte Resultat für eine beliebige Wechselwirkungsenergie-Funktion $\varphi(|\vec{r}_{12}|)$ ergibt.

Dazu betrachten wir zunächst die kanonische Zustandssumme für *zwei* wechselwirkende Teilchen, die wir mit $Q_{2,\text{real}}$ bezeichnen. Sie lautet:

$$Q_{2,\text{real}} = \frac{1}{2!}\, \vec{q}^{\,2}_{\text{trans}} \cdot q^2_{\text{Schw}} \cdot q^2_{\text{rot}} \cdot \int\limits_{\vec{r}_1=0}^{V} \int\limits_{\vec{r}_2=0}^{V} \exp\left[-\frac{\varphi(|\vec{r}_{12}|)}{k_{\text{B}}T}\right] \mathrm{d}^3\vec{r}_1 \cdot \mathrm{d}^3\vec{r}_2$$

Wenn wir diesen Ausdruck durch die Zustandssumme $Q_{2,\text{ideal}}$ des *idealen* 2-Teilchen-Systems ($\varphi(|\vec{r}_{12}|) = 0$) dividieren, ergibt sich:

$$\frac{Q_{2,\text{real}}}{Q_{2,\text{ideal}}} = \frac{\int\limits^{V}\int\limits^{V} \exp\left[-\varphi(|\vec{r}_{12}|)/(k_{\text{B}}T)\right] \cdot \mathrm{d}^3\vec{r}_1 \cdot \mathrm{d}^3\vec{r}_2}{\int\limits^{V}\int\limits^{V} \mathrm{d}\vec{r}_1 \cdot \mathrm{d}\vec{r}_2}$$

$$= \langle \exp\left[-\varphi(|\vec{r}_{12}|)/(k_{\text{B}}T)\right]\rangle = \langle \Phi_{12}\rangle$$

Wir können $Q_{2,\text{real}}/Q_{2,\text{ideal}}$ also als „volumengemittelten" Mittelwert für den Exponentialterm auffassen, den wir mit $\langle\Phi_{12}\rangle$ bezeichnen. Es lässt sich für $\langle\Phi_{12}\rangle$ schreiben:

$$\langle\Phi_{12}\rangle = 1 + \frac{1}{V^2}\int\limits^{V}\int\limits^{V} f(|\vec{r}_{12}|)\mathrm{d}^3\vec{r}_1 \cdot \mathrm{d}^3\vec{r}_2 \tag{10.44}$$

mit der Abkürzung:

$$f(|\vec{r}_{12}|) = \exp\left[-\varphi(|\vec{r}_{12}|)/(k_{\text{B}}T)\right] - 1 \tag{10.45}$$

Das Doppelintegral in Gl. (10.44) kann durch Variablentransformation umgewandelt werden, indem man entsprechend Abb. 10.7 von $\vec{r}_1$ und $\vec{r}_2$ zur Schwerpunktskoordinate $\vec{r}_{\text{s}}$ und der Relativkoordinate $\vec{r}_{12}$ übergeht. Für zwei Moleküle gleicher Masse gilt:

$$\vec{r}_{\text{s}} = (\vec{r}_1 + \vec{r}_2)/2 \quad \text{und} \quad \vec{r}_{12} = \vec{r}_2 - \vec{r}_1$$

Es gilt nun: $\mathrm{d}\vec{r}_{\text{s}} \cdot \mathrm{d}\vec{r}_{12} = \mathrm{d}\vec{r}_1 \cdot \mathrm{d}\vec{r}_2$. Das lässt sich relativ einfach beweisen. Zunächst ist offensichtlich, dass für jede Komponente der Ortsvektoren (x_1, y_1, z_1) bzw. (x_2, y_2, z_2) gilt (z. B. für x_1 und x_2):

$$x_{\text{s}} = \frac{x_1 + x_2}{2} \quad \text{und} \quad x_{12} = x_2 - x_1$$

Jetzt stellen wir die Funktionaldeterminante auf (s. Anhang 11.7):

$$\frac{\partial(x_{\text{s}}, x_{12})}{\partial(x_1, x_2)} = \begin{vmatrix} \left(\frac{\partial x_{\text{s}}}{\partial x_1}\right) & \left(\frac{\partial x_{\text{s}}}{\partial x_2}\right) \\ \left(\frac{\partial x_{12}}{\partial x_1}\right) & \left(\frac{\partial x_{12}}{\partial x_2}\right) \end{vmatrix} = \begin{vmatrix} \frac{1}{2} & \frac{1}{2} \\ -1 & +1 \end{vmatrix} = 1$$

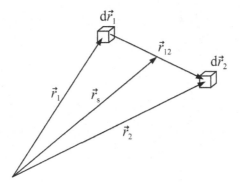

Abb. 10.7: Schwerpunkt- und Relativkoordinaten im 2-Teilchensystem zweier gleicher Teilchen.

Wegen

$$dx_s \cdot dx_{12} = \frac{\partial(x_s, x_{12})}{\partial(x_1, x_2)} \cdot dx_1 \cdot dx_2$$

folgt:

$$dx_s \cdot dx_{12} = dx_1 \cdot dx_2$$

Entsprechendes gilt für $dy_s \cdot dy_{12}$ und $dz_s \cdot dz_{12}$. Daraus folgt mit $d^3\vec{r}_i = dx_i dy_i dz_i$:

$$d^3\vec{r}_1 \cdot d^3\vec{r}_2 = d^3\vec{r}_s \cdot d^3\vec{r}_{12}$$

Dasselbe Ergebnis erhält man auch dann, wenn die Massen der beiden wechselwirkenden Moleküle verschieden sind (s. Exkurs 10.8.3).

Wir wandeln jetzt noch $d^3\vec{r}_{12}$ in Kugelkoordinaten um:

$$d^3\vec{r}_{12} = dr \cdot r^2 \cdot \sin\vartheta \cdot d\vartheta \cdot d\varphi$$

Integration über die Winkel $\vartheta(0$ bis $\pi)$ und $\varphi(0$ bis $2\pi)$ ergibt $|d^3r_{12}| = 4\pi r^2 dr$. Nach diesem Exkurs kehren wir zurück zu Gl. (10.44), für die sich nun schreiben lässt:

$$\langle \Phi_{12} \rangle = 1 + \frac{1}{V^2} \int_0^V d\vec{r}_s \cdot \int_0^V f(r) \cdot 4\pi r^2 \cdot dr = 1 + \frac{4\pi}{V} \int_0^V f(r) \cdot r^2 \cdot dr \qquad (10.46)$$

In Abb. 10.8 ist der Verlauf von $f(|\vec{r}_{12}|)$ gezeigt für eine Wechselwirkungsenergie $\varphi(|\vec{r}_{12}|)$, wie sie z. B. das Lennard-Jones-$(n, 6)$-Potential (Gl. (10.4)) ergibt.

Man sieht, dass $f(r)$ sehr rasch (in der Regel innerhalb von 5 bis 10 Å) praktisch den Wert 0 erreicht. Das bedeutet, dass in Gl. (10.46) die Integrationsgrenze ohne Bedenken statt bis zur Gefäßwand des Volumens V bis ∞ ausgedehnt werden darf, ohne dass damit ein

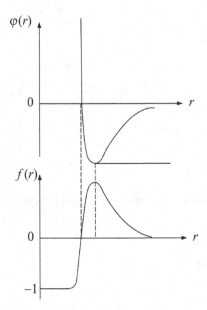

Abb. 10.8: Die Funktion $f(r)$ im Vergleich zu $\varphi(r)(r = |r_{12}|)$

irgendwie feststellbarer Fehler verbunden wäre, so dass man statt Gl. (10.46) schreiben darf:

$$\langle \Phi_{12} \rangle = 1 + \frac{4\pi}{V} \int\limits_0^\infty f(|\vec{r}_{12}|) \cdot |\vec{r}_{12}|^2 \cdot d|\vec{r}_{12}|$$

Wir gehen jetzt vom 2-Teilchensystem zum N-Teilchensystem über. Dort gilt entsprechend Gl. (10.7):

$$\frac{Q_{N,\text{real}}}{Q_{N,\text{ideal}}} = \frac{\int\limits^V \cdots \int\limits^V \Phi_{12} \cdot \Phi_{13} \cdots \Phi_{N-1,N} d\vec{r}_1 \cdots d\vec{r}_N}{\int\limits^V \cdots \int\limits^V d\vec{r}_1 \cdots d\vec{r}_N}$$

mit $\Phi_{ij} = \exp[-\varphi(|\vec{r}_{ij}|)/(k_B T)]$ und allen möglichen paarweisen Kombinationen ij ($i = 1, \ldots N$ und $j = 1, \ldots N(i \neq j)$). Das lässt sich auch als Mittelwert auffassen:

$$\frac{Q_{N,\text{real}}}{Q_{N,\text{ideal}}} = \langle \Phi_{12} \cdot \Phi_{13} \cdots \Phi_{23} \cdots \Phi_{N,N-1} \rangle \tag{10.47}$$

Bis hierher ist alles korrekt und enthält keinerlei Näherungsannahmen. Um an dieser Stelle weiterzukommen, stellen wir folgende Überlegung an. Bei genügend niedrigen Teilchenzahlkonzentrationen ist die Wahrscheinlichkeit, dass mehr als 2 Teilchen sich gleichzeitig „wechselwirksam" begegnen, sehr gering. „Wechselwirksam" soll heißen,

dass der Abstand der Teilchen innerhalb des Wirkungsbereiches der zwischenmolekularen Energie liegt, also bis etwa 10 Å, das ist im Vergleich zum mittleren Abstand der
Teilchen bei niedrigen Gasdichten ein sehr kleiner Abstand. Damit ist eine gleichzeitige Anwesenheit von 3 oder mehr Teilchen so unwahrscheinlich, dass sie vernachlässigt
werden darf. Dem entspricht in der makroskopischen Betrachtungsweise, dass die Virialentwicklung nur bis zu Gliedern, die proportional $(N/V)^2$ sind, zu berücksichtigen
ist, denn die Wahrscheinlichkeit einer gleichzeitigen „wechselwirksamen" Begegnung
von 2 Teilchen ist sicher proportional zum Quadrat der Dichte, die der gleichzeitigen
Begegnung von 3 Teilchen proportional zu $(N/V)^3$ usw.

Wenn wir das Ergebnis dieser Überlegungen auf Gl. (10.47) anwenden, bedeutet das: es
sind nur gleichzeitige *Paarwechselwirkungen* bei genügend niedrigen Teilchenzahldichten
zu berücksichtigen und man kann in diesem Fall schreiben:

$$\langle \Phi_{12} \cdot \Phi_{13} \cdot \Phi_{23} \cdots \Phi_{N,N-1} \rangle \cong \langle \Phi_{12} \rangle \cdot \langle \Phi_{13} \rangle \cdot \langle \Phi_{23} \rangle \cdots \langle \Phi_{N-1,N} \rangle$$

Der Mittelwert auf der linken Gleichungsseite lässt sich also als Produkt von Mittelwerten über alle möglichen Molekülpaare darstellen, denn die Faktoren dieses Produktes
müssen unabhängig voneinander sein, wenn nur gleichzeitige Paarwechselwirkungen
vorkommen sollen. Damit vereinfacht sich Gl. (10.47) erheblich. In einem reinen Gas sind
alle Werte von $\langle \Phi_{ij} \rangle$ identisch, wir bezeichnen sie mit $\langle \Phi(r) \rangle$. Es gibt $N(N-1)/2$ solcher
Werte und somit erhält man:

$$\frac{Q_{N,\text{real}}}{Q_{N,\text{ideal}}} \cong \langle \Phi(r) \rangle^{\frac{N(N-1)}{2}} = \left(1 + \frac{I}{V}\right)^{\frac{N(N-1)}{2}} \quad \text{mit} \quad I = 4\pi \int\limits_0^\infty f(r)\, r^2 \mathrm{d}r \tag{10.48}$$

Wir verwenden ferner die Abkürzungen $n = N/2$ und $a = (N \cdot I)/(2V)$.

Dann erhält man:

$$\frac{Q_{N,\text{real}}}{Q_{N,\text{ideal}}} = \left\{ \left[1 + \frac{a}{n}\right]^n \right\}^{N-1}$$

Da N bzw. n sehr große Zahlen sind, gilt mit völlig ausreichender Genauigkeit:

$$\left[1 + \frac{a}{n}\right]^n \cong \lim_{n \to \infty} \left[1 + \frac{a}{n}\right]^n = e^a \quad \text{(Definition der Exponentialfunktion!)}$$

Mit $N - 1 \approx N$ ergibt sich dann:

$$\frac{Q_{N,\text{real}}}{Q_{N,\text{ideal}}} = \exp\left[\frac{N^2 \cdot I}{2V}\right]$$

Unter Beachtung von Gl. (2.29) für $Q_{N,\text{ideal}}$ und mit $q_{\text{trans}} = V \cdot \widetilde{q}_{\text{trans}}$ folgt damit:

$$k_B T \cdot \ln Q_{N,\text{real}} = N k_B T \cdot \ln V + k_B T \cdot (N - N \ln N)$$

$$+ k_B T \cdot \frac{N^2 \cdot I}{2V} + N k_B T \left[\ln\left(\widetilde{q}_{\text{trans}} \cdot q_{\text{vib}} \cdot q_{\text{rot}}\right)\right]$$

Jetzt berechnen wir den Druck p, also die thermische Zustandsgleichung:

$$p = -\left(\frac{\partial F}{\partial V}\right)_{T,N} = k_\mathrm{B}T\left(\frac{\partial \ln Q_{N,\mathrm{real}}}{\partial V}\right)_{T,N} = \frac{Nk_\mathrm{B}T}{V} - k_\mathrm{B}T\frac{I}{2}\cdot\left(\frac{N}{V}\right)^2$$

Wir erhalten also in der Tat eine Reihenentwicklung der Teilchenzahldichte bis zum quadratischen Glied.

Ein Koeffizientenvergleich mit der Virialgleichung ($N = N_\mathrm{L}$ bzw. $N_\mathrm{L} \cdot k_\mathrm{B} = R, \overline{V}$ = Molvolumen)

$$p = \frac{RT}{\overline{V}}\left(1 - \frac{1}{\overline{V}}\frac{N_\mathrm{L} \cdot I}{2}\right) = \frac{RT}{\overline{V}}\left(1 + \frac{B(T)}{\overline{V}}\right)$$

ergibt die korrekte statistisch-thermodynamische Formel für den 2. Virialkoeffizienten $B(T)$:

$$\boxed{B(T) = -\frac{N_\mathrm{L}}{2}I_{12} = 2\pi N_\mathrm{L}\int\limits_0^\infty \left(1 - e^{-\varphi(r)/k_\mathrm{B}T}\right)r^2\mathrm{d}r} \tag{10.49}$$

wobei Gl. (10.45) und Gl. (10.48) beachtet wurden.

Wir berechnen mit Gl. (10.49) den korrekten 2. Virialkoeffizienten für 4 Beispiele von zwischenmolekularen Wechselwirkungsenergien $\varphi(r)$:

a) Das *Hartkugel-Modell* (s. Abb. 10.9).

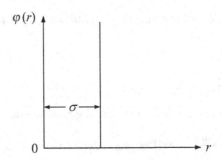

Abb. 10.9: Die potentielle Energie der Hartkugel-Wechselwirkung

$$B_{\mathrm{HK}} = 2\pi N_L\int\limits_0^\sigma r^2\mathrm{d}r + \int\limits_\sigma^\infty (1-1)r^2\mathrm{d}r = N_L\frac{2}{3}\pi\sigma^3 \tag{10.50}$$

Der zweite Virialkoeffizient für harte Kugeln ist also gerade die Hälfte des „Ausschlussvolumens" von 2 Kugeln und ist damit identisch mit b' in der v. d. Waals-Theorie.

b) Das *Sutherland-Modell* (s. Abb. 10.2).

$$B(T) = N_L \frac{2}{3}\pi\sigma^3 - N_L \frac{2}{3}\pi\sigma^3 \cdot \sum_{j=1}^{\infty} \frac{1}{j!}\left(\frac{3}{6j-3}\right)\left(\frac{\varepsilon}{k_B T}\right)^j \qquad (10.51)$$

Dieses Ergebnis für das Sutherland-Potential lässt sich ableiten, indem man die Exponentialfunktion in Gl. (10.49) für den anziehenden Teil der Wechselwirkungs-energie $-\varepsilon(\sigma/r)^6$ in eine unendliche Taylor-Reihe entwickelt und diese gliedweise integriert (s. Exkurs 10.8.4). Vergleicht man Gl. (10.51) mit dem Ergebnis der v. d.

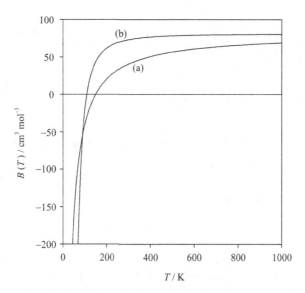

Abb. 10.10: Der zweite Virialkoeffizient nach dem Sutherland-Potentialmodell (Kurve (b)) und der v. d. Waals-Gleichung (Kurve (a)) mit $\varepsilon/k_B = 150$ K und $\sigma = 4 \cdot 10^{-10}$ m

Waals-Theorie (Gl. (10.16)), so stellt man fest, dass die v. d. Waals-Theorie nur den ersten Term der Summe in Gl. (10.51) berücksichtigt ($j = 1$):

$$B_{v.d.W.}(T) = b' - \frac{a'}{RT} = N_L \frac{2}{3}\pi\sigma^3 - N_L \frac{2}{3}\pi\sigma^3 \left(\frac{N_L \cdot \varepsilon}{RT}\right)$$

Da dem v. d. Waals-Modell dieselbe zwischenmolekulare Wechselwirkungsenergie zugrunde liegt, nämlich das Sutherland-Potential, kann $B_{v.d.W.}(T)$ nicht korrekt sein, auch wenn sein Kurvenverlauf als Funktion von T dem exakten Ausdruck für das Sutherland-Modell nach Gl. (10.51) ähnelt (s. Abb. 10.10).

c) Für das sog. *Kastenpotential-Modell* (s. Abb. 10.11) kann ebenfalls der 2. Virialkoeffizient $B(T)$ leicht berechnet werden.

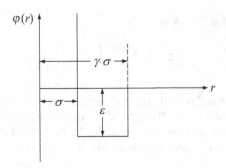

Abb. 10.11: Potentielle Energie der Wechselwirkung des sog. Kastenpotentials

Beim Kastenpotential ist $\varphi(r) = +\infty$ für $r < \sigma, \varphi(r) = -\varepsilon$ für $\sigma < r < \gamma \cdot \sigma$ (mit $\gamma > 1$) und $\varphi(r) = 0$ für $r > \gamma \cdot \sigma$. Damit lässt sich $B(T)$ entsprechend Gl. (10.49) folgendermaßen berechnen:

$$B_{KP}(T) = 2\pi N_L \int\limits_0^{\sigma} (1-0)r^2 dr + 2\pi N_L \int\limits_{\sigma}^{\gamma \cdot \sigma} \left(1 - e^{+\varepsilon/k_B T}\right) r^2 dr + \int\limits_{\gamma \cdot \sigma}^{\infty} (1 - e^0) r^2 dr$$

Das letzte Integral ist Null und die beiden ersten Integrale ergeben:

$$B_{KP}(T) = N_L \left[\frac{2}{3}\pi\sigma^3 + \frac{2}{3}\pi(\gamma^3 \cdot \sigma^3 - \sigma^3) - e^{\varepsilon/k_B T} \cdot \frac{2}{3}\pi(\gamma^3 \cdot \sigma^3 - \sigma^3)\right]$$

Das lässt sich zusammenfassen:

$$B_{KP}(T) = N_L \frac{2}{3}\pi\sigma^3 \left[1 - (\gamma^3 - 1)(e^{\varepsilon/k_B T} - 1)\right] \tag{10.52}$$

Dieser Ausdruck für $B_{KP}(T)$ hat 3 Parameter $(\sigma, \gamma, \varepsilon)$. Dadurch ist er recht flexibel und kann an experimentelle Daten von $B(T)$ so gut angepasst werden, dass sich z. B. für Argon mit $\sigma = 0{,}3067\,\text{nm}, \gamma = 1{,}70, \varepsilon/k_B = 93{,}3\,\text{K}$ eine praktisch perfekte Beschreibung durch Gl. (10.52) ergibt, obwohl das Kastenpotential ganz sicher nicht der tatsächlichen Form der zwischenmolekularen Potentialkurve von Argon entspricht (s. Abb. 10.12). Man muss also vorsichtig sein, wenn man aus der guten Beschreibung des 2. Virialkoeffizienten durch eine vorgegebene zwischenmolekulare Potentialform Rückschlüsse auf das tatsächliche Potential ziehen will. Umgekehrt wird mit der tatsächlichen Potentialkurve natürlich $B(T)$ auf jeden Fall korrekt wiedergegeben.

d) Das *Lennard-Jones (12,6) Potential* ($\varphi(r)$) ist die am häufigsten benutzte zwischenmolekulare Form der Wechselwirkungsenergie (s. Gl. (10.4) und Abbildung 10.2). Setzt man Gl. (10.2) in Gl. (10.49) ein, erhält man für den 2. Virialkoeffizienten:

$$B_{LJ}(T^*) = \sigma^3 2\pi N_L \int\limits_0^{\infty} \left[1 - \exp\{-\frac{4}{T^*}\left(r^{*-12} - r^{*-6}\right)\}\right] r^{*2} dr^* \tag{10.53}$$

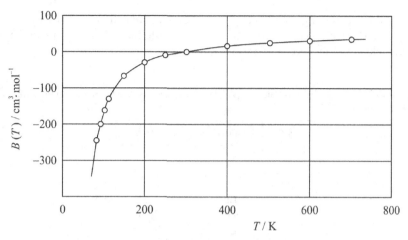

Abb. 10.12: Der 2. Virialkoeffizient $B(T)$ für Argon ○, experimentelle Messpunkte, —— Beschreibung durch das Kastenpotential nach Gl. (10.52) mit den Daten für Argon aus Tabelle 10.3.

wobei $r^* = r/\sigma$ und $T^* = k_B T/\varepsilon$ bedeuten. Das Integral lässt sich nur numerisch oder durch eine etwas kompliziertere Reihenentwicklung mit unendlich vielen Gliedern berechnen.

Wir geben die Ergebnisse ohne Ableitung an [*]:

$$B_{LJ}(T^*) = B_{HK} \cdot \sum_{j=0}^{\infty} \frac{2^{j+1/2}}{4j!} \cdot \Gamma\left(\frac{2j-1}{4}\right) \cdot T^{*-(2j+1)/4} \tag{10.54}$$

mit B_{HK} nach Gl. (10.50)

$\Gamma(2j-1)/4$ sind die Gammafunktionen (s. Anhang 11.2). Die ersten Terme der Summe lauten:

$$\frac{B_{LJ}(T^*)}{B_{HK}} = T^{*-1/4} \cdot \Big[1{,}733 - 2{,}564 \cdot T^{*-1/2} - 0{,}866 \cdot T^{*-1}$$
$$- 0{,}427 \cdot T^{*-3/2} - 0{,}217 \cdot T^{*-2} + \dots\Big]$$

In Tabelle 10.3 sind für das Lennard-Jones(12,6) Potential und das Kasten-Potential die Potentialparameter verschiedener Moleküle angegeben, mit denen der zweite Virialkoeffizient über einen weiteren Temperaturbereich am besten beschrieben wird. Beide Potentiale sind in der Lage den Verlauf von $B(T)$ mit den angegebenen Parametern sehr gut zu beschreiben, obwohl die Potentialformen sehr unterschiedlich sind. Man lernt daraus, dass aus Messdaten von $B(T)$ nicht eindeutig auf die tatsächliche Potentialkurve geschlossen werden kann.

---

[*]J. O. Hirschfelder, C. F. Curtiss, R. B. Bird, Molecular Theory of Gases and Liquids, J. Wiley + Sons (1954)

Auf die Darstellung und Berechnung höherer Virialkoeffizienten (z.B. nach der sog. Cluster-Methode) verzichten wir hier. Eine Darstellung dieser Methoden findet sich in vielen Lehrbüchern (s. Anhang 11.24).

Tab. 10.3: Zwischenmolekulare Potentialparameter für das Lennard-Jones(12,6) Potential (LJ) und das Kastenpotential (KP)*

Molekül	Potential	γ	$\sigma/\text{Å}$	$\frac{\varepsilon}{k_\text{B}}/\text{K}$
Helium	-	-	-	-
	LJ	2,55		10,2
Neon	-	-	-	-
	LJ	-	2,75	35,8
Argon	KP	1,70	3,067	93,3
	LJ		3,452	119,0
Krypton	KP	1,68	3,278	136,5
	LJ		3,827	164,0
Xenon	KP	1,64	3,593	198,5
	LJ		4,010	222,3
Methan	KP	1,60	3,355	142,5
	LJ		3,783	148,9
CF_4	KP	1,48	4,103	191,1
	LJ		4,744	151,5
N_2	KP	1,58	3,277	95,2
	LJ		3,745	95,2
CO_2	KP	1,44	3,571	283,6
	LJ		4,328	198,2

10.4 Der zweite Virialkoeffizient in realen Gasmischungen

Wir betrachten eine reale Gasmischung mit verschiedenen Komponenten und den entsprechenden Molekülzahlen $N_1, N_2, \ldots N_k$ im Volumen V. Wie lautet der zweite Virialkoeffizient - wir bezeichnen ihn mit B_M - und die entsprechende thermische Zustandsgleichung $p(\overline{V}, T, x_1, \ldots x_k)$? Wir gehen aus von Gl. (10.47) für den allgemeinen Fall $N = \sum_{i=1}^{k} N_i$.

Bei Mischungen lässt sich Gl. (10.47) als Produkt von Paarwechselwirkungsfaktoren $\langle \Phi_{l,m} \rangle_{i,j}$ darstellen, wobei i und j zwei unterschiedliche Molekülsorten bezeichnen. Die Indices l und m sind die Zählindices innerhalb der Molekülgruppe der beiden Sorten i

---

*aus A. E. Sherwood, J. M. Prausnitz, J. Chem. Phys. **41**, 429, 1964

und j. Dann gilt für eine solche Mischung:

$$\frac{Q_{N,\text{real}}}{Q_{N,\text{ideal}}} = \prod_{i=j} \prod_{l,m} \langle \Phi_{l,m} \rangle_{i,j} \cdot \prod_{i>j} \prod_{l,m} \langle \Phi_{l,m} \rangle_{i,j}$$

$$= \prod_{i=1}^{k} \langle \Phi \rangle_{ii}^{\frac{N_i(N_i-1)}{2}} \cdot \prod_{i>j} \langle \Phi \rangle_{ij}^{N_i \cdot N_j}$$

Die Kennzeichnung $i > j$ bedeutet hier, dass jedes Molekülpaar ij nur *einmal* berücksichtigt wird bei der Produktbildung. In den letzten Termen wurde die Indizierung l, m weggelassen, da ja innerhalb jeder Molekülpaargruppe alle Faktoren $\langle \Phi \rangle$ identisch sind. Bei Molekülpaargruppen mit identischen Molekülen ($i = j$) gibt es wieder $N_i(N_i - 1)/2$ Paare, während bei Gruppen mit Paaren unterschiedlicher Molekülsorten ($i \neq j$) alle möglichen Kombinationen von i und j berücksichtigt werden müssen, also $N_i \cdot N_j$ Kombinationsmöglichkeiten.

Wir folgen weiter dem in Abschnitt 10.3 geschilderten Verfahren und erhalten nun konsequenterweise als Verallgemeinerung von Gl. (10.48):

$$\frac{Q_{N,\text{real}}}{Q_{N,\text{ideal}}} = \prod_{i}^{k} \exp\left[N_i^2 \frac{I_i}{2V}\right] \cdot \prod_{i>j} \exp\left[N_i \cdot N_j \frac{I_{ij}}{V}\right]$$

Also ergibt sich für den Druck der realen Gasmischung:

$$p = \frac{N k_B T}{V} - k_B T \left[\sum_i \frac{I_i}{2}\left(\frac{N_i}{V}\right)^2 + \sum_{i>j} I_{ij} \frac{N_i \cdot N_j}{V^2}\right]$$

und damit:

$$p = \frac{RT}{\overline{V}_M}\left(1 + \frac{B_M(T; x_1, x_2, \ldots x_k)}{\overline{V}_M}\right) = \frac{RT}{\overline{V}_M}\left[1 + \frac{1}{\overline{V}_M}\left(\sum_i^k B_i x_i^2 + \sum \sum_{i>j} 2B_{ij} \cdot x_i \cdot x_j\right)\right]$$

$$(10.55)$$

mit den Molenbrüchen $x_i = N_i/N$ bzw. $x_j = N_j/N$ und dem Molvolumen der Mischung $\overline{V}_M = V/(N/N_L) = \sum x_i \overline{V}_i$, wobei

$$B_i = 2\pi \cdot N_L \int_0^\infty \left[1 - \exp\left(-\varphi_{ii}(r)/k_B T\right)\right] r^2 \cdot dr \qquad (10.56)$$

und

$$B_{ij} = 2\pi \cdot N_L \int_0^\infty \left[1 - \exp\left(-\varphi_{ij}(r)/k_B T\right)\right] r^2 \cdot dr \qquad (10.57)$$

bedeuten. B_i sind die Virialkoeffizienten der reinen Gase der Sorte i und B_{ij} die sog. *Mischvirialkoeffizienten*, die die Wechselwirkungsenergie von verschiedenartigen Molekülen $\varphi_{ij}(i \neq j)$ enthalten. Es gilt also für den 2. Virialkoeffizienten B_M einer realen Gasmischung:

$$B_M = \sum_{i=1}^{k} B_i \cdot x_i^2 + \sum_{i>j}^{k} 2B_{ij} \cdot x_i x_j$$

Als Spezialfall geben wir B_M für eine binäre Gasmischung an ($x_2 = 1 - x_1$):

$$B_M = x_1^2 B_1 + 2B_{12}x_1(1 - x_1) + (1 - x_1)^2 \cdot B_2 \tag{10.58}$$

Für reale Gasmischungen sind Enthalpie und Volumen nicht mehr additiv wie bei idealen Gasen. Ein Anwendungsbeispiel wird in Exkurs 10.8.10 durchgerechnet.

10.5 Chemische Reaktionsgleichgewichte in der realen Gasphase

In realen Gasmischungen verändert sich der Wert der Gleichgewichtskonstante K_p^{id} (s. Gl. (4.13)) aufgrund der Wirkung zwischenmolekularer Kräfte und zwar umso mehr, je höher der Gasdruck ist. Um das quantitativ zu erfassen, beschränken wir uns auf den Einfluss des 2. Virialkoeffizienten und schreiben für das Volumen einer realen Gasmischung V_M mit der Molzahl $n = \sum_i n_i$:

$$V_M = n\frac{RT}{p}\left(1 + \frac{B_M(T)}{\overline{V}_M \cdot n}\right) \tag{10.59}$$

B_M ist der 2. VK der Mischung mit N Komponenten:

$$B_M = \sum_{i=1}^{N}\sum_{k=1}^{N} x_i x_k \cdot B_{ij} = \frac{1}{n^2}\sum_{i=1}^{N}\sum_{k=1}^{N} n_i n_k \cdot B_{ik} \tag{10.60}$$

Für das chemische Potential μ_j^{real} einer Komponente j schreiben wir (s. Gl. (11.374)):

$$\mu_j^{real} = \mu_{j0}^{id} + RT \ln f_j$$

f_j ist die sog. Fugazität der Komponente j. Ihre Definition lautet:

$$f_j = \varphi_j \cdot p_j$$

Der Fugazitätskoeffizient $\varphi \neq 1$ beschreibt also die Abweichung vom idealen Partialdruck p_j. Nun gilt nach Gl. (11.334) ($\partial^2 G/\partial p \cdot \partial n_j = V_j = \partial^2 G/\partial n_j \partial p = (\partial \mu_j/\partial p)_T$):

$$\left(\frac{\partial \mu_j^{\text{real}}}{\partial p}\right)_T = \overline{V}^{\text{real}} \quad \text{und} \quad \left(\frac{\partial \mu_j^{\text{id}}}{\partial p}\right)_T = \overline{V}_j^{\text{id}} = \frac{RT}{p}$$

Also erhalten wir für den Unterschied von μ_j^{real} und μ_j^{id}:

$$\mu_j^{\text{real}} - \mu_j^{\text{id}} = \int_0^p \left(\overline{V}_j^{\text{real}} - \frac{RT}{p}\right) dp = RT \ln \varphi_j \tag{10.61}$$

Man sieht, dass $\lim_{p \to 0} \varphi_j = 1$ in den idealen Gasfall übergeht. $\overline{V}_j^{\text{real}}$ berechnen wir aus Gl. (10.59) mit B_M nach Gl. (10.60), wobei wir in Gl. (10.59) rechts $\overline{V}_M \approx RT/p$ setzen dürfen:

$$\overline{V}_j^{\text{real}} = \left(\frac{\partial V_M}{\partial n_j}\right) = \frac{RT}{p} + \left[-\frac{2}{n}B_M(T) + \frac{1}{n}\sum_j^N x_i B_{ik} + \frac{1}{n}\sum_k^N x_k B_{ik}\right] = \left(\frac{\partial B_M}{\partial n_j}\right) + \frac{RT}{p}$$

Mit $B_{ik} = B_{ki}$ erhalten wir damit für Gl. (10.61):

$$\boxed{RT \ln \varphi_j = 2p \left[\sum_k^N x_i B_{jk} - B_M\right]} \tag{10.62}$$

Den Einfluss der Fugazitätskoeffizienten φ_j auf das chemische Reaktionsgleichgewicht untersuchen wir am Beispiel der Reaktion

$$3H_2 + N_2 \rightleftharpoons 2NH_3$$

Statt $p_j = x_j p$ muss man nun $f_j = p_j \varphi_j = x_j p \cdot \varphi_j$ schreiben:

$$K_p^{\text{real}} = \frac{f_{NH_3}^2}{f_{H_2}^3 \cdot f_{N_2}} = \frac{1}{p^2} \cdot \frac{x_{NH_3}^2}{x_{H_2}^3 \cdot x_{N_2}} \cdot \frac{\varphi_{NH_3}^2}{\varphi_{H_2}^3 \cdot \varphi_{N_2}} \tag{10.63}$$

bzw.

$$\boxed{\frac{K_p^{\text{real}}}{K_p^{\text{id}}} = \frac{\varphi_{NH_3}^2}{\varphi_{H_2}^3 \cdot \varphi_{N_2}}} \tag{10.64}$$

Unser reaktives Gemisch besteht aus 3 Komponenten $1 = H_2$, $2 = N_2$ und $3 = NH_3$. Wir erhalten also nach Gl. (10.62):

$$RT \ln \varphi_{H_2} = RT \ln \varphi_1 = 2p \left[x_1 B_{11} + x_2 B_{12} + x_3 B_{13} - \sum_{i=1}^{3} \sum_{i=k}^{3} x_i x_k B_{ik} \right]$$

$$RT \ln \varphi_{N_2} = RT \ln \varphi_2 = 2p \left[x_2 B_{22} + x_1 B_{21} + x_3 B_{23} - \sum_{i=1}^{3} \sum_{i=1}^{3} x_i x_k B_{ik} \right]$$

$$RT \ln \varphi_{NH_3} = RT \ln \varphi_3 = 2p \left[x_3 B_{31} + x_2 B_{32} + x_1 B_{31} - \sum_{i=1}^{3} \sum_{i=1}^{3} x_i x_k B_{ik} \right]$$

Sind T und p vorgegeben benötigt man neben der Bedingung $x_1 + x_2 + x_3 = 1$ noch eine weitere Beziehung zwischen den Molenbrüchen, um Gl. (10.64) eindeutig lösen zu können. Wir wählen $x_{H_2}/x_{N_2} = 3$. Lösungen für Gl. (10.64) erhält man iterativ, indem man zunächst die Lösungen x_i für das ideale Gasgleichgewicht berechnet, die wir mit $x_1^{(0)}$, $x_2^{(0)}$ und $x_3^{(0)}$ bezeichnen. Damit berechnet man nach Gl. (10.62) in 1. Näherung Werte für φ_1, φ_2, φ_3 und in Gl. (10.64) K_p^{real}/K_p^{id} und dann mit Gl. (10.63) neue Werte $x_1^{(1)}$, $x_2^{(1)}$ und $x_3^{(0)}$. So fahren wir mit der Iteration fort, bis $x_i^{(n+1)} - x_i^{(n)} < 10^{-4}$ wird. Das soll uns als gültige Lösung genügen. Benutzt man z. B. das v. d. Waals-Modell für den 2. VK:

$$B_{ik} = b'_{ik} - \frac{a'_{ik}}{T} \tag{10.65}$$

mit den Mischungsregeln $b_{ik} = (b_{ii} + b_{kk})/2$ und $a_{ik} = \sqrt{a_{ii} \cdot a_{kk}}$, so erhält man mit den angegebenen v. d. Waals-Parametern für H_2, N_2 und NH_3 angepasst an Messdaten des 2. VK der reinen Gase (Daten: umgerechnet aus I. Prigogine und R. Defay, Chemische Thermodynamics, Longmans, 1954)

	H_2	N_2	NH_3
$b'/\text{m}^3 \cdot \text{mol}$	$1{,}94 \cdot 10^{-5}$	$4{,}05 \cdot 10^{-5}$	$4{,}09 \cdot 10^{-5}$
$a'/\text{J m}^3 \cdot \text{K}^{1/2} \cdot \text{mol}^{-2}$	$0{,}0162$	$0{,}1306$	$0{,}3794$

die in Tabelle 10.4 angegebenen Werte für $(K_p^{real}/K_p^{id})_{ber}$ als Funktion des Druckes p bei $T = 723{,}1\,\text{K}$ (450°C).

Der Vergleich mit experimentellen Werten $(K_p^{real}/K_p^{id})_{exp}$ in Tabelle 10.4 zeigt, dass die Übereinstimmung recht gut ist, trotz des einfachen Ausdrucks für B_{ik} in Gl. (10.65). Bemerkenswert ist die relativ geringe Abweichung bis zu 1000 bar, einem Druckbereich, wo höhere Virialkoeffizienten bereits eine Rolle spielen sollten. Offenbar ist deren Einfluss wegen der hohen Temperatur von 723,1 K gering.

Tab. 10.4: Vergleich experimenteller und nach Gl. (10.64) berechneter Werte für (K_p^{real}/K_p^{id}) der Gasreaktion $3H_2 + N_2 \rightleftharpoons 2NH_3$ bei $T = 723{,}1\,K$

p/bar	$(K_p^{real}/K_p^{id})_{exp}$	$(K_p^{real}/K_p^{id})_{ber}$
101,3	1,11	1,056 (- 4,9 %)
304,0	1,355	1,257 (- 7,2 %)
608,0	1,985	1,798 (- 9,4 %)
1013,3	3,566	3,301 (- 7,4 %)

10.6 Dichte flüssige Mischungen und Phasengleichgewichte

Die in den folgenden Abschnitten entwickelte Modelltheorie flüssiger Mischungen ist in ihrer Anwendbarkeit beschränkt auf Mischungen unpolarer oder schwach polarer Moleküle unterschiedlicher Größe. Assoziierende oder stark polare Komponenten, wie z. B. H-Brücken bildende Moleküle, werden hier nicht behandelt.

10.6.1 Äquivalenz von v. d. Waals-Theorie und Flory-Huggins-Theorie. Thermodynamische Exzessgrößen

Flüssige Mischungen spielen vor allem in der Chemie, insbesondere der technischen Chemie bei der Trennung fluider Stoffgemische, in der Umweltchemie, der analytischen Chemie oder der Biochemie eine wichtige Rolle. In der Chemie kommt es häufiger vor, dass dichte flüssige Mischungen aus Molekülen bestehen, die erhebliche Größenunterschiede aufweisen, z. B. Lösungen von Polymeren in Lösemitteln, deren molekulare Größe gering ist gegenüber dem Polymermolekül. Wir wollen im Folgenden auf Grundlage der v. d. Waals-Theorie ein Modell entwickeln, das solche Unterschiede berücksichtigt. Es wird sich zeigen, dass dieselben Resultate für Mischungsgrößen, chemische Potentiale und Aktivitätskoeffizienten erhalten werden wie mit der häufig verwendeten *Flory-Huggins-Theorie*Flory-Huggins-Theorie. Zunächst führen wir den Begriff einer thermodynamischen molaren Mischungsgröße $\Delta \overline{X}_M$ ein, die definiert ist als die Differenz des molaren Wertes $\overline{X}_M$ einer Mischung minus der Summe dieser Größen der reinen Komponente multipliziert mit dem jeweiligen Molenbruch bei vorgegebenem Druck und Temperatur:

$$\Delta \overline{X}_M = \overline{X}_M - \sum_i x_i \overline{X}_i^0$$

Wir berechnen zunächst die molare freie Mischungsenthalpie $\Delta \overline{G}_M$ (s. Gl. (11.325), Anhang 11.17):

$$\Delta \overline{G}_M = \Delta \overline{H}_M - T\Delta \overline{S}_M = \Delta \overline{U}_M + p\Delta \overline{V}_M - T\Delta \overline{S}_M \tag{10.66}$$

Um $\Delta\overline{U}_M$ nach der v. d. Waals-Theorie zu erhalten, gehen wir aus von der allgemein gültigen Gleichung (Gl. (11.339) in Anhang 11.17):

$$\left(\frac{\partial\overline{U}}{\partial\overline{V}}\right)_T = T\left(\frac{\partial p}{\partial T}\right)_V - p$$

Setzt man in diese Gleichung die vdW-Gleichung Gl. (10.12) ein, erhält man:

$$\left(\frac{\partial\overline{U}}{\partial\overline{V}}\right)_{T,\mathrm{vdW}} = \frac{a}{\overline{V}^2}N^2$$

und integriert von $V = \infty$ bis V:

$$\overline{U}_{(V,T)} - \overline{U}_{(V\to\infty,T)} = -\frac{a}{\overline{V}}\cdot N^2 = -\frac{a'}{\overline{V}}$$

Damit gilt für eine flüssige Mischung mit m Komponenten:

$$\Delta\overline{U}_M = -\left(\frac{a'_M}{\overline{V}_M} - \sum_i^m \frac{a'_i x_i}{\overline{V}_i}\right)$$

und entsprechend für $\Delta\overline{H}_M = \Delta\overline{U}_M + p\cdot\Delta\overline{V}_M$:

$$\Delta\overline{H}_M = -\left(\frac{1}{\overline{V}_M}\cdot a'_M - \sum_i^m \frac{a'_i x_i}{\overline{V}_i}\right) + p\left(\overline{V}_M - \sum_i^m \overline{V}_i x_i\right)$$

Jetzt betrachten wir den Fall flüssigkeitsähnlicher Dichten. Dort gilt näherungsweise $\overline{V}_i \approx c\cdot b'_i$ mit $\overline{V}_M \approx cb'_M$. c ist in guter Näherung eine Konstante mit Werten zwischen 1,1 bis 1,2, da $\overline{V}_M/b'_M$ immer größer als 1 ist. Man erhält also für die molare Mischungsenthalpie:

$$\Delta\overline{H}_M = \left(\sum_i^m \frac{a'_i\cdot x_i}{\overline{V}_i} - \frac{a'_M}{\overline{V}_M}\right) + p\left(\overline{V}_M - \sum_i^m \overline{V}_i\cdot x_i\right) \approx \left(\sum_i^m \frac{a'_i x_i}{\overline{V}_i} - \frac{a'_M}{\overline{V}_M}\right)$$

Den letzten Ausdruck erhält man, wenn man $b'_M \approx \sum x_i b'_i$ setzt. Jetzt verwenden wir für a_M den empirischen Ausdruck $a_{ij} = \sqrt{a_i\cdot a_j}$ als sog. Mischungsregel:

$$a'_M = \sum_i^m \sum_j^m a'_{ij} x_i x_j = \left(\sum_i^m \sqrt{a'_i}\cdot x_i\right)^2$$

wobei m hier die Zahl der Komponenten in der Mischung ist. Setzen wir das molare Volumen pro Molekül im dichten, flüssigen Zustand ein, ergibt sich mit $\overline{V}_i = b'_i\cdot c$ bzw. $\overline{V}_M = c\cdot b'_M$:

$$\Delta\overline{H}_M = \sum_i \frac{a'_i x_i}{\overline{V}_i} - \frac{\left(\sum_i \sqrt{a'_i} x_i\right)^2}{\overline{V}_M}$$

$$= \frac{1}{2}\sum_i \frac{a'_i x_i}{\overline{V}_i}\frac{\sum_j b'_j x_j}{\overline{V}_M} + \frac{1}{2}\sum_j \frac{a'_j x_j}{\overline{V}_j}\frac{\sum_i b'_i x_i}{\overline{V}_M} - \frac{\left(\sum \sqrt{a_i} x_i\right)^2}{\overline{V}_M}$$

wobei eine Symmetrisierung vorgenommen wurde indem mit $\overline{V}_M = \sum_i x_i \overline{V}_i = \sum_j x_j \overline{V}_j$ erweitert wurde. Dann lässt sich schreiben:

$$\Delta \overline{H}_M = \frac{1}{2} \sum_{i \neq j} \sum_j \frac{a_i' x_i x_j \overline{V}_j}{\overline{V}_i \cdot \overline{V}_M} + \frac{1}{2} \sum_j \sum_{i \neq j} \frac{a_i' x_i x_j \overline{V}_i}{\overline{V}_j \overline{V}_M} - \frac{\sum_i \sqrt{a_i'} x_i \cdot \sum_j \sqrt{a_j'} x_j}{\overline{V}_M}$$

Nach Erweiterung mit $\overline{V}_i$ bzw. $\overline{V}_j$ unter den Summen im letzten Term dieser Gleichung ergibt sich:

$$\Delta \overline{H}_M = \frac{1}{2} \sum_{i \neq j} \sum_j \frac{x_i x_j \overline{V}_i \overline{V}_j}{\overline{V}_M} \left(\frac{a_i'}{\overline{V}_i^2} \frac{a_j'}{\overline{V}_j^2} - 2 \frac{\sqrt{a_i'} \sqrt{a_j'}}{\overline{V}_i \overline{V}_j} \right) + \frac{1}{2} \sum_i \frac{a_i' x_i^2}{\overline{V}_M \overline{V}_i^2} - \frac{1}{2} \sum_j \frac{a_j' x_j^2}{\overline{V}_M \overline{V}_j^2}$$

In der Doppelsumme darf nur über Indices $i \neq j$ summiert werden, da sich die Terme mit den Summen über $a_i x_i^2$ bzw. $a_j x_j^2$ gegenseitig wegheben. Der Faktor $\frac{1}{2}$ sorgt dafür, dass nicht jede Kombination von i mit j doppelt gezählt wird. Die letzten beiden Terme heben sich gegenseitig weg, und man erhält:

$$\Delta \overline{H}_M = \frac{1}{2} \sum_{i \neq j} \sum_j \frac{x_i x_j \overline{V}_i \overline{V}_j}{\overline{V}_M} \left(\frac{\sqrt{a_i'}}{\overline{V}_i} - \frac{\sqrt{a_j'}}{\overline{V}_j} \right)^2$$

oder:

$$\boxed{\Delta \overline{H}_M = \frac{1}{2} \left(\sum_k \overline{V}_k x_k \right) \cdot \sum_{i \neq j}^m \sum_j^m \Phi_i \Phi_j \cdot \chi_{ij}} \qquad (m - \text{Komponenten-Mischung}) \quad (10.67)$$

mit $\chi_{ij} = \left(\sqrt{a_i/b_i} - \sqrt{a_j/b_j} \right)^2$ und mit den sog. Volumenbrüchen

$$\Phi_i = \frac{x_i \overline{V}_i}{\sum_i x_i \overline{V}_i} \quad \text{bzw.} \quad \Phi_j = \frac{x_j \overline{V}_j}{\sum_j x_j \overline{V}_j}$$

$\chi_{ij} = \chi_{ji}$ hat die Bedeutung eines Wechselwirkungsparameters, seine SI-Einheit ist $J \cdot m^{-3}$. Nach der v. d. Waals-Theorie gilt: $\chi_{ij} > 0$. Das liegt an der speziellen Mischungsregel für $a_{ij} = \sqrt{a_i a_j}$. Wir wollen im Folgenden jedoch immer annehmen, dass χ_{ij} sowohl positiv als auch negativ sein kann.

Für binäre Mischungen lautet Gl. (10.67)

$$\boxed{\Delta \overline{H}_M = \frac{1}{2} \cdot \left(\overline{V}_1 x_1 + \overline{V}_2 x_2 \right) \cdot \Phi_1 \cdot \Phi_2 \cdot \chi_{12}} \qquad \text{(binäre Mischung)} \qquad (10.68)$$

Nun berechnen wir noch die partielle molare Mischungsenthalpie $\Delta\overline{H}_i$ einer Komponente i. Sie ist definiert als $\Delta\overline{H}_i = \overline{H}_i - \overline{H}_i^0 = \partial\left(\Delta\overline{H}_M \cdot n\right)/\partial n_i$. Man erhält aus Gl. (10.68), wenn wir uns auf binäre Mischungen beschränken:

$$\boxed{\Delta\overline{H}_1 = \left(\frac{\Delta\overline{H}_M \cdot n}{\partial n_1}\right) = \frac{1}{2}\overline{V}_1 \cdot \Phi_2^2 \cdot \chi_{12}}$$
(10.69)

$\Delta\overline{H}_2$ ergibt sich aus Gl. (10.69) durch Vertauschen der Indizes 1 und 2. Wir wenden uns jetzt der Entropie zu. Hier gilt ganz allgemein (ausgehend von Gl. (11.340) in Anhang 11.17) für Mischungen:

$$\left(\frac{\partial\overline{S}_M}{\partial\overline{V}_M}\right)_T = -\frac{\partial}{\partial\overline{V}_M}\left(\frac{\partial\overline{F}}{\partial T}\right) = -\left(\frac{\partial^2\overline{F}}{\partial T \cdot \partial\overline{V}_M}\right) = \left(\frac{\partial p}{\partial T}\right)_{\overline{V}_M}$$
(10.70)

Für p setzen wir wieder die v. d. Waals-Gleichung (Gl. (10.12)) ein und erhalten:

$$\left(\frac{\partial p}{\partial T}\right)_{\overline{V}_M} = \frac{R}{\overline{V}_M - b_M'}$$

Integration von Gl. (10.70) ergibt mit $p_{id} = \overline{V}_M \cdot RT$ bzw. $(\partial p/\partial T)_{id} = R/\overline{V}_M$ für das ideale Gas als Unterschied zum realen v. d. Waals Systems zum idealen Gas:

$$\overline{S}(\overline{V}_M) - \overline{S}_{idGas}(\overline{V}_M) = -\int_{\infty}^{\overline{V}_M}\left[\frac{R}{\overline{V}_M} - \left(\frac{\partial p}{\partial T}\right)_{\overline{V}_M}\right]d\overline{V}_M = -\int_{\infty}^{\overline{V}_M}\left[\frac{R}{\overline{V}_M} - \frac{R}{\overline{V}_M - b_M'}\right]d\overline{V}_M$$

$$= R\ln\left(1 - \frac{b_M'}{\overline{V}_M}\right)$$
(10.71)

Für das ideale Gas gilt:

$$\overline{S}_{idGas}(\overline{V}_M) = \int_{\varrho_0}^{\varrho}\frac{R}{\overline{V}_M}\,d\overline{V}_M = R\cdot\ln\frac{\overline{V}_{M,0}}{\overline{V}_M}$$

wobei $\overline{V}_{M,0}$ das molare Standardvolumen des idealen Gases bei 1 bar und der Temperatur T bedeutet. Jetzt berechnen wir die molare Mischungsentropie $\Delta\overline{S}_M$ des flüssigen Systems:

$$\Delta\overline{S}_M = R\left[\sum_i^m x_i\ln\frac{\overline{V}_M/b_M' - 1}{\overline{V}_i/b_i' - 1}\right] - R\sum^m x_i\ln\frac{\overline{V}_i \cdot x_i}{\overline{V}_M} \quad (m-\text{Komponenten-Mischung})$$

Setzen wir nun bei flüssigkeitsähnlichen Dichten wieder $\overline{V}_i \cong cb_i'$ bzw. $\overline{V}_M \cong cb_M'$ mit $c = \text{const} > 1$, fällt der erste Term weg, und man erhält für die molare Mischungsentropie:

$$\boxed{\Delta\overline{S}_M \cong -R\sum_i^m x_i\ln\Phi_i} \quad (m\text{-Komponenten-Mischung})$$
(10.72)

Gl. (10.72) ist identisch mit der bekannten Formel für die Mischungsentropie nach *Flory und Huggins*. Sie wurde hier aus der v. d. Waals-Gleichung abgeleitet. Wenn alle $\overline{V}_i$ gleich groß sind, geht Gl. (10.72) in den bekannten Ausdruck für die ideale molare Mischungsentropie $\Delta \overline{S}_{M,id} = -R \sum x_i \ln x_i$ über. Für binäre Mischungen lautet Gl. (10.72):

$$\boxed{\Delta \overline{S}_M = -R(x_1 \ln \Phi_1 + x_2 \ln \Phi_2)} \qquad \text{(binäre Mischung)} \qquad (10.73)$$

Für die freie molare Mischungsenthalpie $\Delta \overline{G}_M$ erhält man mit Gl. (10.67) und Gl. (10.72):

$$\Delta \overline{G}_M = \Delta \overline{H}_M - T \cdot \Delta \overline{S}_M = \frac{1}{2} \left(\sum_k \overline{V}_k x_k \right) \cdot \sum_{i \neq j}^{m} \sum_{j}^{m} \Phi_i \cdot \Phi_j \cdot \chi_{ij} + RT \sum^{m} x_i \ln \Phi_i$$

$$\text{(}m\text{ – Komponenten-Mischung)} \qquad (10.74)$$

Für eine binäre Mischung gilt also mit Gl. (10.68) und Gl. (10.72):

$$\Delta \overline{G}_M = \Delta \overline{H}_M - T \cdot \Delta \overline{S}_M = \frac{1}{2} \left(\overline{V}_1 x_1 + \overline{V}_2 x_2 \right) \cdot \Phi_1 \cdot \Phi_2 \cdot \chi_{12} + RT \left(x_1 \ln \Phi_1 + x_2 \ln \Phi_2 \right)$$

$$(10.75)$$

Wir berechnen noch in einer binären Mischung die partiellen molaren Mischungsentropien $\Delta \overline{S}_1$ und $\Delta \overline{S}_2$ aus Gl. (10.72):

$$\Delta \overline{S}_1 = \frac{\partial}{\partial n_1} \left(\Delta \overline{S}_M \cdot n \right) = -R \left[\ln \Phi_1 + \Phi_2 \left(1 - \frac{\overline{V}_1}{\overline{V}_2} \right) \right] \qquad (10.76)$$

$\Delta \overline{S}_2$ erhält man aus Gl. (10.75) durch Vertauschen der Indizes 1 und 2. Damit können wir die chemischen Potentiale μ_1 und μ_2 in einer binären Mischung formulieren:

$$\frac{\partial \left(\Delta \overline{G}_M \cdot n \right)}{\partial n_1} = \mu_1 - \mu_1^0 = \Delta \overline{H}_1 - T \Delta \overline{S}_1$$

bzw.

$$\frac{\partial \left(\Delta \overline{G}_M \cdot n \right)}{\partial n_2} = \mu_2 - \mu_2^0 = \Delta \overline{H}_2 - T \Delta \overline{S}_2$$

Die chemischen Potentiale μ_1 und μ_2 in einer binären flüssigen Mischung lauten also mit $\Delta \overline{H}_1$ bzw. $\Delta \overline{H}_2$ nach Gl. (10.69) und $\Delta \overline{S}_1$ bzw. $\Delta \overline{S}_2$ nach Gl. (10.76):

$$\boxed{\begin{aligned} \mu_1^{Fl} &= \mu_{10}^{Fl} + \frac{\overline{V}_1}{2} \cdot \Phi_2^2 \cdot \chi_{12} + RT \left[\ln \Phi_1 + \Phi_2 \left(1 - \frac{\overline{V}_1}{\overline{V}_2} \right) \right] \\ \mu_2^{Fl} &= \mu_{20}^{Fl} + \frac{\overline{V}_2}{2} \cdot \Phi_1^2 \cdot \chi_{12} + RT \left[\ln \Phi_2 + \Phi_1 \left(1 - \frac{\overline{V}_2}{\overline{V}_1} \right) \right] \end{aligned}}$$

$$(10.77)$$

μ_{10}^{Fl} und μ_{20}^{Fl} sind die Werte für die reinen Komponenten 1 und 2. In flüssigen Mischungen spielt der Begriff der Aktivität a_i und des *Aktivitätskoeffizienten* γ_i eine wichtige Rolle. Sie sind definiert durch:

$$\mu_1^{Fl} = \mu_{10}^{Fl} + RT \ln a_1 = \mu_{10}^{Fl} + RT \ln(x_1 \cdot \gamma_1) \qquad (10.78)$$

und

$$\mu_2^{Fl} = \mu_{20}^{Fl} + RT \ln a_2 = \mu_{20}^{Fl} + RT \ln(x_2 \cdot \gamma_2) \qquad (10.79)$$

γ_1 und γ_2 beschreiben also das Verhalten der Abweichung des chemischen Potentials vom Zustand einer idealen flüssigen Mischung ($\mu_{i,ideal}^{Fl} = \mu_{10}^{Fl} + RT \ln x_i$). Aus Gl. (10.77), (10.78) und (10.79) folgt für die Aktivitätskoeffizienten γ_1 und γ_2:

$$\ln \gamma_1 = \mu_1^{Fl} - \mu_{10}^{Fl} - RT \ln x_1 = \frac{\overline{V}_1}{2} \Phi_2^2 \cdot \chi_{12} + RT \left[\ln \left(\frac{\Phi_1}{x_1} \right) + \Phi_2 \left(1 - \frac{\overline{V}_1}{\overline{V}_2} \right) \right] \qquad (10.80)$$

$$\ln \gamma_2 = \mu_2^{Fl} - \mu_{20}^{Fl} - RT \ln x_2 = \frac{\overline{V}_2}{2} \Phi_1^2 \cdot \chi_{12} + RT \left[\ln \left(\frac{\Phi_2}{x_2} \right) + \Phi_1 \left(1 - \frac{\overline{V}_2}{\overline{V}_1} \right) \right] \qquad (10.81)$$

10.6.2 Dampf-Flüssig- und Flüssig-Flüssig-Phasengleichgewichte

Zur Beschreibung von Dampf-Flüssigkeits-Phasengleichgewichten binärer Mischungen 1 + 2, gilt bekanntlich (s. Gl. (11.369), Anhang 11.17):

$$\mu_1^{Gas} = \mu_{10}^{Gas} + RT \ln p_1 = \mu_1^{Fl} \qquad \text{bzw.} \qquad \mu_2^{Gas} = \mu_{20}^{Gas} + RT \ln p_2 = \mu_2^{Fl}$$

wenn man die Dampfphase näherungsweise als ideale Gasmischung betrachtet. Wir setzen für μ_1^{Fl} bzw. μ_2^{Fl} Gl. (10.77) ein und beachten ferner, dass $\mu_{i0}^{Fl} - \mu_{i0}^{Gas} = RT \ln p_{i0}$ ist. p_{i0} ist der Dampfdruck der reinen flüssigen Komponente i, sodass man für die Partialdrücke p_1 und p_2 erhält:

$$\boxed{p_1 = p_{10} \cdot x_1 \cdot \gamma_1 \qquad \text{und} \qquad p_2 = p_{20} \cdot x_2 \cdot \gamma_2} \qquad (10.82)$$

Für den Gesamtdruck des Dampfes gilt: $p = p_1 + p_2$. Die Aktivitätskoeffizienten γ_1 und γ_2 lauten nach Gl. (10.80) und (10.81):

$$\boxed{\gamma_1 = \frac{\Phi_1}{x_1} \cdot \exp \left[\Phi_2^2 \cdot \frac{\chi_{12}}{RT} \cdot \frac{\overline{V}_1}{2} + \Phi_2 \left(1 - \frac{\overline{V}_1}{\overline{V}_2} \right) \right]} \qquad \text{(binäre Mischung)} \qquad (10.83)$$

und

$$\boxed{\gamma_2 = \frac{\Phi_2}{x_2} \cdot \exp \left[\Phi_1^2 \cdot \frac{\chi_{12}}{RT} \cdot \frac{\overline{V}_2}{2} + \Phi_1 \left(1 - \frac{\overline{V}_2}{\overline{V}_1} \right) \right]} \qquad \text{(binäre Mischung)} \qquad (10.84)$$

mit den Molenbrüchen x_1 und x_2 in der flüssigen Phase.

Die Partialdampfdrücke p_1 und p_2 hängen nach Gl. (10.82) mit γ_1 und γ_2 nach Gl. (10.83) und (10.84) von den molekularen Parametern $\chi_{12} \cdot \overline{V}_1$, $\chi_{12} \cdot \overline{V}_2$ und dem Verhältnis $\overline{V}_2/\overline{V}_1$ ab.

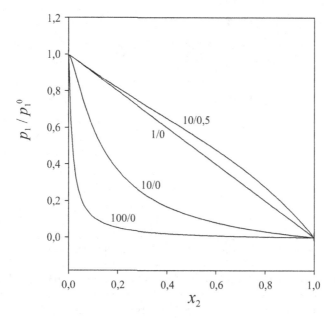

Abb. 10.13: Dampfdruckdiagramm p_1/p_{10} der Komponente 1 als Funktion des Molenbruchs x_2 für verschiedene v_2 und verschiedene χ_{12}-Parameter nach Gl. (10.82) mit (10.83) und (10.84). Bezeichnung: $(\overline{V}_2/\overline{V}_1)/(\chi_{12}/RT)$. 1/0 Raoult'sche Gerade.

Der Verlauf des Partialdrucks p_1 ist in Abb. 10.13 als Funktion des Molenbruches x_1 in einem sog. Partialdruckdiagramm aufgetragen. Für den Fall, dass $\overline{V}_1 = \overline{V}_2$ und $\chi_{12} = 0$, erhält man einen streng linearen Zusammenhang: die „Raoult'sche Gerade", die das Verhalten einer idealen flüssigen Mischung wiedergibt (Kurve 1/0). Wählt man weiterhin $\chi_{12} = 0$ aber für $\overline{V}_2/\overline{V}_1 = 10$ bzw. 100, erhält man deutliche (10/0) bzw. drastische negative (100/0) Abweichungen von der Raoult'schen Geraden. Solche Mischungen mit $\chi_{12} = 0$ aber $\overline{V}_2/\overline{V}_1 > 1$, nennt man „athermische Mischungen", ihre negative Abweichung vom idealen Verhalten kommt allein durch die Größenunterschiede der Moleküle zustande. Dieses Realverhalten spielt eine große Rolle, wenn man z. B. das Dampfdruckverhalten eines Lösemittels in einer Mischung mit polymeren Molekülen verstehen will (s. Anwendungsbeispiel 10.8.12). In Kurve 10/0,5 ist z. B. $\overline{V}_2/\overline{V}_1 = 10$, und $\overline{V}_1\chi_{12}/2RT = 0,5$ das entspricht etwa dem Verhalten einer Mischung von n-Pentan mit $C_{48}H_{98}$. Bei $x_1 = x_2 = 0,5$ ist $p_1/p_{10} \approx 0,6$, wäre $\chi_{12} = 0$, wäre $p_1 = 0,242 \cdot p_{10}$ (Kurve 10/0), also ca. nur halb so groß.

Werte $\chi_{12} > 0$ schieben den Wert von p_1 also nach oben. Allgemein gilt: $\overline{V}_2/\overline{V}_1 > 1$ erniedrigt den Partialdruck, $\chi_{12} > 0$ erhöht ihn, $\chi_{12} < 0$ erniedrigt ihn.

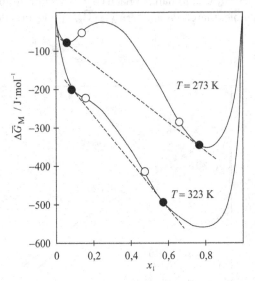

Abb. 10.14: $\Delta\overline{G}_{\text{Misch}}$ nach Gl. (10.85) für $\chi_{12} = 88{,}88\,[\text{J}\cdot\text{m}^{-3}]$, $\overline{V}_1/\overline{V}_2 = 1{,}8$ bei 273 K und 323 K. $\bullet$ Berührende Tangente an der jeweiligen $\Delta\overline{G}_{\text{M}}$-Kurve mit den Molenbrüchen x_1' und x_1'' im Phasengleichgewicht zweier flüssiger Phasen. Bei $\circ$ liegen die Wendepunkte der Kurven.

Wir wenden uns nun dem Phänomen der Aufspaltung binärer flüssiger Mischungen in 2 Phasen zu. In Abb. 10.14 ist $\Delta\overline{G}_{\text{M}}$ nach Gl. (10.75) für eine binäre Mischung mit den angegebenen Parametern als Funktion des Molenbruchs x_1 dargestellt.

Zwei flüssige Phasen werden beobachtet, wenn im Verlauf von $\Delta\overline{G}_{\text{M}}$ zwei Wendepunkte $\circ$ und eine gemeinsame Tangente an 2 Punkten $\bullet$ auftauchen. Abb. 10.14 zeigt ein Beispiel. Hier kommt es bei 273 K und 323 K zu einer Auftrennung in zwei flüssige Phasen der Zusammensetzung $x_1{}'$ und x_1''. Bei 323 K ist die Mischungslücke etwas schmaler als bei 273 K. Die freie Energie $\overline{G}_{\text{Misch}}$ versucht bei gegebenem Volumen des Systems und gegebener Temperatur einen minimalen Wert einzunehmen. Bei binären Mischungen betrifft das $\Delta\overline{G}_{\text{Misch}} = \overline{G}_{\text{Misch}} - \overline{G}_1^0 - \overline{G}_2^0$, da $\overline{G}_1^0$ und $\overline{G}_2^0$ feste Größen sind. Ein solches Minimum wird erreicht, indem $\Delta\overline{G}_{\text{Misch}}$ zwischen den Berührungspunkten der gemeinsamen Tangente bei x_1' max x_1'' dem linearen Verlauf folgt und nicht dem darüber liegenden Kurvenverlauf, d. h., in diesem Bereich gilt für $\Delta\overline{G}_{\text{Misch}}$:

$$\Delta\overline{G}_{\text{M}}(\Phi_2) = \Delta\overline{G}_{\text{M}}(x_1 = x_1') + \frac{\Delta\overline{G}(x_1 = x_1'') - \Delta\overline{G}_{\text{M}}(x_1 = x_1')}{x_1'' - x_1'} \cdot \left(x_1 - x_1'\right) \qquad (10.85)$$

Gleichung (10.85) gilt nur für $x_1' \leq x_1 \leq x_1''$. In diesem Bereich stehen also zwei flüssige Phasen miteinander im Gleichgewicht. Die Werte von x_1' und x_1'' an den Berührungsstellen der Tangente erhält man aus der Bedingung für Phasengleichgewichte:

$$\boxed{\mu_1' = \mu_1'' \quad \text{bzw.} \quad \mu_2' = \mu_2''} \tag{10.86}$$

Diese Gleichung gilt allgemein für jede Art von Phasengleichgewichten in binären Mischungen (Ableitung: Anhang 11.17). In Gl. (10.86) ist nun Gl. (10.77) einzusetzen. Man erhält damit 2 Gleichungen zur Bestimmung der 2 Unbekannten Φ_2' und Φ_2'' (bzw. $x_2' = 1-x_1'$ und $x_2'' = 1 - x_1''$):

$$\left(\frac{\overline{V}_1 \cdot \chi_{12}}{2RT}\right) \cdot \Phi_2'^2 \cdot \left(\frac{\overline{V}_2}{\overline{V}_1}\right) + \left[\ln\left(1 - \Phi_2'\right) + \Phi_2'\left(1 - \overline{V}_1/\overline{V}_2\right)\right] =$$
$$\left(\frac{\overline{V}_1 \cdot \chi_{12}}{2RT}\right) \cdot \Phi_2''^2 \cdot \left(\frac{\overline{V}_2}{\overline{V}_1}\right) + \left[\ln\left(1 - \Phi_2''\right) + \Phi_2''\left(1 - \overline{V}_1/\overline{V}_2\right)\right] \tag{10.87}$$

$$\left(\frac{\overline{V}_1 \cdot \chi_{12}}{2RT}\right) \cdot \left(1 - \Phi_2'\right)^2 \cdot \left(\frac{\overline{V}_2}{\overline{V}_1}\right) + \left[\ln \Phi_2' + \left(1 - \Phi_2'\right)\left(1 - \overline{V}_2/\overline{V}_1\right)\right] =$$
$$\left(\frac{\overline{V}_1 \cdot \chi_{12}}{2RT}\right) \cdot \left(1 - \Phi_2''\right)^2 \cdot \left(\frac{\overline{V}_2}{\overline{V}_1}\right) + \left[\ln \Phi_2'' + \left(1 - \Phi_2''\right)\left(1 - \overline{V}_2/\overline{V}_1\right)\right] \tag{10.88}$$

Durch Lösung von Gl. (10.87) und (10.88) erhält man Φ_2' und Φ_2'' als Funktion von T bzw. $\overline{V}_1\chi_{12}/RT$ eine sog. Entmischungskurve. Das ist in Abb. 10.15 dargestellt. Für wachsende Werte $\overline{V}_2/\overline{V}_1$ wird die Entmischungskurve immer unsymmetrischer und der kritische Punkt wo Φ_2' und Φ_2'' zusammenfallen, der UCST-Punkt (○) (upper critical solution temperature), wandert nach links oben gegen einen Grenzwert bei $\frac{\overline{V}_1 \cdot \chi_{12}}{R \cdot T} = 0{,}5$. Betrachten wir z. B. die Gleichgewichtskurve mit $\overline{V}_2/\overline{V}_1 = 100$ bei $\overline{V}_1 \cdot \chi_{12}/RT = 0{,}7$, so gibt es dort 2 flüssige Phasen mit $\Phi_2' \approx 0{,}005$ und $\Phi_2'' \approx 0{,}375$, d. h., eine Phase besteht praktisch aus reinem Lösemittel 1, die andere enthält ca. 37,5 % ihres Volumens an Polymer 2 und 62,5 % an Lösemittel. Bei niedrigeren Temperaturen, bzw. größeren Werten von χ_{12}, wird die Mischungslücke noch breiter, d. h. bei $\overline{V}_1 \cdot \frac{\chi_{12}}{RT} = 0{,}8$ steht praktisch reines Lösemittel 1 mit einer gequollenen Polymerphase im Gleichgewicht, die zu über 60 % ihres Volumens aus Polymermolekülen $\overline{V}_2 = 100$ besteht. Man sieht, dass im Grenzfall $\overline{V}_2/\overline{V}_1 \to \infty$ bei allen χ_{12}/RT-Werten oberhalb $\chi_{12}/RT = 0{,}5$ $\Phi_2' = 0$ bzw. $\Phi_1' = 1$ gilt, d. h. es ist kein Polymermaterial mehr im Lösemittel 1 lösbar, es steht absolut reines Lösemittel mit einer gequollenen Polymerphase im Gleichgewicht, die umso mehr Polymer enthält, je größer χ_{12}/RT ist, d. h. je niedriger die Temperatur ist, bei $\chi_{12}/RT = \text{const.}$

Um sich einen Überblick über das Entmischungsverhalten binärer flüssiger Mischungen zu verschaffen, betrachten wir in Abb. 10.14 die Wendepunkte von $\Delta\overline{G}_{\text{Misch}}(x_2)$. Sie liegen innerhalb des 2-Phasenbereiches und grenzen den sog. metastabilen Bereich vom

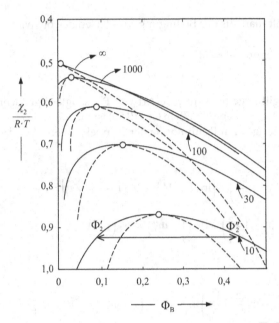

Abb. 10.15: Flüssig-Flüssig-Entmischungskurve für verschiedene Werte $\overline{V}_2/\overline{V}_1$ von 10 bis ∞. — – Gleichgewichtskurven berechnet nach Gl. (10.87) und (10.88), - - - - - Spinodalkurven (s. Gl. (10.93)). $\circ$, UCST-Punkte. $\overline{V}_1 \cdot \chi_{12}/RT$ ist dimensionslos, χ_{12} hat die Dimension $J \cdot m^{-3}$. Am Beispiel der unteren Kurve ist gezeigt, welche Phasenzusammensetzungen Φ_2' und Φ_2'' bei vorgegebenem Wert von $\overline{V}_1 \cdot \chi_{12}/RT$ erhalten werden.

instabilen Bereich ab. An den Wendepunkten sind die zweiten Ableitungen der freien Mischungsenthalpie $\Delta\overline{G}_{\text{Misch}}$ gleich Null:

$$\left(\frac{\partial^2 \Delta\overline{G}_M}{\partial x_1^2}\right)_T = 0 \quad \text{bzw.} \quad \left(\frac{\partial^2 \Delta\overline{G}_M}{\partial \Phi_2^2}\right)_T = 0 \tag{10.89}$$

Durch Gl. (10.89) wird die sog. Spinodalkurve festgelegt (s. Abb. 10.15). Bei $T_2 = T_{\text{cr}}$ fallen die Wendepunkte (Punkte auf der Spinodalen) *und* die Entmischungspunkte x_2' bzw. Φ_2' und x_2'' bzw. Φ_2'' beim UCST-Punkt zusammen. Hier gilt noch zusätzlich zu Gl. (10.89):

$$\left(\frac{\partial^3 \Delta\overline{G}_M}{\partial x_1^3}\right)_T = 0 \tag{10.90}$$

Gl. (10.89) und Gl. (10.90) sind *gleichzeitig* nur bei $T = T_{\text{cr}}$ gültig, so dass die Werte von T_{cr} (bzw. χ_{12}/RT_{cr}) sowie von $\Phi_{2,\text{cr}}$ aus der simultanen Lösung der Gl. (10.89) und (10.90) berechnet werden können. Dazu gehen wir folgendermaßen vor. Gl. (10.89) ist folgender

Beziehung äquivalent:

$$\left(\frac{\partial \mu_2}{\partial x_1}\right)_{T,V} = 0, \qquad \text{bzw.} \qquad \left(\frac{\partial \mu_2}{\partial \Phi_1}\right)_{T,V} = \left(\frac{\partial \mu_2}{\partial x_1}\right)_{T,V} \cdot \left(\frac{dx_1}{d\Phi_1}\right) = 0 \tag{10.91}$$

wegen $(dx_1/a\Phi_1) \neq 0$. Gl. (10.90) ist äquivalent zu

$$\left(\frac{\partial^2 \mu_2}{\partial x_1^2}\right)_{T,V} = 0, \qquad \text{bzw.} \qquad \left(\frac{\partial^2 \mu_2}{\partial \Phi_1^2}\right)_{T,V} = \left(\frac{\partial^2 \mu_2}{\partial x_1^2}\right)_{T,V}\left(\frac{dx_1}{d\Phi_1}\right)^2 + \left(\frac{\partial \mu_2}{\partial x_1}\right)_{T,V} \cdot \left(\frac{d^2 x_1}{d\Phi_1^2}\right) = 0 \tag{10.92}$$

wegen $(dx/d\Phi_1) \neq 0$ und $(d^2 x_1/d\Phi_1^2) \neq 0$. Man kann stattdessen auch nach x_2 ableiten, d. h., der Austausch von Index 1 gegen 2 in Gl. (10.91) bzw. (10.92) ergibt dasselbe. Wir setzen jetzt Gl. (10.77) in Gl. (10.91) ein und erhalten:

$$\frac{1}{RT} \cdot \left(\frac{\partial \mu_2}{\partial \Phi_1}\right)_{T,V} = -\frac{1}{\Phi_2} + \left(1 - \frac{\overline{V}_2}{\overline{V}_1}\right) + \left(\frac{\chi_{12}}{RT}\right) \cdot \left(\frac{\overline{V}_2}{\overline{V}_1}\right) \cdot \Phi_1 = 0 \tag{10.93}$$

Gl. (10.93) ist eine quadratische Gleichung für Φ_2 und stellt die Spinodalkurven in Abb. 10.15 dar.

Um der Gl. (10.92) Rechnung zu tragen, leiten wir Gl. (10.93) nochmals nach Φ_1 ab und erhalten:

$$\frac{1}{RT} \cdot \left(\frac{\partial^2 \mu_2}{\partial \Phi_1^2}\right)_{T,V} = -\frac{1}{\Phi_2^2} + \left(\frac{\overline{V}_1 \cdot \chi_{12}}{RT}\right)\left(\frac{\overline{V}_2}{\overline{V}_1}\right) = 0 \tag{10.94}$$

Eliminieren von $(V_1 \cdot \chi_{12})/RT$ aus Gl. (10.93) und Gl. (10.94) ergibt:

$$-\frac{1}{\Phi_2} + \left(1 - \frac{\overline{V}_2}{\overline{V}_1}\right) + \frac{\Phi_1}{\Phi_2^2} = 0 \qquad \text{bzw.} \qquad \left(\frac{\overline{V}_2}{\overline{V}_1}\right) = \frac{(1 - \Phi_2)^2}{\Phi_2^2}$$

und nach Auflösen $\Phi_2 = \Phi_{2,cr}$

$$\boxed{\Phi_{2,cr} = \frac{1}{1 + \left(\overline{V}_2/\overline{V}_1\right)^{1/2}}} \tag{10.95}$$

Einsetzen von $\Phi_{2,cr} = \Phi$ in Gl. (10.94) ergibt mit $T = T_{cr}$:

$$\boxed{\frac{\overline{V}_1 \chi_{12}}{RT_{cr}} = \frac{\left[1 + \left(\overline{V}_2/\overline{V}_1\right)^{1/2}\right]^2}{\left(\overline{V}_2/\overline{V}_1\right)}} \qquad \boxed{T_{cr} = \overline{V}_2 \frac{\chi_{12}}{R} \cdot \Phi_{2,cr}^2} \tag{10.96}$$

Gl. (10.95) und (10.96) beschreiben den Verlauf der UCST-Punkte in flüssigen Mischungen (offene Kreise) im χ_{12}/RT, Φ_2-Diagramm von Abb. 10.15.

Der Zusammenhang zwischen kritischer Temperatur T_{cr} und kritischem Volumenbruch $\Phi_{2,cr}$ lässt sich auf verschiedene Fälle von Mischungen anwenden, von denen wir nun zwei Beispiele diskutieren wollen.

1. $\overline{V}_1 = \overline{V}_2 = \overline{V}$. Die Moleküle 1 und 2 sind also gleich groß. Dann gilt für Gl. (10.95) bzw. (10.96):

$$\Phi_{cr} = \frac{1}{2} = 0{,}5 \qquad \text{bzw.} \qquad T_{cr} = \overline{V} \cdot \frac{\chi_{12}}{4R}$$

T_{cr} ist also proportional zum Molvolumen. Das bedeutet: bei vorgegebenem Wert von χ_{12} mischen sich zwei gleichgroße, aber chemisch unterschiedliche Kettenmoleküle umso schlechter, je größer $\overline{V}$ ist. Das ist die Ursache für die begrenzte Mischbarkeit von polymeren Flüssigkeiten, die sich sonst chemisch sehr ähnlich sind, also einen kleinen χ_{12}-Wert besitzen.

2. $\overline{V}_2 \gg \overline{V}_1$. Komponente 2 ist also ein sehr großes bzw. langes Molekül und 1 ein einfaches Lösemittelmolekül.

Im Extremfall gilt für Gl. (10.95) bzw. Gl. (10.96) (s. auch Abb. 10.15):

$$\lim_{\overline{V}_2 \to \infty} \Phi_{2,cr} = 0 \qquad \text{und} \qquad \lim_{\overline{V}_2 \to \infty} T_{cr} = \frac{\overline{V}_1 \cdot \chi_{12}}{R} \tag{10.97}$$

Die Exkurse 10.8.11 bis 10.8.17 enthalten Aufgaben und Anwendungsbeispiele zu Phasengleichgewichten.

10.6.3 Osmotische Druckgleichgewichte

Zum Verständnis des osmotischen Druckes stellen wir uns in Abb. 10.16 ein mit dem Lösemittel 1 gefülltes Volumen und ein anderes mit der Lösung von 2 in 1 gefülltes Volumen vor, die miteinander durch eine sog. semipermeable Membran verbunden sind.

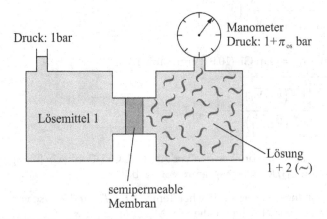

Abb. 10.16: Zur Definition und Messung des osmotischen Druckes π_{osm}

Diese semipermeable Membran ist nur für das Lösemittel 1 in beide Richtungen durchlässig, Moleküle der Sorte 2 (z. B. Polymermoleküle) können die Membran nicht durchdringen, daher der Name semipermeabel (= halbdurchlässig). Demzufolge kann sich ein thermodynamisches Gleichgewicht zwischen den beiden, durch die Membran getrennten Kammern, nur für die Lösemittelmoleküle 1 einstellen:

$$\mu_{1,\text{links}} = \mu_{1,\text{rechts}} \tag{10.98}$$

oder:

$$\mu_{1,1\,\text{bar}}^0 = \mu_{1,1\,\text{bar}} + \int\limits_{p=1\,\text{bar}}^{1+\pi_{\text{os}}} \left(\frac{\partial \mu_1}{\partial p}\right)_T dp = \mu_{1,1\,\text{bar}}^0 + RT \ln(x_1 \cdot \gamma_1)_{1\,\text{bar}}$$

$$+ \int\limits_{p=1\,\text{bar}}^{1+\pi_{\text{os}}} \left(\frac{\partial \mu_1^0}{\partial p}\right)_T dp + RT \int\limits_{p=1\,\text{bar}}^{1+\pi_{\text{os}}} \left(\frac{\partial \ln \gamma_1}{\partial p}\right)_T dp \tag{10.99}$$

Gl. (10.99) ist so zu verstehen: da links das chemische Potential μ_1^0 des reinen Lösemittels 1 steht und rechts das chemische Potential von 1 in der Mischung mit 2, das ja neben μ_1^0 noch den Term $RT \ln(x_1 \cdot \gamma_1)$ enthält, kann ein Gleichgewicht nur dadurch erreicht werden, dass sich in der Lösung ein Druck π_{os} aufbaut, der den Unterschied von μ_1^0 und μ_1 bei 1 bar durch die Änderung von μ_1 mit dem Druck kompensiert. Das Volumen der Lösung bleibt dabei praktisch konstant. Dieser Druck heißt *der osmotische Druck* π_{osm}. Nun gilt:

$$\left(\frac{\partial \mu_1}{\partial p}\right)_T = \overline{V}_1 = \left(\frac{\partial \mu_1^0}{\partial p}\right)_T + RT \left(\frac{\partial \ln \gamma_1}{\partial p}\right)_T \cong \overline{V}_1^0 = \left(\frac{\partial \mu_1^0}{\partial p}\right)_T$$

wobei die Druckabhängigkeit von $\ln \gamma_1$ vernachlässigt wurde, da sie sehr gering ist $((\partial \ln \gamma_1/\partial p)_T \approx 0)$, was bedeutet, dass das partielle molare Volumen $\overline{V}_1$ des Lösemittels in der Mischung dem molaren Volumen des Lösemittels $\overline{V}_1^0$ gesetzt werden kann. Setzen wir nun in Gl. (10.99) den Ausdruck des Aktivitätskoeffizienten γ_1 nach Gl. (10.83) ein, erhalten wir:

$$RT \ln \Phi_1 + \Phi_2^2 \cdot \chi_{12} + RT \cdot \left[\Phi_2 \left(1 - \frac{\overline{V}_1^0}{\overline{V}_2}\right)\right] = -\pi_{\text{os}} \cdot \overline{V}_1^0 \tag{10.100}$$

Jetzt nehmen wir an, dass die Konzentration der Polymermoleküle 2 so gering ist, dass man $\ln \Phi_1$ in eine Taylor-Reihe entwickeln kann um den Wert $\Phi_2 = 0$ bis zum quadratischen Glied:

$$\ln \Phi_1 = \ln(1 - \Phi_2) \approx -\Phi_2 - \frac{1}{2}\Phi_2^2 + \cdots \tag{10.101}$$

Einsetzen von Gl. (10.101) in Gl. (10.100) und Auflösen nach dem osmotischen Druck π_{os} ergibt:

$$\pi_{os} = -\frac{RT}{\overline{V}_1^0} \cdot \ln(x_1 \cdot \gamma_1) = \Phi_2 \cdot \frac{RT}{\overline{V}_2} + \frac{RT}{\overline{V}_1^0}\left(\frac{1}{2} - \frac{\chi_{12}}{RT} \cdot \frac{\overline{V}_1^0}{2}\right) \cdot \Phi_2^2$$

Mit

$$RT \cdot \Phi_2/\overline{V}_2 = RT \cdot \frac{n_2}{V} = RT \cdot \frac{c_2}{M_2} \quad \text{und} \quad RT \cdot \Phi_2^2/\overline{V}_2 = RT\frac{\overline{V}_2^2}{\overline{V}_1} \cdot \frac{c_2^2}{M_2^2}$$

erhält man:

$$\boxed{\pi_{os} = RT \cdot \left(\frac{c_2}{M_2}\right) + \frac{RT}{\overline{V}_1} \cdot \frac{c_2^2}{\varrho_2^2}\left[\frac{1}{2} - \frac{\chi_{12}}{RT} \cdot \frac{\overline{V}_1^0}{2}\right]} \qquad (10.102)$$

c_2 ist die Konzentration von 2 in der Lösung in $kg \cdot m^{-3}$, ϱ_2 ist die Massendichte des reinen Polymeres 2, M_2 seine Molmasse.

Der erste Term auf der rechten Seite von Gl. (10.102) entspricht dem sog. *van't Hoff'schen Gesetz* für den osmotischen Druck idealer Mischungen, der zweite Term ist ein Korrekturterm, dessen Vorzeichen und Größe von χ_{12} abhängen. Hat man Messwerte von π_{os} als Funktion von c_2 zur Verfügung, so lässt sich bei einer Auftragung von π_{os}/c_2 gegen c_2 aus dem extrapolierten Achsenabschnitt die Molmasse M_2 des Polymeren bestimmen und aus der Steigung der χ_{12}-Parameter, wobei natürlich $\overline{V}_1^0$ und ρ_2 als bekannt vorausgesetzt werden.

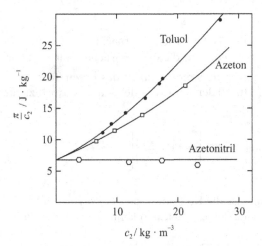

Abb. 10.17: Messergebnisse von π/c_2 von Polymethacrylat gegen die Massenkonzentration c_2 des Polymeren aufgetragen bei $T = 298\,K$ für 3 verschiedene Lösemittel.

Abb. 10.17 zeigt solche Messergebnisse für Polymethacrylat in 3 verschiedenen Lösemitteln. Die Kurven sind für Toluol und Azeton nicht linear, so dass Gl. (10.102) nur bei genügend niedrigen Konzentrationen anwendbar ist. Aus dem gemeinsamen Achsenabschnitt ergibt sich eine Molmasse von 320 kg $\cdot$ mol^{-1}. Man sieht außerdem, dass die χ_{12}-Werte für Toluol und Azeton kleiner sein müssen als im Fall von Azetonitril, wo nach Gl. (10.99) die verschwindende Steigung auf $\chi_{12} \approx RT/\overline{V}_1$ hinweist.

10.7 Korrespondierende Zustände – der kritische Punkt und kritische Exponenten

Bei einfachen Fluiden lässt sich die thermische Zustandsgleichung verschiedener Fluide häufig in sog. reduzierten Zustandsgrößen durch eine Formel darstellen:

$$\widetilde{p} = \widetilde{p}(\widetilde{T}, \widetilde{v}) \tag{10.103}$$

mit den reduzierten Größen $\widetilde{p} = p/p_c$, $\widetilde{T} = T/T_c$ und $\widetilde{v} = \overline{V}/\overline{V}_c$, wobei p_c, T_c und $\overline{V}_c$ jeweils Druck, Temperatur und Molvolumen am kritischen Punkt (Index c) bedeuten. Man spricht vom Prinzip der korrespondierenden Zustände, wenn Gl. (10.103) für verschiedene Stoffe gut erfüllt wird, d. h. wenn Gl. (10.103) für alle Stoffe auf einer gemeinsamen Zustandsfläche $\widetilde{p}(\widetilde{T}, \widetilde{v})$ in reduzierter Form liegen. Eine molekularstatistische Deutung wird in Exkurs 10.8.18 gegeben.

Wir entwickeln jetzt Gl. (10.103) um den kritischen Punkt in eine Taylorreihe nach $\widetilde{T}$ und $\widetilde{V}$, wobei wir bedenken, dass $\widetilde{v}_c = 1$, $\widetilde{T}_c = 1$ und $\widetilde{p}_c = 1$ gilt:

$$\widetilde{p}(\widetilde{T}, \widetilde{v}) = 1 + (\widetilde{T} - 1)\left(\frac{\partial \widetilde{p}}{\partial \widetilde{T}}\right)_c + (\widetilde{T} - 1)(\widetilde{v} - 1)\left(\frac{\partial^2 \widetilde{p}}{\partial \widetilde{v} \partial \widetilde{T}}\right)_c + \frac{1}{6}(\widetilde{v} - 1)^3 \left(\frac{\partial^3 \widetilde{p}}{\partial \widetilde{v}^3}\right)_c + \cdots$$

Wir beschränken uns also bei $\widetilde{T}$ auf lineare Glieder, bei $\widetilde{v}$ gehen wir bis zum kubischen Glied, denn die Terme mit $(\partial \widetilde{p}/\partial \widetilde{v})_c$ und $(\partial^2 \widetilde{p}/\partial \widetilde{v}^2)_c$ entfallen, da sie am kritischen Punkt gleich Null sind. Wir betrachten zunächst den Fall $\widetilde{T} > 1$ bei $\widetilde{v} = 1$ durch Reihenentwicklung von $(\partial \widetilde{p}/\partial \widetilde{v})_{\widetilde{T}, \widetilde{v}=1}$:

$$\left(\frac{\partial \widetilde{p}}{\partial \widetilde{v}}\right)_{\widetilde{T}, \widetilde{v}=1} = \left(\frac{\partial^2 \widetilde{p}}{\partial \widetilde{v} \partial \widetilde{T}}\right)_c (\widetilde{T} - 1) + \cdots$$

Für genügend kleine Werte von $(\widetilde{T} - 1) > 0$ gilt also bei ausreichender Annäherung an $\widetilde{v} = 1$:

$$\kappa_T = -\frac{1}{\overline{V}}\left(\frac{\partial \overline{V}}{\partial p}\right)_{T, \overline{V}=\overline{V}_c} = -p_c^{-1} \cdot \left(\frac{\partial \widetilde{v}}{\partial \widetilde{p}}\right)_{\widetilde{T}} = -p_c^{-1} \cdot \frac{1}{(\widetilde{T} - 1)(\partial^2 \widetilde{p}/\partial \widetilde{v} \partial \widetilde{T})_c}$$

Da $\kappa_T > 0$ sein muss, ist $(\partial^2 \widetilde{p}/\partial \widetilde{v} \partial \widetilde{T})_c < 0$. Es gilt also:

$$\kappa_T = \text{const.} \cdot (\widetilde{T} - 1)^\gamma = \text{const.} \cdot (\widetilde{T} - 1)^{-1} \quad (\widetilde{v} = 1)$$

κ_T divergiert am kritischen Punkt. Der Exponent $\gamma = -1$ sollte also ein stoffunabhängiger, universeller Wert sein. Das ist jedoch nicht ganz der Fall, denn man findet experimentell für verschiedene Stoffe $\gamma = -1{,}24$ statt -1.

Wir wollen jetzt die Situation für $T < T_c$ bzw. $\widetilde{T} < 1$ untersuchen. Hier kommt es zur Aufspaltung in zwei Phasen mit den reduzierten Volumina $\widetilde{v}_g$ und $\widetilde{v}_l$ (g = gas, l = liquid). Zur Berechnung des Phasengleichgewichtes müssen wir die Maxwell-Konstruktion verwenden:

$$\widetilde{p}_D\left(\widetilde{v}_g - \widetilde{v}_l\right) = \int_{\widetilde{v}_l}^{\widetilde{v}_g} \widetilde{p}\,\mathrm{d}\widetilde{v}$$

Setzen wir in die rechte Seite die obige Reihenentwicklung für $\widetilde{p}(\widetilde{v}, \widetilde{T})$ ein und kürzen ab:

$$\left(\frac{\partial \widetilde{p}}{\partial \widetilde{T}}\right)_c = \widetilde{a}, \quad \left(\frac{\partial^2 \widetilde{p}}{\partial \widetilde{v}\partial \widetilde{T}}\right)_c = \widetilde{b}, \quad \frac{1}{6}\left(\frac{\partial^3 \widetilde{p}}{\partial \widetilde{v}^3}\right)_c = \widetilde{c}$$

so erhält man nach Integration:

$$\widetilde{p}_D\left(\widetilde{v}_g - \widetilde{v}_l\right) = \left(\widetilde{v}_g - \widetilde{v}_l\right)[1 + \widetilde{a}(\widetilde{T} - 1)] + \widetilde{b} \cdot \frac{1}{2}\,(\widetilde{T} - 1)\left[\left(\widetilde{v}_g - 1\right)^2 - \left(\widetilde{v}_l - 1\right)^2\right]$$
$$+ \widetilde{c} \cdot \frac{1}{4}\left[\left(\widetilde{v}_g - 1\right)^4 - \left(\widetilde{v}_l - 1\right)^4\right]$$

$\widetilde{p}_D$ ist der reduzierte Gleichgewichtsdruck. Wir berechnen ihn näherungsweise, indem wir $\widetilde{v}_g + \widetilde{v}_l \cong 2$ setzen, also $\overline{V}_c \cong \left(\overline{V}_g + \overline{V}_l\right)/2$. Damit erhält man:

$$\left(\widetilde{v}_g - 1\right)^2 \approx (1 - \widetilde{v}_l)^2 = (\widetilde{v}_l - 1)^2$$

und

$$\left(\widetilde{v}_g - 1\right)^4 \approx (1 - \widetilde{v}_l)^4 = (\widetilde{v}_l - 1)^4$$

Das ergibt:

$$\widetilde{p}_D \approx 1 + (\widetilde{T} - 1) \cdot \widetilde{a}$$

Setzen wir das in die Ausgangsgleichung ein, erhält man:

$$\widetilde{p}(\widetilde{T}, \widetilde{v}) = \widetilde{p}_D = 1 + (\widetilde{T} - 1) \cdot \widetilde{a} = 1 + (\widetilde{T} - 1) \cdot \widetilde{a} + \widetilde{b} \cdot (\widetilde{T} - 1)(\widetilde{v} - 1) + \widetilde{c} \cdot (\widetilde{v} - 1)^3$$

Das ist eine Bestimmungsgleichung für $\widetilde{v}$ mit den 2 Lösungen:

$$\widetilde{v} = 1 \pm \sqrt{\frac{b}{c}}(1 - \widetilde{T})^{1/2}$$

Wir merken an: da $\widetilde{b} < 0$ (siehe Ableitung für κ_T), muss auch $\widetilde{c} < 0$ gelten, da sonst keine realen Lösungen für $\widetilde{v}$ erhalten werden. Mit $\widetilde{v}_g > \widetilde{v}_l$ gilt also:

$$\widetilde{v}_g - \widetilde{v}_l = 2\sqrt{\frac{\widetilde{b}}{\widetilde{c}}}(1 - \widetilde{T})^\alpha \quad (\widetilde{T} < 1)$$

mit $\alpha = 1/2$. In Wirklichkeit findet man experimentell: $\alpha \approx 1/3$. Auch hier lässt sich keine Übereinstimmung zwischen der hier dargestellten Theorie und der praktischen Erfahrung erreichen, obwohl das Prinzip der korrespondierenden Zustände gut erfüllt ist, wie man in Abb. 10.18 sehen kann. Kritische Exponenten wie γ und α sind offensichtlich mit analytischen Zustandsgleichungen nicht korrekt beschreibbar. Im Bereich des kritischen Punktes gelten besondere Gesetzmäßigkeiten, die mit den starken Korrelationen und Dichteschwankungen der molekularen Materie zu tun haben.

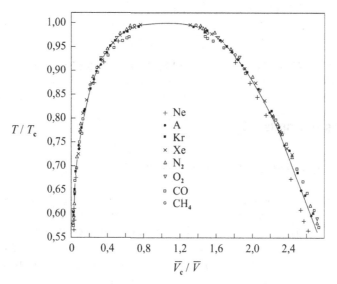

Abb. 10.18: 2-Phasengebiet verschiedener Fluide in reduzierten Einheiten ($\widetilde{\varrho} = \varrho/\varrho_c = \overline{V}_c/\overline{V}$ gegen $\widetilde{T} = T/T_c$) (nach: E. A. Guggenheim, Thermodynamics, North Holland Publishing Company (1967))

Wir wollen am Beispiel der v. d. Waals-Gleichung die abgeleiteten Beziehungen überprüfen. Die in reduzierter Form dargestellte v. d. Waals-Gleichung (s. Gl. (10.12)) lautet:

$$\widetilde{p}(\widetilde{v}, \widetilde{T}) = \frac{8\widetilde{T}}{3\widetilde{v} - 1} - \frac{3}{\widetilde{v}^2} \qquad (10.104)$$

Für die relevanten Ableitungen gilt:

$$\left(\frac{\partial \widetilde{p}}{\partial \widetilde{T}}\right)_{\text{crit}} = \lim_{\widetilde{v} \to 1} \cdot \left(\frac{8}{3\widetilde{v} - 1}\right) = 4$$

$$\left(\frac{\partial^2 \widetilde{p}}{\partial \widetilde{v} \partial \widetilde{T}}\right)_{\text{crit}} = \lim_{\widetilde{v} \to 1} \cdot \frac{-24}{(3\widetilde{v} - 1)^2} = -6$$

$$\left(\frac{\partial^3 \widetilde{p}}{\partial \widetilde{v}^3}\right)_{\text{crit}} = \lim_{\widetilde{v} \to 1, \widetilde{T} \to 1} \cdot \left[-\frac{1296 \cdot \widetilde{T}}{(3\widetilde{v} - 1)^4} + \frac{72}{\widetilde{v}^5}\right] = -81 + 72 = -9$$

Also gilt $\widetilde{c}_{\text{v.d.W.}} = -\frac{3}{2}$ und $\widetilde{b}_{\text{v.d.W.}} = -6$. Das ergibt:

$$\widetilde{v}_{\text{g}} - \widetilde{v}_{\text{l}} = 2 \cdot \sqrt{\frac{12}{3}} (1 - \widetilde{T})^{1/2} = 4(1 - \widetilde{T})^{1/2}$$

Für κ_T gilt $(\widetilde{T} > 1, \widetilde{v} = 1)$:

$$\kappa_T = -p_{\text{c}}^{-1} \cdot \frac{1}{(\widetilde{T} - 1) \cdot (-6)} = \frac{1}{6} \frac{(\widetilde{T} - 1)^{-1}}{p_{\text{c}}}$$

Da die v. d. Waals-Gleichung nach Gl. (10.104) in reduzierter Form darstellbar ist, liefert sie wie erwartet die kritischen Exponenten $\alpha = 1/2$ und $\gamma = -1$.

10.8 Exkurs zu Kapitel 10

10.8.1 Enthalpie realer Gase mit Kastenpotential

Leiten Sie ausgehend von den allgemeingültigen Gl. (2.15) und (2.18) die Formeln für die molare innere Energie und die molare Enthalpie eines realen Gases in der Form $\overline{U}_{\text{real}} - \overline{U}_{\text{ideal}}$ und $\overline{H}_{\text{real}} - \overline{H}_{\text{ideal}}$ ab und geben Sie konkrete Formeln für den Fall des Kastenpotentials an. Berechnen Sie $\overline{H}_{\text{real}} - \overline{H}_{\text{ideal}}$ für Argon bei 200 K und 300 K und 10 bar. Verwenden Sie die in Tabelle 10.3 angegebenen Potentialparameter des Kastenpotentials für Argon.

Lösung:

$$\overline{U}_{\text{real}} - \overline{U}_{\text{ideal}} = k_{\text{B}} T^2 \left[\left(\frac{\partial \ln Q_{\text{real}}}{\partial T}\right)_{\overline{V}} - \left(\frac{\partial \ln Q_{\text{ideal}}}{\partial T}\right)_{\overline{V}}\right] = -k_{\text{B}} T^2 \left(\frac{N_L}{V}\right) \frac{dB(T)}{dT}$$

$$\overline{H}_{\text{real}} = \overline{U}_{\text{real}} + pV = \overline{U}_{\text{real}} + R\,T \left(1 + \frac{B(T)}{V}\right) = \overline{U}_{\text{ideal}} + R\,T + \frac{R\,T}{\overline{V}} \left(B(T) - T\frac{dB(T)}{dT}\right)$$

$$\overline{H}_{\text{real}} - \overline{H}_{\text{ideal}} = \overline{H}_{\text{real}} - \overline{U}_{\text{ideal}} - R\,T = \frac{R\,T}{\overline{V}} \left(B - T\frac{dB}{dT}\right) \cong p\left(B - T\frac{dB}{dT}\right)$$

Für das Kastenpotential (Gl. 10.52) gilt:

$$B(T) = N_L \frac{2}{3}\pi\sigma^3 \left[1 - (\gamma^3 - 1)\left(e^{\varepsilon/k_B T} - 1\right)\right]$$

und

$$\frac{dB(T)}{dT} = N_L \cdot \frac{2}{3}\pi\sigma^3(\gamma^3 - 1)\frac{\varepsilon}{k_B T^2} \cdot e^{\varepsilon/k_B T}$$

Somit folgt:

$$\overline{H}_{real} - \overline{H}_{ideal} = p \cdot N_L \frac{2}{3}\pi\sigma^3 \left[1 - (\gamma^3 - 1)\left(e^{\varepsilon/k_B T} - 1 + \frac{\varepsilon}{k_B T}e^{\varepsilon/k_B T}\right)\right]$$

Für Argon ($\sigma = 0{,}3067\,\text{nm}, \gamma = 1{,}70, \varepsilon/k_B = 93{,}3\,\text{K}$) ergibt sich bei 200 K und 10 bar = 10^6 Pa:

$$(\overline{H}_{real} - \overline{H}_{ideal})_{Ar,200} = -154{,}1\,\text{J} \cdot \text{mol}^{-1}$$

und entsprechend bei 300 K und 10 bar:

$$(\overline{H}_{real} - \overline{H}_{ideal})_{Ar,300} = -76{,}0\,\text{J} \cdot \text{mol}^{-1}$$

10.8.2 Übergang vom Lennard-Jones (n,6) zum Sutherland-Potential

Zeigen Sie, dass das zwischenmolekulare Wechselwirkungspotential

$$\varphi(r) = \frac{B_{12}}{r^n} - \frac{A_{12}}{r^6}$$

mit dem Abstoßungskoeffizienten $n > 6$ sich in die Form

$$\varphi(r) = \varepsilon \cdot \frac{n}{n-6} \cdot \left(\frac{n}{6}\right)^{\frac{6}{n-6}} \cdot \left[\left(\frac{\sigma}{r}\right)^n - \left(\frac{\sigma}{r}\right)^6\right]$$

bringen lässt, wobei entsprechend Abb. 10.2 ε die Tiefe des Potentialminimums und σ die Nullstelle von $\varphi(r)$ bedeuten. Zeigen Sie ferner, dass $\varphi(r)$ für $n \to \infty$ in das Sutherland-Potential (Gl. (10.5)) übergeht.

Lösung:

Es gilt:

$$\varphi(r = \sigma) = 0 = \frac{B_{12}}{\sigma^n} - \frac{A_{12}}{\sigma^6} \quad \text{und} \quad \varphi(r = r_0) = -\varepsilon = \frac{B_{12}}{r_0^n} - \frac{A_{12}}{r_0^6}$$

Ferner lassen sich mit

$$\frac{d\varphi(r)}{dr} = 0 = -n\frac{B_{12}}{r_0^{n+1}} + n\frac{A_{12}}{r_0^7}$$

A_{12}, B_{12} und r_0 eliminieren und man erhält für das Lennard-Jones $(n, 6)$-Potential:

$$\varphi(r) = \varepsilon \cdot \left(\frac{n}{6}\right)^{\frac{6}{n-6}} \cdot \frac{n}{n-6} \left[\left(\frac{\sigma}{r}\right)^n - \left(\frac{\sigma}{r}\right)^6\right]$$

Für $n = 12$ ergibt sich unmittelbar Gl. (10.4).

Für $n \to \infty$ wird in der eckigen Klammer $\lim\limits_{n\to\infty}(\sigma/r)^n$ gleich Null für $r > \sigma$ und gleich $+\infty$ für $r \leq \sigma$.

Der Grenzwert des Vorfaktors ergibt:

$$\lim\limits_{n\to\infty} \frac{n}{n-6} = 1$$

Ferner schreiben wir:

$$\ln\left[\left(\frac{n}{6}\right)^{6/(n-6)}\right] = \frac{6}{n-6} \ln\left(\frac{n}{6}\right)$$

Anwendung der Regel nach l'Hospital auf den Quotienten im Exponenten ergibt:

$$\lim\limits_{n\to\infty} \frac{\ln\left(\frac{n}{6}\right)}{\left(\frac{n-6}{6}\right)} = \lim\limits_{n\to\infty} \left(\frac{\frac{1}{n}}{\frac{1}{6}}\right) = 0, \quad \text{also ist} \quad \lim\limits_{n\to\infty} = \exp\left[\left(\frac{n-6}{6}\right)^{-1} \cdot \ln\left(\frac{n}{6}\right)\right] = 1$$

Daraus folgt die Formel des Sutherland-Potentials (Gl. (10.5)):

$$\lim\limits_{n\to\infty} \varphi(r) = -\varepsilon\left(\frac{\sigma}{r}\right)^6 \quad \text{für} \quad r > \sigma \quad \text{bzw.} \quad \lim\limits_{n\to\infty} \varphi(r) = +\infty \quad \text{für} \quad r > \sigma$$

10.8.3 Variablentransformation der Koordinaten wechselwirkender Moleküle unterschiedlicher Masse

Zeigen Sie, dass die Variablentransformation unter dem Integral zur Berechnung des 2. Virialkoeffizienten (s. Abschnitt 10.2.2) auch im Fall, dass die wechselwirkenden Moleküle unterschiedliche Massen haben ($m_1 \neq m_2$), ergibt:

$$\mathrm{d}\vec{r}_1 \cdot \mathrm{d}\vec{r}_2 = \mathrm{d}\vec{r}_{12} \cdot \mathrm{d}\vec{r}_s$$

wobei $\vec{r}_s$ der Schwerpunktsvektor und $\vec{r}_{12}$ der Abstandsvektor der beiden Moleküle bedeuten.

Lösung:

Im Fall ungleicher Moleküle mit ungleichen Massen gilt:

$$\vec{r}_s = \frac{m_1\vec{r}_1 + m_2\vec{r}_2}{m_1 + m_2} \quad \text{und} \quad \vec{r}_{12} = \vec{r}_2 - \vec{r}_1$$

Also z. B. gilt für die x-Komponente:

$$x_s = \frac{m_1 x_1 + m_2 x_2}{m_1 + m_2} \qquad x_{12} = x_2 - x_1$$

Die Funktionaldeterminante (s. Anhang G) lautet in diesem Fall:

$$\frac{\partial(x_s, x_{12})}{\partial(x_1, x_2)} = \begin{vmatrix} \frac{m_1}{m_1 + m_2} & \frac{m_2}{m_1 + m_2} \\ -1 & +1 \end{vmatrix} = 1$$

Daraus folgt $d\vec{r}_1 \cdot d\vec{r}_2 = d\vec{r}_{12} \cdot d\vec{r}_s$.

10.8.4 Der zweite Virialkoeffizient nach dem Sutherlandpotential

Leiten Sie den Ausdruck für den 2. Virialkoeffizienten $B(T)$ für das Sutherlandpotential ab, der in Gl. (10.51) angegeben ist.

Lösung:

Für das Sutherlandpotential (s. Gl. (10.5) und Abb. 10.2) gilt zur Berechnung von $B(T)$ nach Gl. (10.49):

$$B(T) = 2\pi N_L \int_0^\sigma r^2 dr + 2\pi N_L \cdot \int_\sigma^\infty \left[1 - \exp\left(\varepsilon \left(\frac{\sigma}{r}\right)^6 / k_B T \right) \right] r^2 \cdot dr$$

Wir stellen $[1 - \exp(y)] \cdot r^2$ mit $y = \varepsilon \cdot \left(\frac{\sigma}{r}\right)^6 / k_B T$ durch eine Taylorreihe dar:

$$[1 - \exp(y)] r^2 = -\sum_{j=1}^\infty \frac{1}{j!} y^j \cdot r^2 = -\sum_{j=1}^\infty \frac{1}{j!} \left(\frac{\varepsilon}{k_B \cdot T}\right)^j \cdot \left(\frac{\sigma}{r}\right)^{6j} \cdot r^2$$

Integration ergibt:

$$\int_\sigma^\infty [1 - \exp(y)] r^2 dr = -\sum_{j=1}^\infty \frac{1}{j!} \left(\frac{\varepsilon}{k_B \cdot T}\right)^j \sigma^{6j} \int_\sigma^\infty \frac{1}{r^{6j-2}} dr$$

$$= \sum_{j=1}^\infty \frac{1}{j!} \left(\frac{\varepsilon}{k_B \cdot T}\right) \cdot \sigma^{6j} \cdot \frac{(-1)}{6j - 3} \cdot \frac{1}{r^{6j-3}} \Bigg|_\sigma^\infty = \sigma^3 \sum_{j=1}^\infty \frac{1}{j!} \cdot \frac{1}{6j - 3} \cdot \left(\frac{\varepsilon}{k_B \cdot T}\right)^j$$

Also ergibt sich für das Sutherland-Potential genau Gl. (10.51):

$$B(T) = \frac{2}{3}\pi \sigma^3 N_L - \frac{2}{3}\pi \sigma^3 N_L \cdot \sum_{j=1}^\infty \frac{1}{j!} \left(\frac{3}{6j - 3}\right) \cdot \left(\frac{\varepsilon}{k_B \cdot T}\right)^j$$

10.8.5 Alternative Darstellungsform des zweiten Virialkoeffizienten

Beweisen Sie, dass für den 2. Virialkoeffizienten $B(T)$ (s. Gl. (10.49)) folgende Identität gilt:

$$B(T) = 2\pi N_L \int_0^\infty [1 - \exp(-\varphi(r)/k_B \cdot T)]r^2 dr = -\frac{2}{3}\pi \frac{N_L}{k_B T} \int_0^\infty \left(\frac{d\varphi(r)}{dr}\right)$$

$$\cdot \exp[-\varphi(r)/k_B T] \cdot r^3 dr$$

Vorausgesetzt ist, dass $\varphi(r)$ für große Werte von r wie $\varphi(r) = \pm a \cdot r^{-n}$ mit $n > 3$ verläuft.

Hinweis: Machen Sie Gebrauch von der partiellen Integrationsformel

$$\int_0^\infty u'v\,dr = u \cdot v \Big|_0^\infty - \int_0^\infty u \cdot v'\,dr$$

mit $u' = r^2$ und $v = [1 - \exp(-\varphi(r)/k_B \cdot T)]$.

Lösung:

Es gilt:

$$\int_0^\infty [1 - \exp(-\varphi(r)/k_B T)]r^2 dr = \frac{1}{3}[1 - \exp(-\varphi(r)/k_B \cdot T)]r^3 \Big|_0^\infty$$

$$-\frac{1}{k_B T} \int_0^\infty \left(\frac{d\varphi(r)}{dr}\right) \cdot \exp[-\varphi(r)/k_B T] \cdot \frac{r^3}{3} dr$$

Der erste Term auf der rechten Seite verschwindet an der unteren Integrationsgrenze, also für $r \to 0$, wenn $\lim_{r \to 0} \varphi(r) = +\infty$, was aus physikalischen Gründen immer der Fall ist. An der oberen Integrationsgrenze, also für $r \to \infty$, ist der erste Term auf der rechten Seite ebenfalls gleich Null, wenn $\varphi(r) = \pm a/r^n$ ist (mit irgendeiner Konstante a), wobei $n > 3$ sein muss.

Beweis: Wir führen folgende Taylor-Reihen-Entwicklung durch:

$$\left(1 - \exp\left[\pm\frac{a}{r^n} \cdot \frac{1}{k_B \cdot T}\right]\right) \cdot r^3 = \frac{a}{k_B \cdot T} \sum_{k=1}^\infty (\pm 1)^k \cdot \frac{1}{k!} \cdot \frac{1}{r^{n \cdot k - 3}}$$

Dieser Ausdruck für $r \to \infty$ bleibt nur dann endlich, wenn $n > 3$.

10.8.6 Vergleich von zwischenmolekularen Kräften mit der Gravitationskraft

Die zwischenmolekularen Kräfte sind für reale Gaseigenschaften und die Kondensation zur Flüssigkeit bzw. zum Festkörper verantwortlich. Eine andere universelle Kraft, die zwischen allen materiellen Teilchen herrscht und die nur anziehender Natur ist, ist die Gravitationskraft. Auch sie führt zu einer Art Kondensation, allerdings nur bei sehr großen Systemen wie Sternen und Planeten, bei kleineren Systemen, wie sie in irdischen Labors vorkommen, spielt sie gegenüber zwischenmolekularen Kräften kaum eine Rolle. Erklären Sie am Beispiel einer materiegefüllten Kugel vom Radius R, warum das so ist. Benutzen Sie das Gas ^{4}He als Beispiel.

Lösung:

Wir wollen das Verhältnis von potentieller Gravitationsenergie Φ_{Grav} zu zwischenmolekularer Anziehungsenergie $\Phi_{v.d.Waals}$ berechnen. Es gilt für die (negative) potentielle Energie der Gravitation einer homogenen, mit der Masse M gefüllten Kugel vom Radius R:

$$\Phi_{Grav} = -\frac{3}{5}\frac{M^2}{R} \cdot G = -\frac{16}{15}\pi^2 \varrho^2 \cdot R^5 \cdot G$$

wobei ϱ die Massendichte und $G = 6{,}673 \cdot 10^{-11}\,J \cdot m \cdot kg^{-2}$ die Gravitationskonstante bedeuten.

Die entsprechende potentielle Energie aufgrund der zwischenmolekularen Anziehung berechnen wir näherungsweise nach der v. d. Waals-Theorie (s. Gl. (10.9):

$$\Phi_{v.d.W.} = -N \cdot a \cdot \frac{N}{V} = -a\frac{\varrho^2}{m^2} \cdot \frac{4}{3}\pi \cdot R^3$$

wobei m die Molekülmasse bedeutet. Das Verhältnis der beiden potentiellen Energien ist

$$\frac{\Phi_{Grav}}{\Phi_{v.d.W.}} = \frac{G}{a}\frac{12}{15}\pi \cdot m^2 \cdot R^2$$

und hängt nicht von der Massendichte ϱ ab.

Setzen wir für m die Molekülmasse von ^{4}He ein ($m_{He} = 0{,}004 \cdot 10^{-23}/6{,}022 = 6{,}642 \cdot 10^{-27}$ kg) und für $a = \frac{2}{3}\pi\varepsilon \cdot \sigma^3$ (s. Abschnitt 10.2.1) mit $\varepsilon_{He} = 1{,}4 \cdot 10^{-23}$ J und $\sigma_{He} = 0{,}3 \cdot 10^{-9}$ m, so erhält man:

$$\frac{\Phi_{Grav}}{\Phi_{v.d.W.}} = 9{,}3 \cdot 10^{-12} \cdot R^2$$

Wir setzen R = 1 m und erhalten:

$$\frac{\Phi_{Grav}}{\Phi_{v.d.W.}} \cong 10^{-11}$$

Die Gravitationsenergie ist in diesem Fall gegenüber der zwischenmolekularen Anziehungsenergie völlig vernachlässigbar.

Setzen wir hingegen R = 3,3 · 10^5 m = 330 km, so gilt:

$$\frac{\Phi_{Grav}}{\Phi_{v.d.W.}} \cong 1$$

Die beiden potentiellen Energieformen werden vergleichbar groß! Bei noch viel größeren gasförmigen Systemen, wie z. B. Sternen, dominiert dann völlig die Gravitationsenergie.

10.8.7 Größenabschätzung von Chlorfluormethan-Molekülen mit Hilfe der v. d. Waals-Gleichung

Folgende Daten gelten für die kritische Temperatur T_c und den kritischen Druck p_c der verschiedenen Chlor-Fluor-Methan-Verbindungen.

	CCl_4	CCl_3F	CCl_2F_2	$CClF_3$	CF_4
T_c/K	556	471	385	302	227
p_c/bar	45,6	44,0	41,1	38,7	37,5

Klassifizieren Sie die Moleküle nach ihrer Größe durch den Durchmesser σ des Sutherlandpotentials mit Hilfe der v.d.Waals-Theorie. Entspricht das Ergebnis den Erwartungen?

Lösung:

Der Zusammenhang der v. d. Waals-Konstanten a' und b' mit T_c und p_c lautet (s. Gl. (10.13) bis (10.15)):

$$a' = 0{,}421875 \cdot \frac{R^2 \cdot T_c^2}{p_c} \qquad b' = 0{,}125 \cdot \frac{R \cdot T_c}{p_c}$$

Ferner gilt für den Zusammenhang von a' und b' mit den Parametern des Sutherland-Potentials σ und ε (s. Abschnitt 10.2.1) für ein v. d. Waals-Fluid:

$$a' = \frac{2}{3}\pi\varepsilon \cdot \sigma^3 \cdot N_L^2 \qquad b' = \frac{2}{3}\pi\sigma^3 \cdot N_L$$

Also ergibt sich für σ:

$$\sigma = \left[\frac{3}{2\pi} \cdot b' \cdot N_L^{-1}\right]^{1/3} = \left[\frac{3}{2\pi} \cdot 0{,}125 \cdot \frac{R \cdot T_c}{p_c} \cdot \frac{1}{N_L}\right]^{1/3}$$

Die Ergebnisse zeigt die Tabelle:

Molekül	CCl_4	CCl_3F	CCl_2F_2	$CClF_3$	CF_4
$\sigma \cdot 10^{10}$ m^{-1}	4,65	4,45	4,26	4,01	3,68

Die Abnahme von σ mit zunehmender Substitution der Cl-Atome durch F-Atome entspricht genau den Erwartungen, da das Fluoratom kleiner als das Chloratom ist.

10.8.8 Adiabatisch reversible Expansion realer Gase: Beispiel SO_2

Berechnen Sie wie in Aufgabe 2.11.7 die Endtemperatur T_2 beim adiabatisch-reversiblen Expansionsprozess von SO_2, jetzt aber unter der realistischen Annahme, dass SO_2 bei 800 K und 90 bar ein reales Fluid ist, für das die v. d. Waals-Gleichung gelten soll mit den v. d. Waals-Parametern $a' = 0{,}6869\,J \cdot m^3 \cdot mol^{-2}$ und $b' = 5{,}68 \cdot 10^{-5}\,m^3 \cdot mol^{-1}$ (s. Gl. (10.12)). Im Endzustand der Expansion bei T_2 mit $p_2 = 1$ bar soll näherungsweise das ideale Gasgesetz gelten. Welchen Wert für die Endtemperatur T_2 erhält man in diesem Fall?

Lösung:

Zu dem Ausdruck $S_{(T_1,p_1)}$ für SO_2 in Aufgabe 2.11.7 kommt jetzt noch der Realanteil der Entropie $Nk_B \ln[(V_{mol} - b')/V_{mol}]$ hinzu, so dass gilt:

$$\frac{5}{2} \cdot \ln T_2 + \frac{3}{2} \ln T_2$$

$$+ \frac{1660}{T_2} \frac{1}{e^{1660/T_2} - 1} - \ln\left(1 - e^{-1660/T_2}\right) + \frac{750}{T_2} \frac{1}{e^{750/T_2} - 1} - \ln\left(1 - e^{-750/T_2}\right)$$

$$+ \frac{1980}{T_2} \frac{1}{e^{1980/T_2} - 1} - \ln\left(1 - e^{-1980/T_2}\right) = 24{,}0859 + \ln\left(\frac{V_{mol} - b'}{V_{mol}}\right)$$

V_{mol} bei $p_1 = 90$ bar und $T_1 = 800$ K muss aus der v. d. Waals-Gleichung nach Gl. (10.12) berechnet werden:

$$\left(p + \frac{a'}{V_{mol}^2}\right)(V_{mol} - b') = R \cdot T = \left(9 \cdot 10^6 + \frac{0{,}6869}{V_{mol}^2}\right)\left(V_{mol} - 5{,}68 \cdot 10^{-5}\right) = 6{,}65 \cdot 10^3$$

Daraus ergibt sich $V_{mol,SO_2} = 5{,}60 \cdot 10^{-4}\,m^3 \cdot mol^{-1}$ und es gilt dann für SO_2 unter diesen Bedingungen ($p_1 = 90$ bar, $T_1 = 800$ K):

$$\ln\left(\frac{V_{mol} - b'}{V_{mol}}\right) = -0{,}106949$$

Einsetzen in die obige Bestimmungsgleichung für T_2 ergibt nach numerischer Lösung $T_2 = 354{,}5$ K. Der Vergleich mit dem Ergebnis von Aufgabe 2.11.7 für das ideale Gas SO_2 ergibt eine um $362{,}1 - 354{,}5 = 7{,}5$ K niedrigere Temperatur T.

10.8.9 Lässt sich aus Daten des kritischen Punktes die Dichte einer kondensierten Flüssigkeit berechnen?

In den Unterabschnitten 10.2.1, 10.2.2 und 10.2.4 haben wir 3 einfache thermische Zustandsgleichungen kennengelernt, die Flüssigkeit-Dampf-Phasengleichgewichte und einen kritischen Punkt voraussagen. Wir stellen uns die Frage, wie gut diese Gleichungen die Dichte der kondensierten flüssigen Phase voraussagen, wo der Sättigungsdampfdruck vernachlässigbar niedrig ist, wenn wir von den experimentellen Daten des kritischen Punktes, also T_C, $\overline{V}_C$ und p_C ausgehen. Wir wollen diesen Test an den 5 Stoffen 1,4-Dioxan, Cyclohexan, Benzol, Toluol und $CHCl_3$ (Chloroform) durchführen. Dazu benötigen wir Dichtedaten der Flüssigkeiten bei Drücken $p_{sat} < 1$ bar, sowie die kritischen Daten dieser Fluide. Sie sind in Tabelle 10.5 zusammengefasst.

Tab. 10.5: Experimentelle Flüssigkeitsdichten ϱ_{Fl} in $kg \cdot m^{-3}$ und kritische Daten T_C, p_C, $\overline{V}_C$.

	$M/kg\,mol^{-1}$	T_C/K	p_C/bar	$\overline{V}_C/cm^3\,mol^{-1}$	$\varrho_{Fl}(293\,K)$	$p_C\overline{V}_C/RT_C$
1,4-Dioxan	0,0881	587,0	52,1	238,0	1030	0,254
Cyclohexan	0,0841	553,4	40,8	308,0	779	0,273
Benzol	0,0781	562,1	48,9	259,0	876	0,271
Toluol	0,0921	591,7	41,2	316,0	867	0,265
$CHCl_3$	0,1194	536,4	54,7	239,0	1485	0,293

Wir stellen zunächst fest, dass der kritische Koeffizient $Z_C = p_C \cdot \overline{V}_C/R \cdot T_C$ in allen Fällen unter 0,3 liegt, während die vdW-Theorie 0,375, die CS-vdW-Theorie 0,359 und die Loch-vdW-Theorie 0,386 voraussagen. Alle drei Modellvorhersagen sind zu hoch, aber treffen die Größenordnung richtig. Jetzt wollen wir die flüssigen Dichten nach diesen 3 Modellen vorausberechnen. Ist der Dampfdruck der Flüssigkeit genügend klein, kann man in den Zustandsgleichungen Gl. (10.12), Gl. (10.26) und Gl. (10.33) $p \cong 0$ setzen und erhält mit $\varrho_{Fl} = M/\overline{V}_{Fl}$:

$$\frac{RT}{a'} \cdot \frac{M^2}{b'} = \left(\frac{M}{b'}\right) \cdot \varrho_{Fl} - \varrho_{Fl}^2 \qquad \text{(vdW-Theorie)}$$

$$\varrho_{Fl}\left(\frac{a'}{M}\right) = RT\frac{1+y+y^2-y^3}{(1-y)^3} \qquad \text{mit} \quad y = \frac{b'}{4} \cdot \frac{\varrho_{Fl}}{M} \qquad \text{(CS-vdW-Theorie)}$$

$$\ln\left[\frac{M/\varrho_{Fl}}{\frac{M}{\varrho_{Fl}} - b'}\right] = a'\left(\frac{\varrho_{Fl}}{M}\right)^2 \qquad \text{(Loch-vdW-Theorie)}$$

Aus diesen Gleichungen lässt sich bei Kenntnis der Molmassen M sowie der Parameter a' und b' die Werte für ϱ_{Fl} berechnen. Die Parameter a' und b' erhält man aus den kritischen Daten T_C und $\overline{V}_C$ mit Hilfe von Gl. (10.13) und Gl. (10.14) bzw. Gl. (10.27) und (10.28) sowie Gl. (10.37) und Gl. (10.38). Sie sind in Tabelle 10.6 angegeben.

Tab. 10.6: Modellparameter a' und b' für die vdW-, CS-vdW und die Loch-vdW-Theorie a' in $J \cdot m^3 \cdot mol^{-1}$ und b' in $m^3 \cdot mol^{-1}$ gewonnen aus experimentellen kritischen Daten.

	vdW		CS-vdW		Loch-vdW	
	a'	$b' \cdot 10^4$	a'	$b' \cdot 10^4$	a'	$b' \cdot 10^4$
^{3}He	0,00225	0,244	0,0020	0,3816	0,0020	0,3658
^{4}He	0,00281	0,1925	0,0025	0,3013	0,0025	0,2888
Ne	0,0173	0,1391	0,0154	0,2177	0,0154	0,2087
Ar	0,1061	0,2508	0,0943	0,3925	0,0943	0,3763
Kr	0,1807	0,3075	0,1606	0,4811	0,1606	0,4612
Xe	0,3220	0,3960	0,2862	0,6196	0,2862	0,5940
1,4-Dioxan	1,307	0,793	1,162	1,241	1,162	1,19
Cyclohexan	1,594	1,027	1,417	1,606	1,417	1,540
Benzol	1,362	0,8633	1,211	1,351	1,210	1,295
Toluol	1,749	1,053	1,555	1,648	1,554	1,579
CHCl$_3$	1,200	0,797	1,066	1,246	1,066	1,195

Tab. 10.7: Vorausberechnete und experimentell ermittelte Flüssigkeitsdichten in $kg \cdot m^{-3}$ bei $T = 293$ K.

	1,4-Dioxan	Cyclohexan	Benzol	Toluol	CHCl$_3$
ϱ_{vdW}	910	658	732	718	1197
ϱ_{CS-vdW}	1025	713	801	815	1256
$\varrho_{Loch-vdW}$	740	546	603	583	998
ϱ_{exp}	1030	779	876	867	1485

Die Ergebnisse für berechnete flüssige Dichten ϱ_{Fl} im Vergleich zu experimentellen Daten ϱ_{exp} zeigt Tabelle 10.7

Die schlechteste Voraussage liefert das Loch-vdW-Modell, gefolgt vom vdW-Modell. Die Voraussage des CS-vdW-Modells kommt jedoch der Realität schon deutlich näher und sagt sogar für 1,4-Dioxan praktisch den richtigen Wert voraus. Das liegt im wesentlichen daran, dass der harte Kugel-Beitrag der Zustandsgleichung, der gerade bei höheren Dichten eine wichtige Rolle spielt, von der CS-Theorie gut erfasst wird.

10.8.10 Berechnung von Mischungsvolumina realer Gasmischungen aus Parametern des zwischenmolekularen Potentials

Benutzen Sie das Sutherland-Potential ($\varphi(r) = \infty$ für $r < \sigma, \varphi(r) = -\varepsilon(\sigma/r)^6$ für $r > \sigma$) und berechnen Sie die zweiten Virialkoeffizienten B_M einer binären Mischung bei 300 K und 2 bar als Funktion des Molenbruchs x_1. Folgende Potentialparameter sind gegeben: $\varepsilon_1/k_B T = 185$ K, $\sigma_1 = 4,2 \cdot 10^{-10}$ m, $\varepsilon_2/k_B T = 250$ K, $\sigma_2 = 5,0 \cdot 10^{-10}$ m, ferner soll gelten: $\sigma_{12} = (\sigma_1 + \sigma_2)/2$ und $\varepsilon_{12} = \sqrt{\varepsilon_1 \varepsilon_2}$.

Berechnen Sie auch das molare Mischungsvolumen, auch Exzessvolumen genannt, $\overline{V}_E = \Delta V_M(x_1)$ der Mischung als Funktion von x_1 entsprechend der Formel

$$\Delta \overline{V}_M = \overline{V}_M - x_1 \overline{V}_1 - x_2 \overline{V}_2 \tag{10.105}$$

Lösung:

Die zweiten Virialkoeffizienten B_{11} und B_{22} lauten (Gl. (10.51)):

$$B_{11} = N_L \frac{2}{3} \pi \sigma_1^3 \left(1 - \sum_{j=1}^{\infty} \frac{1}{j!} \left(\frac{3}{6j-3} \right) \left(\frac{185}{300} \right)^j \right) = 29,14 \cdot 10^{-6} \, m^3 \cdot mol^{-1} \tag{10.106}$$

$$B_{22} = N_L \frac{2}{3} \pi \sigma_2^3 \left(1 - \sum_{j=1}^{\infty} \frac{1}{j!} \left(\frac{3}{6j-3} \right) \left(\frac{250}{300} \right)^j \right) = 4,47 \cdot 10^{-6} \, m^3 \cdot mol^{-1} \tag{10.107}$$

$$B_{12} = N_L \frac{2}{3} \cdot \pi \cdot \left(\frac{\sigma_1 + \sigma_2}{2} \right)^3 \left(1 - \sum_{j=1}^{\infty} \frac{1}{j!} \left(\frac{3}{6j-3} \right) \left(\frac{215,06}{300} \right)^j \right) = 22,5 \cdot 10^{-6} \, m^3 \cdot mol^{-1}$$
$$\tag{10.108}$$

und nach Gl. (10.58) gilt für $k = 2$:

$$B_M = x_1^2 B_{11} + 2 x_1 \cdot x_2 \cdot B_{12} + x_2^2 \cdot B_{22} \tag{10.109}$$

Numerische Auswertung der Summenausdrücke ergibt in Gl. (10.106), (10.107) und (10.108) jeweils: 0,688140; 0,971654 bzw. 0,816562.

Nach der Virialgleichung gilt bis zum zweiten Virialkoeffizienten nach Gl. (10.58):

$$p \cong RT \left(\frac{1}{\overline{V}} + \frac{B(T)}{\overline{V}^2} \right) \quad \text{oder} \quad \overline{V}^2 - \frac{RT}{p} \overline{V} - \frac{RT}{p} B(T) = 0$$

Die Lösung der quadratischen Gleichung lautet:

$$\overline{V} = \frac{1}{2} \frac{RT}{p} + \sqrt{ \frac{1}{4} \left(\frac{RT}{p} \right)^2 + \frac{RT}{p} \cdot B(T) } \tag{10.110}$$

Das ergibt mit $p = 2 \cdot 10^5$ Pa und $T = 300$ K:

$$\overline{V} = 6,2359 \cdot 10^{-3} + \sqrt{ 3,8886 \cdot 10^{-5} + 0,01247 \cdot B(T) \cdot 10^{-5} } \; m^3 \cdot mol^{-1}$$

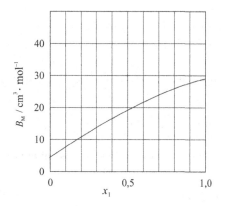
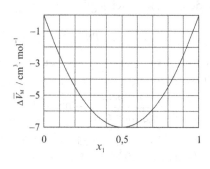

Abb. 10.19: Zweite Virialkoeffizienten B_M einer Modellmischung bei 300 K als Funktion von x_1 (links). Molares Exzessvolumen $\Delta \overline{V}_M$ als Funktion von x_1 bei $T = 300$ K und $p = 2$ bar (s. Text).

mit $B(T) = B_{11}(T)$, $B_{22}(T)$ oder $B_M(T, x_1)$.

Einsetzen der Potentialparameter in Gl. (10.106) bis (10.108) ergibt die in Abb. 10.19 gezeigten Kurven für $B_M(T, x_1)$ nach Gl. (10.109) und für $\overline{V}^E$ nach Gl. (10.105).

Die zweiten Virialkoeffizienten sind hier positiv, $\overline{V}^E$ dagegen ist negativ. Die $\overline{V}^E$-Werte sind allerdings gering: ca. 0,06 % vom Molvolumen ($\sim 1,25 \cdot 10^4$ cm$^3 \cdot$ mol^{-1}).

10.8.11 Flüssige Mischungen von $N_2 + CH_4$ auf dem Saturnmond Titan

Titan, ein Mond des Planeten Saturn, besitzt eine gasförmige Atmosphäre, die im wesentlichen aus Stickstoff (N_2) und 4-7 % Methan (CH_4) besteht. Der Druck auf dem Titanboden beträgt 1,50 bar, die Temperatur ist 93 K. Man weiß, dass auf der Oberfläche stellenweise eine flüssige Phase existiert, die aus den atmosphärischen Komponenten besteht. Welche Zusammensetzung (Molenbruch y_i) hat die Gasphase (Atmosphäre) und die flüssige Phase („Methan-Seen", Molenbruch x_i) unter der Annahme, dass nur N_2 und CH_4 vorhanden sind und thermodynamisches Gleichgewicht herrscht, die Atmosphäre also gesättigt ist? Bei 93 K hat reines flüssiges Methan einen Dampfdruck von 0,160 bar, reiner flüssiger Stickstoff einen Dampfdruck von 4,60 bar. Nehmen Sie an, dass sowohl in der Gasphase als auch in der flüssigen Phase ideale Mischungsverhältnisse herrschen, d. h. $\chi_{12} = 0$ und $\overline{V}_1 = \overline{V}_2$. Gehen Sie aus von Gl. (10.77).

Lösung:

Ausgangsgleichung ist Gl. (10.82) mit $p_i = p \cdot y_i$:

$$p \cdot y_i = p_i = p_{i0} \cdot x_i \qquad i = CH_4, N_2$$

Für den Gesamtdruck p gilt:

$$p = p_{CH_4,0} \cdot x_{CH_4} + p_{N_2,0} \cdot \left(1 - x_{CH_4}\right)$$

Mit $p = 1{,}5$ bar, $p_{CH_4,0} = 0{,}16$ bar und $p_{N_2,0} = 4{,}6$ bar folgt für x_{CH_4} und x_{N_2} in der flüssigen Phase:

$$x_{CH_4} = \frac{p - p_{N_2,0}}{p_{CH_4,0} - p_{N_2,0}} = 0{,}6982 \quad \text{und} \quad x_{N_2} = 1 - x_{CH_4} = 0{,}3018$$

Daraus folgt, dass die „Methanseen" auf dem Titan aus einer flüssigen Mischung von 70 Mol % CH_4 und 30 Mol % N_2 bestehen.

Für die Molenbrüche y_i in der Gasphase ergibt sich:

$$y_{CH_4} = \frac{p_{CH_4,0} \cdot x_{CH_4}}{p} = \frac{0{,}16 \cdot 0{,}6982}{1{,}5} = 0{,}074 \quad \text{und} \quad y_{N_2} = 0{,}926$$

Messungen der Landesonde „Huygens" auf dem Titanboden im Jahr 2005 ergab $y_{CH_4} = 0{,}049$ in beachtlich guter Übereinstimmung mit dem Rechenergebnis $y_{CH_4} = 0{,}074$, zumal die Atmosphäre wahrscheinlich nicht völlig mit CH_4 gesättigt ist, wie es ja bei H_2O in der Erdatmosphäre auch überwiegend der Fall ist. Genauere Untersuchungsergebnisse weisen darauf hin, dass auch höhere Kohlenwasserstoffe in den flüssigen „Methanseen" enthalten sind wie z. B. Ethan (s. z. B. A. Heintz und E. Bich, Pure. Appl. Chem., Vol 81, 1903-1920 (2009)).

10.8.12 Dampfdruck eines Weichmachers

In einer Polymerfolie (Komponente 2) befindet sich ein niedermolekularer Weichmacher (Komponente 1), der 5 % vom Volumen des Materials ausmacht. Der Dampfdruck des reinen Weichmachers beträgt 300 Pa bei 293 K.

Der Gesetzgeber verlangt, dass der Sättigungsdampfdruck des Weichmachers über der Folie maximal 40 Pa betragen darf bei 293 K. Sind diese Bedingungen erfüllt?

Nehmen Sie an, dass $\overline{V}_2 \gg \overline{V}_1$ und $\chi_{12} = 0$.

Lösung:

Man geht aus von Gl. (10.82) mit $\overline{V}_1/\overline{V}_2 \approx 0$ und γ_1 nach Gl. (10.83). Man erhält:

$$p_1 = p_{1,0} \cdot \Phi_1 \cdot \exp\left[\frac{\Phi_2^2 \cdot \chi_{12}}{RT} \cdot \frac{\overline{V}_1}{2} + \Phi_2\left(1 + \frac{\overline{V}_1}{\overline{V}_2}\right)\right] = 300\,\text{Pa} \cdot 0{,}05 \cdot \exp\left[0 + 0{,}95\right]$$

$$= 38{,}8\,\text{Pa}$$

Die Bedingungen sind erfüllt.

10.8.13 Azeotropie flüssiger Mischungen

Wir betrachten ein Dampf-Flüssigkeits-Gleichgewicht, für das nach Gl. (10.82) gilt:

$$p_1 = p \cdot y_1 = p_{10} \cdot x_1 \cdot \gamma_1 \qquad \text{bzw.} \quad p_2 = p \cdot y_2 = p_{20} \cdot x_2 \cdot \gamma_2$$

Die Abhängigkeit $p(x_1) = p_{10} \cdot x_1 \cdot \gamma_1 + p_{20} \cdot (1 - x_1) \cdot \gamma_2$ heißt isothermes Dampfdruckdiagramm der Mischung. Wir gehen davon aus, dass der Dampf näherungsweise eine ideale Gasmischung ist ($p(x_1) \leq 1$ bar). Für den Molenbruch in der Dampfphase $y(x_1)$ gilt dann:

$$y(x_1) = \frac{p_{10} \cdot x_1 \cdot \gamma_1}{p(x_1)} = \frac{p_{10} \cdot x_1 \cdot \gamma_1}{p_{10} \cdot x_1 \cdot \gamma_1 + p_{20} \cdot (1 - x_1) \cdot \gamma_2}$$

Meistens gilt über den gesamten Molenbruchbereich $x_1 \neq y_1$. Den Fall, dass $x_1 = y_1$ (und damit auch $x_2 = y_2$) bezeichnet man als azeotropen Punkt. Betrachten Sie den einfachen Spezialfall $\overline{V}_1 = \overline{V}_2 = \overline{V}$, benutzen Sie Gl. (10.83) und (10.84) und zeigen Sie, dass die Bedingung für Azeotropie lautet:

$$-1 \leq \frac{4RT}{\chi_{12} \cdot \overline{V}} \cdot \ln\left(\frac{p_{10}}{p_{20}}\right) \leq +1$$

Lösung:

Bei Azeotropie gilt:

$$x_1 = \frac{p_{10} \cdot x_1 \cdot \gamma_1}{p_{10} \cdot x_1 \cdot \gamma_1 + p_{20} \cdot (1 - x_1) \cdot \gamma_2} \qquad \text{bzw.} \quad p_{10}\gamma_1 (1 - x_1) = p_{20}\gamma_2 (1 - x_1)$$

Die Bedingung für Azeotropie lautet also mit γ_1 nach Gl. (10.83) und γ_2 nach Gl. (10.84), sowie $\overline{V}_1 = \overline{V}_2 = \overline{V}$:

$$\frac{\gamma_2}{\gamma_1} = \frac{p_{10}}{p_{20}} = \exp\left[\frac{\overline{V} \cdot \chi_{12}}{2RT}(x_1{}^2 - x_2{}^2)\right] = \exp\left[\frac{\overline{V} \cdot \chi_{12}}{2RT}(2x_1 - 1)\right]$$

Logarithmieren und Auflösen nach x_1 ergibt:

$$x_1 = \frac{2RT}{\chi_{12} \cdot \overline{V}} \cdot \ln\left(\frac{p_{10}}{p_{20}}\right) + \frac{1}{2}$$

bzw., da $0 \leq x_1 \leq 1$:

$$-1 \leq \frac{4RT}{\overline{V} \cdot \chi_{12}} \cdot \ln\left(\frac{p_{10}}{p_{20}}\right) \leq +1 \qquad \text{q. e. d.}$$

Als Beispiel zeigt Abb. 10.20 Modellberechnungen für Dampfdruckdiagramme, die nach

$$p(x_1) = p_{10} \cdot x_1 \cdot \exp\left[\chi_{12} \cdot \overline{V}/2RT \cdot (1 - x_1)^2\right] + p_{20} \cdot (1 - x_1) \cdot \exp\left[\chi_{12} \cdot \overline{V}/2RT \cdot x_1^2\right]$$

bzw.

$$y(x_1) = x_1 \Big/ \left[x_1 + (p_{20}/p_{10}) \cdot (1 - x_1) \cdot \exp\left[\frac{\chi_{12} \cdot \overline{V}}{2RT} \cdot (2x_1 - 1)\right]\right]$$

berechnet wurden. Azeotrope Punkte befinden sich stets im Maximum oder Minimum eines Dampfdruckdiagrammes. Azeotropie spielt bei der Stofftrennung in der thermischen Verfahrenstechnik eine wichtige Rolle.

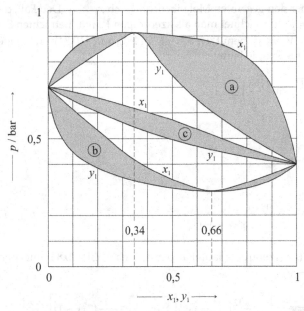

Abb. 10.20: Modellrechnung von isothermen Dampfdruckdiagrammen $p(x_1)$ bzw. $p(y_1)$. Graue Flächen: 2-Phasengebiet. Fall ⓐ: positives azeotropes Gemisch ($\overline{V} \cdot \chi_{12}/2RT = +2$), Fall ⓑ: negatives azeotropes Gemisch ($\overline{V} \cdot \chi_{12}/2RT = -2$) und Fall ⓒ: azeotropfreies Gemisch ($\overline{V} \cdot \chi_{12}/2RT = 0,5$). In allen 3 Fällen ist $p_{10} = 0,4$ bar und $p_{20} = 0,7$ bar.

10.8.14 Berechnung der Gleichgewichtskurve der flüssigen Mischungslücke symmetrischer molekularer Mischungen

In Abb. 10.15 sind die Entmischungskurven flüssiger Mischungen von Molekülen unterschiedlicher Größe ($\overline{V}_2/\overline{V}_1 > 1$) dargestellt. Die sog. Spinodalkurven (gestrichelt) lassen sich aus der quadratischen Gleichung Gl. (10.91) einfach berechnen. Die eigentliche Kurve der Mischungslücke (durchgezogene Kurven) kann nur numerisch aus den beiden Bedingungen für die Gleichheit der chemischen Potentiale nach Gl. (10.86) erhalten werden mit Ausnahme des Falls $\overline{V}_1 = \overline{V}_2 = \overline{V}$, für den mit $\Phi_1 = x_1$ und $\Phi_2 = x_2 = 1 - x_1$ gilt:

$$RT \ln x_1' + \chi_{12} \cdot \overline{V} \cdot \left(1 - x_1'\right)^2 = RT \ln x_1'' + \chi_{12} \cdot \overline{V} \cdot \left(1 - x_1''\right)$$

$$RT \ln \left(1 - x_1'\right) + \chi_{12} \cdot x_1^2 \cdot \overline{V} = RT \ln \left(1 - x_1''\right) + \chi_{12} \cdot x_1''^2 \cdot \overline{V}$$

Man sieht, dass eine simultane Lösung dieser beiden gekoppelten Gleichungen nur möglich ist, wenn gilt:

$$RT \ln x_1' + \chi_{12} \cdot \overline{V} \cdot \left(1 - x_1'\right)^2 = RT \ln \left(1 - x_1'\right) + \chi_{12} \cdot \overline{V} \cdot x_1'^2$$

oder:

$$\ln \left(\frac{x_1'}{1 - x_1'}\right) = \overline{V} \cdot \frac{\chi_{12}}{RT} \left(2x_1'\right) \qquad \text{bzw.} \qquad T(x_1') = \overline{V} \cdot \frac{\chi_{12}}{R} \frac{(2x_1' - 1)}{\ln \dfrac{x_1'}{1 - x_1'}}$$

Es gilt: $T(x_1') = T(x_2'')$. Diese Kurve ist symmetrisch um den Wert $x_1' = x_2'' = 0{,}5$. Ihr Verlauf ist in Abb. 10.21 dargestellt. Die obere kritische Entmischungstemperatur (UCST) wird bei $x_1' = x_2'' = 0{,}5$ erreicht:

$$T_{\text{UCST}} = \lim_{x_1' \to 0{,}5} T(x_1') = \lim_{x_1' \to 0{,}5} \left[\frac{\chi_{12}}{R} \cdot \overline{V} \cdot \frac{2x_1' - 1}{\ln \dfrac{x_1'}{1 - x_1'}}\right] = \frac{\chi_{12}}{R} \cdot \overline{V} \cdot \lim_{x_1' \to 0{,}5} \left[\frac{2}{\dfrac{1}{x_1'} + \dfrac{1}{1 - x_1'}}\right]$$

$$= \frac{\chi_{12}}{2R} \cdot \overline{V}$$

wobei wir von der Grenzwertregel nach l'Hospital Gebrauch gemacht haben. Denselben Wert für T_{UCST} erhält man auch aus der Spinodalkurve für $x_1' = x_2'' = 0{,}5$. Sie ist gegeben durch $(\partial \mu_2 / \partial x_1) = 0$ und lautet:

$$\left(\frac{\overline{V} \cdot \chi_{12}}{RT}\right) \cdot x_1' \cdot x_2'' = \frac{1}{2} \qquad \text{also gilt ebenfalls:} \quad T_{\text{UCST}} = \frac{\chi_{12}}{2R} \cdot \overline{V}$$

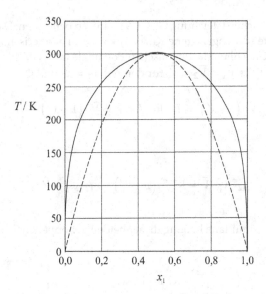

Abb. 10.21: —— Phasenkoexistenzkurve einer symmetrischen Mischung. - - - - - - - - Spinodale nach Gl. (10.96). Mit $\Phi_2 = x_2$, $\overline{V}_1 = \overline{V}_2 = \overline{V} = 1\ \mathrm{m}^3 \cdot \mathrm{mol}^{-1}$. $T_{UCST} = \chi_{12}/2R = 300\ \mathrm{K}$ und $\chi_{12} = 7{,}4 \cdot 10^5\ \mathrm{J} \cdot \mathrm{m}^{-3}$ als Beispiel.

10.8.15 Mischungsverhalten von 2 flüssigen Polymeren

Es werden 2 Polymerstoffe mit $\overline{V}_1 = 10^4\ \mathrm{cm}^3 \cdot \mathrm{mol}^{-1}$ und $\overline{V}_2 = 3 \cdot 10^4\ \mathrm{cm}^3 \cdot \mathrm{mol}^{-1}$ im Volumenverhältnis 1:1 in ein Gefäß gefüllt und in einem Bad von siedendem Wasser erhitzt. Es gilt $\chi_{12} = 7{,}4 \cdot 10^5\ \mathrm{J} \cdot \mathrm{m}^{-3}$. Berechnen Sie die Koordinaten des UCST-Punktes, also $\Phi_{2,cr}$ und T_{cr}. Ist die Mischung vollständig durchmischt?

Lösung:

Mit $\overline{V}_1 = 0{,}01\ \mathrm{m}^3 \cdot \mathrm{mol}^{-1}$ und $\overline{V}_2 = 0{,}03\ \mathrm{m}^3 \cdot \mathrm{mol}^{-1}$ erhält man nach Gl. (10.95):

$$\Phi_{2,cr} = \frac{1}{1 + \sqrt{3}} = 0{,}366$$

Mit $\chi_{12} = 7{,}4 \cdot 10^5\ \mathrm{J} \cdot \mathrm{m}^{-3}$ ergibt sich nach Gl. (10.96) für T_{cr}:

$$T_{cr} = \frac{\chi_{12}}{R}\overline{V}_2 \cdot \Phi_{2,cr}^2 = \frac{7{,}4 \cdot 10^5}{R} \cdot 0{,}03 \cdot (0{,}366)^2 = 357{,}6\ \mathrm{K}$$

Die Mischung im Gefäß hat eine Temperatur von $373\ \mathrm{K} > T_{cr}$ und ist somit in jedem Mischungsverhältnis homogen. Es tritt keine Phasentrennung auf.

10.8.16 Eutektische Mischungen

Die meisten binären Systeme sind im festen Zustand nicht miteinander mischbar. Es friert beim Erstarren einer flüssigen Mischung, die im flüssigen Bereich völlig mischbar ist, in der Regel nur eine der beiden Komponenten als fester „Bodenkörper" aus. Graphisch kann man das folgendermaßen darstellen (s. Abb. 10.22): am sog. *eutektischen Punkt* E liegen beide reinen Stoffe (1 und 2) *nebeneinander* als feste Phasen vor zusätzlich zu einer flüssigen Phase mit dem Molenbruch x_E. Es ist offensichtlich, dass es gegenüber den Schmelzpunkten der reinen Stoffe zur Erniedrigung der Schmelztemperatur kommt, die bei E (Eutektikum) einen minimalen Wert erreicht.

Zur Ableitung der Koexistenzkurve $T(x_1)$ betrachten wir in Abb. 10.22 zunächst den Kurvenanteil *links* vom Eutetikum. Hier liegt der feste Bodenkörper Benzol mit einer flüssigen Mischung von Benzol und p-Xylol im Gleichgewicht vor. Es gilt also nach Gl. (11.369) in Anhang 11.17:

$$\mu_{2,0}^{\text{fest}} = \mu_{2,0}^{\text{fl}} + RT \ln(x_2 \gamma_2) = \mu_2^{\text{fl}} \quad (2 = \text{Benzol}, 1 = \text{Xylol})$$

oder

$$\boxed{\overline{H}_{2,0}^{\text{fest}} - T \cdot \overline{S}_{2,0}^{\text{fest}} = \overline{H}_2^{\text{fl}} - T \cdot \overline{S}_2^{\text{fl}}} \tag{10.111}$$

wobei $\overline{H}_{2,0}^{\text{fl}}$ und $\overline{S}_2^{\text{fl}}$ die partielle molare Enthalpie bzw. die partielle molare Entropie von Benzol in der flüssigen Mischung bedeuten.

Ferner muss entlang der Koexistenzkurve gelten:

$$d\mu_{2,0}^{\text{fest}} = d\mu_2^{\text{fl}} = -\overline{S}_2^{\text{fl}} \, dT + \left(\frac{\partial \mu_2^{\text{fl}}}{\partial x_2} \right) dx_2$$

Bei p = const gilt dann:

$$\boxed{-\overline{S}_{2,0}^{\text{fest}} \cdot dT = -\overline{S}_2^{\text{fl}} \cdot dT + \left(\frac{\partial \mu_2^{\text{fl}}}{\partial x_2} \right)_{T,p} \cdot dx_2} \tag{10.112}$$

Dann folgt durch Kombination der Gleichungen (10.111) und (10.112):

$$-\left(\overline{S}_{2,0}^{\text{fest}} - \overline{S}_2^{\text{fl}} \right) = \left(\frac{\partial \mu_2^{\text{fl}}}{\partial x_2} \right)_{T,p} \cdot \frac{dx_2}{dT} = R \cdot T \cdot \left(\frac{\partial \ln(x_2 \gamma_2)}{\partial x_2} \right)_{T,p} \cdot \frac{dx_2}{dT} = \frac{\overline{H}_2^{\text{fl}} - \overline{H}_{2,0}^{\text{fest}}}{T} \tag{10.113}$$

Für $\left(\overline{H}_2^{\text{fl}} - \overline{H}_{2,0}^{\text{fest}} \right) = \Delta\overline{H}_{S2}(T)$ schreiben wir:

$$\Delta\overline{H}_{S2}(T) = \Delta\overline{H}_{S2}(T_{S2}) + \Delta\overline{C}_{p,S2}(T - T_{S2})$$

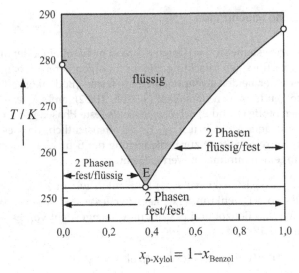

Abb. 10.22: Die flüssige Mischung p-Xylol + Benzol mit eutektischem Punkt E beim Molenbruch x_E und der Temperatur T_E. —— Koexistenzkurve $T_{\text{p-Xylol}}$.

wobei $\Delta\overline{H}_{S2}(T_{S2})$ die Schmelzenthalpie der reinen Komponente 2 bei ihrer Schmelztemperatur T_{S2} bedeutet. $\Delta\overline{C}_{p,S2}$ ist die Differenz der Molwärme von festem und flüssigem Zustand.

Einsetzen in Gl. (10.113) und Integration von $x_2 = 1$ bis x_2 bzw. von T_{S2} bis T ergibt:

$$\boxed{\frac{\Delta\overline{H}_{S2}}{R}\left(\frac{1}{T_{S2}} - \frac{1}{T}\right) + \frac{\Delta\overline{C}_{p,S2}}{R}\left(\ln\frac{T}{T_{S2}} + 1 - \frac{T_{S2}}{T}\right) = \ln(x_2\gamma_2)} \qquad (10.114)$$

Entsprechend gilt für den rechten Ast der Kurve:

$$\boxed{\frac{\Delta\overline{H}_{S1}}{R}\left(\frac{1}{T_{S1}} - \frac{1}{T}\right) + \frac{\Delta\overline{C}_{p,S1}}{R}\left(\ln\frac{T}{T_{S1}} + 1 - \frac{T_{S1}}{T}\right) = \ln(x_1\gamma_1)} \qquad (10.115)$$

In vielen Fällen können die Terme mit $\Delta C_{p,S}$ vernachlässigt werden. Setzt man $T = T_E$ und damit $x_{2E} = 1 - x_{1E}$ hat man 2 Gleichungen zur Berechnung der beiden Unbekannten T_E und $x_{2,E}$, also der Koordinaten des eutektischen Punktes. Man erhält nach Eliminieren von T_E:

$$\frac{1}{T_{S1}} - \frac{1}{T_{S2}} = \frac{R}{\Delta H_{S2}}\ln\left[x_{2E}\gamma_2\right] - \frac{R}{\Delta H_{S1}}\ln\left[1 - x_{2E}\gamma_1\right] \qquad (10.116)$$

Sind die Mischungspartner sich in Struktur und Größe ähnlich, wie z.B. p-Xylol und Benzol, kann man $\gamma_1 \approx \gamma_2 \approx 1$ setzen. Als Beispiel berechnen wir unter diesen Voraussetzungen T_E und x_{2E} unter Verwendung der angegebenen Schmelztemperaturen T_S und molaren Schmelzenthalpien $\Delta\overline{H}_S$.

	T_S / K	$\Delta \overline{H}_S$ / kJ $\cdot$ mol^{-1}
Benzol	279	9,87
p-Xylol	287	17,11

Man erhält dann aus Gl. (10.116) für $x_{\text{p-Xylol}} = x_E = 0{,}371$ und nach Einsetzen in (10.114) oder (10.115) für $T_E = 252{,}1$ K. Das sind die Koordinaten des eutektischen Punktes.

10.8.17 Schmelzdiagramme von mischbaren und partiell mischbaren festen Kristallen

Die meisten Festkörper sind nicht miteinander mischbar. Ihr Schmelzverhalten ähnelt daher häufig dem in Abb. 10.22 gezeigten Verhalten mit eutektischem Punkt. Das setzt voraus, dass die beiden Stoffe im flüssigen Zustand vollständig mischbar sind. Eine völlige Mischbarkeit in der flüssigen wie auch der festen Phase beobachtet man nur bei einfachen Stoffen, die sich sehr ähnlich sind. Als Beispiel zeigt Abbildung 10.23 das System Si + Ge. Der 2-Phasenbereich hat das Aussehen einer Spindel. Das Phasendiagramm Si + Ge lässt sich theoretisch relativ einfach mit den Abschnitt 10.6 entwickelten Methoden beschreiben, wenn man wegen der Ähnlichkeit der beiden Atome Si und Ge davon ausgeht, dass es sich sowohl im flüssigen wie auch im festen Zustand um ideale Mischungen handelt. Wir setzen also die Aktivitätskoeffizienten $\gamma_{i,\text{fl}}$ und $\gamma_{i,\text{fest}}$ (i = Si, Ge) gleich 1. Für das Phasengleichgewicht gilt dann $\mu_{i,\text{fl}} = \mu_{i,\text{fest}}$, also:

$$\mu_{\text{Si,fl}} = \mu^0_{\text{Si,fl}} + RT \ln x^{\text{fl}}_{\text{Si}} = \mu_{\text{Si,fest}} = \mu^0_{\text{Si,fest}} + RT \ln x^{\text{fest}}_{\text{Si}} \tag{10.117}$$

Wir setzen

$$\mu^0_{\text{Si,fl}} = \overline{H}^0_{\text{Si,fl}} - T \cdot \overline{S}^0_{\text{Si,fl}} \quad \text{und} \quad \mu^0_{\text{Si,fest}} = \overline{H}^0_{\text{Si,fest}} - T \cdot \overline{S}^0_{\text{Si,fest}} \tag{10.118}$$

Einsetzen von Gl. (10.118) in Gl. (10.117) ergibt:

$$RT \ln \frac{x^{\text{fl}}_{\text{Si}}}{x^{\text{fest}}_{\text{Si}}} = \left(\overline{H}^0_{\text{Si,fest}} - \overline{H}^0_{\text{Si,fl}} \right) - T \left(\overline{S}^0_{\text{Si,fest}} - \overline{S}^0_{\text{Si,fl}} \right) = -\Delta \overline{H}^0_{\text{Si}} + T \Delta \overline{S}^0_{\text{Si}} \tag{10.119}$$

wobei $\Delta \overline{H}^0_{\text{Si}} = (\overline{H}^0_{\text{Si,fl}} - \overline{H}^0_{\text{Si,fest}})$ die molare *Schmelzenthalpie* und $\Delta \overline{S}_{\text{Si}} = (\overline{S}^0_{\text{Si,fl}} - \overline{S}^0_{\text{Si,fest}})$ die molare *Schmelzentropie* von Si bedeuten. $\Delta \overline{H}^0_{\text{Si}}$ und $\Delta \overline{S}^0_{\text{Si}}$ hängen von der Temperatur ab:

$$\Delta \overline{H}^0_{\text{Si}}(T) = \Delta \overline{H}_{\text{Si}}(T_{S,\text{Si}}) + \int_{T_{S,\text{Si}}}^{T} \Delta \overline{C}^0_{p,\text{Si}} \cdot dT \approx \Delta \overline{H}^0_{\text{Si}}(T_{S,\text{Si}}) + (T - T_{S,\text{Si}}) \Delta \overline{C}^0_{p,\text{Si}} \tag{10.120}$$

$$\Delta \bar{S}_{Si}^0(T) = \Delta \bar{S}_{Si}(T_{S,Si}) + \int_{T_{S,Si}}^{T} \frac{\Delta \bar{C}_{p,Si}^0}{T} \cdot dT \approx \Delta \bar{S}_{Si}^0(T_{S,Si}) + \Delta \bar{C}_{p,Si}^0 \cdot \ln \frac{T}{T_{S,Si}} \tag{10.121}$$

In Gl. (10.120) und (10.121) bedeuten $T_{S,Si}$ die Schmelztemperatur von Si, $\Delta \bar{c}_{p,Si}^0$ die Differenz der Molwärme $\bar{c}_{p,Si}^{0,fl} - \bar{c}_{p,Si}^{0,fest}$, die wir näherungsweise als T-unabhängig angenommen haben. Gl. (10.117) bis (10.121) *gelten völlig analog auch für Ge*, wir haben nur überall den *Index Si gegen Ge auszutauschen*. Am Schmelzpunkt der reinen Stoffe Si und Ge gilt $\mu_{i,fl}^0(T_{S,i}) = \mu_{i,fl}^0(T_{S,i})$, sodass sich ergibt:

$$\frac{\Delta \bar{H}_i^0(T_{S,i})}{T_{S,i}} = \Delta \bar{S}_i^0(T_{S,i}) \qquad (i = Si, Ge) \tag{10.122}$$

Damit erhält man aus Gl. (10.117):

$$\frac{x_{Si,fl}}{x_{Si,fest}} = \exp\left[\frac{\Delta \bar{H}_{Si}^0(T)}{R}\left(\frac{1}{T} - \frac{1}{T_{S,Si}}\right)\right] \tag{10.123}$$

bzw.

$$\frac{x_{Ge,fl}}{x_{Ge,fest}} = \frac{1 - x_{Si,fl}}{1 - x_{Si,fest}} = \exp\left[\frac{\Delta \bar{H}_{Ge}^0(T)}{R}\left(\frac{1}{T} - \frac{1}{T_{S,Ge}}\right)\right] \tag{10.124}$$

Aus Gl. (10.124) und (10.123) lässt sich $x_{Si,fest}$ eliminieren und man erhält:

$$x_{Si,fl} = \exp\left[\frac{\Delta h_{Si}^0(T)}{R}\left(\frac{1}{T} - \frac{1}{T_{S,Si}}\right)\right] \cdot \frac{\exp\left[\frac{\Delta \bar{H}_{Ge}^0(T)}{R}\left(\frac{1}{T} - \frac{1}{T_{S,Ge}}\right)\right] - 1}{\exp\left[\frac{\Delta \bar{H}_{Ge}^0(T)}{R}\left(\frac{1}{T} - \frac{1}{T_{S,Ge}}\right)\right] - \exp\left[\frac{\Delta \bar{H}_{Si}^0(T)}{R}\left(\frac{1}{T} - \frac{1}{T_{S,Si}}\right)\right]} \tag{10.125}$$

sowie

$$x_{Si,fest} = x_{Si,fl} \cdot \exp\left[-\frac{\Delta \bar{H}_{Si}^0(T)}{R} \cdot \left(\frac{1}{T} - \frac{1}{T_{S,Si}}\right)\right] \tag{10.126}$$

und natürlich gilt:

$$x_{Ge}^{fl} = 1 - x_{Si}^{fl} \qquad bzw. \qquad x_{Ge}^{fest} = 1 - x_{Si}^{fest} \tag{10.127}$$

Wir benötigen zur Berechnung die folgenden Daten: $T_{S,Si} = 1683$ K, $\Delta \bar{H}_{Si}^0(T_S,Si) = 50{,}55$ kJ $\cdot$ mol^{-1}, $T_{S,Ge} = 1211{,}4$ K und $\Delta \bar{H}_{Ge}^0(T_S,Ge) = 36{,}94$ kJ $\cdot$ mol^{-1}. Die mit Gl. (10.125) und (10.126) erhaltenen Ergebnisse sind als Phasendiagramm in Abb. 10.23 dargestellt. Das Diagramm zeigt ein spindelförmiges Aussehen der beiden Phasengrenzlinien, aus dem man für jede Temperatur die Molenbrüche x_{Si}^{fl} und x_{Si}^{fest} ablesen kann. Die berechneten Kurven weichen nur wenig von den experimentellen Werten ab. Eine Miteinbeziehung von $\Delta \bar{c}_{p,i}^{0}$ in Gl. (10.120) und (10.121) in die Berechnungen verändert die Kurvenverläufe nur geringfügig in Richtung der experimentellen Werte. Die verbleibenden geringen Abweichungen zum Experiment sind auf die Annahme der Idealität bei unseren Berechnungen des flüssigen wie der festen Mischphase zurückzuführen. Das System verhält sich also nicht ganz, aber nahezu ideal.

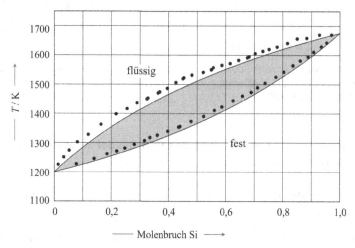

Abb. 10.23: Das Schmelzdiagramm des Systems Si + Ge. In der festen wie auch der flüssigen Phase herrscht vollständige Mischbarkeit. Kurven —: ideales Mischverhalten in beiden Phasen nach Gl. (10.125) und (10.126), •••: experimentelle Daten nach S. Stolen und T. Grande, Chemical Thermodynamics of Materials, J. Wiley and Sons (2004).

Zu einer Temperatur T gehören zwei Molenbrüche x_{Si}^{fl} und x_{Si}^{fest}.

Bei den meisten Flüssig-Fest-Gleichgewichten sieht das Verhalten komplizierter aus. Als Beispiel zeigt Abb. 10.23 (rechts) das System Ag + Cu. Unterhalb 779°C existiert eine breite Entmischungslücke im festen Bereich ($\alpha + \beta$), die nach oben hin schmaler wird. Oberhalb 779°C gibt es 2 Flüssig-Fest-Gleichgewichtsbereiche, nämlich α + liq. und β + liq. und darüber den Bereich der völligen Mischbarkeit in der flüssigen Phase (liq.). Abb. 10.24 zeigt das rasterelektronenmikroskopische Bild eines Anschliffs im Bereich der festen Mischungslücke. Die Gesamtzusammensetzung ist 30 % Ag bzw. 70 % Cu. Diese Mischung spaltet auf in zwei feste Phasen die jeweils 95 % Cu (dunkle Bereiche) und 14 % Cu enthalten (helle Bereiche). Die beiden Phasen sind makroskopisch nicht sichtbar getrennt, sondern in Form mikroskopischer Teilbereiche miteinander vermengt.

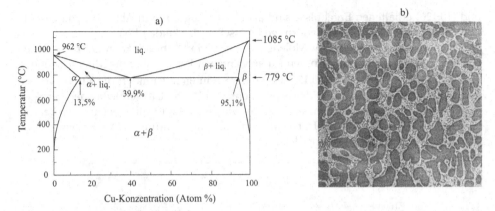

Abb. 10.24: a) Phasendiagramm des Systems Au + Cu. b) Mikroskopische Aufnahme des 2-Phasengemenges einer Ag+Cu-Mischung im festen Bereich. (Bildquelle: H. Ibach, H. Lüth, Festkörperphysik, Springer (2008))

10.8.18 Molekularstatistische Deutung des Prinzips der korrespondierenden Zustände

Die Gültigkeit des Prinzips der korrespondierenden Zustände ist gebunden an zwei Voraussetzungen:

1. Die Additivität aller zwischenmolekularen Wechselwirkungskräfte zwischen den Molekülen

2. Die Formulierung der Wechselwirkungsenergie φ_{ij} von Molekülpaaren ij als $\varphi_{ij} = \varepsilon_{ij} \cdot f(r_{ij}/\sigma_{ij})$

wobei ε eine charakteristische Energie und σ_{ij} eine charakteristische Länge bedeuten. Das LJ(12,6)-Potential (Gl. (10.4)) und das Sutherland Potential (Gl. (10.5)) erfüllen diese Gleichung: ε ist das Potentialminimum und σ die Nullstelle der Potentialkurve. Setzen wir die Parameter σ^3 und ε in die Gleichung für das Konfigurationsintegral K_I Gl. (10.8) als Reduktionsgröße ein, erhalten wir für einen reinen Stoff:

$$K_I = \sigma^{3N} \int\limits_0^{V/(N_L\sigma^3)} \cdots \int\limits_0^{V/(N_L\sigma^3)} \exp\left[-\frac{1}{2} \sum_i \sum_j \frac{\varepsilon}{k_B T} f\left(\frac{r_{ij}}{\sigma}\right) \right] \frac{\mathrm{d}\vec{r}_1}{\sigma^3} \cdots \frac{\mathrm{d}\vec{r}_N}{\sigma^3}$$

Damit lässt sich für die thermische Zustandsgleichung schreiben:

$$p = \frac{k_B T}{\varepsilon} \cdot \left(\frac{\varepsilon}{\sigma^3}\right) \frac{\mathrm{d}\ln K_I}{\partial V/(N_L\sigma^3)} = \tilde{T} \cdot \frac{\partial \ln K_I\left(\tilde{V}, \tilde{T}\right)}{\partial \tilde{V}} \cdot \left(\frac{\varepsilon}{\sigma^3}\right)$$

oder in reduzierter Form die „universell" gültige Gleichung:

$$\tilde{p} = p\frac{\sigma^3}{\varepsilon} = \tilde{T}\frac{\partial \ln K_{\mathrm{I}}(\tilde{V}, \tilde{T})}{\partial \tilde{V}} = p\left(\tilde{T}, \tilde{V}\right)$$

Für die reduzierten Größen gilt also:

$$\tilde{p} = p/\left(\varepsilon \cdot \sigma^{-3}\right), \qquad \tilde{T} = T/\left(\varepsilon \cdot k_{\mathrm{B}}^{-1}\right), \qquad \text{und} \quad \tilde{V} = \overline{V}/\left(N_{\mathrm{L}} \cdot \sigma^3\right)$$

Es gilt also der Zusammenhang mit $p^* = \varepsilon \cdot \sigma^{-3}$, $T^* = \varepsilon/k_{\mathrm{B}}$ und $V^* = N_{\mathrm{L}} \cdot \sigma^3$:

$$p^* \cdot V^* = T^* \cdot k_{\mathrm{B}} \cdot N_{\mathrm{L}} = R \cdot T^*$$

Jetzt betrachten wir den kritischen Punkt mit $T = T_{\mathrm{c}}$, $p = p_{\mathrm{c}}$ und $\overline{V} = \overline{V}_{\mathrm{c}}$. Man erhält:

$$\frac{p}{p_{\mathrm{c}}} = \frac{\tilde{p}}{\tilde{p}_{\mathrm{c}}}, \qquad \frac{T}{T_{\mathrm{c}}} = \frac{\tilde{T}}{\tilde{T}_{\mathrm{c}}} \qquad \text{und} \quad \frac{\overline{V}}{\overline{V}_{\mathrm{c}}} = \frac{\tilde{V}}{\tilde{V}_{\mathrm{c}}}$$

Also sind auch p/p_{c}, T/T_{c} und $\overline{V}/\overline{V}_{\mathrm{c}}$ universelle Funktionen, wenn die klassische Paarwechselwirkungsenergie $\varphi = \varepsilon \cdot f(r/\sigma)$ lautet.

11 Anhang

11.1 Ableitung der Stirling'schen Formel

Eine in der molekularen Statistik immer wieder vorkommende Aufgabe besteht in der Berechnung von Fakultäten:

$$N! = 1 \cdot 2 \cdot 3 \cdot 4 \cdots N$$

Da N fast immer eine sehr große Zahl ist, stellt die unmittelbare Berechnung ein Problem dar, für dessen Lösung ein einfacher Weg zu suchen ist, der zumindest für große Werte von N eine gute Näherung darstellt.

Die einfachste Näherung erhält man folgendermaßen. Zunächst ergibt sich durch Logarithmieren von $N!$:

$$\ln N! = \sum_{n=1}^{N} \ln n$$

Wenn N eine große Zahl ist, kann die Summe durch ein Integral angenähert werden und man erhält:

$$\ln N! = \approx \int_{1}^{N} \ln n \cdot dn = N \ln N - N + 1$$

Wenn man für große Werte von N die 1 neben $-N$ vernachlässigt, ergibt sich:

$$\boxed{N! \cong e^{-N} \cdot N^N} \tag{11.1}$$

Das ist die Stirling'sche Formel in erster Näherung, die in den meisten Fällen ausreichend ist. Manchmal wird jedoch eine verbesserte Näherung benötigt, mit deren Ableitung wir uns jetzt beschäftigen wollen.

In Abschnitt 1.5 wurde als Grenzfall für große Werte von n aus der Binominalverteilung (Gl. (1.15)) die Gauß'sche Verteilung (Gl. (1.24)) gewonnen:

$$\lim_{n \to \infty} \left(\frac{n!}{m!(n-m)!} q^m \cdot p^{n-m} \right) = \frac{1}{\sigma \sqrt{2\pi}} e^{-x^2/2\sigma^2}$$

mit $\sigma = \sqrt{n \cdot q \cdot p}$ und $x = m - \langle m \rangle = m - n \cdot q$.

© Der/die Autor(en), exklusiv lizenziert an
Springer-Verlag GmbH, DE, ein Teil von Springer Nature 2025
A. Heintz, *Molekulare Statistik der Materie*,
https://doi.org/10.1007/978-3-662-70983-2_11

N	$N!$	$N^N \cdot e^{-N+1}$	$\sqrt{2\pi N}\, N^N \cdot e^{-N}$
5	120	57	117,7
10	$3{,}628 \cdot 10^6$	$1{,}22 \cdot 10^6$	$3{,}591 \cdot 10^6$
20	$2{,}433 \cdot 10^{18}$	$0{,}587 \cdot 10^{18}$	$2{,}422 \cdot 10^{18}$
50	$3{,}04 \cdot 10^{64}$	$0{,}465 \cdot 10^{64}$	$3{,}036 \cdot 10^{64}$
60	$8{,}317 \cdot 10^{81}$	$1{,}158 \cdot 10^{81}$	$8{,}310 \cdot 10^{81}$
100	$9{,}328 \cdot 10^{157}$	$1{,}011 \cdot 10^{157}$	$9{,}325 \cdot 10^{157}$

Die Gauß'sche Verteilung wurde abgeleitet unter Verwendung folgender, verbesserter Gleichung für $N!$:

$$N! \cong \sqrt{2\pi N} \cdot N^N \cdot e^{-N} \qquad\qquad (11.2)$$

Wir verifizieren Gl. (11.2) durch Vergleich mit relativ kleinen Zahlen N, wobei wir Gl. (11.1) noch korrekterweise mit e = 2,7183 multipliziert haben, da N nicht sehr groß gegen 1 ist.

Die einfache Stirling'sche Formel (Gl. (11.1)) liegt gegenüber Gl. (11.2) um einen Faktor $0{,}922 \cdot \sqrt{N}$ zu niedrig, während die verbesserte Version (Gl. (11.2)) lediglich um 2 bis 0,1 % unter dem korrekten Wert liegt und bei höheren Zahlen N rasch sehr genau wird. In der statistischen Thermodynamik haben wir es praktisch ausschließlich mit dem Problem der Berechnung von $\ln N!$ zu tun. Da Gl. (11.2) bei sehr großen Zahlen praktisch identisch mit $N!$ wird, gilt das erst recht für $\ln N!$, und wir können für die relative Abweichung der einfachen Näherung nach Gl. (11.1) vom exakten Resultat schreiben:

$$\frac{\ln N! - (N \ln N - N)}{\ln N!} \cong \frac{\ln(2\pi \sqrt{N})}{\ln(2\pi \sqrt{N}) + N \ln N - N} = \frac{\ln 2\pi + \frac{1}{2}\ln N}{\ln 2\pi + \frac{1}{2}\ln N + N \ln N - N}$$

Für größere Werte von N kann im Zähler $\ln 2\pi$ neben 1/2 $\ln N$ vernachlässigt werden und im Nenner $\ln 2\pi$ wie auch 1/2 $\ln N$ und $-N$ neben $N \ln N$, so dass bei großen Zahlen N gilt:

$$\frac{\ln N! - (N \ln N - N)}{\ln N!} \approx \frac{1}{2} \cdot \frac{1}{N}$$

Für sehr große Werte von N wird dieser Wert beliebig klein, und die einfache Stirling'sche Formel

$$\ln N! \approx N \ln N - N$$

wird sehr genau. Bei $N = 10^3$ ist z. B. die Abweichung 0,05 %, bei $N = 10^6$ bereits $5 \cdot 10^{-5}$ % und bei $N = 10^{20}$ sind es $5 \cdot 10^{-19}$ %!

Wenn wir bedenken, dass wir es bei makroskopischen Systemen mit Molekülzahlen zwischen 10^{20} und 10^{25} zu tun haben, ist in diesen Fällen (Gl. (11.1)) völlig ausreichend.

Ein einfacher Beweis von Gl. (11.2) lässt sich mit Hilfe der Gammafunktion $\Gamma(N+1)$ führen. Es gilt, wie in Anhang 11.2 gezeigt wird:

$$\Gamma(N+1) = N! = \int\limits_0^\infty t^N \cdot e^{-t}\, dt$$

Der Integrand durchläuft mit wachsendem Wert von N ein immer schärfer werdendes Maximum, dass sich aus:

$$\frac{d}{dt}[t^N e^{-t}] = N \cdot t^{N-1} - t^N \cdot e^{-t} = 0$$

mit

$$t_{max} = N$$

berechnet. Man entwickelt nun den ln des Integranden in eine Taylor-Reihe um den Wert $t = t_{max}$ und erhält nach Abbruch mit dem quadratischen Glied:

$$N \ln t - t \approx (N \cdot \ln t_{max} - t_{max}) + \frac{\partial}{\partial t}[(N \ln t - t)_{t=t_{max}}](t - t_{max})$$
$$+ \frac{1}{2}\frac{\partial^2}{\partial t}[(N \ln t - t)_{t=t_{max}}](t - t_{max})^2 + \cdots$$

$$= N \ln N - N + 0 + \frac{1}{2} \cdot \left(-\frac{N}{t^2}\right)_{t=N}(t - N)^2 + \cdots$$

Es ergibt sich in dieser Näherung also:

$$N! \approx e^N \cdot N^{-N} \cdot \int\limits_0^\infty e^{-(t-N)^2/2N} dt = e^N \cdot N^{-N}\, \sqrt{2\pi N}$$

und damit Gl. (11.2). Wenn N mit der Varianz σ^2 identifiziert bzw. als relative Varianz $\widetilde{\sigma}^2 = \sigma^2/N^2$ bezeichnet wird, erhält man

$$\widetilde{\sigma} = \frac{1}{\sqrt{N}}$$

Für große Werte von N ist also $\widetilde{\sigma}$ klein, so dass die Reihenentwicklung mit Abbruch nach dem quadratischen Glied für große Zahlen N völlig gerechtfertigt ist.

11.2 Die Gamma-Funktion und weitere wichtige Integrale

Die sog. Gammafunktion ist die Grundlage für die Berechnung wichtiger, in der statistischen Thermodynamik häufig vorkommender Integrale.

Die Gammafunktion lautet:

$$\Gamma(n+1) = \int_0^\infty t^n \cdot e^{-t} \, dt$$

Sie ist hier für positive ganzzahlige Werte von n definiert.

Das Integral lässt sich durch partielle Integration ($\int u' v \, dx = u \cdot v - \int v' u \, dx$) in eine Rekursionsformel überführen ($u = e^{-t}, v = t^n$):

$$-\int_0^\infty t^n e^{-t} \, dt = t^n \, e^{-t} \Big|_0^\infty - n \int_0^\infty t^{n-1} e^{-t} \, dt$$

Also gilt:

$$\int_0^\infty t^n e^{-t} \, dt = n \int_0^\infty t^{n-1} e^{-t} \, dt$$

Die Rekursion dieser Rechnung ergibt:

$$\int_0^\infty t^n e^{-t} \, dt = n(n-1) \cdots (n-n+1) \int_0^\infty e^{-t} \, dt$$

Da

$$\Gamma(1) = \int_0^\infty e^{-t} \, dt = 1$$

ergibt sich somit:

$$\boxed{\Gamma(n+1) = \int_0^\infty t^n \cdot e^{-t} \, dt = n! \quad \text{für} \quad n = 0, 1, 2, 3, 4, \ldots} \tag{11.3}$$

Gl. (11.3) kann auch als Definition für $n!$ aufgefasst werden. Daraus ergibt sich, dass $0! = \Gamma(1) = 1$.

Die Gamma-Funktion lässt sich auch für nicht ganzzahlige Argumente einführen. In der Praxis spielen häufig halbzahlige Argumente eine Rolle, für die man die Gammafunktion folgendermaßen definiert:

$$\Gamma\left(n + \frac{1}{2}\right) = \int\limits_0^\infty t^{n-\frac{1}{2}} \cdot e^{-t} dt \quad \text{mit} \quad n = 0, 1, 2, 3, \ldots$$

Die Integrale lassen sich für alle ganzzahligen Werte von n einschließlich der Null lösen. Dazu kann man folgenden Trick anwenden. Statt t schreibt man $a \cdot t$, wobei a eine beliebige endliche positive Zahl ist. Dann gilt offensichtlich:

$$\Gamma\left(n + \frac{1}{2}\right) = \int\limits_0^\infty (at)^{n-\frac{1}{2}} \cdot e^{-at} \cdot d(a \cdot t)$$

Jetzt differenzieren wir nach dem Parameter a, von dem der Wert des Integrals aber nicht abhängt. Daher gilt:

$$\frac{d\Gamma\left(n + \frac{1}{2}\right)}{da} = 0 = \left(n + \frac{1}{2}\right) \int\limits_0^\infty (a \cdot t)^{n-\frac{1}{2}} \cdot e^{-at} \cdot dt$$

$$- \int\limits_0^\infty (at)^{n-\frac{1}{2}} \cdot t \cdot e^{-at} \cdot d(at)$$

$$= \left(n + \frac{1}{2}\right) \cdot \Gamma\left(n + \frac{1}{2}\right) - \Gamma\left(n + \frac{3}{2}\right)$$

Also gilt:

$$\Gamma\left(n + \frac{3}{2}\right) = \left(n + \frac{1}{2}\right)\Gamma\left(n + \frac{1}{2}\right)$$

Setzen wir $n = 0, n = 1$ usw., gilt:

$$\Gamma\left(\tfrac{3}{2}\right) = \tfrac{1}{2}\Gamma\left(\tfrac{1}{2}\right)$$

$$\Gamma\left(\tfrac{5}{2}\right) = \tfrac{1}{2} \cdot \tfrac{3}{2}\Gamma\left(\tfrac{1}{2}\right)$$

$$\vdots \qquad \vdots$$

$$\Gamma\left(n + \tfrac{1}{2}\right) = \frac{1 \cdot 3 \cdot 5 \ldots (2n-1)}{2^n} \cdot \Gamma\left(\tfrac{1}{2}\right)$$

Jetzt berechnen wir $\Gamma\left(\frac{1}{2}\right)$, indem wir substituieren $t = u^2$ bzw. $dt = 2u\,du$:

$$\Gamma\left(\frac{1}{2}\right) = \int\limits_0^\infty t^{-1/2} \cdot e^{-t} dt = 2 \int\limits_0^\infty e^{-u^2} du = \sqrt{\pi}$$

wobei wir vom Integral Gl. (11.8) Gebrauch gemacht haben.

Damit erhalten wir als Endergebnis:

$$\Gamma\left(n + \frac{1}{2}\right) = \int\limits_0^\infty t^{n-\frac{1}{2}} e^{-t} dt = \frac{(2n-1)!}{2^n} \cdot \sqrt{\pi}$$

(11.4)

Gl. 11.4 gilt für $n = 1, 2, 3, \ldots$.

Integrale der Art

$$\int\limits_0^\infty x^n e^{-ax} dx = \frac{1}{a^{n+1}} \int\limits_0^\infty y^n e^{-y} dy = \frac{\Gamma(n+1)}{a^{n+1}}$$

lassen sich durch die Einführung einer neuen Variablen $y = ax$ auf die Gammafunktion zurückführen.

Also gilt:

$$\int\limits_0^\infty x^n \cdot e^{-ax} dx = \frac{n!}{a^{n+1}} \quad \text{mit} \quad n = 0, 1, 2, 3, \ldots$$

(11.5)

Für Integrale der Art

$$\int\limits_0^\infty x^n \cdot e^{-ax^2} dx \quad \text{mit} \quad n = 1, 3, 5, 7, \ldots$$

führt man die neue Variable $y = x^2$ bzw. $dy = 2xdx$ ein, und nimmt danach noch eine Variablensubstitution mit $u = a \cdot y$ vor:

$$\frac{1}{2} \int\limits_0^\infty y^{(n-1)/2} e^{-ay} dy = \frac{1}{2} \frac{1}{a^{(n+1)/2}} \int\limits_0^\infty u^l e^{-u} du \quad \text{mit} \quad l = \frac{n-1}{2}$$

Also gilt mit $n = 2l + 1$:

$$\int\limits_0^\infty x^{2l+1} \cdot e^{-ax^2} dx = \frac{1}{2} \cdot l! \cdot \frac{1}{a^{l+1}} \quad \text{mit} \quad l = 0, 1, 2, 3, 4, \ldots$$

(11.6)

Um auch Integrale der Art

$$\int\limits_0^\infty x^n \cdot e^{-ax^2} dx \quad \text{mit} \quad n = 0, 2, 4, 6, \ldots$$

also mit geradzahligen Werten von n zu lösen, führen wir zunächst die Variablensubstitution $y^2 = ax^2$ bzw. $dx = dy/\sqrt{a}$ durch:

$$\int\limits_0^\infty x^n \cdot e^{-ax^2}\, dx = \frac{1}{a^{(n+1)/2}} \int\limits_0^\infty y^n \cdot e^{-y^2}\, dy$$

Im nächsten Schritt wird wieder eine partielle Integration durchgeführt ($\int u'\,v\,dx = uv - \int u \cdot v'\,dx$ mit $u = e^{-y^2}$ und $v = y^n$):

$$-\int\limits_0^\infty 2y \cdot y^n e^{-y^2}\, dy = y^n\, e^{-y^2}\Big|_0^\infty - n \int\limits_0^\infty y^{n-1} \cdot e^{-y^2}\, dy$$

oder mit $m = n + 1$

$$\int\limits_0^\infty y^m e^{-y^2}\, dy = \frac{m-1}{2} \int\limits_0^\infty y^{m-2} \cdot e^{-y^2}\, dy$$

Das ist wiederum eine Rekursionsformel, die ergibt

$$\int\limits_0^\infty y^m e^{-y^2}\, dy = \frac{(m-1)}{2}\frac{(m-3)}{2}\frac{(m-5)}{2}\cdots\frac{(m-m+1)}{2} \int\limits_0^\infty e^{-y^2}\, dy$$

Die Formel gilt nur für gradzahlige Werte von m.

Wir schreiben sie folgendermaßen um:

$$\frac{(m-1)}{2}\frac{(m-3)}{2}\cdots\frac{1}{2} = \frac{(m-1)!}{2^{m/2} \cdot (m-2)(m-4)\cdots 2} = \frac{(m-1)!}{2^{m/2} \cdot 2^{m/2-1} \cdot (\frac{m}{2}-1)!} = \frac{(2l-1)!}{2^{2l}(l-1)!}$$

Also ergibt sich mit $m = 2l$ und $l = 1, 2, 3, 4, 5, \ldots$

$$\int\limits_0^\infty y^{2l} \cdot e^{-y^2}\, dy = \frac{(2l-1)!}{2^{2l-1}(l-1)!} \cdot \int\limits_0^\infty e^{-y^2}\, dy$$

Also folgt dann:

$$\int\limits_0^\infty x^{2l} \cdot e^{-ax^2}\, dx = \frac{1}{a^{l+1/2}} \frac{(2l-1)!}{2^{2l-1}(l-1)!} \cdot \int\limits_0^\infty e^{-y^2}\, dy$$

Es fehlt nun noch die Berechnung des verbleibenden Integrals auf der rechten Seite. Wir wenden folgenden Trick an und schreiben zunächst:

$$\int\limits_0^\infty e^{-y^2}\, dy \cdot \int\limits_0^\infty e^{-z^2}\, dz = \int\limits_0^\infty \int\limits_0^\infty e^{-(y^2+z^2)}\, dy \cdot dz$$

Wir wechseln zu Polarkoordinaten:

$$\int\limits_{0}^{\infty} \int\limits_{0}^{\infty} e^{-(y^2+z^2)} \, dy \cdot dz = \frac{1}{4} \int\limits_{0}^{2\pi} dy \int\limits_{0}^{\infty} e^{-r^2} \cdot r \cdot dr = \frac{\pi}{2} \int\limits_{0}^{\infty} e^{-w} \frac{1}{2} dw = \frac{\pi}{4}$$

Der Faktor $1/4$ vor dem Doppelintegral berücksichtigt, dass über r nur über das erste Kreisviertel ($y > 0, z > 0$) integriert wird.

Beim Integrieren haben wir von Gl. (11.5) Gebrauch gemacht ($x = w$, $m = 0$, $a = 1$).

Damit folgt:

$$\int\limits_{0}^{\infty} e^{-y^2} dy = \frac{1}{2} \sqrt{\pi}$$

und ferner das Endergebnis:

$$\boxed{\int\limits_{0}^{\infty} x^{2l} \cdot e^{-ax^2} \, dx = \frac{(2l-1)!}{a^l \cdot 2^{2l} \cdot (l-1)!} \cdot \sqrt{\frac{\pi}{a}} \quad \text{mit} \quad l = 1, 2, 3, 4 \ldots} \tag{11.7}$$

Für den Fall $l = 0$ gilt ($y = ax^2$):

$$\boxed{\int\limits_{0}^{\infty} e^{-ax^2} \, dx = \frac{1}{\sqrt{a}} \int\limits_{0}^{\infty} e^{-y^2} dy = \frac{1}{2} \sqrt{\frac{\pi}{a}}} \tag{11.8}$$

Gl. (11.7) lässt sich auch durch wiederholtes Differenzieren von Gl. (11.8) nach dem Parameter a erhalten.

11.3 Formeln für Potenzsummen ganzer Zahlen und geometrische Reihen

Geschlossene Ausdrücke für Summen mit einer endlichen Anzahl von Summengliedern werden in der Physik häufig benötigt. Dazu gehören vor allem die Summen über Potenzen ganzer Zahlen i wie $\sum\limits_{i=1}^{n} i^k$ mit $k = 1, 2, 3$ oder 4.

Ableitung für $\sum\limits^{n} i$:

Wir schreiben zunächst:

$$(i + 1)^2 - i^2 = 2i + 1$$

Summation ergibt:

$$\sum_{i=1}^{n}(i+1)^2 - \sum_{i=1}^{n} i^2 = (n+1)^2 - 1 = 2\sum_{i=1}^{n} i + n$$

Also folgt:

$$\boxed{\sum_{i=1}^{n} i = \frac{1}{2}[(n+1)^2 - (n+1)] = \frac{n(n+1)}{2}}$$
(11.9)

Ableitung für $\displaystyle\sum_{i=1}^{n} i^2$:

Es gilt zunächst:

$$(i+1)^3 - i^3 = 3i^2 + 3i + 1$$

Summation ergibt:

$$\sum_{i=1}^{n}(i+1)^3 - \sum_{i=1}^{n} i^3 = (n+1)^3 - 1 = 3\sum_{i=1}^{n} i^2 + 3\sum_{i=1}^{n} i + n$$

Einsetzen von Gl. (11.9) für $\displaystyle\sum_{i=1}^{n} i$ ergibt:

$$\sum_{i=1}^{n} i^2 = \frac{1}{3}(n+1)^3 - 3\cdot\frac{n(n+1)}{2} - \frac{n+1}{3}$$

bzw.:

$$\boxed{\sum_{i=1}^{n} i^2 = \frac{n(n+1)(2n+1)}{6}}$$
(11.10)

In analoger Weise lässt sich ableiten:

$$\boxed{\sum_{i=1}^{n} i^3 = \frac{1}{4}n^2(n+1)^2}$$
(11.11)

sowie:

$$\boxed{\sum_{i=1}^{n} i^4 = \frac{1}{30}n(n+1)(2n+1)(3n^2 + 3n - 1)}$$
(11.12)

Wir kommen nun zur Berechnung von Summenausdrücken mit unendlich vielen Summengliedern.

Unter einer *geometrischen Reihe* versteht man folgende Summe mit ganzen Zahlen für v:

$$\boxed{\sum_{v=0}^{\infty} x^v = \frac{1}{1-x}} \quad 0 < x < 1 \tag{11.13}$$

Man überzeugt sich von der Richtigkeit des Ergebnisses, indem man für eine endliche Zahl n schreibt:

$$\sum_{v=0}^{n} x^v - \sum_{v=0}^{n} x^{v+1} = 1 - x^{n+1} = \sum_{v=0}^{n} x^v - x \sum_{v=0}^{n} x^v = (1-x) \sum_{v=0}^{n} x^v$$

also gilt:

$$\sum_{v=0}^{n} x^v = \frac{1 - x^{n+1}}{1-x} \quad \text{und somit} \quad \sum_{v=0}^{\infty} x^v = \lim_{n \to \infty} \frac{1 - x^{n+1}}{1-x} = \frac{1}{1-x}$$

Für $n \to \infty$ folgt daraus unmittelbar Gl. (11.13) wegen $x < 1$. Ausgehend von diesem Ergebnis lassen sich noch andere Reihen berechnen mit $0 < x < 1$:

$$\sum_{v=0}^{\infty} v x^v = x \sum_{v=0}^{\infty} v \cdot x^{v-1} = x \frac{\mathrm{d}}{\mathrm{d}x} \sum_{v=0}^{\infty} x^v = x \frac{\mathrm{d}}{\mathrm{d}x} \left(\frac{1}{1-x} \right)$$

also erhält man:

$$\boxed{\sum_{v=0}^{\infty} v x^v = \frac{x}{(1-x)^2}} \quad 0 \le x \le 1 \tag{11.14}$$

Ferner lässt sich auch berechnen:

$$\sum_{v=0}^{\infty} v^2 \cdot x^v = x \sum_{v=0}^{\infty} v^2 \cdot x^{v-1} = x \frac{\mathrm{d}}{\mathrm{d}x} \sum_{v=0}^{\infty} v x^v = x \frac{\mathrm{d}}{\mathrm{d}x} \left(\frac{x}{1-x^2} \right)$$

mit dem Ergebnis:

$$\boxed{\sum_{v=0}^{\infty} v^2 x^v = \frac{x(1+x)}{(1-x)^3}} \quad 0 \le x < 1 \tag{11.15}$$

Diese Methode lässt sich in der geschilderten Weise weiter fortsetzen, um

$$\sum_{v=0}^{\infty} v^i x^v$$

zu berechnen. Wir verzichten auf die Ableitungen für $i > 2$, da sie selten benötigt werden.

11.4 Die Methode der Lagrange'schen Multiplikatoren

Wir betrachten eine Funktion z, die von n Variablen $x_1, \ldots x_n$ abhängt:

$$z = z(x_1, x_2, \ldots x_n) \tag{11.16}$$

Ferner sollen noch s Gleichungen existieren, die funktionale Zusammenhänge zwischen den Variablen angeben und die allgemein formuliert lauten:

$$\varphi_1(x_1, x_2, \ldots x_n) = 0$$
$$\varphi_2(x_1, x_2, \ldots x_n) = 0$$
$$\vdots \qquad\qquad \vdots$$
$$\varphi_s(x_1, x_2, \ldots x_n) = 0 \tag{11.17}$$

wobei $s < n$ gilt.

Die Frage lautet jetzt: wie findet man den Extremwert der Funktion z unter Berücksichtigung der Nebenbedingungen von Gl. (11.17)?

Dazu bildet man zunächst das totale Differential von z.

$$\mathrm{d}z = \left(\frac{\partial z}{\partial x_1}\right)_{x_i \neq x_1} \mathrm{d}x_1 + \left(\frac{\partial z}{\partial x_2}\right)_{x_i \neq x_2} \mathrm{d}x_2 + \cdots \left(\frac{\partial z}{\partial x_n}\right)_{x_i \neq x_n} \mathrm{d}x_n \tag{11.18}$$

Ohne Nebenbedingungen findet man das Extremum durch

$$\mathrm{d}z = 0 \text{ mit } \left(\frac{\partial z}{\partial x_j}\right)_{x_{j \neq i}} = 0 \text{ für alle } j$$

da alle ∂_{x_j} frei wählbar und damit verschieden von Null sein können.

Wegen der Nebenbedingungen sind jedoch die Werte $x_1, x_2, \ldots x_n$ nicht alle unabhängig voneinander, d. h. nur für $n-s$ Variable $x_n, x_{n-1}, \ldots x_{n-s+1}$ ist ∂_{x_i} frei wählbar, die restlichen Differentiale d_{x_1} bis d_{x_s} sind dann festgelegt.

Die Nebenbedingungen führt man nun folgendermaßen ein: Man bildet die totalen Differentiale der Nebenbedingungsgleichungen φ_1 bis φ_s:

$$\mathrm{d}\varphi_1 = 0 = \left(\frac{\partial \varphi_1}{\partial x_1}\right)\mathrm{d}x_1 + \left(\frac{\partial \varphi_1}{\partial x_2}\right)\mathrm{d}x_2 + \cdots \left(\frac{\partial \varphi_1}{\partial x_n}\right)\mathrm{d}x_s$$

$$\vdots \qquad \vdots \qquad\quad \vdots \qquad\qquad \vdots$$

$$\mathrm{d}\varphi_s = 0 = \left(\frac{\partial \varphi_s}{\partial x_1}\right)\mathrm{d}x_1 + \left(\frac{\partial \varphi_s}{\partial x_2}\right)\mathrm{d}x_2 + \cdots \left(\frac{\partial \varphi_s}{\partial x_n}\right)\mathrm{d}x_s \tag{11.19}$$

Man multipliziert jetzt jedes φ_i, d. h. jede der Gleichungen, mit einer beliebigen Zahl λ_i und addiert diese Gleichung für den jeweiligen Index $i(1, \cdots s)$ zur entsprechenden Gl. (11.19), so dass sich folgendes Schema ergibt.

$$\left(\left(\frac{\partial z}{\partial x_1}\right) + \lambda_1\left(\frac{\partial \varphi_1}{\partial x_1}\right) + \cdots + \lambda_s\left(\frac{\partial \varphi_s}{\partial x_1}\right)\right)dx_1 + \left(\left(\frac{\partial z}{\partial x_2}\right) + \lambda_1\left(\frac{\partial \varphi_1}{\partial x_2}\right) + \cdots + \lambda_s\left(\frac{\partial \varphi_s}{\partial x_2}\right)\right)dx_2 +$$

$$\cdots + \left(\left(\frac{\partial z}{\partial x_n}\right) + \lambda_1\left(\frac{\partial \varphi_1}{\partial x_n}\right) + \cdots + \lambda_s\left(\frac{\partial \varphi_s}{\partial x_n}\right)\right)dx_n = 0$$

(11.20)

Damit erreicht man folgendes. Da die differentiellen Variationen $dx_1, dx_2, \ldots dx_s$ nicht frei wählbar sind, muss zur allgemeinen Erfüllung von Gl. (11.20) gefordert werden, dass die Parameter λ_1 bis λ_s in den Klammern vor $dx_1, dx_2, \ldots dx_s$ so gewählt werden müssen, dass diese Klammerausdrücke verschwinden. Damit sind die Nebenbedingungen in die Maximierungsforderung eingebracht, die Variationen dx_{s+1} bis dx_n sind frei wählbar und die Forderung, dass die vor ihnen stehenden Klammerausdrücke gleich Null sein müssten, lässt sich automatisch erfüllen.

Es muss also gelten:

$$\left(\frac{\partial z}{\partial x_1}\right) + \lambda_1\left(\frac{\partial \varphi_1}{\partial x_1}\right) + \cdots + \lambda_s\left(\frac{\partial \varphi_s}{\partial x_1}\right) = 0$$

$$\vdots \qquad \vdots \qquad \vdots \qquad \vdots$$

$$\left(\frac{\partial z}{\partial x_n}\right) + \lambda_1\left(\frac{\partial \varphi_1}{\partial x_n}\right) + \cdots + \lambda_s\left(\frac{\partial \varphi_s}{\partial x_n}\right) = 0$$

(11.21)

Die Größen $x_1, x_2, \ldots x_n, \lambda_1, \lambda_2, \ldots \lambda_s$ werden aus dem Gleichungssystem (11.20) berechnet.

Beispiel:

$$z = x^2 + y^2$$

Nebenbedingung: $\varphi = 3x - y - 1 = 0$

Man bestimme das Extremum von z (Minimum). Es gilt:

$$\left(\frac{\partial z}{\partial x}\right)_y + \lambda\left(\frac{\partial \varphi}{\partial x}\right)_y = 0 = 2x + \lambda - 3$$

$$\left(\frac{\partial z}{\partial y}\right)_x + \lambda\left(\frac{\partial \varphi}{\partial y}\right)_x = 0 = 2y - \lambda$$

Auflösen der beiden Gleichungen plus der Bedingungsgleichung $\varphi = 0$ nach x, y und λ ergibt:

$$x = \frac{3}{10}, y = -\frac{1}{10}, \lambda = -\frac{2}{10}$$

$$z_{\text{Extrem}} = \frac{9}{100} + \frac{1}{100} = \frac{1}{10}$$

Man kann dieses Ergebnis durch die konventionelle Substitutionsmethode nachprüfen, indem man als Lösungsweg die Nebenbedingung $3x - y - 1 = 0$ in z einsetzt und dann das Extremum sucht, also z. B.:

$$x = \frac{y+1}{3}$$

$$z = y^2 + \left(\frac{y+1}{3}\right)^2$$

$$\frac{dz}{dy} = 0 = 2y + 2\frac{y+1}{3} \cdot \frac{1}{3}$$

Also ergibt sich:

$$y = -\frac{1}{10}, \quad x = \frac{3}{10} \quad \text{und somit} \quad z_{\text{extrem}} = \frac{1}{10}$$

Die Methode der Lagrange-Multiplikation erscheint zwar in diesem Beispiel fast umständlicher als die konventionelle Substitutionsmethode, aber bei der Formulierung komplexerer Probleme ist sie von erheblichem Vorteil wegen ihrer klaren Systematik.

11.5 Vektoren

Vektoralgebra

Wir geben in diesem Abschnitt Definitionen und einige Rechenregeln für Vektoren an. Ein Vektor $\vec{a}$ ist eine Größe, die im n-dimensionalen Raum ein Punkt mit den Koordinaten $a_1, a_2, a_3, \ldots a_n$ entspricht. Der Raum wird i.d.R. durch ein kartesisches Koordinatensystem aufgespannt mit den Einheitskoordinaten in Richtung der Achsen mit den Einheitsvektoren $\vec{e}_1, \vec{e}_2, \ldots \vec{e}_n$. Diese unterliegen den Bedingungen

$$(\vec{e}_i)^2 = 1 \quad \text{für alle } i \quad \text{und} \quad (\vec{e}_i \cdot \vec{e}_j) = 0 \quad \text{für alle } i \neq j$$

Einen Vektor im Raum schreibt man als Zeilenvektor oder Spaltenvektor:

$$\vec{a} = (a_1, a_2, \cdots a_n), \qquad \vec{a} = \begin{pmatrix} a_1 \\ a_2 \\ \vdots \\ a_n \end{pmatrix} \tag{11.22}$$

Sind seine Komponenten $a_1, a_2, \ldots a_n$ feste Zahlenwerte, bezeichnen wir $\vec{a} = \vec{r}$ als Ortsvektor, das ist im 3-D-Raum ein Pfeil vom Ursprung zu einem Punkt $a_1 = x$, $a_2 = y$,

$a_3 = z$. Häufig ist jedoch a_1, a_2, a_3 eine Funktion der Koordinaten x, y, z. Dann spricht man von einem *Skalarfeld*: jedem Ortsvektor $\vec{r} = (x, y, z)$ ist ein Zahlenwert durch die Funktion $F(x, y, z)$ zugeordnet. Um ein *Vektorfeld* handelt es sich, wenn jedem Ortsvektor $\vec{r} = (x, y, z)$ ein anderer Vektor zugeordnet ist. Wir beschränken uns im Folgenden auf den 3-D-Raum mit den Koordinatenachsen x, y, z. Die wichtigsten Rechenregeln sind:

- *Addition*:

$$\boxed{\vec{a} + \vec{b} = (a_1 + b_1, a_2 + b_2, a_3 + b_3)}$$ (11.23)

- *Multiplikation mit einem Skalar*:

$$\boxed{\lambda \cdot \vec{a} = (a_1 \cdot \lambda, a_2 \cdot \lambda, a_3 \cdot \lambda) \qquad (\lambda = \text{skalare Größe})}$$ (11.24)

Jeder Vektor $\vec{a}$ lässt sich als Summe darstellen

$$\vec{a} = a_1 \cdot \vec{e}_x + a_2 \cdot \vec{e}_y + a_3 \cdot \vec{e}_z$$

wobei $\vec{e}_x$, $\vec{e}_y$ und $\vec{e}_z$ die aufeinander senkrecht stehenden Einheitsvektoren in x-, y- und z-Richtung bedeuten.

- *Skalarprodukt*:

$$\boxed{\vec{a} \cdot \vec{b} = (a_1 \cdot b_1 + a_2 \cdot b_2 + a_3 \cdot b_3) = |\vec{a}| \cdot |\vec{b}| \cdot \cos \vartheta}$$ (11.25)

ϑ ist der von $\vec{a}$ und $\vec{b}$ eingeschlossene Winkel. $|\vec{a}| = (\vec{a} \cdot \vec{a})^{1/2}$ bzw. $|\vec{b}| = (\vec{b} \cdot \vec{b})^{1/2}$ heißen *Betrag* des Vektors:

$$\boxed{|\vec{a}| = \sqrt{\left(a_x^2 + a_y^2 + a_z^2\right)}} \qquad \text{bzw.} \qquad \boxed{|\vec{b}| = \sqrt{\left(b_x^2 + b_y^2 + b_z^2\right)}}$$ (11.26)

Man kann $\vec{a}/|\vec{a}| = \vec{e}_a$ als Einheitsvektor in die Richtung von $\vec{a}$ bezeichnen.

- *Vektorprodukt*:

$$\boxed{\vec{a} \times \vec{b} = \begin{vmatrix} \vec{e}_x & \vec{e}_y & \vec{e}_z \\ a_x & a_y & a_z \\ b_x & b_y & b_z \end{vmatrix} = \left(a_y b_y - a_z b_y\right) \cdot \vec{e}_x + (a_z b_x - a_x b_z) \cdot \vec{e}_y + \left(a_x b_y - a_y b_x\right) \cdot \vec{e}_z}$$

(11.27)

(Rechenregeln von Determinaten: s. Anhang 11.6).

Demnach gilt (Vertauschen von Zeile a mit Zeile b):

$$\boxed{\vec{a} \times \vec{b} = -\vec{b} \times \vec{a}}$$ (11.28)

Geometrisch bedeutet das:

$$\vec{a} \times \vec{b} = |\vec{a}| \cdot |\vec{b}| \cdot \sin \vartheta = \vec{c}$$ (11.29)

Hier ist ϑ der von $\vec{a}$ nach $\vec{b}$ eingeschlossene Winkel. $\vec{c}$ steht *senkrecht* auf der von $\vec{a}$ und $\vec{b}$ gebildeten Ebene.

- *Spatprodukt*:

  Das Spatprodukt ist ein sog. gemischtes Produkt. Das Resultat ist ein Skalar:

$$\boxed{\vec{a} \times (\vec{b} \cdot \vec{c}) = \vec{a} \begin{vmatrix} \vec{e}_x & \vec{e}_y & \vec{e}_z \\ b_x & b_y & b_z \\ c_x & c_y & c_z \end{vmatrix} = \begin{vmatrix} a_x & a_y & a_z \\ b_x & b_y & b_z \\ c_x & c_y & c_z \end{vmatrix} = \begin{vmatrix} b_x & b_y & b_z \\ a_x & a_y & a_z \\ c_x & c_y & c_z \end{vmatrix} = (\vec{a} \times \vec{b}) \cdot \vec{c} = \vec{c} \cdot (\vec{a} \times \vec{b})}$$ (11.30)

Das Spatprodukt geht also durch zyklische Vertauschung der Indizes in sich selbst über (2-facher Spaltentausch der Determinante)

Das Spatprodukt lässt sich geometrisch interpretieren als das in Abb. 11.1 dargestellte Volumen V, denn es gilt:

$$\vec{a} \cdot \vec{k} = |\vec{a}| \cdot \cos \varphi \qquad \text{und} \quad \vec{b} \times \vec{c} = |\vec{b}| \cdot |\vec{c}| \cdot \sin \vartheta \cdot \vec{k}$$

Also ist

$$V = |\vec{a} \cdot (\vec{b} \times \vec{c})| = (|\vec{a}| \cdot \cos \varphi) \cdot |\vec{b}| \cdot |\vec{c}| \cdot \sin \vartheta$$ (11.31)

$\vec{k}$ ist ein Hilfsvektor, er ist der Einheitsvektor ($|\vec{k}| = 1$), der senkrecht auf der von $\vec{b}$ und $\vec{c}$ aufgespannten Ebene steht.

- *Das dreifache Vektorprodukt*:

  Es gilt:

$$\boxed{(\vec{a} \times \vec{b}) \times \vec{c} = (\vec{a} \cdot \vec{c}) \cdot \vec{b} - (\vec{b} \cdot \vec{c}) \cdot \vec{a}}$$ (11.32)

bzw.

$$\boxed{\vec{a} \times (\vec{b} \times \vec{c}) = (\vec{a} \cdot \vec{c}) \cdot \vec{b} - (\vec{a} \cdot \vec{b}) \cdot \vec{c}}$$ (11.33)

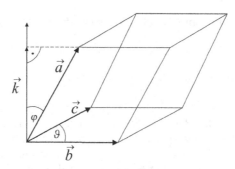

Abb. 11.1: Veranschaulichung des Spatproduktes als Volumen

Zum Beweis betrachtet man ein Koordinatensystem mit $\vec{a}$ auf der x-Achse und $\vec{b}$ in der xy-Ebene, also:

$$\vec{a} = (a_x, 0, 0) \quad \text{und} \quad \vec{b} = \left(b_x, b_y, 0\right)$$

Daraus folgt

$$\vec{a} \times \vec{b} = \left(0, 0, a_x \cdot b_y\right)$$

und somit:

$$\left(\vec{a} \times \vec{b}\right) \times \vec{c} = \left(-a_x \cdot b_y \cdot c_y, a_x \cdot b_y \cdot c_x, 0\right) \tag{11.34}$$

Andererseits gilt:

$$(\vec{a} \cdot \vec{c}) \cdot \vec{b} - \left(\vec{b} \cdot c\right) \cdot \vec{a} = a_x \cdot c_x \cdot \vec{b} - \left(b_x c_x - b_y c_y\right) \cdot \vec{a} = \left(-a_x b_y c_y, a_x b_y c_x, 0\right) \tag{11.35}$$

Gl. (11.34) und (11.35) sind identisch, das ist der Beweis für Gl. (11.32). Er gilt unabhängig von der Wahl des Koordinatensystems. Entsprechend weist man auch Gl. (11.33) nach.

11.6 Grundlagen der linearen Algebra

Definition und Eigenschaften von Determinanten

Wir gehen aus von einem linearen Gleichungssystem mit den Unbekannten $x_1, x_2, x_3, \ldots$ x_n und bekannten festen Werten für $b_1, b_2, \ldots b_n$:

$$\begin{aligned}
b_1 &= x_1 \cdot a_{11} + x_2 \cdot a_{12} + \cdots x_n \cdot a_{1n} \\
b_2 &= x_1 \cdot a_{21} + x_2 \cdot a_{22} + \cdots x_n \cdot a_{2n} \\
&\vdots \qquad \vdots \qquad\quad \vdots \qquad\quad \vdots \\
b_n &= x_1 \cdot a_{n1} + x_2 \cdot a_{n2} + \cdots x_n \cdot a_{nn}
\end{aligned} \tag{11.36}$$

Die dazu gehörige Determinante ist definiert als eine Summe von Produkten der Koeffizienten a_{ij}

$$\text{Det}\left(\hat{A}\right) = \sum_{k,l,\ldots r}^{\text{Perm}} \pm a_{1k} \cdot a_{2l} \cdots a_{nr} \tag{11.37}$$

Dabei läuft der zweite Index der Koeffizienten durch alle Permutationen. Die Summe hat also $n!$ Summenglieder. Das positive Vorzeichen gilt für eine gerade Anzahl von Permutationen, ausgehend von $k = 1, l = 2, \ldots r = n$, das negative gilt für ungerade Anzahlen von Permutationen. Eine Determinante ist also ein Zahlenwert. Man schreibt sie in Form eines quadratischen Schemas an, dessen Seiten durch senkrechte Striche versehen sind:

$$\text{Det}\left(\hat{A}\right) = \begin{vmatrix} a_{11}\,a_{12}\cdots a_{1n} \\ a_{21}\,a_{22}\cdots a_{2n} \\ \vdots \qquad \vdots \\ a_{n1} \quad \cdots a_{nn} \end{vmatrix} \tag{11.38}$$

Die Gesamtheit der Anordnung der Koeffizienten a_{ij} bezeichnen wir als Matrix $\hat{A}$. Die vertikalen Kolonnen heißen Spalten, die horizontalen Zeilen. Man kann sich die Produkte in Gl. (11.37) als die Zahl möglicher Wege vorstellen, auf denen man zeilenweise von der ersten oberen zur letzten unteren Zeile gelangt. Für die n Elemente der ersten Zeile sind das n Schritte. Für die zweite Zeil $(n-1)$ u.s.w.

Also ist die Gesamtzahl $n(n-1)(n-2)\cdots 2 \cdot 1 = n!$ In Form von Gl. (11.38) lassen sich folgende Eigenschaften von Determinanten übersichtlich formulieren:

1. Vertauscht man Zeilen und Spalten (Spiegelung an der Diagonalen), so bleibt der Wert von Det unverändert. Das ist unmittelbar einsichtig. Wenn man in Gl. (11.38) statt dem Zeilenindex den Spaltenindex von 1 bis n laufen lässt, und stattdessen den Zeilenindex permutiert, muss dasselbe herauskommen.

2. Eine Determinante wechselt ihr Vorzeichen, wenn man 2 Zeilen oder 2 Spalten vertauscht. Das entspricht einer Permutation eines Zeilen- oder Spaltenindex und dreht daher das Vorzeichen der Determinante um.

3. Eine Determinante hat den Wert Null, wenn sie zwei oder mehr gleiche Zeilen bzw. Spalten enthält. Dann kann sich das Vorzeichen beim Zeilen- bzw. Spaltentausch nicht ändern und das ist nur bei $\text{Det}(\hat{A}) = 0$ möglich.

4. Multiplikation einer Zeile oder Spalte mit dem Faktor p ergibt $p \cdot \text{Det}(\hat{A})$, denn das bedeutet, dass jeder Summand in Gl. (11.37) einmal mit p multipliziert wird.

5. Der Wert einer Determinante bleibt unverändert, wenn man zu den Elementen einer Zeile bzw. Spalte die mit einem festen Faktor p multiplizierten Elemente einer anderen Zeile bzw. Spalte addiert.

6. Schließlich geben wir noch ohne Beweis das Multiplikationsgesetz für Determinanten an.

$$
\begin{vmatrix} a_{11}\,a_{12}\cdots a_{1n} \\ a_{21}\,a_{22}\cdots a_{2n} \\ \vdots \qquad \vdots \\ a_{n1}\qquad \cdots a_{nn} \end{vmatrix}
\cdot
\begin{vmatrix} b_{11}\,b_{12}\cdots b_{1n} \\ b_{21}\,b_{22}\cdots b_{2n} \\ \vdots \qquad \vdots \\ b_{n1}\qquad \cdots b_{nn} \end{vmatrix}
=
\begin{vmatrix} c_{11}\,c_{12}\cdots c_{1n} \\ c_{21}\,c_{22}\cdots c_{2n} \\ \vdots \qquad \vdots \\ c_{n1}\qquad \cdots c_{nn} \end{vmatrix}
\tag{11.39}
$$

Dafür schreiben wir:

$$
\mathrm{Det}\left(\hat{A}\right)\cdot\mathrm{Det}\left(\hat{B}\right)=\mathrm{Det}\left(\hat{C}\right)
$$

wobei gilt

$$
c_{ij}=\sum_k a_{ik}\cdot b_{kj} \tag{11.40}
$$

Unterdeterminanten und Laplace'scher Entwicklungssatz

Nach Gl. (11.37) lassen sich zwei- und dreireihige Determinanten leicht von Hand berechnen. Es gilt:

$$
\begin{vmatrix} a_{11}\,a_{12} \\ a_{21}\,a_{22} \end{vmatrix}=a_{11}\cdot a_{22}-a_{12}\cdot a_{21} \tag{11.41}
$$

Für 3-reihige Determinanten verwendet man die *Sarrus'sche Regel* die sich ebenfalls leicht aus Gl. (11.37) ableiten lässt (s. Abb. 11.2) Man schreibt die ersten 2 Spalten nochmal rechts neben die Determinante.

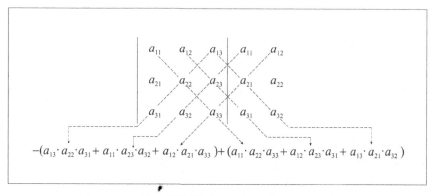

Abb. 11.2: Die Sarrus'sche Regel

Beispiel:

$$\begin{vmatrix} 2 & 5 & 3 \\ 4 & 9 & 8 \\ 3 & 7 & 9 \end{vmatrix} = (162 + 120 + 84) - (81 + 112 + 180) = -7 \tag{11.42}$$

Wir definieren jetzt eine sog. *Unterdeterminante*, auch Minor genannt:

$$|A_{ij}| = (-1)^{i+j} \begin{vmatrix} a_{11} & \cdots & a_{1,\,j-1} & \vline & a_{1,j+1} & \cdots & a_{1n} \\ \vdots & & & \vline & & & \vdots \\ a_{i-1,1} & & & \vline & & & a_{i-1,n} \\ -- & -- & -- & + & -- & -- & -- \\ a_{i+1,1} & & & \vline & & & a_{i+1,n} \\ \vdots & & & \vline & & & \vdots \\ a_{n,1} & \cdots & a_{n,\,j-1} & \vline & a_{n,j+1} & \cdots & a_{nn} \end{vmatrix} \tag{11.43}$$

Sie entsteht, indem man die j-te Spalte und die i-te Zeile der ursprünglichen Determinante streicht und a_{ij} (der sog. Cofaktor) mit $(-1)^{i+j}$ und mit der verkleinerten $(n-1) \cdot (n-1)$-Determinante multipliziert. Nun besagt der *Laplace'sche Entwicklungssatz*, dass sich die ursprüngliche Determinante durch Entwicklung nach der i-ten Zeile folgendermaßen darstellen lässt:

$$\boxed{\text{Det}\left(\hat{A}\right) = \sum_{j=1}^{n} a_{ij} \cdot |A_{ij}|} \qquad (\text{ Entwicklung nach Zeile } i) \tag{11.44}$$

oder durch Entwicklung nach der j-ten Spalte

$$\boxed{\text{Det}\left(\hat{A}\right) = \sum_{i=1}^{n} a_{ij} \cdot |A_{ij}|} \qquad (\text{ Entwicklung nach Spalte } j) \tag{11.45}$$

Die Unterdeterminante $|A_{ij}|$ hat $(n-1)^2$ Elemente, die ursprüngliche Determinante $\text{Det}\left(\hat{A}\right)$ hat n^2 Elemente.

Als Rechenbeispiel wählen wir die Determinante in Gl. (11.42), indem wir nach der ersten Spalte entwickeln:

$$\begin{vmatrix} 2 & 5 & 3 \\ 4 & 9 & 8 \\ 3 & 7 & 9 \end{vmatrix} = 2 \begin{vmatrix} 9 & 8 \\ 7 & 9 \end{vmatrix} - 4 \begin{vmatrix} 5 & 3 \\ 7 & 9 \end{vmatrix} + 3 \begin{vmatrix} 5 & 3 \\ 9 & 8 \end{vmatrix} = 2\,(81 - 56) - 4\,(45 - 21) + 3\,(40 - 27) = -7$$

in Übereinstimmung mit Gl. (11.42).

Lineare Gleichungssysteme und Cramer'sche Regel

Wir schreiben Gl. (11.36) in der Form

$$\boxed{\sum_{k=1}^{n} a_{ik} \cdot x_k = b_i} \quad (i = 1, 2, \ldots n) \tag{11.46}$$

Gl. (11.46) ist ein sog. *inhomogenes* lineares Gleichungssystem. Mit der Determinante, die die Koeffizienten a_{ij} enthält, lässt sich das Gleichungssystem lösen. Dazu entwickeln wir $D(\hat{A})$ nach Zeile k für die Spalte j. Streicht man nun aber statt der Spalte j eine Spalte $k \neq j$, so entwickelt man formal gesehen eine Determinante mit 2 identischen Zeilen, die den Wert Null haben muss. Also gilt:

$$\text{Det} = \sum_{\substack{k=1 \\ k \neq j}}^{n} a_{ik} \cdot |A_{ij}| = 0 \quad \text{bzw.} \quad \sum_{\substack{j=1 \\ k \neq i}} a_{ji} \cdot |A_{ik}| = 0 \tag{11.47}$$

Wir überprüfen Gl. (11.47) am Beispiel von Gl. (11.42) mit Zeile $i = 1$ und $j = 2$:

$$
\begin{array}{l}
i = 1 \searrow \swarrow j = 2 \\
k = 1 \rightarrow \begin{vmatrix} 2 & 5 & 3 \end{vmatrix} \\
k = 2 \rightarrow \begin{vmatrix} 4 & 9 & 8 \end{vmatrix} \\
k = 3 \rightarrow \begin{vmatrix} 3 & 7 & 9 \end{vmatrix}
\end{array}
= 2\begin{vmatrix} 4 & 8 \\ 3 & 9 \end{vmatrix} - 4\begin{vmatrix} 2 & 3 \\ 3 & 9 \end{vmatrix} + 3\begin{vmatrix} 2 & 3 \\ 4 & 8 \end{vmatrix} = 24 - 36 + 12 = 0
$$

Wir multiplizieren jetzt Gl. (11.44) mit x_j:

$$x_j \cdot \text{Det}(\hat{A}) = \sum_{i=1}^{n} a_{ij} \cdot |A_{ij}| \cdot x_j + \sum_{\substack{k=1 \\ k \neq j}}^{n} \cdot x_k \cdot \sum_{i=1}^{n} |A_{ij}| \cdot a_{ik} \tag{11.48}$$

Gl. (11.48) ist korrekt, denn der zweite Term ist nach Gl. (11.47) gleich null. Man kann für Gl. (11.48) schreiben:

$$x_j \cdot \text{Det}(\hat{A}) = \sum_{i=1}^{n} |A_{ij}| \cdot \left(x_j + \sum_{\substack{k=1 \\ k \neq j}}^{n} a_{ik} \cdot x_k \right) = \sum_{i=1}^{n} |A_{ij}| \cdot \sum_{i=1}^{n} a_{ik} \cdot x_k \tag{11.49}$$

Nach Einsetzen von Gl. (11.46) in Gl. (11.49) erhält man als Lösung für die Unbekannten x_j:

$$x_j = \frac{\sum\limits_{i}^{n} b_i |A_{ij}|}{\mathrm{Det}\left(\hat{A}\right)} \tag{11.50}$$

Gl. (11.50) heißt die *Cramer'sche Regel*. Als Beispiel wenden wir Gl. (11.50) an zur Lösung des folgenden linearen Gleichungssystems:

$$\begin{aligned}
3x_1 + 4x_2 + x_3 &= 15 \\
x_1 + 3x_2 + x_3 &= 9 \\
4x_1 - 5x_2 - 2x_3 &= -7
\end{aligned} \tag{11.51}$$

Für x_1 erhält man nach Gl.(11.50)

$$x_1 = \frac{15 \begin{vmatrix} 2 & 1 \\ -5 & -2 \end{vmatrix} - 9 \begin{vmatrix} 4 & 1 \\ -5 & -2 \end{vmatrix} - 7 \begin{vmatrix} 4 & 1 \\ 2 & 1 \end{vmatrix}}{-12 + 16 - 5 - (8 - 15 + 8)} = \frac{15\,(-4+5) - 9\,(-8+5) - 7\,(4-2)}{14} = \frac{28}{14} = 2$$

Die entsprechenden Rechnungen ergeben für $x_2 = 1$ und für $x_3 = 5$.

Häufig hat man es in der Praxis mit dem Fall zu tun, dass in Gl. (11.46) alle $b_i = 0$ sind. Dann liegt ein sog. *homogenes* Gleichungssystem vor. Wir untersuchen zwei Fälle.

1. Ist $\mathrm{Det}\left(\hat{A}\right) \neq 0$, dann sind in Gl. (11.50) notwendigerweise auch alle Werte x_j gleich Null, d.h., es gibt nur diese eine sog. triviale Lösung.

2. $\mathrm{Det}\left(\hat{A}\right) = 0$ ist die Bedingung für die *nichttriviale Lösung* eines linearen homogenen Gleichungssystems mit $x_j \neq 0$, $\mathrm{Det}\left(\hat{A}\right) = 0$ bedeutet allerdings eine zusätzliche Bedingungsgleichung, so dass nur $(n-1)$ der n Werte für x_j unabhängig sind. Man erhält dann Lösungen der Art

$$\left(\frac{x_1}{A}, \frac{x_2}{A}, \cdots \frac{x_n}{A}\right) \tag{11.52}$$

mit $A = \sqrt{\sum\limits_{i=n}^{n} x_i^2}$.

In der Praxis einfacher zu handhaben - vor allem bei größeren Determinanten - ist das sog. Gauss'sche Eliminierungsverfahren (s. Lehrbücher Mathematik).

Matrizen: Definition und Rechenregeln

Wir betrachten erneut ein lineares Gleichungssystem Gl. (11.36). Statt der festen Zahlen-werte b_i bezeichnen wir diese nun als Variablen $x'_1, x'_2, \ldots x'_n$, die linear von $x_1, x_2, \ldots x_n$ abhängen. Wir schreiben

$$\begin{pmatrix} x'_1 \\ x'_2 \\ \vdots \\ x'_n \end{pmatrix} = \begin{pmatrix} a_{11}\,a_{12}\cdots a_{1n} \\ a_{21}\,a_{22}\cdots a_{2n} \\ \vdots \quad\quad \vdots \\ a_{n1}\,a_{n2}\cdots a_{nn} \end{pmatrix} \begin{pmatrix} x_1 \\ x_2 \\ \vdots \\ x_n \end{pmatrix} \tag{11.53}$$

In dieser Schreibweise vermittelt die Matrix $\hat{A}$ die lineare Zuordnung eines Vektors $\vec{x} = (x_1, x_2, \ldots x_n)$ zu einem Vektor $(\vec{x})' = (x'_1, x'_2, \ldots x'_n)$ in einem vorgegebenen kartesischen Koordinatensystem. $(\vec{x})'$ ist eine Funktion von $\vec{x}$. Man schreibt

$$\boxed{(\vec{x})' = \hat{A} \cdot \vec{x}} \tag{11.54}$$

In Gl. (11.53) bzw. (11.54) werden Vektoren als Spaltenvektoren geschrieben. Dann steht $\vec{x}$ *rechts* von der Matrix. In ausführlicher Schreibweise bedeutet das:

$$x'_i = \sum_{j}^{n} a_{ij} \cdot x_j \qquad . \tag{11.55}$$

Steht in Gl. (11.54) $\vec{x}$ *links* von der Matrix ($\vec{x} \cdot \hat{A}$), ist $\vec{x}$ als Zeilenvektor zu schreiben, gekennzeichnet durch $^T\vec{x}$. Wir können eine Matrix als ein quadratisches Zahlenfeld mit den Werten a_{ij} auffassen, für das wir Rechenregeln aufstellen können. Offensichtlich gilt entsprechend Gl. (11.55) das *Additionsgesetz*:

$$\boxed{\hat{A}_1 + \hat{B} = \hat{C}} \qquad \text{mit} \quad c_{ij} = a_{ij} + b_{ij} \tag{11.56}$$

Um ein Multiplikationsgesetz zu finden, definieren wir eine Matrix $\hat{B}$, die in einem kartesischen Koordinatensystem den Vektor $(\vec{x})'$ einem Vektor $(\vec{x})''$ zuordnet:

$$x''_k = \sum_{i} b_{ki} \cdot x'_i$$

Einsetzen von x'_i aus Gl. (11.54) ergibt dann

$$x''_k = \sum_{i} b_{ki} \sum_{j} a_{ij} \cdot x_j = \sum_{j} \left(\sum_{i} b_{ki} \cdot a_{ij} \right) \cdot x_j = \sum_{i} c_{kj} \cdot x_j$$

Das ist die Zuordnung des Vektors $(\vec{x})$ zu $(\vec{x})''$ über den „Zwischenvektor" $(\vec{x})'$! Damit haben wir bereits das *Multiplikationsgesetz* für Matrizen gefunden:

$$\boxed{\hat{A} \cdot \hat{B} = \hat{C} \qquad \text{mit} \quad c_{kj} = \sum_i b_{ki} a_{ij}} \tag{11.57}$$

Man hat allerdings zu beachten, dass i. A. gilt:

$$\hat{A} \cdot \hat{B} \neq \hat{B} \cdot \hat{A} \qquad \text{wegen} \quad b_{ki} \cdot a_{ij} \neq a_{ki} \cdot b_{ij} \tag{11.58}$$

Aus Gl. (11.56) und Gl.(11.58) folgt, dass auch das Distributivgesetz gilt:

$$\boxed{\hat{A} \cdot (\hat{B} + \hat{C}) = \hat{A}\hat{B} + \hat{A}\hat{C}} \qquad \text{bzw.} \qquad \boxed{(\hat{B} + \hat{C}) \cdot \hat{A} = \hat{B}\hat{A} + \hat{C}\hat{A}} \tag{11.59}$$

Wir stellen durch Vergleich von Gl. (11.57) mit Gl. (11.40) fest:

$$\boxed{\text{Det}(\hat{C}) = \text{Det}(\hat{A}) \cdot \text{Det}(\hat{B}) = \text{Det}(\hat{A} \cdot \hat{B}) = \text{Det}(\hat{B} \cdot \hat{A})} \tag{11.60}$$

Bei der Berechnung der Determinante eines Matrixproduktes spielt also die Reihenfolge der Produktbildung keine Rolle. Wir überprüfen das an einem Beispiel mit

$$\hat{A} = \begin{pmatrix} 4 & 1 \\ 3 & 2 \end{pmatrix} \qquad \text{und} \quad \hat{B} = \begin{pmatrix} 2 & 3 \\ 5 & 1 \end{pmatrix}$$

$$\text{Det}(\hat{A}) \cdot \text{Det}(\hat{B}) = \begin{vmatrix} 4 & 1 \\ 3 & 2 \end{vmatrix} \cdot \begin{vmatrix} 2 & 3 \\ 5 & 1 \end{vmatrix} = (4 \cdot 2 - 3 \cdot 1) \cdot (21 - 5 \cdot 3) = 5 \cdot (-13) = -65$$

$$\hat{A} \cdot \hat{B} = \begin{pmatrix} 4 & 1 \\ 3 & 2 \end{pmatrix} \begin{pmatrix} 2 & 3 \\ 5 & 1 \end{pmatrix} = \begin{pmatrix} 13 & 13 \\ 16 & 11 \end{pmatrix} \qquad \text{und} \quad \hat{B} \cdot \hat{A} = \begin{pmatrix} 2 & 3 \\ 5 & 1 \end{pmatrix} \begin{pmatrix} 4 & 1 \\ 3 & 2 \end{pmatrix} = \begin{pmatrix} 17 & 8 \\ 23 & 7 \end{pmatrix}$$

$$\text{Det}(\hat{A} \cdot \hat{B}) = \begin{pmatrix} 13 & 13 \\ 16 & 11 \end{pmatrix} = 13 \cdot 11 - 13 \cdot 16 = -65$$

$$\text{Det}(\hat{B} \cdot \hat{A}) = \begin{pmatrix} 17 & 8 \\ 23 & 7 \end{pmatrix} = 17 \cdot 7 - 8 \cdot 23 = -65$$

Gl. (11.59) wird also erfüllt. Wir definieren nun die wichtigsten speziellen Matrizen.

- Als *Einheitsmatrix* bezeichnet man

$$\hat{I} = \begin{pmatrix} 10 \ 0 \ \cdots\cdots 0 \\ 01 \\ 0 \quad \ddots \\ \vdots \qquad \ddots \\ 00 \cdots\cdots\cdots 1 \end{pmatrix} \qquad \text{also } \delta_{ij} = 0 \quad \text{wenn } i \neq j, \quad \delta_{ij} = 1 \quad \text{wenn } i = j \quad (11.61)$$

δ_{ij} heißt Kroneckersymbol.

- Als *transponierte Matrix* von $\hat{A}$ bezeichnet man

$$\boxed{{}^{\mathrm{T}}\hat{A} \qquad \text{mit} \quad a_{ij}^{\mathrm{T}} = a_{ji}} \tag{11.62}$$

${}^{\mathrm{T}}\hat{A}$ erhält man also aus $\hat{A}$ durch Spiegelung an der Diagonalen $\left(a_{ii} = a_{ii}^{\mathrm{T}} \right)$

- Als *inverse Matrix* von $\hat{A}$ bezeichnet man

$$\boxed{\hat{A}^{-1} \qquad \hat{A} \cdot \hat{A}^{-1} = \hat{I} \qquad \text{mit} \quad \delta_{ij} = \sum_k a_{ik} \cdot a_{kj}^{-1}} \tag{11.63}$$

Die inverse Matrix lässt sich wie folgt berechnen.

Es lässt sich für Gl. (11.45) schreiben:

$$1 = \frac{\sum a_{ik} \cdot |A_{ik}|}{\mathrm{Det}\left(\hat{A} \right)} \tag{11.64}$$

und somit erhält man:

$$\boxed{a_{ki}^{-1} = \frac{|A_{ik}|}{\mathrm{Det}\left(\hat{A} \right)}} \tag{11.65}$$

Eine Matrix $\hat{A}$, deren Determinante $\mathrm{D}\left(\hat{A} \right) = 0$ ist, heißt *singuläre Matrix*. Gl. (11.65) heißt *Matrixinversion* Wir rechnen dazu ein Beispiel:

$$\hat{A} = \begin{pmatrix} 13 \\ 47 \end{pmatrix} \qquad \text{bzw.} \quad \mathrm{Det}\left(\hat{A} \right) = 7 - 12 = -5$$

Mit Gl. (11.65) erhält man dann:

$$a_{11}^{-1} = -\frac{7}{5} \qquad a_{12}^{-1} = +\frac{3}{5} \qquad a_{21}^{-1} = +\frac{4}{5} \qquad a_{22}^{-1} = -\frac{1}{5}$$

Wir überprüfen, ob Gl. (11.63) erfüllt ist. Das ist der Fall, denn man erhält:

$$\begin{pmatrix} 1 & 3 \\ 4 & 7 \end{pmatrix} \cdot \begin{pmatrix} -7/5 & +3/5 \\ +4/5 & -1/5 \end{pmatrix} = \begin{pmatrix} 1 & 0 \\ 0 & 1 \end{pmatrix} \tag{11.66}$$

Eigentlich bedeutet eine Matrixinversion nichts anderes als die Lösung eines linearen Gleichungssystems, denn für Gl. (11.36) lässt sich schreiben

$$\begin{pmatrix} a_{11} a_{12} \cdots a_{1n} \\ a_{21} a_{22} \cdots a_{2n} \\ \vdots \qquad \vdots \\ a_{n1} a_{n2} \cdots a_{nn} \end{pmatrix} \begin{pmatrix} x_1 \\ x_2 \\ \vdots \\ x_n \end{pmatrix} = \begin{pmatrix} b'_1 \\ b'_2 \\ \vdots \\ b'_n \end{pmatrix} \qquad \text{abgekürzt} \quad \hat{A} \cdot \vec{x} = \vec{b}$$

Somit lautet die formale Lösung:

$$\hat{A}^{-1} \cdot \hat{A} \cdot \vec{x} = \hat{I} \cdot \vec{x} = \hat{A}^{-1} \cdot \vec{b}$$

also ausgeschrieben:

$$x_i = \sum_k a_{ik}^{-1} \cdot b_k$$

Setzen wir für a_{ik}^{-1} Gl. (11.66) ein, erhalten wir nach der Cramerschen Regel Gl. (11.50)

- Als *symmetrische Matrix* bezeichnet man:

$$\hat{A} = \hat{A}^{\mathrm{T}} \qquad \text{d. h.} \quad a_{ij} = a_{ji} \tag{11.67}$$

bzw. als *hermitsche Matrix*:

$$\hat{A} = \hat{A}^{*\mathrm{T}} \qquad \text{d. h.} \quad a_{ij} = \alpha_{ij} + i\beta_{ij} = a_{ji}^* = \alpha_{ij} - i\beta_{ij} \tag{11.68}$$

Hier ist a_{ij} eine *komplexe Zahl* und a_{ji}^* die zu a_{ij} *konjugierte* komplexe Zahl.

- Als *orthogonale Matrix* $\hat{A}$ bezeichnet man ein Matrix, für die gilt:

$$\boxed{{}^{\mathrm{T}}\hat{A} \cdot \hat{A} = \hat{A} \cdot {}^{\mathrm{T}}\hat{A} = \hat{I}} \tag{11.69}$$

daraus folgt:

$$\boxed{{}^{\mathrm{T}}\hat{A} = \hat{A}^{-1}} \qquad \text{(orthogonale Matrix)} \tag{11.70}$$

Eine orthogonale Matrix ist also eine Matrix, deren transponierte Form gleich der Inversen ist. In Komponentenschreibweise bedeutet das wegen $a_{ij} = a_{ji}$:

$$\sum_{j=1}^{n} {}^{\mathrm{T}}a_{ij} \cdot a_{jk} = \delta_{ik}$$

Das lässt sich auch schreiben:

$$\sum_{j} a_{ij}a_{ji} = \vec{a}_i^{\mathrm{T}} \cdot \vec{a}_i = |\vec{a}_i|^2 \quad \text{für alle } i \qquad \text{und} \qquad \sum_{j,i\neq k}^{n} a_{ij} \cdot a_{jk} = \vec{a}_i^{\mathrm{T}}\vec{a}_k = 0 \quad \text{für } i \neq k$$

(11.71)

Wird ein Vektor $\vec{x}$ bei festem Koordinatensystem durch eine orthogonale Matrix in einem Vektor $(\vec{x})'$ überführt, gelten Gl. (11.55) und (11.56):

$$(\vec{x})' = \hat{A}_{\mathrm{OR}} \cdot \vec{x}$$

Um die Bedeutung einer solchen Zuordnung zu erkennen, bilden wir das skalare Produkt von $(\vec{x})'$. Man erhält nach Gl. (11.55):

$$(\vec{x}')^2 = \left(\hat{A}\vec{x}\right)\left(\hat{A}\vec{x}\right) = \hat{A} \cdot \left(\vec{x} \cdot \vec{x}^{\mathrm{T}}\right) \cdot \hat{A}^{\mathrm{T}} = (\vec{x})^2$$

$$\boxed{(\vec{x})'^2 = (\vec{x})^2} \qquad \text{(orthogonale Transformation)} \tag{11.72}$$

Der Betrag des Vektors bleibt also bei einer orthogonalen Zuordnung unverändert. Ähnliches gilt für sog. *unitäre Matrizen*. Hier gilt statt $a_{ij} = a_{ji}$ dass $a_{ij} = a_{ji}^*$, wobei a_{ij} eine komplexe Zahl ist und a_{ji}^* die dazu konjugierte komplexe Zahl. Wir geben ein Beispiel für eine orthogonale Matrix:

$$\hat{B} = \begin{pmatrix} \cos\vartheta & -\sin\vartheta \\ \sin\vartheta & \cos\vartheta \end{pmatrix} \qquad \text{und} \qquad \hat{B}^{\mathrm{T}} = \begin{pmatrix} \cos\vartheta & \sin\vartheta \\ -\sin\vartheta & \cos\vartheta \end{pmatrix}$$

$$\hat{B}^{\mathrm{T}} \cdot \hat{B} = \hat{B} \cdot \hat{B}^{\mathrm{T}} = \begin{pmatrix} \cos^2\vartheta + \sin^2 & 0 \\ 0 & \sin^2\vartheta + \cos^2\vartheta \end{pmatrix} = \begin{pmatrix} 1 & 0 \\ 0 & 1 \end{pmatrix} = \hat{I}$$

Das entspricht Gl. (11.72). Die Matrix $\hat{B}$ dreht einen Vektor in der x,y-Ebene um den Winkel ϑ. Seine Länge bleibt dabei unverändert. ${}^{\mathrm{T}}\hat{B}$ macht die Operation rückgängig.

Koordinatentransformation

Bisher haben wir Matrizen zur funktionalen Zuordnung eines Vektors $\vec{x}$ zu einem Vektor $\vec{x}'$ bei festem Koordinatensystem benutzt. Jetzt wollen wir den Vektor $\vec{x}$ im Raum festhalten und seine neuen Komponenten bestimmen, wenn wir ein *neues Koordinatensystem* (KS) wählen. Die mathematische Form ist dieselbe wie die von Gl. (11.54), nur ihre Bedeutung bzw. ihre Interpretation ist verschieden. Die Matrix transformiert jetzt das Koordinatensystem. Der feststehende Vektor im neuen KS sieht aus wie im alten KS. Nun gehen wir noch einen Schritt weiter und betrachten die Zuordnung zweier Vektoren $\vec{a}$ und $\vec{b}$ in einem gegebenen Koordinatensystem mit den Einheitsvektoren $\vec{e}_1, \vec{e}_2, \vec{e}_3, \ldots$. Es gilt wie bisher:

$$\boxed{\vec{a} = \hat{C} \cdot \vec{b}} \tag{11.73}$$

Anschließend transformieren wir das *Koordinatensystem in ein neues* mit den Einheitsvektoren $\vec{e}_1', \vec{e}_2', \vec{e}_3', \ldots$ mithilfe einer *Transformationsmatrix* $\hat{T}$. Dann gilt:

$$\vec{a}' = \hat{T}\vec{a} = \hat{T} \cdot \hat{C} \cdot \vec{b} \tag{11.74}$$

$$\vec{b}' = \hat{T} \cdot \vec{b} \quad \text{bzw.} \quad \vec{b} = \hat{T}^{-1} \cdot \vec{b}' \tag{11.75}$$

Der Zusammenhang von $\vec{a}'$ und $\vec{b}'$ im neuen System lautet dann

$$\vec{a}' = \hat{T} \cdot \hat{C} \cdot \vec{b} = \hat{C}' \cdot \vec{b} \tag{11.76}$$

Unsere Aufgabe besteht nun darin $\hat{C}'$ zu ermitteln. Mit

$$\vec{b} = \hat{T}^{-1} \cdot \vec{b}' \tag{11.77}$$

Also lautet der Zusammenhang zwischen $\vec{a}'$ und $\vec{b}'$

$$\vec{a}' = \left(\hat{T} \cdot \hat{C} \cdot \hat{T}^{-1} \right) \vec{b}' \tag{11.78}$$

Man kann somit in Analogie zu Gl. (11.73) schreiben:

$$\boxed{\vec{a}' = \hat{C}' \cdot \vec{b}'} \quad \text{mit} \quad \hat{C}' = \hat{T} \cdot \hat{C} \cdot \hat{T}^{-1} \tag{11.79}$$

Die Spur einer Matrix

Als *Spur* (engl. Trace) einer Matrix bezeichnet man die Summe ihrer Diagonalelemente:

$$\text{Spur von } \hat{A} = \text{Tr}\left(\hat{A}\right) = \sum_{i=1}^{n} a_{ii} \tag{11.80}$$

Wichtig ist von allem die Spur von Matrixprodukten. Hier gilt:

$$\text{Tr}\left(\hat{A}\cdot\hat{B}\right) = \sum_{i}\sum_{k} a_{ik}b_{ki} = \sum_{k}\sum_{i} b_{ki}a_{ik} = \text{Tr}\left(\hat{B}\cdot\hat{A}\right) \tag{11.81}$$

Insbesondere gilt also:

$$\text{Tr}\left(\hat{T}\cdot\hat{C}\cdot\hat{T}^{-1}\right) = \text{Tr}\left(\hat{C}'\right) = \text{Tr}\left(\hat{T}\cdot\hat{T}^{-1}\cdot\hat{C}\right) = \text{Tr}\left(\hat{C}\right) \tag{11.82}$$

Die Spur eines Matrixproduktes $\hat{A}\cdot\hat{B}$ ist also unabhängig von Reihenfolge der Multiplikation von $\hat{A}$ und $\hat{B}$. Wir überprüfen das an einem Beispiel:

$$\hat{A} = \begin{pmatrix} 1 & 3 \\ 2 & 4 \end{pmatrix} \quad \text{und} \quad \hat{B} = \begin{pmatrix} 2 & 5 \\ 1 & 6 \end{pmatrix}$$

$$\hat{A}\cdot\hat{B} = \begin{pmatrix} 5 & 23 \\ 8 & 34 \end{pmatrix} \quad \text{also}: \quad \text{Tr}\left(\hat{A}\cdot\hat{B}\right) = 5 + 34 = 39$$

$$\hat{B}\cdot\hat{A} = \begin{pmatrix} 12 & 26 \\ 13 & 27 \end{pmatrix} \quad \text{also}: \quad \text{Tr}\left(\hat{B}\cdot\hat{A}\right) = 12 + 27 = 39$$

und bestätigen damit Gl. (11.81).

Eigenwerte und Eigenvektoren von Matrizen (Diagonalmatrizen)

Die sog. Eigenwerte λ_j und die dazugehörigen Eigenvektoren $\vec{s}_j = \left(s_{j1}, s_{j2}, \ldots s_{jn}\right)$ von Matrizen sind in vielen Bereichen der Naturwissenschaften von besonderer Bedeutung. Zur Formulierung des Problems und seiner Lösung gehen wir wieder aus von einem linearen Gleichungssystem folgender Art:

$$\lambda_j s_{jj} = \sum_{i}^{n} c_{ji}\cdot s_{ij} \qquad (j = 1 \text{ bis } n) \tag{11.83}$$

oder in Vektorschreibweise

$$\hat{\Lambda} \cdot \vec{s}_j = \lambda_j s_{jj} = \hat{C} \cdot^j \vec{s}_j \quad \text{mit} \quad \vec{s}_j = \begin{pmatrix} s_{1j} \\ s_{2j} \\ \vdots \\ s_{nj} \end{pmatrix} \tag{11.84}$$

Gesucht sind Diagonalwerte von $\hat{\Lambda}$ die sog. Eigenwerte λ_j der Matrix $\hat{C}$ und die dazuge-hörigen Lösungsvektoren (Eigenvektoren) $\vec{s}_j$.

Subtrahiert man die linke Seite von Gl. (11.83) von der rechten Seite, so ergibt sich ein homogenes lineares Gleichungssystem, dessen Determinante lautet:

$$\text{Det}\left(\hat{c} - \hat{\Lambda}\right) = \begin{vmatrix} (c_{11} - \lambda) & c_{12} & \cdots \cdots & c_{1n} \\ c_{21} & (c_{22} - \lambda) & & c_{2n} \\ \vdots & & \ddots & \vdots \\ \vdots & & & \ddots & \vdots \\ c_{n1} & c_{n2} & \cdots \cdots & (c_{nn} - \lambda) \end{vmatrix} = 0 \tag{11.85}$$

mit den unbekannten Lösungsvektoren $\vec{s}_j = \left(s_{j1}, s_{j2}, \ldots s_{jn}\right)$. Gl. (11.85) stellt ein Polynom n-ten Grades für λ mit den Lösungen $\lambda_1, \lambda_2, \ldots \lambda_n$ dar. Jeder Wert λ_j wird in Gl. (11.83) eingesetzt und das sich daraus ergebende lineare Gleichungssystem für die Unbekannten s_{ij} gelöst. Damit erhält man die gesuchten Lösungsvektoren $\vec{s}_j = \left(s_{j1}, s_{j2}, \ldots s_{jn}\right)$ für jedes $j = 1, 2, \ldots n$. Im Allgemeinen können sich bei den Lösungswerten für λ_j auch komplexe Werte ergeben, unabhängig davon, ob $\hat{C}$ nur reelle oder auch komplexe Zahlen enthält. Es gilt jedoch, dass alle Komponenten eines Eigenvektors *reell sein müssen*, wenn $\hat{C}$ eine *hermitesche Matrix* ist. In diesem Fall sind zudem auch alle Lösungsvektoren orthogonale Vektoren, d. h. es muss gelten

$$\vec{s}_i \cdot \vec{s}_j = 0 \quad \text{für } i \neq j \quad \text{und} \quad \vec{s}_i \cdot \vec{s}_i \neq 0 \quad \text{für alle } i. \tag{11.86}$$

Das wollen wir jetzt beweisen. Wir schreiben für den Betrag von $\vec{s}$ mit $\vec{s}^T$ als Zeilenvektor und $\vec{s}$ als Spaltenvektor:

$$|\vec{s}| = \left(\vec{s}^T \cdot \vec{s}\right)^{1/2} \tag{11.87}$$

Den auf den Betrag λ_j normierten Lösungsvektor $\vec{E}_j = \vec{s}/|\vec{s}|$ schreiben wir als Spaltenvektor und in der Form $\vec{E}_j^T = \vec{s}/|\vec{s}|$ als Zeilenvektor. Bei der Multiplikation mit einer Matrix $\hat{C}$:

$$\left(^T\vec{E}_j\right) \cdot \hat{C} \quad \text{bzw.} \quad \hat{C} \cdot \vec{E}_j \tag{11.88}$$

Da bei hermiteschen Matrizen gilt (s. o.):

$$\hat{C}^{*\mathrm{T}} = \hat{C} \qquad \text{bzw.} \qquad \left(\vec{E}_j^{*\mathrm{T}}\right)\hat{C} \cdot \vec{E}_j^{*\mathrm{T}} = \vec{E}_j^{\mathrm{T}} \cdot \hat{C}_{\mathrm{H}} \cdot \vec{E}_j$$

folgt daraus:

$$\left(\vec{E}_j^{*\mathrm{T}}\right) \cdot \hat{C} \cdot \left(\vec{E}_j^{*}\right) = \lambda_j^* \qquad \text{bzw.} \qquad \vec{E}_j^{\mathrm{T}} \cdot \hat{C} \cdot \vec{E}_j = \lambda_j$$

und wir können schreiben:

$$\left(\lambda_j^* - \lambda_j\right) \cdot \vec{E}_j^{\mathrm{T}} \hat{C} \vec{E}_j = 0 \tag{11.89}$$

Da $\vec{E}_j^{\mathrm{T}} \cdot \hat{C}_{\mathrm{H}} \cdot \vec{E}_j \neq 0$ gilt somit für hermitesche Matrizen:

$$\boxed{\lambda_j = \lambda_j^*} \tag{11.90}$$

Das ist nur der Fall, wenn alle Eigenwerte λ_j reelle Zahlen sind. Ferner lässt sich schreiben mit $l \neq k$:

$$\vec{E}_l^{\mathrm{T}} \cdot \hat{C} \cdot \vec{E}_k = \vec{E}_l^{\mathrm{T}} \cdot \lambda_l \cdot \vec{E}_k \qquad \text{bzw.} \qquad \vec{E}_k^{\mathrm{T}} \cdot \hat{C} \cdot \vec{E}_l = \vec{E}_k^{\mathrm{T}} \cdot \lambda_k \cdot \vec{E}_l$$

Subtraktion dieser Gleichungen ergibt

$$(\lambda_l - \lambda_k) \cdot \vec{E}_l^{\mathrm{T}} \cdot \vec{E}_k = 0$$

Wenn $\lambda \neq \lambda_k$ muss gelten, dass $\vec{E}_l$ und $\vec{E}_k$ orthogonal sind, d. h. für die Eigenvektoren hermitescher Matrizen gilt (s. Gl. (11.71)):

$$\boxed{{}^{\mathrm{T}}\vec{E}_l \cdot \vec{E}_k = {}^{\mathrm{T}}\vec{E}_k \cdot \vec{E}_l} = 0 \tag{11.91}$$

$\vec{E}_l^{\mathrm{T}}$ bzw. $\vec{E}_k$ heißen normierte Eigenvektoren. Die Matrix $\hat{S}$ ist also orthogonal ($\hat{S}^{\mathrm{T}} = \hat{S}^{-1}$) und damit auch die aus den Eigenvektoren aufgebaute Matrix $\hat{E} = (\vec{E}_1, \vec{E}_2, \ldots \vec{E}_n)$, also gilt $\hat{E}^{\mathrm{T}} = \hat{E}^{-1}$. Ist jedoch $\lambda_l = \lambda_k$, so liegen *entartete* Eigenwerte vor. Dann lassen sich durch Linearkombination von $\vec{E}_l$ und $\vec{E}_k$ geeignete Vektoren $\vec{E}_l'$ und $\vec{E}_k'$ finden, die der Orthogonalitätsbedingung genügen. Wir betrachten als Beispiel für die Berechnung von Eigenwerten und Eigenvektoren die hermitesche Matrix:

$$\hat{C} = \begin{pmatrix} 1 & (1+i) \\ 1-i & 2 \end{pmatrix}$$

i ist die imaginäre Zahleneinheit ($i^2 = -1$). Wir berechnen die Eigenwerte

$$\begin{vmatrix} (1 - \lambda) & (1 + i) \\ (1 - i) & (2 - \lambda) \end{vmatrix} = 0 = \lambda^2 - 3\lambda + 2$$

Die Lösungen lauten:

$$\lambda_1 = 2 \quad \text{und} \quad \lambda_2 = 1$$

Nach Gl. (11.83) erhält man dann

$$2s_{11} = s_{11} + s_{21}(1 + i)$$
$$s_{22} = (s_{21}(1 - i) + 2s_{22}$$

Daraus können $\vec{s}_1 = (s_{11}, s_{12})$ und $\vec{s}_2 = (s_{21}, s_{22})$ berechnet werden. Man erhält unter Beachtung von $(1 + i)(1 - i) - 2$:

$$\vec{E}_l = \frac{\vec{s}_1}{|\vec{s}_1|} = \frac{s_{11}, \frac{1}{2}s_{11}(1 - i)}{\sqrt{s_{11}^2 + \frac{1}{4}s_{11}^2(i + 1)(i - 1)}} = \frac{1, \frac{1}{2}(1 - i)}{\sqrt{1 + 1/2}} = \sqrt{\frac{2}{3}}\left(1, \frac{1}{2}(1 - i)\right)$$

$$\vec{E}_k = \frac{\vec{s}_2}{|\vec{s}_2|} = \frac{s_{22}, -\frac{1}{2}s_{22}(i + 1)}{\sqrt{s_{22}^2 + \frac{1}{4}s_{22}^2(i + 1)(i - 1)}} = \sqrt{\frac{2}{3}}\left(1, -\frac{1}{2}(1 + i)\right)$$

und für das Skalarprodukt $\vec{E}_1^{\mathrm{T}} \cdot \vec{E}_2$:

$$\vec{E}_1^{\mathrm{T}} \cdot \vec{E}_2 = \frac{2}{3} \cdot \left(1 - \frac{1}{2}2\right) = 0$$

Die Eigenvektoren sind in der Tat orthogonal, und es gilt:

$$\vec{E}_1^{\mathrm{T}} \cdot \vec{E}_1^* = \vec{E}_2^{\mathrm{T}} \cdot \vec{E}_2^* = \frac{2}{3} \cdot \left(1 + \frac{1}{4}(1 + i)(1 - i)\right) = 1$$

Die Lösungsmatrix $\hat{E}$ lautet demnach

$$\hat{E} = \sqrt{\frac{2}{3}}\begin{pmatrix} 1 & \dfrac{1 - i}{2} \\ \dfrac{1 + i}{2} & 1 \end{pmatrix}$$

Sie ist hermitsch und unitär.

Quadratische Formen, Hauptachsentransformation

Man trifft in der Physik - und ebenso in diesem Buch - häufiger sog. quadratische Formen an:

$$W = \sum_{i}^{n} \sum_{j}^{n} k_{ij} \cdot x_i x_j \tag{11.92}$$

Hier ist W eine reelle *konstante* Größe. Man sieht, dass sich Gl. (11.92) in Matrixform schreiben lässt:

$$\boxed{W = {}^{\mathrm{T}} \vec{x} \cdot \hat{K} \cdot \vec{x}} \tag{11.93}$$

Nach Gl. (11.92) ist $\hat{K}$ eine symmetrische (bzw. hermitsche Matrix). Ausgeschrieben lautet Gl. (11.93):

$$W = (x_1, x_2, \ldots x_n) \cdot \begin{pmatrix} k_{11} \, k_{12} \cdots k_{1n} \\ k_{12} \, k_{22} \cdots k_{2n} \\ \vdots \quad \vdots \quad\quad \vdots \\ k_{1n} \, k_{2n} \cdots k_{nn} \end{pmatrix} \cdot \begin{pmatrix} x_1 \\ x_2 \\ \vdots \\ x_n \end{pmatrix} \tag{11.94}$$

Ziel ist es nun Gl. (11.94) in eine Form zu bringen, die nur noch quadratische Glieder in der Matrix enthält, also

$$W = \vec{x}'^{\mathrm{T}} \cdot \hat{\Lambda} \cdot \vec{x}' = \lambda_1 \left(x_1' \right)^2 + \lambda_2 \left(x_2' \right)^2 + \cdots + \lambda_n \left(x_n' \right)^2$$

Diese Eigenwerte λ_i der Matrix $\hat{K}$ erhält man aus:

$$\mathrm{Det}\left(\hat{K} - \hat{\Lambda} \right) = 0 \tag{11.95}$$

Wir suchen also eine Transformationsmatrix $\hat{S}$, die ein neues Koordinatensystem vermittelt, so dass $\hat{K}$ in $\hat{\Lambda}_k$ übergeht und die Koordinaten des Vektors $\vec{x}$ in die des Vektors $\vec{x}'$ wobei der Wert von W unverändert bleibt. Wir schreiben

$$\hat{S} \cdot \vec{x}' = \vec{x} \tag{11.96}$$

Da nach Gl. (11.90) alle Eigenwerte λ_i aus reale Größen sind, kann $\hat{S}$ nur eine orthogonale Matrix sein, d. h., $\hat{S}^{\mathrm{T}} = \hat{S}^{-1}$. Für Gl. (11.96) lässt sich schreiben:

$$\boxed{\vec{x}' = \hat{S}^{-1} \cdot \vec{x} = \hat{S}^{\mathrm{T}} \cdot \vec{x}} \tag{11.97}$$

Die Komponenten des Vektors $\vec{x'} = \left(x_1', x_2', \ldots x_n'\right)$ heißen *Normalkoordinaten*.

Analog zu Gl. (11.83) erhalten wir

$$\boxed{\hat{S} \cdot \hat{\Lambda}_k = \hat{K} \cdot \hat{S}} \qquad \text{bzw.} \qquad \lambda_j \cdot s_{jj} = \sum_i k_{ki} \cdot s_{ij} \qquad (11.98)$$

Wir berechnen zur Veranschaulichung ein konkretes Beispiel ausgehend von Gl. (11.93):

$$W = (x_1, x_2)\hat{K}\begin{pmatrix} x_1 \\ x_2 \end{pmatrix} = (x_1, x_2)\begin{pmatrix} 3 & 4 \\ 4 & -3 \end{pmatrix}\begin{pmatrix} x_1 \\ x_2 \end{pmatrix} = 3x_1{}^2 + 8 \cdot x_1 x_2 - 3x_2{}^2 \qquad (11.99)$$

Zunächst ermitteln wir die Eigenwerte der Matrix $\hat{K}$:

$$|\hat{K} - \hat{\Lambda}| = \begin{vmatrix} (3 - \lambda) & 4 \\ 4 & -(3 + \lambda) \end{vmatrix} = 0 = -(3 - \lambda)(3 + \lambda) - 16 = 0$$

Die Lösungen lauten: $\lambda_1 = +5$, $\lambda_2 = -5$. Mit Gl. (11.98) folgt dann:

$$\lambda_1 \cdot s_{11} = k_{11}s_{11} + k_{12}s_{21} \qquad \text{also:} \quad 5s_{11} = 3s_{11} + 4s_{12}$$
$$\lambda_2 \cdot s_{22} = k_{21}s_{12} + k_{22}s_{22} \qquad \text{also:} \quad -5s_{22} = 4s_{21} - 3s_{22}$$

Daraus ergeben sich die Eigenvektoren $\vec{s}_1$ und $\vec{s}_2$ bzw. $\vec{E}_1 = \vec{s}_1/|\vec{s}_1|$ und $\vec{E}_2 = \vec{s}_2/|\vec{s}_2|$ als normierte Größen:

$$(s_{11}, s_{21}) = \vec{s}_1 = (s_{11}, \tfrac{1}{2}s_{11}) \qquad \text{bzw.} \qquad \vec{E}_1 = \frac{1, \tfrac{1}{2}}{\sqrt{1 + \tfrac{1}{4}}} = \frac{2, 1}{\sqrt{5}} = \frac{1}{\sqrt{5}}\begin{pmatrix} 2 \\ 1 \end{pmatrix}$$

$$(s_{12}, s_{22}) = \vec{s}_2 = (-\tfrac{1}{2}s_{22}, s_{22}) \qquad \text{bzw.} \qquad \vec{E}_2 = \frac{-\tfrac{1}{2}, 1}{\sqrt{1 + \tfrac{1}{4}}} = \frac{-1, 2}{\sqrt{5}} = \frac{1}{\sqrt{5}}\begin{pmatrix} -1 \\ 2 \end{pmatrix}$$

Somit gilt ($\vec{E}_1$ und $\vec{E}_2$ sind Spaltenvektoren):

$$\hat{E} = \begin{pmatrix} \dfrac{s_{11}}{|\vec{s}_1|} & \dfrac{s_{12}}{|\vec{s}_2|} \\ \dfrac{s_{21}}{|\vec{s}_1|} & \dfrac{s_{22}}{|\vec{s}_2|} \end{pmatrix} = \frac{1}{\sqrt{5}}\begin{pmatrix} 2 & -1 \\ 1 & 2 \end{pmatrix} \qquad \text{und} \quad \hat{E}^{-1} = \hat{E}^{\mathrm{T}} = \frac{1}{\sqrt{5}}\begin{pmatrix} 2 & 1 \\ -1 & 2 \end{pmatrix}$$

und somit

$$\hat{E} \cdot \hat{E}^{-1} = \frac{1}{5}\begin{pmatrix} 5 & 0 \\ 0 & 5 \end{pmatrix} = \hat{I}$$

Wir berechnen nun die Normalkoordinaten x_1' und x_2'. Dazu multiplizieren wir Gl. (11.97) von links mit $\hat{S}^{-1}$ und erhalten:

$$\vec{x}' = \vec{E}^{-1}\vec{x} =^{\mathrm{T}} \hat{E}\vec{x} = \frac{1}{\sqrt{5}} \cdot \begin{pmatrix} 2 & -1 \\ 1 & 2 \end{pmatrix} \vec{x}$$

$$x_1' = (2x_1 + x_2) \cdot \frac{1}{\sqrt{5}}$$

$$x_2' = (-x_1 + 2x_2) \cdot \frac{1}{\sqrt{5}}$$

Es gilt also:

$$W = 5\left(x_1'\right)^2 - 5\left(x_2'\right)^2 = (2x_1 + x_2)^2 - (-x_1 + 2x_2)^2 = 3x_1^2 + 8x_1 \cdot x_2 - 3x_2{}^2$$

in Übereinstimmung mit Gl. (11.99). Im gestrichenen Koordinatensystem tauchen nur rein quadratische Glieder auf.

11.7 Variablentransformation in Mehrfachintegralen: Die Funktionaldeterminante (Jacobi-Determinante)

Wir wollen beweisen, dass gilt:

$$\int \int \int f(x,y,z)\mathrm{d}x \cdot \mathrm{d}y \cdot \mathrm{d}z = \int \int \int f(\alpha,\beta,\gamma) \cdot \frac{\partial(x,y,z)}{\partial(\alpha,\beta,\gamma)} \cdot \mathrm{d}\alpha \cdot \mathrm{d}\beta \cdot \mathrm{d}\gamma$$

wobei wir mit

$$\frac{\partial(x,y,z)}{\partial(\alpha,\beta,\gamma)} = \begin{vmatrix} \left(\frac{\partial x}{\partial \alpha}\right)_{\beta,\gamma} & \left(\frac{\partial x}{\partial \beta}\right)_{\alpha,\gamma} & \left(\frac{\partial x}{\partial \gamma}\right)_{\alpha,\beta} \\ \left(\frac{\partial y}{\partial \alpha}\right)_{\beta,\gamma} & \left(\frac{\partial y}{\partial \beta}\right)_{\alpha,\gamma} & \left(\frac{\partial y}{\partial \gamma}\right)_{\alpha,\beta} \\ \left(\frac{\partial z}{\partial \alpha}\right)_{\beta,\gamma} & \left(\frac{\partial z}{\partial \beta}\right)_{\alpha,\gamma} & \left(\frac{\partial z}{\partial \gamma}\right)_{\alpha,\beta} \end{vmatrix} = \begin{vmatrix} x_\alpha & x_\beta & x_\gamma \\ y_\alpha & y_\beta & y_\gamma \\ z_\alpha & z_\beta & z_\gamma \end{vmatrix}$$

abgekürzt haben. Dieser Ausdruck heißt *Funktionaldeterminante* oder *Jacobi-Determinante*.

Zum Beweis setzen wir voraus, dass folgende funktionale Zusammenhänge existieren:

$$x = x(\alpha,\beta,\gamma) \quad \text{bzw.} \quad \alpha = \alpha(x,y,z) \tag{11.100}$$

$$y = y(\alpha,\beta,\gamma) \quad \text{bzw.} \quad \beta = \beta(x,y,z) \tag{11.101}$$

$$z = z(\alpha,\beta,\gamma) \quad \text{bzw.} \quad \gamma = \gamma(x,y,z) \tag{11.102}$$

Wir ersetzen in Gl. (11.102, links) γ durch Gl. (11.102, rechts) und erhalten $z = z(x, y, \gamma)$. Damit kann für das Integral geschrieben werden:

$$\int dx \int dy \int f(x, y, z) \cdot dz = \int dx \left[\int f(\alpha, \beta, \gamma) \left(\frac{\partial z}{\partial \gamma} \right)_{x,y} d\gamma \right] dy$$

Da über γ bereits integriert wurde, kann y ebenso wie x nur noch von α und β abhängen, also $y = y(\alpha, \beta)$ bzw. $x = x(\alpha, \beta)$. Damit kann das Integral erneut umgeschrieben werden:

$$\int dx \int \left[\int f(\alpha, \beta, \gamma) \left(\frac{\partial z}{\partial \gamma} \right)_{x,y} d\gamma \right] \cdot dy = \int dx \int \left[\int f(\alpha, \beta, \gamma) \left(\frac{\partial z}{\partial \gamma} \right)_{x,y} d\gamma \right] \left(\frac{\partial y}{\partial \beta} \right)_x d\beta$$

Bei der partiellen Ableitung von y nach β kann also nur noch eine Variable, nämlich x, konstant gehalten werden. Erneutes Umschreiben ergibt:

$$\int dx \int \left[\int f(x, \beta, \gamma) \left(\frac{\partial z}{\partial \gamma} \right)_{x,y} \cdot d\gamma \right] \left(\frac{\partial y}{\partial \beta} \right)_x \cdot d\beta = \int \left[\int \int f(\alpha, \beta, \gamma) \left(\frac{\partial z}{\partial \gamma} \right)_{x,y} d\gamma \left(\frac{\partial y}{\partial \beta} \right)_x d\beta \right] dx$$

Der Ausdruck in der eckigen Klammer auf der rechten Gleichungsseite kann nur noch von α abhängen, da über γ und β bereits integriert wurde, so dass sich mit $x = x(\alpha)$ schreiben lässt:

$$\int \int \int f(x, y, z) dx \cdot dy \cdot dz = \int \int \int f(\alpha, \beta, \gamma) \left(\frac{\partial z}{\partial \gamma} \right)_{x,y} \cdot \left(\frac{\partial y}{\partial \beta} \right)_x \cdot \left(\frac{\partial x}{\partial \alpha} \right) \cdot d\alpha \cdot d\beta \cdot d\gamma$$

Wir schreiben jetzt für die totalen Differentiale der Gleichungen (11.100), (11.101) und (11.102):

$$dx = x_\alpha d\alpha + x_\beta d\beta + x_\gamma d\gamma$$
$$dy = y_\alpha d\alpha + y_\beta d\beta + y_\gamma d\gamma$$
$$dz = z_\alpha d\alpha + z_\beta d\beta + z_\gamma d\gamma$$

Wir ermitteln zunächst $(dz)_{x,y}$:

$$0 = x_\alpha d\alpha + x_\beta d\beta + x_\gamma d\gamma$$
$$0 = y_\alpha d\alpha + y_\beta d\beta + y_\gamma d\gamma$$
$$(dz)_{x,y} = z_\alpha d\alpha + z_\beta d\beta + z_\gamma d\gamma$$

Die Auflösung dieses linearen Gleichungssystems nach $d\gamma$ ergibt:

$$d\gamma = \frac{\begin{vmatrix} x_\alpha & x_\beta & 0 \\ y_\alpha & y_\beta & 0 \\ z_\alpha & z_\beta & dz \end{vmatrix}}{\begin{vmatrix} x_\alpha & x_\beta & x_\gamma \\ y_\alpha & y_\beta & y_\gamma \\ z_\alpha & z_\beta & z_\gamma \end{vmatrix}} = \frac{x_\alpha \cdot y_\beta \cdot dz - y_\alpha \cdot x_\beta \cdot dz}{\frac{\partial(x, y, z)}{\partial(\alpha, \beta, \gamma)}} = \frac{\frac{\partial(x, y)}{\partial(\alpha, \beta)} \cdot dz}{\frac{\partial(x, y, z)}{\partial(\alpha, \beta, \gamma)}}$$

Jetzt wird $(dy)_x$ ermittelt, wobei zu beachten ist, dass nur noch α und β als Variable auftauchen:

$$0 = x_\alpha\, d\alpha + x_\beta\, d\beta$$

$$(dy)_x = y_\alpha\, d\alpha + y_\beta\, d\beta$$

Auflösen nach $d\beta$ ergibt:

$$d\beta = \frac{\begin{vmatrix} x_\alpha & 0 \\ y_\alpha & dy \end{vmatrix}}{\frac{\partial(x,y)}{\partial(\alpha,\beta)}} = \frac{x_\alpha(dy)_x}{\frac{\partial(x,y)}{\partial(\alpha,\beta)}}$$

Damit folgt:

$$\int\int\int f(x,y,z)\,dx\,dy\,dz = \int\int\int f(\alpha,\beta,\gamma)\left(\frac{dx}{d\alpha}\right)\frac{\frac{\partial(x,y,z)}{\partial(\alpha,\beta,\gamma)}}{\frac{\partial(x,y)}{\partial(\alpha,\beta)}}\cdot\frac{1}{x_\alpha}\cdot\frac{\partial(x,y)}{\partial(\alpha,\beta)}\cdot d\alpha\cdot d\beta\cdot d\gamma$$

Und damit ergibt sich der zu erbringende Beweis:

$$\boxed{\int\int\int f(x,y,z)\,dx\,dy\,dz = \int\int\int f(\alpha,\beta,\gamma)\frac{\partial(x,y,z)}{\partial(\alpha,\beta,\gamma)}\,d\alpha\cdot d\beta\cdot d\gamma} \qquad (11.103)$$

Das Verfahren kann leicht für n Variable verallgemeinert werden:

$$\boxed{\begin{aligned} \int\int\cdots\int f(x_1,x_2,\ldots x_n)\,dx_1\,dx_2\ldots dx_n &= \int\int\cdots\int f(\alpha_1,\alpha_2,\ldots\alpha_n) \\ &\quad \frac{\partial(x_1,x_2,\ldots x_n)}{\partial(\alpha_1,\alpha_2,\ldots\alpha_n)}\,d\alpha_1\,d\alpha_2\ldots d\alpha_n \end{aligned}}$$

$$(11.104)$$

wenn die folgenden funktionalen Zusammenhänge vorliegen:

$$\begin{aligned}
x_1 &= x_1(\alpha_1,\alpha_2,\ldots\alpha_n)\,\text{bzw.} \quad &\alpha_1 &= \alpha_1(x_1,x_2\ldots x_n) \\
x_2 &= x_2(\alpha_1,\alpha_2,\ldots\alpha_n)\,\text{bzw.} \quad &\alpha_2 &= \alpha_2(x_1,x_2\ldots x_n) \\
&\;\;\vdots & &\;\;\vdots \quad\quad \vdots \\
x_n &= x_n(\alpha_1,\alpha_2,\ldots\alpha_n)\,\text{bzw.} \quad &\alpha_n &= \alpha_n(x_1,x_2\ldots x_n)
\end{aligned}$$

Als Beispiel wollen wir die Transformation im 3-dimensionalen Raum von kartesischen Koordinaten in Kugelkoordinaten anführen.

Der Zusammenhang zwischen den kartesischen Koordinaten x,y,z und den Kugelkoordinaten r,ϑ und φ lautet:

$$x = r\cdot\sin\varphi\cdot\sin\vartheta$$

$$y = r\cdot\cos\varphi\cdot\sin\vartheta$$

$$z = r\cdot\cos\vartheta$$

Die Funktionaldeterminante der Transformation von kartesischen auf sphärische Koordinaten lautet dann entsprechend Gl. (11.103):

$$\frac{\partial(x,y,z)}{\partial(r,\varphi,\vartheta)} = \begin{vmatrix} \frac{\partial x}{\partial r} & \frac{\partial y}{\partial r} & \frac{\partial z}{\partial r} \\ \frac{\partial x}{\partial \varphi} & \frac{\partial y}{\partial \varphi} & \frac{\partial z}{\partial \varphi} \\ \frac{\partial x}{\partial \vartheta} & \frac{\partial y}{\partial \vartheta} & \frac{\partial z}{\partial \vartheta} \end{vmatrix} = \begin{vmatrix} \sin\varphi\cdot\sin\vartheta & \cos\varphi\cdot\sin\vartheta & \cos\vartheta \\ r\cdot\cos\varphi\cdot\sin\vartheta & -r\cdot\sin\varphi\cdot\sin\vartheta & 0 \\ r\cdot\sin\varphi\cdot\cos\vartheta & r\cdot\cos\varphi\cdot\cos\vartheta & -r\cdot\sin\vartheta \end{vmatrix} = r^2\cdot\sin\vartheta$$

Also gilt:

$$\int\int\int f(x,y,z)\mathrm{d}x\cdot\mathrm{d}y\cdot\mathrm{d}z = \int\int\int f(r,\varphi,\vartheta)\cdot r^2\sin\vartheta\cdot\mathrm{d}\vartheta\cdot\mathrm{d}\varphi\cdot\mathrm{d}r$$

11.8 Normalschwingungen von Molekülen

Voraussetzung zum Verständnis dieses Anhangs sind Vorkenntnisse der linearen Algebra (s. Anhang 11.6). Wir stellen uns ein N-atomiges Molekül in einem kartesischen Koordinatensystem platziert mit dem Molekülschwerpunkt im Ursprung vor. Ferner soll das Molekül im Raum so fixiert sein, dass seine Symmetrie in Bezug auf das KS möglichst hoch ist. Ein Beispiel zeigt Abb. 11.3: ein lineares 3-atomiges Molekül mit den Atommassen m_1, m_2 und m_3 und den Atomabständen l_{12} und l_{23}, z. B. CO_2, N_2O oder HCN.

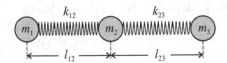

Abb. 11.3: Beispiel eines 3-atomigen linearen Moleküls l_{ij} = Bindungslänge k_{ij} = Kraftkonstante.

Dabei bewegen sich die Atome in periodischen Schwingungen um ihre Gleichgewichtslage.

Allgemein gilt: Die Positionen der N Atome eines schwingungsfähigen Moleküls bezeichnen wir allgemein mit den $3N$ Koordinaten

$$q_i = x_i - x_{i0}, \quad q_{i+1} = y_i - y_{i0}, \quad q_{i+2} = z_i - z_{i0} \tag{11.105}$$

wobei x_{i0}, y_{i0} und z_{i0} die Ruhepositionen der schwingungsfähigen Atome bedeuten. Wenn wir den Vektor $\vec{q} = (q_1, q_2, \cdots q_F)$ einführen, erhalten wir für die gesamte kinetische Energie U_{kin} mit den Atommassen m_i:

$$U_{\mathrm{kin}} = \frac{1}{2}\sum_{i=1}^{F} m_i\left(\frac{\mathrm{d}q_i}{\mathrm{d}t}\right)^2 = \frac{1}{2}\sum_{i}^{F} m_i\cdot\dot{q}_i^2 = \frac{1}{2}\vec{q}^{\mathrm{T}}\cdot\hat{M}\cdot\vec{q} \tag{11.106}$$

$\hat{M}$ ist eine Diagonalmatrix:

$$
\hat{M} = \begin{pmatrix} m_1 & 0 & \cdots & 0 \\ 0 & m_2 & \cdots & 0 \\ \vdots & & & \vdots \\ 0 & \cdots & 0 & m_N \end{pmatrix} = \hat{M}^T
$$

$\vec{q}^{\,T}$ ist definitionsgemäß als Zeilenvektor und $\vec{q}$ als Spaltenvektor aufzufassen. Wir stellen uns die Atome durch elastische Federn miteinander verbunden vor mit den Federkonstanten k_{ij}. Es gilt für die potentielle Energie des Moleküls V allgemein:

$$
V = \sum_i^F \left(\frac{\partial V}{\partial q_{i0}} \right) \cdot q_i + \frac{1}{2} \sum_{i=1}^F \sum_{j=1}^F \left(\frac{\partial^2 V}{\partial q_i \cdot \partial q_j} \right)_0 \cdot q_i \cdot q_j \tag{11.107}
$$

F ist die Zahl der Freiheitsgrade des Moleküls. V in Gl. (11.107) ist die Taylor-Reihenentwicklung von V um den Wert $V = 0$, wo auch alle $q_i = 0$ sind. Brechen wir die Reihe mit dem quadratischen Glied ab, können wir schreiben

$$
\left(\frac{\partial^2 V}{\partial q_i \partial q_j} \right)_0 = v_{ij} = v_{ji} \tag{11.108}
$$

Da $(\partial V / \partial q_i)_0 = 0$ gilt, lässt sich für Gl. (11.107) schreiben:

$$
V = \frac{1}{2} \sum_i^F \sum_j^F v_{ij} \cdot q_i \cdot q_j = \frac{1}{2} \vec{q}^{\,T} \cdot \overline{V} \cdot \vec{q} \tag{11.109}
$$

Aus Gl. (11.108) schließen wir, dass auch die Matrix $\hat{V}$

$$
\hat{V} = \begin{pmatrix} v_{11} & v_{12} & \cdots & v_{1N} \\ v_{21} & v_{22} & \cdots & v_{2N} \\ \vdots & \vdots & & \vdots \\ v_{N1} & v_{N2} & \cdots & v_{NN} \end{pmatrix} \tag{11.110}
$$

symmetrisch ist, also $\hat{V} = \hat{V}^T$ gilt. Zwischen U_{kin} und V besteht noch ein Zusammenhang, der sich daraus ergibt, dass die Gesamtenergie ($E = U_{kin} + V$) zeitunabhängig ist (Kräftegleichgewicht). In Komponentenschreibweise gilt:

$$
U_{kin} + V = \frac{1}{2} \sum_i \sum_j m_{ij} \cdot \dot{q}_i \cdot \dot{q}_j + \sum \sum v_{ij} \cdot \dot{q}_i \cdot \dot{q}_j
$$

Differenzieren wir diese Gleichung nach der Zeit t, so erhalten wir demnach:

$$\frac{dE}{dt} = 0 = \frac{1}{2} \sum_i \sum_j m_{ij} \cdot \left(\ddot{q}_i \dot{q}_j + \dot{q}_i \ddot{q}_j \right) + \frac{1}{2} \sum_i^F \sum_j^F v_{ij} \left(\dot{q}_i q_j + q_i \dot{q}_j \right)$$

Wegen der Symmetrie der Koeffizienten, also $m_{ij} = m_{ji}$ bzw. $v_{ij} = v_{ji}$ ergibt sich daraus:

$$\sum_i^F \dot{q}_i \left[\sum_j^F m_{ij} \cdot \ddot{q}_j + \sum_j^F v_{ij} \cdot q_j \right] = 0$$

Da $\dot{q}_i$ bzw. $\ddot{q}_i$ unabhängig sind, muss die eckige Klammer für alle Werte von i einzeln verschwinden:

$$\sum_j^F m_{ij} \cdot \ddot{q}_j + \sum_j^F v_{ij} \cdot q_j = 0 \qquad \text{für alle } i$$

oder in Matrixform:

$$\hat{M} \cdot \vec{\ddot{q}} + \hat{V} \cdot \vec{q} = 0 \tag{11.111}$$

In Gl. (11.106) und (11.109) treten die Koordinaten q_i und q_j gekoppelt auf. Wir suchen nun für Gl. (11.106) und (11.107) nach einem neuen Koordinatensystem, bei dem diese Kopplung aufgehoben ist, mit neuen Koordinaten Q_i bzw. $\ddot{Q}_i$, so dass man statt Gl. (11.111) erhält:

$$\ddot{Q}_k + \lambda_k \cdot Q_k = 0 \qquad \text{für alle } k = 1 \text{ bis } F$$

oder in Matrixform:

$$\vec{\ddot{Q}} + \hat{\Lambda} \cdot \vec{Q} = \hat{0} \tag{11.112}$$

Diese Gleichungen sind entkoppelt, d. h. $\hat{\Lambda}$ ist eine Diagonalmatrix, Gl. (11.112) stellt $\overline{F}$ unabhängige Differentialgleichungen für harmonische Schwingungen dar mit den Lösungen (in komplexer Schreibweise):

$$Q_k = a_k \cdot e^{-\omega_k i t} \tag{11.113}$$

Einsetzen von Gl. (11.113) in Gl. (11.112) ergibt:

$$\boxed{\lambda_k = \omega_k^2} \qquad k = 1 \text{ bis } F \tag{11.114}$$

$\sqrt{\lambda_k}$ ist also die Kreisfrequenz ω_k der k-ten *Normalschwingung*.

Um die F-Werte für λ_k zu bestimmen, definieren wir zunächst eine Transformationsmatrix $\hat{S}$:

$$\vec{q} = \hat{S} \cdot \vec{Q} \qquad \text{bzw.} \quad \dot{\vec{q}} = \hat{S} \cdot \dot{\vec{Q}} \tag{11.115}$$

Einsetzen in Gl. (11.111) ergibt:

$$\hat{M} \cdot \hat{S} \cdot \ddot{\vec{Q}} + \hat{V} \cdot \hat{S} \cdot \vec{Q} = \hat{0} \tag{11.116}$$

$\ddot{\vec{Q}}$ setzen wir in Gl. (11.116) aus Gl. (11.112) ein und erhalten:

$$\hat{V}\hat{S} \cdot \vec{Q} - \hat{M}\hat{S} \cdot \hat{\Lambda} \cdot \vec{Q} = \hat{0}$$

Daraus folgt:

$$\boxed{\left(\hat{V} - \hat{M} \cdot \hat{\Lambda}\right) \cdot \hat{S} = 0} \tag{11.117}$$

Das ist eine *Eigenwertgleichung* zur Bestimmung der *Eigenwertvektoren* als Lösungsvektoren (s. Anhang 11.6):

$$\vec{s}_j = \begin{pmatrix} s_{1j} \\ s_{2j} \\ \vdots \\ s_{nj} \end{pmatrix} \qquad \text{für alle } j = 1 \text{ bis } F \tag{11.118}$$

Gl. (11.117) stellt ein lineares homogenes Gleichungssystem mit den Unbekannten s_{ij} dar. Die Bedingung für seine nichttrivialen Lösungen lautet (s. Anhang 11.6 Gl. (11.85)):

$$\boxed{|\hat{V} - \hat{M} \cdot \hat{\Lambda}| = 0} \tag{11.119}$$

also:

$$\begin{vmatrix} (v_{11} - \lambda \cdot m_{11}) & v_{12} & \cdots\cdots & v_{1F} \\ v_{21} & (v_{22} - \lambda \cdot m_{22}) & & c_{2F} \\ \vdots & & & \vdots \\ \vdots & & & \vdots \\ v_{F1} & v_{F2} & \cdots\cdots & (v_{FF} - \lambda \cdot m_{FF}) \end{vmatrix} = 0 \tag{11.120}$$

Ist $\hat{V}$ und $\hat{M}$ aus den Strukturdaten (Atommassen m_i und Kraftkonstanten k_{ij}) des Moleküls vorgegeben, können aus Gl. (11.120) (ein Polynom vom Grad F für λ) die Eigenwerte

$\lambda_1, \lambda_2, \cdots \lambda_F$ berechnet werden, und damit Gl. (11.117) gelöst werden, d. h., man erhält die orthogonalen Lösungsvektoren $\vec{s}_j$ ($j = 1$ bis F). Für das 3-atomige Molekül in Abb. 11.3 wollen wir die Matrix $\hat{V}$ aufstellen. Für die potentielle Energie gilt in diesem Fall:

$$V = \frac{1}{2}k_{12}(q_1 - q_2)^2 + \frac{1}{2}k_{23}(q_2 - q_3)^2$$

$$= \frac{k_{12}}{2}q_1^2 + \frac{k_{12} + k_{23}}{2} \cdot q_2^2 + \frac{k_{23}}{2}q_3^2 - k_{12} \cdot q_1 \cdot q_2 - k_{23} \cdot q_2 \cdot q_3 \qquad (11.121)$$

Damit ergibt sich für die Matrix $\hat{V}$

$$\hat{V} = \frac{1}{2}\begin{pmatrix} k_{12} & -k_{12} & 0 \\ -k_{12} & (k_{12} + k_{23}) & -k_{23} \\ 0 & -k_{23} & k_{23} \end{pmatrix} \qquad (11.122)$$

Für die Determinante Gl. (11.120) erhält man also:

$$\begin{vmatrix} (k_{12} - \lambda m_1) & -k_{12} & 0 \\ -k_{12} & (k_{12} + k_{23} - \lambda m_2) & -k_{23} \\ 0 & -k_{23} & (k_{23} - \lambda m_3) \end{vmatrix} \qquad (11.123)$$

Wir wollen nun den Spezialfall $m_1 = m_3$ und $k_{12} = k_{23} = k$ näher verfolgen (das wäre z. B. ein Molekül wie CO_2 oder CS_2). Berechnung der Determinante nach der Sarrus'schen Regel (s. Abb. 11.2) ergibt die folgenden Werte:

$$\lambda_1 = 0 \qquad \lambda_2 = \frac{k}{m_1} \qquad \lambda_3 = k\frac{2m_1 + m_2}{m_1 \cdot m_2} \qquad (11.124)$$

Somit lauten die Kreisfrequenzen der Normalschwingungen:

$$\omega_1 = 0 \qquad \omega_2 = \sqrt{\frac{k}{m_1}} \qquad \omega_3 = \sqrt{k\frac{2m_1 + m_2}{m_1 \cdot m_2}} \qquad (11.125)$$

Der Wert $\omega_1 = 0$ entspricht dem Freiheitsgrad der Translation des ganzen Moleküls in x-Richtung. Es gibt noch zwei weitere Translationsfreiheitsgrade in y- und z-Richtung, ferner 2 Rotationsfreiheitsgrade (lineares Molekül), und damit $3N - 5 = 9 - 5 = 4$ Freiheitsgrade der Schwingung. In Gl. (11.125) hatten wir nur 2 davon berechnet, die 2 fehlenden sind Biegeschwingungen in der yx-Ebene und yz-Ebene, die entartet sind, dort gilt also $\omega_4 = \omega_5$. Da die Matrizen $\hat{V}$ und $\hat{M} \cdot \hat{M}$ symmetrisch sind, sind die Eigenvektoren $\vec{s}_j$ orthogonale Vektoren (s. Anhang 11.6). Einsetzen der jeweiligen Werte für $\lambda_1, \lambda_2, \lambda_3$ in Gl. (11.117) führt dann zu den folgenden Lösungsvektoren als orthogonale Einheitsvektoren:

$$\frac{s_{11}}{|s_{j1}|} = \frac{1}{\sqrt{2m_1 + m_2}} \qquad \frac{s_{21}}{|s_{j1}|} = \frac{1}{\sqrt{2m_1 + m_2}} \qquad \frac{s_{31}}{|s_{j1}|} = \frac{1}{\sqrt{2m_1 + m_2}} \qquad (11.126)$$

$$\frac{s_{12}}{|s_{j2}|} = \frac{1}{\sqrt{2m_1}} \qquad \frac{s_{22}}{|s_{j2}|} = 0 \qquad \frac{s_{32}}{|s_{j2}|} = -\frac{1}{\sqrt{2m_1}} \tag{11.127}$$

$$\frac{s_{13}}{|s_{j3}|} = \frac{1}{\sqrt{\dfrac{2m_1 m_2 + 2m_1^2}{m_2}}} \qquad \frac{s_{23}}{|s_{j3}|} = -\frac{2}{\sqrt{\dfrac{4m_1 m_2 + 2m_1}{m_1}}} \qquad \frac{s_{33}}{|s_{j3}|} = \frac{1}{\sqrt{\dfrac{1}{\sqrt{\dfrac{2m_1 m_2 + 2m_1}{m_2}}}}}$$

$$\tag{11.128}$$

Gl. (11.126) entspricht $\omega = 0$, d. h. der Translationsbewegung. Gl. (11.127) entspricht $\omega = \sqrt{k/m_1}$, das ist die symmetrische Streckschwingung, bei der m_2 sich nicht bewegt. Gl. (11.128) entspricht $\omega = \sqrt{k(2m_1 + m_2)/m_1 m_2}$, das ist die antisymmetrische Streckschwingung. Das gesamte Schwingungsverhalten ist in Abb.2.5 zusammenfassend dargestellt, wo auch die beiden entarteten Biegeschwingungen gezeigt sind, separat berechnet werden. Moleküle mit mehr als 3 Atomen sind aufwendig zu behandeln. Das überlasst man besser einem Computerprogramm. Beim SF_6 (s. Abb. 2.34) gibt es z. B. 21-6=15 Normalschwingungen. Die Matrizen sind also 15-reihig, beim Benzol hat man es mit 30-reihigen Matrizen zu tun, wobei die zu berechnenden Determinanten allerdings aufgrund der Molekülsymmetrie in Produkte kleinerer Determinanten zerlegt werden können.

11.9 Berechnung der Trägheitsmomente von Molekülen

Wir betrachten einen starren Körper, der in einem Koordinatensystem um seinen raumfesten Schwerpunkt S mit der Winkelgeschwindigkeit $\dot{\omega}$ rotiert (s. Abb. 11.4).

Die Massenpunkte, aus denen der Körper besteht, bezeichnen wir mit m_i und die dazugehörigen Abstände vom Schwerpunkt mit dem Vektor $\vec{r}_i = (x, y, z)$. Für die gesamte kinetische Energie E_{kin} des Körpers gilt dann:

$$E_{kin} = \frac{1}{2} \sum_i m_i |\vec{v}_i|^2 \tag{11.129}$$

wobei über alle Massenpunkte summiert wird, deren Geschwindigkeit jeweils $\vec{v}_i$ beträgt. Beim Rotationsvorgang ist $\vec{v}_i$ die Radialgeschwindigkeit des Massenpunktes m_i um die Drehachse, für die gilt:

$$\vec{v}_i = \dot{\omega} \times \vec{r}_i \tag{11.130}$$

$\dot{\omega} \times \vec{r}_i$ ist das Vektorprodukt aus der Winkelgeschwindigkeit $\vec{\omega} = \dot{\omega}_x \cdot \vec{i} + \dot{\omega}_y \cdot \vec{j} + \dot{\omega}_z \cdot \vec{k}$ und dem Abstandsvektor $\vec{r}_i = x_i \vec{i} + y \cdot \vec{j} + z \cdot \vec{k}$ des Massenpunktes i. $\dot{\omega}$ hat bei einem starren

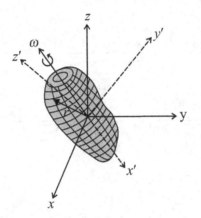

Abb. 11.4: Rotation eines starren Körpers um seinen Schwerpunkt

Körper (z. B. einem starren Molekül) für alle Massenpunkte i denselben Wert. Somit erhält man nach den Multiplikationsregeln der Vektorrechnung (s. Anhang 11.5, Gl. (11.32)):

$$E_{\text{kin}} = \frac{1}{2} \sum_i m_i \left(\vec{\omega} \times \vec{r}_i \right) \cdot \left(\vec{\omega} \times \vec{r}_i \right) = \frac{1}{2} \sum_i m_i \left[|\vec{\omega}|^2 \cdot |\vec{r}_i|^2 - (\vec{\omega} \cdot \vec{r}_i)^2 \right] \qquad (11.131)$$

Dafür lässt sich auch schreiben:

$$E_{\text{kin}} = \frac{1}{2} \left[J_{xx}\dot{\omega}_x^2 + J_{yy}\dot{\omega}_y^2 + J_{zz}\dot{\omega}_z^2 + 2(J_{xy} \cdot \dot{\omega}_x \cdot \dot{\omega}_y + J_{xz}\dot{\omega}_x \cdot \dot{\omega}_z + J_{yz}\dot{\omega}_y \cdot \dot{\omega}_z) \right] \qquad (11.132)$$

mit den Komponenten $\dot{\omega}_x, \dot{\omega}_y, \dot{\omega}_z$ von $\vec{\omega}$. Das bedeutet:

$$J_{xx} = \sum_i m_i \left(y_i^2 + z_i^2 \right), \, J_{yy} = \sum_i m_i \left(x_i^2 + z_i^2 \right), \, J_{zz} = \sum_i m_i \left(x_i^2 + y_i^2 \right) \qquad (11.133)$$

sowie:

$$J_{xy} = J_{yx} = - \sum_i m_i x_i y_i$$

$$J_{xz} = J_{zx} = - \sum_i m_i x_i z_i$$

$$J_{yz} = J_{zy} = - \sum_i m_i y_i z_i \qquad (11.134)$$

Damit lässt sich für E_{kin} schreiben:

$$\boxed{E_{\text{kin}} = \frac{1}{2} \vec{\omega}^{\text{T}} \cdot \hat{J} \cdot \vec{\omega}} \qquad (11.135)$$

mit der Matrix

$$\hat{J} = \begin{pmatrix} J_{xx} \, J_{xy} \, J_{xz} \\ J_{yx} \, J_{yy} \, J_{yz} \\ J_{zx} \, J_{zy} \, J_{zz} \end{pmatrix} \qquad (11.136)$$

$\vec{\omega}$ links von $\hat{J}$ ist als Zeilenvektor $\vec{\omega}^T$ und rechts von $\hat{J}$ als Spaltenvektor $\vec{\omega}$ zu schreiben. Die Matrix $\hat{J}$ heißt Trägheitstensor. Nach Gl. (11.134) ist sie symmetrisch ($J_{ij} = J_{ji}$) und wir suchen eine Transformationsmatrix $\hat{T}$, die aus $\hat{J}$ eine Diagonalmatrix $\hat{J}'$ macht in einem neuen Koordinatensystem x', y', z' (s. Anhang 11.5). Die kinetische Energie E_{kin} muss dabei natürlich unverändert bleiben. Man kann wegen $\hat{T} \cdot \hat{T}^{-1} = \hat{I}$ schreiben:

$$E_{kin} = \frac{1}{2}\vec{\omega} \cdot (\hat{T}^{-1} \cdot \hat{T}) \cdot \hat{J} \cdot (\hat{T}^{-1} \cdot \hat{T}) \cdot \vec{\omega} = \frac{1}{2}\vec{\omega}\hat{T}^{-1}\left(\hat{T} \cdot \hat{J} \cdot \hat{T}^{-1}\right) \cdot \hat{T}\vec{\omega}^T = \frac{1}{2}\vec{\omega}'(\hat{T} \cdot \hat{J} \cdot \hat{T}^{-1}) \cdot \vec{\omega}'$$

mit

$$\vec{\omega}' = \vec{\omega} \cdot \hat{T}^{-1} = \hat{T} \cdot \vec{\omega}$$

Die Transformationsmatrix $\hat{T}$ (bzw. $\hat{T}^{-1}$) soll so gewählt werden, dass $\hat{T} \cdot \hat{J} \cdot \hat{T}^{-1} = \hat{J}'$ wird, wobei $\hat{J}$ eine Diagonalmatrix ist:

$$\hat{J}' = \begin{pmatrix} J'_{xx} & 0 & 0 \\ 0 & J'_{yy} & 0 \\ 0 & 0 & J'_{zz} \end{pmatrix} \tag{11.137}$$

$J'_{xx}, J'_{yy}, J'_{zz}$ sind die gesuchten sog. Hauptträgheitsmomente und es gilt dann:

$$J'_{xy} = J'_{yx} = 0, J'_{xz} = J'_{zx} = 0, J'_{yz} = J'_{zy} = 0$$

Wir führen also eine *Hauptachsentransformation durch* (s. Anhang 11.5). Die drei Zahlen J'_{xx}, J'_{yy} und J'_{zz} sind die Eigenwerte der Matrix $\hat{J}$. Die Winkelgeschwindigkeit $\vec{\omega}'$ ist der Vektor der Winkelgeschwindigkeit im neuen, transformierten Koordinatensystem. Man erhält also:

$$E_{kin} = \frac{1}{2}\vec{\omega}' \cdot \hat{J}' \cdot \vec{\omega}' = \frac{1}{2}\left[J'_{xx}\left(\vec{\omega}'_x\right)^2 + J'_{yy}\left(\vec{\omega}'_y\right)^2 + J'_{zz}\left(\vec{\omega}'_z\right)^2\right] \tag{11.138}$$

J'_{xx}, J'_{yy} und J'_{zz} sind die sog. Hauptträgheitsmomente des starren Körpers (Moleküls):

$$J'_{xx} = \sum_i m_i x_i'^2, J'_{yy} = \sum_i m_i y_i'^2, J'_{zz} = \sum_i m_i z_i'^2,$$

im Koordinatensystem x', y', z'. Gl. (11.138) stellt geometrisch betrachtet die Oberfläche eines Ellipsoids dar, auf der die kinetische Energie E_{kin} einen konstanten Wert hat.

Wie berechnet man $\hat{J}'_{xx}, \hat{J}'_{yy}, \hat{J}'_{zz}$? Dazu bilden wir die Determinante dieses Ausdrucks:

$$\text{Det}\left(\hat{T}^{-1} \cdot \hat{J} \cdot \hat{T}^{-1}\right) - \text{Det}(\Lambda) = 0$$

$\hat{J}$ ist eine symmetrische Matrix ($J_{xy} = J_{yx}, J_{xz} = J_{zx}, J_{yz} = J_{zy}$). Dann müssen auch $\hat{T}$ und $\hat{T}^{-1}$ symmetrisch sein. Nach den Regeln der Determinantenrechnung gilt für symmetrische Matrizen (s. Anhang 11.6):

$$\text{Det}\left(\hat{T}^{-1} \cdot \hat{J} \cdot \hat{T}^{-1}\right) = \text{Det}\hat{J}' = \text{Det}(\Lambda)$$

Daraus folgt, dass:

$$\begin{vmatrix} (J_{xx} - \lambda) & J_{xy} & J_{xz} \\ J_{yz} & (J_{yy} - \lambda) & J_{yz} \\ J_{zx} & J_{zy} & (J_{zz} - \lambda) \end{vmatrix} = 0 \qquad\qquad (11.139)$$

Wir erhalten also eine Gleichung 3. Grades in λ zur Bestimmung der drei Lösungen $\lambda_{xx}, \lambda_{yy}$ und λ_{zz}.

Wir wählen als Rechenbeispiel die Bestimmung der 3 Hauptträgheitsmomente des unsymmetrischen Moleküls HDO *. Die Strukturdaten von HDO sind in Abb. 11.5 gezeigt.

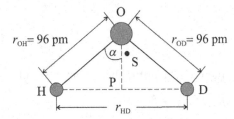

Abb. 11.5: Struktur von HDO: $r_{OH} = r_{OD} = 96$ pm, $2\alpha = 104{,}5\,°$ und $r_{HD} = 2 \cdot r_{OH} \sin \alpha = 151{,}8$ pm

Zunächst berechnen wir die Koordinaten des Molekülschwerpunktes x'_S, y'_S und z'_S im Koordinatensystem mit dem Ursprung in Punkt P von Abb. 11.5, wo der Abstand von H bzw. D gerade $r_{HD}/2 = b/2$ ist. Die Ortsvektoren $\vec{r}_i = (x', y', z')$ der Atome H, D und O in diesem System lauten

$$\vec{r}_H = (-b/2, 0, 0),\ \vec{r}_D = (-b/2, 0, 0),\ \vec{r}_O = (0, b/2\cot\alpha, 0)$$

Daraus ergeben sich die Koordinaten des Schwerpunktes:

$$x'_S = \frac{b}{2}\left(\frac{m_D}{\sum m_i} - \frac{m_H}{\sum m_i} \right)$$

$$y'_S = \frac{b}{2}\cot\alpha \cdot \frac{m_O}{\sum m_i}$$

$$z'_S = 0$$

Jetzt beschreiben wir die Koordinaten von H, D und O im Koordinatensystem mit dem

---

*nach: K. Schäfer, Statistische Theorie der Materie, Vandenhoeck u. Ruprecht (1960)

Schwerpunkt S als Ursprung (Koordinaten x_s, y_s, z_s):

$$x_H = x'_H - x'_S = -\frac{b}{2}\left(\frac{2m_D + m_O}{\sum m_i}\right)$$

$$y_H = y'_H - y'_S = -\frac{b}{2}\cot\alpha \cdot \frac{m_O}{\sum m_i}$$

$$z_H = 0$$

$$x_D = x'_D - x'_S = \frac{b}{2}\frac{2m_H + m_O}{\sum m_i}$$

$$y_D = y'_D - y'_S = -\frac{b}{2}\cot\alpha \cdot \frac{m_O}{\sum m_i}$$

$$z_D = 0$$

$$x_O = x'_O - x'_S = -\frac{b}{2}\frac{m_D - m_H}{\sum m_i}$$

$$y_O = y'_O - y'_S = \frac{b}{2}\cot\alpha \cdot \frac{m_H + m_D}{\sum m_i}$$

$$z_O = 0$$

Wir berechnen alle Koordinaten x_i, y_i, z_i mit den Daten $b/2 = 75{,}9$ pm, $\sum m_i = m_H + m_D + m_O = 1{,}008 + 2{,}015 + 16{,}0 = 19{,}023$ g $\cdot$ mol^{-1}, $\cot\alpha = 0{,}77428$. Man erhält:

$$x_H = -79{,}9 \text{ pm}, \ y_H = -49{,}43 \text{ pm}, \ z_H = 0 \text{ pm}$$

$$x_D = 77{,}18 \text{ pm}, \ y_D = -49{,}43 \text{ pm}, \ z_D = 0 \text{ pm}$$

$$x_O = -4{,}018 \text{ pm}, \ y_O = 9{,}339 \text{ pm}, \ z_O = 0 \text{ pm}$$

Damit erhält man nach Einsetzen in Gl. (11.133) und Gl. (11.134)

$$J_{xx} = [1{,}008 \cdot (49{,}43)^2 + 2{,}015(49{,}43)^2 + 16 \cdot (9{,}339)^2]\frac{10^{-3}}{N_L} \cdot 10^{-24} = 1{,}458 \cdot 10^{-47} \text{ kg} \cdot \text{m}^2$$

und nach entsprechender Rechnung:

$$J_{yy} = 2{,}840 \cdot 10^{-47} \text{ kg} \cdot \text{m}^2, \ J_{zz} = 4{,}301 \cdot 10^{-47} \text{ kg} \cdot \text{m}^2$$

$$J_{yx} = J_{xy} = 0{,}6275 \cdot 10^{-47} \text{ kg} \cdot \text{m}^2, \ J_{xz} = J_{yz} = 0$$

Nun lässt sich die Determinante nach Gl. (11.139) berechnen (einen Faktor $3{,}8224 \cdot 10^{-47}$ klammern wir aus):

$$3{,}8224 \cdot 10^{-47}\begin{vmatrix} 0{,}3819 - \lambda & 0{,}1641 & 0 \\ 0{,}1641 & 0{,}743 - \lambda & 0 \\ 0 & 0 & 1{,}249 - \lambda \end{vmatrix} = 0 \tag{11.140}$$

Die Lösung von Gl. (11.140), wird nach der Sarrus'schen Regel (s. Anhang 11.5) erhalten, und ergibt ein Polynom 3. Grades für die gesuchten Lösungen von $\hat{J}'$.

$$f(\lambda) = \lambda^3 - 2{,}249 \cdot \lambda^2 + 1{,}5255 \cdot \lambda - 0{,}32441 = 0 \tag{11.141}$$

Die Lösungen sind die Nullstellen von $f(\lambda)$ (s. Abb. 11.6):

Sie lauten:

$$\lambda_{xx} = 1{,}2061,\ \lambda_{yy} = 0{,}5690,\ \lambda_{zz} = 0{,}4715$$

Man erhält somit für die 3 Hauptträgheitsmomente $J'_{ii} = \lambda_{ii} \cdot 3{,}8224 \cdot 10^{-47}$:

$$J'_{xx} = 4{,}610 \cdot 10^{-47}\ \text{kg} \cdot \text{m}^2,\ J'_{yy} = 2{,}175 \cdot 10^{-47}\ \text{kg} \cdot \text{m}^2,\ J'_{zz} = 1{,}8023 \cdot 10^{-47}\ \text{kg} \cdot \text{m}^2$$

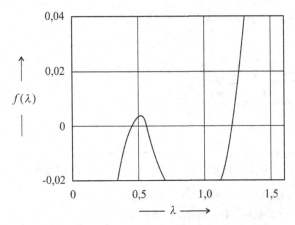

Abb. 11.6: Funktionsverlauf von $f(\lambda)$ mit den 3 Nullstellen als Lösungen von Gl. (11.141).

Zur Berechnung der Rotationszustandssumme nach Gl. (2.56) benötigt man die Rotationstemperaturen $\Theta_{\text{rot,i}}$. Sie sind bei unsymmetrischen Kreiselmolekülen gegeben durch:

$$\Theta_{\text{rot,i}} = \frac{\hbar^2}{8\pi^2 \cdot k_B I_i}$$

Für HDO ergibt sich somit:

$$\Theta_{\text{rot,zz}} = 22{,}35\ \text{K},\ \Theta_{\text{rot,yy}} = 18{,}52,\ \Theta_{\text{rot,xx}} = 8{,}74\ \text{K}$$

Die Berechnung von Hauptträgheitsmomenten aus Kenntnis der molekularen Struktur wird bei größeren Molekülen ziemlich aufwendig. Jedoch kann man in vielen Fällen Symmetrieeigenschaften der Moleküle nutzen, um die Berechnungen zu vereinfachen. Im Folgenden sind für einige typische Molekülstrukturen direkt die Formeln zur Berechnung der Hauptträgheitsmomente angegeben. Erforderlich ist natürlich in allen Fällen die Kenntnis von Bindungsabständen, Bindungswinkeln sowie der atomaren Massen. Weitere Voraussetzung ist die Starrheit der Moleküle, d. h., innere Rotationen sind ausgeschlossen. Mit Hilfe der folgenden Abbildungen und Formeln lassen sich die Hauptträgheitsmomente I_x, I_y und I_z für einige Strukturbeispiele berechnen. Die x- und y-Achse sind bereits die Achsen der Hauptträgheitsmomente I_x und I_y. Die z-Achse für I_z steht senkrecht zur Zeichenebene. Nullpunkt des Koordinatensystems ist der Molekülschwerpunkt.

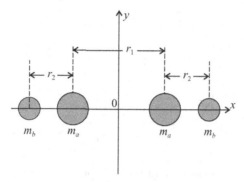

Abb. 11.7: Struktur 4-atomiger linearer symmetrischer Moleküle (Beispiel: C_2H_2).

$$I_z = I_y = 2m_a \left(\tfrac{1}{2}r_1\right)^2 + 2m_b \left(\tfrac{1}{2}r_1 + r_2\right)^2 \quad \text{(zu. Abb. 11.7)}$$
$$I_x = 0$$

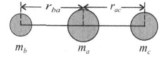

Abb. 11.8: Struktur eines nichtsymmetrischen linearen 3-atomigen Moleküls (Beispiele: N_2O, COS, HCN))

$$I_z = I_y = \frac{m_a \cdot m_b \cdot r_{ab}^2 + m_a \cdot m_c r_{ac}^2 + m_b \cdot m_c (r_{ab} + r_{ac})^2}{m_a + m_b + m_c} \quad \text{(zu. Abb. 11.8)}$$

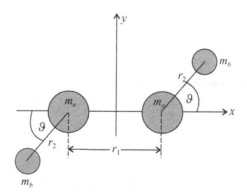

Abb. 11.9: Sesselform 4-atomiger Moleküle (Beispiel: trans 1,2-Ethen, trans 1,2-Dichlorethylen).

$$I_x = 2m_b r_2^2 \cdot \sin^2 \vartheta$$

$$\left.\begin{array}{l} I_y = \dfrac{1}{2}m_a r_1^2 + \dfrac{1}{2}m_b(r_1 + 2r_2 \cos \vartheta)^2 \\[2mm] I_z = I_x + I_y \end{array}\right\} \quad \text{(zu. Abb. 11.9)}$$

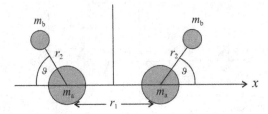

Abb. 11.10: Wannenform 4-atomiger Moleküle (Beispiel: cis 1,2-Ethen, cis 1,2-Dichlorethylen, H_2O_2)

$$I_x = 2\left(\dfrac{m_a \cdot m_b}{m_a + m_b}\right) r_2^2 \cdot \sin^2 \vartheta$$

$$\left.\begin{array}{l} I_y = \dfrac{1}{2}m_a r_1^2 + \dfrac{1}{2}m_b(r_1 + 2r_2 \cos \vartheta)^2 \\[2mm] I_z = I_x + I_y \end{array}\right\} \quad \text{(zu. Abb. 11.10)}$$

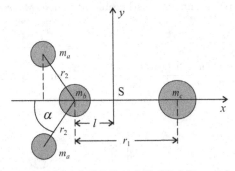

Abb. 11.11: Y-förmiges 4-atomiges Molekül. Beispiel: H_2CO. Mit $m_c = 0$ ergeben sich die Formeln für H_2O, O_3, NO_2 u. a.

$$I_x = 2m_a r_2^2 \cdot \sin^2 \vartheta$$

$$\left.\begin{array}{l} I_y = 2m_a(l + r_2 \cos \vartheta)^2 + m_b \cdot l^2 + m_c(r_1 - l)^2 \ \text{mit}\ l = \dfrac{m_c r_1 - 2m_a r_2 \cos \vartheta}{m_a + m_b + m_c} \\[3mm] I_z = I_x + I_y \end{array}\right\} \quad \text{(zu. Abb. 11.11)}$$

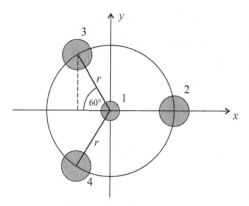

Abb. 11.12: Ebenes zentralsymmetrisches 4-atomiges Molekül. $m_2 = m_3 = m_4 = m$ (z. B. BF$_3$)

Das Ergebnis ist unabhängig von m_1. Es gilt also für ein gleichseitiges Dreieck

$$\left.\begin{array}{l} I_x = I_y = (3/2)m \cdot r^2 \\ I_z = I_x + I_y = 3mr^2 \end{array}\right\} \text{ (zu. Abb. 11.12)}$$

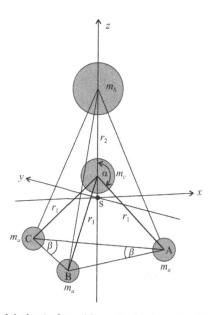

Abb. 11.13: 5-atomiges Molekül mit dreizahliger Drehachse (S = Schwerpunkt) $\beta = 120°$. Mit $m_b = 0$ ergibt sich ein pyramidenförmiges 4-atomiges Molekül (z. B. CH$_3$Cl, mit $\alpha = 90°$ und $m_b = 0$ ergeben sich die Formeln zu Abb. 11.12).

$$I_x = I_y = \tfrac{3}{2}m_a r_1^2 + m_b(3m_a + m_c) \cdot r_2^2/(3m_a + m_b + m_c)$$
$$+3m_a(m_b + m_c - 3m_a)r_1^2 \cdot \cos^2 \alpha/(3m_a + m_b + m_c)$$
$$-6m_a \cdot m_b \cdot r_1 \cdot r_2 \cdot \cos\alpha/(3m_a + m_b + m_c)$$
$$I_z = 3m_a \cdot r_1^2 \sin^2 \alpha$$

$\left.\right\}$ (zu. Abb. 11.13)

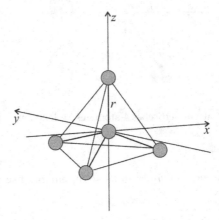

Abb. 11.14: Das 5-atomige Tetraedermolekül. Das Zentralmolekül sitzt im Molekülschwerpunkt S. Die Massen an den Tetraederspitzen sind identisch. (Beispiel, CH_4, CCl_4 etc.)

$$I_x = I_y = I_z = (8/3) \cdot m \cdot r^2 \quad \text{(zu. Abb. 11.14)}$$

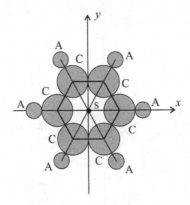

Abb. 11.15: Benzolartiges Molekül (A=H, D, F, Cl, Br, J)

$$I_x = I_y = 3[m_c r_{SC}^2 + m_H(r_{SC} + r_{AC})^2]$$
$$I_z = 2I_x = 2I_y$$

$\left.\right\}$ (zu. Abb. 11.15)

11.10 Zur Theorie zwischenmolekularer Kräfte

Dispersionsenergie

Zwischen allen Molekülen, auch den unpolaren, herrscht eine universell wirksame anziehende zwischenmolekulare Wechselwirkungsenergie, die sog. Dispersionsenergie. Sie ist nur quantenmechanisch erklärbar, da bei einem Molekül, das weder elektrische Ladungen noch Multipole besitzt, wie z. B. die Edelgasatome, das Zustandekommen einer anziehenden Wechselwirkung im klassischen Bild unverständlich bleibt.

Wir wollen hier ein einfaches Modell für eine solche molekulare Wechselwirkung ableiten, die quantenmechanisch begründbar ist und eine anziehende potentielle Wechselwirkungsenergie ergibt, die proportional zu $-r^{-6}$ ist, wobei r den Abstand der Moleküle bedeutet. Dazu betrachten wir in Abb. 11.16 zwei kugelsymmetrische Moleküle, die jeweils durch die Bewegung eines effektiven Elektrons um einen fixierten, positiven Atomkern charakterisiert sind. Jedes System hat sein eigenes Koordinatensystem mit dem jeweiligen Kern im Ursprung. x_1, y_1, z_1 bzw. x_2, y_2, z_2 bezeichnen den Ort des zugehörigen Elektrons. In der gemeinsamen x-Achse liegt der Molekülabstand r.

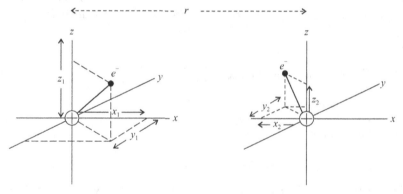

Abb. 11.16: Zwei Moleküle, symbolisiert durch Bewegung eines Elektrons an den jeweiligen Kern, im Abstand r_1 voneinander.

Unsere Modellvorstellung besteht nun in der Annahme, dass es sich bei den beiden molekularen Systemen um dreidimensionale Oszillatoren handeln soll, die die Bewegung des Elektrons um den positiven Kern beschreiben. Da diese Bewegungen i. A. auf der Oberfläche der Ellipse stattfinden mit mittleren Abständen $|x_i|, |y_i|$ und $|z_i|(i = 1,2)$ in der Größenordnung des Bohr'schen Radius, ergibt sich in diesem Bild in der Projektion ein oszillatorisches Verhalten der Elektronen in den 3 Raumrichtungen. Sind die beiden Oszillatoren der Systeme 1 und 2 unendlich weit voneinander entfernt, lautet die potentielle Energie E_p^0 des Gesamtsystems für zwei gleiche Atome:

$$E_p^0 = E_{p,1} + E_{p,2}$$

mit

$$E_{p,1} = \frac{1}{2}b\left(x_1^2 + y_1^2 + z_1^2\right) \quad \text{und} \quad E_{p,2} = \frac{1}{2}b\left(x_2^2 + y_2^2 + z_2^2\right) \tag{11.142}$$

Mit der Auslenkung aus der Ruhelage ist für jedes System ein Dipolmoment verbunden.

$$\mu_1 = e_0 \cdot \vec{l}_1 \quad \text{und} \quad \mu_2 = e_0 \cdot \vec{l}_2$$

mit $\vec{l}_1 = (x_1, y_1, z_1)$ und $\vec{l}_2 = (x_2, y_2, z_2)$. Treten nun die beiden Systeme bei endlichem Abstand r miteinander in Wechselwirkung, so muss man diese Wechselwirkung als die potentielle Energie $\varphi(r)$ zweier Dipole im Abstand r auffassen, für die nach Gl. (11.159) gilt:

$$\varphi(r) = e_0^2 \frac{(x_1 x_2 + y_1 y_2 + z_1 z_2)}{r^3} - 3e_0^2 \frac{z_1 \cdot z_2}{r^3}$$

$$= -e_0^2 \frac{(2z_1 z_2 - x_1 x_2 - y_1 y_2)}{r^3} \tag{11.143}$$

Die Kraftkonstante b in Gl. (11.142) kann man in Zusammenhang bringen mit der Kraft, die benötigt wird, um das Elektron um den Betrag Δl in Richtung eines gedachten angelegten elektrischen Feldes der Feldstärke $\vec{E}$ zu verschieben. Es gilt die Kräftebilanz:

$$b \cdot \Delta \vec{l} = e_0 \vec{E}$$

Das dabei induzierte Dipolmoment μ_{ind} beträgt:

$$\vec{\mu}_{\text{ind}} = e_0 \cdot \Delta \vec{l} = \alpha \vec{E}_0$$

Damit erhält man für b:

$$b = e_0^2/\alpha$$

α ist die elektronische Polarisierbarkeit des Moleküls. Damit ergibt sich für die gesamte potentielle Energie E_p der beiden gekoppelten Oszillatoren:

$$E_p = E_{p,1} + E_{p,2} + \varphi(r) = e_0^2 \frac{x_1^2 + y_1^2 + z_1^2}{2\alpha} + e_0^2 \frac{x_2^2 + y_2^2 + z_2^2}{2\alpha} - \frac{e_0^2}{r^3}(2 \cdot z_1 z_2 - x_1 x_2 - y_1 y_2)$$

$$\tag{11.144}$$

Gl. (11.156) wäre nun als potentille Energie in die Schrödinger-Gleichung mit den sechs Koordinaten $x_1, y_1, z_1, x_2, y_2, z_2$ einzusetzen. Leider lässt jedoch Gl. (11.144) in dieser Form keine Variablenseparation zu, um die Schrödinger-Gleichung lösen zu können. Das ist nur möglich, wenn zuvor eine Koordinatentransformation durchgeführt wird, bei der nur noch rein quadratische und keine gemischten Glieder vorkommen, die Terme mit $x_1 x_2$, $y_1 y_2$ und $z_1 z_2$ enthalten. Eine solche Transformation heißt *Hauptachsentransformation*, wobei natürlich der Wert von E_p unverändert bleibt. Das Verfahren verläuft nach der in

Anhang 11.6 unter dem Abschnitt „Quadratische Formen" geschilderten Methode. Das Ergebnis für die gesuchten neuen Koordinaten $x_+, y_+, z_+, x_-, y_-, z_-$ lautet dann:

$$x_+ = \frac{1}{\sqrt{2}} (x_1 + x_2) \qquad\qquad x_- = \frac{1}{\sqrt{2}} (x_1 - x_2)$$

$$y_+ = \frac{1}{\sqrt{2}} (y_1 + y_2) \qquad\qquad y_- = \frac{1}{\sqrt{2}} (y_1 - y_2)$$

$$z_+ = \frac{1}{\sqrt{2}} (z_1 + z_2) \qquad\qquad z_- = \frac{1}{\sqrt{2}} (z_1 - z_2) \tag{11.145}$$

Einführung der neuen Variablen ergibt tatsächlich eine rein quadratische Form, wovon man sich leicht überzeugen kann ($l_+^2 = x_+^2 + y_+^2 + z_+^2$ und $l_-^2 = x_-^2 + y_-^2 + z_-^2$):

$$E_p = \frac{e_0^2}{2\alpha} \left(l_+^2 + l_-^2\right) + \frac{e_0^2}{2r^3} \left(x_+^2 + y_+^2 - 2z_+^2 - x_-^2 - y_-^2 - 2z_-^2\right)$$

$$= \frac{e_0^2}{2\alpha} \left[\left(1 + \frac{\alpha}{r^3}\right)(x_+^2 + y_+^2) + \left(1 - \frac{\alpha}{r^3}\right)\cdot\left(x_-^2 + y_-^2\right) + \left(1 + \frac{2\alpha}{r^3}\right)z_+^2 + \left(1 - \frac{2\alpha}{r^3}\right)z_-^2\right] \tag{11.146}$$

Einsetzen von Gl. (11.146) in die Schrödinger-Gleichung liefert nun 6 Lösungen für den harmonischen Oszillator mit den Energieeigenwerten im Grundzustand (Nullpunkts-energien), so dass die quantenmechanisch berechnete Gesamtenergie ε lautet:

$$\varepsilon = \frac{1}{2} \left(h\nu_{x^+} + h\nu_{y^+} + h\nu_{z^+} + h\nu_{x^-} + h\nu_{y^-} + h\nu_{z^-}\right) \tag{11.147}$$

Für die Frequenz eines harmonischen Oszillators gilt bekanntlich:

$$\nu_i = \frac{1}{2\pi} \cdot \sqrt{\frac{b_i}{\mu}}$$

mit der Kraftkonstante b_i und der reduzierten Masse $\tilde{\mu} = m_e \cdot m_{\text{Kern}}/m_e + m_{\text{Kern}} \approx m_e$ (Masse des Elektrons), da $m_{\text{Kern}} \gg m_e$. Die unterschiedlichen Kraftkonstanten im gekoppelten Oszillatoren-System lauten also:

$$b_{x^+} = b_{y^+} = \frac{e_0^2}{2\alpha} \left(1 + \frac{\alpha}{r^3}\right) \quad \text{und} \quad b_{x^-} = b_{y^-} = \frac{e_0^2}{2\alpha} \left(1 - \frac{\alpha}{r^3}\right)$$

sowie:

$$b_{z^+} = \frac{e_0^2}{2\alpha} \left(1 + \frac{\alpha}{r^3}\right) \quad \text{und} \quad b_{z^-} = \frac{e_0^2}{2\alpha} \left(1 - \frac{\alpha}{r^3}\right)$$

mit den entsprechenden Frequenzen ν_i:

$$\nu_{x^+} = \nu_{y^+} = \nu_0 \sqrt{1 + \frac{\alpha}{r^3}} \quad \text{und} \quad \nu_{x^-} = \nu_{y^-} = \nu_0 \sqrt{1 - \frac{\alpha}{r^3}} \tag{11.148}$$

sowie:

$$v_{z^+} = v_0 \sqrt{1 + \frac{\alpha}{r^3}} \quad \text{und} \quad v_{z^-} = v_0 \sqrt{1 - \frac{2\alpha}{r^3}} \tag{11.149}$$

mit

$$v_0 = \frac{1}{2\pi} \sqrt{\frac{e_0^2}{2\alpha \cdot m_e}}$$

v_0 ist die Frequenz der beiden Oszillatoren im ungekoppelten System, also für $r \to \infty$.

Nun bedenken wir, dass $\alpha/r^3 \ll 1$ gilt, d. h., man kann eine Taylor-Reihenentwicklung in α/r^3 bzw. $2\alpha/r^3$ durchführen und nach dem quadratischen Glied abbrechen:

$$\sqrt{1 \pm \frac{\alpha}{r^3}} \approx 1 \pm \frac{1}{2} \frac{\alpha}{r^3} + \frac{1}{8} \frac{\alpha^2}{r^6} \quad \text{und} \quad \sqrt{1 \pm \frac{2 \cdot \alpha}{r^3}} \approx 1 \pm \frac{\alpha}{r^3} + \frac{1}{4} \frac{\alpha^2}{r^6} \tag{11.150}$$

Setzen man Gl. (11.150) in die Gl. (11.148) und (11.149) ein und dann die so erhaltenen Werte für v_i in Gl. (11.147), so fallen die linearen Terme mit α/r^3 weg, und man erhält:

$$\varepsilon = \frac{1}{2} \left(6hv_0 - \frac{12}{8} hv_0 \cdot \frac{\alpha^2}{r^6} \right) \tag{11.151}$$

Damit ergibt sich für die Dispersionswechselwirkungsenergie $\Phi(r)$:

$$\boxed{\varphi(r) = \varepsilon - \frac{6}{2} hv_0 = -\frac{3}{4} \cdot hv_0 \cdot \frac{\alpha^2}{r^6}} \tag{11.152}$$

Es wird also tatsächlich ein negativer, zu r^{-6} proportionaler Wert für $\Phi(r)$ erhalten. Die Existenz einer solchen Wechselwirkungsenergie ist nur quantenmechanisch begründbar, denn zu den beiden 3-dimensionalen Oszillatoren gehören Nullpunktsenergie n, $hv_i/2$ für Oszillatoren, die die Ursache für das Auftreten von Wechselwirkungsenergien sind.

Führt man die Rechnung für zwei Oszillatoren mit verschiedenen Frequenzen v_{01} und v_{02} durch, so erhält man:

$$\boxed{\varphi(r) = -\frac{3}{2} h \frac{v_{01} \cdot v_{02}}{v_{01} + v_{02}} \cdot \frac{\alpha_1 \cdot \alpha_2}{r^6}} \tag{11.153}$$

Für $v_{10} = v_{20} = v_0$ geht Gl. (11.153) in Gl. (11.152) über. Man setzt statt v_{0i} häufig die Ionisierungsenergie I_i ein, denn es lässt sich zeigen, dass ungefähr gilt $hv_{0i} \approx const \cdot I_i$.

In Gl. (11.152) und (11.153) ist für α die SI-Einheit m^3. Setzt man für α Werte in der Einheit C$^2 \cdot$ m$^2 \cdot$ J^{-1} ein, ist Gl. (11.152) bzw. Gl. (11.153) mit $(4\pi\varepsilon_0)^{-2}$ zu multiplizieren.

Dipol-Dipol-Wechselwirkungen

Alle elektrostatisch bewirkten zwischenmolekularen Wechselwirkungen (wie Dipol-Dipol, Ion-Dipol und Dipol-induzierter Dipol) beruhen auf dem Coulombschen Kraftgesetz von 2 Punktladungen $q_1 \cdot q_2$, das in der SI-Einheit $kg \cdot m \cdot s^{-2}$ lautet:

$$K = \frac{1}{4\pi\varepsilon_0} \frac{q_1 \cdot q_2}{r^2}$$

mit q_1 und q_2 in C und r in m. Wir wollen das elektrische Potential Φ eines Dipols in der Entfernung r von seinem Zentrum aus näherungsweise berechnen.

Das sog. Dipolmoment $\vec{\mu}$ ist definiert als (s. Abb. 11.17):

$$\boxed{\vec{\mu}_e = |q| \cdot \vec{l}} \qquad \text{(Einheit}: C \cdot m) \tag{11.154}$$

Das Dipolmoment $\vec{\mu}_e$ ist also ein Vektor.

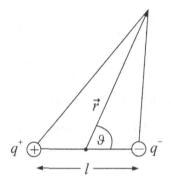

Abb. 11.17: Definition: Dipol und Dipolmoment

Hierbei ist der positive (+q) bzw. der negative (−q) Ladungsschwerpunkt im Molekül und l der Abstand der Ladungsschwerpunkte.

Das elektrische Potential im Abstand $\vec{r}$ vom Molekülzentrum lautet entsprechend dem Coulomb'schen Gesetz in SI-Einheiten:

$$4\pi \cdot \varepsilon_0 \Phi = \frac{|q|}{\left(r^2 + \frac{l^2}{4} - lr \cdot \cos\vartheta\right)^{\frac{1}{2}}} - \frac{|q|}{\left(r^2 + \frac{l^2}{4} + lr \cdot \cos\vartheta\right)^{\frac{1}{2}}}$$

$$= \frac{|q|}{r}\left(1 + \frac{l^2}{4r^2} - \frac{l}{r}\cos\vartheta\right)^{-\frac{1}{2}} - \frac{q}{r}\left(1 + \frac{l^2}{4r^2} + \frac{l}{r}\cos\vartheta\right)^{-\frac{1}{2}}$$

ε_0 ist die elektrische Feldkonstante in der Einheit $C^2 \, J^{-1} \cdot m^{-1}$ (s. Anhang 11.25).

Taylor-Reihenentwicklung der runden Klammern in den Nennern bis zu Gliedern von $1/r$ ergibt das elektrische Potential (Einheit: $J \cdot C^{-1} = 1$ Volt) in großen Abständen vom Dipol $\left(|\vec{r}| \gg l\right)$ mit $|q^+| = |q^-|$:

$$4\pi\varepsilon_0\Phi \cong \frac{|q^+| \cdot l}{r^2} \cos\vartheta$$

oder als Skalarprodukt geschrieben mit $r = |\vec{r}|$ (s. Anhang 11.5):

$$\boxed{4\pi\varepsilon_0\Phi \cong \frac{\vec{\mu} \cdot \vec{r}}{r^3}} \qquad \left(|r| \gg \left|\frac{\vec{\mu}}{q}\right|\right) \tag{11.155}$$

Wir berechnen jetzt das elektrische Feld $\vec{E}$ eines Dipols im Abstand $\vec{r}$:

$$\vec{E}_{\text{Dipol}} = -\frac{1}{4\pi\varepsilon_0} \cdot \text{grad}\Phi = -\text{grad}\left(\frac{\vec{\mu} \cdot \vec{r}}{r^3}\right)$$

Für die x-Komponente von $\vec{E}$ gilt:

$$-\frac{\partial}{\partial x}\left(\frac{\mu_x \cdot x + \mu_y \cdot y + \mu_z \cdot z}{(x^2 + y^2 + z^2)^{3/2}}\right) = -\left(\frac{1}{r^3} \cdot \mu_x + (\mu_x \cdot x + \mu_y \cdot y + \mu_z \cdot z)\right.$$

$$\left. \cdot \left(-\frac{3}{2}\right)\frac{2x}{(x^2 + y^2 + z^2)^{5/2}}\right) = \left(-\frac{1}{r^3}\mu_x + 3\vec{\mu} \cdot \vec{r} \cdot \frac{x}{r^5}\right)$$

Entsprechendes gilt für die y- und z-Komponente von $\vec{E}$.

Damit ergibt sich für das durch den Dipol im Abstand r erzeugte elektrische Feld $\vec{E}_{\text{Dipol}}$:

$$\boxed{4\pi\varepsilon_0\vec{E}_{\text{Dipol}} = -\frac{\vec{\mu}}{r^3} + \frac{3\vec{\mu} \cdot \vec{r}}{r^5} \cdot \vec{r}} \tag{11.156}$$

Wir berechnen nun die potentielle Energie W_μ eines Dipols im elektrischen Feld $\vec{E}$ (s. Abb. 11.18).

$$\boxed{W_\mu = -l \cdot |q^+| \cdot \cos\vartheta \cdot |\vec{E}| = -\vec{\mu} \cdot \vec{E}} \tag{11.157}$$

ϑ ist der Winkel, den der Dipol mit der $\vec{E}$-Feldrichtung bildet. Bei $\vartheta = 90°(\cos\vartheta = 0)$ ist W_μ gleich Null. Durch Einsetzen von Gl. (11.156) in Gl. (11.157) lässt sich sogleich auch die potentielle Wechselwirkungsenergie $\varphi_{12}(r)$ zweier Dipole mit $\vec{\mu}_1$ und $\vec{\mu}_2$ im Abstand $\vec{r}$ angeben:

$$\boxed{4\pi\varepsilon_0\varphi(r) = +\frac{\vec{\mu}_1 \cdot \vec{\mu}_2}{r^3} - \frac{3(\vec{\mu}_1 \cdot \vec{r}) \cdot (\vec{\mu}_2 \cdot \vec{r})}{r^5}} \tag{11.158}$$

Wir zeigen jetzt, dass die thermische gemittelte Energie zweier Dipole im Abstand r voneinander eine *freie* Wechselwirkungsenergie ist, die sich aus der Berechnung der Zustandssumme von 2 Dipolmolekülen $Q_2 = q^2$ im Grenzfall genügend hoher Temperaturen $\left(|\vec{\mu}_1|^2 \cdot |\vec{\mu}_2|^2/r^3 \ll k_B \cdot T\right)$ ergibt. Die potentielle, orientierungsabhängige Wechselwirkungsenergie zweier Dipole lautet, wenn wir die z-Richtung des Koordinatensystems genau in die Verbindungsrichtung des Abstandsvektors r legen $(\vec{r} = (0, 0, z)$:

$$4\pi\varepsilon_0\varphi(r) = \frac{\vec{\mu}_1 \cdot \vec{\mu}_2}{r^3} - 3\frac{\mu_{1z} \cdot \mu_{2z}}{r^3} \tag{11.159}$$

wobei $\vec{\mu}_1 = \left(\mu_{1x}, \mu_{1y}, \mu_{1z}\right)$ und $\vec{\mu}_2 = \left(\mu_{2x}, \mu_{2y}, \mu_{2z}\right)$ die Dipolmomentvektoren der Moleküle 1 und 2 bedeuten (s. Abb. 11.18).

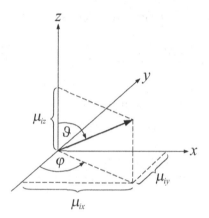

Abb. 11.18: Koordinaten des Dipolmomentvektors $\vec{\mu}_i = \left(\mu_{ix}, \mu_{iy}, \mu_{iz}\right)$ $(i = 1, 2)$

Die kanonische Zustandssumme eines 2-Teilchensystems lautet für $r = \text{const}$ (s. Gl. (8.7)):

$$Q_2 = \tilde{q}_{\text{trans}}^2 \cdot q_{\text{rot}}^2 \cdot \left(\frac{1}{4\pi}\right)^2 \int \int e^{-\varphi(r)/k_B T} \cdot d\Omega_1 \cdot d\Omega_2$$

mit den differentiellen Raumwinkeln:

$$d\Omega_1 = \sin\vartheta_1 \cdot d\vartheta_1 \cdot d\varphi_1 \quad \text{bzw.} \quad d\Omega_2 = \sin\vartheta_2 \cdot d\vartheta_2 \cdot d\varphi_2$$

Die Komponenten der Dipolmomentvektoren lauten in Polarkoordinaten $(i = 1, 2)$:

$$\mu_{ix} = |\mu_i| \cdot \sin\vartheta_i \cdot \cos\varphi_i$$
$$\mu_{iy} = |\mu_i| \cdot \sin\vartheta_i \cdot \sin\varphi_i$$
$$\mu_{iz} = |\mu_i| \cdot \cos\vartheta_i$$

Damit ergibt sich für $\varphi(r, \vartheta_1, \vartheta_2, \varphi_1\varphi_2)$:

$$4\pi\varepsilon_0\varphi(r, \vartheta_1, \vartheta_2, \varphi_1, \varphi_2) = \frac{|\mu_1| \cdot |\mu_2|}{r^3} \left[\sin\vartheta_1 \cdot \sin\vartheta_2 \cdot \cos(\varphi_1 - \varphi_2) - 2\cos\vartheta_1 \cdot \cos\vartheta_2\right]$$

$$= \frac{|\mu_1| \cdot |\mu_2|}{r^3} \cdot f(\vartheta_1, \vartheta_2, \varphi_1 - \varphi_2)$$

$$(11.160)$$

Also erhält man:

$$\frac{(4\pi)^2}{\tilde{q}_{\text{trans}}^2 \cdot q_{\text{rot}}^2} \cdot Q_2 = \int_0^\pi \int_0^{2\pi} \int_0^\pi \int_0^{2\pi} \sin\vartheta_1 \mathrm{d}\vartheta_1 \cdot \mathrm{d}\varphi_1 \cdot \sin\vartheta_2 \mathrm{d}\vartheta_2 \cdot \mathrm{d}\varphi_2$$

$$\cdot \exp\left[-\frac{|\mu_1| \cdot |\mu_2|}{r^3 \cdot k_B T} \cdot \frac{1}{4\pi\varepsilon_0} \cdot f(\vartheta_1, \vartheta_2, \varphi_1 - \varphi_2)\right]$$

Wir entwickeln jetzt den Exponentialterm in eine Reihe nach der Variablen $|\vec{\mu}_1| \cdot |\vec{\mu}_2|/(k_B T \cdot r^3) \ll 1$ und erhalten:

$$\exp\left[-A^{1/2} \cdot f(\vartheta_1, \vartheta_2, \varphi_1 - \varphi_2)\right] \cong 1 - A^{1/2} \cdot f + \frac{1}{2}A \cdot f^2 - \dots$$

wobei wir definieren:

$$A = \frac{|\vec{\mu}_1|^2 \cdot |\vec{\mu}_2|^2}{(k_B T)^2 \cdot (4\pi\varepsilon_0)^2} \cdot \frac{1}{r^6}$$

Einsetzen in das 4-fach-Integral ergibt, dass sowohl der in f lineare Term sowie auch alle Kreuzterme in dem zu f quadratischen Term verschwinden, so dass übrig bleibt:

$$(4\pi)^2 \cdot \tilde{q}_{\text{trans}}^{-2} \cdot q_{\text{rot}}^{-2} \cdot Q_2 \cong (4\pi)^2 + \frac{1}{2} \cdot A \int_0^\pi \int_0^{2\pi} \int_0^\pi \int_0^{2\pi} \mathrm{d}\cos\vartheta_1 \cdot \mathrm{d}\varphi_1 \cdot \mathrm{d}\cos\vartheta_2 \cdot \mathrm{d}\varphi_2$$

$$\cdot \left[\sin^2\vartheta_1 \cdot \sin^2\vartheta_2 \cdot \cos^2(\varphi_2 - \varphi_1) + 4\cos^2\vartheta_2 \cdot \cos^2\vartheta_1\right]$$

Mit $c_1 = \cos\vartheta_1$ und $c_2 = \cos\vartheta_2$ sowie mit $\int_0^{2\pi} \int_0^{2\pi} \cos^2(\varphi_2 - \varphi_1)\mathrm{d}\varphi_1 \cdot \mathrm{d}\varphi_2 = 2\pi^2$

erhalten wir:

$$(4\pi)^2 \cdot \tilde{q}_{\text{trans}}^{-2} \cdot q_{\text{rot}}^{-2} \cdot Q_2 = (4\pi)^2 + 2\pi^2 A \int\limits_{-1}^{+1} \int\limits_{-1}^{+1} dc_1 \cdot dc_2 \left[\frac{1}{2}\left(1 - c_1^2\right)\left(1 - c_2^2\right) + 4c_1^2 \cdot c_2^2 \right]$$

$$= (4\pi)^2 + 2\pi^2 A \int\limits_{-1}^{+1} \int\limits_{-1}^{+1} dc_1 \cdot dc_2 \left[\frac{1}{2} - \frac{1}{2}\left(c_1^2 + c_2^2\right) + \frac{9}{2}c_1^2 \cdot c_2^2 \right]$$

$$= (4\pi)^2 + 2\pi^2 A \left[2 - \frac{1}{2} \cdot 2 \cdot \frac{4}{3} + \frac{9}{2} \cdot \frac{4}{9} \right]$$

$$= (4\pi)^2 + \frac{(4\pi)^2}{3}A = (4\pi)^2 \left(1 + \frac{1}{3}A\right)$$

Die Freie Energie F_2 ist demnach

$$F_2 \cong -k_B T \ln q_2 = -k_B T \ln\left(\tilde{q}_{\text{trans}}^2 \cdot q_{\text{rot}}^2\right) - k_B T \ln\left(1 + \frac{1}{3}A\right)$$

$$\cong -k_B T \ln\left(\tilde{q}_{\text{trans}}^2 \cdot q_{\text{rot}}^2\right) - \frac{1}{3} \cdot \frac{|\vec{\mu}_1|^2 \cdot |\vec{\mu}_2|^2}{k_B \cdot T \cdot r^6} \cdot \left(\frac{1}{4\pi\varepsilon_0}\right)^2$$

Für die freie Wechselwirkungsenergie $\langle\varphi(r)\rangle_F$ gilt dann:

$$\langle\varphi(r)\rangle_F = F_2(r) - F_2(r \to \infty) \cong -\frac{1}{3}\frac{|\vec{\mu}_1|^2 \cdot |\vec{\mu}_2|^2}{k_B \cdot T \cdot r^6} \cdot \left(\frac{1}{4\pi\varepsilon_0}\right)^2 \tag{11.161}$$

Das ist Gl. (10.1). Die innere Energie der Wechselwirkung $\langle\varphi\rangle_U$ erhält man aus der Helmholtz-Gleichung $U_2 = F_2 + TS_2 = F_2 - T\left(\frac{\partial F_2}{\partial T}\right)_V$:

$$U_2(r) - U(r \to \infty) = \langle\varphi(r)\rangle_U = \langle\varphi(r)\rangle_F - T\frac{\partial}{\partial T}\left[\langle\varphi(r)\rangle_F\right] \cong -\frac{2}{3}\frac{|\vec{\mu}_1|^2 \cdot |\vec{\mu}_2|^2}{k_B T \cdot r^6} \cdot \left(\frac{1}{4\pi\varepsilon_0}\right)^2 \tag{11.162}$$

Für die Entropie gilt somit wegen $S_2 = (U_2 - F_2)/T$:

$$S_2(r) - S_2(r \to \infty) \cong -\frac{1}{3}\frac{|\vec{\mu}_1|^2 \cdot |\vec{\mu}_2|^2}{k_B T^2 \cdot r^6} \cdot \left(\frac{1}{4\pi\varepsilon_0}\right)^2 = +\frac{\langle\varphi(r)\rangle_F}{T} \tag{11.163}$$

Das negative Vorzeichen für die Wechselwirkungsentropie zeigt an, dass die beiden Moleküle nicht mehr regellos zueinander orientiert sind und damit einen gewissen Ordnungsgrad besitzen. Das bedeutet einen Entropieverlust.

Man muss also sorgfältig zwischen $\langle\varphi(r)\rangle_F$ und $\langle\varphi(r)\rangle_U$ unterscheiden. $\vec{\mu}_1$ bzw. $\vec{\mu}_2$ ist in Gl. (11.161) bis (11.163) in C·m einzusetzen.

Ionen-Dipol-Wechselwirkung

Wir gehen wieder aus von der Zustandssumme $Q_2 = q^2$ für ein Ion der Ladung $z \cdot e$ und einem dipolaren Molekül mit dem Dipolmoment $\vec{\mu}$. Wir greifen zurück auf Gl. (8.13) mit $N = 2$ und entwickeln den Ausdruck $\ln[\sinh(x)/x]$ mit $x = \vec{E} \cdot \vec{\mu}/k_B T$ in eine Taylorreihe, die wir unter dem Logarithmus nach dem kubischen Glied abbrechen ($x = |\vec{\mu}| \cdot |\vec{E}|/k_B T$):

$$\ln[\sinh(x)/x] \cong \ln\left[1 + \frac{1}{6}x^2\right] \approx \frac{1}{6}x^2 \tag{11.164}$$

In der Annahme, dass $x \ll 1$, also $|\vec{\mu}| \cdot |\vec{E}| \ll k_B T$ gilt, soll uns das genügen. Das elektrische Feld am Punkt $\vec{r}$, wo sich der Dipol befindet, ist

$$\vec{E} = \frac{z \cdot e}{4\pi\varepsilon_0} \cdot \frac{1}{r_2{}^2} \cdot \vec{e}_r \tag{11.165}$$

Jetzt berechnen wir die freie Wechselwirkungsenergie des Zweiteilchensystems unter Beachtung von Gl. (11.164) und (11.165).

$$\langle\varphi(r)\rangle_F = F_2(r) - F_2(r \to \infty) = -\frac{1}{6} \cdot \frac{1}{k_B T} \cdot \frac{\vec{\mu}^2 \cdot (z \cdot e)^2}{(4\pi\varepsilon_0)^2} \cdot \frac{1}{r^4} \tag{11.166}$$

Für die Entropie erhält man dann:

$$S_2(r) - S_2(r \to \infty) = -\left(\frac{\partial F_2}{\partial T}\right)_r = -\frac{1}{6}\frac{1}{k_B T^2} \cdot \frac{\vec{\mu}^2 \cdot (e \cdot z)^2}{4\pi\varepsilon_0} \cdot \frac{1}{r^4} \tag{11.167}$$

und für die innere Energie $U_2 = F_2 + T(\partial F/\partial T)_r$:

$$\langle\varphi(r)\rangle_U = U_2(r) - U_2(r \to \infty) = -\frac{1}{3} \cdot \frac{1}{k_B T} \cdot \frac{\vec{\mu}^2 \cdot (z \cdot e)^2}{(4\pi\varepsilon_0)^2} \cdot \frac{1}{r^4} \tag{11.168}$$

Auch hier gilt $\langle\varphi(r)\rangle_U = 2\langle\varphi(r)\rangle_F$.

Dasselbe Resultat für U_2 erhält man, wenn man nach Gl. (8.15) das orientierungsgemittelte Dipolmoment $\langle\vec{\mu}\rangle$ mit der Feldstärke multipliziert:

$$U_2 = -\langle\vec{\mu}\rangle \cdot \vec{E} = -\frac{\vec{\mu}^2 \cdot \vec{E}^2}{3k_B T} = -\frac{1}{3}\frac{1}{k_B T} \cdot \frac{\vec{\mu}^2 \cdot (e \cdot z)^2}{4\pi\varepsilon_0} \cdot \frac{1}{r^4} \tag{11.169}$$

Man muss also auch hier sorgfältig zwischen der mittleren freien Energie (Gl. (11.166)) und der mittleren Energie (Gl. (11.168)) der Wechselwirkung unterscheiden. $\vec{\mu}$ ist in $C \cdot m$ einzusetzen.

Wechselwirkung eines elektrischen Dipols mit einem unpolaren Molekül

Alle Moleküle besitzen eine elektronische Polarisierbarkeit α_e. Wir berechnen die Wechselwirkungsenergie eines elektronisch polarisierbaren Moleküls im elektrischen Feld $\vec{E}_{\text{Dipol}}$ eines Dipolmoleküls im Abstand $\vec{r}$ mit dem Winkel ϑ zur Richtung des Dipols $\vec{\mu}$.

Es gilt also:

$$4\pi\varepsilon_0 \cdot \vec{E}_{\text{Dipol}} = -\frac{\vec{\mu}}{r^3} + \frac{3\vec{\mu}\cdot\vec{r}}{r^5}\cdot\vec{r} = -\frac{|\vec{\mu}|}{r^3}\cos\vartheta + \frac{3|\vec{\mu}|}{r^3}\cdot\cos\vartheta = 2\frac{|\vec{\mu}|}{r^3}\cos\vartheta$$

Für die Wechselwirkungsenergie gilt:

$$\mathrm{d}W = \alpha_e \cdot \vec{E} \cdot \mathrm{d}|\vec{E}| \qquad \text{bzw.:} \qquad W_{\mu,\text{ind}} = -\frac{\alpha_e}{2}|\vec{E}|^2$$

und somit:

$$\boxed{W_{\mu,\text{ind}} = \left(\frac{2}{4\pi\varepsilon_0}\right)^2 \cdot \frac{|\vec{\mu}|^2}{r^6}\cdot\cos^2\vartheta} \tag{11.170}$$

Hier ergibt die Reihenentwicklung, wenn $W_{\mu,\text{ind}} \ll k_B T$:

$$e^{-W_{\mu,\text{ind}}/k_B T} \cong 1 - \frac{W_{\mu,\text{ind}}}{k_B T}$$

Nach Gl. (8.7) erhält man mit $\sin\vartheta \cdot \mathrm{d}\vartheta = \mathrm{d}(\cos\vartheta)$:

$$F_2(r) - F_2(r=\infty) \cong -k_B T \ln \int\limits_{\varphi=0}^{2\pi}\int\limits_{-1}^{+1}\left(1 - \frac{W_{\mu,\text{ind}}}{k_B T}\right)\mathrm{d}\cos\vartheta\cdot\mathrm{d}\varphi$$

$$\approx -k_B T \ln \int\limits_{\varphi=0}^{\pi}\int\limits_{-1}^{+1}\left(1 + \left(\frac{2}{4\pi\varepsilon_0}\right)^2\alpha_e\frac{|\vec{\mu}|^2}{r^6}\cos^2\vartheta\right)\mathrm{d}\cos\vartheta\cdot\mathrm{d}\varphi$$

Das Ergebnis lautet:

$$\boxed{\langle\varphi_{\mu,\text{ind}}\rangle_F = F_2(r) - F_2(r=\infty) = -\frac{1}{(4\pi\varepsilon_0)^2}\cdot\frac{4}{3}\cdot\frac{\vec{\mu}\cdot\alpha_e}{r^6}} \tag{11.171}$$

$\langle\varphi_{\mu,\text{ind}}\rangle$ ist also in erster Näherung unabhängig von T, daher gilt hier $\langle\varphi_{\mu,\text{ind}}\rangle_F = \langle\varphi_{\mu,\text{ind}}\rangle_U$ und im Gegensatz zu Gl.(11.163) ist $S_2(r) - S_2(r=\infty) = 0$. In Gl. (11.171) ist $\vec{\mu}$ in $C\cdot m$ und α_e in $C^2\cdot m^2\cdot J^{-1}$ einzusetzen.

11.11 Die Schrödinger-Gleichung des 2-Teilchen-Systems

Zwischen 2 Teilchen herrsche die potentielle Wechselwirkungsenergie $V(\vec{r}_2 - \vec{r}_1)$ mit den Ortsvektoren $\vec{r}_1$ und $\vec{r}_2$ der beiden Teilchen. Dann lautet im Bild der klassischen Mechanik die *Hamilton-Funktion* (gleich der Gesamtenergie E):

$$H = E = \frac{m_1}{2} \cdot \left(\dot{\vec{r}}_1\right)^2 + \frac{m_2}{2} \cdot \left(\dot{\vec{r}}_2\right)^2 + V(\vec{r}_2 - \vec{r}_1) \tag{11.172}$$

mit den Geschwindigkeitsvektoren $\dot{\vec{r}}_1$ und $\dot{\vec{r}}_2$. Wir suchen nun neue Vektoren $\vec{r}_{12} = \vec{r}_1 - \vec{r}_2$ und $\vec{r}_S$, wobei wir $\vec{r}_S$ aus dem Impulserhaltungssatz gewinnen:

$$m_1 \cdot \dot{\vec{r}}_1 + m_2 \cdot \dot{\vec{r}}_2 = (m_1 + m_2)\,\dot{\vec{r}}_S$$

mit der Geschwindigkeit $\dot{\vec{r}}_S$ des Schwerpunktes der beiden Teilchen. Wir definieren daher den entsprechenden Ortsvektor:

$$\vec{r}_S = \frac{m_1\vec{r}_1 + m_2\vec{r}_2}{m_1 + m_2}$$

$\vec{r}_{12}$ und $\vec{r}_S$ sind zwei neue, voneinander unabhängige Vektoren für Gl. (11.172). Man erhält dann für Gl. (11.172) mit dem Abstandsvektor $\vec{r}_{12}$:

$$H = E = \frac{m_1 + m_2}{2}\left(\dot{\vec{r}}_S\right)^2 + V(\vec{r}_{12}) + \frac{1}{2}\cdot\frac{m_1 \cdot m_2}{m_1 + m_2}\cdot\left(\dot{\vec{r}}_{12}\right)^2 \tag{11.173}$$

Man überprüft die Richtigkeit von Gl. (11.173) durch Ausmultiplizieren, wobei man Gl. (11.172) zurückerhält. $\dot{\vec{r}}_S$ ist der Geschwindigkeitsvektor des Schwerpunktes des 2-Teilchen-systems. $m_1 \cdot m_2/(m_1 + m_2) = \tilde{\mu}$ bezeichnet man als reduzierte Masse. Wir gehen jetzt zur quantenmechanischen Darstellung über und formulieren entsprechend Gl. (11.173) die zeitunabhängige *Schrödinger-Gleichung mit dem Hamiltonoperator* $\hat{H}$ und der Wellen-funktion $\Psi(\vec{r}_S, \vec{r}_{12})$:

$$\hat{H}\Psi(\vec{r}_S, \vec{r}_{12}) = -\frac{1}{2}\left(\frac{\hbar^2}{m_1 + m_2}\nabla_S^2\Psi(\vec{r}_S, \vec{r}_{12}) + \frac{\hbar^2}{2\tilde{\mu}}\nabla_{12}^2\Psi(\vec{r}_S, \vec{r}_{12})\right) + V(\vec{r}_{12})\,\Psi(\vec{r}_S, \vec{r}_{12})$$

$$= E \cdot \Psi(\vec{r}_S, \vec{r}_{12}) \tag{11.174}$$

mit dem Energieeigenwert E und den Abkürzungen für kartesische Koordinaten:

$$\nabla_S^2 = \frac{\partial^2}{\partial x_S^2} + \frac{\partial^2}{\partial y_S^2} + \frac{\partial^2}{\partial z_S^2} \quad \text{und} \quad \nabla_{12}^2 = \frac{\partial^2}{\partial x_{12}^2} + \frac{\partial^2}{\partial y_{12}^2} + \frac{\partial^2}{\partial z_{12}^2}$$

Gl. (11.174) ergibt mit dem Separationsansatz $\Psi = \Psi_S(\vec{r}_S) \cdot \Psi_{12}(\vec{r}_{12})$:

$$\frac{1}{2}\frac{\hbar^2}{m_1 + m_2}\nabla_S^2 \cdot \Psi_S(\vec{r}_S) = E_{\text{kin}} \cdot \Psi(\vec{r}_S) \tag{11.175}$$

und

$$\frac{1}{2}\frac{\hbar^2}{\tilde{\mu}}\nabla_{12}^2\Psi_{12}(\vec{r}_{12}) + V(\vec{r}_{12}) = \varepsilon \cdot \Psi(\vec{r}_{12}) \tag{11.176}$$

Gl. (11.175) ist die Gleichung für ein freies Teilchen der Masse $(m_1 + m_2)$ (vgl. Abschnitt 3.1), Gl. (11.176) ist die eigentliche, uns interessierende Gleichung. Sie enthält die reduzierte Masse $\tilde{\mu}_{12}$ und immer noch die 3 kartesischen Koordinaten x_{12}, y_{12} und z_{12}. Da V nur vom Betrag $|\vec{r}_{12}| = r$ abhängt, schreiben wir Gl. (11.176) in Kugelkoordinaten $r = r_{12}$, ϑ und φ (s. Abb. 11.19). Es gilt (s. Lehrbücher der Mathematik):

$$\frac{1}{r^2}\frac{\mathrm{d}}{\mathrm{d}r}\left(r^2\frac{\partial\Psi}{\partial r}\right) + \frac{1}{r^2\sin^2\vartheta}\cdot\frac{\partial}{\partial\vartheta}\left(\sin\vartheta\frac{\partial\Psi}{\partial\vartheta}\right) + \frac{1}{r^2\sin^2\vartheta}\cdot\left(\frac{\partial^2\Psi}{\partial\varphi^2}\right) + \frac{2\mu}{\hbar^2}(E - V(r))\cdot\Psi = 0$$

$$\tag{11.177}$$

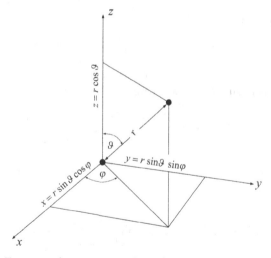

Abb. 11.19: Der Zusammenhang von Kugelkoordinaten und kartesischen Koordinaten.

Gl. (11.177) lässt sich wieder durch einen Separationsansatz $\Psi(r, \vartheta, \varphi) = f(r) \cdot \Theta(\vartheta) \cdot \Phi(\varphi)$ in zunächst 2 unabhängige Gleichungen auftrennen, also in eine r-abhängige:

$$\frac{1}{r^2}\frac{\mathrm{d}}{\mathrm{d}r}\left(r^2\frac{\mathrm{d}f}{\mathrm{d}r}\right) + \frac{2\tilde{\mu}}{\hbar^2}\left[E_{\vartheta,\varphi} - V(r)\right]\cdot f - \frac{\lambda}{r^2}\cdot f = 0 \tag{11.178}$$

und in eine von ϑ und φ abhängige mit der Separationskonstante λ:

$$\frac{1}{\sin\vartheta}\frac{\partial}{\partial\vartheta}\left(\sin\vartheta\cdot\frac{\partial\Theta(\vartheta)}{\partial\vartheta}\right)+\frac{1}{\sin^2\vartheta}\cdot\left(\frac{\partial^2\Phi(\varphi)}{\partial\varphi^2}\right)+\lambda\cdot\Theta(\vartheta)=0 \qquad (11.179)$$

Gl. (11.179) kann erneut separiert werden in eine von ϑ und eine von φ abhängige Funktion:

$$\sin\vartheta\frac{\partial}{\partial\vartheta}\left(\sin^2\vartheta\cdot\frac{\partial\Theta}{\partial\vartheta}\right)+\lambda\cdot\sin^2\vartheta=m^2=-\frac{\partial^2\Phi(\varphi)}{\partial\varphi^2} \qquad (11.180)$$

mit einer weiteren Separationskonstante m^2. Die Lösung für $\Phi(\varphi)$ lautet, wie man leicht nachvollzieht:

$$\Phi(\varphi)=\frac{1}{\sqrt{2\pi}}e^{\pm i\cdot m\cdot\varphi}\qquad m=0,\pm1,\pm2,\pm3,\cdots \qquad (11.181)$$

Hier muss $m=0,\pm1,\pm2,\cdots$ sein, da φ nach einer ganzen Zahl von Umläufen von φ bis $\varphi\pm2\pi$ (rechts (+) oder links (-) herum) wieder in sich selbst übergehen muss. $(2\pi)^{-1/2}$ ist ein Normierungsfaktor, der dafür sorgt, dass

$$\frac{1}{2\pi}\int_0^{2\pi}\Phi\cdot\Phi^*\mathrm{d}\varphi=1$$

wird. Jetzt können wir die Differentialgleichungen Gl. (11.180) und Gl. (11.178) auch lösen. Gl. (11.180) ergibt als Lösungen die sog. Kugelflächenfunktionen $p_e^m(\vartheta)$:

$$\Theta(\vartheta)=p_e^m(\vartheta)=(-1)^m\sin^m\vartheta\frac{\mathrm{d}^m p_e^m(\cos\vartheta)}{\mathrm{d}(\cos\vartheta)^m}\cdot\left[\frac{(2J+1)(J-|m|)!}{2(J+|m|)!}\right] \qquad (11.182)$$

mit $\lambda=J(J+1)$, wobei J nur ganze positive Zahlen 0, 1, 2, ... annehmen kann. Für Gl. (11.178) lässt sich dann schreiben:

$$\boxed{\frac{\mathrm{d}^2 f}{\mathrm{d}r^2}+\frac{2}{r}\frac{\mathrm{d}f}{\mathrm{d}r}+\frac{2\tilde{\mu}}{\hbar^2}\left[E-V(r)-\frac{J(J+1)}{r^2}\cdot\frac{\hbar^2}{2\tilde{\mu}}\right]\cdot f=0} \qquad (11.183)$$

Zu jedem Eigenwert von E gibt es entsprechend Gl. (11.181) $(2J+1)$ Werte für m, d. h., E ist $(2J+1)$fach entartet. Nun lässt sich Gl. (11.183) durch die Substitution $S(r)=f(r)/r$ umschreiben:

$$\boxed{\frac{\mathrm{d}^2 S}{\mathrm{d}r^2}+\frac{2\tilde{\mu}}{\hbar^2}\left[E-\frac{\hbar^2}{2\tilde{\mu}r^2}\cdot J(J+1)-V(r)\right]\cdot S(r)=0} \qquad (11.184)$$

wobei zu beachten ist, dass gilt:

$$f' = \frac{S'}{r} - \frac{S}{r^2} \quad \text{und} \quad f'' = \frac{S''}{r} - \frac{1}{r}S' + 2\frac{S}{r^3} - \frac{S'}{r^2}$$

Setzt man in Gl. (11.184) z. B. für $V(r) = \frac{e^2}{4\pi\varepsilon_0 r}$ mit $\tilde{\mu} = \frac{m_e \cdot m_p}{m_e + m_p} \approx m_e$ (Elektronenmasse) ein, erhalten wir die Schrödingergleichung für das H-Atom, die uns hier aber nicht weiter interessiert. Gl. (11.184) ist auch die Ausgangsgleichung für die nachfolgenden Anwendungen. Wir behandeln 5 wichtige Anwendungsbeispiele.

Beispiel 1: Der harmonische Oszillator und die Näherung des starren Rotators

Hier wird in Gl. (11.184) $V(r) = \frac{1}{2}k(r - r_0)^2$ eingesetzt (k = Kraftkonstante). Das ist ein realistisches Modell für die harmonische Schwingung eines 2-atomigen Moleküls um den Gleichgewichtsabstand r_0. Eingesetzt in Gl. (11.182) erhalten wir also mit $x = (r - r_0)$ für den *harmonischen Oszillator*:

$$\frac{d^2 S(x)}{dx^2} + \frac{2\tilde{\mu}}{\hbar^2}\left[E - \frac{\hbar^2 J(J+1)}{2\tilde{\mu} \cdot (r_0 + x)^2} + \frac{1}{2}kx^2\right]S(x) = 0 \tag{11.185}$$

E in der eckigen Klammer ist die Gesamtenergie, $\frac{1}{2}kx^2$ die potentielle Energie des 2-atomigen molekularen Oszillators, $J \cdot (J+1)\hbar^2/2\tilde{\mu}(r_0 + x)^2$ ist die Rotationsenergie des Moleküls. Man sieht, dass auch beim harmonischen Oszillator die Schwingung an die Rotation gekoppelt ist durch die x-Abhängigkeit der Rotationsenergie, die die Wirkung der Zentrifugalkraft auf den Abstand des rotierenden Moleküls erfasst. Wenn $x \ll r_0$ ist, was in den meisten Fällen bei nicht zu hohen Temperaturen zutrifft, kann man im 2. Term von Gl. (11.184) schreiben:

$$\tilde{\mu}\,(r_0 + x)^2 \approx \tilde{\mu} \cdot \tilde{r_0}^2 = I \tag{11.186}$$

I ist das Trägheitsmoment des *starren Rotators*. Die Schrödinger-Gleichung Gl. (11.185) kann jetzt gelöst werden. Da k die Kraftkonstante einer harmonischen Schwingung ist, gilt $k = 4\pi^2 \tilde{\mu} \cdot \nu^2$, wobei $\nu = \frac{1}{2\pi} \cdot \sqrt{\frac{k}{\tilde{\mu}}}$ die klassische Schwingungsfrequenz bedeutet. Die Lösungen von Gl. (11.185) sind sog. *hermitische Polynome* und für die Eigenwerte der Energie erhält man:

$$h\left(\frac{1}{2} + \upsilon\right) = E - \frac{\hbar^2 \cdot J(J+1)}{2I} \quad \text{mit} \quad \upsilon = 0, 1, 2, \cdots$$

E besteht also beim *starren Rotator-Modell* aus der Summe $E_{\text{vib},\upsilon} + E_{\text{rot},J,m}$:

$$\boxed{E_{\text{vib},\upsilon} = h \cdot \left(\frac{1}{2} + \upsilon\right) \quad \text{und} \quad E_{\text{rot},J} = \frac{\hbar^2 J(J+1)}{2I}} \tag{11.187}$$

mit der $(2J + 1)$-fachen Entartung der Rotationsenergie $E_{rot,J}$.

Gl. (11.187) gibt genau die Formeln an, die wir in Abschnitt 2.5.2 und 2.5.3 bei der Ableitung der Schwingungs- und Rotationszustandssumme verwendet haben. Lösungsfunktionen der hermitischen Polynome $S_v(x)$ sind in Abb. 11.20 für jedes Energieniveau der harmonischen Schwingung mit eingezeichnet.

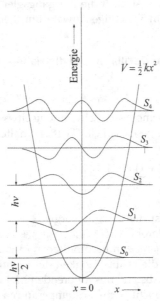

Abb. 11.20: Der harmonische Oszillator mit $V(x) = \frac{1}{2}kx^2$ und den äquidistanten Energieniveaus $E_{vib} = h \cdot v(\frac{1}{2} + v)$. Die eingezeichneten Kurven sind die Lösungsfunktionen der Schrödinger-Gleichung (hermitische Polynome $S_0(x)$, $S_1(x)$, ... $S_n(x)$).

Beispiel 2: Anharmonizitäten und Rotation-Schwingungs-Kopplung. Das Morse-Potential

Das Modell des starren Rotators, der schwingungsfähig sein soll (eigentlich ein Widerspruch in sich selbst!), ist in zweifacher Hinsicht nicht korrekt. Erstens haben wir x gegenüber r_0 in Gl. (11.184) vernachlässigt, und zweitens ist der harmonische Oszillator selbst eine Näherung für $V(r)$, die nur bei kleinen Werten von v anwendbar ist. In Wirklichkeit hat $V(r)$ keinen parabelförmigen Verlauf, sondern geht mit $r \to \infty$ gegen Null (s. z. B. Abb. 2.12). Das Molekül dissoziiert. Zur Beschreibung des tatsächlichen Verlaufs von $V(r)$ wurde in Abschnitt 2.8 das Morse-Potential als brauchbares *Modell* für $V(r)$ diskutiert. Die für dieses Potential zu lösende Schrödinger-Gleichung lautet für den r-abhängigen

Teil mit $V(r)$ nach Gl. (2.70):

$$\frac{\mathrm{d}^2 S}{\mathrm{d}r^2} + \frac{2\mu}{\hbar^2}\left[-\frac{\hbar^2 \cdot J(J+1)}{2\tilde{\mu}r^2} + E - \left(D_e + D_e e^{-2a(r-r_0)} - 2D_e \cdot e^{-a(r-r_0)}\right)\right] \tag{11.188}$$

Diese Gleichung kann für $\tilde{\mu} \cdot r^2 = \tilde{\mu} \cdot r_0^2$ exakt gelöst werden, d. h. man erhält $S(r)$ mit den zugehörigen Werten für E (s. Gl. (2.71)). Zur weiteren Behandlung von Gl. (11.188) substituieren wir $y = \exp[-a(r-r_0)]$, benutzen die Abkürzung $A = J(J+1) \cdot \hbar^2/2\tilde{\mu} \cdot r_0^2$ und erhalten:

$$\frac{\mathrm{d}^2 S}{\mathrm{d}y^2} + \frac{1}{y}\frac{\mathrm{d}S}{\mathrm{d}y} + \frac{2\tilde{\mu}}{a \cdot \hbar^2}\left(\frac{E - D_e}{y^2} + \frac{2D_e}{y} - D_e - \frac{A}{y^2}\left(\frac{r_0}{r}\right)^2\right) \cdot S = 0 \tag{11.189}$$

Wir drücken noch $(r_0/r)^2$ als Funktion von y aus und entwickeln diesen Ausdruck in eine Taylor-Reihe bis zum quadratischen Glied. Das ergibt:

$$\left(\frac{r_0}{r}\right)^2 = \frac{1}{[1 - (\ln y)/a \cdot r_0]^2} = 1 + \frac{2}{ar_0}(y-1) + \left(\frac{3}{a^2 r_0^2} - \frac{1}{ar_0}\right)(y-1)^2 + \cdots \tag{11.190}$$

Einsetzen in Gl. (11.189), Zusammenfassung der Terme und eine weitere Substitution (Schritte die wir hier übergehen wollen) führen schließlich zu einer Lösung für $S(y)$ bzw. $S(r)$. Das Resultat für die Energieeigenwerte der Schrödinger-Gleichung mit dem Morse-Potential und nichtstarrem Rotator lautet (s. C. H. Towens, A. L. Schawlow, Microwave Spectroscopy, Dover Publ. (1975)):

$$E = h\nu\left(\frac{1}{2} + \nu\right) - x_e \cdot h\nu\left(\frac{1}{2}\nu\right)^2 + J(J+1) \cdot B_e - d \cdot J^2(J+1)^2 - \alpha \cdot \left(\nu + \frac{1}{2}\right) \cdot J(J+1) \tag{11.191}$$

mit den Abkürzungen:

$$x_e = \frac{h \cdot \nu}{4D_e}, \quad B_e = \frac{\hbar}{2\tilde{\mu} \cdot r_0^2}, \quad d = \frac{4 \cdot B_e^3}{\nu^2}, \quad \alpha = 6\sqrt{\frac{x_e B_e^3}{\nu}} - \frac{6B_e^2}{\nu} \tag{11.192}$$

Da Gl. (11.190) wegen der benutzten Reihenentwicklung nur eine Näherung darstellt, sind die Lösungen für Gl. (11.189) nicht exakt, wenn man $(r_0/r)^2$ nach Gl. (11.190) in Gl. (11.189) einsetzt. Die ersten beiden Terme in Gl. (11.191) sind die exakten Energieeigenwerte bei Einsetzen des Morse-Potentials für $V(r)$ (also $\tilde{\mu}r^2 = \tilde{\mu}r_0^2$) in Gl. (11.188) (s. Gl. (2.71) und (2.77)). Der dritte Term ist die zugehörige Rotationsenergie des starren Rotators. Der Term $d \cdot J^2(J+1)^2$ ist der Beitrag der Zentrifugalausdehnung und der letzte Term ist der Beitrag einer direkten Kopplung von Schwingung und Rotation. Die letzten beiden Terme sind also Korrekturterme des starren Rotatorterms.

Beispiel 3: Die stationäre Schrödinger-Gleichung

In der Quantenmechanik hat die Größe $\Psi(r,t) \cdot \Psi^*(r,t)$ die Bedeutung einer Wahrscheinlichkeitsdichte, d. h. der Wahrscheinlichkeit ein Teilchen im Volumenelement $d\vec{r}$ am Ort $\vec{r}$ zur Zeit t zu finden. Die Kontinuitätsgleichung der Mechanik (s. Anhang 11.14, Gl. (11.274)) für den Teilchenfluss kann in der Quantenmechanik direkt auf den Wahrscheinlichkeitsfluss $\vec{j}_W$ übertragen werden:

$$\frac{\partial(\Psi \cdot \Psi^*)}{\partial t} + \operatorname{div}\vec{j}_W = 0 \qquad (11.193)$$

mit $\operatorname{div}\vec{j}_W = \nabla \cdot \vec{j}_W$. Wir benötigen also die zeitabhängige Schrödingergleichung, die für die Wellenfunktion $\Psi(\vec{r},t)$ lautet:

$$\frac{\partial\Psi}{\partial t} = \frac{1}{i\hbar} \cdot \hat{H} \cdot \Psi \qquad \text{und} \qquad \frac{\partial\Psi^*}{\partial t} = -\frac{1}{i\hbar} \cdot \hat{H} \cdot \Psi^* \qquad (11.194)$$

mit dem Hamilton-Operator $\hat{H}$ und dem Impulsoperator $\vec{p}$:

$$\hat{H} = \vec{p}^2/2m + V(r) \qquad \text{mit} \qquad \vec{p} = -i\hbar\vec{\nabla} \qquad \text{bzw.} \qquad \vec{p}^2 = -\hbar^2\left(\vec{\nabla}\right)^2 \qquad (11.195)$$

$\vec{\nabla}$ ist der Gradient $(\vec{e}_x\frac{\partial}{\partial x}, \vec{e}_y\frac{\partial}{\partial y}, \vec{e}_z\frac{\partial}{\partial z})$ als Vektor geschrieben (s. Anhang 11.5), auch Nabla-Operator genannt. Für $(\vec{\nabla})^2$ gilt also in kartesischen Koordinaten:

$$\left(\vec{\nabla}\right)^2 = \frac{\partial^2}{\partial x^2} + \frac{\partial^2}{\partial y^2} + \frac{\partial^2}{\partial z^2} = \Delta \qquad \text{(Laplace-Operator)}$$

Ein stationärer Zustand ist dadurch gekennzeichnet, dass $\hat{H}$ *unabhängig* von der Zeit t ist. Dann führt der Produktansatz $\Psi(r,t) = f(t) \cdot \varphi(t)$ unmittelbar zur Lösung von Gl. (11.194) durch Separation von $f(t)$ und $\varphi(r)$:

$$i\hbar\frac{1}{f(t)} \cdot \frac{df(t)}{dt} = \frac{1}{\varphi(r)} \cdot \hat{H} \cdot \varphi(r) = E \qquad (11.196)$$

Die Separationskonstante E ist aber genau der Energieeigenwert der *zeitunabhängigen* Schrödinger-Gleichung mit der Funktion $\varphi(r)$. Aus Gl. (11.196) erhält man somit

$$f(t) = \exp\left[-iEt/\hbar\right] \qquad (11.197)$$

und mit $\Psi(r,t) = f(t) \cdot \varphi(r)$:

$$\frac{\partial(\Psi \cdot \Psi^*)}{\partial t} = \Psi^* \cdot \left(\frac{\partial\Psi}{\partial t}\right) + \Psi \cdot \left(\frac{\partial\Psi^*}{\partial t}\right)$$

$$= \Psi^*\frac{1}{ih} \cdot \hat{H} \cdot \Psi - \Psi\frac{1}{ih} \cdot \hat{H} \cdot \Psi^*$$

bzw. mit $\hat{H}$ nach Gl. (11.195)

$$\frac{\partial \left(\Psi \cdot \Psi^* \right)}{\partial t} = -\Psi^* \cdot \frac{1}{i\hbar} \left[\frac{\hbar^2}{2m} \left(\vec{\nabla} \right)^2 \Psi - V(r)\Psi \right] + \Psi \cdot \frac{1}{i\hbar} \left[\frac{\hbar}{2m} \left(\vec{\nabla} \right)^2 \Psi^* + V(r)\Psi^* \right]$$

Da $V(r) \cdot \Psi = V(r) \cdot \Psi^*$, ergibt sich daraus:

$$\frac{\partial \left(\Psi \cdot \Psi^* \right)}{\partial t} = -\frac{i\hbar}{2m} \left(\Psi \left(\vec{\nabla} \right)^2 \Psi^* - \Psi^* \left(\vec{\nabla} \right)^2 \Psi \right) = \frac{i\hbar}{2m} \vec{\nabla} \cdot \left(\Psi \vec{\nabla} \Psi^* - \Psi^* \vec{\nabla} \Psi \right)$$

Der Vergleich mit Gl. (11.193) zeigt, dass für den *stationären Wahrscheinlichkeitsstrom* $\vec{j}_W$ gilt:

$$\boxed{\vec{j}_W = \frac{i\hbar}{2m} \left(\Psi^* \cdot \vec{\nabla}\Psi - \Psi \cdot \vec{\nabla}\Psi^* \right)} \tag{11.198}$$

Da nach Gl. (11.197) gilt: $f(t) \cdot f^*(t) = 1$, erhält man schließlich:

$$\boxed{\vec{j}_W = \frac{i\hbar}{2m} \left[\varphi^*(r)\vec{\nabla}\varphi(r) - \varphi(r)\vec{\nabla}\varphi^*(r) \right]} \tag{11.199}$$

Gl. (11.199) wird vor allem beim sog. „quantenmechanischen Tunneleffekt" benötigt, den wir im nächsten Beispiel behandeln.

Beispiel 4: Der quantenmechanische Tunneleffekt

Wir betrachten zwei Teilchen, die sich im relativen Abstand r aufeinander zubewegen. Dieser Bewegungsvorgang wird zum 1-Teilchensystem, wenn wir statt der Massen der beiden Teilchen die reduzierte Masse $\tilde{\mu}_{red} = m_1 \cdot m_2/(m_1 + m_2)$ betrachten. Die potentielle Energie, die auf der Strecke zu überwinden ist, soll eine kastenförmige Energieschwelle der Höhe V_0 sein (s. Abb. 11.21). Die Bewegung erfolgt in r-Richtung.

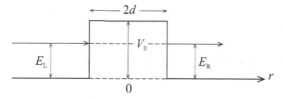

Abb. 11.21: Potentialenergieschwelle V_0 der Breite $2d$ für ein Teilchen mit der reduzierten Masse $\tilde{\mu}_{red}$.

Wir schreiben für Gl. (11.184) mit $J = 0$ (kollineare Bewegung):

$$\frac{d^2 S}{dr^2} + \frac{2\tilde{\mu}_{red}}{\hbar^2} \left[E - V(r) \right] S(r) = 0 \tag{11.200}$$

In den beiden Bereichen links und rechts von der Potentialschwelle ist $V(r) = 0$ und als Lösungsfunktionen können wir ansetzen:

$$\textit{links}: \quad S_L'' + \frac{2\tilde{\mu}_{red}}{\hbar^2} \cdot E_L = 0 \quad \text{mit} \quad S_L = a_L \exp[ik_L \cdot r] + b_L \cdot \exp[-ik_L \cdot r]$$

$$(11.201)$$

$$\textit{rechts}: \quad S_R'' + \frac{2\tilde{\mu}_{red}}{\hbar^2} \cdot E_R = 0 \quad \text{mit} \quad S_R = a_R \exp[ik_R \cdot r] + b_R \cdot \exp[-ik_R \cdot r]$$

$$(11.202)$$

mit $k_L = k_R = (2\tilde{\mu} \cdot E)^{1/2}/\hbar$ wegen $E_L = E_R = E$. In der Mitte, also im Bereich der Potentialschwelle, gilt:

$$\textit{Mitte}: \quad S_M'' + \frac{2\tilde{\mu}_{red}}{\hbar^2}(E_M - V_0) = 0 \quad \text{mit} \quad S_M = a_M \exp[-k_M \cdot r] + b_M \cdot \exp[+k_M \cdot r]$$

$$(11.203)$$

Hier sind die beiden Exponentialfunktionen *real*, da $(E_M - V_0)$ *negativ* ist und daher $\sqrt{2\tilde{\mu}_{red}(E_M - V_0)}/\hbar = i \cdot \sqrt{2\tilde{\mu}_{red}(V_0 - E_M)}/\hbar = i \cdot (ik_M) = -k_M$ ein realer Zahlenwert ist.

In der klassischen Mechanik ist es mit $E_L = E_R = E < V_0$ für die Masse $\tilde{\mu}$ unmöglich die Potentialschwelle zu überwinden. In der Quantenmechanik besteht dagegen stets eine bestimmte Wahrscheinlichkeit für das Durchdringen der Potentialschwelle. Das nennt man den *Tunneleffekt*. In Abb. 11.21 erfolgt definitionsgemäß die Relativbewegung von links nach rechts in r-Richtung. Es gibt daher ein Durchdringen *oder* ein Reflexion auf der linken Seite, während es auf der rechten Seite nur eine Bewegung in positiver r-Richtung gibt. Da die Exponentialfunktionen in positiver Richtung die Potentialschwelle durchdringende Materiewellen bedeuten und in negativen Richtung reflektierende Wellen bedeuten, ist $b_R = 0$, da es auf der rechten Seite keine Reflexion gibt. Die 3 Lösungsfunktionen Gl. (11.201) bis (11.203) müssen nun die folgenden Randbedingungen erfüllen. Jeweils an der Stelle $r = -d$ und $r = +d$ müssen die Lösungsfunktionen ebenso wie ihre Ableitungen gleich sein, d. h., es gilt bei $r = -d$ für S_L nach Gl. (11.201) und S_M nach Gl. (11.203):

$$a_L \cdot \exp[-ik_L d] + b_L \cdot \exp[+ik_L d] = a_M \cdot \exp[+k_M d] + b_M \cdot \exp[-k_M d] \qquad (11.204)$$

und für $(dS_L/dr)_{r=-d} = (dS_M/dr)_{r=-d}$

$$a_L \cdot i \cdot k_L \cdot \exp[-ik_L d] + b_L \cdot i \cdot \exp[+ik_L d] = -k_M a_M \cdot \exp[k_M d] + k_M b_M \cdot \exp[-k_M d]$$

$$(11.205)$$

Bei $r = +d$ gilt für $S_R = S_M$ mit $b_R = 0$:

$$a_R \cdot \exp[+k_R i \cdot d] + 0 = a_M \cdot \exp[-k_M \cdot d] + b_M \cdot \exp[k_M \cdot d] \qquad (11.206)$$

und für $(dS_R/dr)_{r=d} = (dS_M/dr)_{r=d}$ mit $b_R = 0$

$$a_R \cdot k_R \cdot i \cdot \exp[k_R i \cdot d] + 0 = -a_M \cdot k_M \cdot \exp[-k_M \cdot d] + b_M \cdot k_M \cdot \exp[k_M \cdot d] \qquad (11.207)$$

Für die Bestimmung der 5 unbekannten Parameter a_L, b_L, a_M, b_M und a_R stehen also 4 Gleichungen zur Verfügung, die in Matrixschreibweise ($\hat{K}_L$, $\hat{B}_L$, $\hat{K}_R$, $\hat{B}_M$) lauten:

$$\underbrace{\begin{pmatrix} \exp[-ik_L d] & \exp[ik_L d] \\ ik_L \exp[-ik_L d] & -ik_L \exp[ik_L d] \end{pmatrix}}_{\widehat{K}_L} \begin{pmatrix} a_L \\ b_L \end{pmatrix} = \underbrace{\begin{pmatrix} \exp[k_M d] & \exp[-k_M d] \\ -k_M \exp[k_M d] & +k_M \exp[-k_M d] \end{pmatrix}}_{\widehat{B}_L} \begin{pmatrix} a_M \\ b_M \end{pmatrix}$$

$$(11.208)$$

sowie:

$$\underbrace{\begin{pmatrix} \exp[ik_L d] & \exp[-ik_L d] \\ ik_L \exp[ik_L d] & -\exp[-ik_L d] \end{pmatrix}}_{\widehat{K}_R} \begin{pmatrix} a_R \\ 0 \end{pmatrix} = \underbrace{\begin{pmatrix} \exp[-k_M d] & \exp[k_M d] \\ -k_M \exp[-k_M d] & -ik_M \exp[k_M d] \end{pmatrix}}_{\widehat{B}_M} \begin{pmatrix} a_M \\ b_M \end{pmatrix}$$

$$(11.209)$$

Wir eliminieren aus Gl. (11.208) und (11.209) den Vektor (a_M, b_M):

$$\widehat{B}_L^{-1} \cdot \widehat{K}_L \cdot \begin{pmatrix} a_L \\ b_L \end{pmatrix} = \widehat{B}_M^{-1} \cdot \widehat{K}_R \cdot \begin{pmatrix} a_R \\ 0 \end{pmatrix} \tag{11.210}$$

Die Matrixinversion von $\widehat{B}_L$ zu $\widehat{B}_L^{-1}$ und von $\widehat{B}_M$ zu $\widehat{B}_M^{-1}$ wird nach der in Anhang 11.6 geschilderten Methode durchgeführt. Das Gleichungssystem (11.210) ergibt Werte für a_L/b_L, und a_R/b_L. Eingesetzt in Gl. (11.208) oder (11.209) erhält man dann die Lösungen für a_M/b_L und b_M/b_L. Es fehlt uns also noch eine weitere Bedingungsgleichung, um alle Absolutwerte a_L, b_L, a_M, b_M und a_R zu erhalten. Diese gewinnen wir aus dem stationären Wahrscheinlichkeitsfluss j_W des Teilchens mit der reduzierten Masse $\tilde{\mu}$. Für $\vec{j}_W$ nach Gl. (11.198) gilt nach Gl. (11.205) mit $S = S(r)$:

$$\vec{j}_W = \frac{i\hbar}{2\tilde{\mu}_{\text{red}}} \left(S(r)\vec{\nabla}S^*(r) - S^*(r)\vec{\nabla}S(r) \right) \tag{11.211}$$

Wir berechnen $\vec{j}_W$ *links* von der Potentialschwelle. Es gilt mit $S_L(r)$ nach Gl. (11.206):

$$\frac{i\hbar}{2\tilde{\mu}_{\text{red}}} S_L \vec{\nabla} S_L^* = \frac{i\hbar}{2\tilde{\mu}_{\text{red}}} \cdot \left[\left(a_L e^{ik_L r} + b_L e^{-ik_L r} \right) \frac{\partial}{\partial r} \left(a_L e^{-ik_L r} + b_L^{ik_L r} \right) \right]$$

$$= \frac{i\hbar}{2\tilde{\mu}_{\text{red}}} \left[-a_L^2 ik_L + a_L b_L ik_L e^{2ik_L r} - b_L a_L e^{-2ik_L r} + b_L^2 ik_L \right]$$

$$= \frac{\hbar}{2\tilde{\mu}_{\text{red}}} \left[a_L - b_L^2 \right] \cdot k_L$$

und entsprechend:

$$\frac{i\hbar}{2\tilde{\mu}_{\text{red}}} \cdot S_L^* \vec{\nabla} S_L = \frac{\hbar}{2\tilde{\mu}_{\text{red}}} \left[-a_L^2 + b_L^2 \right] \cdot k_L \tag{11.212}$$

Damit erhält man für Gl. (11.211):

$$\vec{j}_{W,\text{links}} = \frac{\hbar \cdot k_L}{\tilde{\mu}_{\text{red}}} \left[a_L^2 - b_L^2 \right]$$

Berechnung von $\vec{j}_W$ *rechts* von der Potentialschwelle ergibt unter Beachtung, dass $b_R = 0$ mit S_R eingesetzt in Gl. (11.211)

$$\vec{j}_{W,\text{rechts}} = \frac{\hbar \cdot k_R}{\tilde{\mu}_{\text{red}}} \cdot a_R^2$$

Daraus folgt mit $\vec{j}_{W,\text{links}} = \vec{j}_{W,\text{rechts}}$ unter Beachtung, dass $k_L = k_R$:

$$\boxed{a_L^2 - b_L^2 = a_R^2} \tag{11.213}$$

a_R^2 ist der Bruchteil, der die Schwelle durchdringt, b_L^2 ist der Bruchteil, der auf der linken Seite der Schwelle reflektiert wird, $a_L^2 = a_R^2 + b_L^2$ ist der gesamte einströmende Wahrscheinlichkeitsstrom j_W. Man bezeichnet mit W_T

$$\boxed{W_T = \frac{a_R^2}{a_L^2}} \qquad \text{(Transmissionskoeffizient)} \tag{11.214}$$

den Transmissionskoeffizienten, er gibt die Wahrscheinlichkeit an, dass ein Teilchen der Masse $\tilde{\mu}_{\text{red}}$ nicht reflektiert wird und die Potentialschwelle durchdringt.

Wir benötigen also nur das Verhältnis a_R^2/a_L^2 um den Bruchteil der Teilchen zu berechnen, die tatsächlich den Potentialwall durchdringen.

Aus Gl. (11.211) erhält man folgende Lösung:

$$2\frac{a_L}{a_R} = \left(1 + i\frac{q}{2} \right) \exp\left[(i \cdot k_L + k_M)\, 2d \right]$$
$$+ \left(1 - i\frac{q}{2} \right) \exp\left[(ik_L - k_M)\, 2d \right] \tag{11.215}$$

mit

$$q = \frac{k_M}{k_L} - \frac{k_L}{k_M} \tag{11.216}$$

Das konjugiert komplexe Produkt von Gl. (11.215) eingesetzt in Gl. (11.214) ergibt:

$$W_T = \left(\frac{a_R}{a_L} \right) \cdot \left(\frac{a_R}{a_L} \right)^* = \frac{1}{1 + \frac{1}{4}\left(2 + \left(\frac{k_M}{k_L} \right)^2 + \left(\frac{k_L}{k_M} \right)^2 \right) \cdot \sinh^2 (k_M \cdot d)}$$

mit

$$\sinh^2 (k_M \cdot d) = \frac{1}{4} (\exp [2 k_M \cdot d] - \exp [-2 k_M \cdot d]) - \frac{1}{2}$$

wobei gilt

$$k_M = \sqrt{2 \tilde{\mu}_{red} (V_0 - E)} / \hbar \tag{11.217}$$

Es gilt nun wegen $k_M = \sqrt{2 \tilde{\mu}_{red} (V_0 - E)} / \hbar$ und $k_L = k = \sqrt{2 \tilde{\mu}_{red} E} / \hbar$

$$\left(\frac{k_M}{k_L} \right)^2 = \frac{V_0 - E}{E}$$

Daraus folgt:

$$\boxed{W_T(E) = \left| \frac{a_R}{a_L} \right|^2 = \left[1 + \frac{V_0^2}{V_0^2 - (2E - V_0)^2} \cdot \sinh^2 (k_M \cdot d) \right]^{-1}} \tag{11.218}$$

Das ist der gesuchte Transmissionskoeffizient durch die Potentialschwelle. Er lässt sich weiter vereinfachen für den Fall, dass $V_0 \gg E$ und $(k_M \cdot d) \gg 1$. Dann gilt für Gl. (11.218) näherungsweise:

$$\sinh^2 (k_M \cdot d) \approx \frac{1}{4} \exp 2 \cdot [k_M \cdot d] \qquad (k_M d \gg 1) \tag{11.219}$$

Im Ausdruck von Gl. (11.218) gilt die Näherung:

$$\frac{V_0^2}{V_0^2 - (2E - V_0)^2} = \frac{V_0^2}{4E \cdot V_0 \left(\frac{E}{V_0} + 1 \right)} \approx \frac{V_0}{4E} \qquad \left(\frac{E}{V_0} \ll 1 \right) \tag{11.220}$$

Damit vereinfacht sich Gl. (11.218) mit k_M nach Gl. (11.217):

$$\boxed{W_T \approx 16 \left(\frac{E}{V_0} \right) \cdot \exp [-2 \cdot k_M \cdot d]} \qquad (V_0 \gg E) \tag{11.221}$$

Die Rechtfertigung für diese Näherung ergibt sich, wenn wir nun statt der rechteckigen Potentialschwelle die tatsächliche Form des abstoßenden Coulombpotentials behandeln wie sie in Abb. 11.22 dargestellt ist.

Die abstoßende Coulombenergie $V(r)$ für zwei Atomkerne mit den Ladungszahlen Z_1 und Z_2 im Abstand $r > r_K = r_1 + r_2$ lautet

$$V(r) = \frac{Z_1 \cdot Z_2 \cdot e^2}{4 \pi \varepsilon_0 \cdot r} \tag{11.222}$$

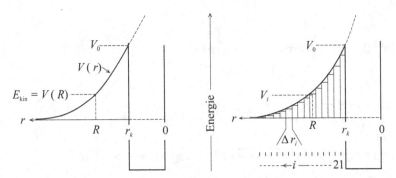

Abb. 11.22: links: Coulomb-Abstoßung zweier geladener Atomkerne mit der potentiellen Energie $V(r)$ nach Gl. (11.222). Innerhalb des Abstandes $r_K = r_1 + r_2$ herrschen die kurzreichweitigen stark anziehenden Kernkräfte, d. h., innerhalb r_K sind die Kerne fusioniert. rechts: Einteilung von $V(r)$ in schmale Streifen der Dicke Δr_i. Die Bewegung mit der reduzierten Masse $\mu_{red} = m_1 \cdot m_2/(m_1 + m_2)$ erfolgt von links nach rechts (gegen die r-Richtung).

Im spitzen Kurvenmaximum von Abb. 11.22 gilt $r = r_K = r_1 + r_2 = r_0\left(A_1^{1/3} + A_2^{1/3}\right)$ mit $r_0 = 1{,}25 \cdot 10^{-15}$ m (s. Gl. (3.98)), das ergibt:

$$V_0 = V(r_K) = \frac{e^2}{4\pi\varepsilon_0 \cdot r_0} \cdot \left(\frac{Z_1 \cdot Z_2}{A_1^{1/3} + A_2^{1/3}}\right) = 1{,}8874 \cdot 10^{-13} \cdot \frac{Z_1 \cdot Z_2}{A_1^{1/3} + A_2^{1/3}} \qquad (11.223)$$

Als Beispiel berechnen wir $V(r_K)$ für die Kernreaktion $2\,{}^3\text{He} \rightarrow {}^4\text{He} + 2\,{}^1\text{H}$:

$$V_0 = V(r_K) = 1{,}887 \cdot 10^{-13} \cdot \frac{2 \cdot 2}{2 \cdot 3^{1/3}} = 2{,}616 \cdot 10^{-13} \text{ J}$$

Nur Kerne mit $E_{kin} = k_B T = 2{,}62 \cdot 10^{-13}$ J können diesen Wert erreichen. Das entspricht einer Temperatur $T = 2{,}616 \cdot 10^{-13}/k_B = 1{,}9 \cdot 10^{10}$ K. Die Reaktion läuft jedoch bereits bei $\approx 2 \cdot 10^8$ K ab, dort gilt $E/V_0 = (2{,}62/2{,}0) \cdot 10^{-3} = 1{,}31 \cdot 10^{-3}$, d. h., die Annahme $E/V_0 \ll 1$ ist in der Regel gut erfüllt. In diesem Fall kann man zur Weiterbehandlung von Gl. (11.221) folgendermaßen vorgehen. Wir stellen uns $V(r)$ in kleine Streifen der Breite Δr_i eingeteilt vor (s. Abb. 11.22, rechts). Die Wahrscheinlichkeit einen solchen Streifen zu durchdringen erhalten wir, wenn wir in Gl. (11.221) d durch $\Delta r_i \ll d$ ersetzen. Für die Gesamtwahrscheinlichkeit, *alle* Streifen zu durchdringen, gilt nach dem Produktgesetz der Wahrscheinlichkeitstheorie für gleichzeitiges Auftreten unabhängiger Ereignisse (s. Gl. (1.3)) mit $k_M = \sqrt{2\tilde{\mu}_{red}(V_0 - E)}/\hbar$ nach Gl. (11.217) ergibt sich nach Gl. (11.221):

$$W_T = 16\frac{E}{V_0}\exp\left[-\sum_{i=0}^{i_{max}} 2 \cdot \sqrt{2\tilde{\mu}_{rel}(V_i - V_0)}/\hbar \cdot |\Delta r_i|\right]$$

$$= 16\frac{E}{V_0}\cdot\exp\left[-\int_{r=r_K}^{r=R} 2 \cdot \frac{\sqrt{2\tilde{\mu}_{red}(V(r) - V(R))}}{\hbar} \cdot dr\right] \qquad (11.224)$$

da das Produkt der e-Funktionen gleich der e-Funktion der Summe ihrer Exponenten ist und damit für $\Delta r_i \to dr$ gleich dem Integral in Gl. (11.224). Mit

$$V(r) = \frac{Z_1 \cdot Z_2}{4\pi\varepsilon_0} \cdot \frac{e^2}{r} \quad \text{und} \quad V(R) = \frac{Z_1 \cdot Z_2}{4\pi\varepsilon_0} \cdot \frac{e^2}{R} \tag{11.225}$$

ergibt sich somit für Gl. (11.224):

$$W_T = \frac{16 \cdot E}{V_0} \cdot \exp\left[-\frac{\sqrt{2\tilde{\mu}_{red}}}{\hbar} \cdot 2 \cdot R \cdot V^{1/2}(R) \int_{r_K}^{r=R} \left(\frac{R}{r} - 1\right)^{1/2} \frac{dr}{R}\right]$$

Wir setzen $u = r/R$ als neue Variable ein. Mit $du = dr/R$ und R aus Gl. (11.225) lässt sich schreiben:

$$W_T(E) = 16\frac{E}{V_0} \cdot \exp\left[-2 \cdot \frac{\sqrt{2\tilde{\mu}_{red}}}{\hbar}\left(\frac{Z_1 \cdot Z_2 \cdot e^2}{4\pi\varepsilon_0} \cdot V(R)^{-1/2}\right) \cdot \underbrace{\int_x^1 \left(\frac{1}{u} - 1\right)^{1/2} du}_{\cong \pi/2}\right]$$

$$\tag{11.226}$$

wobei $x = r_K/R \ll 1$, da r_K klein ist gegenüber der Reichweite R des Coulomb-Potentials. Den Beweis, dass das verbleibende Integral in Gl. (11.226) $\cong \pi/2$ ist, erhalten wir mit der Substitution $u = \sin^2 y$ bzw. $du = 2\sin y \cdot \cos y \cdot dy$ und $x \approx 0$:

$$\int_{x=0}^1 \left(\frac{1}{u} - 1\right)^{1/2} du = 2\int_0^{\pi/2} \left(\frac{1 - \sin^2 y}{\sin^2 y}\right)^{1/2} \cdot \sin y \cdot \cos y \, dy = 2\int_0^{\pi/2} \cos^2 y \cdot dy$$

$$= 2 \cdot \int_0^\pi \frac{(e^{iy} + e^{-iy})^2}{4} \, dy = \frac{1}{2}\int_0^{\pi/2} \left(e^{2iy} + e^{-2iy} + 2\right) dy$$

$$= y\Big|_0^{\pi/2} + \frac{1}{2}\sin(2y)\Big|_0^{\pi/2} = \frac{\pi}{2}$$

Das Endresultat für Gl. (11.226) lautet also mit

$$V_0 = V(r_K) = \frac{Z_1 \cdot Z_2 \cdot e^2}{4\pi\varepsilon_0\left(A_1^{1/3} + A_2^{1/3}\right) \cdot r_0} = 1{,}9026 \cdot 10^{-13} \cdot \frac{Z_1 \cdot Z_2}{A_1^{1/3} + A_2^{1/3}} \quad \text{(Joule)}$$

und

$$V(R)^{-1/2} = E^{-1/2}$$

sowie

$$E_B^{1/2} = \frac{\sqrt{2\tilde{\mu}_{12}} \cdot Z_1 \cdot Z_2 \cdot e^2}{\hbar \cdot 4\pi \cdot \varepsilon_0} = 2{,}801 \cdot 10^{-5} \cdot Z_1 \cdot Z_2 \cdot \sqrt{\tilde{\mu}_{12}} \qquad \text{(Joule)}$$

$$\boxed{W_T(E) = 16\frac{E}{V_0} \cdot \exp\left[-\sqrt{\frac{E_B}{E}}\right]} \qquad\qquad (11.227)$$

E, V_0 und E_B sind hier in Joule angegeben. In der Kernphysik wird die Energie jedoch meistens in keV oder MeV angegeben. Die Umrechnungsfaktoren lauten (s. Anhang 11.25):

$$1\,J = 6{,}2415 \cdot 10^{15}\,keV = 6{,}2415 \cdot 10^{12}\,MeV$$

In der Einheit keV gilt:

$$V_0 = V(r_K) = 1{,}9026 \cdot 10^{-13} \cdot 6{,}2415 \cdot 10^{15} \cdot \frac{Z_1 \cdot Z_2}{A_1^{1/3} + A_2^{1/3}} = 1{,}188 \cdot 10^3 \cdot \frac{Z_1 \cdot Z_2}{A_1^{1/3} + A_2^{1/3}}$$

$$\text{(keV)}$$

$$E_B^{1/2} = 2{,}801 \cdot 10^{-5} \cdot \left(6{,}2415 \cdot 10^{15}\right)^{1/2} \cdot Z_1 \cdot Z_2 \cdot \sqrt{\tilde{\mu}_{12}} = 2{,}213 \cdot 10^3 \cdot Z_1 \cdot Z_2 \cdot \sqrt{\tilde{\mu}_{12}}$$

$$\text{(keV)}^{1/2}$$

Beispiel 5: Quantenmechanischer Streuquerschnitt und Partialwellenzerlegung

Wir betrachtenden den elastischen Stoß zweier Teilchen mit der potentiellen Wechselwirkungsenergie $V(r)$ in Relativkoordinaten, d. h., Teilchen 1 bewegt sich in z-Richtung auf das Teilchen 2 zu, das als festes Streuzentrum S aufzufassen ist (s. Abb. 6.13, links). Das in großer Entfernung sich auf S zu bewegende Teilchen 1 wird als freies Teilchen durch die Wellenfunktion $\Psi_{ein} = \exp[-izk]$ beschrieben und hat die Energie $E = \hbar^2 \cdot k^2/2 \cdot \tilde{\mu}_{12}$ mit der reduzierten Masse $m_1 \cdot m_2/(m_1 + m_2) = \tilde{\mu}_{12}$. $\vec{k}$ ist der Wellenzahlvektor ($\vec{k} = k$). Ein Teil dieser einfallenden Wellenfunktion Ψ_{ein} geht in eine gestreute Wellenfunktion Ψ_{str} über

$$\Psi_{str} = A \cdot (f(\vartheta)/r) \cdot e^{-ikr} \qquad\qquad (11.228)$$

A ist ein Normierungsfaktor, sodass die gesamte Wellenfunktion Ψ_{tot} (tot = total) lautet

$$\boxed{\Psi_{tot} = \Psi_{ein} + \Psi_{str} = A \cdot \left(e^{-ikz} + \frac{f(\vartheta)}{r}e^{-ikr}\right)} \qquad (11.229)$$

Der winkelabhängige Faktor $f(\vartheta)$ bestimmt die Stärke der gestreuten Wellenfunktion. Der Betrag des Wellenzahlvektors $|\vec{k}| = k$ bzw. die Energie $E = \hbar^2 \cdot k^2/2\tilde{\mu}_{12}$ bleibt bei einem elastischen Streuprozess bei allen Werten von z bzw. r konstant. Ψ_{tot} ist also die Lösung der Schrödinger-Gleichung eines stationären Zustands, für den Gl. (11.200) gelten muss. Eine Abhängigkeit von Ψ_{tot} vom Azimutwinkel φ besteht nicht, da $V(r)$ nur von r abhängt, der Streuprozess ist axialsymmetrisch zur Koordinate z. Da man schreiben kann

$$e^{-ikz} = e^{-ikr\cdot\cos(\vartheta)} \tag{11.230}$$

hängt Ψ_{tot} nur von ϑ und r ab. Wir wissen, dass die Wellenfunktion der Schrödinger-Gleichung für ein 2-Teilchenproblem separierbar ist (Gl. (11.178)):

$$\Psi(r,\vartheta) = f(r) \cdot \Theta(\vartheta)$$

Nach Gl. (11.185) schreiben wir für die r-abhängige Funktion mit $F(r) = f(r)/r$

$$-\frac{\hbar^2}{2\tilde{\mu}_{\text{red}}}F''(r) + \left[\frac{l(l+1)}{r^2} + V(r)\right] \cdot F(r) = E \cdot F(r) = \frac{\hbar^2 \cdot k^2}{2\tilde{\mu}} \cdot F(r)$$

Wenn wir $V(r) = 0$ setzen, lautet diese Gleichung für ein freies Teilchen in Kugelkoordinaten:

$$\frac{d^2F(r)}{dr^2} + \left[k^2 - \frac{l(l+1)}{r^2}\right]F(r) = 0 \tag{11.231}$$

Die Lösungen dieser Gleichung sind die sog. sphärischen *Besselfunktionen* $B_l(kr)$ mit:

$$F_l(r) = r \cdot B_l(kr)$$

$B_l(kr)$ ist für verschiedene Parameter $l = 0,1,2,3,4\ldots$ in Abb. 11.23 dargestellt.

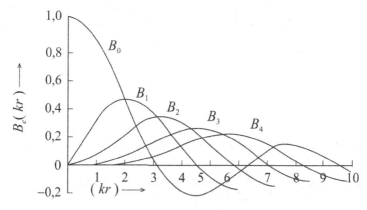

Abb. 11.23: Sphärische Bessel-Funktion $B_l(rk)$

Lösungen der Schrödinger-Gleichung lassen sich stets durch eine Reihenentwicklung nach sog. *orthogonalen Funktionen* mit zu bestimmenden Koeffizienten a_l darstellen. Also lässt sich mit der orthogonalen Funktion $B_l(rk) \cdot P_l(\cos \vartheta)$ schreiben:

$$e^{-ikz} = e^{-kr \cdot \vartheta} = \sum_{l=0}^{\infty} a_l \cdot B_l(rk) \cdot P_l(\cos \vartheta) \tag{11.232}$$

Im Fall von Gl. (11.232) lauten die Koeffizienten:

$$a_l = (2l + 1) \cdot i^l$$

$P_l(\cos \vartheta)$ sind die sog. Legendre-Polynome. Da wir nur an Lösungen für große Werte von r bzw. $r \cdot k$ interessiert sind, können wir für $B_l(rk)$ die Lösung für $(r \cdot k) \to \infty$ verwenden, die lautet:

$$B_l(rk) \cong \frac{\sin(kr - l\pi/2)}{kr} \qquad (kr \gg l) \tag{11.233}$$

Für Gl. (11.233) lässt sich nach Gl. (11.391) in Anhang 11.18 schreiben:

$$B_l(rk) = \frac{i}{2kr} \left[e^{-i(kr - \pi l/2)} - e^{+i(kr - \pi l/2)} \right] \tag{11.234}$$

Damit können wir für Gl. (11.232) schreiben:

$$\Psi_{\text{ein}} = A \cdot e^{-ikz} = A \cdot e^{-ikr \cdot \cos(\vartheta)} = A \cdot \sum_{l=0}^{\infty} (2l + 1) \cdot i^{l+1} \left[\frac{e^{-i(kr - \pi l/2)}}{2kr} - \frac{e^{+i(kr - \pi l/2)}}{2kr} \right]$$
$$\cdot P_l(\cos(\vartheta)) \tag{11.235}$$

Gl. (11.235) besagt, dass sich die einlaufende Wellenfunktion $\Psi_{\text{ein}} = A \cdot e^{-ikz}$ als eine Summe von einlaufende und auslaufenden (negatives Vorzeichen) Kugelwellen zerlegen lässt. Da die gestreute Wellenfunktion Ψ_{str} ebenfalls eine Kugelwelle ist, die sich von der der auslaufenden Welle in Gl. (11.235) durch den Vorzeichenwechsel und einen bestimmten Faktor $(1 - \eta_l)$ unterscheidet, gilt:

$$\Psi_{\text{str}} = A \cdot \sum_{l=0}^{\infty} (2l + 1) i^{l+1} \frac{\exp\left[+i(kr - l\pi/2)\right]}{2kr} \cdot P_l(\cos(\vartheta)) \cdot (1 - \eta_l) \tag{11.236}$$

sodass die Gesamtwellenfunktion Ψ_{tot} lautet (Summe von Gl. (11.235) und (11.236)):

$$\Psi_{\text{tot}} = \Psi_{\text{ein}} + \Psi_{\text{str}} = \frac{A}{2kr} \cdot \sum_{l=0}^{\infty} (2l + 1)\, i^{l+1} \{ \exp\left[-i(kr - l\pi/2)\right]$$
$$- \eta_l \cdot \exp\left[+i(kr - l\pi/2)\right] \} P_l(\cos(\vartheta)) \tag{11.237}$$

η_l in Gl. (11.236) and (11.237) ist i. A. eine komplexe Zahl, für die man schreiben kann:

$$\boxed{\eta_l = e^{2i\delta_l} \qquad \text{mit} \quad \eta_l \cdot \eta_l^* = 1}$$ (11.238)

δ_l hat die Bedeutung einer Phasenverschiebung der gestreuten Wellenfunktion Ψ_{str}.

Wir kommen zur Definition des sog. *differentiellen Streuquerschnitts* (s. Abb. 6.13 links) in der Quantenmechanik:

$$\frac{d\sigma}{d\Omega} = \frac{\text{Wahrscheinlichkeitsstrom pro Kreisring } 2\pi\, d\Omega \text{ und s}^{-1}}{\text{Wahrscheinlichkeitsstrom einfallender Teilchen pro Fläche } 2\pi b \cdot db \text{ und s}^{-1}}$$

$$\frac{d\sigma}{d\Omega} = \frac{j_{W,\text{str}}}{j_{W,\text{ein}}} \cdot \frac{2\pi b\, db}{2\pi\, d\Omega} = \frac{2\pi r^2\, d\Omega}{2\pi\, d\Omega} \cdot \frac{j_{W,\text{str}}}{j_{W,\text{ein}}} = \frac{j_{W,\text{str}}}{j_{W,\text{ein}}} \cdot r^2$$ (11.239)

wobei im stationären Zustand aus Bilanzgründen $2\pi b\, db = 2\pi r^2\, d\Omega$ gelten muss. Die Wahrscheinlichkeitsströme $j_{W,\text{str}}$ und $j_{W,\text{ein}}$ erhält man durch Einsetzen von Ψ_{str} (Gl. (11.228)) bzw. Ψ_{ein} (Gl. (11.235)) in Gl. (11.199). Man erhält für $j_{W,\text{str}}$:

$$\begin{aligned}
j_{W,\text{str}} &= A^2 \cdot \frac{i\hbar^2}{2\tilde{\mu}} \left[\frac{f^*(\vartheta)}{r} \nabla_r \left(\frac{f(\vartheta)}{r} \right) - \frac{f(\vartheta)}{r} \nabla_r \left(\frac{f^*(\vartheta)}{r} \right) \right] \\
&= A^2 \frac{k\hbar^2}{\tilde{\mu}} \cdot |f(\vartheta)|^2 \frac{1}{r^2} = |\vec{v}_r| \frac{|f^*(\vartheta)|^2}{r^2} \cdot A^2
\end{aligned}$$

$|\vec{v}_r| = k\hbar^2/\tilde{\mu}$ ist der Geschwindigkeitsbetrag eines Teilchens der gestreuten Kugelwelle in großer Entfernung r vom Streuzentrum. Für $j_{W,\text{ein}}$ ergibt sich:

$$\begin{aligned}
j_{W,\text{ein}} &= A^2 \cdot \frac{i\hbar^2}{2\tilde{\mu}} \cdot \left[e^{+ikz} \nabla_z \left(e^{-ikz} \right) - e^{-ikz} \nabla_z \left(e^{+ikz} \right) \right] \\
&= A^2 \cdot \frac{i\hbar^2}{2\tilde{\mu}} \cdot \left[-ik \cdot e^{+ikz} \cdot e^{-ikz} - ikz \cdot e^{-ikz} \cdot e^{+ikz} \right] = \frac{k\hbar^2}{\tilde{\mu}} A^2
\end{aligned}$$

mit

$$|\vec{v}_z| = \frac{\hbar^2}{\tilde{\mu}} \cdot k = |\vec{v}_r|$$

Es gilt also $|\vec{v}_z| = |\vec{v}_r|$, so wie es bei einem elastischen Stoß der Impulserhaltungssatz für ein Teilchen der Masse $\tilde{\mu}$ verlangt. Gleichsetzen von Gl. (11.228) und (11.236) ergibt:

$$f(\vartheta) = \frac{i}{2k} \sum_{l=0}^{\infty} (2l + 1) \left(1 - e^{i2\delta_l} \cdot P_l(\cos(\vartheta)) \right)$$ (11.240)

wobei wir in Gl. (11.236) berücksichtigt haben:

$$\exp\left[-i\pi l/2\right] = \{\exp\left[+i\pi/2\right]\}^{-l} = \left\{\cos\frac{\pi}{2} + i\sin\frac{\pi}{2}\right\}^{-l} = i^{-l}$$

Damit erhalten wir für Gl. (11.239):

$$\boxed{\frac{d\sigma}{d\Omega} = \frac{|\vec{v}_r|}{|\vec{v}_{\text{ein}}|} \cdot \frac{|f(\vartheta)|^2}{r^2} \cdot r^2 = |f(\vartheta)|^2 = \frac{1}{4k^2}\left[\sum_{l=0}^{\infty}(2l+1)\cdot\left(1-e^{2i\delta_l}\right)\cdot P_l\left(\cos(\vartheta)\right)\right]^2}$$

$$(11.241)$$

Durch Integration von Gl. (11.241) über $d\Omega = 2\pi \cdot \sin\vartheta\, d\vartheta$ erhält man den totalen Streu-querschnitt der elastischen Streuung σ_{elast}. Dabei ist zu berücksichtigen, dass beim Aus-multiplizieren der Summen in Gl. (11.241) und der anschließenden Integration folgende Glieder auftauchen:

$$2\pi\int_{0}^{2\pi} P_l(\cos(\vartheta))\cdot P_{l'}(\cos(\vartheta))\cdot\sin(\vartheta)\cdot d\vartheta = 2\pi\int_{+1}^{-1} P_l(\cos(\vartheta))\cdot P_{l'}(\cos(\vartheta))\cdot d\cos\vartheta$$

$$= \frac{4\pi}{2l+1}\cdot\delta_{l,l'}$$

$$(11.242)$$

mit $\delta_{l,l} = 1$ und $\delta_{l,l'} = 0$ für $l \neq l'$ (Man beachte: $\delta_{l,l'}$ heißt Kronecker-Symbol und hat mit der Phasenverschiebung δ_l in Gl. (11.238) und Gl. (11.241) nichts zu tun!). Man erhält für den elastischen Streuquerschnitt:

$$\sigma_{\text{elast}} = \int\frac{d\sigma}{d\Omega}\cdot\sin\vartheta\cdot 2\pi\cdot d\vartheta = \frac{\pi}{k^2}\sum_{l=0}^{\infty}(2l+1)\left[1-\exp\left(2i\delta_l\right)\right]^2$$

$$(11.243)$$

Mit $\sin\delta_l = i\left(e^{i\delta_l} - e^{-i\delta_l}\right)/2 = ie^{-i\delta_l}\left(e^{2i\delta_l} - 1\right)$, also:

$$-\sin\delta_l \cdot e^{i\delta_l} = \frac{1}{2}i\left(1-e^{2i\delta_l}\right),$$

erhält man:

$$4\cdot\sin^2\delta_l = i(-i)\left(1-e^{2i\delta_l}\right)^2 = \left[1-\exp\left(2i\delta_l\right)\right]^2$$

$$(11.244)$$

und eingesetzt in Gl. (11.243):

$$\boxed{\sigma_{\text{elast}} = \frac{4\pi}{k^2}\sum_{l=0}^{\infty}(2l+1)\cdot\sin^2\delta_l}$$

$$(11.245)$$

Für zentrale Stöße bzw. zentrale Stoßkomponenten gilt $l = 0$:

$$\boxed{\sigma_{0,\text{elast}} = 4\pi \frac{\sin^2 \delta_0}{k^2} = S(E)/k^2} \qquad (11.246)$$

Wir schreiben: $S(E) = 4\pi \sin^2 \delta_0$ als Funktion von E, da δ_0 allgemein noch von k bzw. E abhängt, wenn auch diese Abhängigkeit gering sein wird. Was geschieht mit Gl. (11.246), wenn $k \to 0$ geht? Da σ_{elast} in diesem Fall sicher nicht unendlich groß werden kann, muss gelten, dass auch $\sin^2 \delta_l = 0$ bzw. $\delta_l = 0$ wird, sodass in Gl. (11.246) ein unbestimmter Ausdruck entsteht, den wir folgendermaßen bestimmen können. Wir setzen zunächst in Gl. (11.229) $k = 0$ und erhalten im Fall $l = 0$

$$\Psi_{\text{tot},l=0}(k = 0) = A\left(1 - \frac{a}{r}\right) \qquad (11.247)$$

mit $a = -f(\vartheta, k = 0)$. Andererseits gilt im Fall $l = 0$ nach Gl. (11.237)

$$\Psi_{\text{tot},l=0} = \frac{Ai}{2kr}\left[e^{-ikr} - e^{2i\delta_0}e^{ikr}\right] = \frac{A}{kr}\frac{\left[e^{ikr} \cdot e^{2i\delta_0} - e^{-ikr}\right]}{2i}$$

Für kleine Werte von δ_0 setzen wir $\exp[2i\delta_0] \approx 1 + 2i\delta_0$ und erhalten:

$$\Psi_{\text{tot},l=0} = A\left[\frac{\sin(kr)}{kr} + \delta_0 \frac{(1 + ikr)}{kr}\right]$$

Wir bilden folgenden Limes für $k \to 0$ und $\delta_0 \to 0$:

$$\lim_{k\to 0}\lim_{\delta_0\to 0}\Psi_{\text{tot},l=0} = A\left[1 + \frac{1}{r}\cdot\lim_{k\to 0}\lim_{\delta_0\to 0}\left(\frac{\delta_0}{k}\right) + 0\right] \qquad (11.248)$$

Gleichsetzen von Gl. (11.247) und (11.248) ergibt

$$a = \lim_{k=0}\lim_{\delta_0=0}\left(\frac{\delta_0}{k}\right)$$

a heißt die *Streulänge*. Damit wird aus Gl. (11.246) mit $\sin^2 \delta_0 \approx \delta_0^2$:

$$\boxed{\sigma_{0,\text{elast}}(k \to 0) = 4\pi \lim_{k\to 0}\lim_{\delta_0\to 0}\left(\frac{\delta_0}{k}\right)^2 = 4\pi a^2} \qquad (11.249)$$

Für harte Kugeln gilt, dass die Wellenfunktion Gl. (11.247) bei $r = d$ verschwinden muss:

$$\Psi_{\text{tot},l=0}(k = 0) = 0 = A\left(1 - \frac{a}{d}\right)$$

Also gilt $a = d$. Damit folgt aus Gl. (11.249):

$$\sigma_{\text{elast}}(k \to 0) = 4\pi d^2 \qquad \text{(harte Kugel)}$$

Quantenmechanisch ist für $k = 0$ der Streuquerschnitt für harte Kugeln 4 mal so groß wie der klassische Wert (s. Gl. (6.126)).

11.12 Das Pauli'sche Antisymmetriegesetz

Wir betrachten ein System von N identischen Teilchen, die sich in einem Volumen V bewegen. Die Schrödinger-Gleichung mit dem Energieeigenwert ε lautet:

$$\hat{H} \cdot \Psi\left(\vec{r}_1, \ldots\ldots \vec{r}_i \ldots \vec{r}_k \ldots \vec{r}_N\right) = E \cdot \Psi\left(\vec{r}_1, \ldots\ldots \vec{r}_i \ldots \vec{r}_k \ldots \vec{r}_N\right) \tag{11.250}$$

Wir führen jetzt einen *Vertauschungsoperator* $\hat{P}_{ik}$ ein, der die Koordinaten der Teilchen i und k vertauscht, d. h.,:

$$\hat{P}_{ik}\left(\vec{r}_1, \ldots\ldots \vec{r}_{\underline{i}} \ldots \vec{r}_{\underline{k}} \ldots \vec{r}_N\right) = \Psi\left(\vec{r}_1, \ldots\ldots \vec{r}_{\underline{k}} \ldots \vec{r}_{\underline{i}} \ldots \vec{r}_N\right) \tag{11.251}$$

mit der Eigenwertgleichung (Eigenwert λ):

$$\hat{P}_{ik}\Psi\left(\vec{r}_1, \ldots\ldots \vec{r}_{\underline{i}} \ldots \vec{r}_{\underline{k}} \ldots \vec{r}_N\right) = \lambda\Psi\left(\vec{r}_1, \ldots\ldots \vec{r}_i \ldots \vec{r}_k \ldots \vec{r}_N\right) \tag{11.252}$$

Auf Gl. (11.252) wenden wir nochmals den Operator $\hat{P}_{ik}$ an:

$$\hat{P}_{ik}^2\Psi\left(\vec{r}_1, \ldots\ldots \vec{r}_i \ldots \vec{r}_k \ldots \vec{r}_N\right) = \lambda^2 \cdot \Psi\left(\vec{r}_1, \ldots\ldots \vec{r}_i \ldots \vec{r}_k \ldots \vec{r}_N\right) \tag{11.253}$$

Auf Gl. (11.251) wenden wir ebenfalls nochmals $\hat{P}_{ik}$ an:

$$\hat{P}_{ik}^2 \cdot \Psi\left(\vec{r}_1, \ldots\ldots \vec{r}_i \ldots \vec{r}_k \ldots \vec{r}_N\right) = \Psi\left(\vec{r}_1, \ldots\ldots \vec{r}_i \ldots \vec{r}_k \ldots \vec{r}_N\right) \tag{11.254}$$

Dadurch wird die ursprüngliche Konfiguration wiederhergestellt. Vergleich von Gl. (11.254) mit (11.253) ergibt also für den Eigenwert λ:

$$\boxed{\lambda^2 = 1 \qquad \text{bzw.} \quad \lambda = \pm 1} \tag{11.255}$$

Wir gehen davon aus, das die Operatoren $\hat{H}$ und $\hat{P}_{ik}$ in ihrer aufeinander folgenden Wirkung vertauschbar sind:

$$\hat{H}\hat{P}_{ik} = \hat{P}_{ik}\hat{H} \tag{11.256}$$

Das bedeutet: die Eigenwerte ε und λ sind simultan realisierbar. Gl. (11.255) macht eine wichtige Aussage: es gibt *zwei Arten von Teilchen*, die eine dreht beim Koordinatentausch das Vorzeichen ihrer Wellenfunktion um (Fermionen), die andere lässt das Vorzeichen unverändert (Bosonen). Das gilt ganz allgemein, und ist *nicht* auf ideale Vielteilchensysteme beschränkt.

Die zweite Anforderung, die wir an die Wellenfunktion stellen müssen, ist die *Ununterscheidbarkeit* der Teilchen (s. Abschnitt 2.4). Solange die Teilchen als unterscheidbar angesehen werden, gilt:

$$\Psi\left(\vec{r}_1, \ldots\ldots \vec{r}_i \ldots \vec{r}_k \ldots \vec{r}_N\right) \neq \Psi\left(\vec{r}_1, \ldots\ldots \vec{r}_k \ldots \vec{r}_i \ldots \vec{r}_N\right) \tag{11.257}$$

Die rechte wie auch die linke Seite von Gl. (11.257) sind unterschiedliche Lösungen der Schrödinger-Gleichung die zu demselben Energieeigenwert E gehören (sog. Austauschentartung). Dann ist aber auch jede Linearkombination aller durch Vertauschen von Koordinaten möglichen Ψ-Funktionen eine Lösung. Wir suchen nun solche Linearkombinationen als gültige Lösungen, bei denen irgendein Koordinatentausch von Teilchen den *Betrag* der linear kombinierten Wellenfunktion unverändert lässt. Dann wird eine Ununterscheidbarkeit erreicht. Wir können also ganz allgemein für eine symmetrische Wellenfunktion $^S\Psi$ bzw. für die antisymmetrische $^A\Psi$ schreiben:

$$^S\Psi(\vec{r}_1,\vec{r}_2,\dots\vec{r}_N) = {}^SC \cdot \sum_P \hat{P}\Psi(\vec{r}_1,\vec{r}_2,\dots\vec{r}_N) \tag{11.258}$$

$$^A\Psi(\vec{r}_1,\vec{r}_2,\dots\vec{r}_N) = {}^AC \cdot \sum_P (-1)^P \hat{P}\Psi(\vec{r}_1,\vec{r}_2,\dots\vec{r}_N) \tag{11.259}$$

In Gl. (11.258) und (11.259) bedeutet $\hat{P}$ die P-fache Anwendung des Austauschparameters $\hat{P}_{ik}$ auf alle möglichen Kombinationen von ik-Paaren. Bei den so erzeugten Funktionen $^S\Psi$ und $^A\Psi$ erscheint für jedes Paar ik $\Psi(\vec{r}_1,\dots\dots\vec{r}_i\dots\vec{r}_k\dots\vec{r}_N) + \Psi(\vec{r}_1,\dots\dots\vec{r}_k\dots\vec{r}_i\dots\vec{r}_N)$ unter der Summe, so dass jeder Paaraustausch zu einer Ununterscheidbarkeit führt und damit auch für die Summe aller solcher Permutationen. Während bei Gl. (11.258) bei jeder Permutation das Vorzeichen unverändert bleibt (Bosonen), dreht sich in Gl. (11.259) bei *ungeraden* Permutationen jeweils das Vorzeichen um (Fermionen). Gl. (11.259) ist die algebraische Formulierung des Pauli'schen Antisymmetriegesetzes. ^SC und ^AC sind Normierungskonstanten für die jeweilige Funktion $^S\Psi$ bzw. $^A\Psi$. Wir wollen jetzt Gl. (11.258) und (11.259) auf *ideale* Teilchensysteme anwenden. Hier gilt, dass der Hamilton-Operator $\hat{H}$ gleich der Summe der Hamilton-Operatoren $\hat{H}_i$ aller einzelnen Teilchen ist und somit die Gesamtenergie E die Summe der Energien der einzelnen Teilchen ist:

$$\hat{H}_{ideal} = \sum_{i=1}^N \hat{H}_i \quad \text{also} \quad E = \sum_{i=1}^N \hat{H}_i \cdot \Psi_i = \sum_{i=1}^N \varepsilon_i$$

Für die Lösungsfunktion gilt daher

$$\Psi(r_1,r_2,\dots r_N; j=1,2,\dots N) = \sum_j^N \varphi_j(r_1)\cdot\varphi_j(r_2)\dots\varphi_j(r) = \sum_j^N \prod_i^N \varphi_j(r_i) \tag{11.260}$$

mit

$$\varphi_j(r_i) = \varepsilon_j\varphi_j(r_i)$$

Die Einzelwellenfunktionen (Orbitale) $\varphi_j(r_i)$ müssen zunächst doppelt indiziert werden bezüglich ihrer Energien (Index j) und dem Ortsvektor r_i, des Elektrons i, das sich im

Orbital j befindet. Wir gehen davon aus, dass die Funktionen $\varphi_j(r_j)$ bereits normiert sind. Wenn $\Psi = {}^A\Psi$ ist handel es sich um Fermionen, jeder Zustand (Orbital) ist nur einfach besetzt, wenn wir in r_i die Spinkoordinate S_i miteinbeziehen, und es muss $N!$ Permutationen mit Vorzeichenwechsel pro Permutation geben. Dann gilt (Normierung):

$$\frac{1}{N!} \int {}^A\Psi\,(r_1 \ldots r_N) \cdot {}^A\Psi^*\,(r_1 \ldots r_N)\,\mathrm{d}r_1 \ldots \mathrm{d}r_N = 1$$

bzw.

$$\Psi\,(\vec{r}_1 \ldots \vec{r}_N) = \frac{1}{\sqrt{N!}} \begin{vmatrix} \varphi_1(r_1)\,\varphi_1(r_2)\cdots \varphi_1(r_N) \\ \varphi_2(r_1)\quad\cdots\quad\cdots\varphi_2(r_N) \\ \vdots \\ \varphi_N(r_1)\quad\cdots\quad\cdots\varphi_N(r_N) \end{vmatrix} \tag{11.261}$$

Die Determinante in Gl. (11.261) heißt „Slater-Determinante", sie sorgt für den Vorzeichenwechsel pro Permutation. Ist ein Orbital doppelt besetzt, dann sind 2 Zeilen oder 2 Spalten identisch, und die Determinante verschwindet. Einen solchen Zustand gibt es nicht. Das ist das Pauli-Verbot. Handelt es sich um Bosonen, gilt:

$$\int {}^S\Psi\,(r_1 \ldots r_N) \cdot {}^S\Psi^*\,(r_1 \ldots r_N) \cdot \mathrm{d}r_1 \ldots \mathrm{d}r_N = N! \tag{11.262}$$

bzw.

$$1 = {}^SC \cdot N!\, n_1!\, n_2! \ldots n_N! \quad \text{mit} \quad \sum n_i = N$$

Jedes Orbital kann beliebig viele Teilchen enthalten mit der Randbedingung $\sum n_i = N$. Damit gilt für eine bestimmte Verteilung $n_1, n_2, \ldots, n_N$:

$$^S\Psi\,(\vec{r}_1 \ldots \vec{r}_N) = (N! \cdot n_1! \cdots n_N!)^{-1/2} \cdot \sum_p \hat{P}\Psi\,(\vec{r}_1, \ldots \vec{r}_N) \tag{11.263}$$

11.13 Ableitung der Clausius-Mosotti-Debye-Gleichung (CMD)

Eine genauere Betrachtung der Wirkung des elektrischen Feldes am Ort eines einzelnen molekularen Dipols führt zu dem Schluss, dass dieses lokale Feld $\vec{E}_{\text{lok}}$ *nicht* identisch ist mit dem Feld $\vec{E}_D$, das den Polarisationsvektor $\vec{P}$ in Gl. (8.17) festlegt. Das wollen wir nun zeigen.

Die Polarisation $\vec{P}$ in Gl. (8.17) hat die Einheit $C \cdot m^{-2}$ oder $(C \cdot m)m^{-3}$, d.h. wir können $\vec{P}$ auch als makroskopisches Dipolmoment $\vec{M}$ pro Volumen auffassen, das sich additiv aus N

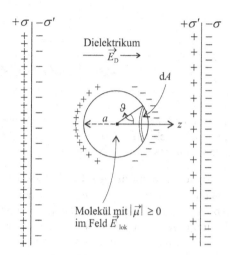

Abb. 11.24: Hohlraummodell zur Ableitung des lokalen elektrischen Feldes $\vec{E}_{\text{lok}}$ eines Moleküls im Dielektrikum.

molekularen Dipolen mit dem mittleren Dipolmoment $\langle \mu \rangle$ nach Gl. (8.16) zusammensetzt, die das Volumen des Kondensators ausfüllen. Für $\vec{P}$ lässt sich also schreiben:

$$\sigma' = \vec{P} = \frac{N}{V}(\alpha' + \frac{|\vec{\mu}|^{2'}}{3k_{\text{B}}T})\vec{E}_{\text{lok}} \tag{11.264}$$

wobei $\vec{E}_{\text{loc}}$ das lokale elektrische Feld am Ort eines Moleküls mit dem Dipolmoment $\vec{\mu}$ bedeutet.

Wir wollen jetzt den Zusammenhang zwischen dem inneren Feld $\vec{E}_{\text{D}}$ (definiert durch Gl. (8.10)) und dem lokalen Feld $\vec{E}_{\text{lok}}$ herstellen. Das geschieht folgendermaßen. In Abb. 11.24 betrachten wir einen Hohlraum mit dem Radius a, in dem sich das betrachtete Molekül befindet. Das lokale Feld $\vec{E}_{\text{lok}}$ setzt sich aus 3 Anteilen zusammen:

$$\vec{E}_{\text{lok}} = \vec{E}_{\text{D}} + \vec{E}_2 + \vec{E}_3 \tag{11.265}$$

$\vec{E}_{\text{D}}$ ist das innere elektrische Feld im Dielektrikum (s. Gl. (8.10)) $\vec{E}_2$ rührt von der Oberflächenladungen auf der Hohlraumkugel her. Nach dem Coulomb'schen Gesetz gilt für die differentielle Fläche des Kreisringes $dA = 2\pi a^2 \sin \vartheta \, d\vartheta$ senkrecht zu den Platten, also in z-Richtung ($\sigma' = \vec{P}$)

$$4\pi \cdot \varepsilon_0 \cdot d\vec{E}_2 = \frac{dq}{a^2}\cos\vartheta = \frac{(\sigma' \cdot \cos\vartheta) \cdot dA}{a^2} \cdot \cos\vartheta = 2\pi\vec{P}\cos^2\vartheta \cdot \sin\vartheta \, d\vartheta$$

Integration ergibt:

$$4\pi \cdot \varepsilon_0 \cdot \vec{E_2} = 2\pi\vec{P} \int_0^\pi \cos^2 \vartheta \sin \vartheta \, d\vartheta = -2\pi P \int_1^{-1} \cos^2 \vartheta d(\cos \vartheta) = \frac{4}{3}\pi\vec{P} \qquad (11.266)$$

$\vec{E_2}$ hängt offensichtlich nicht von der Hohlraumgröße ab. Diese kann willkürlich gewählt werden und trennt den Bereich nach außen ab, wo die Materie als kontinuierllich angesehen werden kann in Bezug auf das zentrale Molekül.

Was geschieht jedoch innerhalb des Hohlraumes? Das berücksichtigt der dritte Betrag zu $\vec{E}_{loc}$, also $\vec{E_3}$ durch n Moleküle, die mehr oder weniger geordnet innerhalb des Hohlraums sitzen (nicht gezeigt in Abb. 11.24). Die Zahl n ist nicht näher festgelegt, denn sie hängt von der willkürlichen Hohlraumgröße ab. Wenn diese n Moleküle auf gedachten kubischen Gitterplätzen sitzen und ihre induzierten bzw. orientierungspolarisierten Dipolmomente genau in Feldrichtung, also z-Richtung liegen, tragen sie zum Feld nichts bei, denn es gilt dann nach Gl.(11.156) in Anhang 11.10:

$$4\pi \cdot \varepsilon_0 \cdot \vec{E_3} = \vec{\mu} \sum_{i=1}^n \frac{3z_i^2 - r_i^2}{r_i^5}$$

wobei die z-Richtung die des elektrischen Feldes ist. Bei kubisch geordneten Molekülen gilt:

$$\sum_i x_i^2 = \sum_i y_i^2 = \sum_i z_i^2 = \frac{1}{3}\sum_i r_i^2$$

Somit ist $\vec{E_3} = 0$. Die kubische Ordnung ist allerdings nur eine Näherungsannahme.

Für das lokale Feld ergibt sich mit $\vec{E_2}$ aus Gl. (11.266) und $\vec{E}_{lok}$ aus Gl. (11.265):

$$\varepsilon_0 \cdot \vec{E}_{lok} = \varepsilon_0 \cdot \vec{E}_D + \frac{1}{3}|\vec{P}| = \frac{\vec{E}_D \cdot \varepsilon_0}{3}(\varepsilon_R + 2) \qquad (11.267)$$

Dabei haben wir noch $|\vec{P}|$ durch Gl. (8.11) ersetzt. Ersetzen wir nun in Gl. (11.267) $\vec{E}_{lok}$ aus Gl. (11.264), erhalten wir:

$$\frac{\vec{E}_D}{3} \cdot (\varepsilon + 2) = \vec{P} \Big/ \left(\frac{N}{V}\left(\alpha + \frac{|\mu^2|}{k_B T} \right) \right) \qquad (11.268)$$

und schließlich mit $\vec{P} = \varepsilon_0 \vec{E}_D (\varepsilon_R - 1)$ nach Gl. (8.11): eingesetzt in Gl. (11.268):

$$\boxed{\frac{\varepsilon_R - 1}{\varepsilon_R + 2} = \frac{1}{3\varepsilon_0}\frac{N_L}{V}\left(\alpha + \frac{|\vec{\mu}|^2}{3k_BT}\right)}$$ (11.269)

Das ist die *Clausius-Mosotti-Debye-Gleichung* (CMD) (Gl.(8.17)) in SI-Einheiten.

Gl. (11.269) gilt auch für Gasmischungen (Index M):

$$\frac{\varepsilon_{R,M} - 1}{\varepsilon_{R,M} + 2} = \frac{1}{3\varepsilon_0}\sum_i \frac{N_i}{V_M}\left(\alpha_i + \frac{|\vec{\mu_i}|^2}{3k_BT}\right)$$ (11.270)

$\varepsilon_{R,M}$ ist die statische Dielektrizitätskonstante der Gasmischung. Erzeugt man ein sehr schnelles elektrisches Wechselfeld mit sehr hohen Frequenzen, wie z.B. Licht im sichtbaren Bereich des Spektrums, so gilt $\varepsilon_R \approx \tilde{n}^2$ ($\tilde{n}$ = Brechungsindex). In diesem Fall, kann das Dipolmoment $\vec{\mu}$ der schnellen Richtungsänderung des elektrischen Feldes nicht mehr folgen, die Orientierungspolarisierbarkeit fällt weg, und man erhält:

$$\frac{\tilde{n}_M^2 - 1}{\tilde{n}_M^2 + 2} = \frac{1}{3\varepsilon_0}\sum_i \frac{N_i}{V_M}\alpha_i' = \frac{1}{3\varepsilon_0}\sum_i x_i\frac{N_L}{V_M}\alpha_i$$ (11.271)

mit $N = \sum_i N_i$. Gl. (11.271) ist die sog. *Lorenz-Lorentz-Gleichung*. x_i ist der Molenbruch von Komponente i.

Der Gültigkeitsbereich von Gl. (11.268) und (11.270) ist beschränkt auf hohe Temperaturen, d. h., $|\vec{\mu_i}|^2/3k_BT \ll 1$ und/oder auf niedrige Dichten der polaren Moleküle.

11.14 Gauß'scher Satz und Poisson-Gleichung

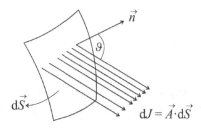

Abb. 11.25: Differentieller Fluss dJ durch ein Oberflächenelement d$\vec{S}$ einer geschlossenen Oberfläche S um das Volumen V

Ein Fluss der Stärke $\vec{A}$ (Einheit: Teilchen, Masse oder Energie et cet. pro Fläche und Zeit), auch Intensität genannt, durchdringt ein differentielles Flächenstück der Größe |d$\vec{S}$|. Auch dieses Flächenstück ist ein Vektor $d\vec{S} = |dS| \cdot \vec{n}$, wobei der Einheitsvektor $\vec{n}$ senkrecht auf $|d\vec{S}|$ steht und die Richtung von $\vec{S}$ angibt. Der effektive Fluss dJ ist das Skalarprodukt von $\vec{A}$ und $d\vec{S}$ mit dem einschließenden Winkel ϑ:

$$dJ = \vec{A} \cdot d\vec{S} = |\vec{A}| \cdot d|\vec{S}| \cdot \cos\vartheta$$

Ist $\vartheta = 90°$ ist $dJ = 0$, ist $\vartheta > 90°$ findet ein Fluss dJ von rechts nach links statt (Zufluss zu V) d.h., für $\vartheta' = \vartheta + 90°$ z.B. dreht sich in Abb. 11.25 die Pfeilrichtung genau um $(dJ_\vartheta = -dJ_{\vartheta+90°})$.

Der Gaußsche Divergenzsatz und die Kontinuitätsgleichung

Nun stellen wir uns dS als ein kleines Flächenstück vor, das zu einer insgesamt geschlossenen Oberfläche S gehört, die ein Volumen V einschließt. Befinden sich *keine* „Flussquellen" oder „Flusssenken" innerhalb des Volumens V, muss die Menge des einströmenden und ausströmenden Flusses gleich sein, d.h. für das Integral über die ganze geschlossene Oberfläche S muss gelten:

$$\int_S dJ = J = 0 \qquad \text{bzw.} \qquad \int_S \vec{A} \cdot d\vec{S} = 0$$

Existieren Quellen oder Senken für den Fluss innerhalb des Volumens V, gilt:

$$\boxed{J = \int_S \vec{A} d\vec{S} = \int_V \left(\frac{\partial c(\vec{r})}{\partial t}\right)_{\vec{r}} dV} \qquad (11.272)$$

c hat die Dimension einer Konzentration von Teilchen, Masse oder Energie am Ort $\vec{r}$ innerhalb von V. Gl. (11.272) ist also eine Bilanzgleichung: $\left(\frac{\partial c}{\partial t}\right)$ ist negativ, wenn J positiv ist und umgekehrt.

Um $\left(\frac{\partial c(\vec{r})}{\partial t}\right)_{\vec{r}}$ genauer zu definieren, müssen wir jetzt die sog. Divergenz eines Vektors einführen. Dazu betrachten wir ein Volumenelement in Abb. 11.26 mit den Kantenlängen Δx, Δy, Δz im Raumpunkt $\vec{r} = (x,y,z)$.

Für die Summe aller Flüsse durch die Oberfläche von ΔV erhält man nun:

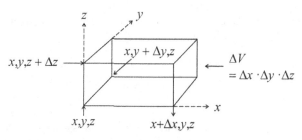

Abb. 11.26: Volumenelement ΔV

$$\vec{A} \cdot \Delta \vec{S} = \left[A_x + \frac{\partial A_x}{\partial x} \Delta x - A_x \right] \Delta y \cdot \Delta z + \left[A_y + \frac{\partial A_y}{\partial y} \Delta y - A_y \right] \Delta x \cdot \Delta z$$

$$+ \left[A_z + \frac{\partial A_z}{\partial z} \Delta z - A_z \right] \Delta x \cdot \Delta y$$

$$= \left[\frac{\partial A_x}{\partial x} + \frac{\partial A_y}{\partial y} + \frac{\partial A_z}{\partial z} \right] \Delta x \cdot \Delta y \cdot \Delta z = \mathrm{div} \vec{A} \cdot \Delta x \cdot \Delta y \cdot \Delta z$$

$\mathrm{div} \vec{A}$ heißt Divergenz des Vektors $\vec{A}$ und ist eine skalare Größe. Es muss also gelten, wenn man zu differentiellen Größen $\mathrm{d}x$, $\mathrm{d}y$, $\mathrm{d}z$ übergeht und dann über die gesamte geschlossene Oberfläche bzw. das Volumen integriert:

$$\boxed{\int_S \vec{A} \mathrm{d}\vec{S} + \int_V \mathrm{div} \vec{A} \cdot \mathrm{d}V = 0} \tag{11.273}$$

Das ist der *Gauß'sche Divergenzsatz.* Aus Gl. 11.272 folgt somit:

$$\int_V \mathrm{div} \vec{A} \cdot \mathrm{d}V = -\int_V \left(\frac{\partial c}{\partial t} \right)_{\vec{r}} \cdot \mathrm{d}V \qquad \text{bzw.} \qquad \boxed{\mathrm{div} \vec{A} = -\left(\frac{\partial c}{\partial t} \right)_{\vec{r}}} \tag{11.274}$$

Gl. (11.274) heißt *Kontinuitätsgleichung.*

Poisson-Gleichung

Wir betrachten jetzt eine Flussstärke $\vec{A}$ in Abb. 11.25, die sich durch den Gradienten eines Potentials φ darstellen lässt. Das kann z. B. das elektrische Potential oder das

Gravitationspotential sein. Dabei ist $\varphi(\vec{r})$ eine skalare Größe, der an jedem Ort $\vec{r}$ im Raum ein Vektor $\mathrm{grad}\varphi = \nabla\varphi$ zugeordnet ist. Wir schreiben:

$$-\left(\frac{\partial\varphi}{\partial x}\cdot\vec{i}+\frac{\partial\varphi}{\partial y}\cdot\vec{j}+\frac{\partial\varphi}{\partial z}\cdot\vec{k}\right) = -\mathrm{grad}\varphi = -\nabla\varphi(\vec{r}) = \vec{A} \tag{11.275}$$

$\vec{i},\vec{j},\vec{k}$ sind die Einheitsvektoren in x-, y- und z-Richtung. Flussstärken $\vec{A}$, für die Gl. (11.275) gilt, heißen konservative Kraftfelder. $\vec{A}$ kann die elektrische Feldstärke oder die Feldstärke der Gravitation sein. Wir haben also mit $\varrho(\vec{r})$ statt $-(\partial c/\partial t)_{\vec{r}}$:

$$\boxed{\mathrm{div}(\mathrm{grad}\varphi) = \frac{\partial^2\varphi}{\partial x^2}+\frac{\partial^2\varphi}{\partial y^2}+\frac{\partial^2\varphi}{\partial z^2} = -\varrho(\vec{r})} \tag{11.276}$$

$\varrho(\vec{r})$ ist hier die Ladungsdichte aus der ein elektrisches Feld entspringt oder in der es endet. Ist $\varrho(r)$ die Massendichte, gilt Entsprechendes für das Gravitationsfeld.

Gl. (11.276) heißt *Poisson-Gleichung*. Sie ist eine partielle Differentialgleichung 2. Grades, die einen Zusammenhang zwischen $\varphi(\vec{r})$ und $\varrho(\vec{r})$ herstellt. Ist $\varrho(\vec{r}) = 0$, heißt Gl. (11.276) *Laplace-Gleichung*. Statt der kartesischen Koordinaten lassen sich auch andere Koordinaten einführen, z. B. Kugelkoordinaten.

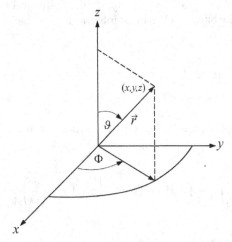

Abb. 11.27: Sphärische Polarkoordinaten (Kugelkoordinaten)

Demnach gilt nach Abb. 11.27 mit $|\vec{r}| = r$:

$x = r\cdot\sin\vartheta\cdot\cos\Phi$

$y = r\cdot\sin\vartheta\cdot\sin\Phi$

$z = r\cdot\cos\vartheta$

r ist der Abstand des Punktes x, y, z vom Ursprung und ϑ und Φ sind die in Abb. 11.27 eingezeichneten Winkel.

Die Poisson'sche Gleichung lautet in Kugelkoordinaten (Ableitung: s. allg. Lehrbücher der Mathematik):

$$\frac{1}{r^2}\left(\frac{\partial}{\partial r}r^2\frac{\partial}{\partial r}\right)\varphi(r,\vartheta,\Phi) + \frac{1}{r^2}\frac{1}{\sin\vartheta}\frac{\partial}{\partial\vartheta}\left(\sin\vartheta\frac{\partial}{\partial\vartheta}\right)\varphi(r,\vartheta,\Phi) + \frac{1}{r^2}\frac{1}{\sin\vartheta}\frac{\partial^2}{\partial\varphi^2}\varphi(r,\vartheta,\Phi) = -\varrho(\vec{r})$$

$$(11.277)$$

Wenn φ kugelsymmetrisch ist, vereinfacht sich die Poisson'sche Gleichung (11.277), da in diesem Fall φ nur noch von r und nicht mehr von ϑ und Φ abhängt:

$$\frac{1}{r^2}\frac{\partial}{\partial r}\left(r^2\frac{\partial\varphi(r)}{\partial r}\right) = -\varrho(r)$$

$$(11.278)$$

Aus Gründen der korrekten physikalischen Dimensionierung ist die rechte Seite von Gl. (11.278) noch mit einem dimensionsbehafteten Faktor zu versehen. Handelt es sich bei φ um das elektrische Potential, lautet die rechte Seite $\varrho_e(r)/(\varepsilon_0 \cdot 4\pi\varepsilon_R)$, wobei $\varrho_e(r)$ die elektrische Ladungsdichte bedeutet, ε_0 ist die elektrische Feldkonstante, und ε_R die Dielektrizitätszahl des Mediums. Ist $\varphi(r)$ das Gravitationspotential, lautet die rechte Seite $-4\pi G \cdot \varrho_m(r)$, wobei $\varrho_m(r)$ die Massendichte bedeutet. G ist die Gravitationskonstante.

11.15 Erweiterung des Ensemblebegriffes und Fluktuationen thermodynamischer Zustandsgrößen

Wir schreiben für das kanonische Ensemble nochmals die allgemeine Form der kanonischen Zustandssumme Q an:

$$Q(N, V, T) = \sum_i \Omega_i(N, V)\exp\left[-E_i/k_BT\right]$$

$$(11.279)$$

Es wird über alle Werte E_i summiert, wobei $\Omega_i(N, V)$ den Entartungsfaktor für den Energiezustand E_i des Systems bedeutet. Wir erinnern daran, dass der Summenterm für große Werte von N bei $E_{i,\max} = \langle E\rangle$ (Mittelwert von E) ein scharfes Maximum hat demgegenüber alle benachbarten Werte mit $E_i \neq E_{i,\max}$ praktisch vernachlässigbar sind, so dass $E_{i,\max} = \langle E\rangle$ gilt und wir $\exp\left[-\langle E\rangle/k_BT\right]$ vor das Summenzeichen ziehen dürfen. Wir erhalten somit:

$$Q(N, V, T) = \exp\left[-\langle E\rangle/k_BT\right] \cdot \sum_i \Omega_i$$

Wir identifizieren $\langle E \rangle$ mit der inneren Energie U. Das ergibt entsprechend Gl. (2.13):

$$-k_{\mathrm{B}} T \ln Q\,(N, V, T) = U - k_{\mathrm{B}} T \ln \sum_i \Omega_i$$

Wegen $F = -k_{\mathrm{B}} \ln Q$ folgt daraus für die Entropie S:

$$\boxed{S = (U - F)\,/T = k_{\mathrm{B}} \ln \sum_i \Omega_i} \qquad\qquad (11.280)$$

$\sum_i \Omega_i$ ist die Gesamtzahl aller unterscheidbaren Zustände des Systems bei vorgegebenen Werten von N, V und $U = \langle E \rangle$. Gl. (11.280) steht (mit W für $\sum_i \Omega_i$) auf Boltzmanns Grabstein im Wiener Zentralfriedhof. Sie stellt die zentrale Gleichung der statistischen Physik des Gleichgewichtes dar und bringt unsere Unkenntnis (= Mangel an Wissen) des eindeutigen mikroskopischen Zustands eines makroskopischen Systems zum Ausdruck, das N Moleküle im Volumen V mit der inneren Energie U enthält. Man sieht übrigens, dass die Gültigkeit des 3. Hauptsatzes (s. Kapitel 5) mit $S(T = 0) = 0$ erfordert, dass bei $T = 0$ $\sum_i \Omega_i = 1$ gelten muss, es gibt also nur *einen* Zustand bei $T = 0$. Man nennt das statistische Ensemble, zu dem Gl. (11.280) gehört, das *mikrokanonische Ensemble*, es entspricht in der Thermodynamik (vergl. Anhang 11.17) einem *abgeschlossenen (isolierten) System*, d. h. N, V, und $U = \langle E \rangle$ sind fixiert. Im *kanonischen Ensemble* sind nach Gl. (11.279) N, V und T vorgegeben, das entsprechende makroskopische thermodynamische System ist ein *geschlossenes System*. Bei fixierten Werten von N, V und T ist Energieaustausch mit der Umgebung möglich. Wir können nun ohne Weiteres zu einem für Energie *und* Teilchen *offenen System* übergehen. Zu welcher Art von Ensemble gehört ein offenes System? Wir suchen die Antwort, indem wir von der verallgemeinerten Gibbs'schen Fundamentalgleichung (Gl. (11.321)) ausgehen.

$$U = TS - pV + \sum_i l_i L_i + \sum_i n_i \mu_i$$

mit den Molzahlen $n_i = N_i/N_{\mathrm{L}}$. Wir bedenken, dass gilt:

$$F = U - TS = -pV + \sum_i l_i L_i + \sum_i n_i \mu_i$$

Wir setzen $\sum_i l_i L_i$ zunächst gleich Null und betrachten einen reinen Stoff, also:

$$F = -pV + n \cdot \mu = -k_{\mathrm{B}} T \ln Q = -pV + \langle N \rangle \cdot \mu^*$$

mit $\mu^* = \mu/N_{\mathrm{L}}$, dem chemischen Potential pro Teilchen. Im offenen System ist N *keine* konstante Größe, sondern ein Mittelwert $\langle N \rangle$. Wir können also schreiben:

$$e^{+p \cdot V/k_{\mathrm{B}} T} = \sum_N Q\,(N, V, T) \cdot \exp\left[\frac{N \cdot \mu^*}{k_{\mathrm{B}} T}\right] = Q \cdot \exp\left[\langle N \rangle \mu^*/k_{\mathrm{B}} T\right] \qquad (11.281)$$

Der letzte Term in Gl. (11.281) bringt die Mittelwertbildung für die Teilchenzahl N zum Ausdruck und impliziert, dass die Summe ein sehr scharfes Maximum bei $N = \langle N \rangle$ besitzt für sehr große Zahlen von N. Wir gelangen auf diese Weise zu einer Zustandssumme, die zum offenen System eines reinen Stoffes gehört:

$$\Xi(V, T, \mu^*) = e^{pV/k_B T} = \sum_N Q(N, V, T) \cdot \exp\left[\frac{N \cdot \mu^*}{k_B T}\right] \qquad (11.282)$$

$\Xi(V, T, \mu^*)$ heißt die *große kanonische Zustandssumme* und wir können schreiben:

$$p \cdot V = k_B T \cdot \ln \Xi \qquad (11.283)$$

Es ist unmittelbar einsichtig, dass für eine Mischung im offenen System mit $\langle N_1 \rangle$, $\langle N_2 \rangle$, ... $\langle N_k \rangle$ gilt:

$$\Xi\left(V, T, \mu_1^*, \mu_2^*, \ldots \mu_k^*\right) = \sum_{N_1} \sum_{N_2} \cdots \sum_{N_k} Q(V, T, N_1, N_2, \ldots N_k) \cdot \exp\left[\sum_i^k N_i \mu_i^* / k_B T\right] \qquad (11.284)$$

Gehen wir aus von der freien Enthalpie $G = F + pV$, so lässt sich in analoger Weise eine weitere Form der Zustandssumme ableiten:

$$\Delta(p, T, N) = \exp\left[-\frac{G}{k_B T}\right] = \sum_{V_r} Q(N, V, T) \exp\left[-\frac{pV_r}{k_B T}\right]$$

Hier liegt die Teilchenzahl N fest, aber das Volumen V variiert bei konstantem Druck p.

$$-k_B T \cdot \ln \Delta(p, T, N) = G \qquad (11.285)$$

Δ heißt *Gibbs-Ensemble* oder *isobares Ensemble*. Das dargestellte Verfahren zeigt, dass es sehr viele Kombinationsmöglichkeiten gibt, um neue Ensembles zu definieren, z. B.:

$$\tilde{\Phi}\left(V, E, \frac{\mu^*}{k_B T}\right) = \sum_N \Omega(N, V, E) \cdot \exp\left[\frac{N \cdot \mu^*}{k_B T}\right] \qquad (11.286)$$

Mit $E = \langle E \rangle = U$ folgt aus Gl. (11.286)

$$k_B T \ln \tilde{\Phi}\left(V, U, \frac{\mu^*}{k_B T}\right) = T \cdot S + \langle N \rangle \mu^* = U + pV = H \qquad (11.287)$$

H ist hier die Enthalpie. Aus den Ensembles lassen sich nun Fluktuationen $\langle \Delta A^2 \rangle$ von thermodynamischen Zustandsgrößen ableiten. Es gilt allgemein (s. Gl. (1.9)):

$$\langle \Delta A^2 \rangle = \langle A - \langle A \rangle \rangle^2 = \langle A^2 \rangle - 2\langle A \rangle^2 + \langle A \rangle^2 = \langle A^2 \rangle - \langle A \rangle^2$$

Mit Hilfe des kanonischen Ensembles hatten wir bereits die Schwankungsgröße der inneren Energie abgeleitet (s. Gl. (2.23)):

$$\boxed{\langle \Delta E^2 \rangle = \langle \Delta U^2 \rangle = k_B T^2 \cdot N C_V}$$

(11.288)

In ähnlicher Weise leiten wir die Schwankungsbreite $\langle \Delta N^2 \rangle$ der Teilchenzahl mit Hilfe von Gl. (11.282) ab. Es gilt:

$$\langle N \rangle = \sum_N N \cdot Q(N, VT) \cdot e^{N\mu^*/k_B T} \Big/ \Xi(T, V, \mu^*)$$

Wir berechnen:

$$\left(\frac{\partial \langle N \rangle}{\partial \mu^*} \right)_{T,V} = \frac{1}{k_B T} \sum_N N^2 \cdot Q(N, VT) \cdot e^{N\mu^*/k_B T} \Big/ \left[\sum_N Q(N, TV) e^{N\mu^*/k_B T} \right]$$

$$- \frac{1}{k_B T} \left[\sum_N N \cdot Q(N, V, T) \cdot e^{N\mu^*/k_B T} \right]^2 \Big/ \left[\sum_N Q(N, T, V) e^{N\mu^*/k_B T} \right]^2$$

(11.289)

Daraus folgt für die Schwankungsbreite der Teilchenzahl:

$$\boxed{\langle \Delta N^2 \rangle = \langle N^2 \rangle - \langle N \rangle^2 = k_B T \cdot \left(\frac{\partial \langle N \rangle}{\partial \mu^*} \right)_{T,V}}$$

(11.290)

Gl. (11.290) lässt sich in eine praktikable Form umwandeln. Dazu benutzen wir die Gibbs-Duhem-Gleichung (11.322) aus Anhang 11.17 und erhalten für einen reinen Stoff mit allen $dl_i = 0$:

$$V \cdot dp = S dT + \langle N \rangle \cdot d\mu^*$$

Bei T = const, also $dT = 0$, gilt dann:

$$d\mu^* = \frac{1}{\varrho_N} \cdot dp$$

(11.291)

mit der Teilchenzahldichte $\varrho_N = \langle N \rangle / V$. Daraus folgt:

$$\left(\frac{\partial \mu^*}{\partial \varrho_N} \right)_T = \frac{1}{\varrho_N} \cdot \left(\frac{\partial p}{\partial \varrho_N} \right)_T = \frac{1}{\varrho_N^2} \cdot \kappa_T^{-1}$$

(11.292)

mit der Kompressibilität $\kappa_T = \varrho_N^{-1} \cdot (\partial \varrho_N / \partial p)_T$. Es gilt bei $V = \text{const}$:

$$\left(\frac{\partial \mu^*}{\partial \varrho_N}\right)_{T,V} = V \cdot \left(\frac{\partial \mu^*}{\partial \langle N \rangle}\right)_{T,V} = \frac{1}{\varrho_N^2} \cdot \kappa_T^{-1} \tag{11.293}$$

Einsetzen von Gl. (11.293) in Gl. (11.290) ergibt dann:

$$\boxed{\frac{\langle \Delta N^2 \rangle}{\langle N \rangle^2} = k_B T \cdot \frac{\kappa_T}{V}} \tag{11.294}$$

Diese Beziehung ist bemerkenswert. Im Fall eines idealen Gases ist $\kappa_T = 1/p$, und man erhält für ca. ein Mol Gas einen äußerst kleinen relativen Schwankungswert:

$$\sqrt{\frac{\langle \Delta N^2 \rangle}{\langle N \rangle^2}} = \frac{1}{\sqrt{N}} \approx 10^{-12}$$

Am kritischen Punkt eines realen Fluides gilt jedoch: $\kappa_T \to \infty$ (s. z. B. Abb. 10.5). Daraus folgt, dass die Teilchenzahlschwankungen am kritischen Punkt $p_c\,(T_c, V_c)$ extrem hoch sind, was sich tatsächlich durch die Trübung (Opaleszenz) von Streulicht im Bereich von $p_c\,(T_c, V_c)$ aller Fluide beobachten lässt.

11.16 Das Virial-Theorem

Das sog. Virial-Theorem beruht auf einem ganz allgemeingültigen Verfahren, das statistisch gemittelte Werte für die potentielle Energie $\langle E_{pot} \rangle$ eines Systems mit solchen für die translatorische kinetische Energie $\langle E_{kin} \rangle$ in Zusammenhang bringt.

Wir gehen aus von einem molekularen Bild der Materie, die in unserem Falle aus N Partikeln besteht, die zu einem gegebenen Zeitpunkt $3N$ Ortskoordinaten $q_1, q_2 \ldots q_{3N}$ im Ortsraum besitzen und entsprechend $3N$ Impulskoordinaten $p_1, p_2, \ldots p_{3N}$ im Impulsraum. Damit ist das mechanische Verhalten vollständig beschrieben (Innere Freiheitsgrade bleiben unberücksichtigt). Wir betrachten jetzt die Funktion

$$W = \sum_{i=1}^{3N} p_i q_i$$

deren zeitliche Ableitung lautet ($\dot{p}_i = \mathrm{d}p_i/\mathrm{d}t$, $\dot{q}_i = \mathrm{d}q_i/\mathrm{d}t$):

$$\frac{\mathrm{d}W}{\mathrm{d}t} = \sum_i \dot{p}_i \cdot q_i + \sum_i p_i \cdot \dot{q}_i$$

Für ein Zeitintervall τ erhalten wir einen zeitlichen Mittelwert von W:

$$\langle W \rangle = \frac{1}{\tau} \int_0^\tau \frac{\mathrm{d}W}{\mathrm{d}t} \cdot \mathrm{d}t = \frac{\mathrm{d}\langle W \rangle}{\mathrm{d}t} = \left\langle \sum_i \dot{p}_i \cdot q_i \right\rangle + \left\langle \sum_i p_i \cdot \dot{q}_i \right\rangle$$

Nun kann man schreiben:

$$\frac{1}{\tau} \int_0^\tau \frac{\mathrm{d}W}{\mathrm{d}t} \mathrm{d}t = \frac{1}{\tau} \left[W(\tau) - W(0) \right] \tag{11.295}$$

$W(\tau)$ bleibt auch für beliebig lange Zeiten τ, d. h. bei Erreichen des thermodynamischen Gleichgewichts, ein *endlicher* Wert, wenn alle Parameter q_i und p_i endlich bleiben. Das ist der Fall, wenn die Werte für q_i auf einen bestimmten Raum vom Volumen V beschränkt sind und die Summe aller p_i-Werte beschränkt bleibt (Impulserhaltung!) Das gilt dann konsequenterweise auch für die Ableitungen $\dot{p}_i$ und $\dot{q}_i$. Da $p_i = m_i \cdot \dot{q}_i$ folgt für die gesamte kinetische Energie der translatorischen Bewegung E_{kin}:

$$2E_{\mathrm{kin}} = \sum_i p_i \dot{q}_i \quad \text{bzw.} \quad \langle E_{\mathrm{kin}} \rangle = \frac{1}{2} \sum_i \langle p_i \dot{q} \rangle \tag{11.296}$$

Da nun $\langle W \rangle$ in Gl. (11.295) verschwindet, wenn $\tau \to \infty$ geht, gilt:

$$\sum_i \langle \dot{p}_i q_i \rangle = -\sum \langle p_i \dot{q}_i \rangle \quad \text{für} \quad \tau \to \infty \tag{11.297}$$

daraus folgt:

$$\boxed{\langle E_{\mathrm{kin}} \rangle = -\frac{1}{2} \sum_{i=1}^{3N} \langle \dot{p}_i \cdot q_i \rangle} \tag{11.298}$$

Da $\dot{p}_i$ gleich der Kraftkomponente f_i ist, lässt sich auch schreiben:

$$\boxed{\langle E_{\mathrm{kin}} \rangle = -\frac{1}{2} \left\langle \sum_{i=1}^{3N} f_i \cdot q_i \right\rangle} \tag{11.299}$$

Die rechte Seite von Gl. (11.298) bzw. (11.299) ist nichts anderes als die Hälfte der potentiellen Energie $\langle E_{\mathrm{pot}} \rangle$ des Systems. Damit folgt:

$$\boxed{2\langle E_{\mathrm{kin}} \rangle + \langle E_{\mathrm{pot}} \rangle = 0} \tag{11.300}$$

Gl. (11.299) bzw. (11.300) werden als das *Virialtheorem* bezeichnet. Es wurde zum ersten Mal von Rudolf Clausius (dem Entdecker der Entropie) im Jahr 1870 formuliert. Es gilt im Übrigen auch in der Quantenmechanik. Gl. (11.298) ist auf ideale Gase unter dm Einfluss äußerer Kräfte, wie z. B. Gravitationsfelder ohne weiteres anwendbar. Wir geben ein Beispiel. Es lässt sich mit Gl. (11.300) die mittlere potentielle Energie eines Moleküls im Gravitationsfeld eines Planeten mit der Schwerebeschleunigung g. Mit $f_i = -m \cdot g$ und $q_i = h$ gilt nach Gl. (11.299):

$$-2 \cdot \frac{1}{2}\langle f_i q_i \rangle = -m \cdot g \cdot h = 2 \cdot \left(\frac{1}{2}k_B T\right) = k_B T \tag{11.301}$$

Für E_{kin} ist nur der Wert in Richtung von h zu berücksichtigen, also $k_B T/2$.

Bei Gasen, deren Beweglichkeit auf einem vorgegebenen Raum mit festen Wänden beschränkt ist, muss die Wechselwirkung mit den Gefäßwänden mitberücksichtigt werden. Nach Gl. (11.297) und (11.298) gilt dann:

$$\langle E_{kin}\rangle_{Wand} = +\frac{1}{2}\sum_i^{3N}\langle p_i q_i\rangle_{Wand} = \frac{1}{2}\sum_i^N \langle p_x \dot{q}_x + p_y \dot{q}_y + p_z \dot{q}_z\rangle$$

Da die gemittelten Werte über die 3 Koordinaten alle gleichwertig sind, gilt mit $\dot{q}_x = v_x$:

$$\langle E_{kin}\rangle_{Wand} = \frac{3}{2}\sum_i^N \langle p_i q_i\rangle_{Wand} = 3\sum_i^N \langle v_x^2\rangle\frac{m}{2} = 3\cdot\left(\frac{1}{2}N\cdot k_B T\right) = \frac{3}{2}(p\cdot V) \tag{11.302}$$

wenn $N = N_L$ ist. Da Gl. (11.302) gültig ist, und zwar unabhängig davon, ob zwischenmolekulare Wechselwirkungen existieren oder nicht, muss es sich bei $E_{kin,Wand}$ um die Energie eines idealen Gases handeln für das $pV = Nk_B T$ gilt. Bei realen Systemen gilt:

$$f_i = +\left(\frac{\partial\varphi(r_{12})}{\partial r_{12}}\right)_i \quad \text{und} \quad q_i = (r_{12}) \tag{11.303}$$

Da es $N^2/2$ solcher Wechselwirkungspaare gibt, erhält man für Gl. (11.299):

$$\boxed{\frac{3}{2}\langle E_{kin}\rangle = pV = Nk_B T - \frac{N^2}{6}\langle\frac{\partial\varphi_{ij}}{\partial r_{ij}}\cdot r_{ij}\rangle} \tag{11.304}$$

Wir wollen nun die Zustandsgleichung eines realen Gases berechnen, dabei soll die Anwesenheit weiterer Moleküle in Reichweite eines wechselwirkenden Molekülpaares so unwahrscheinlich sein, dass sie vernachlässigbar sei. Es gibt insgesamt

$$\frac{1}{2}N(N-1) \approx \frac{1}{2}N^2$$

solcher Paare. Die Wahrscheinlichkeit, dass sich Molekül 1 im Abstand zwischen r und $r + dr$ zu Molekül 2 befindet beträgt nach dem Boltzmann-Verteilungssatz:

$$\exp\left[\frac{-\varphi(r)}{k_B T}\right]\cdot\frac{4\pi r^2}{V}dr$$

Dann gilt für die mittlere Zahl solcher Paare im Abstand zwischen r und $r + dr$:

$$\frac{N^2}{2}\exp\left[\frac{-\varphi(r)}{k_B T}\right]\cdot\frac{4\pi r^2}{V}dr$$

Also erhalten wir für (11.302) in der Integraldarstellung:

$$pV = Nk_BT - \frac{N^2}{6} \int_0^\infty \frac{4\pi}{V} \cdot r^3 \left(\frac{\partial \varphi(r)}{\partial r}\right) \cdot e^{-\varphi(r)/k_BT} \tag{11.305}$$

Das Integral lässt sich durch partielle Integration umwandeln. Die Rechnung wurde in Exkurs 10.8.5 durchgeführt und ergibt:

$$\int_0^\infty r^3 \cdot \left(\frac{d\varphi}{dr}\right) \cdot \exp\left[\frac{-\varphi(r)}{k_BT}\right] dr = -3k_BT \cdot \int_0^\infty \left(\exp\left[\frac{-\varphi(r)}{k_BT}\right] - 1\right) r^2 \, dr$$

Damit erhält man die Zustandsgleichung für verdünnte, reale Gase:

$$pV = Nk_BT \left[1 - \frac{1}{2}\left(\frac{N}{V}\right) \int_0^\infty 4\pi r^2 \left(\exp\left[\frac{-\varphi(r)}{k_BT}\right] - 1\right)\right] dr$$

und für den 2. Virialkoeffizienten in Übereinstimmung mit Gl. (10.49):

$$B_2(T) = +\frac{2\pi N_L}{3k_BT} \int_0^\infty r^3 \cdot \left(\frac{d\varphi}{dr}\right) \cdot \exp\left[\frac{-\varphi(r)}{k_BT}\right] dr = -2\pi N_L \int_0^\infty r^2 \cdot \left(\exp\left[\frac{-\varphi(r)}{k_BT}\right] - 1\right) dr$$

$$\tag{11.306}$$

11.17 Grundbegriffe der allgemeinen Thermodynamik

Unter „*Allgemeiner Thermodynamik*"(AT) verstehen wir hier die sog. *phänomenologische Thermodynamik* makroskopischer Systeme. Die AT ist eine zeitunabhängige Theorie. Sie beschäftigt sich mit den Gleichgewichtszuständen der Materie, teils auch mit stationären, fließenden Systemen. Die AT macht grundlegende Aussagen über Zustände der Materie, sie benötigt im Prinzip keine genaue Kenntnis des molekularen Zustandes und seiner Struktur. Ihre physikalischen Gesetze sind universell gültig für alle materiellen Systeme: Gase, Flüssigkeiten, Festkörper, Photonen, Elementarteilchen u.s.w. .

Die „ *Statistische Thermodynamik*"(ST) benötigt die AT als Voraussetzung für ihre Anwendung, die ST liefert den Zusammenhang zwischen der mikroskopischen Welt der Atome, Moleküle, Elementarteilchen und der makroskopischen Welt der AT.

Ausgangspunkt der AT ist der Begriff des *Systems*, das einen (gedanklich) abgegrenzten räumlichen Materiebereich dargestellt, der in seine Umgebung eingebettet ist (s. Abb. 11.28). Man unterscheidet 3 Arten von Systemen: Ein System, das weder Energie noch Materie mit seiner Umgebung austauscht, heißt *isoliertes System*, ein System, das Wärme und Arbeit, also Energie aber keine Materie, austauscht heißt *geschlossenes System*. Ein System das Energie *und* Materie mit der Umgebung austauschen kann heißt *offenes System*.

Man spricht von *reversiblen Prozessen*, wenn diese Austauschprozesse (gedanklich) unendlich langsam ablaufen. Dann bleibt das System und seine Umgebung stets im thermodynamischen Gleichgewicht. Ist das nicht der Fall, laufen also Prozesse in *endlicher Zeit* ab, spricht man von *irreversiblen Prozessen*. Das beobachtet man ständig, denn die Welt verändert sich. Nur dadurch können wir Vergangenheit, Gegenwart und Zukunft gedanklich unterscheiden. Irreversible Prozesse weisen der Zeit eine Richtung zu. Dann herrscht kein thermodynamisches Gleichgewicht. Nur wenn diese irreversiblen Prozesse genügend langsam ablaufen, kann man *näherungsweise* vom sog. *lokalen Gleichgewicht* ausgehen, d.h., Temperatur, Druck, Konzentrationen, innere Energiedichte et cet., können als *ortsabhängige* und *zeitabhängige* thermodynamische Zustandsgrößen betrachtet werden. In dieser Lage befindet sich viele Systeme der realen Welt.

Im Folgenden wird eine Zusammenfassung der wichtigsten Gesetzmäßigkeiten der AT wiedergegeben. Diese ersetzt kein Lehrbuch. Es handelt sich eher um einen kompakten „Crashkurs". Für eine ausführliche und schrittweise entwickelte Darstellung sei auf die spezielle Lehrbuchliteratur verwiesen (z.B. A. Heintz, „Thermodynamik"Grundlagen und Anwendungen, 2. Aufl., Springer, 2017, und „Thermodynamik der Mischungen", Springer 2017. Dort wird auch auf weitere Lehrbücher hingewiesen.)

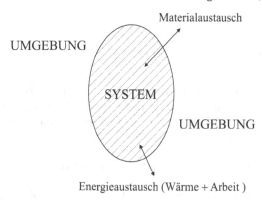

Abb. 11.28: Zum Systembegriff der Thermodynamik.

Der erste Hauptsatz und reversible Prozesse. Die Entropie als Zustandsgröße.

Ausgangspunkt der AT sind die beiden *Hauptsätze der Thermodynamik*. Sie haben, wie jede grundlegende Theorie, axiomatischen Charakter. Sie haben sich in der Praxis als widerspruchsfrei und damit als allgemeingültig bewährt. Grundlage des *1. Hauptsatzes* (1. HS) ist das Prinzip der *Energieerhaltung*. Der 1. HS lautet für ein *geschlossenes System* (Energieaustausch, aber kein materieller Austausch mit der Umgebung):

$$\sum E_i + U = E_{ges} \tag{11.307}$$

wobei E_{ges} die Gesamtenergie und U die innere Energie des Systems bedeuten. E_i sind weitere Energieterme, die zum System gehören, aber häufig nicht der inneren Energie U

zugerechnet werden: die *Energie W* eines Arbeitsspeichers (potentielle Energie, Coulomb-Energie, kinetische Energie des gesamten Systems im Raum, etc.). Tauscht das System Energie aber keine Materie mit der Umgebung aus, gilt also in differenzieller Form:

$$\mathrm{d}U = \delta Q + \delta W \qquad (\mathrm{d}E_{\mathrm{ges}} = 0) \tag{11.308}$$

δQ ist die differenzielle *Wärme*, δW die differenzielle *Arbeit*, die das System mit der Umgebung austauscht. Die innere Energie U ist eine *Zustandsgröße des Systems*, d.h. eine Änderung der inneren Energie vom Systemzustand U_1 nach U_2 ist unabhängig vom Weg, auf dem das System dorthin gelangt ist. Das ist für Q bzw. W *nicht* der Fall. Daher ist U ein *vollständiges Differenzial*, δQ und δW sind dagegen *unvollständige Differenziale* (Schreibweise: δ statt d bzw. ∂). U ist also eine eindeutige Funktion anderer Systemvariablen wie z.B. der Temperatur T, des Volumens V, der Stärke äußerer Kraftfelder, der Molzahlen n_i, aus denen das System besteht u.s.w. Im *reversiblen Fall* (Systemänderungen vollziehen sich im Gleichgewicht) lautet Gl. (11.308):

$$\boxed{\mathrm{d}U = \delta Q_{\mathrm{rev}} + \delta W_{\mathrm{rev}}} \tag{11.309}$$

Dann (und *nur* dann) gilt:

$$\boxed{\delta Q_{\mathrm{rev}} = T \cdot \mathrm{d}S} \tag{11.310}$$

Q_{rev} ist die sog. reversible Wärme und S ist eine neue Zustandsgröße, die *Entropie*. Erst durch die Entropie wird also die Temperatur T definiert. In allgemeiner Form lässt sich für reversible Prozesse in *offenen Systemen* mit Energie- und Materieaustausch formulieren ($\delta W_{\mathrm{rev}} = -p\mathrm{d}V + \sum l_i \cdot \mathrm{d}L_i + \sum \mu_i \mathrm{d}n_i$):

$$\boxed{\mathrm{d}U = T\mathrm{d}S - p\mathrm{d}V + \sum l_i \cdot \mathrm{d}L_i + \sum \mu_i \mathrm{d}n_i} \qquad (\text{reversibel}) \tag{11.311}$$

p ist der Druck, $-p\mathrm{d}V$ ist die differenzielle Volumenarbeit. Sie ist positiv für $\mathrm{d}V < 0$ (Zunahme der inneren Energie) und negativ für $\mathrm{d}V > 0$ (Abgabe von innerer Energie), $l_i \cdot \mathrm{d}L_i$ sind weitere differenzielle Arbeitsformen, die das System leistet oder an ihm geleistet werden. $\mu_i = (\partial U/\partial n_i)_{S,V,\text{alle } l_i}$ heißt das *chemische Potential* der Komponente i, $\mathrm{d}n_i$ ist die differenzielle Änderung der Molzahl n_i der Komponente i bei Austausch mit der Umgebung.

Der zweite Hauptsatz und irreversible Prozesse

Im Gegensatz zu den idealisierten reversiblen Prozesse laufen reale Prozesse innerhalb einer endlichen Zeit ab und zwar im Prinzip so lange, bis sie einen Gleichgewichtszustand erreichen. Wir spalten daher δQ und δW in reversible und irreversible Anteile auf:

$$\delta Q = \delta Q_{\mathrm{rev}} + \delta Q_{\mathrm{irr}} \qquad \delta W = \delta W_{\mathrm{rev}} + \delta W_{\mathrm{diss}} \tag{11.312}$$

Den irreversiblen Arbeitsanteil δW_{diss} nennen wir dissipierte (=vergeudete) Arbeit. Wir betrachten jetzt irgendeinen Kreisprozess, der vom Ausgangspunkt des Systemzustandes auf irgendeinen Weg zu genau demselben Zustand zurückführt. Für die Zustandsgröße U gilt *unabhängig* von der Art des Prozesses:

$$\oint dU = \oint \delta Q_{\text{irr}} + \oint \delta W_{\text{diss}} = \oint \delta Q_{\text{rev}} + \oint \delta W_{\text{rev}} = 0 \qquad (11.313)$$

Daraus folgt:

$$\oint \delta Q_{\text{irr}} + \oint \delta W_{\text{diss}} = 0 \qquad (11.314)$$

Als Axiom des 2. Hauptsatzes gilt nun:

$$\boxed{\delta W_{\text{diss}} > 0} \qquad (11.315)$$

Das lässt sich an vielen Beispielen plausibel machen und lässt sich begründen durch eine Ungleichheit der Kräfte, die das System ausübt und der Kräfte, die von außen auf das System ausgeübt werden, nur dann ist eine zeitliche Veränderung möglich. Nun bedenken wir, dass nach Gl. (11.310) und (11.312) gilt mit $\delta Q_{\text{irr}} = -\delta W_{\text{diss}}$:

$$-\delta Q_{\text{irr}} + \delta Q = T \cdot dS = \delta W_{\text{diss}} + \delta Q$$

Also gilt wegen $\delta W_{\text{diss}} > 0$:

$$TdS \geq \delta Q$$

und da S eine Zustandsgröße ist, gilt letztlich wegen $\oint dS = 0$:

$$\boxed{\oint \frac{\delta Q}{T} \leq 0} \qquad (11.316)$$

Das ist das berühmte *Theorem von Clausius* zur Formulierung des 2. Hauptsatzes. Für Gl. (11.314) schreibt man:

$$\boxed{-\frac{\delta Q_{\text{irr}}}{T} = \frac{\delta W_{\text{diss}}}{T} = \delta_i S \geq 0} \qquad (11.317)$$

$\delta_i S$ (Index i = intern) ist der differenzielle Entropiezuwachs des Systems, er ist stets positiv und es gilt die Bilanz:

$$\boxed{\oint dS_{\text{Sys}} = \oint \frac{\delta Q}{T} + \oint \delta_i S = 0} \qquad (11.318)$$

Bezieht man die Umgebung des Systems mit ein, und haben System und das Wärmebad der Umgebung unterschiedliche Temperaturen ($T_{Sys} \neq T_{Umg}$), muss zu $\delta_i S$ des Systems noch ein differentieller Term $\delta_e S$ hinzugefügt werden, der den Entropieaustausch (Index e = extern) des Systems mit der Umgebung beschreibt und es gilt dann für das Gesamtsystem (möglichen materiellen Austausch schließen wir hier aus):

$$dS = dS_{Sys} + dS_{Umg} = (\delta_i S + \delta_e S) + \delta S_{Umg} = \frac{\delta W_{diss}}{T_{Sys}} + \frac{\delta Q_{Sys}}{T_{Sys}} + \frac{\delta Q_{Umg}}{T_{Umg}} > 0 \quad (11.319)$$

Da $\delta Q_{Sys} = -\delta Q_{Umg}$, erhält man:

$$dS = \frac{\delta W_{diss}}{T_{Sys}} + \delta Q_{Sys} \frac{T_{Umg} - T_{Sys}}{T_{Sys} \cdot T_{Umg}} \geq 0 \quad\quad\quad\quad (11.320)$$

Ist $\delta Q_{Sys} > 0$, muss $T_{Umg} > T_{Sys}$ gelten, bei $\delta Q_{Sys} < 0$ muss $T_{Sys} > T_{Umg}$ gelten. Der zweite Term in Gl. (11.320) ist also stets positiv oder gleich Null, genau wie der erste, d. h., die Änderung der Entropie des Gesamtsystems „System + Umgebung" kann nur positiv oder gleich Null sein. Dagegen kann $\delta_e S$ in Gl. (11.319) positiv, negativ oder gleich Null sein.

Es gilt also: *bei irreversiblen, d. h. zeitabhängigen Prozessen nimmt die gesamte Entropie des Systems plus seiner Umgebung stets zu.* Da in unserer Welt sich stets etwas *mit der Zeit ändert* (sonst würde *nichts* geschehen), nimmt die Entropie der Welt immer weiter zu. Man kann sagen: das Anwachsen der Entropie bestimmt die Änderungen der Welt im Lauf der Zeit, sie gibt die Richtung der Zeit vor (Zeitpfeil). In der klassischen relativistischen sowie der quantenmechanischen Physik, kommt dem Parameter der Zeit *keine* bevorzugte Richtung zu.

Es existiert in sehr vielen Teilen der materiellen Welt eine (scheinbare) Unveränderlichkeit, da diese Teile nur sehr langsam oder auch gar nicht ihren Zustand ändern. Beispiel: Diamant ist an der Luft nicht wirklich im Gleichgewicht, er reagiert (wenn auch unmessbar langsam) mit O_2 (Oxidation). Auch ohne die Anwesenheit von O_2 ist Diamant übrigens nicht stabil, die stabile Form des Kohlenstoffs bei 1 bar und Raumtemperatur ist Graphit, aber auch hier ist die Umwandlung bei Raumtemperatur unmessbar langsam. Sein Vermögen in Diamantenbesitz anzulegen, birgt also ein gewisses Restrisiko. Es gibt jedoch zahlreiche weniger wertvolle Systeme, die sich im thermodynamischen Gleichgewicht befinden, z. B. eine geschlossene Flasche Sprudel. Hier herrscht Gleichgewicht zwischen gelöstem CO_2 und CO_2 im Gasraum der Flasche. Das ändert sich erst, wenn wir die Flasche öffnen, es „sprudelt" solange (irreversibler Prozess), bis sich ein neues Gleichgewicht zwischen dem CO_2-Gehalt der Luft (410 ppm) und dem Wasser in der Flasche einstellt. Das Flaschenwasser ist dann praktisch CO_2-frei.

Für uns als Betrachter (scheinbarer) zeitunabhängiger Systeme vergeht trotzdem die Zeit, da wir selbst ein hochkomplexes System sind, in dem ständig irreversible Prozesse ablaufen. Daher haben wir ein Zeitempfinden, auch wenn um uns herum einmal scheinbar nichts geschieht.

Es ist auch möglich, dass in einem Teilsystem die Entropie abnimmt, dann muss aber in einem anderen Teilsystem, das mit dem ersten in thermischen Kontakt steht, die Entropie zunehmen, so dass in beiden Teilsystemen zusammen die Entropie immer zunimmt. Beispiel: Beim Aufschmelzen und Erwärmen des Salzes in einem „Solarturm", durch Solarstrahlung erhöht sich die Entropie des Salzes um ΔS_{Salz}, die der Sonne erniedrigt sich um $|\Delta S_{\text{Sonne}}|$ wobei gilt: $\Delta S_{\text{Salz}} - |\Delta S_{\text{Sonne}}| > 0$.

Gibbs'sche Fundamentalgleichung und Thermodynamische Potentiale

Wir kehren zurück zu den reversiblen Prozessen nach Gl. (11.311), wo alle Änderungen im Gleichgewicht ablaufen. Gl. (11.311) lässt sich unmittelbar integrieren, denn alle Variablen (S, V, alle L_i, alle n_i) sind *extensive* Größen, die bei ihrer Vergrößerung oder Verkleinerung alle *intensiven* Größen (T, p, l_i, μ_i) unverändert lassen. Es gilt also:

$$U = T \cdot S - pV + \sum_j l_j \cdot L_j + \sum_i \mu_i \cdot n_i \tag{11.321}$$

Das ist die sog. *Gibbs'sche Fundamentalgleichung*. Die Zustandsgrößen $U, TS, pV, L_i l_i$ heißen *thermodynamische Potentiale*. Nach den Regeln der Differenzialrechnung ergibt sich für das totale Differenzial von U:

$$dU = TdS + SdT - pdV - Vdp + \sum_j L_j dl_j + \sum_j l_j \cdot dL_j + \sum_i \mu_i dn_i + \sum_i n_i d\mu_i$$

Vergleich mit Gl. (11.311) erfordert nun:

$$SdT - Vdp + \sum_j L_j dl_j + \sum_i n_i d\mu_i = 0 \tag{11.322}$$

Das ist die differenzielle *Gibbs-Duhem-Gleichung* in verallgemeinerter Form. Sie enthält als variable Größen nur intensive Größen (T, p, l_i, μ_i). In Tabelle 11.1 sind die wichtigsten Koeffizientenpaare L_j und l_j aufgelistet und ihre entsprechenden Bezeichnungen.

Mit Gl. (11.321) lassen sich weitere Zustandsfunktionen durch lineare Kombinationen (sog. Legendre-Transformationen) definieren, die alle die Eigenschaften *thermodynamischer Potentiale* haben. Die Enthalpie H:

$$H = U + pV = T \cdot S + \sum \mu_i n_i + \sum l_i L_i \tag{11.323}$$

Die freie Energie F:

$$F = U - TS = -pV + \sum \mu_i n_i + \sum l_i L_i \tag{11.324}$$

Die freie Enthalpie G:

$$G = H - TS = F + pV = \sum \mu_i n_i + \sum l_i L_i \tag{11.325}$$

Tab. 11.1: Arbeitskoeffizienten l_i und korrespondierende Arbeitskoordinaten L_i. Das Produkt $(L_i \cdot l_i)$ ist eine Energie in Form einer Arbeit und stellt ein thermodynamisches Potential dar. Alle Größen L_i sind *extensive* Größen, alle l_i sind *intensive* Größen. Extensive Größen sind proportional zur Gesamtmolzahl oder Masse des Systems, intensive Größen sind davon unabhängig. n = Molzahl, $\vec{V}$ = Molvolumen, $\vec{M}_{mol}$ = molare Magnetisierung, $\vec{P}$ = elektrische Polarisation pro Volumen (Polarisationsvektor), M = Molmasse, F = Faraday-Konstante.

	Volumen	Strecke	Fläche	Magneti-sierung	dielektrische Polarisation	Masse	elektrische Ladung
L_i	$V = n \cdot \vec{V}$	x, y, z	A	$\vec{M} = n \cdot \vec{M}_{mol}$	$\vec{P} = n \cdot \vec{P}_{mol}$	$m = n \cdot M$	$q = n \cdot F$
l_i	p	τ	σ	$\vec{B}$	$\vec{E}$	Φ_{Grav}	φ_{el}
	Druck	Zug-spannung	Grenz-flächen-spannung	magne-tische Feldstärke	elektrische Feldstärke	Gravi-tations-potential	Elektrisches Potential

oder das sog. große Potential $\tilde{\Omega}$:

$$\tilde{\Omega} = U - TS - \sum n_i \mu_i = F - \sum n_i \mu_i = -p \cdot V + \sum l_i L_i \tag{11.326}$$

Es seien 2 Beispiele erwähnt, die auch einen Term $l_i L_i$ mit einschließen. Der kanonischen Zustandssumme entspricht z. B. $F = U - TS - \vec{M}\vec{B}$ im Fall magnetischer Systeme (siehe Kapitel 9, Gl. (9.71)), oder $G = \sum_i \mu_i \cdot n_i + \sum_i \varphi_{el,i} \cdot q_i$ im Fall elektrochemischer Systeme (s. z. B. Exkurs 4.6.10). Wir lassen im Folgenden die Terme $\sum L_i dl_i$ und $\sum l_i dL_i$ in Gl. (11.321) und (11.322) fort und fügen sie nur bei Bedarf wieder ein. Wir bilden jetzt die totalen Differenziale von H, F, G und $\tilde{\Omega}$ und beachten dabei , dass Analoges wie bei der Ableitung von Gl. (11.322) gilt. Man erhält:

$$dH = dU + pdV + Vdp = TdS + Vdp + \sum_{i=1}^{k} \mu_i dn_i \tag{11.327}$$

$$dF = dU - TdS - SdT = -SdT - pdV + \sum_{i=1}^{k} \mu_i dn_i \tag{11.328}$$

$$dG = dH - TdS - SdT = -SdT + Vdp + \sum_{i=1}^{k} \mu_i dn_i \tag{11.329}$$

$$d\tilde{\Omega} = dF - \sum n_i d\mu_i - \sum \mu_i dn_i = -SdT - pdV - \sum n_i d\mu_i \tag{11.330}$$

Damit können wir folgendes Schema von partiellen Ableitungen für die totale Differenziale für $dU(S, V, n_1, ...n_k)$, $dH(S, p, n_1, ...n_k)$, $dF(T, V, n_1, ...n_k)$ und $dG(T, p, n_1, ...n_k)$, $d\Omega(T, V, \mu_i)$ aus Gl. (11.325) bis (11.329) aufstellen:

$$\left(\frac{\partial U}{\partial S}\right)_{V,\text{alle } n_i} = T, \quad \left(\frac{\partial U}{\partial V}\right)_{S,\text{alle } n_i} = -p, \quad \left(\frac{\partial U}{\partial n_i}\right)_{S,V,n_{j\neq i}} = \mu_i \tag{11.331}$$

$$\left(\frac{\partial H}{\partial S}\right)_{p,\text{alle } n_i} = T, \quad \left(\frac{\partial H}{\partial p}\right)_{S,\text{alle } n_i} = V, \quad \left(\frac{\partial H}{\partial n_i}\right)_{S,p,n_{j\neq i}} = \mu_i \tag{11.332}$$

$$\left(\frac{\partial F}{\partial T}\right)_{V,\text{alle } n_i} = -S, \quad \left(\frac{\partial F}{\partial V}\right)_{T,\text{alle } n_i} = -p, \quad \left(\frac{\partial F}{\partial n_i}\right)_{T,V,n_{j\neq i}} = \mu_i \tag{11.333}$$

$$\left(\frac{\partial G}{\partial T}\right)_{p,\text{alle } n_i} = -S, \quad \left(\frac{\partial G}{\partial p}\right)_{T,\text{alle } n_i} = V, \quad \left(\frac{\partial G}{\partial n_i}\right)_{T,p,n_{j\neq i}} = \mu_i \tag{11.334}$$

$$\left(\frac{\partial \tilde{\Omega}}{\partial T}\right)_{V,\text{alle } \mu_i} = -S, \quad \left(\frac{\partial \tilde{\Omega}}{\partial V}\right)_{T,\text{alle } \mu_i} = -p, \quad \left(\frac{\partial \tilde{\Omega}}{\partial \mu_i}\right)_{T,V,\mu_j \neq \mu_i} = -n_i \tag{11.335}$$

Ein wichtiges Ergebnis des Schemas ist, dass alle *partiellen molaren Größen identisch* und gleich dem sog. *chemischen Potential* μ_i sind:

$$\left(\frac{\partial U}{\partial n_i}\right)_{S,V,n_{j\neq i}} = \left(\frac{\partial H}{\partial n_i}\right)_{S,p,n_{j\neq i}} = \left(\frac{\partial F}{\partial n_i}\right)_{T,V,n_{j\neq i}} = \left(\frac{\partial G}{\partial n_i}\right)_{T,p,n_{j\neq i}} = \mu_i \tag{11.336}$$

Mit Hilfe von Gl. (11.323) bis (11.325) sowie Gl. (11.331) bis (11.334) lassen sich unmittelbar wichtige und in der Praxis häufig genutzte Beziehungen angeben, wie z. B.

$$H(p, T, \text{alle } n_i) = G - T \cdot \left(\frac{\partial G}{\partial T}\right)_{p,\text{alle } n_i} \quad \text{bzw.} \quad U(V, T, \text{alle } n_i) = F - T \cdot \left(\frac{\partial F}{\partial T}\right)_{V,\text{alle } n_i} \tag{11.337}$$

Diese Beziehungen heißen „*kalorische Zustandsgleichungen*" oder „*Gibbs-Helmholz-Gleichungen*". Ferner bezeichnet man die in Gl. (11.333) und (11.334) angegebenen Beziehungen:

$$V(p, T, \text{alle } n_i) = \left(\frac{\partial G}{\partial p}\right)_{T,\text{alle } n_i} \quad \text{und} \quad p(T, V, \text{alle } n_i) = -\left(\frac{\partial F}{\partial V}\right)_{T,\text{alle } n_i} \tag{11.338}$$

als „*thermische Zustandsgleichungen*". Kalorische und thermische Zustandsgleichungen sind miteinander verknüpft. Differenziert man in Gl. (11.337) H nach p bzw. U nach V und macht von den Identitäten (Maxwell-Relationen)

$$\left(\frac{\partial^2 G}{\partial p \partial T}\right) = \left(\frac{\partial^2 G}{\partial T \partial p}\right) = \left(\frac{\partial V}{\partial T}\right) \quad \text{bzw.} \quad \left(\frac{\partial^2 F}{\partial V \partial T}\right) = \left(\frac{\partial^2 F}{\partial T \partial V}\right) = -\left(\frac{\partial p}{\partial T}\right)$$

Gebrauch, ergeben sich die wichtigen Beziehungen:

$$\boxed{\left(\frac{\partial H}{\partial p}\right)_{T,\text{alle } n_i} = V - T\left(\frac{\partial V}{\partial T}\right)_{p,\text{alle } n_i} \quad \text{bzw.} \quad \left(\frac{\partial U}{\partial V}\right)_{T,\text{alle } n_i} = -p + T\left(\frac{\partial p}{\partial T}\right)_{V,\text{alle } n_i}} \quad (11.339)$$

Die Entropie als Zustandsgröße

Meistens möchte man die Entropie S als Funktion von T, V und n_i, oder als Funktion von T, p und n_i darstellen. Ausgehend von Gl. (11.333) und Gl. (11.334) erhält man:

$$\left(\frac{\partial S}{\partial V}\right)_{T,n_i} = -\left(\frac{\partial^2 F}{\partial V \partial T}\right)_{n_i} = -\left(\frac{\partial^2 F}{\partial T \partial V}\right)_{n_i} = \left(\frac{\partial p}{\partial T}\right)_{V,n_i} \quad (11.340)$$

und

$$\left(\frac{\partial S}{\partial p}\right)_{T,n_i} = -\left(\frac{\partial^2 G}{\partial p \partial T}\right)_{n_i} = \left(\frac{\partial^2 G}{\partial T \partial p}\right)_{n_i} = \left(\frac{\partial V}{\partial T}\right)_{p,n_i} \quad (11.341)$$

Nach Gl. (11.331) und (11.332) gilt nun:

$$\left(\frac{\partial S}{\partial T}\right)_{V,n_i} = \left(\frac{\partial U}{\partial T}\right)_V \cdot \frac{1}{T} = \frac{\overline{C}_V}{T} \cdot n \quad (11.342)$$

und

$$\left(\frac{\partial S}{\partial T}\right)_{p,n_i} = \left(\frac{\partial H}{\partial T}\right)_{p,n_i} \cdot \frac{1}{T} = \frac{\overline{C}_p}{T} \cdot n \quad (11.343)$$

mit der Gesamtmolzahl $n = \sum n_i$ der Mischung. $\overline{C}_V$ ist die Molwärme bei $V = \text{const}$ und $\overline{C}_p$ die Molwärme bei $p = \text{const}$. Damit ergibt sich für die totalen Differenziale der Entropie:

$$\boxed{dS(V,T) = n \cdot \frac{\overline{C}_V}{T} dT + \left(\frac{\partial p}{\partial T}\right)_{V,n_i} dV + \sum \bar{S}_{i,T,V} \cdot dn_i} \quad (11.344)$$

mit der partiellen molaren Entropie

$$S_{i,T,V} = \left(\frac{\partial S}{\partial n_i}\right)_{T,V} \tag{11.345}$$

Entsprechend gilt:

$$\boxed{dS(p,T) = n \cdot \frac{\overline{C}_p}{T}dT - \left(\frac{\partial V}{\partial T}\right)_{p,n_i} dp + \sum \bar{S}_{i,T,p} \cdot dn_i} \tag{11.346}$$

mit der partiellen molaren Entropie

$$\bar{S}_{i,T,p} = \left(\frac{\partial S}{\partial n_i}\right)_{T,p} \tag{11.347}$$

In vielen Fällen ist es unbequem bzw. unerwünscht U bzw. H als Funktion von S und V (Gl. (11.327)) bzw. vom S und p (Gl. (11.327)) zu verwenden. Von praktischer Bedeutung sind eher $U(V,T)$ bzw. $H(p,T)$, da hier statt S die gut messbare Größe T als Variable erscheint. Dann schreibt man:

$$dU = \left(\frac{\partial U}{\partial T}\right)_{V,n_i} dT + \left(\frac{\partial U}{\partial V}\right)_{T,n_i} dV + \sum U_{i,V,T} dn_i \tag{11.348}$$

$$dH = \left(\frac{\partial H}{\partial T}\right)_{p,n_i} dT + \left(\frac{\partial H}{\partial p}\right)_{T,n_i} dp + \sum H_{i,T,p} dn_i \tag{11.349}$$

In dieser Formulierung sind U und H allerdings *keine* thermodynamischen Potentiale und die entsprechenden partiellen molaren Größen U_i bzw. H_i sind auch *keine* chemischen Potentiale. Von praktischer Bedeutung sind, die Molwärme $\bar{C}_V$ und $\bar{C}_p$:

$$\boxed{\left(\frac{\partial U}{\partial T}\right)_{V,n_i} = n \cdot \bar{C}_V} \quad \text{und} \quad \boxed{\left(\frac{\partial H}{\partial T}\right)_{p,n_i} = n \cdot \bar{C}_p} \tag{11.350}$$

$\bar{C}_p$ ist im Prinzip einfach zu messen als die Wärmezufuhr, die benötigt wird, um die Temperatur des Systems bei konstantem Druck p um ein Grad K zu erhöhen. Jetzt kann man auch Entropieänderungen bei p = const bestimmen:

$$S(T_2) - S(T_1) = n \cdot \int_{T_1}^{T_2} \frac{\overline{C}_p}{T} dT \tag{11.351}$$

Gl. (11.351) ist die Grundlage der Bestimmung sog. absoluter Entropien, wobei mit $T_1 = 0$ $S(T = 0) = 0$ gesetzt werden darf (s. Kapitel 5, 3. Hauptsatz). Druck und Volumen (bzw. die Dichte) sind zwar i. A. gut messbar, aber es ist schwierig, bei Druck- oder Temperaturmessungen V konstant zu halten. Stellt man V als $V(T,p)$ dar, gilt für das totale Differenzial von dV:

$$dV = \left(\frac{\partial V}{\partial T}\right)_p dT + \left(\frac{\partial V}{\partial p}\right)_T dp = V \cdot \alpha_p - V\kappa_T \tag{11.352}$$

$\alpha_p = V^{-1} \cdot (\partial V/\partial T)_p$ heißt thermischer Ausdehnungskoeffizient und $\kappa_T = -V^{-1} \cdot (\partial \overline{V}/\partial p)_T$ heißt Kompressibilität. Setzt man $dV = 0$, erhält man den folgenden Zusammenhang:

$$\boxed{\left(\frac{\partial p}{\partial T}\right)_V = \frac{\alpha_p}{\kappa_T} = \beta_V} \tag{11.353}$$

β_V heißt Druckkoeffizient. α_p, κ_T und β_V sind anschauliche und i. A. gut messbare Größen. Jetzt haben wir auch einen Zugang erhalten zu

$$\boxed{\left(\frac{\partial S}{\partial V}\right)_{T,n_i} = \beta_V = \frac{\alpha_p}{\kappa_T}} \quad \text{und} \quad \boxed{\left(\frac{\partial S}{\partial p}\right)_{T,n_i} = -\alpha_p \cdot V} \tag{11.354}$$

(s. Gl. (11.340) und (11.341)).

Nun können wir einige weitere nützliche Beziehungen angeben, z. B.:

$$n \cdot \left(\overline{C}_p - \overline{C}_V\right) = \left(\frac{\partial H}{\partial T}\right)_p - \left(\frac{\partial U}{\partial T}\right)_V = \left(\frac{\partial (U + pV)}{\partial T}\right)_p - \left(\frac{\partial U}{\partial T}\right)_V$$

$$= \left(\frac{\partial U}{\partial T}\right)_p + p\left(\frac{\partial V}{\partial T}\right)_p - \left(\frac{\partial U}{\partial T}\right)_V$$

$(\partial U/\partial T)_p$ erhalten wir aus

$$dU_p = \left(\frac{\partial U}{\partial T}\right)_V dT_p + \left(\frac{\partial U}{\partial V}\right)_T \cdot dV_p \quad \text{bzw.} \quad \left(\frac{\partial U}{\partial T}\right)_p = n \cdot \overline{C}_V + \left(\frac{\partial U}{\partial V}\right)_T \left(\frac{\partial V}{\partial T}\right)_p$$

Also gilt

$$n \cdot \left(\overline{C}_p - \overline{C}_V\right) = \left(\frac{\partial U}{\partial V}\right)_T \left(\frac{\partial V}{\partial T}\right)_p + p\left(\frac{\partial V}{\partial T}\right)_p$$

und nach Einsetzen von Gl. (11.339) für $(\partial U/\partial V)_T$:

$$\boxed{\overline{C}_p - \overline{C}_V = T \left(\frac{\partial p}{\partial T}\right)_V \left(\frac{\partial \overline{V}}{\partial T}\right)_p = T \cdot \overline{V} \cdot \frac{\alpha_p^2}{\kappa_T}} \quad \text{mit} \quad \overline{V} = V/n \tag{11.355}$$

Im Fall eines idealen Gases mit $p\overline{V} = RT$ erhält man aus Gl. (11.355):

$$\overline{C}_p - \overline{C}_V = R \tag{11.356}$$

Isentrope Prozesse

Reversible Zustandsänderungen mit der Zusatzbedingung $dS = 0$ heißen *isentrope* oder *adiabatische Prozesse*, da in diesem Fall immer $\delta Q_{\text{rev}} = 0$ gilt. Man spricht allgemein von *polytropen* Prozessen, wenn der Prozess nur teilreversibel abläuft. Wir betrachten hier nur den Fall von idealen Gasen und gehen aus von Gl. (11.344) bzw. Gl. (11.346) mit jeweils $dS = 0$. Man erhält dann (bei reinen Gasen sind alle $dn_i = 0$):

$$\left(\frac{\partial V}{\partial T}\right)_S = -n \frac{\overline{C}_V}{T} \cdot \left(\frac{\partial p}{\partial T}\right)_V^{-1} \quad \text{und} \quad \left(\frac{\partial p}{\partial T}\right)_S = +n \cdot \frac{\overline{C}_p}{T} \cdot \left(\frac{\partial V}{\partial T}\right)_p^{-1} \tag{11.357}$$

Division ergibt:

$$\left(\frac{\partial V}{\partial T}\right)_S \Big/ \left(\frac{\partial p}{\partial T}\right)_S = \left(\frac{\partial V}{\partial p}\right)_S = -\frac{\overline{C}_V}{\overline{C}_p} \cdot \left(\frac{\partial V}{\partial T}\right)_p \Big/ \left(\frac{\partial p}{\partial T}\right)_V \tag{11.358}$$

Setzen wir das ideale Gasgesetz $p \cdot V = n \cdot RT$ ein, erhalten wir:

$$\left(\frac{\partial V}{\partial p}\right)_S = -\frac{\overline{C}_V}{\overline{C}_p} \cdot \frac{n \cdot R}{p} \cdot \frac{V}{n \cdot R} = -\frac{\overline{C}_V}{\overline{C}_p} \cdot \frac{V}{p} \tag{11.359}$$

bzw. nach Integration von V_0 bis V bzw. p_0 bis p:

$$\frac{\overline{C}_p}{\overline{C}_V} \ln\left(\frac{V}{V_0}\right) = -\ln\left(\frac{p}{p_0}\right) = \left(\frac{V}{V_0}\right) \cdot \left(\frac{T_0}{T}\right) \tag{11.360}$$

Mit $V/V_0 = \varrho_0/\varrho$ ergibt sich:

$$\boxed{p = K \cdot \varrho^\gamma} \quad \text{mit} \quad K = p_0 \cdot \varrho_0^{-\gamma} \quad \text{und} \quad \boxed{\gamma = \overline{C}_p/\overline{C}_V} \tag{11.361}$$

ϱ bzw. ϱ_0 ist die Massendichte. γ heißt *Adiabatenkoeffizient*. Benutzt wird statt γ auch der *Adiabatenindex* n definiert durch

$$\boxed{n = \frac{1}{\gamma - 1}} \tag{11.362}$$

Wir definieren noch die isentrope Kompressibilität κ_S, die sich aus Gl. (11.356) ergibt:

$$\kappa_S = -\frac{1}{V}\left(\frac{\partial V}{\partial p}\right)_S = -\frac{\overline{C}_V}{\overline{C}_p} \cdot \frac{1}{V}\left(\frac{\partial V}{\partial p}\right)_T = \frac{\overline{C}_V}{\overline{C}_p} \cdot \kappa_T = \frac{\kappa_T}{\gamma} \tag{11.363}$$

κ_S ist eine gut messbare Größe, da sie mit der Schallgeschwindigkeit $\overline{v}_S$ und der Massendichte ϱ zusammenhängt:

$$\boxed{\kappa_S = \varrho^{-1} \cdot \overline{v}_S^{\,-2}} \tag{11.364}$$

Phasengleichgewichte und Reaktionsgleichgewichte

Wir gehen aus von Gl. (11.325) und schreiben in differentieller Form:

$$dG = \sum_i \mu_i dn_i + \sum_i n_i d\mu_i$$

Einsetzen für $\sum_i n_i d\mu_i$ aus Gl. (11.322) ergibt:

$$dG = -SdT + Vdp - \sum_j L_j dl_j + \sum_i \mu_i dn_i$$

$\left(\sum_i \mu_i dn_i - \sum_j L_j dl_j\right)$ ist gleich der reversiblen Arbeit δW_{rev}. Bei $T = $ const und $p = $ const gilt dann:

$$dG_{T,p} = +\delta W_{rev} = \delta W - \delta W_{diss}$$

Im vollständig reversiblen Fall ist $\delta W_{diss} = 0$ und die tatsächliche Arbeit $W = W_{rev}$. Im irreversiblen Fall wird keine Arbeit geleistet und es gilt $\delta W = 0$. Daraus folgt:

$$\boxed{dG_{T,p} = \sum_i \mu_i dn_i - \sum_j L_j dl_j = -\delta W_{diss} \leq 0} \tag{11.365}$$

Im Lauf des irreversiblen Prozesses nimmt G stets ab ($dG_{T,p} < 0$) und es wird letztlich $\delta W_{diss} = 0$ und somit $dG_{T,p} = 0$, wenn das Gleichgewicht erreicht ist.

Jetzt betrachten wir ein heterogenes System mit mehreren Komponenten $i = 1,2, \cdots k$ und mehreren Phasen $\alpha = 1,2, \cdots \sigma$. Wir setzen voraus, dass T und p überall konstant sind und ferner, dass alle $dl_j = 0$ sind und erhalten für Gl. (11.365) im Gleichgewicht mit $\delta W_{\mathrm{diss}} = 0$:

$$dG_{T,p} = \sum_{\alpha=1}^{\sigma} dG_{\alpha} = \sum_{\alpha=1}^{\sigma} \sum_{i=1}^{k} \mu_i^{\alpha} dn_i^{\alpha} = 0 \qquad (dT = 0, dp = 0) \tag{11.366}$$

Wenn das gesamte System geschlossen ist (kein Austausch von Materie mit der Umgebung), besteht noch die Nebenbedingung:

$$\sum_{\alpha=1}^{\sigma} dn_i^{\alpha} = 0 \qquad \text{für alle} \quad i = 1 \text{ bis } k \tag{11.367}$$

Diese Nebenbedingungen führt man nach der Methode der Lagrange'schen Parameter (s. Anhang 11.4) in Gl. (11.366) ein:

$$\sum_{\alpha=1}^{\sigma} \sum_{i=1}^{k} \left(\mu_i^{\alpha} - \lambda_i \right) dn_i^{\alpha} = 0 \tag{11.368}$$

und wählt die Werte von λ_i so, dass jeweils eine der Klammern (für ein bestimmtes α) verschwindet. Daraus folgt für alle $i = 1$ bis k:

$$\mu_i^{\alpha} = \lambda_i \qquad \text{also:} \qquad \boxed{\mu_i^{\alpha} = \mu_i^{\beta} = \cdots = \mu_i^{\sigma}} \tag{11.369}$$

Das ist die *Phasengleichgewichtsbedingung*. Das *chemische Potential jeder Komponente i ist in allen Phasen gleich.*

Jetzt betrachten wir Änderungen von T, p und $n_i^{\alpha}, n_i^{\beta}, \ldots$ entlang der Gleichgewichtskurve. Wir schreiben also, wenn wir uns auf 2 Phasen beschränken mit $d\mu_i^{\alpha} = d\mu_i^{\beta}$:

$$d\mu_i^{\alpha} = \left(\frac{\partial \mu_i^{\alpha}}{\partial T} \right) dT + \left(\frac{\partial \mu_i^{\alpha}}{\partial p} \right) dp = -S_i^{\alpha} dT + V_i^{\alpha} dp = d\mu_i^{\beta} = -S_i^{\beta} dT + V_i^{\beta} dp$$

Entlang der Phasengleichgewichtskurve gilt also:

$$\left(\frac{\partial p}{\partial T} \right)_{eq.} = \frac{S_i^{\alpha} - S_i^{\beta}}{V_i^{\alpha} - V_i^{\beta}} = \frac{\Delta \overline{S}_i}{\Delta \overline{V}_i} \tag{11.370}$$

$\Delta \overline{S}_i$ und $\Delta \overline{V}_i$ sind die molaren Umwandlungsgrößen. Wegen $\mu_i^\alpha = \mu_i^\beta$ gilt:

$$\left(\overline{H}_i^\alpha - \overline{H}_i^\beta\right) = \left(\overline{S}_i^\alpha - \overline{S}_i^\beta\right) \cdot T \qquad \text{bzw.} \quad \Delta \overline{H}_i = \Delta \overline{S}_i \cdot T \tag{11.371}$$

Damit wird aus Gl. (11.370) die Differenzialgleichung für Phasengleichgewichtskurven:

$$\boxed{\left(\frac{\partial p}{\partial T}\right)_{eq.} = \frac{\Delta \overline{H}_i}{T \Delta \overline{V}_i}} \tag{11.372}$$

Gl. (11.372) gilt für Phasenübergänge aller Art: Dampf-Flüssigkeit (Dampfdruckkurve), Fest-Flüssigkeit (Schmelzdruckkurve), Fest-Fest (Festkörperumwandlungen), Dampf-Fest (Sublimationsdruckkurve)

Bei idealen Gasen gilt für das chemische Potential $^{\text{Gas}}\mu_i^{\text{id}}$

$$^{\text{Gas}}\mu_i^{\text{id}} = {}^{\text{Gas}}\mu_{i0} + RT \ln p_i = {}^{\text{Gas}}\mu_{i0} + RT \ln p + RT \ln x_i \tag{11.373}$$

p_i ist der Partialdruck in der Mischung dividiert durch den Standarddruck (i. d. R. 1 bar). Ist die Gasmischung *real*, beschreibt man die Abweichung vom idealen Gaswert durch den Fugazitätskoeffizienten φ_i:

$$^{\text{Gas}}\mu_i^{\text{real}} = {}^{\text{Gas}}\mu_{i0} + RT \ln(p_i \varphi_i) = {}^{\text{Gas}}\mu_{i0} + RT \ln f_i \tag{11.374}$$

$f_i = p_i \cdot \varphi_i$ heißt Fugazität. φ_i hängt vom Druck, der Gaszusammensetzung und von T ab, und über die Virialkoeffizienten auch von den Wechselwirkungskräften der Gasmoleküle untereinander. Für ideale Gase ist $\varphi_i = 1$.[†]

Bei Flüssigkeiten bzw. Lösungen geht man aus vom Phasengleichgewicht „Flüssig-Gas":

$$^{\text{Gas}}\mu_i^{\text{real}} = {}^{\text{Fl}}\mu_i \qquad \text{bzw.} \quad {}^{\text{Gas}}\mu_{i0}^{\text{real}} = {}^{\text{Fl}}\mu_{i0} = {}^{\text{Gas}}\mu_{i0} + RT \ln(p_{i0}\, \varphi_{i0}) \tag{11.375}$$

p_{i0} ist hier der Sättigungsdampfdruck der reinen Flüssigkeit. Für $^{\text{Fl}}\mu_i$ schreibt man

$$\boxed{^{\text{Fl}}\mu_i = {}^{\text{Fl}}\mu_{i0} + RT \ln a_i} \tag{11.376}$$

mit Aktivität $a_i = x_i \cdot \gamma_i$. x_i ist der Molenbruch von i in der flüssigen Phase, und γ_i der Aktivitätskoeffizient. Fugazitätskoeffizienten in der Gasphase und Aktivitätskoeffizienten in

---

[†]Anmerkung: Häufig (wie z. B. in Kapitel 3) bezeichnet man $z = \exp[\mu/RT] = \exp[\mu^*/k_B T]$ als absolute Fugazität.

der flüssigen Phase sind voneinander abhängig. Kombination von Gl. (11.374), (11.375) und (11.376) ergibt:

$$\frac{p_i}{p_{i0}} \cdot \frac{\varphi_i}{\varphi_{i0}} = a_i \quad \text{bzw.} \quad \gamma_i = \frac{p_i}{p_{i0}} \cdot \frac{\varphi_i}{\varphi_{i0}} \cdot \frac{1}{x_i} \tag{11.377}$$

Für $x_i = 1$ wird $\varphi_i = \varphi_{i0}$ und $p_i = p_{i0}$, d. h. γ_i wird dann 1. Sind p_i bzw. p_{i0} nicht zu groß ($\leq 1\,\text{bar}$), kann man i. d. R. $\varphi_i/\varphi_{i0} \approx 1$ setzen.

γ_i hängt i. A. von p, T und der Mischungszusammensetzung ab. Ist $a_i = x_i$ bzw. $\gamma_i = 1$ (für alle i und x_i) spricht man von *idealen flüssigen* Mischungen. Das ist ein Grenzfall, der näherungsweise zutrifft, wenn die Moleküle in der Mischung sehr ähnlich sind, er bedeutet aber *nicht*, dass $\varphi_i = 1$, sondern lediglich, dass $\varphi_i/\varphi_{i0} = 1$.

Wir betrachten abschließend noch Reaktionsgleichgewichte für eine beliebige chemische oder nukleare Reaktion in einer homogenen Phase:

$$\sum v_i E_i \rightleftharpoons \sum v_i' P_i$$

wobei $[E_i]$ allgemein die Konzentration der Edukte und $[P_i]$ die der Produkte bedeuten. Wenn wir nur *eine* homogene Phase betrachten, dann gilt im thermodynamischen Gleichgewicht nach Gl. (11.366)

$$dG = \sum_{i=1}^{k} \mu_i dn_i = 0 \tag{11.378}$$

Die Änderungen der Molzahl jeder Komponente dn_i ist mit der sog. Umsatzvariablen ξ verbunden durch

$$d^P n_i = v_i' \cdot d\xi \quad \text{bzw.} \quad d^E n_i = v_i \cdot d\xi \tag{11.379}$$

v_i bzw. v_i' sind die stöchiometrischen Koeffizienten der Komponenten. Sie sind für die Produkte als *positive Zahlenwerte* $^P v_i$ und für die Edukte $^E n_i$ als *negative Zahlenwerte* einzusetzen.

Für das chemische Potential schreiben wir mit $[C_i]$ als Konzentration in allgemeiner Einheit:

$$\mu_i = \mu_{i0} + RT \cdot \ln[C_i]$$

wobei $[C_i]$ der Molenbruch x_i, eine Konzentration (z. B. mol pro m^3) oder der Partialdruck p_i bedeuten können.

Wir wählen als Beispiel das Gasgleichgewicht

$$3H_2 + N_2 \rightleftharpoons 2NH_3$$

Hier ist $v'_{H_2} = -3$, $v'_{N_2} = -1$ und $v_{NH_3} = 2$.

Das chemische Gleichgewicht hat sich eingestellt, wenn nach Gl. (11.378) gilt:

$$dG = 0 = \left(\sum_i {}^E v_i \mu_i + \sum_i {}^P v_i \mu_i \right) d\xi \quad \text{bei} \quad T = \text{const} \quad \text{und} \quad p = \text{const} \quad (11.380)$$

bzw.

$$dF = 0 = \left(\sum_i {}^E v_i \mu_i + \sum_i {}^P v_i \mu_i \right) d\xi \quad \text{bei} \quad T = \text{const} \quad \text{und} \quad V = \text{const} \quad (11.381)$$

Man erhält also im chemischen Reaktionsgleichgewicht mit μ_i nach Gl. (11.378):

$$\ln K = \ln \frac{\prod_i [P_i]^{v_i}}{\prod_i [E_i]^{v'_i}} = -\sum_i {}^P v_i \cdot \frac{\mu_{i0}}{RT} + \sum_i {}^E v_i \cdot \frac{\mu_{i0}}{RT} = -\frac{\Delta \overline{G}^\circ_R}{RT} \quad (11.382)$$

Mit Hilfe von Gl. (11.325) und Gl. (11.327) erhält man für die molare Standardreaktions-enthalpie

$$\Delta_R \overline{H}^\circ = \Delta_R \overline{G}^\circ - T \cdot \left(\frac{\partial \Delta_R \overline{G}^\circ}{\partial T} \right)_p \quad (11.383)$$

und für die molare Standardreaktionsentropie $\Delta_R \overline{S}^\circ$:

$$\Delta_R \overline{S}^\circ = -\left(\frac{\partial \Delta_R \overline{G}^\circ}{\partial T} \right)_p \quad (11.384)$$

Gl. (11.382) heißt Massenwirkungsgesetz, K Gleichgewichtskonstante und $\Delta \overline{G}^\circ_R = \sum {}^P v_i \mu_{i0} - \sum {}^E v_i \mu_{i0}$ ist die sog. molare freie Standardreaktionsenthalpie. Sind mit der chemischen Reaktion noch Arbeitsleistungen verbunden, gilt im Gleichgewicht nach Gl. (11.365) ($\delta W_{diss} = 0$), z. B. mit $L_j = (n_j q_j) \cdot F$ ($F = e \cdot N_L$ ist die Faradaykonstante, q_j die dimensionslose Ladungszahl von j) und $l_j = \varphi_{e,j}$ (elektrisches Potential am Ort von j):

$$\sum_i \mu_i dn_i = \sum_j l_j \cdot dL_j$$

Dann gilt z. B. im thermodynamischen Gleichgewicht einer elektrochemischen Reaktion mit $dL_j = Fq_j \cdot dn_j$:

$$\sum_i {}^P v_i \mu_i - \sum_i {}^E v_i \mu_i = F \cdot \sum_j {}^P (\varphi_j q_j) - F \cdot \sum_j {}^E (\varphi_j q_j) \quad (11.385)$$

Wir setzen für dn_i Gl. (11.379) ein und erhalten mit der Reaktionslaufzahl ξ:

$$\sum_i \mu_i dn_i = \left(\sum_i {}^P(\nu_i \cdot \mu_i) - \sum_i {}^E(\nu_i \cdot \mu_i) \right) \cdot d\xi = \sum_j F \cdot {}^P\big(q_j \cdot \varphi_j\big) - \sum_j F {}^E\big(q_j \cdot \varphi_j\big) d\xi$$

oder allgemein

$$\sum_i \left(\mu_i + F \cdot \varphi_i q_i \right) d\xi = 0 \qquad (11.386)$$

$\mu_i + F\varphi_i \cdot q_i$ heißt *elektrochemisches Potential* der Komponente i.

11.18 Wichtige mathematische Grundbeziehungen

Trigonometrische Funktionen

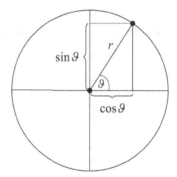

Abb. 11.29: Einheitskreis ($r = 1$, Umfang 2π) und Definition von $\sin \vartheta$ und $\cos \vartheta$.

Es gelten folgende Beziehungen:

$$-\sin x = (d \cos x / dx) \qquad \cos x = (d \sin x / dx) \qquad (11.387)$$

$$\sin^2 x + \cos^2 x = 1 \qquad \text{(Satz des Phytagoras)} \qquad (11.388)$$

Definition von Tangens und Cotangens:

$$\tan x = \frac{\sin x}{\cos x} \qquad \cot x = \frac{\cos x}{\sin x} \qquad (11.389)$$

Mit i als imaginäre Einheit ($i^2 = -1$) gilt, wie man mit Hilfe von Gl. (11.400) bis (11.402) leicht nachweist, die sog. Moivre'sche Formel:

$$\boxed{e^{ix} = \cos x + i \sin x} \quad \text{bzw.} \quad \boxed{e^{-ix} = \cos x - i \sin x} \tag{11.390}$$

und somit:

$$\sin x = \frac{e^{ix} - e^{-ix}}{2i} \quad \text{und} \quad \cos x = \frac{e^{ix} + e^{-ix}}{2} \tag{11.391}$$

weitere Formeln lauten:

$$\sin(x \pm y) = \sin x \cos y \pm \cos x \sin y \qquad \cos(x \pm y) = \cos x \cos y \mp \sin x \sin y \tag{11.392}$$

$$\tan(x \pm y) = \frac{\tan x \pm \tan y}{1 \mp \tan x \tan y}$$

$$\cos 2x = \cos^2 x - \sin^2 x \qquad \sin 2x = 2 \sin x \cos x \tag{11.393}$$

$$\sin(x \pm iy) = \sin x \cos iy \pm \cos x \sin iy \qquad \cos(x \pm iy) = \cos x \cos iy \mp \sin x \sin iy \tag{11.394}$$

Gl. (11.392), (11.393) und (11.394) lassen sich durch Einsetzen von Gl. (11.391) einfach nachweisen.

Hyperbolische Funktionen

Definition:

$$\sinh x = \frac{e^x - e^{-x}}{2}, \quad \cosh x = \frac{e^x + e^{-x}}{2} = \frac{d \sinh x}{dx} \tag{11.395}$$

und

$$\tanh x = \frac{e^x - e^{-x}}{e^x + e^{-x}} = (\coth)^{-1} \tag{11.396}$$

$$\cosh^2 x - \sinh^2 x = 1, \quad \sinh ix = i \sin x, \quad \cosh ix = \cos x \tag{11.397}$$

$$\sin(x \pm iy) = \sin x \cosh y \pm i \cos x \sinh y, \quad \cos(x \pm iy) = \cos x \cosh y \mp i \sin x \sinh y \tag{11.398}$$

Es besteht also eine Verwandtschaft zwischen trigonometrischen und hyperbolischen Funktionen.

Beispiele für Taylor-Reihenentwicklungen

Allgemein gilt für „vernünftige" Funktionen $f(x)$ die folgende Reihenentwicklung um den Punkt $x = a$ zur Beschreibung dieser Funktion:

$$f(x) = f(a) + f'(a)(x - a) + \frac{1}{2!}f''(a)(x - a)^2 + \frac{1}{3!}f'''(a)(x - a)^3 + \cdots \qquad (11.399)$$

Einige häufiger benötigte Beispiele:

$$e^x = 1 + x + \frac{x^2}{2!} + \frac{x^3}{3!} + \cdots \qquad (11.400)$$

$$\sin x = x - \frac{x^3}{3!} + \frac{x^5}{5!} - \frac{x^7}{7!} + \cdots \qquad (11.401)$$

$$\cos x = 1 - \frac{x^2}{2!} + \frac{x^4}{4!} - \frac{x^6}{6!} + \cdots \qquad (11.402)$$

$$\sinh x = x + \frac{x^3}{3!} + \frac{x^5}{5!} + \cdots \qquad (11.403)$$

$$\cosh x = 1 + \frac{x^2}{2!} + \frac{x^4}{4!} + \cdots \qquad (11.404)$$

$$\ln(1 \pm x) = \pm x - \frac{x^2}{2} \pm \frac{x^3}{3} - \frac{x^4}{4} + \cdots \qquad -1 < x \leq 1 \qquad (11.405)$$

$$\frac{1}{1 \pm x} = 1 \mp x + x^2 \mp x^3 + \cdots \qquad |x| < 1 \qquad (11.406)$$

$$(1 \pm x)^n = 1 \pm nx \pm \frac{n(n-1)}{2}x^2 \pm \frac{n(n-1)(n-2)}{3!}x^3 + \cdots \qquad |x| < 1 \qquad (11.407)$$

Berechnung von unbestimmten Ausdrücken

Man trifft häufiger auf sog. unbestimmte Ausdrücke der Form:

$$\lim_{x \to a} \frac{f(x)}{g(x)} = \frac{0}{0} = \frac{\frac{1}{\infty}}{\frac{1}{\infty}} = \frac{\infty}{\infty} \qquad (11.408)$$

Entwicklung von Zähler und Nenner in eine Taylorreihe um $x = a$ ergibt, wenn $f(a) = g(a) = 0$:

$$\lim_{x \to a} \frac{f(a) + f'(x = a) \cdot (x - a) + \frac{1}{2} f''(x = a) \cdot (x - a)^2 + \cdots}{g(a) + g'(x = a) \cdot (x - a) + \frac{1}{2} g''(x = a) \cdot (x - a)^2 + \cdots}$$

$$= \lim_{x \to a} \frac{f'(x = a) + \frac{1}{2} f''(x = a) \cdot (x - a) + \cdots}{g'(x = a) + \frac{1}{2} g''(x = a) \cdot (x - a) + \cdots}$$

und somit:

$$\lim_{x \to a} \frac{f(x)}{g(x)} = \lim_{x \to a} \frac{f'(x)}{g'(x)} \tag{11.409}$$

Ist auch dieser Limes unbestimmt, also $0/0$ oder ∞/∞, so verfährt man weiter, bis

$$\lim_{x \to 0} \frac{f^{(n)}(x)}{g^{(n)}(x)} \tag{11.410}$$

einen eindeutigen Ausdruck ergibt. Andere unbestimmte Ausdrücke lassen sich meistens auf Gl. (11.408) zurückführen. Drei Beispiele:

$$\lim_{x \to 0} \frac{\sin x}{x} = \lim_{x \to 0} \frac{\cos x}{1} = 1$$

$$\lim_{x \to \infty} \left(x^3 \cdot e^{-ax} \right) = \lim_{x \to \infty} \left(\frac{x^3}{e^{ax}} \right) = \lim_{x \to \infty} \left(\frac{3x^2}{ae^{ax}} \right) = \lim_{x \to \infty} \left(\frac{6x}{a^2 e^{ax}} \right) = \lim_{x \to \infty} \left(\frac{6}{a^3 e^{ax}} \right) = 0$$

$$\lim_{x \to 1} \left(\frac{\ln(1 - x)}{1 - x} \right) = \lim_{x \to 1} \left(\frac{1}{1 - x} \right) = \infty$$

11.19 Das relativistische Fermi-Gas. Ableitung der Formeln für Energie und Druck.

Die Integrationen, die zu den Gl. (3.122) und (3.123) führen, erfordern eine spezielle Substitutionstechnik, bei der die Variable χ durch $\sinh(y)$ substituiert wird.

Ausgehend von Gl. (11.395) ergibt sich unmittelbar:

$$\frac{d \sinh(y)}{dy} = \cosh(y) \quad \text{und} \quad \frac{d \cosh(y)}{dy} = \sinh(y) \tag{11.411}$$

Um das Integral in Gl. (3.121) zu lösen, setzen wir $s = \sinh(y)$ und $c = \cosh(y)$:

$$\int_0^{s_F} s^2 \left[(1 + s^2)^{1/2} - 1\right] ds = \int_0^{s_F} s^2(c-1)ds = \int_0^{y_F} s^2(c-1) \cdot c\, dy \tag{11.412}$$

wobei wir von Gl. (11.397) (links) Gebrauch gemacht haben und wir zur Abkürzung $\sinh(y) = x(y) = s$ und $\cosh(y) = c$ schreiben unter Beachtung von $dx = c \cdot dy$. Nun lässt sich leicht nachvollziehen, dass der Integrand in Gl. (11.412 rechts) durch folgende Ableitung darstellbar ist (man beachte: $(ds/dy) = c$ und $(dc/dy) = s$):

$$\frac{1}{3}\frac{d}{dy}\left[s^3(c-1) - \int_0^{y_F} s^4 dy\right] = s^2 \cdot c(c-1) + \frac{1}{3}s^4 - \frac{1}{3}s^4 = s^2 \cdot c(c-1) \tag{11.413}$$

Damit ergibt sich für Gl. (11.412):

$$\int_0^{y_F} s^2(c-1) \cdot c\, dy = \frac{s^3(c-1)}{3} - \frac{1}{3} \cdot \int_0^{y_F} s^4 dy$$

Den Druck p erhalten wir, indem wir berechnen:

$$-\left(\frac{\partial U}{\partial V}\right)_{T=0} = -p = \frac{8\pi m^4 \cdot c_L^5}{3h^3}\left[s^3(c-1) - \int_0^{y_F} s^4 dy + V\left(\frac{d}{dV}\left[s^3(c-1)\right] - \frac{d}{dV}\int_0^{y_F} s^4 dy\right)\right] \tag{11.414}$$

Als Zwischenrechnung benötigen wir an dieser Stelle Gl. (3.124), wonach gilt:

$$\frac{d\chi_F}{dV} = -\frac{1}{3}\frac{\chi_F}{V} \qquad \text{bzw.} \quad dV = -3\frac{V}{\chi_F}d\chi_F = -3 \cdot \frac{c_F V}{s_F} \cdot dy$$

Damit lässt sich die Differenziation in Gl. (11.414) durchführen:

$$\frac{d}{dV}\left[s^3(c-1) - \int_0^{y_F} s^4 dy\right] = -\frac{s}{c} \cdot \frac{1}{3V}\left[3s^2 \cdot c(c-1) + s^3 \cdot s - s^4\right] = -s^3(c-1) \tag{11.415}$$

und wir erhalten nach Einsetzen von Gl. (11.415) in Gl. (11.414):

$$p = -\left(\frac{\partial U}{\partial V}\right) = \frac{8\pi \cdot m_e^4 c_L^5}{3h^3}\int_0^{y_F} s^4 dy \tag{11.416}$$

Dieses Integral muss man entsprechend Gl. (11.395) auswerten. Geschicktes Zusammenfassen der Terme ergibt:

$$p = \frac{8\pi m_e^4 \cdot c_L^5}{3h^3} \cdot \frac{1}{8}\left[s \cdot c\,(2s^2 - 3) + 3y\right] \tag{11.417}$$

Man überprüft dieses Ergebnis durch Differenzieren der eckigen Klammer nach y, wobei
man $8s^4$ erhält und damit den Integranden s^4 in Gl. (11.416). y ist die Umkehrfunktion
von $\sinh(y)$. Man erhält sie aus Gl. (11.395) indem man $e^y = v$ und $e^{-y} = v^{-1}$ einsetzt.
Daraus ergibt sich eine quadratische Gleichung für v:

$$v^2 - 2vx - 1 = 0$$

mit der Lösung:

$$e^y = x + \sqrt{x^2 + 1} \qquad \text{bzw.} \qquad y = \ln\left[x + \sqrt{x^2 + 1}\right]$$

Für den Druck nach Gl. (11.417) ergibt sich also genau Gl. (3.123):

$$p = \frac{\pi \cdot m_e^4 \cdot c_L^5}{3h^3}\left[\chi_F \cdot \left(1 + \chi_F^2\right) \cdot \left(2\chi_F^2 - 3\right) + 3\ln\left(\chi_F + \sqrt{\chi^2 + 1}\right)\right]$$

Für die innere Energie U (kinetische Energie) folgt dann:

$$U = \frac{8\pi m^4 \cdot c_L^5}{3h^3} \cdot V\left[s^3 \cdot (c-1) - \frac{1}{8}s \cdot c\,(2s^2 - 3) - \frac{3}{8}\ln(s + \sqrt{1+s^2})\right]$$

Mit $s = \chi_F$ und $c = (\chi_F^2 + 1)^{1/2}$ ergibt sich genau Gl. (3.122).

11.20 Die Gravitationsenergie polytroper Sternmodelle

Die Gravitationsenergie E_{Grav} einer genügend großen Gasmenge, die ihrer eigenen Gravitationskraft unterliegt, dient als Modell nichtbrennender Sterne. Die Definition von E_{Grav}
lautet

$$E_{Grav} = -G\int_0^{m_{st}} \frac{m(r)}{r}\mathrm{d}m(r) \tag{11.418}$$

G ist die Gravitationskonstante, $m_{st} = m(r = r_{st})$ bedeutet die Masse des Sterns, r_{st} ist
der Sternradius. Gl. (11.418) lässt sich in eine nützliche Form umwandeln. Man erhält
zunächst durch partielle Integration:

$$E_{Grav} = -G\int_{r=0}^{r_{st}} \frac{m(r)}{r}\mathrm{d}m = -\frac{1}{2}G \cdot \frac{m_{st}^2}{r_{st}} - \frac{1}{2}G\int_0^{r_{st}} \frac{m^2(r)}{r^2}\mathrm{d}r \tag{11.419}$$

wobei wir $\lim\limits_{r\to 0}(m(r)) = \lim\limits_{r\to 0}(\langle\varrho\rangle(r)\frac{4}{3}\pi r^2) = 0$ setzen konnten wegen $\lim\limits_{r\to 0}\langle\varrho\rangle(r) = \varrho_C > 0$. Differenzieren von Gl. (7.25) ergibt:

$$\frac{d\Phi_{Grav}}{dr} = +\frac{G\cdot m(r)}{r^2} \tag{11.420}$$

Φ_{Grav} heißt Gravitationspotential. Damit lässt sich für Gl. (11.419) schreiben und erneut partiell integrieren :

$$E_{Grav} = -\frac{1}{2}G\cdot\frac{m_{st}^2}{r_{st}} - \frac{1}{2}\int\limits_0^{r_{st}}\left(\frac{d\Phi_{Grav}}{dr}\right)\cdot m(r)\cdot dr$$

$$= -\frac{1}{2}G\frac{m_{st}^2}{r_{st}} - \frac{1}{2}\left(\Phi_{Grav}(r)\cdot m(r)\Big|_0^{r_{st}} - \int\limits^{m_{st}}\Phi_{Grav}dm\right) \tag{11.421}$$

Wegen $\lim\limits_{r\to 0}(m(r)\cdot\Phi(r)) = 0$, sowie wegen $\lim\limits_{r\to 0}\Phi(r) = \Phi_C > 0$ und ferner wegen $\lim\limits_{r\to r_{st}}(m(r)\cdot\Phi(r)) = 0$, da $\Phi(r_{st}) = 0$ (definitionsgemäß!), ergibt sich dann:

$$\boxed{E_{Grav} = -\frac{1}{2}G\cdot\frac{m_{st}^2}{r_{st}} + \frac{1}{2}\int\limits_0^{m_{st}}\Phi_{Grav}\cdot dm} \tag{11.422}$$

Ausgehend von der adiabatischen bzw. polytropen Zustandsgleichung $p = K\cdot\varrho^\gamma$ (Gl. (7.50)) schreiben wir:

$$\frac{d}{d\varrho}\left(\frac{p}{\varrho}\right) = K\cdot\frac{d\varrho^{\gamma-1}}{d\varrho} = K\cdot(\gamma-1)\cdot\varrho^{\gamma-2} \tag{11.423}$$

Ferner schreiben wir:

$$\frac{1}{\varrho}\frac{dp}{d\varrho} = \gamma\cdot K\cdot\varrho^{\gamma-2} \tag{11.424}$$

Eliminieren von $K\cdot\varrho^{\gamma-2}$ aus Gl. (11.423) und (11.424) ergibt:

$$\frac{1}{\varrho}\left(\frac{dp}{d\varrho}\right) = \frac{\gamma}{\gamma-1}\cdot\frac{d}{d\varrho}\left(\frac{p}{\varrho}\right) \tag{11.425}$$

Jetzt kombinieren wir Gl. (11.425) mit der hydrostatischen Gleichgewichtsbedingung Gl. (7.27) unter Beachtung von Gl. (11.420):

$$\frac{dp}{\varrho} = -G\frac{m(r)}{r^2}dr = -d\Phi_{Grav} = \frac{\gamma}{\gamma-1}d\left(\frac{p}{\varrho}\right) \tag{11.426}$$

bzw.

$$-\Phi_{\text{Grav}} = \frac{\gamma}{\gamma - 1} \cdot \frac{p}{\varrho} \qquad\qquad (11.427)$$

Im nächsten Schritt setzen wir Φ_{Grav} aus Gl. (11.427) in Gl. (11.422) ein, und erhalten:

$$E_{\text{Grav}} = -\frac{1}{2} G \frac{m_{\text{st}}^2}{r_{\text{st}}} - \frac{1}{2} \frac{\gamma}{\gamma - 1} \int_0^{m_{\text{st}}} \frac{p}{\varrho} \cdot \mathrm{d}m \qquad\qquad (11.428)$$

Mit $\mathrm{d}m = \varrho \cdot 4\pi r^2 \mathrm{d}r$ identifizieren wir das Integral in Gl. (11.428) als $\int p \mathrm{d}V$. Wir setzen das Ergebnis des Virialsatzes nach Gl. (7.28) ein und erhalten für Gl. (11.428):

$$E_{\text{Grav}} = -\frac{1}{2} G \frac{m_{\text{st}}^2}{r_{\text{st}}} + \frac{1}{2} \frac{\gamma}{\gamma - 1} \cdot \frac{1}{3} E_{\text{Grav}} \qquad\qquad (11.429)$$

Wenn wir nun noch den Adiabatenkoeffizienten γ durch den Adiabatenindex $n = (\gamma - 1)^{-1}$ ersetzen und Gl. (11.429) nach E_{Grav} auflösen, sind wir am Ziel angelangt:

$$\boxed{E_{\text{Grav}} = -\frac{3}{5 - n} \cdot G \cdot \frac{m_{\text{st}}^2}{r_{\text{st}}}} \qquad (n < 5) \qquad\qquad (11.430)$$

Gl. (11.430) enthält die wichtige Tatsache, dass bei $n \geq 5$ keine Stabilität mehr möglich ist. Für $n = 5$ divergiert Gl. (11.430) und für $n > 5$ ergeben sich positive Werte, was bei Anwendung des Virialsatzes zu negativen kinetischen Energien führen würde.

Wir suchen noch nach einem allgemeinen Zusammenhang von E_{Grav} und dem Druck p. Dazu gehen wir aus von Gl. (11.418), für die wir schreiben:

$$E_{\text{Grav}} = -G \int^{r_{\text{st}}} \frac{m(r)}{r} \varrho(r) \cdot 4\pi r^2 \, \mathrm{d}^2 r \qquad\qquad (11.431)$$

Nach Gl. (7.51) gilt im hydrostatischen Gleichgewicht:

$$r \cdot \frac{\mathrm{d}p}{\mathrm{d}r} = -\varrho(r) \frac{m(r)}{r} \cdot G$$

Einsetzen der rechten Gleichungsseite in Gl. (11.431) und partielle Integration ergibt:

$$E_{\text{Grav}} = \int_0^{r_{\text{st}}} r \left(\frac{\mathrm{d}p}{\mathrm{d}r} \right) \cdot 4\pi r^2 \, \mathrm{d}r = p \cdot 4\pi r^3 \Big|_0^{r_{\text{st}}} - 12\pi \int_0^{r_{\text{st}}} p \cdot r^2 \, \mathrm{d}r = -3 \int_0^{V_{\text{st}}} p \cdot \mathrm{d}V \qquad (11.432)$$

mit $V_{\text{st}} = (4/3)\,\pi \cdot r_{\text{st}}^3$. Der Term $p(r) \cdot 4\pi r^3$ ist sowohl bei $r = r_{\text{st}}$ wie auch bei $r = 0$ gleich Null. Gl. (11.432) gilt ganz allgemein, unabhängig vom Adiabatenindex n.

11.21 Die Riemann'schen Zeta-Funktionen

Wir wollen zunächst beweisen, dass für das folgende Integral gilt:

$$\int_{x=0}^{\infty} \frac{x^3 \mathrm{d}x}{e^x - 1} \mathrm{d}x = \frac{\pi^4}{15} \tag{11.433}$$

Für den Integranden kann geschrieben werden:

$$x^3 \cdot (e^x - 1)^{-1} = x^3\, e^{-x}(1 - e^{-x})^{-1}$$

Da $e^{-x} \leq 1$, kann der Faktor $(1 - e^{-x})^{-1}$ als eine geometrische Reihe aufgefasst werden (oder als Taylor-Reihen-Entwicklung um den Wert $x = 0$):

$$\frac{1}{1 - e^{-x}} = 1 + e^{-x} + e^{-2x} + e^{-3x} + \cdots = \sum_{n=0}^{\infty} e^{-x \cdot n}$$

und somit gilt:

$$e^{-x}(1 - e^{-x})^{-1} = e^{-x} \sum_{n=0}^{\infty} e^{-xn} = \sum_{n=1}^{\infty} e^{-xn}$$

Also lässt sich für Gl. (11.433) schreiben:

$$\int_{x=0}^{\infty} \frac{x^3 \mathrm{d}x}{e^x - 1} = \int_{x=0}^{\infty} x^3 \sum_{n=1}^{\infty} e^{-xn} \mathrm{d}x = \sum_{n=1}^{\infty} \int_{x=0}^{\infty} x^3\, e^{-xn} \cdot \mathrm{d}x$$

Jetzt substituieren wir mit $y = nx$ bzw. $\mathrm{d}y = n \cdot \mathrm{d}x$:

$$\sum_{n=1}^{\infty} \int_{x=0}^{\infty} x^3 e^{-xn} \mathrm{d}x = \sum_{n=1}^{\infty} \frac{1}{n^4} \int_{0}^{\infty} y^3 e^{-y}\, \mathrm{d}y$$

Das Integral unter der Summe hat nach Gl. (11.5) den Wert $3! = 6$. Also besteht das noch zu lösende Problem in der Berechnung der Summe:

$$\sum_{n=1}^{\infty} \frac{1}{n^4}$$

Um hier weiterzukommen, verwenden wir einen Trick und machen Gebrauch von der Fourier-Reihenentwicklung von Funktionen $f(x)$ mit Werten $-\pi \leq x \leq +\pi$. Für gerade Funktionen, d. h. $f(x) = f(-x)$, gilt (s. Anhang 11.23):

$$f(x) = \sum_{n=0}^{\infty} a_n \cdot \cos(nx) \tag{11.434}$$

mit

$$a_0 = \frac{1}{\pi} \int\limits_0^\pi f(x)\mathrm{d}x \quad \text{und} \quad a_n = \frac{2}{\pi} \int\limits_0^\pi f(x)\cos(nx)\mathrm{d}x$$

Wir betrachten jetzt zunächst $f(x) = x^2$ und erhalten:

$$a_0 = \frac{1}{\pi} \int\limits_0^\pi x^2 \mathrm{d}x = \frac{\pi^2}{3}$$

und

$$a_n = \frac{2}{\pi} \int\limits_0^\pi x^2 \cos(nx)\mathrm{d}x = (-1)^n \frac{4}{n^2}$$

Das letzte Integral erhält man durch 2-fache Anwendung der partiellen Integration.

Mit Gl. (11.434) ergibt sich somit:

$$x^2 = \frac{\pi^2}{3} + 4\sum_{n=1}^\infty \frac{(-1)^n}{n^2} \cos(nx)$$

Jetzt setzen wir $x = \pi$, was noch innerhalb des Gültigkeitsbereiches der Fourier-Reihenentwicklung liegt, und erhalten:

$$\pi^2 = \frac{\pi^2}{3} + 4\sum_{n=1}^\infty \frac{(-1)^n}{n^2} \cdot (-1)^n$$

oder

$$\boxed{\sum_{n=1}^\infty \frac{1}{n^2} = \frac{\pi^2}{6}} \tag{11.435}$$

Entsprechend gehen wir jetzt vor für den Fall der Funktion $f(x) = x^4$ mit $-\pi \le x \le +\pi$. Die Darstellung durch eine Fourierreihe ergibt:

$$a_0 = \frac{1}{\pi} \int\limits_0^\pi x^4 \, \mathrm{d}x = \frac{\pi^4}{5}$$

und

$$a_n = \frac{2}{\pi} \int\limits_0^\pi x^4 \cdot \cos(nx)\mathrm{d}x = (-1)^n \frac{8\pi^2}{n^2} - (-1)^n \frac{48}{n^4}$$

Die Lösung dieses Integrals zur Bestimmung von a_n erfolgt wieder durch mehrfache Anwendung der partiellen Integration.

Man erhält nach Einsetzen in Gl. (11.434):

$$x^4 = \frac{\pi^4}{5} + 8\pi^2 \sum_{n=1}^{\infty} \frac{(-1)^n}{n^2} \cos(nx)\mathrm{d}x - 48 \sum_{n=1}^{\infty} \frac{(-1)^n}{n^4} \cos(nx)$$

Wir setzen wieder $x = \pi$ und erhalten:

$$\pi^4 = \frac{\pi^4}{5} + 8\pi^2 \sum_{n=1}^{\infty} \frac{1}{n^2} - 48 \sum_{n=1}^{\infty} \frac{1}{n^4}$$

Wenn wir Gl. (11.435) beachten, ergibt sich somit:

$$\boxed{\sum_{n=1}^{\infty} \frac{1}{n^4} = \frac{\pi^4}{90}} \tag{11.436}$$

Damit folgt der Beweis von Gl. (11.433):

$$\int_{x=0}^{\infty} \frac{x^3 \mathrm{d}x}{e^x - 1} = 6 \cdot \sum_{n=1}^{\infty} \frac{1}{n^4} = \frac{\pi^4}{15} \tag{11.437}$$

Bei der Berechnung von Integralen der Art $\int_0^{\infty} x^n (e^x - 1)^{-1} \mathrm{d}x$ nimmt man zunächst die Reihenentwicklung von $(e^x - 1)^{-1}$ vor und erhält ganz allgemein:

$$\int_0^{\infty} \frac{x^n \mathrm{d}x}{e^x - 1} = \int_0^{\infty} x^n \sum_{k=1}^{\infty} e^{-x \cdot k} \cdot \mathrm{d}x = \sum_{k=1}^{\infty} \int_0^{\infty} x^n e^{-x \cdot k} \mathrm{d}x = \sum_{k=1}^{\infty} \frac{1}{k^{n+1}} \int_0^{\infty} y^n \cdot e^{-y} \mathrm{d}y$$

wobei $y = x \cdot k$ gesetzt wurde. Ist n eine positive ganze Zahl, erhält man mit Gl. (11.3) aus Anhang 11.2:

$$\int_0^{\infty} \frac{x^n \mathrm{d}x}{e^x - 1} = \left(\sum_{k=1}^{\infty} \cdot \frac{1}{k^{n+1}} \right) \cdot \Gamma(n+1) = n! \sum_{k=1}^{\infty} \frac{1}{k^{n+1}} \tag{11.438}$$

Jedoch lässt sich die Summe nicht für alle Werte von n in geschlossener Form angeben. Für $n = 1$ und $n = 3$ haben wir Gl. (11.435) und (11.436) als geschlossene Lösungen erhalten. Man bezeichnet allgemein:

$$\boxed{\sum_{n=1}^{\infty} n^{-l} = \zeta(l)} \tag{11.439}$$

als *Riemann'sche Funktion*. Einige Ergebnisse für $\zeta(l)$ lauten:

$$\boxed{\begin{array}{lll} \zeta(3/2) = 2{,}612 \cdots, & \zeta(2) = \pi^2/6, & \zeta(5/2) = 1{,}341 \cdots \\ \zeta(3) = 1{,}202 \cdots, & \zeta(7/2) = 1{,}127 \cdots, & \zeta(4) = \pi^4/90. \end{array}} \tag{11.440}$$

11.22 Austauschintegral und Spinkopplung

Wir betrachten in Abb. 11.30 zwei Atome A und B im Abstand r_{AB} voneinander und zwei Elektronen 1 und 2 mit dem Abstand r_{12} zueinander und deren Abständen r_{A1} und r_{B1} bzw. r_{A2} und r_{B2} zu den beiden Atomkernen. Die Position r_{AB} sei fixiert. Dann gilt näherungsweise für die vier möglichen elektronischen Wellenfunktionen einschließlich der Spin-Funktionen α und β entsprechend Gl. (11.261):

$$\frac{1}{\sqrt{2}} \cdot \begin{vmatrix} \Psi_A(1) \cdot \alpha(1) & \Psi_B(1) \cdot \alpha(1) \\ \Psi_A(2) \cdot \alpha(2) & \Psi_B(2) \cdot \alpha(2) \end{vmatrix}, \quad \frac{1}{\sqrt{2}} \cdot \begin{vmatrix} \Psi_A(1) \cdot \alpha(1) & \Psi_B(1) \cdot \beta(1) \\ \Psi_A(2) \cdot \alpha(2) & \Psi_B(2) \cdot \beta(2) \end{vmatrix}$$

$$\frac{1}{\sqrt{2}} \cdot \begin{vmatrix} \Psi_A(1) \cdot \beta(1) & \Psi_B(1) \cdot \alpha(1) \\ \Psi_A(2) \cdot \beta(2) & \Psi_B(2) \cdot \alpha(2) \end{vmatrix}, \quad \frac{1}{\sqrt{2}} \cdot \begin{vmatrix} \Psi_A(1) \cdot \beta(1) & \Psi_B(1) \cdot \beta(1) \\ \Psi_A(2) \cdot \beta(2) & \Psi_B(2) \cdot \beta(2) \end{vmatrix} \tag{11.441}$$

$\Psi_A(i)$ und $\Psi_B(i)$ ($i = 1,2$) sind die Wellenfunktionen der getrennten Atome A und B. Ausmultiplizieren der Determinanten ergibt:

$$2^{-1/2} \cdot [\Psi_A(1) \cdot \Psi_B(2) - \Psi_A(2) \cdot \Psi_B(1)] \cdot \alpha(1) \cdot \alpha(2) \tag{11.442}$$

$$2^{-1/2} \cdot [\Psi_A(1) \cdot \Psi_B(2) \cdot \alpha(1) \cdot \beta(2) - \Psi_A(2) \cdot \Psi_B(1) \cdot \alpha(2) \cdot \beta(1)] \tag{11.443}$$

$$2^{-1/2} \cdot [\Psi_A(1) \cdot \Psi_B(2) \cdot \alpha(2) \cdot \beta(1) - \Psi_A(2) \cdot \Psi_B(1) \cdot \alpha(1) \cdot \beta(2)] \tag{11.444}$$

$$2^{-1/2} \cdot [\Psi_A(1) \cdot \Psi_B(2) - \Psi_A(2) \cdot \Psi_B(1)] \cdot \beta(1) \cdot \beta(2) \tag{11.445}$$

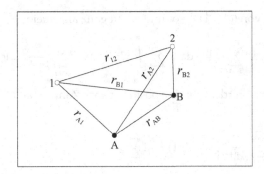

Abb. 11.30: Abstände der Atome A, B und der Elektronen 1 und 2 zueinander (s. Text).

Da lineare Kombinationen ebenfalls gültig sind, bilden wir aus Gl. (11.443) und Gl. (11.444) die Summe und die Differenz dieser beiden Gleichungen und erhalten die 4 äquivalenten Funktionen, in denen die Spinfunktionen als Faktoren separiert von den Ortsfunktionen sind:

$$^S\Phi_{12} = 2^{-1/2} \cdot [\Psi_A(1) \cdot \Psi_B(2) + \Psi_A(2) \cdot \Psi_B(1)] \cdot [\alpha(1) \cdot \beta(2) - \alpha(2) \cdot \beta(1)] \tag{11.446}$$

$$^T\Phi_{12} = 2^{-1/2} \cdot [\Psi_A(1) \cdot \Psi_B(2) - \Psi_A(2) \cdot \Psi_B(1)] \cdot \begin{cases} \alpha(1) \cdot \alpha(2) \\ [\alpha(1) \cdot \beta(2) + \alpha(2) \cdot \beta(1)] \\ \beta(1) \cdot \beta(2) \end{cases} \tag{11.447}$$

Die Indizierung S bzw. T bedeutet S̲ingulett bzw. T̲riplett. Man sieht, dass die Wellenfunktionen der vier Gleichungen in Gl. (11.446) und (11.447) das Paulische Antisymmetriegesetz befolgen, d. h. bei Austausch von 1 gegen 2 drehen die Wellenfunktionen ihr
Vorzeichen um.

Jetzt formulieren wir den Hamiltonoperator $\hat{H}$ für das System in Abb. 11.30:

$$\hat{H} = \left\{ -\frac{\hbar}{2m_e} \cdot \nabla_1^2 - \frac{e^2}{r_{A1}} \right\} + \left\{ -\frac{\hbar}{2m_e} \cdot \nabla_2^2 - \frac{e^2}{r_{B2}} \right\} + V_{AB} \tag{11.448}$$

mit

$$V_{AB} = \frac{e^2}{r_{12}} + \frac{e^2}{r_{AB}} - \frac{e^2}{r_{B1}} - \frac{e^2}{r_{A2}} \tag{11.449}$$

Die beiden geschweiften Klammerausdrücke in Gl. (11.448) sind die Hamiltonoperatoren
für den Fall der getrennten Atome mit nur jeweils einem Elektron. Das ist das Bezugs-
system, das wir als ungestörtes System bezeichnen, und dessen Wellenfunktionen $^S\Phi_{12}$
und $^T\Phi_{12}$ durch Gl. (11.446) und (11.447) gegeben sind, während V_{AB} in Gl. (11.449)
als *Störungsenergie* bezeichnet wird. Nach der Störungstheorie 1. Ordnung gilt für den
Mittelwert der Störungsenergie ΔE (Heitler und London (1927)):

$$\Delta E_S = \frac{1}{2} \int {}^S\Phi_{12}^* \cdot V_{AB} \cdot {}^S\Phi_{12} \cdot d\tau_1 \cdot d\tau_2 \tag{11.450}$$

$$\Delta E_T = \frac{1}{2} \int {}^T\Phi_{12}^* \cdot V_{AB} \cdot {}^T\Phi_{12} \cdot d\tau_1 \cdot d\tau_2 \tag{11.451}$$

Bei der Integration bedeuten $d\tau_1 = d\vec{r}_1 \cdot ds_1$ und $d\tau_2 = d\vec{r}_2 \cdot ds_2$ mit $d\vec{r}_1 = dx_1\, dy_1\, dz_1$,
$d\vec{r}_2 = dx_2\, dy_2\, dz_2$, ds_1 und ds_2 sind die Spinvariablen. Es gilt:

$$\int \alpha^2(i)\, ds_i = 1 \quad (i = 1,2), \qquad \int \beta^2(i)\, ds_i = 1 \quad (i = 1,2) \tag{11.452}$$

sowie

$$\int \alpha(i) \cdot \beta(j)\, ds_i\, ds_j = 0 \quad (i \neq j) \tag{11.453}$$

Beim Einsetzen von $^S\Phi_{12}$ und $^T\Phi_{12}$ aus Gl. (11.446) und (11.447) ergeben die Integrale
über die Spinvariablen ds_i bzw. ds_j in Gl. (11.450) und (11.451) den Wert 2, so dass man
für Gl. (11.450) und (11.451) erhält:

$$\Delta E_S = \int [\Psi_A(1) \cdot \Psi_B(2) + \Psi_A(2) \cdot \Psi_B(1)]^* \cdot V_{AB}$$

$$\cdot [\Psi_A(1) \cdot \Psi_B(2) + \Psi_A(2) \cdot \Psi_B(1)] \cdot d\vec{r}_1 d\vec{r}_2 \tag{11.454}$$

$$\Delta E_{\mathrm{T}} = \int [\Psi_{\mathrm{A}}(1) \cdot \Psi_{\mathrm{B}}(2) - \Psi_{\mathrm{A}}(2) \cdot \Psi_{\mathrm{B}}(1)]^* \cdot V_{\mathrm{AB}}$$
$$\cdot [\Psi_{\mathrm{A}}(1) \cdot \Psi_{\mathrm{B}}(2) - \Psi_{\mathrm{A}}(2) \cdot \Psi_{\mathrm{B}}(1)] \cdot \mathrm{d}\vec{r}_1 \mathrm{d}\vec{r}_2 \qquad (11.455)$$

Dafür lässt sich schreiben:

$$\Delta E_{\mathrm{S}} = C + I \qquad \text{(Singulett-Zustand)} \qquad\qquad (11.456)$$
$$\Delta E_{\mathrm{T}} = C - I \qquad \text{(Triplett-Zustand)} \qquad\qquad (11.457)$$

C heißt *Coulomb-Energie*:

$$C = 2 \int \Psi_{\mathrm{A}}^*(1) \cdot \Psi_{\mathrm{A}}(1) \cdot V_{\mathrm{AB}} \cdot \Psi_{\mathrm{B}}^*(2) \cdot \Psi_{\mathrm{B}}(2) \, \mathrm{d}\vec{r}_1 \mathrm{d}\vec{r}_2 \qquad (11.458)$$

I heißt *Austausch-Energie* oder *Austauschintegral*:

$$I = 2 \int \Psi_{\mathrm{A}}^*(1) \cdot \Psi_{\mathrm{B}}(2) \cdot V_{\mathrm{AB}} \cdot \Psi_{\mathrm{A}}^*(2) \cdot \Psi_{\mathrm{B}}(1) \, \mathrm{d}\vec{r}_1 \mathrm{d}\vec{r}_2 \qquad (11.459)$$

Das Vorzeichen von I entscheidet darüber, ob es zu einer chemischen Bindung zwischen zwei Atomen A und B kommt. Für $I < 0$ ist der Singulett-Zustand ein gebundener Zustand, die Spins der beiden Elektronen sind *antiparallel* ($\downarrow\uparrow$). Für $I > 0$ ist der Triplettzustand der energetisch tiefere und somit stabilisierte Zustand, die Elektronenspins sind dann *parallel* ($\uparrow\uparrow$).

Bei einer chemischen Bindung zwischen zwei freien Atomen muss der Parameter r_{AB}, also der Atomabstand, so gewählt sein, dass gilt (minimale Energie im Gleichgewicht):

$$\left(\frac{\partial \Delta E_{\mathrm{S}}}{\partial r_{\mathrm{AB}}}\right) = 0 \qquad \text{bzw.} \qquad \left(\frac{\partial \Delta E_{\mathrm{T}}}{\partial r_{\mathrm{AB}}}\right) = 0$$

um den energetisch tiefsten Zustand zu erreichen. Beim Molekül H_2 ist der Singulettzustand der stabile, bindende Zustand (s. Abb. 11.31). Der Triplettzustand ist rein abstoßender Natur. Das Ergebnis für ΔE_{S} kommt dem experimentell ermittelten (realistischen) bereits relativ nahe.

Bei der Wechselwirkung zweier benachbarter Atomorbitale von festsitzenden Atomen im Festkörper ist r_{AB} konstant und kann nicht variiert werden. In solchen Fällen kann $I > 0$ der stabile Zustand sein, die Spins sind dann parallel (Ferromagnetismus). Ist $I < 0$, kann es zum Anitferromagnetismus mit antiparallelen Spins kommen. Dabei steuert der Spin das Vorzeichen der Kopplungsenergie. Das lässt sich folgendermaßen zeigen. Der elektronische Spin $\vec{s}_i$ ist ein Vektor mit der Bedeutung eines Eigendrehimpulses des Elektrons, der Träger eines magnetischen Moments ist. In Abb. 11.32 sind zwei benachbarte

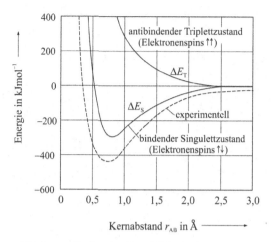

Abb. 11.31: Verlauf von ΔE_T bzw. ΔE_S für das H_2-Molekül; - - - - tatsächliche Kurve im Singulett-zustand

Spinvektoren $\vec{s}_1$ und $\vec{s}_2$ in einem gemeinsamen Koordinatensystem dargestellt. Die Spins kreiseln um die z-Achse. Festlegbar ist der Betrag $|\vec{s}_1| = |\vec{s}_2|$ und eine ihrer Komponenten im gezeigten Fall die Komponente auf der z-Achse. Nach Gl. (9.10) gilt mit $s = \frac{1}{2}$:

$$|\vec{s}_1| = |\vec{s}_2| = 2\sqrt{s\left(s + \frac{1}{2}\right)} = \sqrt{3} \tag{11.460}$$

Der Gesamtspin der beiden benachbarten Elektronen $\vec{s} = \vec{s}_1 + \vec{s}_2$ beträgt in Einheiten von $\hbar/2$ entweder 0 (Singulett-Zustand) oder 2 (Triplett-Zustand). Die Komponenten s_{1z} und s_{2z} betragen im Singulett-Zustand $s_{1z} = +1$ und $s_{2z} = -1$, im Triplett-Zustand $s_{1z} = +1$ und $s_{2z} = +1$. Jetzt bilden wir das Produkt $\vec{s}^{\,2}$:

$$\vec{s}^{\,2} = (\vec{s}_1 + \vec{s}_2)^2 = \vec{s}_1^{\,2} + \vec{s}_2^{\,2} + 2\vec{s}_1\vec{s}_2 \tag{11.461}$$

Da nach Gl. (11.460) in beiden Fällen $\vec{s}_1^{\,2} = \vec{s}_2^{\,2} = 3$ gilt, erhält man für den Singulett-Zustand mit $\vec{s}^{\,2} = 0$:

$$\vec{s}_1 \cdot \vec{s}_2 = 0 - \left(\vec{s}_1^{\,2} + \vec{s}_2^{\,2}\right) \cdot \frac{1}{2} = -3 \tag{11.462}$$

und für den Triplett-Zustand mit $\vec{s}^{\,2} = 4$:

$$\vec{s}_1 \cdot \vec{s}_2 = 4 - \left(\vec{s}_1^{\,2} + \vec{s}_2^{\,2}\right) \cdot \frac{1}{2} = +1 \tag{11.463}$$

Mit diesen Ergebnissen lassen sich nun Gl. (11.456) und (11.457) darstellen durch:

$$\Delta E = C - \frac{1}{2}\left(\vec{s}_1 \cdot \vec{s}_2 + 1\right) \cdot I$$

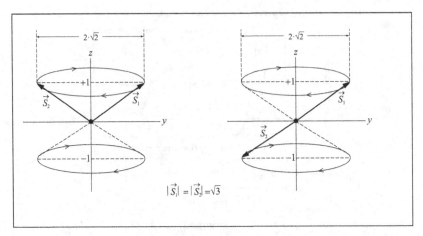

Abb. 11.32: Kopplung von benachbarten Spinvektoren $\vec{s}_1$ und $\vec{s}_2$ in Einheiten von $\hbar/2$. Singulett-Zustand: $\vec{s}_1 + \vec{s}_2 = 0$, Triplett-Zustand: $\vec{s}_1 + \vec{s}_2 = 2$. $\vec{s}_1$ und $\vec{s}_2$ kreiseln um die z-Achse. Links ist $s_{z1} = +1$ und $s_{z2} = -1$, rechts ist $s_{z1} = +1$ und $s_{z2} = +1$. Für die x- und y-Komponenten gilt links ebenso wie rechts: $s_{1x} = \sqrt{2} \cdot \sin\varphi$ und $s_{2x} = \sqrt{2} \cdot \sin(\varphi + 180)$, $s_{1y} = \sqrt{2} \cdot \cos\varphi$ und $s_{2y} = \sqrt{2} \cdot \cos(\varphi + 180)$. Der Winkel φ ist beliebig, daher sind die x- und y-Komponenten nicht festlegbar (Unbestimmtheitsrelation!).

oder

$$\Delta E = \left(C - \frac{1}{2}I\right) - \frac{1}{2} \cdot I \cdot \vec{s}_1 \cdot \vec{s}_2 \qquad (11.464)$$

Gl. (11.464) gilt sowohl für den Singulett- als auch den Triplett-Zustand, denn es ergibt sich beim Einsetzen von $\vec{s}_1 \cdot \vec{s}_2 = +1$ genau Gl. (11.457) und beim Einsetzen von $\vec{s}_1 \cdot \vec{s}_2 = -3$ genau Gl. (11.456). In beiden Fällen bleibt $(C - \frac{1}{2})$ in Gl. (11.464) unverändert. Das Vorzeichen der Kopplungsenergie $\frac{1}{2} \cdot I \cdot \vec{s}_1 \cdot \vec{s}_2$ wird also allein durch das Skalarprodukt $\vec{s}_1 \cdot \vec{s}_2$ bestimmt.

11.23 Fourier-Reihen

Funktionen, die der Beziehung

$$f(x + 2l) = f(x) \qquad (11.465)$$

genügen, heißen periodische Funktionen. Solche Funktionen können durch eine Reihenentwicklung nach Kosinus- und Sinusfunktion mit Koeffizienten a_ν und b_ν dargestellt werden:

$$f(x) = \frac{a_0}{2} + \sum_{\nu=1}^{\infty} \left[a_\nu \cdot \cos\left(\frac{\nu \cdot 2\pi}{2l} \cdot x\right) + b_\nu \cdot \sin\left(\frac{\nu \cdot 2\pi}{2l} \cdot x\right) \right] \qquad (11.466)$$

Gl. (11.466) heißt *Fourier-Reihe*. Sie erfüllt die Bedingung von Gl. (11.465). Es ist von praktischem Vorteil, Gl. (11.466) als komplexe Funktion zu formulieren:

$$f(x) = \sum_{\nu=0}^{\infty} c_\nu \exp\left[i \cdot \frac{\nu \cdot \pi}{l} \cdot x\right] + \sum_{\nu=1}^{\infty} c_\nu^* \exp\left[-i \cdot \frac{\nu \cdot \pi}{l} \cdot x\right] \tag{11.467}$$

Zu Gl. (11.467) gelangt man, indem man nach Gl. (11.391) in Anhang 11.18 schreibt:

$$\cos\left(\frac{\nu \cdot \pi}{l} \cdot x\right) = \frac{1}{2}\left[\exp\left(i \cdot \frac{\nu \cdot \pi}{l} \cdot x\right) + \exp\left(-i \cdot \frac{\nu \cdot \pi}{l} \cdot x\right)\right] \tag{11.468}$$

$$\sin\left(\frac{\nu \cdot \pi}{l} \cdot x\right) = \frac{1}{2i}\left[\exp\left(i \cdot \frac{\nu \cdot \pi}{l} \cdot x\right) - \exp\left(-i \cdot \frac{\nu \cdot \pi}{l} \cdot x\right)\right] \tag{11.469}$$

und in Gl. (11.466) einsetzt. Bezeichnet man c_ν^* mit $c_{-\nu}$ wird aus Gl. (11.466):

$$\boxed{f(x) = \sum_{\nu=-\infty}^{\infty} c_\nu \exp\left[i \cdot \frac{\nu \cdot \pi}{l} \cdot x\right]} \tag{11.470}$$

Die Koeffizienten c_ν sind i. A. komplexe Zahlen und mit den in Gl. (11.465) stehenden a_ν und b_ν verbunden. Es gilt:

$$c_0 = \frac{a_0}{2}, \quad c_\nu = \frac{1}{2}(a_\nu - ib_\nu), \quad c_\nu^* = \frac{1}{2}(a_\nu + ib_\nu) \tag{11.471}$$

Die Hauptaufgabe besteht nun darin, die Koeffizienten c_ν bzw. $c_{-\nu}$ zu bestimmen. Zunächst stellt man fest, dass gilt:

$$\int_{\alpha}^{\alpha+2l} \exp\left[i \cdot \frac{\pi}{l} \cdot x \cdot (\nu - \mu)\right] dx = 2l \cdot \delta_{\mu\nu} \tag{11.472}$$

$\delta_{\mu\nu}$ ist das sog. Kronecker-Symbol mit der Eigenschaft $\delta_{\mu\nu} = 1$ für $\nu = \mu$ und $\delta_{\mu\nu} = 0$ für $\nu \neq \mu$. Das Verschwinden des Integrals im Fall $\nu \neq \mu$ weist man folgendermaßen nach:

$$\int_{\alpha}^{\alpha+2l} \exp\left[i \cdot \frac{\pi}{l} \cdot x \cdot (\nu - \mu)\right] dx = \frac{\exp\left[i\pi \cdot (\mu - \nu) \cdot \alpha/l\right]}{i\pi \cdot (\mu - \nu)/l} \cdot (\exp\left[2\pi \cdot i(\mu - \nu)\right] - 1) = 0$$

Da $(\mu - \nu)$ ganzzahlig ist, wird $\exp\left[2\pi \cdot i(\mu - \nu)\right]$ gleich 1. Jetzt multiplizieren wir Gl. (11.470) mit $\exp\left[-i \cdot \pi \cdot \mu \cdot x/l\right]$ und integrieren von $x = \alpha$ bis $x = \alpha + 2l$. Wegen Gl. (11.472) verschwinden alle Terme mit $\mu \neq \nu$ bis auf $\mu = \nu$, wo das Integral $2l$ ergibt. Damit haben wir eine Gleichung zur Bestimmung der Koeffizienten c_ν abgeleitet:

$$\boxed{c_\nu = \frac{1}{2l} \int_{x=\alpha}^{\alpha+2l} f(x) \cdot \exp\left[-i\pi \cdot \nu \cdot x/l\right] \cdot dx} \tag{11.473}$$

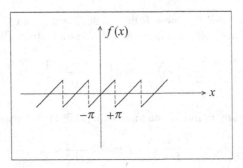

Abb. 11.33: Periodische Sägezahn-Funktion $f(x) = x = f(x + 2l)$.

Wir betrachten ein Beispiel. Es sei $f(x) = x = f(x + 2l)$ (s. Abb. 11.33) im Intervall von $-\pi$ bis $+\pi$ bzw. $0 < x < 2\pi$. Wir setzen $a = -\pi$ und $l = \pi$.

$$c_\nu = \frac{2}{2\pi} \int\limits_{-\pi}^{+\pi} x \cdot \cos(\nu x) \mathrm{d}x - i\frac{2}{2\pi} \int\limits_{-\pi}^{+\pi} x \cdot \sin(\nu x)\mathrm{d}x \qquad (11.474)$$

Der erste Term ist gleich 0 für alle ν, der zweite ergibt durch partielle Integration:

$$-\frac{i}{\pi} \int\limits_{-\pi}^{+\pi} x \cdot \sin(\nu x)\mathrm{d}x = -2i\frac{(-1)^{\nu-1}}{\nu} \qquad (11.475)$$

Damit lässt sich $f(x) = x$ im Intervall zwischen $-\pi$ und π darstellen:

$$x = 2 \sum\limits_{\nu=1}^{\infty} \frac{(-1)^{\nu-1}}{\nu} \cdot \sin(\nu x) \qquad (11.476)$$

In Abb. 11.34 ist die Summe der ersten 3 Glieder von Gl. (11.476) dargestellt. Die Kurve ähnelt bereits dem tatsächlichen Verlauf in Abb. 11.33.

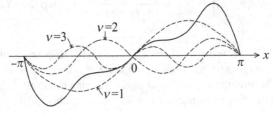

Abb. 11.34: $f(x) = x$ in der Fourier-Entwicklung. - - - - die ersten 3 Summanden von Gl. (11.476). —— Summe der 3 Summanden.

11.24 Hinweise zu weiterführender und ergänzender Literatur

Die Lehrbuch-Literatur zur molekularen Statistik bzw. statistischen Thermodynamik ist recht umfangreich. Hier ist eine breite Auswahl solcher Bücher in alphabetischer Reihenfolge der erstgenannten Autoren angegeben, die überwiegend oder ausschließlich die statistische Mechanik des lokalen thermodynamischen Gleichgewichtes, mit Betonung der Grundlagen und ihrer Anwendungen in Chemie, Physik, Materialwissenschaften und teilweise auch der Biochemie behandeln. Hier finden sich auch Behandlungen von Teilgebieten und Problemen, die aus Platzgründen und/oder didaktischen bzw. organisatorischen Erwägungen in diesem Buch nicht zur Sprache kommen konnten.

Allgemeine Lehrbücher zur statistischen Mechanik und Thermodynamik

- R. Becker, Theorie der Wärme,
  Springer, 1966.
  Das Buch zeichnet sich durch eine geschickte und didaktisch teilweise sehr originelle Darstellung aus. Trotz seines Alters ein bemerkenswertes Buch und als Ergänzung zu moderneren Behandlungen des Themas sehr zu empfehlen.

- A. Ben-Naim, Statistical Thermodynamics for Chemists and Biochemists,
  Plenum Press, 1992.
  Breit angelegtes Lehrbuch mit starker Betonung von flüssigen Systemen und wässrigen Lösungen in Chemie und Biochemie. Geeignet für besonders motivierte ChemikerInnen und BiochemikerInnen.

- R. S. Berry, S. A. Rice, J. Ross, Matter in Equilibrium - Statistical Mechanics and Thermodynamics,
  Oxford University Press, 2002.
  Recht anspruchsvolles, aber gut lesbares Buch, das über die Grundlagen hinaus viele Gebiete der Chemie und Physikalischen Chemie behandelt, insbesondere Flüssigkeiten und Festkörper. Enthält teilweise gute und weiterführende Übungsaufgaben.

- D. Chowdhury, D. Stauffer, Principles of Equilibrium,
  Statistical Mechanics.
  Wiley-VCH, 2000.
  Ein Lehrbuch für PhysikerInnen auf teilweise anspruchsvollem Niveau mit Betonung von Phasengleichgewichten und kritischen Phänomenen sowie interessanten historischen Anmerkungen.

- K. A. Dill, S. Bromberg, Molecular Driving Forces: Statistical Thermodynamics in Chemistry and Biology,
  Garland Science, 2003.
  Ein didaktisch kreatives und mit hervorragenden Illustrationen versehenes Buch für Anfänger. Ein Lesevergnügen.

- H. Eyring, D. Henderson, B. J. Stover, E. M. Eyring, Statistical Mechanics and Dynamics.
  John Wiley and Sons, 1964.
  Ein solides Buch, das vor allem für PhysikerInnen von Nutzen ist. Man merkt dem Buch an, dass es von zwei verschiedenen Autorengruppen verfasst wurde. Die theoretischen Grundlagen sind stringent und klar formuliert, setzen allerdings einige Vorkenntnisse voraus. Interessant ist die Darstellung der „Theorie der signifikanten Strukturen" fluider Systeme, die zwar recht erfolgreich funktioniert, sich aber auf umstrittene Modellannahmen stützt.

- G. H. Findenegg und T. Hellweg, Statistische Thermodynamik,
  Springer, 2015.
  Knapp gehaltenes und gut lesbares Einführungsbuch. Geeignet für ChemikerInnen, die zum ersten Mal mit dem Thema in Berührung kommen.

- R. Fowler, E. A. Guggenheim, Statistical Thermodynamics,
  Cambridge University Press, 1952.
  Dieser Klassiker enthält alle wesentlichen, allgemeingültigen Grundlagen. Das Buch überzeugt durch Klarheit im Stil und durchdachtem Aufbau des Stoffes. Die an den Leser gestellten Anforderungen sind nicht zu hoch. Sehr empfehlenswert für PhysikerInnen, theoretisch interessierte ChemikerInnen und MaterialwissenschaftlerInnen.

- W. Göpel, H. D. Wiemhöfer, Statistische Thermodynamik,
  Spektrum-Verlag, 2000.
  Dieses kompakt geschriebenes Lehrbuch bietet viele nützliche Informationen, insbesondere für ChemikerInnen und MaterialwissenschaftlerInnen auf Grundlagenniveau und ist gut lesbar.

- D. L. Goodstein, States of Matter,
  Prentice Hall, 1975.
  Das Buch behandelt schwerpunktmäßig Festkörper und Flüssigkeiten einschließlich Quantenflüssigkeiten und Supraleitung. Empfehlenswert für LeserInnen mit soliden Vorkenntnissen in Physik.

- W. Greiner, L. Neise, H. Stöcker, Thermodynamik und statistische Mechanik (Band 9),
  Verlag Harri Deutsch, 1993.
  Sehr gutes Grundlagenbuch für PhysikerInnen, das sich durch klare und verständliche Ausführungen der komplexen Zusammenhänge auszeichnet. Enthält auch einiges zur relativistischen Thermodynamik. Es werden viele, gut ausgewählte Anwendungsbeispiele durchgerechnet.

- C. E. Hecht, Statistical Thermodynamics and Kinetic Theory,
  Dover Publ. Inc., 1989.
  Ein gelungener Einführungstext, der teilweise interessante Übungsaufgaben enthält. Das Buch vermittelt auch einen gut verständlichen Zugang zu den Grundlagen

kritischer Phänomene, der kinetischen Gastheorie und der Statistik von Nichtgleichgewichtsprozessen.

- T. L. Hill, An Introduction to Statistical Thermodynamics,
  Addison Wesley Pub. Company, 1962.
  Ein Standard-Lehrbuch auf gehobenem Niveau für ChemikerInnen. Schwerpunkte neben den Grundlagen sind ideale Systeme und Modellsysteme für flüssige Mischungen und Polymerlösungen.

- K. Huang, Statistische Mechanik I, II und III,
  BI Hochschultaschenbücher (1964)
  Dieses 3-bändige Werk (Seitenzahl insgesamt ca. 530) bietet eine umfassende Behandlung der wesentlichen Gebiete der statistischen Theorie der Materie, setzt allerdings gute Vorkenntnisse in Physik und Mathematik voraus. Sehr zu empfehlen für PhysikerInnen.

- K. Huang, Introduction to Statistical Physics,
  Taylor Francis, 2001.
  Ein als Buch ausgearbeitetes Vorlesungsmanuskript mit vielen interessanten „Highlights". Knapp, aber klar formuliert, didaktisch teilweise sehr originell, setzt es solide Physikkenntnisse voraus.

- Ch. Kittel, H. Krömer, Physik der Wärme,
  Oldenbourg, 1984.
  Grundlagenbuch für PhysikerInnen mit Einführungscharakter, auch für NichtphysikerInnen geeignet. Enthält viele Informationen, Übungsaufgaben und anschauliche grafische Darstellungen. Teilweise etwas knappe Abhandlung.

- L. Landau, E. M. Lifschitz, Statistische Physik, Teil 1 (Lehrbuchreihe Band V),
  Verlag Harri Deutsch (2008)
  Dieser Band der bekannten Lehrbuchreihe der Autoren zeichnet sich durch klaren und präzisen Stil der Darstellung aus und deckt inhaltlich die wesentlichen Grundlagen der statistischen Physik ab. Besondere Aufmerksamkeit verdienen die Kapitel über Fluktuationen und Phasenübergänge. Das Buch setzt solide Vorkenntnisse der Physik voraus.

- K. Lucas, Molecular Models for Fluids,
  Cambridge University Press, 2007.
  Der Schwerpunkt des Buches liegt auf der Darstellung moderner statistisch-thermodynamischer Modelle komplexer fluider Systeme, wie sie Anwendung in der chemischen Verfahrenstechnik finden. Der erste Teil des Buches enthält auch eine lesenswerte Darstellung der Grundlagen der statistischen Thermodynamik mit teilweise sehr ausführlich durchgerechneten Übungsaufgaben.

- D. A. McQuarrie, Statistical Thermodynamics,
  Harper and Row, 1973.

Ein zu Recht beliebtes, sehr klar und mit viel Umsicht geschriebenes Grundlagenbuch mit Anwendungen auf ideale Systeme und einfache reale Systeme. Stellenweise werden auch etwas höhere Ansprüche gestellt. Enthält nützliche Übungsaufgaben.

- A. Münster, Statistische Thermodynamik,
  Springer, 1956.
  Ein anspruchsvolles Lehrbuch, das zum Teil erheblich über das Niveau von Grundlagenbücher hinaus geht, aber verständlicherweise keine Behandlung moderner Entwicklungen beinhaltet. In einigen Teilen nur für theoretisch und mathematisch ausreichend vorgebildete LeserInnen uneingeschränkt genießbar.

- W. Nolting, Grundkurs Theoretische Physik 6, Statistische Physik,
  Springer, 2004.
  Im Vordergrund stehen neben den Grundlagen, Quantenstatistik, Phasenübergänge, kritische Eigenschaften und kooperative Systeme. Es wird auch die Lösung des 2D-Ising-Modells behandelt. Das Buch setzt allerdings teilweise Vorkenntnisse voraus, die in anderen Bänden des Grundkurses behandelt werden.

- R. K. Pathria, Statistical Mechanics,
  Pergamon Press, 1972.
  Anspruchsvolles und breit angelegtes Lehrbuch mit Schwerpunkt auf Quantenstatistik, realen Systemen und kooperativen Phänomenen. Die „zweite Quantelung" mit Anwendung auf reale Quantengase wird relativ ausführlich behandelt. Das Buch enthält auch ein sehr gut geschriebenes Kapitel über thermodynamische Fluktuationen und irreversible Thermodynamik. Interessant für Fortgeschrittene in der Physik.

- M. Plischke, B. Bergerson, Equilibrium Statistical Physics,
  World Scientific, 1999
  Ein Buch auf hohem Niveau, das solide Vorkenntnisse der Quantenmechanik insbesondere der „zweiten Quantelung" voraussetzt. Schwerpunkte liegen auf dem Gebiet der kritischen Phänomene und Renormalisierungstheorien. Geeignet für bevorzugt theoretisch interessierte PhysikerInnen.

- F. Reif, Statistische Physik und Theorie der Wärme,
  de Gruyter, 1987.
  Ein sorgfältig aufgebautes Grundlagenbuch für NaturwissenschaftlerInnen mit Übungsaufgaben. Enthält auch Kapitel über statistische Grundlagen der irreversiblen Thermodynamik und Transportphänomene in der Relaxationszeit-Methode. Enpfehlenswert für ambitionierte AnfängerInnen.

- J. Schnakenberg, Thermodynamik und Statistische Physik,
  Wiley-VCH, 2002.
  Ein weiterführendes, recht formal gehaltenes, aber klar strukturiertes Lehrbuch mit gelösten Aufgaben. Umfasst im Wesentlichen den Stoff für den Masterstudiengang in der Physik.

- R. C. Tolman, The Principles of Statistical Mechanics,
  Oxford University Press, 1938 (Nachdruck: Dover, 1979).
  Trotz seines Alters hat dieses Buch nichts von seinem substanziellen Wert eingebüßt.
  Mit großer Sorgfalt und Umsicht werden die Grundlagen der Quantenmechanik
  und ihr Einbau in die statistische Mechanik des Gleichgewichtes entwickelt. Höchst
  empfehlenswert für Fortgeschrittene, die es genau wissen wollen.

- B. Widom, Statistical Mechanics. A Concise Introduction for Chemists,
  Cambridge University Press, 2002.
  Ein Einführungskurs für AnfängerInnen in knapper Form, der bei aller Präzision
  mit einem Minimum an Formeln und Mathematik auskommt.

Für AnfängerInnen geeignet sind auch die Kapitel über statistische Thermodynamik und
Transportgrößen der folgenden Lehrbücher für Physikalische Chemie:

- I. N. Levine, Physical Chemistry, McGraw Hill (2003).

- E. A. Moelwyn-Hughes, Physikalische Chemie (Übersetzung: W. Jaenicke und H. Göhr), G. Thieme-Verlag (1970)

- P. Atkins und J. de Paula, Physical Chemistry,
  Freeman and Comp. (2002).

Das Buch von Levine enthält Abschnitte zur statistischen Thermodynamik, die klar und
folgerichtig aufgebaut sind und eine gute Einführung in die Grundlagen bieten.
Das Buch von Moelwyn-Hughes ist zwar etwas veraltet und auch etwas heterogen or-
ganisiert enthält aber viele interessante Informationen zur statistischen Thermodynamik,
die man in heutigen Büchern, die „Physikalische Chemie" im Titel tragen, kaum noch
findet.
Das Buch von Atkins und de Paula, das hohe Auflagen erreicht hat und sich vor allem bei
Chemikern großer Beliebtheit erfreut, glänzt in erster Linie durch ein geschicktes didakti-
sches Konzept und gute Illustrationen. Die Kapitel über Thermodynamik und statistische
Thermodynamik sind allerdings etwas oberflächlich. Das Buch enthält aber durchweg gute Übungsaufgaben und ausführliche Tabellen mit zuverlässigem Datenmaterial.

Weitere empfehlenswerte Literatur zu spezielleren Themen:

Astrophysik

- J.-L. Basdevant, J. Rich, M. Spiro, Fundamentals in Nuclear Physics, Springer (2005).
  Ein ausführliches Lehrbuch auf gehobenem Niveau, das auch Kapitel zur nuklearen
  Astrophysik und Kosmologie enthält.

- Bergmann-Schäfer, Band 8: Sterne und Weltraum (Hrsg. W. Reith), de Gruyter (2002).
  Der Band der bekannten Lehrbuch-Reihe enthält lesenswerte Beiträge verschiedener Autoren zu den wichtigsten Gebieten der Astrophysik, u. a. auch zu Sternen und interstellaren Materie sowie zur Kosmologie.

- S. Chandrasekhar, An Introduction to the Study of Stellar Structure, Dover Publ. (1967).
  Ein Klassiker der Astrophysik, sehr ausführlich, gründlich und anspruchsvoll. Das Buch enthält den Stand des Wissens im Jahr 1939. Die vom Autor entwickelte Theorie der weißen Zwerge wird ausführlich behandelt.

- D. D. Clayton, Principles of Stellar Evolution and Nucleosynthesis, The University of Chicago Press (1983).
  das Buch bietet eine didaktisch hervorragende und ausführliche Darstellung des Themas mit sinnvoll ausgewählten, nicht zu schwierigen Übungsaufgaben.

- S. Dodelson, Modern Cosmology, Academic Press (2003).
  Das Buch behandelt nicht nur ausführlich das Standard-Modell der Kosmologie, sondern auch die Inflationsphase, dunkle Materie sowie die Entwicklung von Inhomogenitäten, die zur Bildung von Galaxien führt.

- U. Ellwanger, Vom Universum zum Elementarteilchen, Springer-Spektrum (2015).
  Der Untertitel „Eine erste Einführung in die Kosmologie und die fundamentalen Wechselwirkungen" richtet sich an LeserInnen, die über Grundkenntnisse der Physik verfügen, aber keine Spezialkenntnisse in der allgemeinen Relativitätstheorie und Elementarteilchenphysik besitzen. Das 200 Seiten umfassende Buch ist gut lesbar und informativ.

- T. Fließbach, Allgemeine Relativitätstheorie, Springer (2012). Das Buch erfordert solide Vorkenntnisse und bietet ein gute Darstellung der Grundlagen der ART einschließlich der Theorie schwarzer Löcher und kosmologischer Weltmodelle.

- M. Harwit, Astrophysical Concepts, J. Wiley + Sons (1973). Ein Grundlagenkurs gedacht als Einführung in ausgewählte wichtige Teilgebiete der Astrophysik.

- R. Kippenhahn, A. Weigert, A. Weiss, Stellar Structure and Evolution, Springer (2012)
  Das Buch informiert ausführlich und gründlich über die wichtigsten theoretischen Konzepte zum Verständnis der Eigenschaften und Entwicklung von Sternen.

- A. W. A. Pauldrach, Das Dunkle Universum, Springer (2017). Eine sehr lebendig geschilderte Darstellung der modernen Astrophysik mit farbig gestalteten, aussagekräftigen Illustrationen. Das Buch wendet sich gezielt an nichtspezialisierte, naturwissenschaftlich interessierte LeserInnen.

- P. J. E. Peebles, Principles of Physical Cosmology, Princton UP (1993). Eine ausführliche Darstellung, didaktisch gut und sorgfältig aufgebaut. Ein anspruchsvolles Buch (vor allem im zweiten Teil).

- M. Schwarzschild, Structure and Evolution of Stars, Princton U R (1958). Knapp im Stil und konzentriert im Inhalt vermittelt das Buch den Stand des Wissens von 1958 inklusive Kernfusion.

- S. Seager, Exoplanet Atmospheres - Physical Processes, Princton University Press (2010). Ein auf ansprechendem Niveau geschriebenes Buch, das sich in Aufbau und Darstellung des Themas durch Umsicht und Sorgfalt auszeichnet und alle wesentlichen Aspekte dieses jungen und expandierenden Forschungszweiges der Astrophysik behandelt. Gut geeignet zum Einstieg in dieses Forschungsgebiet.

- K. H. Spatschek, Astrophysik, Springer (2018). Für Fortgeschrittene geeignet bietet das Buch eine interessante und aufschlussreiche Darstellung vieler Bereiche der Astrophysik. ART und Kosmologie werden in zusammengefasster Form behandelt.

- S. W. Stahler, F. Palla, The Formation of Stars, Wiley-VCH (2004). Ein sehr ausführliches und gehaltvolles Werk, kein Einführungsbuch, eher für SpezialistInnen interessant.

- A. Unsöld, B. Baschek, Der neue Kosmos, Springer (2015). Ein Grundlagenkurs, gut lesbar und informativ.

- S. Weinberg, Die ersten 3 Minuten, dtv-Taschenbuch (1981). Eine sehr gute Einführung für AnfängerInnen und Laien.

- H. Zimmermann, A. Weigert, Lexikon der Astronomie, Spektrum-Verlag (1999). Ein gutes und sehr nützliches Nachschlagewerk.

Phasengleichgewichte und thermische Zustandsgleichungen von Fluiden

- R. Haase, Thermodynamik der Mischungen, Springer (1956). Nach wie vor ein umfassendes, sehr zu empfehlendes Standardwerk das alles Wesentliche enthält.

- A. Heintz, Thermodynamik - Grundlagen und Anwendungen, Springer (2017), sowie Thermodynamik der Mischungen, Springer (2017). In den beiden Bänden wird die chemische Thermodynamik ausführlich behandelt inklusive gelöster Übungsaufgaben. Wer über die knappe Einführung zu diesem Thema in Anhang 11.17 des vorliegenden Buches hinaus mehr erfahren will, sei auf die beiden Bände verwiesen.

- R. Koningsveld, W. H. Stockmayer, E. Nies, Polymer Phase Diagramms, Oxford University Press (2001). Das Buch bietet einen weiten Überblick über die Vielfalt von Phasendiagrammen von einfachen bis komplexen fluiden Systemen.

- J. D. Novák, J. Matouš, J. Pick, Liquid-Liquid Equilibria, Elsevier (1987). Sorgfältige Darstellung des Themas auf der Grundlage von G^E-Modellen. Auch experimentelle Methoden werden behandelt.

- J. M. Prausnitz, R. N. Lichtenthaler, E. Gomes de Azevedo, Molecular Thermodynamics of Fluid Phase Equilibria, Prentice Hall (1986). Eine gute Einführung in das Thema für ChemieingenieurInnen mit nützlichen Übungsaufgaben.

- J. S. Rowlinson, F. L. Swinton, Liquid and Liquid Mixtures, Butterworth Scientific (1982). Ein bekanntes Standardwerk zur Einführung in die Thermodynamik und Struktur flüssiger Systeme auf angemessenem Niveau.

- H. E. Stanley, Introduction to Phase Transitions and Critical Phenomena, Oxford University Press (1971). Ein Standardwerk zum Thema, enthält allerdings noch nicht die neueren Entwicklungen.

- S. M. Walas, Phase Equilibria in Chemical Engineering, Butterworth Publishers (1985). Anwendungsorientiertes Buch, umfasst ausführlich die Anwendung semiempirischer Zustandsgleichungen auf eine große Vielfalt von Phasengleichgewichten vor allem in Mischungen.

- J. M. Yeomans, Statistical Mechanics of Phase Transitions, Oxford Science Publ. (2000). Eine aufschlussreiche Einführung in neuere Entwicklungen.

Quantenmechanik

Die Lehrbuchliteratur zu diesem Thema ist naturgemäß besonders umfangreich. Aus eigener Erfahrung und Kenntnis kann ich empfehlen:

- P. W. Atkins, R. S. Friedman, Molecular Quantum Mechanics, Oxford University Press (1997).

- D. I. Blochinzew, Grundlagen der Quantenmechanik, Verlag Harri Deutsch (1972).

- A. S. Dawidow, Quantum Mechanics, Pergamon Press (1977).

- W. Greiner, Quantenmechanik I. Einführung, Verlag Harri Deutsch (1992).

- W. Greiner, Quantentheorie. Spezielle Kapitel, Verlag Harri Deutsch (1989).

- L. D. Landau, E. M. Lifschitz, Quantenmechanik, Verlag Harri Deutsch (1986).

- H. Lüth, Quantenphysik der Nanowelt, Springer Spektrum (2014).

Mathematik

Hier sind Lehrbücher mit anwendungsbezogener Zielsetzung empfehlenswert, z. B.

- G. B. Arfken, H. J. Weber, Mathematical Methods for Physicists, Harcourt Academic Press (2001).

- D. A. McQuarrie, Mathematical Methods for Scientists and Engineers, University Science Books (2003).

11.25 Physikalische Konstanten, Umrechnungsfaktoren und Messgrößen in SI-Einheiten

Wichtige physikalische Konstanten und Größen (SI-Einheiten)

Bezeichnung	Symbol	Einheit
Lohschmidt Zahl (Avogadro-Zahl)	N_L	$6{,}022\,1367 \cdot 10^{23}\,\text{mol}^{-1}$
Bohr'sches Magneton	$|\vec{\mu}_B| = \frac{e \cdot \hbar}{2 \cdot m_e}$	$9{,}274\,0154 \cdot 10^{-24}\,\text{C} \cdot \text{J} \cdot \text{s} \cdot \text{kg}^{-1}$
Bohr'scher Radius (mittlerer Abstand des Elektrons vom Proton im H-Atom)	r_B	$5{,}29177 \cdot 10^{-11}\,\text{m}$
Boltzmannkonstante	k_B	$1{,}380\,658 \cdot 10^{-23}\,\text{J} \cdot \text{K}^{-1}$
Ruhemasse des Elektrons	m_e	$9{,}109\,3897 \cdot 10^{-31}\,\text{kg}$
Gravitationskonstante	G	$6{,}672\,59 \cdot 10^{-11}\,\text{m}^3 \cdot \text{kg}^{-1} \cdot \text{s}^{-2}$
Gaskonstante	$R = k_B \cdot N_L$	$8{,}314\,510\,\text{J} \cdot \text{K}^{-1} \cdot \text{mol}^{-1}$
Kernmagneton	$\gamma_N = e\hbar/2m_p$	$5{,}050\,7866 \cdot 10^{-27}\,\text{J} \cdot \text{T}^{-1}$
elektrische Feldkonstante	$\varepsilon_0 = (\mu_0 \cdot c_L^2)^{-1}$	$8{,}854\,187\,816 \cdot 10^{-12}\,\text{C}^2 \cdot \text{J}^{-1} \cdot \text{m}^{-1}$
Planck'sches Wirkungsquantum	h	$6{,}626\,0755 \cdot 10^{-34}\,\text{J} \cdot \text{s}$
Permeabilität des Vakuums	$\mu_0 = (\varepsilon_0 \cdot c_L^2)^{-1}$	$4\pi \cdot 10^{-7}\,\text{J} \cdot \text{s}^2 \cdot \text{C}^{-2} \cdot \text{m}^{-1}$
Elementarladung	e	$1{,}620\,177\,33 \cdot 10^{-19}\,\text{C(Coulomb)}$
Ruhemasse des Protons	m_p	$1{,}672\,6231 \cdot 10^{-27}\,\text{kg}$
Ruhemasse des Neutrons	m_N	$1{,}67492231 \cdot 10^{-27}$
Massenverhältnis	m_p/m_e	$1836{,}15$
Lichtgeschwindigkeit (Vakuum)	$c_L = (\mu_0 \cdot \varepsilon_0)^{-\frac{1}{2}}$	$299\,792\,458\,\text{m} \cdot \text{s}^{-1}$
Stefan-Boltzmann-Konstante	σ_{SB}	$5{,}670\,51 \cdot 10^{-8}\,\text{J} \cdot \text{m}^{-2} \cdot \text{K}^{-4} \cdot \text{s}^{-1}$
Faraday-Konstante	$F = e \cdot N_L$	$96485\,\text{C} \cdot \text{mol}^{-1}$
1 astronomische Einheit (mittl. Entfernung Erde-Sonne)	AE (AU)	$1{,}496 \cdot 10^{11}\,\text{m}$
1 Lichtjahr	Ly	$9{,}606 \cdot 10^{15}\,\text{m} = 63240\,\text{AE}$
1 Parasekunde	pc	$3{,}615\,Ly = 3{,}473 \cdot 10^{16}\,\text{m}$
Masse der Sonne	$M_\odot$	$1{,}998 \cdot 10^{30}\,\text{kg}$
Radius der Sonne	$r_\odot$	$6{,}96 \cdot 10^8\,\text{m}$
Masse der Erde	M_E	$5{,}974 \cdot 10^{24}\,\text{kg}$
Radius der Erde	r_E	$6{,}371 \cdot 10^6\,\text{m}$
Normalbeschleunigung Erde	g_E	$9{,}80665\,\text{m} \cdot \text{s}^{-2}$

Energieumrechnungsfaktoren (SI-Einheit: Joule = 1 kg $\cdot$ m^2 $\cdot$ s^{-2} = C $\cdot$ Volt)

	Joule	eV	cal	erg
1 Joule	1	6,241 506 $\cdot$ 10^{18}	0,239005	10^7
1 eV	1,602 177 $\cdot$ 10^{-19}	1	3,82929 $\cdot$ 10^{-20}	
1 cal	4,184	1,491756 $\cdot$ 10^{18}	1	
1 erg	10^{-7}	6,241506 $\cdot$ 10^{11}	2,39005 $\cdot$ 10^{-8}	1

Anmerkung: Häufig wird in der Physik die Energie der Ruhemasse eines Teilchens in eV statt in Joule angegeben. Beispiel ist die Ruheenergie des Elektrons:

$$E = m_e \cdot c_L^2 = 9{,}10939 \cdot 10^{-31} c_L^2 = 8{,}1875 \cdot 10^{-14}\,\mathrm{J} = 5{,}1102 \cdot 10^5\,\mathrm{eV} = 0{,}51102\,\mathrm{MeV}$$

Druckumrechnungsfaktoren (SI-Einheit: Pascal (Pa))

	Pa	bar	atm	torr
1 Pa =	1	10^{-5}	9,869 23 $\times$ 10^{-6}	7,500 62 $\times$ 10^{-3}
1 bar =	10^5	1	0,986 923	750,062
1 atm =	1,013 25 $\times$ 10^5	1,013 25	1	760
1 torr =	133,322	1,333 22 $\times$ 10^{-3}	1,315 79 $\times$ 10^{-3}	1

Längenbezeichnungen (SI-Einheit: Meter (m))

m	10^3	10^{-2}	10^{-3}	10^{-6}	10^{-9}	10^{-10}	10^{-12}	10^{-15}
	km	cm	mm	μm	nm	Å	pm	fm

Präfix: k = kilo, c = Zenti, m = Milli, μ = Micro, n = Nano, Å= Angström, p = Piko, f = Femto (1 fm wird manchmal als 1 Fermi bezeichnet)

Zeitbezeichnungen (SI-Einheit: Sekunde (s))

s	10^{-3}	10^{-6}	10^{-9}	10^{-12}	10^{-15}
	ms	μs	ns	ps	fs

Präfix: m = Milli, μ = Micro, n = Nano, p = Piko, f = Femto

Eigentlich unzulässig, aber immer noch gebräuchlich und akzeptiert sind: 1 min = 60 s, 1 Stunde = 1 h = 3600 s,
1 Tag = 24 $\cdot$ 3600 = 86400 s, 1 Jahr (yr) = 365,2 Tage (d) = 3,15533$\cdot$ 10^7 s

Elektrische und magnetische Maßeinheiten (SI-Einheiten)

Es sind zwei verschiedene Maßeinheiten in Gebrauch: das SI-System (MKS) und das Gauß'sche System (cgs), die von 2 verschiedenen Formulierungen des Coulombschen Gesetzes ausgehen:

$$\text{Kraft} = \quad \vec{F} = \frac{q_1^* \cdot q_2^* \cdot (\vec{r}_2 - \vec{r}_1)}{|\vec{r}_2 - \vec{r}_1|^3} \quad \text{(Gauß)} \quad \text{und} \quad \vec{F} = \frac{q_1 \cdot q_2\,(\vec{r}_2 - \vec{r}_1)}{4\pi\varepsilon_0 |\,(\vec{r}_2 - \vec{r}_1)|^3} \quad \text{(SI)}$$

In SI-Einheiten lautet die Elektrische Feldstärke, die von einer quasi-punktförmigen Ladung q ausgeht:

$$\boxed{\vec{E} = \frac{q}{4\pi\varepsilon_0 \cdot r^2}} \qquad \text{(Coulomb'sches Gesetz)}$$

Im Gauß'schen System wird die elektrische Ladung q_i^* durch rein mechanische Größen definiert, im SI-System wird als Ladung die der Mechanik fremde Größe q_i in Coulomb und damit die elektrische Feldkonstante ε_0 eingeführt. In diesem Buch wird fast ausschließlich das international vereinbarte SI-System als das allein gültige verwendet, in dem die folgenden Größen, ihr Symbole und Einheiten lauten ($\overline{V}$ ist das molare Volumen in $m^3 \cdot mol^{-1}$, μ_m ist das molekulare magnetische Dipolmoment in $J \cdot Tesla^{-1}$):

Größe und Symbol	SI-Einheit
elektr. Ladung q_C	Coulomb (C)
elektr. Stromstärke I	Ampere (A) $= C \cdot s^{-1}$
elektr. Spannung Φ	Volt $= J \cdot C^{-1}$
elektr. Widerstand R_W	$\Phi/I = C^2 \cdot J \cdot s^{-1} = 1\Omega$ (Ohm)
elektr. Feldstärke $\vec{E}$	Volt $\cdot m^{-1} = J \cdot m^{-1} \cdot C^{-1}$
elektr. Polarisation $\vec{P} = \varepsilon_0 \cdot \vec{E}(\varepsilon_R - 1)$	$C \cdot m^{-2}$
Dielektrizitätszahl $\varepsilon_R > 1$	dimensionslos
elektr. Suszeptibilität $\chi_e = \vec{P}/\varepsilon_0\vec{E} = \varepsilon_R - 1$	dimensionslos
elektr. Energiedichte des Dielektrikums $\frac{1}{2}\vec{P} \cdot \vec{E}$	$J \cdot m^{-3}$
(alternativ) $\frac{1}{2}|\vec{E}|^2 \cdot \varepsilon_0 (\varepsilon_R - 1)$	$J \cdot m^{-3}$
magn. Feldstärke $\vec{B}$	Tesla (T) $= kg \cdot C^{-1} \cdot s^{-1}$
Magnetisierung $\vec{M}$	$C \cdot J \cdot s \cdot kg^{-1} = J \cdot Tesla^{-1}$
Molare Magnetisierung $\vec{M}_{mol}$	$J \cdot Tesla^{-1} \cdot mol^{-1}$
Magnetische Suszeptibilität $\chi_m = \frac{\vec{M}}{\vec{B}}$	$C^2 \cdot kg^2 \cdot s^2 \cdot J = J \cdot Tesla^{-2}$
Molsuszeptibilität $\chi_{mag}^{mol} = \vec{M}_{mol}/\vec{B}$	$J \cdot Tesla^{-2} \cdot mol^{-1}$
(alternativ) $\chi_{mag}^{Vol} = \mu_0 \cdot \frac{\vec{M}}{\vec{B}}$	$m^3 \cdot mol^{-1}$
magnetische Energiedichte $\frac{1}{2}\vec{B} \cdot \vec{M}$	$J \cdot m^{-3}$

Die Vielfalt der elektrischen und magnetischen Einheiten ist etwas verwirrend, das betrifft vor allem die magnetischen Suszeptibilitäten, die Magnetisierung und die Energiedichten. Selbst innerhalb des SI-Systems gibt es in der Literatur alternative Definitionen für bestimmte Messgrößen. Wenn man diese Größen verwendet, muss ihr Definition und Einheit eindeutig angegeben sein. Hinzu kommt, dass in der Literatur die Größe $\vec{H}$ häufig auch als „magnetische Feldstärke" bezeichnet wird und $\vec{B}$ auch als „magnetische Induktion". Das ist meist der Fall, wenn das Gauß'sche System benutzt wird.

Stichwortverzeichnis